직물조직이론
WEAVING STRUCTURE THEORY

류문호 지음

NOVA 노바출판사
novapublisher.net

지은이 소개

류 문 호 (春山 / 柳文浩)
경북 의성군 춘산면 빙계동 출생
대구공고 방직과 졸업
제일모직 설계과 근무
현   정호기술연구소 기술고문

Hand phone : 010-7313-0216
E-mail: app53@hanmail.net
Home page: http//moonho.net

저자의 머리말

　직물 구성의 주축을 이루고 있는 직물조직은 그 역사가 산업혁명 시작과 같이 출발하여 오늘에 이어져 왔다. 그러나 그 긴 시간에 비해 직물조직학은 관심을 받지 못하여 제대로 발전하지 못했다. 또한 기법과 논리의 부족으로 생산 현장에서는 발전 없는 모방이 남아있었고 잘못된 이론이 적용되어 제품에 결함이 잔존하고 있는 것이 섬유생산의 현실이었다. 섬유산업 발전에 마음 아프고 안타까운 일이다

　이에 저자는 작고 부족하지만 용기를 내어, 50여년 경험하고 연구한 직물조직과 기초이론을 정리하여 섬유산업 발전에 미력이라도 도움이 되고자 [직물조직이론] [직물조직실무]를 지면으로 발표하게 되었다.

　직물조직을 면밀하게 분석 관찰해 보면, 직물조직은 인류가 만든 어떤 구조물이나 예술의 분야보다 더 아름다운 구도를 가진 조형물이다. 직물조직의 구성 원리를 기하학이나 수리학적 측면으로 보면, 상하 좌우로 안정과 균형을 이루면서 변화와 조화를 가지며 또 불균형의 요소를 가지면서 균형을 이루는 구도로 구성되어 있음을 알 수 있다

　이에 연구하고 노력한 결과 직물조직 개발의 새로운 기법을 발견하게 되었다. 이를 직물생산에 적용하면 창조적이면서 다양한 개념의 조직이 구현된다. 따라서 보다 고급스럽고 차별화된 다른 차원의 직물 생산이 가능해진다. 뿐만 아니라 직물조직에서 생성된 디자인과 조직은 직물의 범위를 넘어 건축, 조경, 가구, 공예 등 산업전반의 모든 분야에서 활용이 가능하다.

　본 책은 직물조직에 중점을 두고 수리학적 논리에 부합되는 영역을 수집하고 분석하여 생산 실무에 유용하게 적용될 수 있는 분야의 이론을 수록하였다
이제까지 발표되지 않은 새로운 분야의 직물조직 유도 방법과 복합조직 작도의 이론을 실었으며, 제4장에는 실무자가 생산에 직접 적용할 수 있는 1,500여 점의 기본적인 창작조직을 수록하였다.

　본서의 논리를 실무에 응용하면 입체적이고 생동감이 있는 창작 조직을 쉽게 작도하여 사용할 수 있으며, 이를 생산에 적용하면 이제까지의 상상을 초월한 창조적인 새로운 직물의 세계가 전개될 것으로 기대한다.

　끝으로 본 책에 제시된 직물조직 이론이 널리 이용되어 섬유산업 발전에 기여가 있기를 바라며, 여러 독자들이 더욱 발전시켜서 섬유산업이 날로 번창하기를 바라는 마음으로 투고를 마친다.

2017 년　여 름

저 자　류 문 호

직물조직이론　CONTENTS

제1장　직물조직 유도법

01. 직물조직 유도법 서론

이번 제1장의 직물조직 유도법 서론은 독자의 측면에서 포괄적 이해를 돕기 위해 본론과 결론에 대하여 설명한 개론이다.

직물조직 유도법은 Motive 조직에서 잔류와 삭제를 반복하여 순환하는 지점까지 조직을 확장하는 방법이다. 조직의 일부를 삭제하면 순차의 서열이 깨어져 요철감과 입체감이 증대하며, 이는 직물조직에 유용한 요소가 된다.

다음은 직물조직 유도법으로 작도된 조직의 예이다.

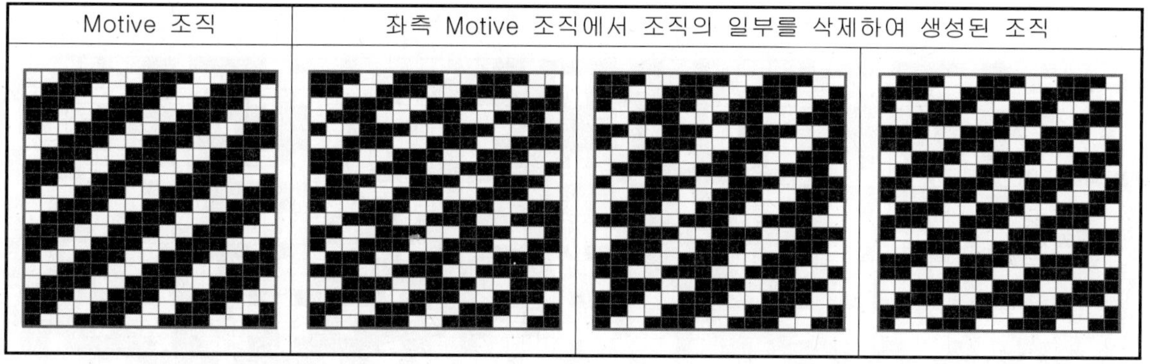

Motive 조직	좌측 Motive 조직에서 조직의 일부를 삭제하여 생성된 조직

또한 잔류와 삭제를 반복하여 유도한 조직은 제직할 때 종광 본수를 늘이지 않으면서 조직의 증대가 가능하다. 이때 조직 증대의 범위는, 잔류본수와 삭제본수를 합한 수와 Motive 조직 원 리피트 본수의 최소공배수가 삭제를 포함한 생성조직의 본수가 되므로 수리적 무한 대까지 가능하다.

다음은 직물조직 유도법으로 작도된 조직의 예이다. 지면 사정상 큰 조직은 작도가 불가 능하여 6매 조직을 선정하여 생성된 조직 중 간략한 조직을 발췌하여 수록하였다.

Motive 조직. 조직 원 리피트 6 x 6, 종광 6매

위사 4잔류 3삭제 후 생성조직. 조직 원 리피트 6 x 24, 종광 6매

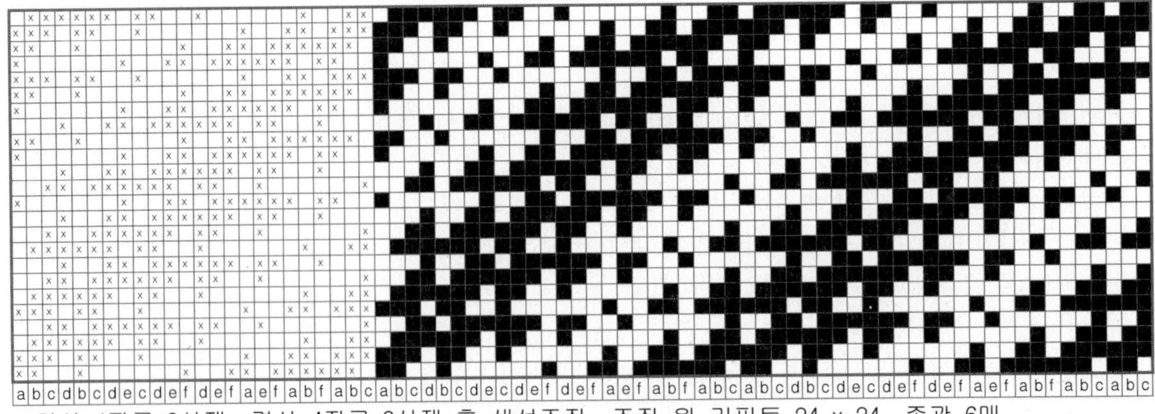

위사 4잔류 3삭제, 경사 4잔류 3삭제 후 생성조직. 조직 원 리피트 24 x 24, 종광 6매

위의 조직을 마름모형으로 합성한 조직도. 조직 원 리피트 46 x 46, 종광 6매

다음은 직물조직 유도법으로 작도된 조직의 다른 예이다. 지면상 큰 조직은 작도가 불가능하여 5매 조직을 선정하여 유도된 조직 중 간략한 조직을 발췌하여 예를 들었다.

Motive 조직. 조직 원 리피트 5 x 5, 종광 5매.

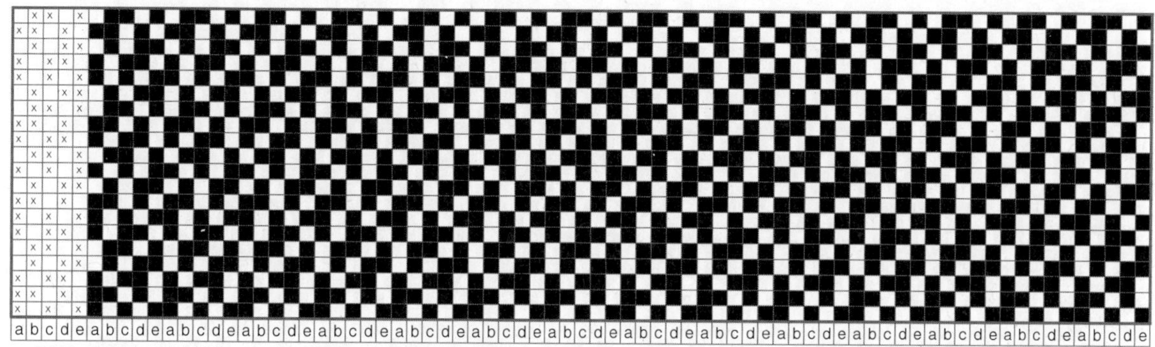

위사 2잔류 1삭제, 2잔류 2삭제 후 생성조직. 조직 원 리피트 5 x 20, 종광 5매.

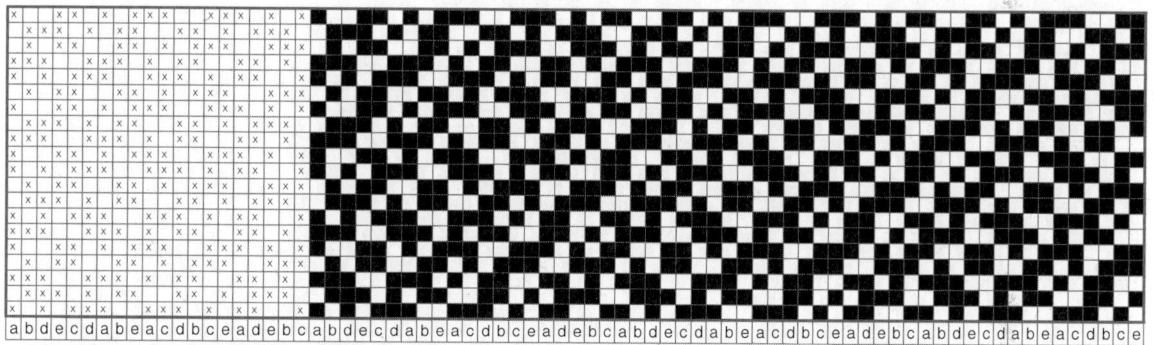

위사에 2잔류 1삭제, 2잔류 2삭제. 경사에 2잔류 1삭제, 2잔류 2삭제 후 생성조직. 조직 원 리피트 20 x 20, 종광 5매.

위의 조직을 Herring bone형으로 합성한 유도조직. 조직 원 리피트 38 x 20, 종광 5매

위의 조직을 마름모형으로 합성한 유도조직. 조직 원 리피트 46 x 46, 종광 5매.

　　생성된 조직의 유형별 개수 또한 수리적 무한대를 이루며, 그 다양성은 이제까지 상상하지 못할 정도의 영역까지 유도 생성 된다.

저자가 50여 년간 수집한 전 세계의 직물조직이 약 600 여종 상존하는 것에 비해, 직물조직학 역사에 혁신적인 이론이다.

　　본서의 직물조직 유도법은 입체적이고 생동감이 있는 창작 조직을 쉽게 작도하여 사용할 수 있으며, 이를 생산에 적용하면 이제까지의 상상을 초월한 창조적인 새로운 직물의 세계가 전개될 것으로 기대된다.

02. 위사삭제 유도법

기본조직에서 잔류와 삭제를 반복하면 새로운 조직이 유도 생성되고, 생성된 조직의 범위는 상상을 초월한 넓은 영역으로 확대된다. 유도된 조직은 순차의 서열이 깨어져 요철감과 입체감이 살아있어 보다 고급스럽고 차별화된 직물의 생산이 가능해진다.

다음은 위사삭제 유도법에 의한 조직 생성 이론과 조직 유도 방법에 대한 설명이다.

★ 작도의 Repeat 본수는, 잔류본수와 삭제본수를 합한 수와 Motive 조직 원 리피트 본수의 최소공배수가 삭제를 포함한 생성조직의 원 리피트 본수가 된다.
따라서 생성조직의 크기는 무한하게 증대가 가능하며, 창작되는 조직의 개수 또한 수리적 무한대를 이루게 된다.

★ 삭제 후의 조직은 순차의 서열이 깨어져 요철감과 입체감이 증대한다. 삭제 본수나 잔류본수를 조직 원 리피트 본수에 2로 나눈 수에 1을 줄인 숫자이거나 그에 근접한 수를 적용하면 깨어진 순차의 서열변화가 가장 커지게 된다.

★ 잔류본수와 삭제본수의 합이 Motive 조직의 본수와 일치하면 2차 생성조직이 연속성을 가지므로 조직의 생성이 불안정하다.

다음은 연속성을 가진 조직형태에 대한 예시 조직도이다.

6매 조직	6매 조직	7매 조직	7매 조직	8매 조직	8매 조직
1잔류/5삭제	3잔류/3삭제	1잔류/6삭제	2잔류/5삭제	2잔류/6삭제	3잔류/5삭제

* 삭제본수가 Motive 부분조직의 직점 수와 동일하거나 배수이면 생성 조직이 Up down으로 연속성을 가진다.

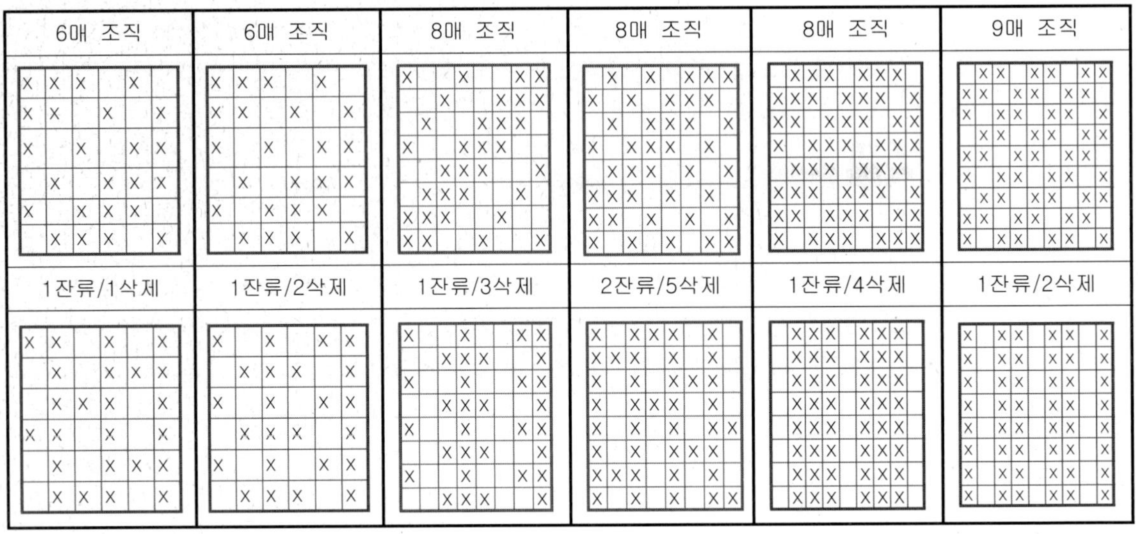

6매 조직	6매 조직	8매 조직	8매 조직	8매 조직	9매 조직
1잔류/1삭제	1잔류/2삭제	1잔류/3삭제	2잔류/5삭제	1잔류/4삭제	1잔류/2삭제

* 잔류 1일 때, 삭제본수는 Motive 조직 원 리피트 본수를 2로 나눈 수에 1을 줄인 수를 기준으로 2차 생성조직은 좌우로 대칭을 이룬다.
결과의 수가 자연수(Motive 조직 원 리피트 본수가 짝수)이면 그 수를 기준으로 2차 생성조직은 좌우로 대칭을 이루고, 결과의 수가 소수(Motive 조직 원 리피트 본수가 홀수)이면 기준조직 없이 소수의 좌우 자연수가 2차 생성조직의 대칭을 이룬다.

Motive 조직 원 리피트 본수가 짝수(8매 조직)의 예.
8/2-1=3 즉 3제거 조직을 기준으로 2와 4제거, 1과 5제거, 0과 6제거가 대칭을 이룬다.

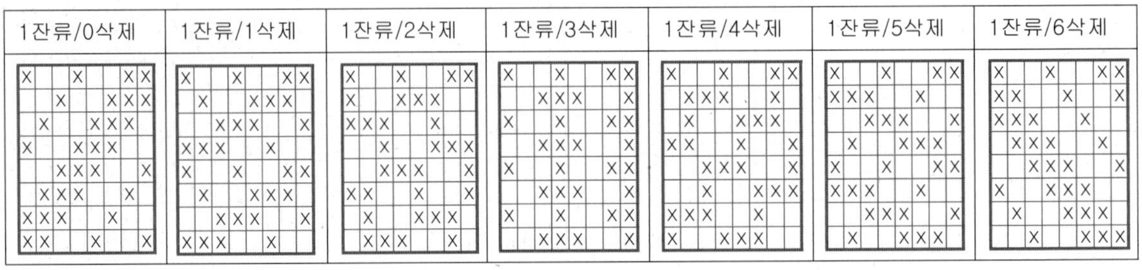

1잔류/0삭제	1잔류/1삭제	1잔류/2삭제	1잔류/3삭제	1잔류/4삭제	1잔류/5삭제	1잔류/6삭제

Motive 조직 원 리피트 본수가 홀수(9매 조직)일 때의 예.
9/2-1=3.5 기준조직 없이 소수의 좌우 자연수인 3과 4제거, 2와 5제거, 1과 6제거가 대칭.

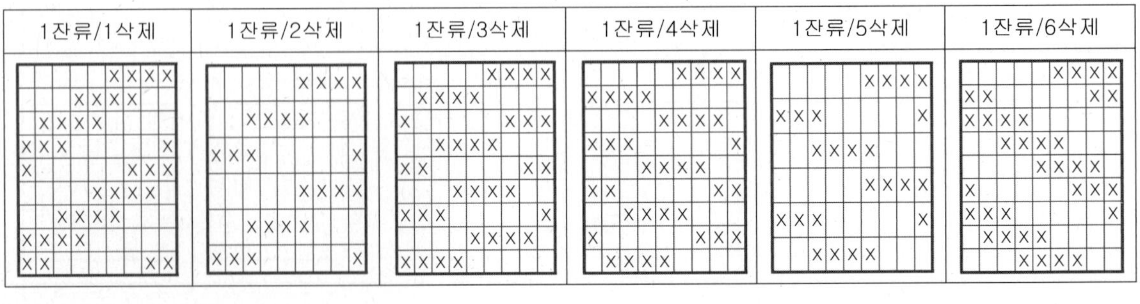

1잔류/1삭제	1잔류/2삭제	1잔류/3삭제	1잔류/4삭제	1잔류/5삭제	1잔류/6삭제

* 잔류조직에 상관없이, 삭제본수가 Motive 조직 원 리피트 본수와 동일하면 2차 생성 조직은 Motive조직으로 환원 되고, 삭제본수가 Motive조직의 본수를 초과하면 Motive조직의 본수를 나눈 나머지의 수로 환원 된다.

다음은 7매 조직의 잔류와 삭제에 따른 2차 생성조직의 변화도이다. 삭제가 7본이면 7-7=0이 되며 삭제본수 0본, 즉 Motive조직으로 환원된다. 9본 삭제 시 9-7=2가 되며 삭제본수 2본의 조직과 동일한 조직이 유도된다.

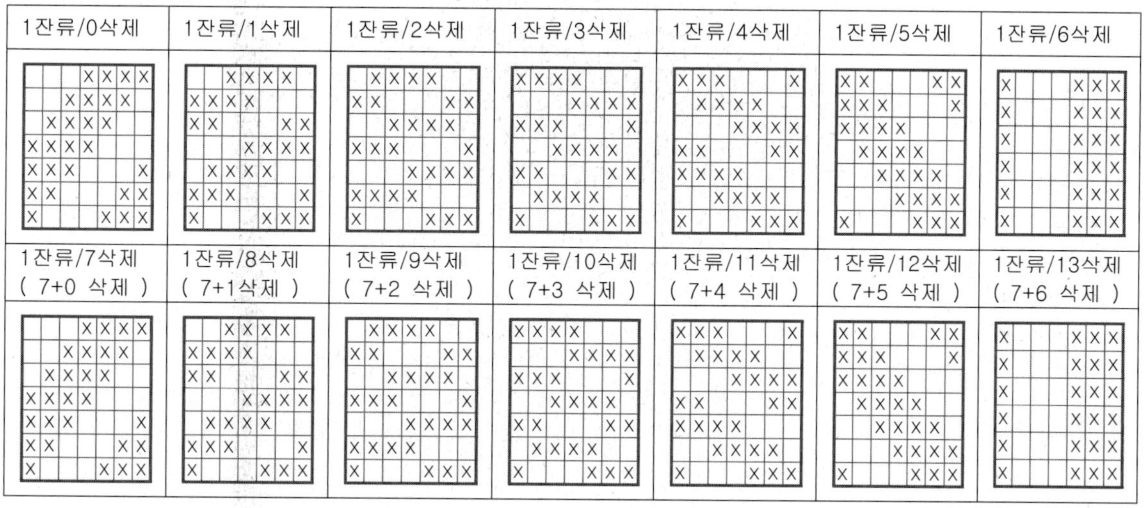

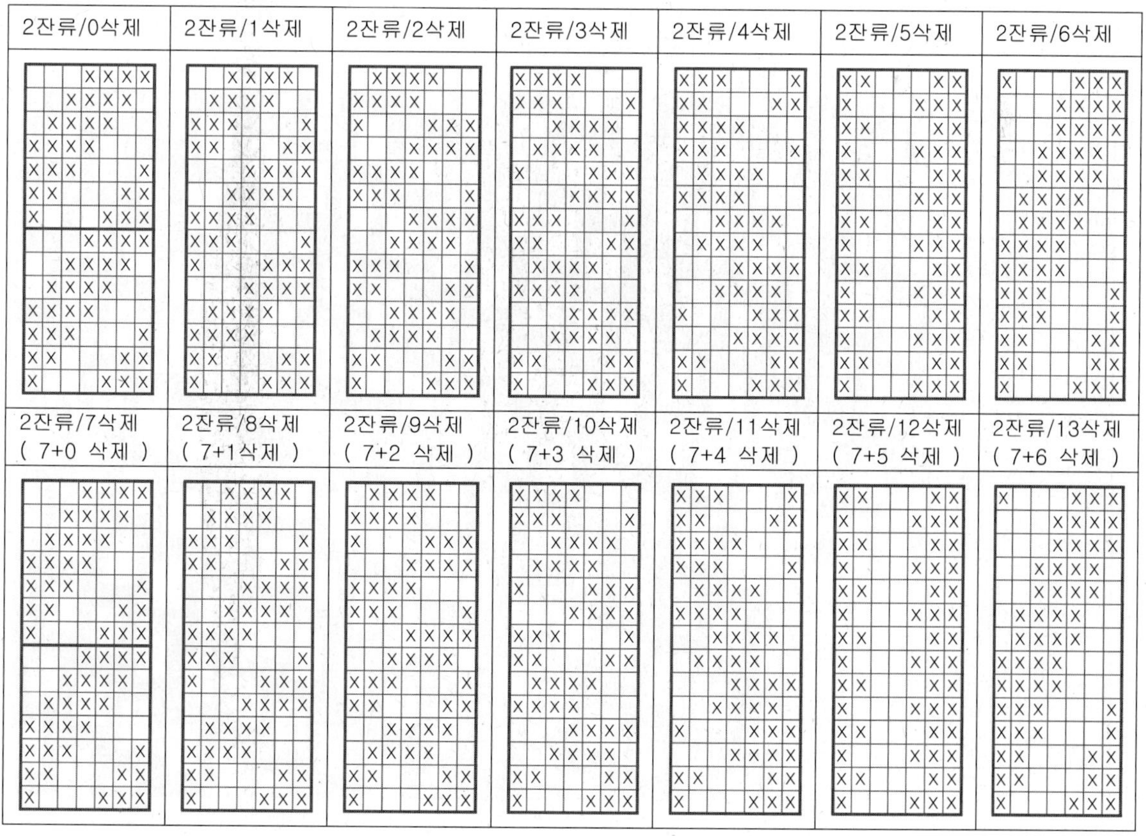

1잔류/0삭제	1잔류/1삭제	1잔류/2삭제	1잔류/3삭제	1잔류/4삭제	1잔류/5삭제	1잔류/6삭제

1잔류/7삭제 (7+0 삭제)	1잔류/8삭제 (7+1삭제)	1잔류/9삭제 (7+2 삭제)	1잔류/10삭제 (7+3 삭제)	1잔류/11삭제 (7+4 삭제)	1잔류/12삭제 (7+5 삭제)	1잔류/13삭제 (7+6 삭제)

2잔류/0삭제	2잔류/1삭제	2잔류/2삭제	2잔류/3삭제	2잔류/4삭제	2잔류/5삭제	2잔류/6삭제

2잔류/7삭제 (7+0 삭제)	2잔류/8삭제 (7+1삭제)	2잔류/9삭제 (7+2 삭제)	2잔류/10삭제 (7+3 삭제)	2잔류/11삭제 (7+4 삭제)	2잔류/12삭제 (7+5 삭제)	2잔류/13삭제 (7+6 삭제)

* 생성된 조직이 Motive 조직 원 리피트 본수 이하이면 상하 노출도의 격차가 발생하여 조직의 생성이 불안정하다.

* 잔류본수와 제거본수의 합이 Motive조직의 원 리피트 본수에서 2를 줄인 수 이하의 본수로 2차 조직을 유도하면 대칭조직을 피할 수 있으며 2차 조직 생성이 능률적이다.

　[위사삭제 유도법]의 조직 생성 이론과 조직 유도 방법에 대한 설명은 위사 조직선을 삭제하여 2차 조직으로 유도 생성하는 기법이며, 경사 삭제에도 동일한 이론이 성립한다.
　[위사삭제 유도법]으로 유도 생성한 2차 조직을 3차, 4차로 유도해도 동일한 이론이 성립하며, 더욱 넓은 영역으로 조직의 확대가 가능하다.

1) 다음은 [직물조직 유도법] 중, 위사 삭제에 의한 조직 유도 방법에 대한 설명이다.

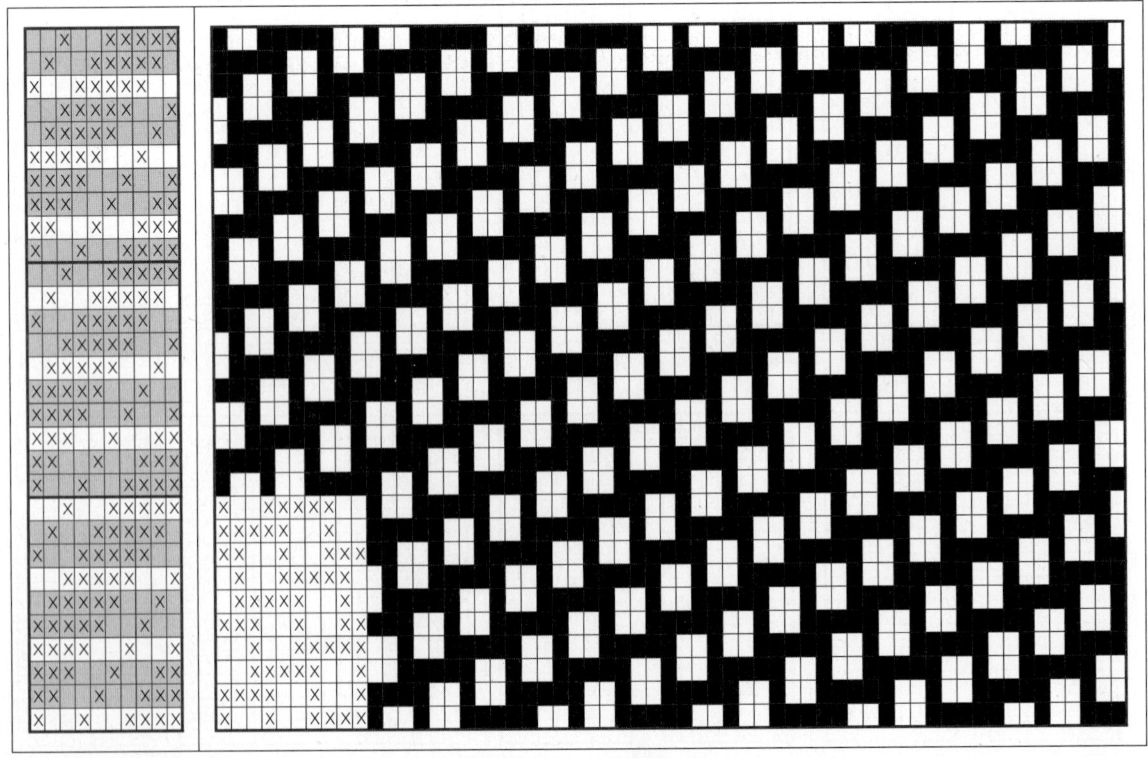

좌측 조직은 10매 Twill (5/2, 1/2)이다.

아래는 좌측 모티브를 가지고 [위사삭제 유도법]으로 규칙적인 기본 변화만 적용하여 22개의 2차 조직을 유도한 예이다.
　잔류와 삭제의 변화를 다르게 적용하면 아래 예시보다 더 많은 2차 조직의 유도 생성이 가능하며, 그 수는 수리적 무한대를 이룰 수 있다.

　① 다음은 좌측 Motive 조직에서 잔류(White) 1과 삭제(Gray) 2를 반복하여 우측의 조직으로 유도한 예이다. 종광 10매, 조직 원 리피트 10본x10본.

② 다음은 좌측 Motive 조직에서 잔류(White) 1과 삭제(Gray) 1을 반복하여 우측의 조직으로 유도한 예이다. 종광 10매, 조직 원 리피트 10본x5본.

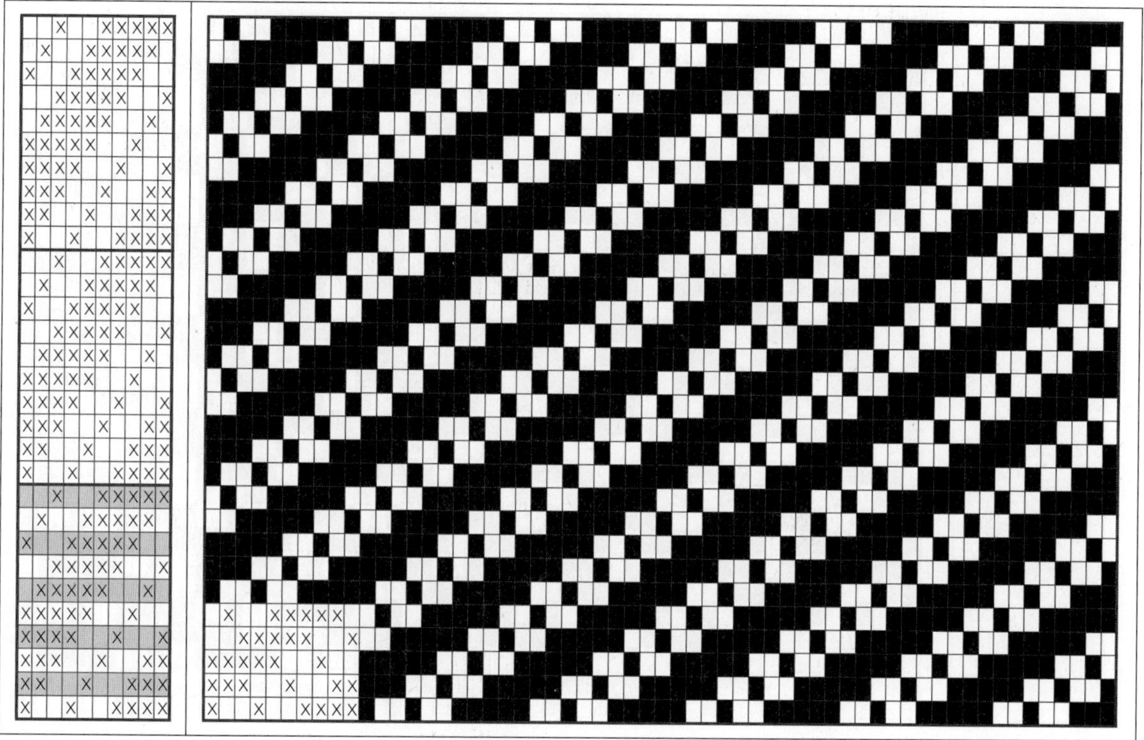

③ 다음은 좌측 Motive 조직에서 잔류(White) 1과 삭제(Gray) 3을 반복하여 우측의 조직으로 유도한 예이다. 종광 10매, 조직 원 리피트 10본x5본.

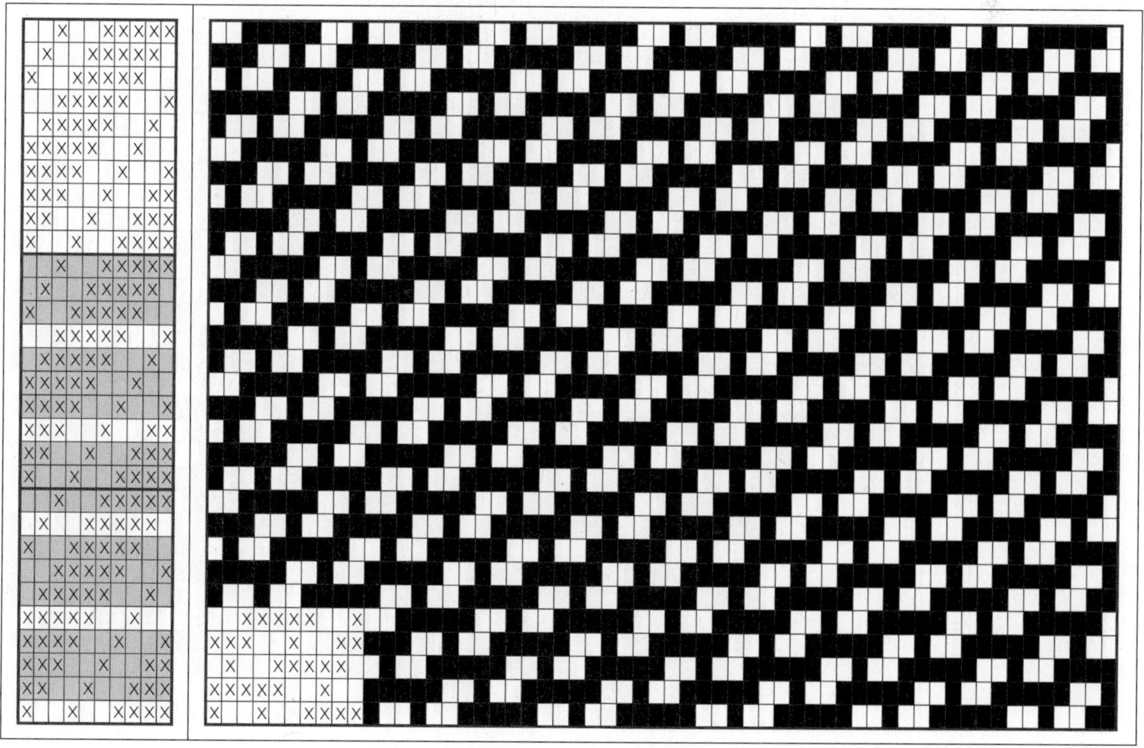

④ 다음은 좌측 Motive 조직에서 잔류(White) 1과 삭제(Gray) 1, 잔류(White) 1과 삭제(Gray) 2를 반복하여 우측의 조직으로 유도한 예이다. 종광 10매, 조직 원 리피트 10본x4본.

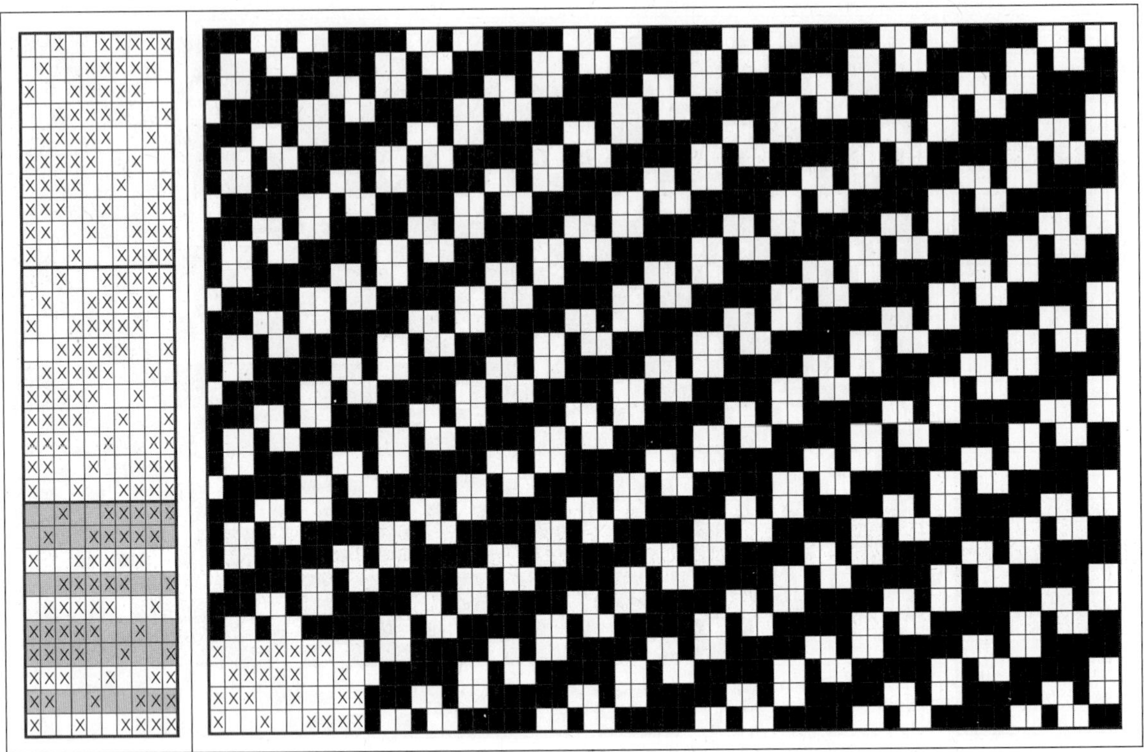

⑤ 다음은 좌측 Motive 조직에서 잔류(White) 1과 삭제(Gray) 1, 잔류(White) 1과 삭제(Gray) 3을 반복하여 우측의 조직으로 유도한 예이다. 종광 10매, 조직 원 리피트 10본x10본.

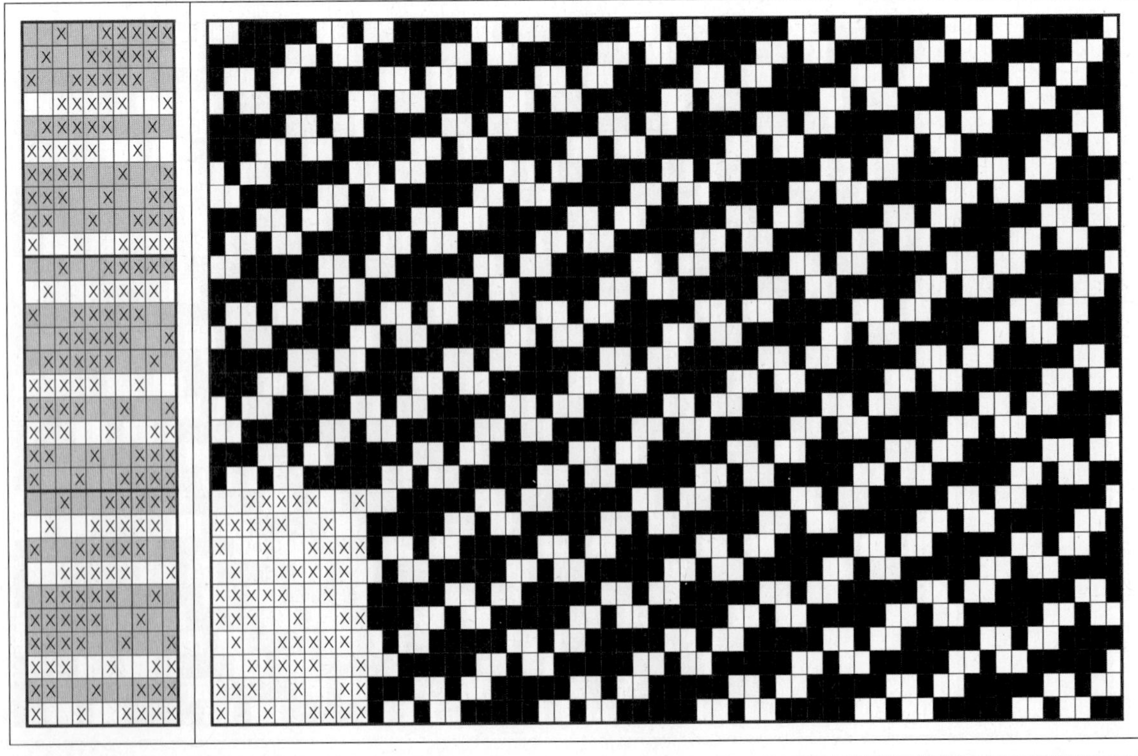

⑥ 다음은 좌측 Motive 조직에서 잔류(White) 1과 삭제(Gray) 4, 잔류(White) 1과 삭제(Gray) 1을 반복하여 우측의 조직으로 유도한 예이다. 종광 10매, 조직 원 리피트 10본x20본.

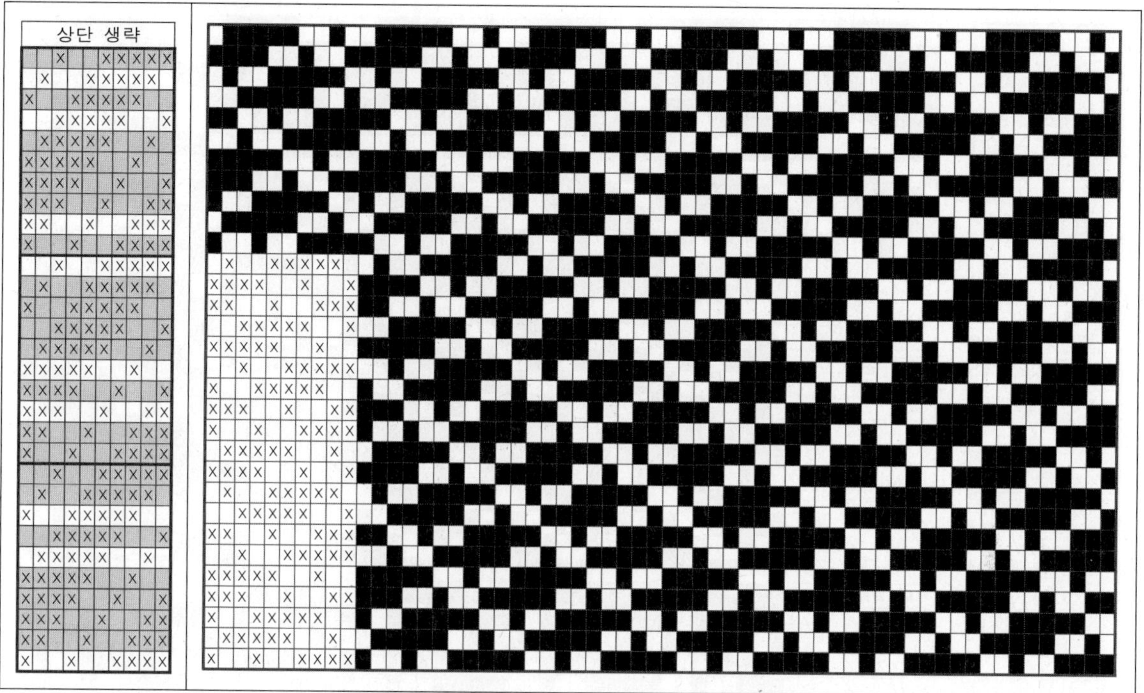

⑦ 다음은 좌측 Motive 조직에서 잔류(White) 1과 삭제(Gray) 1, 잔류 1과 삭제 2, 잔류 1과 삭제 1, 잔류 1과 삭제 3을 반복하여 우측의 조직으로 유도한 예이다. 종광 10매, 조직 원 리피트 10본x40본.

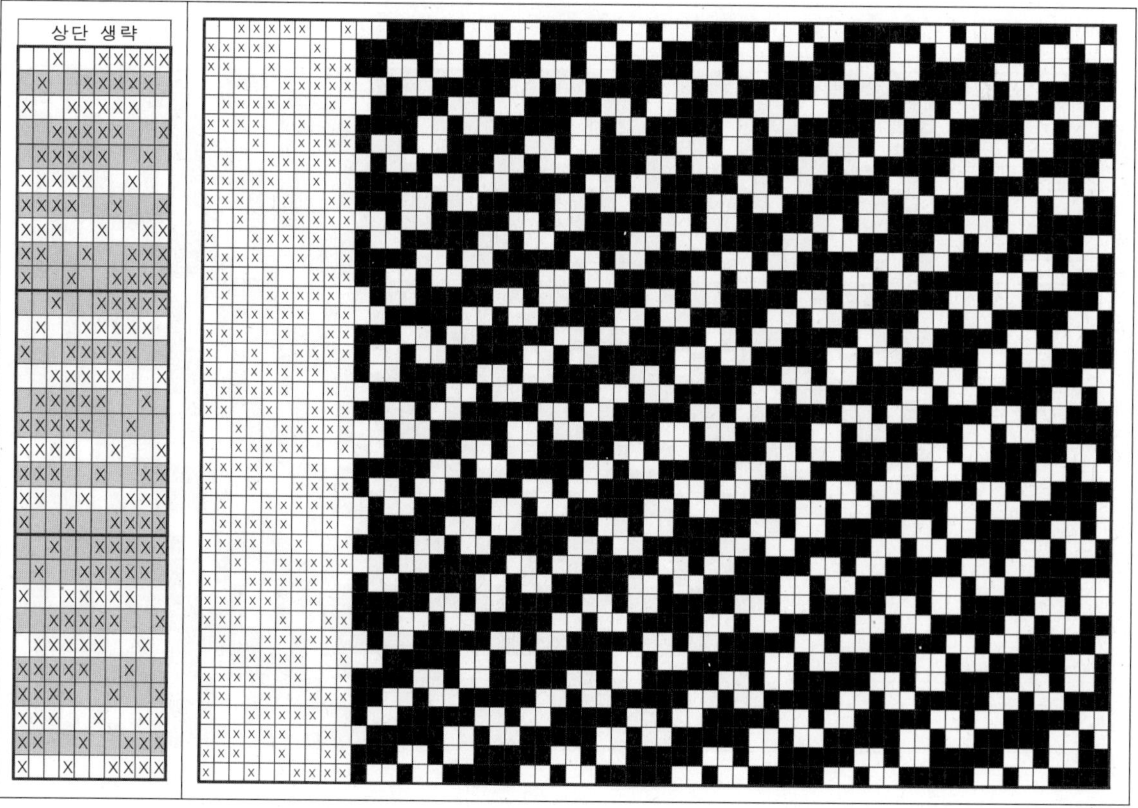

⑧ 다음은 잔류(White)1과 삭제(Gray)1, 잔류(White)1과 삭제(Gray)2, 잔류(White)1과 삭제(Gray)1, 잔류(White)1과 삭제(Gray)4를 반복하여 우측의 조직으로 유도. 종광 10매, 조직 원 리피트 10x20매.

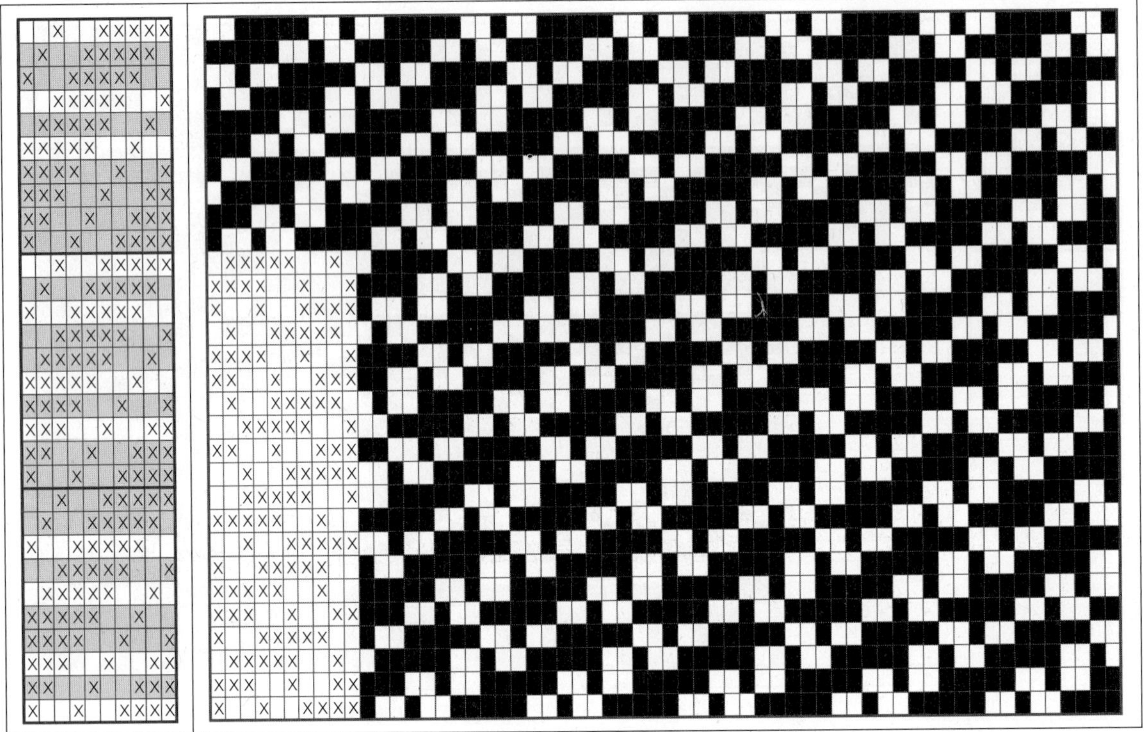

⑨ 다음은 좌측 Motive 조직에서 잔류(White) 2와 삭제(Gray) 2를 반복하여 우측의 조직으로 유도한 예이다. 종광 10매, 조직 원 리피트 10본x10본.

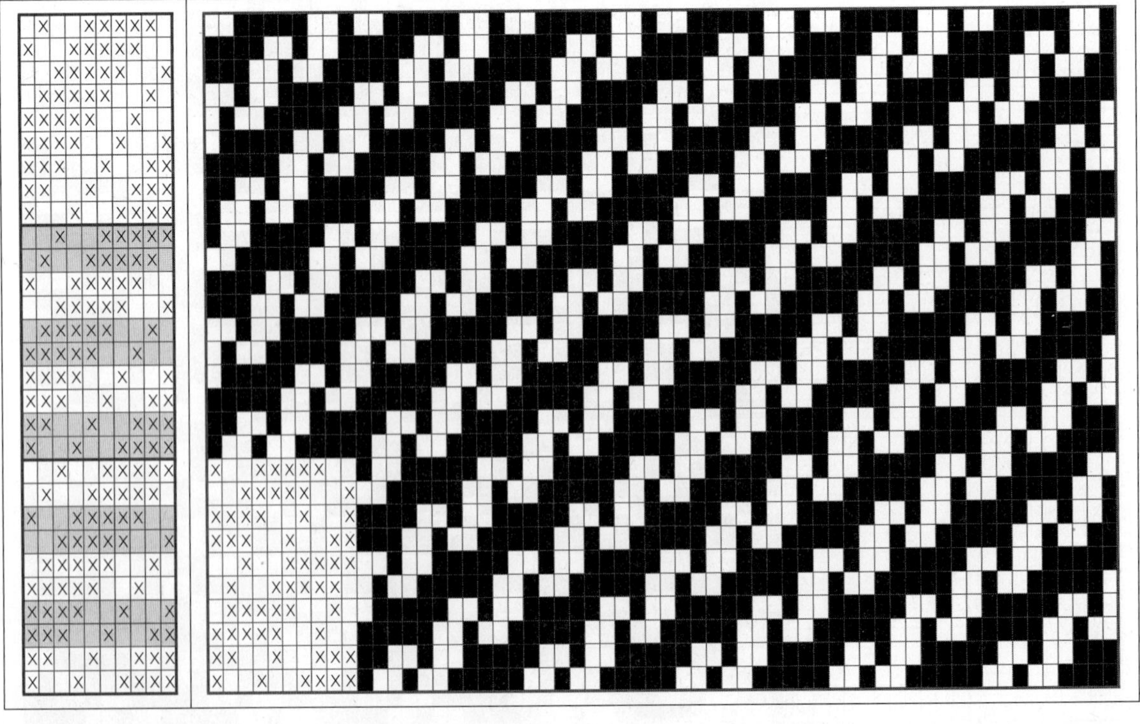

⑩ 다음은 좌측 Motive 조직에서 잔류(White) 2와 삭제(Gray) 3을 반복하여 우측의 조직으로 유도한 예이다. 종광 10매, 조직 원 리피트 10본x4본.

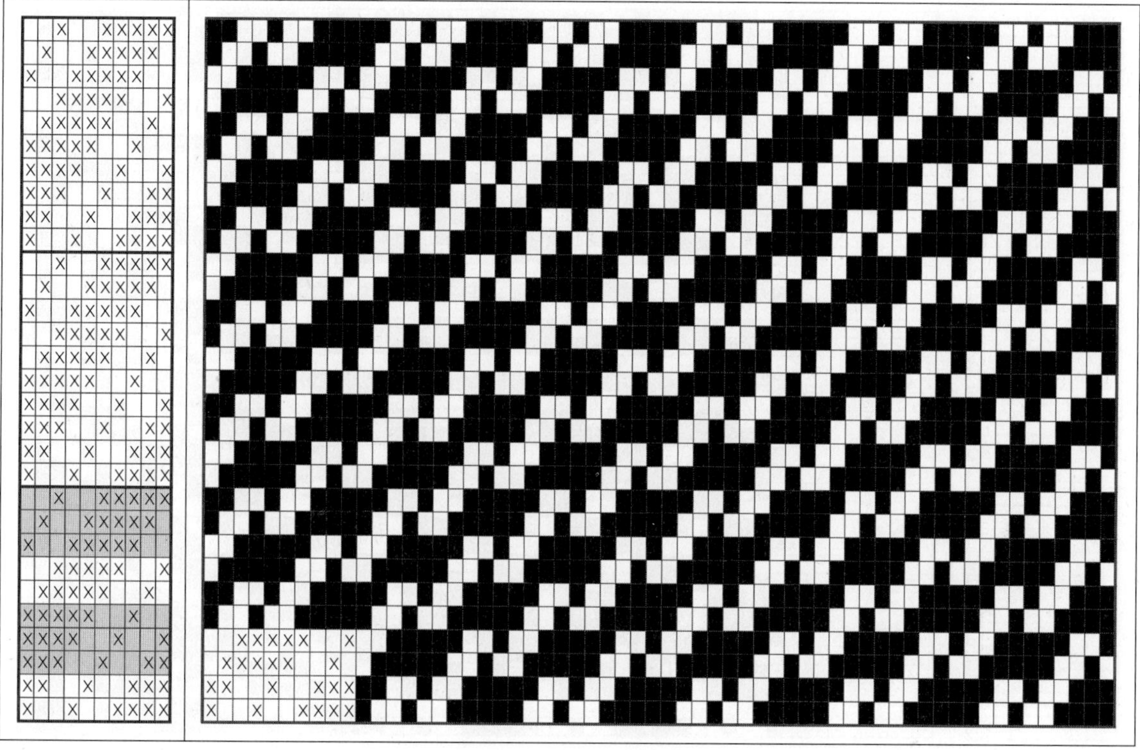

⑪ 다음은 좌측 Motive 조직에서 잔류(White) 2와 삭제(Gray) 4를 반복하여 우측의 조직으로 유도한 예이다. 종광 10매, 조직 원 리피트 10본x10본.

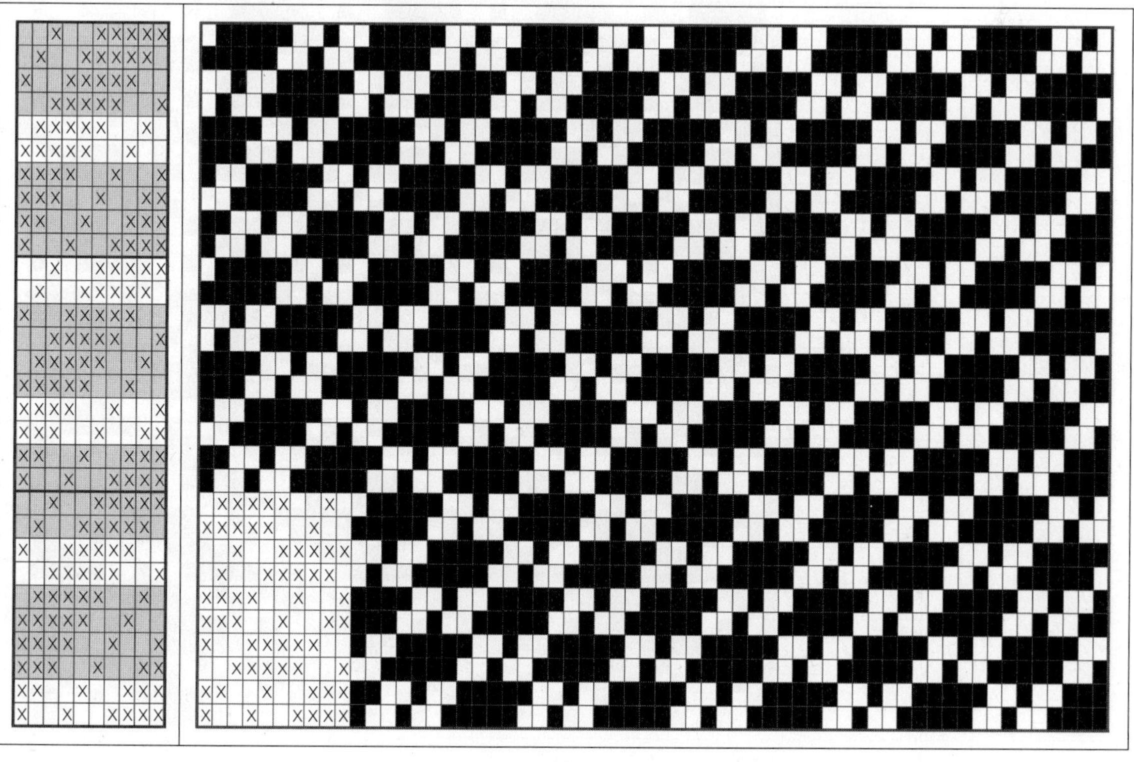

⑫ 다음은 좌측 Motive 조직에서 잔류(White) 2와 삭제(Gray) 2, 잔류(White) 2와 삭제(Gray) 3을
반복하여 우측의 조직으로 유도한 예이다. 종광 10매, 조직 원 리피트 10본x40본.

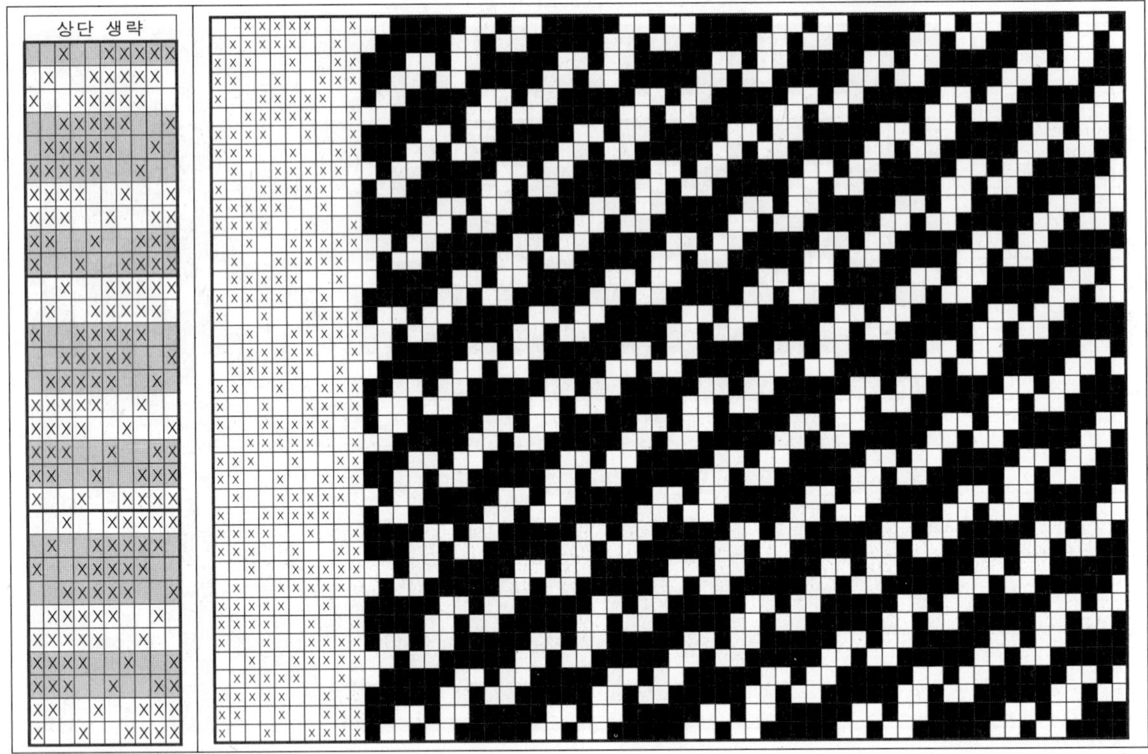

⑬ 다음은 좌측 Motive 조직에서 잔류(White) 2와 삭제(Gray) 1, 잔류(White) 2와 삭제(Gray) 4를
반복하여 우측의 조직으로 유도한 예이다. 종광 10매, 조직 원 리피트 10본x40본.

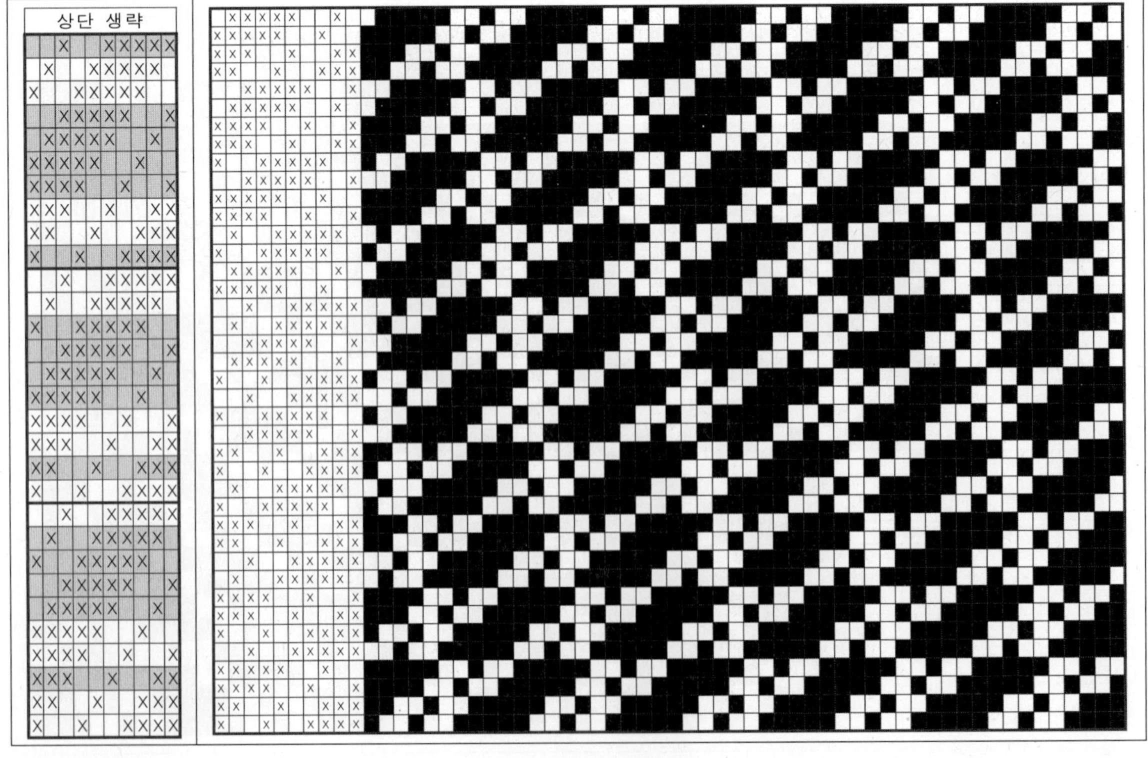

⑭ 다음은 좌측 Motive 조직에서 잔류(White) 3과 삭제(Gray) 2를 반복하여 우측의 조직으로 유도한 예이다. 종광 10매, 조직 원 리피트 10본x6본.

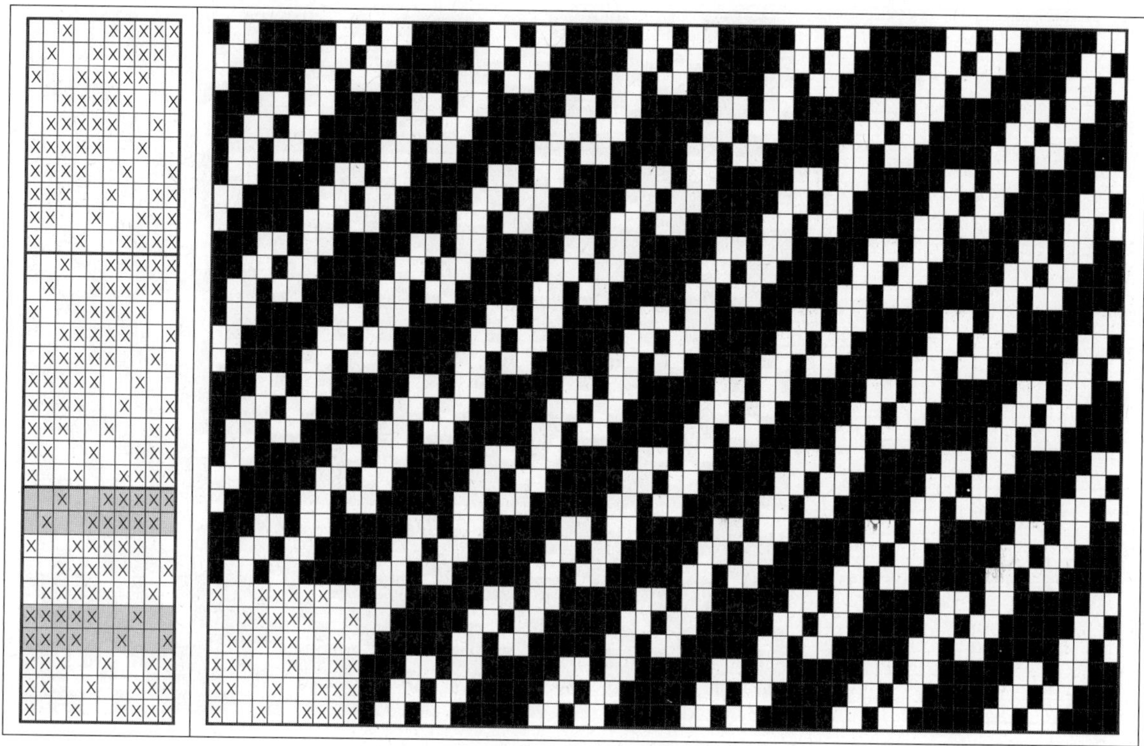

⑮ 다음은 좌측 Motive 조직에서 잔류(White) 3과 삭제(Gray) 3을 반복하여 우측의 조직으로 유도한 예이다. 종광 10매, 조직 원 리피트 10본x15본.

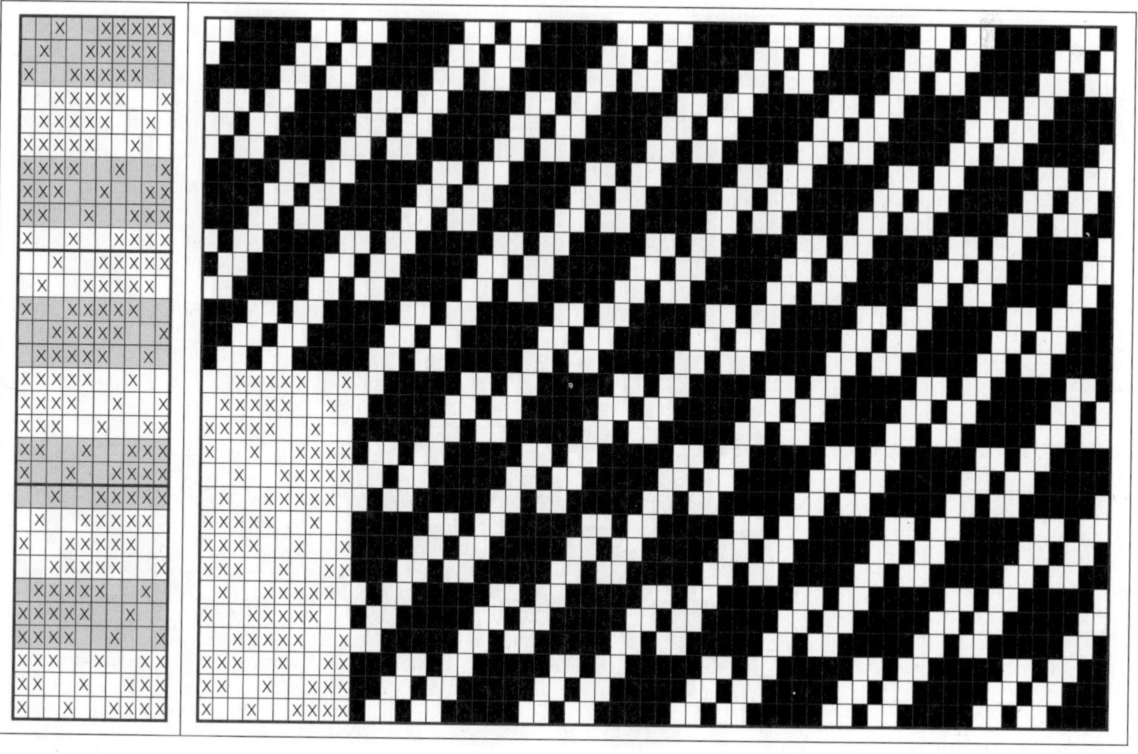

⑯ 다음은 좌측 Motive 조직에서 잔류(White) 3과 삭제(Gray) 4를 반복하여 우측의 조직으로 유도한 예이다. 종광 10매, 조직 원 리피트 10본x30본.

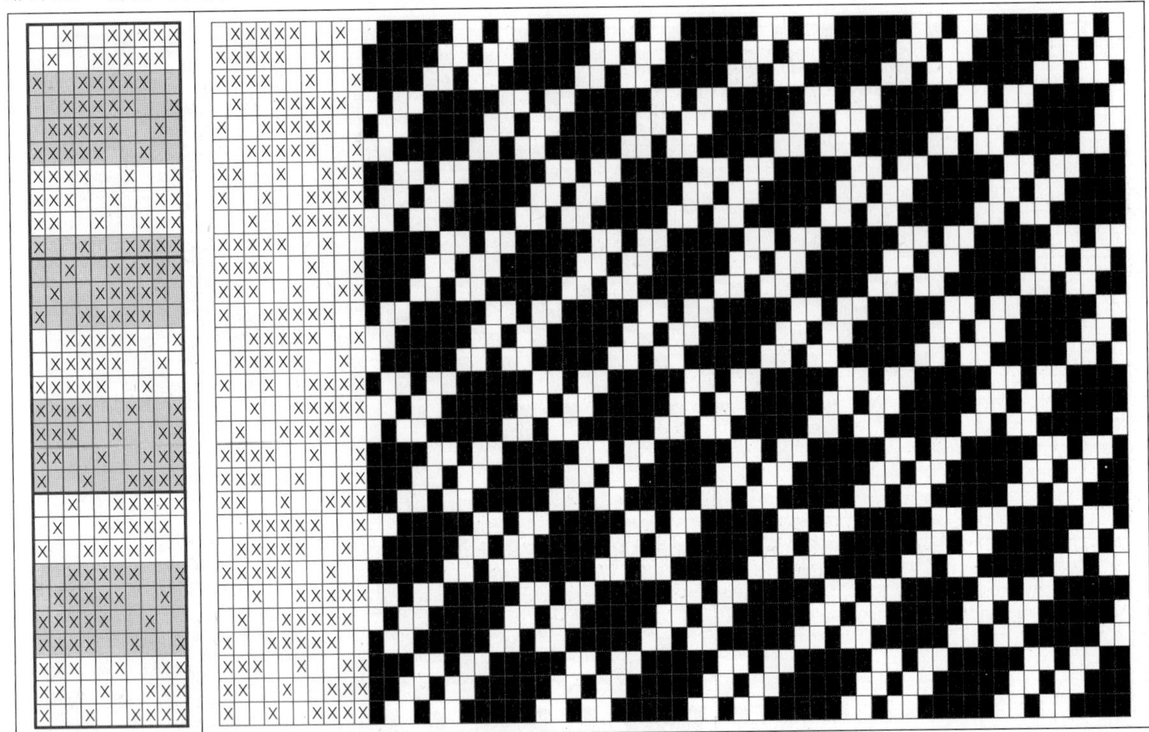

⑰ 다음은 좌측 Motive 조직에서 잔류(White) 3과 삭제(Gray) 2, 잔류(White) 3과 삭제(Gray) 4를 반복하여 우측의 조직으로 유도한 예이다. 종광 10매, 조직 원 리피트 10본x30본.

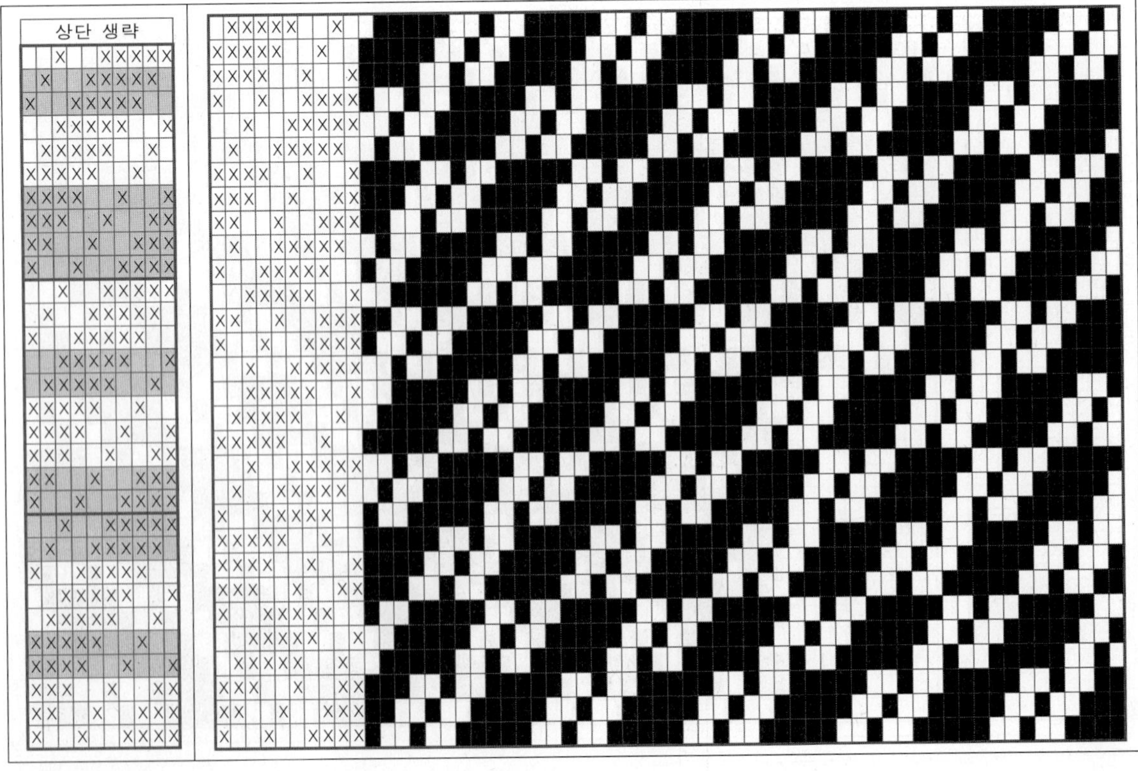

⑱ 다음은 좌측 Motive 조직에서 잔류(White) 4와 삭제(Gray) 4를 반복하여 우측의 조직으로 유도한 예이다. 종광 10매, 조직 원 리피트 10본x20본.

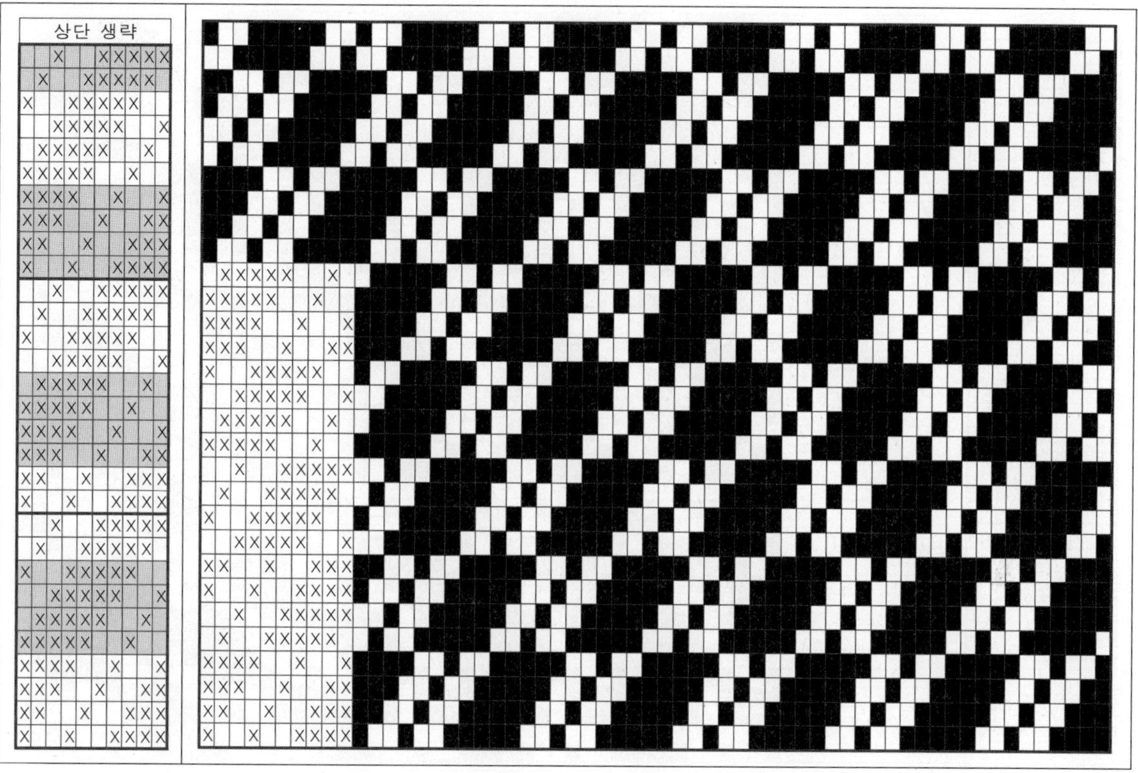

⑲ 다음은 Motive 좌측 Motive 조직에서 잔류(White) 4와 삭제(Gray) 2를 반복하여 우측의 조직으로 유도한 예이다. 종광 10매, 조직 원 리피트 10본x20본.

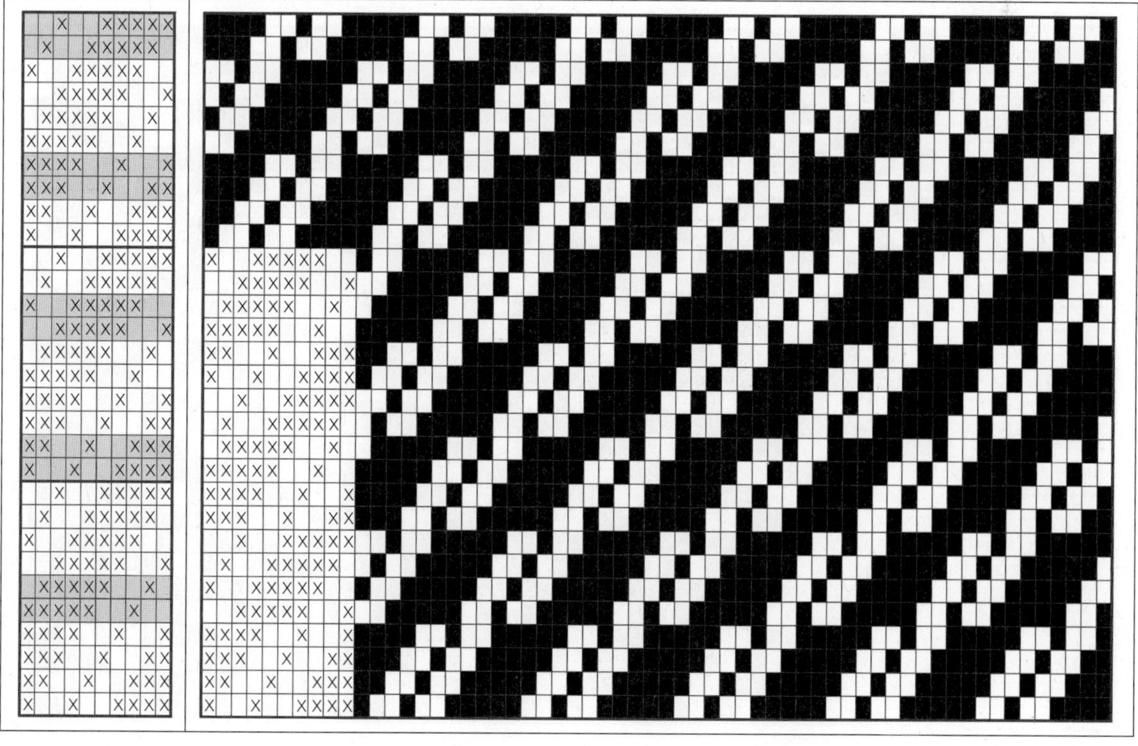

⑳ 다음은 좌측 Motive 조직에서 잔류(White) 4와 삭제(Gray) 3을 반복하여 우측의 조직으로 유도한 예이다. 종광 10매, 조직 원 리피트 10본x40본.

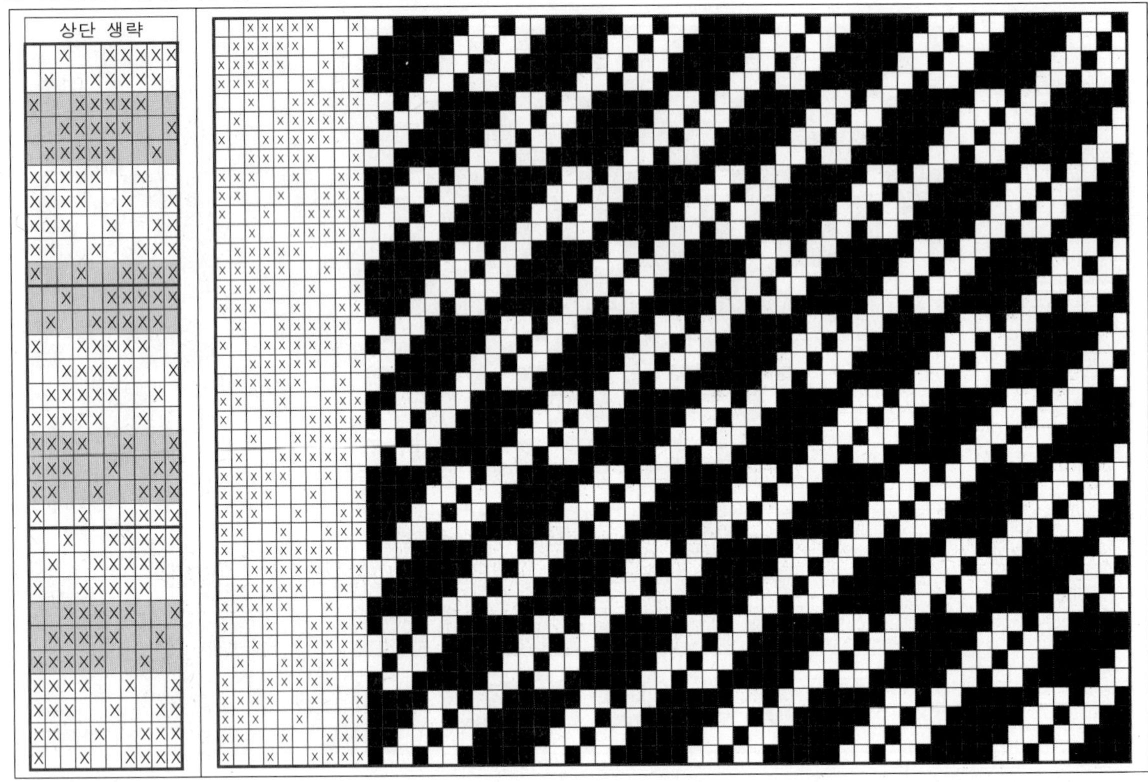

㉑ 다음은 좌측 Motive 조직에서 잔류(White) 1과 삭제(Gray) 2, 잔류(White) 1과 삭제(Gray) 4를 반복하여 우측의 조직으로 유도한 예이다. 종광 10매, 조직 원 리피트 10본x10본.

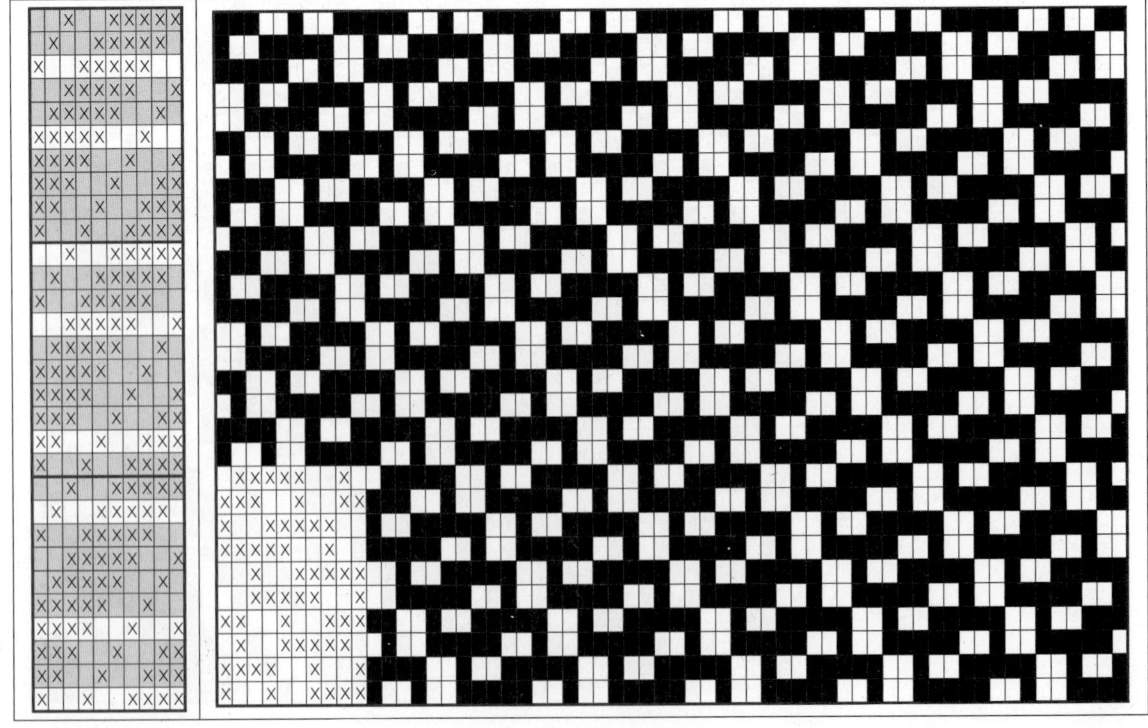

㉒ 다음은 좌측 Motive 조직에서 잔류(White) 4와 삭제(Gray) 2, 잔류(White) 2와 삭제(Gray) 2, 잔류(White) 4와 삭제(Gray) 2, 잔류(White) 3과 삭제(Gray) 2를 반복하여 우측의 조직으로 유도한 예이다. 종광 10매, 조직 원 리피트 10본x130본.

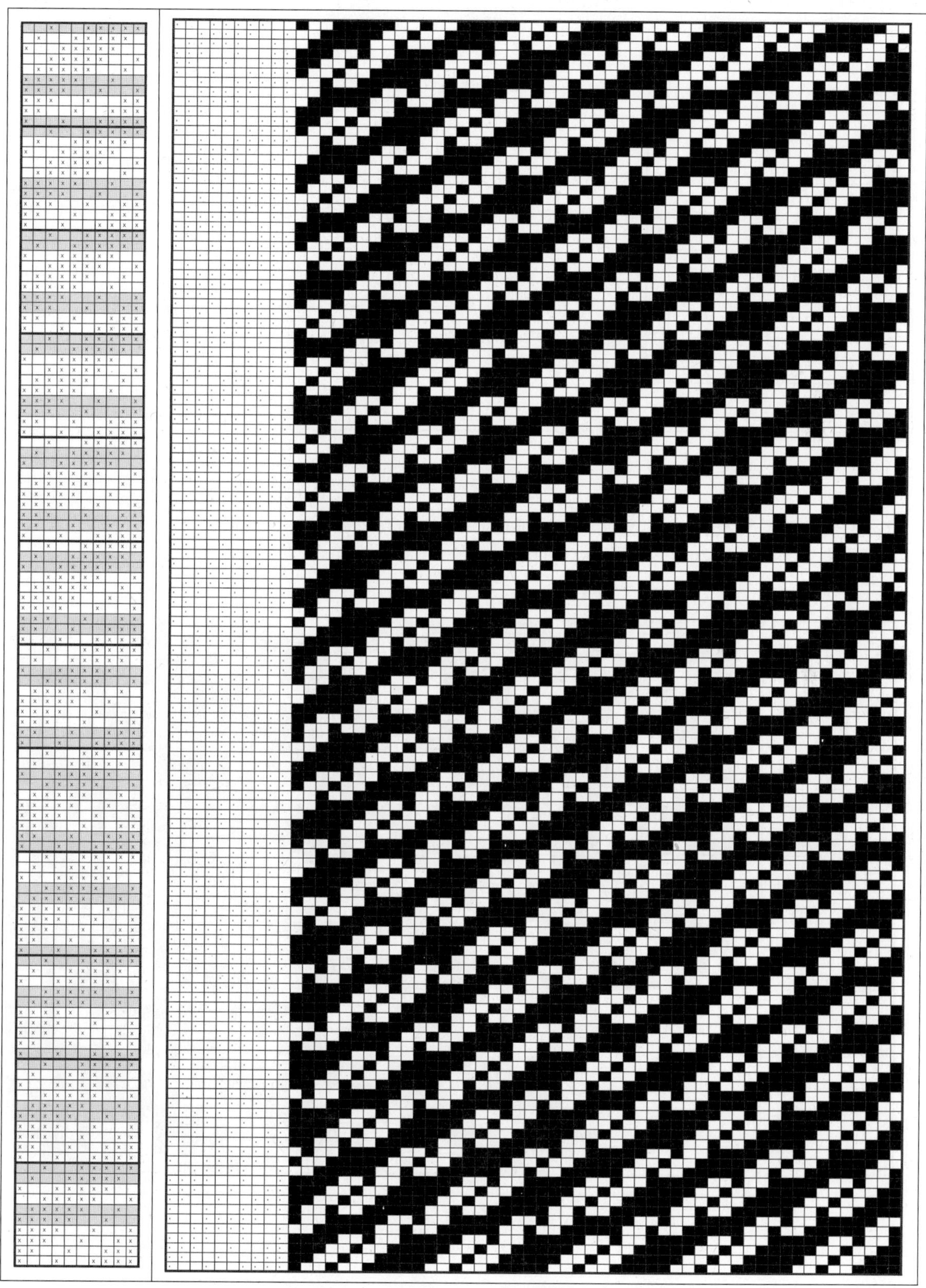

위에서는 짝수조직인 10매 Twill (5/2, 1/2)에 대한 [위사삭제 유도법]을 설명하였다.

2) 다음은 홀수조직인 11매 Twill (1/1, 4/1, 1/3)에 대한 작도법 중 위사삭제에 의한 조직 유도 방법에 대한 설명이다.

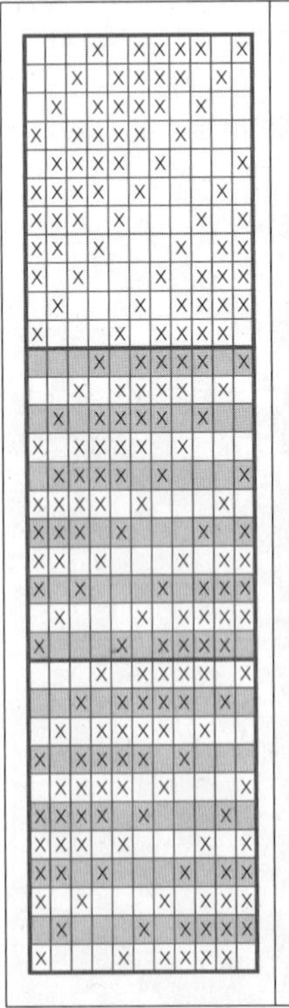

좌측 조직은 11매 Twill 조직(1/1, 4/1, 1/3)이다.

아래는 좌측 조직을 모티브로 하여, 위사 삭제 유도법으로 규칙적인 기본 변화만 적용하여 28개의 2차 조직을 작도한 예이다.

잔류와 삭제의 변화를 다르게 적용하면 아래 예시보다 더 많은 2차조직의 유도 생성이 가능하며, 그 수는 수리적 무한으로 유도가 가능하다.

① 다음은 좌측 Motive 조직에서 잔류(White) 1과 삭제(Gray) 1을 반복하여 우측의 조직으로 유도한 예이다. 종광 11매, 조직 원 리피트 11본x11본.

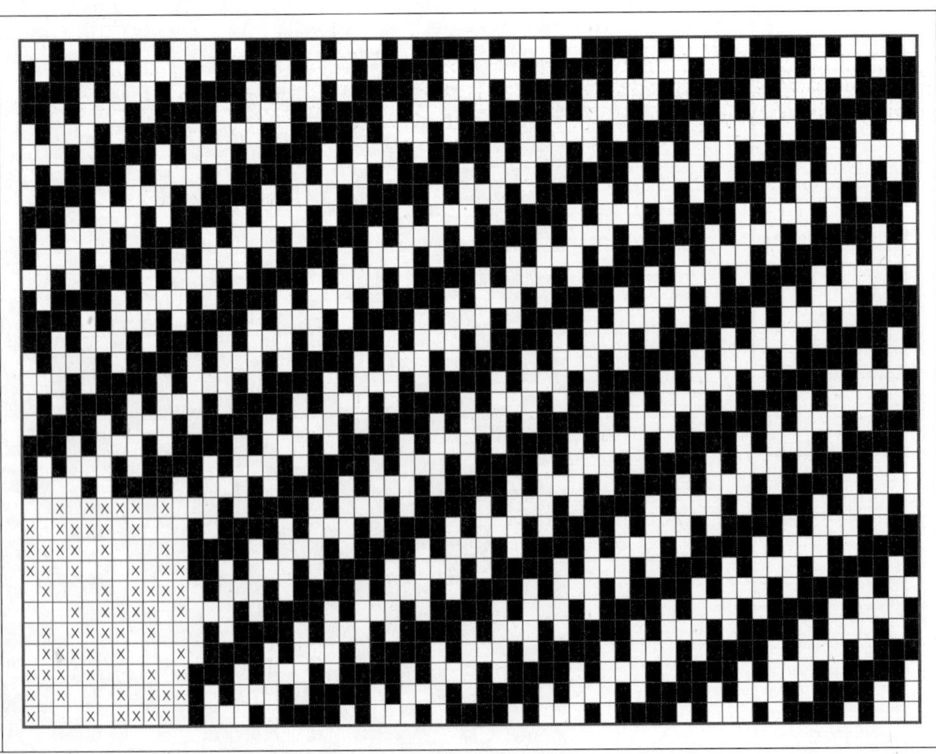

② 다음은 좌측 조직에서 잔류(White) 1과 삭제(Gray) 2를 반복하여 우측의 조직으로 유도한 예이다. 종광 11매, 조직 원 리피트 11본x11본.

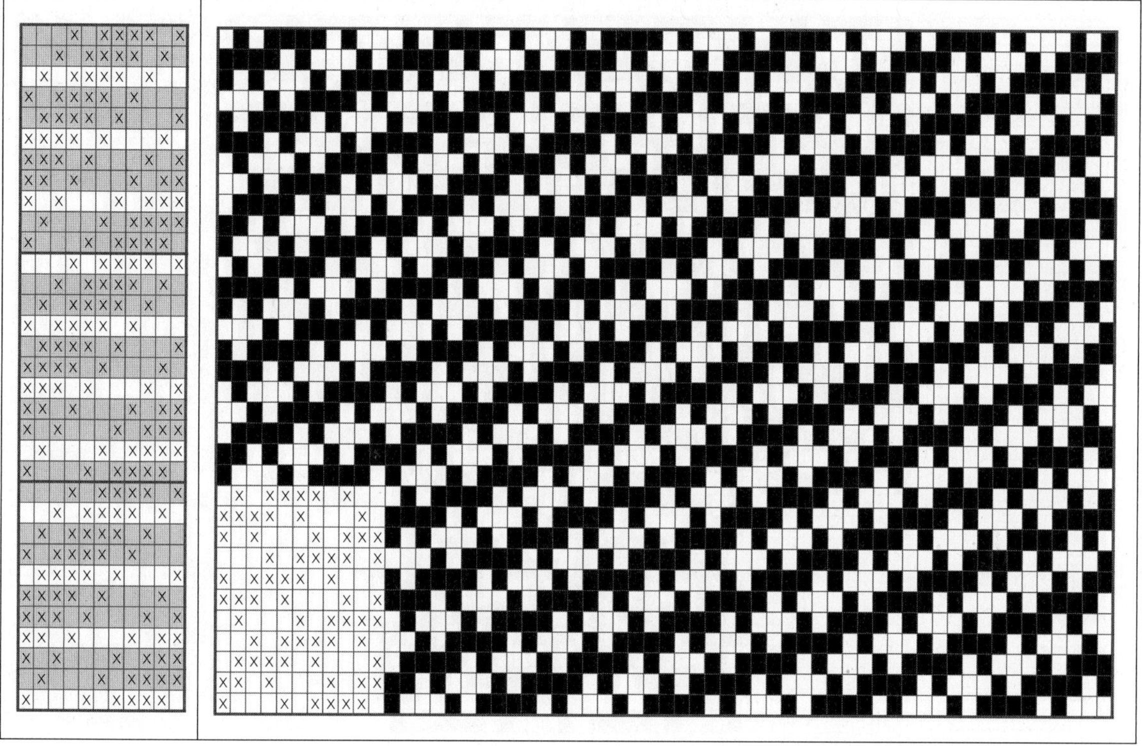

③ 다음은 좌측 조직에서 잔류(White) 1과 삭제(Gray) 4를 반복하여 우측의 조직으로 유도한 예이다. 종광 11매, 조직 원 리피트 11본x11본.

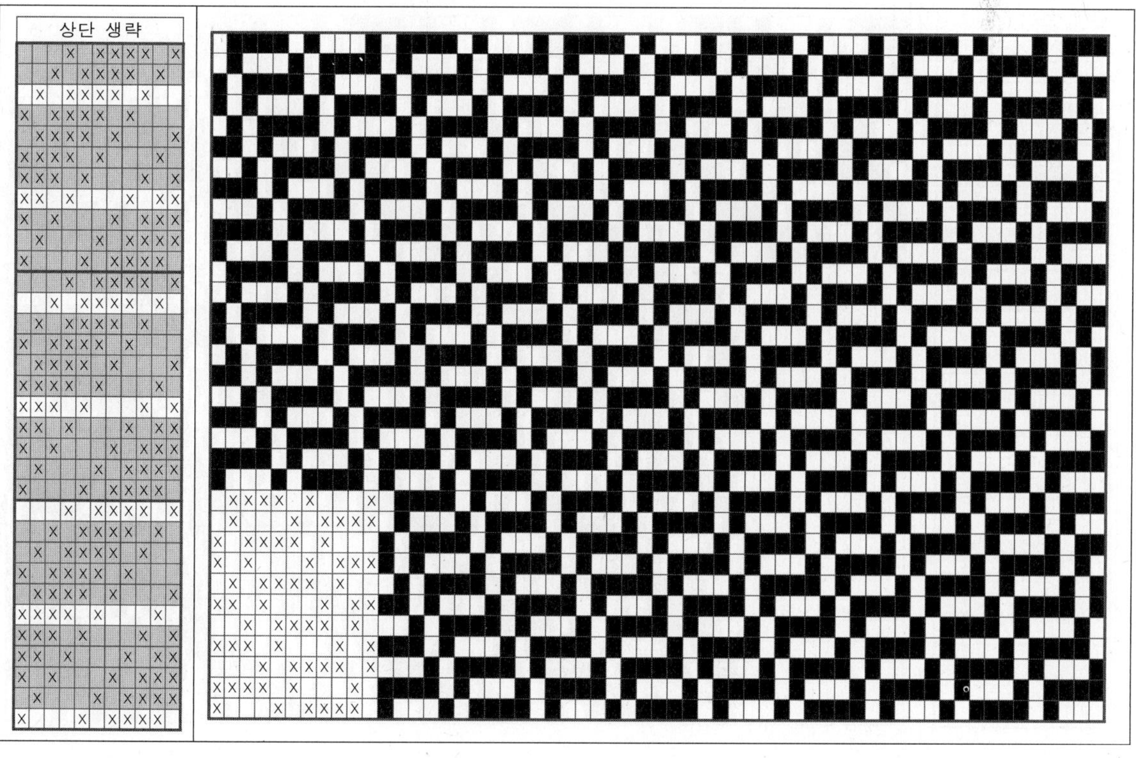

④ 다음은 좌측 Motive 조직에서 잔류(White) 1과 삭제(Gray) 3을 반복하여 우측의 조직으로 유도한 예이다. 종광 11매, 조직 원 리피트 11본x11본.

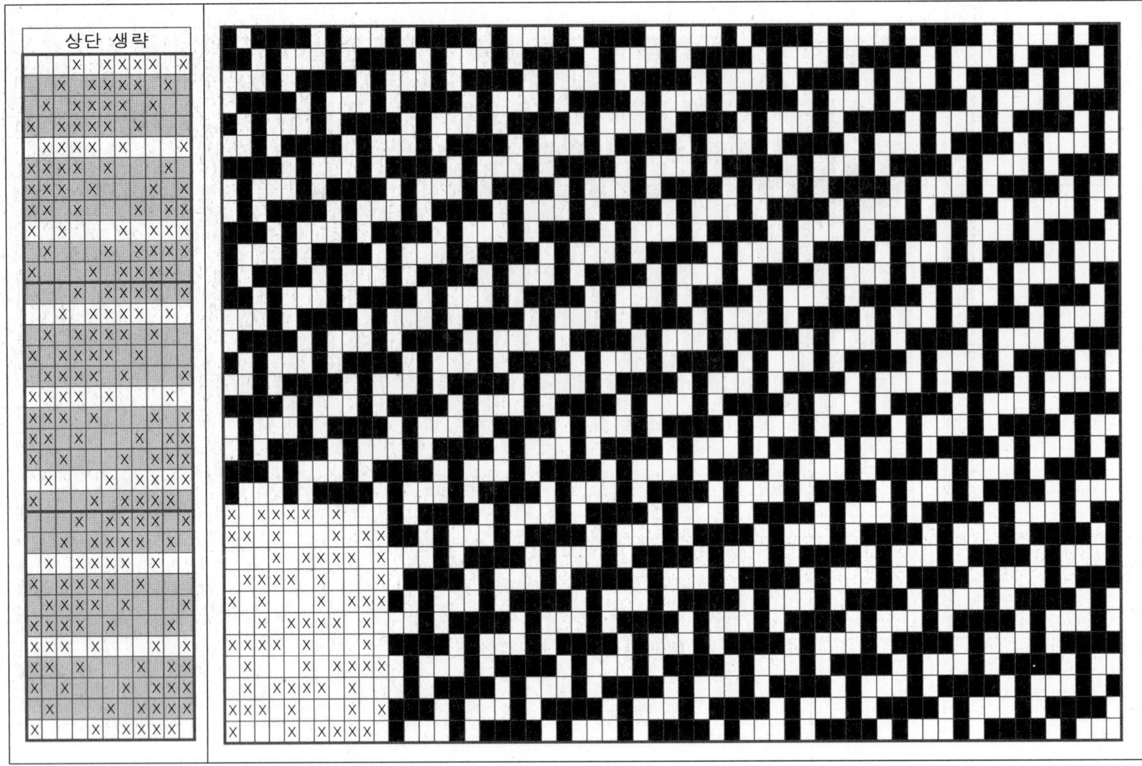

⑤ 다음은 좌측 Motive 조직에서 잔류(White) 2와 삭제(Gray) 1을 반복하여 우측의 조직으로 유도한 예이다. 종광 11매, 조직 원 리피트 11본x22본.

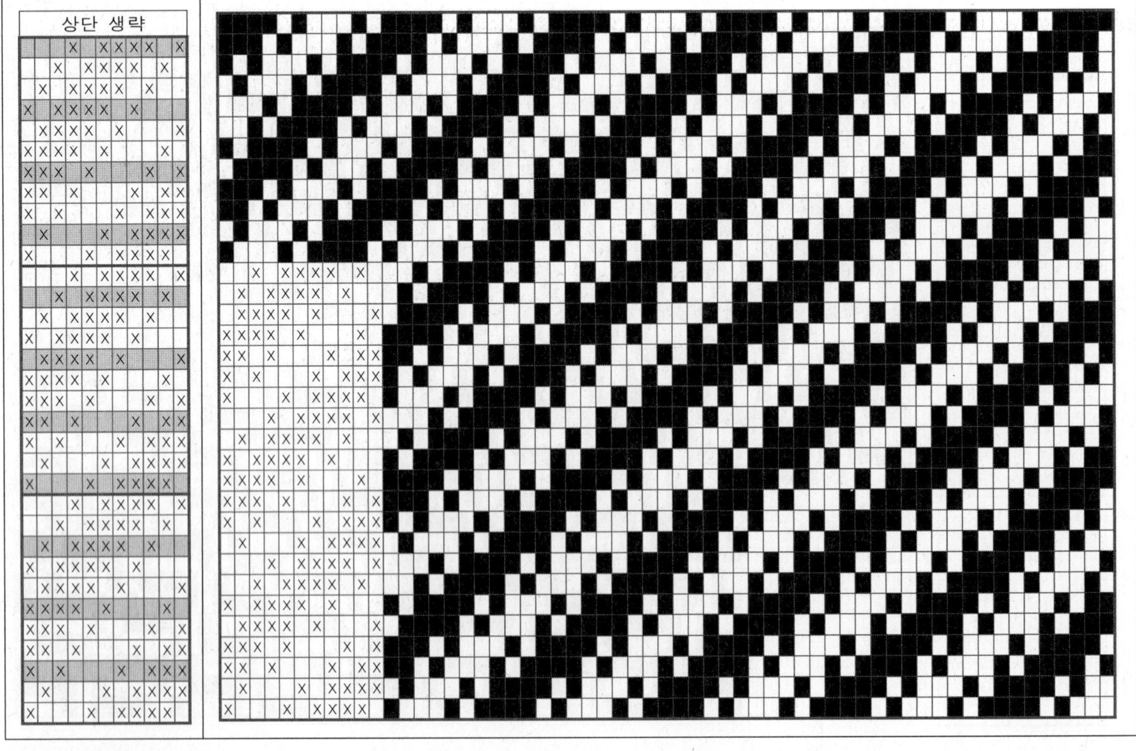

⑥ 다음은 좌측 Motive 조직에서 잔류(White) 2와 삭제(Gray) 2를 반복하여 우측의 조직으로 유도한 예이다. 종광 11매, 조직 원 리피트 11본x22본.

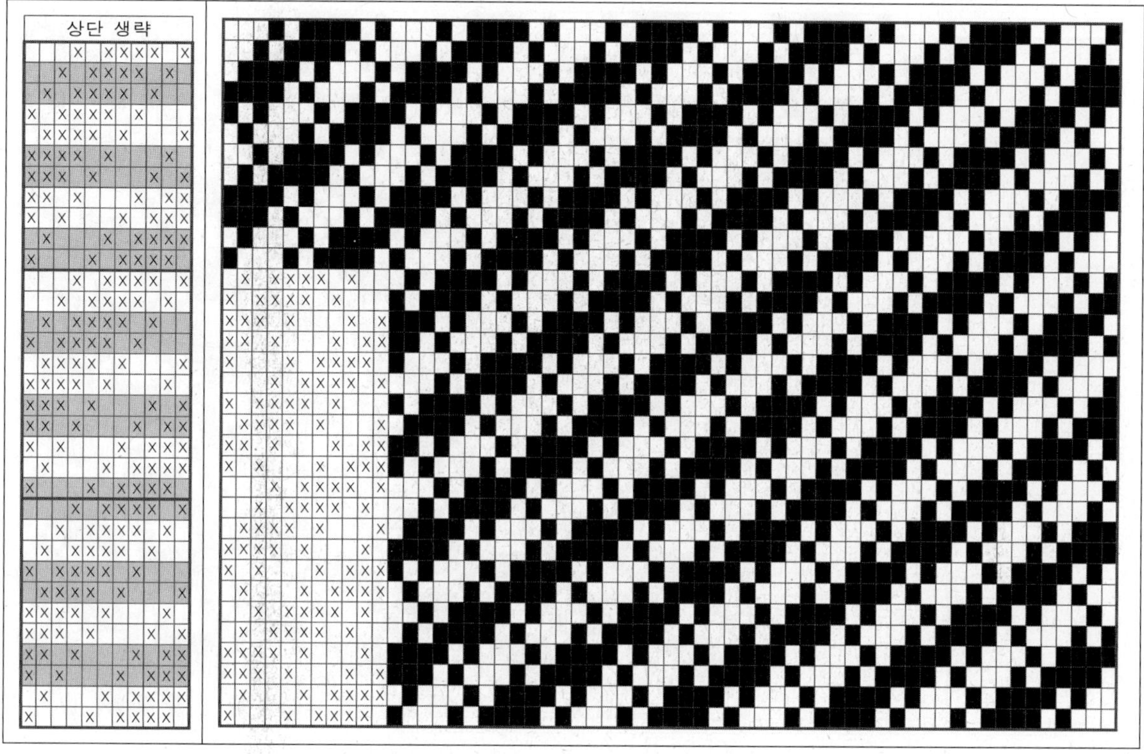

⑦ 다음은 좌측 Motive 조직에서 잔류(White) 2와 삭제(Gray) 3을 반복하여 우측의 조직으로 유도한 예이다. 종광 11매, 조직 원 리피트 11본x22본.

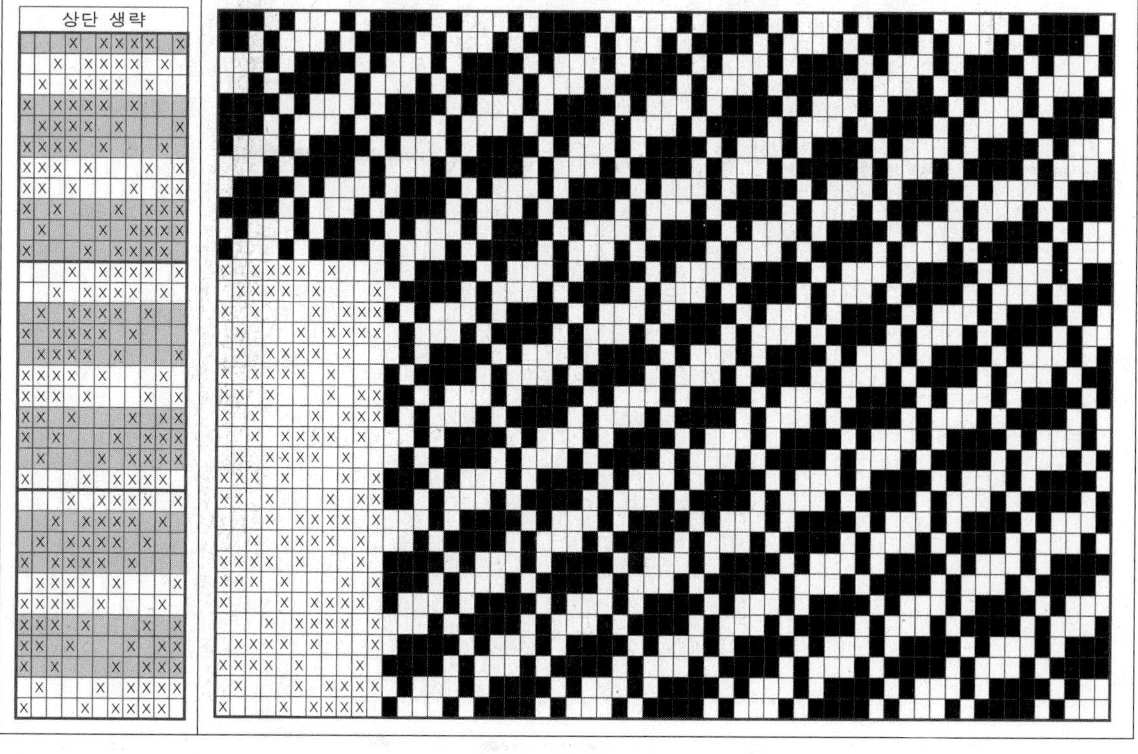

⑧ 다음은 좌측 Motive 조직에서 잔류(White) 2와 삭제(Gray) 4를 반복하여 우측의 조직으로 유도한 예이다. 종광 11매, 조직 원 리피트 11본x22본.

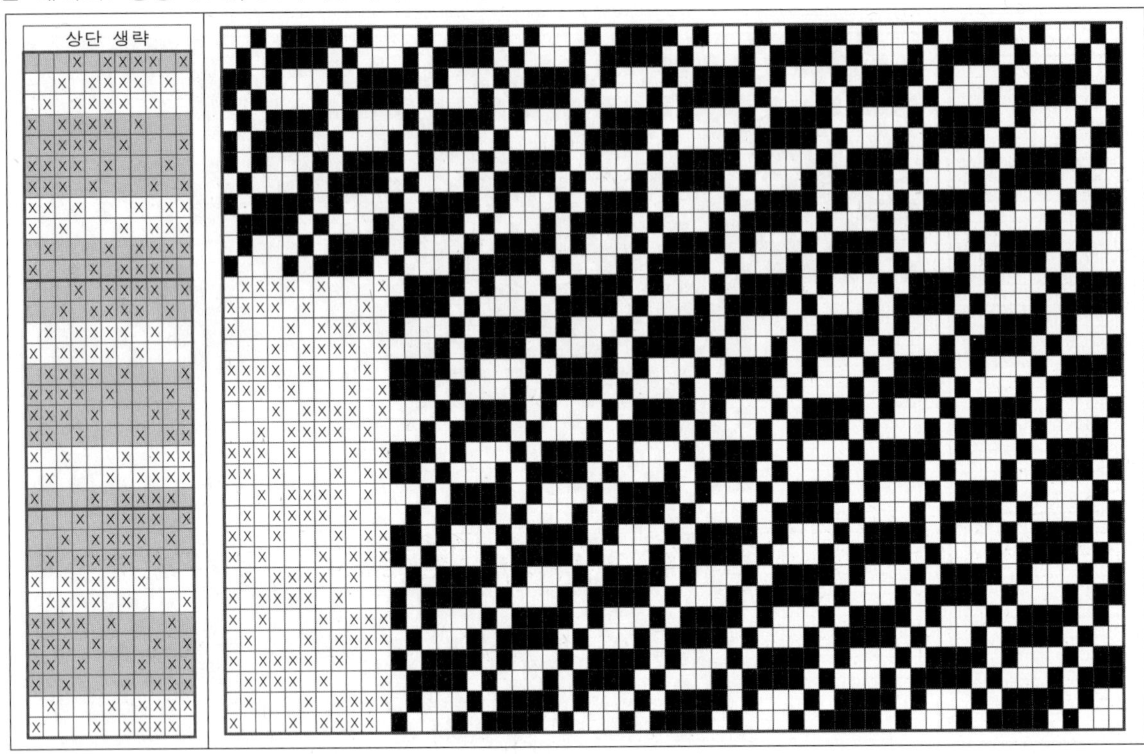

⑨ 다음은 좌측 Motive 조직에서 잔류(White) 2와 삭제(Gray) 5를 반복하여 우측의 조직으로 유도한 예이다. 종광 11매, 조직 원 리피트 11본x22본.

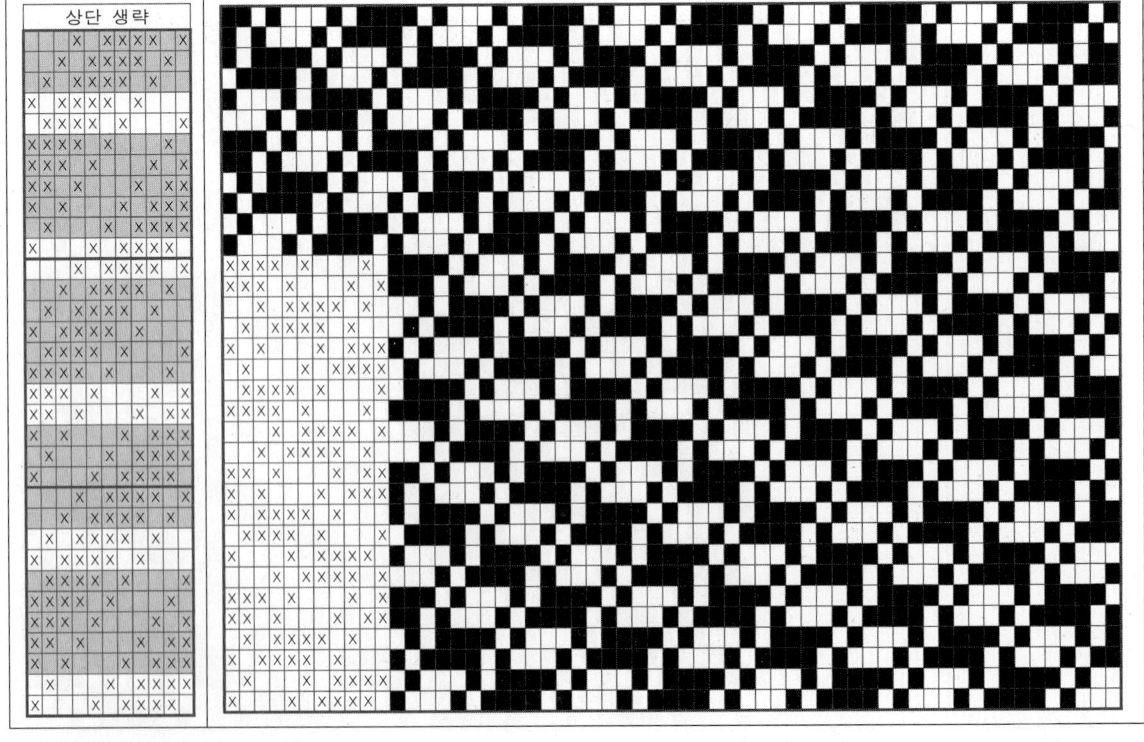

⑩ 다음은 좌측 Motive 조직에서 잔류(White) 2와 삭제(Gray) 6을 반복하여 우측의 조직으로 유도한 예이다. 종광 11매, 조직 원 리피트 11본x22본.

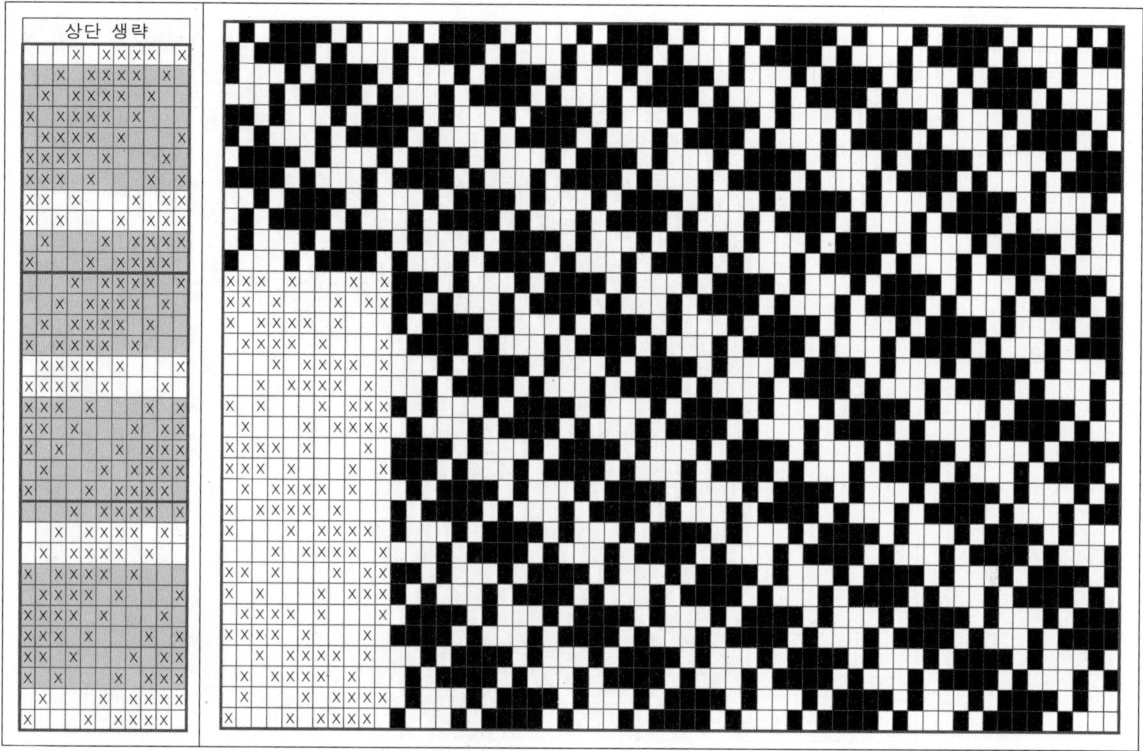

⑪ 다음은 좌측 Motive 조직에서 잔류(White) 3과 삭제(Gray) 1을 반복하여 우측의 조직으로 유도한 예이다. 종광 11매, 조직 원 리피트 11본x33본.

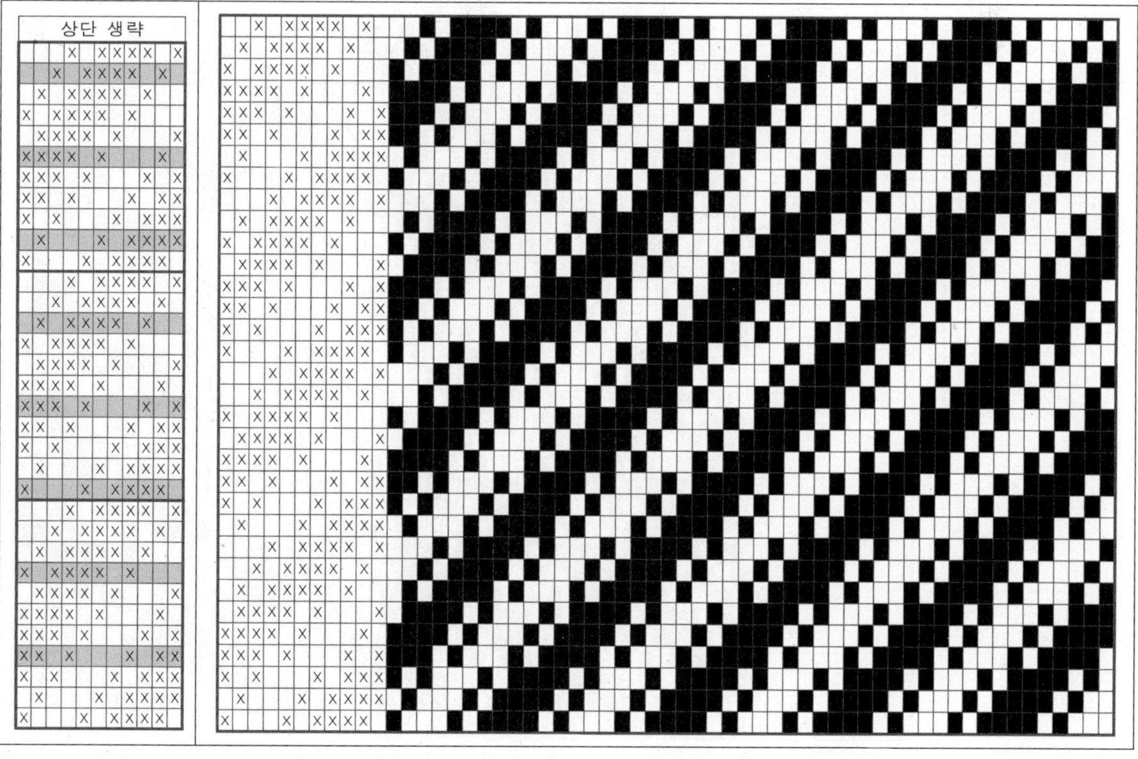

⑫ 다음은 좌측 Motive 조직에서 잔류(White) 3과 삭제(Gray) 2를 반복하여 우측의 조직으로 유도
한 예이다. 종광 11매, 조직 원 리피트 11본x33본.

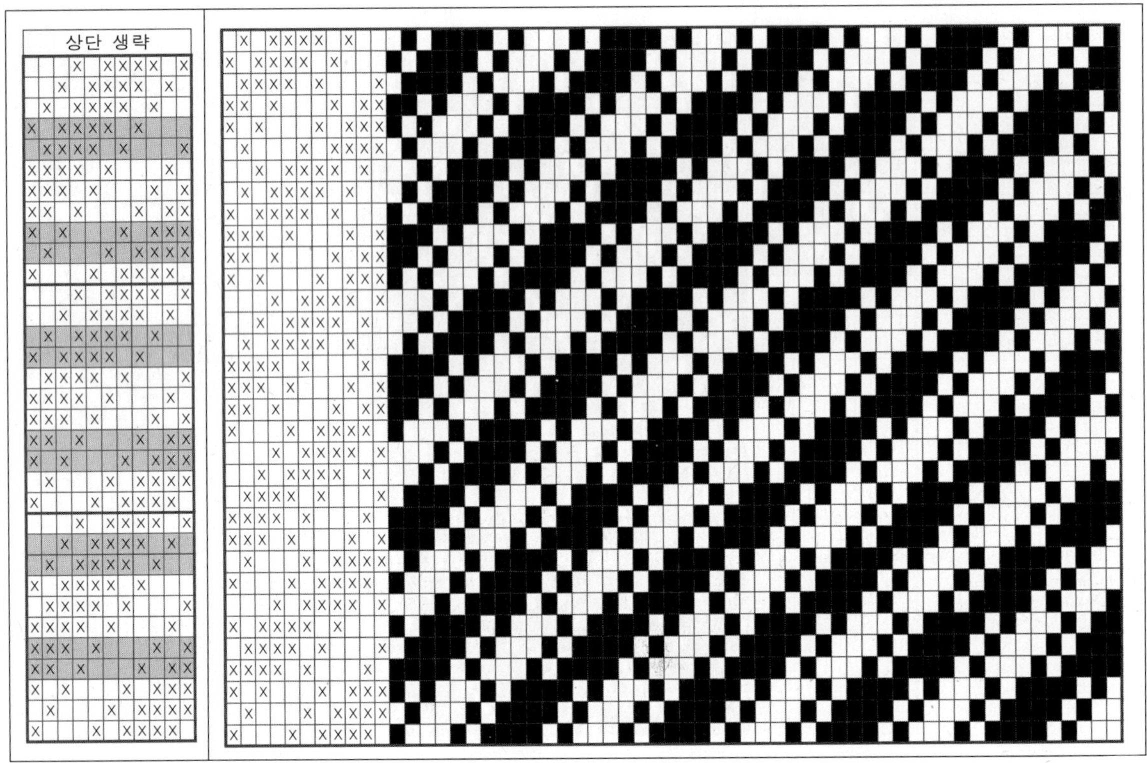

⑬ 다음은 좌측 Motive 조직에서 잔류(White) 3과 삭제(Gray) 3을 반복하여 우측의 조직으로 유도
한 예이다. 종광 11매, 조직 원 리피트 11본x33본.

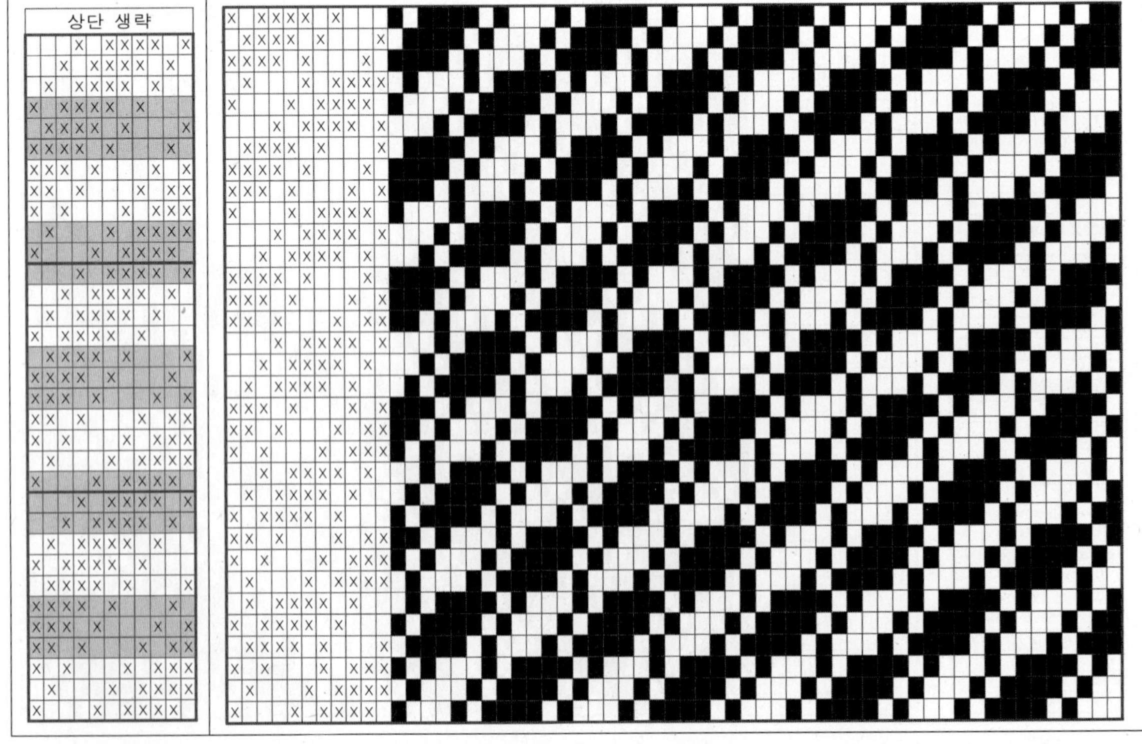

⑭ 다음은 좌측 조직에서 잔류(White) 3과 삭제(Gray) 4를 반복하여 우측의 조직으로 유도한 예이다. 종광 11매, 조직 원 리피트 11본x33본.

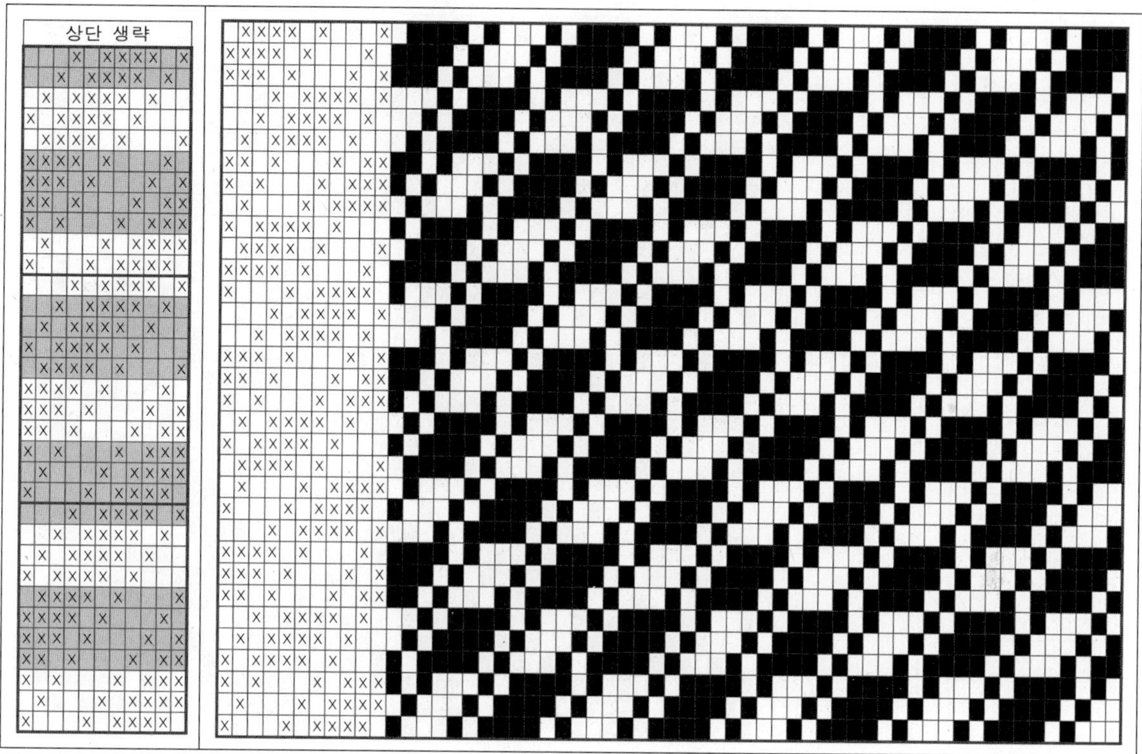

⑮ 다음은 좌측 조직에서 잔류(White) 3과 삭제(Gray) 5를 반복하여 우측의 조직으로 유도한 예이다. 종광 11매, 조직 원 리피트 11본x33본.

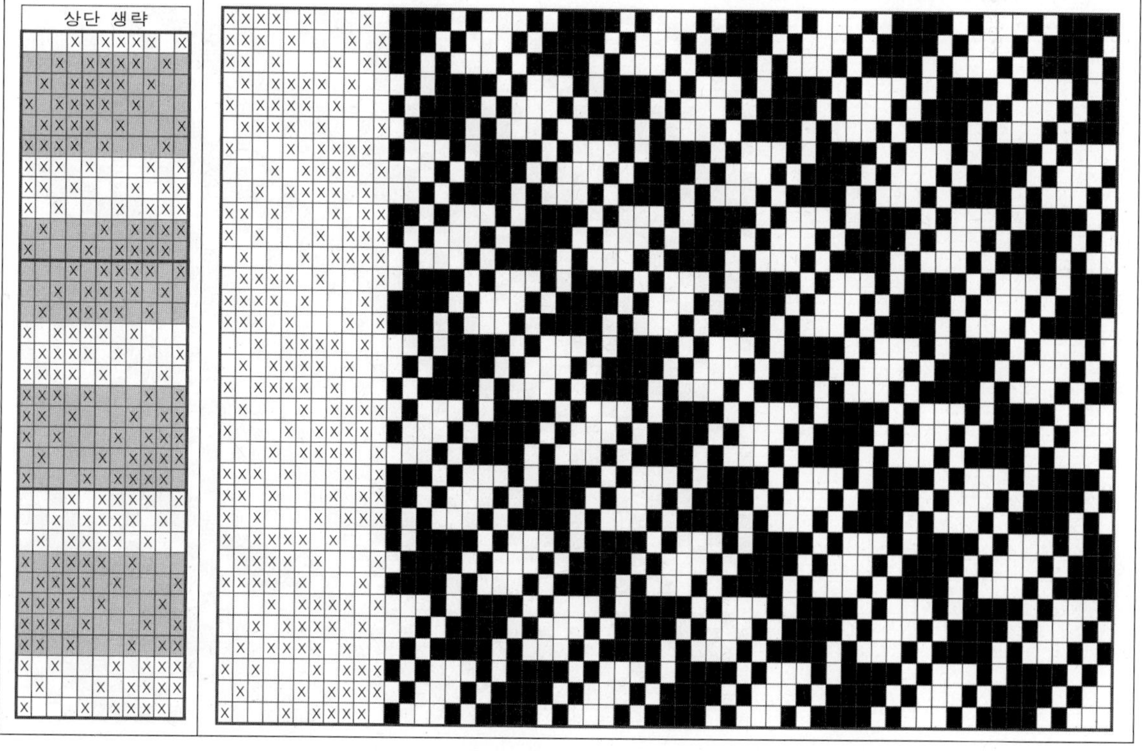

⑯ 다음은 좌측 Motive 조직에서 잔류(White) 3과 삭제(Gray) 6을 반복하여 우측의 조직으로 유도한 예이다. 종광 11매, 조직 원 리피트 11본x33본.

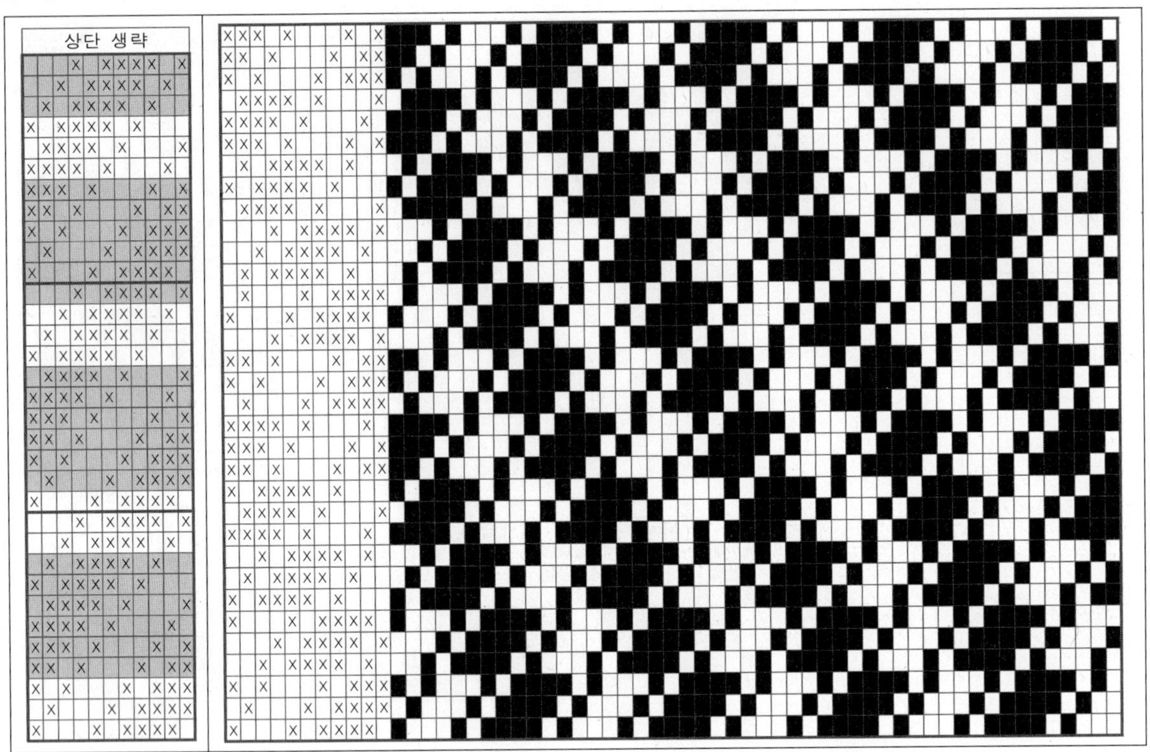

⑰ 다음은 좌측 Motive 조직에서 잔류(White) 4와 삭제(Gray) 2를 반복하여 우측의 조직으로 유도한 예이다. 종광 11매, 조직 원 리피트 11본x44본.

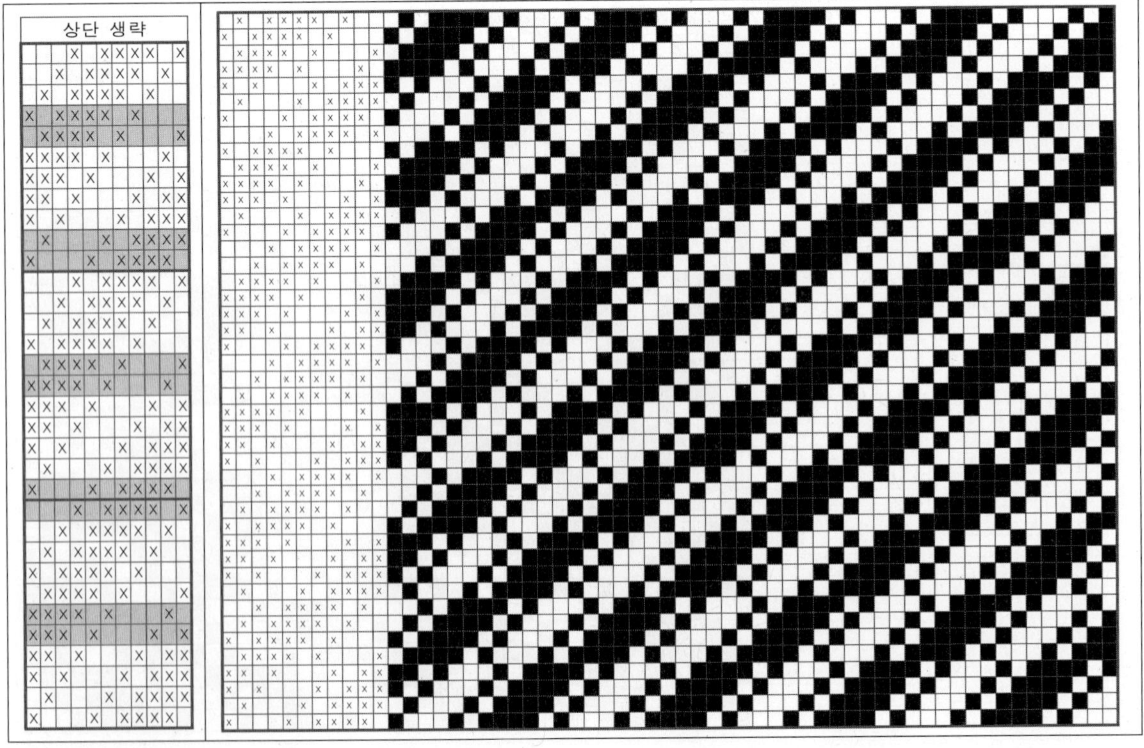

⑱ 다음은 좌측 Motive 조직에서 잔류(White) 4와 삭제(Gray) 3을 반복하여 우측의 조직으로 유도한 예이다. 종광 11매, 조직 원 리피트 11본x44본.

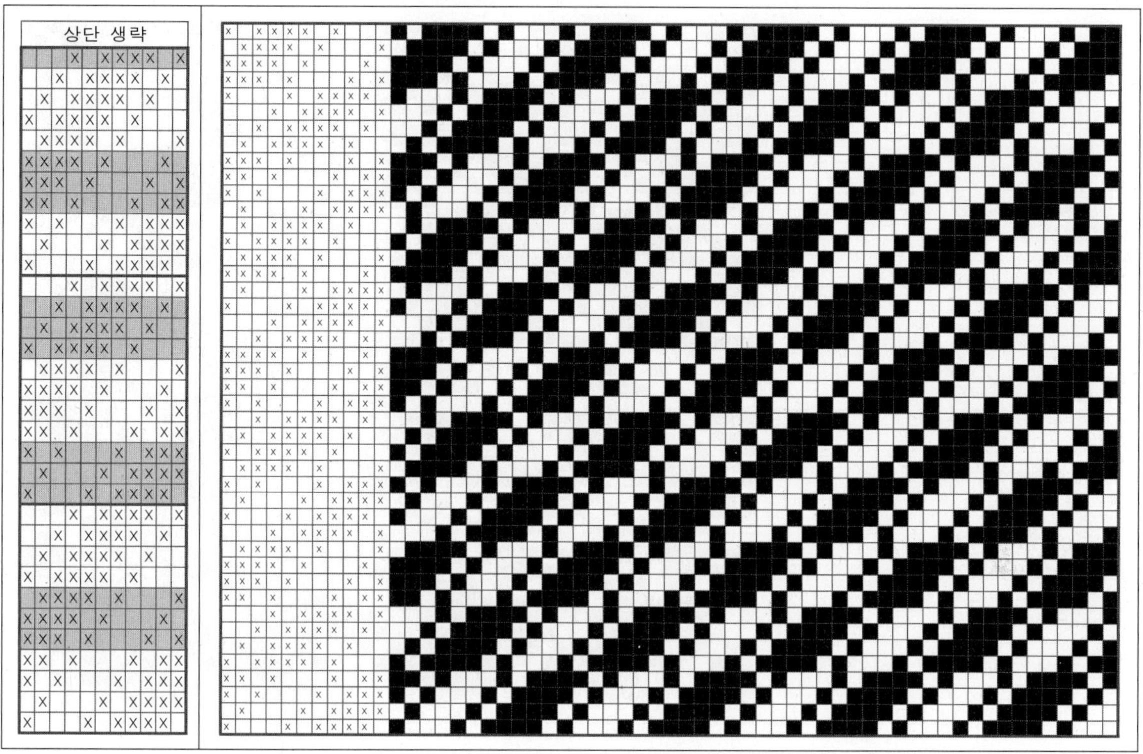

⑲ 다음은 좌측 Motive 조직에서 잔류(White) 4와 삭제(Gray) 4를 반복하여 우측의 조직으로 유도한 예이다. 종광 11매, 조직 원 리피트 11본x44본.

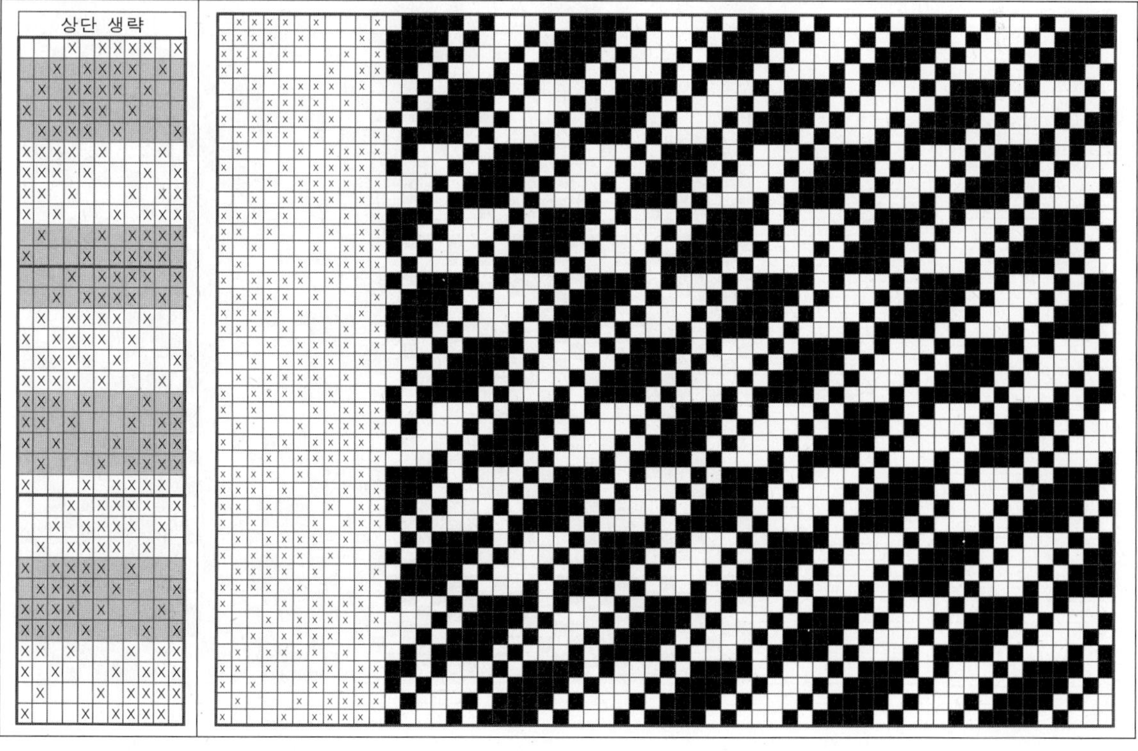

⑳ 다음은 좌측 Motive 조직에서 잔류(White) 4와 삭제(Gray) 5를 반복하여 우측의 조직으로 유도한 예이다. 종광 11매, 조직 원 리피트 11본x44본.

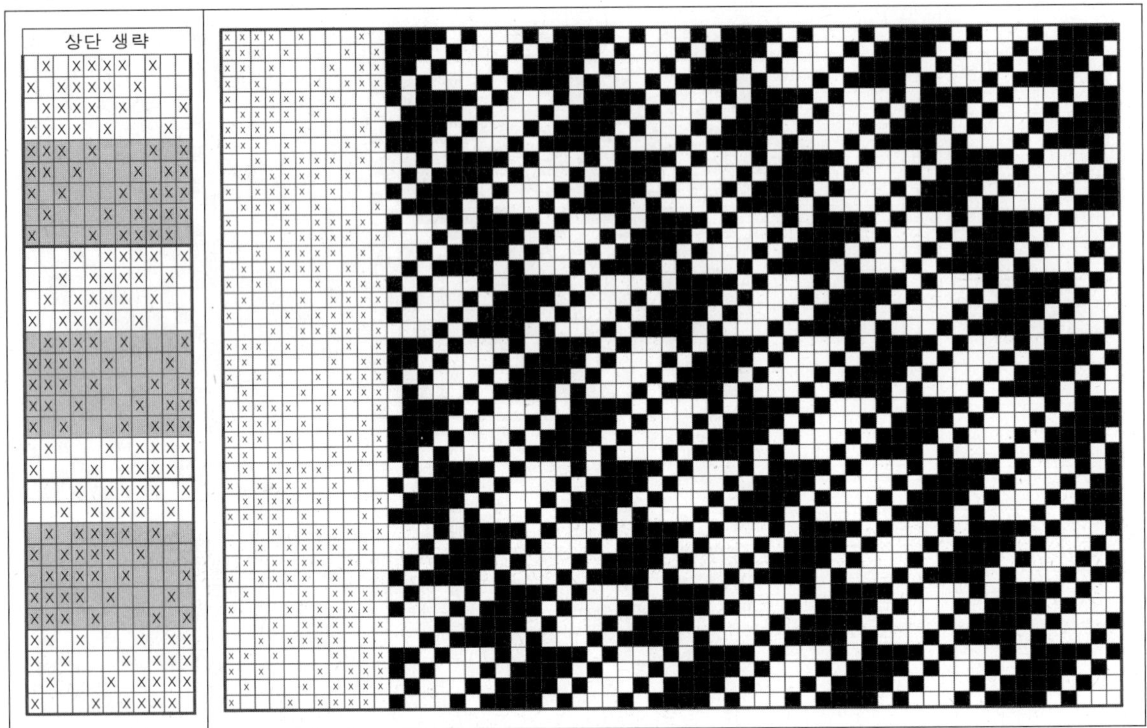

㉑ 다음은 좌측 Motive 조직에서 잔류(White) 4와 삭제(Gray) 6을 반복하여 우측의 조직으로 유도한 예이다. 종광 11매, 조직 원 리피트 11본x44본.

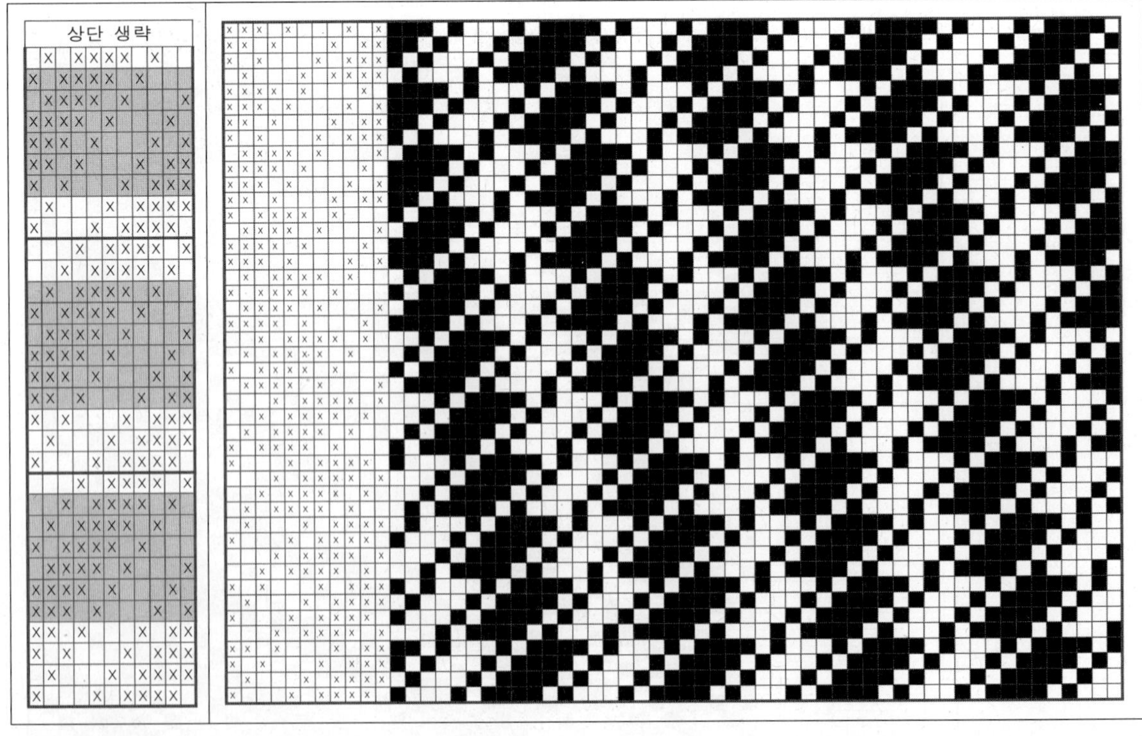

㉒ 다음은 좌측 Motive 조직에서 잔류(White) 1과 삭제(Gray) 1, 잔류(White) 1과 삭제(Gray) 2를 반복하여 우측의 조직으로 유도한 예이다. 종광 11매, 조직 원 리피트 11본x22본.

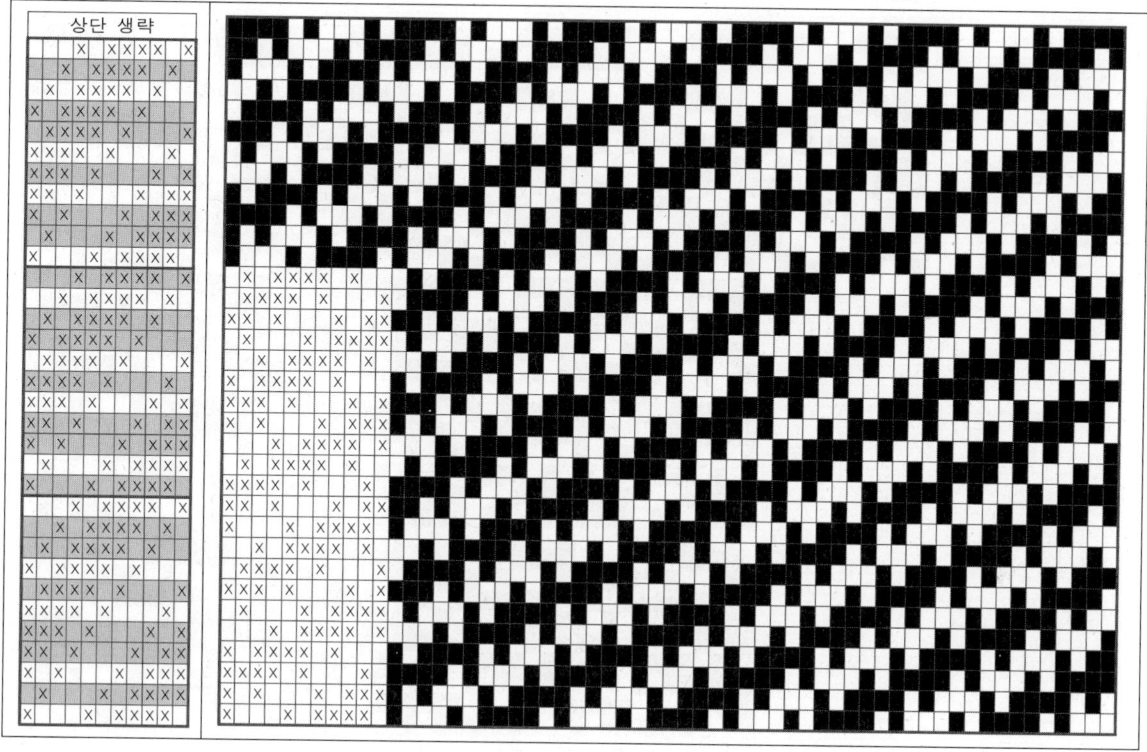

㉓ 다음은 좌측 Motive 조직에서 잔류(White) 1과 삭제(Gray) 1, 잔류(White) 1과 삭제(Gray) 3을 반복하여 우측의 조직으로 유도한 예이다. 종광 11매, 조직 원 리피트 11본x22본.

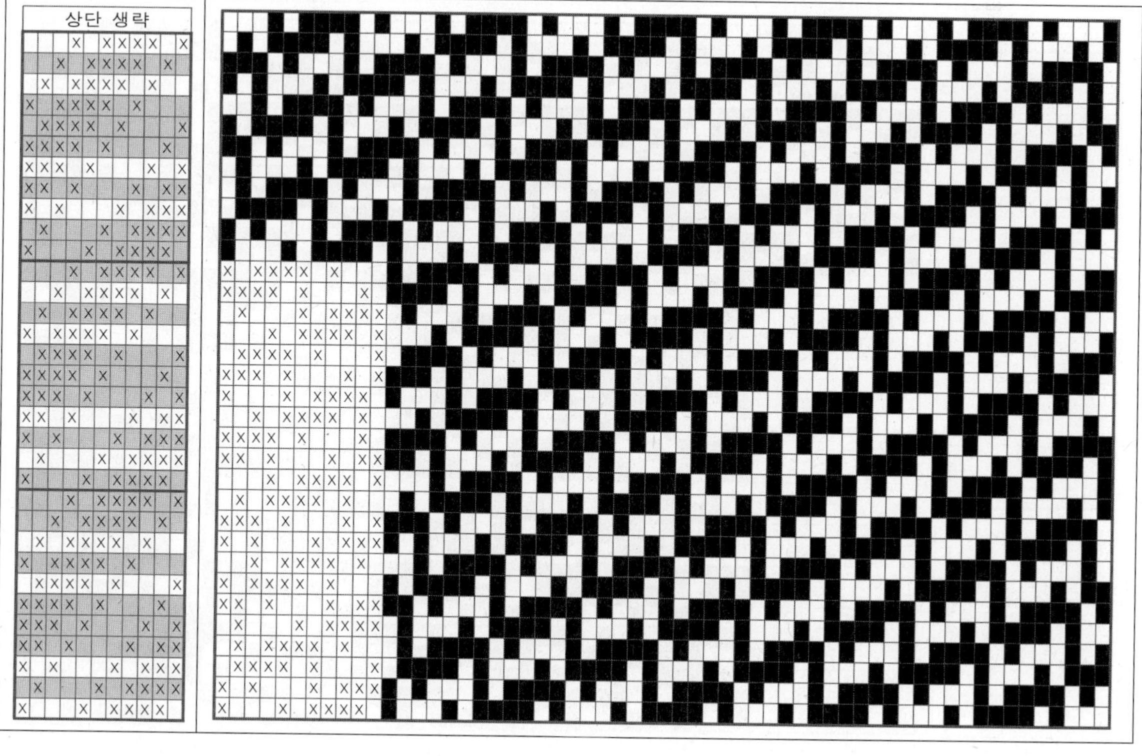

㉔ 다음은 좌측 Motive 조직에서 잔류(White) 1과 삭제(Gray) 1, 잔류(White) 1과 삭제(Gray) 4를 반복하여 우측의 조직으로 유도한 예이다. 종광 11매, 조직 원 리피트 11본x22본.

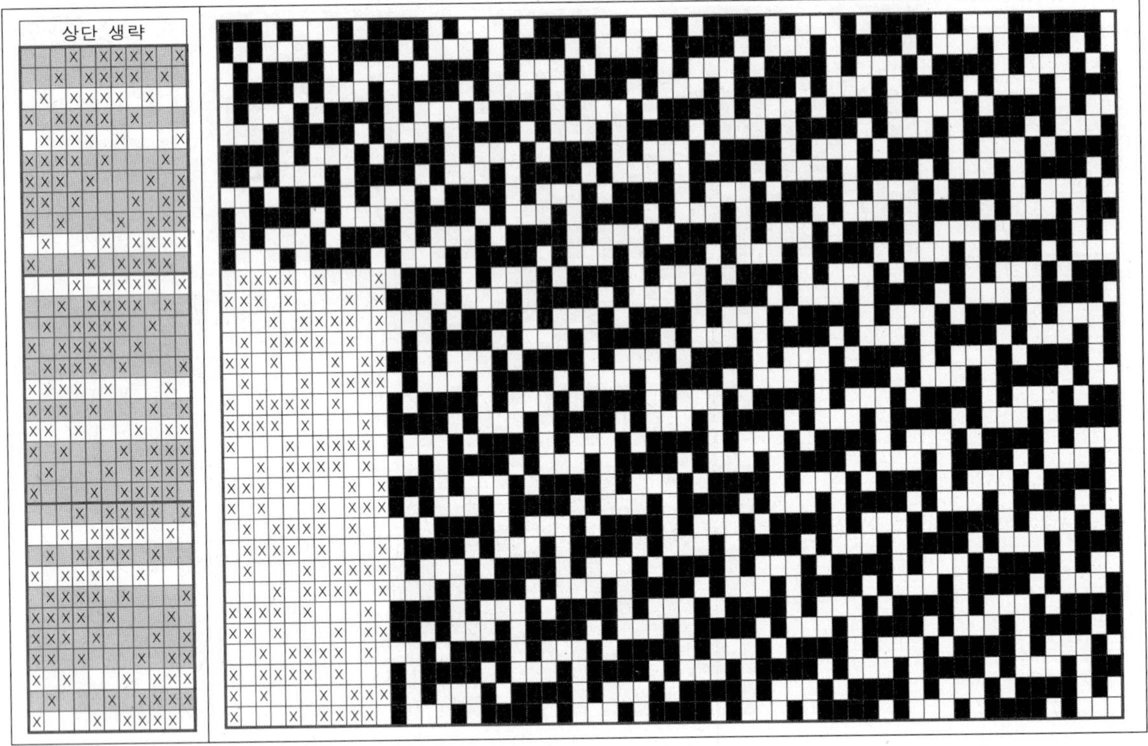

㉕ 다음은 좌측 Motive 조직에서 잔류(White) 1과 삭제(Gray) 1, 잔류(White) 1과 삭제(Gray) 5를 반복하여 우측의 조직으로 유도한 예이다. 종광 11매, 조직 원 리피트 11본x22본.

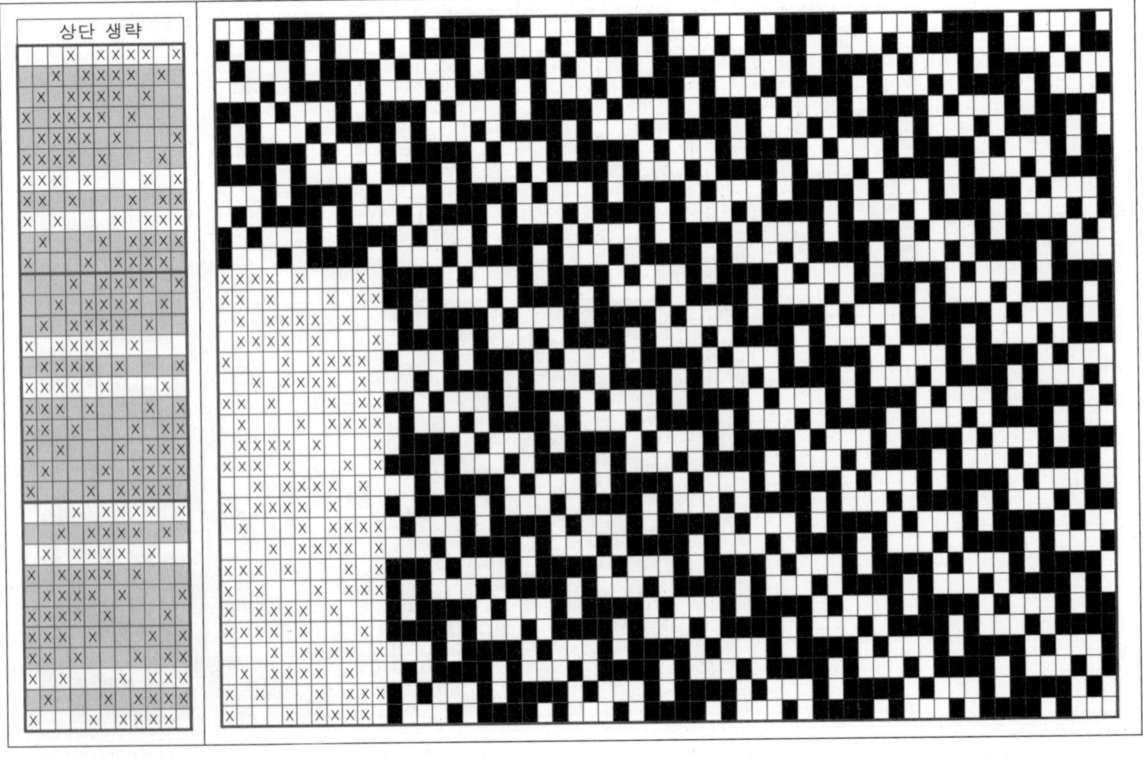

㉖ 다음은 좌측 Motive 조직에서 잔류(White) 1과 삭제(Gray) 3, 잔류(White) 1과 삭제(Gray) 4를 반복하여 우측의 조직으로 유도한 예이다. 종광 11매, 조직 원 리피트 11본x22본.

㉗ 다음은 좌측 Motive 조직에서 잔류(White) 1과 삭제(Gray) 3, 잔류(White) 1과 삭제(Gray) 5를 반복하여 우측의 조직으로 유도한 예이다. 종광 11매, 조직 원 리피트 11본x22본.

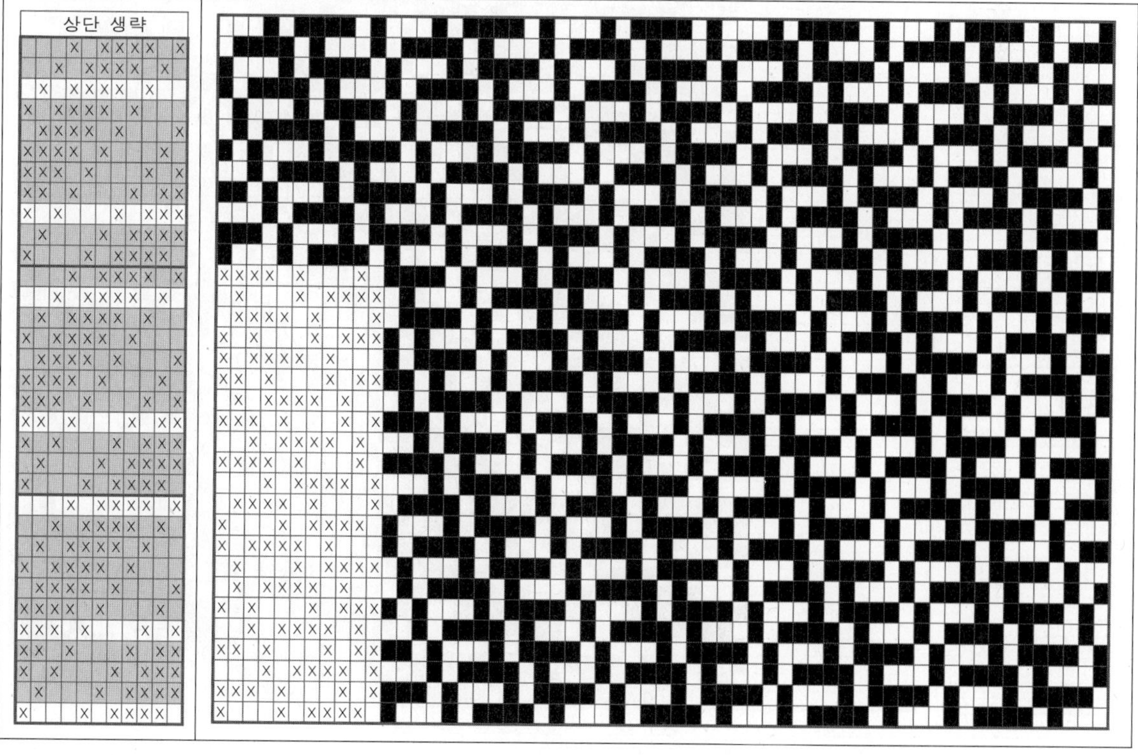

㉘ 다음은 좌측 Motive 조직에서 잔류(White) 3과 삭제(Gray) 2, 잔류(White) 3과 삭제(Gray) 2, 잔류(White) 2와 삭제(Gray) 2를 반복하여 우측의 조직으로 유도. 종광 11매, 조직 원 리피트 11본x88본.

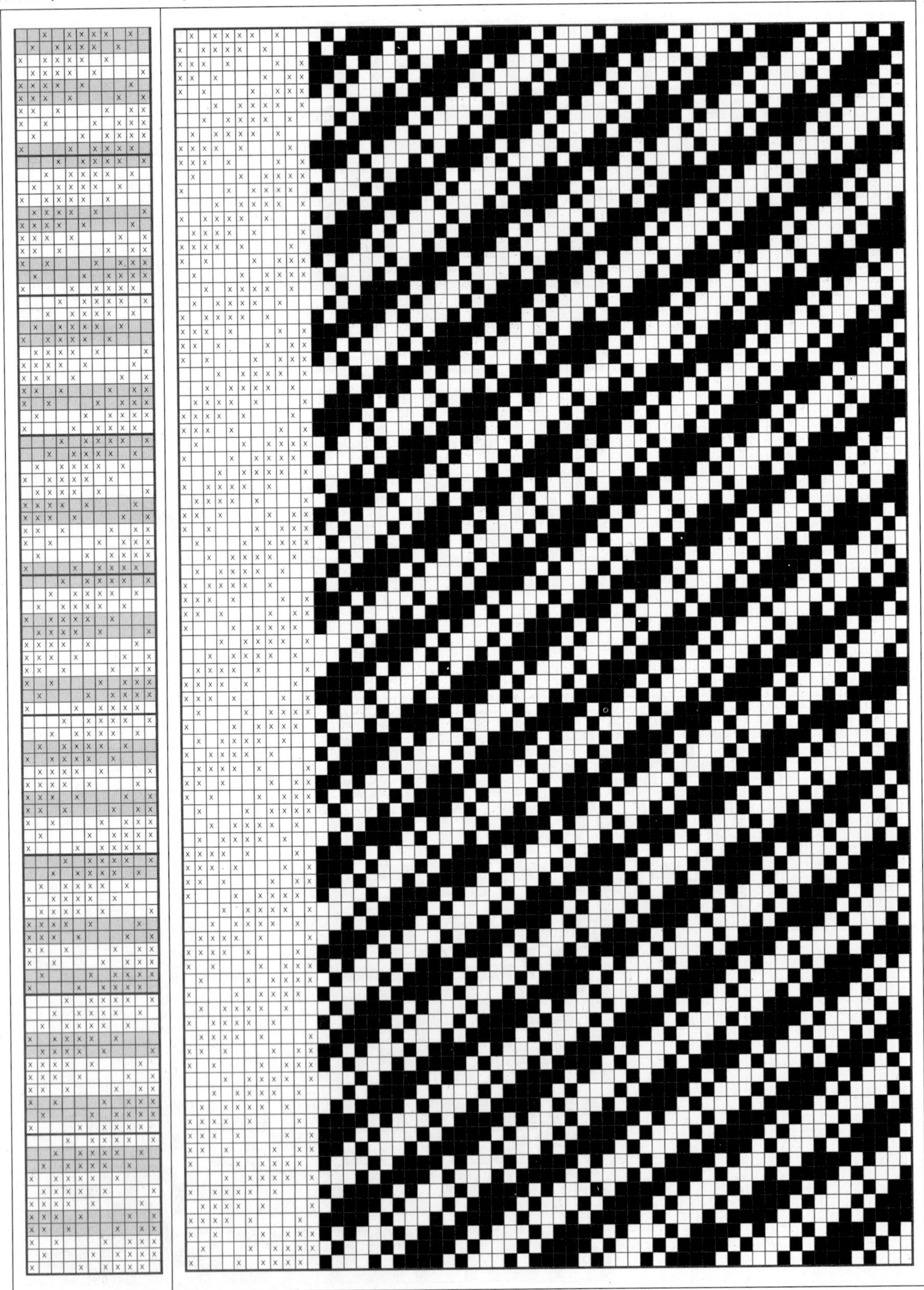

　Twill 조직은 직물조직에서 가장 주축을 이루는 조직이다. 앞 페이지의 [위사삭제 유도법]에서는 기본 정칙 Twill 조직에서 잔류와 삭제를 반복하여 2차 조직을 유도해내는 방법에 대한 설명이었다.

　3) 다음은 조직삭제 작도법으로 생성된 2차 조직을 잔류와 삭제를 반복하여 3차 조직으로 유도하는 방법에 대한 설명이다.
3차 조직을 유도할 때도 2차조직과 동일한 이론이 적용된다. 이때 잔류와 삭제의 수에 따라 2차조직과 중복되는 조직이 있을 수 있다.

좌측 조직은 [위사삭제 유도법]으로 유도 생성된 2차 조직이다.

　아래는 위사삭제 유도법으로 생성된 2차 조직을 3차 조직으로 유도하는 방법이다. 이것 역시 조직의 형태와 조직의 수가 무한에 이를 수 있다. 여기서는 지면 관계상 소수의 예만 적용하기로 한다.

　① 다음은 위의 Motive 조직에서 잔류(White) 2와 삭제(Gray) 2를 반복하여 우측의 조직으로 유도한 예이다. 종광 10매, 조직 원 리피트 10본x10본.

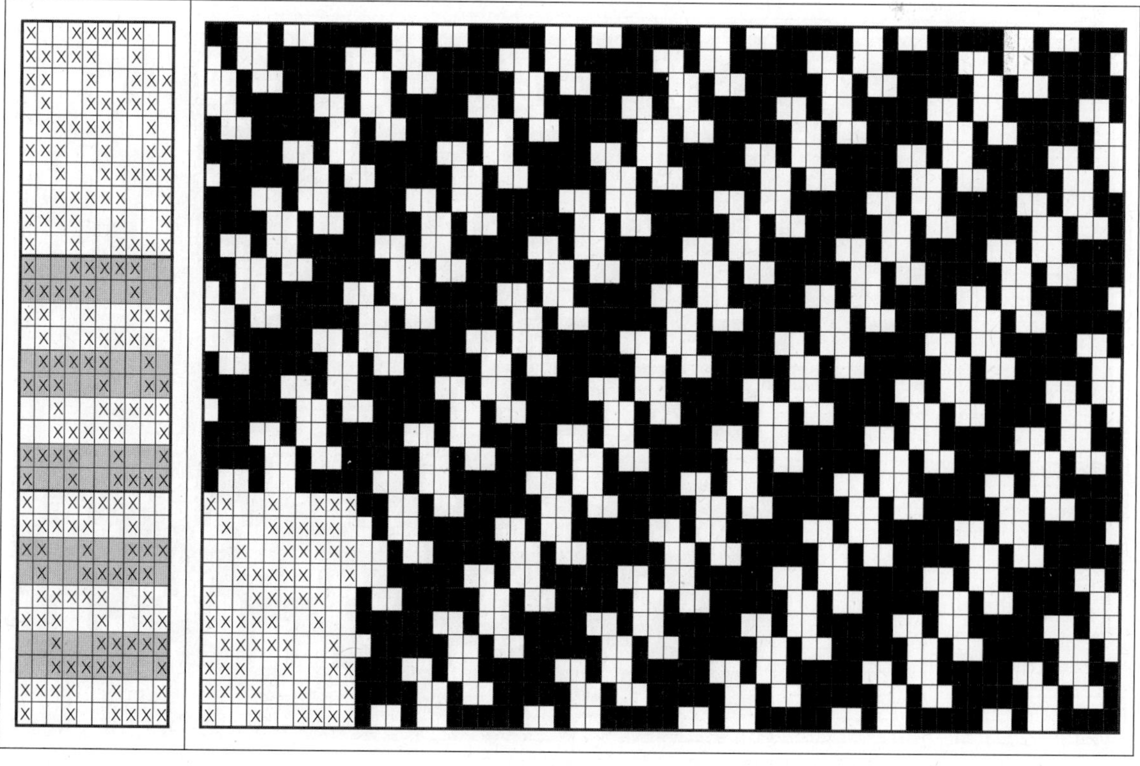

② 다음은 좌측 Motive 조직에서 잔류(White) 3과 삭제(Gray) 2를 반복하여 우측의 조직으로 유도한 예이다. 종광 10매, 조직 원 리피트 10본x6본.

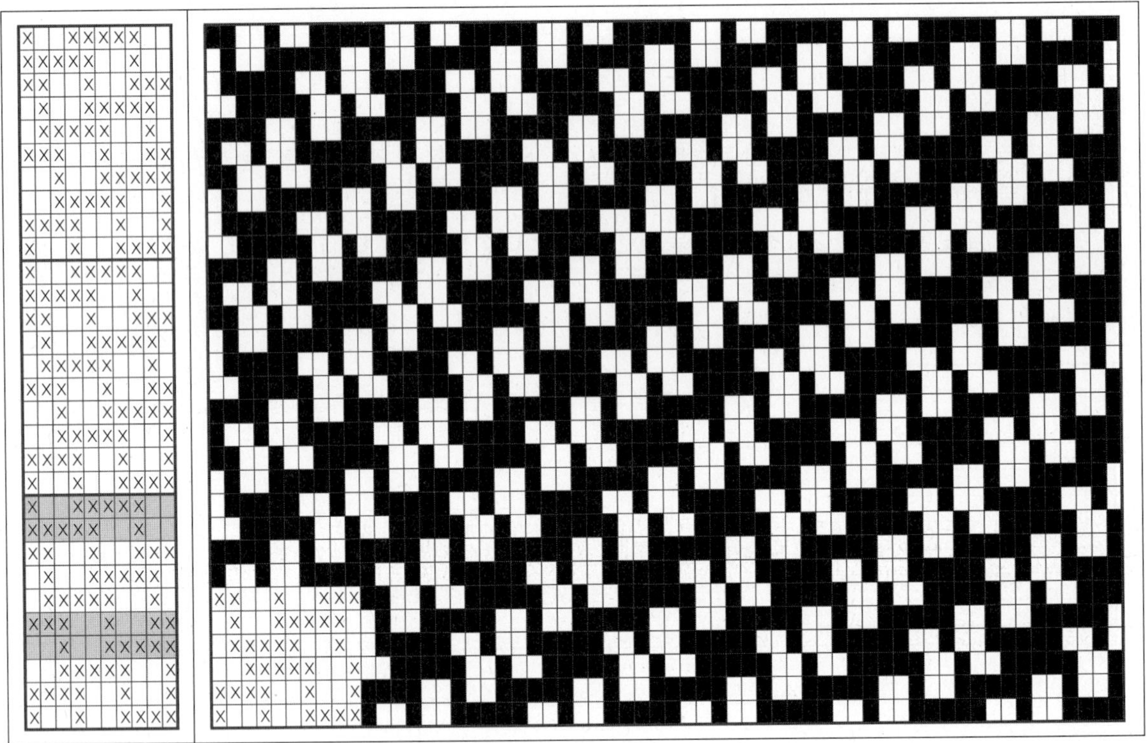

③ 다음은 좌측 Motive 조직에서 잔류(White) 3과 삭제(Gray) 3을 반복하여 우측의 조직으로 유도한 예이다. 종광 10매, 조직 원 리피트 10본x15본.

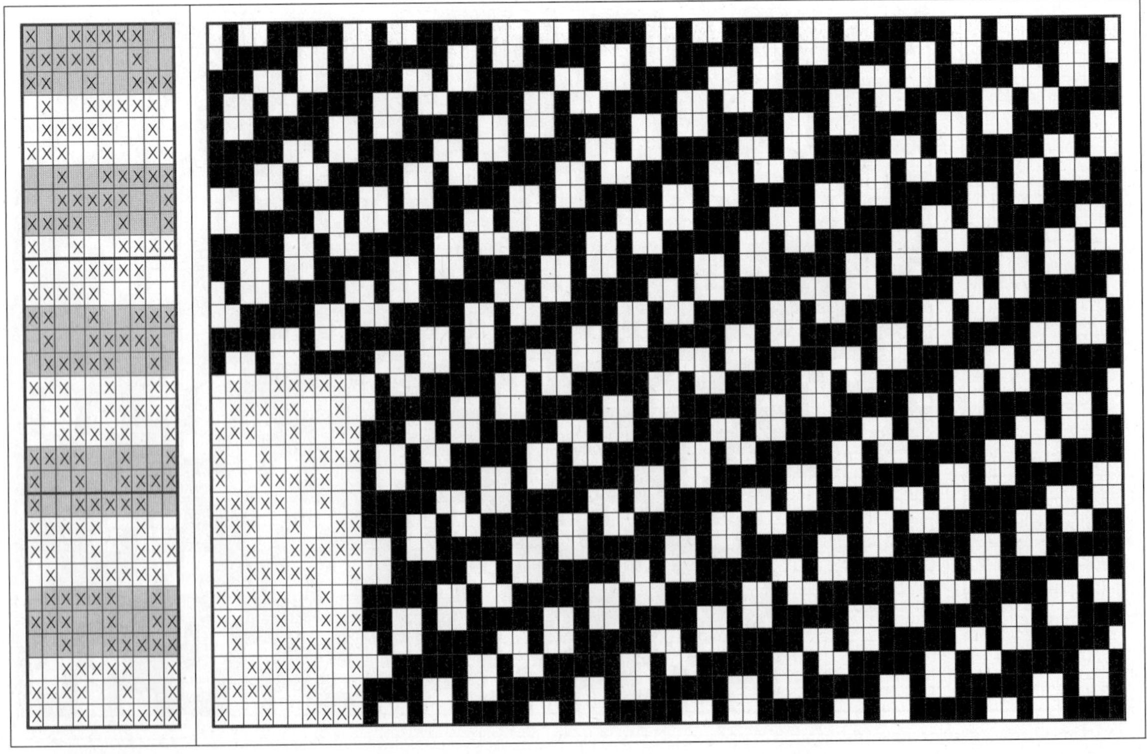

④ 다음은 좌측 Motive 조직에서 잔류(White) 3과 삭제(Gray) 4를 반복하여 우측의 조직으로 유도한 예이다. 종광 10매, 조직 원 리피트 10본x30본.

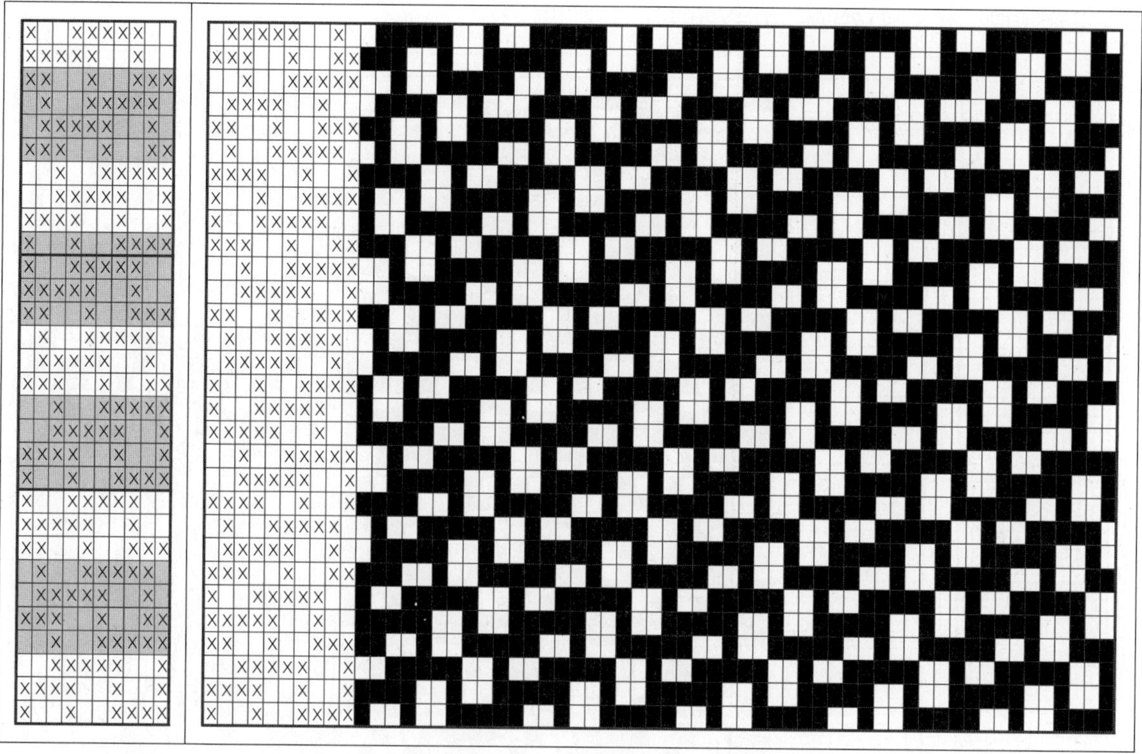

⑤ 다음은 좌측 Motive 조직에서 잔류(White) 4와 삭제(Gray) 2를 반복하여 우측의 조직으로 유도한 예이다. 종광 10매, 조직 원 리피트 10본x20본.

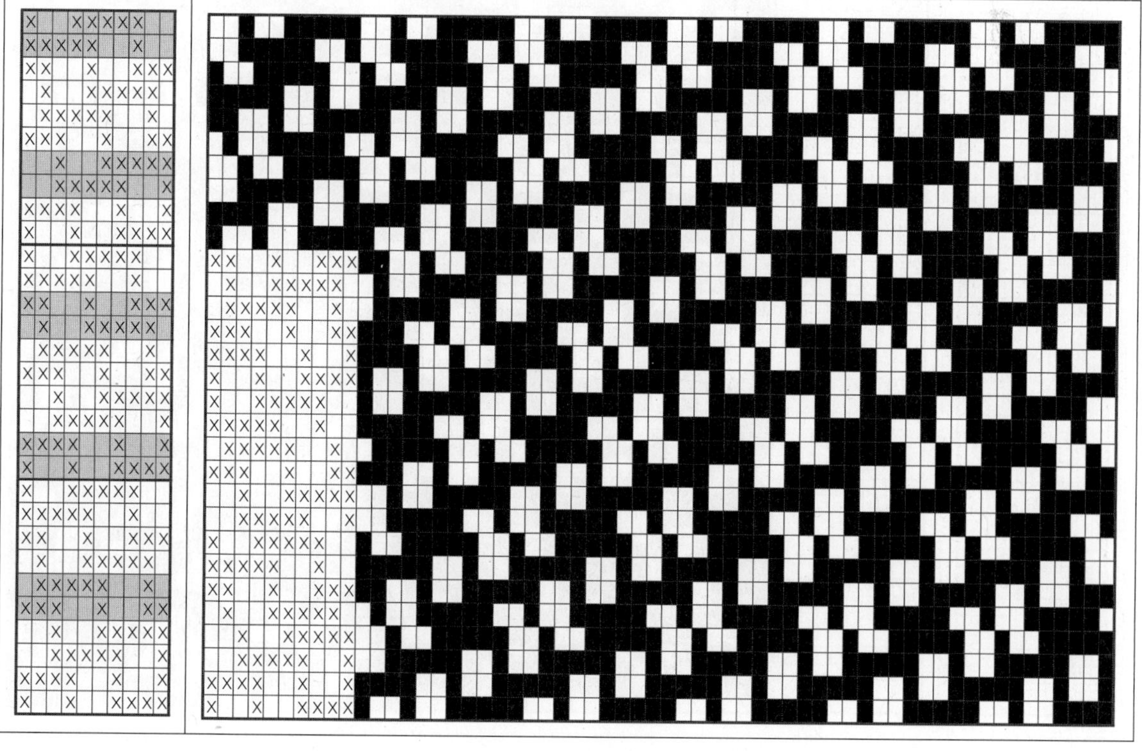

⑥ 다음은 좌측 Motive 조직에서 잔류(White) 3과 삭제(Gray) 2, 잔류(White) 2와 삭제(Gray) 2, 잔류(White) 3과 삭제(Gray) 2, 잔류(White) 1과 삭제(Gray) 2를 반복하여 우측의 조직으로 유도한 예이다. 종광 10매, 조직 원 리피트 10본x90본.

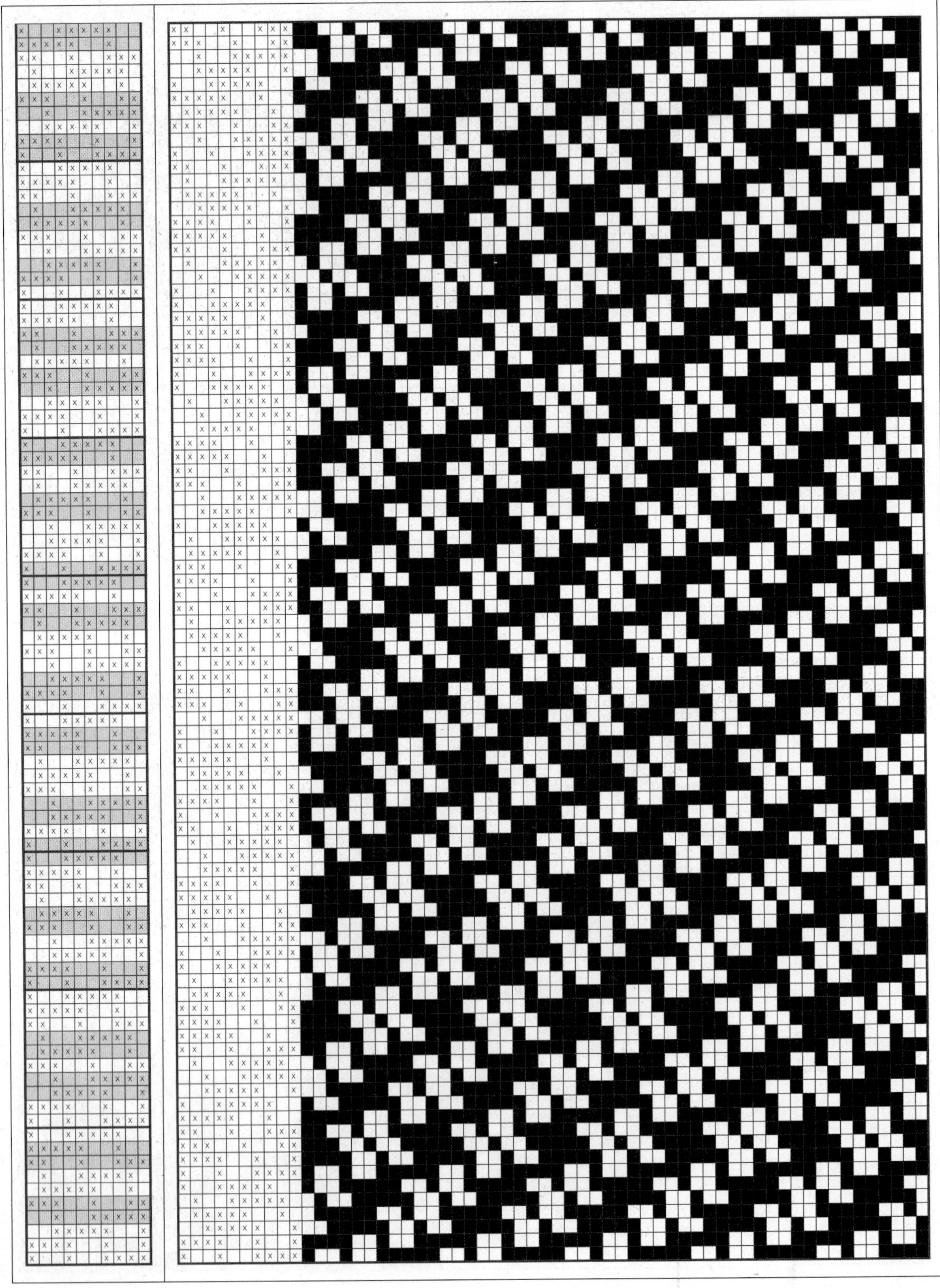

03. 경사삭제 유도법

경사삭제 유도 방법은 위사삭제 유도 방법과 동일한 원리를 가진다. 위사삭제 유도 방법으로 생성된 조직은 경통 순서가 동일하여 가동 중인 제직 기계에 변경 제직이 가능하나, 경사삭제 유도 방법으로 생성된 조직은 경통 순서가 동일하지 않아 같은 제직 기계에 변경 제직이 불가능한 단점이 있다.

조직 생성 이론은 위사삭제 유도법을 참고하기 바라며 이번 장에서는 유도의 실제 예만 들기로 한다.

1) 다음의 설명은 경사삭제 유도법 중, 경사 삭제에 의한 조직 유도 방법이다.

좌측 조직은 10매 Twill (5/2, 1/2)이다.

아래는 좌측조직을 모티브로 하여, [경사삭제 유도법]으로 규칙적인 기본 변화만 적용하여 18개의 2차 조직을 작도한 예이다.

잔류와 삭제의 변화를 다르게 적용하면 아래 예시보다 더 많은 2차 조직의 유도 생성이 가능하다. 그 수는 수리적 무한대에 이를 수 있다.

① 다음은 위의 Motive 조직에서 잔류(White) 1과 삭제(Gray) 2를 반복하여 아래의 조직으로 유도한 예이다. 종광 10매, 조직 원 리피트 10본x10본.

② 다음은 위의 Motive 조직에서 잔류(White) 1과 삭제(Gray) 3을 반복하여 아래의 조직으로 유도한 예이다. 종광 5매, 조직 원 리피트 5본x10본.

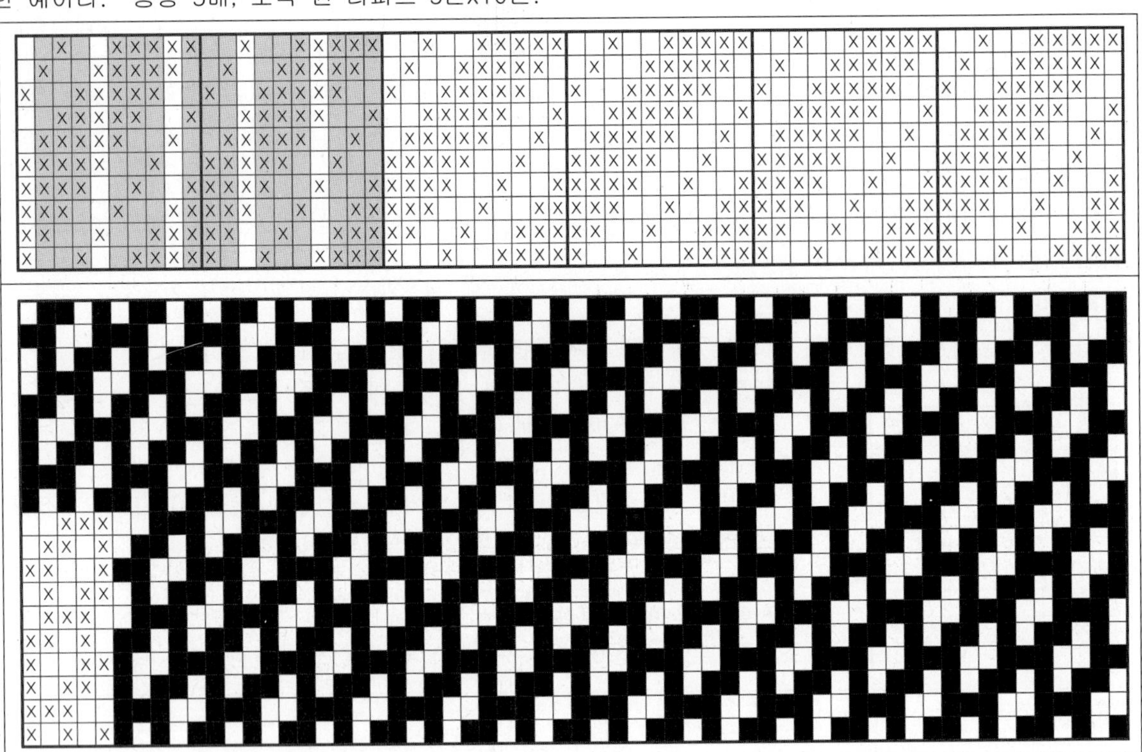

③ 다음은 위의 Motive 조직에서 잔류(White) 1과 삭제(Gray), 1 잔류(White) 1과 삭제(Gray) 2를 반복하여 아래의 조직으로 유도한 예이다. 종광 4, 조직 원 리피트 4본x10본.

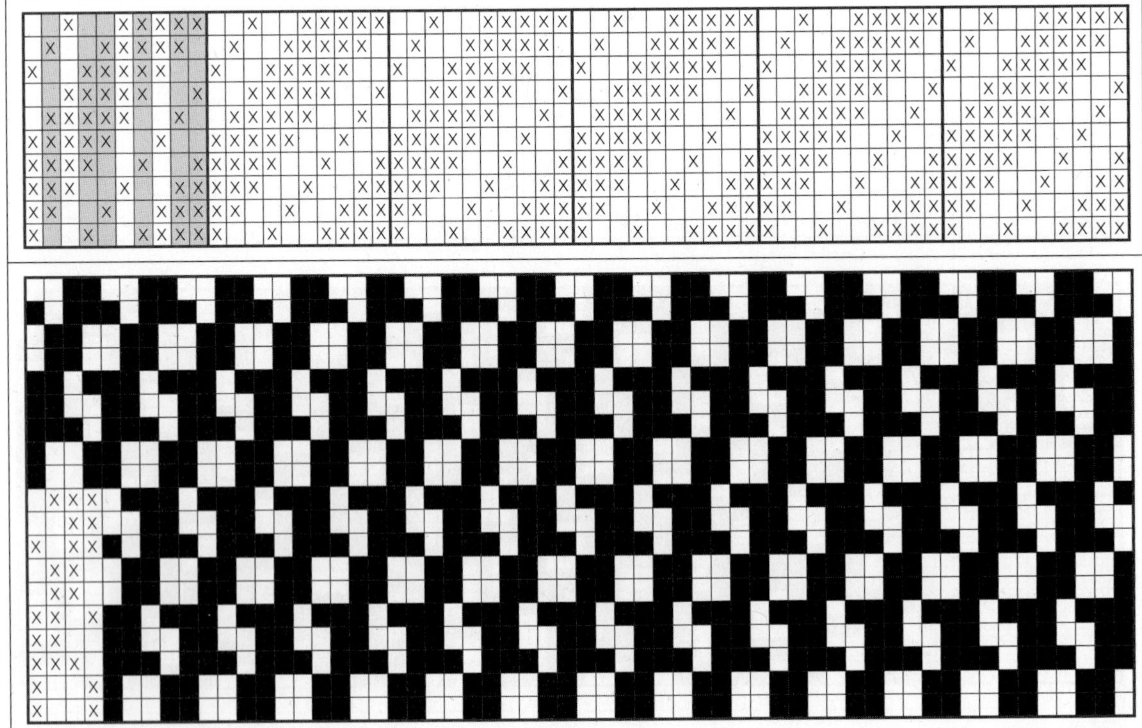

④ 잔류(White) 1과 삭제(Gray) 1, 잔류(White) 1과 삭제(Gray) 2, 잔류(White) 1과 삭제(Gray) 1, 잔류(White) 1과 삭제(Gray) 4를 반복하여 아래의 조직으로 유도한 예. 종광 10매, 조직 20본x10본.

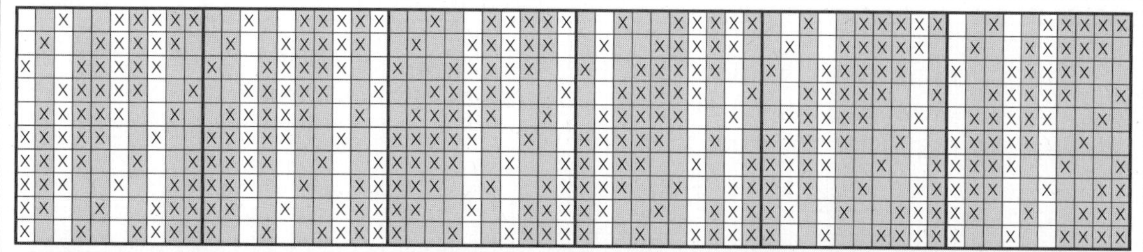

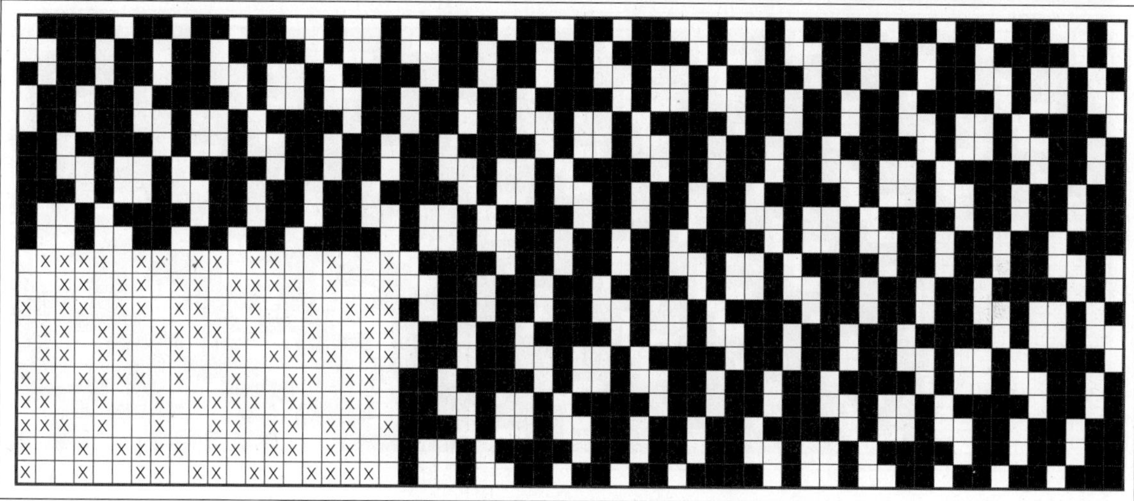

⑤ 다음은 위의 Motive 조직에서 잔류(White) 1과 삭제(Gray) 1, 잔류(White) 1과 삭제(Gray) 4를 반복하여 아래의 조직으로 유도한 예이다. 종광 10매, 조직 원 리피트 20본x10본.

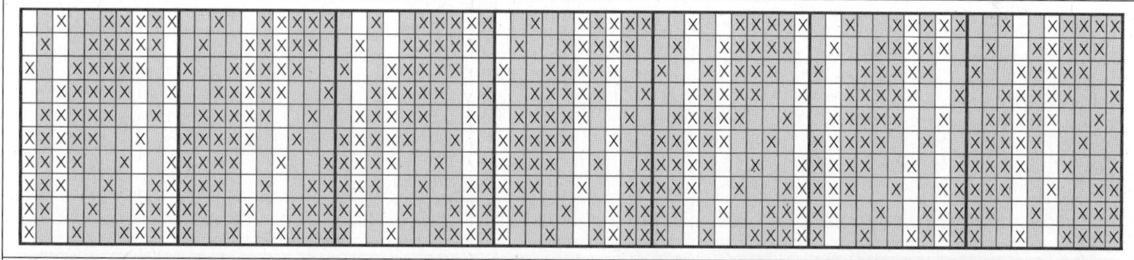

⑥ 다음은 위의 Motive 조직에서 잔류(White) 2와 삭제(Gray) 2를 반복하여 아래 조직으로 유도한 예이다. 종광 10매, 조직 원 리피트 10본x10본.

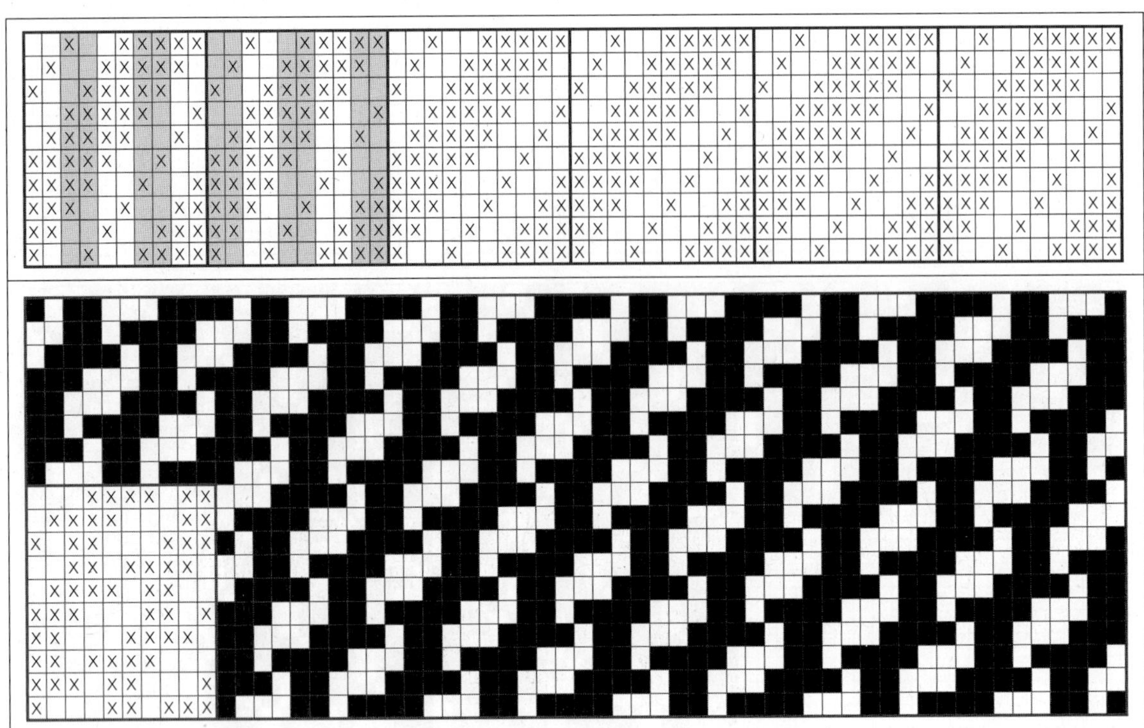

⑦ 다음은 위의 Motive 조직에서 잔류(White) 1과 삭제(Gray) 1, 잔류(White) 1과 삭제(Gray) 3을 반복하여 아래의 조직으로 유도한 예이다. 종광 10매, 조직 원 리피트 10본x10본.

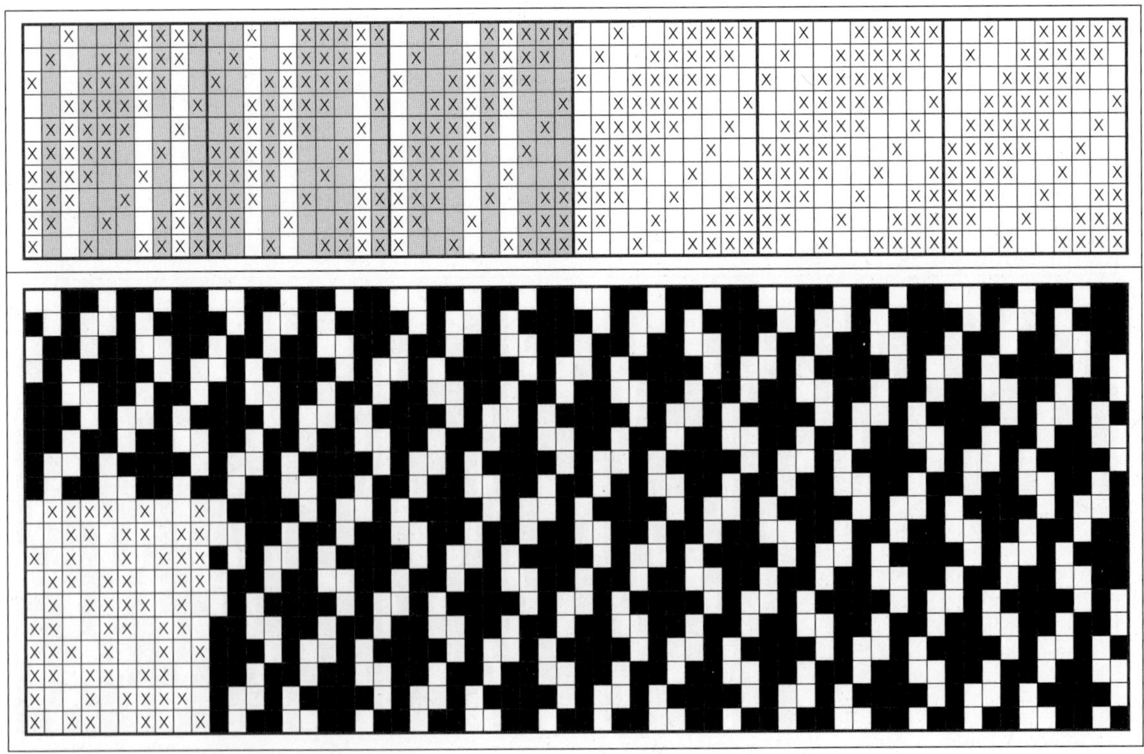

⑧ 다음은 잔류(White) 1과 삭제(Gray) 1, 잔류(White) 1과 삭제(Gray) 2, 잔류(White) 1과 삭제(Gray) 1, 잔류(White) 1과 삭제(Gray) 4를 반복하여 아래의 조직으로 유도. 종광 10매, 조직 20본x10본.

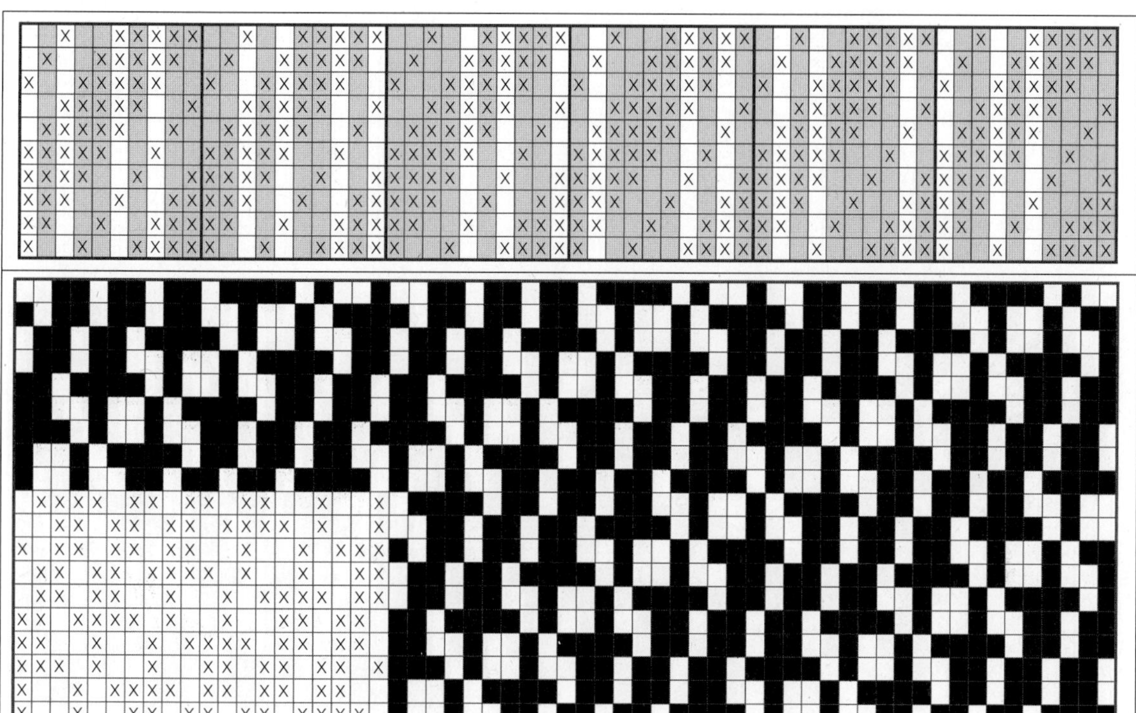

⑨ 다음은 위의 Motive 조직에서 잔류(White) 2와 삭제(Gray) 3을 반복하여 아래의 조직으로 유도한 예이다. 종광 4매, 조직 원 리피트 4본x10본.

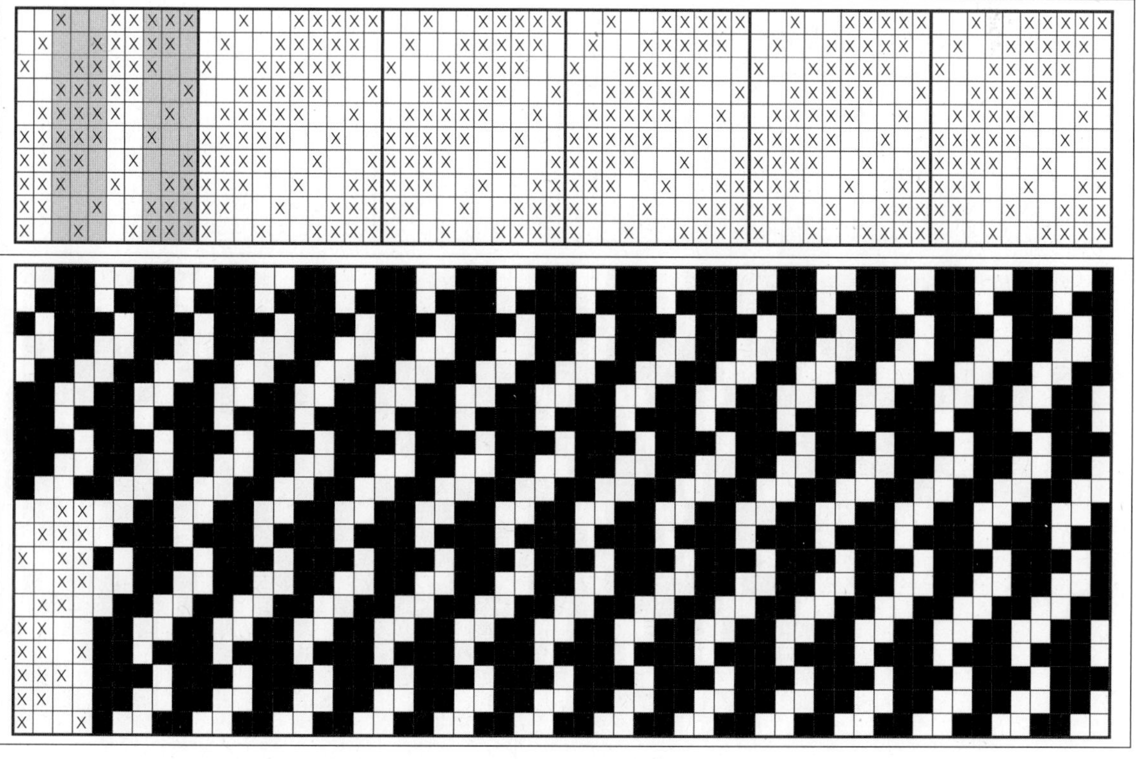

⑩ 다음은 위의 Motive 조직에서 잔류(White) 2와 삭제(Gray) 4를 반복하여 아래의 조직으로 유도한 예이다. 종광 10매, 조직 원 리피트 10본x10본.

⑪ 다음은 위의 조직에서 잔류(White) 3과 삭제(Gray) 3을 반복하여 아래의 조직으로 유도한 예이다. 종광 10매, 조직 원 리피트 15본x10본.

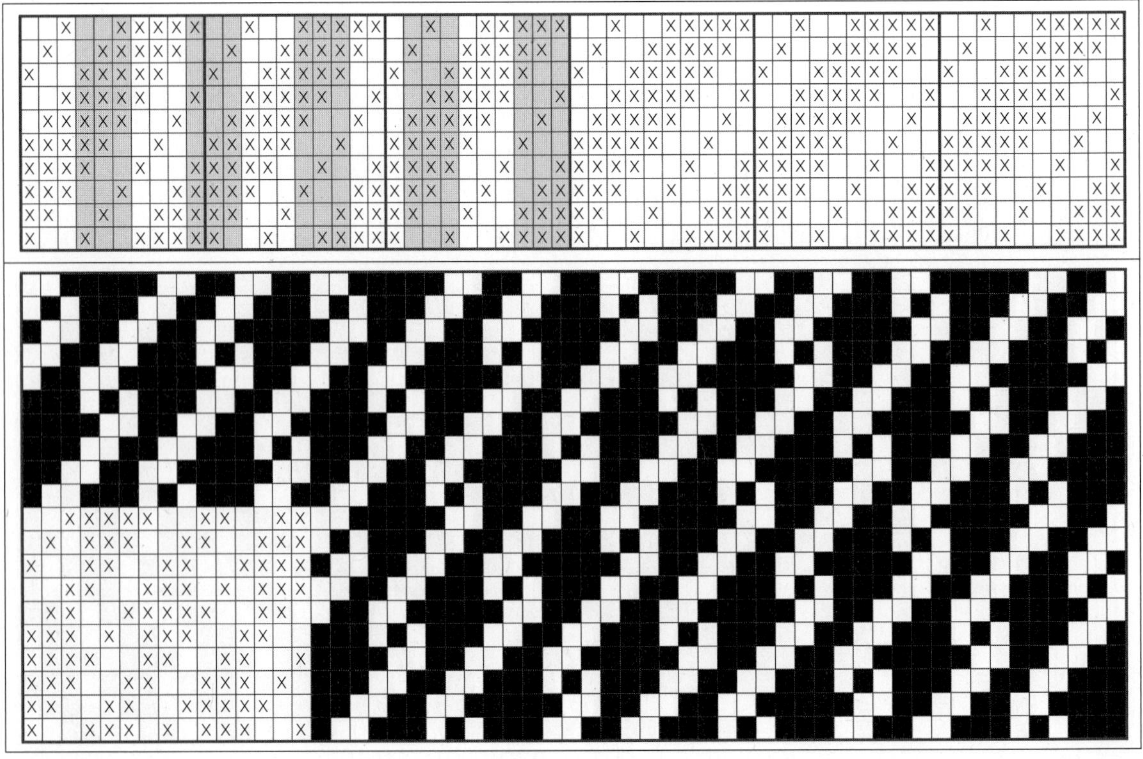

⑫ 다음은 위의 Motive 조직에서 잔류(White) 3과 삭제(Gray) 2를 반복하여 아래의 조직으로 유도한 예이다. 종광 6매, 조직 원 리피트 6본x10본.

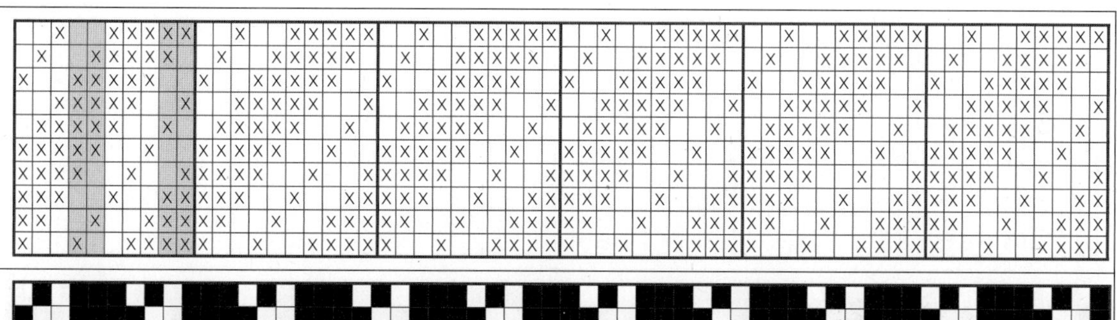

⑬ 다음은 위의 Motive 조직에서 잔류(White) 3과 삭제(Gray) 4를 반복하여 아래의 조직으로 유도한 예이다. 종광 10매, 조직 원 리피트 30본x10본.

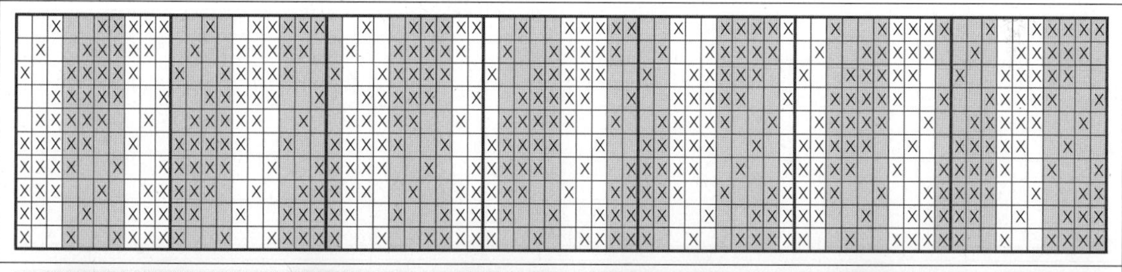

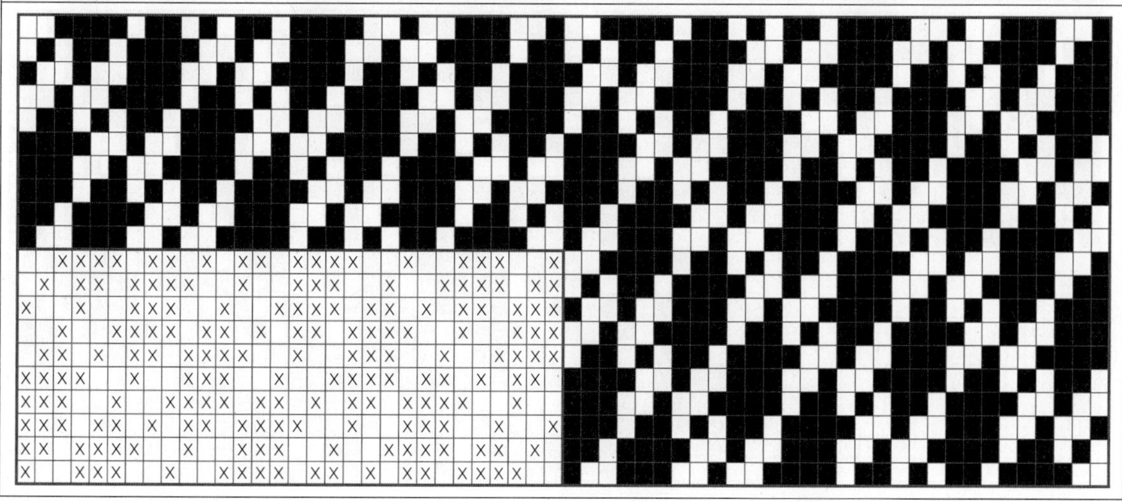

⑭ 다음은 위의 Motive 조직에서 잔류(White) 3과 삭제(Gray) 2, 잔류(White) 3과 삭제(Gray) 4를 반복하여 아래의 조직으로 유도한 예이다. 종광 10매, 조직 원 리피트 30본x10본.

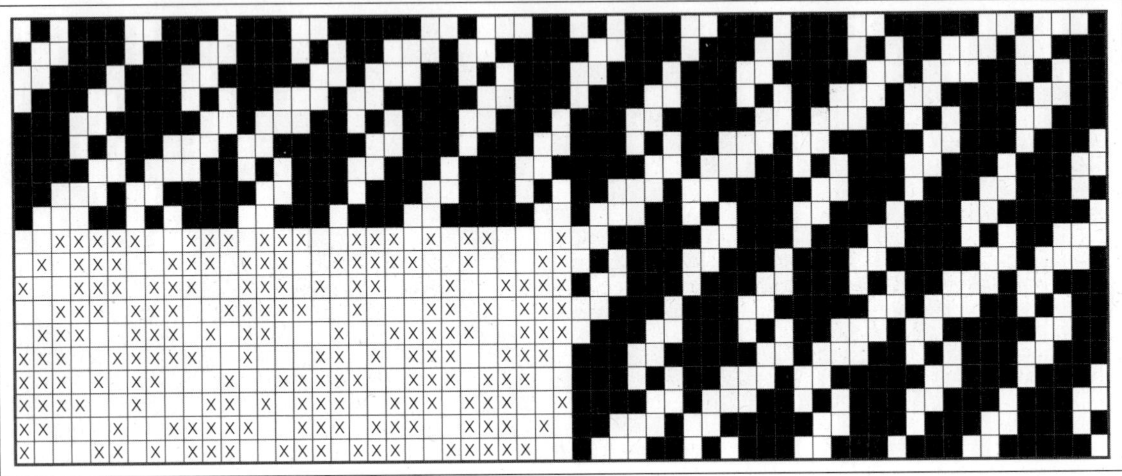

⑮ 다음은 위의 Motive 조직에서 잔류(White) 4와 삭제(Gray) 4를 반복하여 아래의 조직으로 유도한 예이다. 종광 10매, 조직 원 리피트 20본x10본.

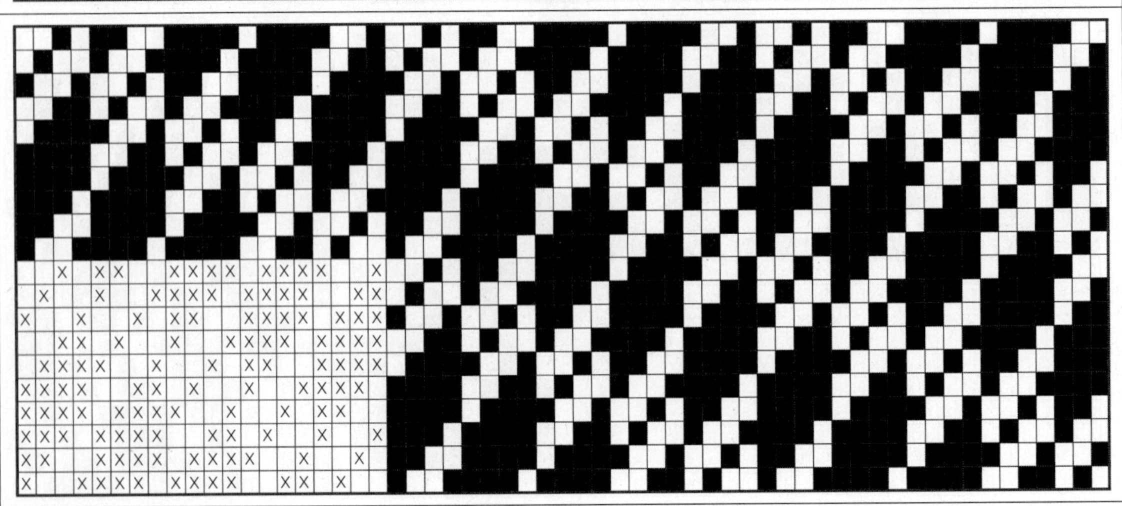

⑯ 다음은 위의 Motive 조직에서 잔류(White) 4와 삭제(Gray) 2를 반복하여 아래의 조직으로 유도한 예이다. 종광 10매, 조직 원 리피트 20본x10본.

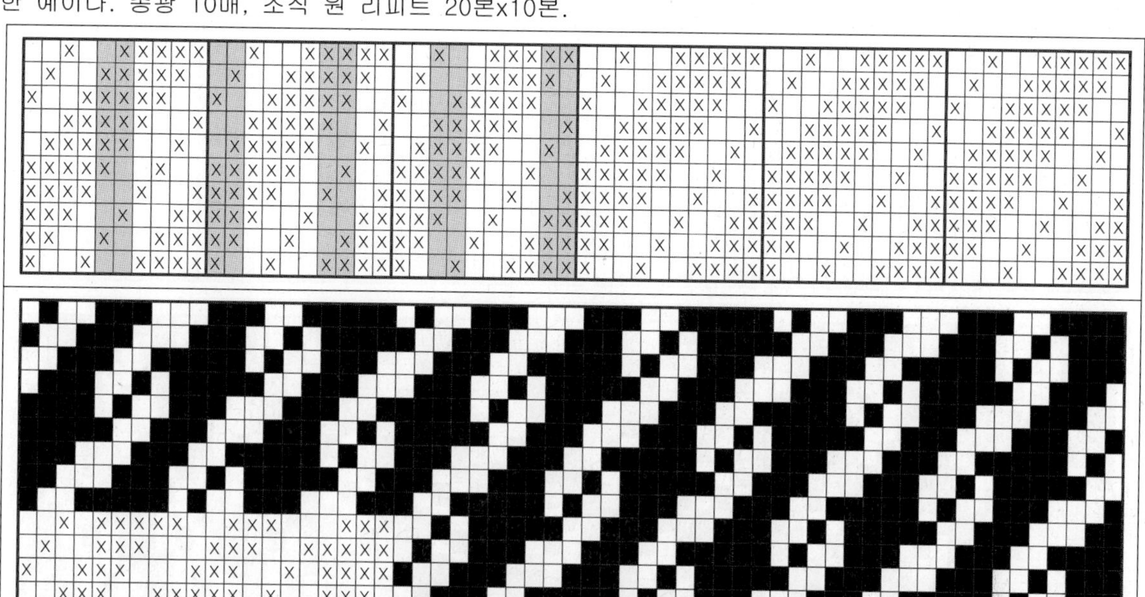

⑰ 다음은 위의 Motive 조직에서 잔류(White) 1과 삭제(Gray) 2, 잔류(White) 1과 삭제(Gray) 4를 반복하여 아래의 조직으로 유도한 예이다. 종광 10매, 조직 원 리피트 10본x10본.

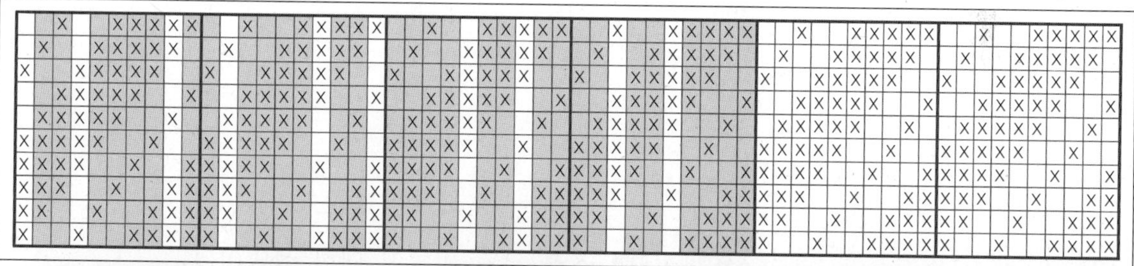

⑱ 다음은 위 Motive 조직에서 잔류(White) 1과 삭제(Gray) 1을 반복하여 아래의 조직으로 유도한 예이다. 종광 5매, 조직 원 리피트 5본x10본.

2) 다음은 홀수조직인 11매 조직에 대한 조직 유도 방법에 대한 설명이다.

좌측 조직은 11매 Twill 조직(1/1, 4/1, 1/3)이다.

아래는 좌측 Motive 조직에서 경사 삭제 유도법을 적용하여 규칙적인 기본 변화만 적용하여 2차 조직을 작도한 예이다. (27개 조직을 예시)

잔류와 삭제의 변화를 다르게 적용하면 아래 예시보다 더 많은 2차조직의 유도 생성이 가능하며, 그 수는 수리적 무한대에 이를 수 있다.

① 다음은 위의 Motive 조직에서 잔류(White) 1과 삭제(Gray) 1을 반복하여 아래의 조직으로 유도한 예이다. 종광 11매, 조직 원 리피트 11본x11본.

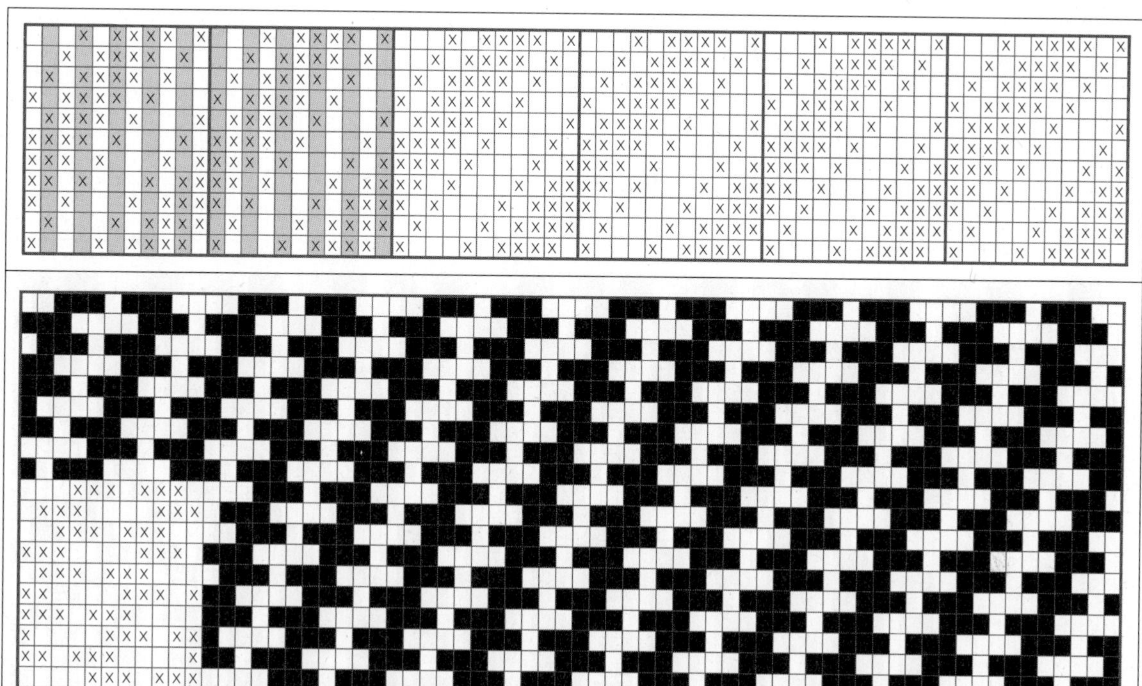

② 다음은 위 Motive 조직에서 잔류(White)1과 삭제(Gray)3을 반복하여 아래의 조직으로 유도한 예이다. 종광 11매, 조직 원 리피트 11본x11본.

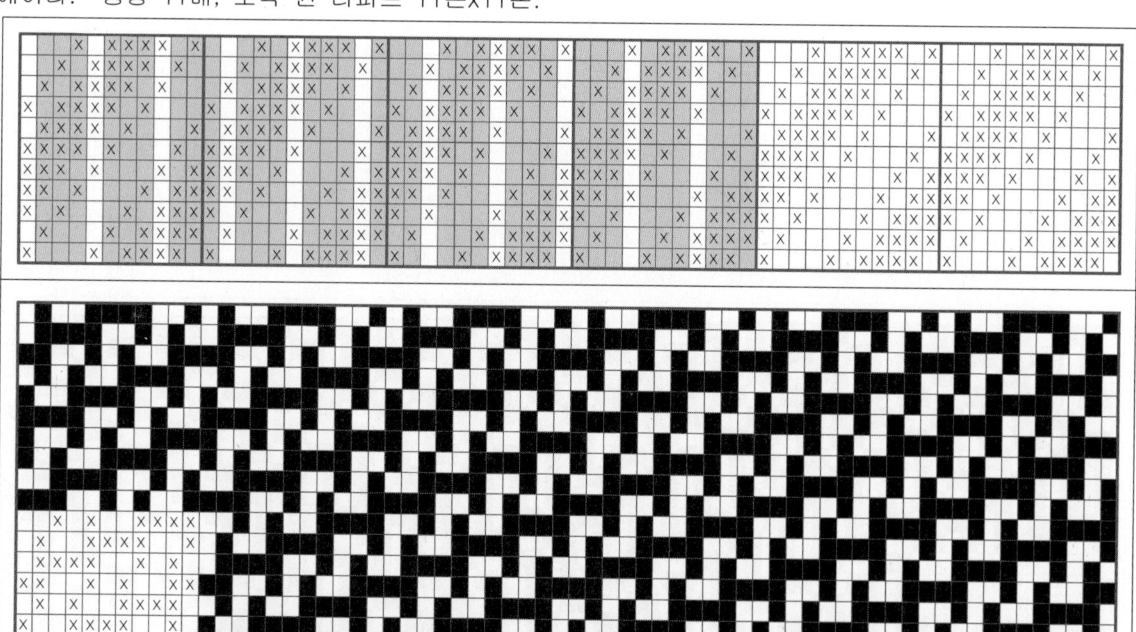

③ 다음은 위의 Motive 조직에서 잔류(White) 1과 삭제(Gray) 2를 반복하여 아래의 조직으로 유도한 예이다. 종광 11매, 조직 원 리피트 11본x11본.

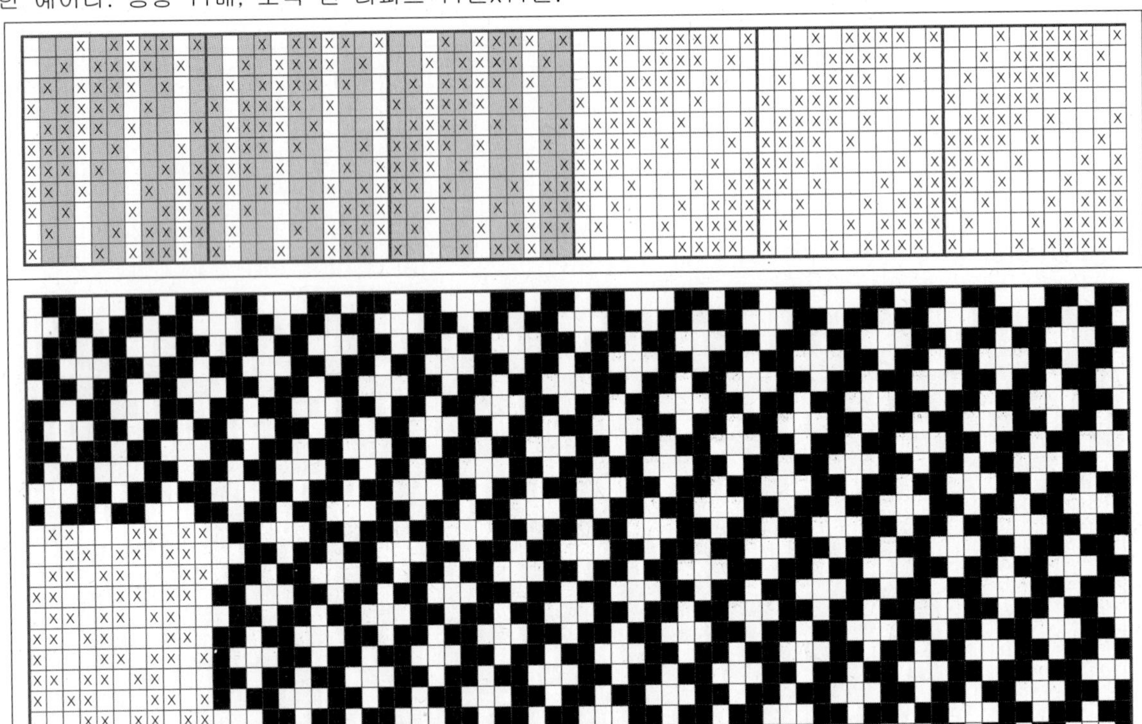

④ 다음은 위의 Motive 조직에서 잔류(White) 1과 삭제(Gray) 4를 반복하여 아래의 조직으로 유도한 예이다. 종광 11매, 조직 원 리피트 11본x11본.

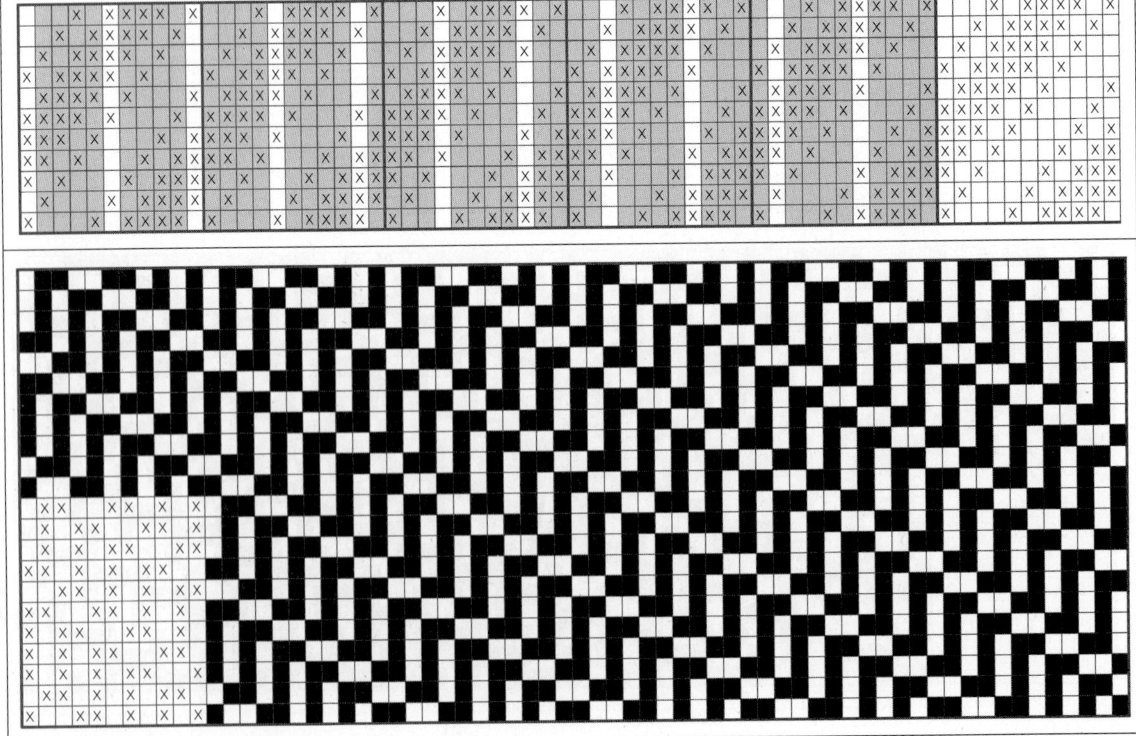

⑤ 다음은 위의 Motive 조직에서 잔류(White) 2와 삭제(Gray) 1을 반복하여 아래의 조직으로 유도한 예이다. 종광 11매, 조직 원 리피트 22본x11본.

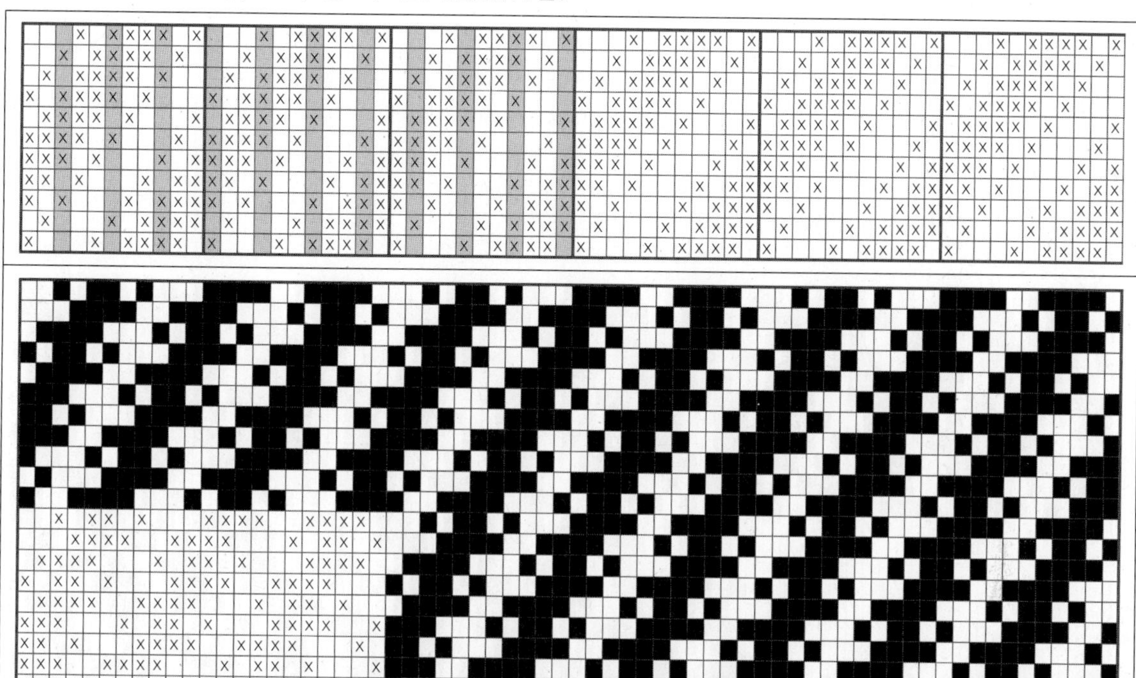

⑥ 다음은 위의 Motive 조직에서 잔류(White) 2와 삭제(Gray) 2를 반복하여 아래의 조직으로 유도한 예이다. 종광 11매, 조직 원 리피트 22본x11본.

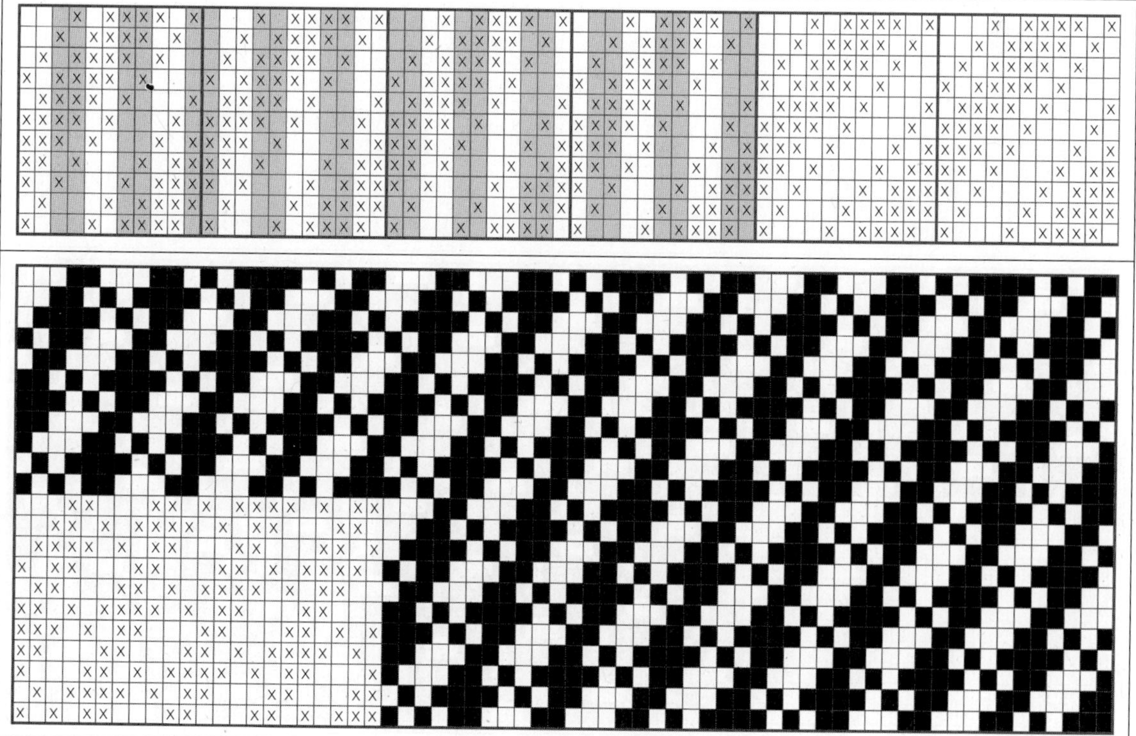

⑦ 다음은 위의 Motive 조직에서 잔류(White) 2와 삭제(Gray) 3을 반복하여 아래의 조직으로 유도한 예이다. 종광 11매, 조직 원 리피트 22본x11본.

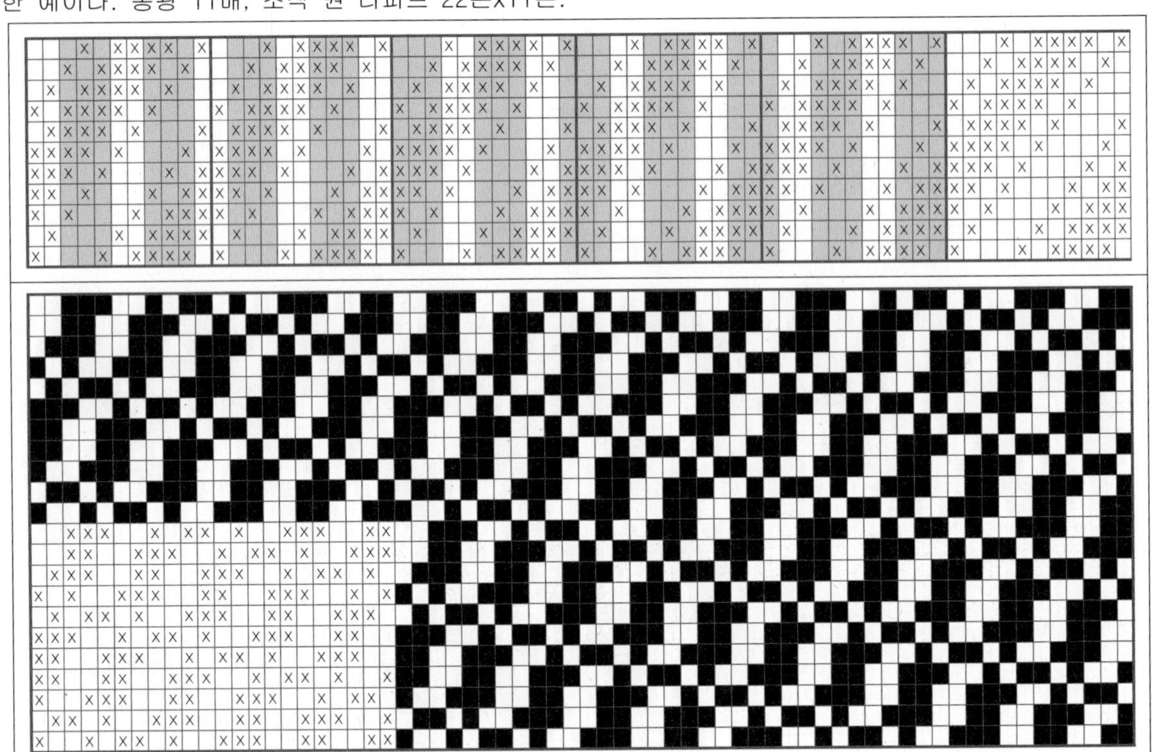

⑧ 다음은 위의 Motive 조직에서 잔류(White) 2와 삭제(Gray) 4를 반복하여 아래의 조직으로 유도한 예이다. 종광 11매, 조직 원 리피트 22본x11본.

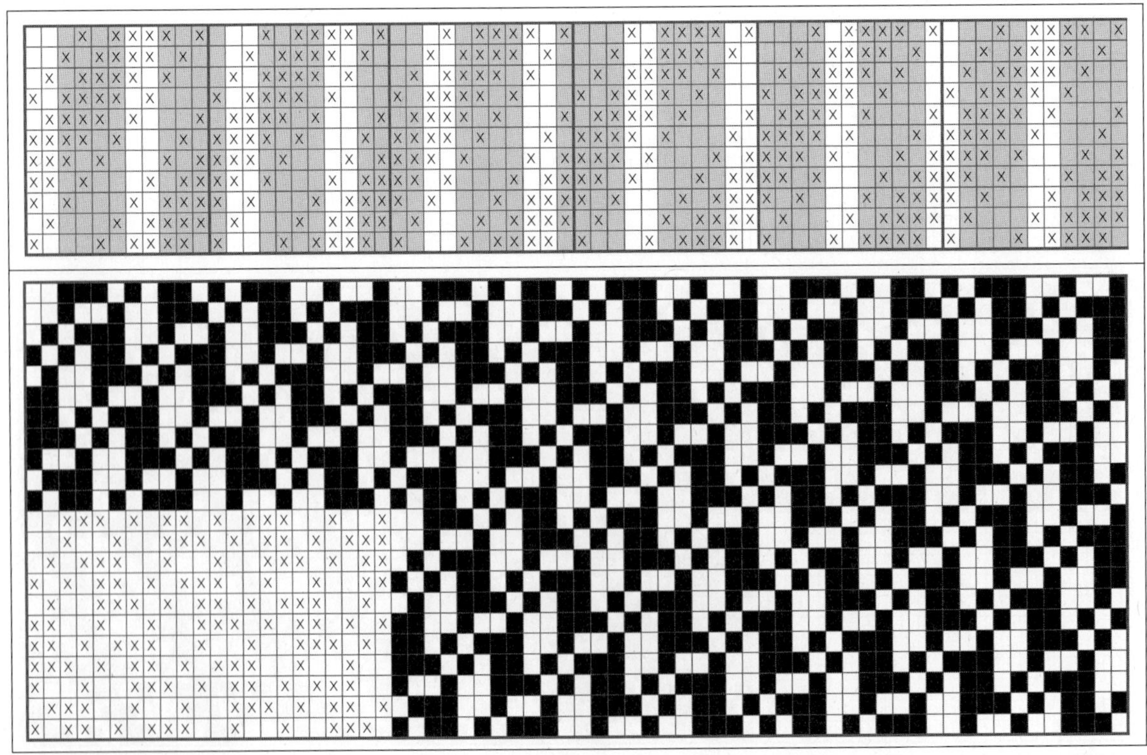

⑨ 다음은 위의 Motive 조직에서 잔류(White) 2와 삭제(Gray) 5를 반복하여 아래의 조직으로 유도한 예이다. 종광 11매, 조직 원 리피트 22본x11본.

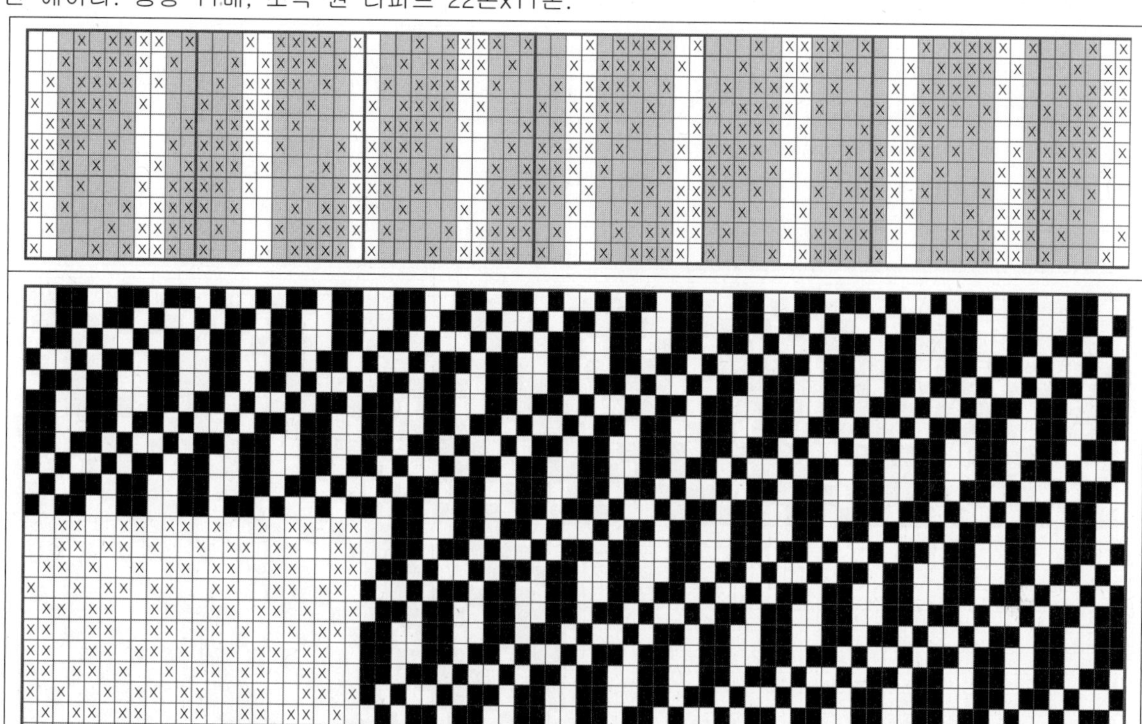

⑩ 다음은 위의 Motive 조직에서 잔류(White) 2와 삭제(Gray) 6을 반복하여 아래의 조직으로 유도한 예이다. 종광 11매, 조직 원 리피트 22본x11본.

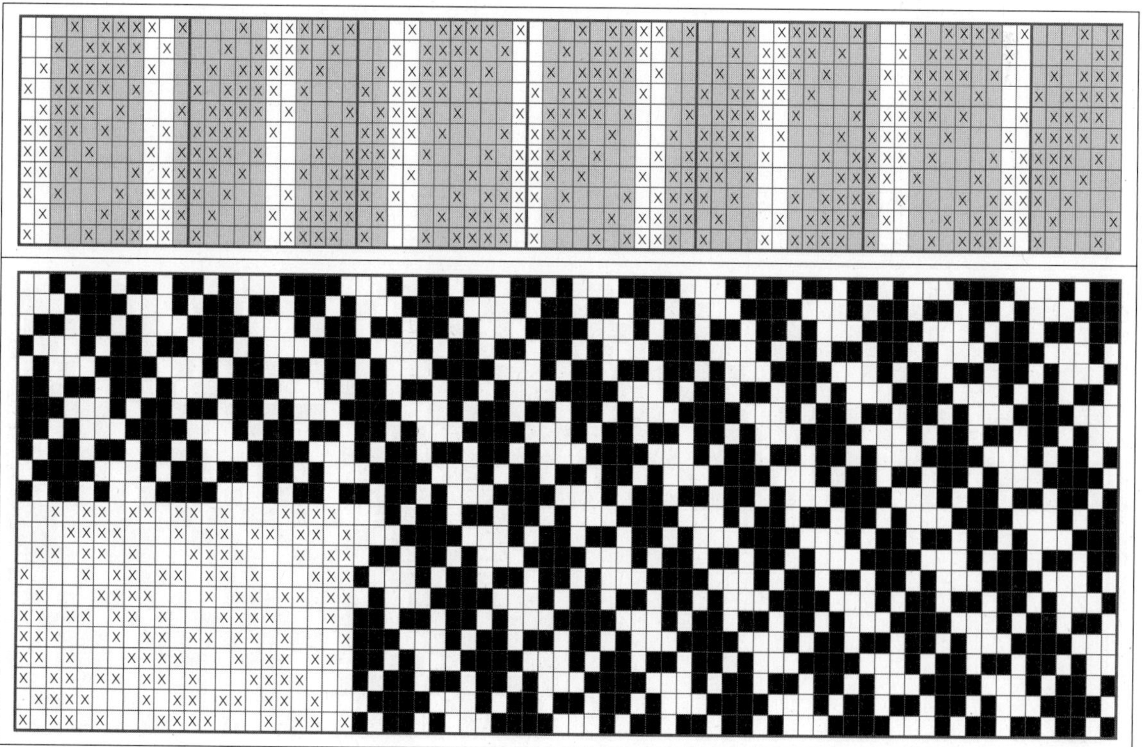

⑪ 다음은 위의 Motive 조직에서 잔류(White) 3과 삭제(Gray) 2를 반복하여 아래의 조직으로 유도한 예이다. 종광 11매, 조직 원 리피트 33본x11본.

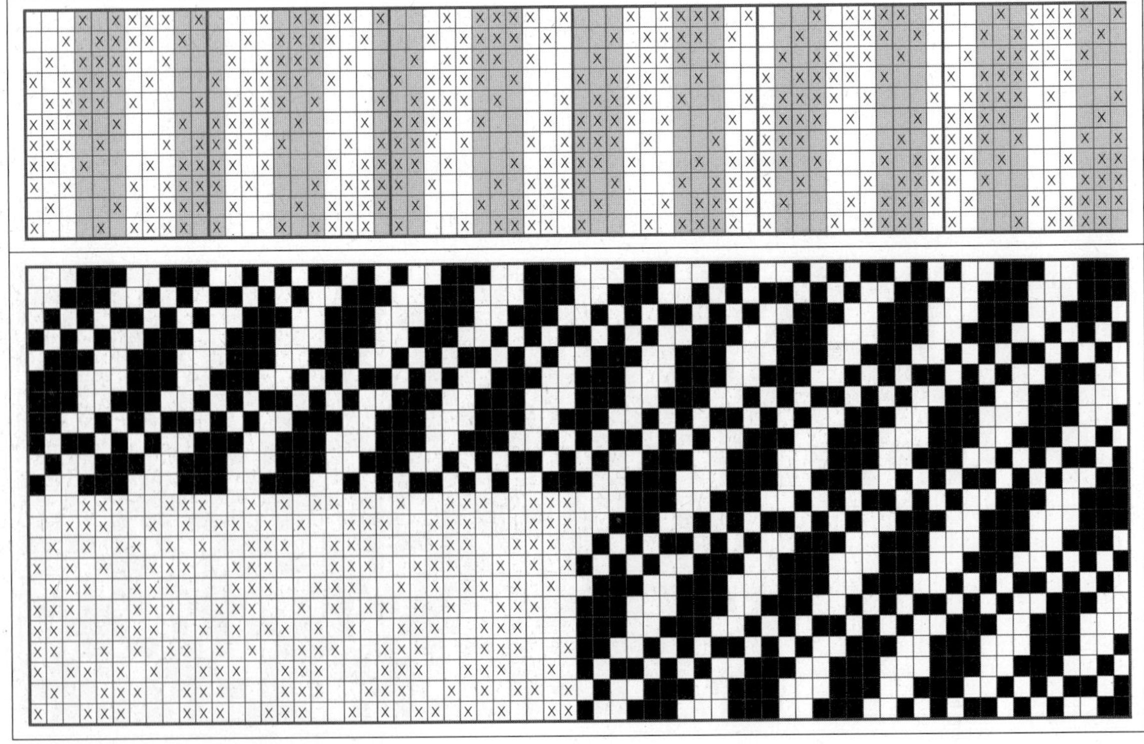

⑫ 다음은 위의 Motive 조직에서 잔류(White) 3과 삭제(Gray) 3을 반복하여 아래의 조직으로 유도한 예이다. 종광 11매, 조직 원 리피트 33본x11본.

⑬ 다음은 위의 Motive 조직에서 잔류(White) 3과 삭제(Gray) 4를 반복하여 아래의 조직으로 유도한 예이다. 종광 11매, 조직 원 리피트 33본x11본.

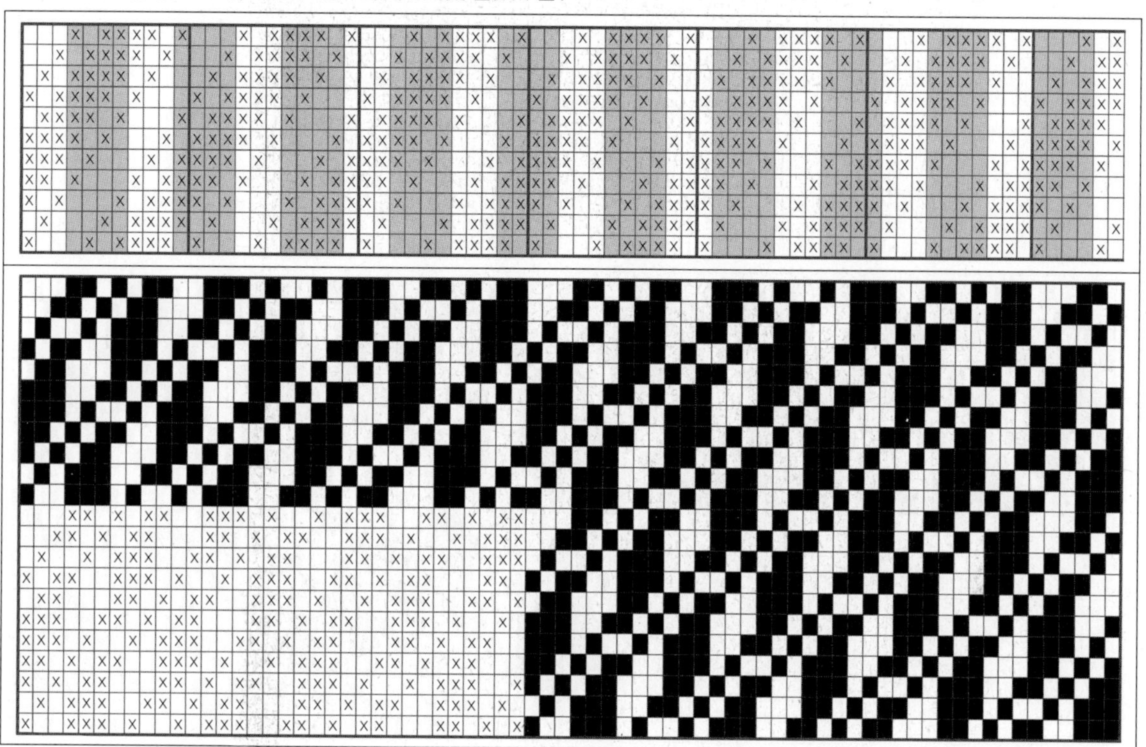

⑭ 다음은 위의 Motive 조직에서 잔류(White) 3과 삭제(Gray) 5를 반복하여 아래의 조직으로 유도한 예이다. 종광 11매, 조직 원 리피트 33본x11본.

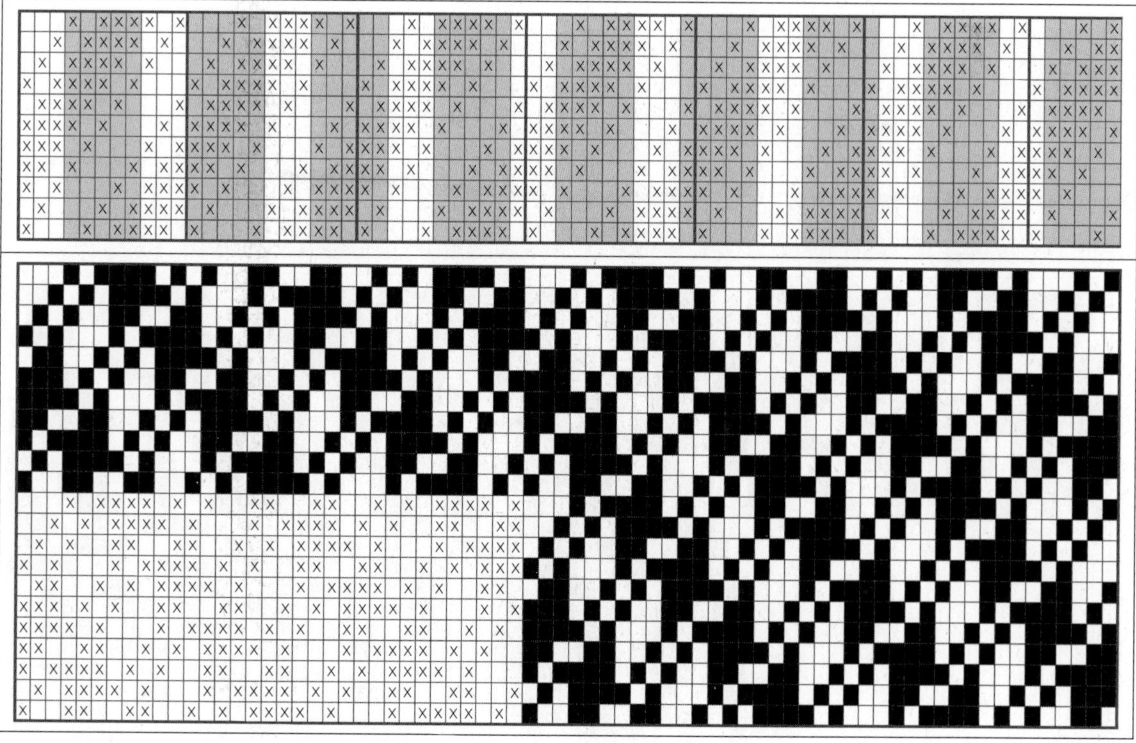

⑮ 다음은 위의 Motive 조직에서 잔류(White) 3과 삭제(Gray) 6을 반복하여 아래의 조직으로 유도
한 예이다. 종광 11매, 조직 원 리피트 33본x11본.

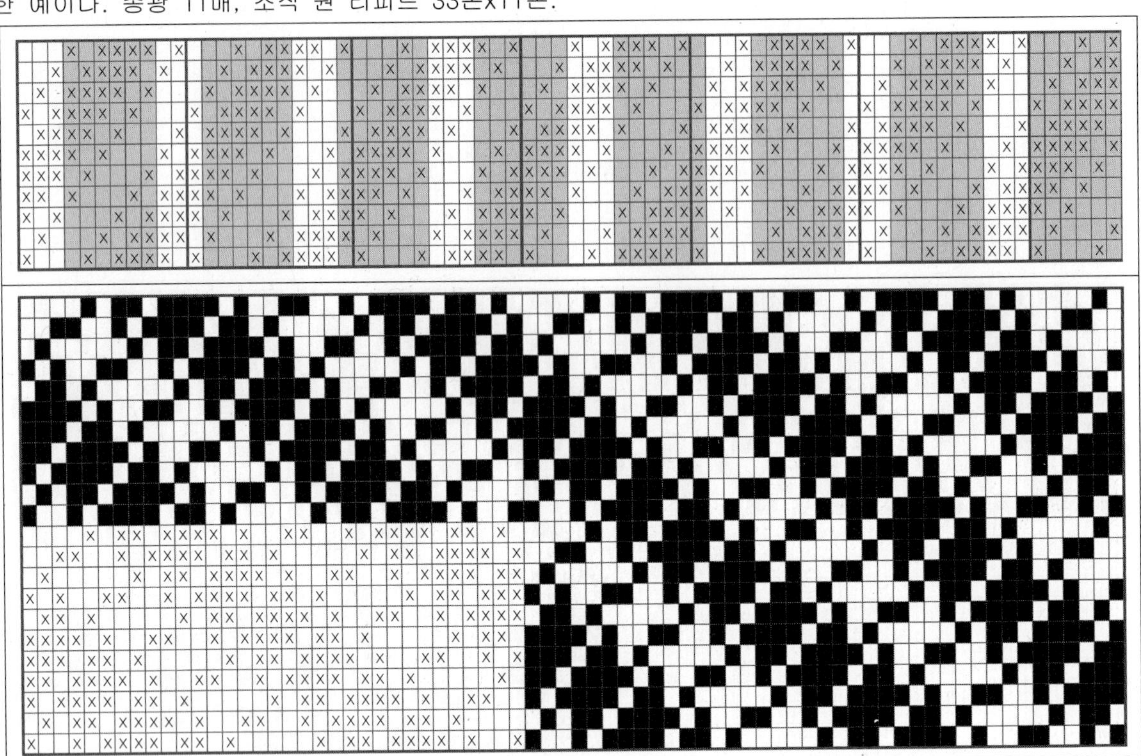

⑯ 다음은 위의 Motive 조직에서 잔류(White) 1과 삭제(Gray) 1, 잔류(White) 1과 삭제(Gray) 2를
반복하여 아래의 조직으로 유도한 예이다. 종광 11매, 조직 원 리피트 22본x11본.

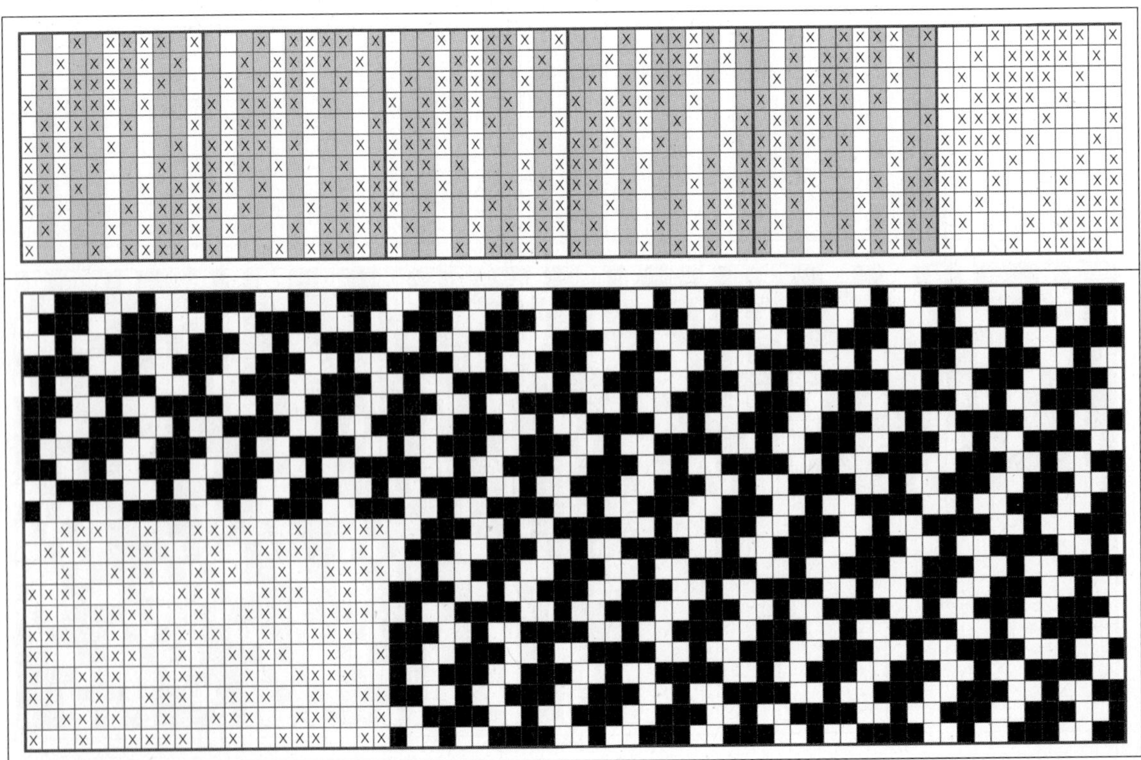

⑰ 다음은 위의 Motive 조직에서 잔류(White) 1과 삭제(Gray) 1, 잔류(White) 1과 삭제(Gray) 3을 반복하여 아래의 조직으로 유도한 예이다. 종광 11매, 조직 원 리피트 22본x11본.

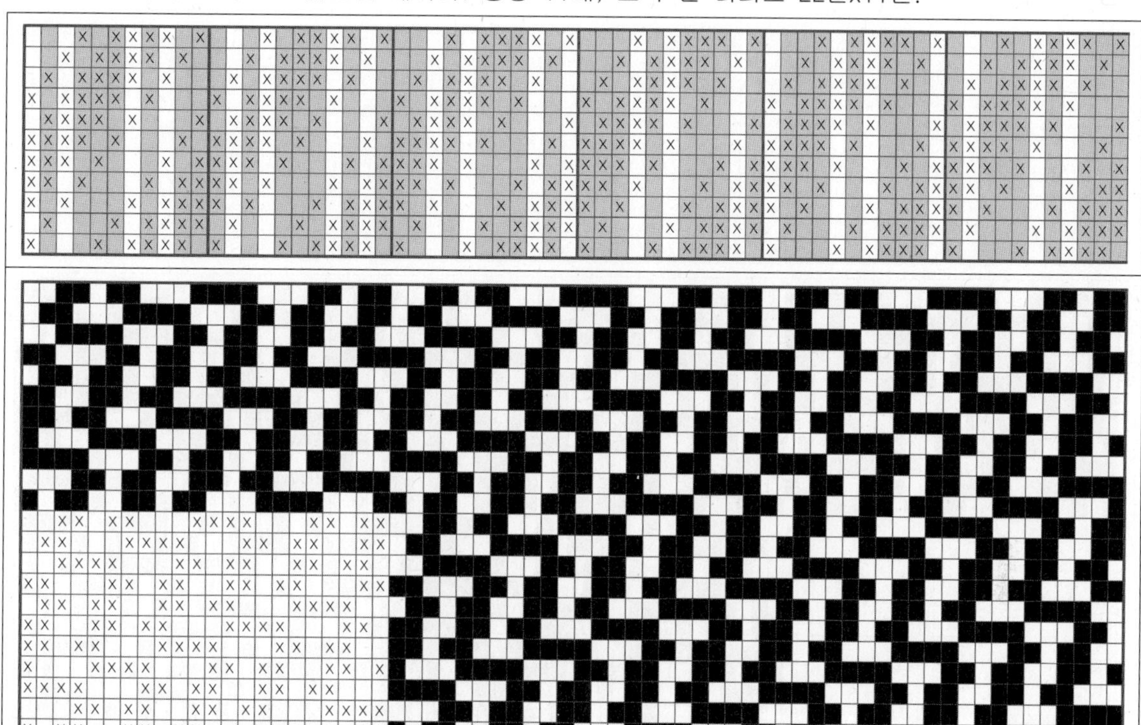

⑱ 다음은 위의 Motive 조직에서 잔류(White) 1과 삭제(Gray) 1, 잔류(White) 1과 삭제(Gray) 4를 반복하여 아래의 조직으로 유도한 예이다. 종광 11매, 조직 원 리피트 22본x11본.

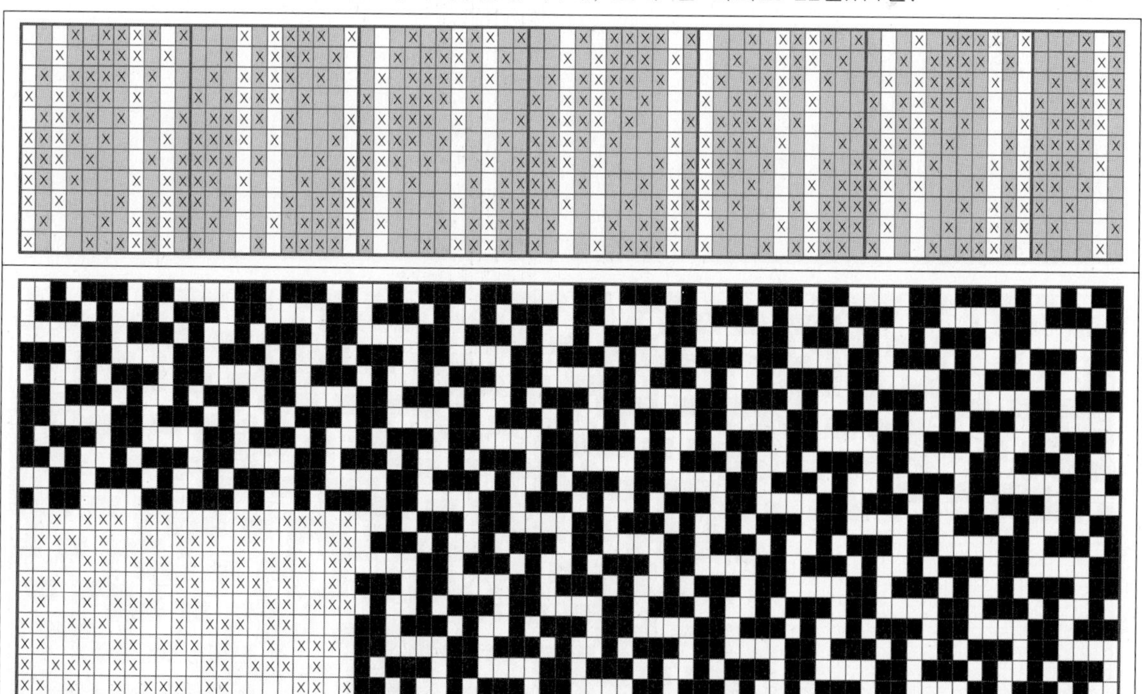

⑲ 다음은 위의 Motive 조직에서 잔류(White) 1과 삭제(Gray) 1, 잔류(White) 1과 삭제(Gray) 5를 반복하여 아래의 조직으로 유도한 예이다. 종광 11매, 조직 원 리피트 22본x11본.

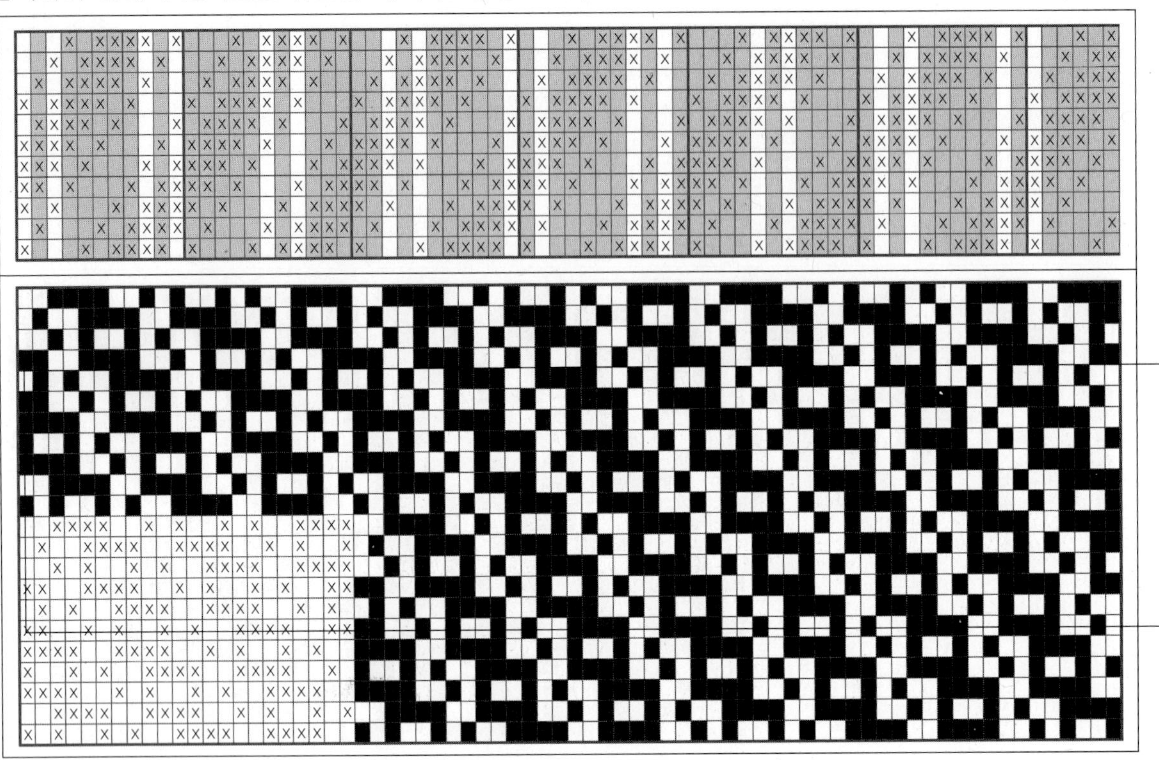

⑳ 다음은 위의 Motive 조직에서 잔류(White) 1과 삭제(Gray) 1, 잔류(White) 1과 삭제(Gray) 6을 반복하여 아래의 조직으로 유도한 예이다. 종광 11매, 조직 원 리피트 22본x11본.

㉑ 다음은 위의 Motive 조직에서 잔류(White) 1과 삭제(Gray) 2, 잔류(White) 1과 삭제(Gray) 3을 반복하여 아래의 조직으로 유도한 예이다. 종광 11매, 조직 원 리피트 22본x11본.

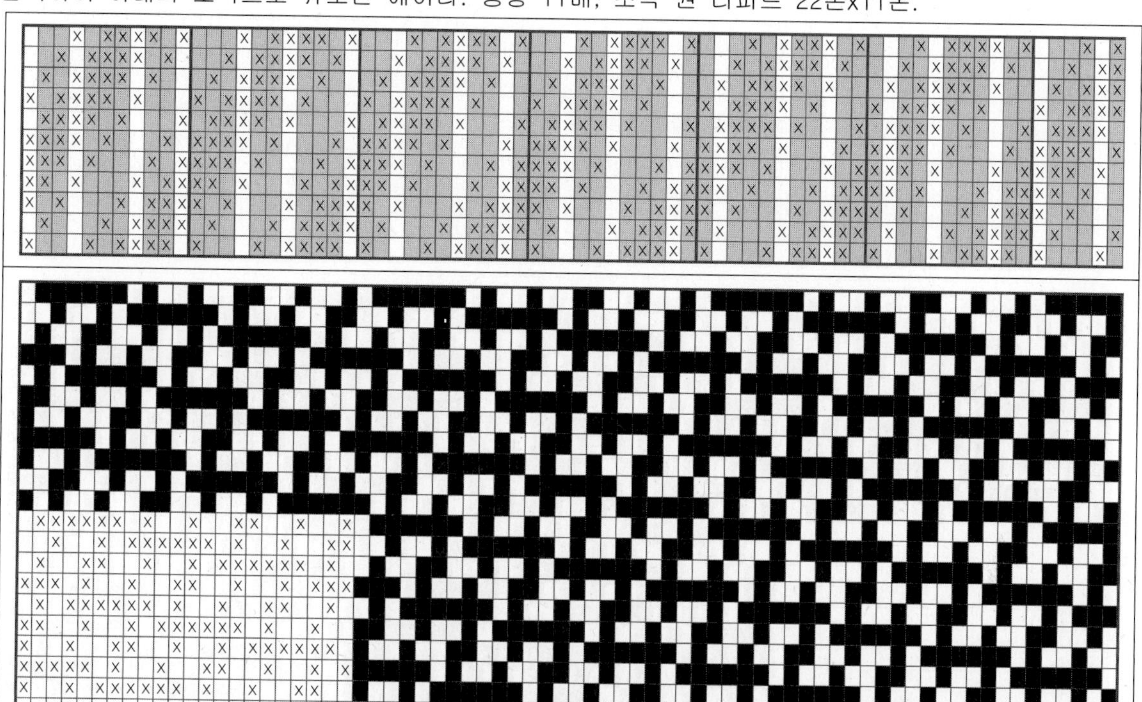

㉒ 다음은 위의 Motive 조직에서 잔류(White) 1과 삭제(Gray) 2, 잔류(White) 1과 삭제(Gray) 4를 반복하여 아래의 조직으로 유도한 예이다. 종광 11매, 조직 원 리피트 22본x11본.

㉓ 다음은 위의 Motive 조직에서 잔류(White) 1과 삭제(Gray) 2, 잔류(White) 1과 삭제(Gray) 5를 반복하여 아래의 조직으로 유도한 예이다. 종광 11매, 조직 원 리피트 22본x11본.

㉔ 다음은 위의 Motive 조직에서 잔류(White) 1과 삭제(Gray) 2, 잔류(White) 1과 삭제(Gray) 6을 반복하여 아래의 조직으로 유도한 예이다. 종광 11매, 조직 원 리피트 22본x11본.

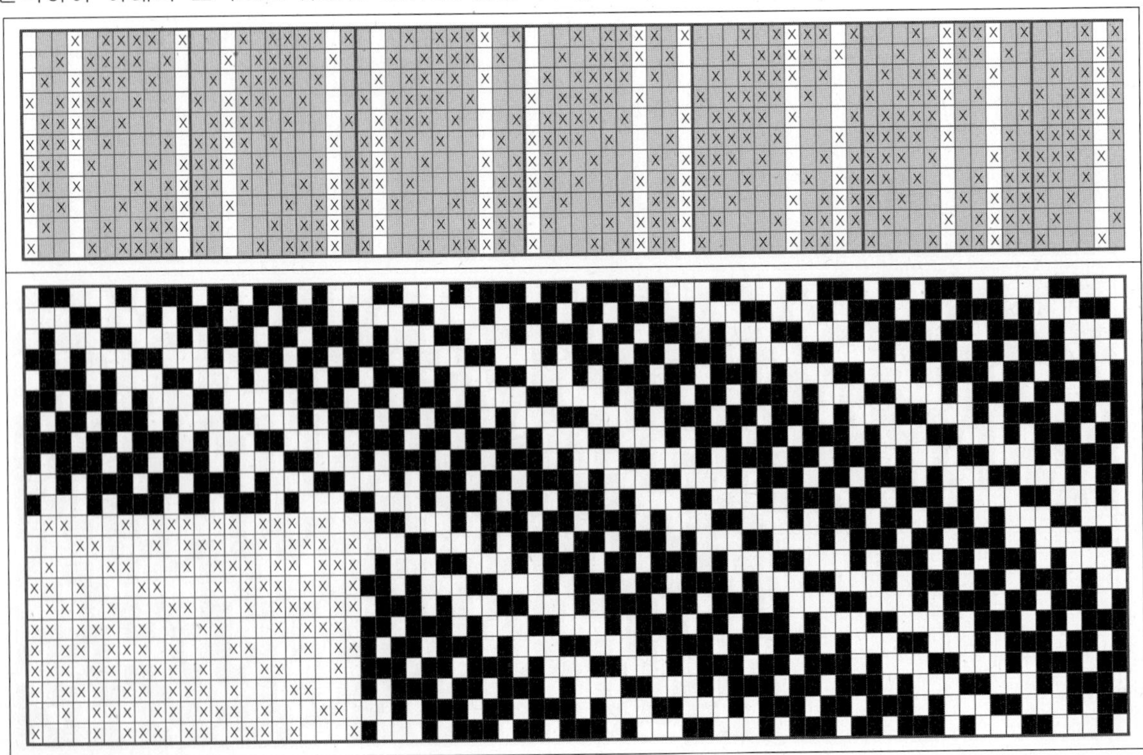

㉕ 다음은 위의 Motive 조직에서 잔류(White) 1과 삭제(Gray) 3, 잔류(White) 1과 삭제(Gray) 5를 반복하여 아래의 조직으로 유도한 예이다. 종광 11매, 조직 원 리피트 22본x11본.

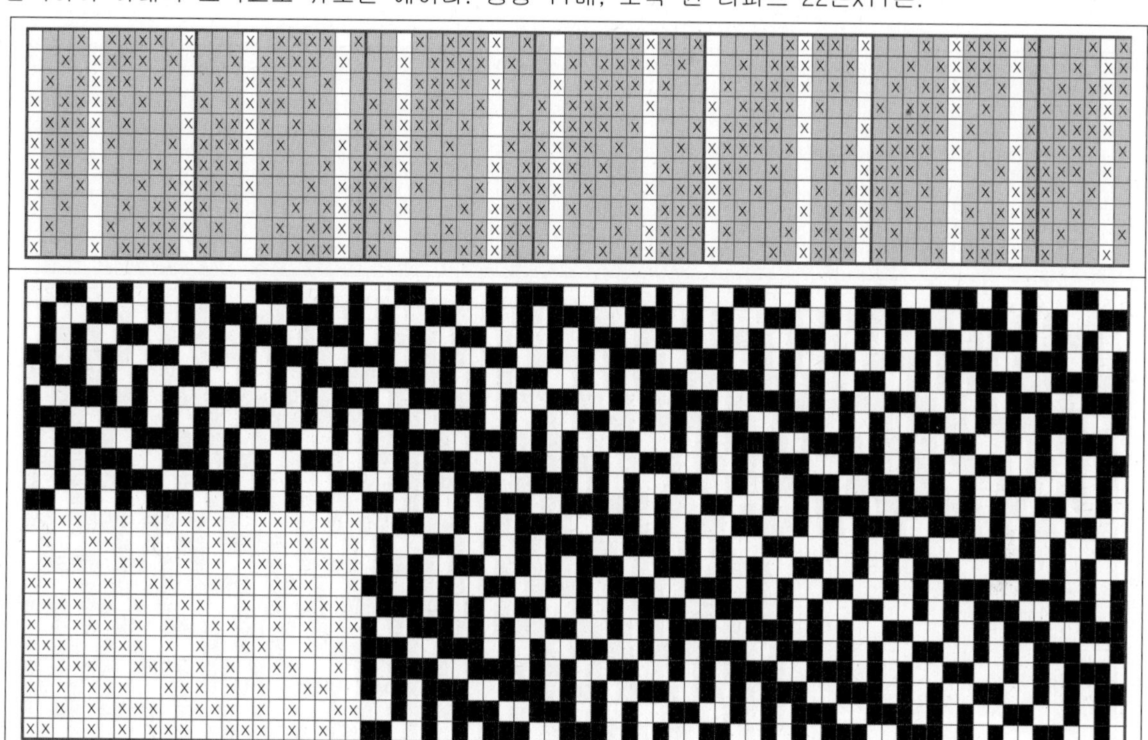

㉖ 다음은 위의 Motive 조직에서 잔류(White) 2와 삭제(Gray) 2, 잔류(White) 2와 삭제(Gray) 4를 반복하여 아래의 조직으로 유도한 예이다. 종광 11매, 조직 원 리피트 44본x11본.

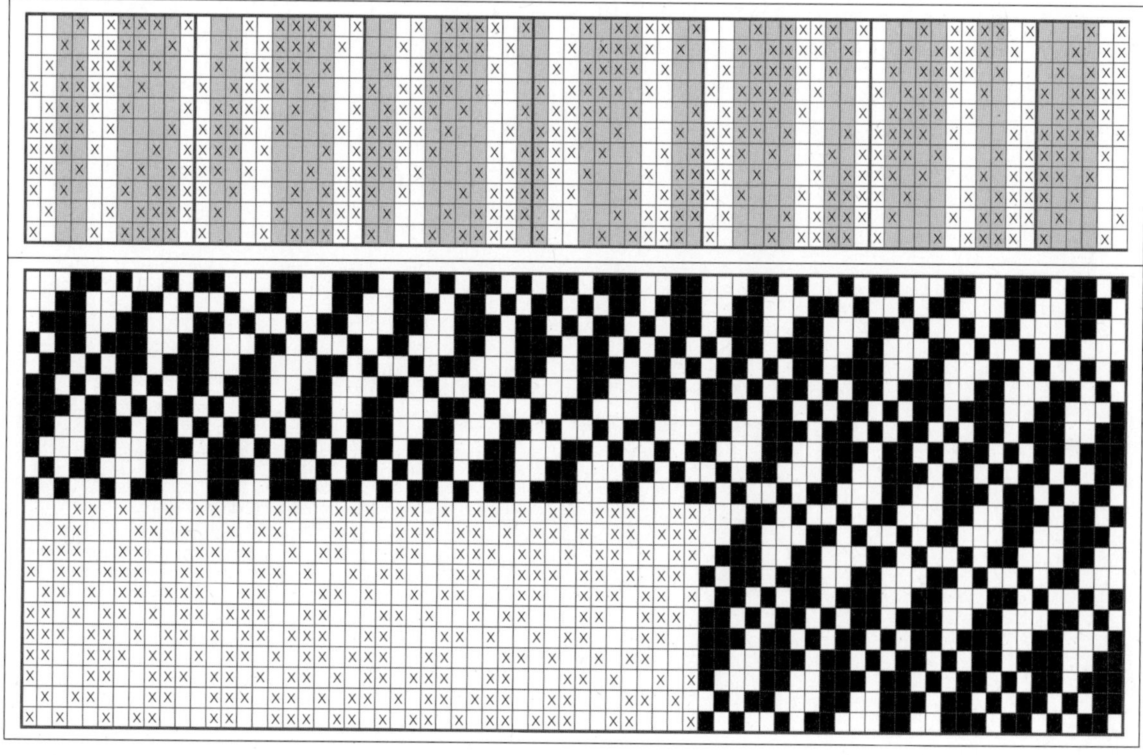

㉗ 다음은 위의 Motive 조직에서 잔류(White) 1과 삭제(Gray) 3, 잔류(White) 1과 삭제(Gray) 4를
반복하여 아래의 조직으로 유도한 예이다. 종광 11매, 조직 원 리피트 22본x11본.

   여기까지, 선정된 Motive 조직을 유도하여 2차 조직을 생성하는 방법과 그 형태에 대해
알아보았다. 홀수조직인 종광 11매 조직을 각각 다르게 유도하여 생성된 27개의 조직도를
살펴본 것이다.

04. 경위삭제 유도법

도형은 삭제하면 작아진다. 이와 달리 조직은 도형의 집합체로 이루어져 있어 삭제 후 순환 지점을 기준으로 하여 연결하면 조직이 커지면서 다양성을 가지게 된다.
즉 삭제 후 잔류 본수의 합과 Motive 조직 원 리피트 본수를 곱한 수(최소 공배수)가 생성조직의 본수가 되므로 수리적 무한대까지 확장이 가능하게 된다.

생성된 조직의 유형별 개수 또한 수리적 무한대를 이루며, 그 다양성은 이제까지 상상하지 못할 정도의 영역까지 유도 생성된다.
삭제된 조직은 순차의 서열이 깨어져 요철감과 입체감이 증대된다. 이는 직물조직에 유용한 필수 요소가 되어 이제까지 표현하지 못했던 조직 분야의 전개가 가능하게 된다.

경·위 삭제 유도법은 경사삭제와 위사삭제가 같이 이루어진 3차 생성조직이며, 그 유도 원리는 다음과 같다.

* 잔류본수와 삭제본수를 합한 수와 Motive 조직 원 리피트 본수의 최소공배수가 삭제를 포함한 생성조직 원 리피트 본수가 된다.

* 잔류본수와 삭제본수의 합이 Motive 조직 원 리피트 본수의 약수가 아니면, 잔류본수의 합과 Motive 조직의 원 리피트 본수를 곱한 수가 생성조직의 본수가 된다.
잔류본수와 삭제본수의 합이 Motive 조직의 원 리피트 본수의 약수이면 생성조직이 Motive 조직의 원 리피트 본수 이하도 될 수 있다.

* 잔류본수가 1일 때, 삭제본수는 Motive 조직 원 리피트 본수를 2로 나눈 수에 1을 줄인 수를 기준으로 2차 생성조직은 좌우로 대칭을 이룬다.
결과의 수가 자연수(Motive 조직 원 리피트 본수가 짝수)이면 그 수를 기준으로 2차 생성조직은 좌우로 대칭을 이루고, 결과의 수가 소수(Motive 조직 원 리피트 본수가 홀수)이면 기준조직 없이 소수의 좌우 자연수가 2차 생성조직의 대칭을 이룬다.

* 생성된 조직이 Motive 조직의 원 리피트 본수 이하이면 상하 노출도의 격차가 발생하여 조직의 생성이 불안정하다.

* 잔류와 삭제의 순환 방식은 단수순환(2잔류+2삭제), 복수순환(2잔류+2삭제+3잔류+3삭제+1잔류+2삭제), 서열순환(2잔류+1삭제+2잔류+2삭제+2잔류+3삭제+2잔류+4삭제+2잔류+3삭제+2잔류+2삭제) 등 모두 가능하다.

다음은 [직물조직 유도법] 중, 경위삭제 유도법에 의한 조직생성 방법과 그 결과에 대한 예시이다(8매조직 30개의 유도조직과 9매조직 36개의 유도조직을 보기로 제시하였다).
단, 본수가 많은 조직은 지면 사정으로 작도가 불가능하여 설명을 생략한다.

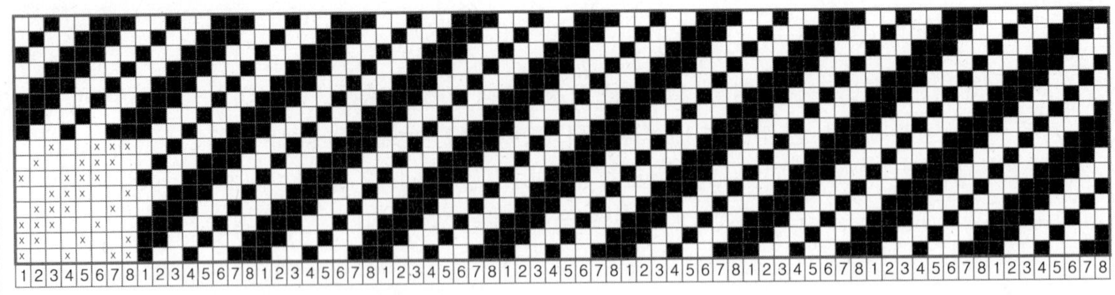

Motive 조직 견본. 종광 8매, 조직 원 리피트 8매x8매.

위 Motive 견본에서 위사 3잔류 2삭제를 반복하여 유도. 종광 8매, 조직 원 리피트 8매x24매.

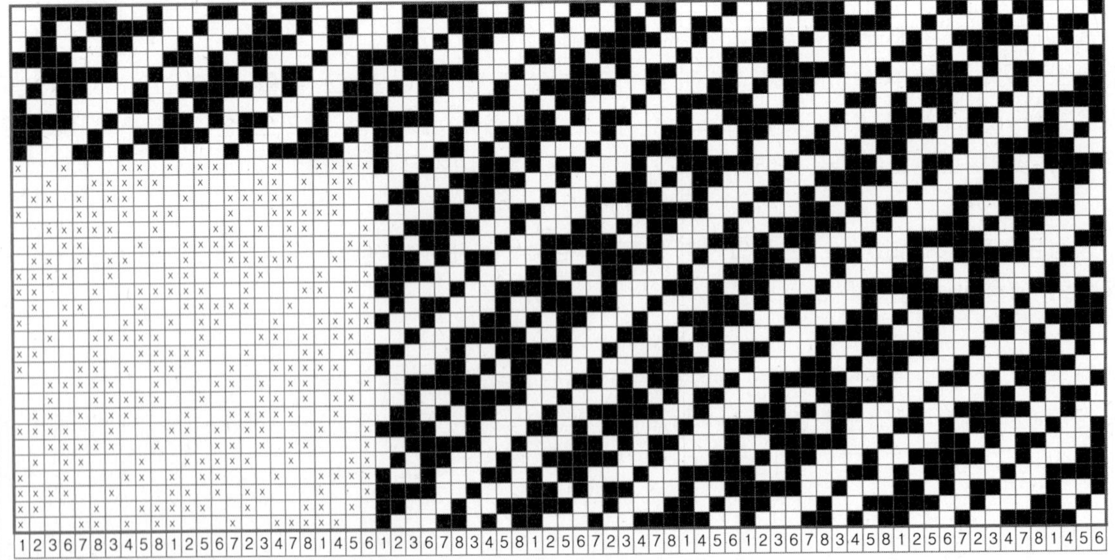

위 Motive 견본에서 위사 3잔류 2삭제, 경사 3잔류 2삭제를 반복하여 유도한 조직의 예이다. 종광 8매, 조직 원 리피트 24매x24매.

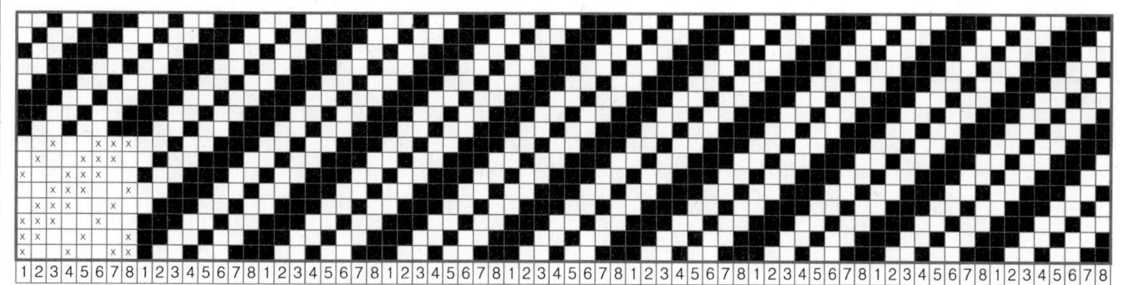

Motive 조직 견본, 종광 8매, 조직 원 리피트 8매x8매.

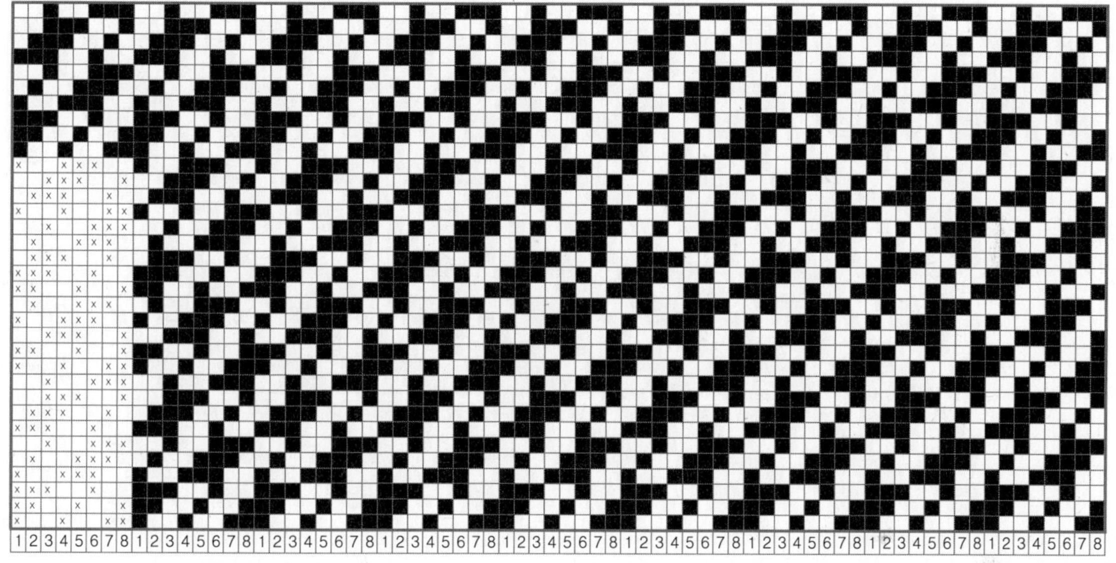

위 Motive 견본에서 위사 3잔류 2삭제를 반복하여 유도. 종광 8매, 조직 원 리피트 8매x24매.

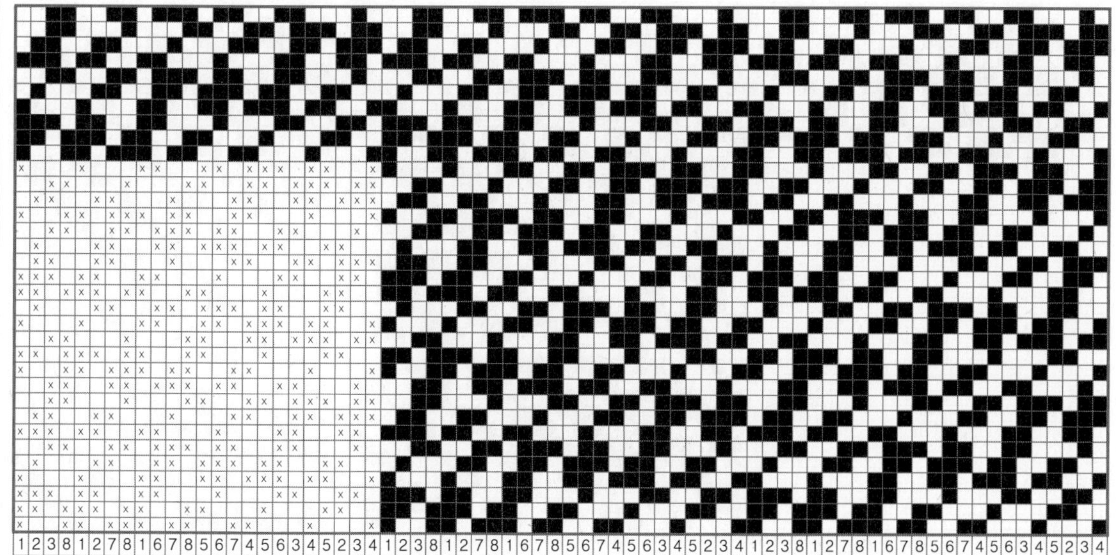

위 Motive 견본에서 위사 3잔류 2삭제, 경사 3잔류 4삭제를 반복하여 유도한 조직의 예이다. 종광 8매, 조직 원 리피트 24매x24매.

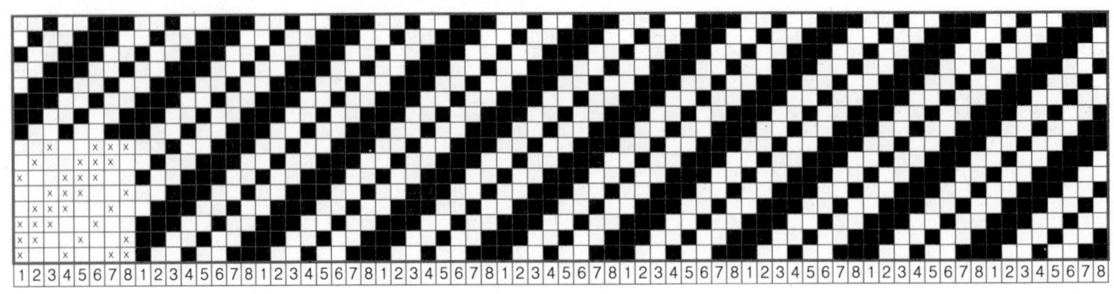

Motive 조직 견본. 종광 8매, 조직 원 리피트 8매x8매.

위 Motive 견본에서 위사 3잔류 4삭제를 반복하여 유도. 종광 8매, 조직 원 리피트 8매x24매.

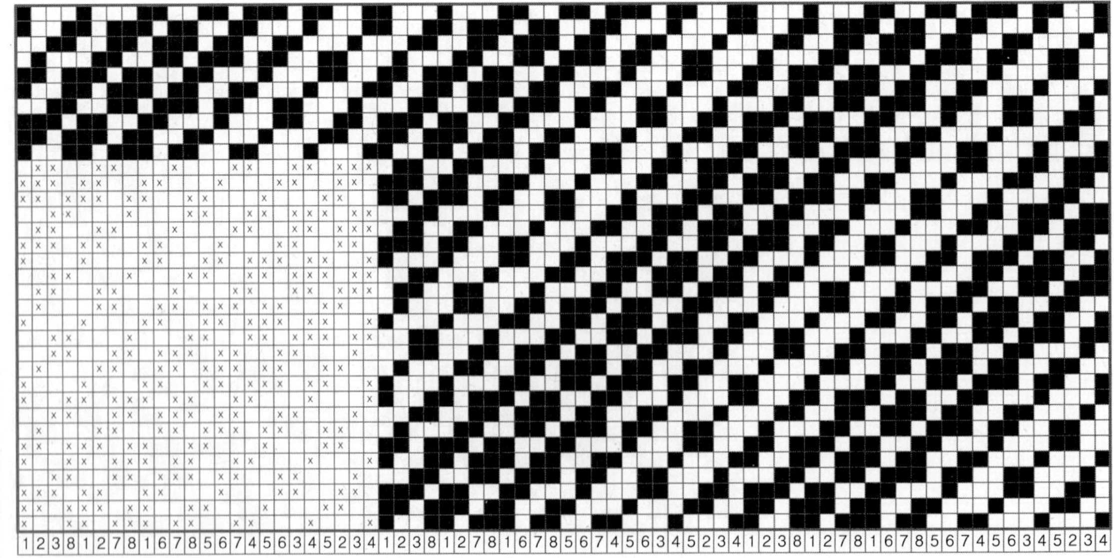

위 Motive 견본에서 위사 3잔류 4삭제, 경사 3잔류 4삭제를 반복하여 유도한 조직의 예이다. 종광 8매, 조직 원 리피트 24매x24매.

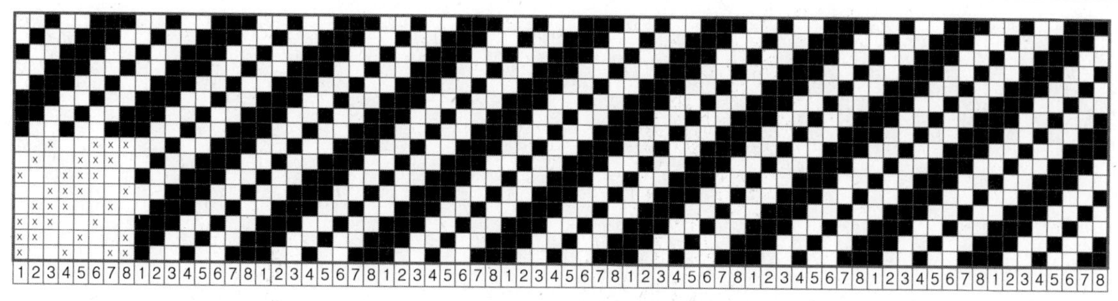

Motive 조직 견본. 종광 8매, 조직 원 리피트 8매x8매.

위 Motive 견본에서 위사 3잔류, 2삭제를 반복하여 유도. 종광 8매, 조직 원 리피트 8매x24매.

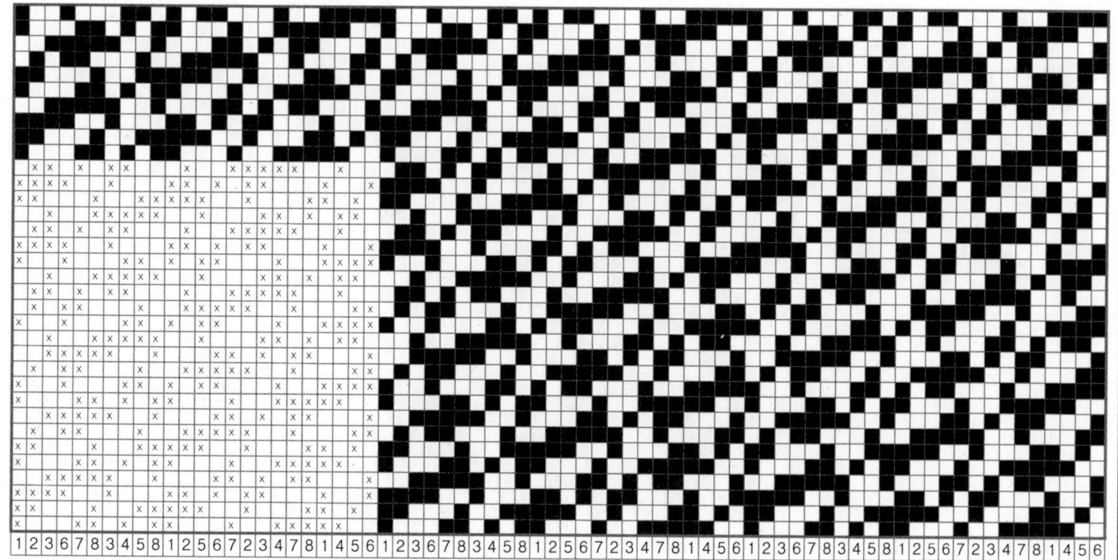

위 Motive 견본에서 위사 3잔류 2삭제, 경사 3잔류 2삭제를 반복하여 유도한 조직의 예이다. 종광 8매, 조직 원 리피트 24매x24매.

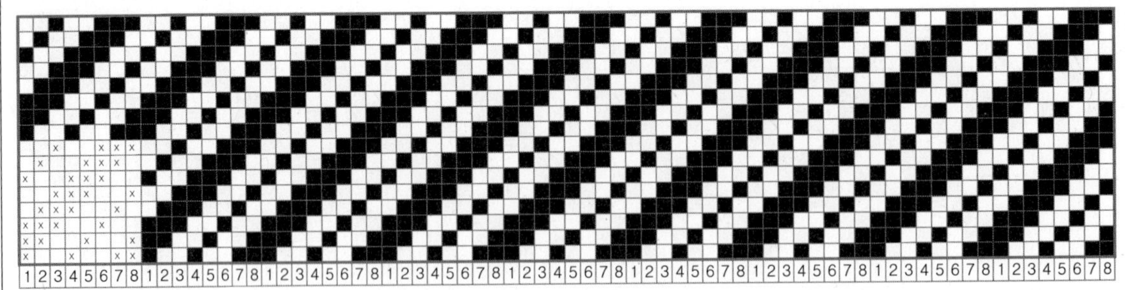

Motive 조직 견본. 종광 8매, 조직 원 리피트 8매x8매.

위 Motive 견본에서 위사 4잔류 2삭제를 반복하여 유도. 종광 8매, 조직 원 리피트 8매x16매.

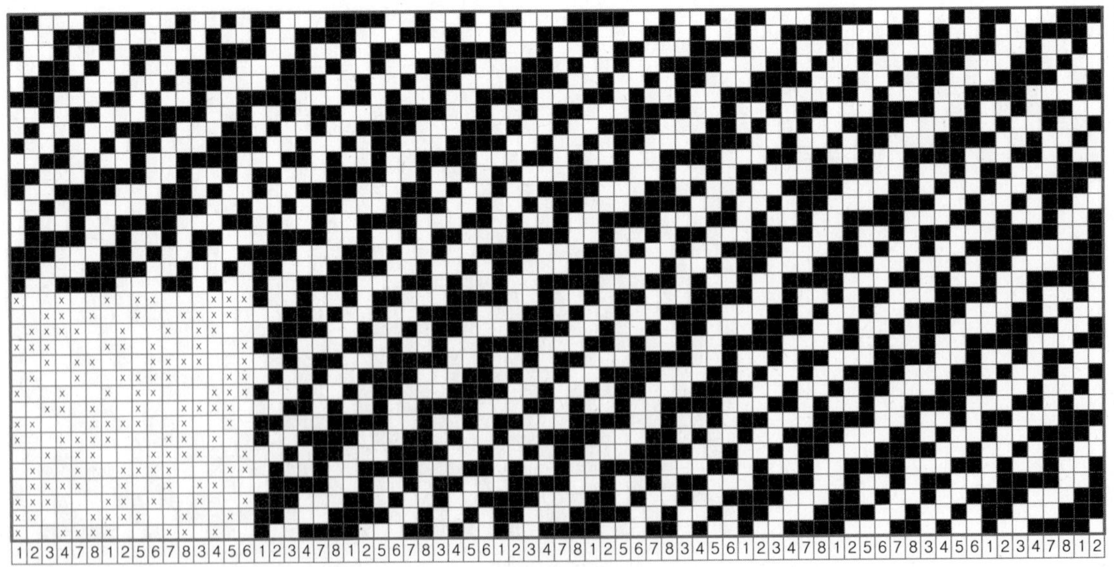

위 Motive 견본에서 위사 4잔류 2삭제, 경사 4잔류 2삭제를 반복하여 유도한 조직의 예이다. 종광 8매, 조직 원 리피트 16매x16매.

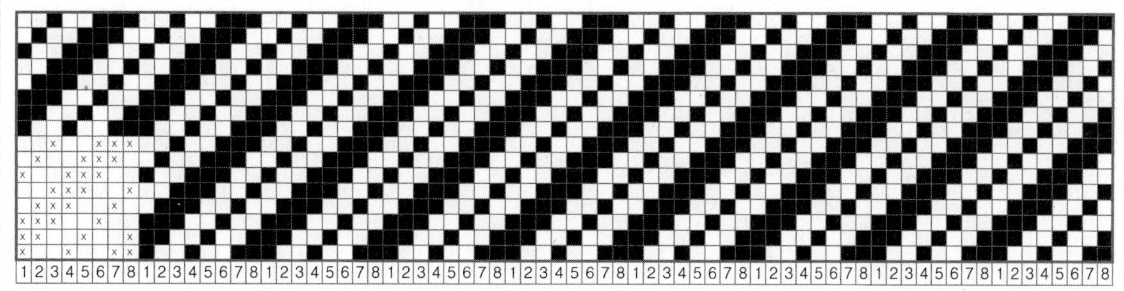

Motive 조직 견본. 종광 8매, 조직 원 리피트 8매x8매.

위 Motive 견본에서 위사 4잔류 2삭제를 반복하여 유도. 종광 8매, 조직 원 리피트 8매x16매.

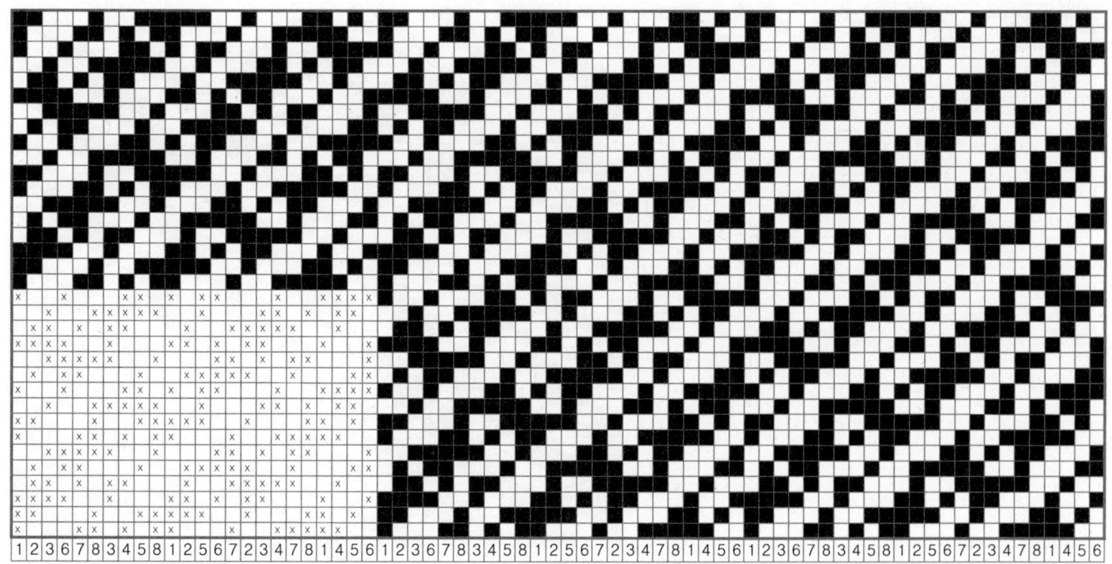

위 Motive 견본에서 위사 4잔류 2삭제, 경사 3잔류 2삭제를 반복하여 유도한 예이다. 종광 8매, 조직 원 리피트 24매x16매.

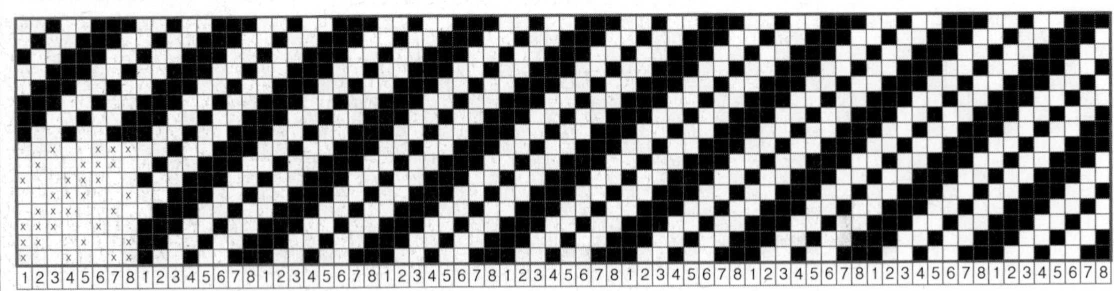

Motive 조직 견본. 종광 8매, 조직 원 리피트 8매x8매.

위 Motive 견본에서 위사 4잔류 3삭제를 반복하여 유도. 종광 8매, 조직 원 리피트 8매x32매.

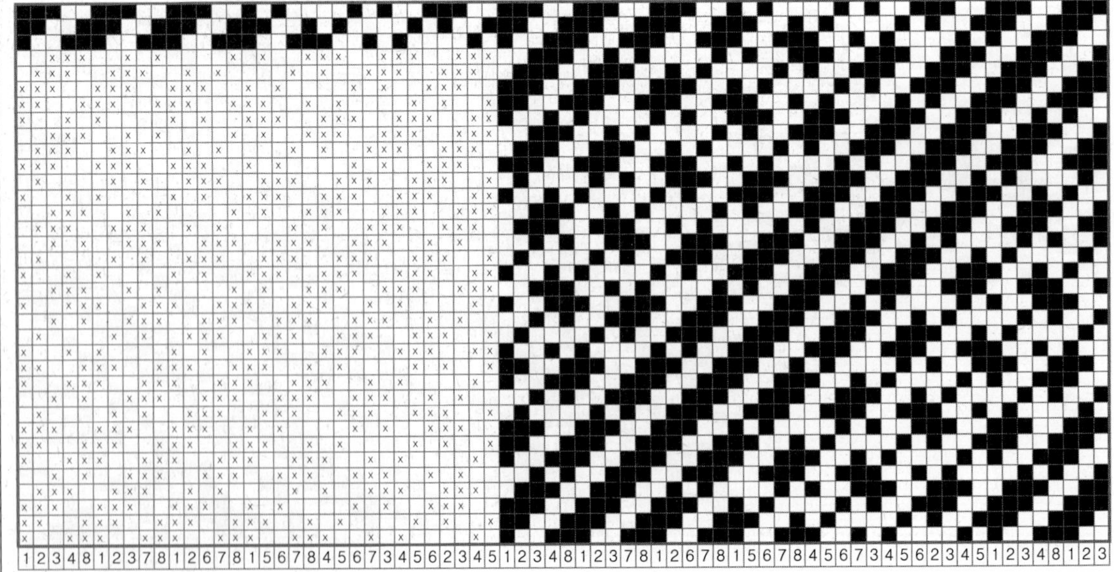

위 Motive 견본에서 위사 4잔류 3삭제, 경사 4잔류 3삭제를 반복하여 유도한 조직의 예이다. 종광 8매, 조직 원 리피트 32매x32매.

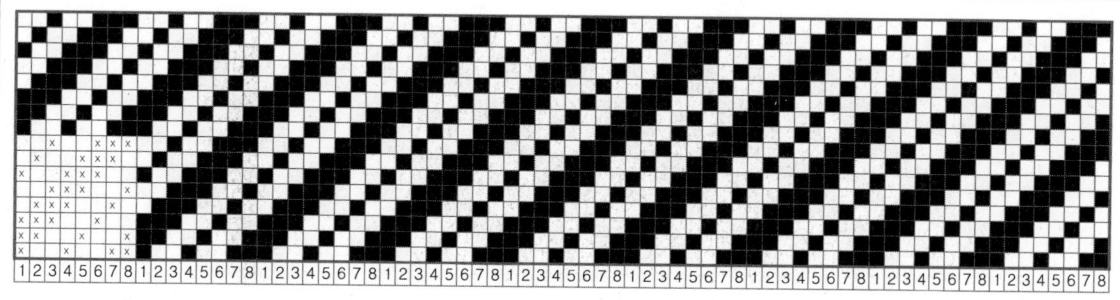

Motive 조직 견본. 종광 8매, 조직 원 리피트 8매x8매.

위 Motive 견본에서 위사 4잔류 3삭제를 반복하여 유도. 종광 8매, 조직 원 리피트 8매x32매.

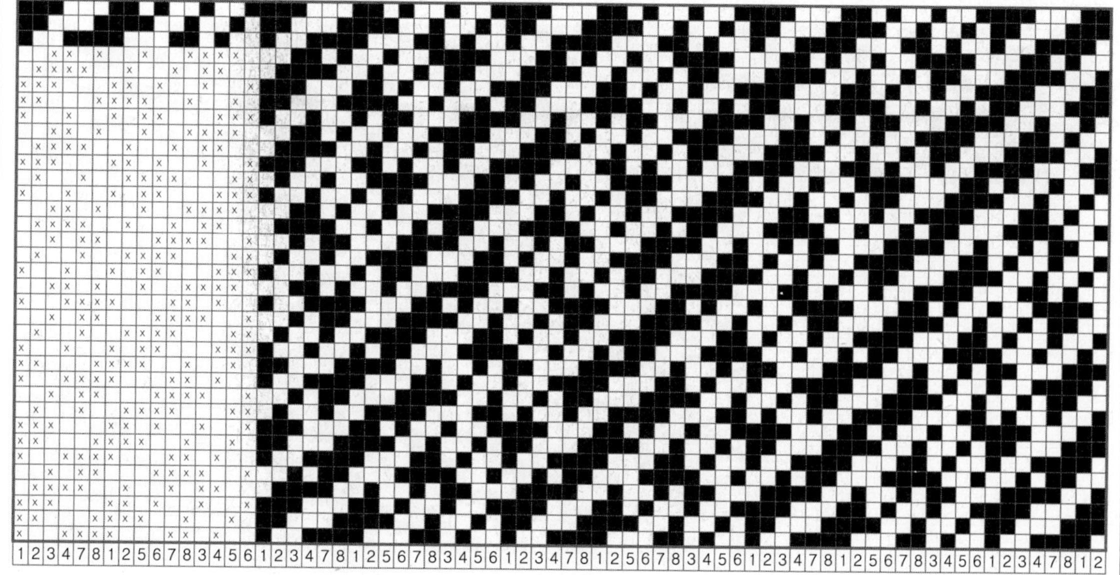

위 Motive 견본에서 위사 4잔류 3삭제, 경사 4잔류 2삭제를 반복하여 유도한 조직의 예이다. 종광 8매, 조직 원 리피트 16매x32매.

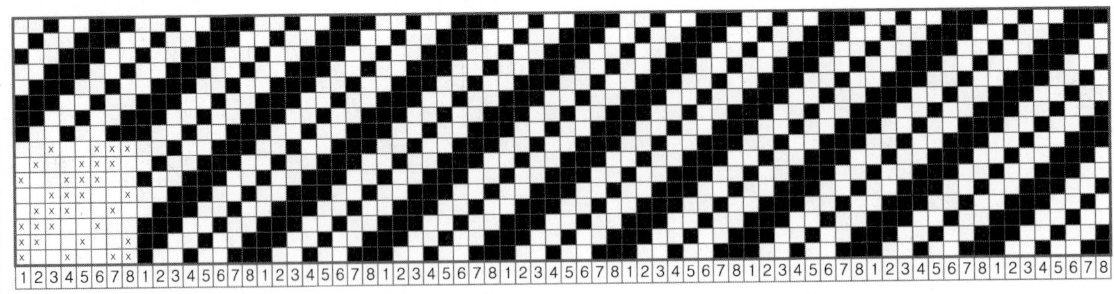

Motive 조직 견본. 종광 8매, 조직 원 리피트 8매x8매.

위 Motive 견본에서 위사 4잔류 2삭제, 2잔류 2삭제를 반복하여 유도. 종광 8매, 조직 원 리피트 8매x24매.

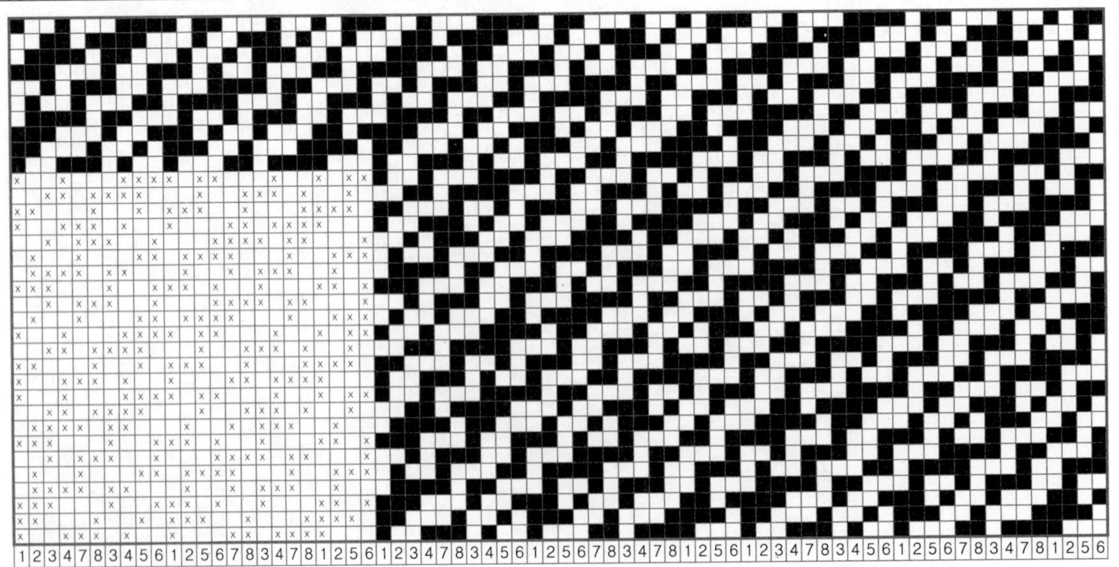

위 Motive 견본에서 위사 4잔류 2삭제, 2잔류 2삭제를. 경사 4잔류 2삭제, 2잔류 2삭제를 반복하여 유도한 조직의 예이다. 종광 8매, 조직 원 리피트 24매x24매.

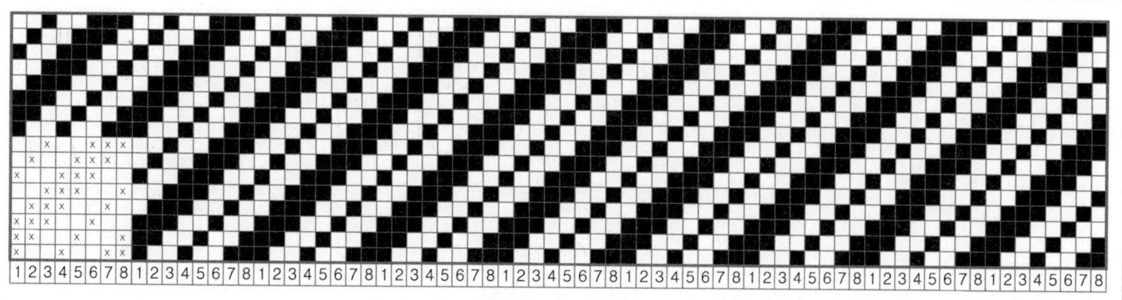

Motive 조직 견본. 종광 8매, 조직 원 리피트 8매x8매.

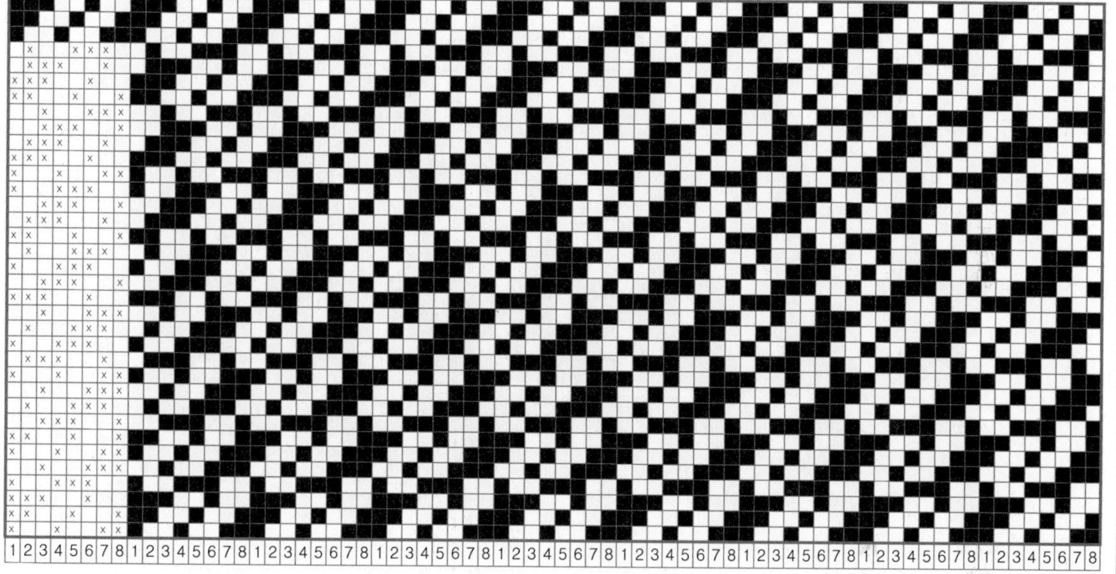

위 Motive 견본에서 위사 3잔류 2삭제, 1잔류 1삭제를 반복하여 유도. 종광 8매, 조직 8x32매.

위 Motive 견본에서 위사 3잔류 2삭제, 1잔류 1삭제를 반복. 경사 3잔류 2삭제, 1잔류 1삭제를 반복하여 유도한 조직의 예이다. 종광 8매, 조직 원 리피트 32매x32매.

Motive 조직 견본. 종광 8매, 조직 원 리피트 8매x8매.

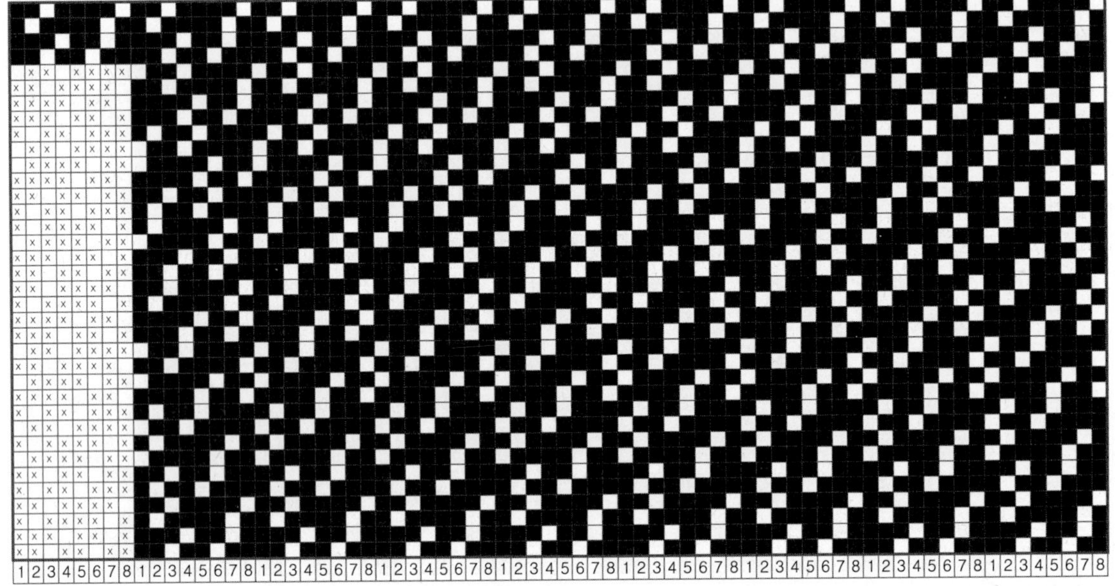

위 Motive 견본에서 위사 2잔류 1삭제, 2잔류 2삭제를 반복하여 유도. 종광 8매, 조직 8x32매.

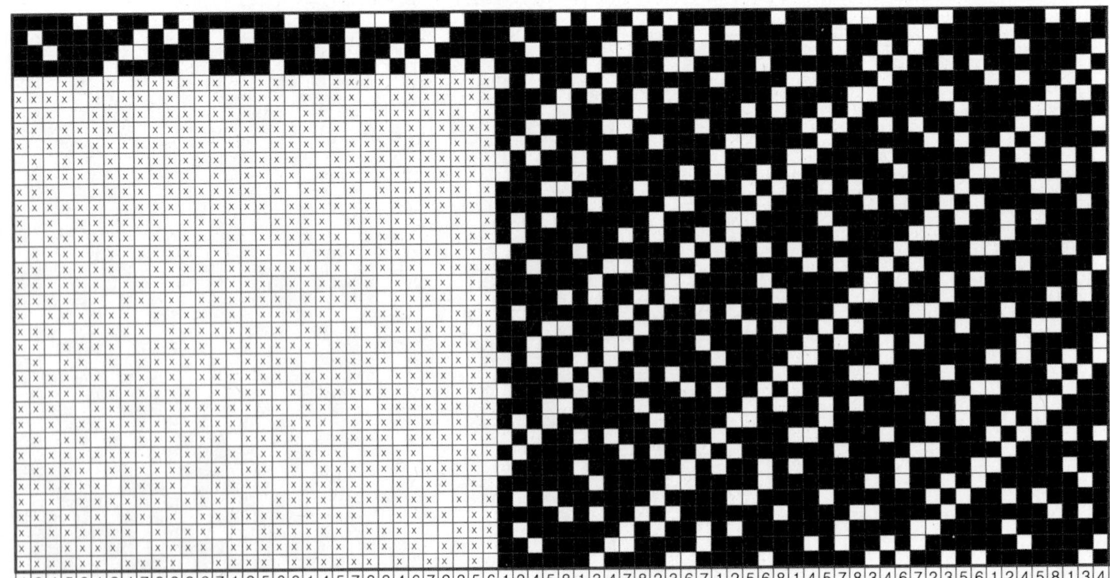

위 Motive 견본에서 위사 2잔류 1삭제, 2잔류 2삭제를 반복. 경사 2잔류 1삭제, 2잔류 2삭제를 반복하여 유도한 조직의 예이다. 종광 8매, 조직 원 리피트 32매x32매.

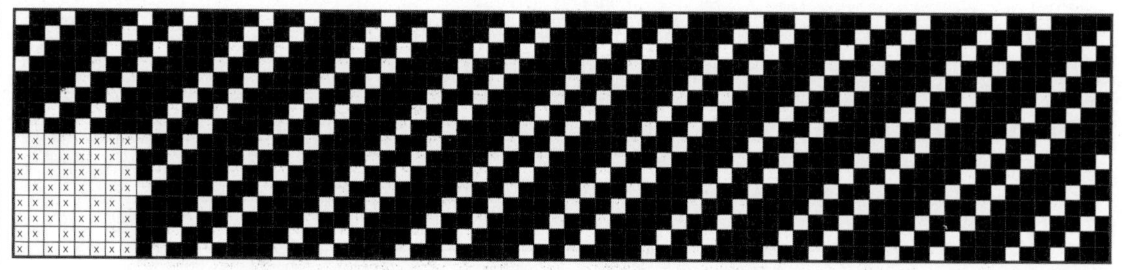

Motive 조직 견본. 종광 8매, 조직 원 리피트 8매x8매.

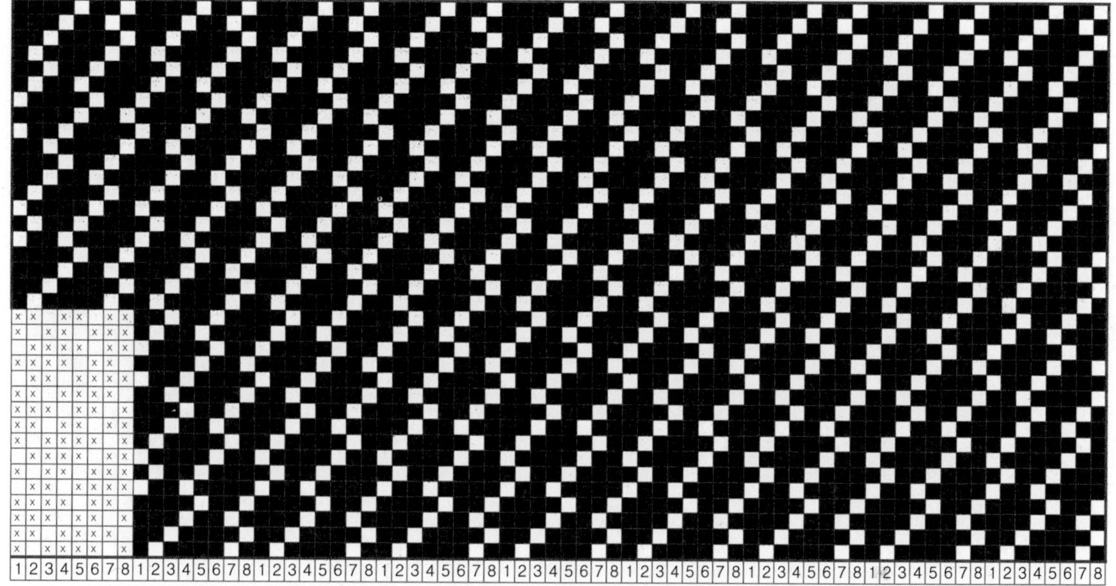

위 Motive 견본에서 위사 2잔류 3삭제를 반복하여 유도. 종광 8매, 조직 8매x16매.

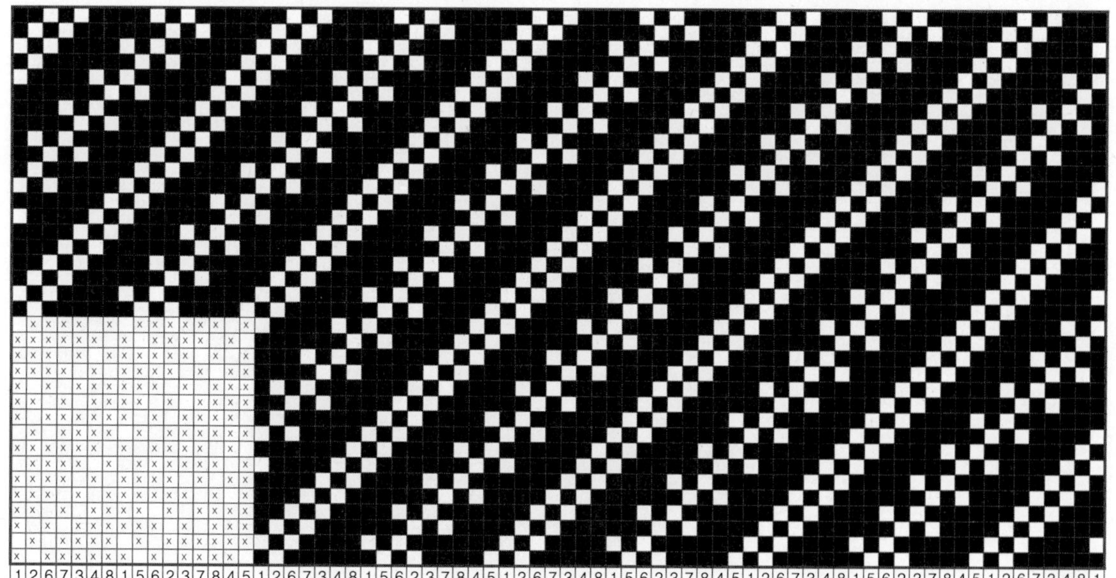

위 Motive 견본에서 위사 2잔류 3삭제, 경사 2잔류 3삭제를 반복하여 유도한 조직의 예이다.
종광 8매, 조직 원 리피트 16매x16매.

Motive 조직 견본. 종광 8매, 조직 원 리피트 8매x8매.

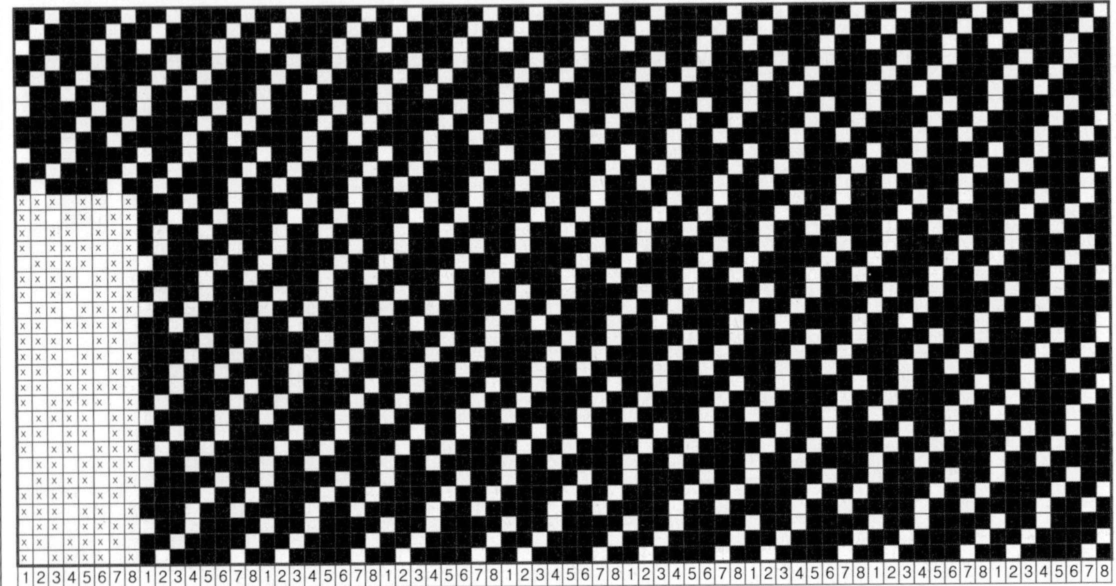

위 Motive 견본에서 위사 3잔류 2삭제를 반복하여 유도한 조직. 종광 8매, 조직 8매x24매.

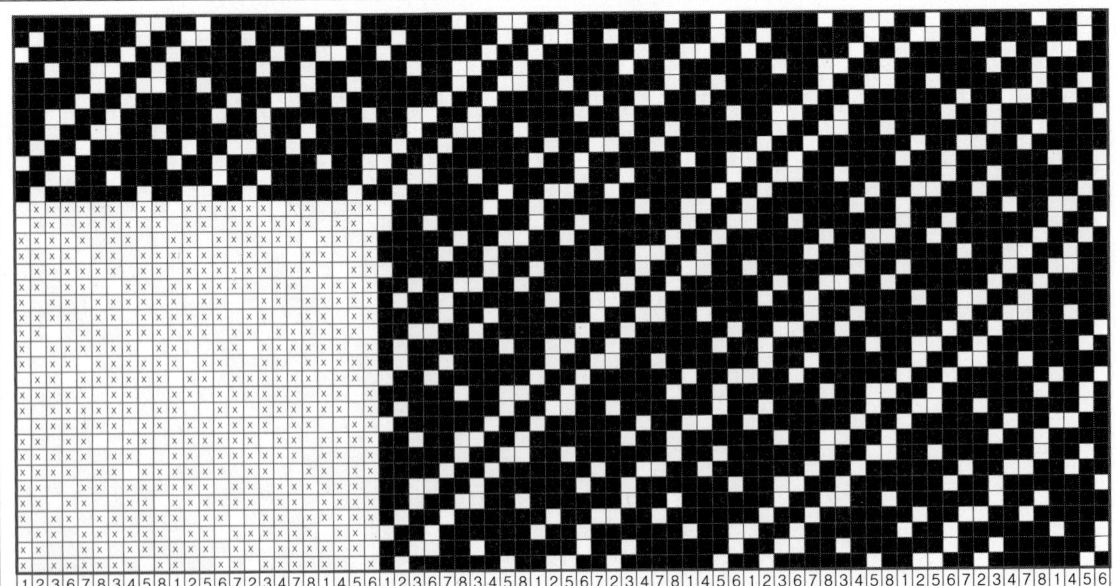

위 Motive 견본에서 위사 3잔류 2삭제, 경사 3잔류 2삭제를 반복하여 유도한 조직의 예이다.
종광 8매, 조직 원 리피트 24매x24매.

Motive 조직 견본. 종광 8매, 조직 원 리피트 8매x8매.

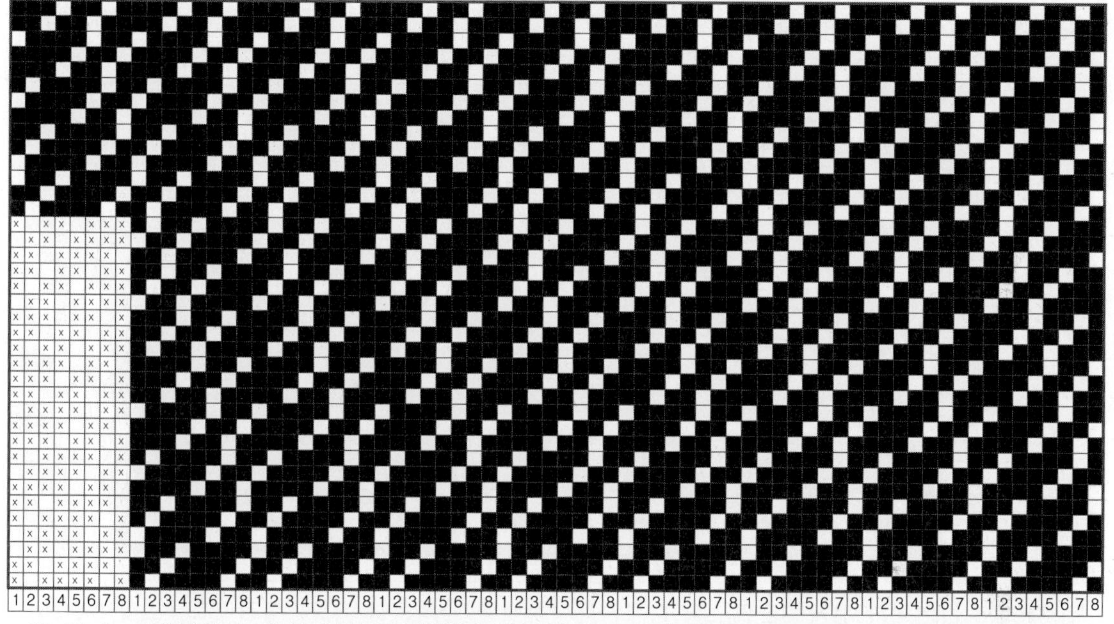

위 Motive 견본에서 위사 3잔류 4삭제를 반복하여 유도한 조직. 종광 8매, 조직 8매x24매.

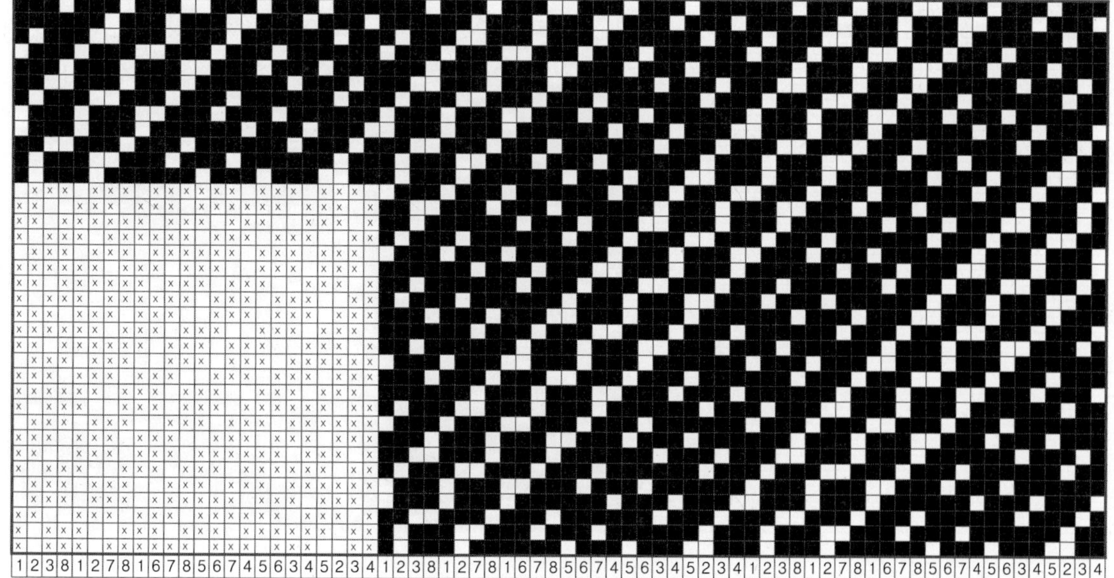

위 Motive 견본에서 위사 3잔류 4삭제, 경사 3잔류 4삭제를 반복하여 유도한 조직의 예이다.
종광 8매, 조직 원 리피트 24매x24매.

Motive 조직 견본. 종광 8매, 조직 원 리피트 8매x8매.

위 Motive 견본에서 위사 3잔류 2삭제, 1잔류 1삭제를 반복하여 유도. 종광 8매, 조직 8x32매.

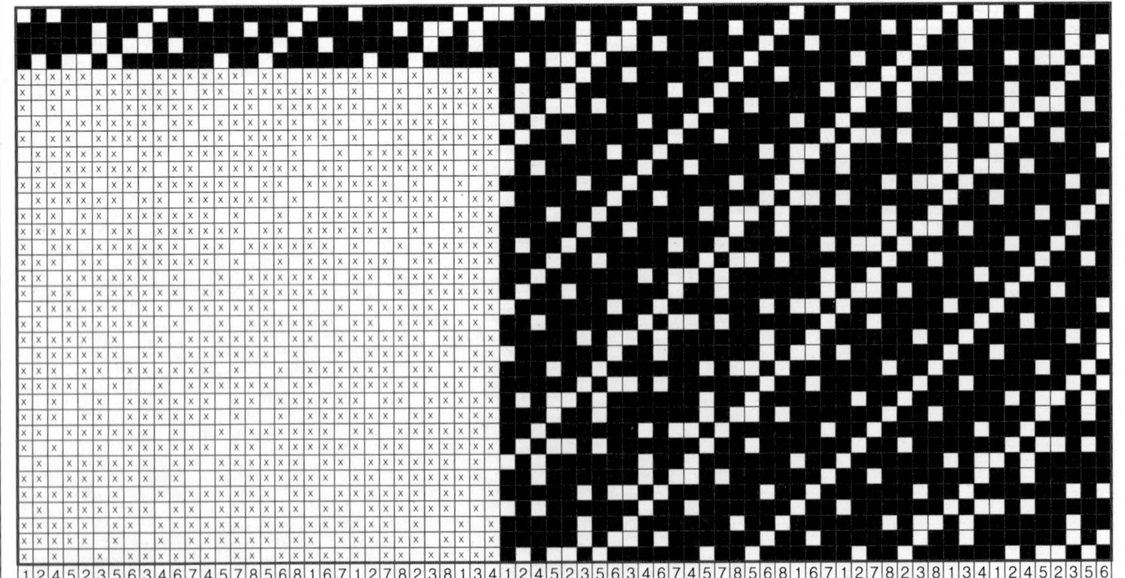

위 Motive 견본에서 위사 2잔류 1삭제, 2잔류 4삭제를. 경사 2잔류 1삭제, 2잔류 4삭제를 반복하여 유도한 조직의 예이다. 종광 8매, 조직 원 리피트 32매x32매.

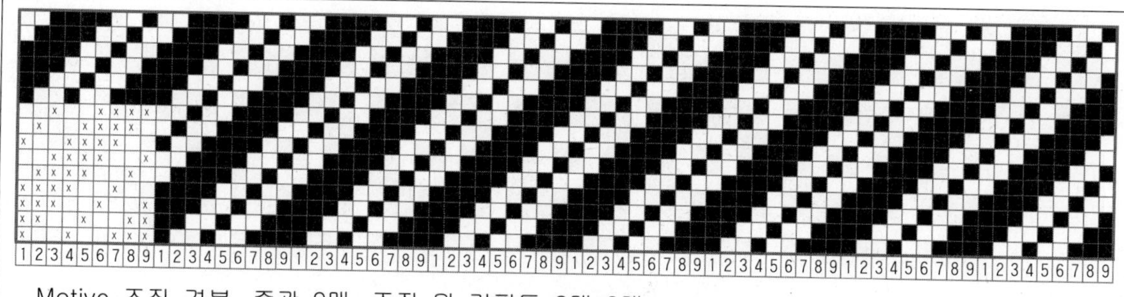

Motive 조직 견본. 종광 9매, 조직 원 리피트 9매x9매.

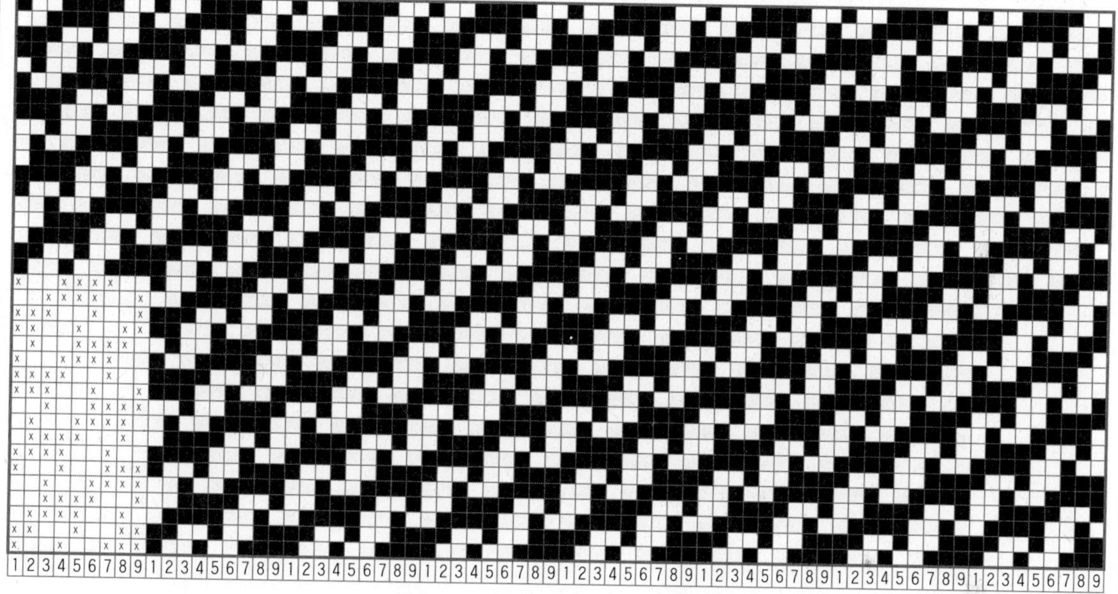

위 Motive 견본에서 위사 2잔류 2삭제를 반복하여 유도. 종광 9매, 조직 9매x18매.

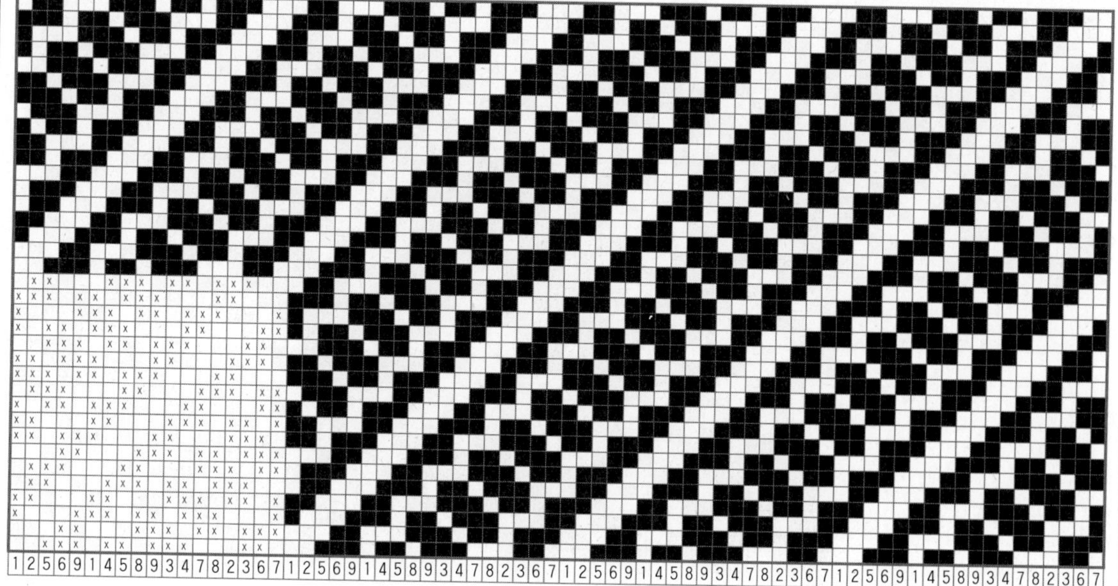

위 Motive 견본에서 위사 2잔류 2삭제, 경사 2잔류 2삭제를 반복하여 유도한 조직의 예이다. 종광 9매, 조직 18매x18매.

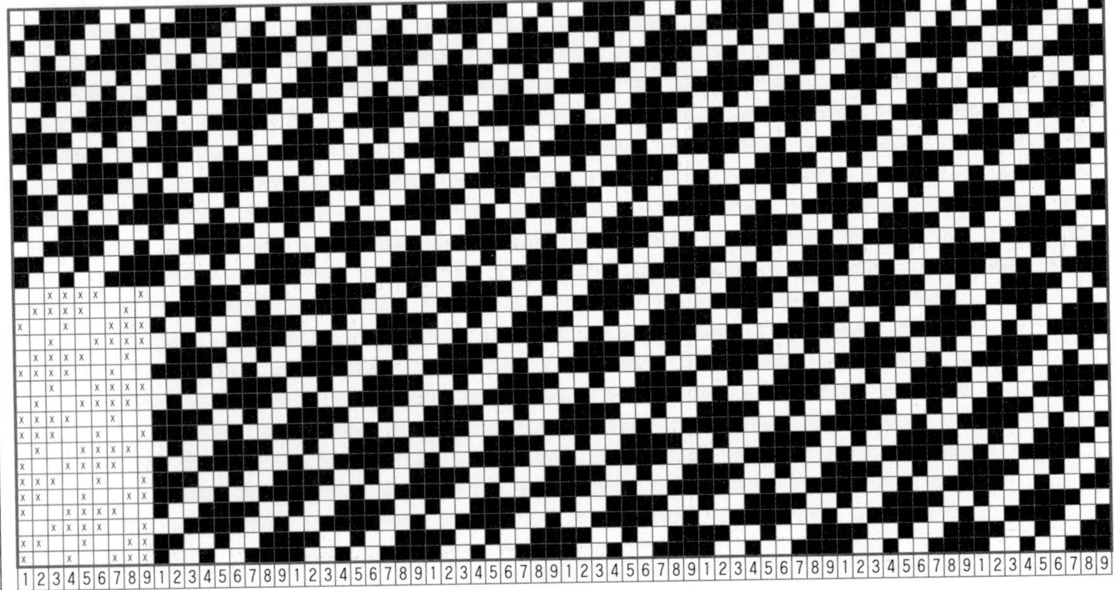

Motive 조직 견본. 종광 9매, 조직 원 리피트 9매x9매.

위 Motive 견본에서 위사 2잔류 3삭제를 반복하여 유도. 종광 9매, 조직 9매x18매.

위 Motive 견본에서 위사 2잔류 3삭제, 경사 2잔류 3삭제를 반복하여 유도한 예이다. 종광 9매, 조직 18매x18매.

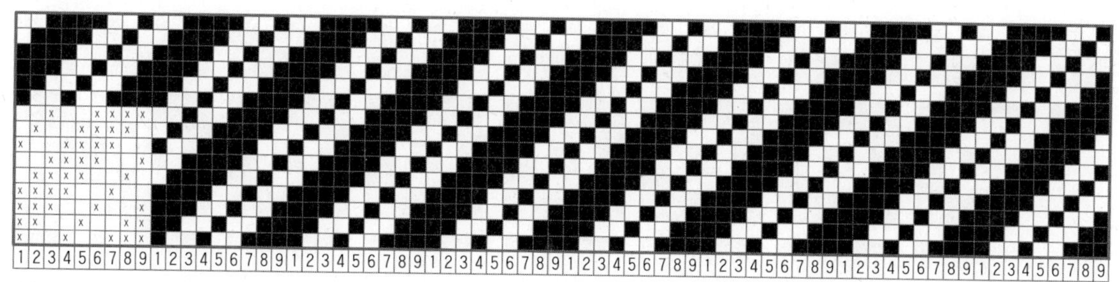

Motive 조직 견본. 종광 9매, 조직 원 리피트 9매x9매.

위 Motive 견본에서 위사 3잔류 1삭제를 반복하여 유도. 종광 9매, 조직 9매x27매.

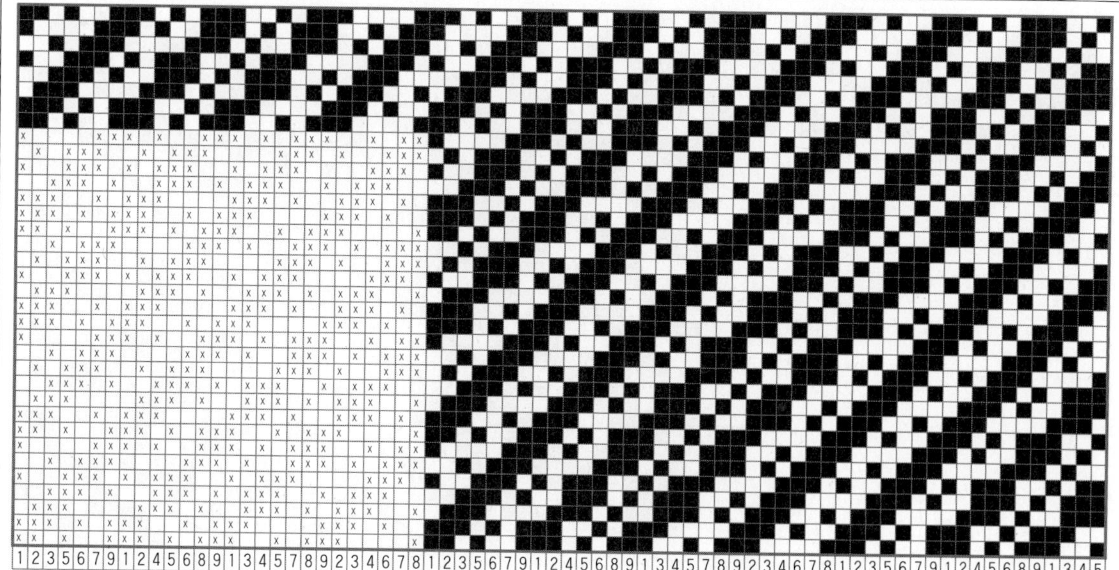

위 Motive 견본에서 위사 3잔류 1삭제, 경사 3잔류 1삭제를 반복하여 유도한 조직의 예이다. 종광 9매, 조직 27매x27매.

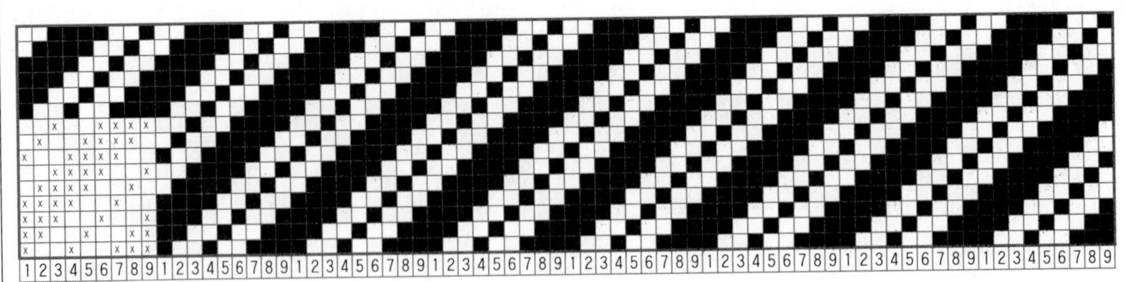

Motive 조직 견본. 종광 9매, 조직 원 리피트 9매x9매.

위 Motive 견본에서 위사 3잔류 2삭제를 반복하여 유도. 종광 9매, 조직 9매x27매.

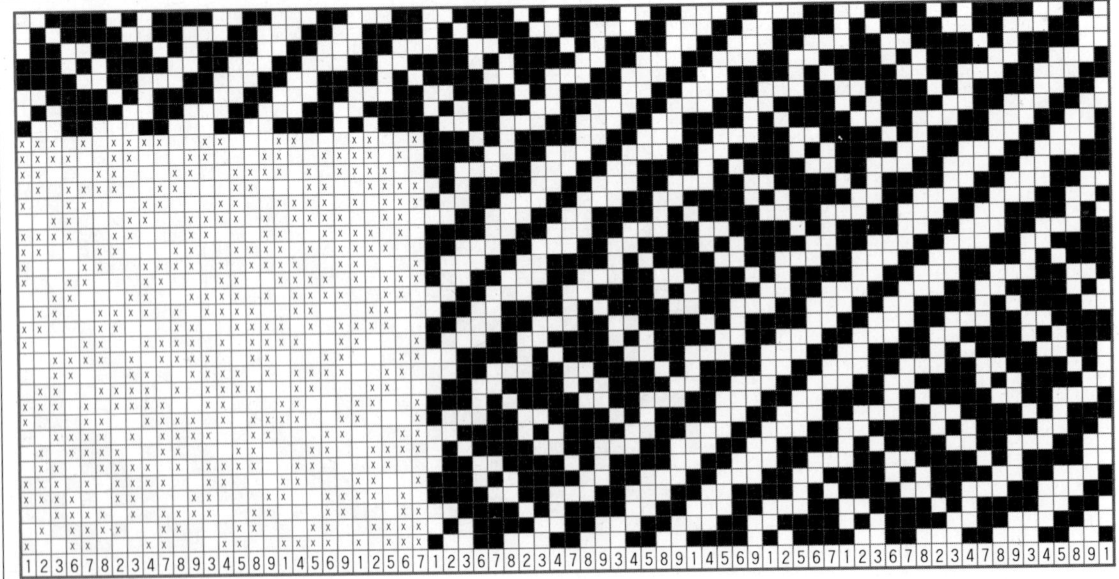

위 Motive 견본에서 위사 3잔류 2삭제, 경사 3잔류 2삭제를 반복하여 유도한 조직의 예이다.
종광 9매, 조직 27매x27매.

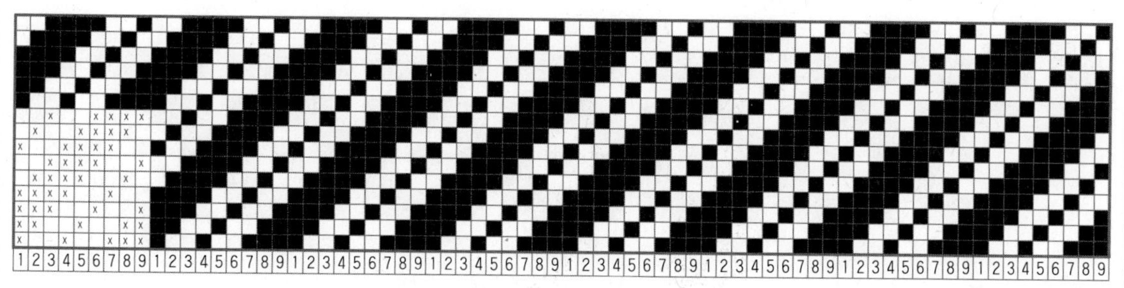

Motive 조직 견본. 종광 9매, 조직 원 리피트 9매x9매.

위 Motive 견본에서 위사 3잔류 4삭제를 반복하여 유도. 종광 9매, 조직 9매x27매.

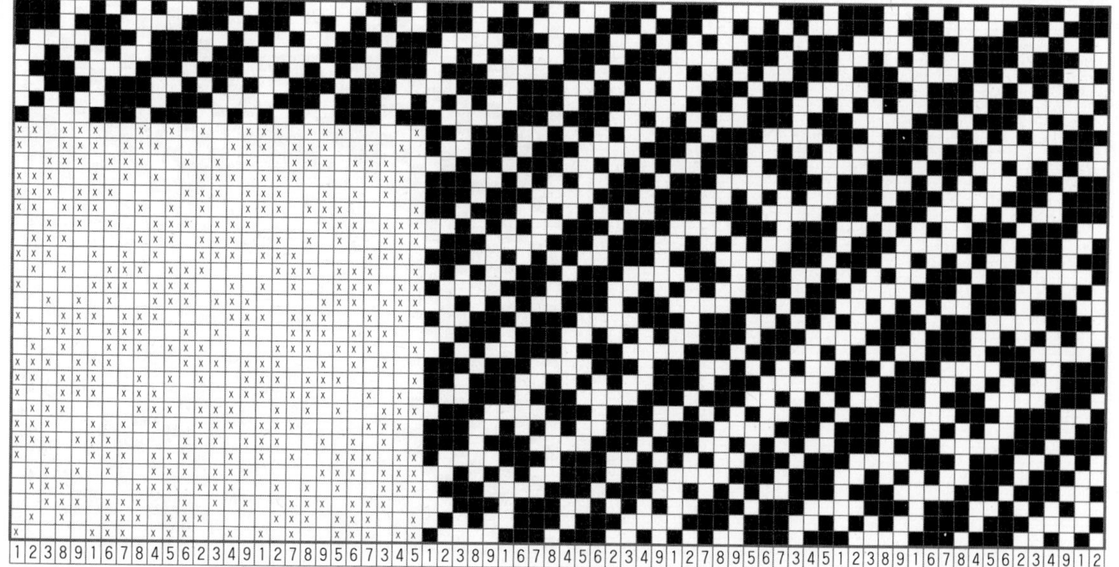

위 Motive 견본에서 위사 3잔류 4삭제, 경사 3잔류 4삭제를 반복하여 유도한 조직의 예이다.
종광 9매, 조직 27매x27매.

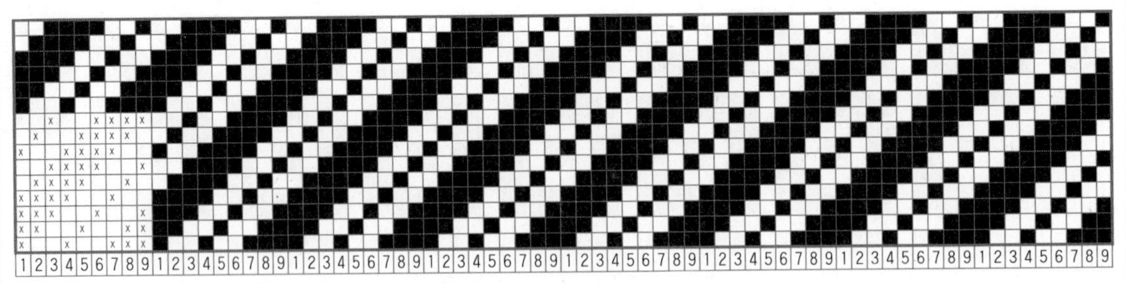

Motive 조직 견본. 종광 9매, 조직 원 리피트 9매x9매.

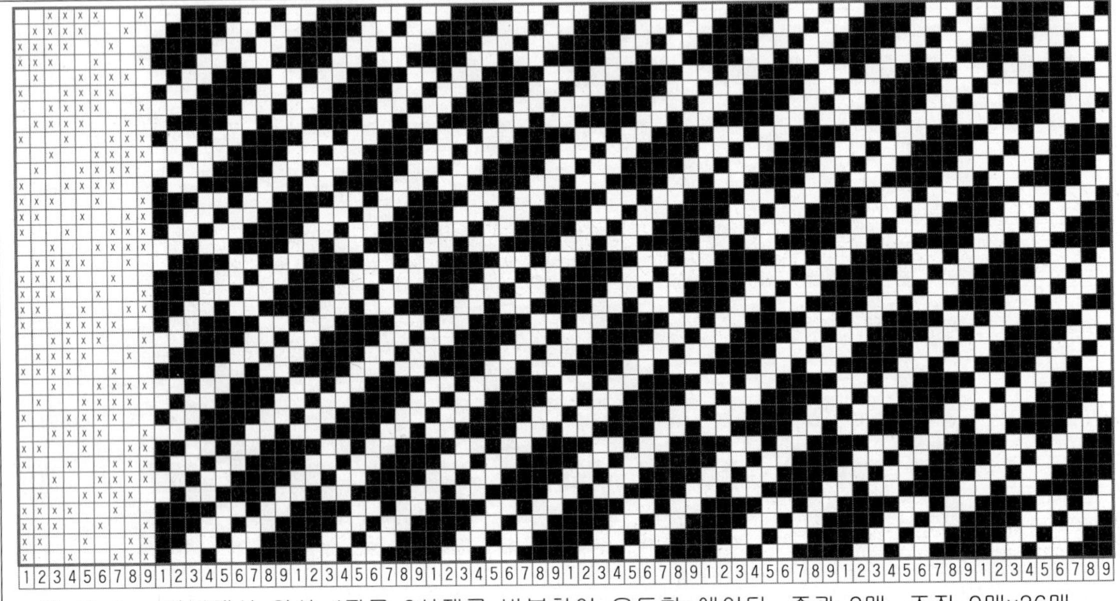

위 Motive 견본에서 위사 4잔류 3삭제를 반복하여 유도한 예이다. 종광 9매, 조직 9매x36매.

위 Motive 견본에서 위사 4잔류 3삭제, 경사 4잔류 3삭제를 반복하여 유도한 조직의 예이다.
종광 9매, 조직 36매x36매.

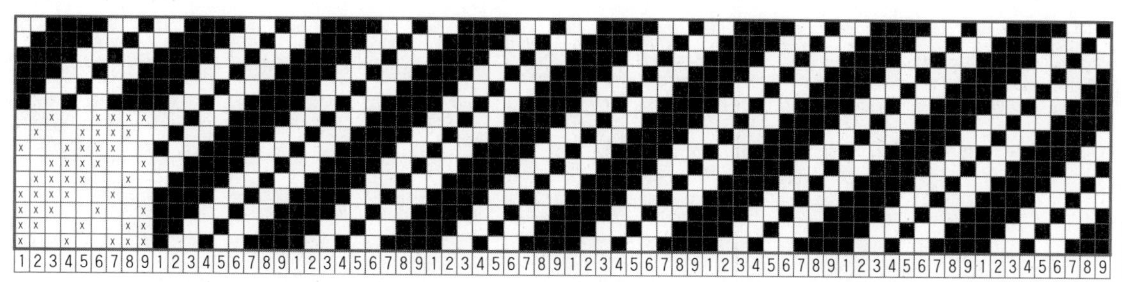

Motive 조직 견본. 종광 9매, 조직 원 리피트 9매x9매.

위 Motive 견본에서 위사 4잔류 4삭제를 반복하여 유도한 예이다. 종광 9매, 조직 9매x36매.

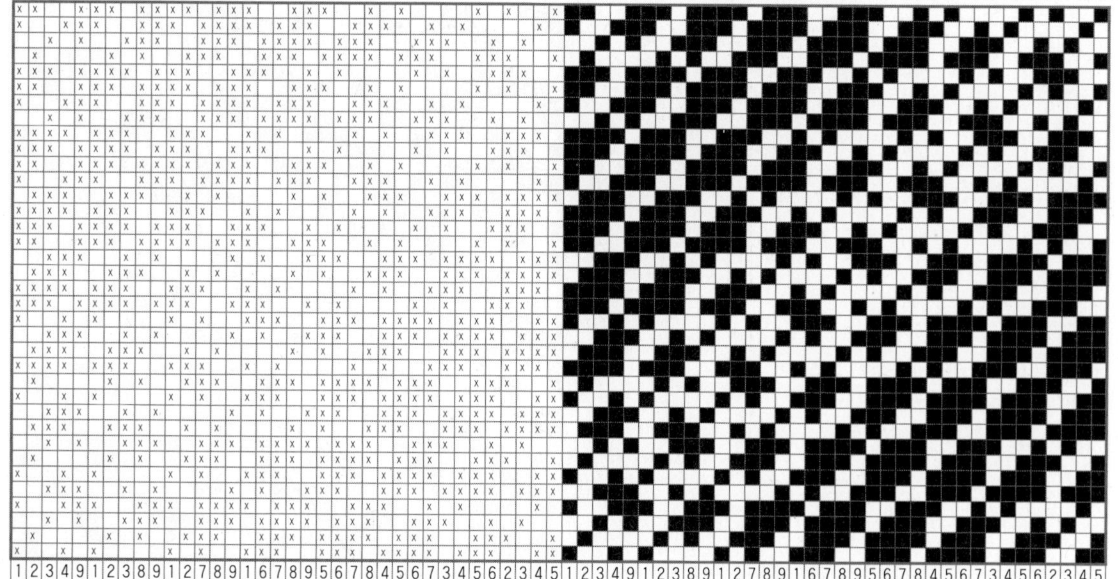

위 Motive 견본에서 위사 4잔류 4삭제, 경사 4잔류 4삭제를 반복하여 유도한 조직의 예이다.
종광 9매, 조직 36매x36매.

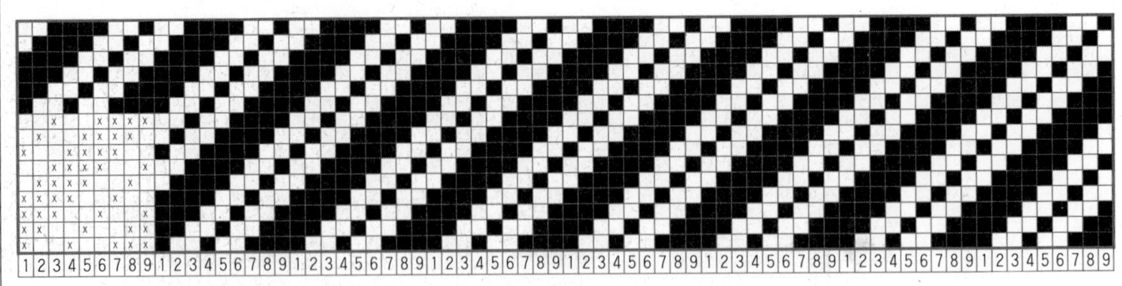

Motive 조직 견본. 종광 9매, 조직 원 리피트 9매x9매.

위 Motive 견본에서 위사 2잔류 1삭제, 2잔류 2삭제를 반복하여 유도. 종광 9매, 조직 9x36매.

위 Motive 견본에서 위사 2잔류 1삭제, 2잔류 2삭제를. 경사 2잔류 1삭제, 2잔류 2삭제를 반복하여 유도한 조직의 예이다. 종광 9매, 조직 36매x36매.

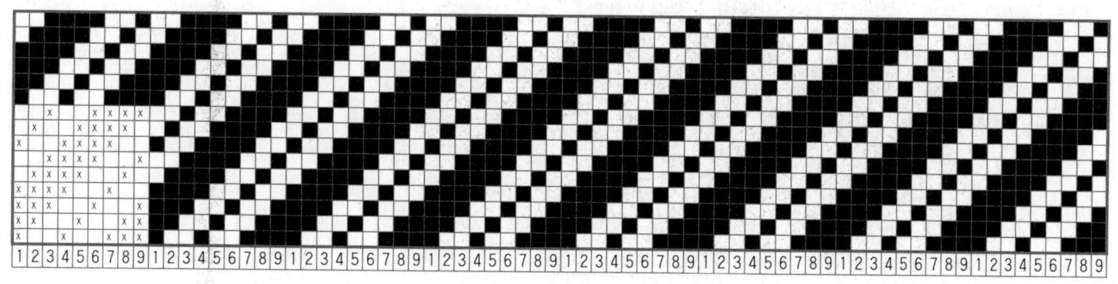

Motive 조직 견본. 종광 9매, 조직 원 리피트 9매x9매.

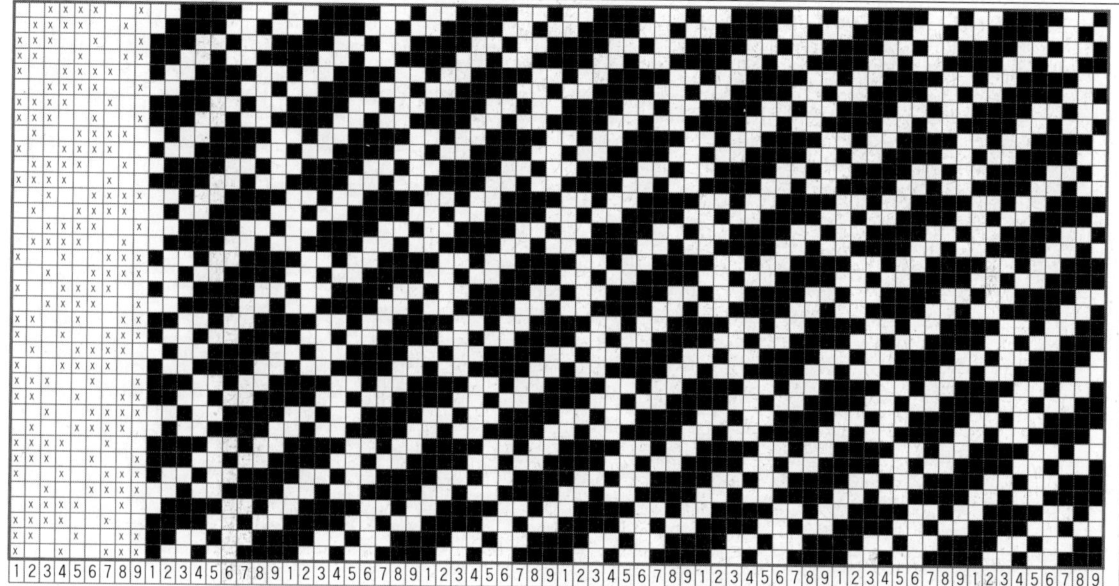

위 Motive 견본에서 위사 2잔류 1삭제, 2잔류 3삭제를 반복하여 유도. 종광 9매, 조직 9x36매.

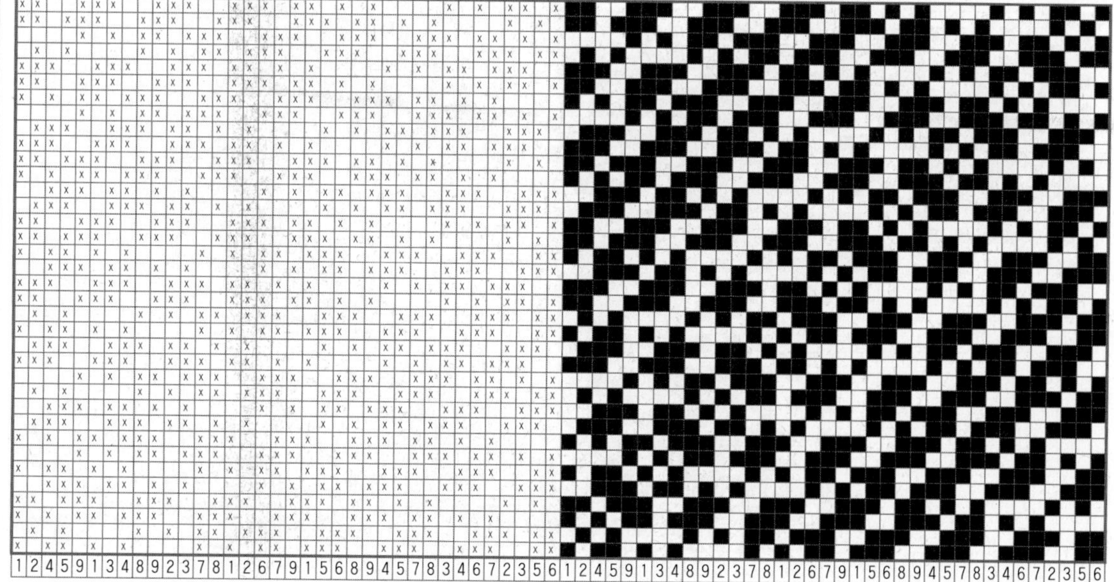

위 Motive 견본에서 위사 2잔류 1삭제, 2잔류 3삭제를. 경사 2잔류 1삭제, 2잔류 3삭제를 반복하여 유도한 조직의 예이다. 종광 9매, 조직 36매x36매.

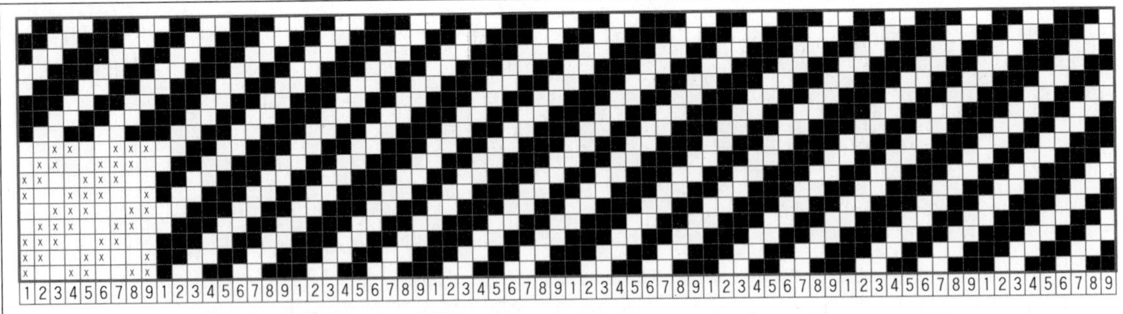

Motive 조직 견본. 종광 9매, 조직 원 리피트 9매x9매.

위 Motive 견본에서 위사 2잔류 2삭제를 반복하여 유도. 종광 9매, 조직 9매x18매.

위 Motive 견본에서 위사 2잔류 2삭제, 경사 2잔류 2삭제를 반복하여 유도한 조직의 예이다.
종광 9매, 조직 18매x18매.

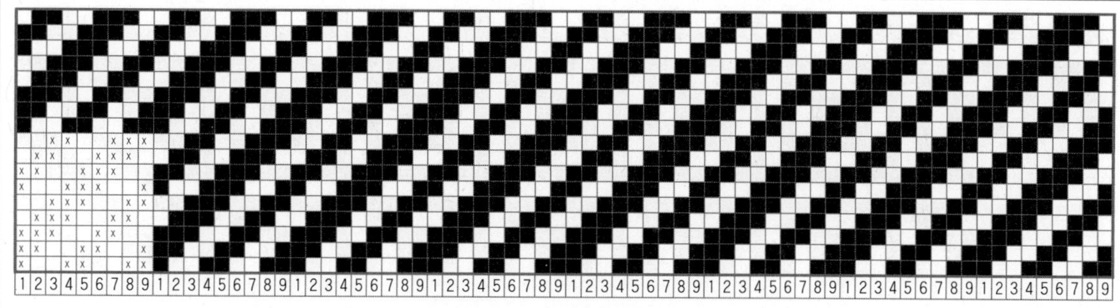

Motive 조직 견본. 종광 9매, 조직 원 리피트 9매x9매.

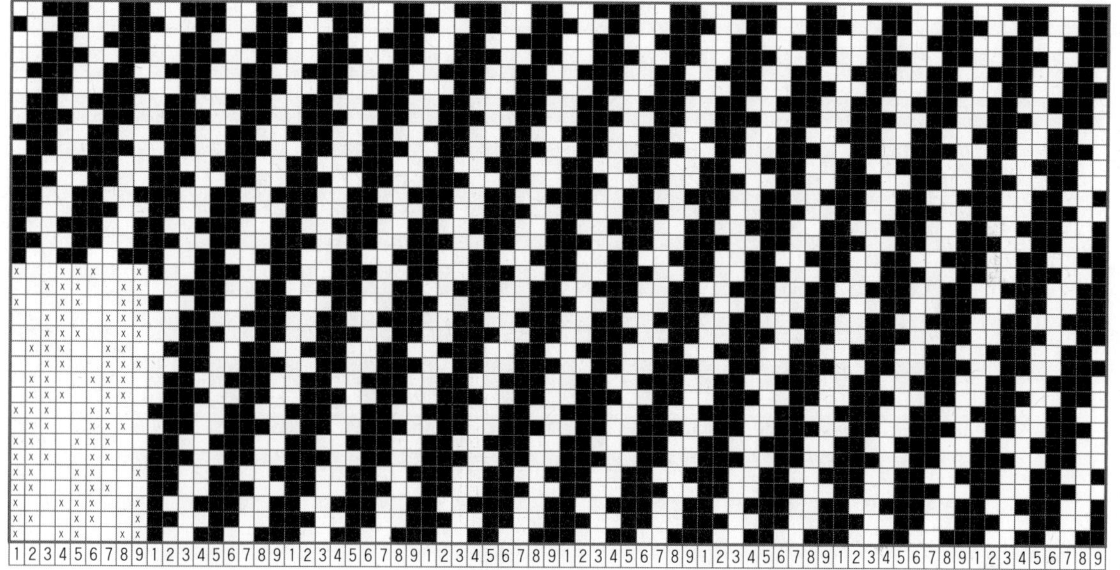

위 Motive 견본에서 위사 2잔류 3삭제를 반복하여 유도한 예이다. 종광 9매, 조직 9매x18매.

위 Motive 견본에서 위사 2잔류 3삭제, 경사 2잔류 3삭제를 반복하여 유도한 예이다. 종광 9매, 조직 18매x18매.

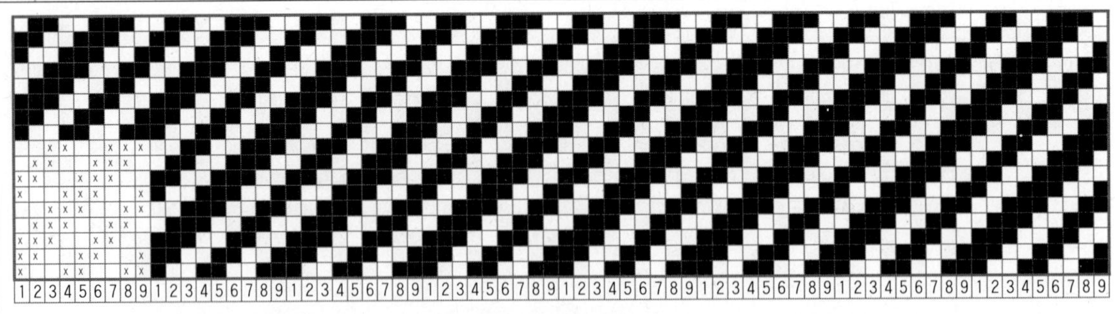

Motive 조직 견본. 종광 9매, 조직 원 리피트 9매x9매.

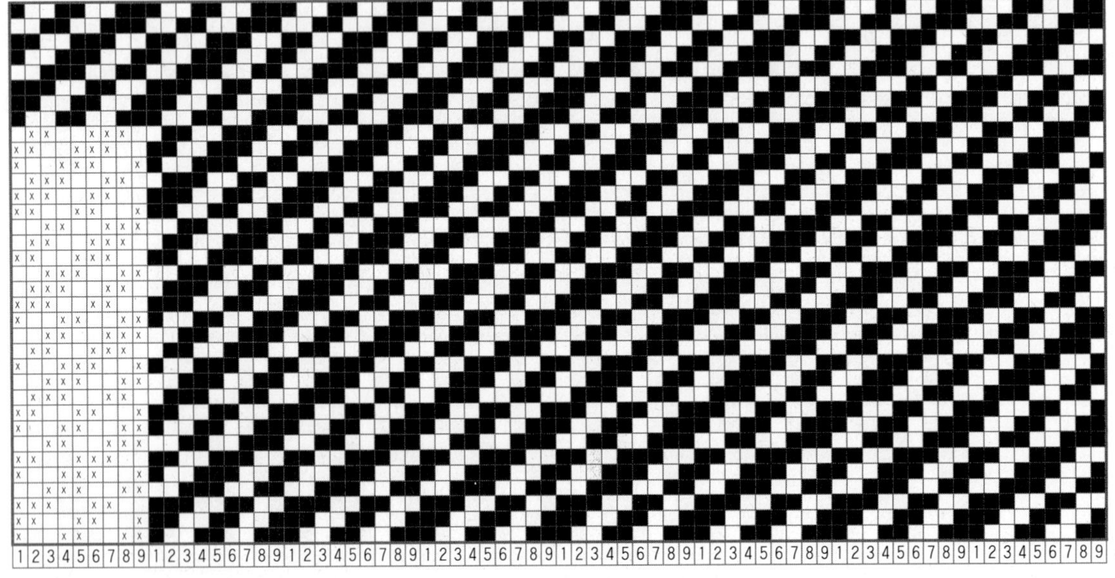

위 Motive 견본에서 위사 3잔류 1삭제를 반복하여 유도한 예이다. 종광 9매, 조직 9매x27매.

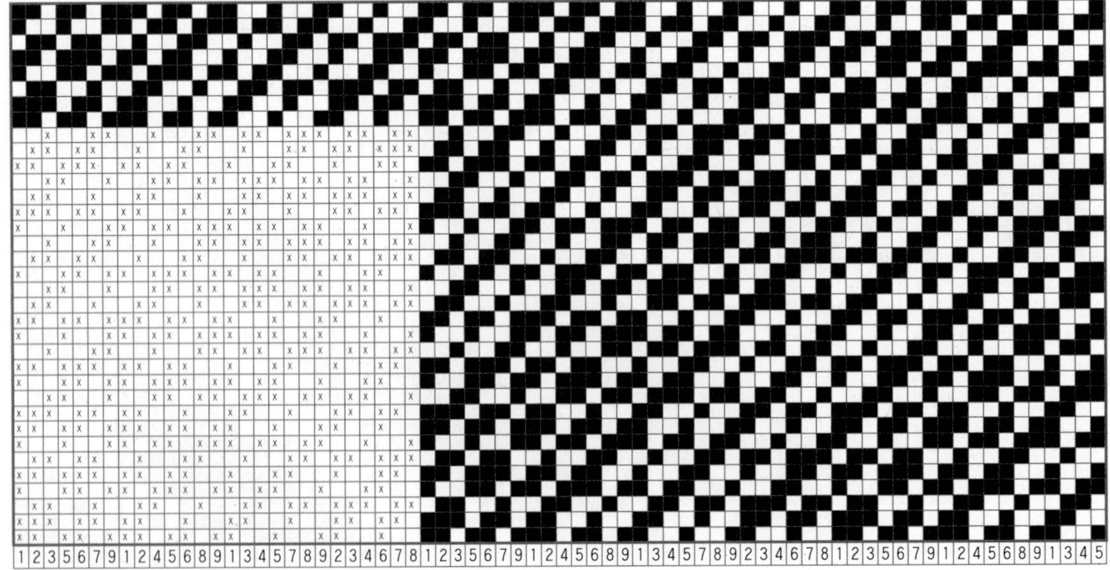

위 Motive 견본에서 위사 3잔류 1삭제, 경사 3잔류 1삭제를 반복하여 유도한 조직의 예이다. 종광 9매, 조직 27매x27매.

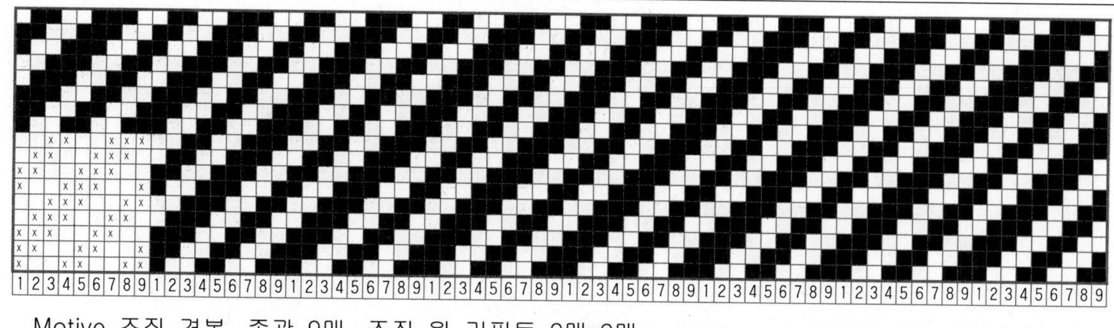

Motive 조직 견본. 종광 9매, 조직 원 리피트 9매x9매.

위 Motive 견본에서 위사 3잔류 2삭제를 반복하여 유도. 종광 9매, 조직 9매x27매.

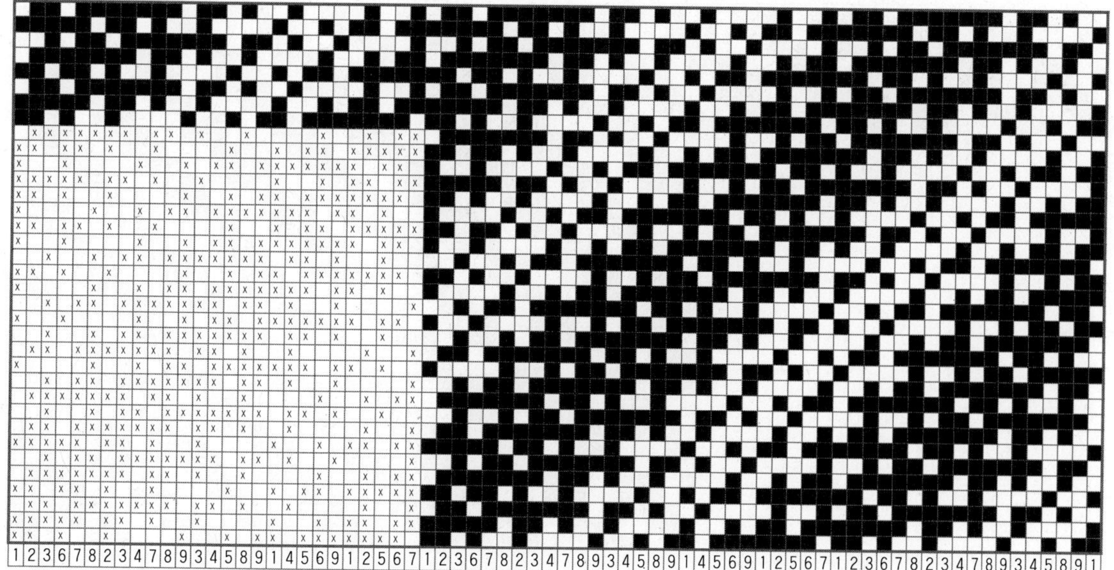

위 Motive 견본에서 위사 3잔류 2삭제, 경사 3잔류 2삭제를 반복하여 유도한 조직의 예이다.
종광 9매, 조직 27매x27매.

Motive 조직 견본. 종광 9매, 조직 원 리피트 9매x9매.

위 Motive 견본에서 위사 3잔류 4삭제를 반복하여 유도. 종광 9매, 조직 9매x27매

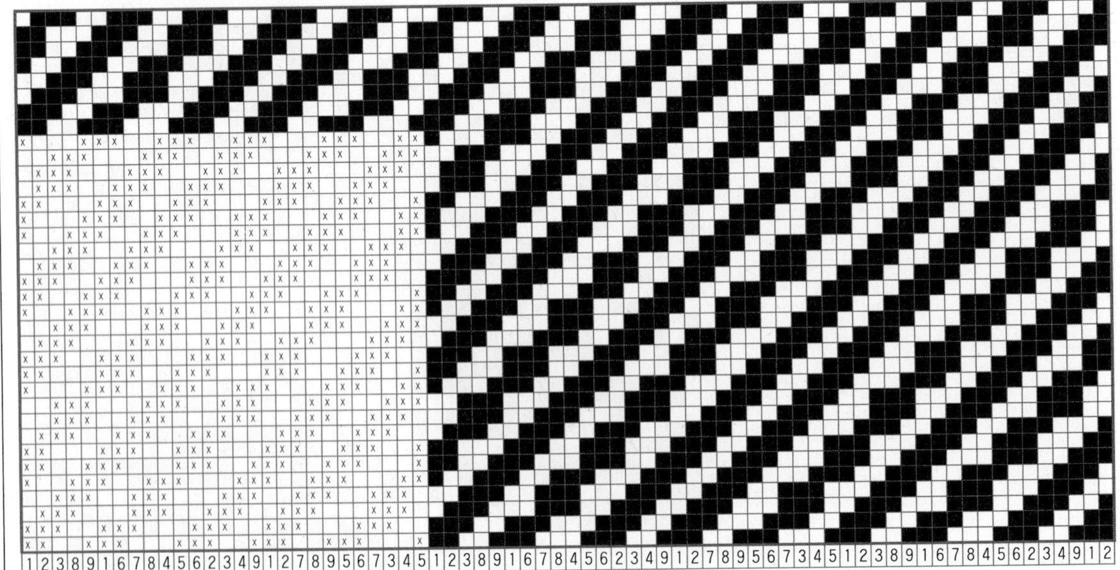

위 Motive 견본에서 위사 3잔류 4삭제, 경사 3잔류 4삭제를 반복하여 유도한 조직의 예이다.
종광 9매, 조직 27매x27매.

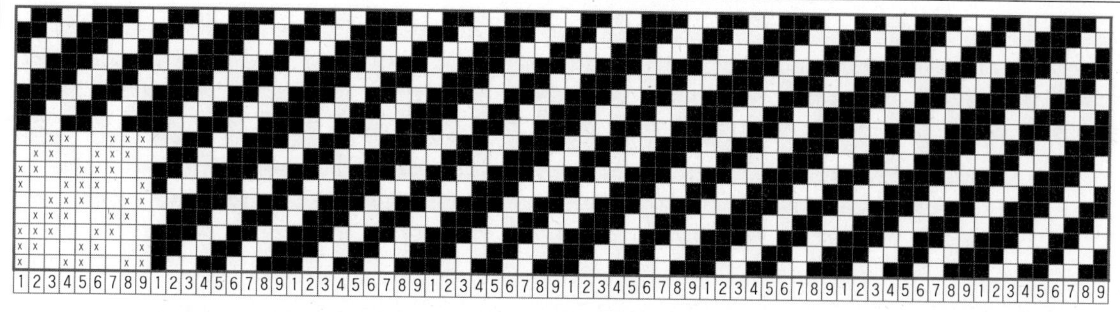

Motive 조직 견본. 종광 9매, 조직 원 리피트 9매x9매.

위 Motive 견본에서 위사 4잔류 3삭제를 반복하여 유도. 종광 9매, 조직 9매x36매.

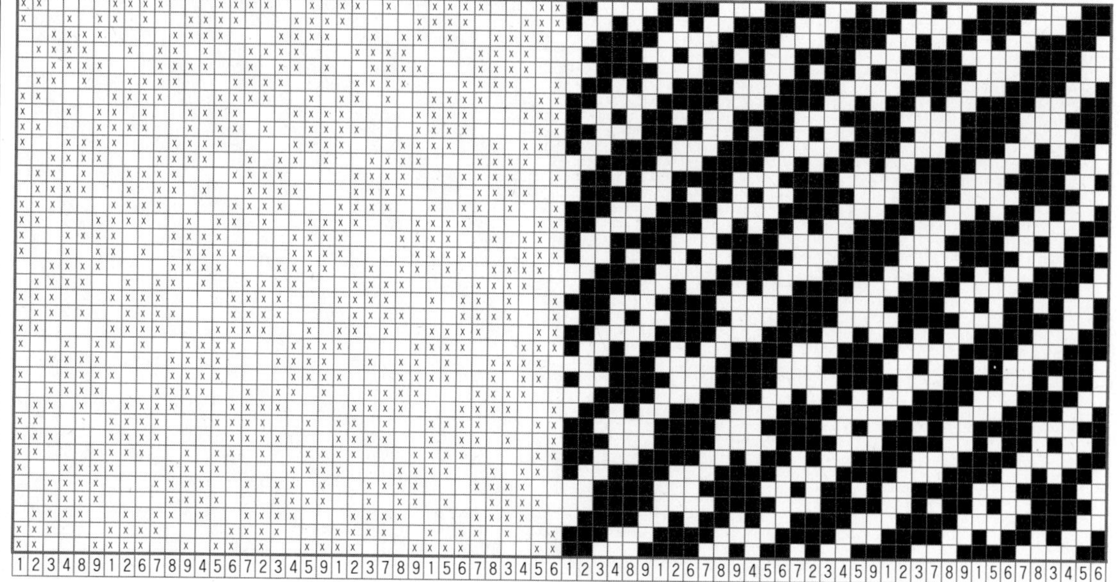

위 Motive 견본에서 위사 4잔류 3삭제, 경사 4잔류 3삭제를 반복하여 유도한 조직의 예이다.
종광 9매, 조직 36매x36매

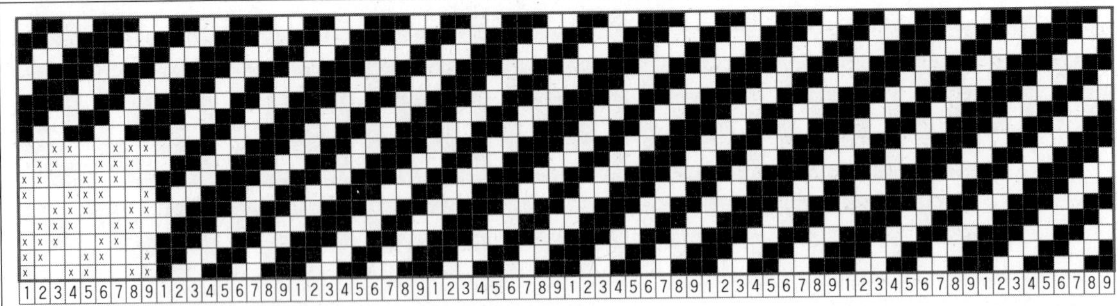

Motive 조직 견본. 종광 9매, 조직 원 리피트 9매x9매.

위 Motive 견본에서 위사 4잔류 4삭제를 반복하여 유도. 종광 9매, 조직 9매x36매.

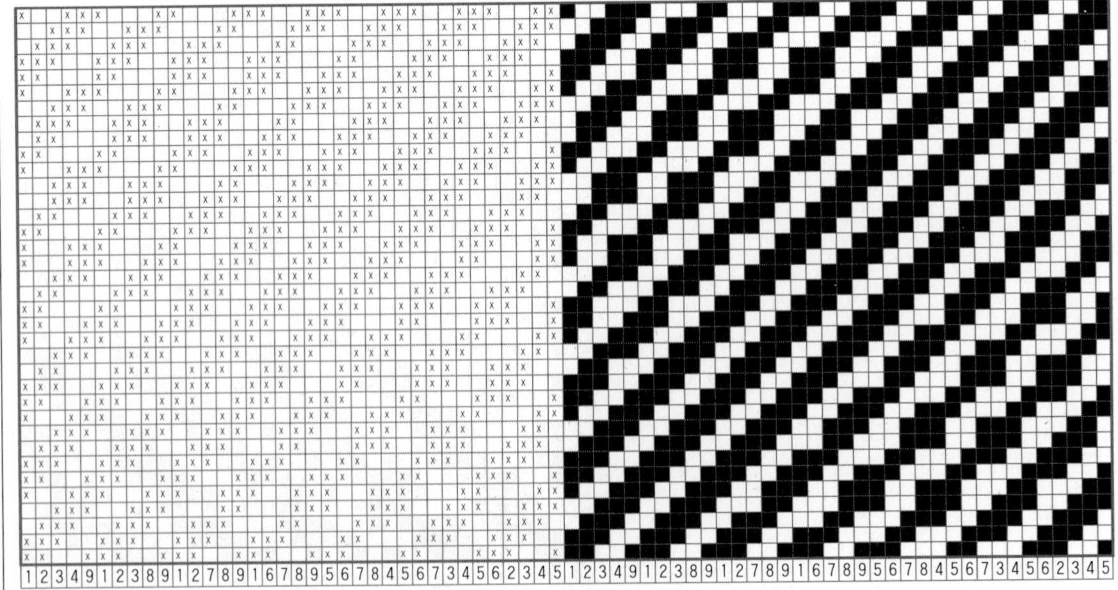

위 Motive 견본에서 위사 4잔류 4삭제, 경사 4잔류 4삭제를 반복하여 유도한 조직의 예이다.
종광 9매, 조직 36매x36매.

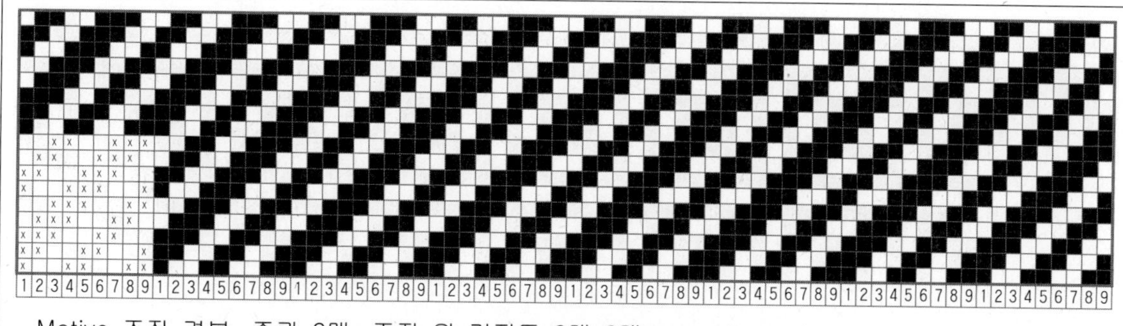

Motive 조직 견본. 종광 9매, 조직 원 리피트 9매x9매.

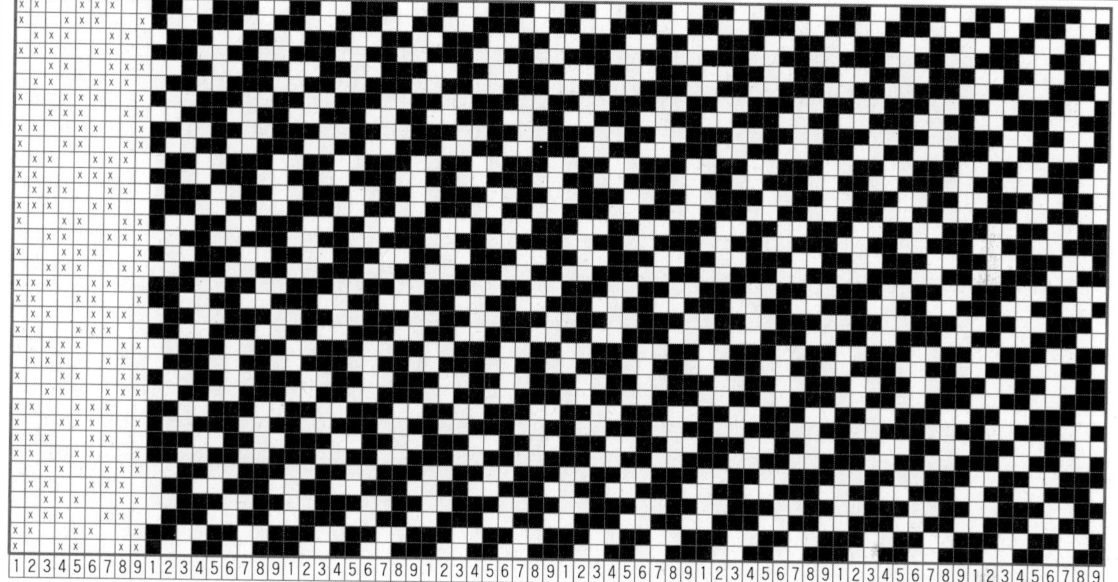

위 Motive 견본에서 위사 2잔류 1삭제, 2잔류 2삭제를 반복하여 유도. 종광 9매, 조직 9x36매.

위 Motive 견본에서 위사 2잔류 1삭제, 2잔류 2삭제를. 경사 2잔류 1삭제, 2잔류 2삭제를 반복하여 유도한 조직의 예이다. 종광 9매, 조직 36매x36매.

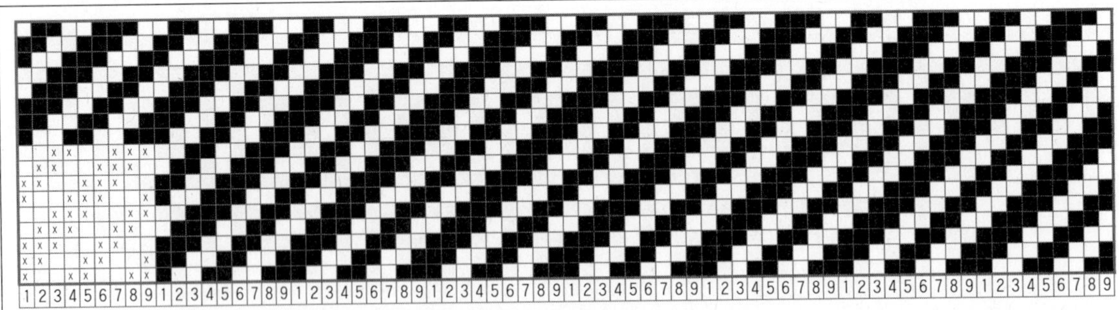

Motive 조직 견본. 종광 9매, 조직 원 리피트 9매x9매.

Motive 견본에서 위사에 2잔류 1삭제, 2잔류 3삭제를 반복하여 유도. 종광 9매, 조직 9x36매.

위 Motive 견본에서 위사 2잔류 1삭제, 2잔류 3삭제를. 경사 2잔류 1삭제, 2잔류 3삭제를 반복하여 유도한 조직의 예이다. 종광 9매, 조직 36매x36매.

05. 유도조직 합성법

유도 생성된 조직을 Herring bone형 또는 마름모형으로 합성하면 조직의 용도와 다양성이 더 커진다.

Herring bone형 합성은 Motive 조직 경사를 역순으로 배열하여 좌측 또는 우측에 연결한다. 처음 시작과 마지막 조직선 즉 순환의 기준이 되는 조직 선은 중복이 되므로 이를 피하기 위해 조직선을 삭제 시킨다.

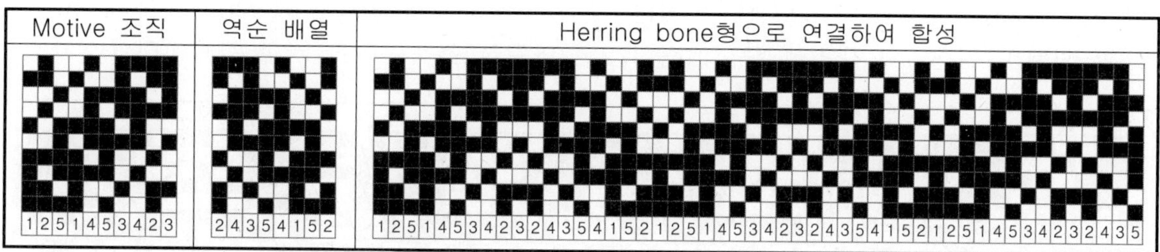

마름모형 합성은 Herring bone형과 같은 방법이다. 경사 방향은 역순으로 배열한 조직을 좌측 또는 우측으로 연결하고, 위사 방향 역시 역순으로 배열한 조직을 상단이나 하단에 연결한다. 이때 경사와 위사의 작업 순서가 달라도 생성되는 조직은 동일하다.

이때에도 경사 위사 모두 처음 시작과 마지막 조직선 즉 순환의 기준이 되는 조직 선은 중복이 발생되므로 이를 피하기 위해 조직선을 삭제시킨다.

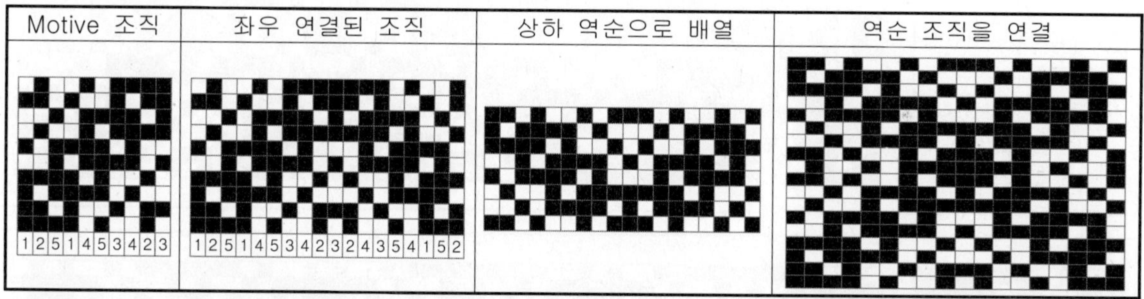

　마름모형으로 합성할 때, 대칭의 기준이 되는 조직 선을 Motive 조직 대각선 중심에 배치시켜야, 연결이 안정되고 교차되는 무늬의 형태나 크기가 동일하다.
디자인 크기의 변화는 Motive 조직 본수의 1/4 이동시 가장 커지고, 디자인 형태의 변화는 Motive 조직 본수의 1/2 이동시 가장 변화가 많아지게 된다.

　대칭의 기준이 되는 조직 선은 조직 원 리피트 당 일반적으로 1개가 존재한다. 대칭선이 없고 대칭에 준하는 준 대칭선만 있는 조직 또는 대칭의 기준선이 없는 조직도 있다.
　아래는 대칭선이 대각선 중심에 위치한 조직도와 대각선 중심에서 Motive 조직 본수의 1/4본 이동한 조직도와 대각선 중심에서 1/2본 이동한 조직도와의 비교 그림이다.

  여기까지, 디자인 크기의 변화는 Motive 조직 본수의 1/4 이동시 가장 커지고, 디자인 형태의 변화는 Motive 조직 본수의 1/2 이동시 가장 변화가 많아지게 된다.

  제직기의 대부분이 Dobby 개구 방식이다. Dobby 개구 방식의 한정된 종광 매수로 큰 조직의 제직이 이제까지 불가능했다. 현실적으로 넘을 수 없는 한계였다.

  이제는 제1장 [직물조직 유도법]을 이용하면 현실적으로 불가능했던 생산의 한계를 넘을 수 있다. 한정된 종광 매수로 무한한 크기의 무수한 조직을 쉽게 작도하여 생산에 적용할 수 있다.

  유도법으로 생성된 조직의 유형별 개수는 수리적 무한대를 이루며, 조직의 크기와 다양성 또한 이제까지 상상하지 못할 정도의 영역까지 유도 생성 된다.

  여기서는 좁은 지면의 사정상 작도의 표현이 불가능하여, 표현이 가능한 작은 조직의 예를 들어 설명하기로 한다.

  다음은 유도조직 합성 방법을 이용하여, 8매 조직으로 7종의 합성조직을, 9매 조직으로 5종의 합성조직을, 10매 조직으로 2종의 합성 조직을, 11매 조직으로 2종의 합성조직을 작도한 방법의 예이다.

1) 다음은 8매 조직(3/2, 1/2 Twill)으로 5종의 합성조직을 작도한 방법의 예이다.

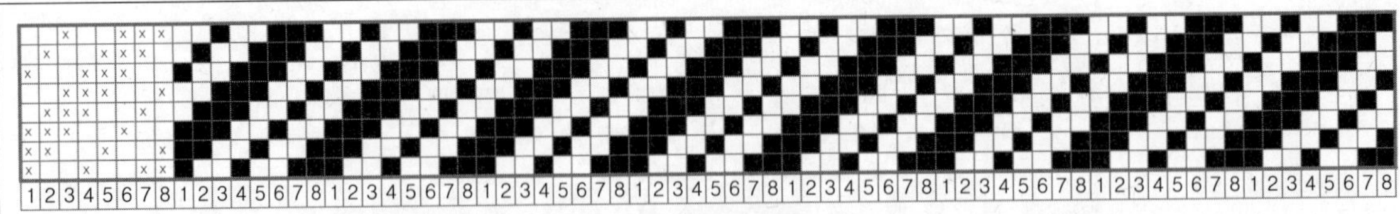

Motive 조직 견본. 종광 8매, 조직 원 리피트 8매x8매.

위 Motive 조직 견본에서 위사 3잔류 2삭제, 경사 3잔류 2삭제를 반복하여 유도한 조직. 종광 8매, 조직 원 리피트 24매x24매.

위의 유도 조직을 Herring bone형으로 합성한 조직. 종광은 Motive 조직과 동일하게 8매이고, 조직 원 리피트 46매x24매이다.

　　좌측 Motive 조직 견본에서 위사 3잔류 2삭제, 경사 3잔류 2삭제를 반복하여 유도한 다음 마름모형으로 합성한 조직이다. 종광은 Motive 조직과 동일하게 8매이고, 조직 원 리피트 46매x46매이다.

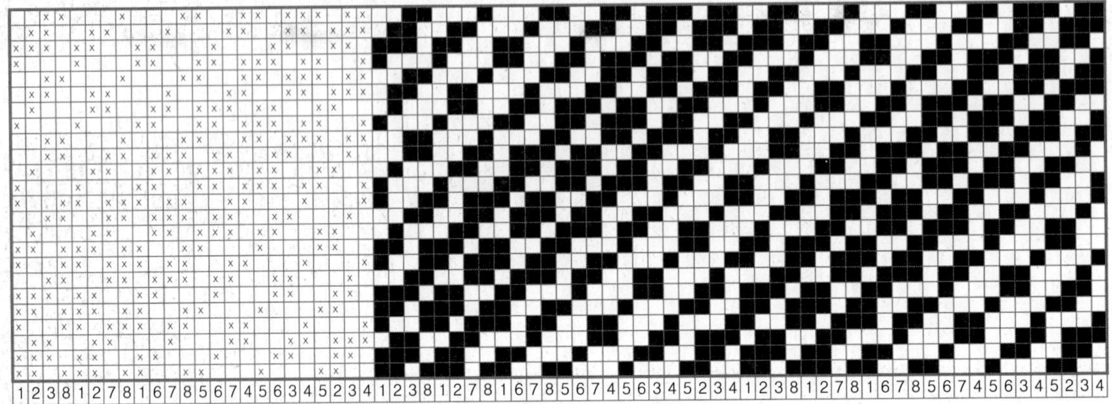

Motive 조직 견본. 종광 8매, 조직 원 리피트 8매x8매.

위 Motive 조직 견본에서 위사 3잔류 4삭제, 경사 3잔류 4삭제를 반복하여 유도한 조직. 종광 8매, 조직 원 리피트 24매x24매.

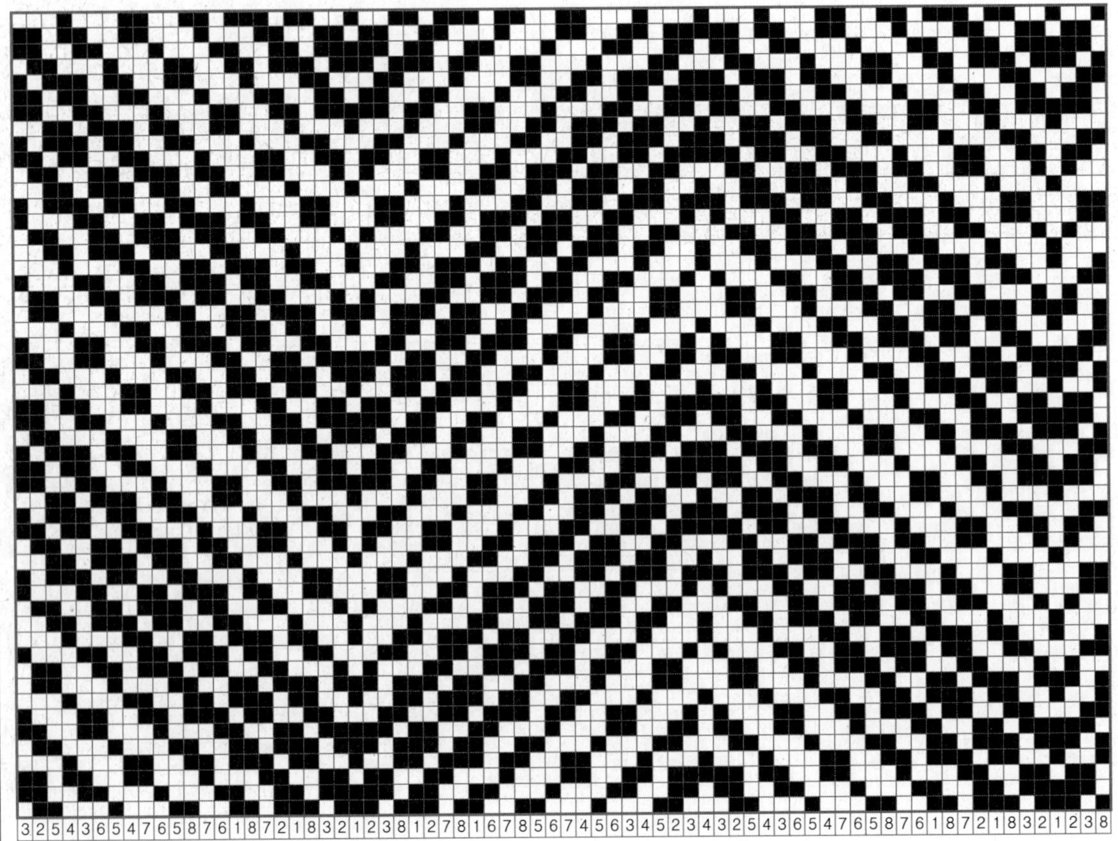

위 유도 조직을 Herring bone형으로 합성한 조직이다. 종광은 Motive 조직과 동일하게 8매이고, 조직 원 리피트 46매x24매이다.

7 6 5 8 7 6 1 8 7 2 1 8 3 2 1 2 3 8 1 2 7 8 1 6 7 8 5 6 7 4 5 6 3 4 5 2 3 4 3 2 5 4 3 6 5 4 7 6 5 8 7 6 1 8 7 2 1 8 3 2 1 2 3 8 1 2 7 8 1 6 7 8 5 6 7

　좌측 Motive 조직 견본에서 위사 3잔류 4삭제, 경사 3잔류 4삭제를 반복하여 유도한 다음 마름모형으로 합성한 조직이다. 종광은 Motive 조직과 동일하게 8매이고, 조직 원 리피트 46매x46매이다.

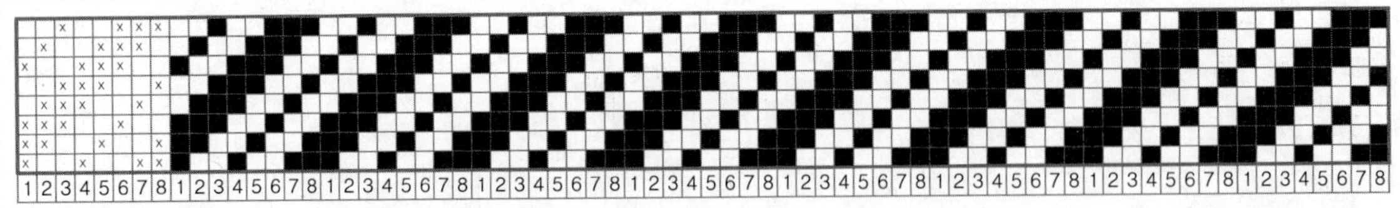

Motive 조직 견본. 종광 8매, 조직 원 리피트 8매x8매.

위 Motive 조직 견본에서 위사 4잔류 2삭제, 경사 4잔류 2삭제를 반복하여 유도한 조직이다. 종광 8매, 조직 원 리피트 16매x16매이다.

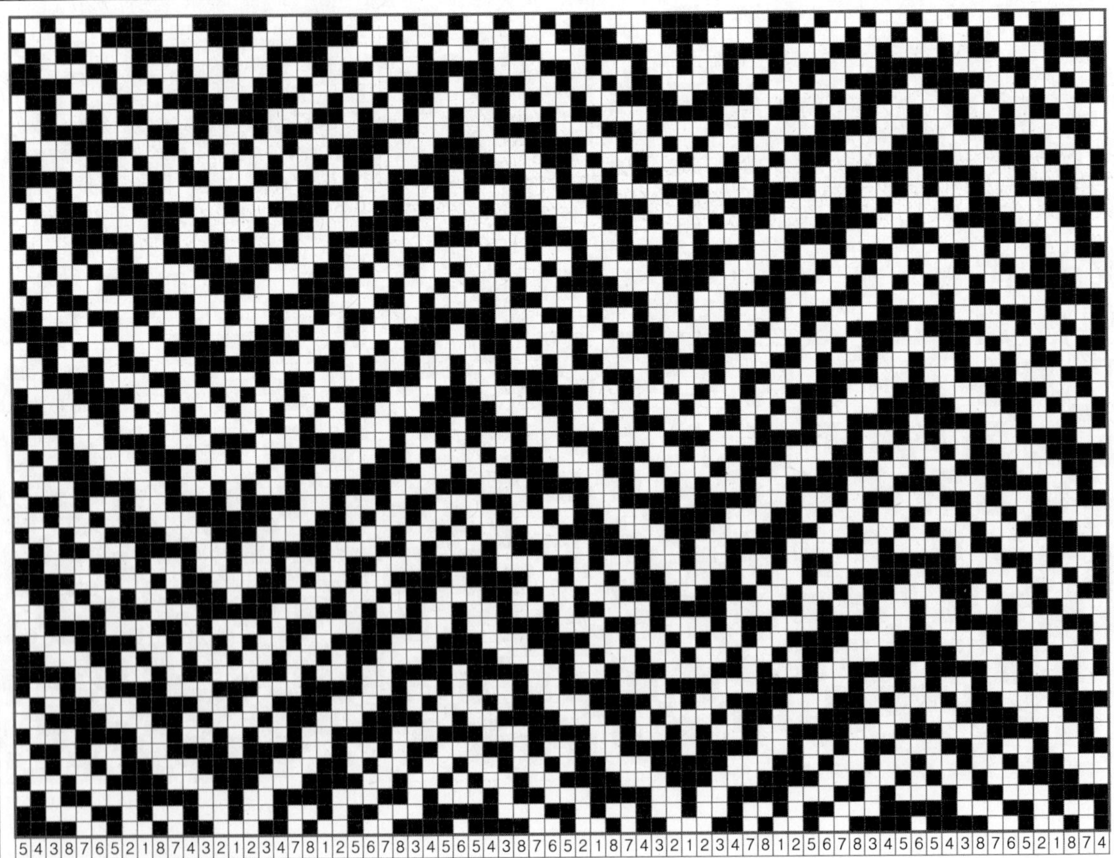

위 유도 조직을 Herring bone형으로 합성한 조직, 종광은 Motive 조직과 동일하게 8매이고, 조직 원 리피트 30매x16매이다.

위 조직은 대칭의 기준이 되는 조직 선이 준 대칭선을 이루는 조직이다.

 좌측 Motive 조직 견본에서 위사 4잔류 2삭제, 경사 4잔류 2삭제를 반복하여 유도한 다음 마름모형으로 합성한 조직이다. 종광은 Motive 조직과 동일하게 8매이고, 조직 원 리피트 30매x30매이다.

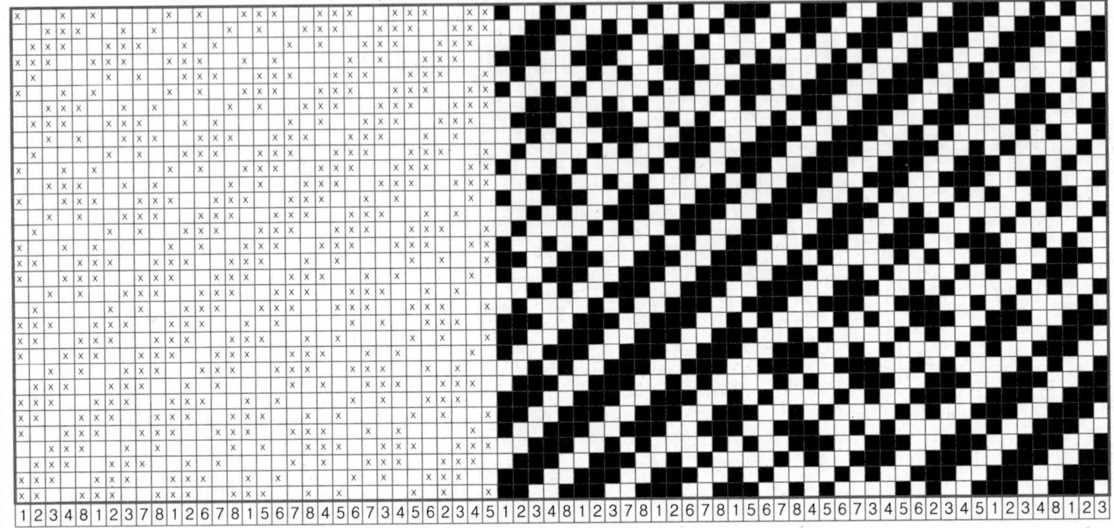

Motive 조직 견본. 종광 8매, 조직 원 리피트 8매x8매.

위 Motive 조직 견본에서 위사 4잔류 3삭제, 경사 4잔류 3삭제를 반복하여 유도한 조직, 종광 8매, 조직 원 리피트 32매x32매.

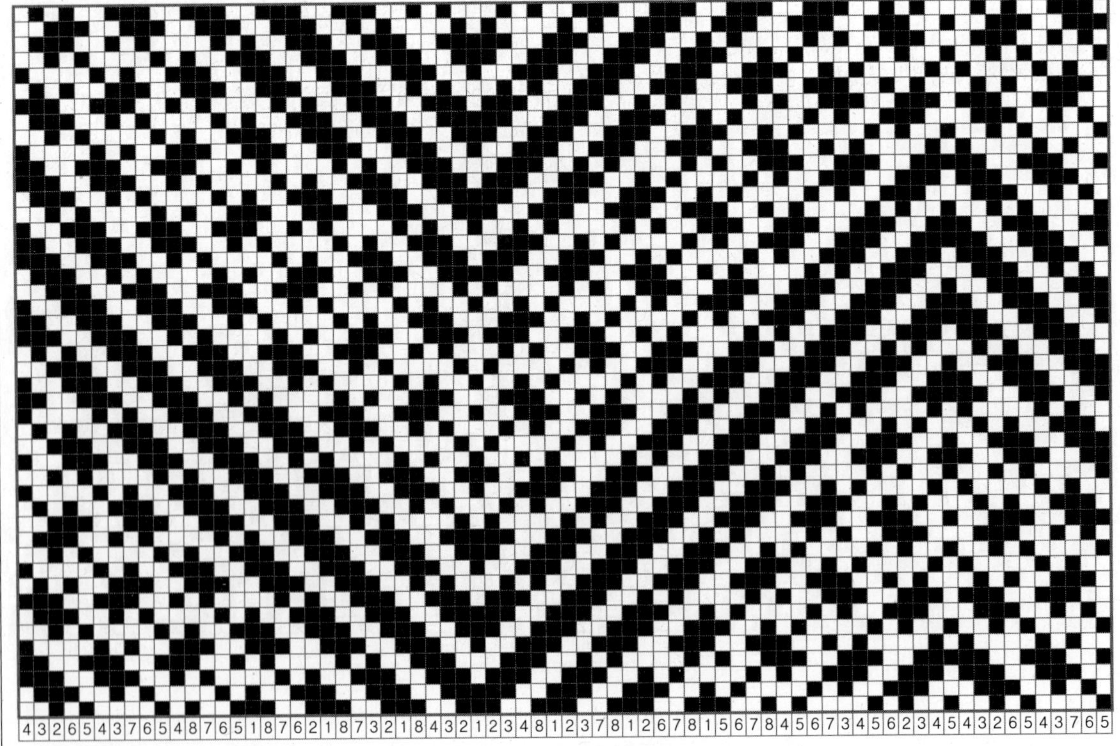

위 유도 조직을 Herring bone형으로 합성한 조직. 종광은 Motive 조직과 동일하게 8매이고, 조직 원 리피트 62매x32매이다.

좌측 Motive 조직 견본에서 위사 4잔류 3삭제, 경사 4잔류 3삭제를 반복하여 유도한 다음 마름모형으로 합성한 조직이다. 종광은 Motive 조직과 동일하게 8매이고, 조직 원 리피트 62매x62매이다.

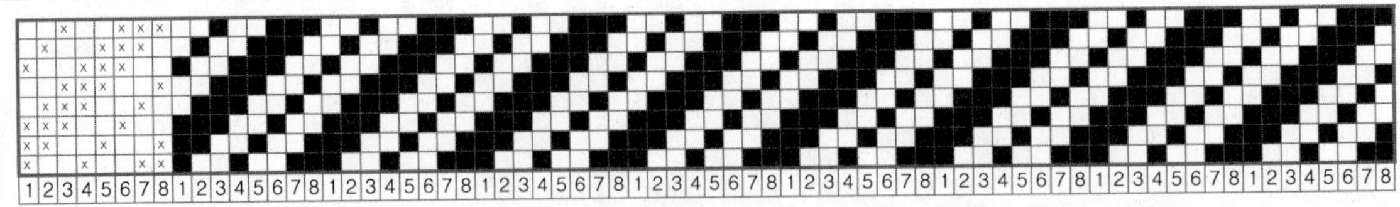

Motive 조직 견본. 종광 8매, 조직 원 리피트 8매x8매.

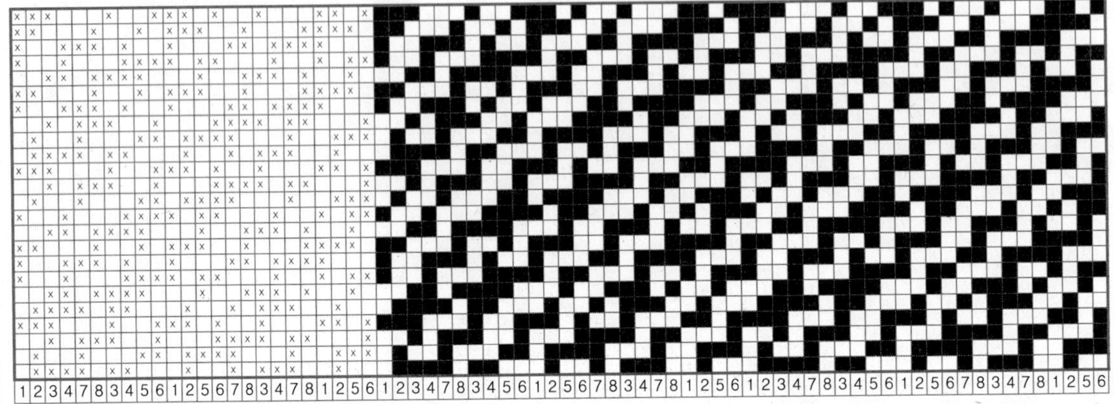

위 Motive 조직 견본에서 위사를 4잔류 2삭제, 2잔류 2삭제. 경사를 4잔류 2삭제, 2잔류 2삭제를 반복하여 유도한 조직. 종광 8매, 조직 원 리피트 24매x24매.

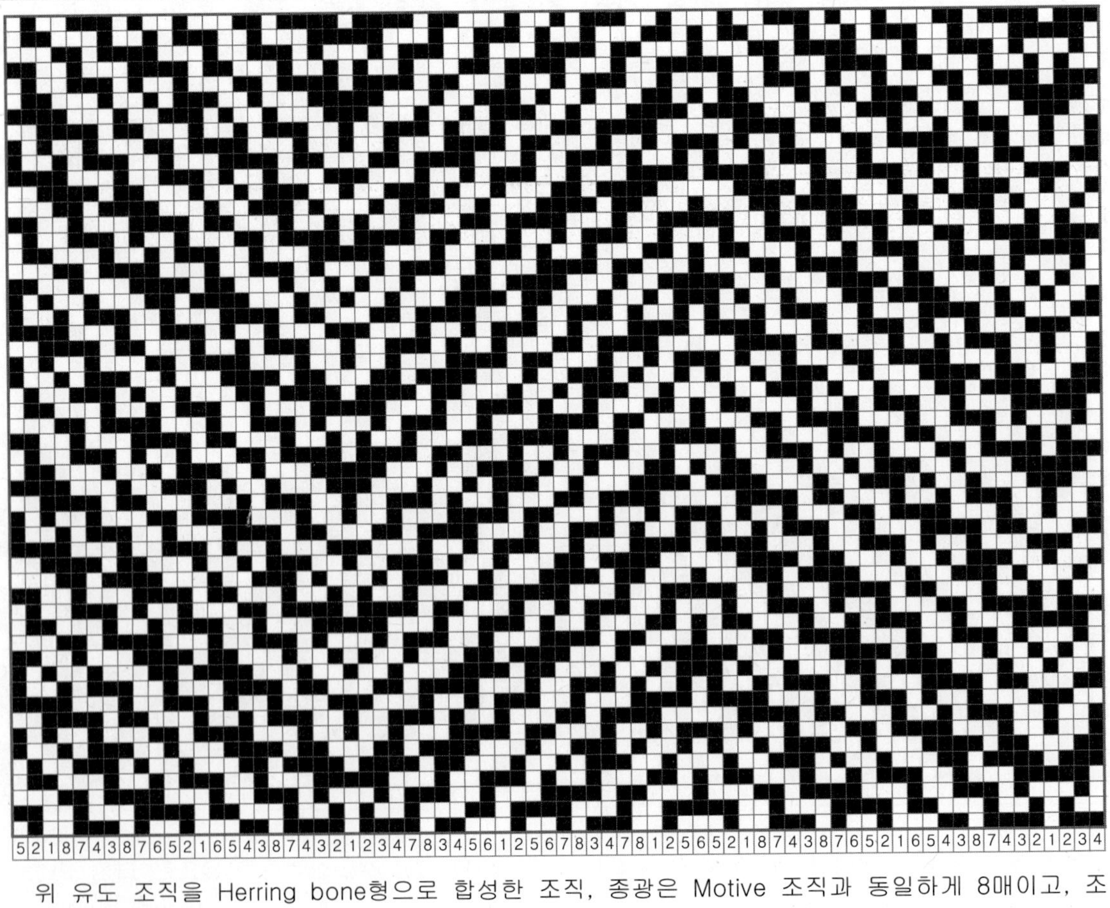

위 유도 조직을 Herring bone형으로 합성한 조직, 종광은 Motive 조직과 동일하게 8매이고, 조직 원 리피트 46매x24매이다.

위 조직은 대칭의 기준이 되는 조직 선이 준 대칭선을 이루는 조직이다.

좌측 Motive 조직 견본에서 위사 4잔류 2삭제, 2잔류 2삭제를. 경사 4잔류 2삭제, 2잔류 2삭제를 반복하여 유도한 다음 마름모형으로 합성한 조직이다. 종광은 Motive 조직과 동일하게 8매이고, 조직 원 리피트 46매x46매이다.

2) 다음은 8매 조직(4/1, 2/1 Twill)으로 2종의 합성조직을 작도한 방법의 예이다.

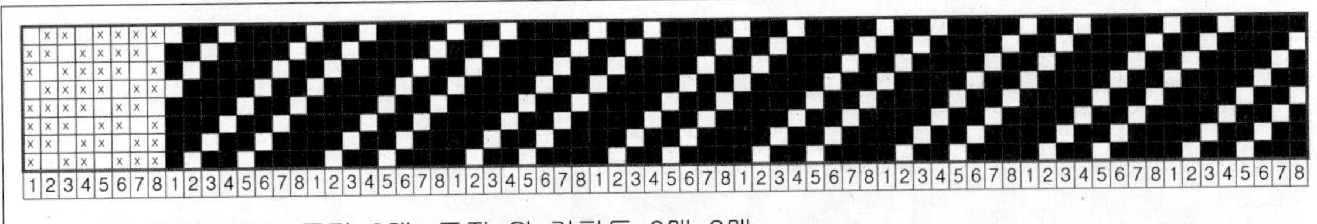

Motive 조직 견본. 종광 8매, 조직 원 리피트 8매x8매.

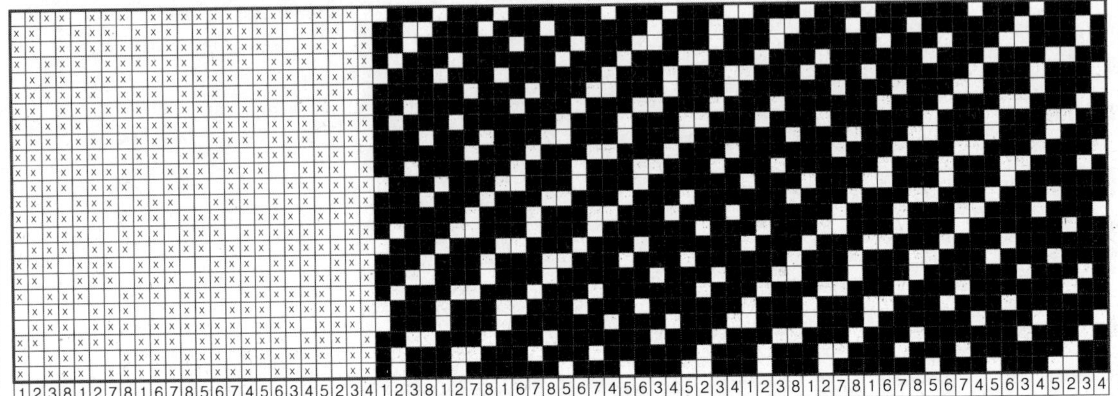

위 Motive 조직 견본에서 위사 3잔류 4삭제 경사 3잔류 4삭제를 반복하여 유도한 조직. 종광 8매, 조직 원 리피트 24매x24매.

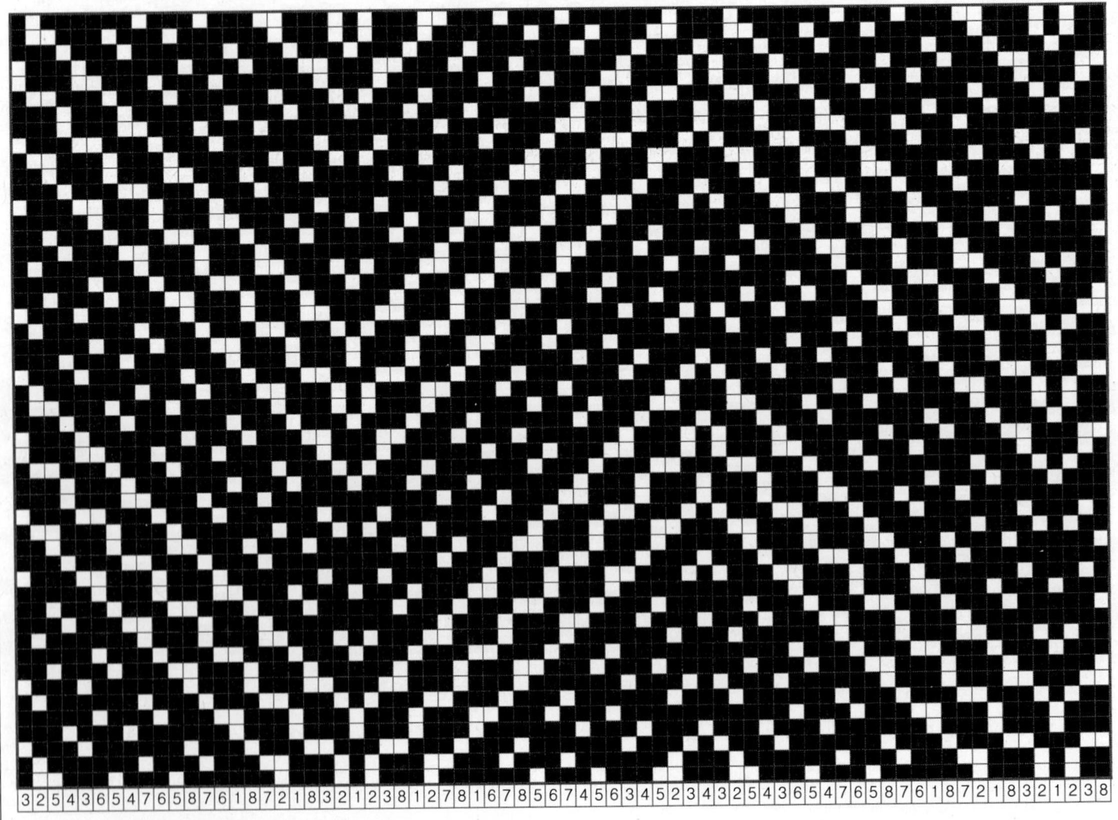

위 유도 조직을 Herring bone형으로 합성한 조직, 종광은 Motive 조직과 동일하게 8매이고, 조직 원 리피트 46매x24매이다.

이 조직은 대칭의 기준이 되는 조직 선이 존재하지 않은 조직이다.

　좌측 Motive 조직 견본에서 위사 3잔류 4삭제, 경사 3잔류 4삭제를 반복하여 유도한 다음 마름모형으로 합성한 조직이다. 종광은 Motive 조직과 동일하게 8매이고, 조직 원 리피트 46매x46매이다.

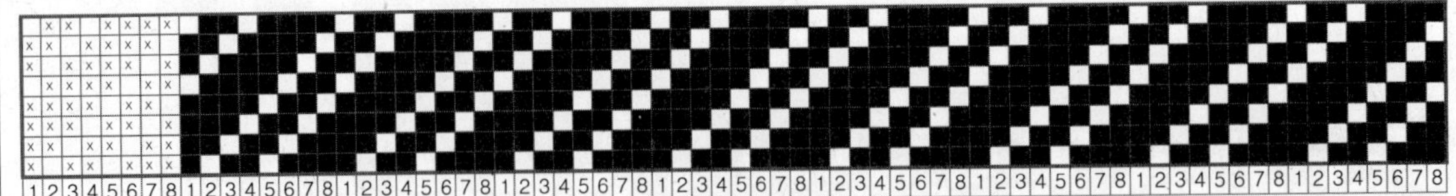

Motive 조직 견본. 종광 8매, 조직 원 리피트 8매x8매.

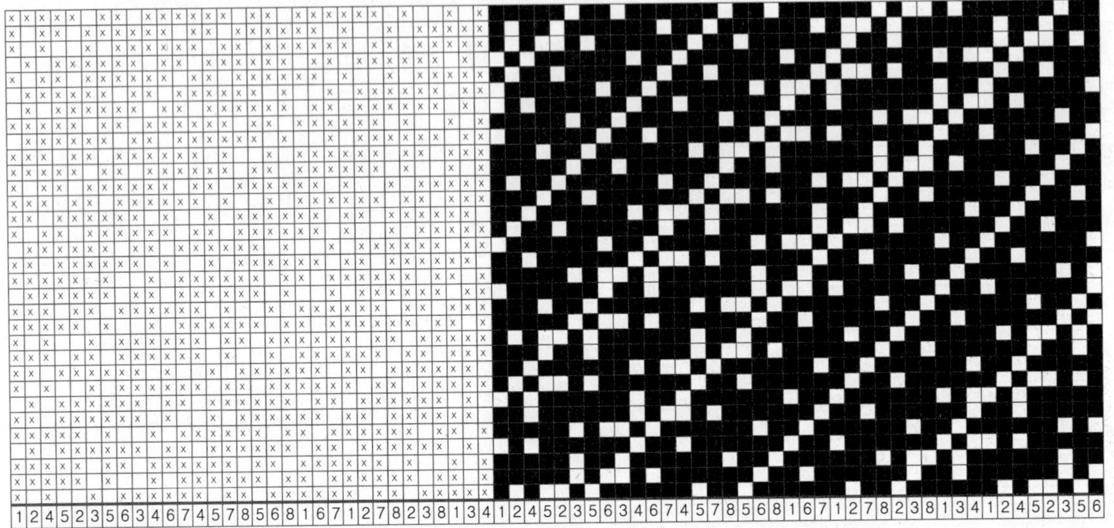

위 Motive 조직 견본에서 위사 2잔류 1삭제, 2잔류 4삭제를. 경사 2잔류 1삭제, 2잔류 4삭제를 반복하여 유도한 조직. 종광 8매, 조직 원 리피트 32매x32매.

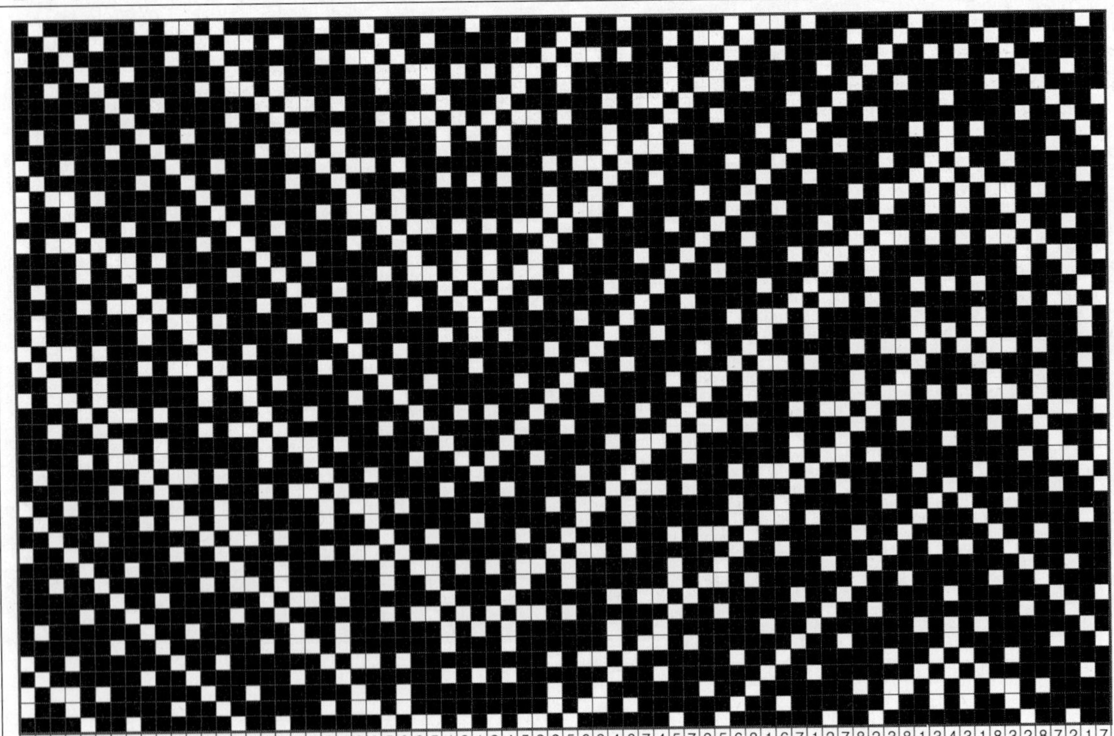

위 유도 조직을 Herring bone형으로 합성한 조직. 종광은 Motive 조직과 동일하게 8매이고, 조직 원 리피트 62매x32매이다.

5 3 2 5 4 2 1 2 4 5 2 3 5 6 3 4 6 7 4 5 7 8 5 6 8 1 6 7 1 2 7 8 2 3 8 1 3 4 3 1 8 3 2 8 7 2 1 7 6 1 8 6 5 8 7 5 4 7 6 4 3 6 5 3 2 5 4 2 1 2 4 5 2 3 5

이 조직은 대칭의 기준이 되는 조직 선이 준 대칭선을 이루는 조직이다.

좌측 Motive 조직 견본에서 위사 2잔류 1삭제, 2잔류 4삭제를. 경사 2잔류 1삭제, 2잔류 4삭제를 반복하여 유도한 다음 마름모형으로 합성한 조직이다. 종광은 Motive 조직과 동일하게 8매이고, 조직 원 리피트 62매x62매이다.

3) 다음은 9매 조직(4/2, 1/2 Twill)으로 5종의 합성조직을 작도한 방법의 예이다.

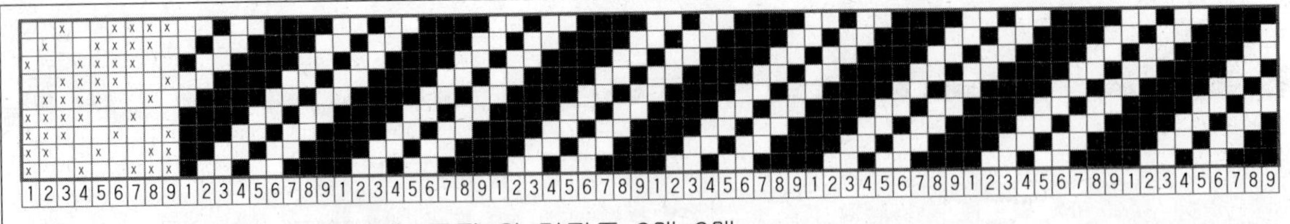

Motive 조직 견본. 종광 9매, 조직 원 리피트 9매x9매.

위 Motive 조직 견본에서 위사 2잔류 2삭제, 경사 2잔류 2삭제를 반복하여 유도한 조직. 종광 9매, 조직 원 리피트 18매x18매.

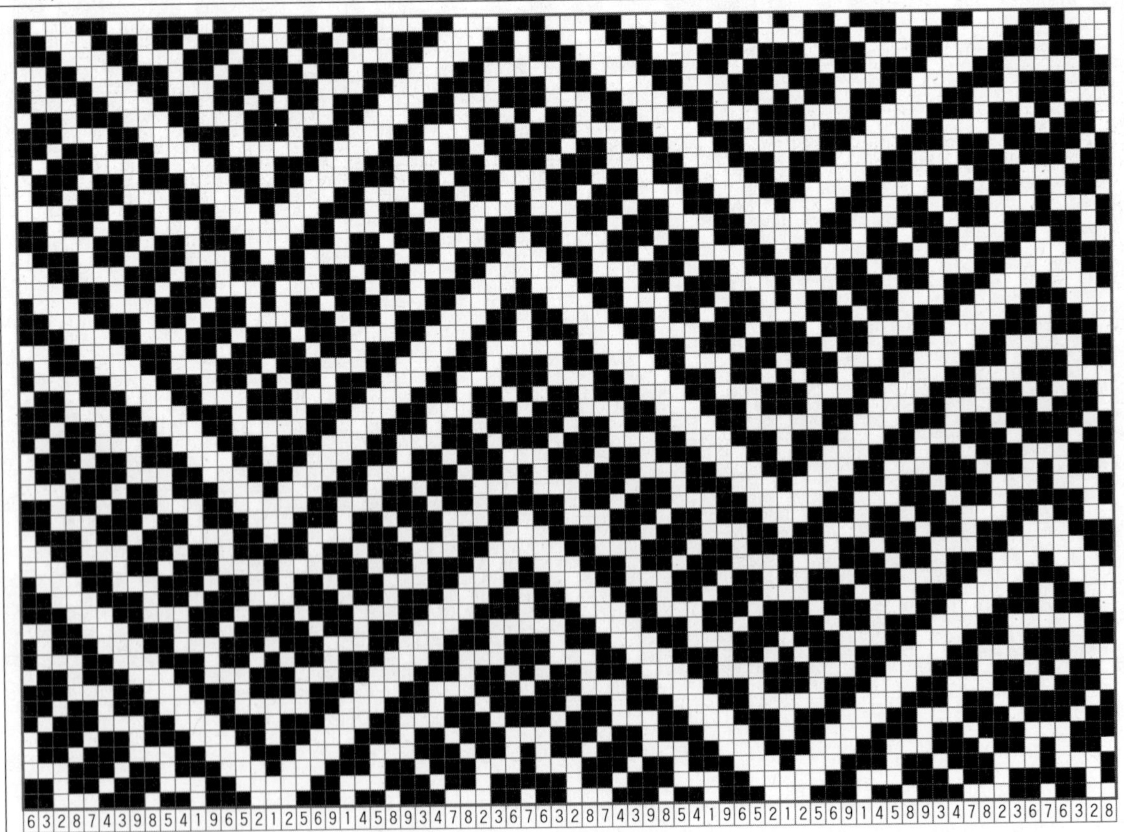

위 유도 조직을 Herring bone 형으로 합성한 조직, 종광은 Motive 조직과 동일하게 9매이고 조직 원 리피트 34매x18매이다.

좌측 Motive 조직 견본에서 위사 2잔류 2삭제, 경사 2잔류 2삭제를 반복하여 유도한 다음 마름모
형으로 합성한 조직이다. 종광은 Motive 조직과 동일하게 9매이고 조직 원 리피트 34매x34매이다.

Motive 조직 견본. 종광 9매, 조직 원 리피트 9매x9매.

위 Motive 조직 견본에서 위사 2잔류 3삭제, 경사 2잔류 3삭제를 반복하여 유도한 조직. 종광 9매, 조직 원 리피트 18매x18매.

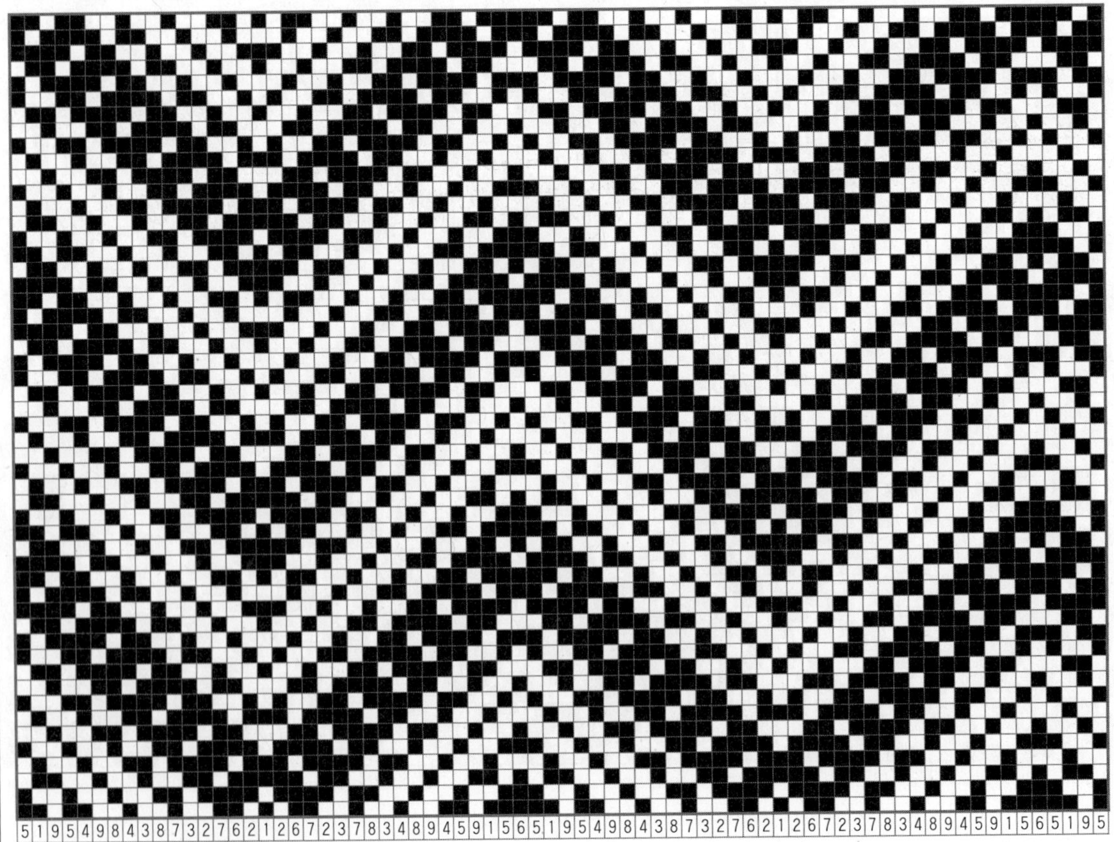

위 유도 조직을 Herring bone형으로 합성한 조직, 종광은 Motive 조직과 동일하게 9매이고 조직 원 리피트 34매x18매이다.

좌측 Motive 조직 견본에서 위사 2잔류 3삭제, 경사 2잔류 3삭제를 반복하여 유도한 다음 마름모
형으로 합성한 조직이다. 종광은 Motive 조직과 동일하게 9매이고 조직 원 리피트 34매x34매이다.

Motive 조직 견본. 종광 9매, 조직 원 리피트 9매x9매.

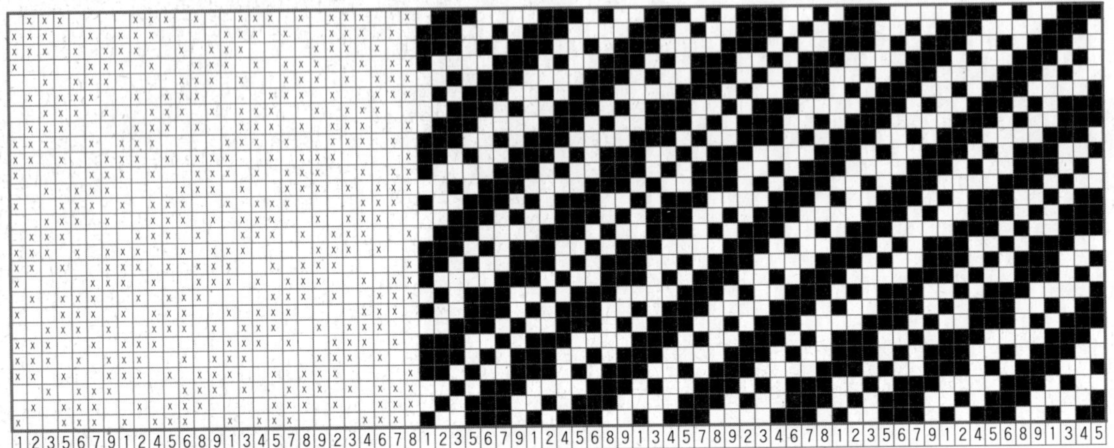

위 Motive 조직 견본에서 위사 3잔류 1삭제, 경사 3잔류 1삭제를 반복하여 유도한 조직. 종광 9매, 조직 원 리피트 27매x27매.

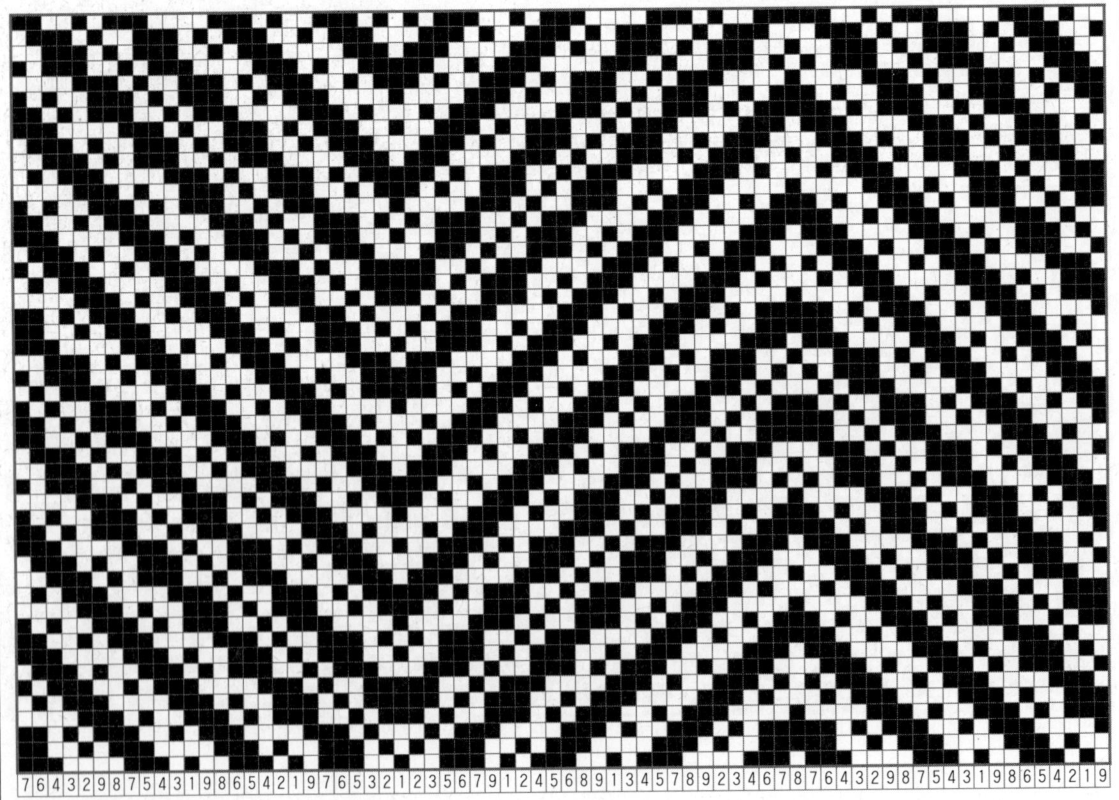

위 유도 조직을 Herring bone형으로 합성한 조직, 종광은 Motive 조직과 동일하게 9매이고, 조직 원 리피트 52매x27매이다.

좌측 Motive 조직 견본에서 위사 3잔류 1삭제, 경사 3잔류 1삭제를 반복하여 유도한 다음 마름모
형으로 합성한 조직이다. 종광은 Motive 조직과 동일하게 9매이고 조직 원 리피트 52매x52매이다.

Motive 조직 견본. 종광 9매, 조직 원 리피트 9매x9매.

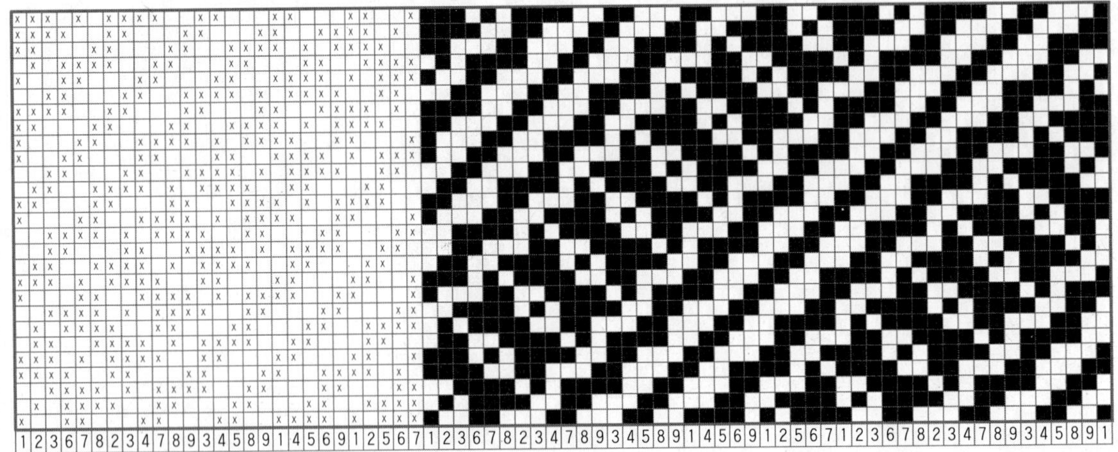

위 Motive 조직 견본에서 위사 3잔류 2삭제, 경사 3잔류 2삭제를 반복하여 유도한 조직. 종광 9매, 조직 원 리피트 27매x27매.

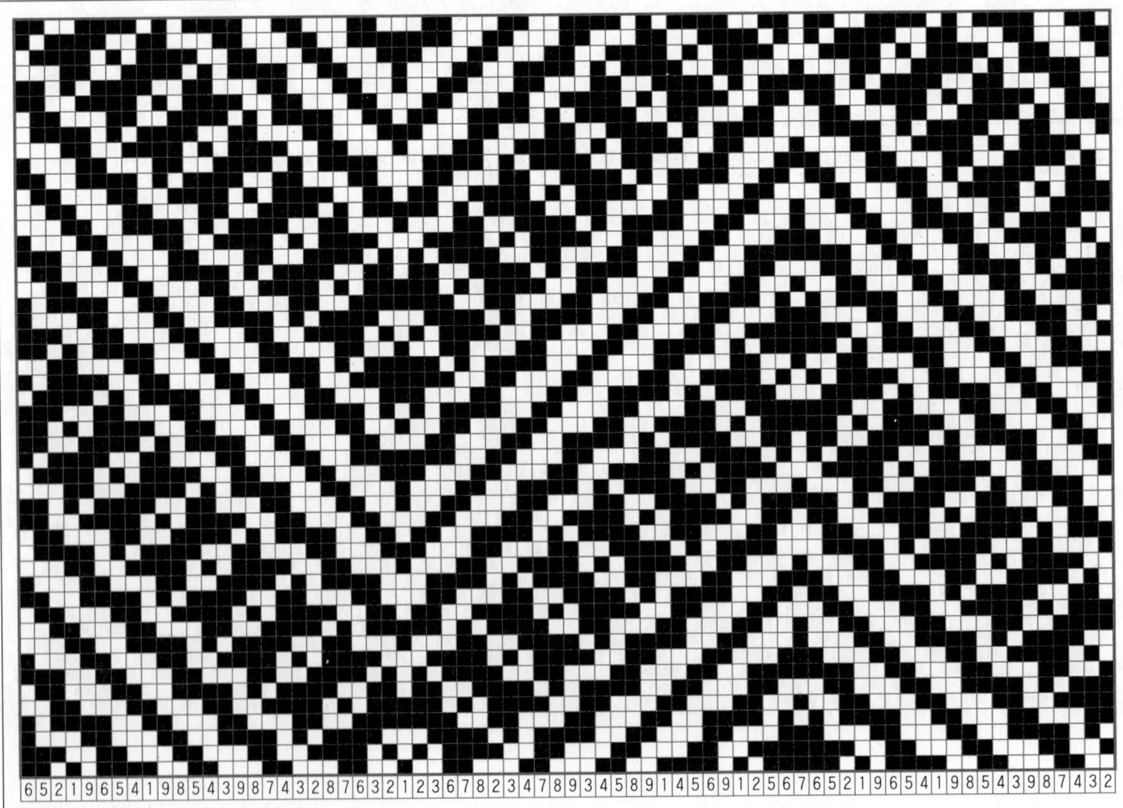

위 유도 조직을 Herring bone형으로 합성한 조직, 종광은 Motive 조직과 동일하게 9매이고, 조직 원 리피트 52매x27매이다.

 좌측 Motive 조직 견본에서 위사 3잔류 2삭제, 경사 3잔류 2삭제를 반복하여 유도한 다음 마름모형으로 합성한 조직이다. 종광은 Motive 조직과 동일하게 9매이고 조직 원 리피트 52매x52매이다.

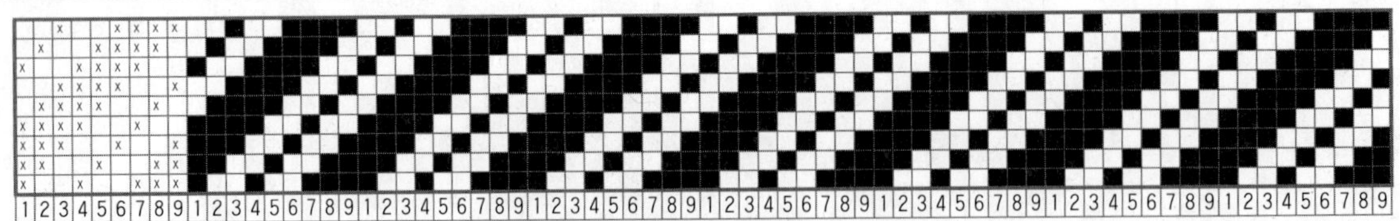

Motive 조직 견본. 종광 9매, 조직 원 리피트 9매x9매.

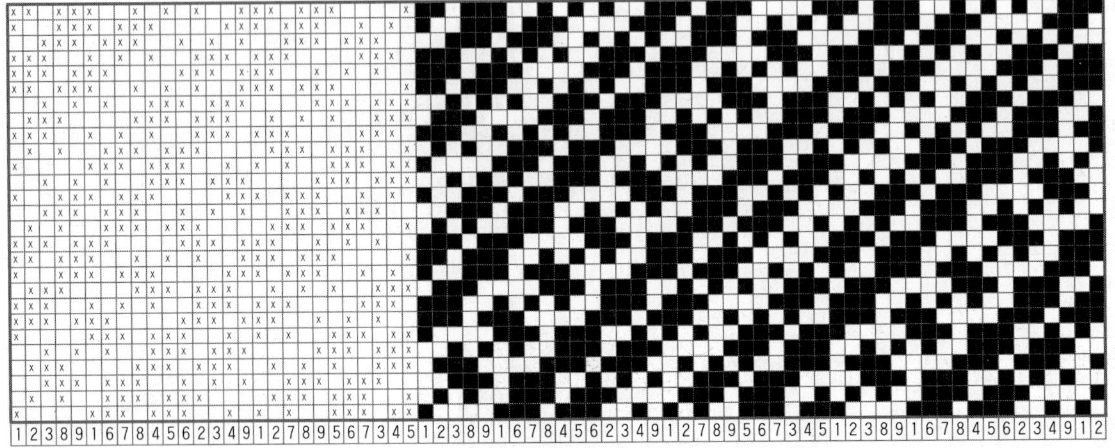

위 Motive 조직 견본에서 위사 3잔류 4삭제, 경사 3잔류 4삭제를 반복하여 유도한 조직. 종광 9매, 조직 원 리피트 27매x27매.

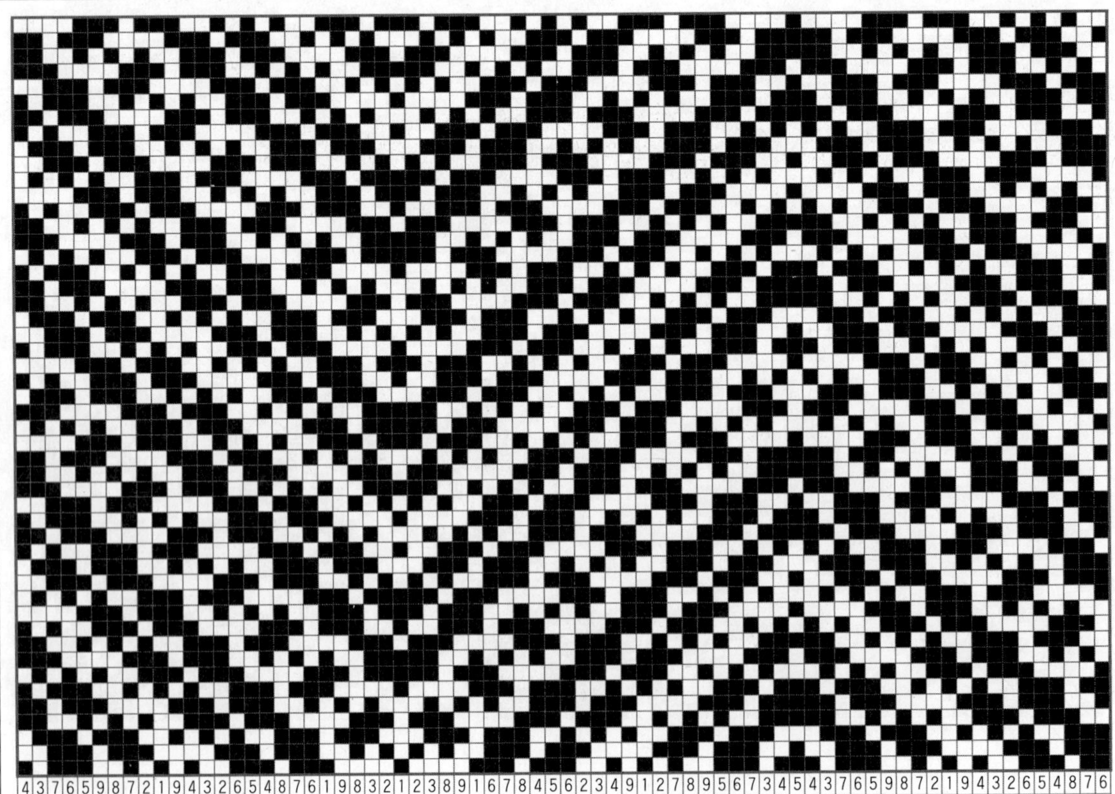

위 유도 조직을 Herring bone형으로 합성한 조직, 종광은 Motive 조직과 동일하게 9매이고, 조직 원 리피트 52매x27매이다.

좌측 Motive 조직 견본에서 위사 3잔류 4삭제, 경사 3잔류 4삭제를 반복하여 유도한 다음 마름모
형으로 합성한 조직이다. 종광은 Motive 조직과 동일하게 9매이고, 조직 원 리피트 52매x52매이다.

4) 다음은 10매 조직(5/2, 1/2 Twill)으로 2종의 합성조직을 작도한 방법의 예이다.

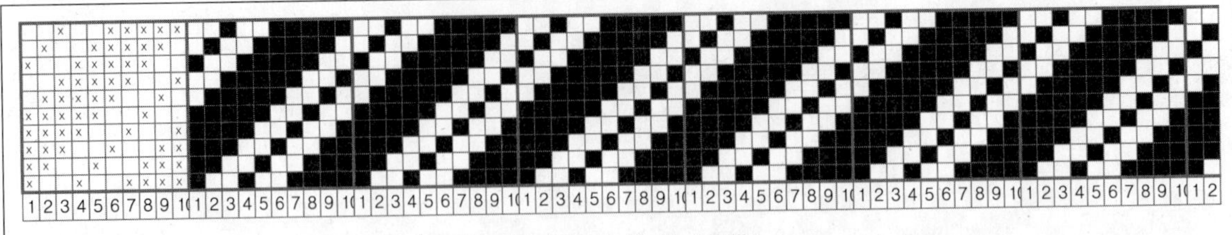

Motive 조직 견본. 종광 10매, 조직 원 리피트 10매x10매.

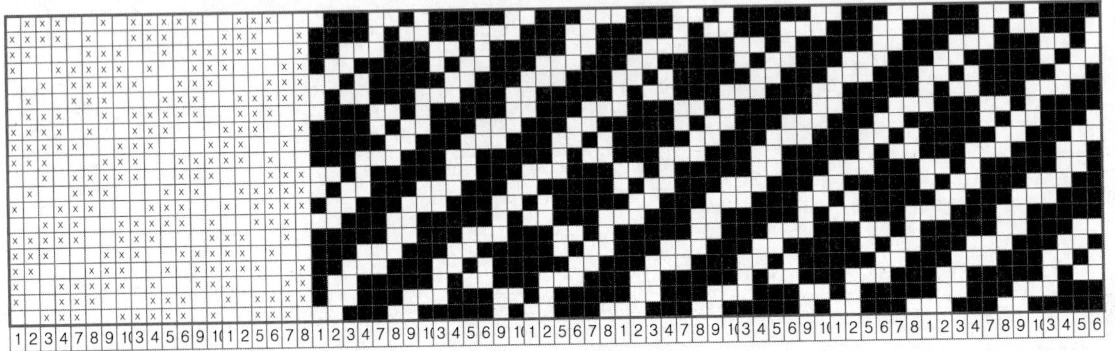

위 Motive 조직 견본에서 위사기준 잔류 4와 삭제 2를, 경사기준 잔류 4와 삭제 2를 반복하여
유도한 조직. 종광 10매, 조직 원 리피트 20본x20본.

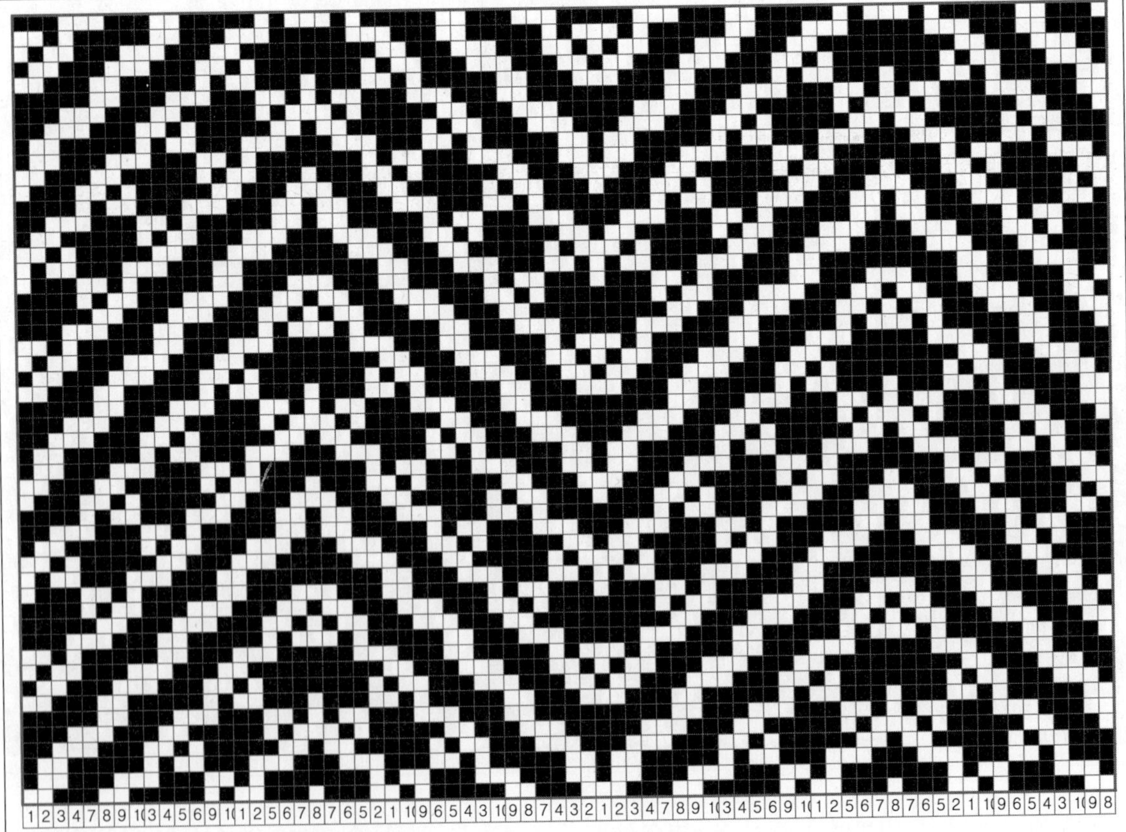

위 유도 조직을 Herring bone형으로 합성한 조직. 종광은 Motive 조직과 동일하게 10매이고,
조직 원 리피트 38매x20매이다.

좌측 Motive 조직 견본에서 위사 4잔류 2삭제, 경사 4잔류 2삭제를 반복하여 유도한 다음 마름모
형으로 합성한 조직이다. 종광은 Motive 조직과 동일하게 10매이고 조직 원 리피트 38매x38매이다.

　　이전 페이지 Motive 조직 견본에서 위사 4잔류 2삭제, 경사 4잔류 2삭제를 반복하여 유도한 다음
마름모형으로 합성한 조직의 대칭지점을 2반복 확장한 조직이다. 종광은 Motive 조직과 동일하게
10매이고, 조직 원 리피트 42매x42매이다.

5) 다음은 11매 조직(1/1, 4/1, 1/3)으로 2종의 합성조직을 작도한 방법의 예이다.

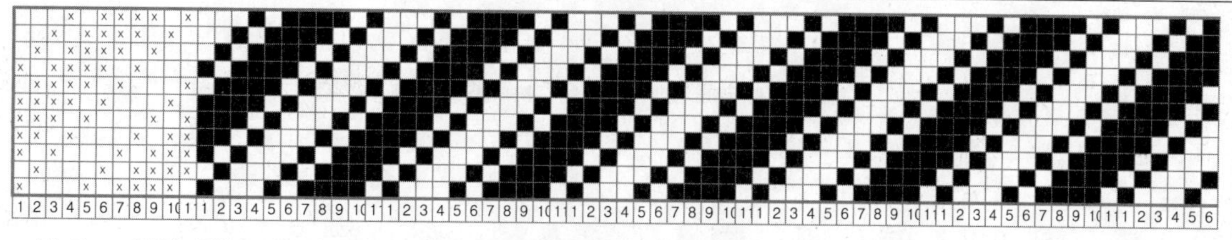

Motive 조직 견본. 종광 11매, 조직 원 리피트 11매x11매.

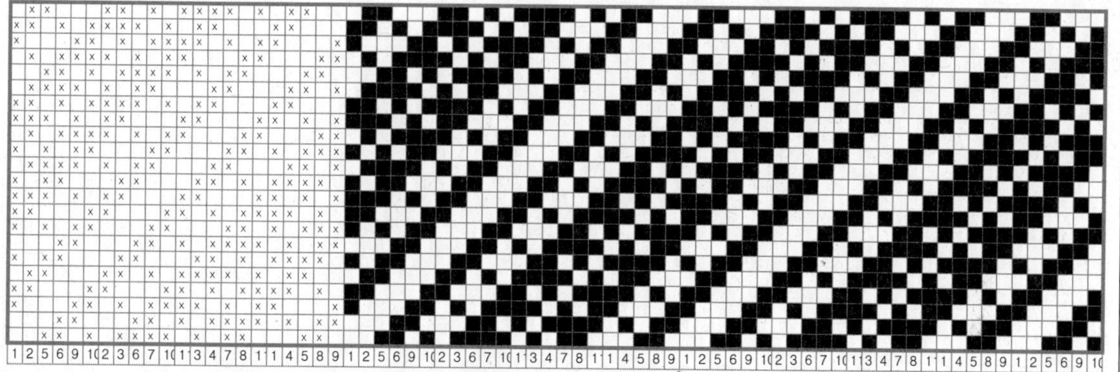

위 Motive 조직 견본에서 위사기준 잔류 2와 삭제 2를, 경사기준 잔류 2와 삭제 2를 반복하여 유도한 조직. 종광 11매, 조직 원 리피트 22본x22본.

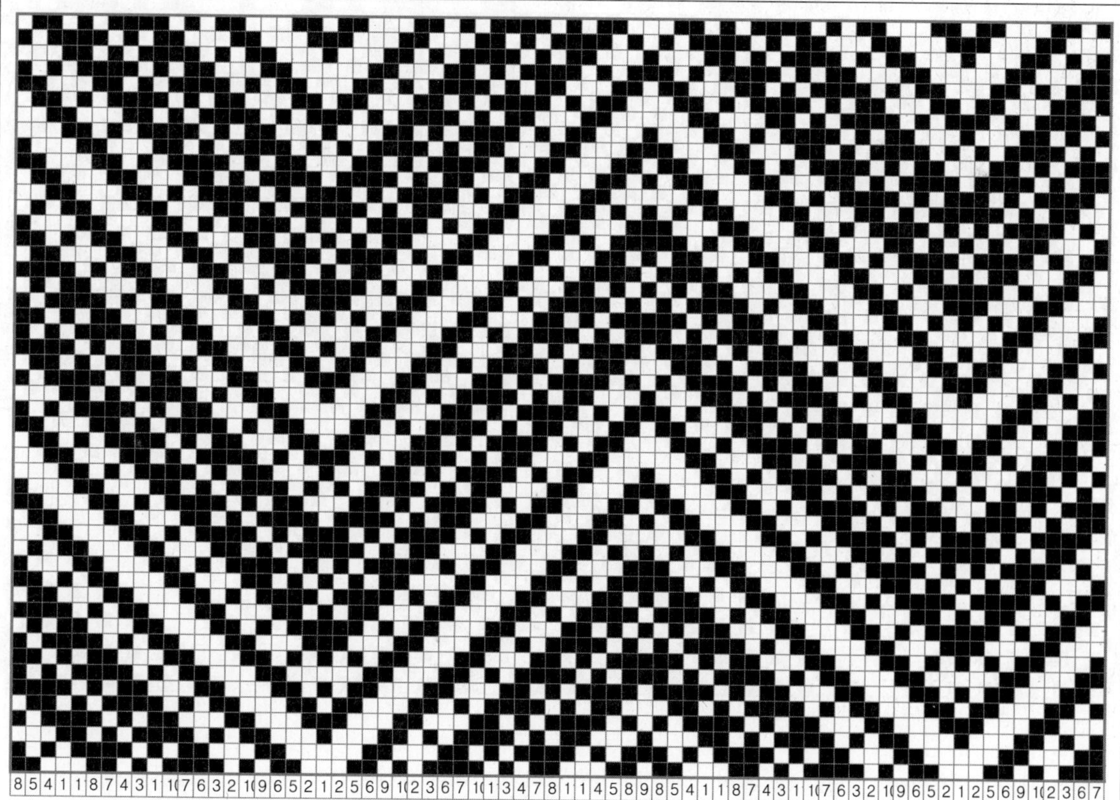

위 유도 조직을 Herring bone형으로 합성한 조직, 종광은 Motive 조직과 동일하게 11매이고, 조직 원 리피트 42매x22매이다.

　　이전 페이지 Motive 조직 견본에서 위사 3잔류 2삭제, 경사 3잔류 2삭제를 반복하여 유도한 다음 마름모형으로 합성한 조직이다. 종광은 Motive 조직과 동일하게 11매이고, 조직 원 리피트 42매x42 매이다.

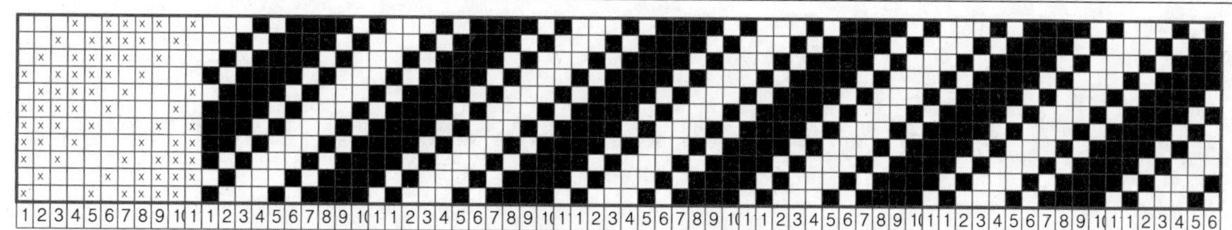

Motive 조직 견본. 종광 11매, 조직 원 리피트 11매x11매.

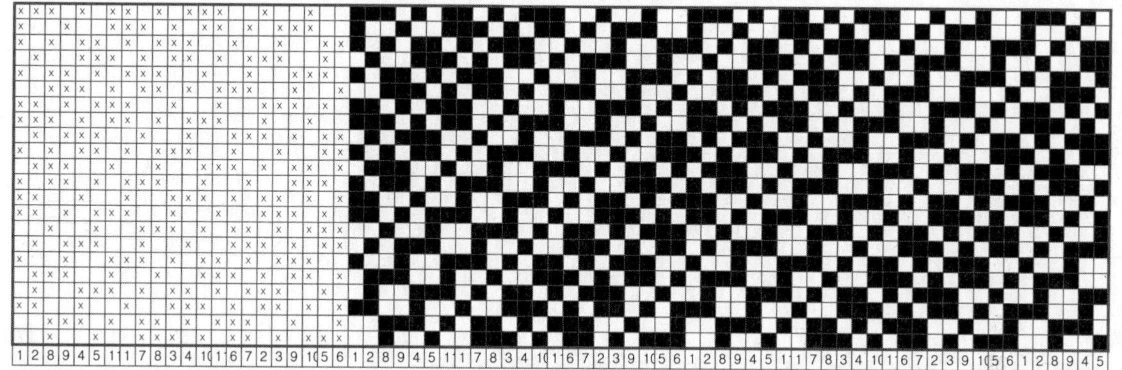

　위 Motive 조직 견본에서 위사기준 잔류 2와 삭제 5를, 경사기준 잔류 2와 삭제 5를 반복하여 유도한 조직. 종광 11매, 조직 원 리피트 22본x22본.

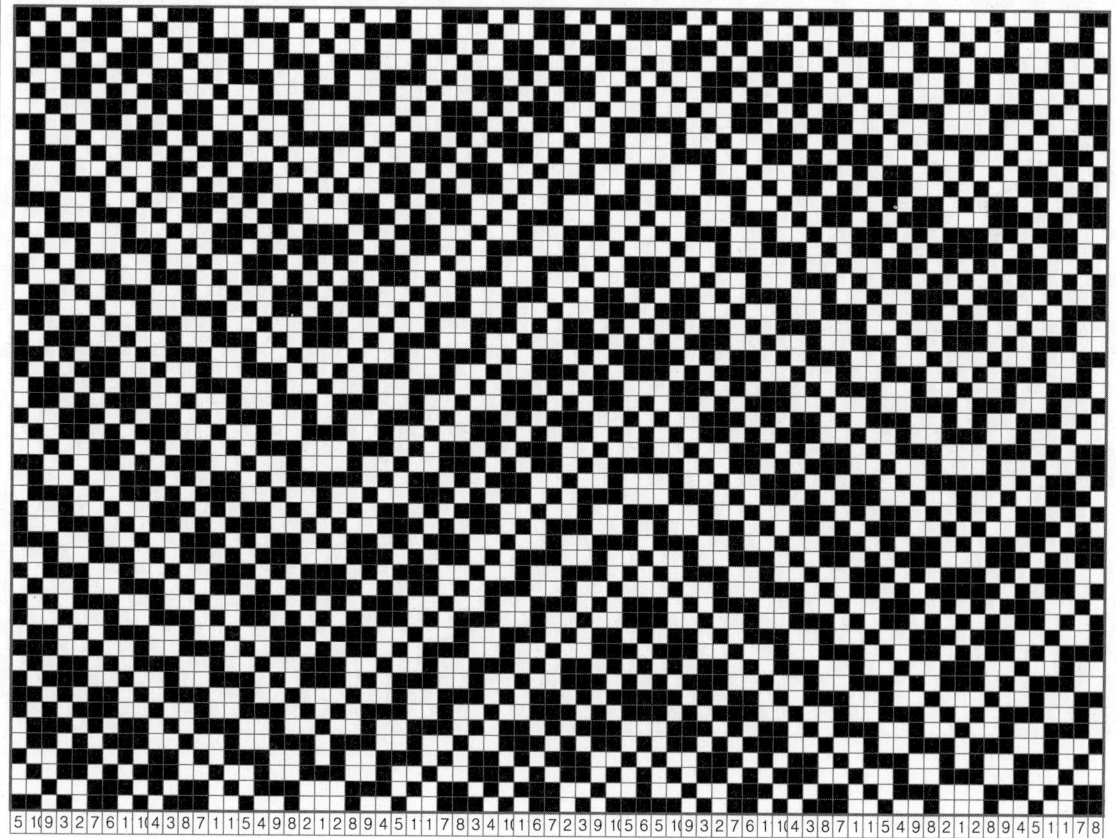

　위 유도 조직을 Herring bone형으로 합성한 조직, 종광은 Motive 조직과 동일하게 11매이고, 조직 원 리피트 42매x22매이다.

이전 페이지 Motive 조직 견본에서 위사 2잔류 5삭제, 경사 2잔류 5삭제를 반복하여 유도한 다음 마름모형으로 합성한 조직이다. 종광은 Motive 조직과 동일하게 11매이고, 조직 원 리피트 42매x42 매이다.

다음은 앞 페이지에서 작도한 조직도를 이용한 생산 설계서 작성의 예이다.

① 원 리피트 조직을 선정한다.

② 식전도를 발췌한다.

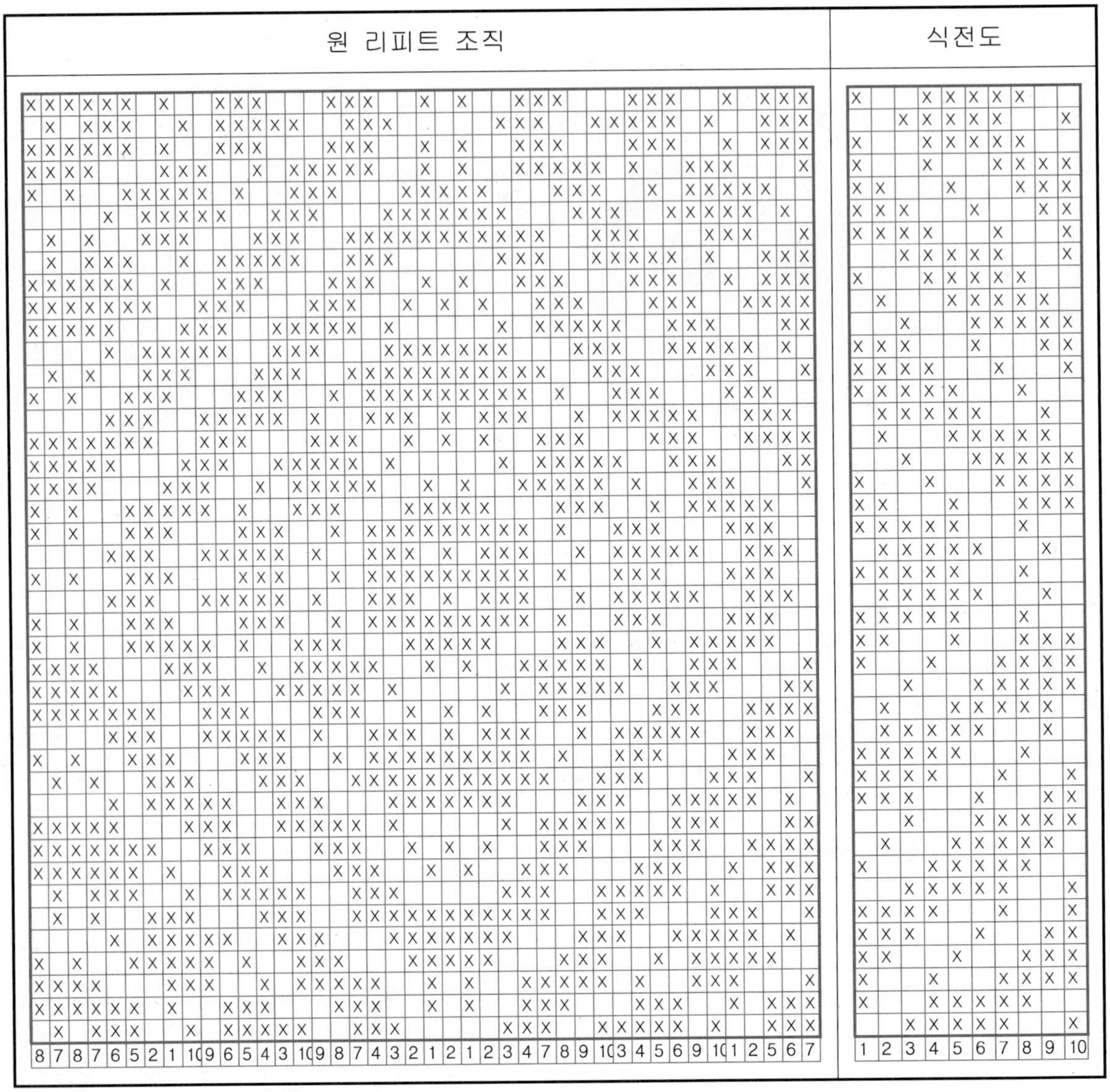

원 리피트 조직	식전도

(위 조직도의 경사 배열 순서)

8 | 7 | 8 | 7 | 6 | 5 | 2 | 1 | 10 | 9 | 6 | 5 | 4 | 3 | 10 | 9 | 8 | 7 | 4 | 3 | 2 | 1 | 2 | 1 | 2 | 3 | 4 | 7 | 8 | 9 | 10 | 3 | 4 | 5 | 6 | 9 | 10 | 1 | 2 | 5 | 6 | 7

(식전도) 1 | 2 | 3 | 4 | 5 | 6 | 7 | 8 | 9 | 10

③ 경통 순서를 선정한다.

8	7	8	7	6	5	2	1	10	9	6	5	4	3	10	9	8	7	4	3	2	1	2	1	2	3	4	7	8	9	10	3	4	5	6	9	10	1	2	5	6	7

④ 조직에 부합하는 용도를 결정한다.

⑤ 사용 원사, 사용 연수 등을 결정한다.

⑥ 설계서를 작성한다.(다음 페이지에 설계서 예시)

설 계 서

관리 No	161007-11
설계일자	2016 년 10 월 07 일

결재

O/N		가 공:	1000 Y
품 번		제 직:	1120 Y
품 명		정 경:	1230 Y

밀 도	경 사	30 D x 4 = 120	위 사	100
성 폭	66 ″	생 지 64 ″	가 공	58 ″
총 본		7920 本	G C	T/
정 경	112 m	생 지 112 Y	가 공	100 Y
F P	Piece dyeing Finishing		SHR	12 %
F.WT	260 G/Y	9.18 OZ/Y	LOS	8 %
원 료	Polyester 100 %			

	원 사	염 색	제 직	가 공
생산DELI				
생 산 처				

변 사

통 순

별 첨

사종	번 수	색 상	총사량 (Kg)	필 당 사 량 W P	W F	합 계	연 수	원 료	비 고
A	162 D	R/White	171	15.97		15.97	S 1200	Polyester 150D/72F DTY SD	
						0			
B	162 D	R/White	68		6.08	6.08	S 1200	Polyester 150D/72F DTY SD	
C	162 D	R/White	68		6.08	6.08	Z 1200	Polyester 150D/72F DTY SD	
						0			
계				15.97	12.16	28.13			

배 열	경 사	A	all			0
						0
						0
						0
	위 사					0
		B	1			1
		C		1		1
						0
						2

* 변사 : 4본 통입 좌우 20穴

Asia pacific 기술연구소   대구광역시 서구 국채보상로42 신원빌딩 402호   http://moonho.net
T : 010-7313-0216   F : 053-552-5009 e-mail : app53@hanmail.net

161007-11 식전도 (42본)

X			X	X	X	X	X		
		X	X	X	X	X			X
X			X	X	X	X	X		
X			X			X	X	X	X
X	X			X			X	X	X
X	X	X			X			X	X
X	X	X	X			X			X
		X	X	X	X	X			X
X			X	X	X	X	X		
	X			X	X	X	X	X	
		X			X	X	X	X	X
X	X	X			X			X	X
X	X	X	X			X			X
X	X	X	X	X			X		
	X	X	X	X	X			X	
	X			X	X	X	X	X	
		X			X	X	X	X	X
X			X			X	X	X	X
X	X			X			X	X	X
X	X	X	X	X			X		
	X	X	X	X	X			X	
X	X	X	X	X			X		
	X	X	X	X	X			X	
X	X	X	X	X			X		
X	X			X			X	X	X
X			X			X	X	X	X
		X			X	X	X	X	X
	X			X	X	X	X	X	
	X	X	X	X	X			X	
X	X	X	X	X			X		
X	X	X	X			X			X
X	X	X			X			X	X
		X			X	X	X	X	X
	X			X	X	X	X	X	
X			X	X	X	X	X		
		X	X	X	X	X			X
X	X	X	X			X			X
X	X	X			X			X	X
X	X			X			X	X	X
X			X			X	X	X	X
X			X	X	X	X	X		
		X	X	X	X	X			X
1	2	3	4	5	6	7	8	9	10

161007-11 경통 순서 (42본)

	8	7	8	7	
	6	5	2	1	
	10	9	6	5	
	4	3	10	9	
	8	7	4	3	
	2	1	2	1	
	2	3	4	7	
	8	9	10	3	
	4	5	6	9	
	10	1	2	5	
	6	7			

제2장   직물조직 작도법

01. 조직추가 작도법

조직추가 작도법은 일반적인 조직에 직점을 추가하여 유도하는 조직이다. 주자조직(Satin weave)은 조직 원 리피트 중, 직점의 수가 최소이고 직점의 거리가 최대인 조직으로, 주자조직을 Motive로 선정하면 추가의 영역이 넓어져 조직 유도가 효율적이다.

여기서는 주자조직(Satin)을 Motive로 이용하여 새로운 영역의 직물조직을 유도하여 보았다. 아래의 각각 그림에서 상단은 조직에 직점을 추가하는 방법이고 하단은 완성된 조직의 효과도이다.

1) 5매 주자조직을 Motive로 선정해 유도조직 4종을 작도한 예이다.

5매 주자(Satin) 조직	추가 직점 표기	좌측 조직에서 직점 추가	완성된 조직도
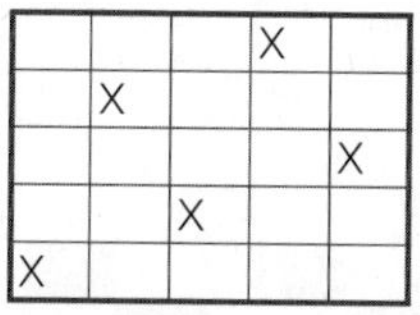	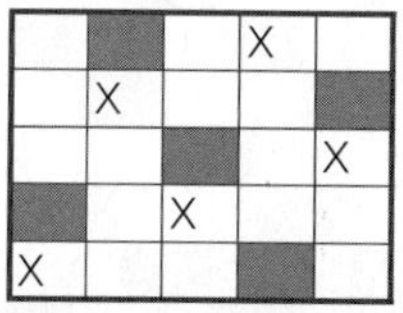	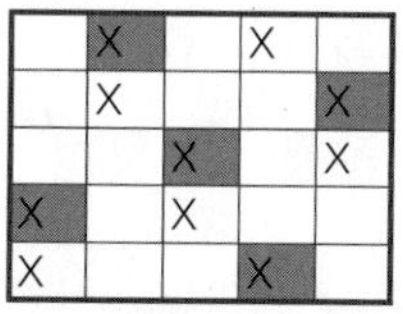	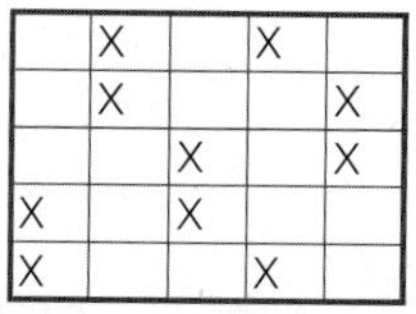

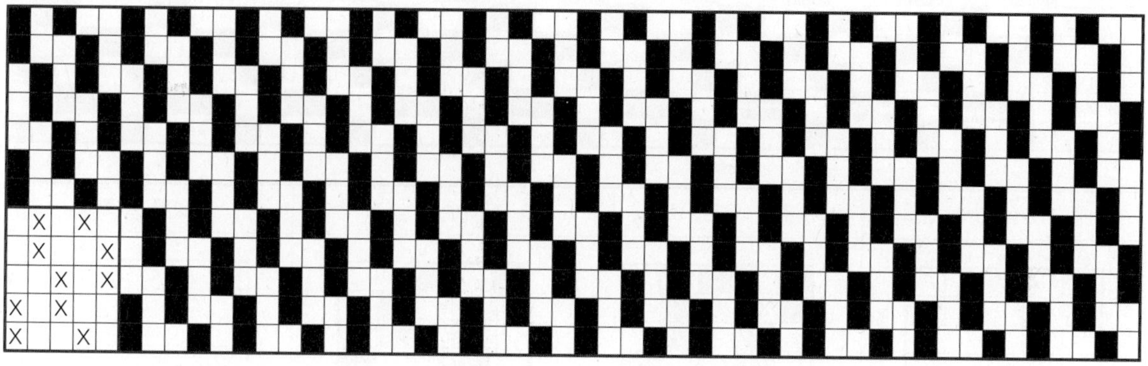

5매 주자(Satin) 조직	추가 직점 표기	좌측 조직에서 직점 추가	완성된 조직도
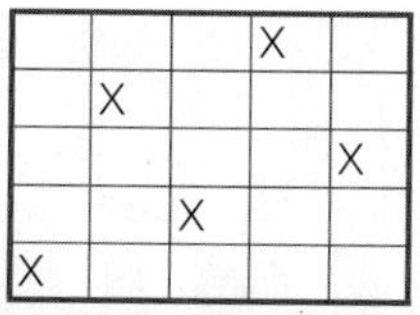	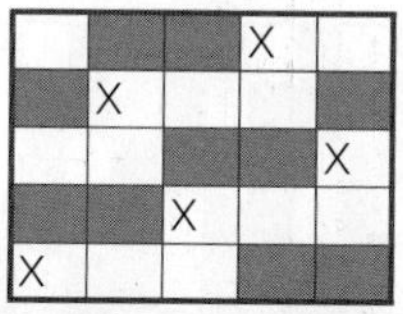	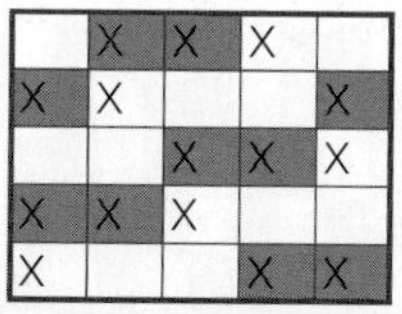	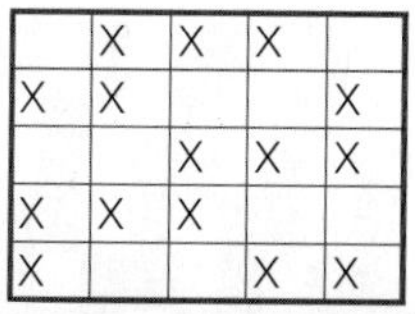

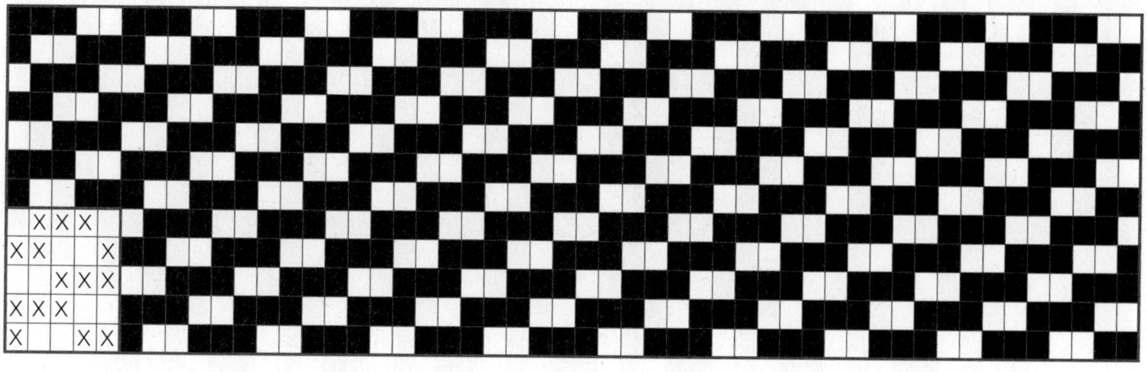

5매 주자(Satin) 조직	추가 직점 표기	좌측 조직에서 직점 추가	완성된 조직도

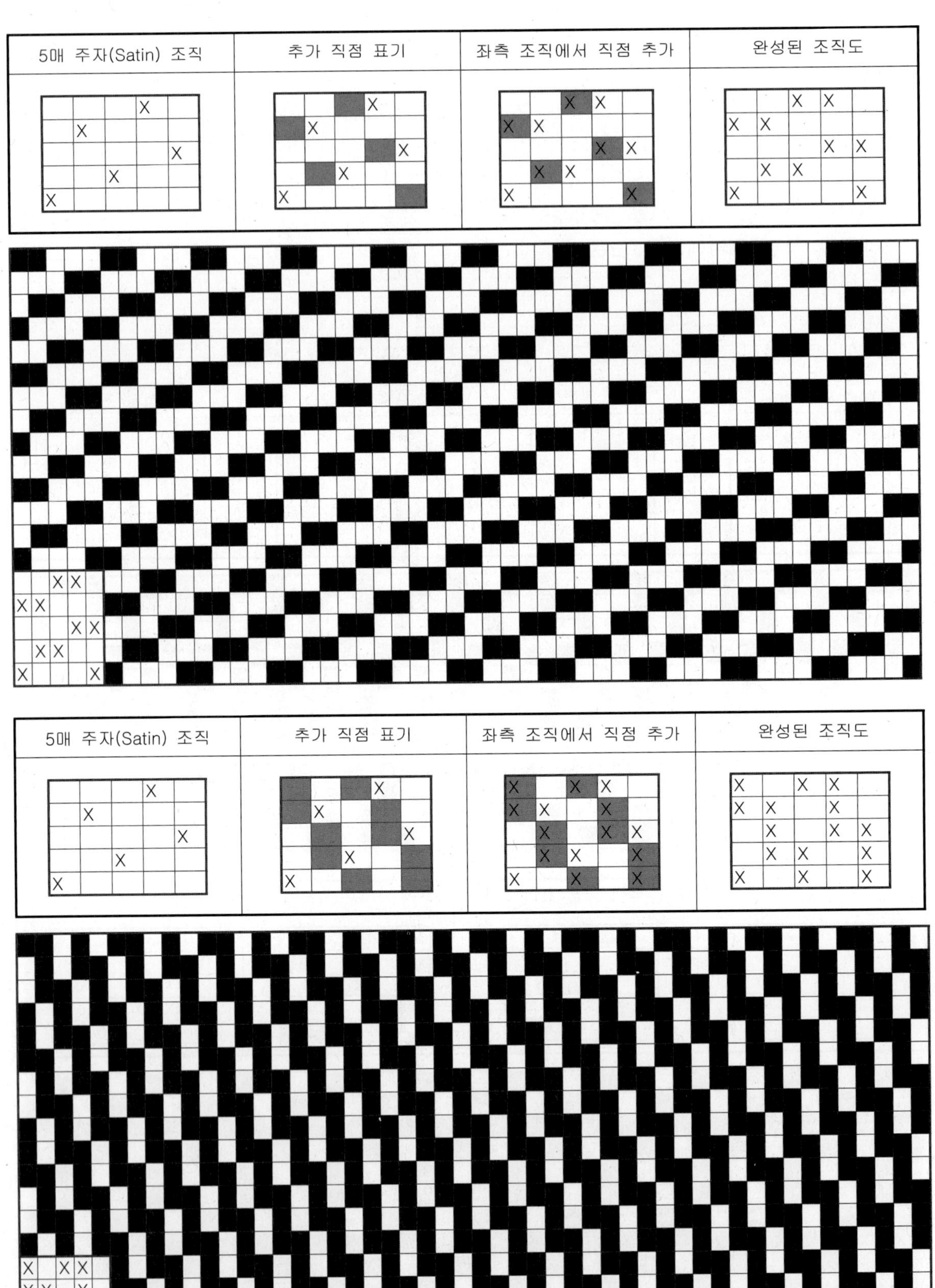

2) 7매 주자조직을 Motive로 선정해 유도조직 3종을 작도한 예이다.

7매 주자(Satin) 조직 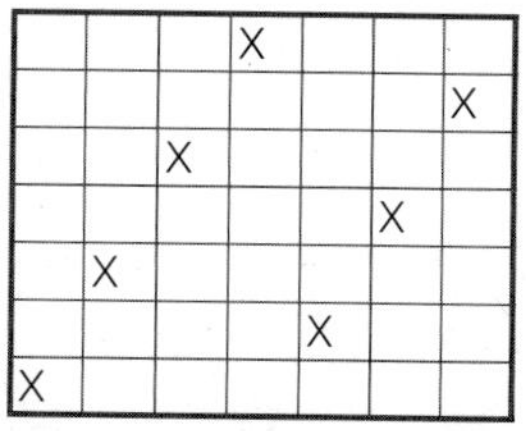	추가 직점 표기 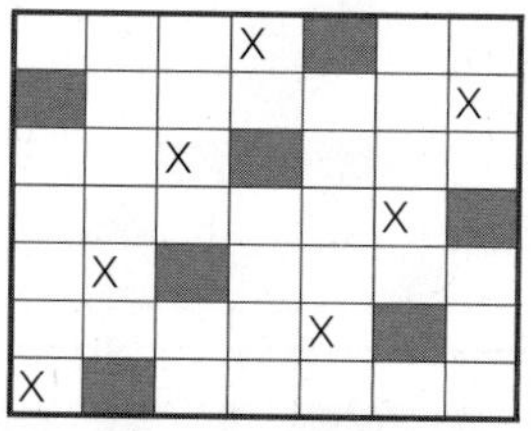	좌측 조직에서 직점 추가 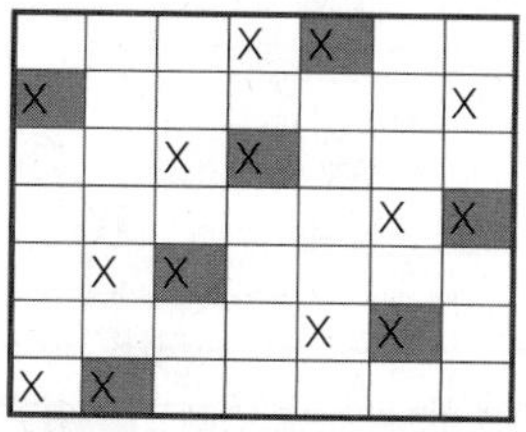	완성된 조직도 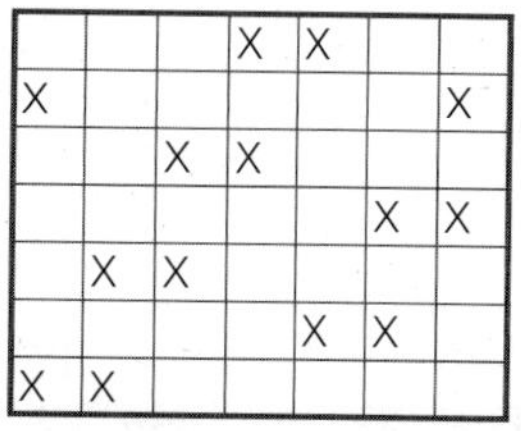

7매 주자(Satin) 조직 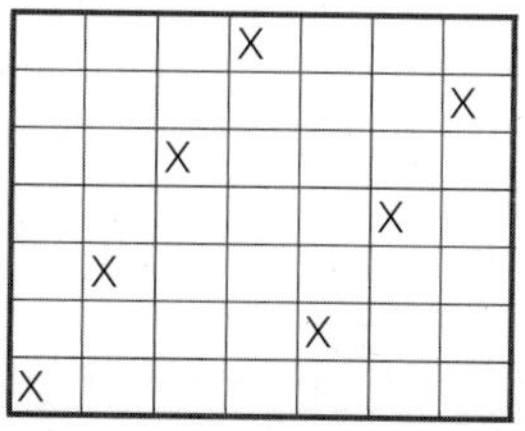	추가 직점 표기 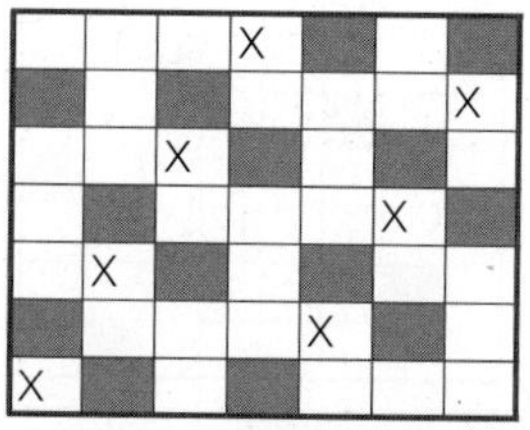	좌측 조직에서 직점 추가 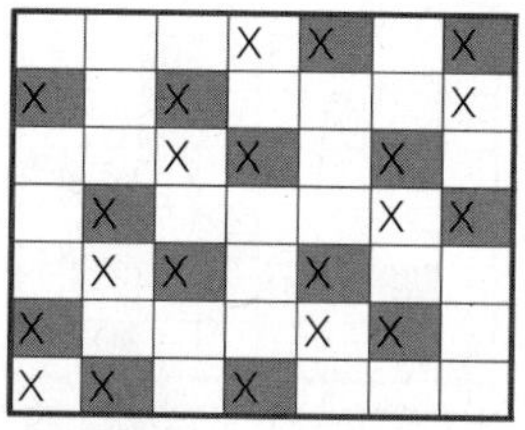	완성된 조직도 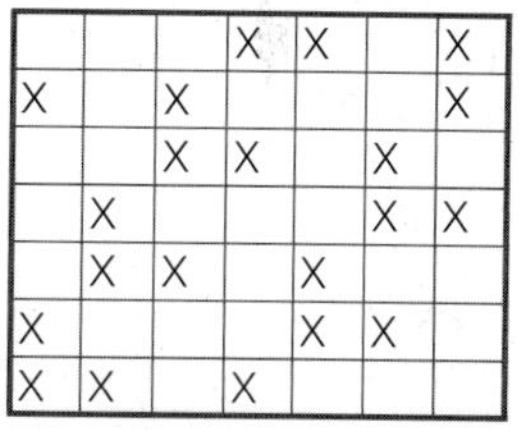

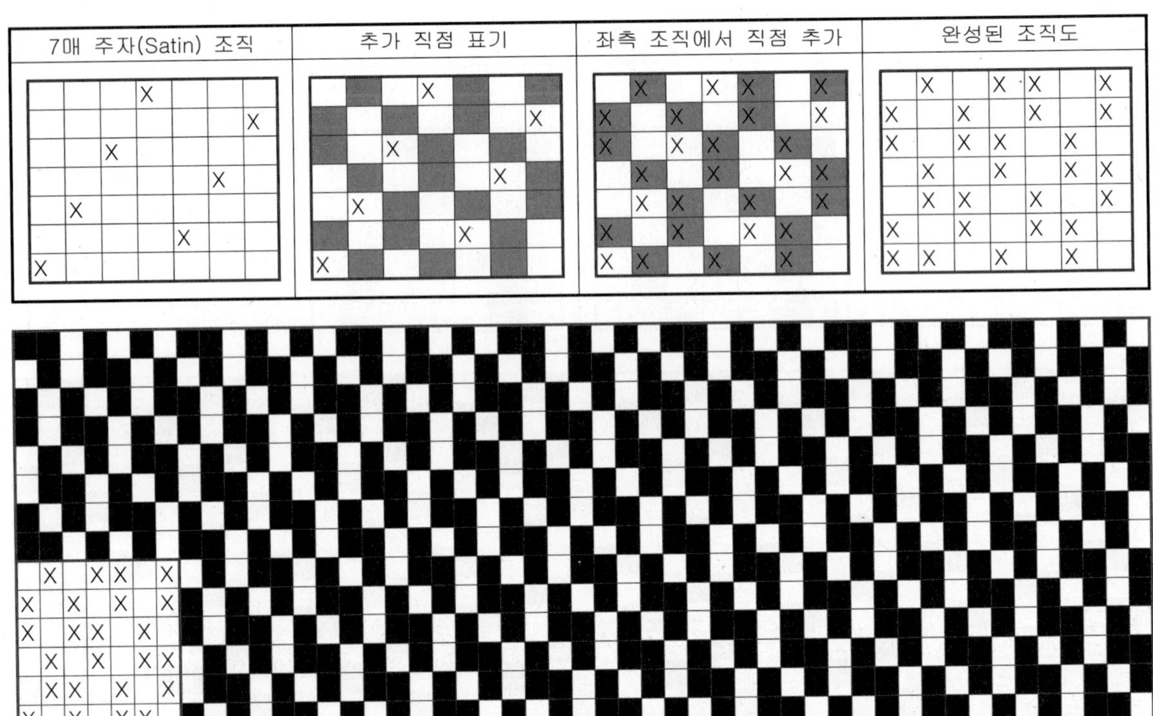

3) 8매 주자조직을 Motive로 선정해 유도조직 6종을 작도한 예이다.

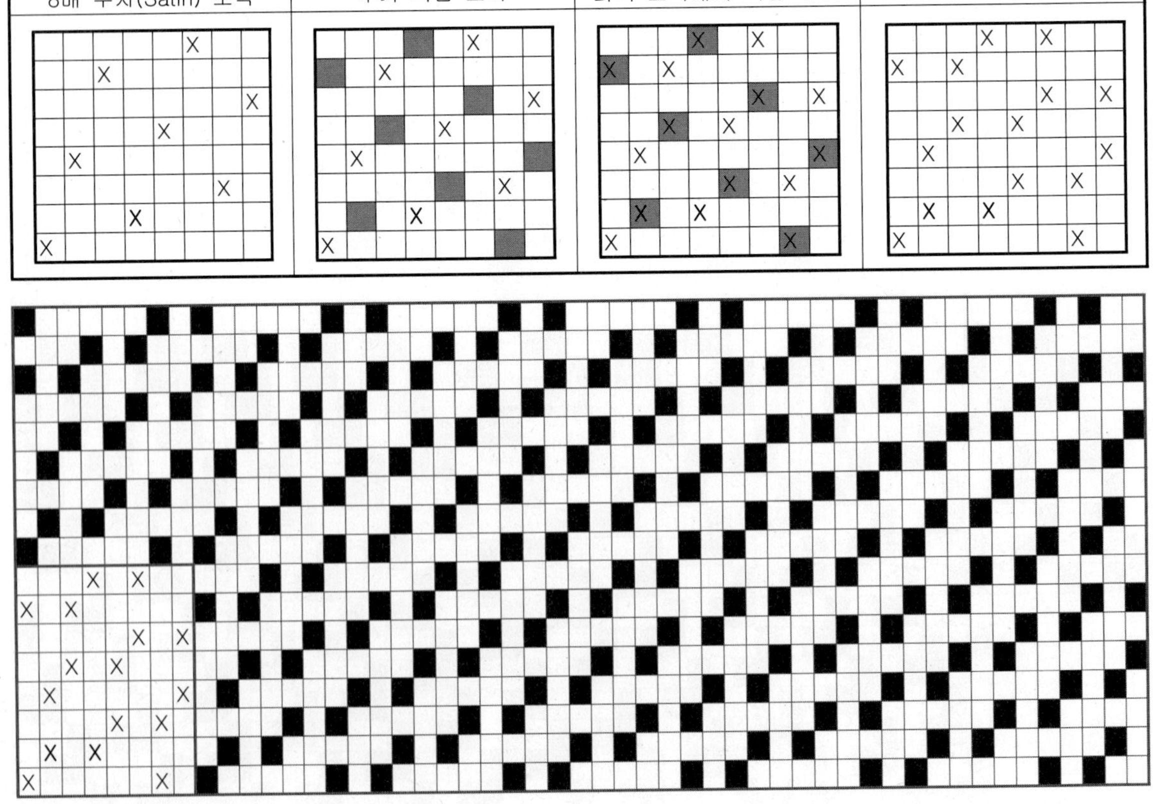

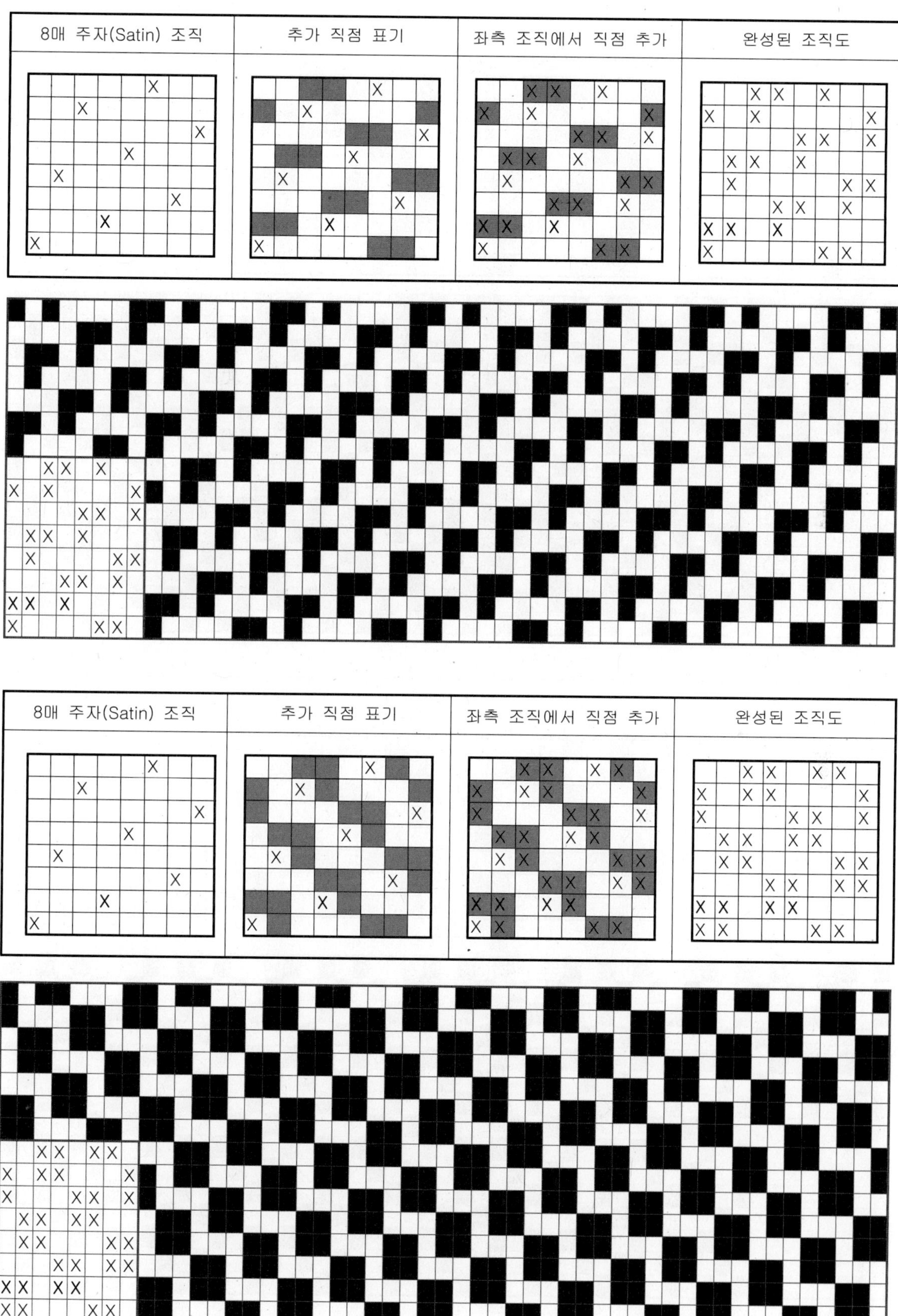

8매 주자(Satin) 조직
추가 직점 표기
좌측 조직에서 직점 추가
완성된 조직도

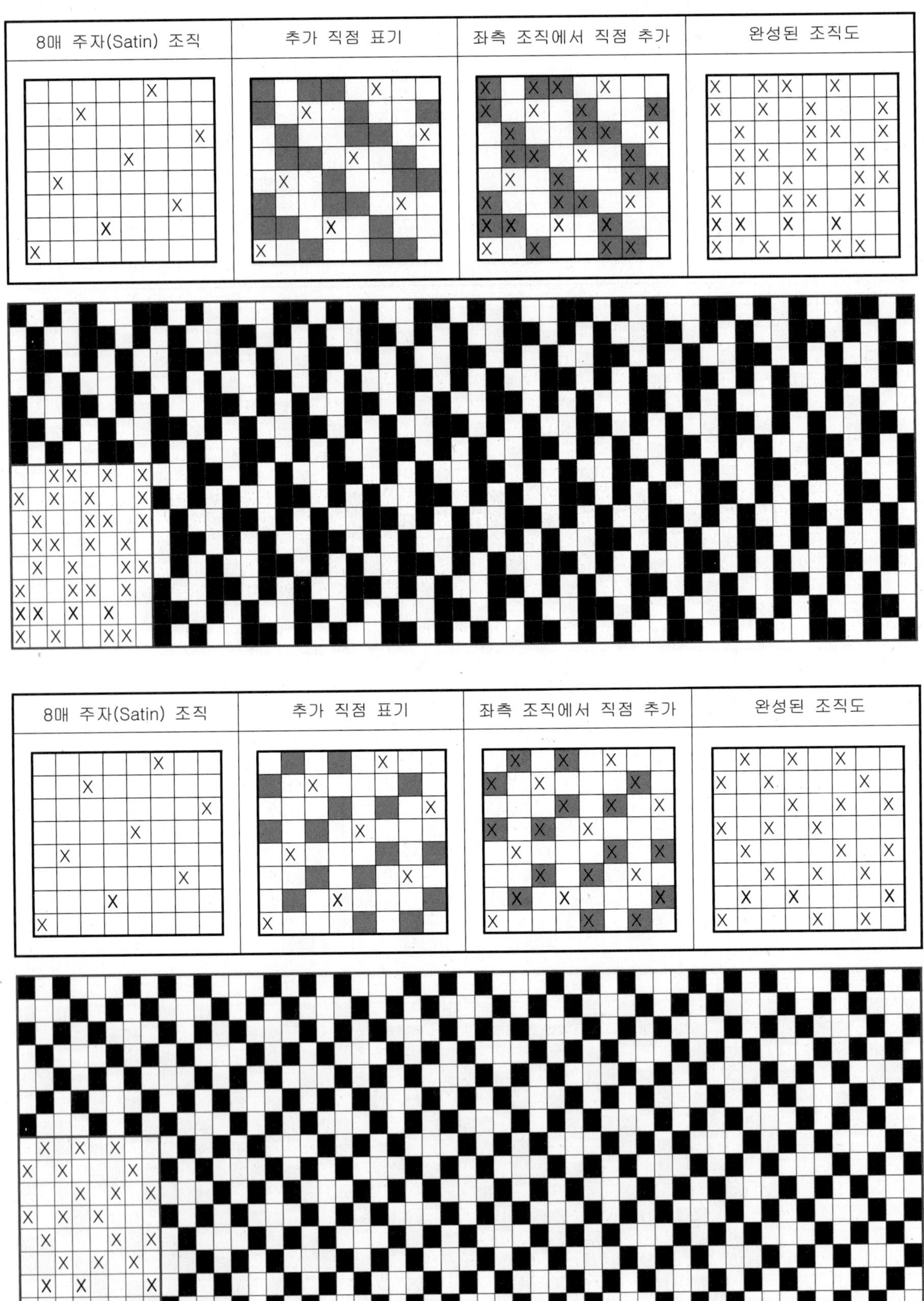

8매 주자(Satin) 조직
추가 직점 표기
좌측 조직에서 직점 추가
완성된 조직도
8매 주자(Satin) 조직
추가 직점 표기
좌측 조직에서 직점 추가
완성된 조직도

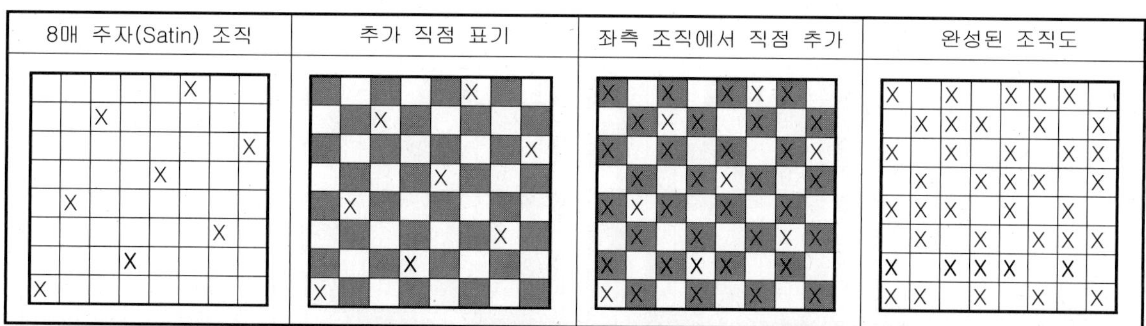

4) 9매 주자조직을 Motive로 선정해 유도조직 4종을 작도한 예이다.

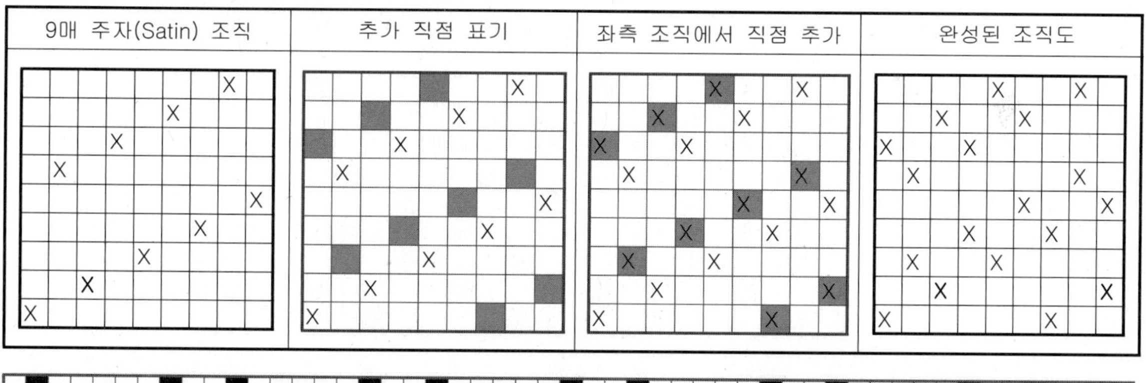

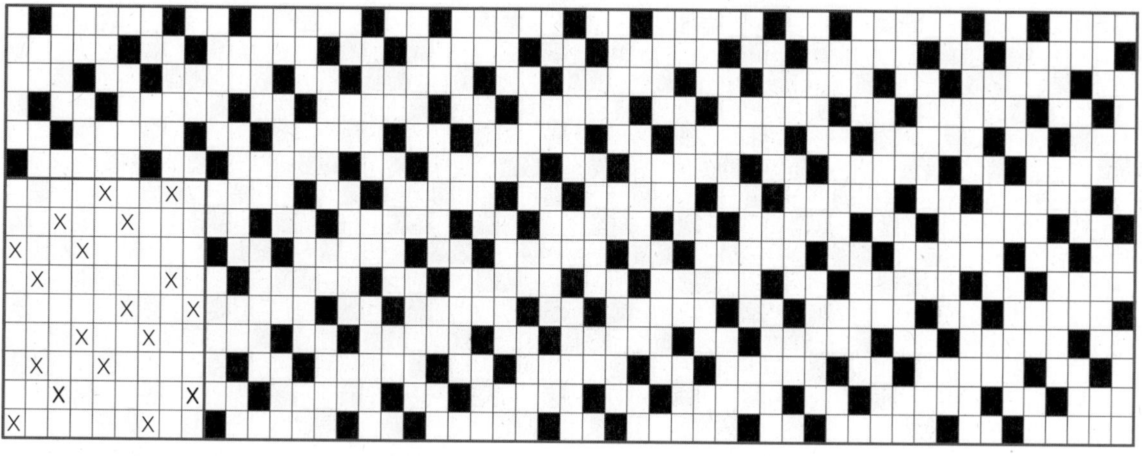

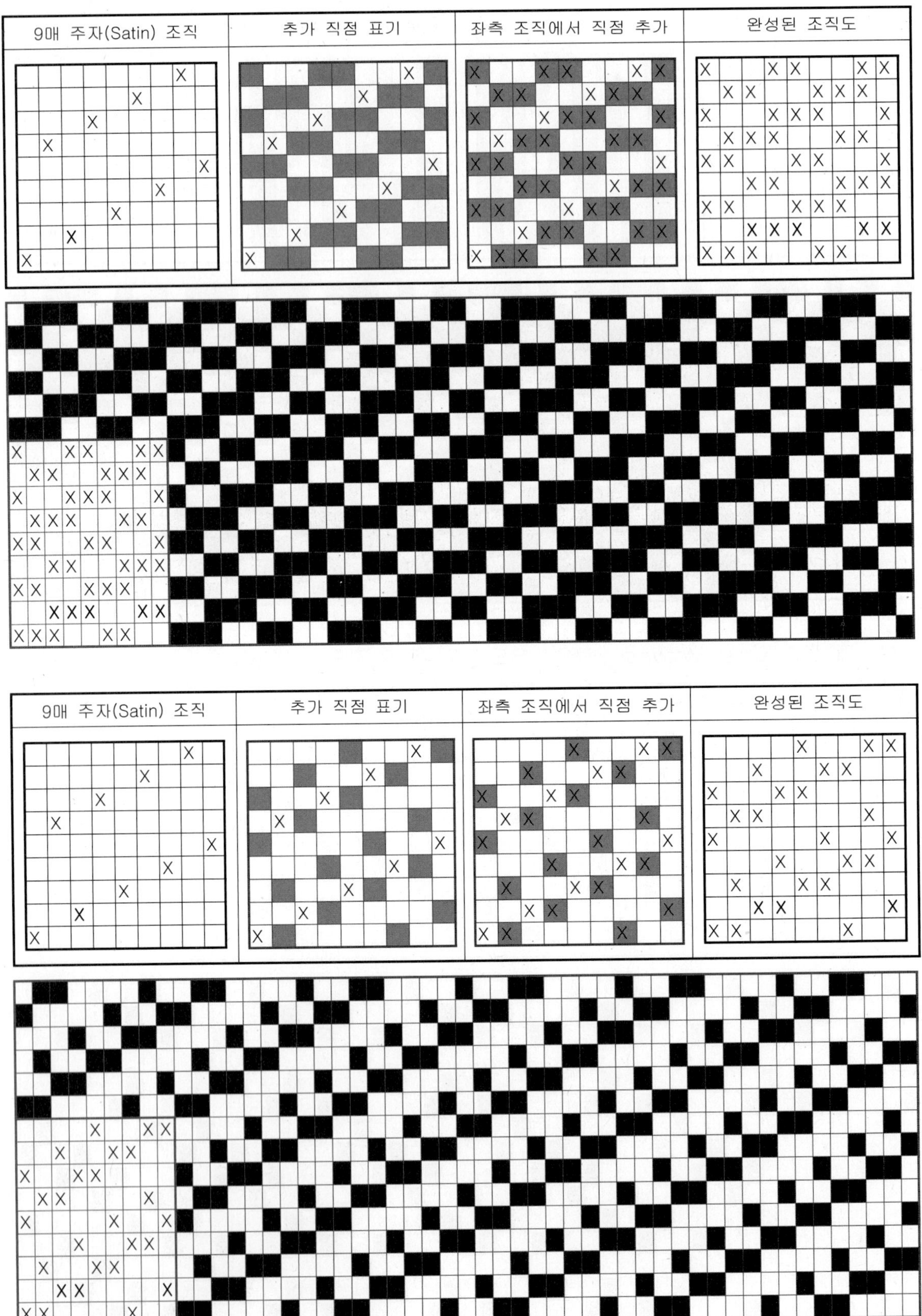

9매 주자(Satin) 조직
추가 직점 표기
좌측 조직에서 직점 추가
완성된 조직도
9매 주자(Satin) 조직
추가 직점 표기
좌측 조직에서 직점 추가
완성된 조직도

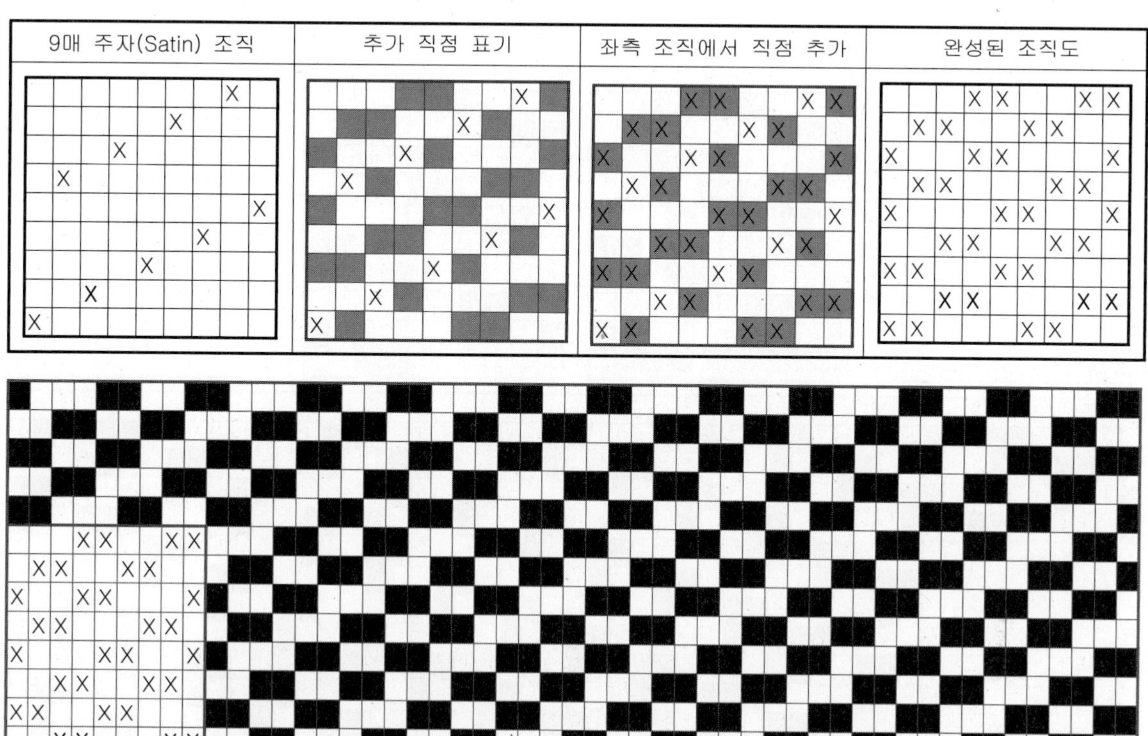

5) 10매 주자조직을 Motive로 선정해 유도조직 6종을 작도한 예이다.

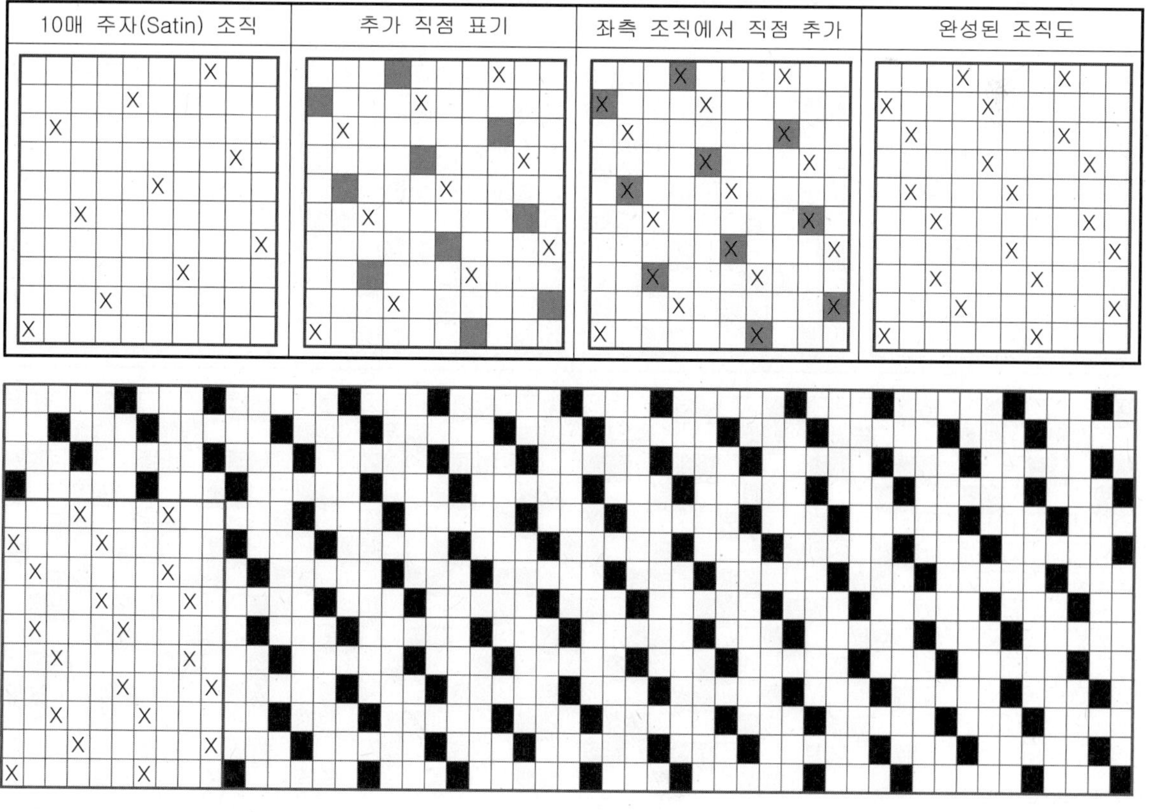

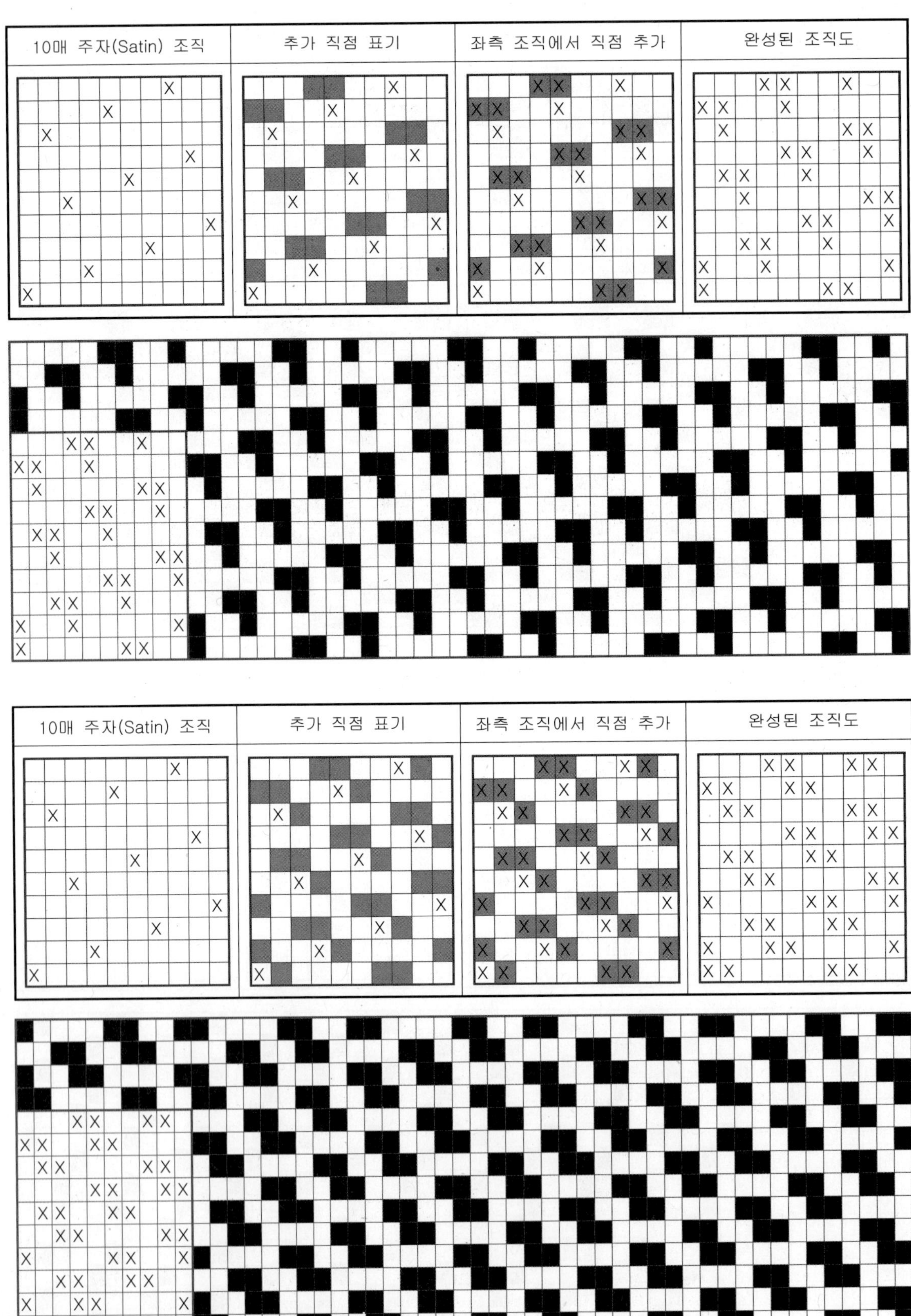
10매 주자(Satin) 조직
추가 직점 표기
좌측 조직에서 직점 추가
완성된 조직도
10매 주자(Satin) 조직
추가 직점 표기
좌측 조직에서 직점 추가
완성된 조직도

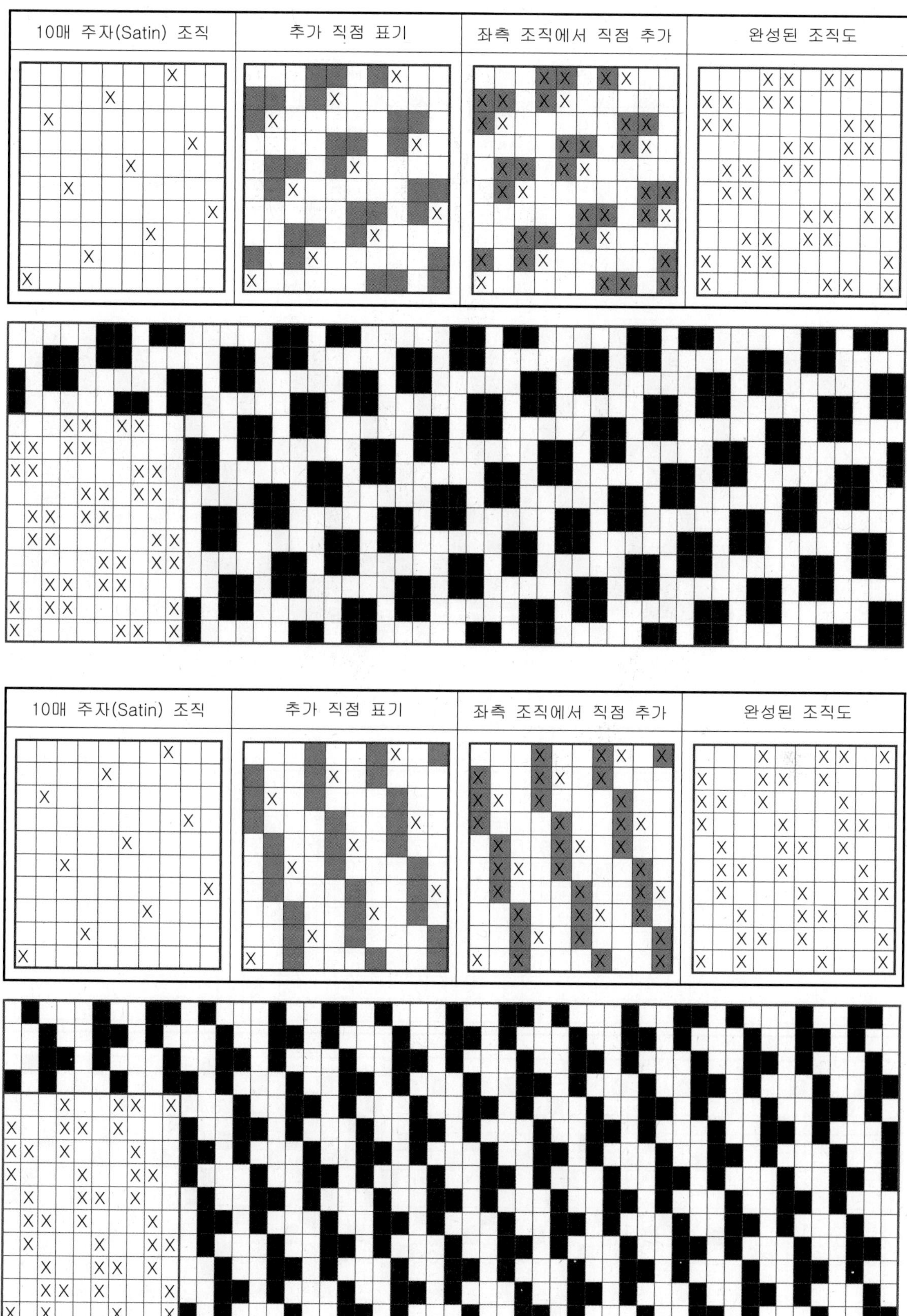

10매 주자(Satin) 조직
추가 직점 표기
좌측 조직에서 직점 추가
완성된 조직도
10매 주자(Satin) 조직
추가 직점 표기
좌측 조직에서 직점 추가
완성된 조직도

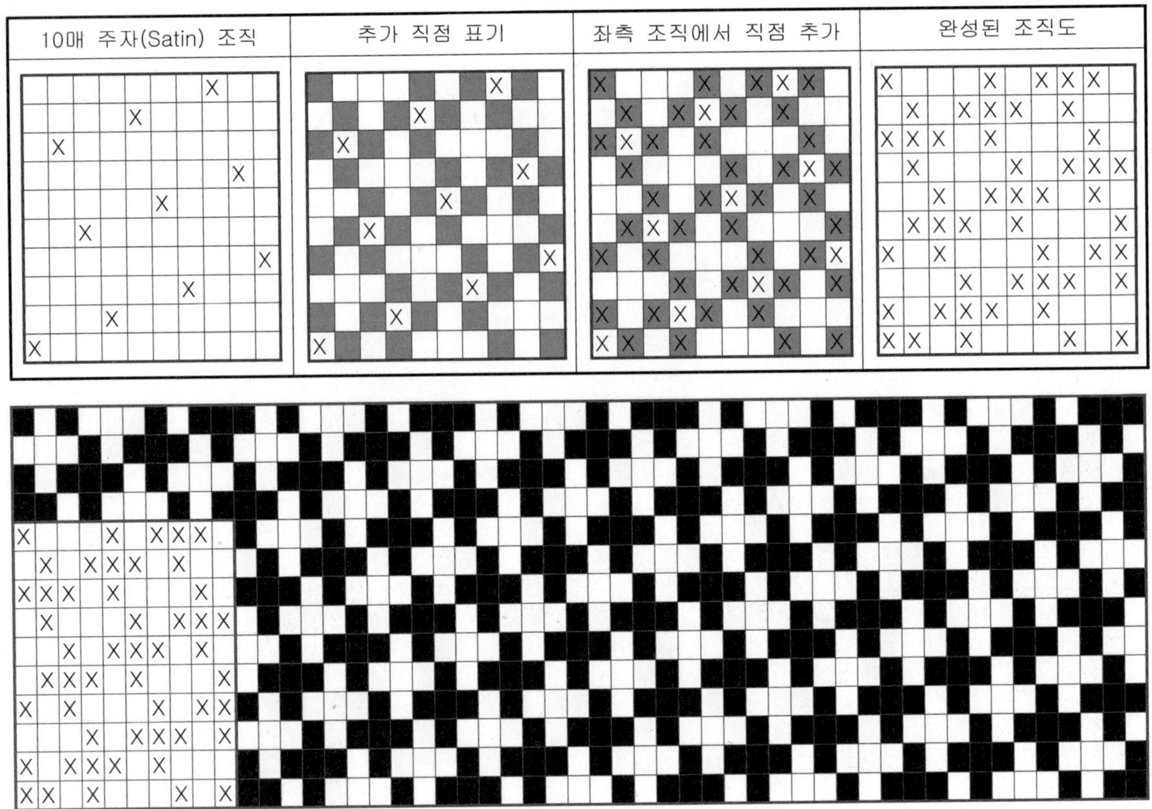

6) 11매 주자조직을 Motive로 선정해 유도조직 8종을 작도한 예이다.

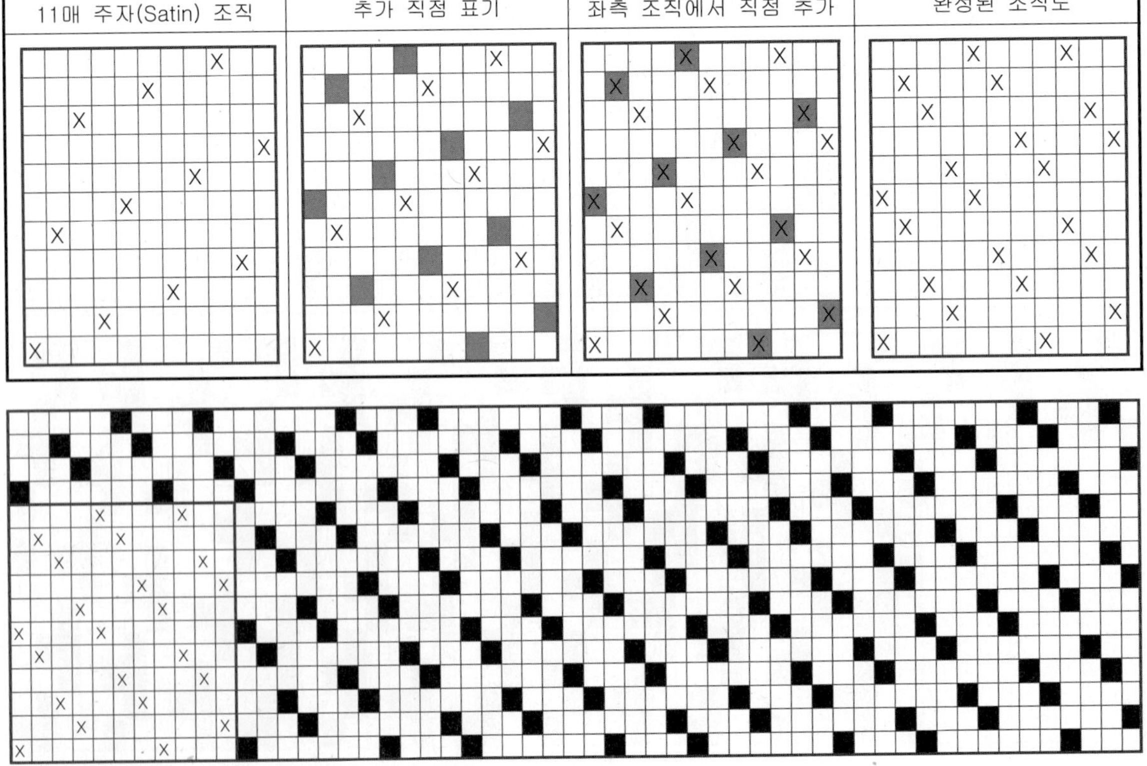

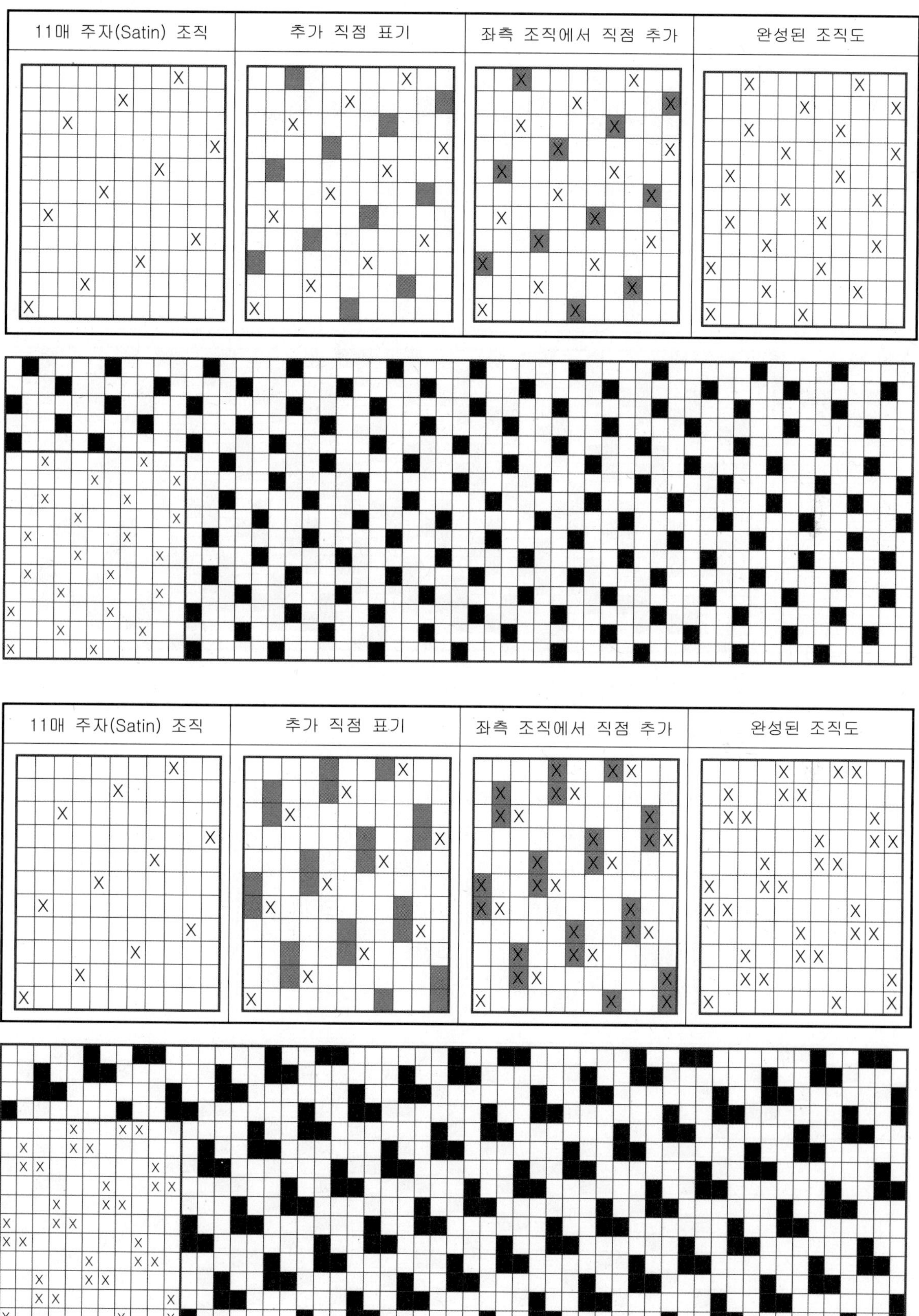

11매 주자(Satin) 조직
추가 직점 표기
좌측 조직에서 직점 추가
완성된 조직도
11매 주자(Satin) 조직
추가 직점 표기
좌측 조직에서 직점 추가
완성된 조직도

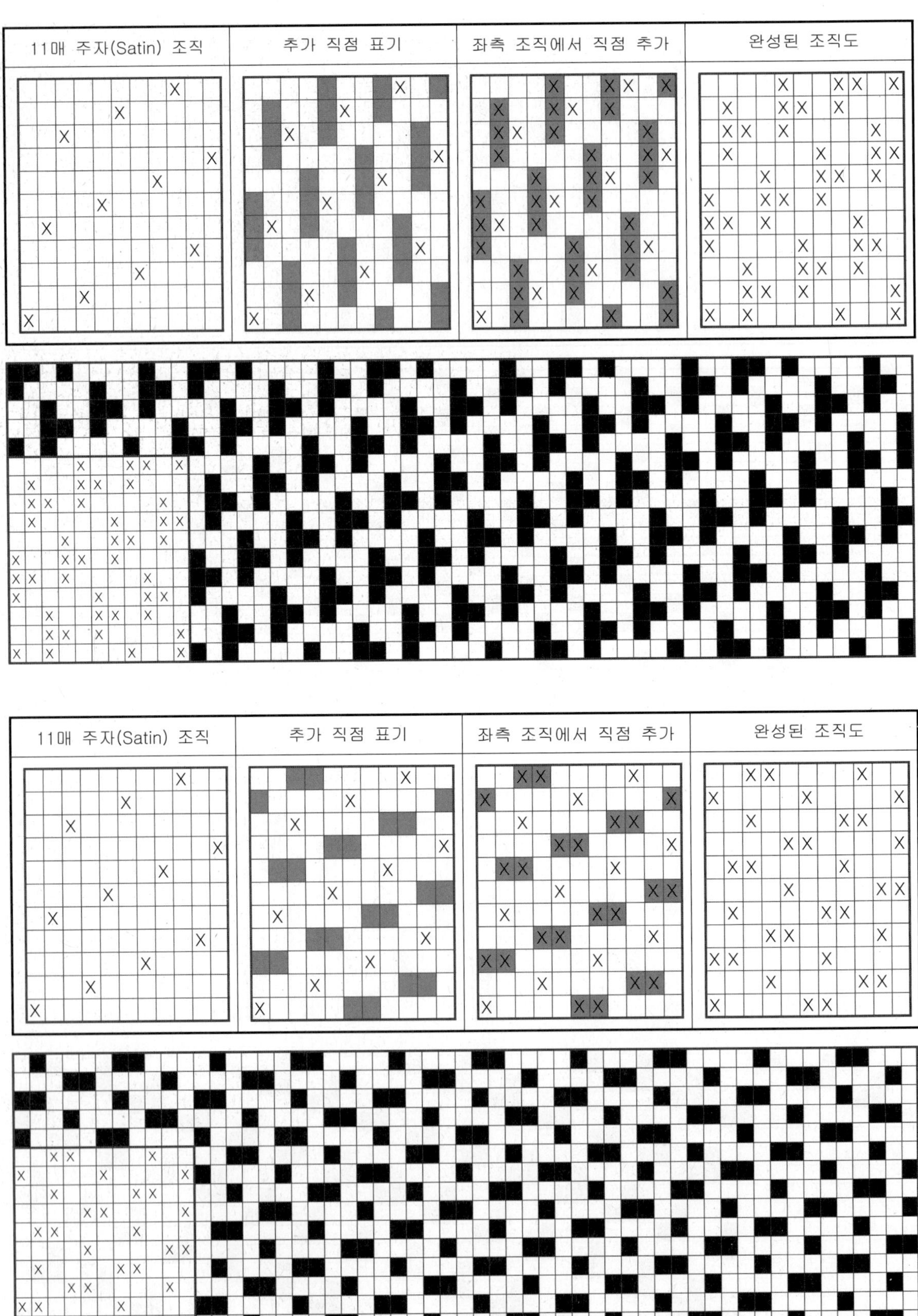

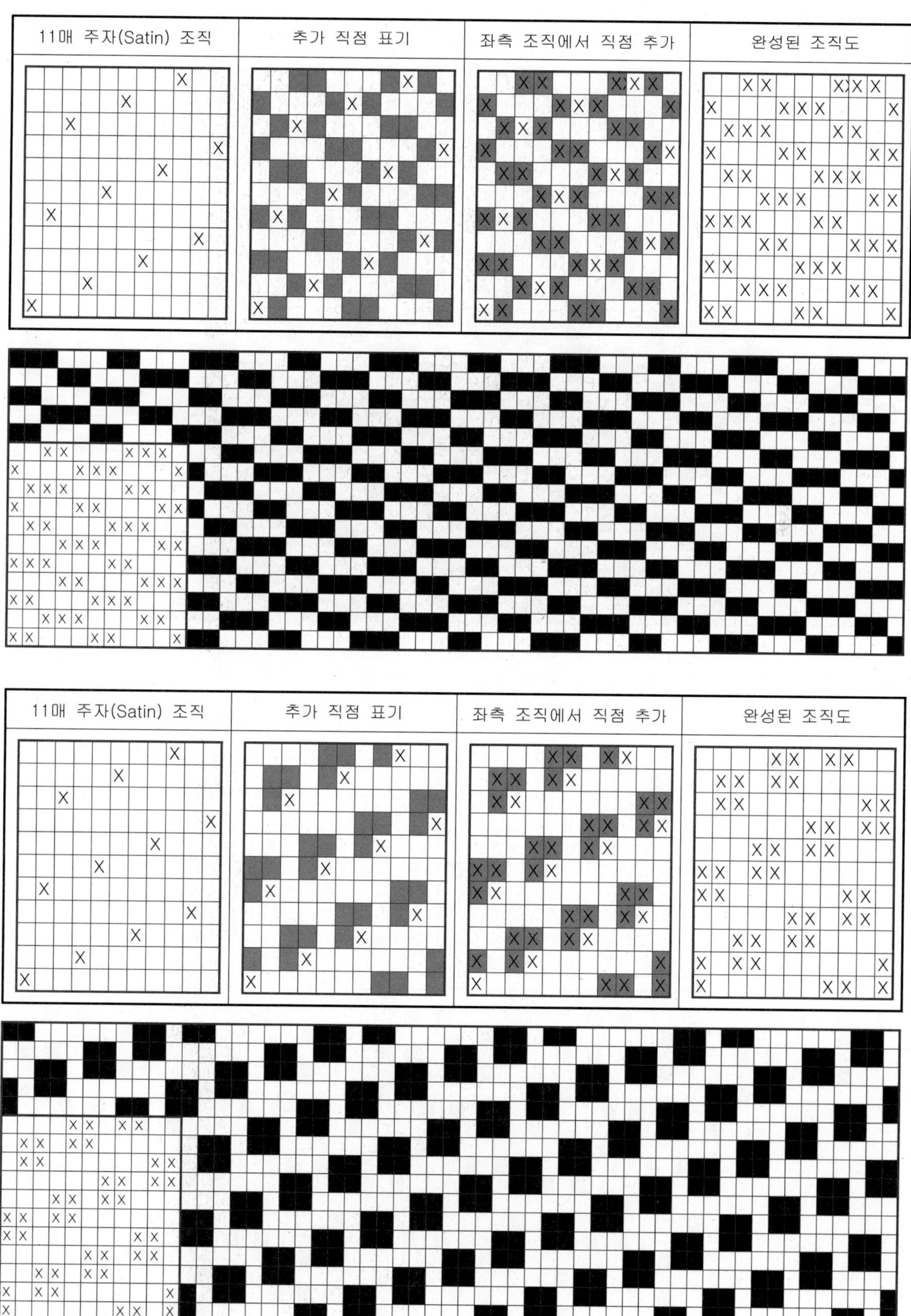

11매 주자(Satin) 조직
추가 직점 표기
좌측 조직에서 직점 추가
완성된 조직도
11매 주자(Satin) 조직
추가 직점 표기
좌측 조직에서 직점 추가
완성된 조직도

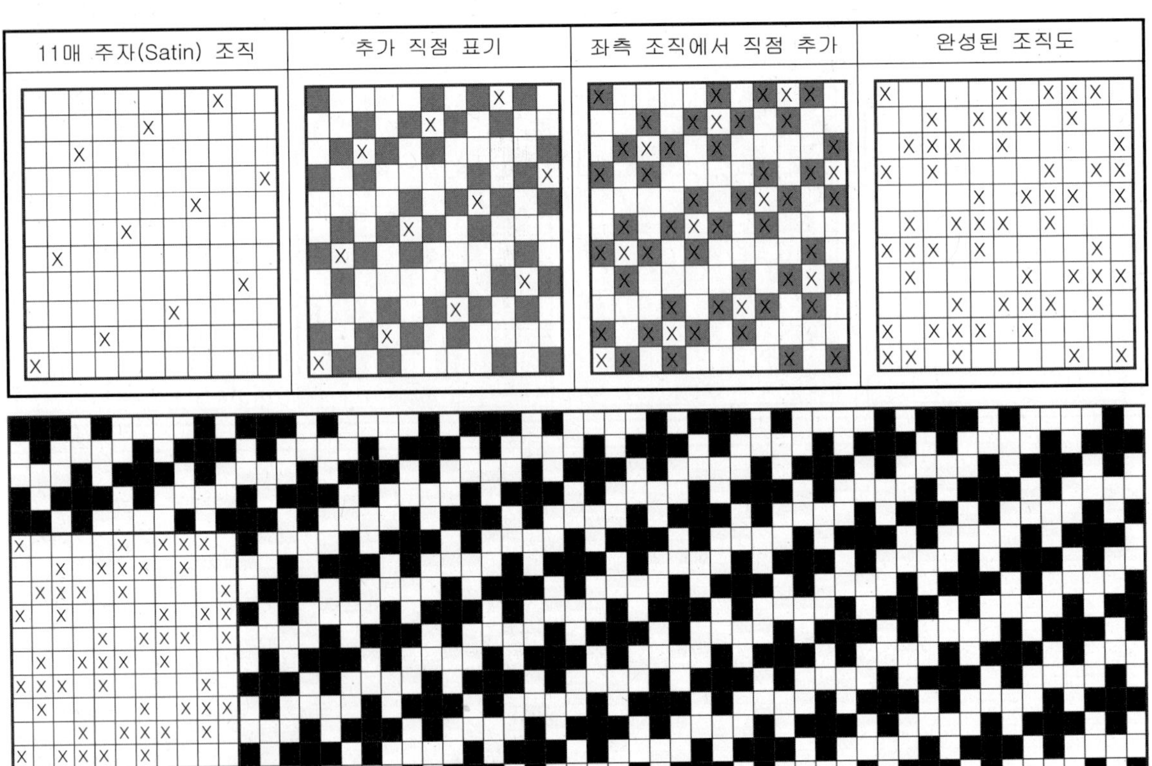

7) 12매 주자조직을 Motive로 선정해 유도조직 7개를 작도한 예이다.

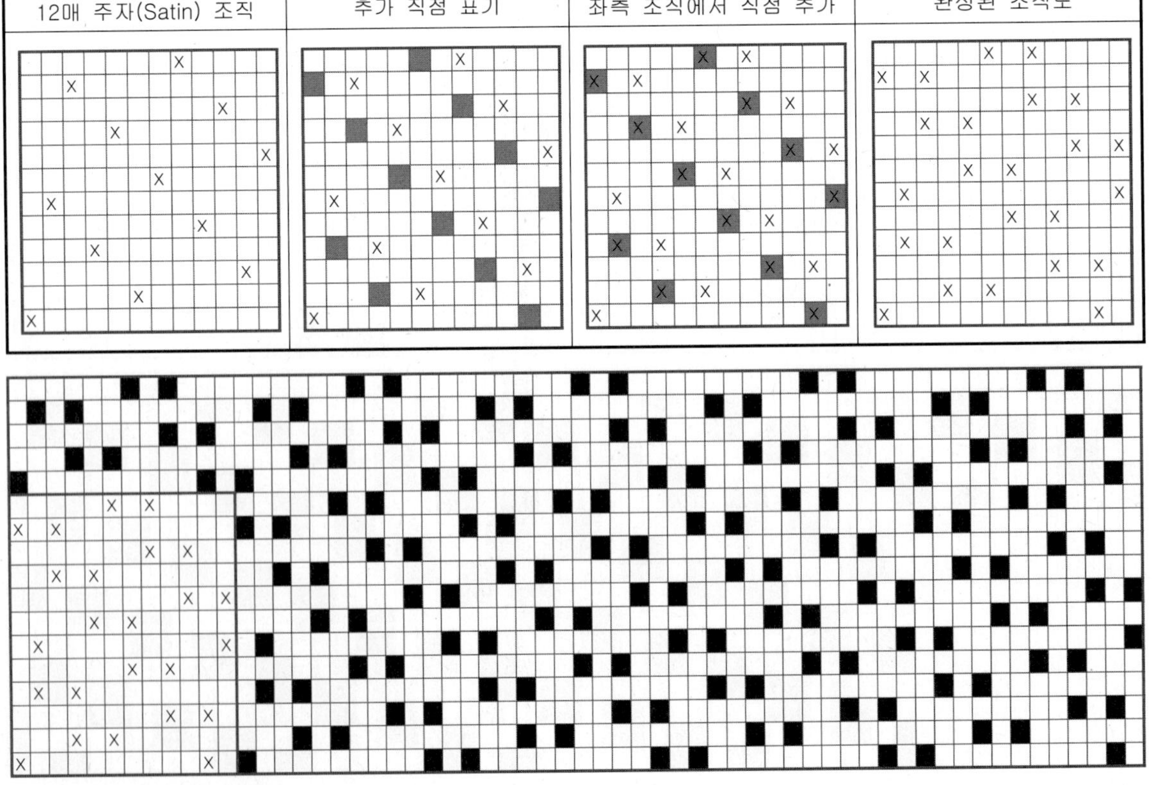

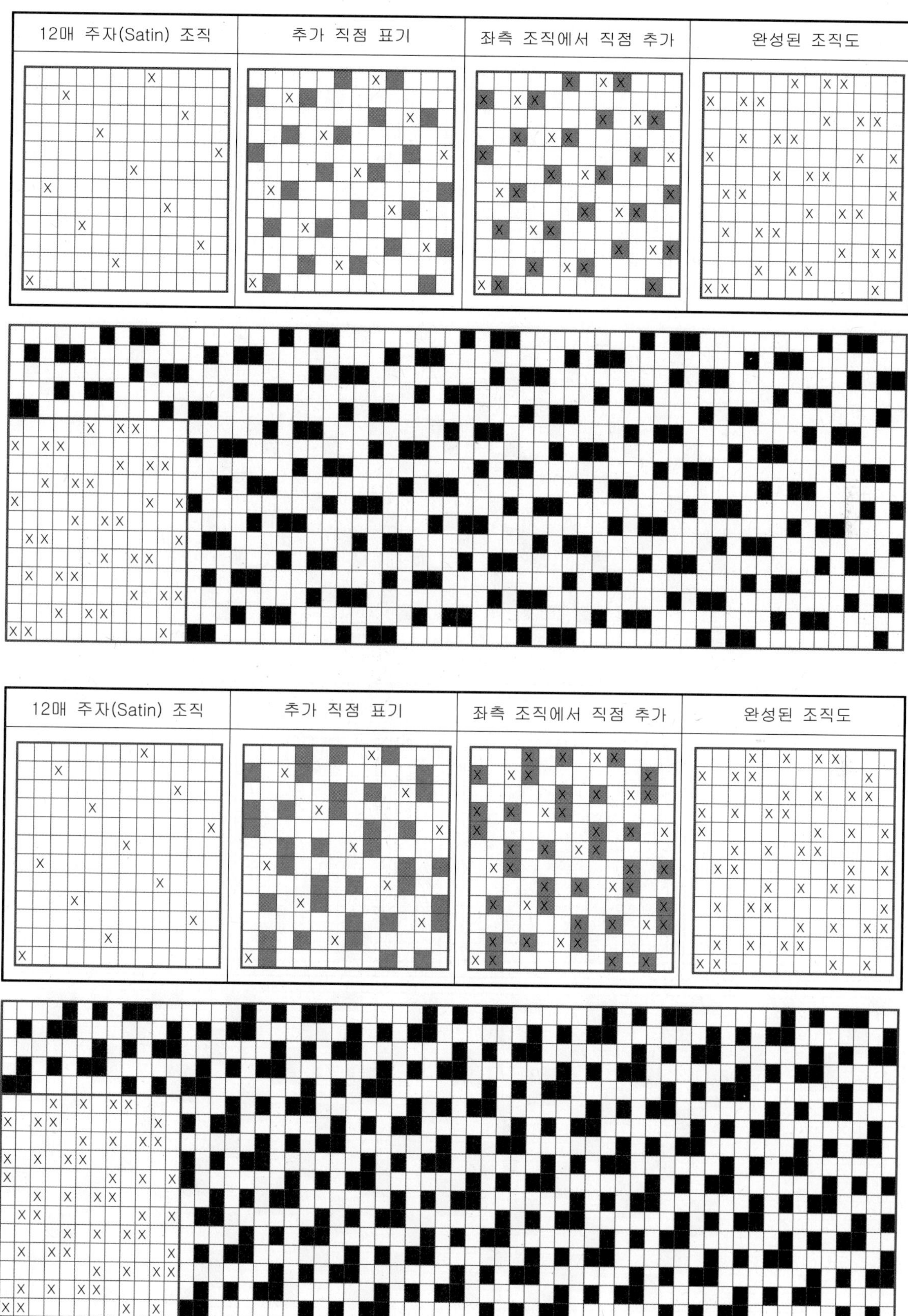

12매 주자(Satin) 조직
추가 직점 표기
좌측 조직에서 직점 추가
완성된 조직도
12매 주자(Satin) 조직
추가 직점 표기
좌측 조직에서 직점 추가
완성된 조직도

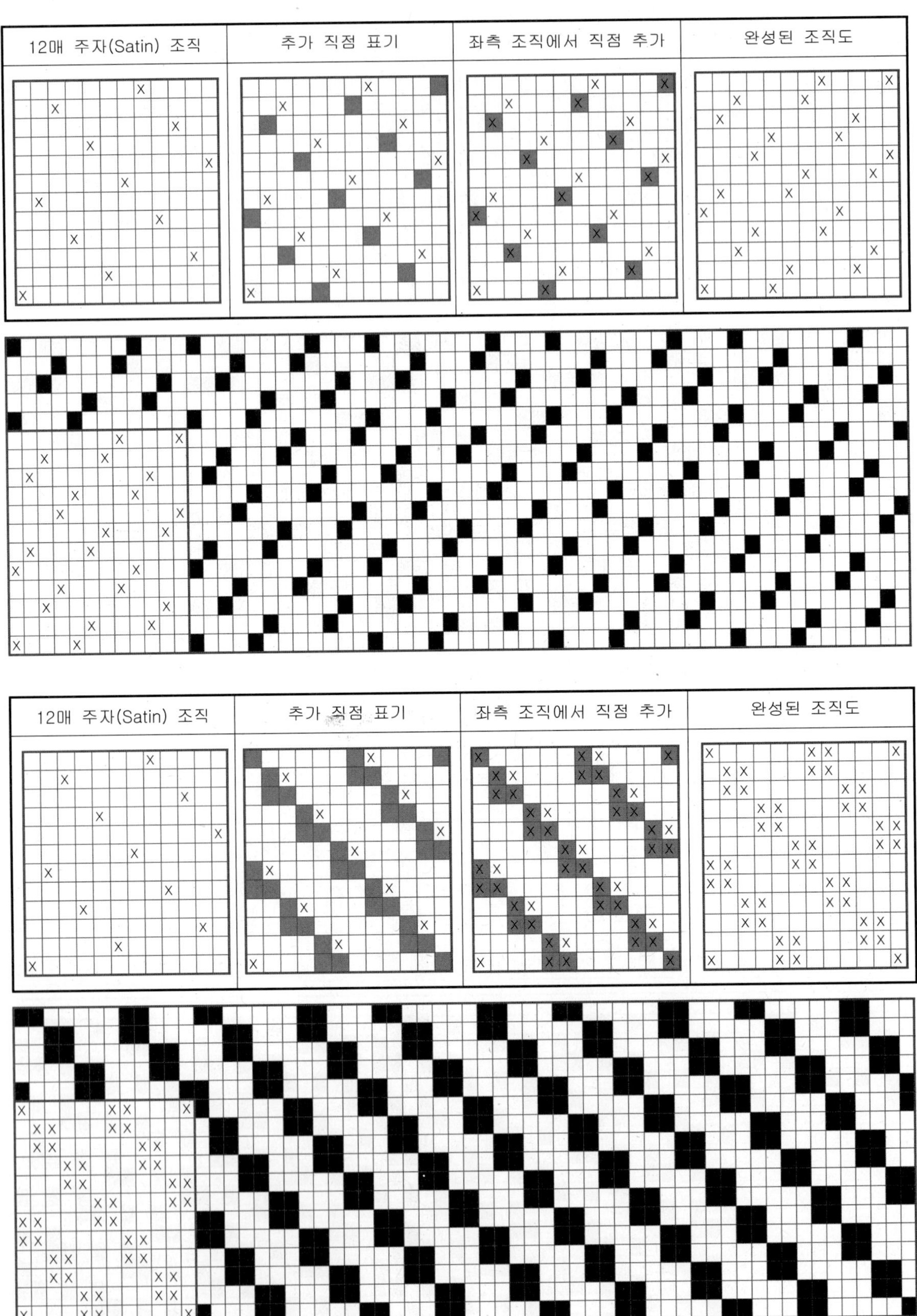

12매 주자(Satin) 조직
추가 직점 표기
좌측 조직에서 직점 추가
완성된 조직도
12매 주자(Satin) 조직
추가 직점 표기
좌측 조직에서 직점 추가
완성된 조직도

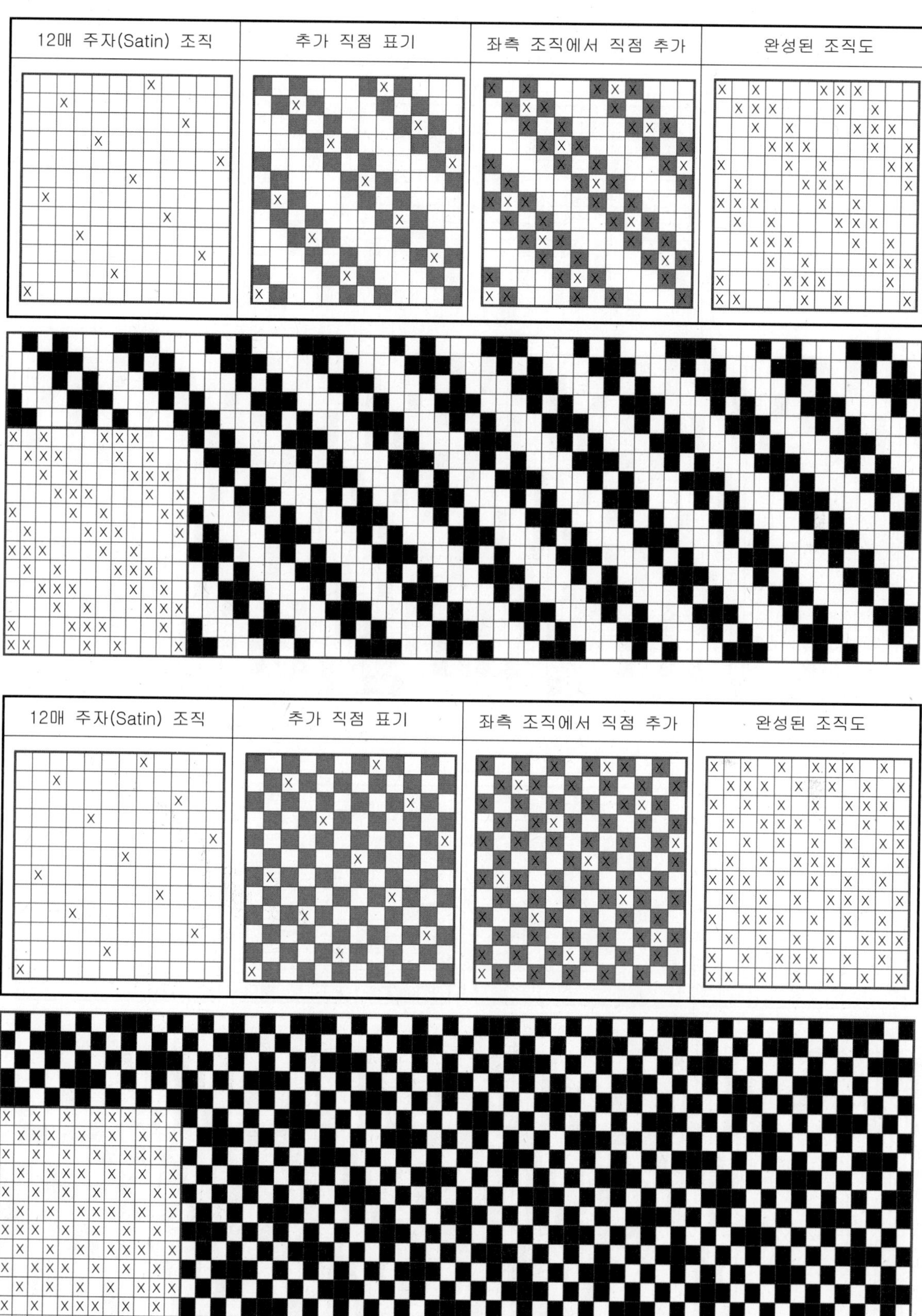

12매 주자(Satin) 조직
추가 직점 표기
좌측 조직에서 직점 추가
완성된 조직도
12매 주자(Satin) 조직
추가 직점 표기
좌측 조직에서 직점 추가
완성된 조직도

8) 13매 주자조직을 Motive로 선정해 유도조직 12개를 작도한 예이다.

13매 주자(Satin) 조직
추가 직점 표기
좌측 조직에서 직점 추가
완성된 조직도

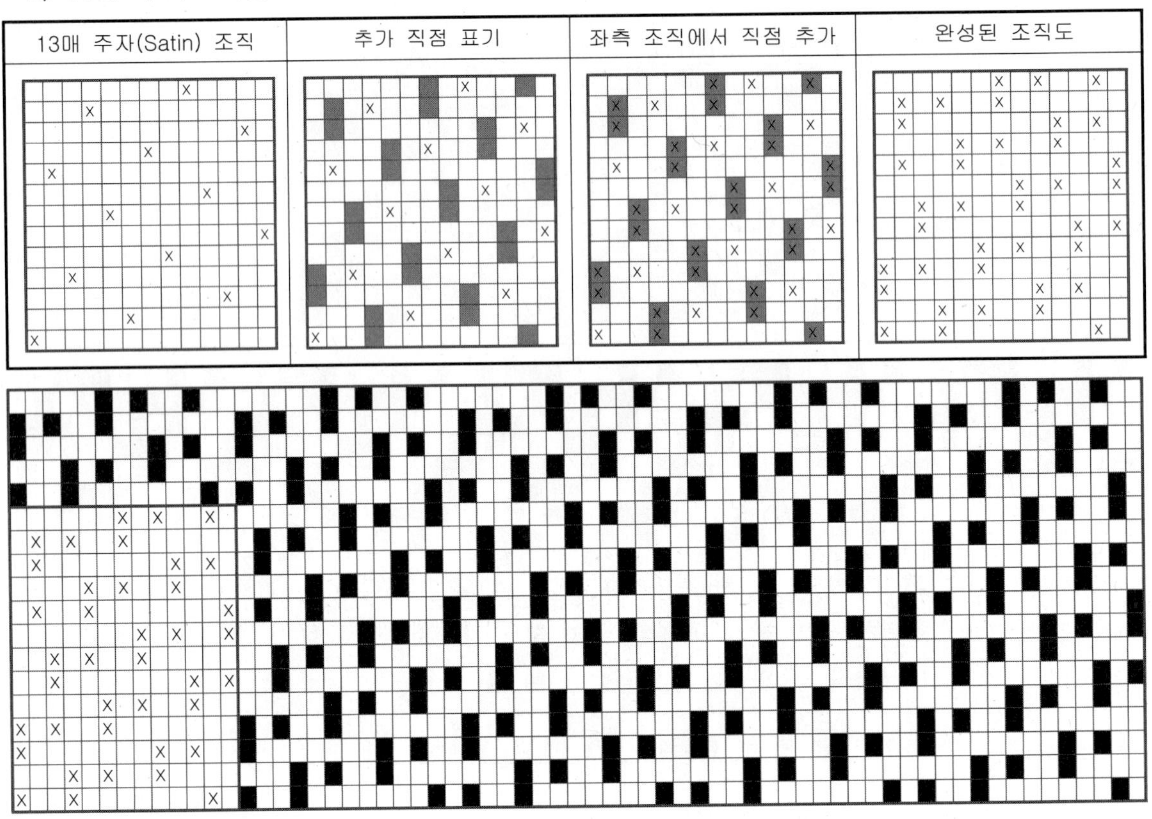

13매 주자(Satin) 조직
추가 직점 표기
좌측 조직에서 직점 추가
완성된 조직도

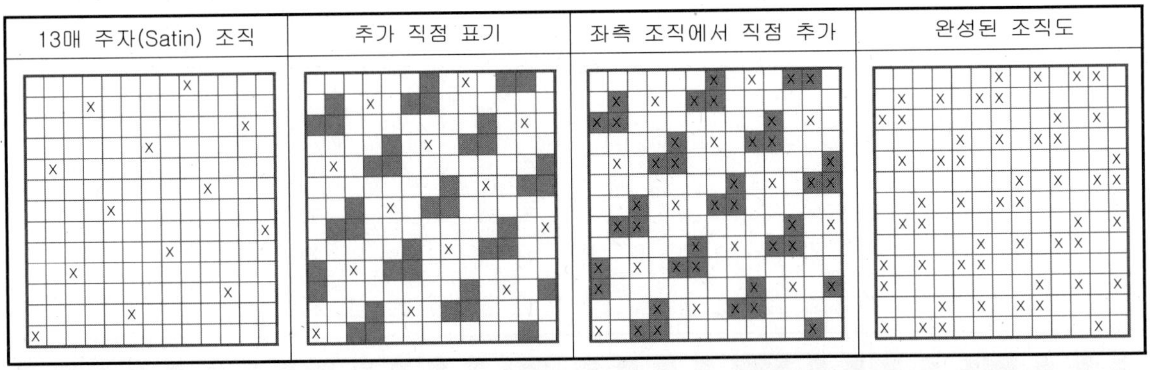

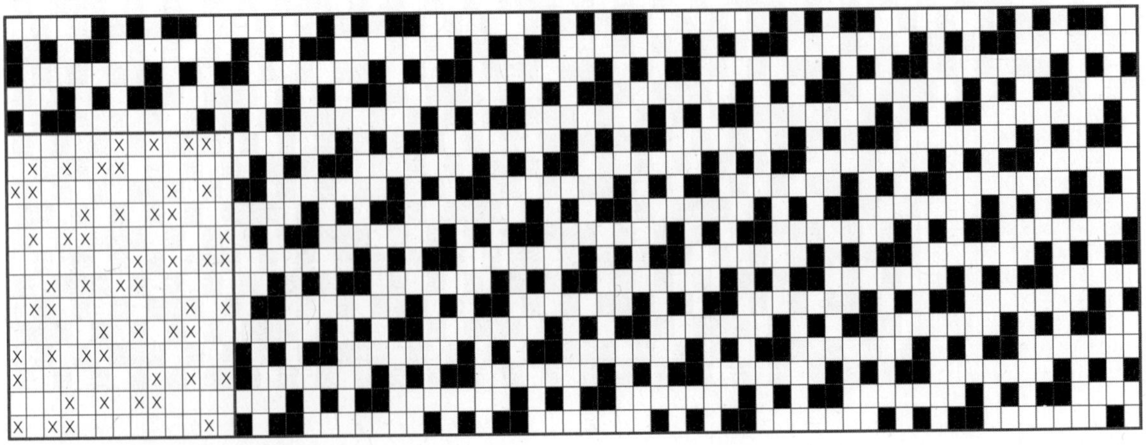

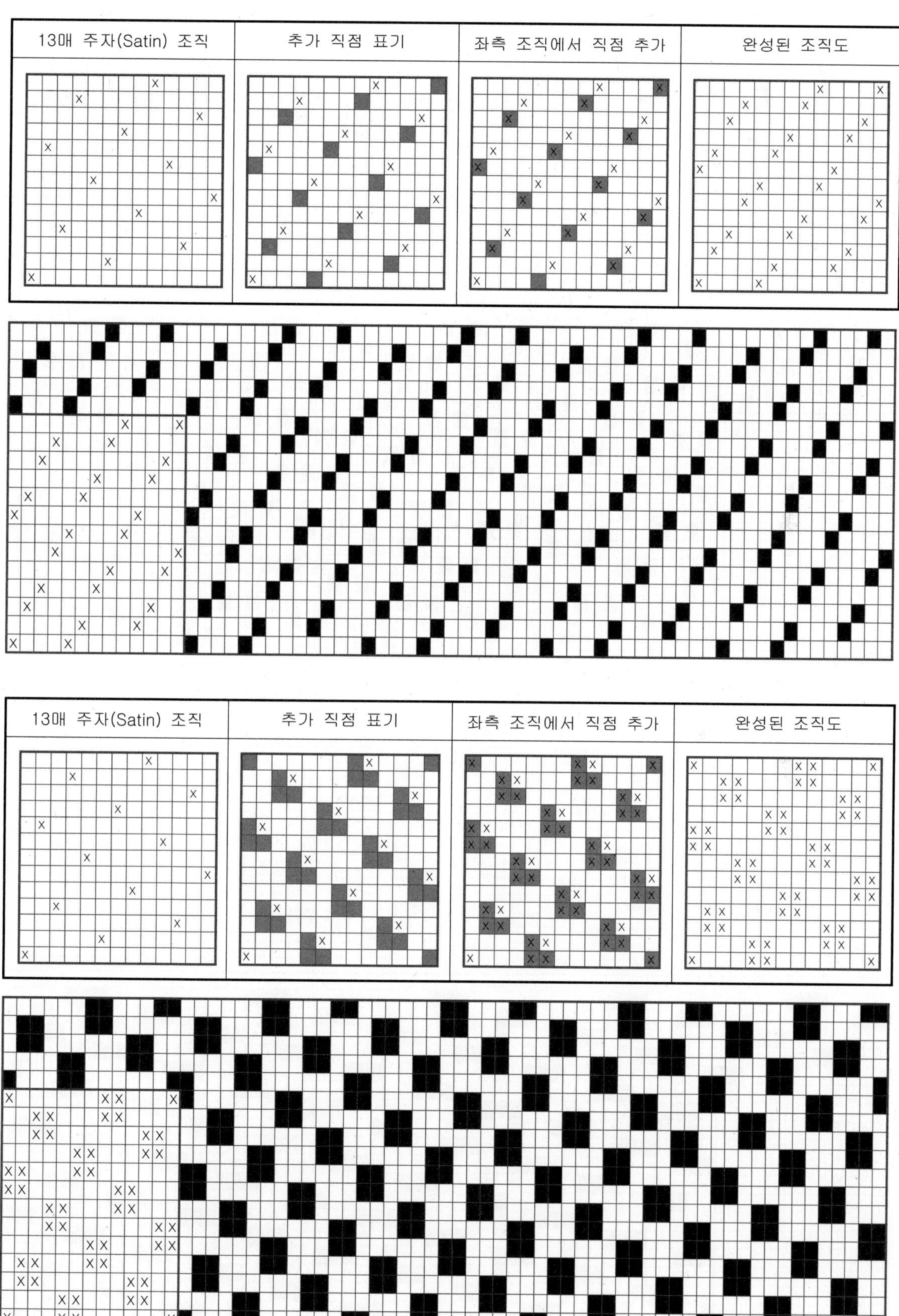

13매 주자(Satin) 조직
추가 직점 표기
좌측 조직에서 직점 추가
완성된 조직도
13매 주자(Satin) 조직
추가 직점 표기
좌측 조직에서 직점 추가
완성된 조직도

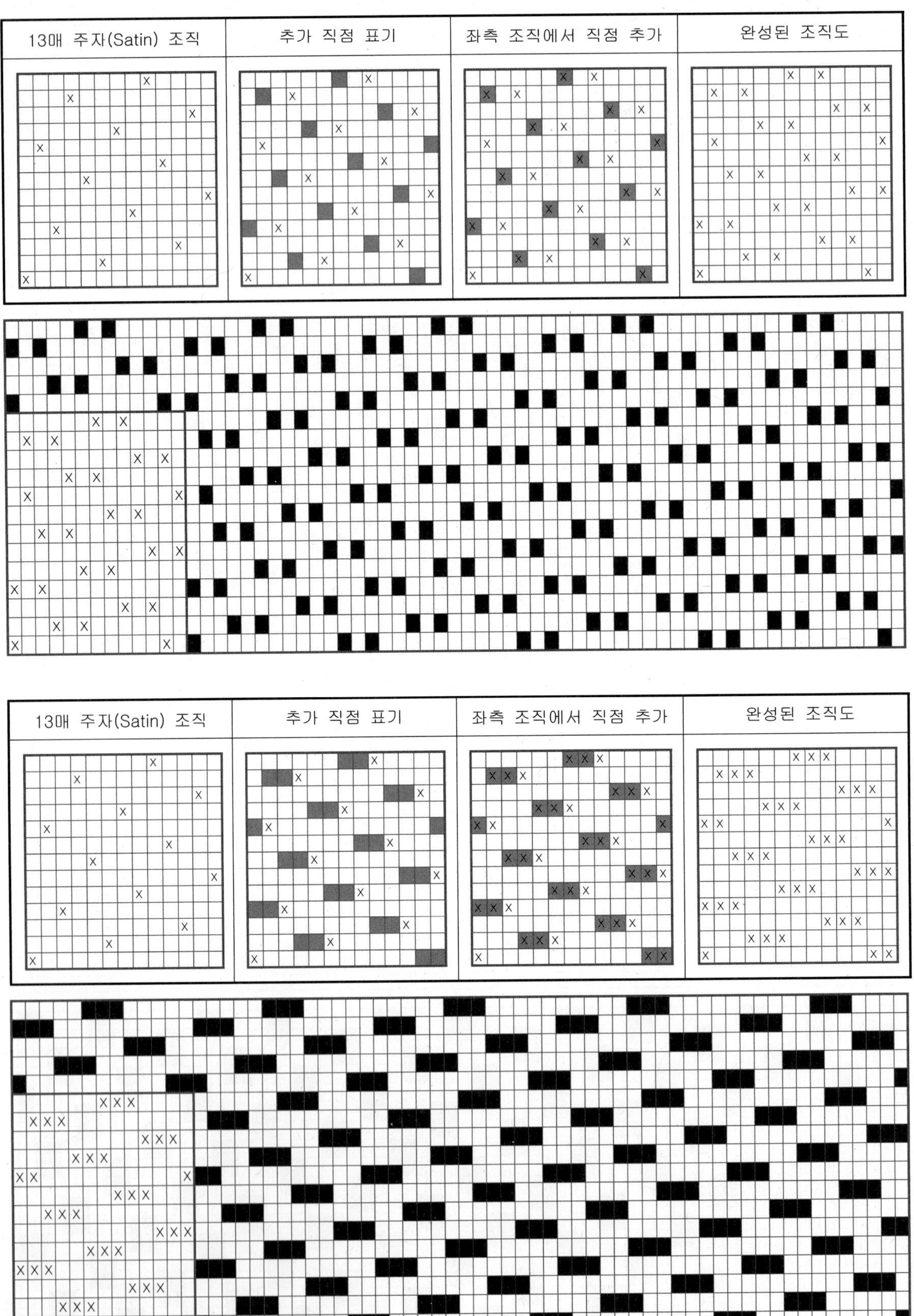

13매 주자(Satin) 조직
추가 직점 표기
좌측 조직에서 직점 추가
완성된 조직도
13매 주자(Satin) 조직
추가 직점 표기
좌측 조직에서 직점 추가
완성된 조직도

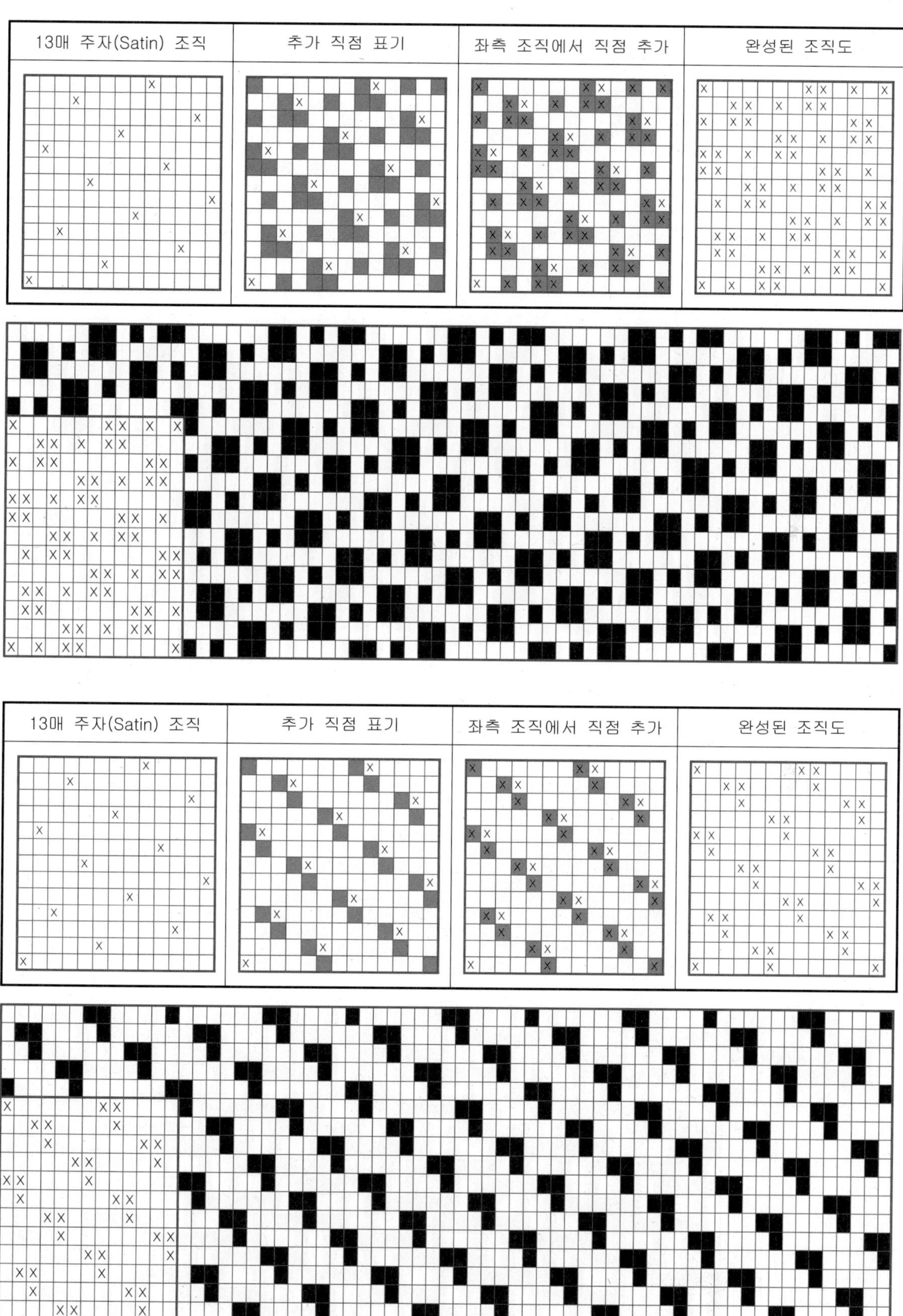

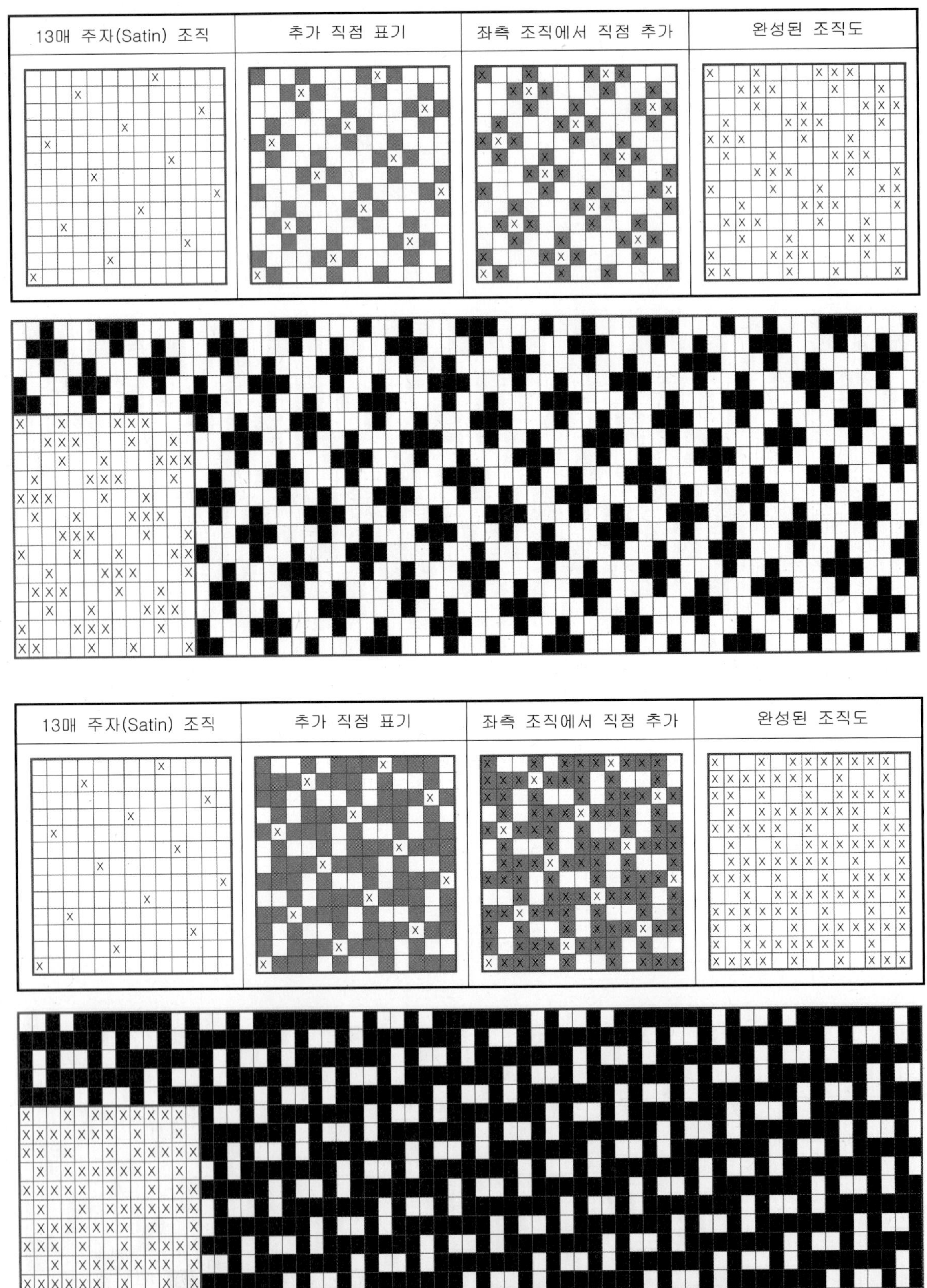
13매 주자(Satin) 조직
추가 직점 표기
좌측 조직에서 직점 추가
완성된 조직도
13매 주자(Satin) 조직
추가 직점 표기
좌측 조직에서 직점 추가
완성된 조직도

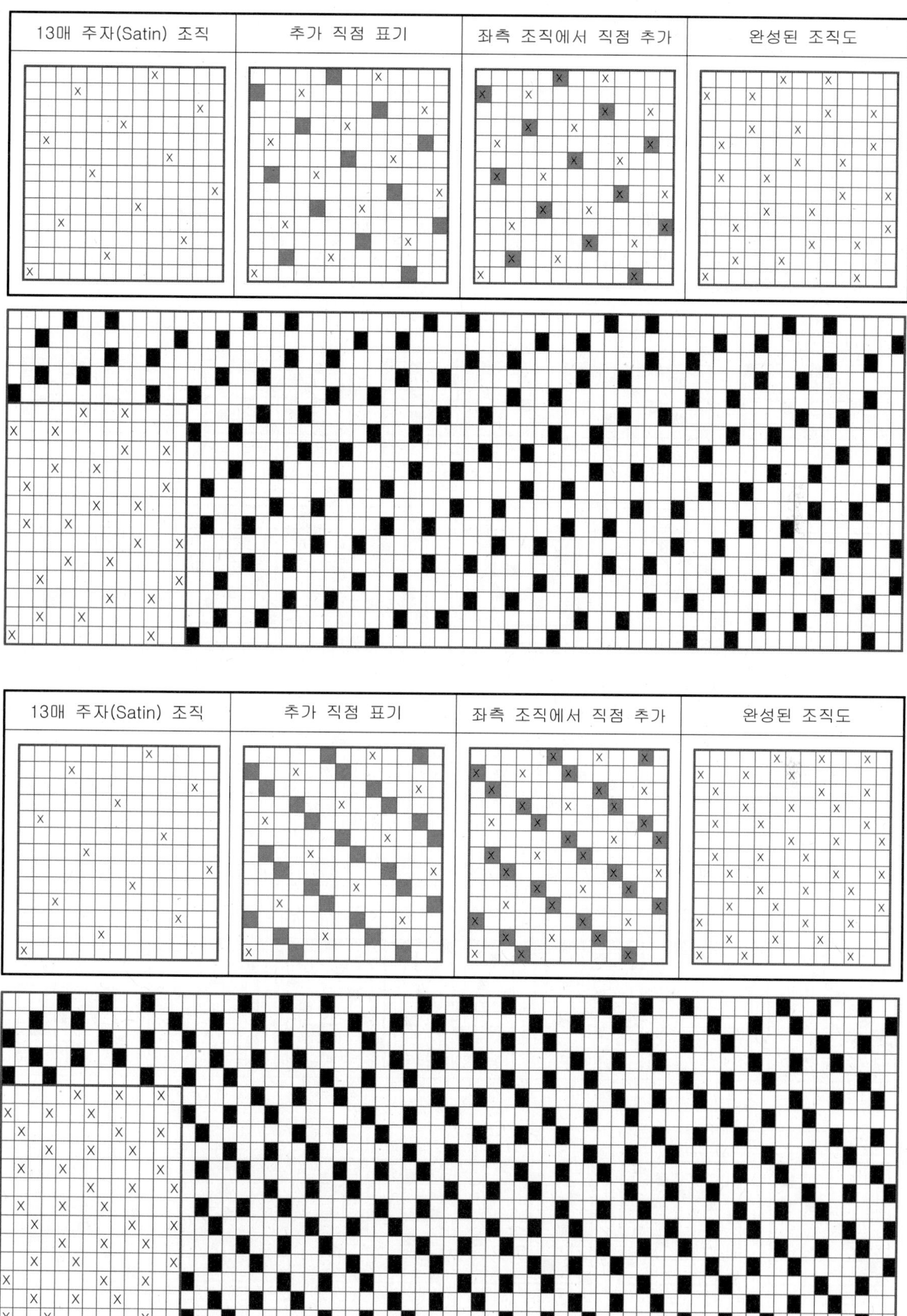

13매 주자(Satin) 조직
추가 직점 표기
좌측 조직에서 직점 추가
완성된 조직도
13매 주자(Satin) 조직
추가 직점 표기
좌측 조직에서 직점 추가
완성된 조직도

아래의 주자조직(Satin weave)은 [조직삭제 작도법]으로 위사를 삭제하여 생성된 조직을 삭제 본수 별로 분류한 그림이다

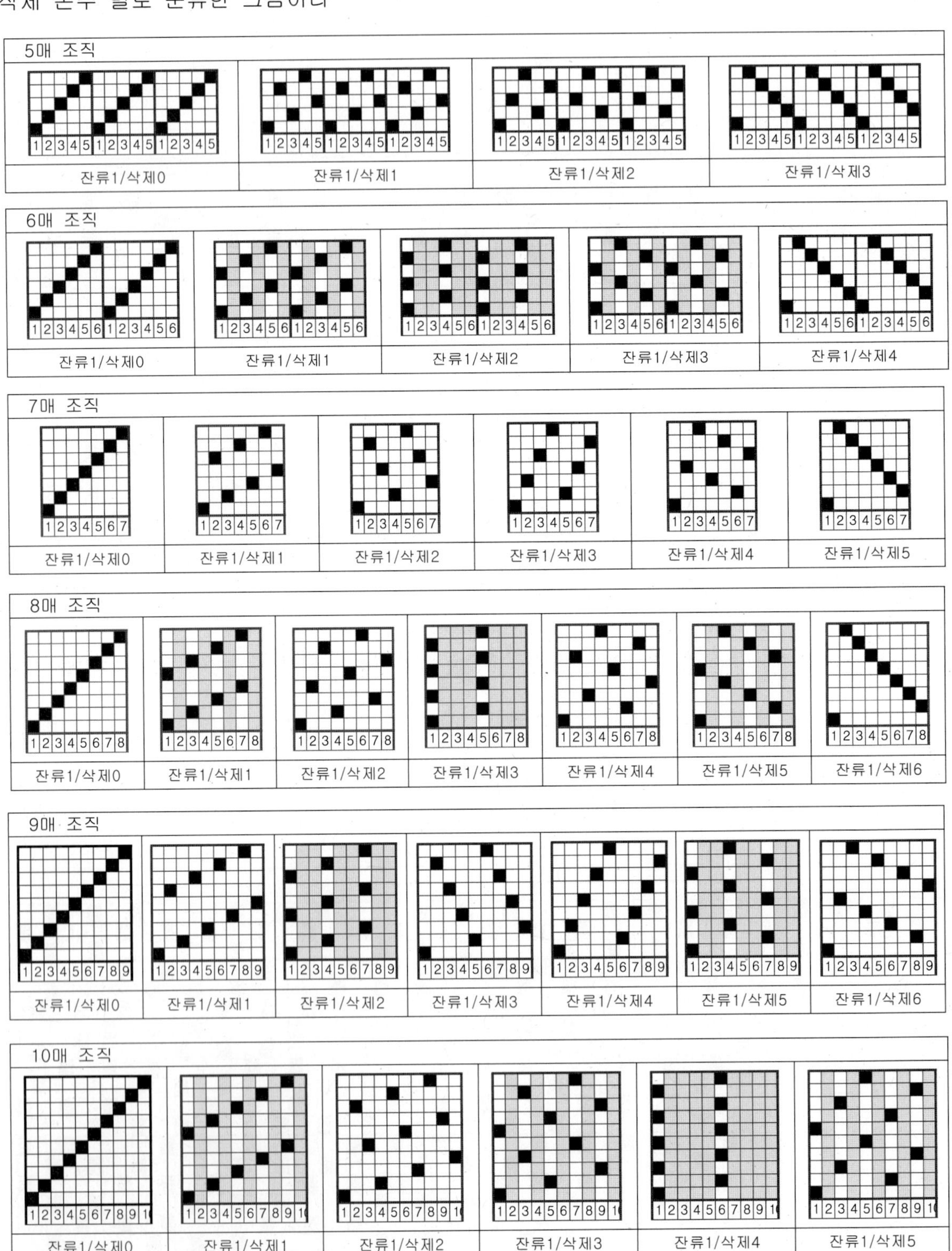

　　주자조직(Satin weave)에서 주자 형성이 불가능한 조직을 Motive로 선정하여 직점을 추가 또는 삭제 하면, Twill과 Satin의 중간 형태인 준주자조직이 생성된다. 또 비 정칙을 가지면서 조화를 이루는 특수한 형태의 Fancy 조직 등의 다양한 조직 생성이 가능하다.

　　다음은 주자 형성이 불가능한 종광 6매, 9매, 10매 조직을 Motive로 하여 새로운 개념의 조직으로 유도한 예이다. 이는 기모직물용 조직이나 Fancy 직물용 조직에 적합하다.

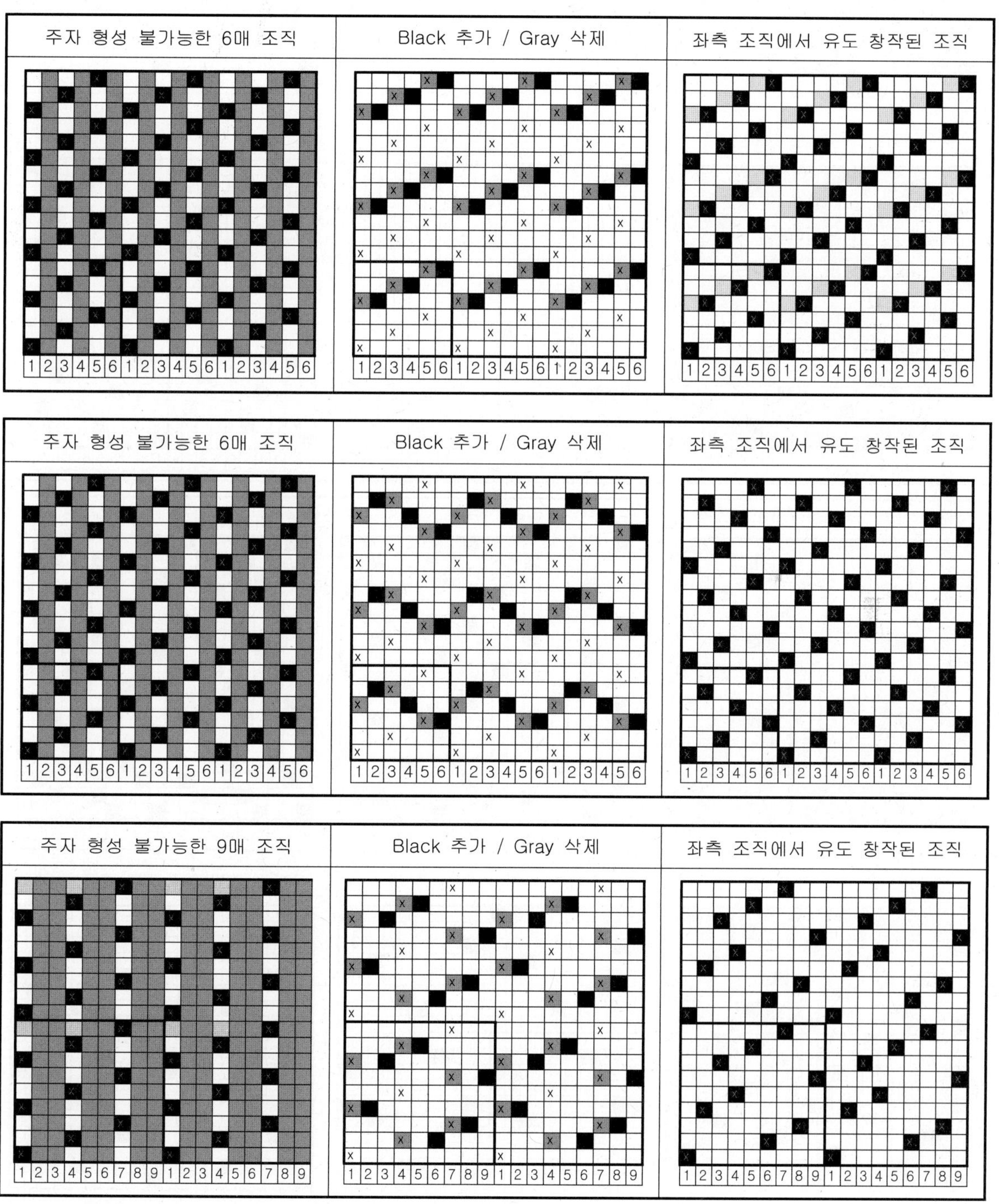

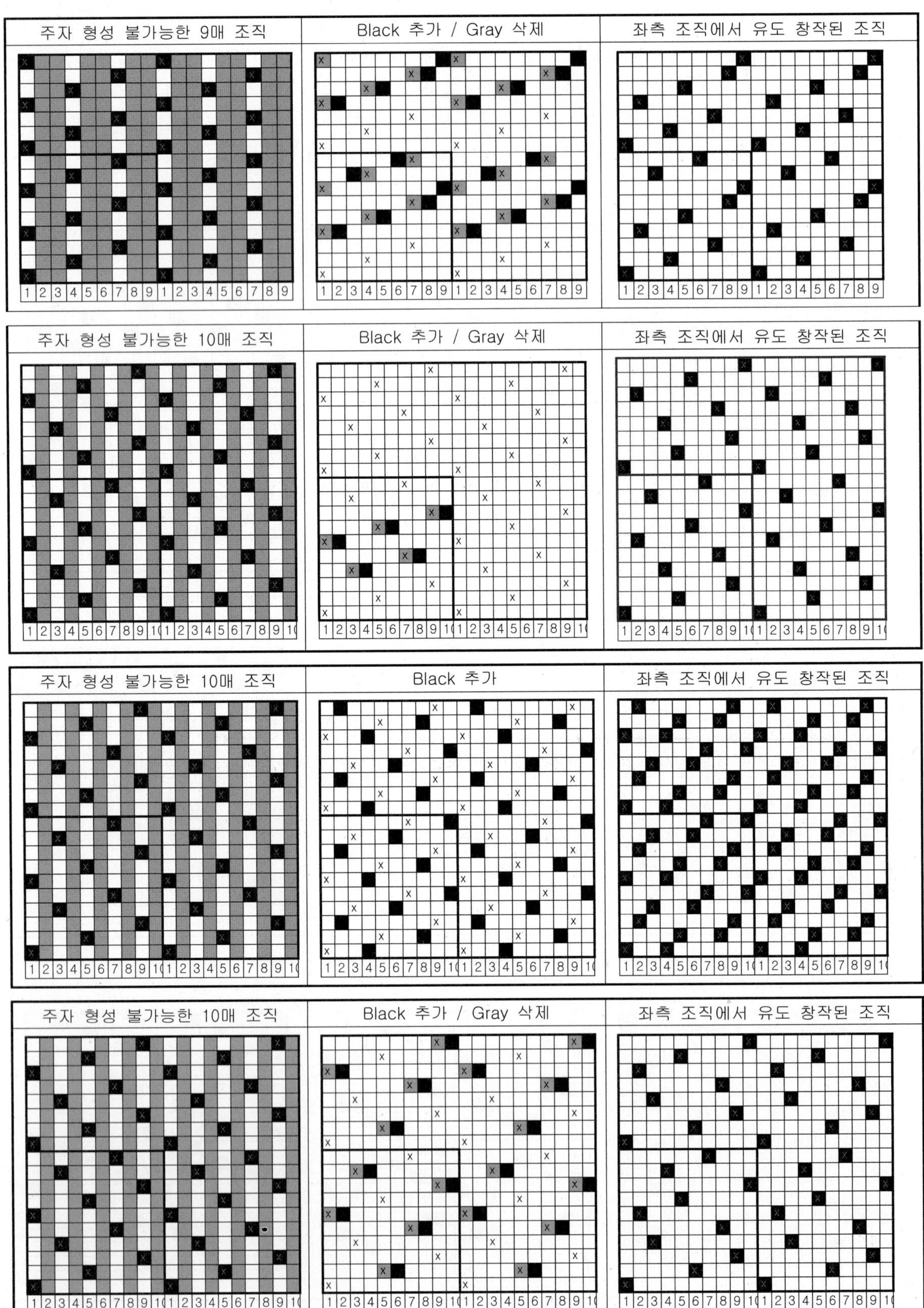

주자 형성 불가능한 9매 조직
Black 추가 / Gray 삭제
좌측 조직에서 유도 창작된 조직
주자 형성 불가능한 10매 조직
Black 추가 / Gray 삭제
좌측 조직에서 유도 창작된 조직
주자 형성 불가능한 10매 조직
Black 추가
좌측 조직에서 유도 창작된 조직
주자 형성 불가능한 10매 조직
Black 추가 / Gray 삭제
좌측 조직에서 유도 창작된 조직

　앞 페이지의 새로운 개념의 조직은 직점을 추가 또는 삭제하여 유도한 일부 조직이며, 설계자의 의도와 목적에 맞게 적절히 유도 창작하면 더 많은 새로운 조직의 유도가 가능하다.

　10) 다음은 앞 페이지의 마지막 유도 조직, 즉 주자 형성이 불가능한 조직을 Motive로 선정하여 유도한 조직을, 2차로 조직의 직점을 추가 또는 삭제하여 형성된 조직의 예이다.

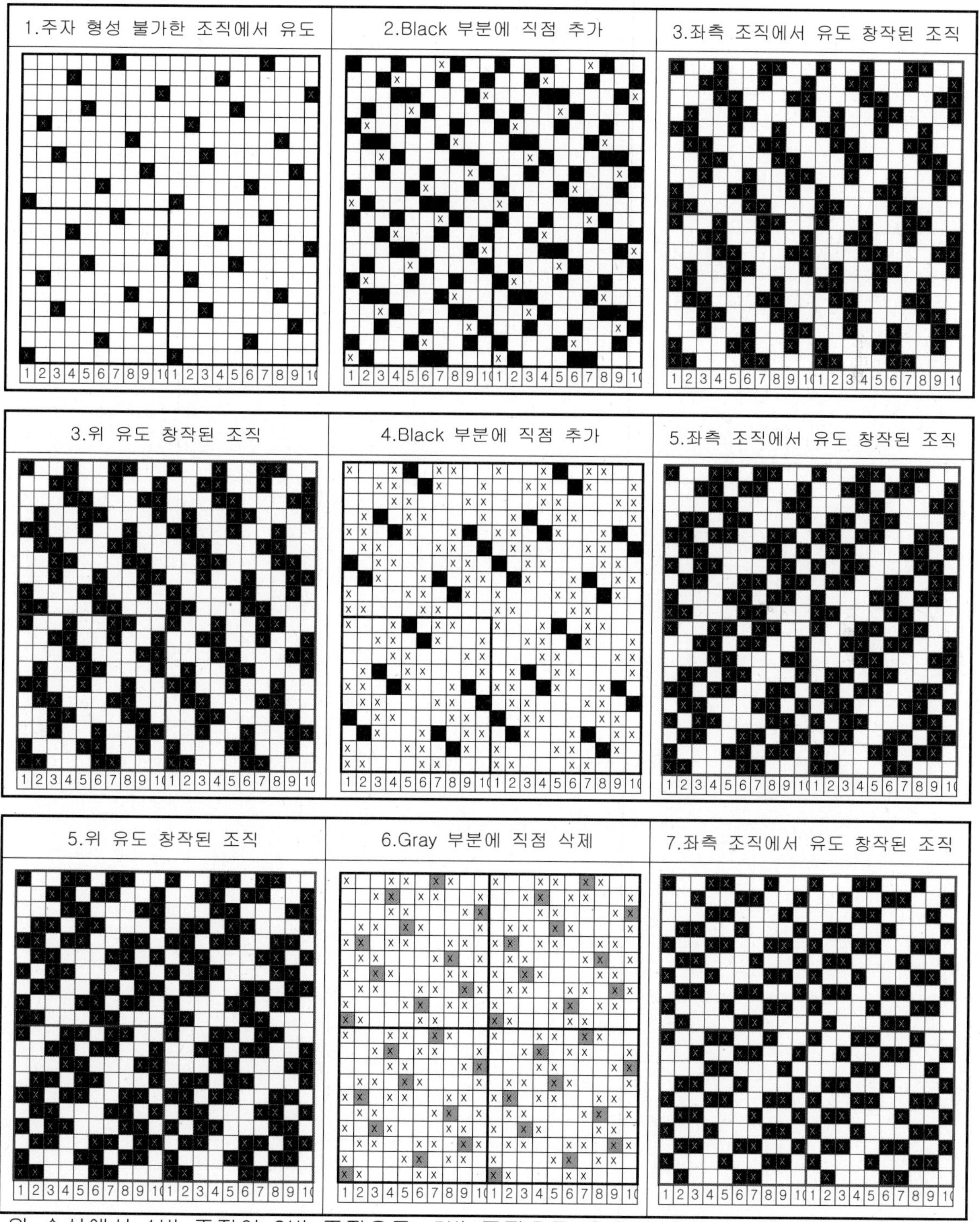

위 순서에서 1번 조직이 3번 조직으로, 5번 조직으로 유도된 후 7번 조직으로 유도되었다.

02. 조직반복 작도법

다음의 방법은 기본조직을 작도한 후 종광 매수를 늘리지 않으면서 Pattern size의 확대가 필요할 때, 조직을 반복하여 필요한 Pattern size로 확대하는 작도법이다.

1) 아래의 예는 종광 10매, 조직 원 리피트 18본 x 30본을, 조직반복 작도법으로 조직 원 리피트 34본 x 58본과 조직 원 리피트 50본 x 58본으로 확장한 조직이다.

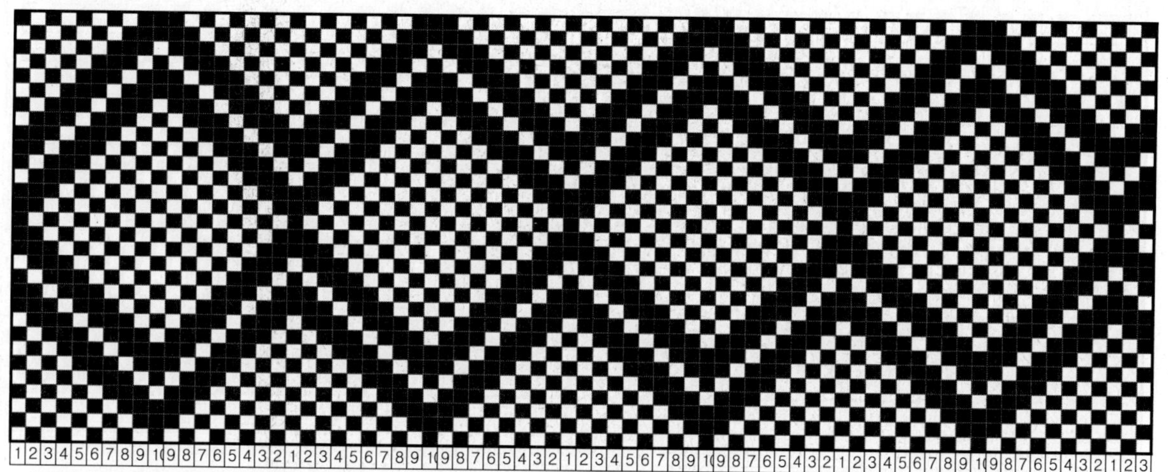

기본 Motive 조직. 종광 10매, 조직 원 리피트 18본 x 30본.

Motive 조직에서 위사 2배 확장. 조직 원 리피트 18본 x 58본. 대칭 기준 지점은 조직의 중복으로 확장을 생략

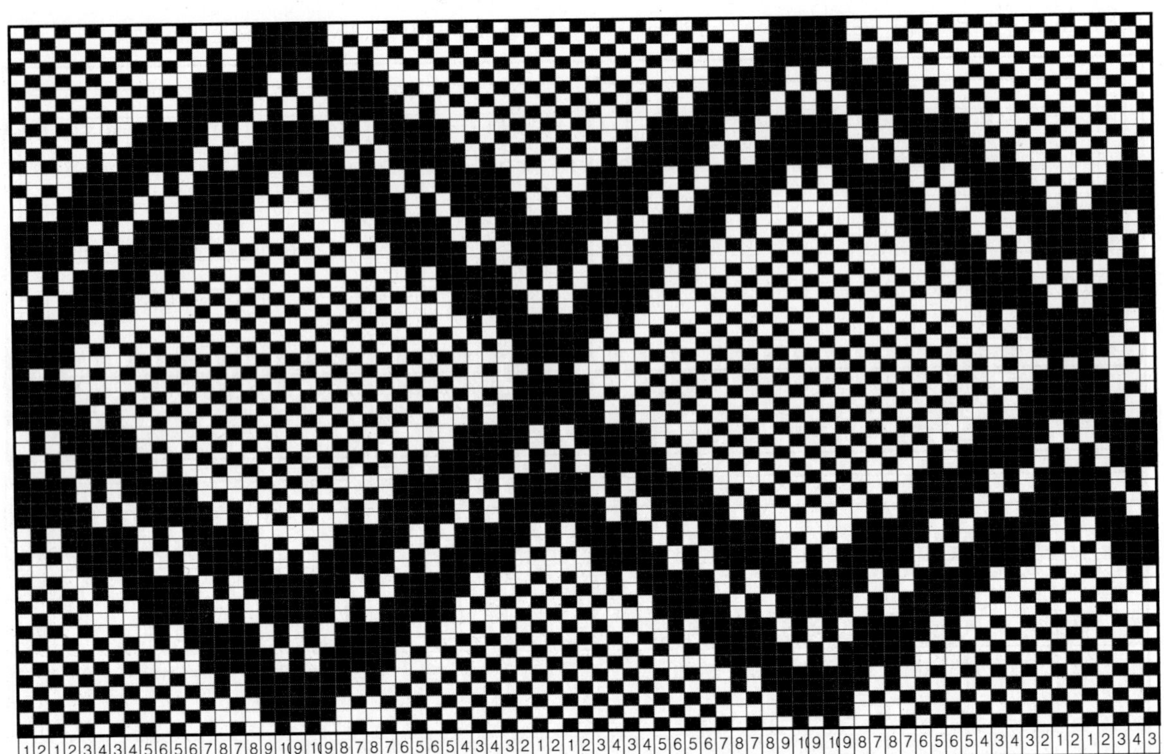

기본 Motive 조직에서 위사 2배 확장, 경사 1 2, 1 2. 3 4, 3 4……으로 2반복 확장한 조직의 예
(종광 10매, 조직 원 리피트 34본 x 58본)

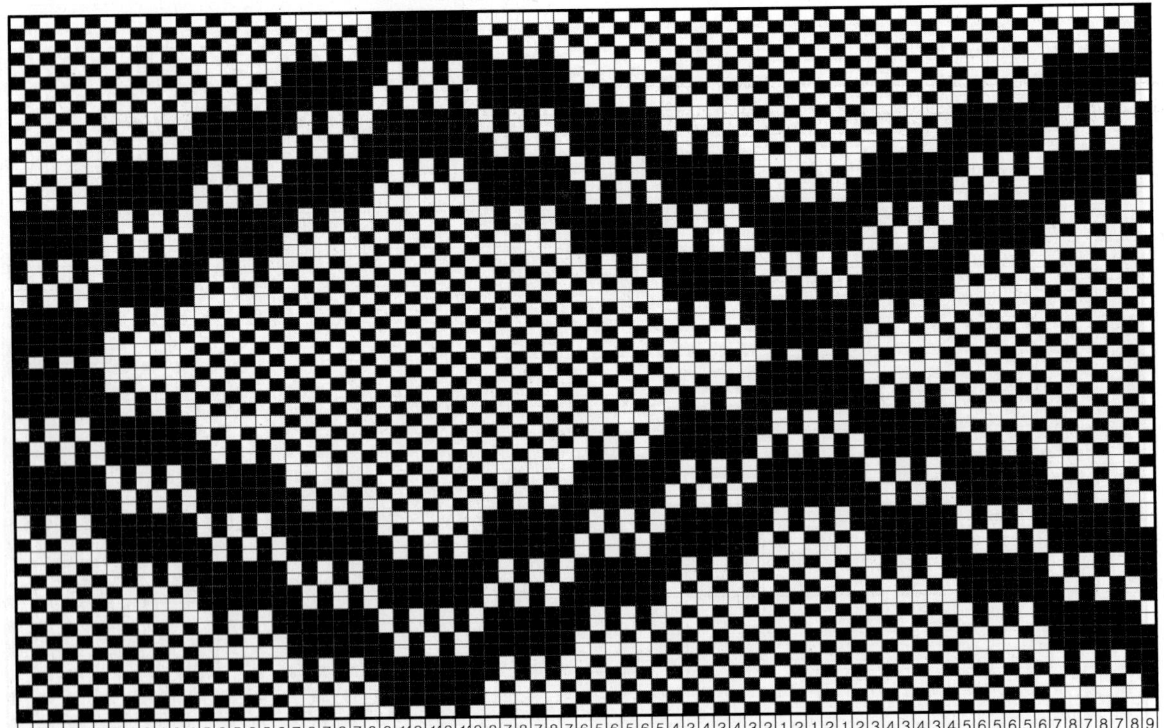

기본 Motive 조직에서 위사 2배 확장, 경사 1 2, 1 2, 1 2. 3 4, 3 4, 3 4……로 3반복 확장한
조직의 예. 종광 10매, 조직 원 리피트 50본 x 58본.

2) 다음은 중첩 반복 확장 방법으로 조직 원 리피트 54본 x 58본과 조직 원 리피트 90본 x 58본으로 확장한 조직이다.

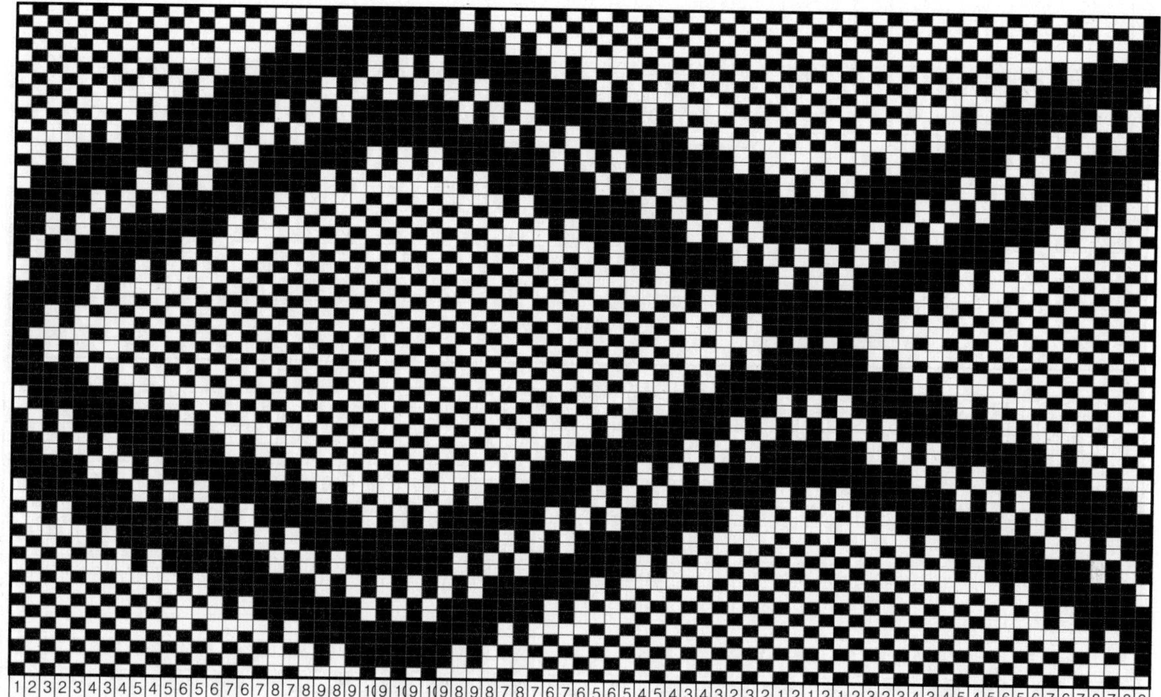

기본 Motive 조직에서 위사 2배 확장, 경사 1 2 3, 2 3 4. 3 4 5, 4 5 6……으로 2본 중첩 반복 확장한 조직의 예. 종광 10매, 조직 원 리피트 54본 x 58본.

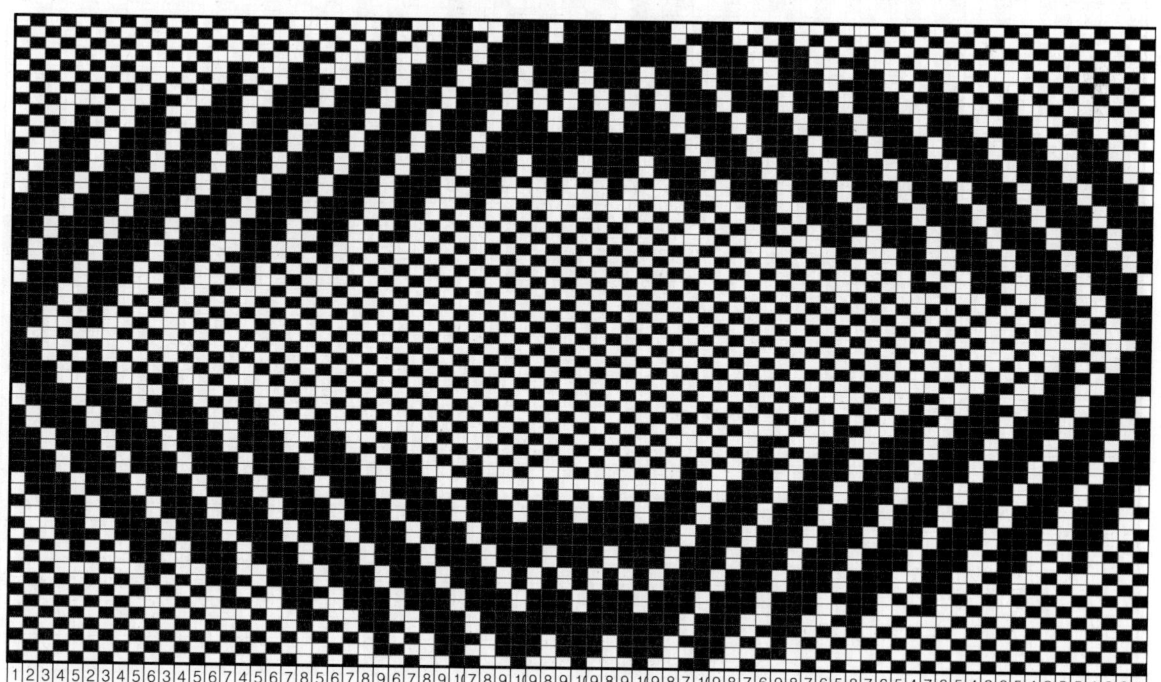

기본 Motive 조직에서 위사 2배 확장, 경사 1 2 3 4 5, 2 3 4 5 6. 3 4 5 6 7, 4 5 6 7 8……로 4본 중첩 반복 확장한 조직의 예. 종광 10매, 조직 원 리피트 90본 x 58본.

3) 다음은 종광 10매 조직 원 리피트 18본 x 30본 Motive 조직을, 조직반복 작도법으로
종광 10매로 유지하면서 조직 원 리피트 34본 x 58본과 조직 원 리피트 50본 x 58본으로
확장한 조직이다.

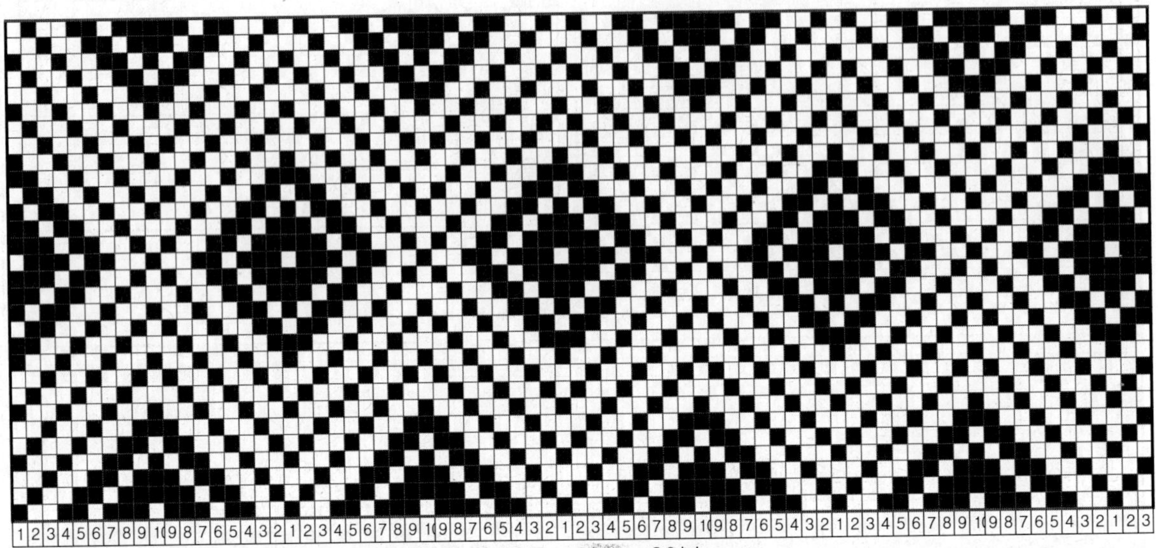

기본 Motive 조직. 종광 10매, 조직 원 리피트 18본 x 30본.

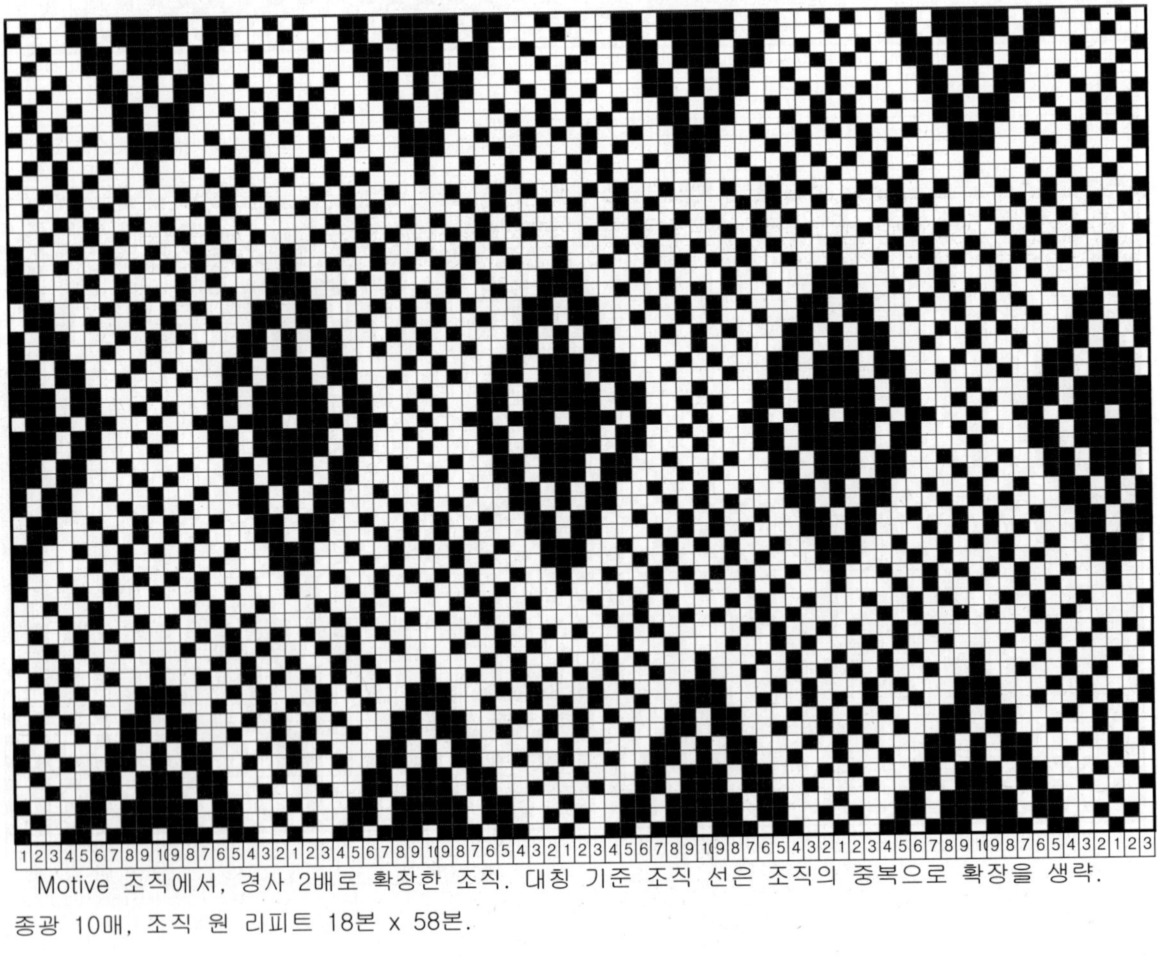

Motive 조직에서, 경사 2배로 확장한 조직. 대칭 기준 조직 선은 조직의 중복으로 확장을 생략.
종광 10매, 조직 원 리피트 18본 x 58본.

기본 Motive 조직에서 위사 2배 확장 후, 경사 1 2, 1 2. 3 4, 3 4……로 2반복 확장한 조직의 예. 종광 10매, 조직 원 리피트 34본 x 58본.

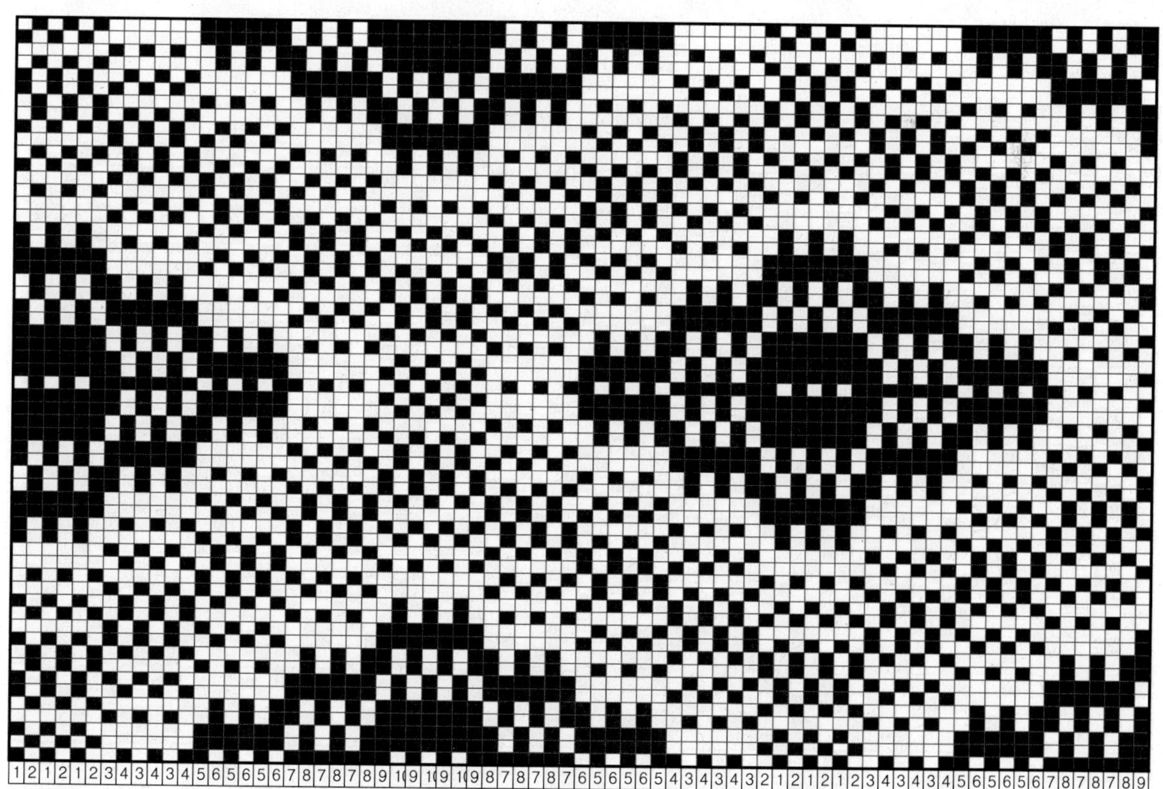

기본 Motive 조직에서 위사 2배 확장, 경사 1 2, 1 2, 1 2. 3 4, 3 4, 3 4……로 3반복 확장한 조직의 예. 종광 10매, 조직 원 리피트 50본 x 58본

4) 다음은 중첩 반복하여 확장한 조직으로, 조직 원 리피트 54본 x 58본과 조직 원 리피트 70본 x 58본으로 확장한 조직이다.

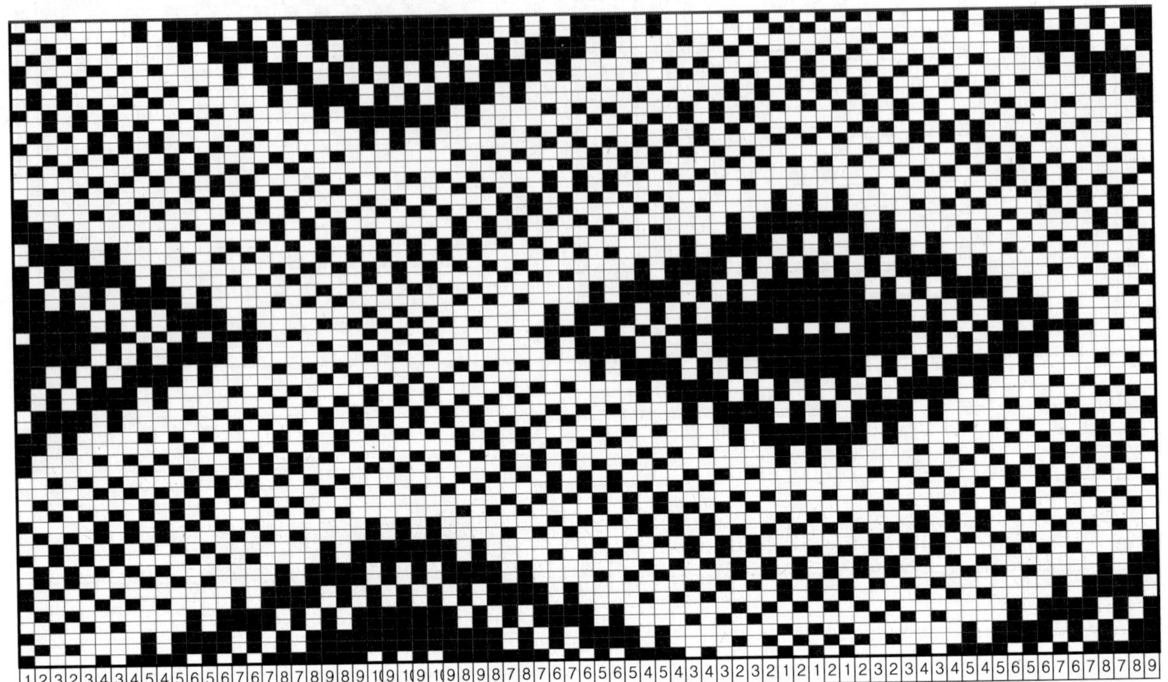

기본 Motive 조직에서 위사 2배 확장, 경사 1 2 3, 2 3 4. 3 4 5, 4 5 6…… 으로 2본 중첩 반복 확장한 조직의 예. 종광 10매, 조직 원 리피트 54본 x 58본.

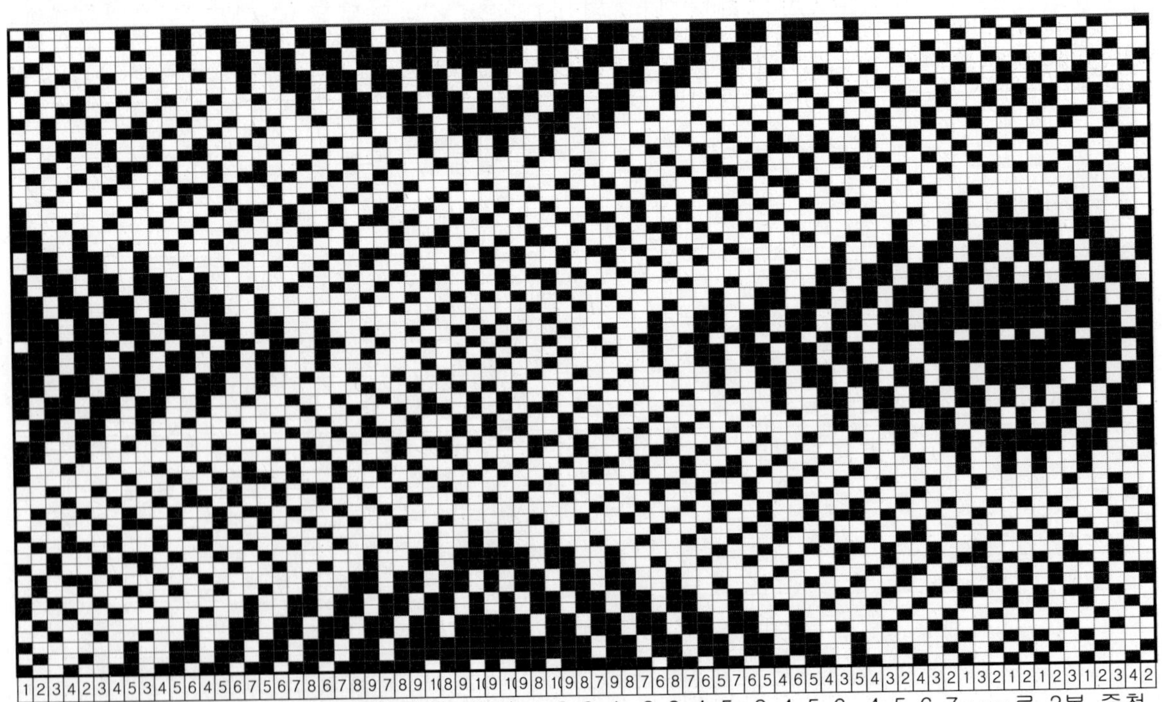

기본 Motive 조직에서 위사 2배 확장, 경사 1 2 3 4, 2 3 4 5. 3 4 5 6, 4 5 6 7……로 3본 중첩 반복 확장한 조직의 예. 종광 10매, 조직 원 리피트 70본 x 58본.

5) 아래 조직의 위는 Motive 조직으로 종광 12매 조직 원 리피트 18본 x 18본, 아래는 종광 12매를 고수하면서 조직반복 작도법으로 조직 원 리피트 36본 x 36본으로 확장한 조직이다

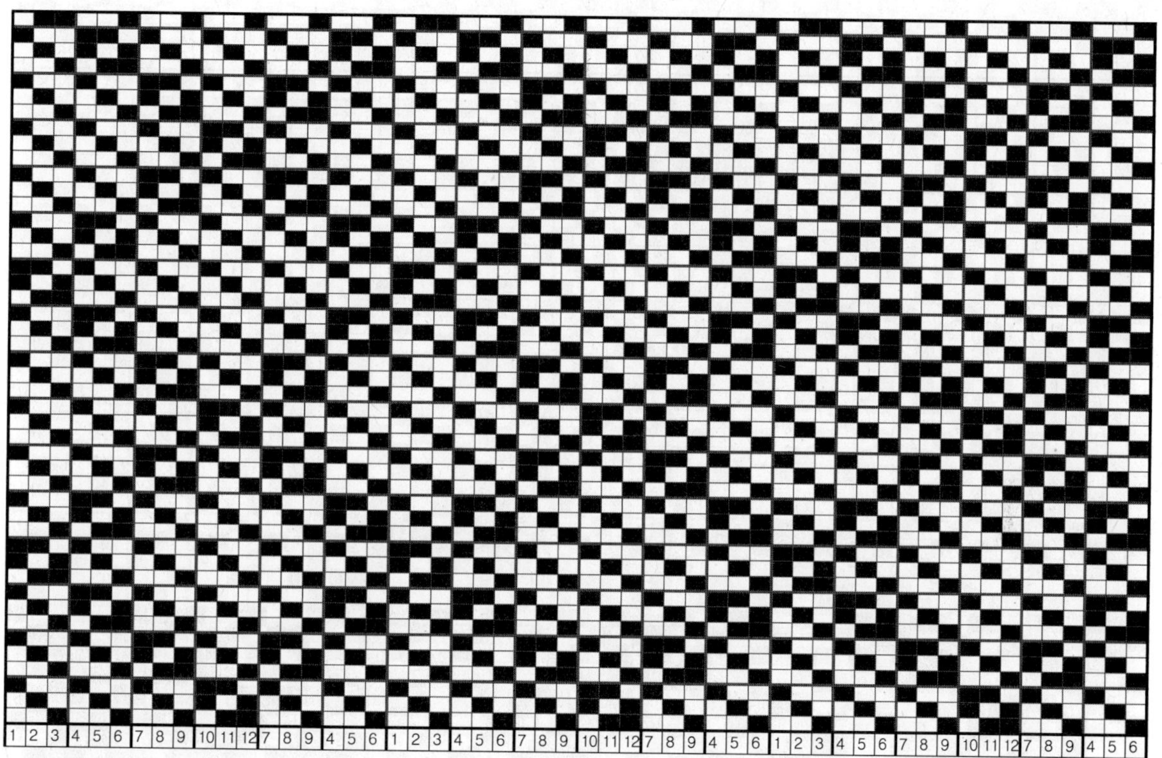

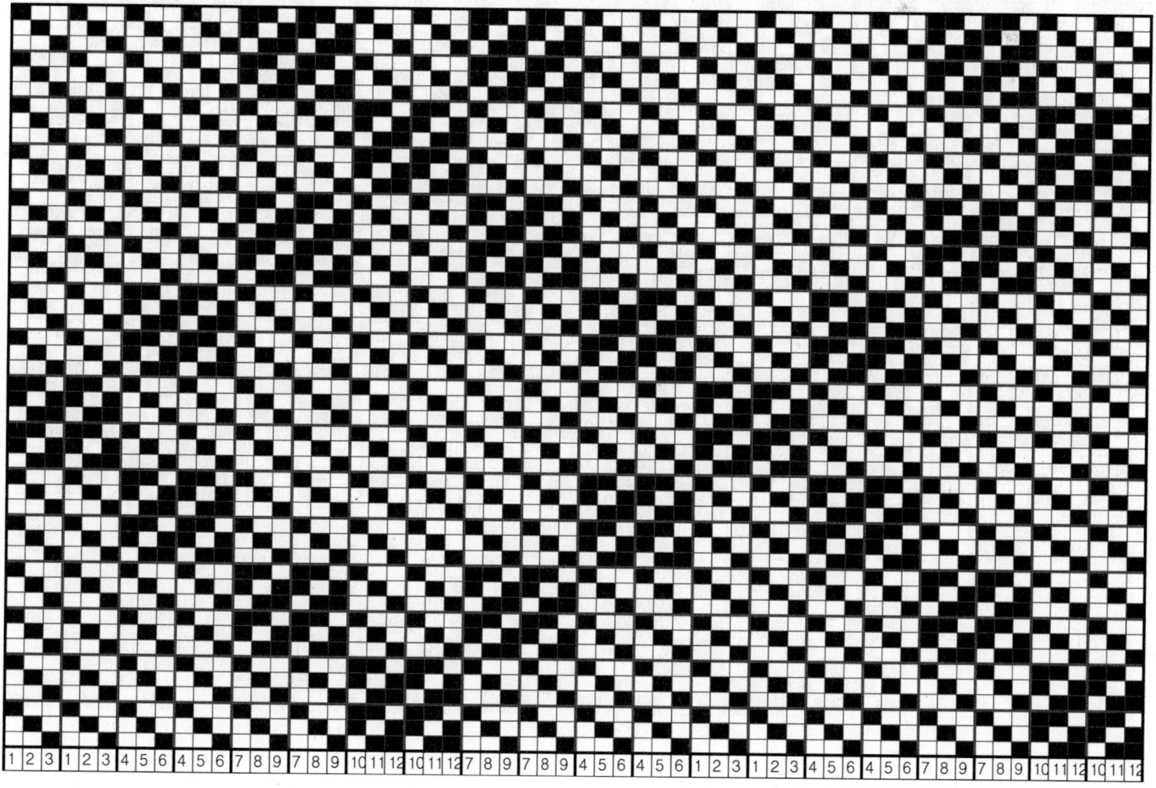

6) 다음은 종광 12매 Motive 조직을, 종광 12매로 유지하면서 조직 원 리피트 30본 x 30
본으로 특정 부분만 반복 확장한 조직이다.

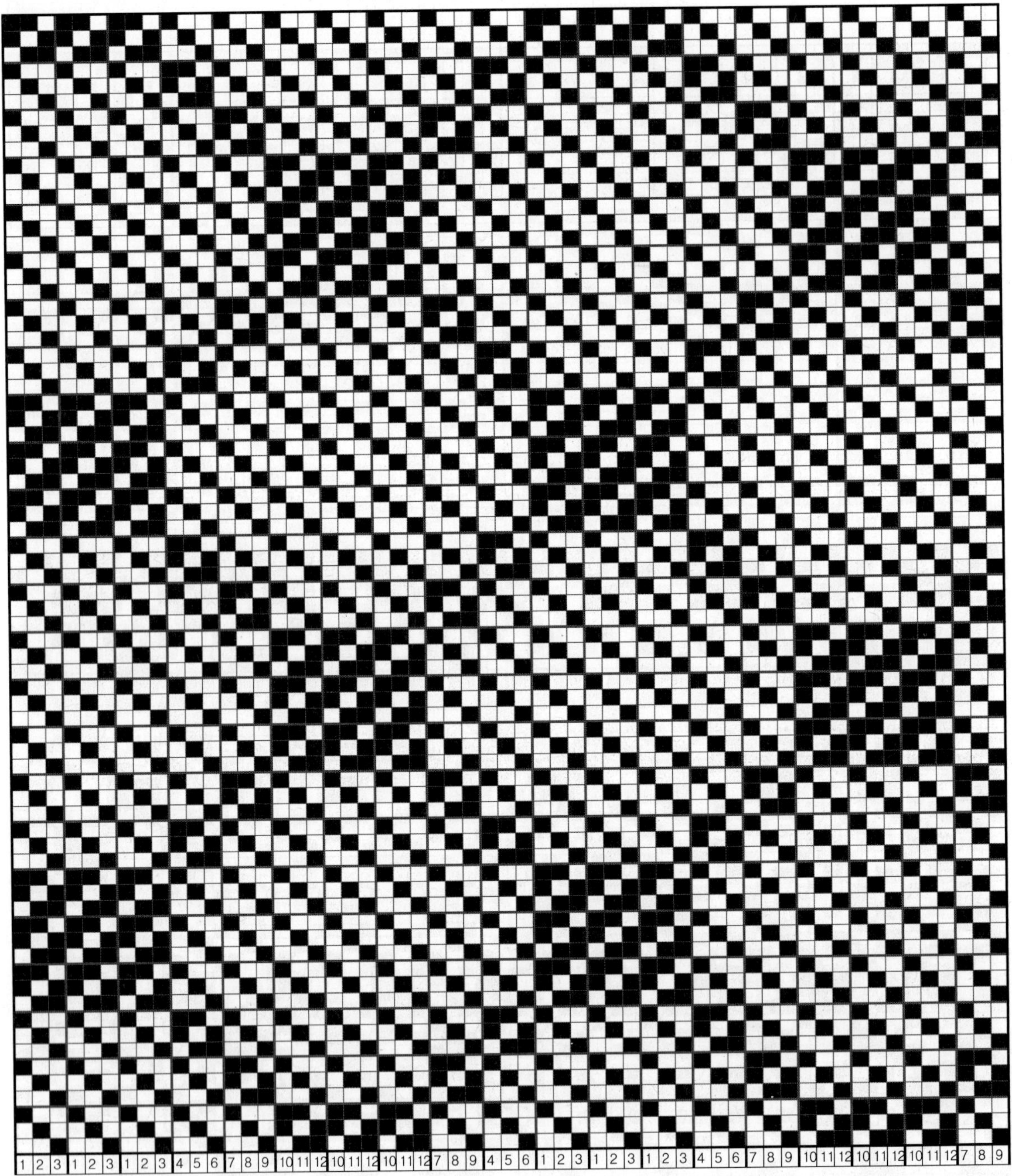

다음 장은 [조직반복 작도법]에 의한 생산 설계서의 예이다.

설 계 서

<table>
<tr><td>관리 No</td><td colspan="3">161026-11</td><td rowspan="2">결
재</td><td></td><td></td><td></td></tr>
<tr><td>설계일자</td><td colspan="3">2016 년 10 월 26 일</td><td></td><td></td><td></td></tr>
</table>

O/N		가 공 :	1000 Y
품 번		제 직 :	1120 Y
품 명		정 경 :	1230 Y
밀 도	경 사 29 D x 4 = 116	위 사	94
성 폭	74.14 ″ 생 지 72 ″	가 공	68 ″
총 본	8600 本	G C	T/
정 경	112 m 생 지 112 Y	가 공	100 Y
F P	Finishing SHR		12 %
F.WT	274 G/Y 9.68 OZ/Y	LOS	15 %
원 료	Polyester 100 %		

	원 사	염 색	제 직	가 공
생산DELI				
생 산 처				

변 사

통 순

별 첨

사 종	번 수	색 상	총사량 (Kg)	필 당 사 량			연 수	원 료	비 고
				W P	W F	합 계			
A	162 D	R/White	188	17.34		17.34	S 1200	Polyester 150D/72F DTY	
						0			
B	162 D	R/White	80		7.11	7.11	S 1200	Polyester 150D/72F DTY	
C	162 D	R/White	80		7.11	7.11	Z 1200	Polyester 150D/72F DTY	
						0			
계				17.34	14.22	31.56			

배 열	경 사	A	all			0
						0
						0
						0
	위 사					0
		B	1			1
		C		1		1
						0
						2

* 변사 : 4본 통입 좌우 20穴

Asia pacific 기술연구소 대구광역시 서구 국채보상로42 신원빌딩 402호 http://moonho.net
T : 010-7313-0216 F : 053-552-5009 e-mail : app53@hanmail.net

1	2	1	2	1	2	
3	4	3	4	3	4	
5	6	5	6	5	6	
7	8	7	8	7	8	
9	10	9	10	9	10	
11	12	11	12	11	12	
13	14	13	14	13	14	
15	16	15	16	15	16	15
14	13	14	13	14	13	
12	11	12	11	12	11	
10	9	10	9	10	9	
8	7	8	7	8	7	
6	5	6	5	6	5	
4	3	4	3	4	3	2

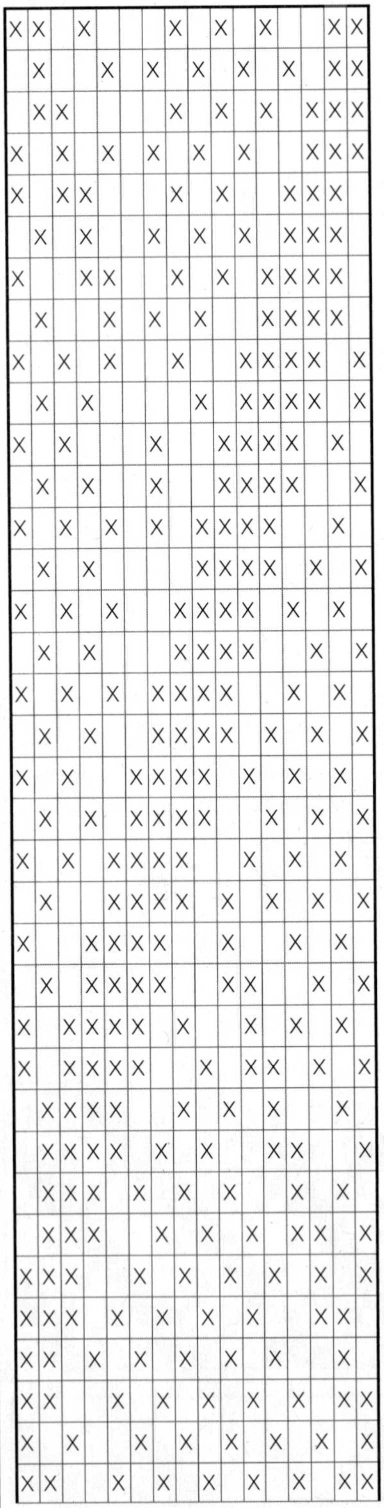

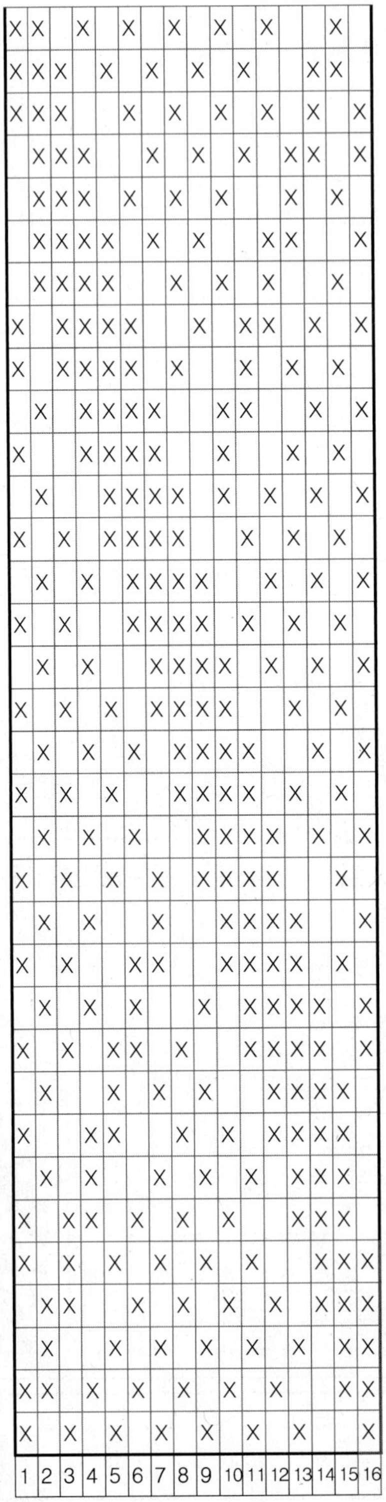

1	2	3	4	5	6	7	8	9	10	11	12	13	14	15	16

우측 상단 연결　　　조직 Start

03. 조직병합 작도법

　　2개 이상의 조직을 합하면 새로운 병합조직이 생성된다. 병합에 의해 생성된 조직은 조직선 순차의 배열이 깨어져 입체감과 요철감이 증대되고, 2중의 Twill line이 표출되는 새로운 조직을 형성한다.

단, 조직병합에 의한 작도법 중, Twill 조직의 위사방향 병합은 논리상 조직 형성이 불가능하다.

　　1) 2개의 Twill조직을 병합비율 1:1로 취합한 병합조직.

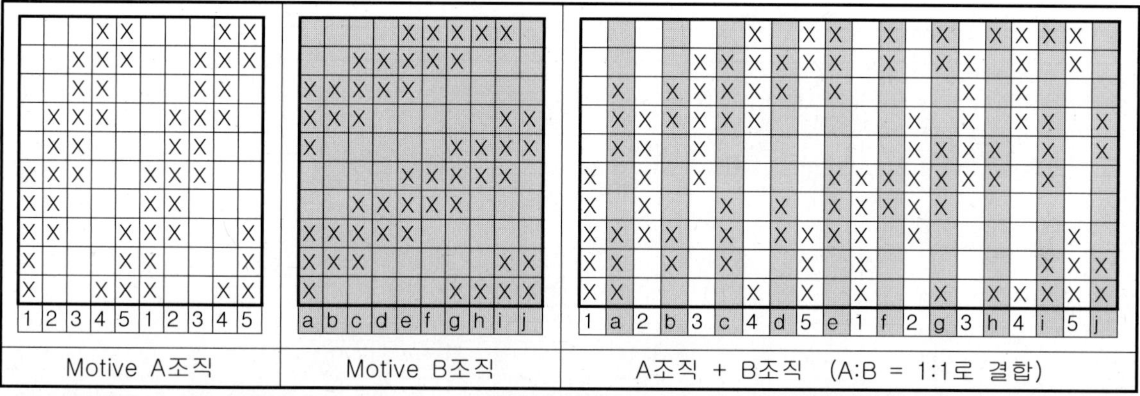

| Motive A조직 | Motive B조직 | A조직 + B조직　(A:B = 1:1로 결합) |

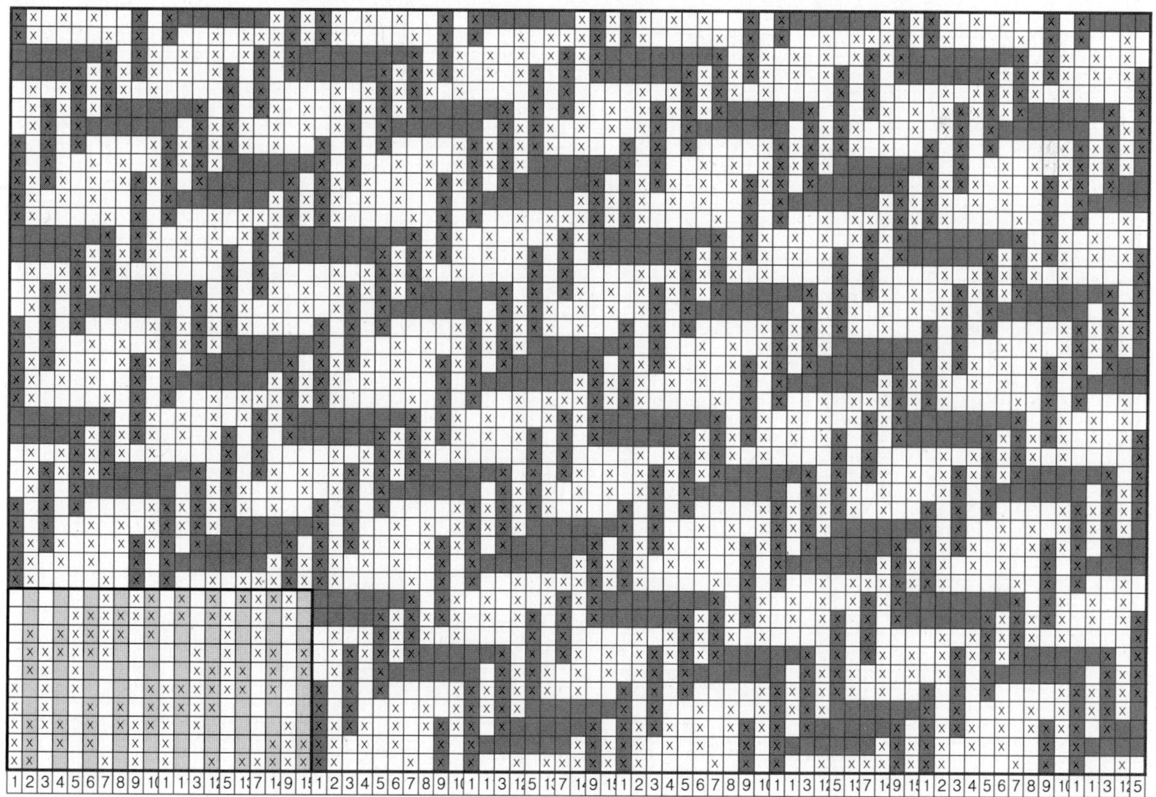

　조직병합 작도법으로 완성된 조직 효과도. 입체감과 요철감이 부각된 이중의 Twill line을 형성하는 조직. 종광 15매, 조직 원 리피트 20본 x 10본.

2) 2개의 Twill조직을 병합비율 2:2로 취합한 병합조직.

Motive A조직	Motive B조직	A조직 + B조직 (A:B = 2:2로 결합)

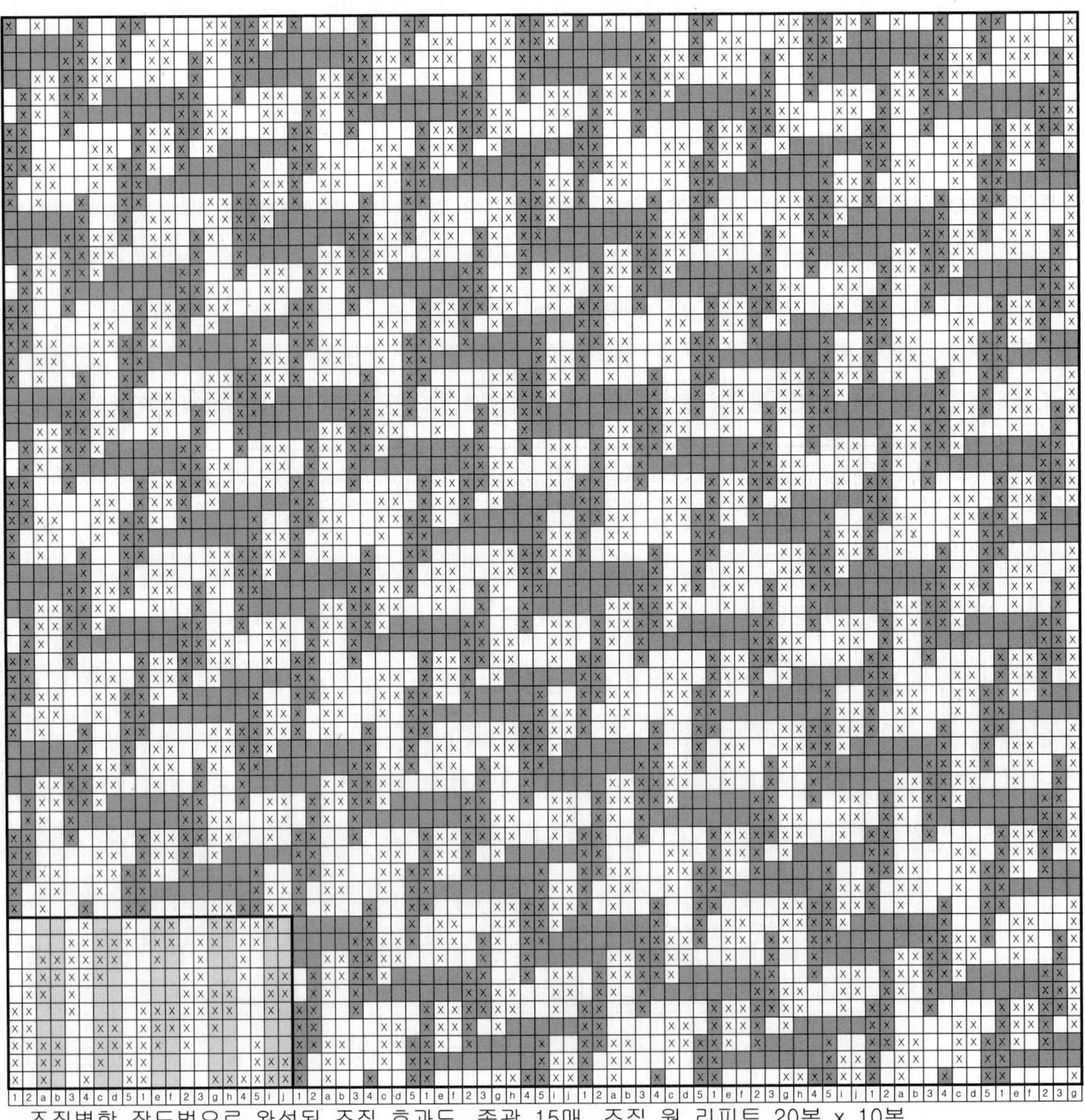

조직병합 작도법으로 완성된 조직 효과도. 종광 15매, 조직 원 리피트 20본 x 10본.

3) 2개의 Twill조직을 병합비율 2:1로 취합한 병합조직.

Motive A조직

Motive B조직

A조직 + B조직 (A:B = 2:1로 결합)

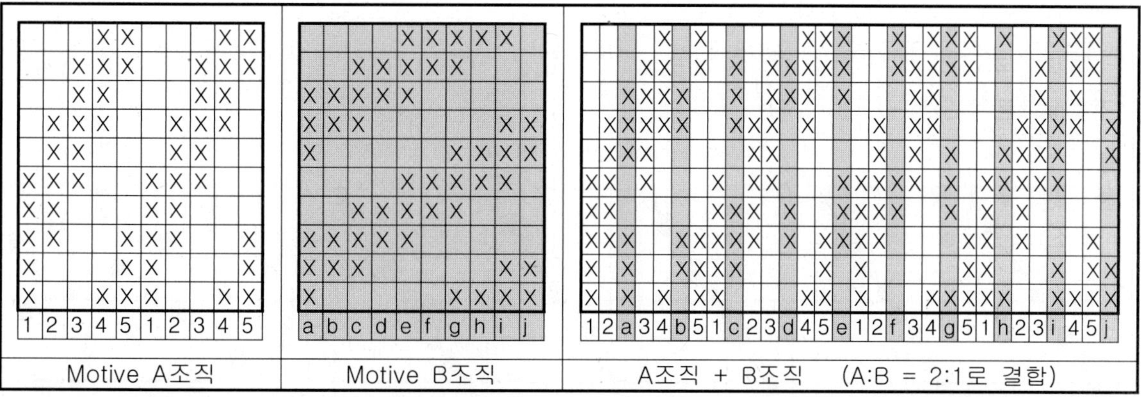

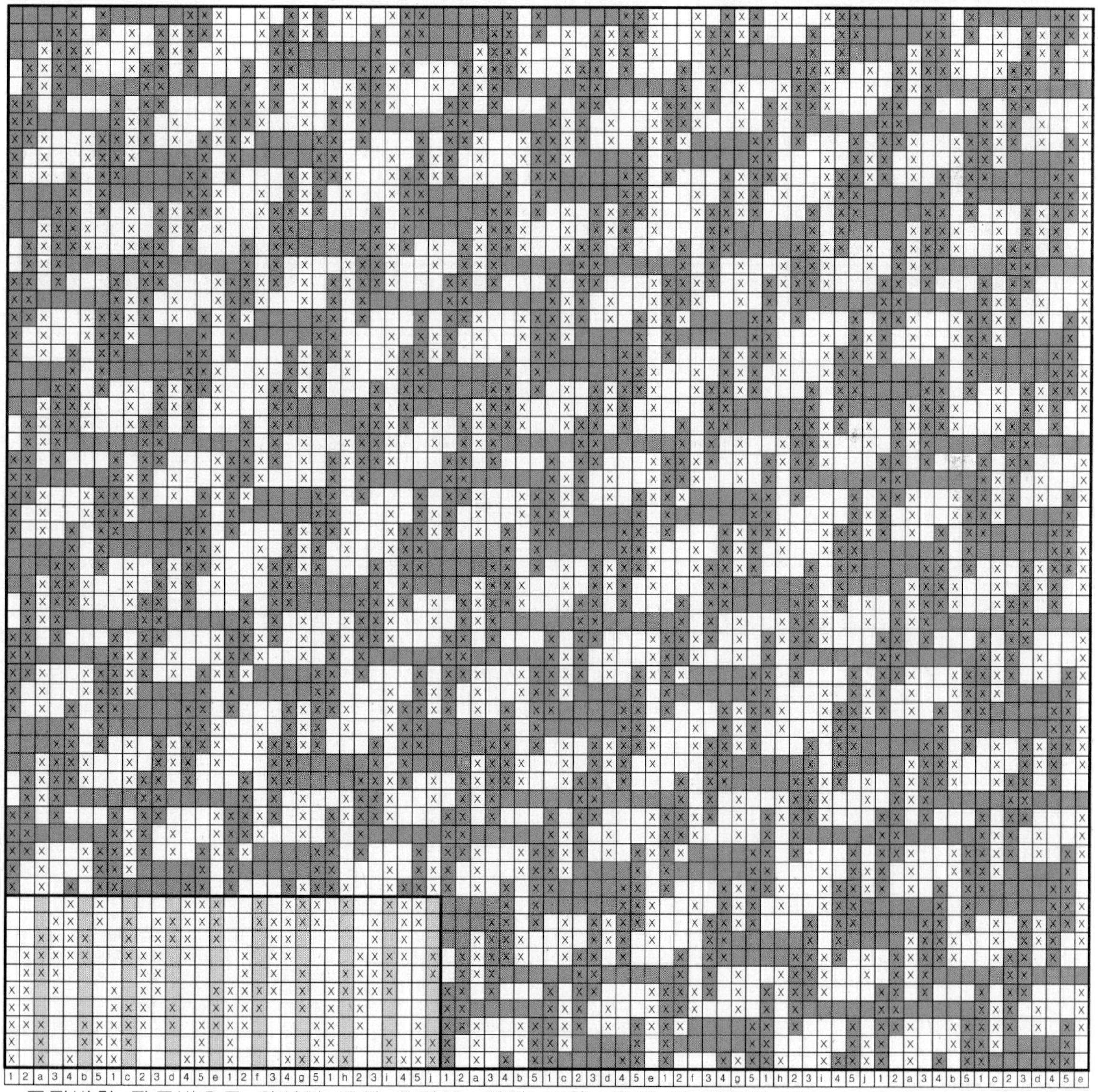

조직병합 작도법으로 완성된 조직 효과도. 종광 15매, 조직 원 리피트 30본 x 10본.

4) 조직 원 리피트 본수가 다른 2개의 Twill조직을 병합비율 1:1로 취합한 병합조직.

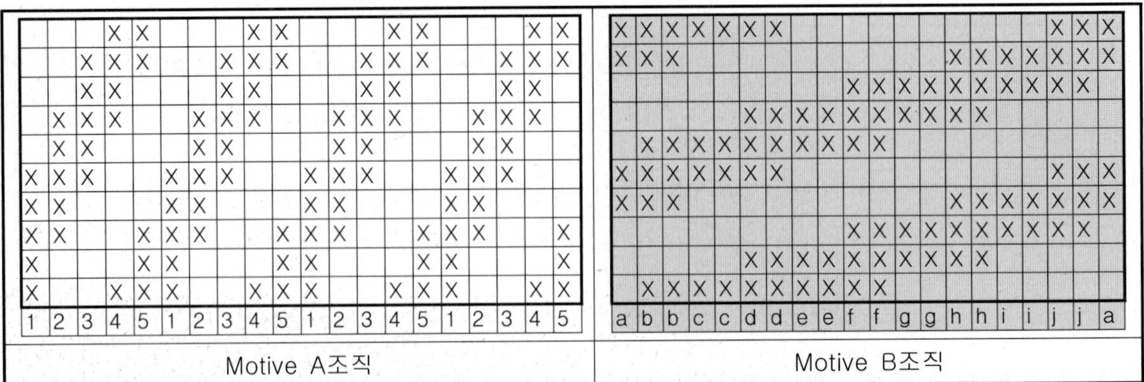

A조직 + B조직, 취합된 조직 원 리피트, A:B = 1:1로 결합. 종광 15매.

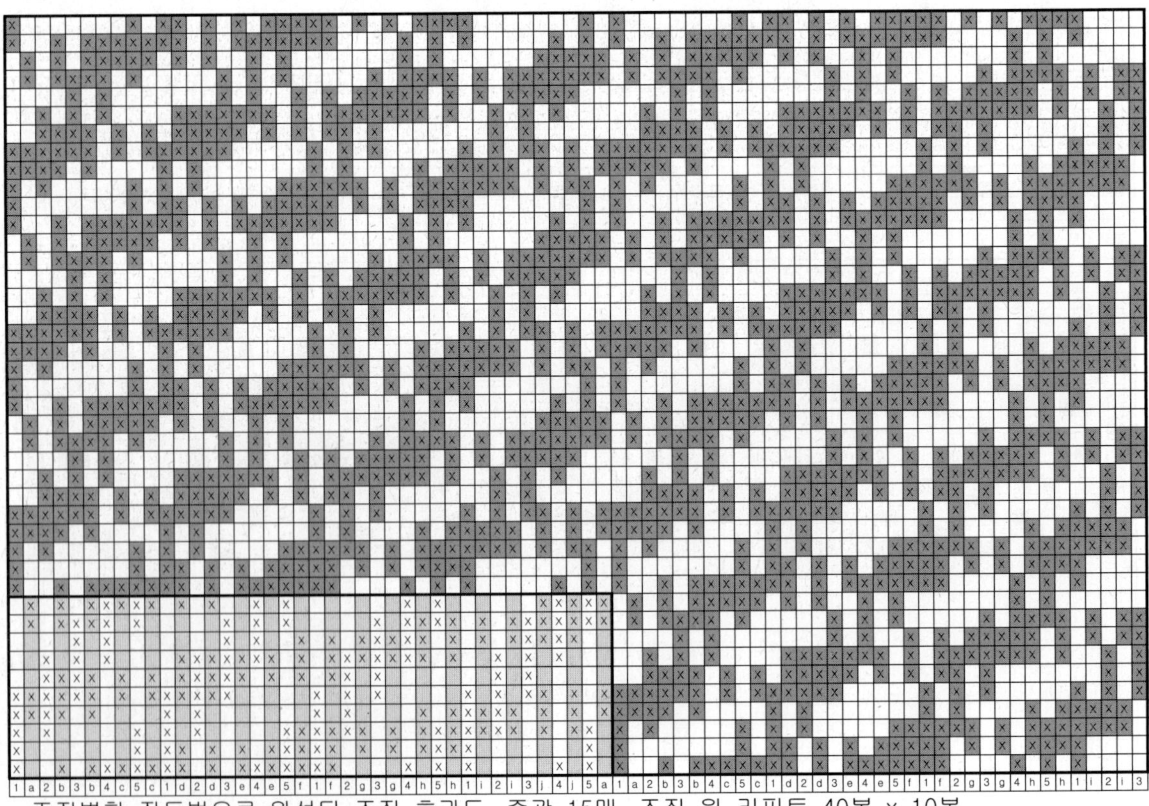

조직병합 작도법으로 완성된 조직 효과도. 종광 15매, 조직 원 리피트 40본 x 10본.

5) 조직 원 리피트 본수가 다른 2개의 Twill조직을 병합비율 1:1로 취합한 병합조직.

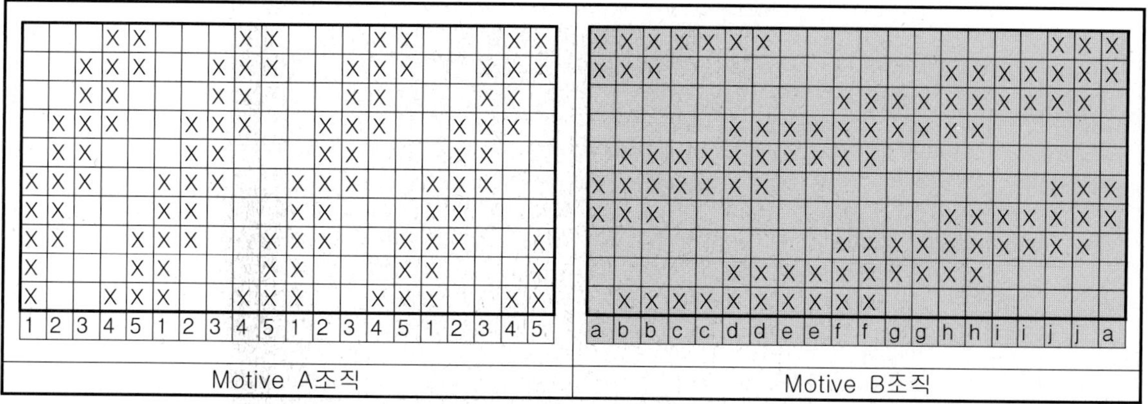

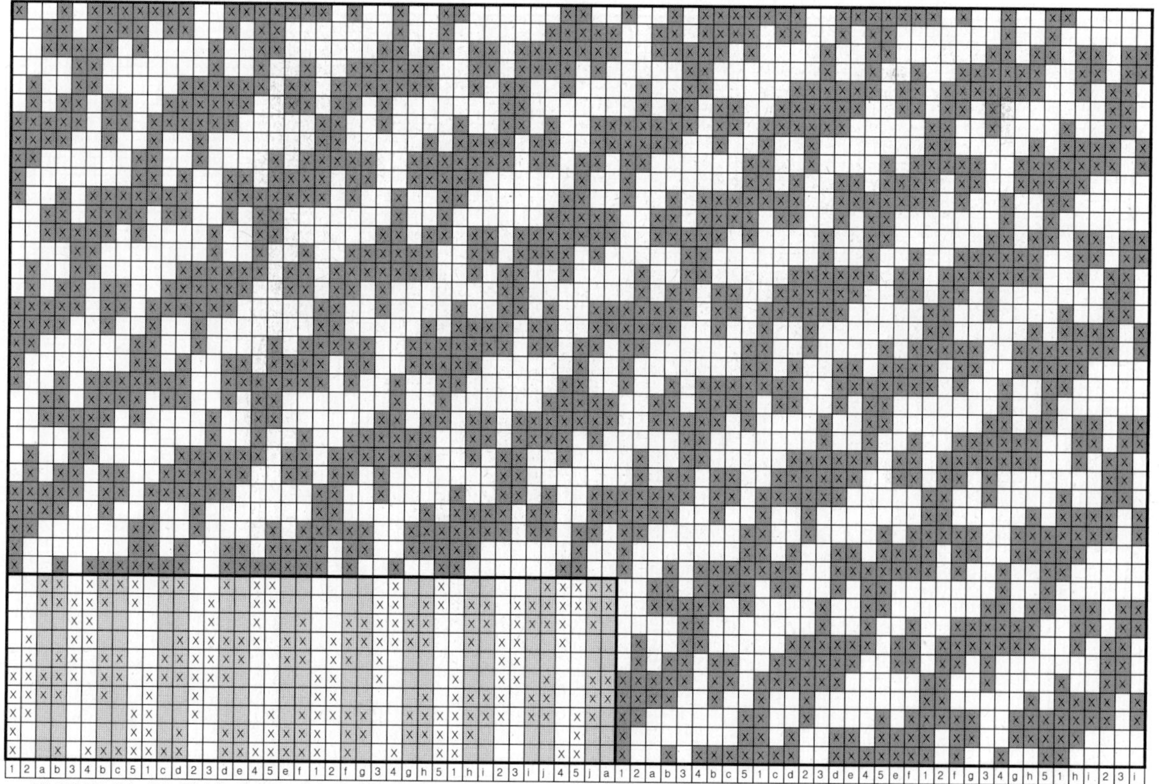

조직병합 작도법으로 완성된 조직 효과도. 종광 15매, 조직 원 리피트 40본 x 10본.

6) 조직 원 리피트 본수가 다른 2개의 Twill조직을 병합비율 2:1로 취합한 병합조직.

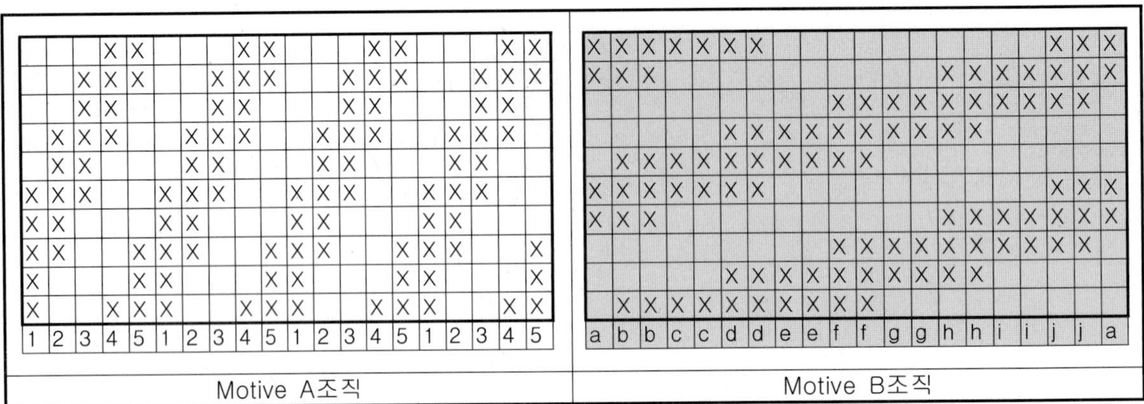

Motive A조직

Motive B조직

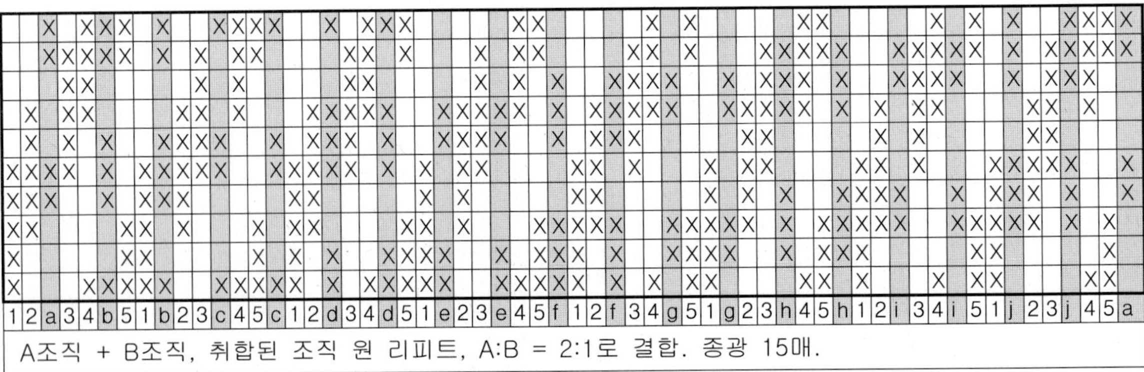

A조직 + B조직, 취합된 조직 원 리피트, A:B = 2:1로 결합. 종광 15매.

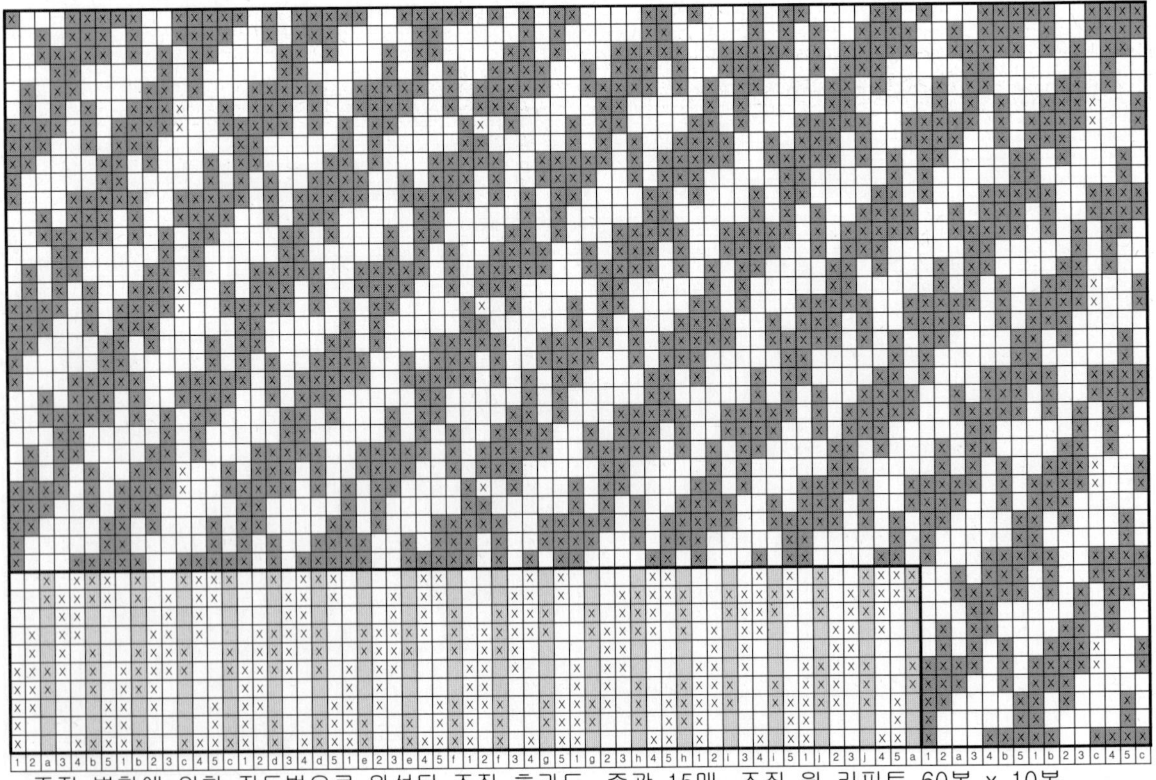

조직 병합에 의한 작도법으로 완성된 조직 효과도. 종광 15매, 조직 원 리피트 60본 x 10본.

7) 조직 유도법으로 생성된 2개의 Twill조직을 병합비율 1:1로 취합한 병합조직.

| Motive A조직 | Motive B조직 | A조직 + B조직 (A:B = 1:1로 결합) |

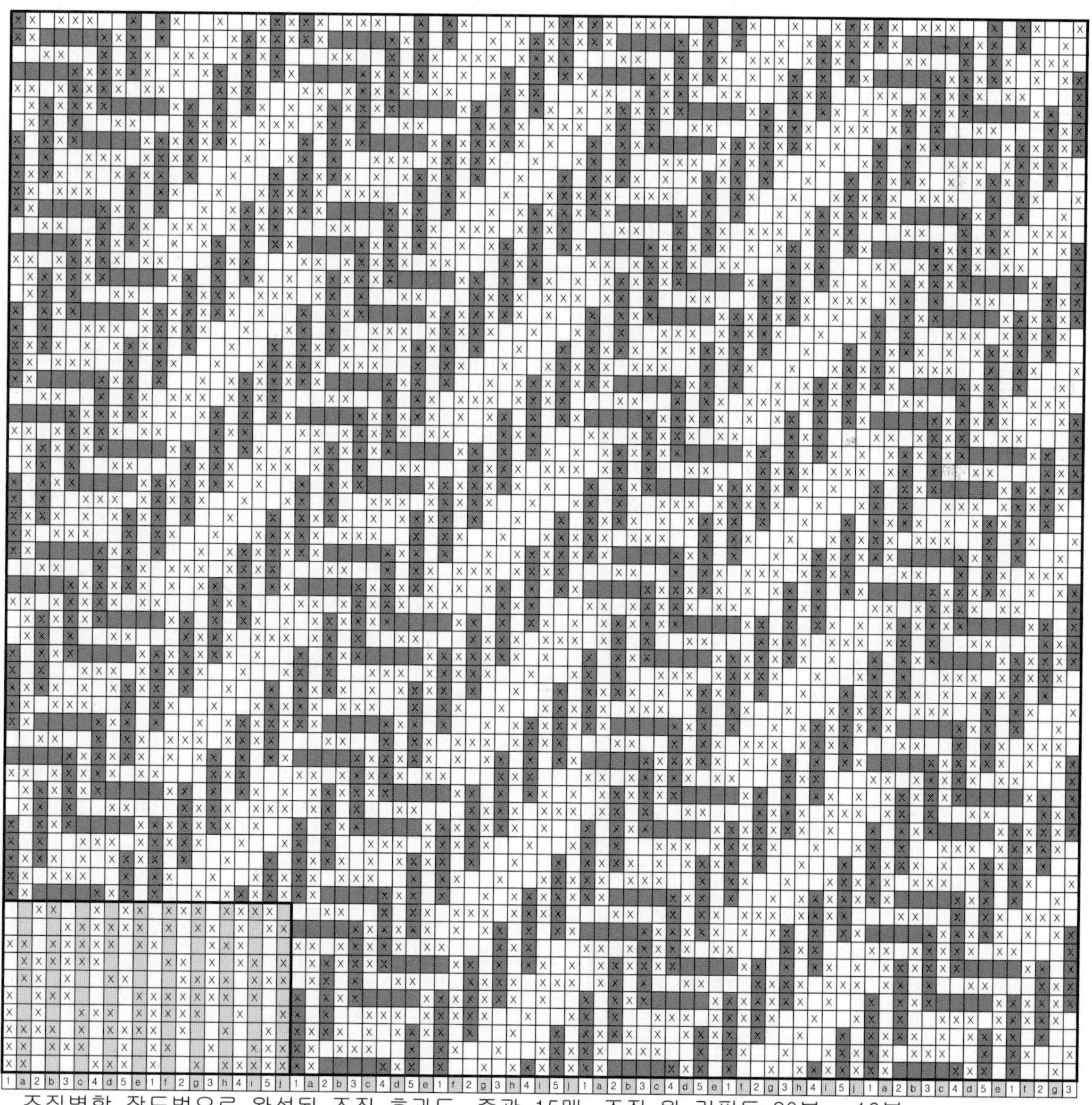

조직병합 작도법으로 완성된 조직 효과도. 종광 15매, 조직 원 리피트 20본 x 10본.

8) 조직 유도법으로 생성된 2개의 Twill조직을 병합비율 2:2로 취합한 병합조직.

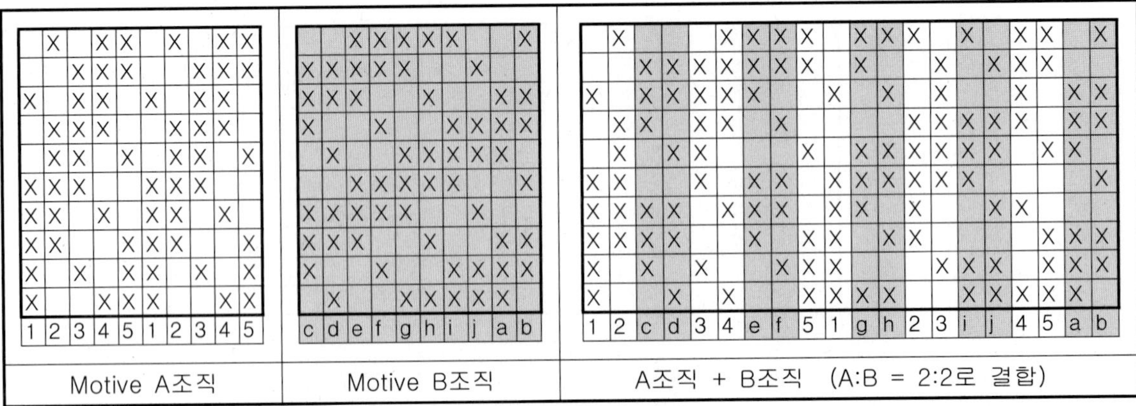

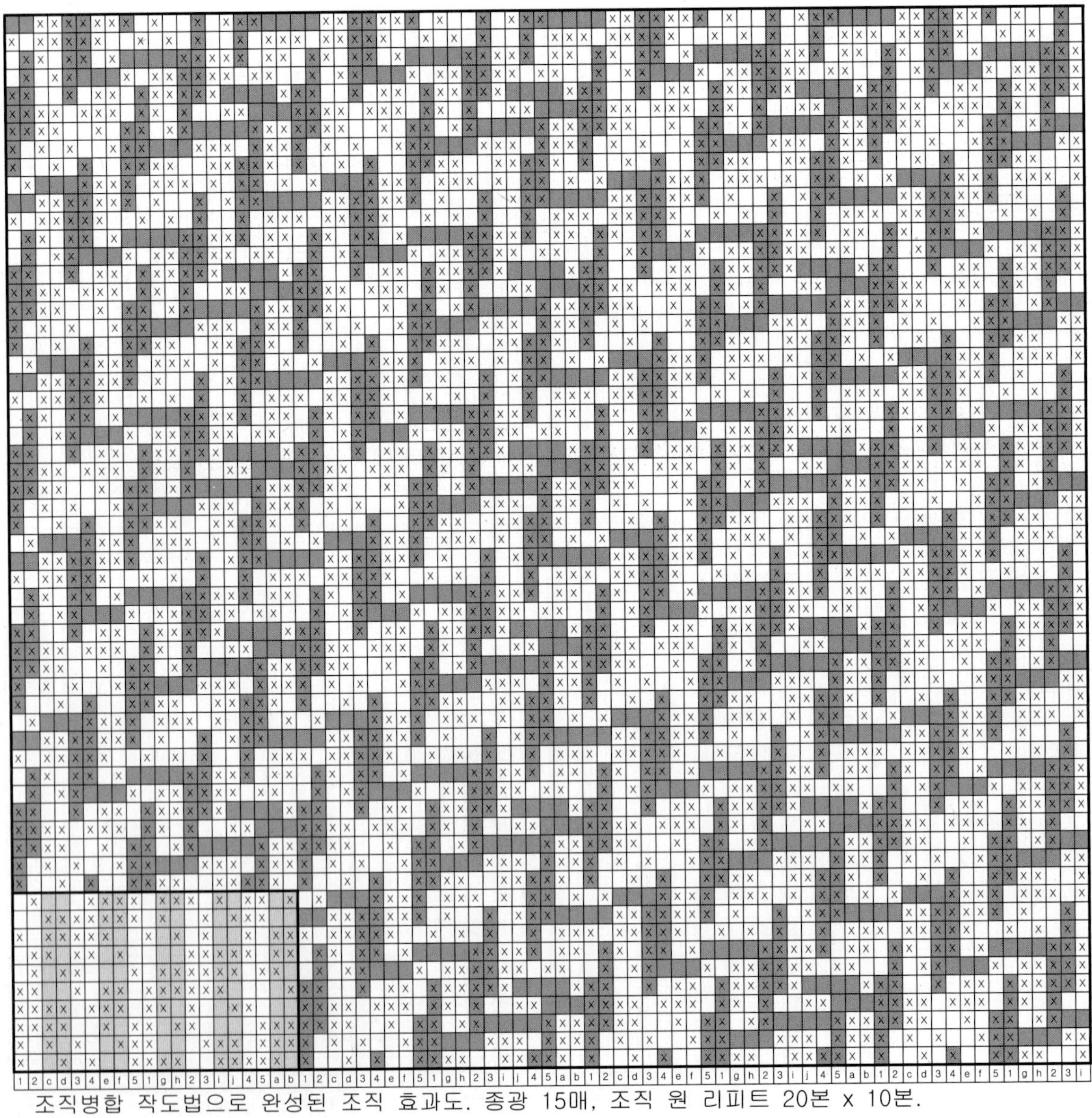

조직병합 작도법으로 완성된 조직 효과도. 종광 15매, 조직 원 리피트 20본 x 10본.

9) 조직 유도법으로 생성된 2개의 Twill조직을 병합비율 2:1로 취합한 병합조직.

Motive A조직 | Motive B조직 | A조직 + B조직 (A:B = 2:1로 결합)

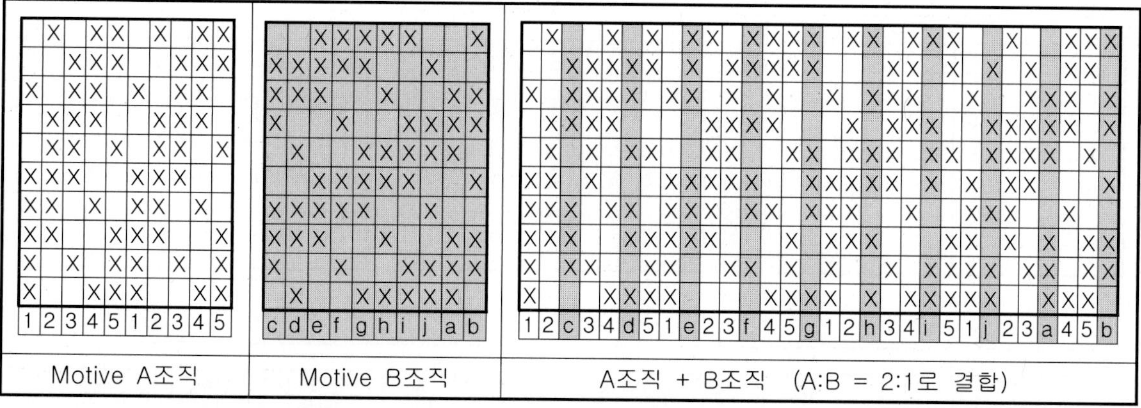

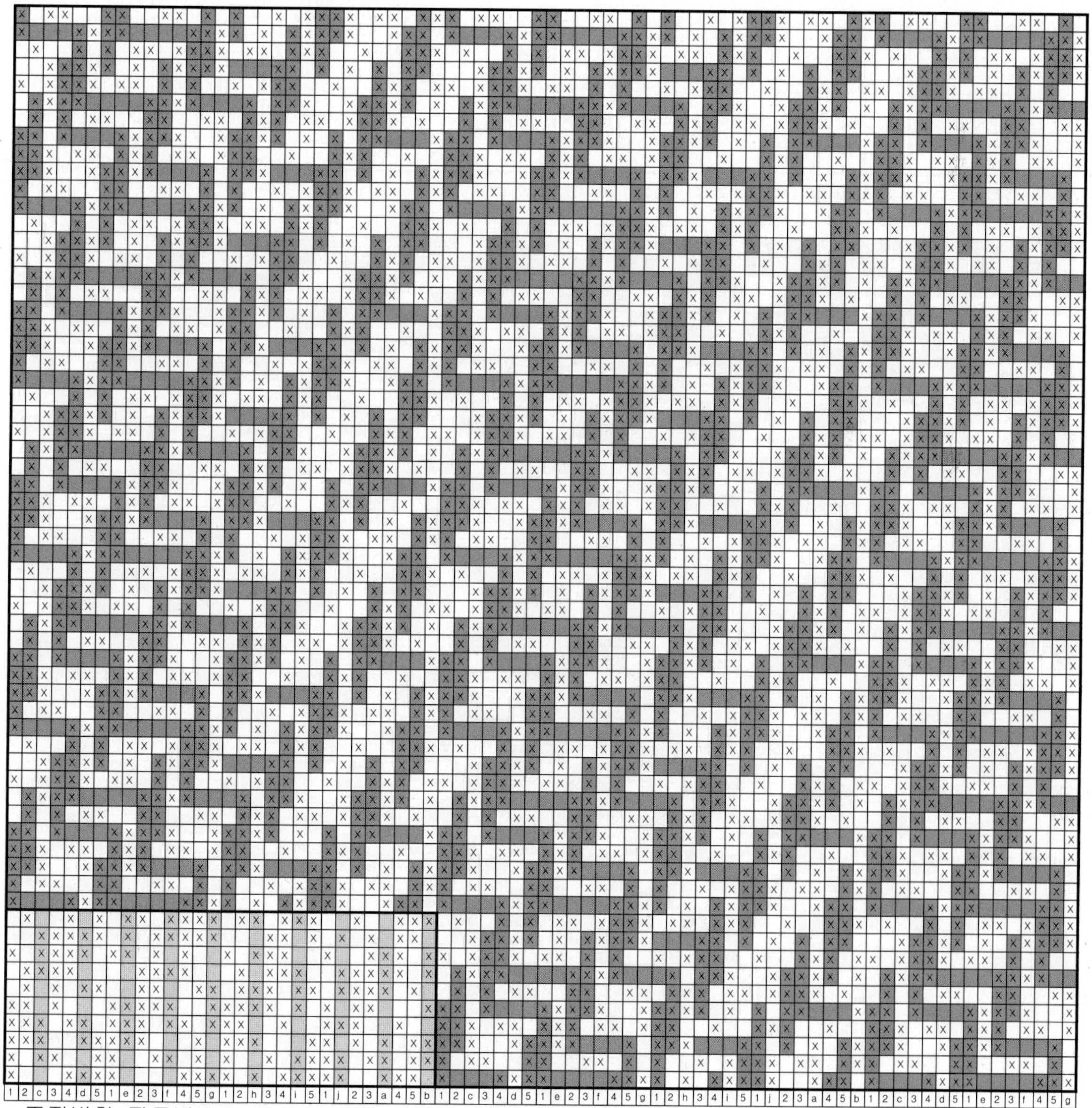

조직병합 작도법으로 완성된 조직 효과도. 종광 15매, 조직 원 리피트 30본 x 10본.

10) Motive 조직 2개를 위사 방향으로 비율 1:1로 취합한 병합조직.

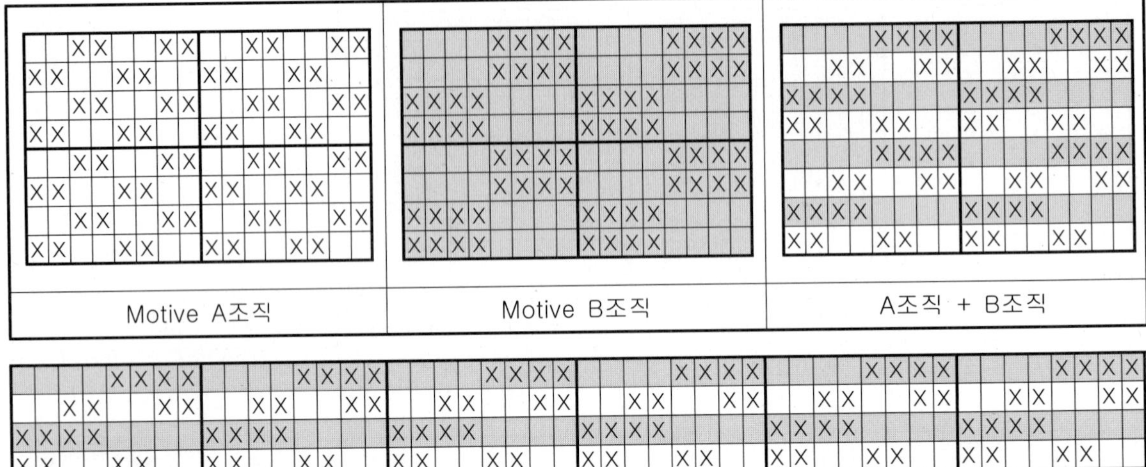

| Motive A조직 | Motive B조직 | A조직 + B조직 |

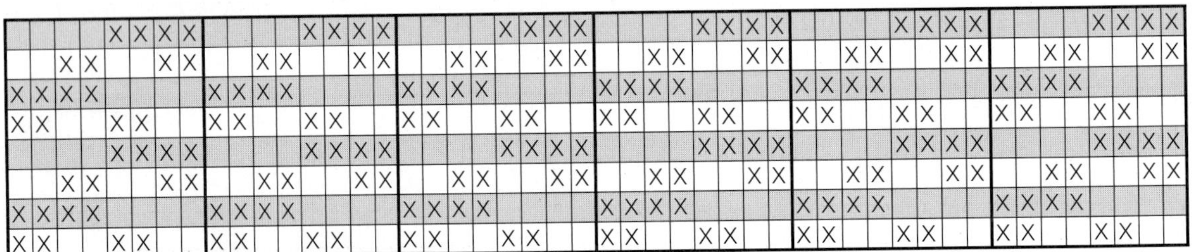

Motive A조직과 Motive B조직을 위사 방향으로 1 : 1 취합한 조직

조직병합 작도법으로 완성된 조직 효과도. 종광 4매, 조직 원 리피트 8본 x 8본.

11) Motive 조직 2개를 위사 방향으로 비율 2:2로 취합한 병합조직.

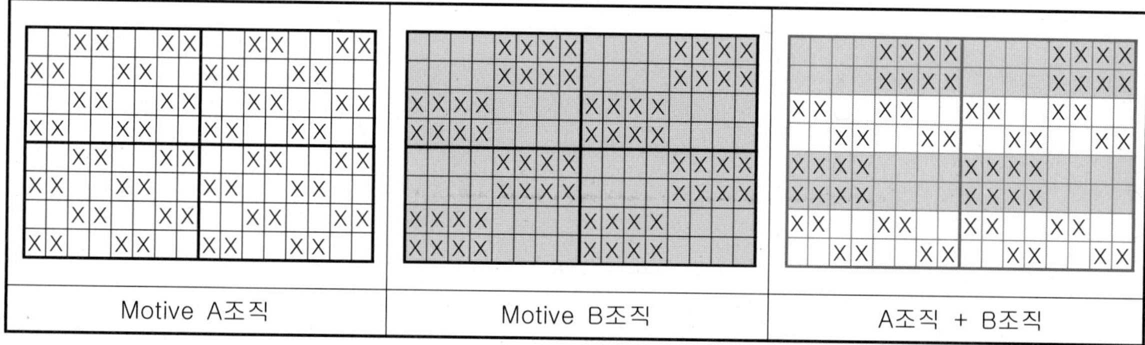

| Motive A조직 | Motive B조직 | A조직 + B조직 |

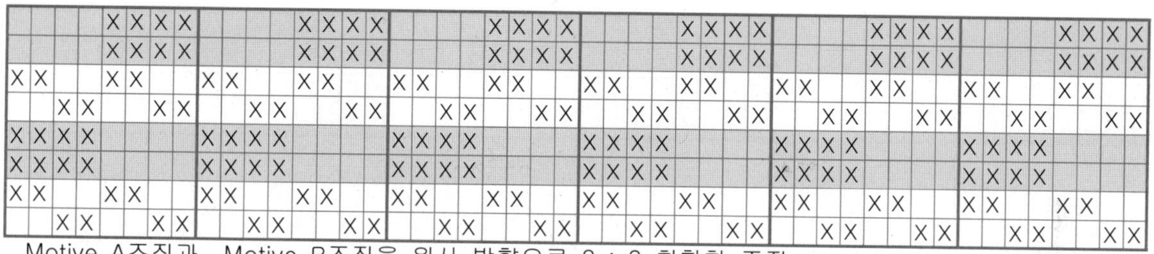

Motive A조직과 Motive B조직을 위사 방향으로 2 : 2 취합한 조직.

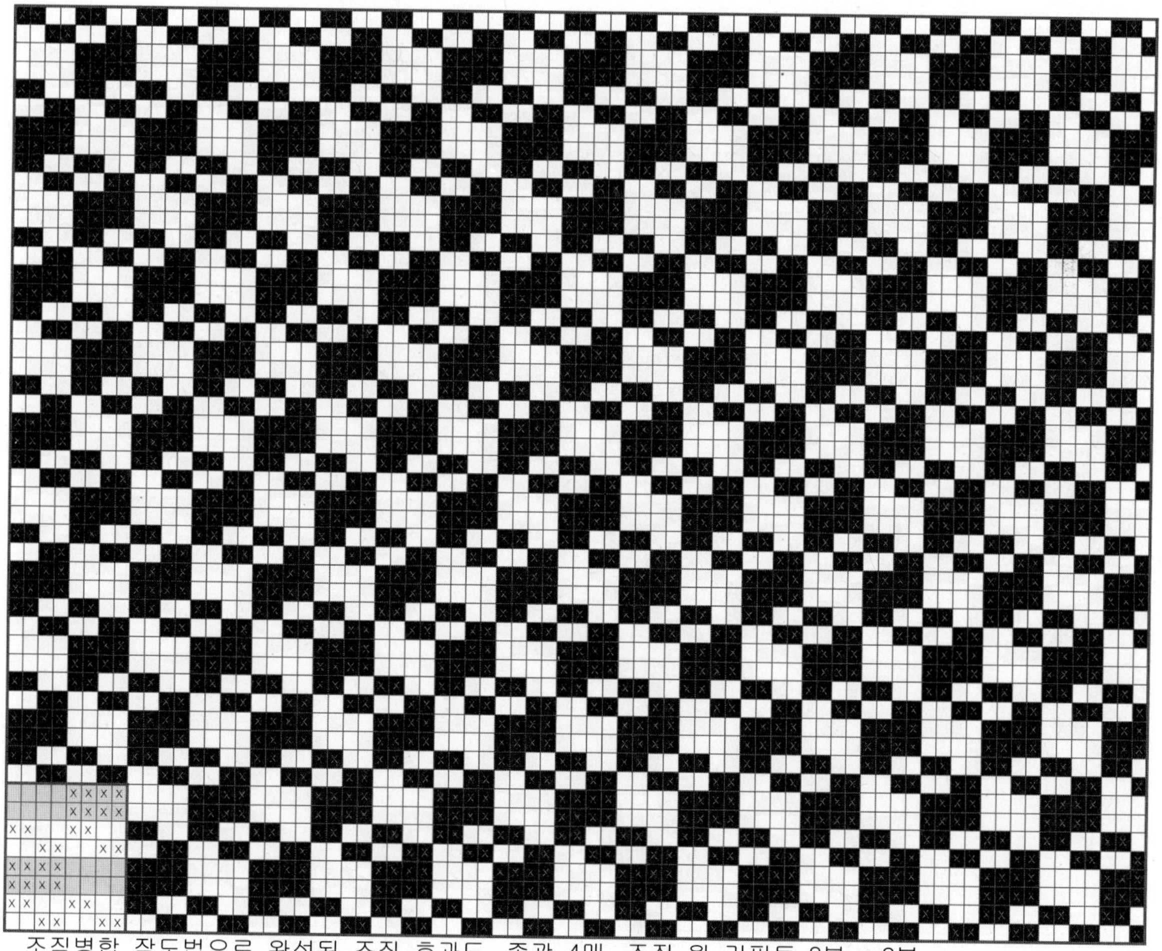

조직병합 작도법으로 완성된 조직 효과도. 종광 4매, 조직 원 리피트 8본 x 8본.

12) Motive 조직 2개를 위사방향으로 비율 4:4로 구획 취합한 병합조직.

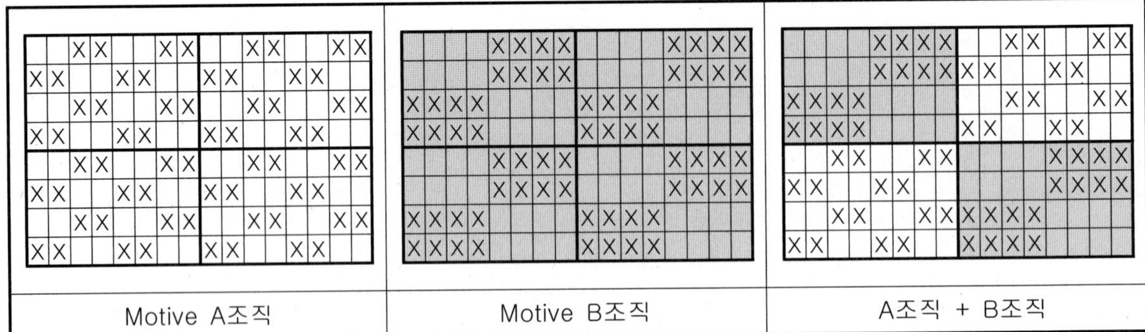

| Motive A조직 | Motive B조직 | A조직 + B조직 |

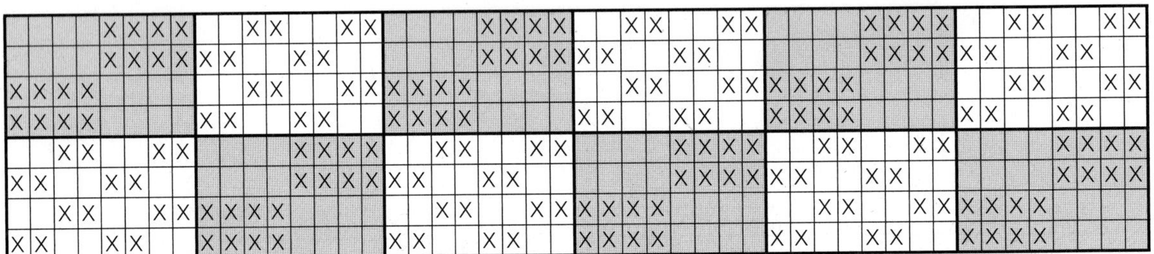

Motive A조직과 Motive B조직을 위사 방향으로 4 : 4 취합, 경사 방향으로 8 : 8 취합한 조직.

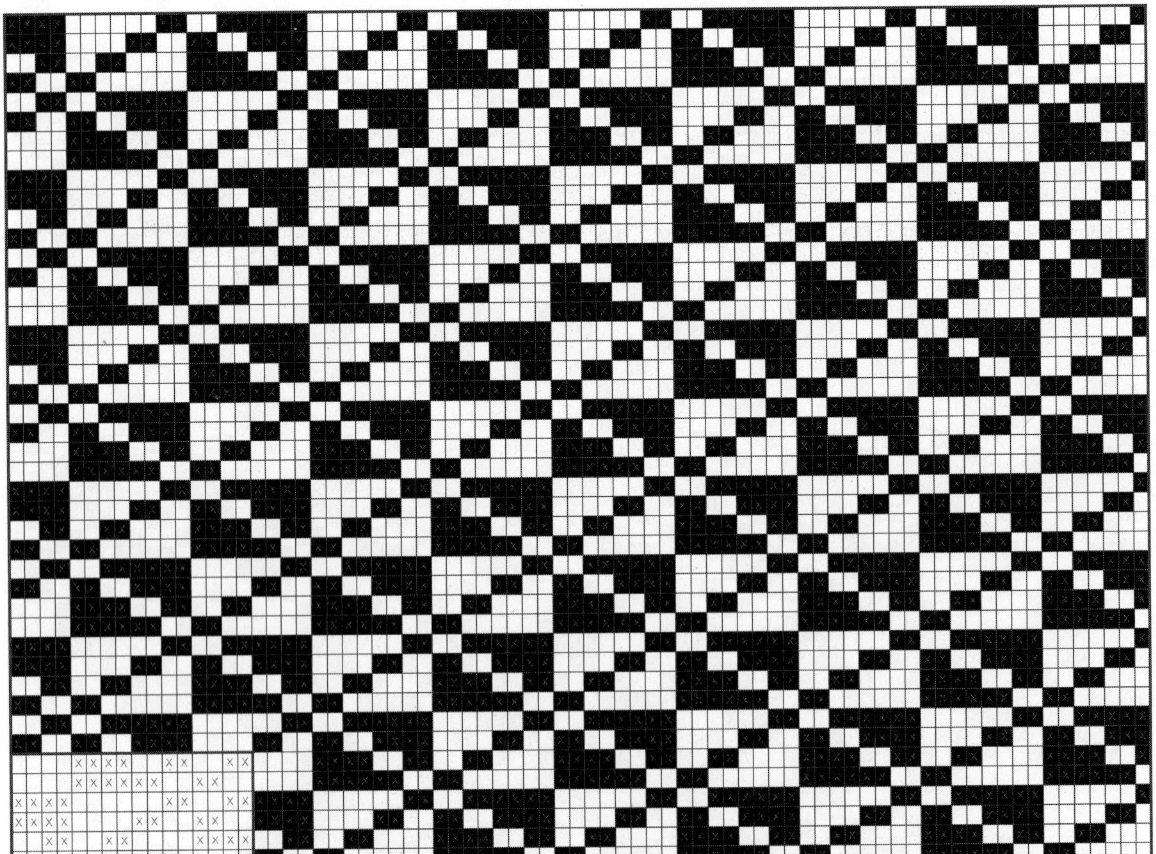

조직병합 작도법으로 완성된 조직 효과도. 종광 8매, 조직 원 리피트 16본 x 8본.

13) 조직 유도법으로 생성된 2개의 조직을 경사 방향으로 비율 1:1로 취합한 병합조직.

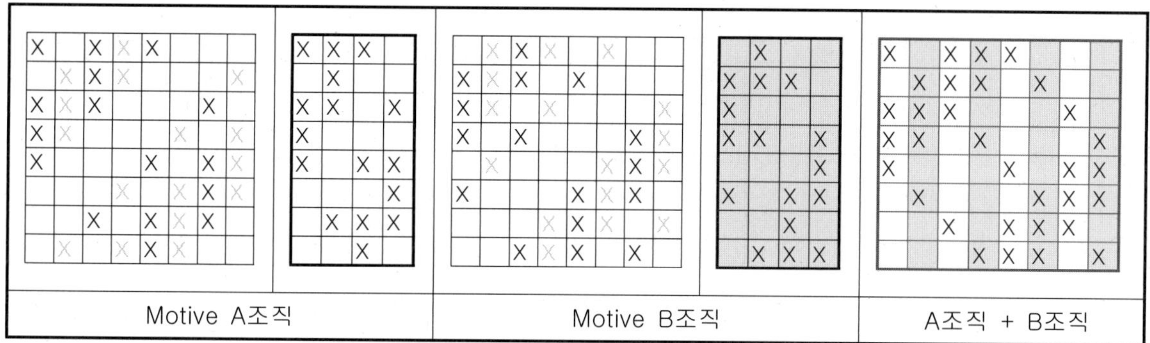

Motive A조직	Motive B조직	A조직 + B조직

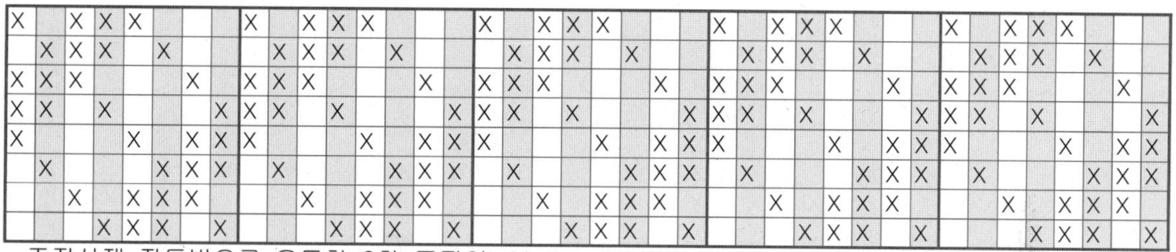

조직삭제 작도법으로 유도한 2차 조직인, Motive A조직과 Motive B조직을 경사 방향으로 1 : 1
취합하여 완성한 조직.

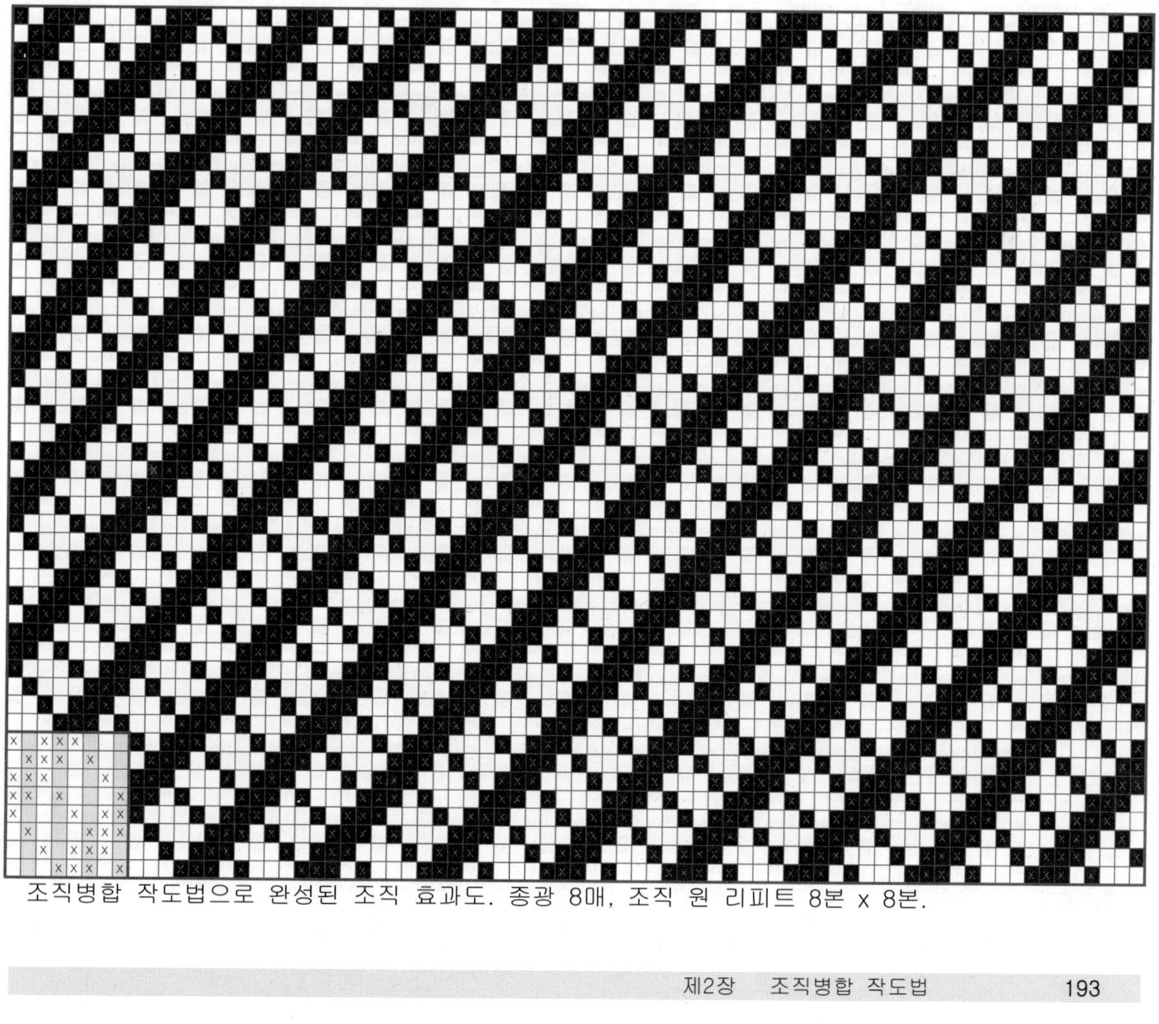

조직병합 작도법으로 완성된 조직 효과도. 종광 8매, 조직 원 리피트 8본 x 8본.

14) 조직 유도법으로 생성된 2개의 조직을 경사 방향으로 비율 2:2로 취합한 병합조직.

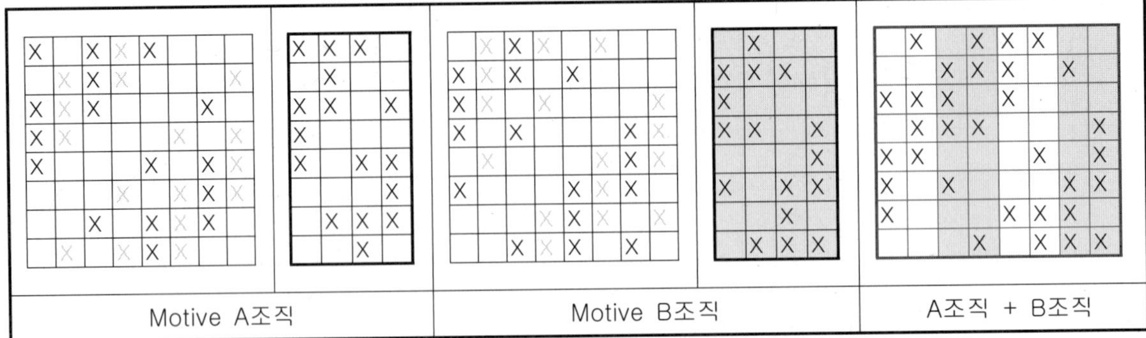

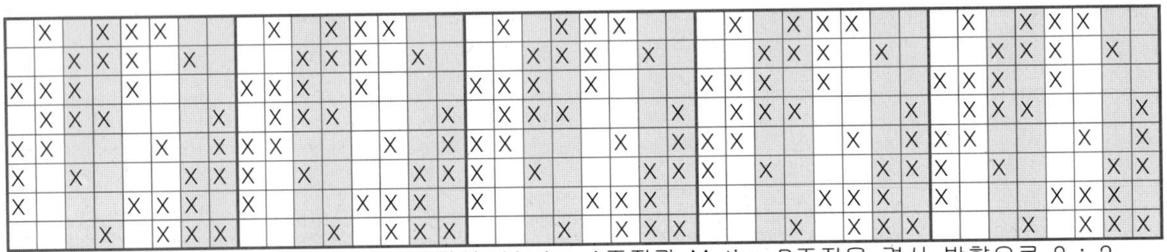

조직삭제 작도법으로 유도한 2차 조직인, Motive A조직과 Motive B조직을 경사 방향으로 2 : 2 취합하여 완성된 조직.

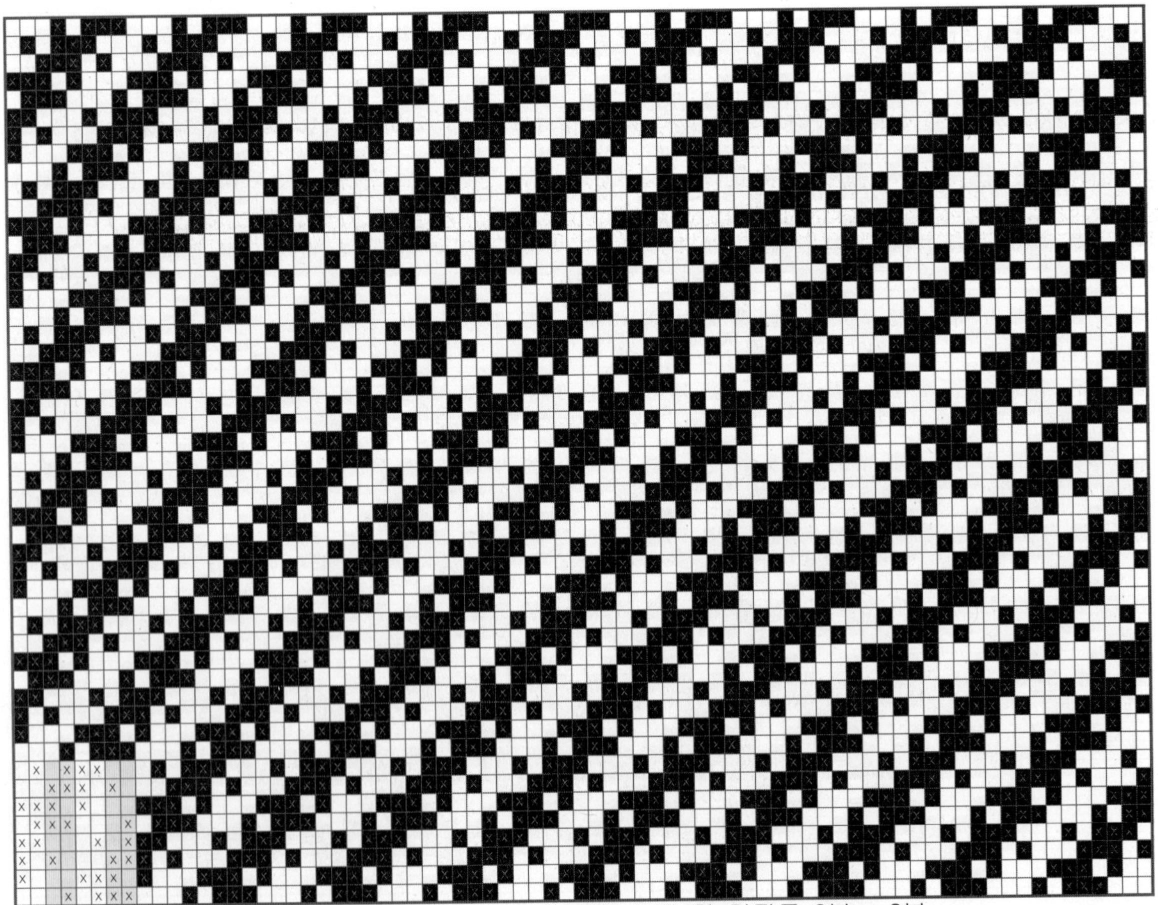

조직병합 작도법으로 완성된 조직 효과도. 종광 8매, 조직 원 리피트 8본 x 8본.

15) 조직 유도법으로 생성된 2개의 조직을 경사 방향으로 비율 3:3로 취합한 병합조직.

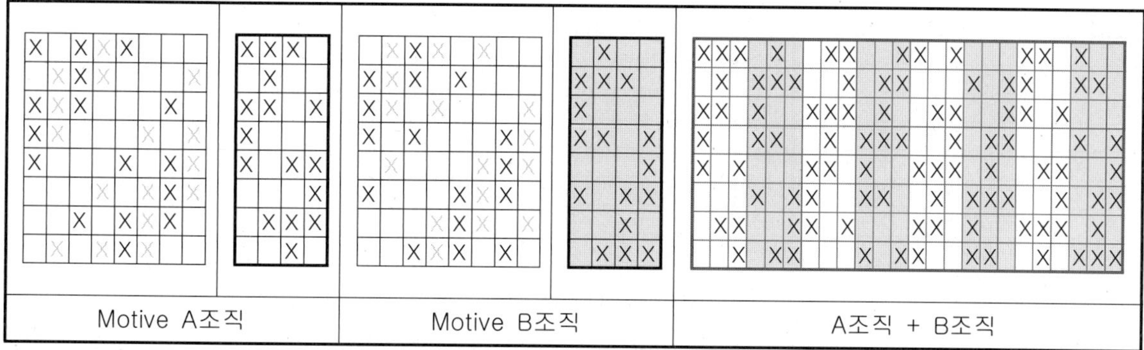

Motive A조직	Motive B조직	A조직 + B조직

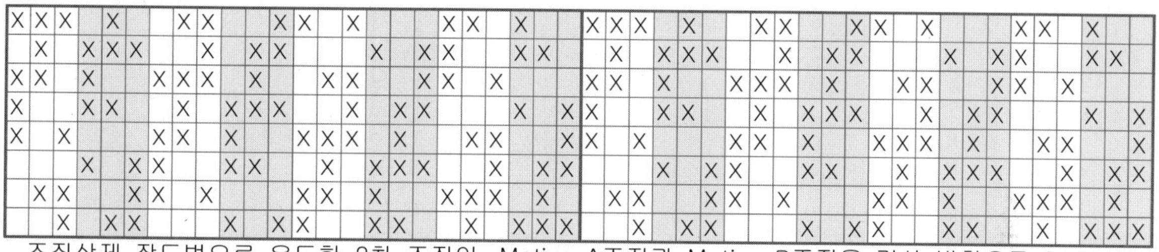

조직삭제 작도법으로 유도한 2차 조직인, Motive A조직과 Motive B조직을 경사 방향으로 3 : 3 취합하여 완성된 조직.

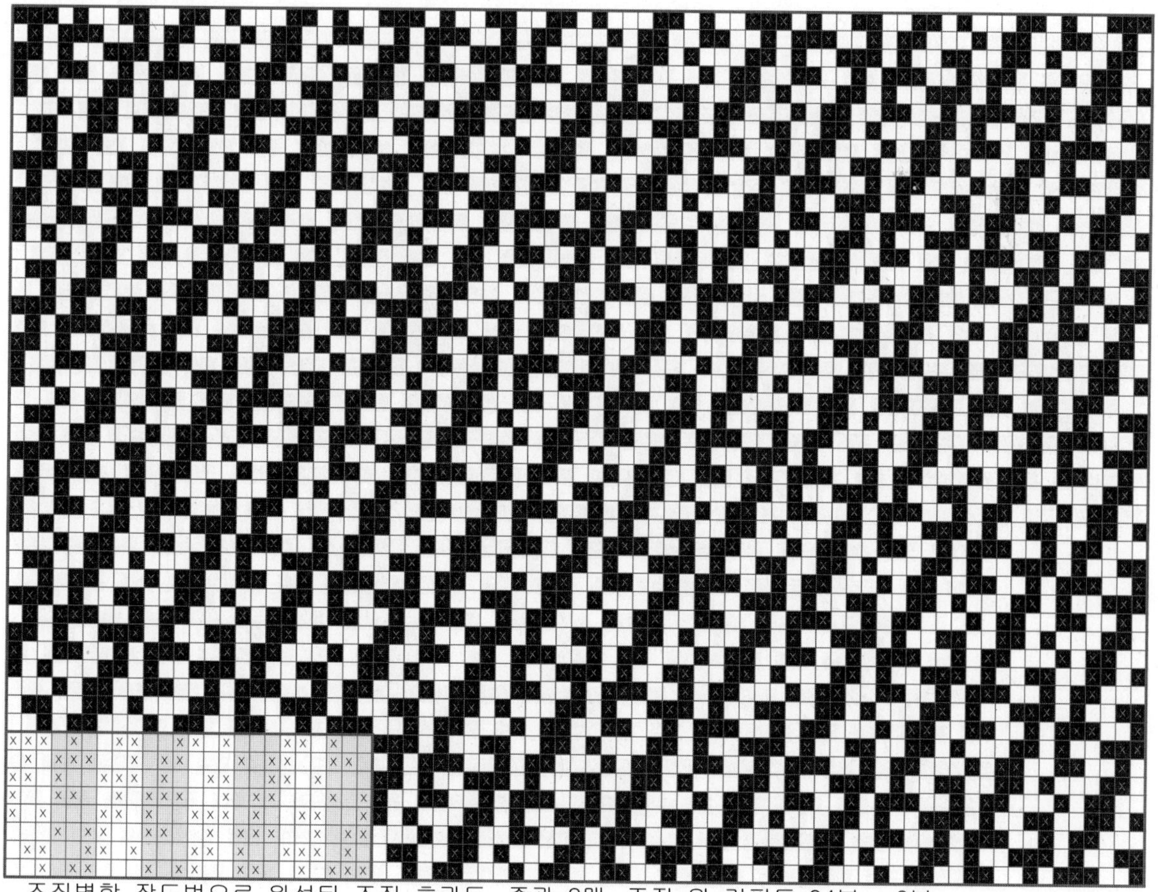

조직병합 작도법으로 완성된 조직 효과도. 종광 8매, 조직 원 리피트 24본 x 8본.

16) Motive 조직 2개를 위사 방향으로 병합 비율 1:1로 취합한 병합조직.

Motive A조직	Motive B조직	A조직 + B조직

Motive A조직과 Motive B조직을 위사 방향으로 1 : 1 취합.

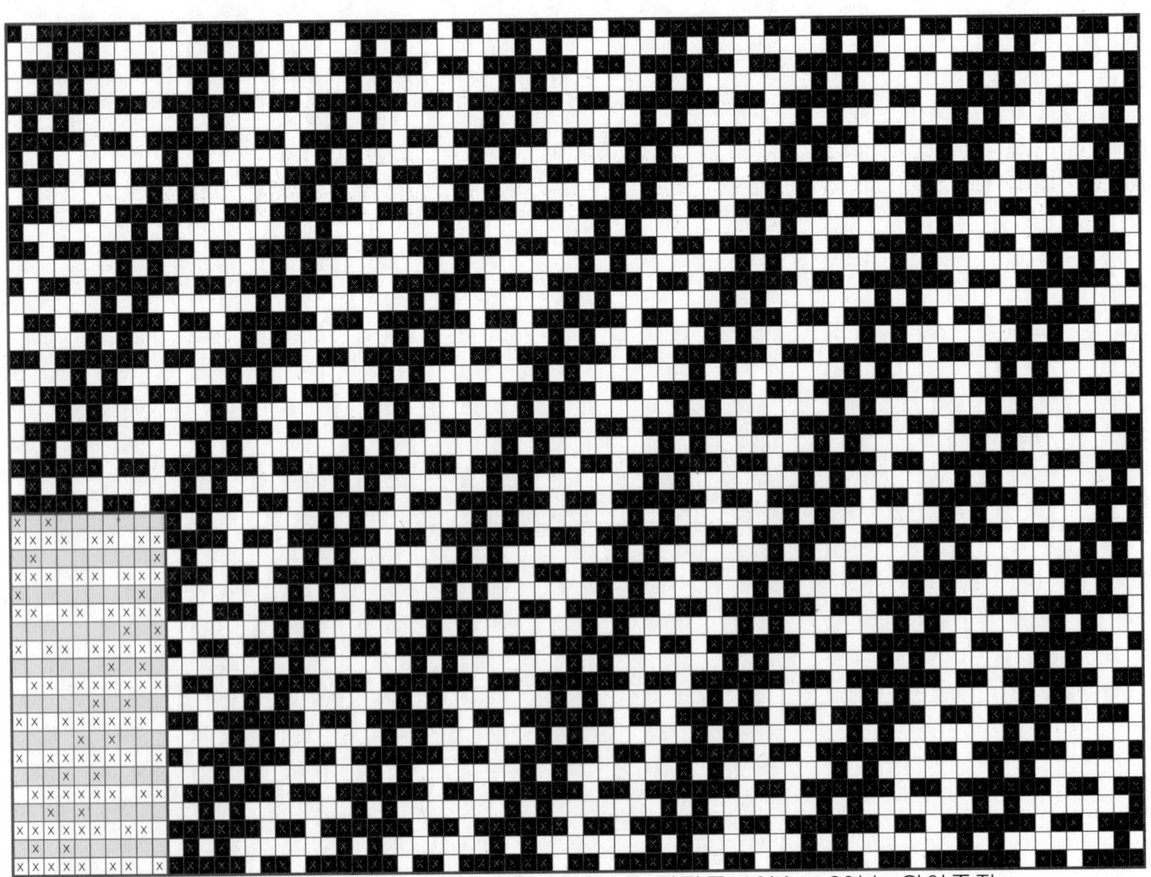

조직병합 작도법으로 완성된 조직, 종광 10매, 조직 원 리피트 10본 x 20본. 위이중직.

17) Motive 조직 2개를 위사 방향으로 병합 비율 2:1로 취합한 병합조직.

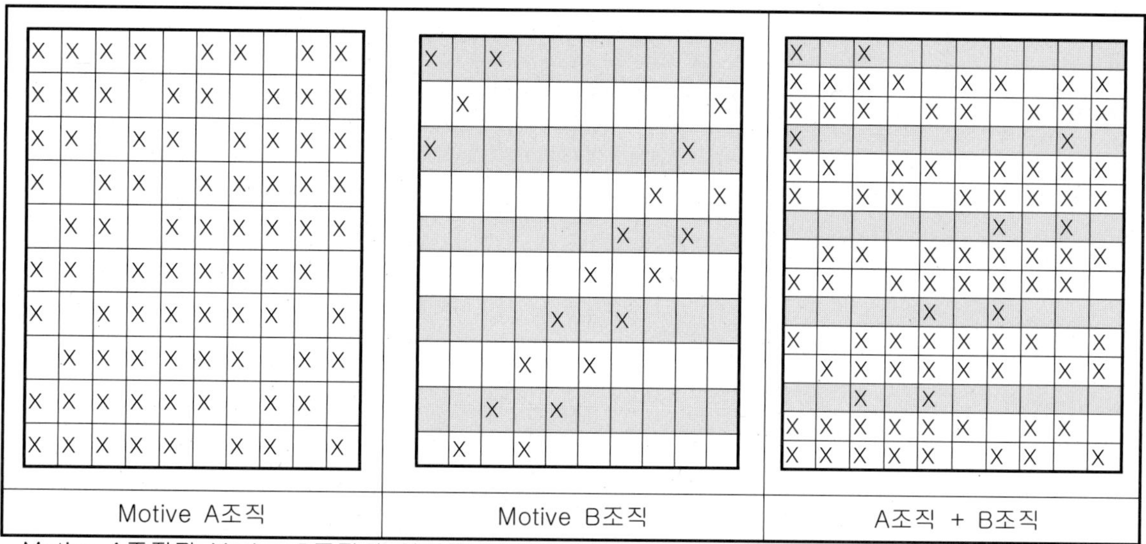

| Motive A조직 | Motive B조직 | A조직 + B조직 |

Motive A조직과 Motive B조직의 일부를 위사 방향으로 2 : 1 취합.

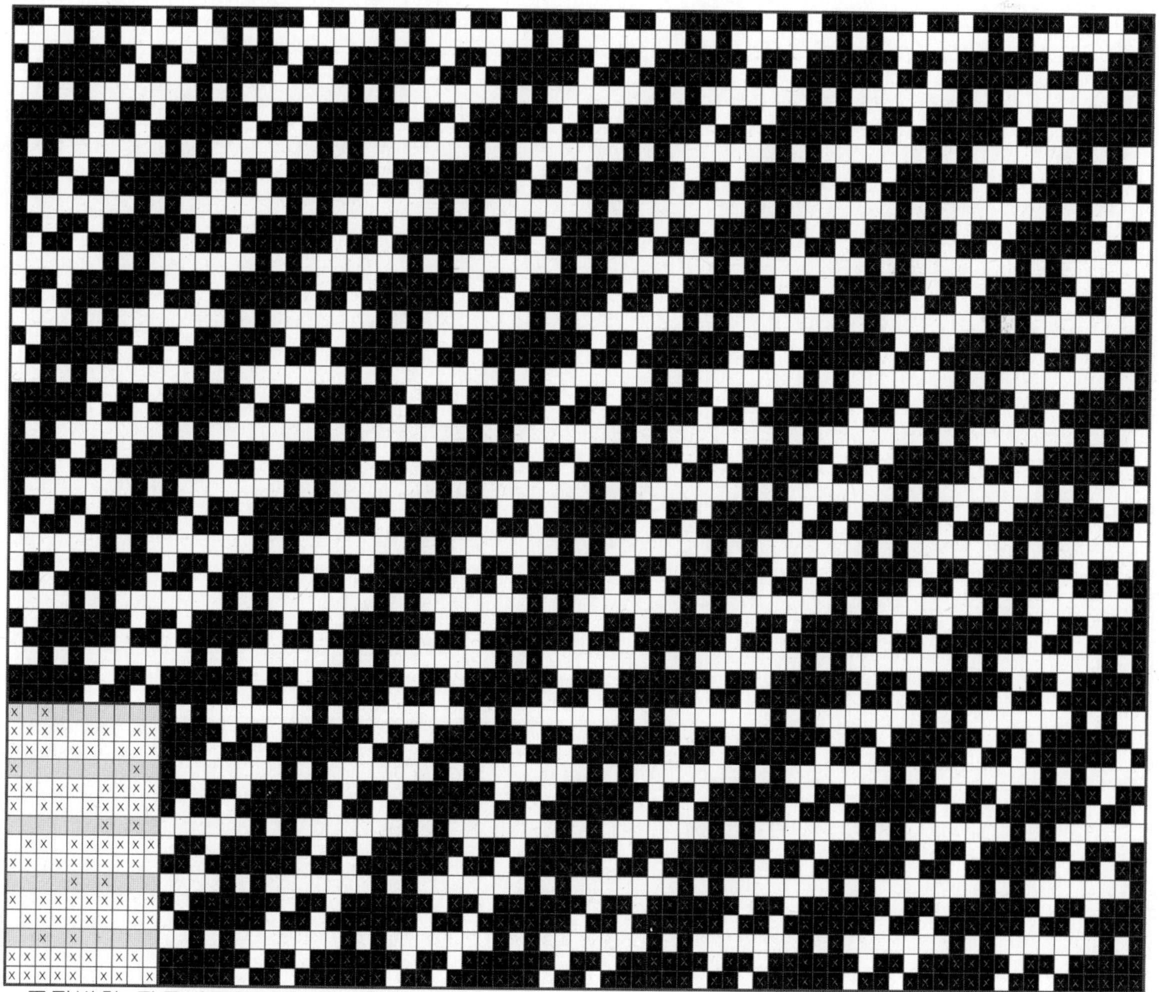

조직병합 작도법으로 완성된 조직. 종광 10매, 조직 원 리피트 10본 x 15본. 위이중직.

04. 주자조직 작도법

직물조직 유도 기법이나 추가 삭제의 논리에서 보면, 삼원조직(평직, 능직, 주자직)의 개념은 존재하지 않는다. 모든 조직은 서로 공유하면서 호환성을 가진다. 그러므로 삼원조직 각각은 기법에 의한 형태의 변형으로 볼 수 있다.

평직은 1개의 교차 도수를 가진 좌상 우상방향을 공유한 Twill이며, 조직점의 일부를 삭제하면 일반적인 능직(Twill), 주자직(Satin)으로 전환한다. 주자직(Satin weave) 또한 조직 추가 기법을 적용하면 능직, 평직으로 환원되는 것을 알 수 있다.

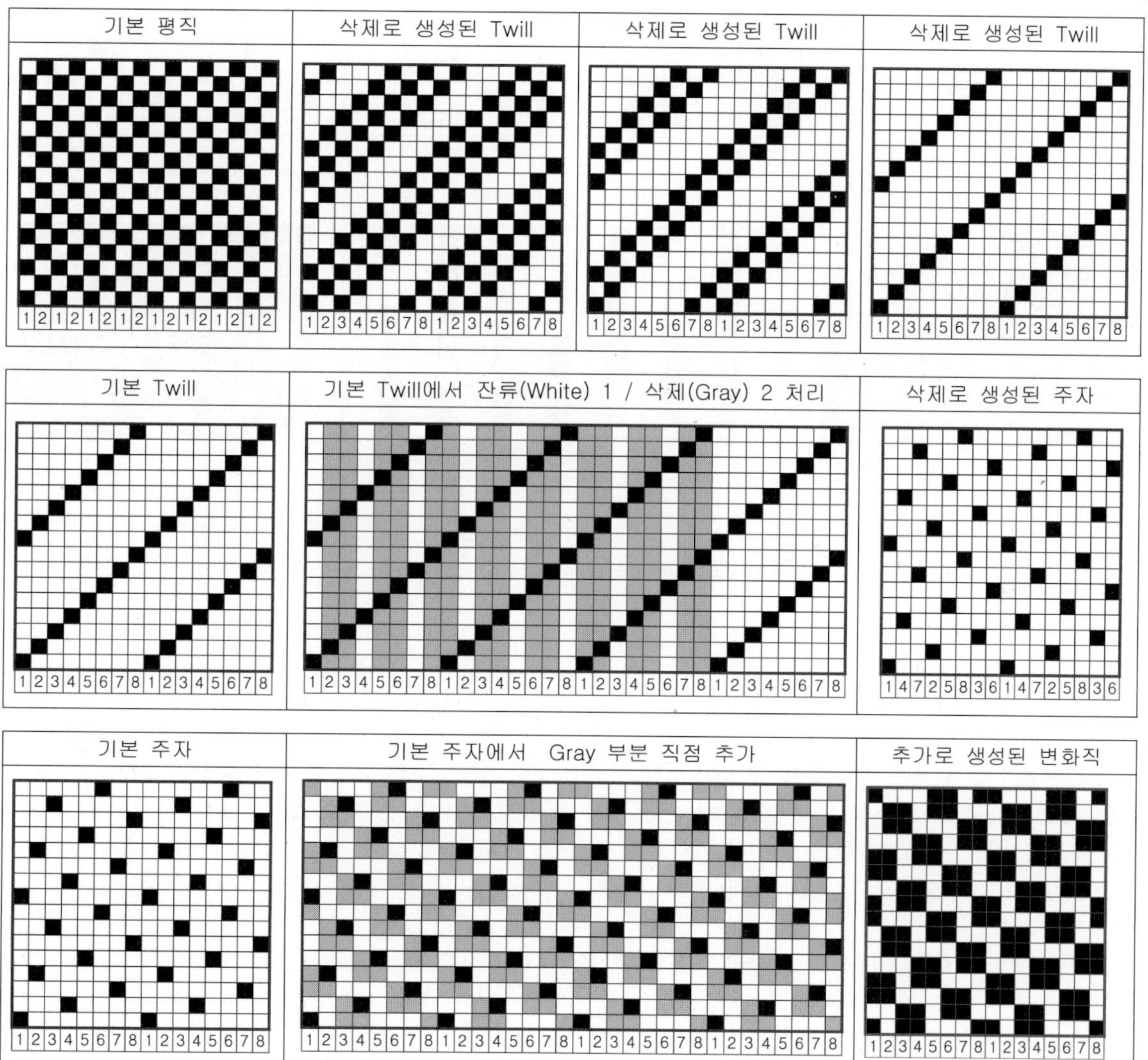

이번 장에서 제시하는 새로운 개념의 [주자조직 작도법]은 기존의 작도법에 비하여 논리의 이해가 쉽고 작도의 범위가 넓어지며, 작도방법이 용이한 장점이 있다.

주자조직의 비수(Count step)를 이용한 조직의 작도가 아닌, 제1장의 직물조직 유도법에 의한 논리를 적용한 주자조직의 작도법과 그에 따른 이론을 알아보기로 한다.

주자조직(Satin weave)은 조직 원 리피트 내에 조직점의 Up down의 반복 회수가 최소이
고 각 조직점의 거리가 최대인 조직이다.
그러므로 Motive twill을 선정할 때, Up down이 최대 혹은 최소인 Twill로 결정하는 것이
가장 효과적인 주자조직 형성을 도출하게 된다. 아래는 그 예시이다.

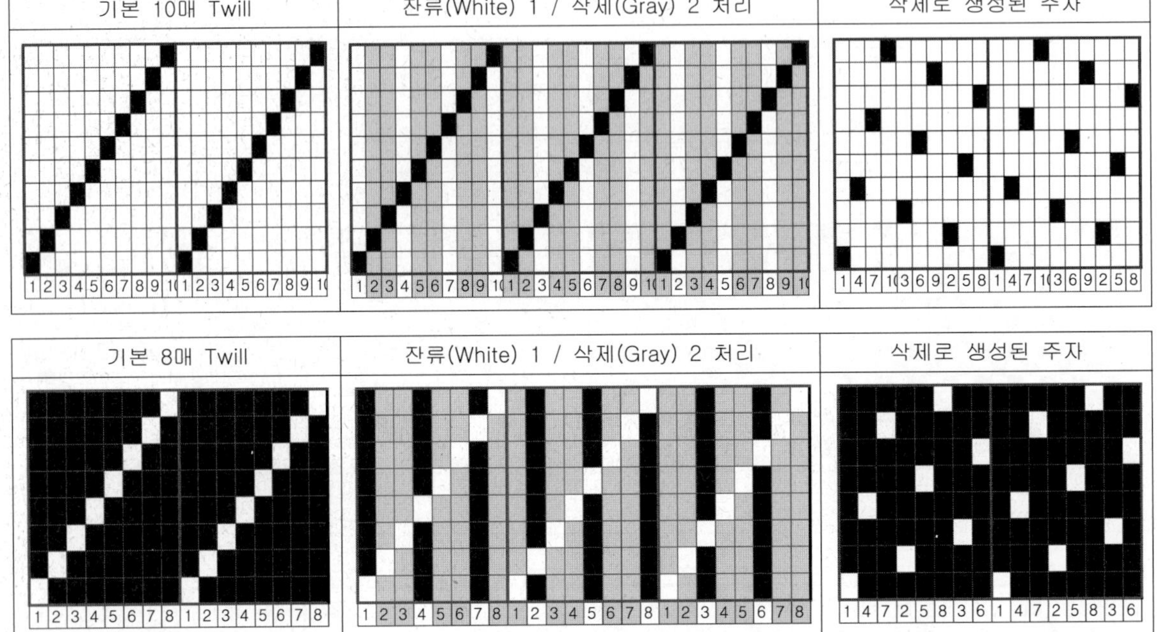

2) 다음은 직물조직 유도기법으로 주자조직(Satin weave)을 작도하는 논리의 설명이다.

* 작도의 Repeat 본수는, 잔류본수와 삭제본수를 합한 수와 Motive 조직 원 리피트 본수의 최소공
배수가, 삭제를 포함한 2차 생성조직의 조직 원 리피트 본수가 된다.

* 잔류본수와 삭제본수의 합이 Motive조직 본수를 2로 나눈 수를 기준으로 생성되는 주자조직은 대
칭을 이룬다. 결과의 수가 자연수(Motive 조직 원 리피트 본수가 짝수)이면 그 수를 기준으로 생성되
는 주자조직은 좌우로 대칭을 이룬다. 결과의 수가 소수(Motive 조직 원 리피트 본수가 홀수)이면 기
준조직 없이 소수의 좌우 자연수가 대칭을 이룬다.

* 삭제본수가 Motive조직의 본수와 일치하면 생성된 조직은 Motive조직으로 환원된다. 삭제본수가
Motive조직의 본수 이상이면 2차 생성조직은 Motive조직 본수로 나눈 수의 나머지 본수와 동일하게
환원된다.

* 잔류본수와 삭제본수의 합이 Motive조직의 본수와 일치하면 2차 생성조직은 이루어지지 않는다.

* 잔류본수와 삭제본수의 합이 Motive조직의 본수의 공약수이면 주자조직 형성은 불가능하다.

* 경사 제거법과 위사 제거법은 동일한 원리에 의하여 2차 조직이 생성된다.

다음은 [직물조직 유도법]으로 5매 Twill조직 경사에 적용하여 주자조직으로 유도한 예이다

잔류1/삭제0	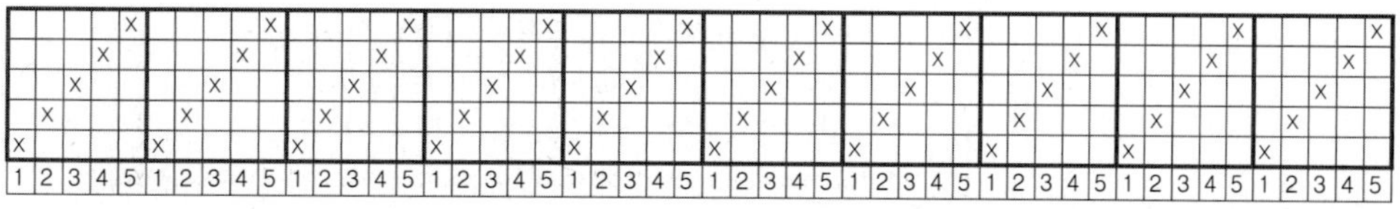
잔류1/삭제1	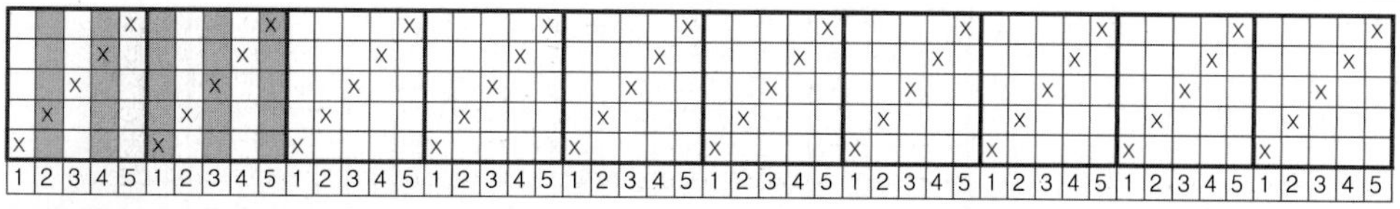
잔류1/삭제2	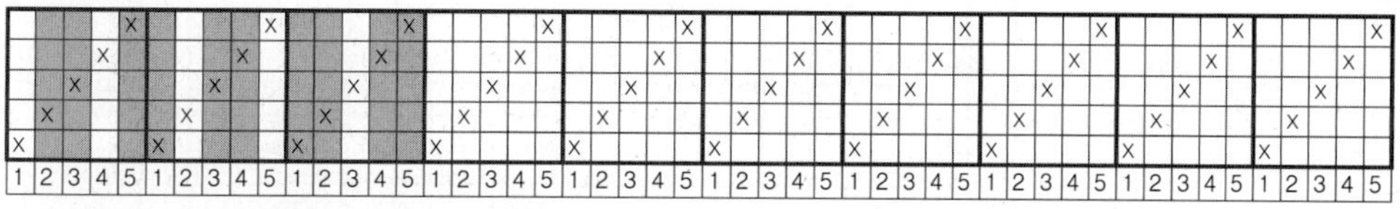
잔류1/삭제3	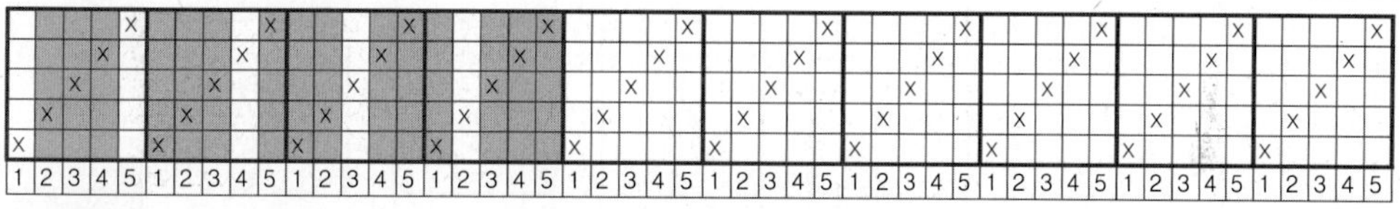
잔류1/삭제4	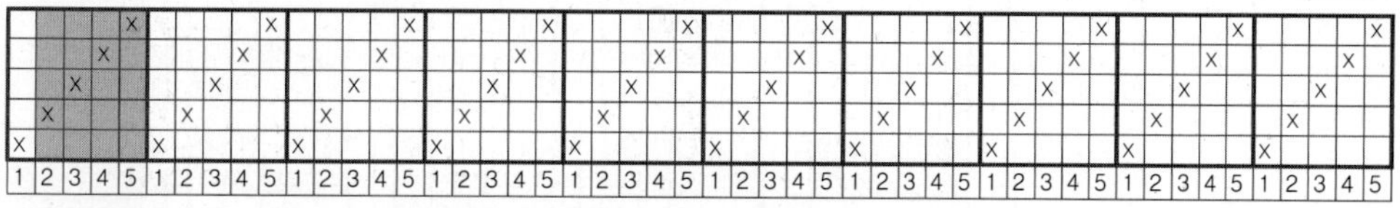
잔류1/삭제5 (5=5+0)	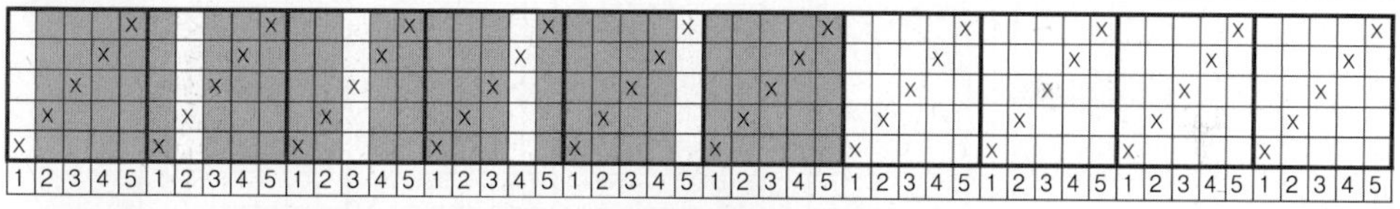
잔류1/삭제6 (6=5+1)	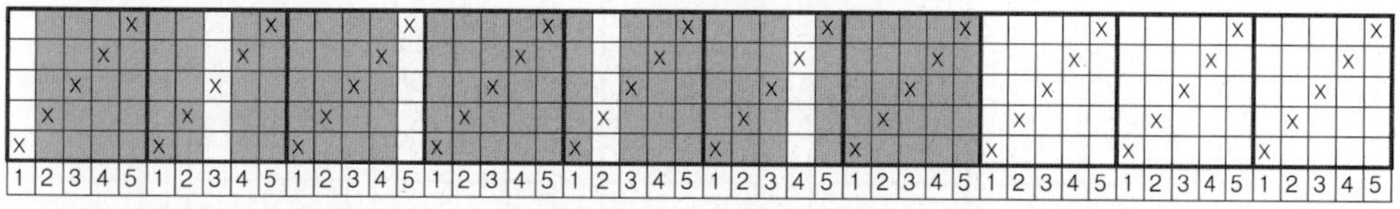
잔류1/삭제7 (7=5+2)	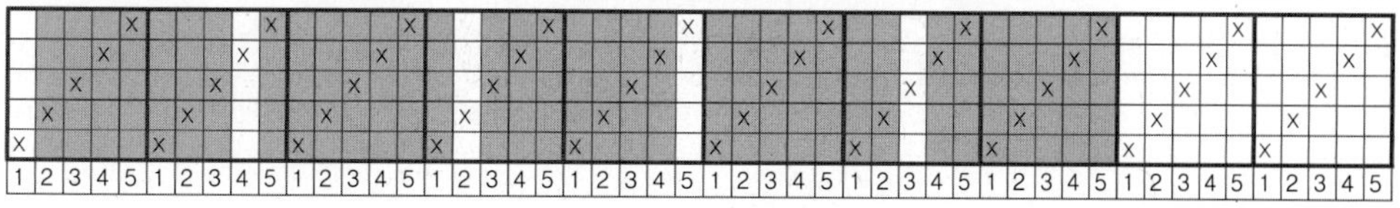

이상과 같이 잔류(White)와 삭제(Gray)를 반복하여 유도된 조직은 다음과 같다.

잔류1/삭제0 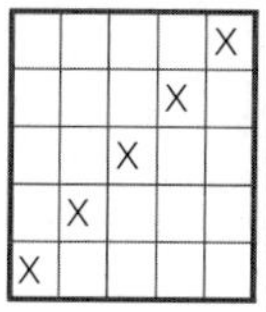	잔류1/삭제1 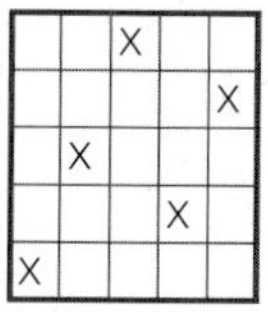	잔류1/삭제2 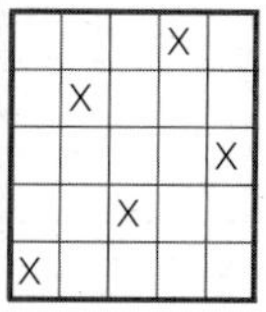	잔류1/삭제3 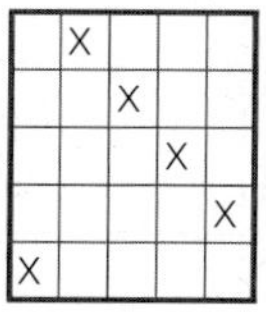	잔류1/삭제4 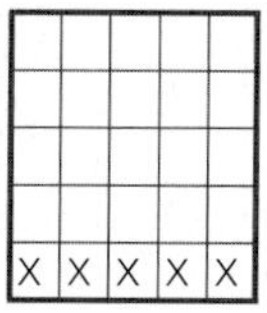	잔류1/삭제5 (5=5+0) 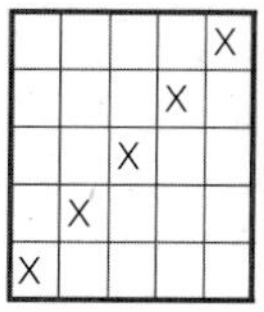	잔류1/삭제6 (6=5+1) 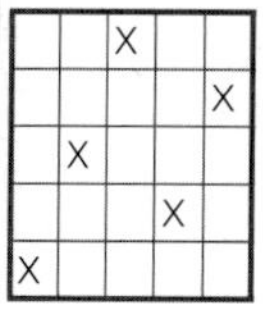	잔류1/삭제7 (7=5+2) 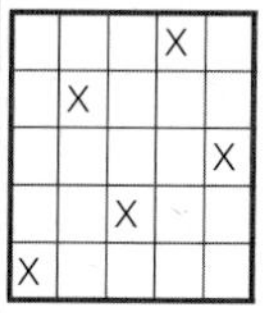

다음은 [직물조직 유도법]으로 5매 Twill조직 위사에 적용하여 주자조직으로 유도한 예이다

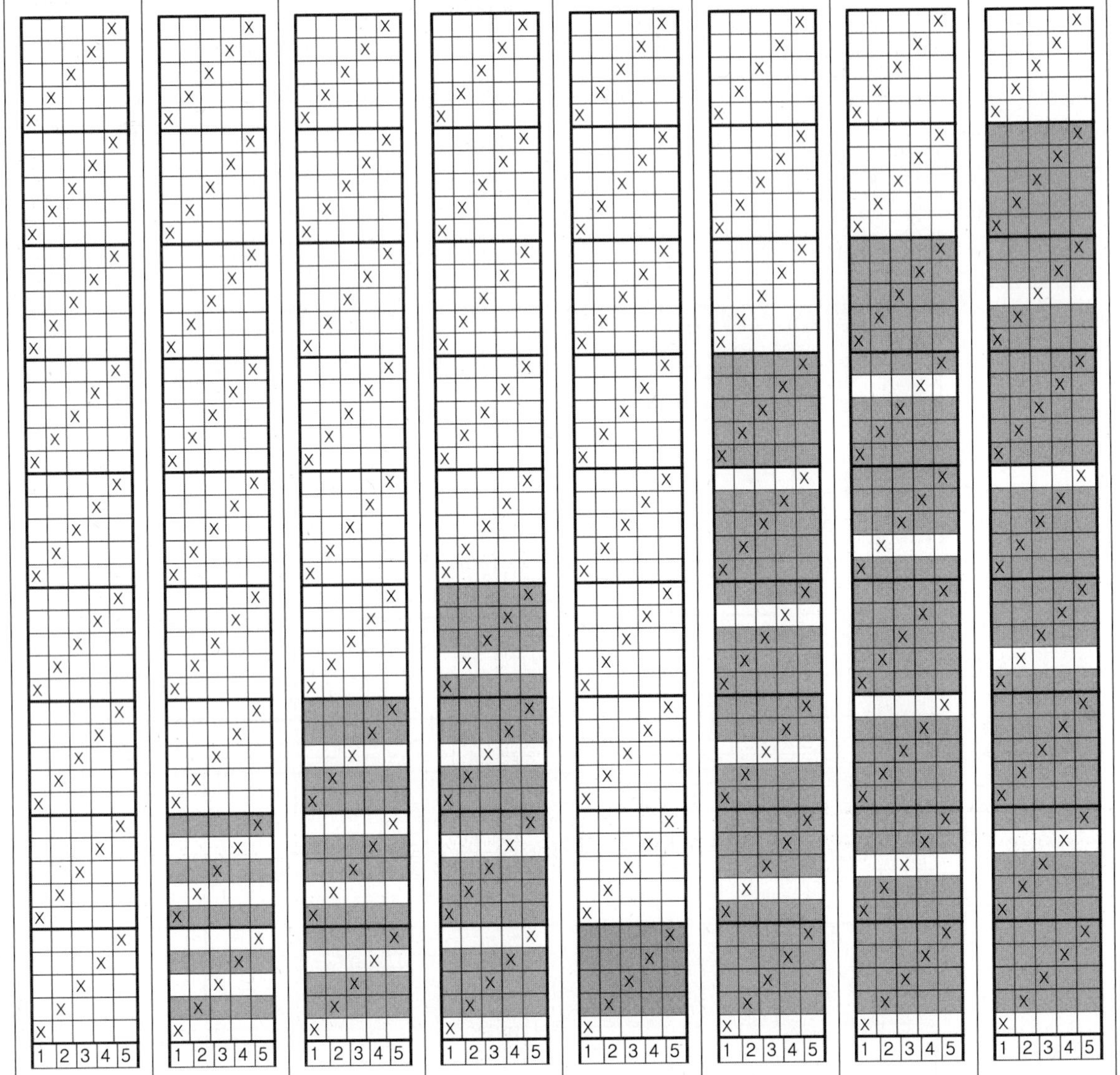

잔류1/삭제0	잔류1/삭제1	잔류1/삭제2	잔류1/삭제3	잔류1/삭제4	잔류1/삭제5 (5=5+0)	잔류1/삭제6 (6=5+1)	잔류1/삭제7 (7=5+2)

이상과 같이 잔류(White) 삭제(Gray)를 반복하여 유도된 조직은 다음과 같다.

잔류1/삭제0	잔류1/삭제1	잔류1/삭제2	잔류1/삭제3	잔류1/삭제4	잔류1/삭제5 (5=5+0)	잔류1/삭제6 (6=5+1)	잔류1/삭제7 (7=5+2)

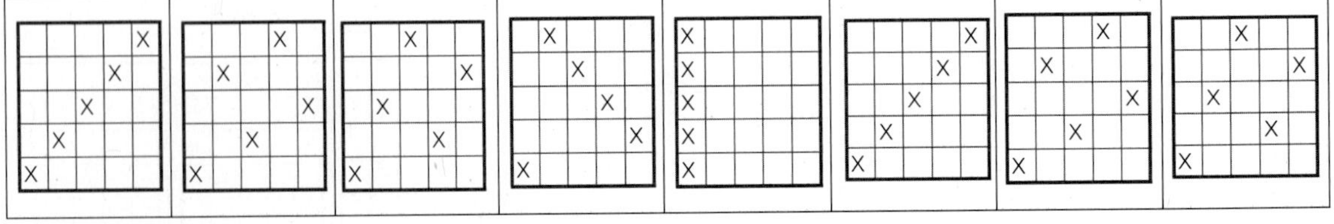

다음은 [직물조직 유도법]으로 8매 Twill조직 경사에 적용하여 주자조직으로 유도한 예이다

| 잔류1/삭제1 |
| 잔류1/삭제2 |
| 잔류1/삭제3 |
| 잔류1/삭제4 |
| 잔류1/삭제5 |

이상과 같이 잔류(White)와 삭제(Gray)를 반복하여 유도된 조직은 다음과 같다.

잔류1/삭제1	잔류1/삭제2	잔류1/삭제3	잔류1/삭제4	잔류1/삭제5

다음은 [직물조직 유도법]으로 11매 Twill조직 경사에 적용하여 주자조직으로 유도한 예.

잔류1/삭제2	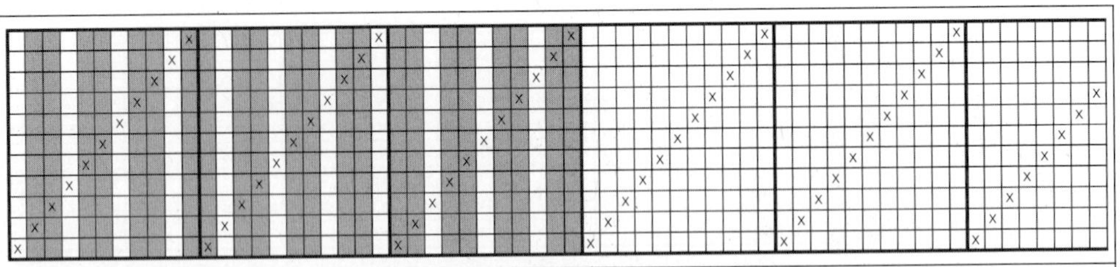
잔류1/삭제3	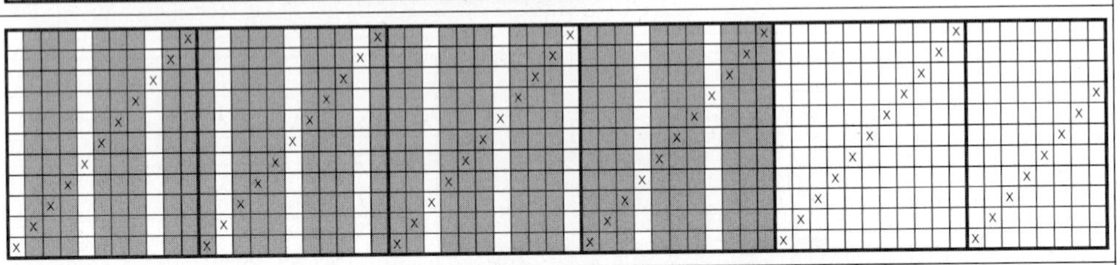
잔류1/삭제4	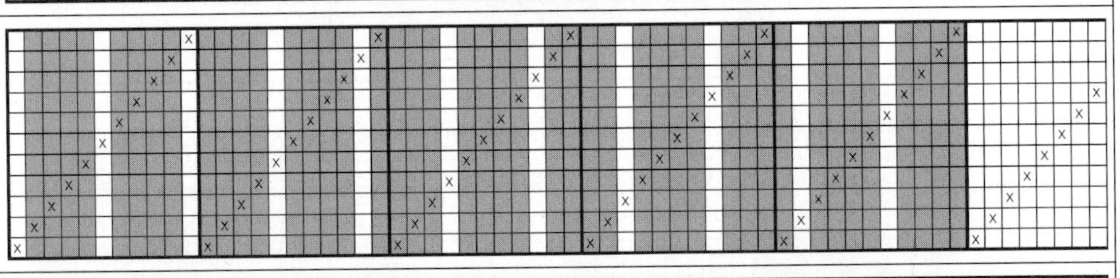
잔류1/삭제5	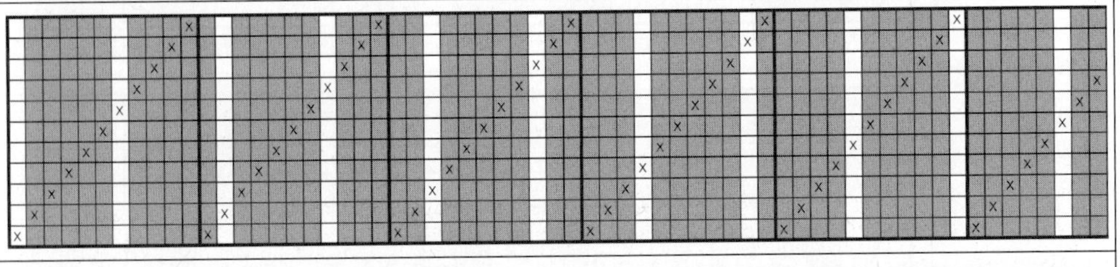
잔류1/삭제6	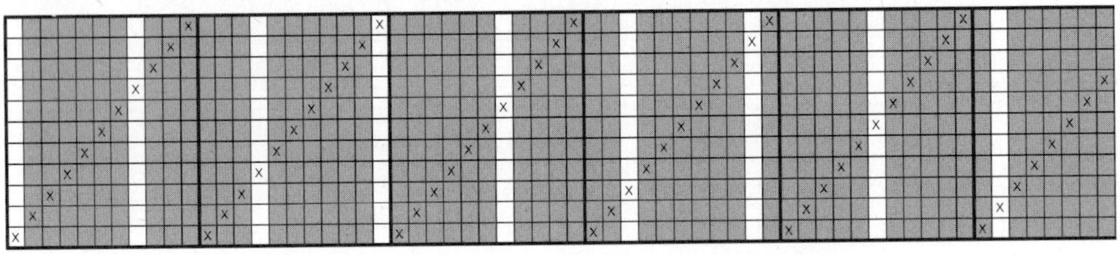

이상과 같이 잔류(White)와 삭제(Gray)를 반복하여 유도된 조직은 아래와 같다.

잔류1/삭제2	잔류1/삭제3	잔류1/삭제4	잔류1/삭제5	잔류1/삭제6
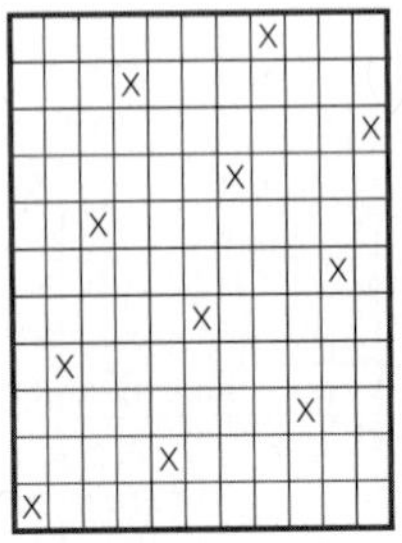	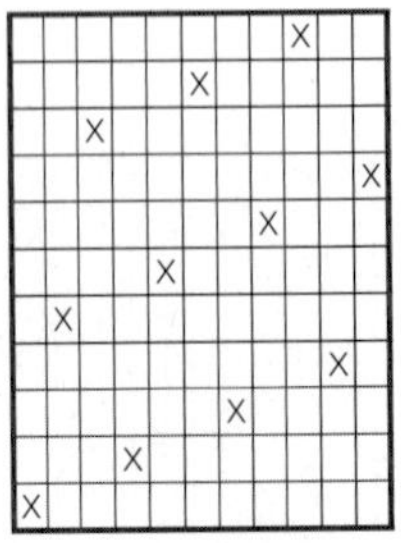	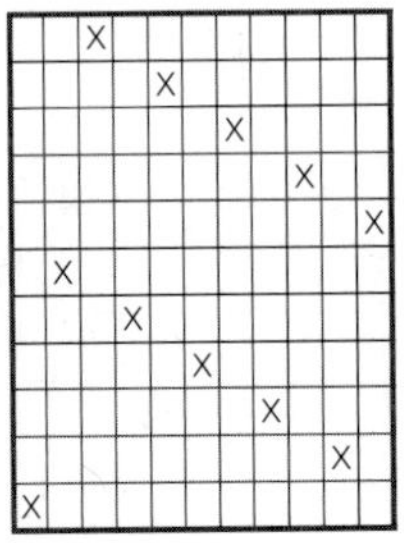	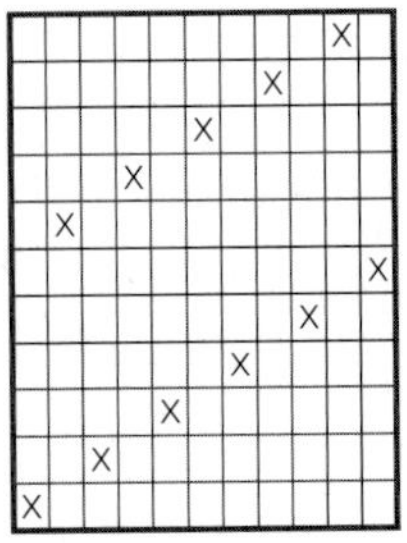	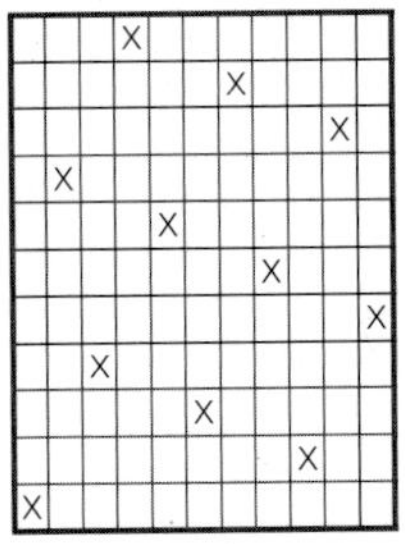

다음 주자조직(Satin weave)은 [직물조직 유도법]으로 생성된 주자조직(Satin weave)을 삭제본수 별로 분류한 그림이다.

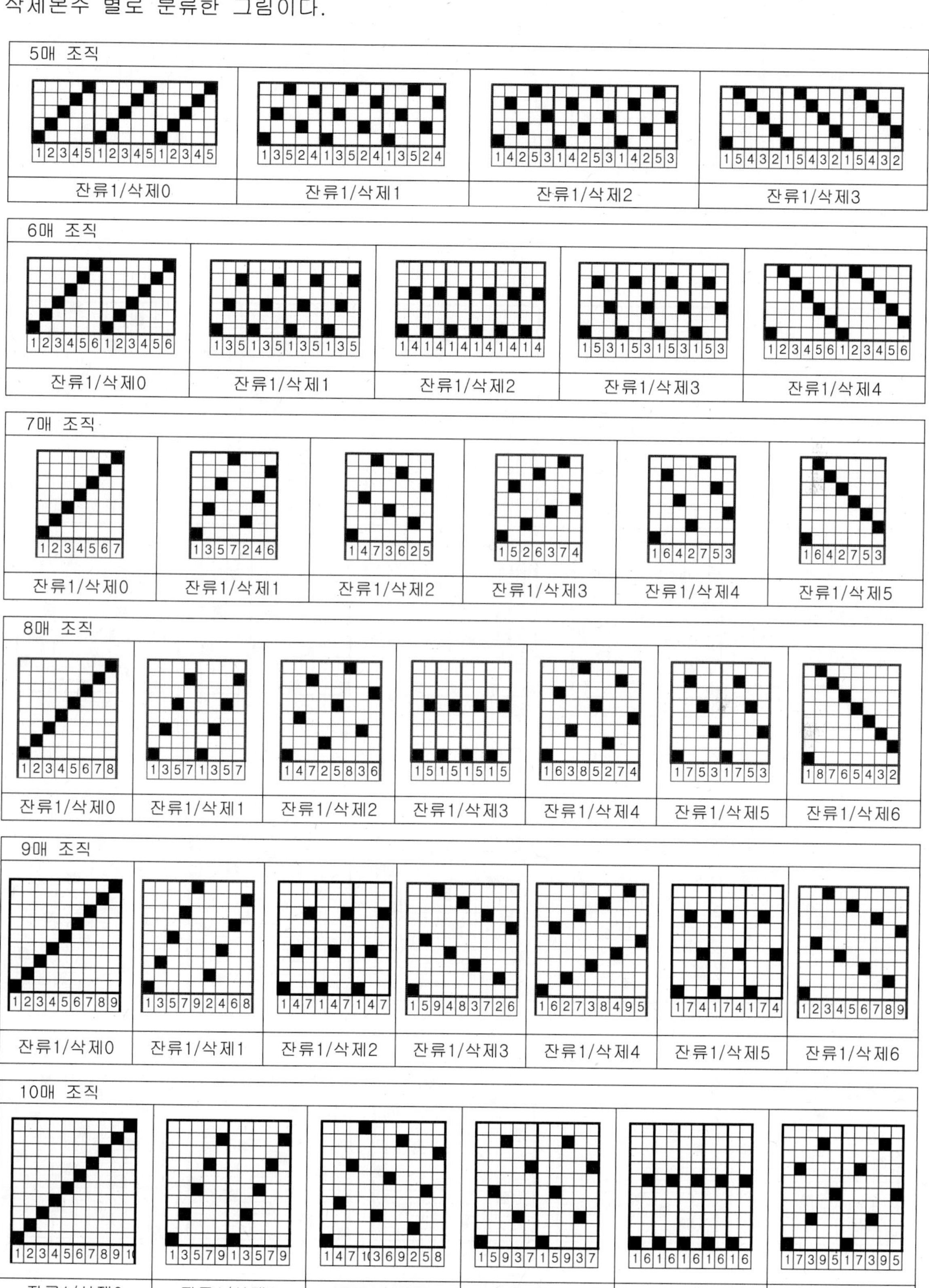

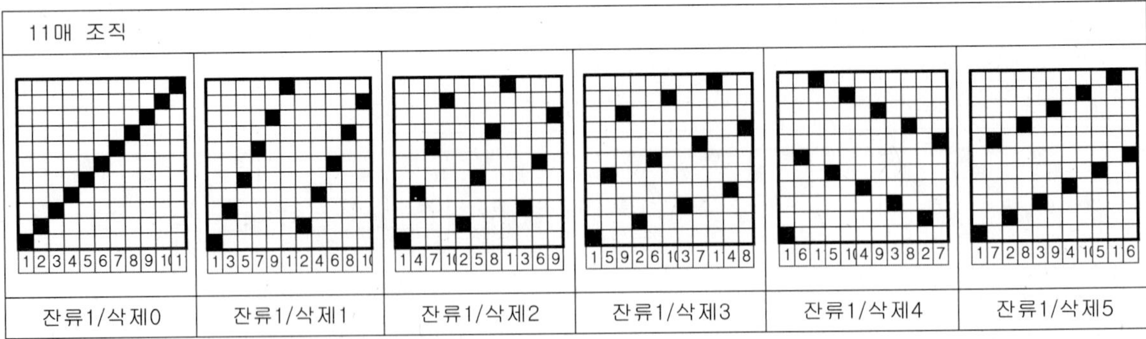

11매 조직
잔류1/삭제0
잔류1/삭제1
잔류1/삭제2
잔류1/삭제3
잔류1/삭제4
잔류1/삭제5

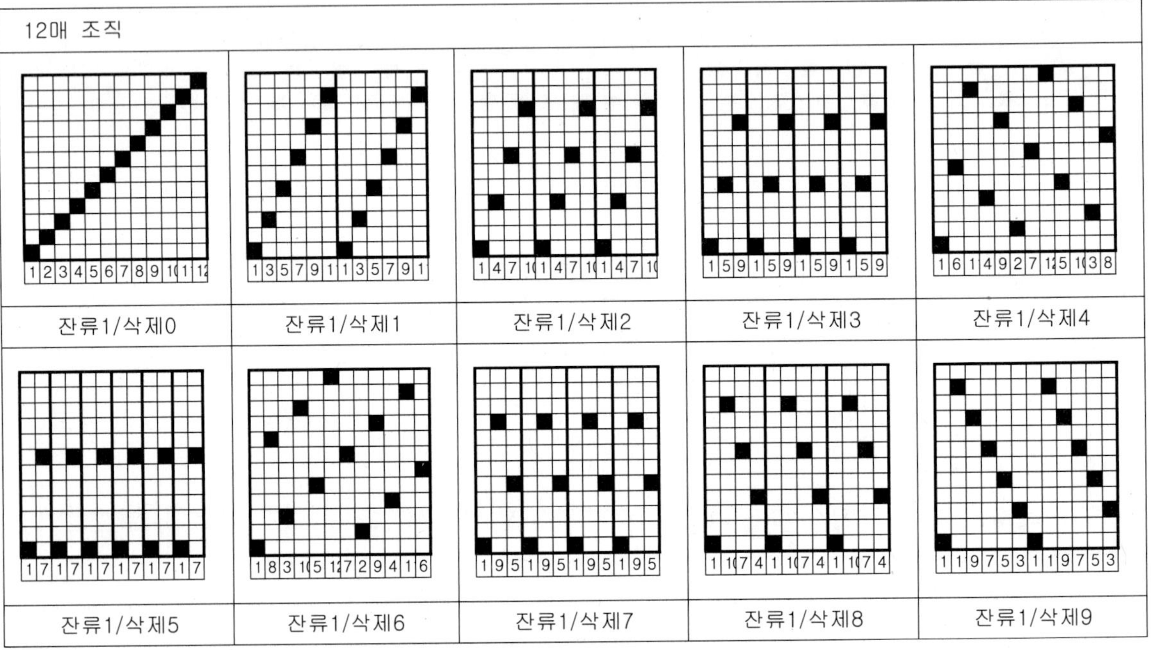

12매 조직
잔류1/삭제0
잔류1/삭제1
잔류1/삭제2
잔류1/삭제3
잔류1/삭제4
잔류1/삭제5
잔류1/삭제6
잔류1/삭제7
잔류1/삭제8
잔류1/삭제9

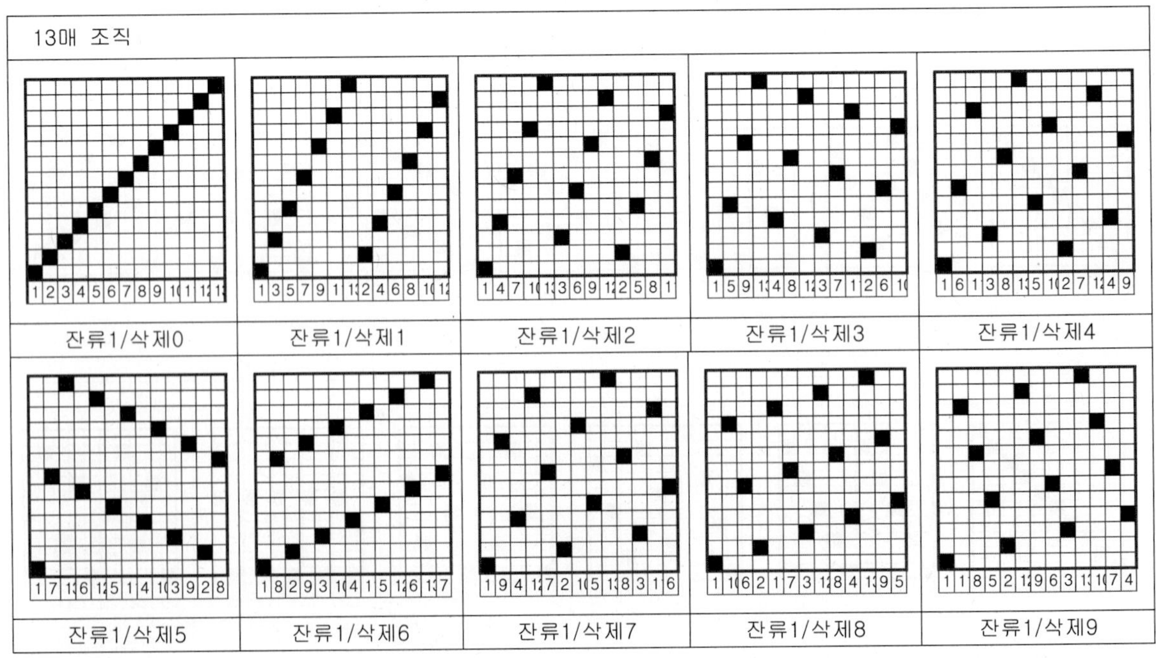

13매 조직
잔류1/삭제0
잔류1/삭제1
잔류1/삭제2
잔류1/삭제3
잔류1/삭제4
잔류1/삭제5
잔류1/삭제6
잔류1/삭제7
잔류1/삭제8
잔류1/삭제9

다음은 [직물조직 유도법]으로 생성된 주자조직을 삭제 본수 별로 분류한 그림이다.

■ : 주자 형성 적합   ▦ : 준 주자 형성   ▢ : 주자 형성 불가

5매 조직	잔류1/제거0	잔류1/제거1	잔류1/제거2	잔류1/제거3

6매 조직	잔류1/제거0	잔류1/제거1	잔류1/제거2	잔류1/제거3	잔류1/제거4

7매 조직	잔류1/제거0	잔류1/제거1	잔류1/제거2	잔류1/제거3	잔류1/제거4	잔류1/제거5

8매 조직	제거0	제거1	제거2	제거3	제거4	제거5	제거6

9매 조직	제거0	제거1	제거2	제거3	제거4	제거5	제거6	제거7

10매 조직	제거0	제거1	제거2	제거3	제거4	제거5	제거6	제거7	제거8

11매 조직	제거0	제거1	제거2	제거3	제거4	제거5	제거6	제거7	제거8	제거9

12매 조직	제거0	제거1	제거2	제거3	제거4	제거5	제거6	제거7	제거8	제거9	10

13매 조직	제거0	제거1	제거2	제거3	제거4	제거5	제거6	제거7	제거8	제거9	10	11

위 표에서 삭제 본수 별로 도식한 주자직의 분류를 정리하면 아래와 같다.

* 삭제본수를 기준으로, Motive조직의 본수를 2로 나눈 수에 1을 줄인 숫자를 기준으로 생성된 주자조직이 좌우로 대칭을 이룬다. 결과의 수가 자연수(Motive 조직 원 리피트 본수가 짝수)이면 그 수를 기준으로 생성된 주자조직은 좌우로 대칭을 이루고, 결과의 수가 소수(Motive 조직 원 리피트 본수가 홀수)이면 기준조직 없이 소수의 좌우 자연수가 2차 생성 주자조직의 대칭을 이룬다.
* Motive조직의 원 리피트 본수가 짝수이면 대칭이 되는 기준조직은 주자 형성이 불가능하다.
* 잔류본수와 삭제본수의 합이 Motive 조직 원 리피트 본수의 약수이면 주자조직 형성이 불가능하다.
  * 삭제본수가 Motive조직의 본수와 일치하면 생성된 조직은 Motive조직으로 환원되며, 삭제본수가 Motive조직의 본수 이상이면 2차 생성조직은 Motive조직으로 나눈 수의 나머지 본수와 동일하게 생성조직은 환원된다.

제3장   직물설계 참고자료

01. 연수이론의 활용법

　연에 관한 기본 이론을 이해하는 것은 중요하다. 연사 실무에서 연(Twist)의 활용 범위와 정확도를 높이기 위하여 연의 기본 이론을 서술하기로 한다.

1) 연(Twist)의 기초 이론

　아래 [그림A]는 1/2연의 측면도이다.

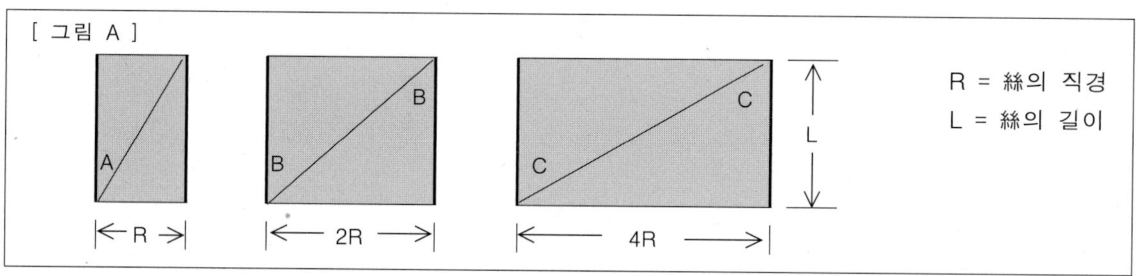

　위 [그림A]에서 tan A = $\dfrac{R}{L}$　tan B = $\dfrac{2R}{L}$ = $\dfrac{R}{L}$ x 2　tan C = $\dfrac{4R}{L}$ = $\dfrac{R}{L}$ x 4 이며,

$\angle$A = 20^0로 가정하면 $\angle$B $\risingdotseq$ 36^0 $\angle$C $\risingdotseq$ 55^0 가 된다.

즉 단위 길이당 동일한 연(동일한 길이 L에 동일한 1/2연)을 주었을 때, 실의 직경에 따라 각의 변화를 보인다. 사(絲)의 직경이 작을수록 각이 작아지고, 사의 직경이 커질수록 그에 따른 각이 커진다는 것을 알 수 있다.

　[그림B]는 동일한 각 θ를 주었을 때 사(絲)의 직경과 길이에 관해 변화하는 그림이다.

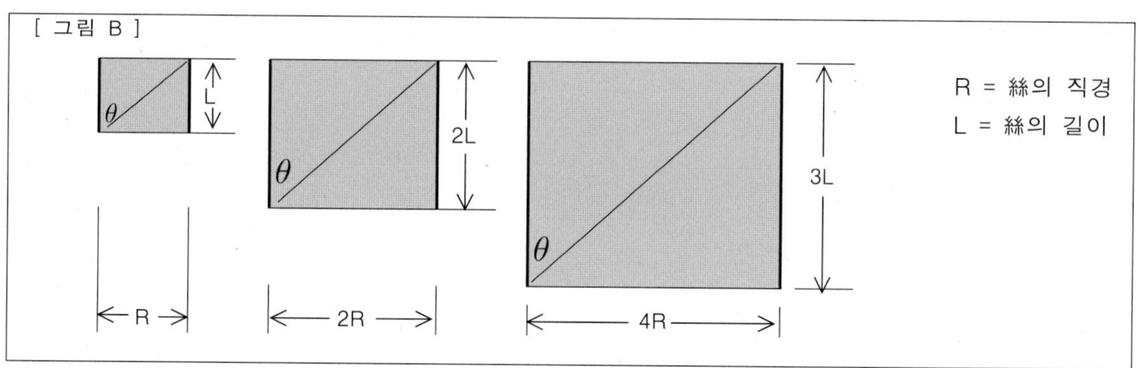

즉 $\angle\theta$ 의 값이 동일할 때, 사(絲)의 직경(R)이 크면 길이(L)가 커지고, 사의 직경이 작으면 길이도 직경에 비례하여 작아지는 것을 알 수 있다.

　이상을 종합하면 연수는(Twist/Meter)는 사(絲)의 직경에 반비례하는 것을 알 수 있다.

사(絲)의 직경을 계측하기에는 현실적으로 적절한 방법이 없으므로, 번수(항장식 Denier 번수)를 이용하여 사(絲)의 굵기(직경)를 가정하도록 한다.

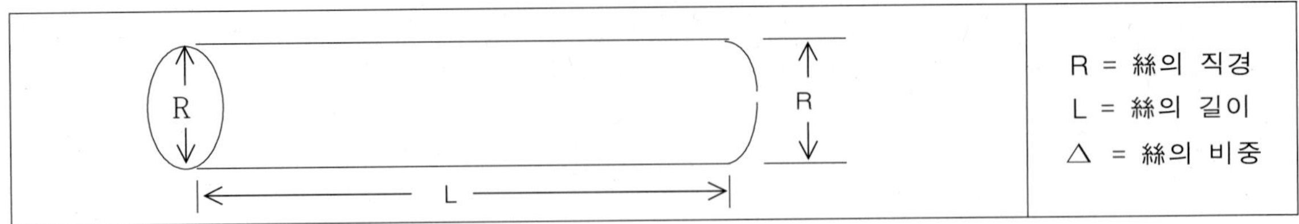

번수 $= \dfrac{중량\,(g)}{길이\,(9000m)}$ 이며, 중량 = 부피 x 비중 $= \pi(\dfrac{R}{2})^2 L \times \triangle$

Polyester 기준으로, 비중 1.38 $\pi=3.14$로 가정하면

$$번수 \;=\; \dfrac{\pi(\dfrac{R}{2})^2 L \triangle}{9000} \;=\; \dfrac{(\dfrac{R}{2})^2 L\; 3.14 X 1.38}{9000} \;=\; \dfrac{(\dfrac{R}{2})^2 L\; 4.332}{9000}$$

$$(\dfrac{R}{2})^2 \;=\; \dfrac{번수\; X\; 9000}{L\; X\; 4.332} \;=\; \dfrac{번수\; X\; 2078}{L}$$

$$R^2 \;=\; \dfrac{번수\; X\; 2078\; X\; 4}{L} \;=\; \dfrac{번수\; X\; 8310}{L}$$

$$R \;=\; \sqrt{\dfrac{번수\; X\; 8310}{L}} \;=\; \sqrt{번수}\;\; x\;\; k\,(상수)$$

$$R \;=\; \sqrt{번수}\;\; x\;\; k$$

∴ 사의 직경(R)은 번수의 제곱근($\sqrt{번수}$)에 정비례(항중식번수:역비례)한다. 따라서
　　연수는 항중식 번수일 때는 번수의 제곱근($\sqrt{번수}$)에 정비례하고,
　　　　항장식 번수일 때는 번수의 제곱근($\sqrt{번수}$)에 역비례한다.

2) 연수(Twist number) 이론의 활용

Meteric count 1/30, Z800연을 1/40로 변경할 때의 연수(n)를 구해보자.

$$\sqrt{30} \;:\; 800 \;=\; \sqrt{40} \;:\; n$$

$$n\,\sqrt{30} \;=\; 800\,\sqrt{40}$$

$$n \;=\; \dfrac{800\,\sqrt{40}}{\sqrt{30}} \;\fallingdotseq\; 924$$

1/30, 800연(T/m)과 1/40, 924연(T/m)은 동일한 연의 효과를 가진다.

Denier 번수 150D, 1200연을 300D로 변경할 때의 연수(n)를 구해보자.

$$\frac{1}{\sqrt{150}} \; : \; 1200 \; = \; \frac{1}{\sqrt{300}} \; : \; n$$

$$n \; \frac{1}{\sqrt{150}} \; = \; 1200 \; \frac{1}{\sqrt{300}}$$

$$n \; = \; \frac{1200 \, \sqrt{150}}{\sqrt{300}} \; \fallingdotseq \; 849$$

150D, 1200연(T/m)과 300D 849연(T/m)은 동일한 연의 효과를 가진다.

3) 연(Twist)의 원리

이하 번수는 편이 상, 항중식 번수를 기준으로 설명하였다.

위와 같이 연수는 번수의 제곱근($\sqrt{번수}$)에 비례한다. 따라서 연수와 번수의 상관관계를 알게 되면, 직물 설계 시 연수에 관한 기준이 정립되며 연수의 오차를 줄일 수 있다.

연수(Twist number)와 번수의 변화 유형에 관해 살펴보면 다음과 같다.

아래는 연수 = $\sqrt{번수}$ x k 의 그래프이며
(x축을 $\sqrt{번수}$ x k, y축을 연수, 상수 k의 값을 100으로 가정한 그래프)

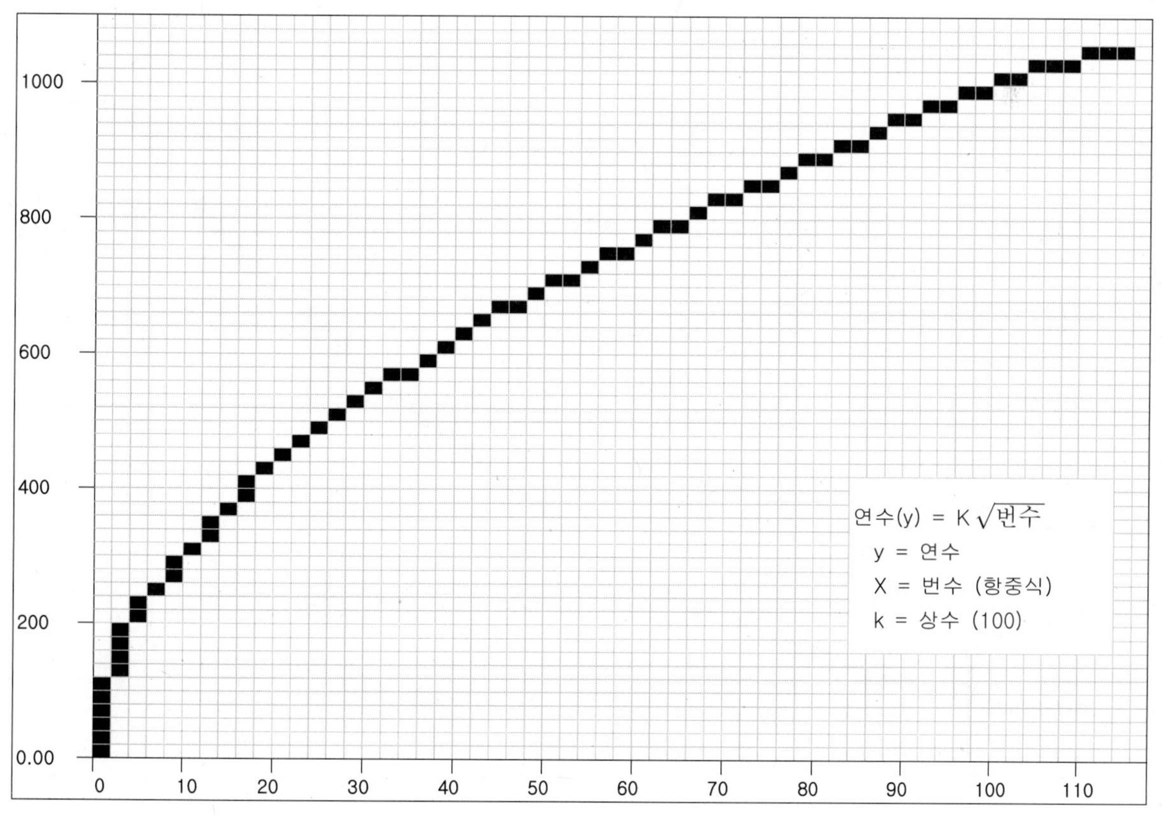

앞 페이지의 그래프에서, 세(細)번수일 경우는 연수 변화에 따른 그래프 곡선의 기울기는 완만하고 즉 연수에 따른 변화의 폭이 작다. 태(太)번수일 경우는 그에 따른 변화의 폭이 커서 그래프 곡선의 기울기가 급박하게 올라감을 알 수 있다.

연수 적용 시, 세 번수에서는 어느 정도 연수의 가감 오차가 수용되지만, 태 번수에서는 연수 설정에 세심한 정확도가 필요하다는 것을 알 수 있다.

4) 연(Twist)의 특성

사(絲)에 연(撚)을 주면 연축(Twist shrinkage)이 발생하고, 이에 비례하여 강도, 신도, 촉감 등, 연에 의한 물성의 변화가 일어난다.

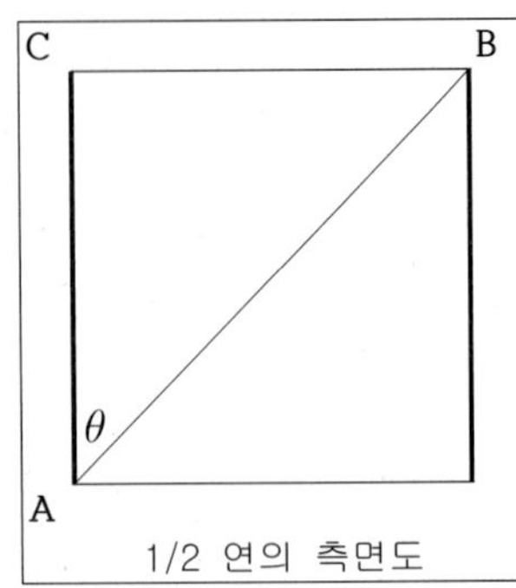

좌측 그림은 1/2연의 측면도이고, $\angle\theta$의 가감에 따라 연축이 변하고 있음을 알 수 있다.

즉 $\overline{AB}$ 가 $\overline{AC}$ 로 변화되고 $\dfrac{\overline{AC}}{\overline{AB}}$ (Cosθ)만큼의 연축이 발생된다.

$\overline{AB}$ 의 길이를 1로 가정하면 $\dfrac{1-Cos\theta}{1}$ = 1- Cosθ의 연축이 일어났음을 알 수 있다.

아래 도표는 x축을 $\angle\theta$ 의 값, y축을 1- Cosθ(연축)의 값으로 해서 그린 그래프이다.

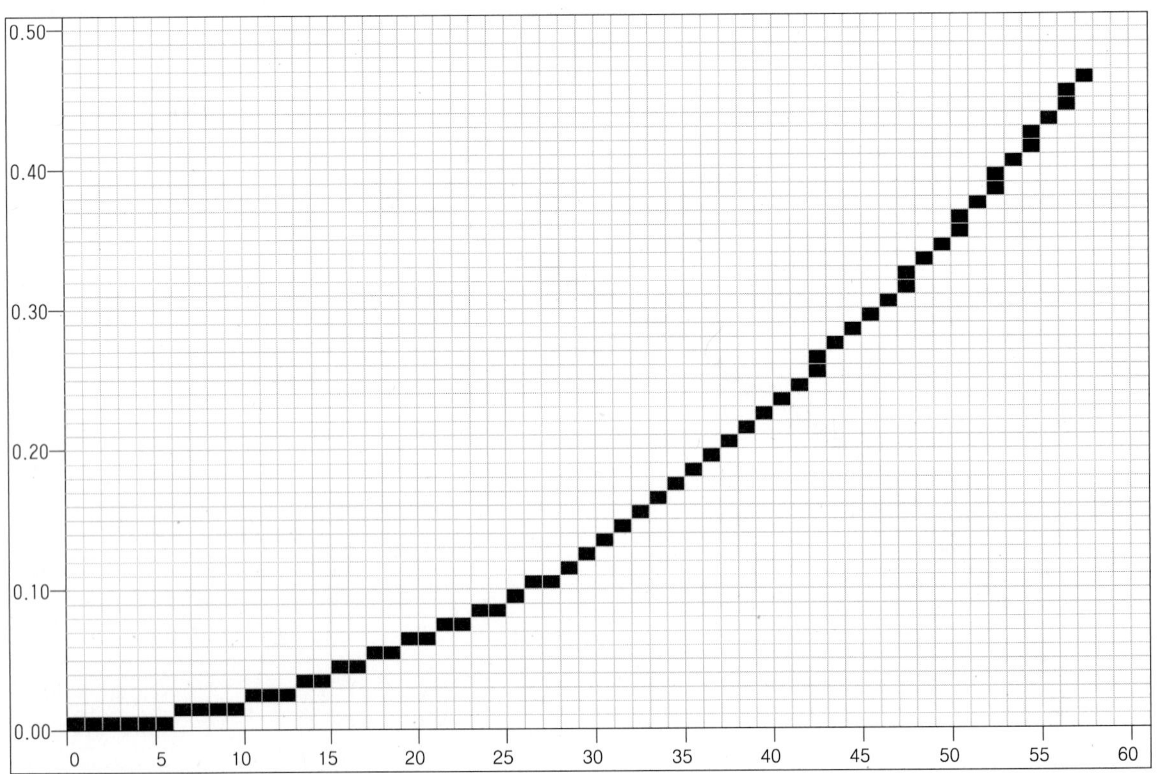

앞 페이지의 그래프에서 $\angle \theta$ 의 크기가 작을수록 그래프 곡선의 기울기가 완만하고 즉 연수에 따른 변화의 폭이 작고, 연수가 많을수록 그에 따른 변화의 폭이 커서 그래프 곡선의 기울기가 급박하게 올라가는 것을 알 수 있다.

앞 페이지 그래프에서 연수를 결정할 때, 연수가 적은 **저연에서는 연수의 가감 오차가 크게 작용하지 않아 어느 정도 오차가 수용되지만, 연수가 많은 강연에서는 연수에 따른 변화가 커지므로 연수 설정에 세심한 정확도가 필요**하다는 것을 알 수 있다.

02. 경이중직 작도법

  경이중직은 생산 현장에서 다수 생산되고 있다. 하지만 표리 접결의 위치와 연방향이 일부 잘못 적용되어 제품에 결함이 상존하고 있는 현실이다. 이에 논리에 부합하는 경 이중직물 생산을 위하여, 경 이중직의 적정 작도 기법을 설명하기로 한다.

  '경 이중직'은 일반적으로 표면조직과 이면조직의 직점 노출 비율이 200% 이상이 되어야 이중직이 형성된다.
조직의 직점에 의한 노출도는 수학적 배분과 일치하지 않는다. 큰 수치는 더 크게, 작은 수치는 더 작게 나타나는 것이 특징이다.

  아래 조직은 표면조직과 이면조직의 직점 노출 비율이 200%, 300%, 400%, 500%인 '경 이중직'이다. 표리 조직 접합 위치(접결점)의 설정에 대하여 알아보기로 한다.
표리 조직 접결 지점의 위치가 잘못 설정되면 반대쪽 원사의 노출도가 커진다. 그러면 조직의 형태가 깨어질 수 있다.

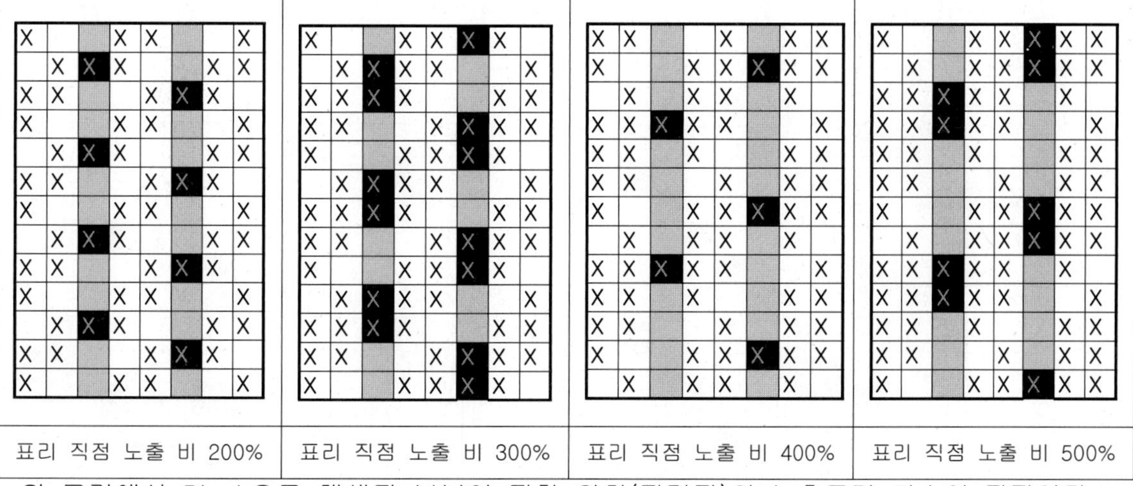

위 그림의 조직도에 표기된 숫자는 자연수의 숫자가 낮을수록 노출도가 줄어드는 직점이다

| 표리 직점 노출 비 200% | 표리 직점 노출 비 300% | 표리 직점 노출 비 400% | 표리 직점 노출 비 500% |

위 그림에서 Black으로 채색된 부분이 접합 위치(접결점)의 노출도가 최소인 직점이다.

다음은 표리 노출을 최소화한 경 이중직. 표면기준으로 표면 80% 이상, 이면 20% 미만, 이면기준으로 이면 80% 이상, 표면 20% 미만의 노출인 경이중직 작도의 예이다.

표면 조직	이면 조직	표리 비	완성된 경2중조직
1 3 5 7 9 1 3 5 7 9	2 4 6 8 10 2 4 6 8 10	1 : 1	1 2 3 4 5 6 7 8 9 10 1 2 3 4 5 6 7 8 9 10

표면 조직	이면 조직	표리 비	완성된 경2중조직
1 2 4 5 7 8 10 11 13 14	3 6 9 12 15 3 6 9 12 15	2 : 1	1 2 3 4 5 6 7 8 9 10 11 12 13 14 15

다음은 표리 노출을 최소화한 경3중직이다. 표면기준으로 표면조직 80% 이상, 중간조직 30% 전후, 이면조직 20% 미만인 경이중직 작도의 예이다.

중간조직의 노출 정도는 경사밀도에 따라 다르지만 10% ~ 30% 정도의 노출이 예상된다.

표면 조직	중간 조직	이면 조직	밀도 비	완성된 경3중조직
1 3 5 7 9	2 5 8 11 14	3 6 9 12 15	1:1:1	1 2 3 4 5 6 7 8 9 10 11 12 13 14 15

다음은 표리 노출비가 다른 준이중직 작도의 예이다.

표면 조직	준 이면 조직	표리 비	완성된 경준2중조직
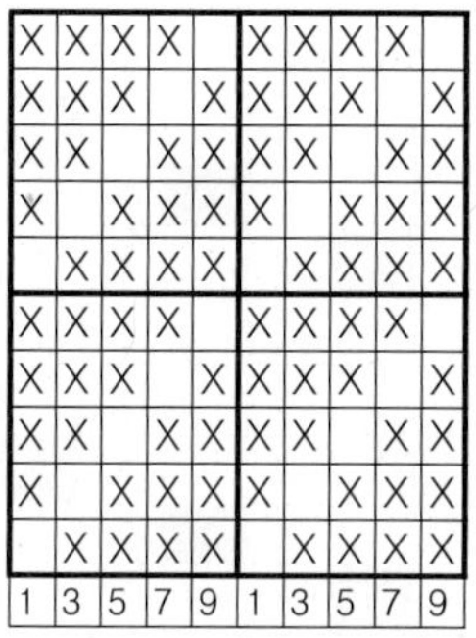		1 : 1	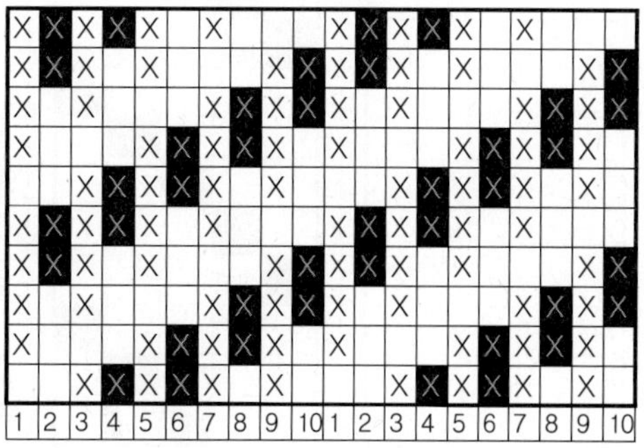

표면기준으로 노출도 표면 80% 이상, 이면 40% 미만.

표면 조직	준 이면 조직	표리 비	완성된 경준2중조직
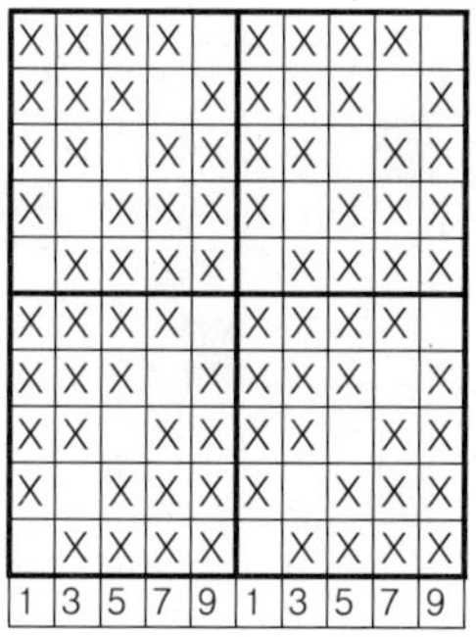	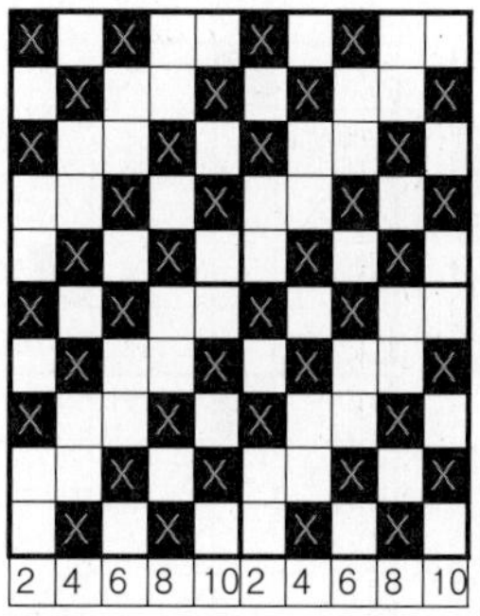	1 : 1	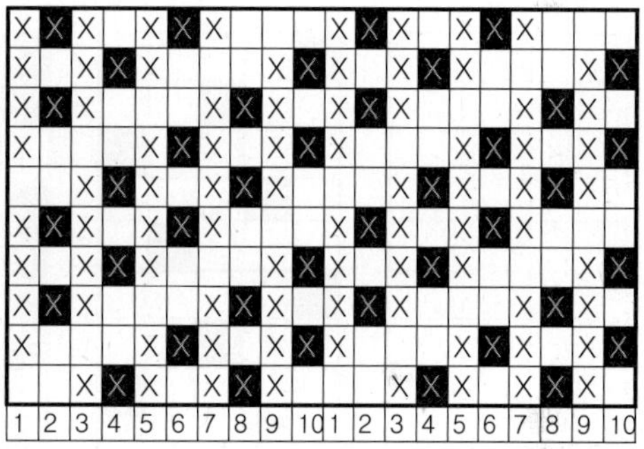

표면 기준으로 노출도 표면 80% 이상, 이면 40% 미만.

표면 조직	준 이면 조직	표리 비	완성된 경준2중조직
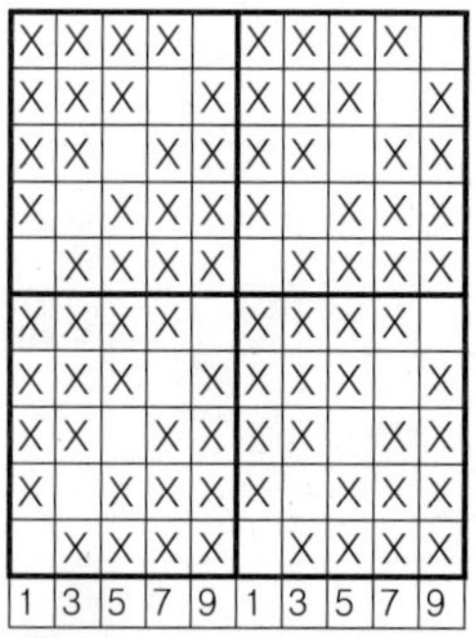		1 : 1	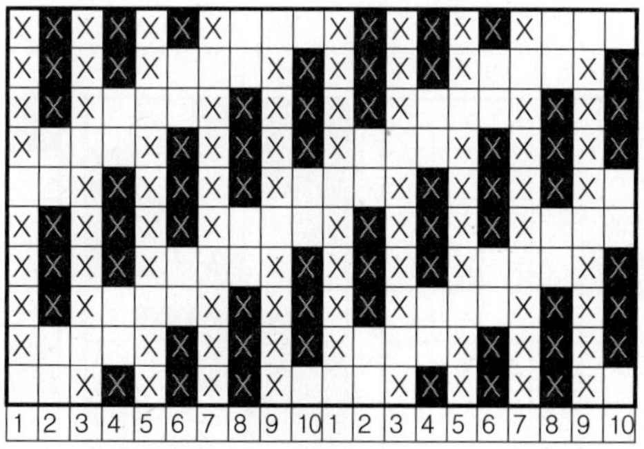

표면 기준으로 노출도가 표면 80% 이상, 이면 60% 이상인 경준2중조직.

* 준이중직은 밀도에 따라 표리의 노출도가 변하게 되므로 밀도 적용에 주의가 필요하다.

다음은 경이중직의 설계 시, 연 방향의 올바른 적용 방법이다.

표면 조직	이면 조직	이면기준 이면조직	완성된 경이중 조직

표면 조직	이면 조직	이면기준 이면조직	완성된 경이중 조직

표면 조직	중간 조직	이면 조직	완성된 경이중 조직

S, Z 표시가 없는 부분은 연의 방향이 크게 작용하지 않는 부분으로, 연 방향과 무관하다

다음은 실무에 참고할 경이중직물 기본조직 중, 표리 배열비율이 표면:이면=1:1조직의 표리 조직과 완성된 경이중직의 조직견본이다.(조직 13개)

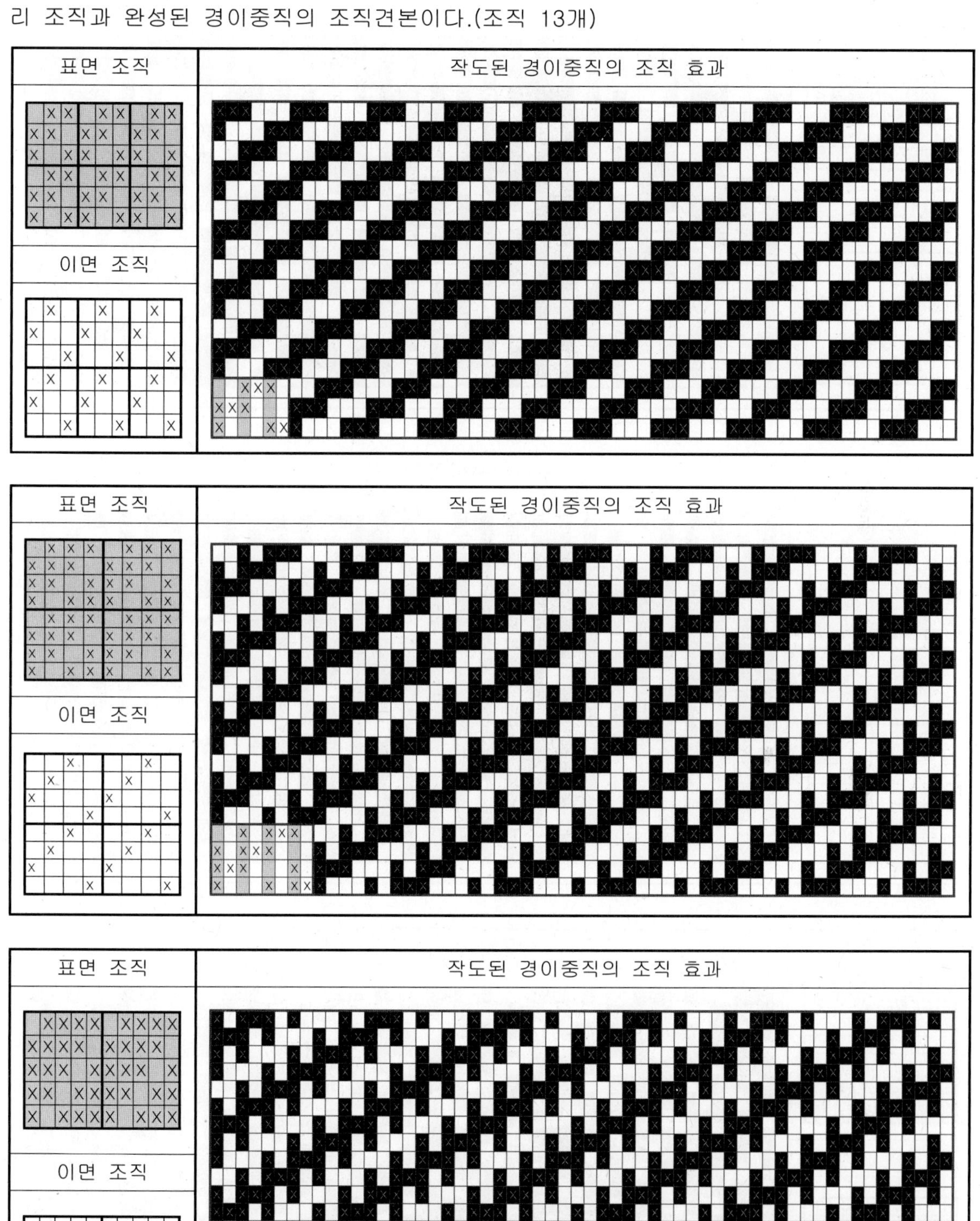

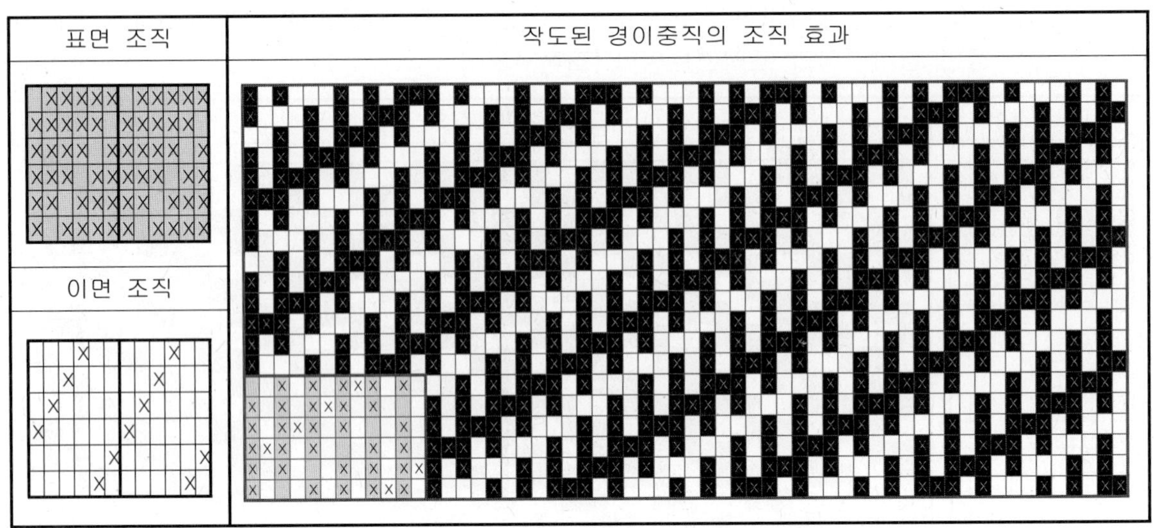

표면 조직
이면 조직
작도된 경이중직의 조직 효과

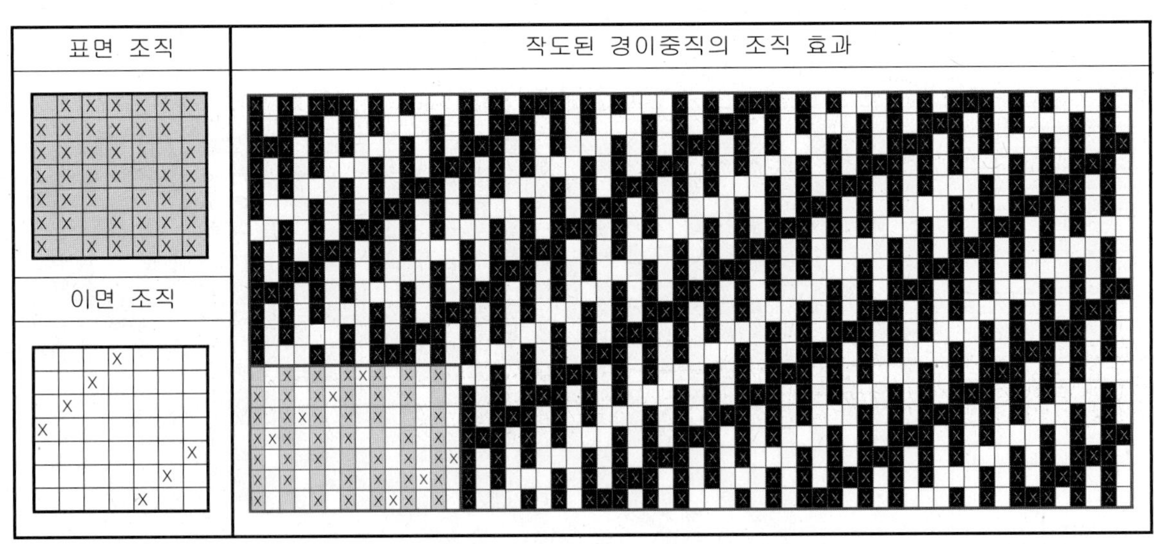

표면 조직
이면 조직
작도된 경이중직의 조직 효과

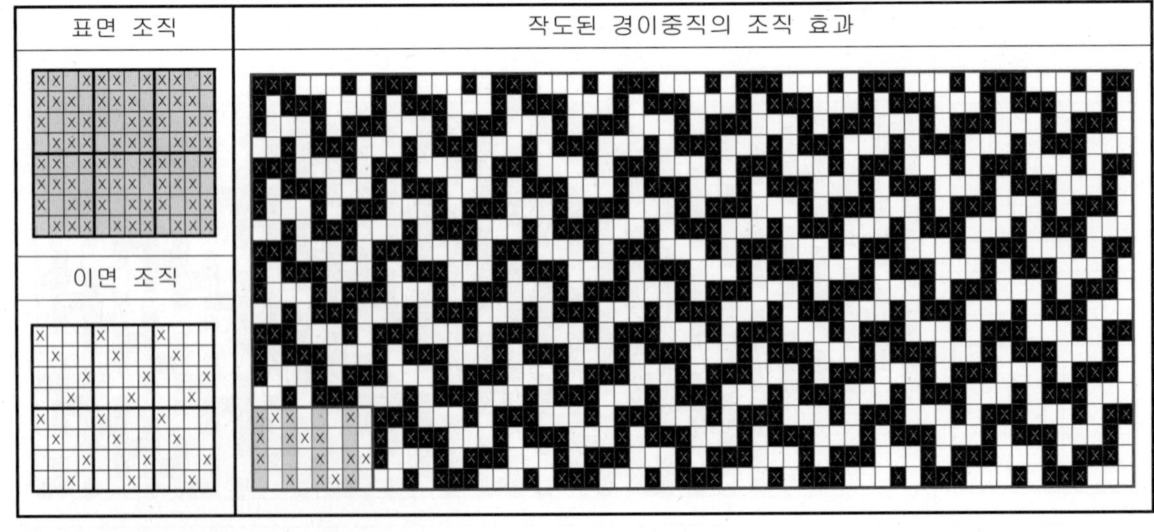

표면 조직
이면 조직
작도된 경이중직의 조직 효과

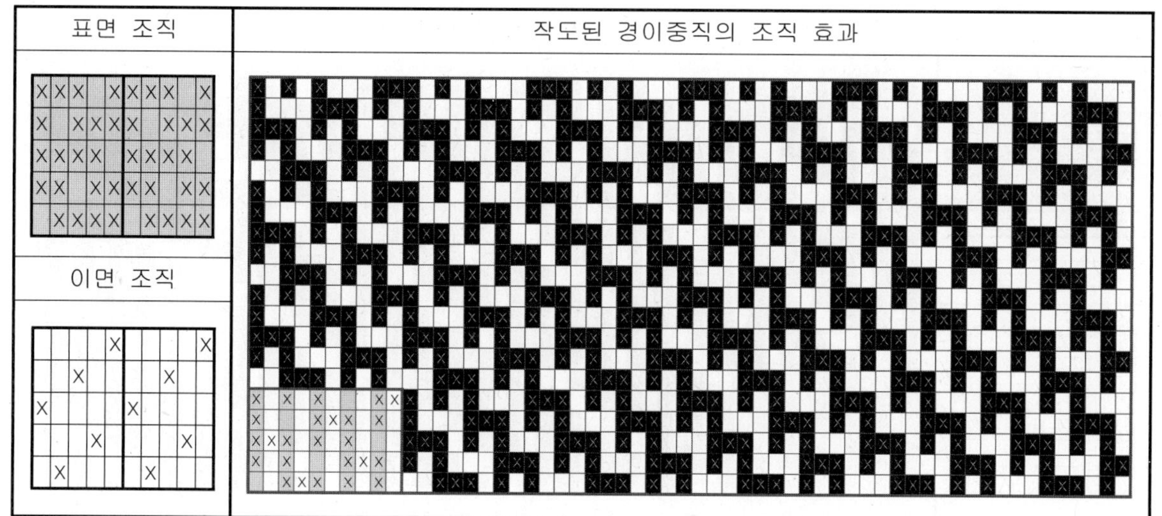

표면 조직
이면 조직
작도된 경이중직의 조직 효과

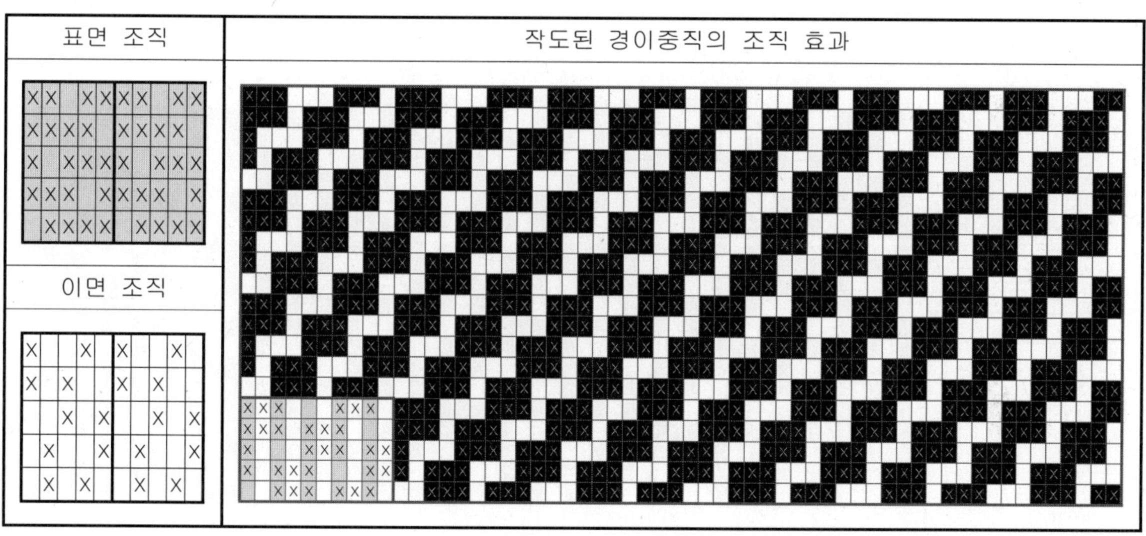

표면 조직
이면 조직
작도된 경이중직의 조직 효과

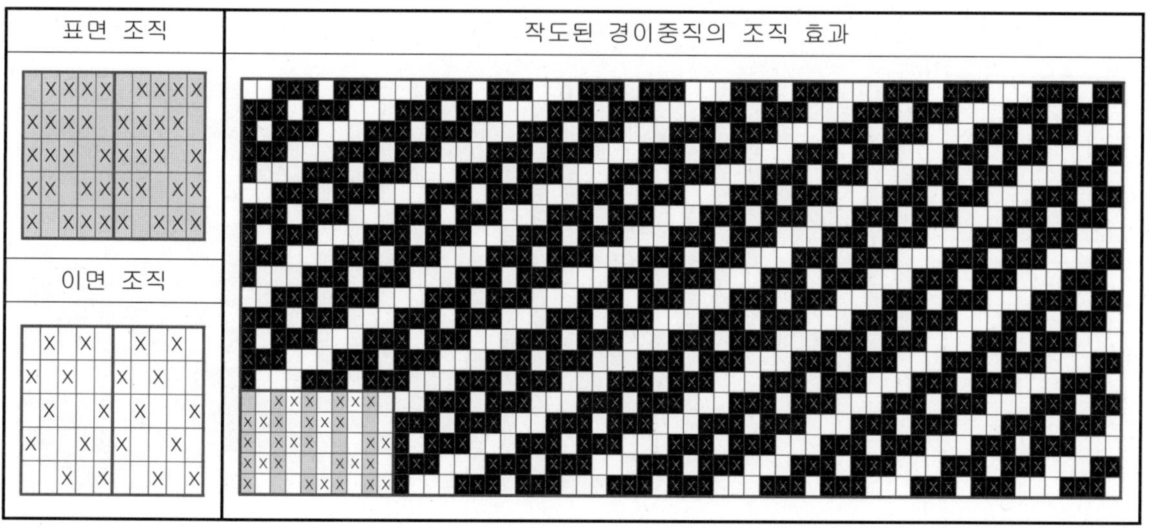

표면 조직
이면 조직
작도된 경이중직의 조직 효과

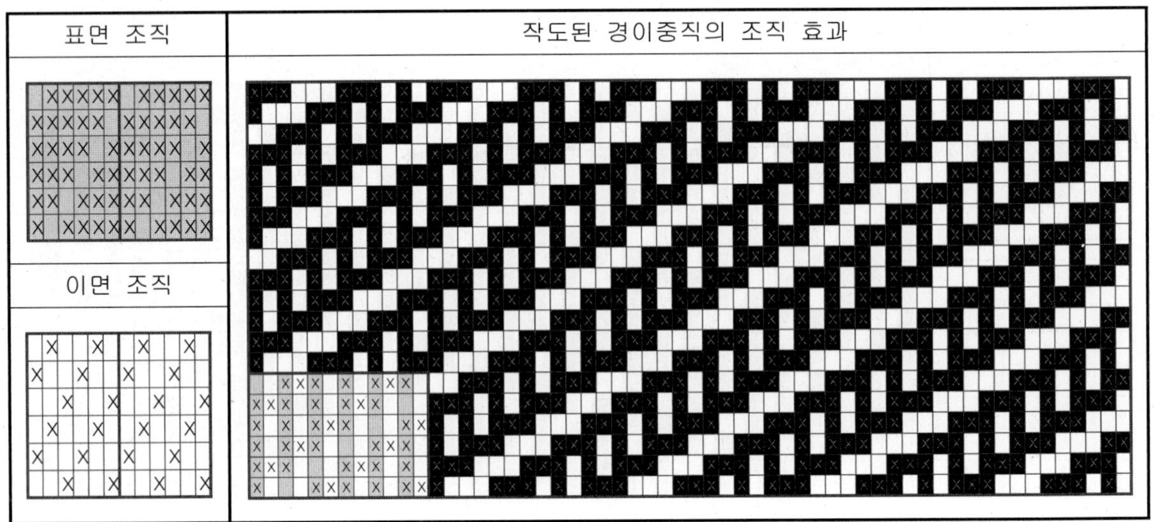

표면 조직
이면 조직
작도된 경이중직의 조직 효과

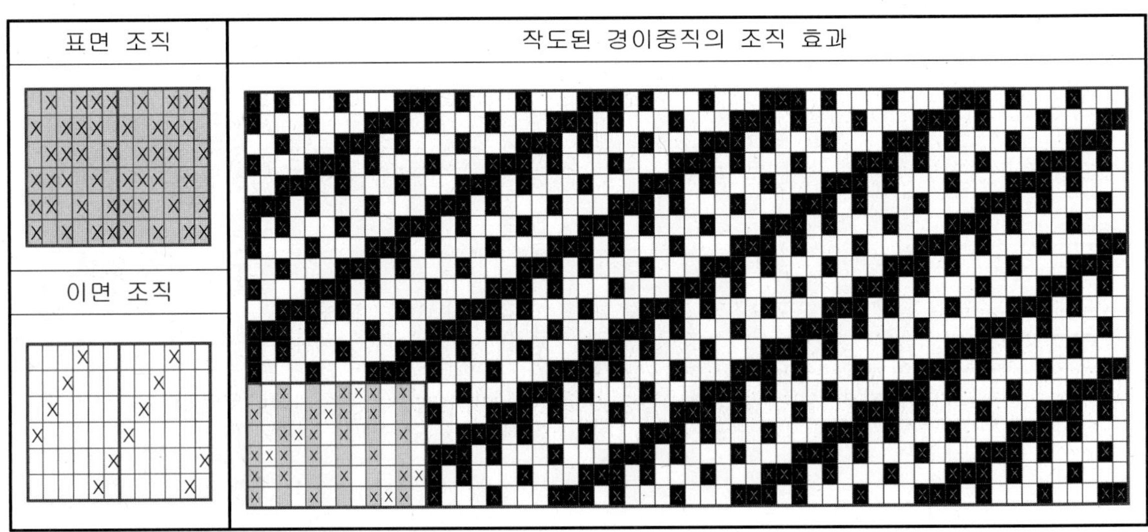

표면 조직
이면 조직
작도된 경이중직의 조직 효과

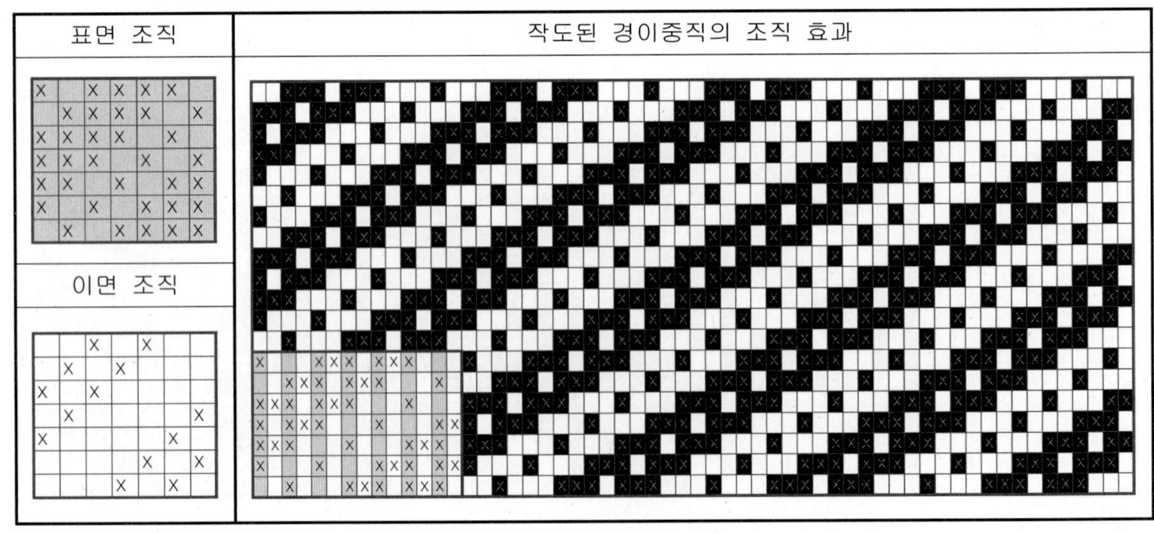

표면 조직
이면 조직
작도된 경이중직의 조직 효과

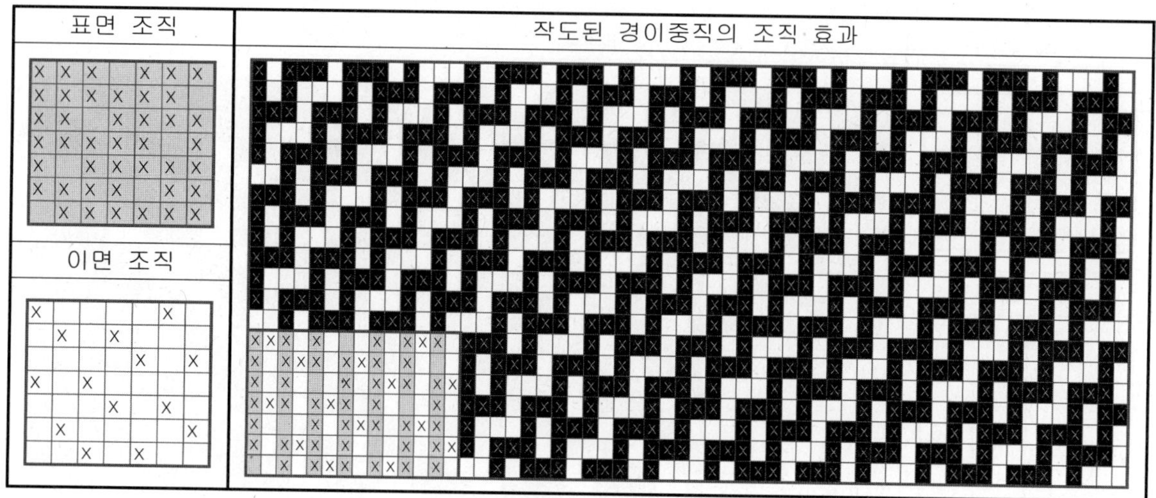

완성된 경이중직의 조직 원 리피트 본수는, 표면조직 조직 원 리피트 본수 X 배열 비 + 이면조직 조직 원 리피트 본수 X 배열 비가 완성된 경이중의 조직 원 리피트 본수가 된다.

경이중직 밀도의 적용은, 경사밀도 기준은 $($표면경사밀도$\times\dfrac{\text{적용배열 수}}{\text{배열비의 합}}+$이면경사밀도$\times\dfrac{\text{적용배열 수}}{\text{배열비의 합}})\times 2 \times 0.75$, 위사밀도 기준은 $($표면위사$+$이면위사$) \times 0.50$로 설정하면 합리적인 밀도가 된다.

경 이중직물 조직 작도 시, 표면이나 이면을 기준으로 정하면 반대편 조직 설정에 제약을 받을 수도 있다.

다음은 일반적으로 다수 사용되며 실무에 참고할 경이중직물 기본 조직 중, 표리 배열비율 표면:이면 = 2:1 조직의 표리 적용 조직과 완성된 경이중직이다. (경이중직 19개 예시)

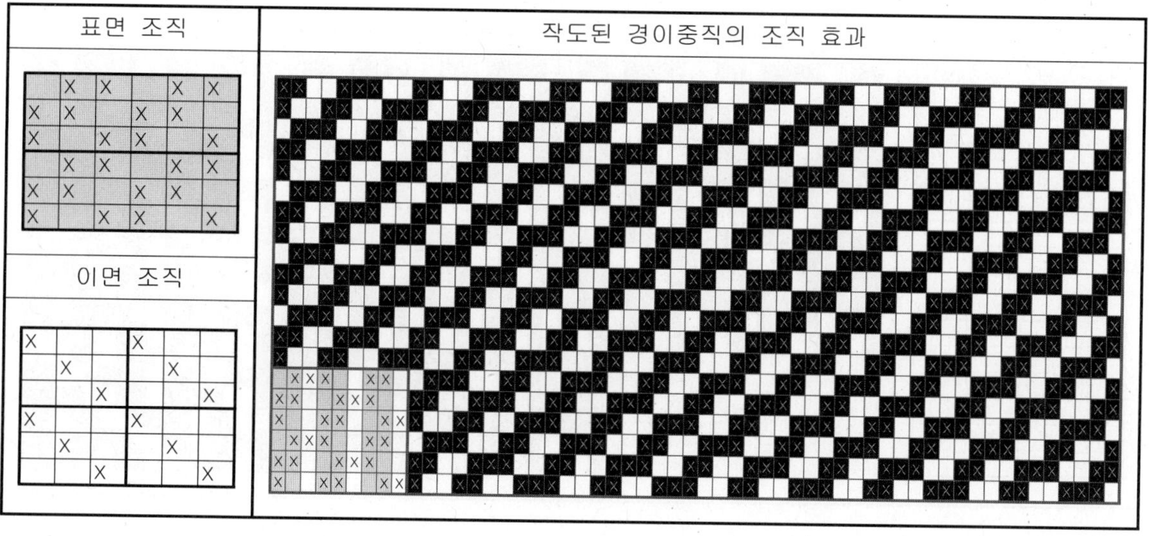

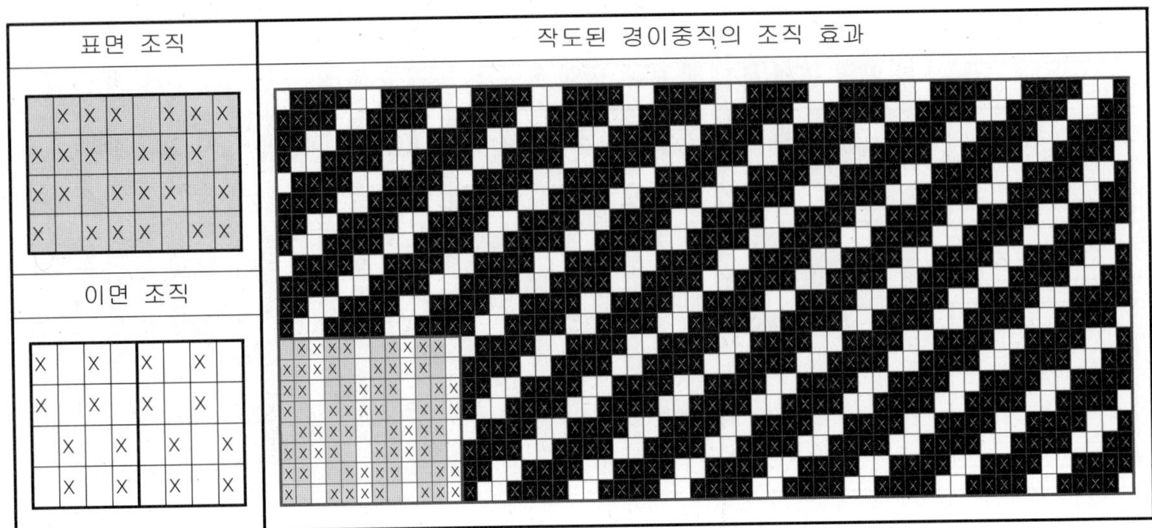

표면 조직
이면 조직
작도된 경이중직의 조직 효과

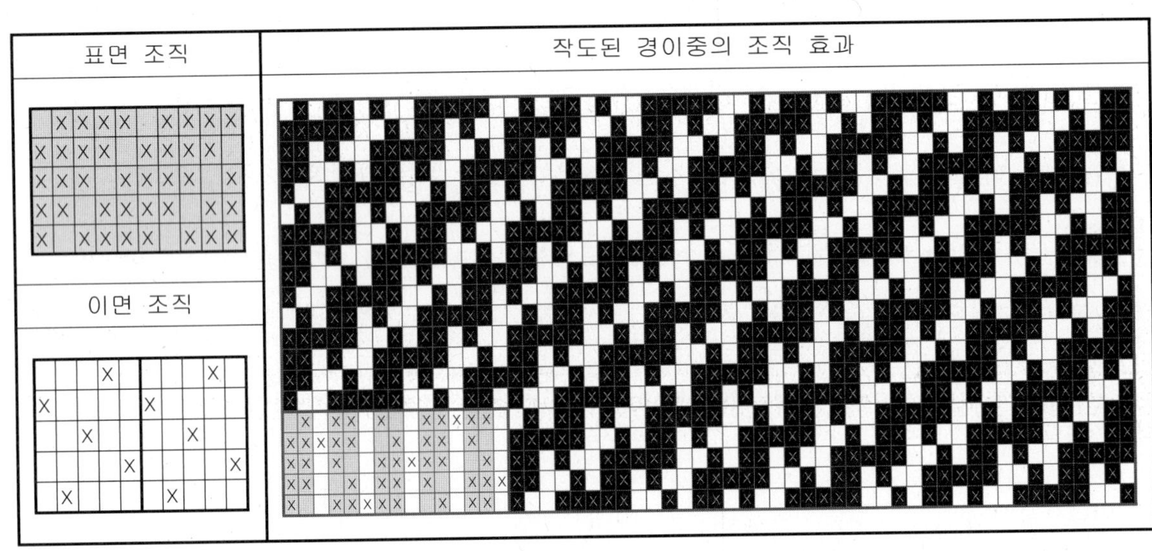

표면 조직
이면 조직
작도된 경이중의 조직 효과

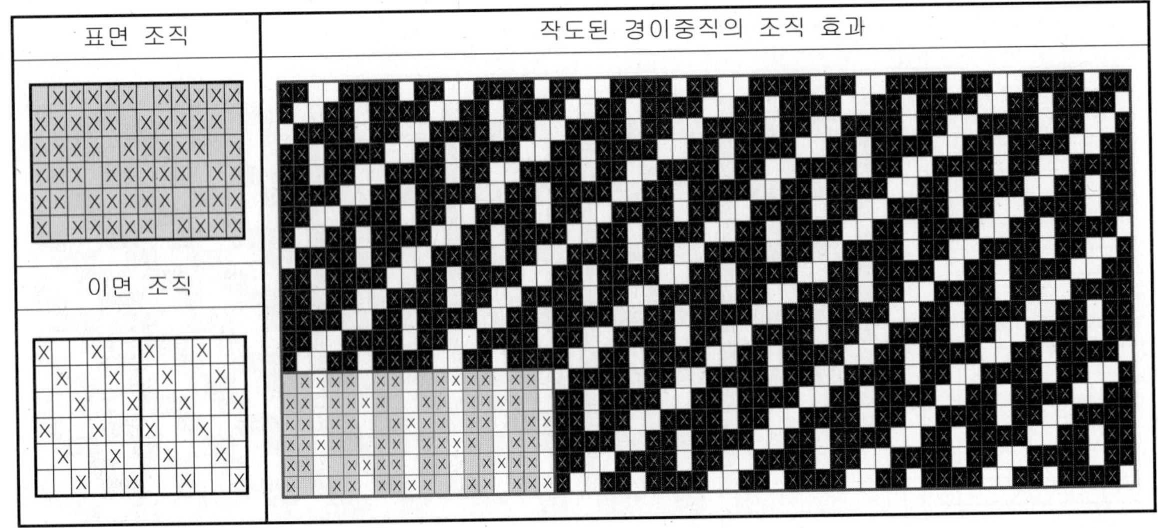

표면 조직
이면 조직
작도된 경이중직의 조직 효과

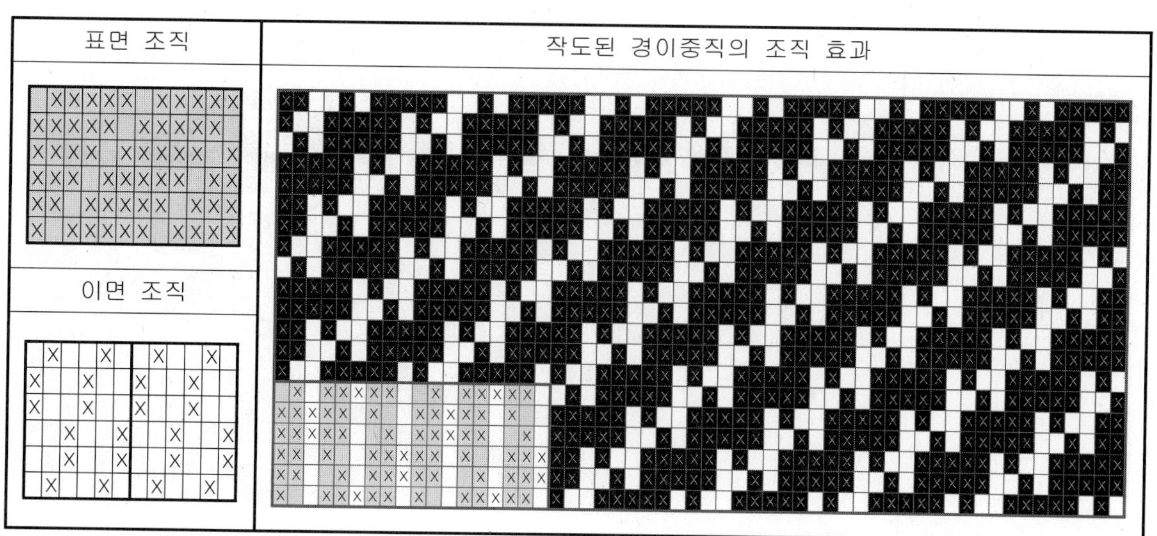

표면 조직
이면 조직
작도된 경이중직의 조직 효과

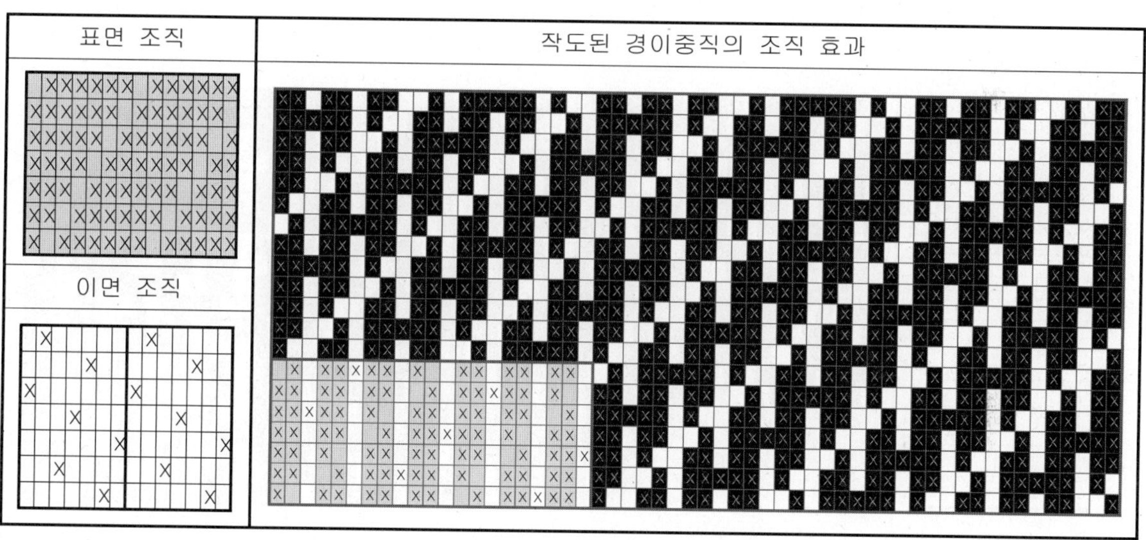

표면 조직
이면 조직
작도된 경이중직의 조직 효과

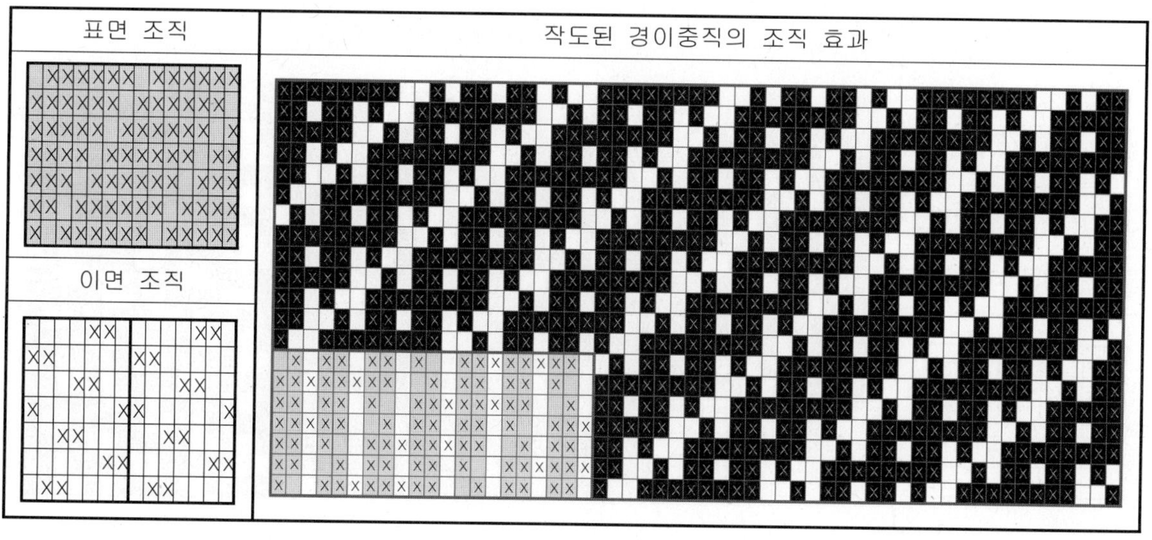

표면 조직
이면 조직
작도된 경이중직의 조직 효과

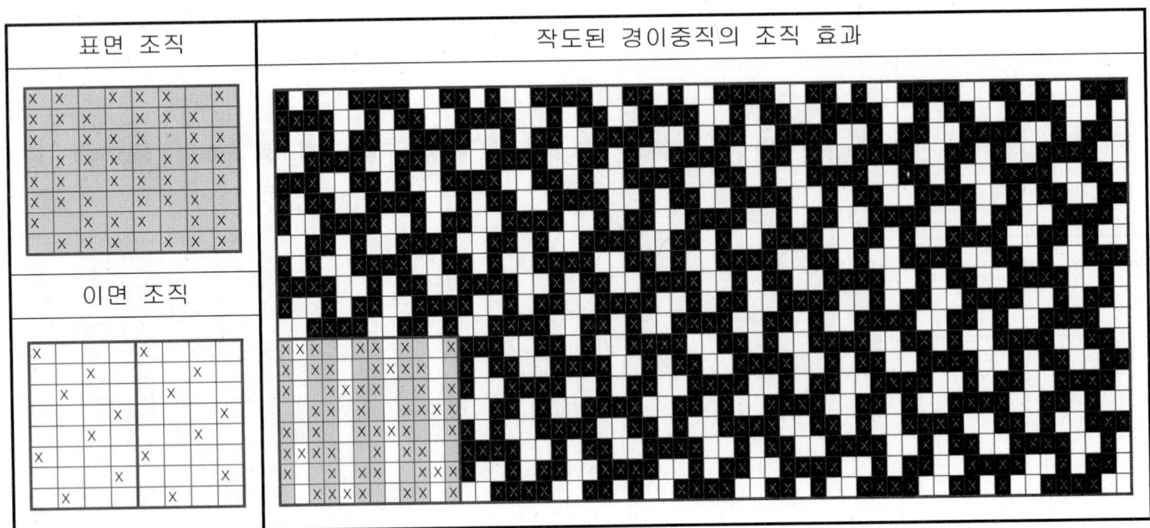

표면 조직
이면 조직
작도된 경이중직의 조직 효과

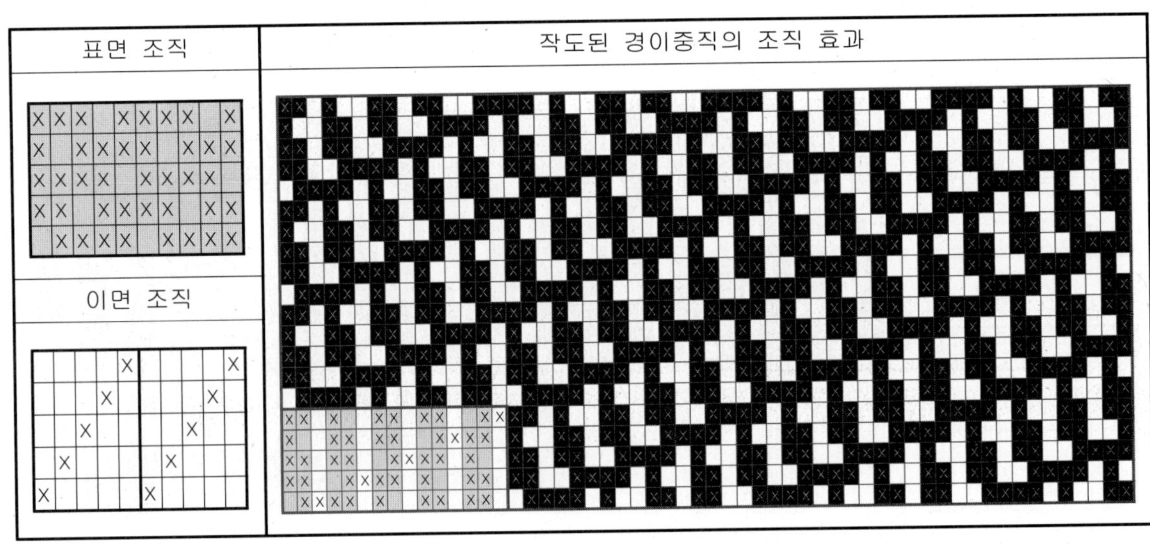

표면 조직
이면 조직
작도된 경이중직의 조직 효과

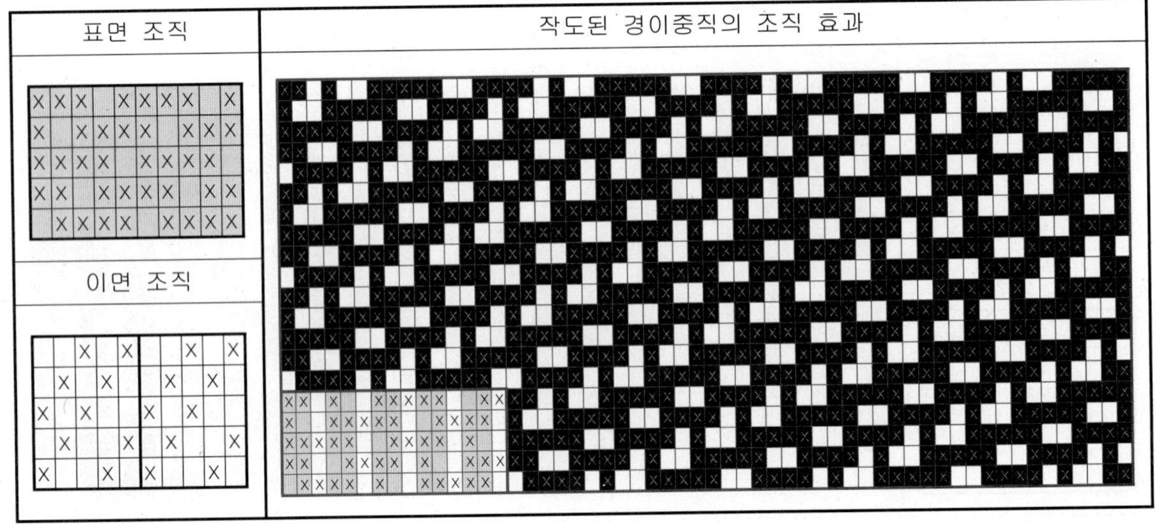

표면 조직
이면 조직
작도된 경이중직의 조직 효과

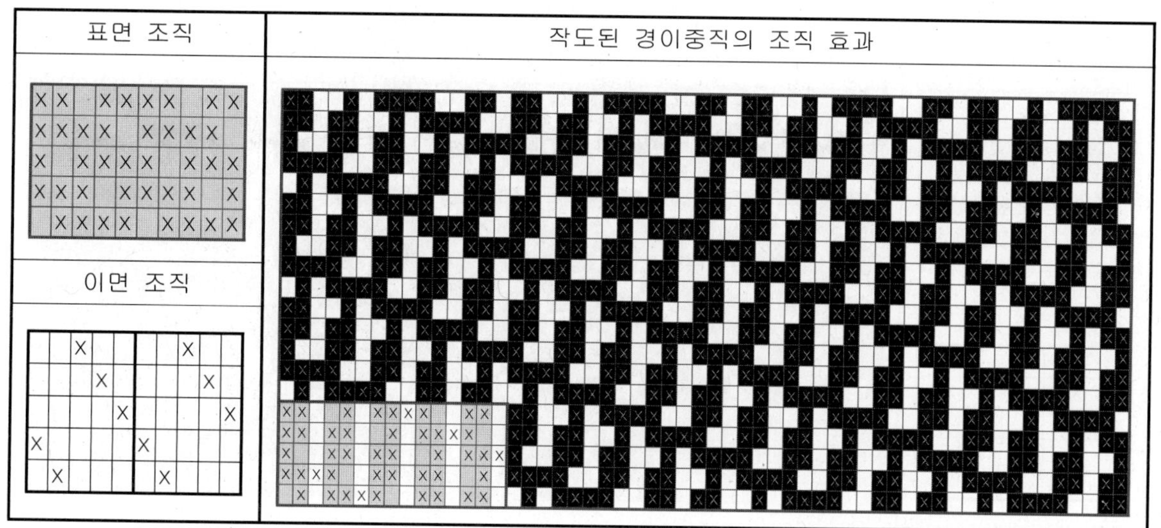
표면 조직
이면 조직
작도된 경이중직의 조직 효과

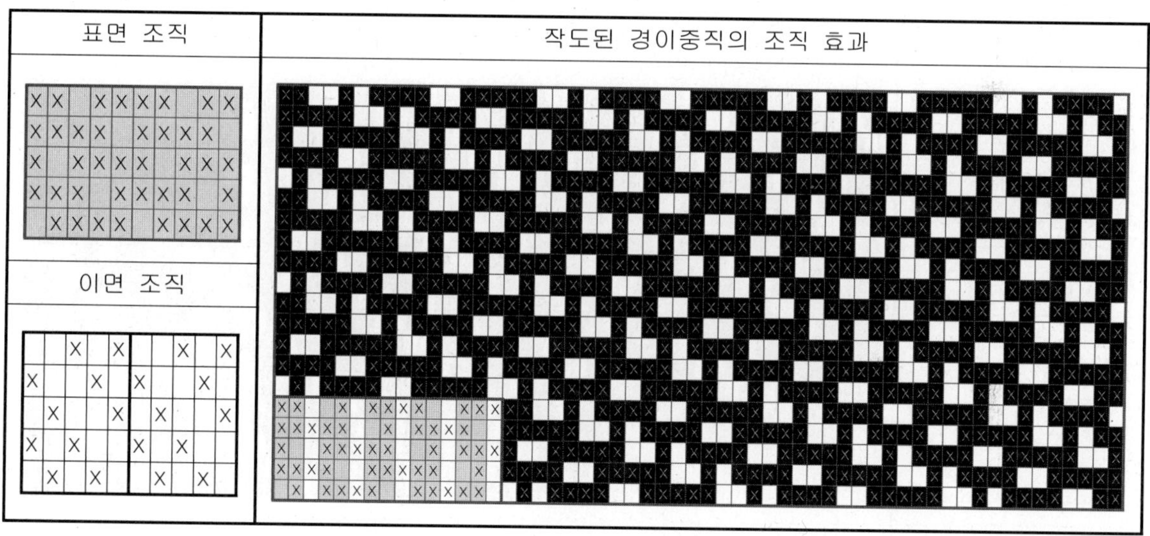
표면 조직
이면 조직
작도된 경이중직의 조직 효과

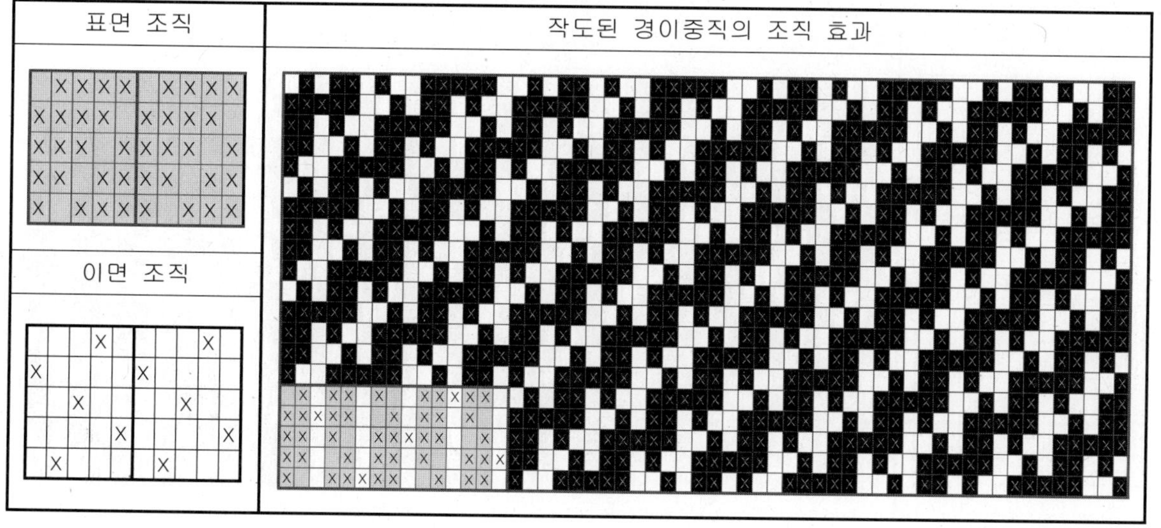
표면 조직
이면 조직
작도된 경이중직의 조직 효과

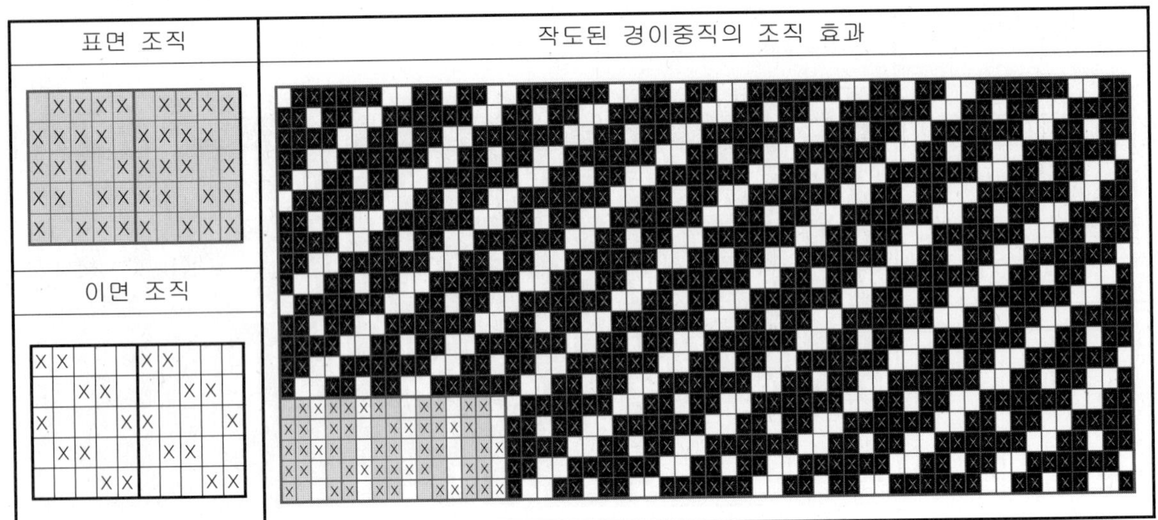

표면 조직
이면 조직
작도된 경이중직의 조직 효과

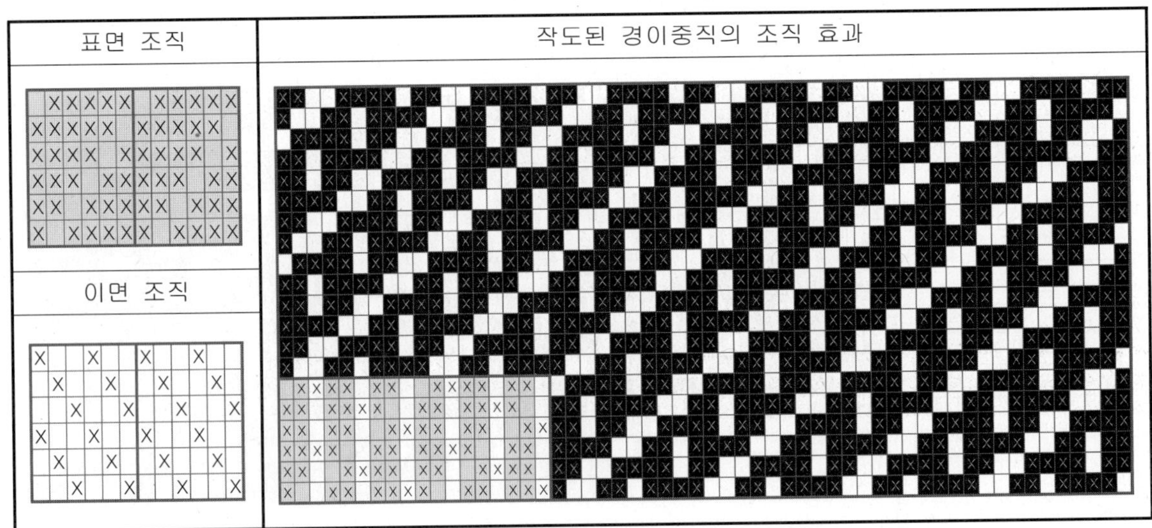

표면 조직
이면 조직
작도된 경이중직의 조직 효과

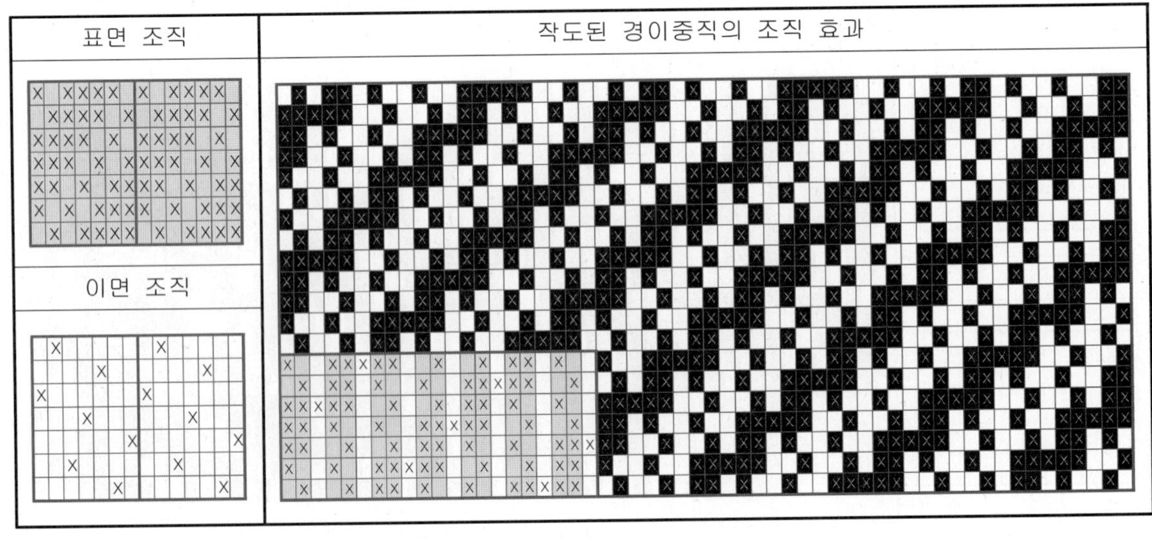

표면 조직
이면 조직
작도된 경이중직의 조직 효과

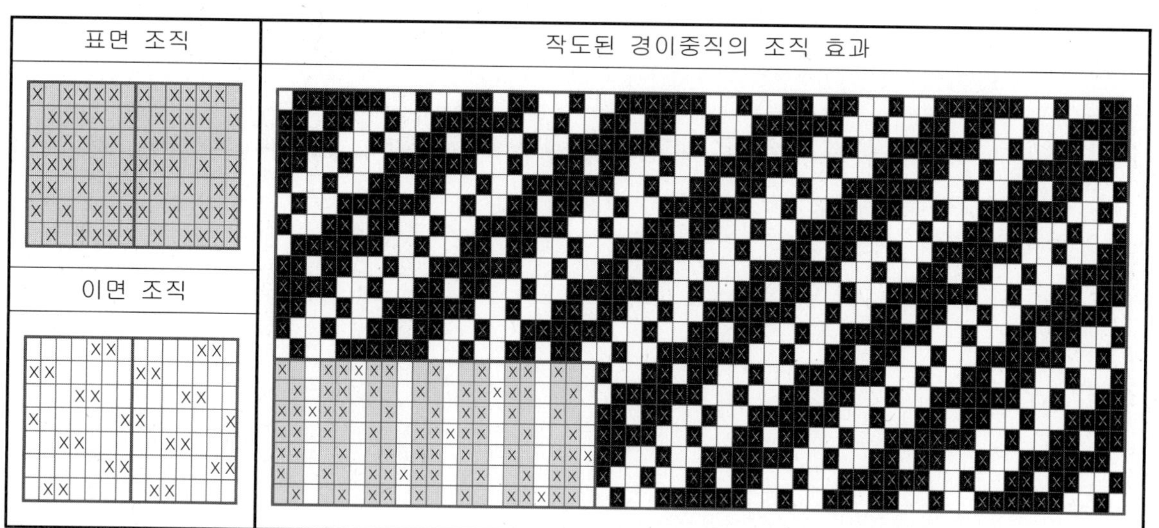

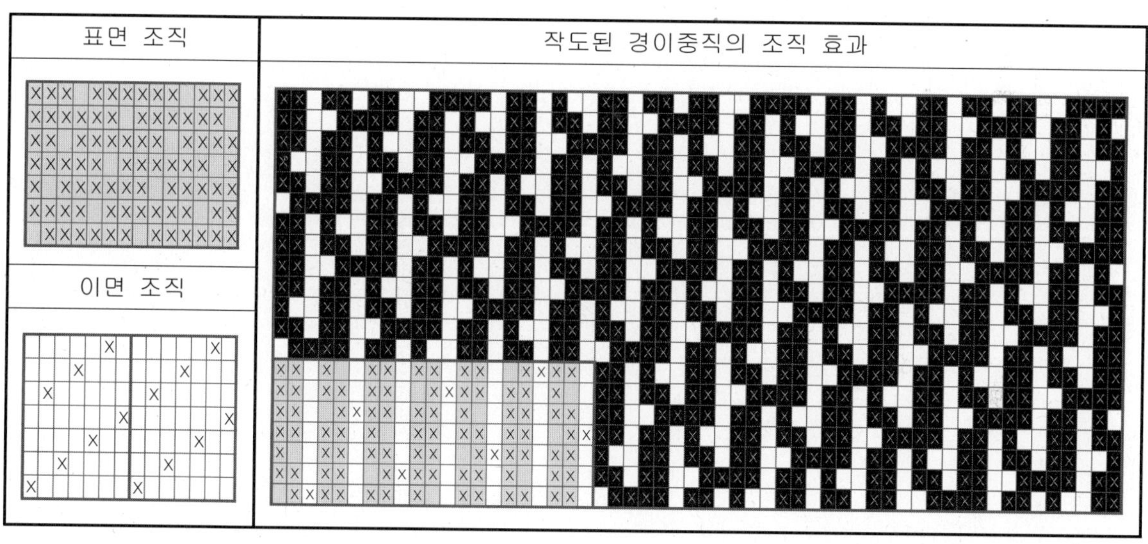

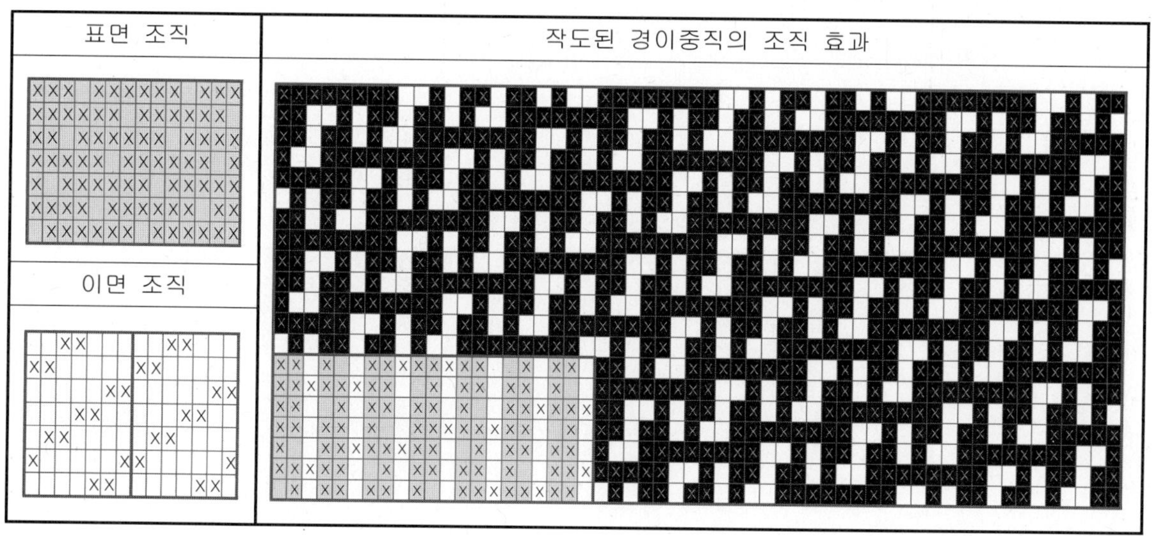

03. 직물설계에 필요한 기초수학

삼각함수

$$\text{Sin } \theta = \frac{c}{a}$$

$$\text{Cos } \theta = \frac{b}{a}$$

$$\text{Tan } \theta = \frac{c}{b}$$

$$\text{Sec } \theta = \frac{1}{Sin}$$

$$\text{Cosec } \theta = \frac{1}{Cos}$$

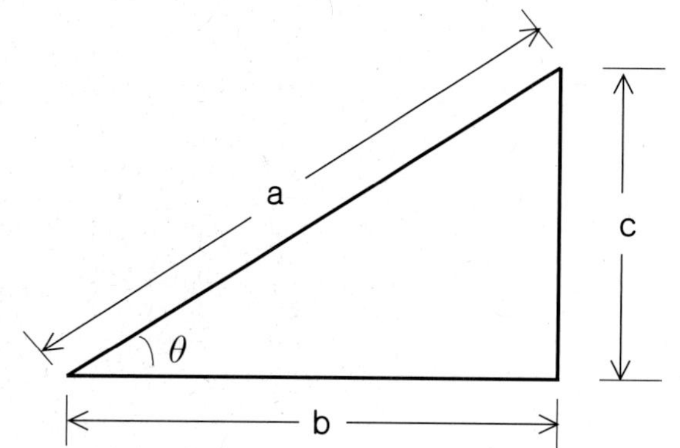

비례식

비례의 등식(=)에서 내항의 곱과 외항의 곱은 같다.

즉 a : b = c : x 일 때

a x = b c

$$x = \frac{b\,c}{a}$$

등식

등식(=)에서 같은 수를 더하거나 빼어도 등식은 성립한다.

y   = ax + b

y + c = (ax + b) + c

y − c = (ax + b) − c

등식(=)에서 같은 수를 곱하거나 나누어도 등식은 성립한다.

y   = ax + b

y x c = (ax + b) x c

$$\frac{y}{c} = \frac{(ax + b)}{c}$$

곱하기(x)와 나누기(÷)는 더하기(+)와 빼기(−) 안에 존재한다.

즉 곱하기는 배수의 더하기이고, 나누기는 배수의 빼기이다.

원의 직경과 면적의 관계

우측 원의 직경(지름)이 R이고, 반지름이 r이면

$$\text{면적} = r^2 \times \pi$$

$$= \left(\frac{R}{2}\right)^2 \times \pi \text{이다.}$$

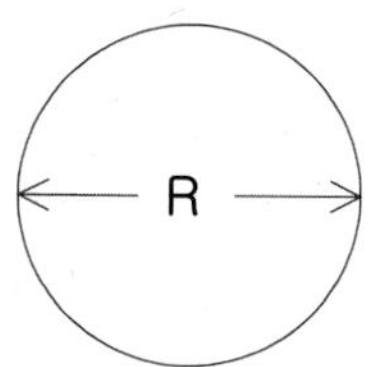

원주의 직경과 중량(번수)의 관계

아래 원주의 직경(지름)이 R이고, 길이가 L, 비중이 Δ이면,

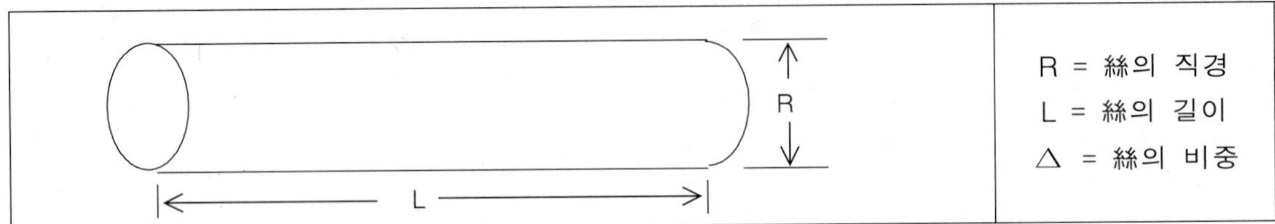

부피 = 면적(원통) x 길이 $= (\frac{R}{2})^2 \times \pi \times L$

중량 = 부피 x 비중 (Δ) $= (\frac{R}{2})^2 \times \pi \times L \times \Delta$

R (직경) $= \sqrt{번수} \times$ (상수) k 이다.

원사의 번수와 직경(R)과의 관계

번수 $= \dfrac{중량\,(g)}{길이\,(9000m)}$ 이며, 중량 = 부피 x 비중 $= \pi(\frac{R}{2})^2 L \times \triangle$ 이다.

Polyester 기준으로, 비중 1.38 $\pi=3.14$로 가정 하면

$$번수 = \frac{\pi(\frac{R}{2})^2 L \triangle}{9000} = \frac{(\frac{R}{2})^2 L\,3.14 X 1.38}{9000} = \frac{(\frac{R}{2})^2 L\,4.332}{9000}$$

$$(\frac{R}{2})^2 = \frac{번수\,X\,9000}{L\,X\,4.332} = \frac{번수\,X\,2078}{L}$$

$$R^2 = \frac{번수\,X\,2078\,X\,4}{L} = \frac{번수\,X\,8310}{L}$$

$$R = \sqrt{\frac{번수\,X\,8310}{L}} = \sqrt{번수} \times k\,(상수)$$

$$R = \sqrt{번수} \times (상수)\,k\,이다.$$

x	sin x	cos x	tan x	x	sin x	cos x	tan x
1	0.01745240	0.99984769	0.01745506	46	0.71933980	0.69465837	1.03553031
2	0.03489949	0.99939082	0.03492076	47	0.73135370	0.68199836	1.07236870
3	0.05233595	0.99862953	0.05240777	48	0.74314482	0.66913060	1.11061251
4	0.06975647	0.99756405	0.06992681	49	0.75470958	0.65605902	1.15036840
5	0.08715574	0.99619469	0.08748866	50	0.76604444	0.64278760	1.19175359
6	0.10452846	0.99452189	0.10510423	51	0.77714596	0.62932039	1.23489715
7	0.12186934	0.99254615	0.12278456	52	0.78801075	0.61566147	1.27994163
8	0.13917310	0.99026806	0.14054083	53	0.79863551	0.60181502	1.32704482
9	0.15643446	0.98768834	0.15838444	54	0.80901699	0.58778525	1.37638192
10	0.17364817	0.98480775	0.17632698	55	0.81915204	0.57357643	1.42814800
11	0.19080899	0.98162718	0.19438030	56	0.82903757	0.55919290	1.48256096
12	0.20791169	0.97814760	0.21255656	57	0.83867056	0.54463903	1.53986496
13	0.22495105	0.97437006	0.23086819	58	0.84804809	0.52991926	1.60033452
14	0.24192189	0.97029572	0.24932800	59	0.85716730	0.51503807	1.66427948
15	0.25881904	0.96592582	0.26794919	60	0.86602540	0.50000000	1.73205080
16	0.27563735	0.96126169	0.28674538	61	0.87461970	0.48480962	1.80404775
17	0.29237170	0.95630475	0.30573068	62	0.88294759	0.46947156	1.88072646
18	0.30901699	0.95105651	0.32491969	63	0.89100652	0.45399049	1.96261050
19	0.32556815	0.94551857	0.34432761	64	0.89879404	0.43837114	2.05030384
20	0.34202014	0.93969262	0.36397023	65	0.90630778	0.42261826	2.14450692
21	0.35836794	0.93358042	0.38386403	66	0.91354545	0.40673664	2.24603677
22	0.37460659	0.92718385	0.40402622	67	0.92050485	0.39073112	2.35585236
23	0.39073112	0.92050485	0.42447481	68	0.92718385	0.37460659	2.47508685
24	0.40673664	0.91354545	0.44522868	69	0.93358042	0.35836794	2.60508906
25	0.42261826	0.90630778	0.46630765	70	0.93969262	0.34202014	2.74747741
26	0.43837114	0.89879404	0.48773258	71	0.94551857	0.32556815	2.90421087
27	0.45399049	0.89100652	0.50952544	72	0.95105651	0.30901699	3.07768353
28	0.46947156	0.88294759	0.53170943	73	0.95630475	0.29237170	3.27085261
29	0.48480962	0.87461970	0.55430905	74	0.96126169	0.27563735	3.48741444
30	0.49999999	0.86602540	0.57735026	75	0.96592582	0.25881904	3.73205080
31	0.51503807	0.85716730	0.60086061	76	0.97029572	0.24192189	4.01078093
32	0.52991926	0.84804809	0.62486935	77	0.97437006	0.22495105	4.33147587
33	0.54463903	0.83867056	0.64940759	78	0.97814760	0.20791169	4.70463010
34	0.55919290	0.82903757	0.67450851	79	0.98162718	0.19080899	5.14455401
35	0.57357643	0.81915204	0.70020753	80	0.98480775	0.17364817	5.67128181
36	0.58778525	0.80901699	0.72654252	81	0.98768834	0.15643446	6.31375151
37	0.60181502	0.79863551	0.75355405	82	0.99026806	0.13917310	7.11536972
38	0.61566147	0.78801075	0.78128562	83	0.99254615	0.12186934	8.14434642
39	0.62932039	0.77714596	0.80978403	84	0.99452189	0.10452846	9.51436445
40	0.64278760	0.76604444	0.83909963	85	0.99619469	0.08715574	11.43005229
41	0.65605902	0.75470958	0.86928673	86	0.99756405	0.06975647	14.30066624
42	0.66913060	0.74314482	0.90040404	87	0.99862953	0.05233595	19.08113667
43	0.68199836	0.73135370	0.93251508	88	0.99939082	0.03489949	28.63625324
44	0.69465837	0.71933980	0.96568877	89	0.99984769	0.01745240	57.28996148
45	0.70710678	0.70710678	0.99999999	90	1.00000000	0.00000000	**

제직 밀도 표

소 재	번 수	조 직	Slip 하한선	숙녀 기준	신사 기준	밀도 상한선	비 고
Polyester	50D	1/1 평직	212	254	312	356	1500撚기준
		2/1 Twill	248	298	364	416	1500撚기준
		2/2 Twill	268	322	394	450	1500撚기준
		3/3 Twill	306	364	448	510	1500撚기준
	75D	1/1 평직	172	208	254	290	1200撚기준
		2/1 Twill	202	244	296	338	1200撚기준
		2/2 Twill	220	262	324	370	1200撚기준
		3/3 Twill	248	296	366	416	1200撚기준
	150D	1/1 평직	122	148	180	204	850 撚기준
		2/1 Twill	144	172	210	240	850 撚기준
		2/2 Twill	154	186	228	260	850 撚기준
		3/3 Twill	176	210	258	294	850 撚기준
Cotton	80/1	1/1 평직	200	238	316	348	일반撚 기준
		2/1 Twill	232	278	370	408	일반撚 기준
		2/2 Twill	250	300	398	438	일반撚 기준
		3/3 Twill	284	340	450	496	일반撚 기준
	40/1	1/1 평직	140	168	224	246	일반撚 기준
		2/1 Twill	164	196	260	286	일반撚 기준
		2/2 Twill	178	212	282	310	일반撚 기준
		3/3 Twill	200	240	318	350	일반撚 기준
	30/1	1/1 평직	122	146	194	214	일반撚 기준
		2/1 Twill	142	170	226	350	일반撚 기준
		2/2 Twill	153	184	244	268	일반撚 기준
		3/3 Twill	174	208	276	304	일반撚 기준
Wool	2/100	1/1 평직	114	136	152	182	일반撚 기준
		2/1 Twill	134	160	178	214	일반撚 기준
		2/2 Twill	146	172	192	230	일반撚 기준
		3/3 Twill	162	196	220	264	일반撚 기준
	2/72	1/1 평직	96	116	130	156	일반撚 기준
		2/1 Twill	114	136	152	182	일반撚 기준
		2/2 Twill	122	146	162	194	일반撚 기준
		3/3 Twill	138	166	186	224	일반撚 기준
	2/60	1/1 평직	88	106	118	142	일반撚 기준
		2/1 Twill	104	124	138	166	일반撚 기준
		2/2 Twill	112	134	148	178	일반撚 기준
		3/3 Twill	126	152	170	204	일반撚 기준

* 위 밀도는 생산 현장의 통계에 의한 수치이므로, 용도에 따라 밀도의 가감이 필요하다.
* 상기 밀도는 경·위 합한 밀도이다.
* 사의 구성, 섬도, 형태, 연, 등을 고려하지 않은 밀도이다.
* 밀도 상한선 이상은 과밀도로 인해 제직이 어려운 상태의 밀도이며,
  Slip 하한선은 Slip으로 인하여 일반적인 직물의 기능이 불안정한 상태이다.

제4장 직물 조직도

제4장 직물조직도 중 일부는 창작조직이 아닌 일반적으로 많이 사용되는 조직을 인용 함

Design NO : AP 04001

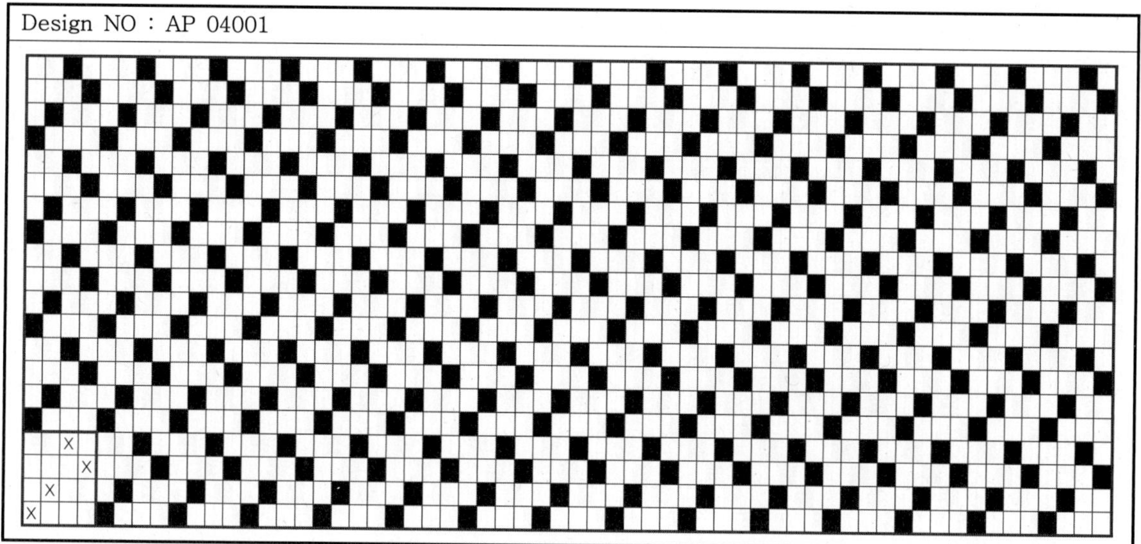

Design NO : AP 04002

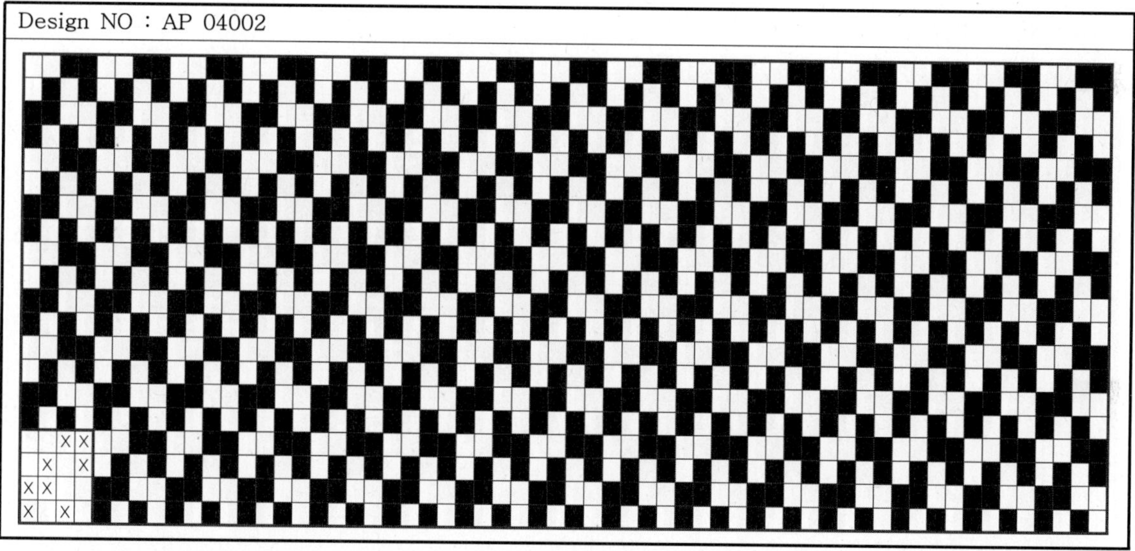

Design NO : AP 04003

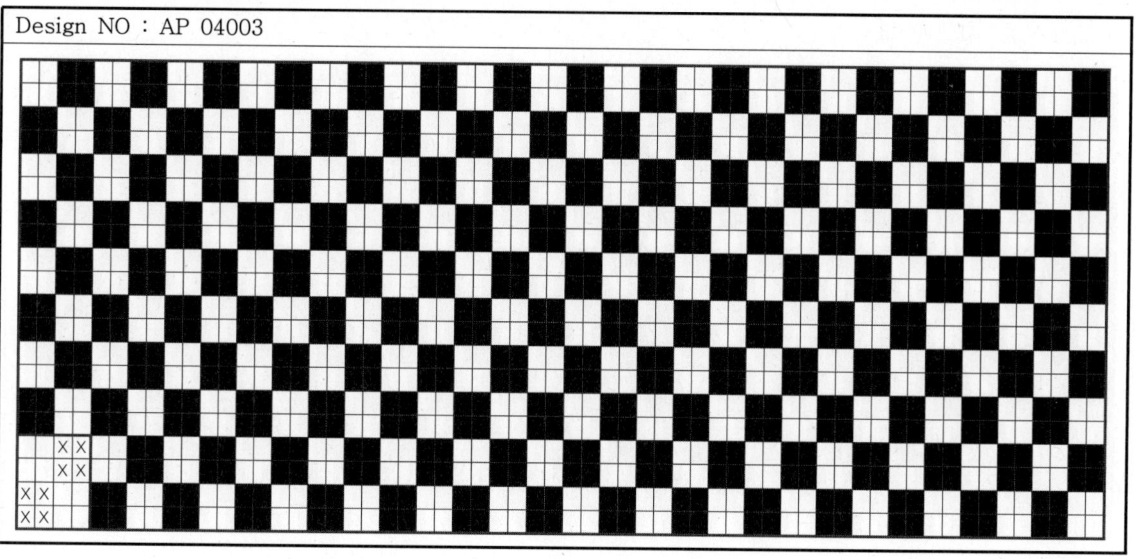

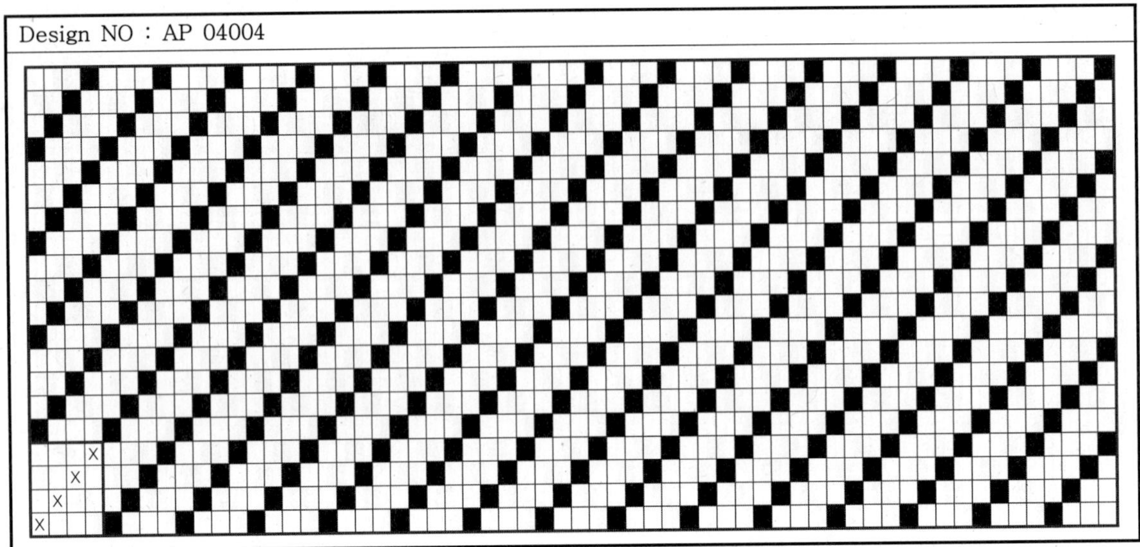

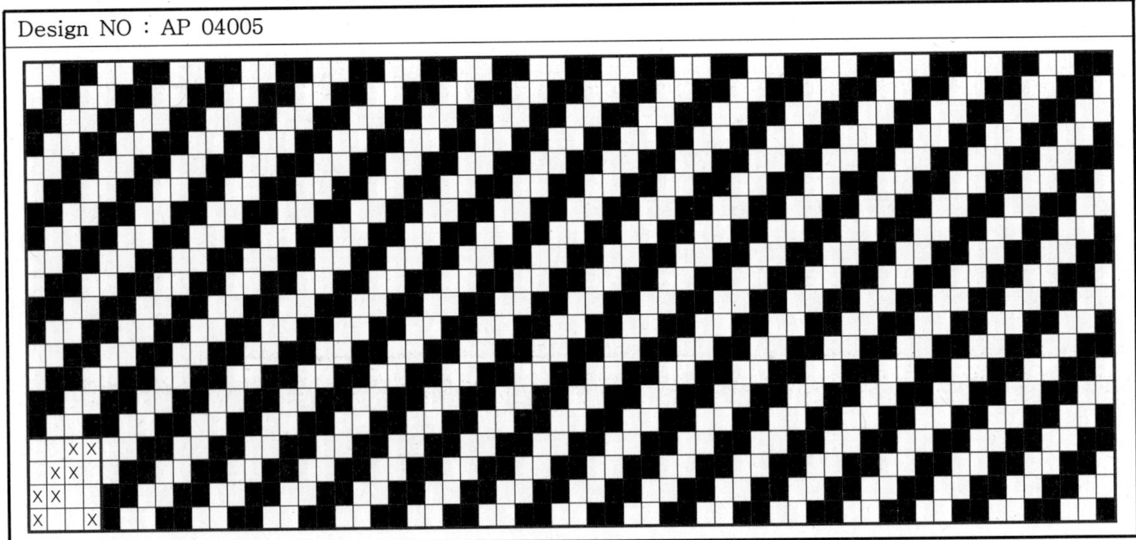

Design NO : AP 04007

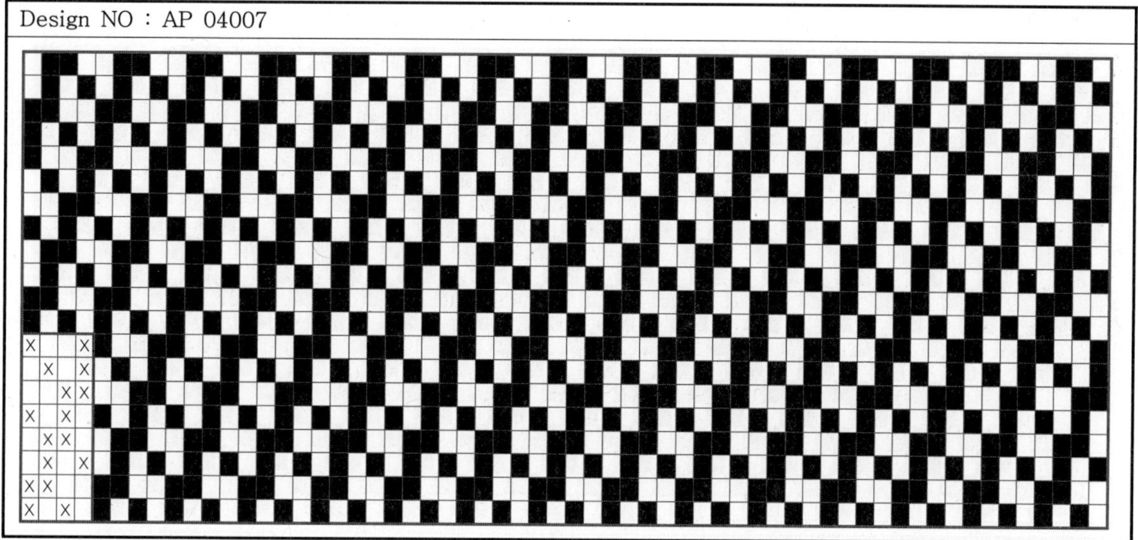

Design NO : AP 04008

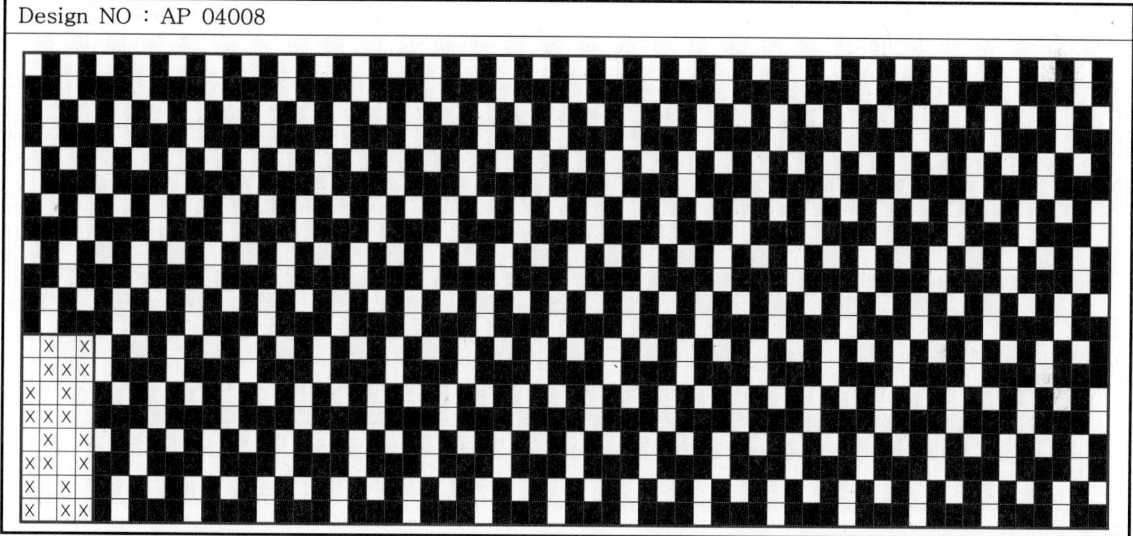

Design NO : AP 04009

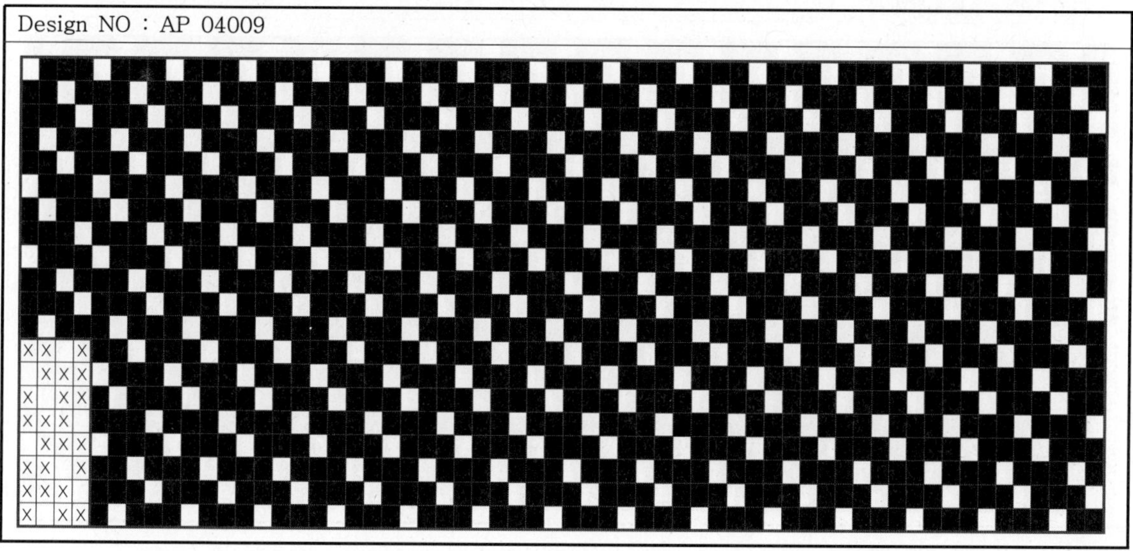

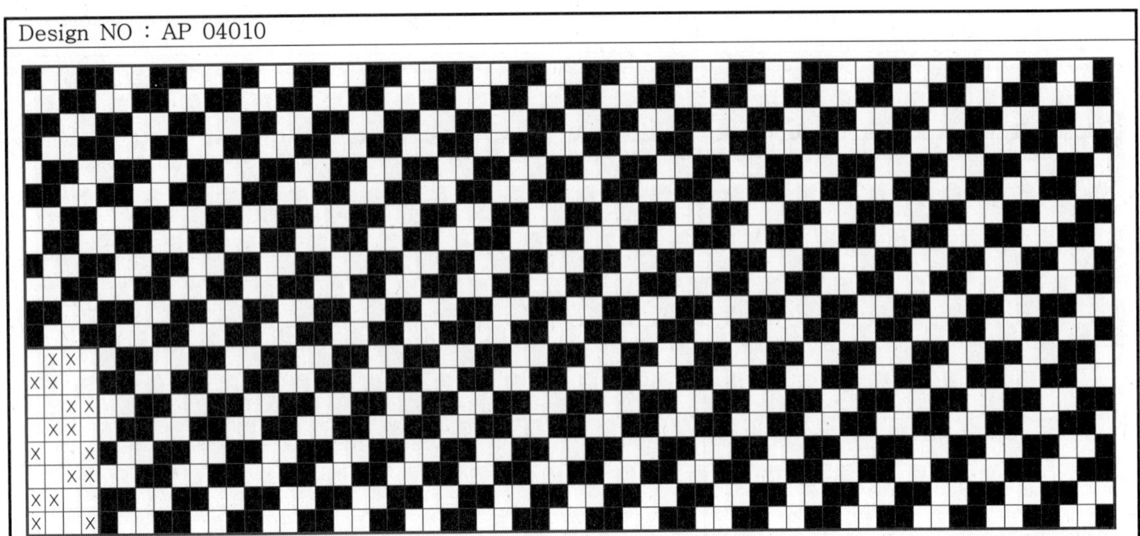

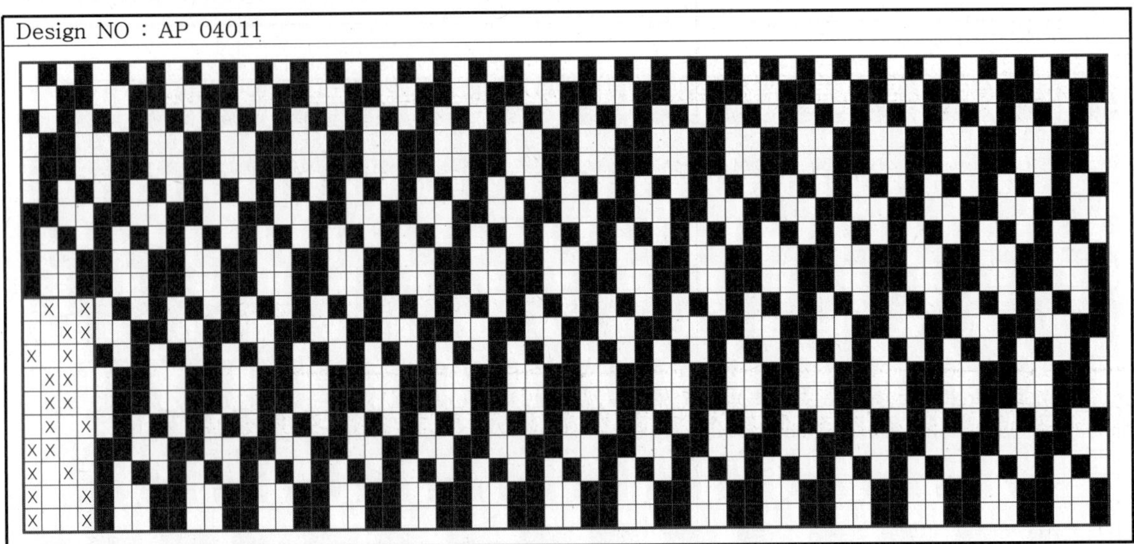

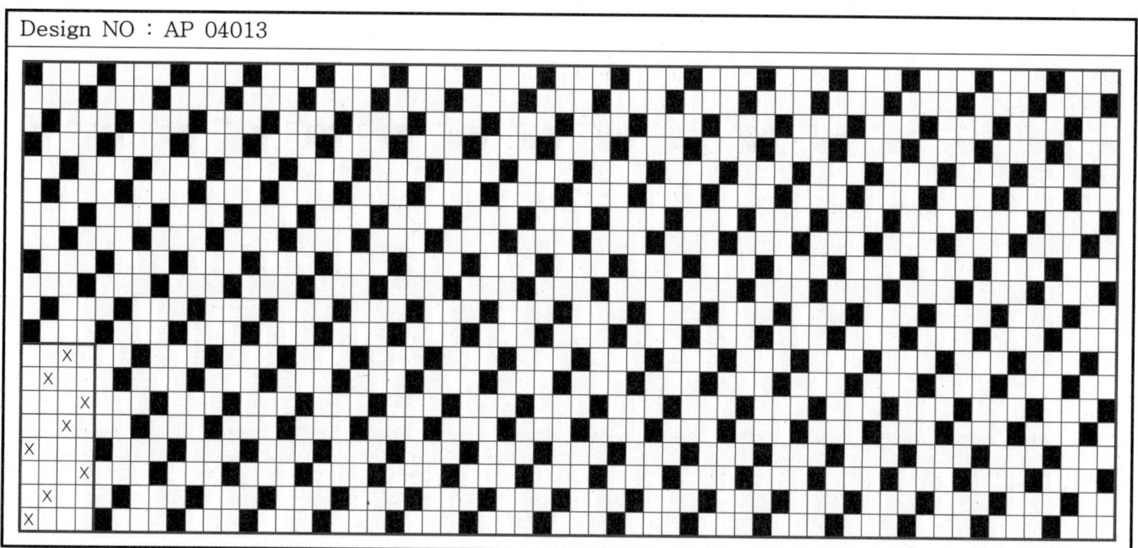

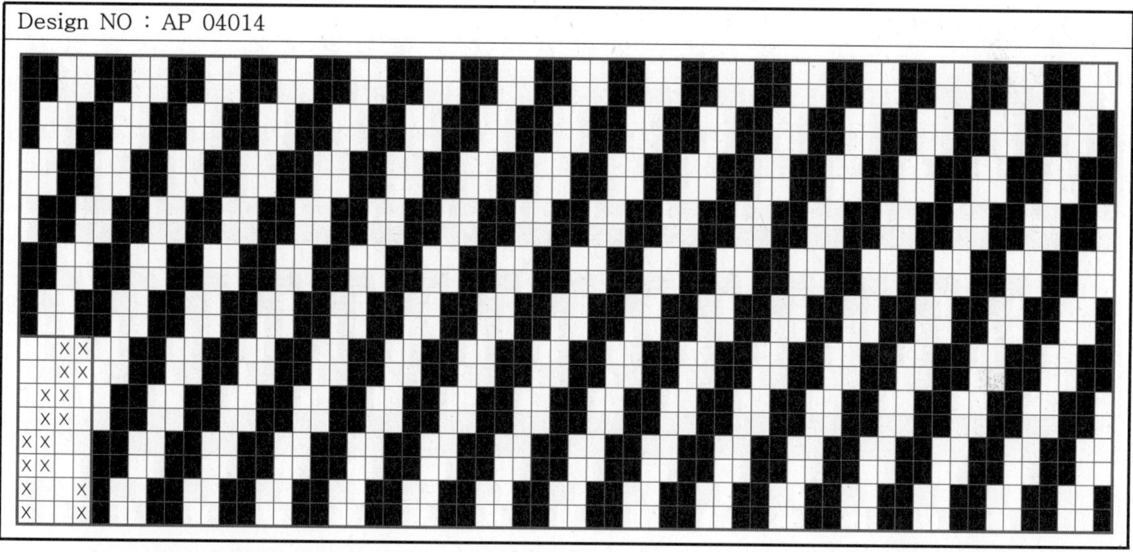

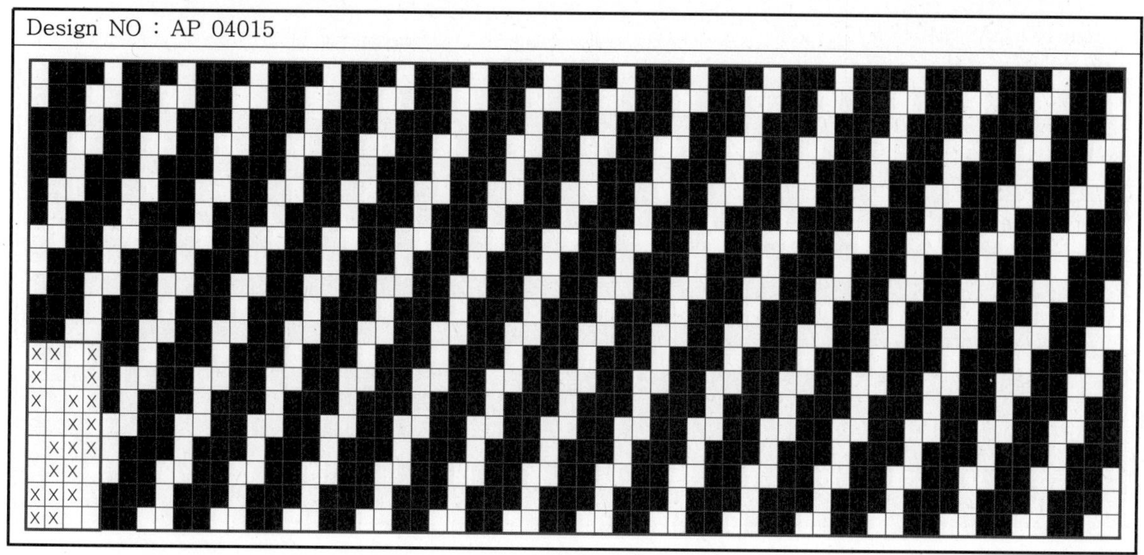

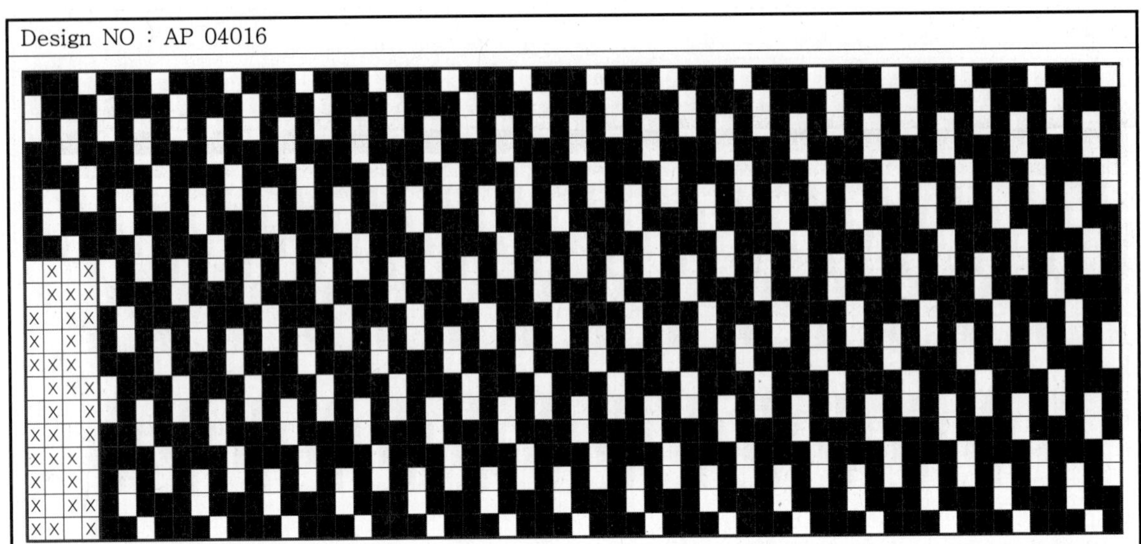

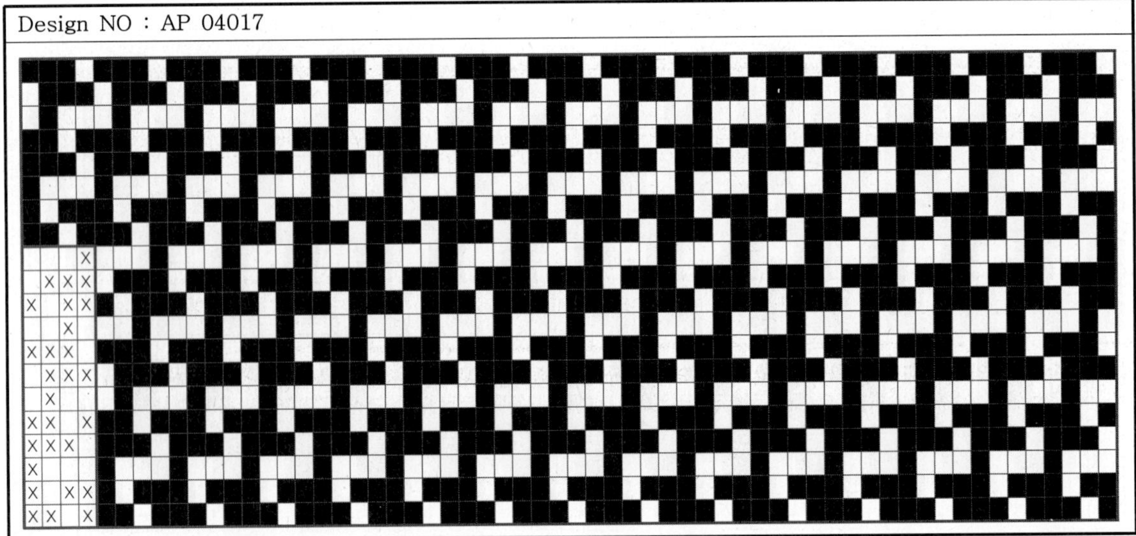

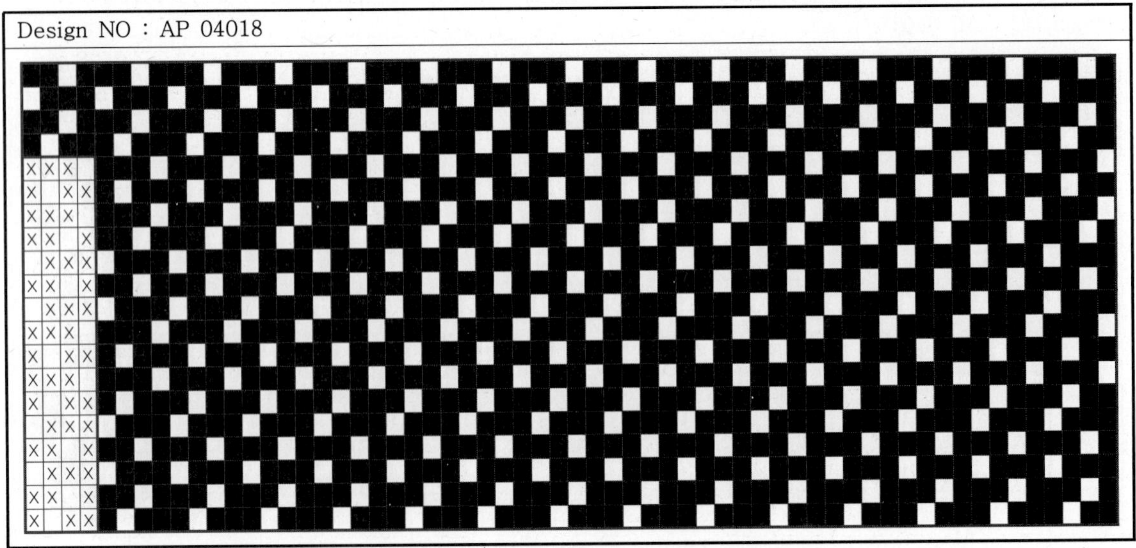

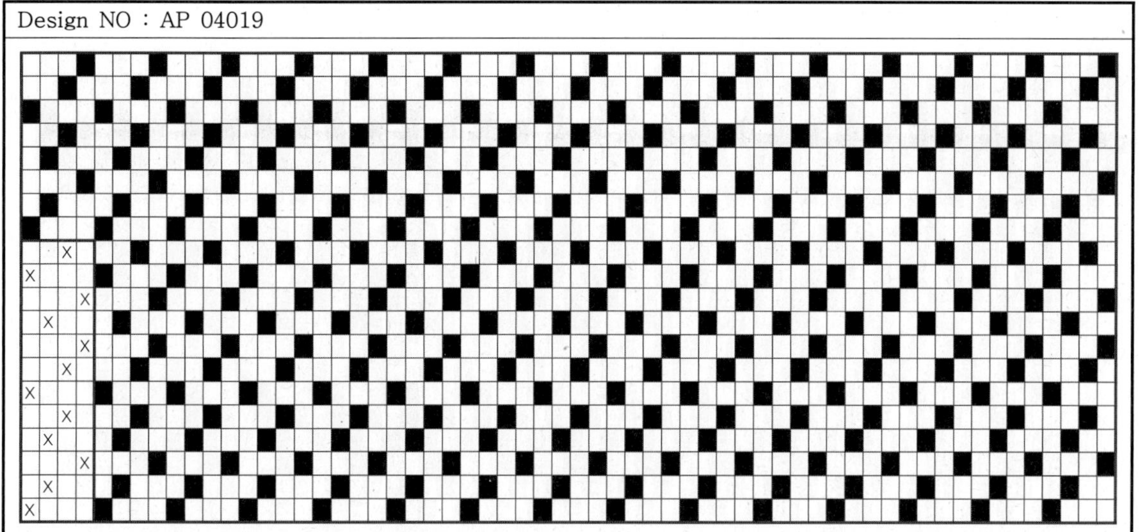

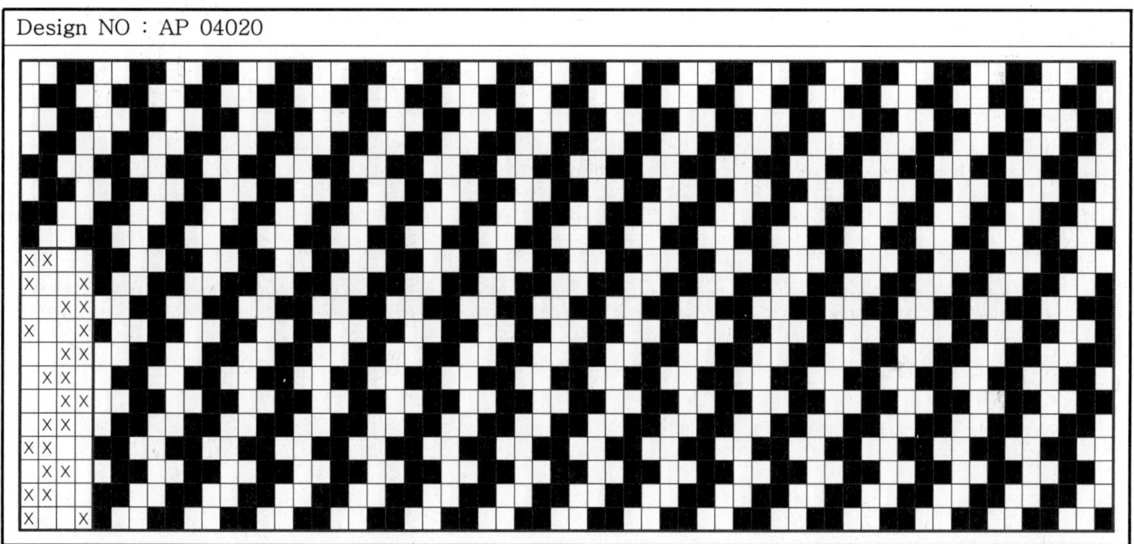

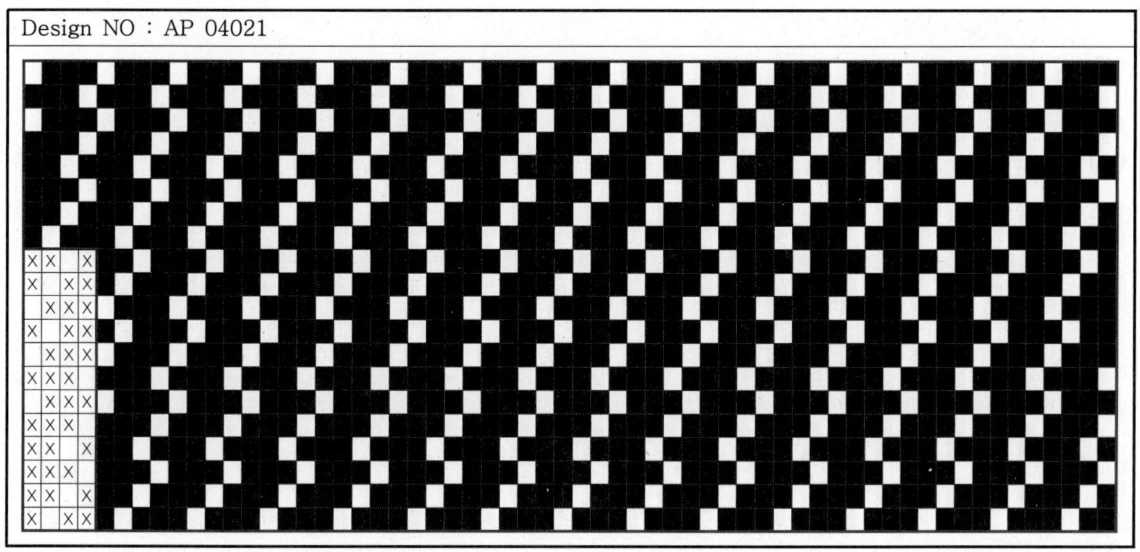

Design NO : AP 04022

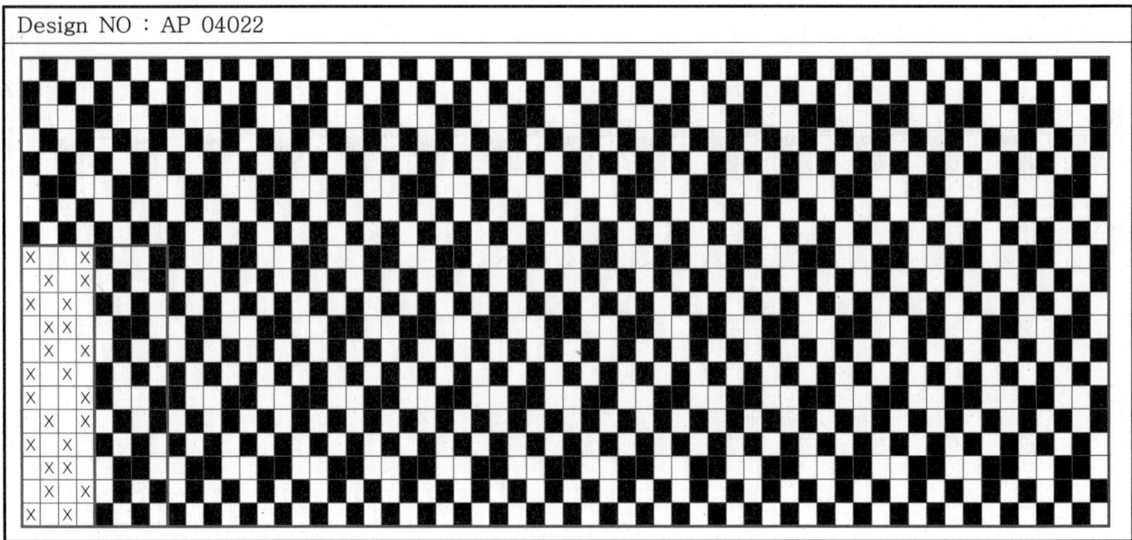

Design NO : AP 04023

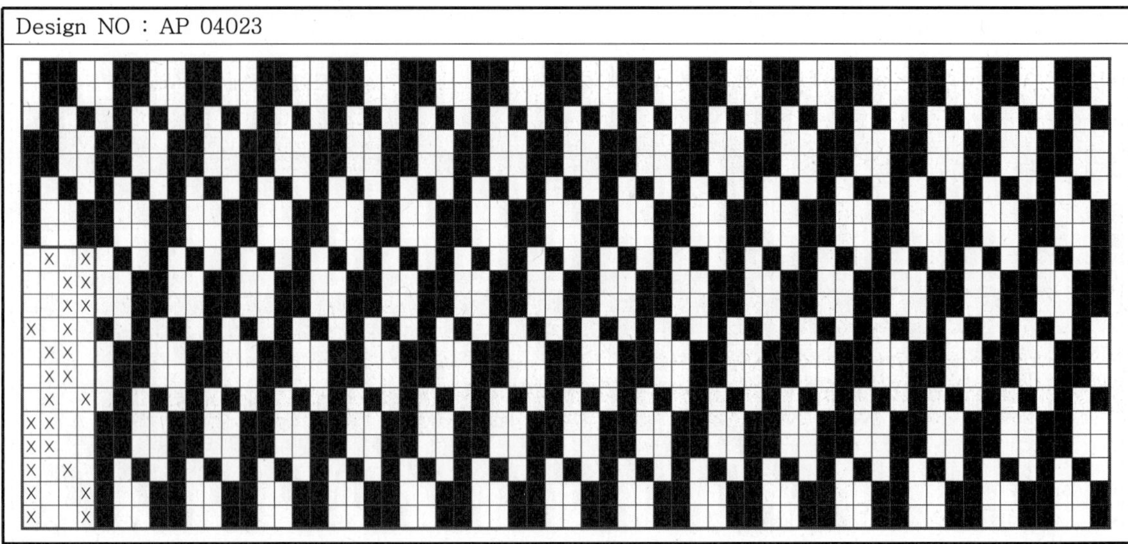

Design NO : AP 04024

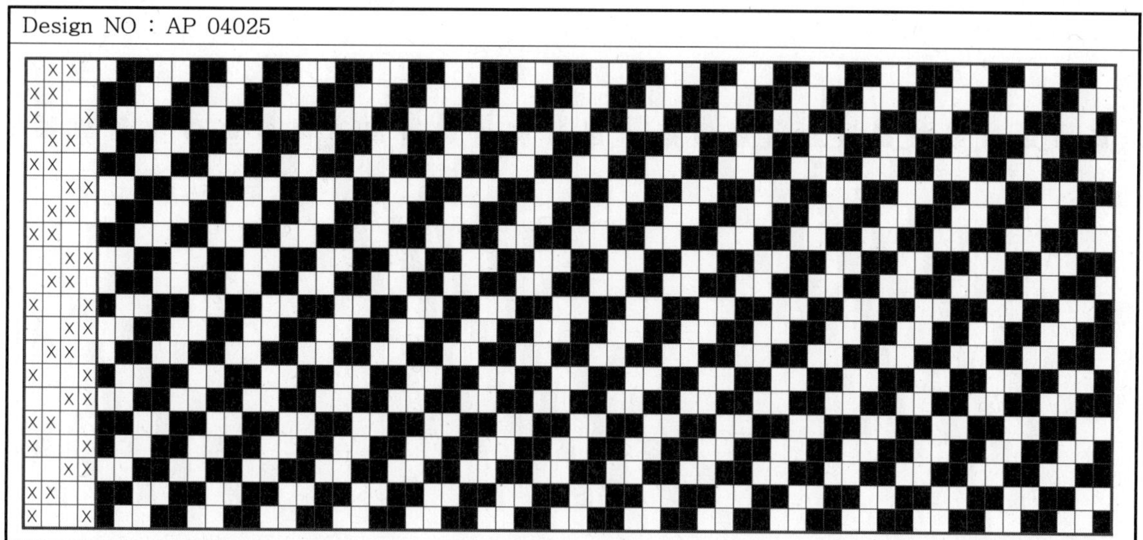

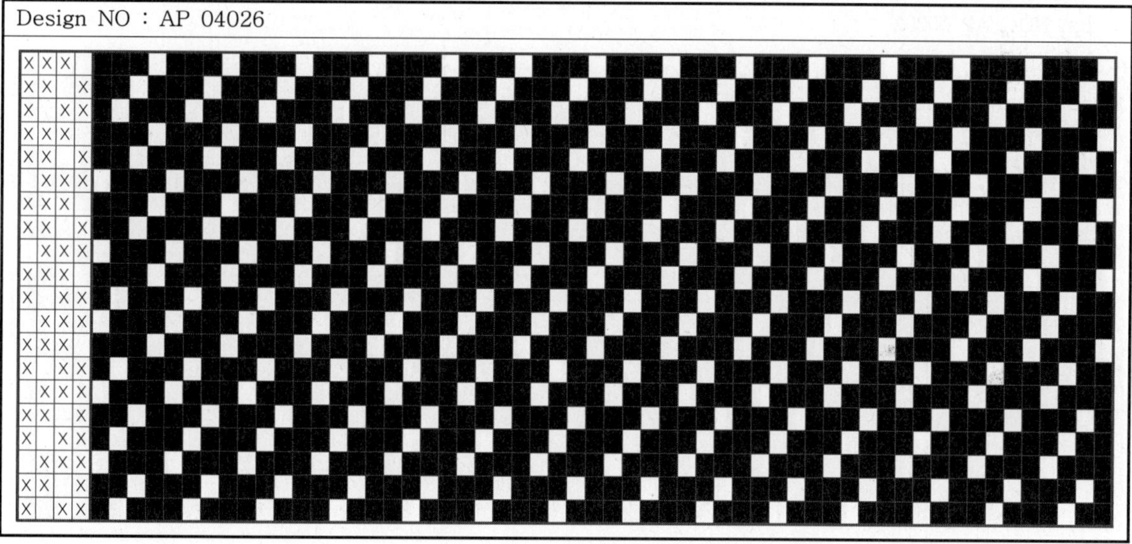

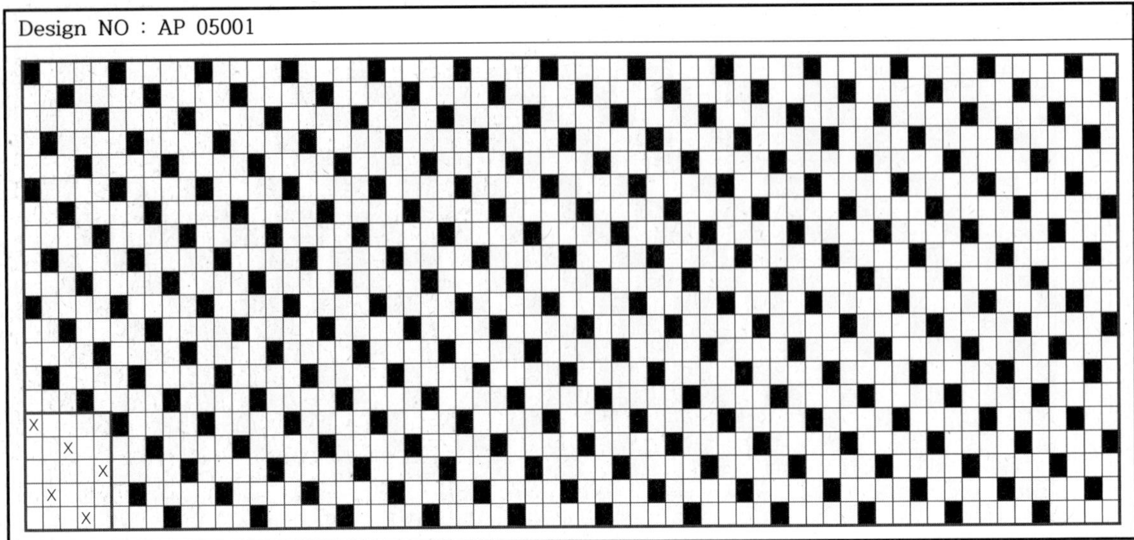

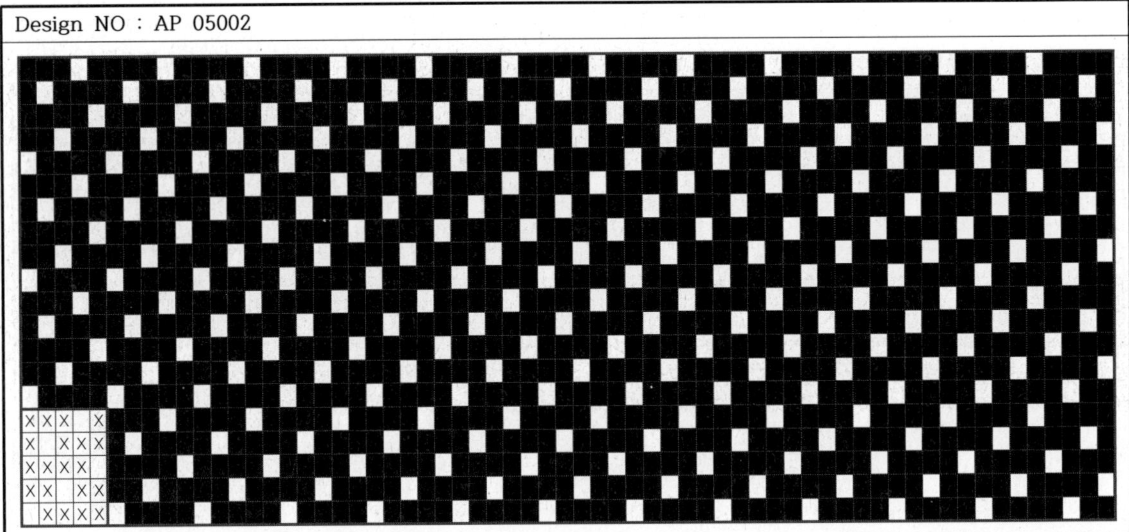

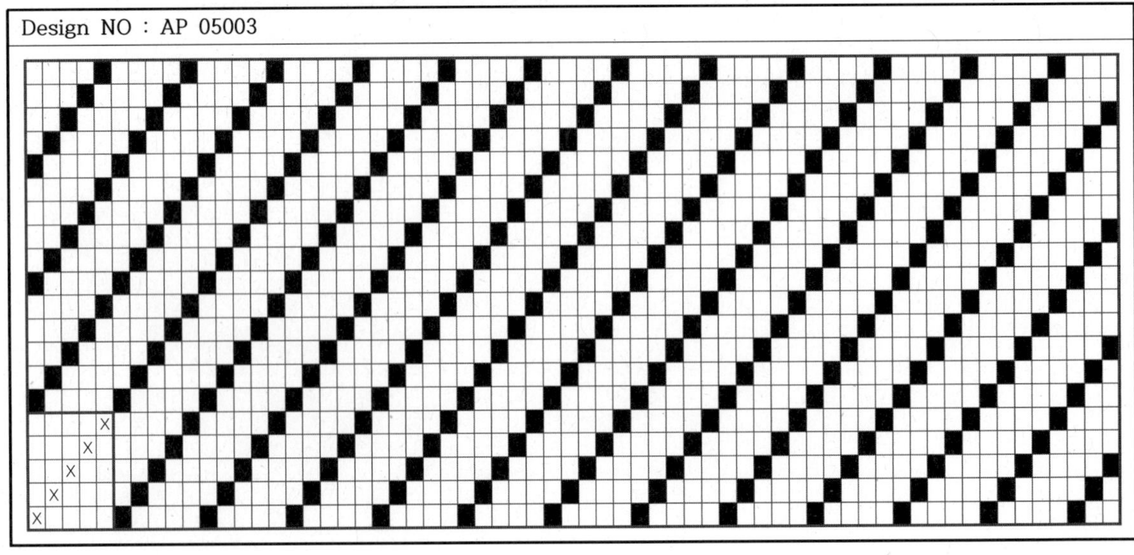

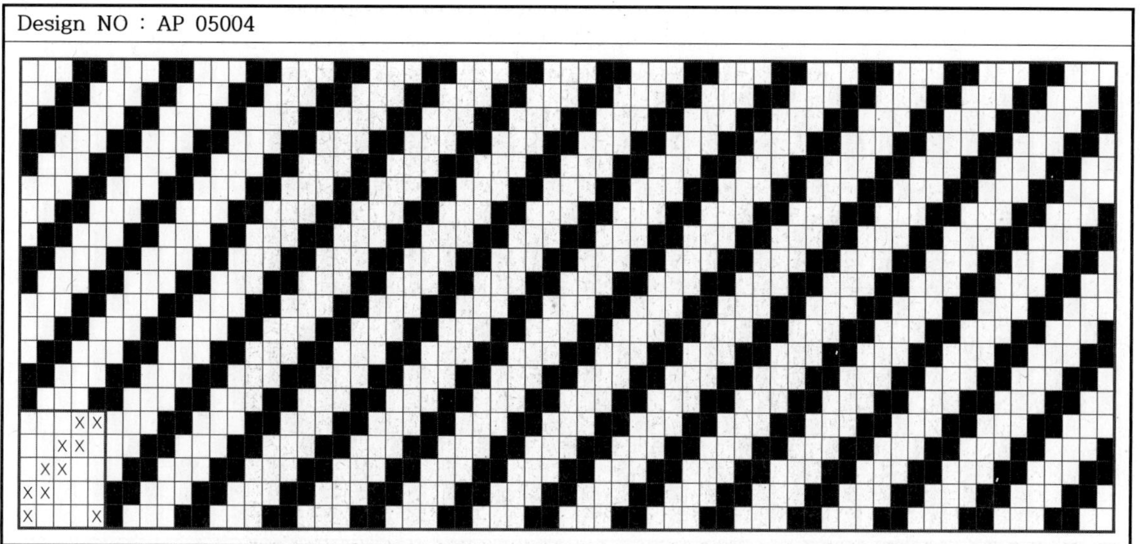

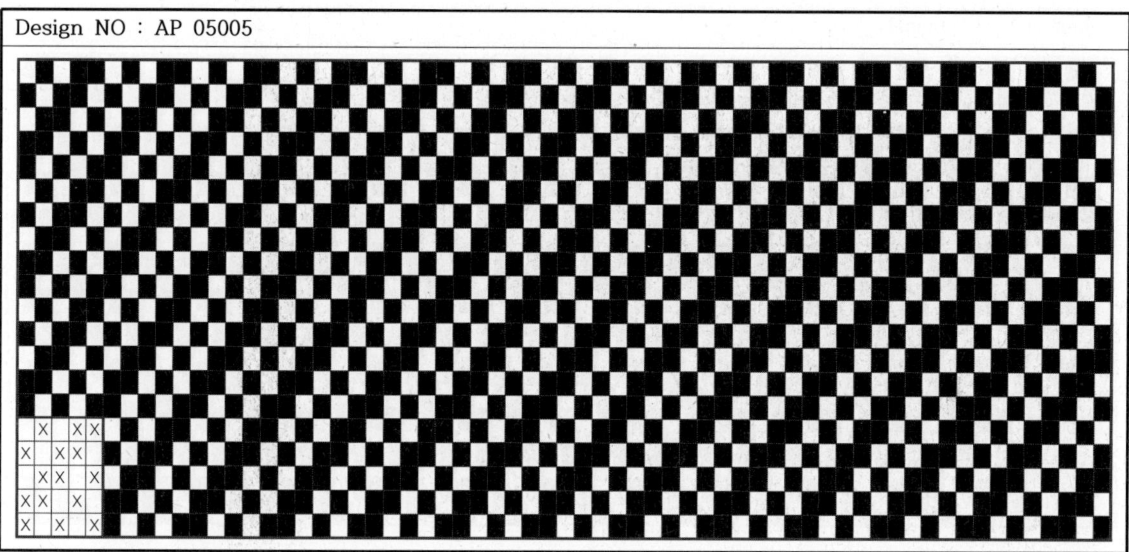

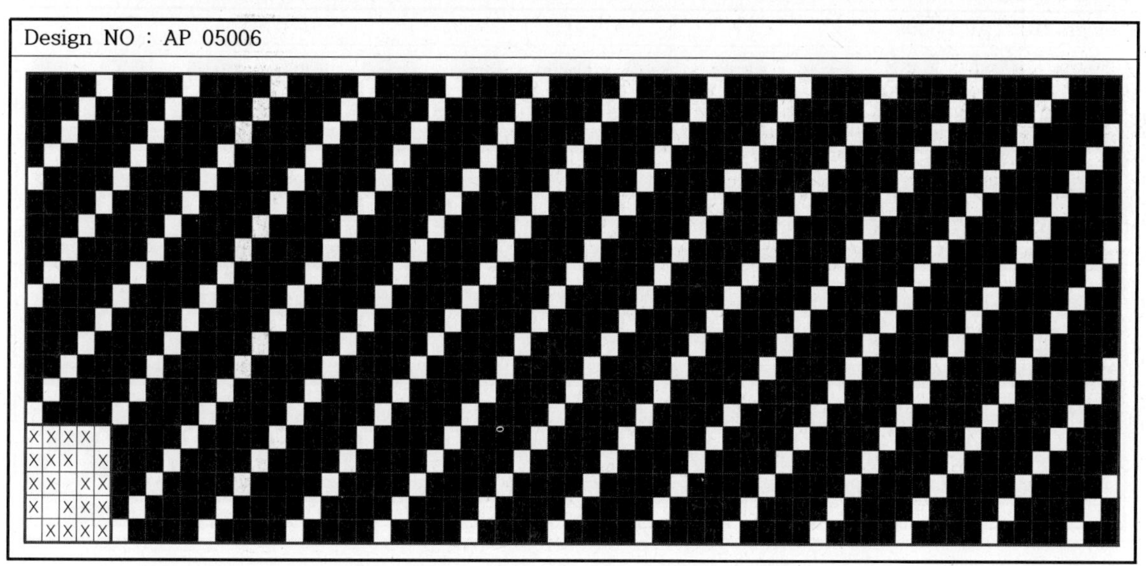

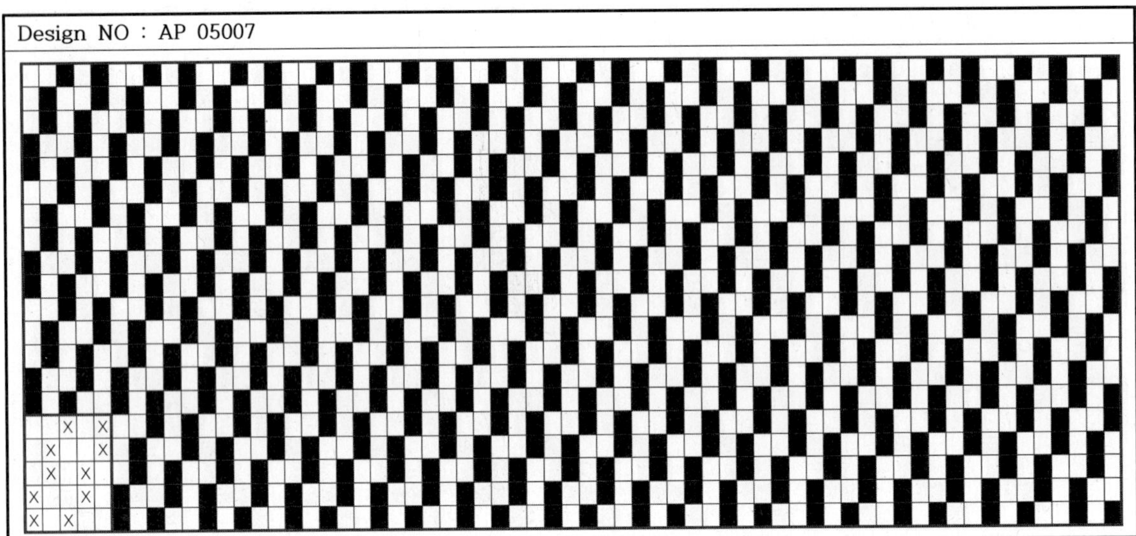

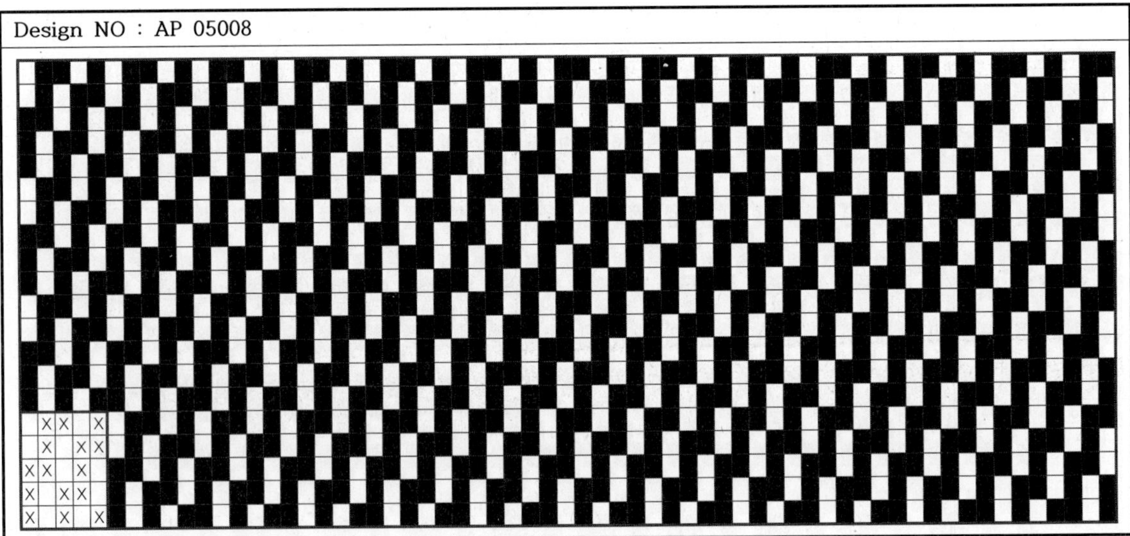

Design NO : AP 05010

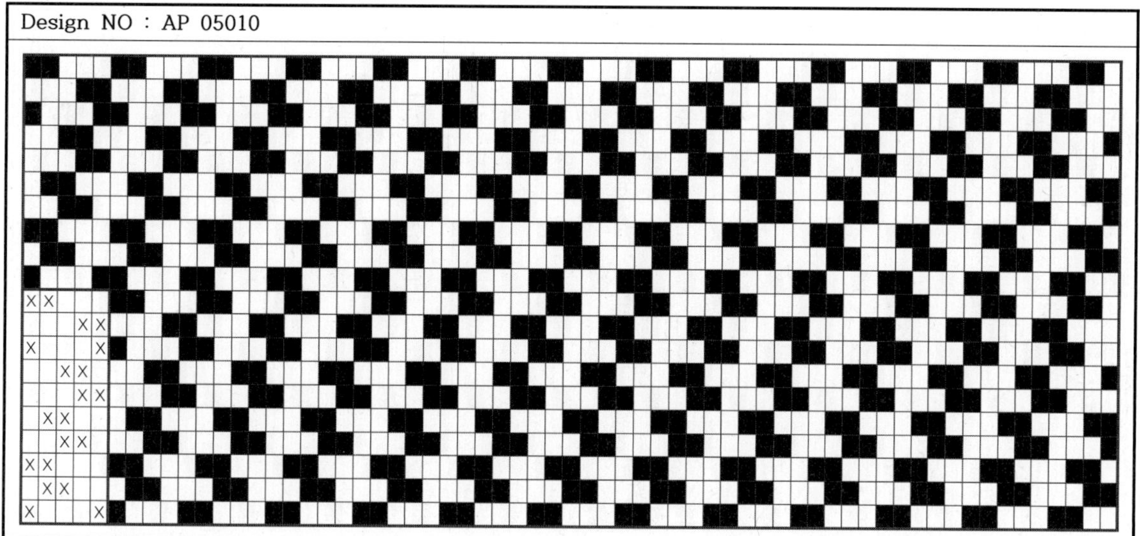

Design NO : AP 05011

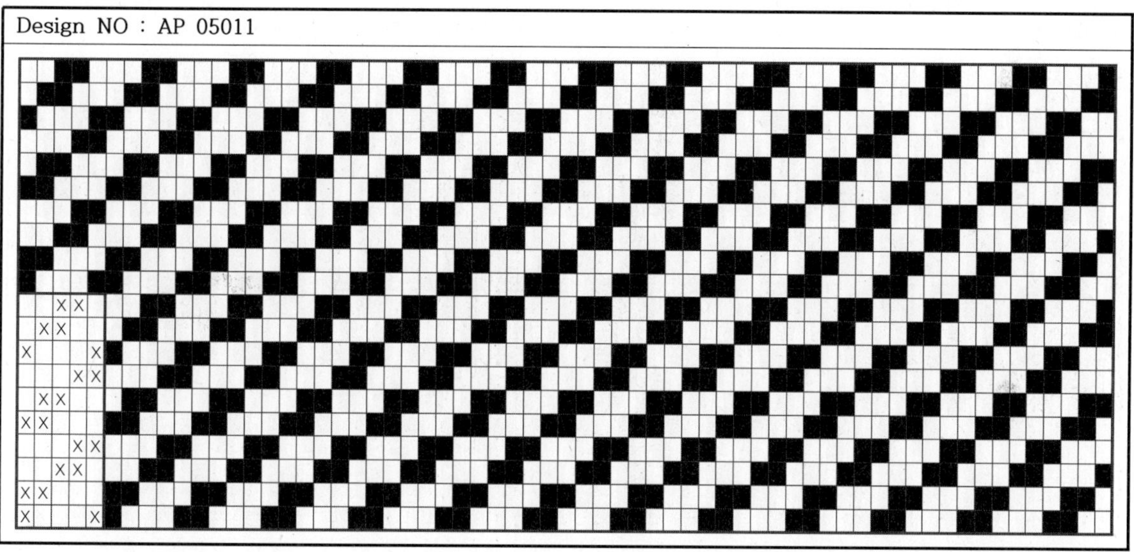

Design NO : AP 05012

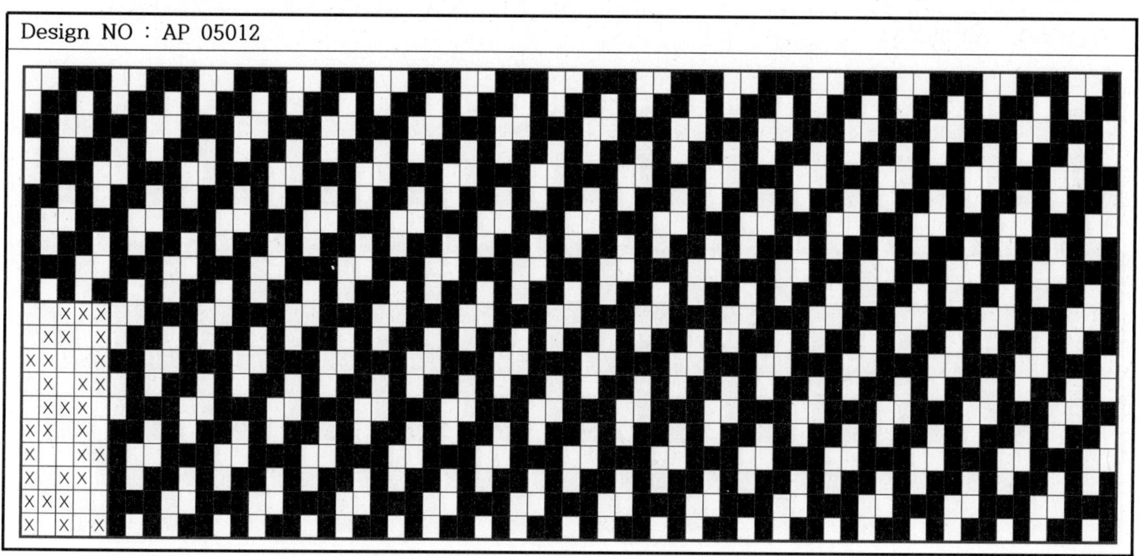

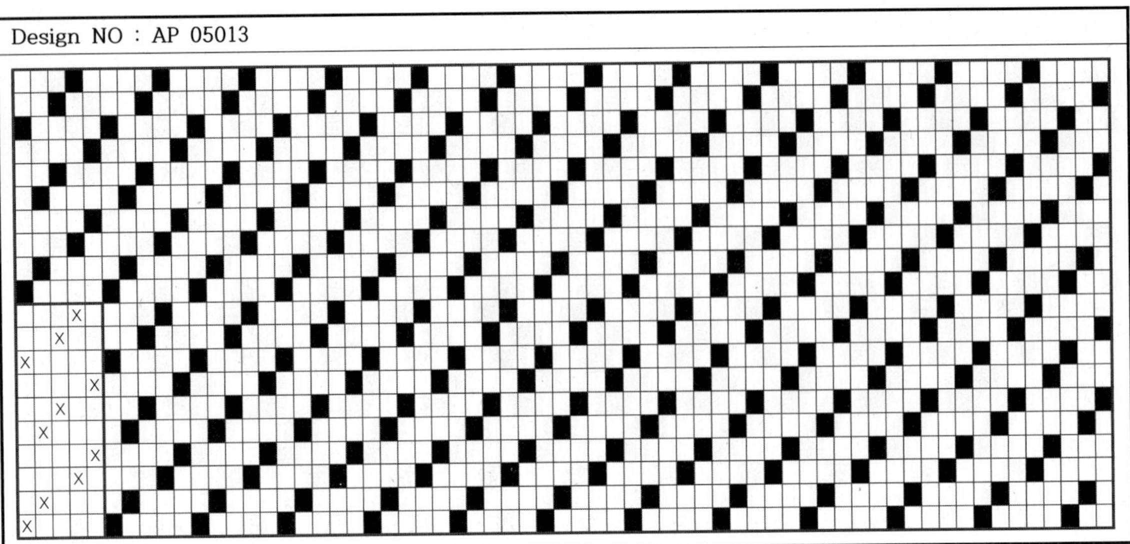

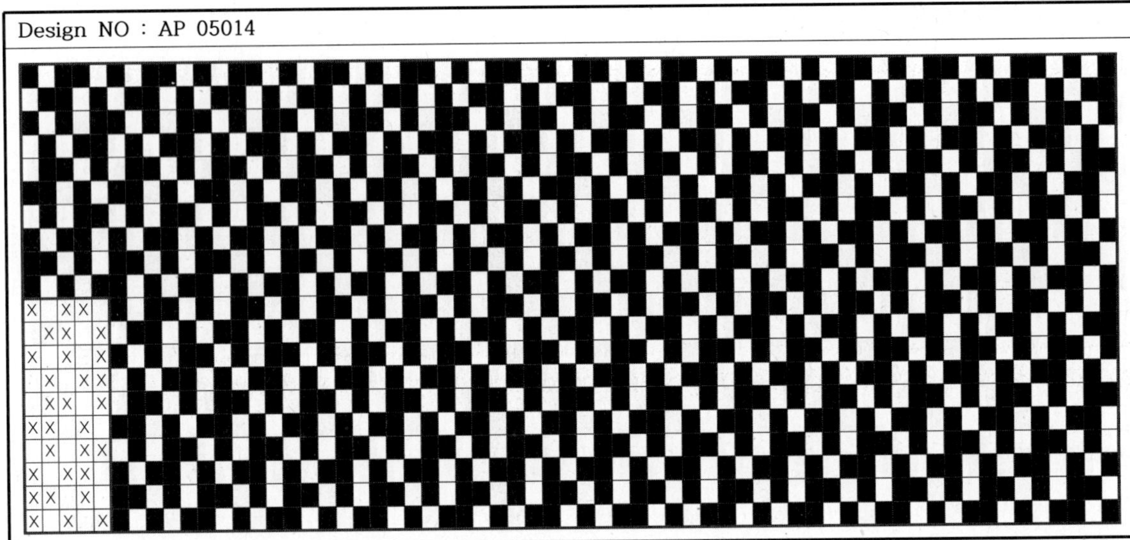

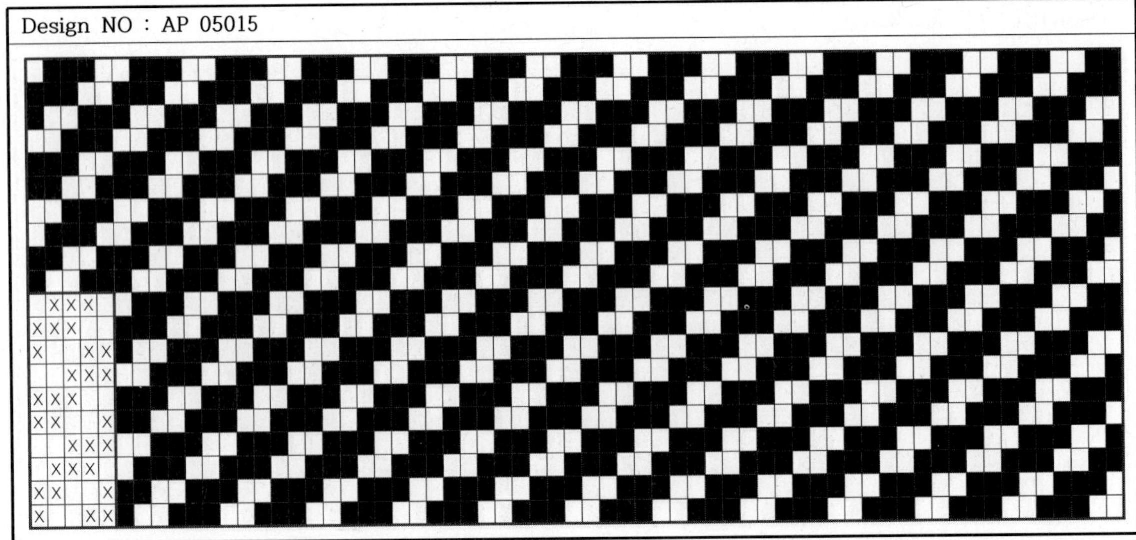

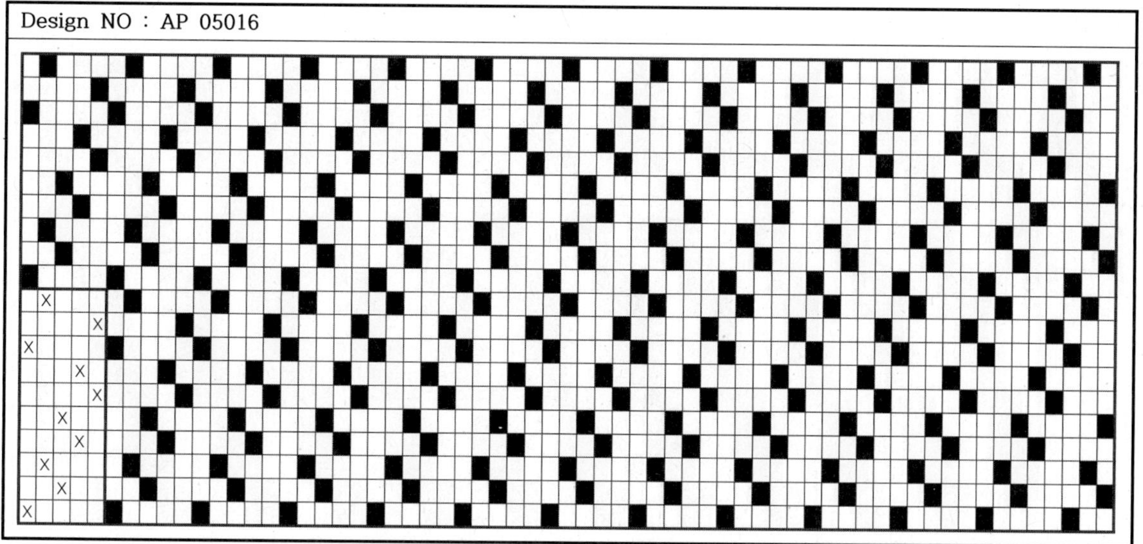

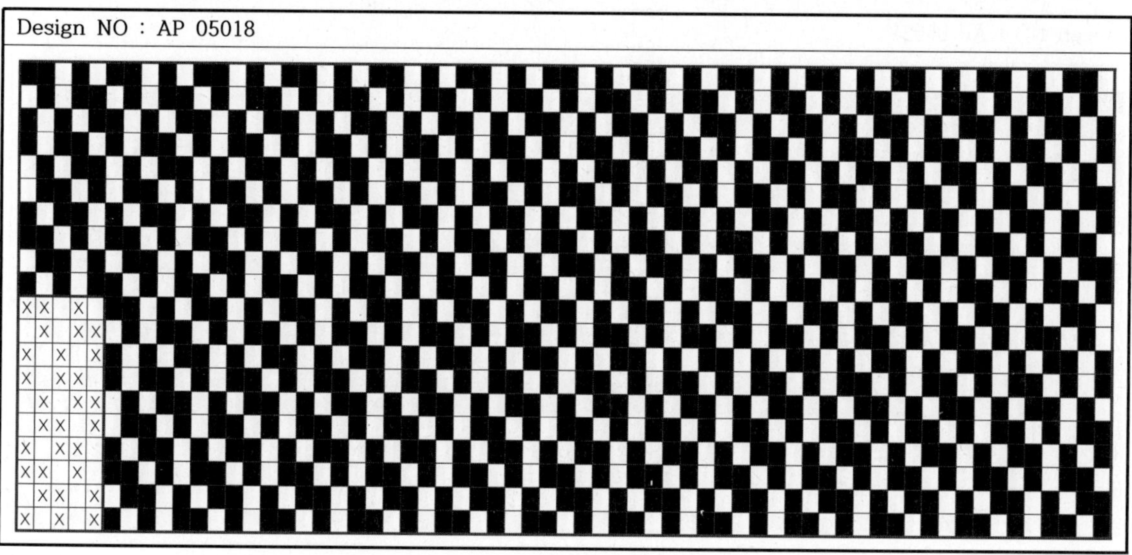

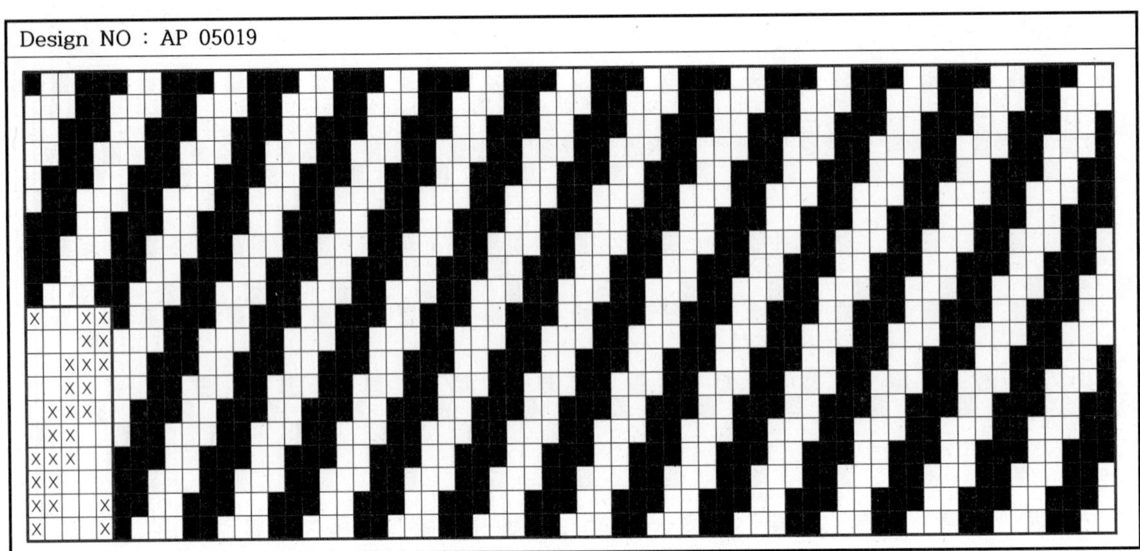

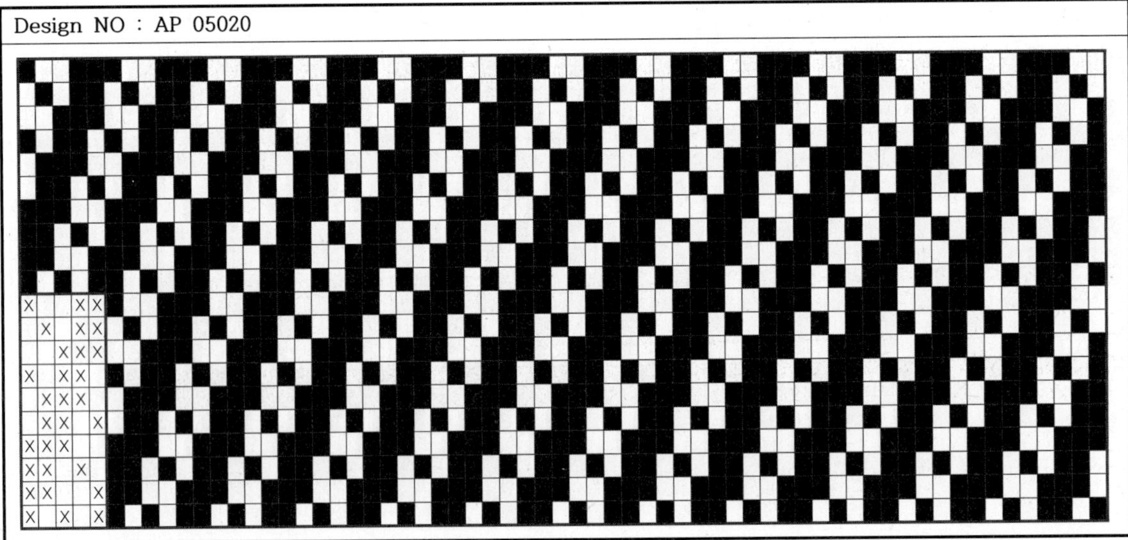

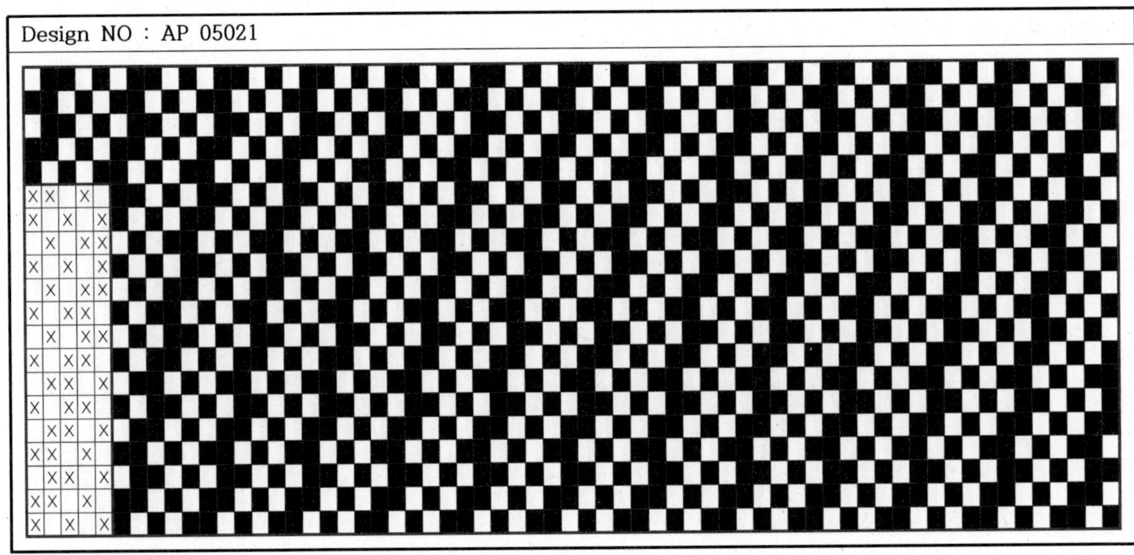

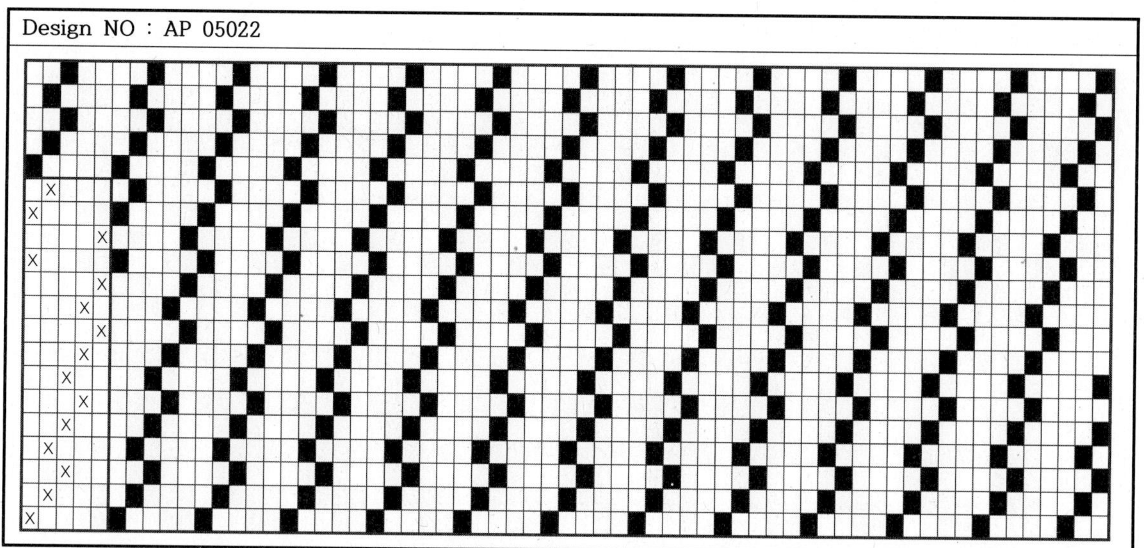

Design NO : AP 05022

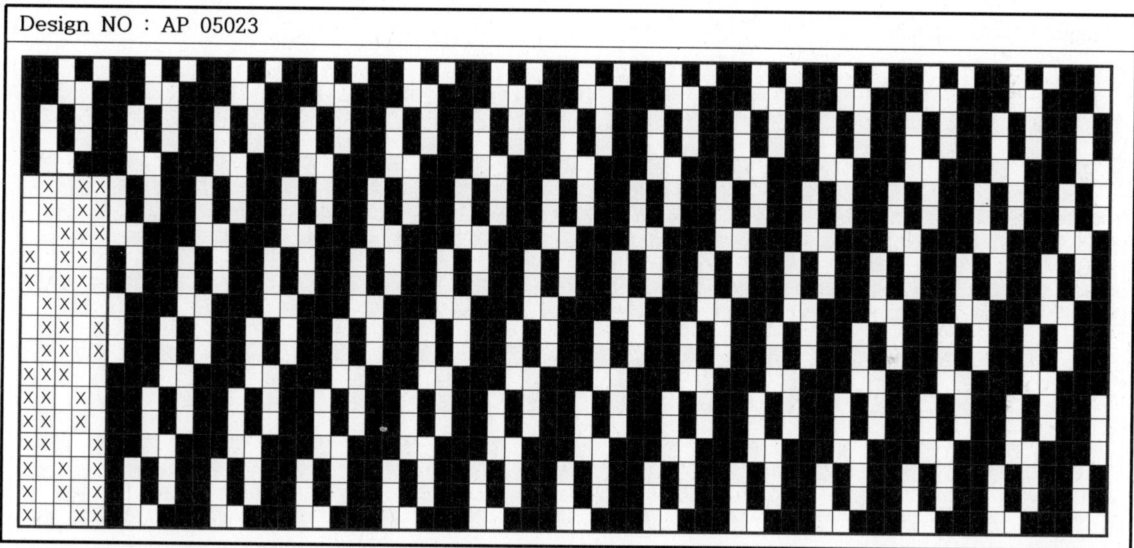

Design NO : AP 05023

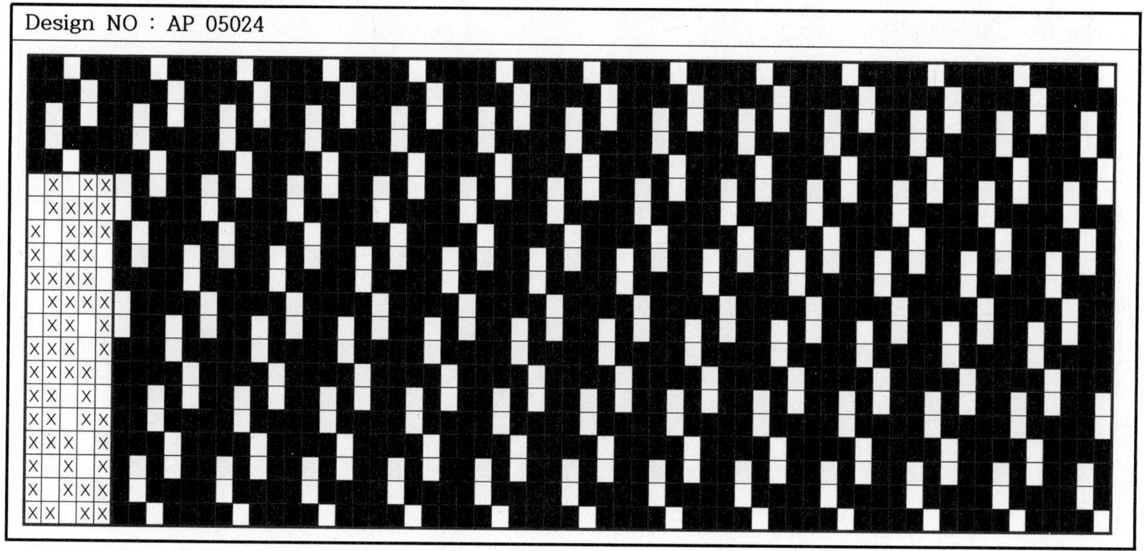

Design NO : AP 05024

Design NO : AP 05025

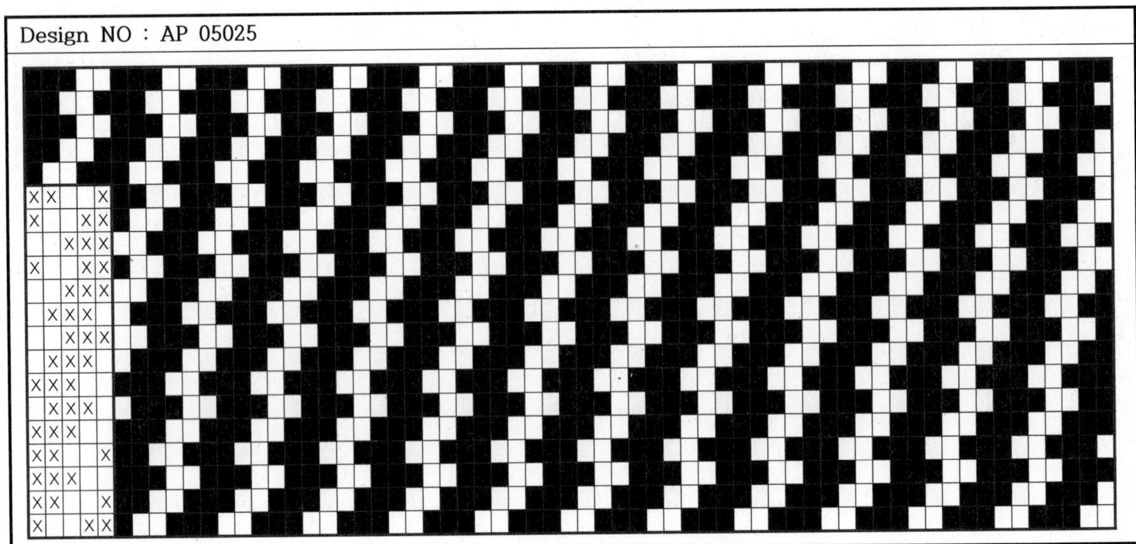

Design NO : AP 05026

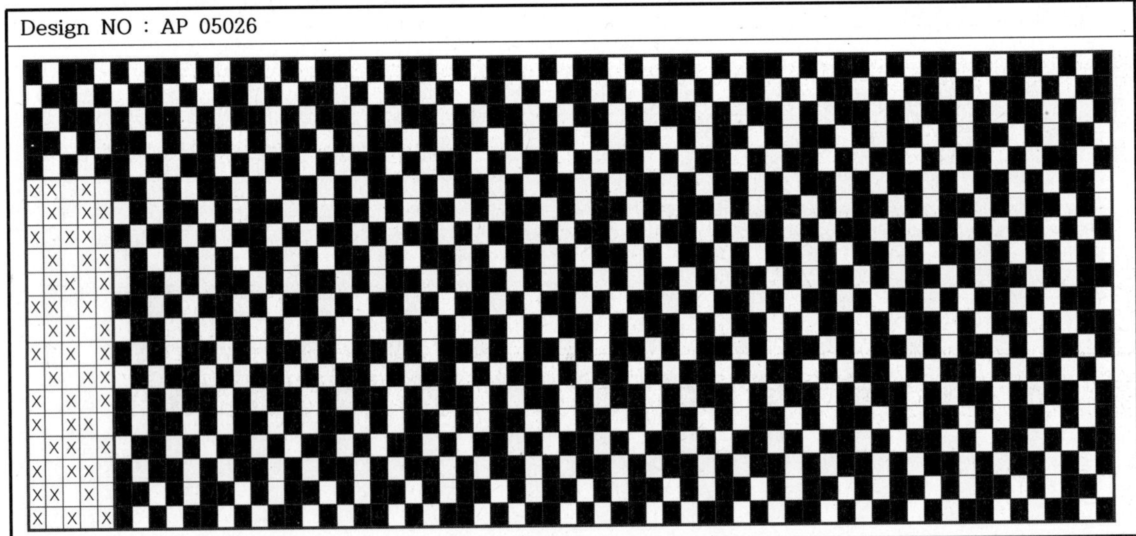

Design NO : AP 05027

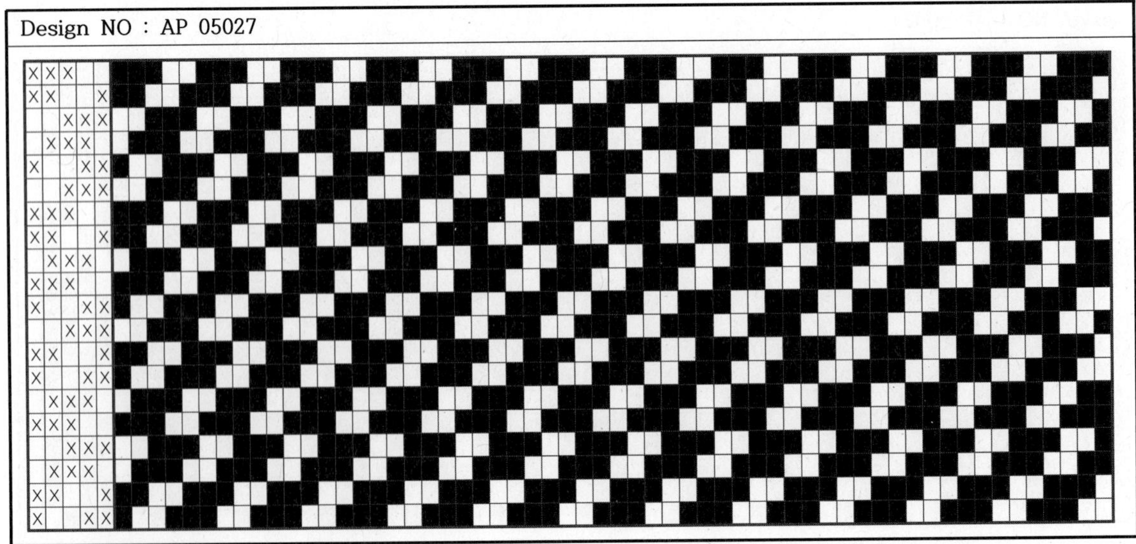

Design NO : AP 05028

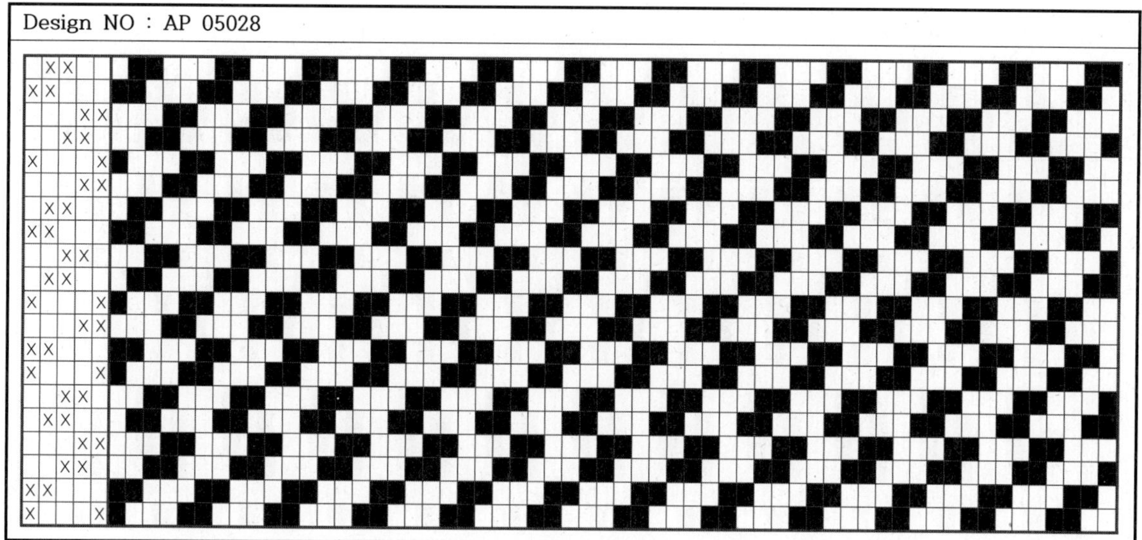

Design NO : AP 05029

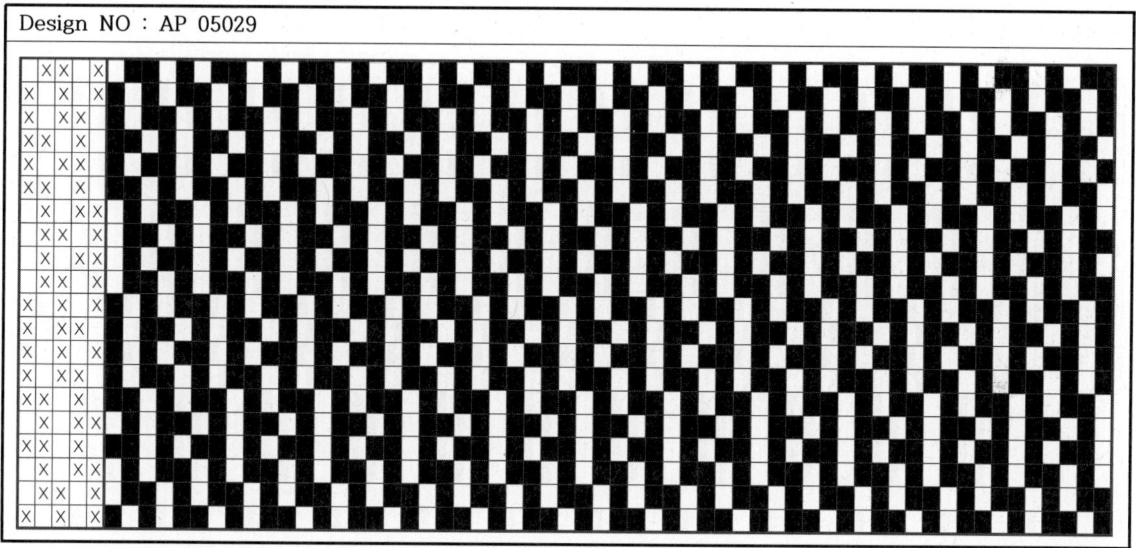

Design NO : AP 05030

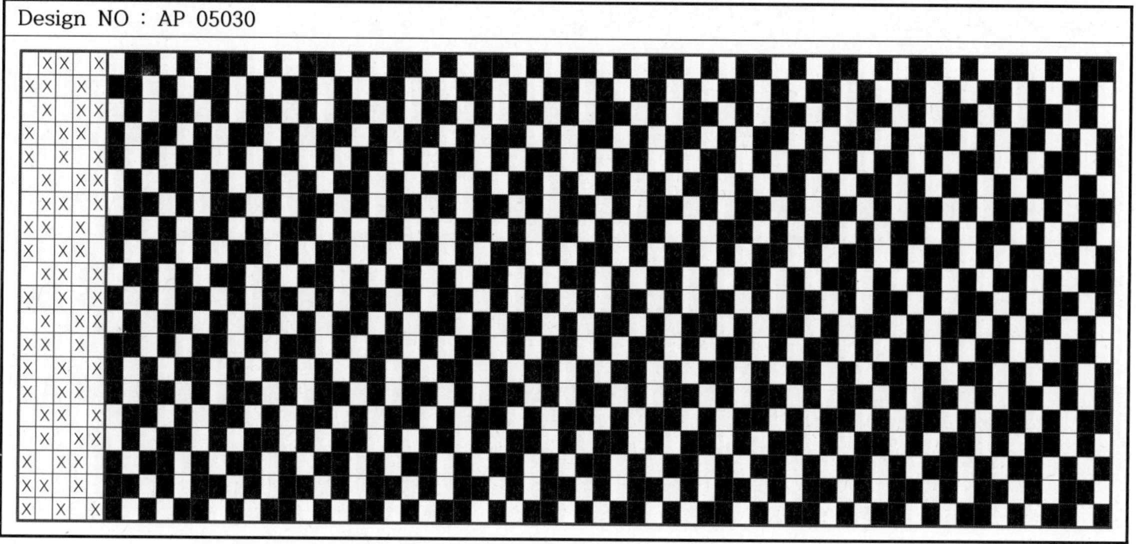

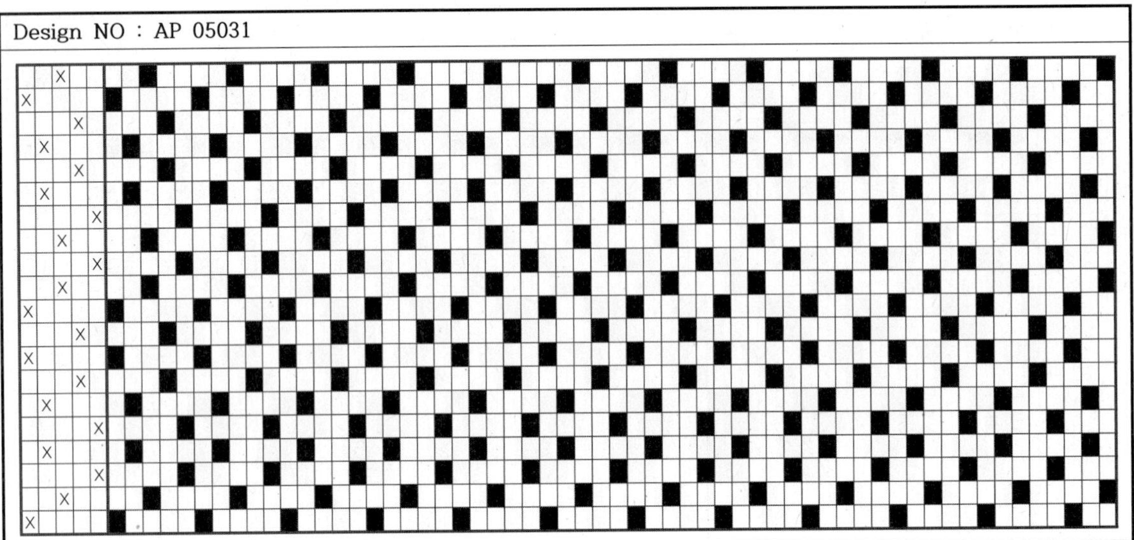

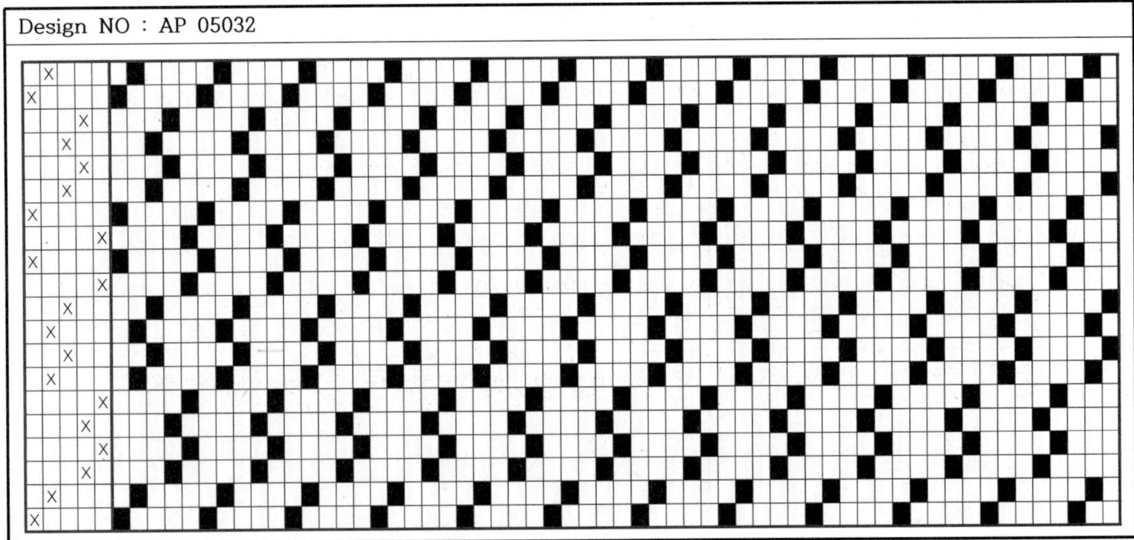

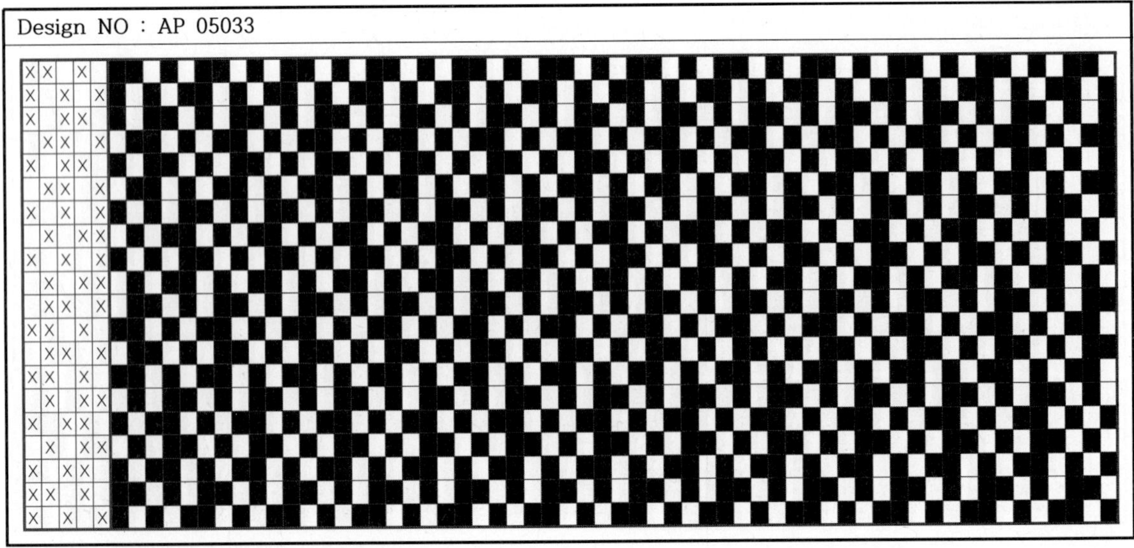

Design NO : AP 05034

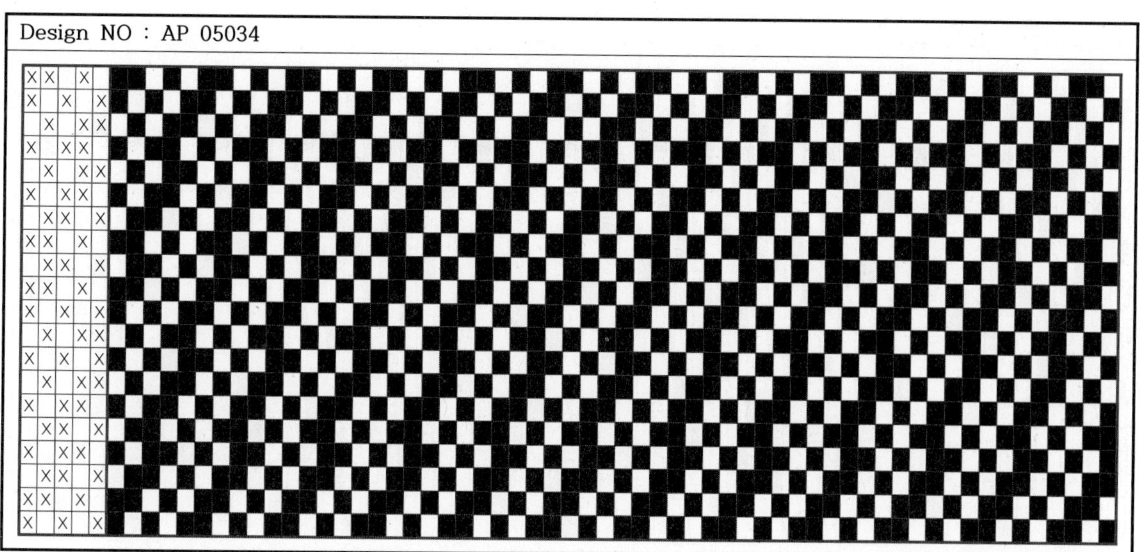

Design NO : AP 05035

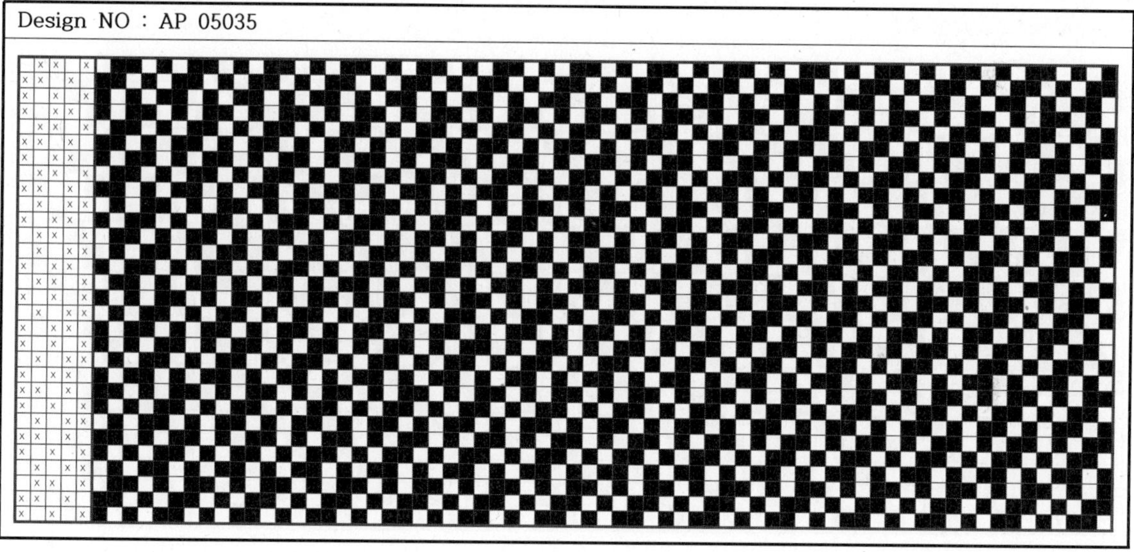

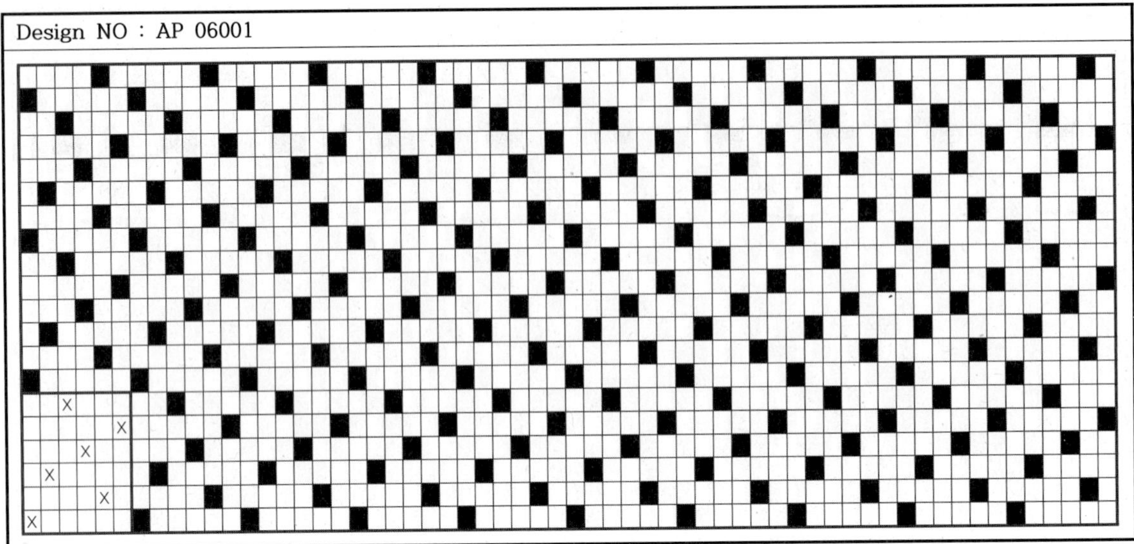
Design NO : AP 06001

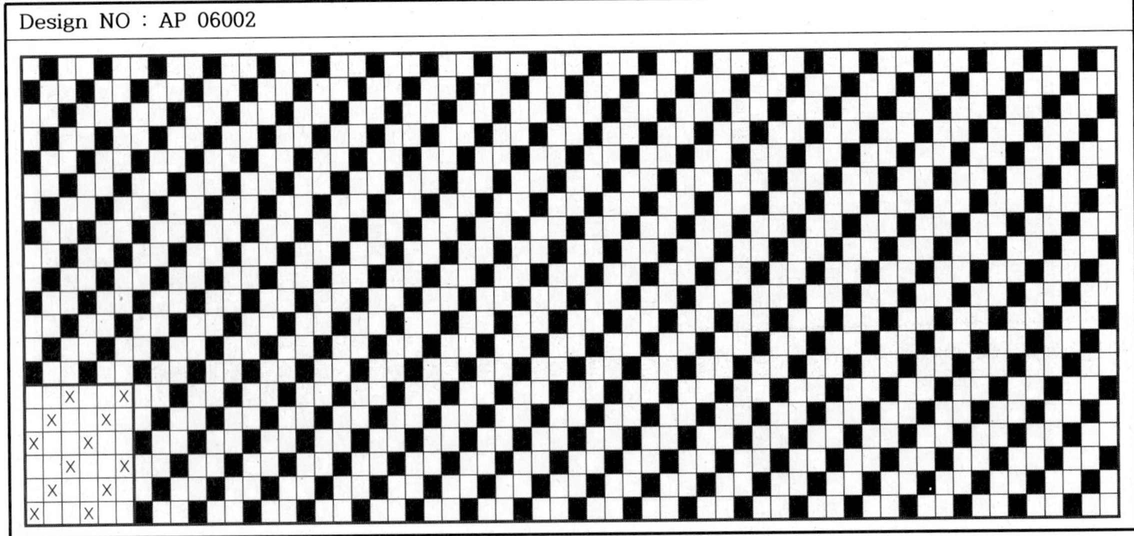
Design NO : AP 06002

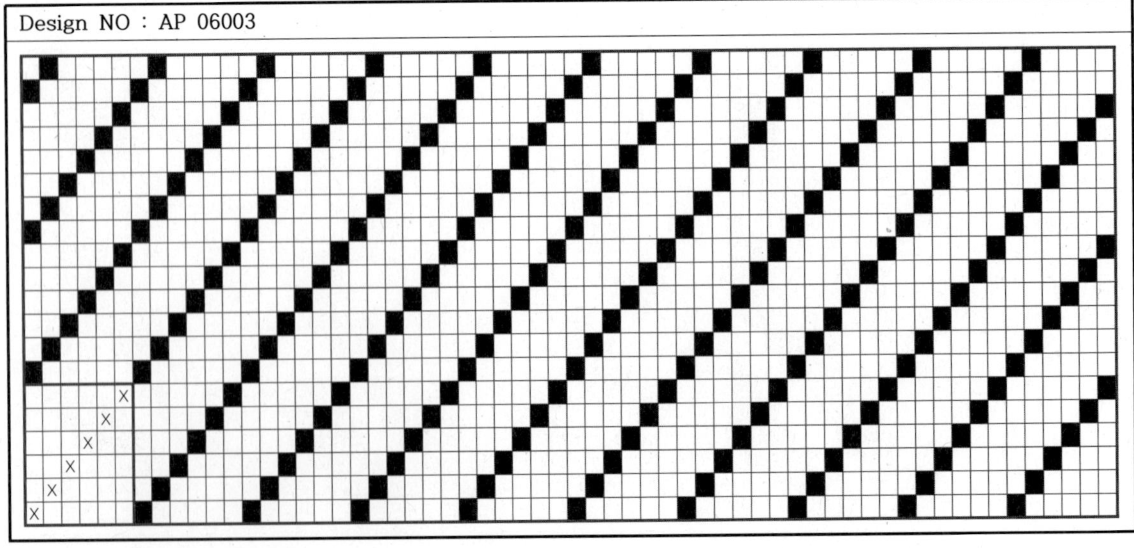
Design NO : AP 06003

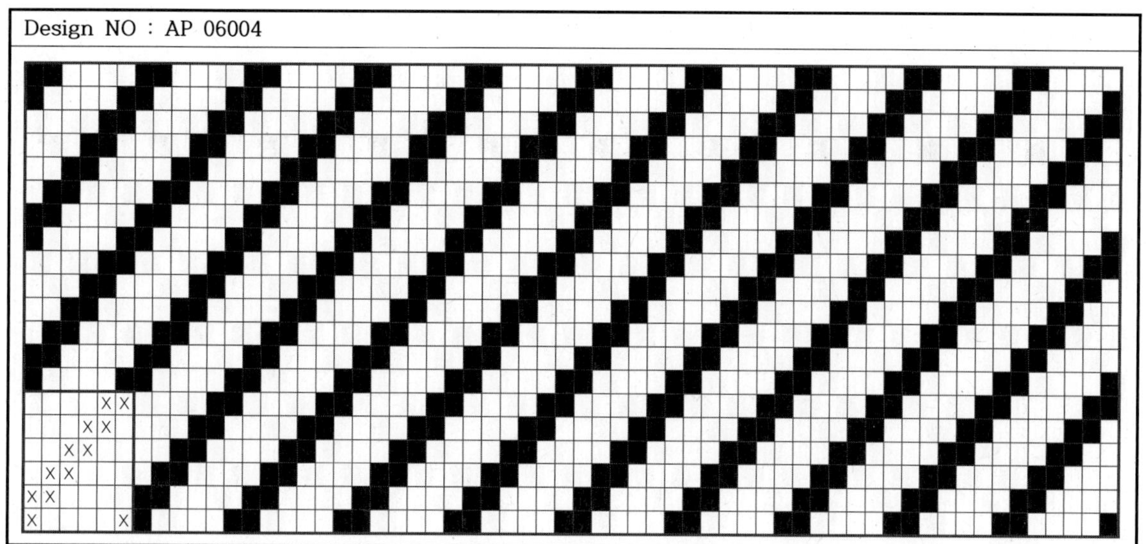

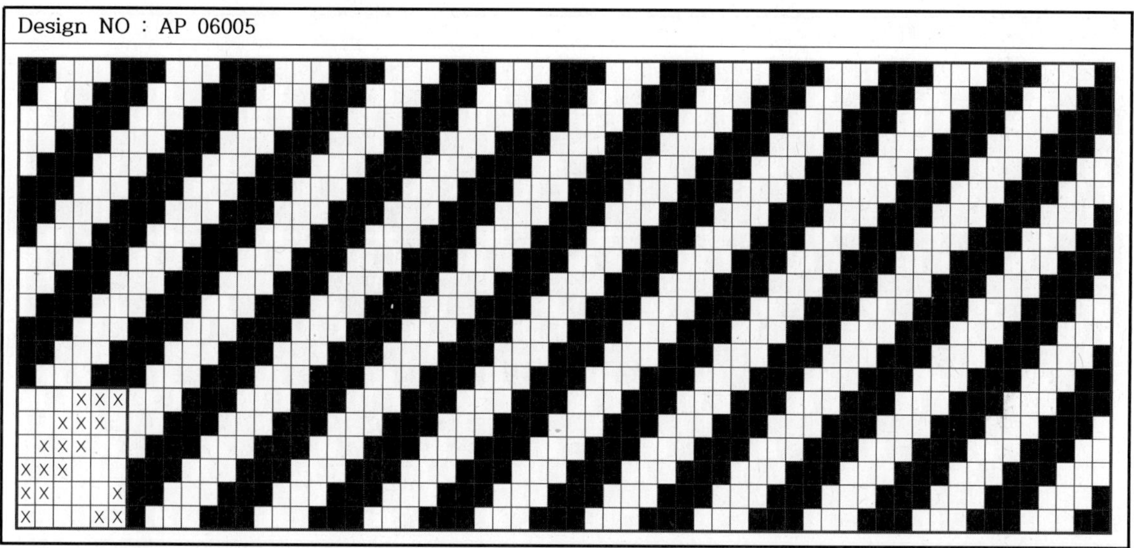

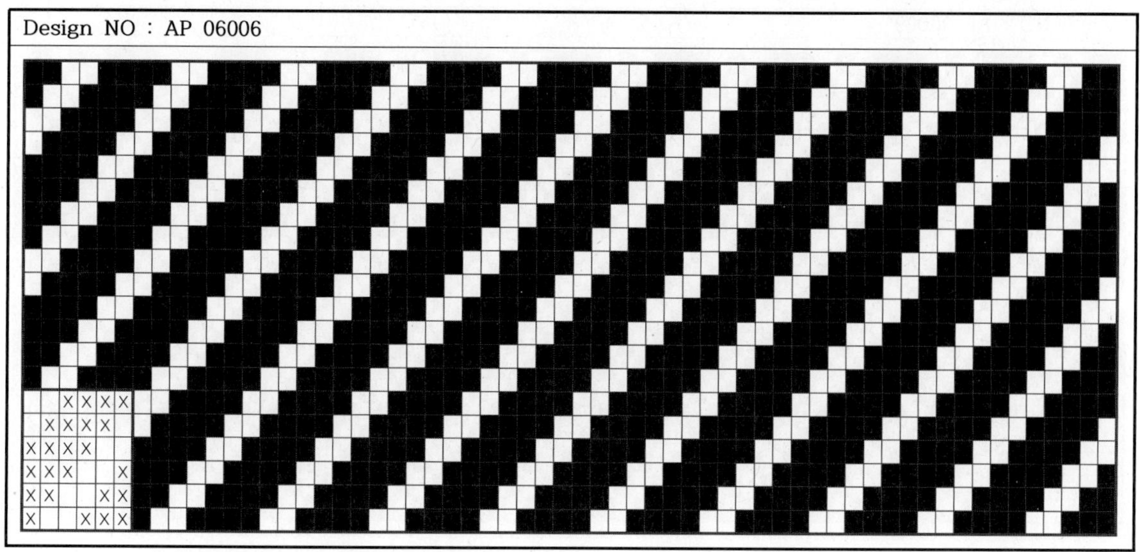

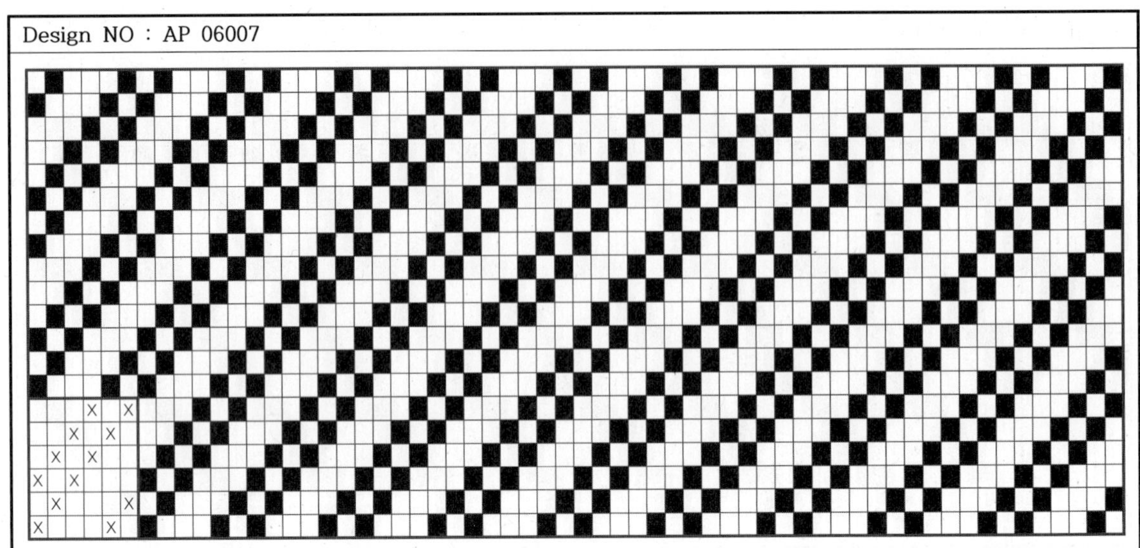

Design NO : AP 06007

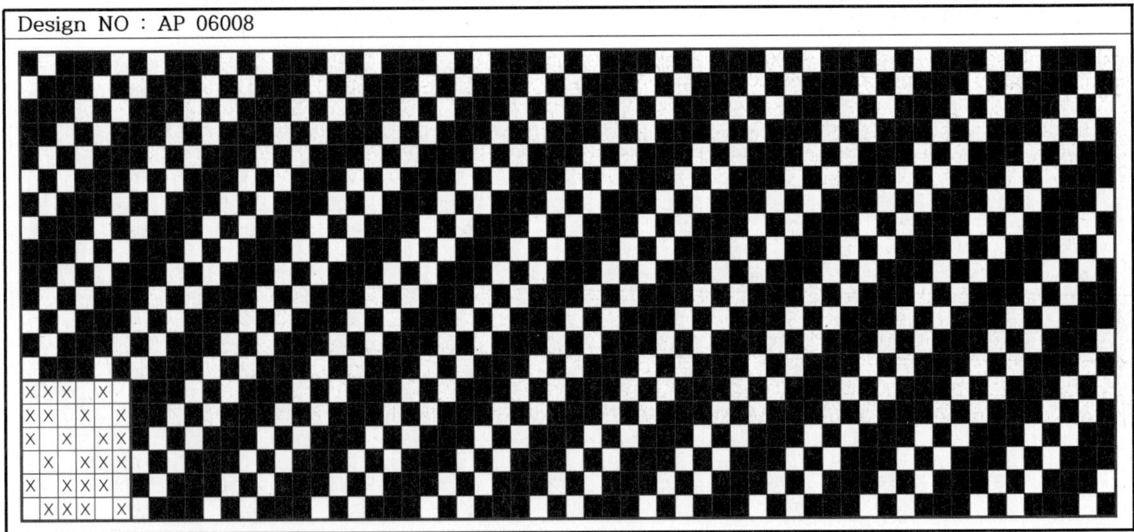

Design NO : AP 06008

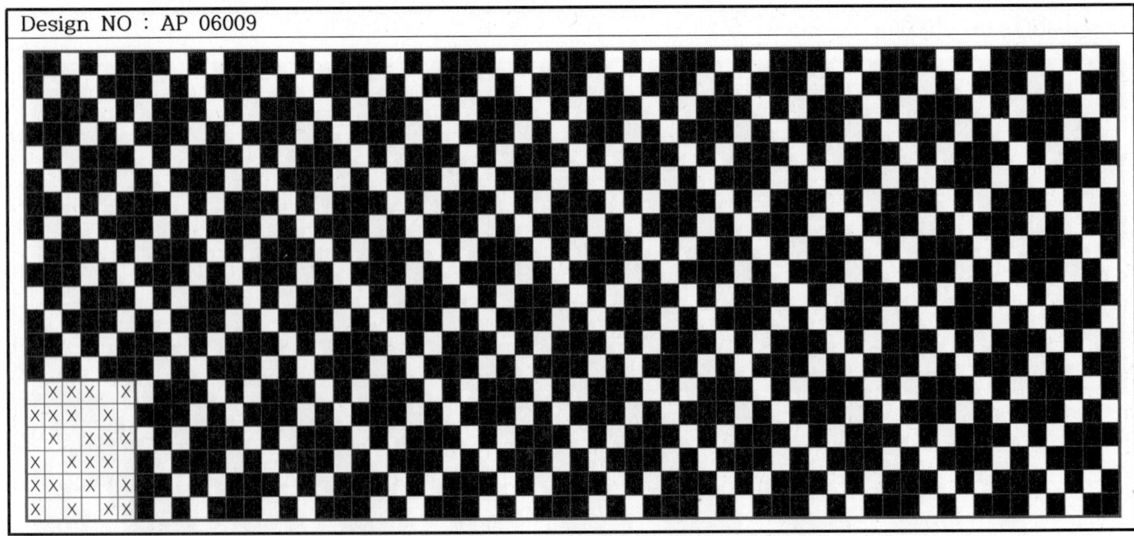

Design NO : AP 06009

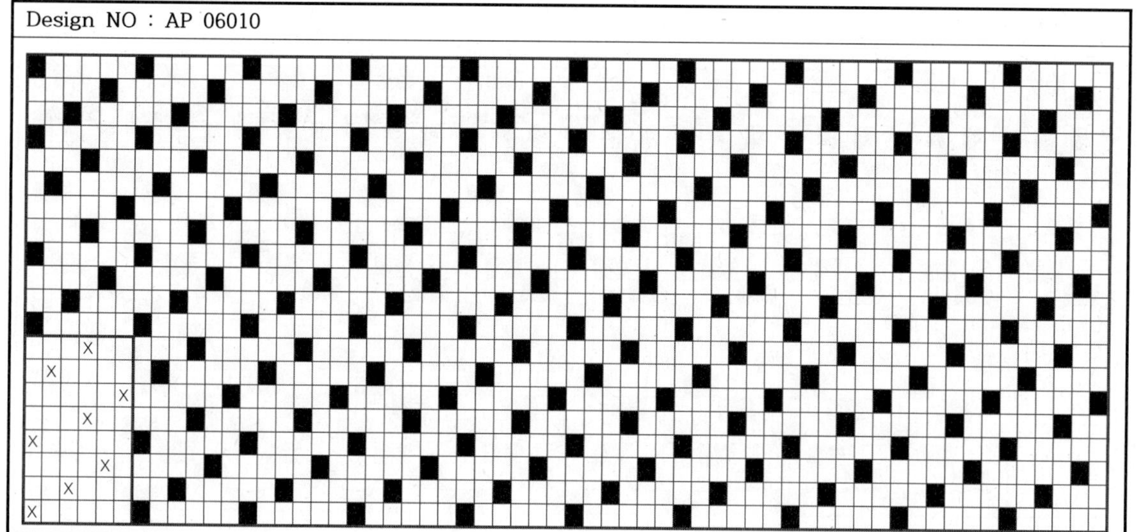

Design NO : AP 06010

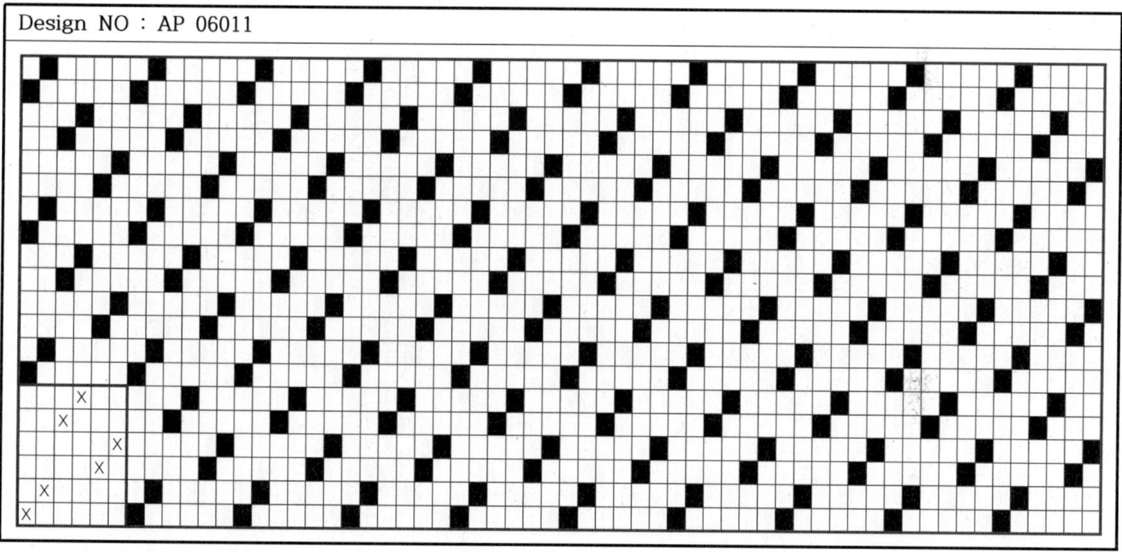

Design NO : AP 06011

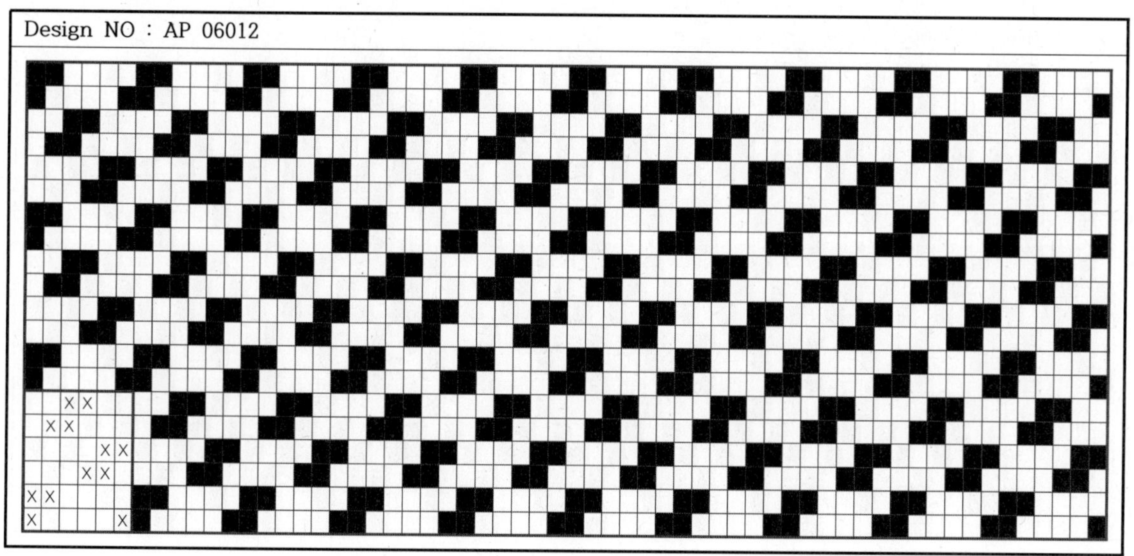

Design NO : AP 06012

Design NO : AP 06013

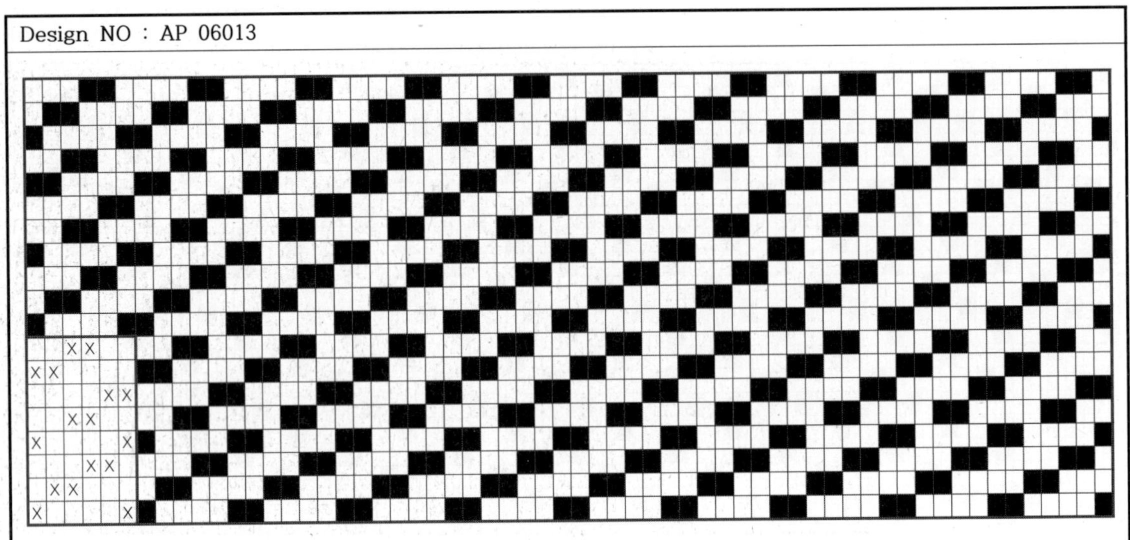

Design NO : AP 06014

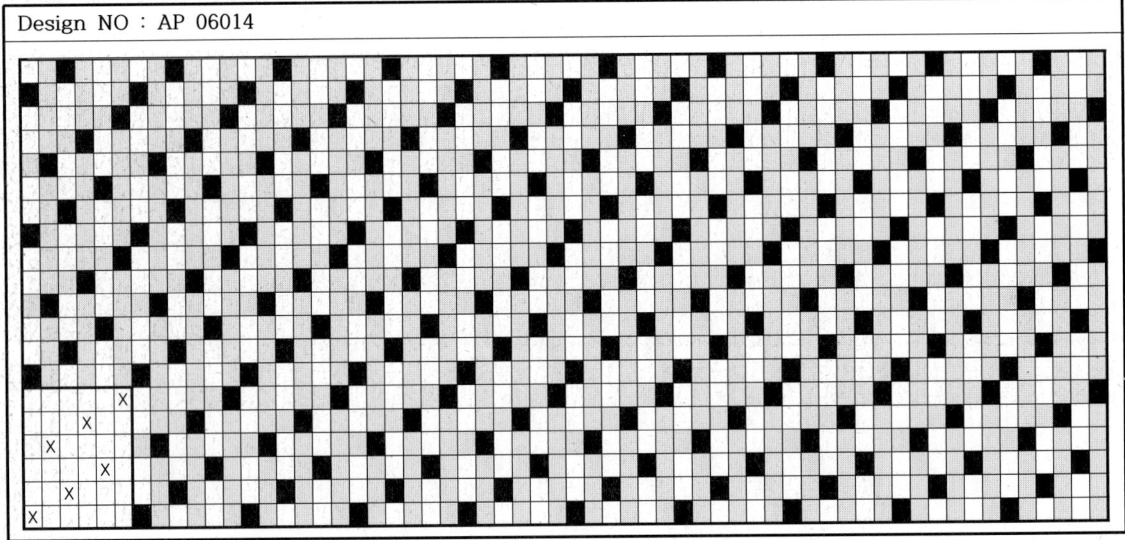

Design NO : AP 06015

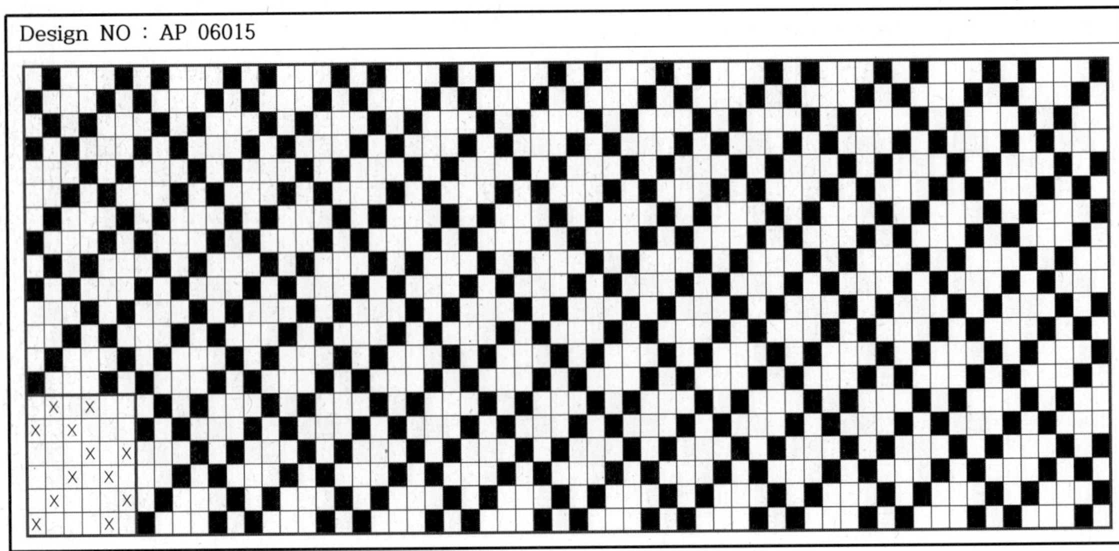

Design NO : AP 06016

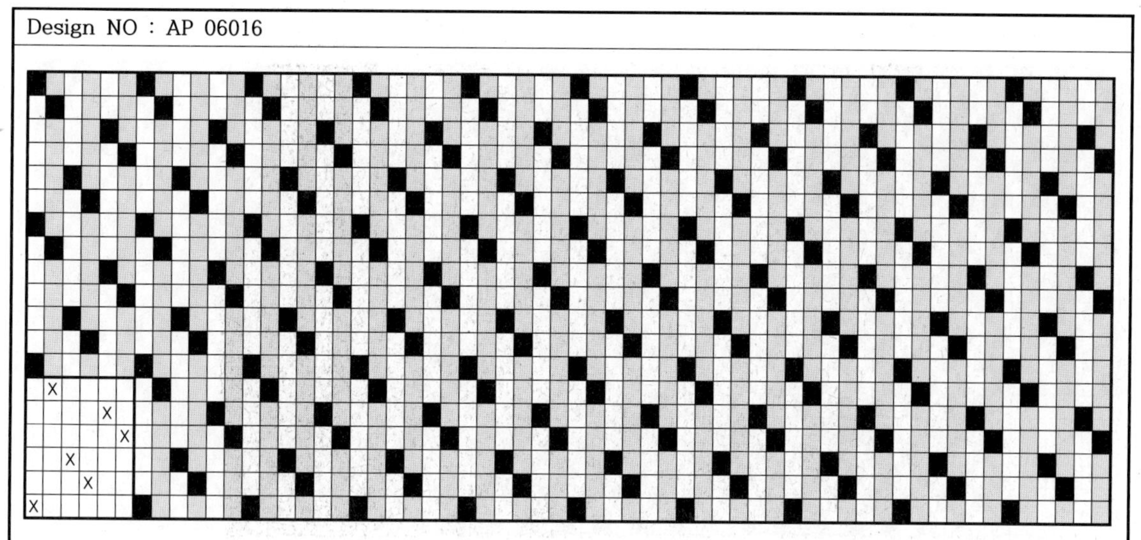

Design NO : AP 06017

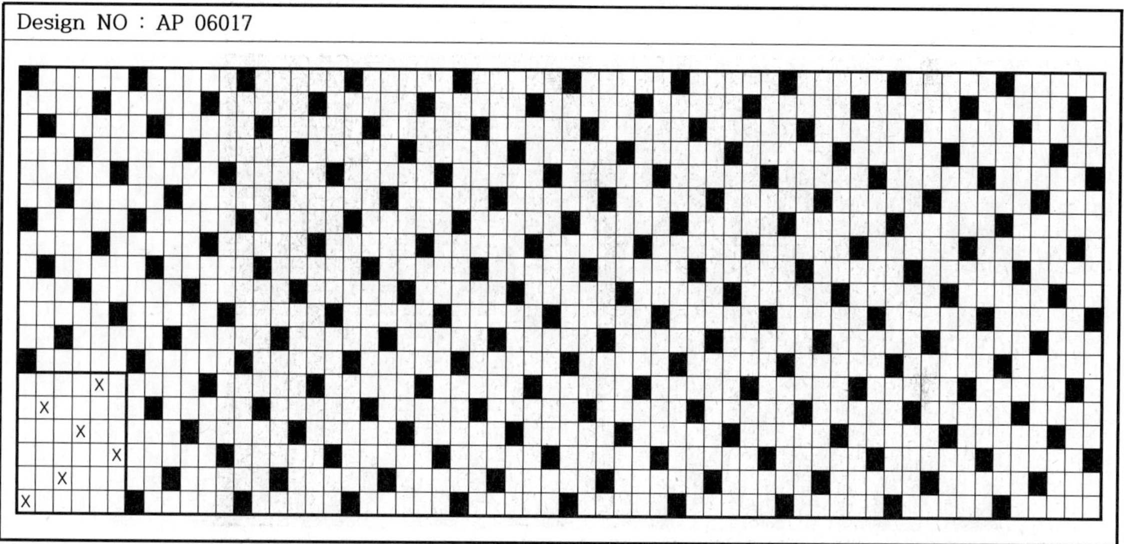

Design NO : AP 06018

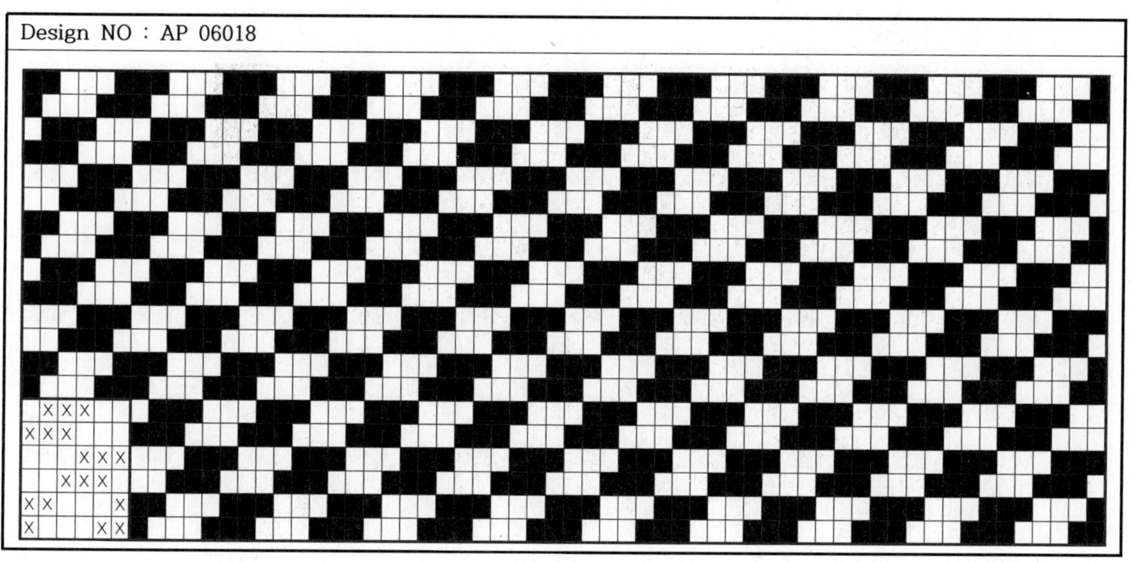

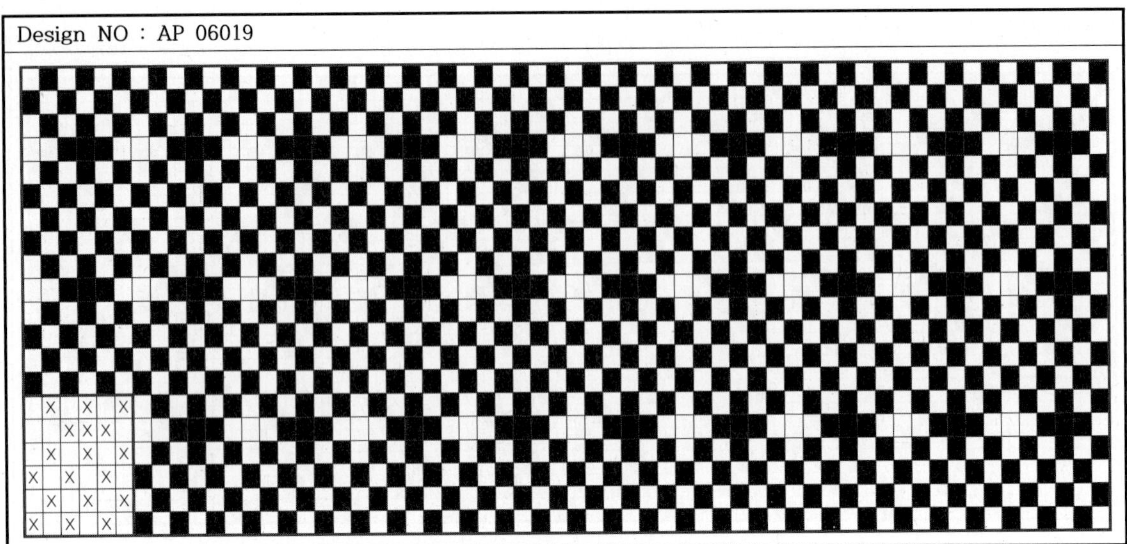
Design NO : AP 06019

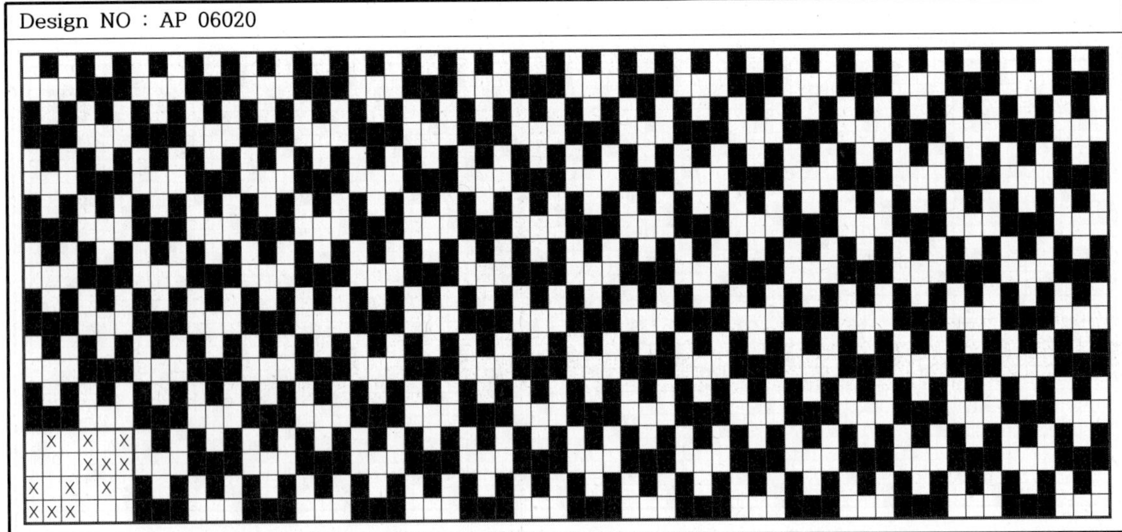
Design NO : AP 06020

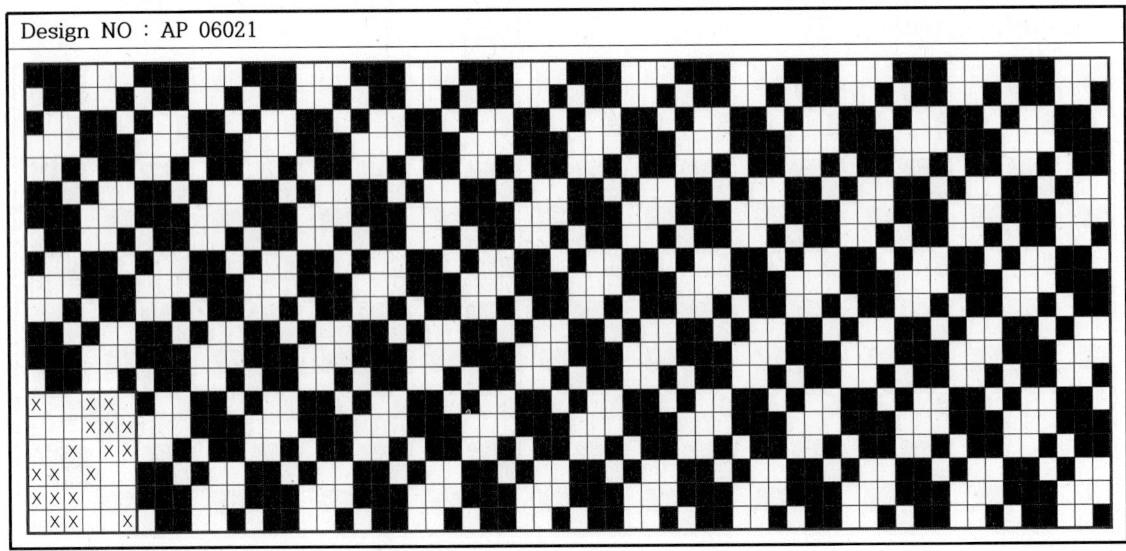
Design NO : AP 06021

Design NO : AP 06022

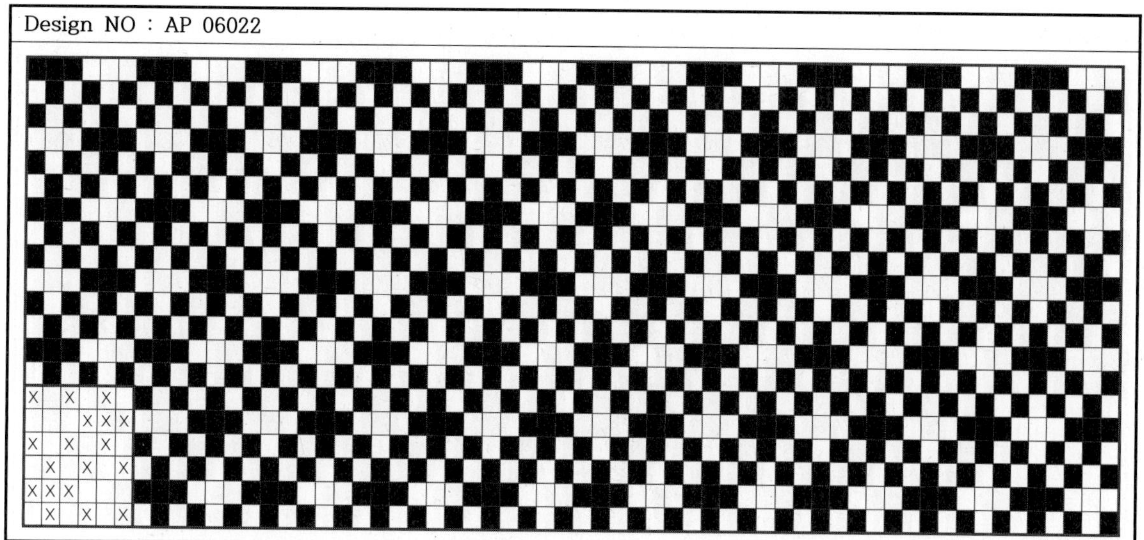

Design NO : AP 06023

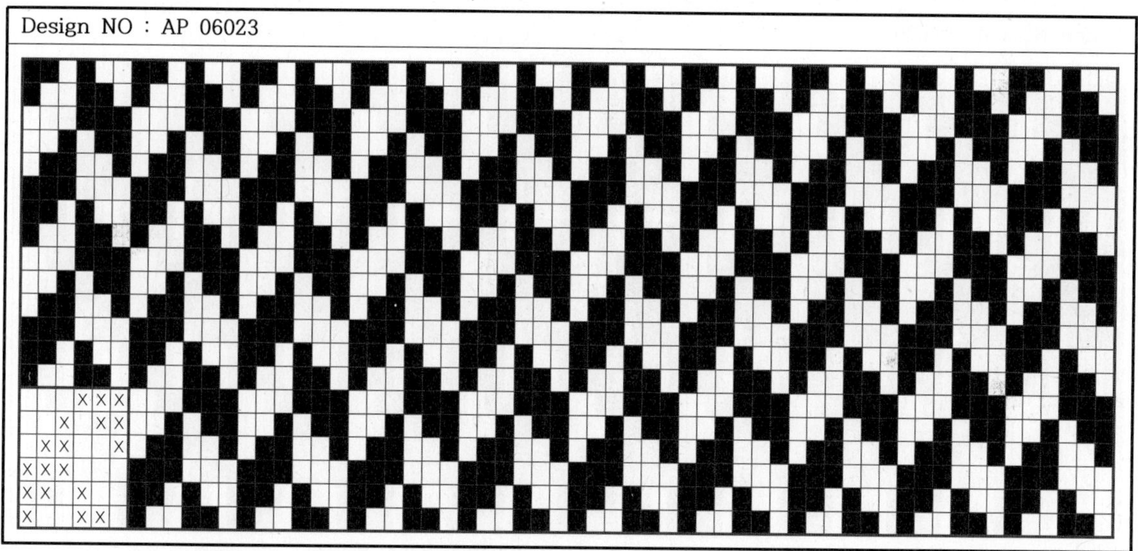

Design NO : AP 06024

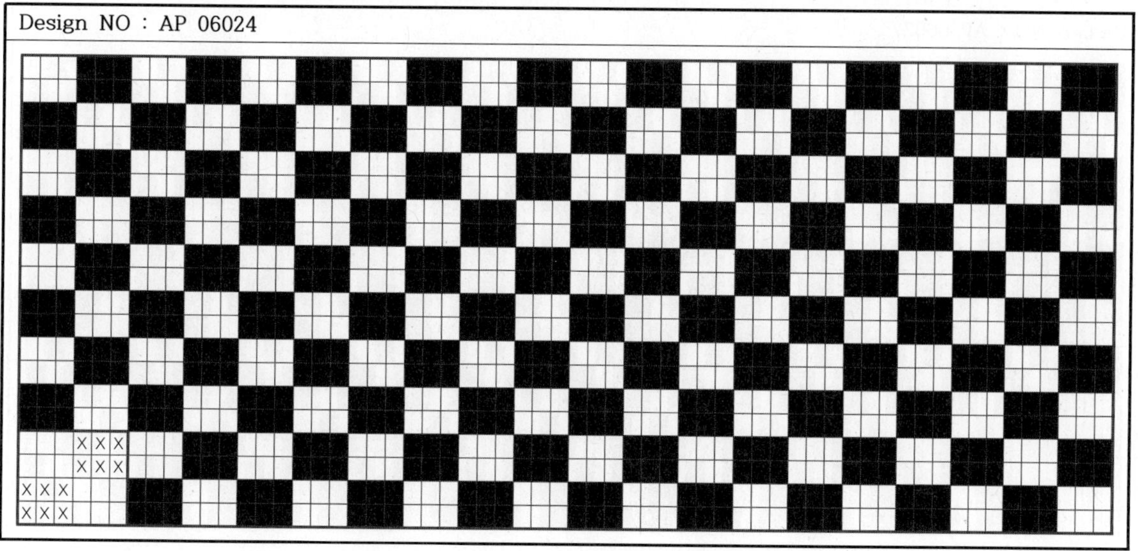

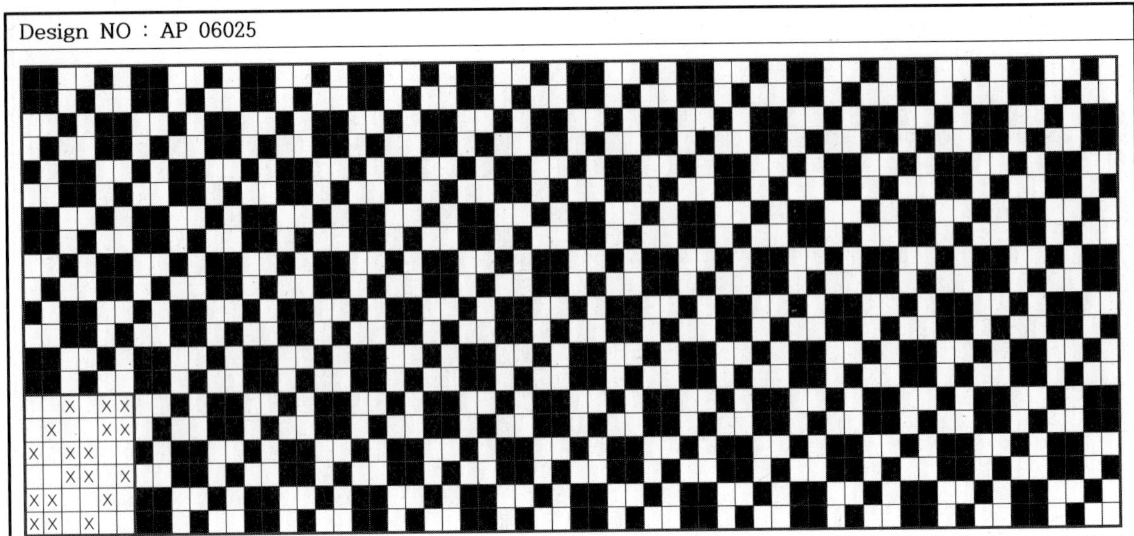

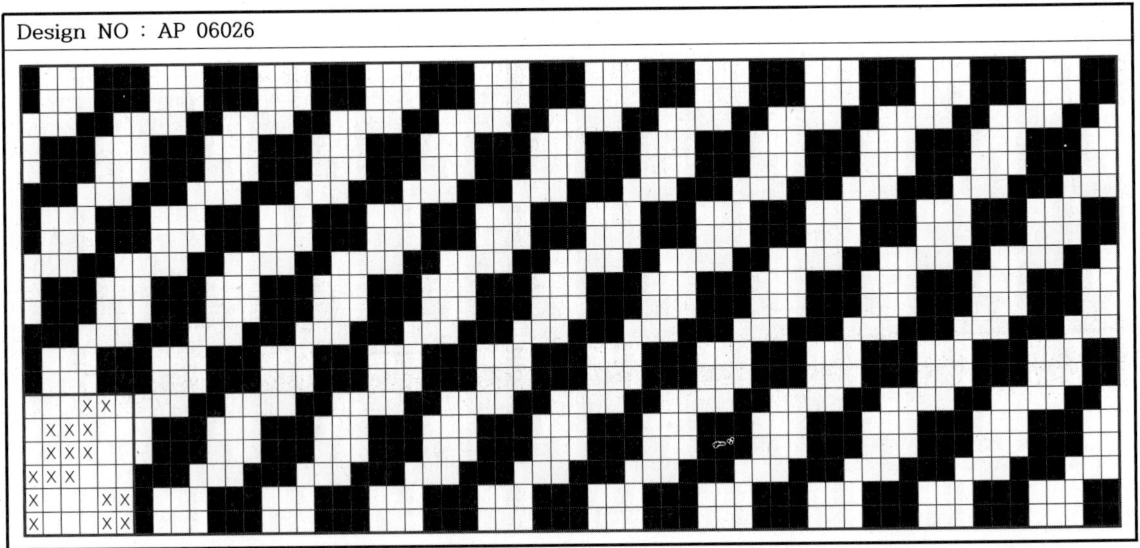

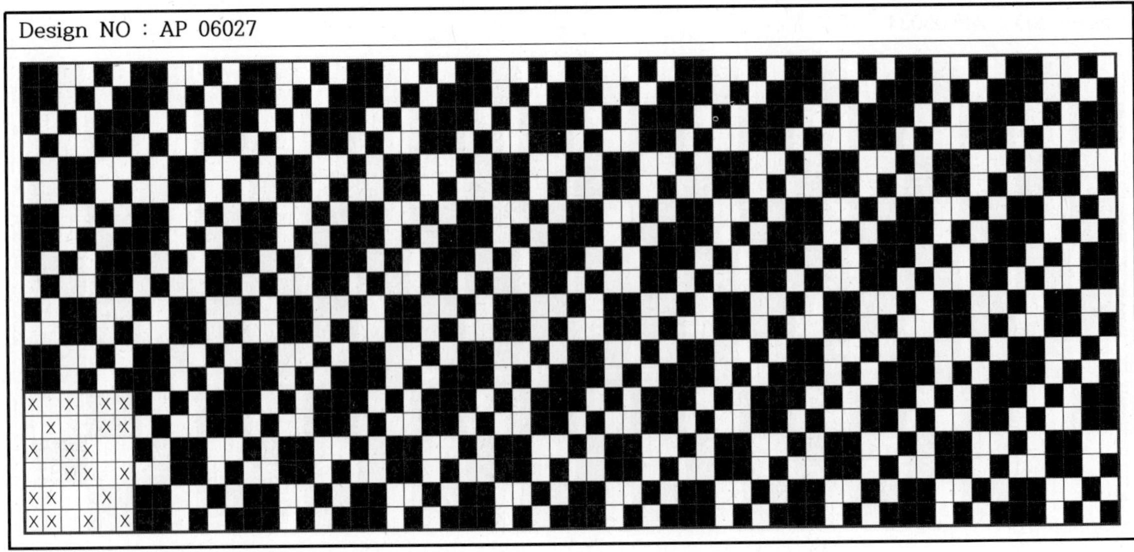

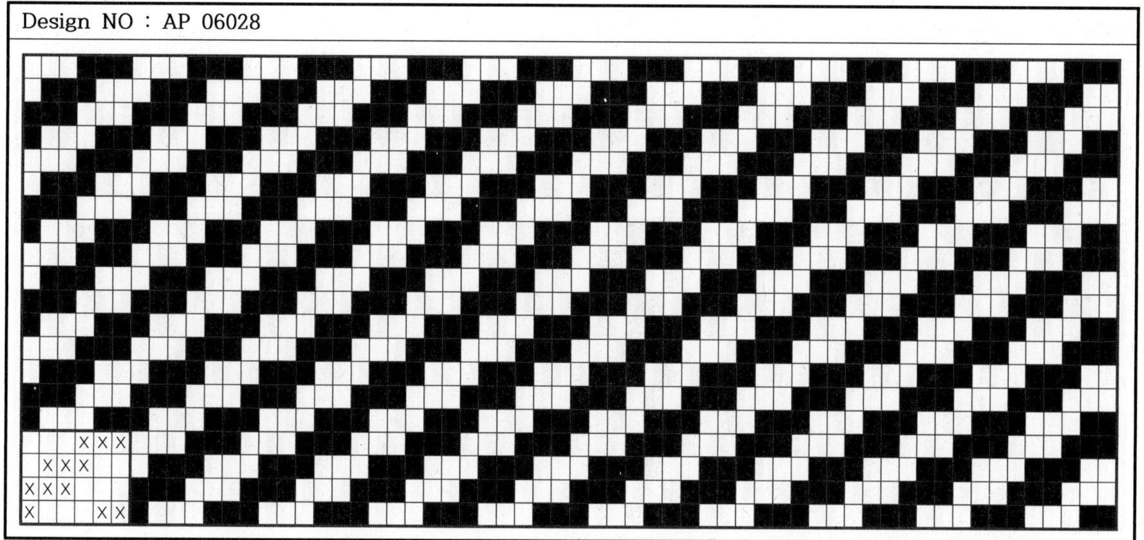

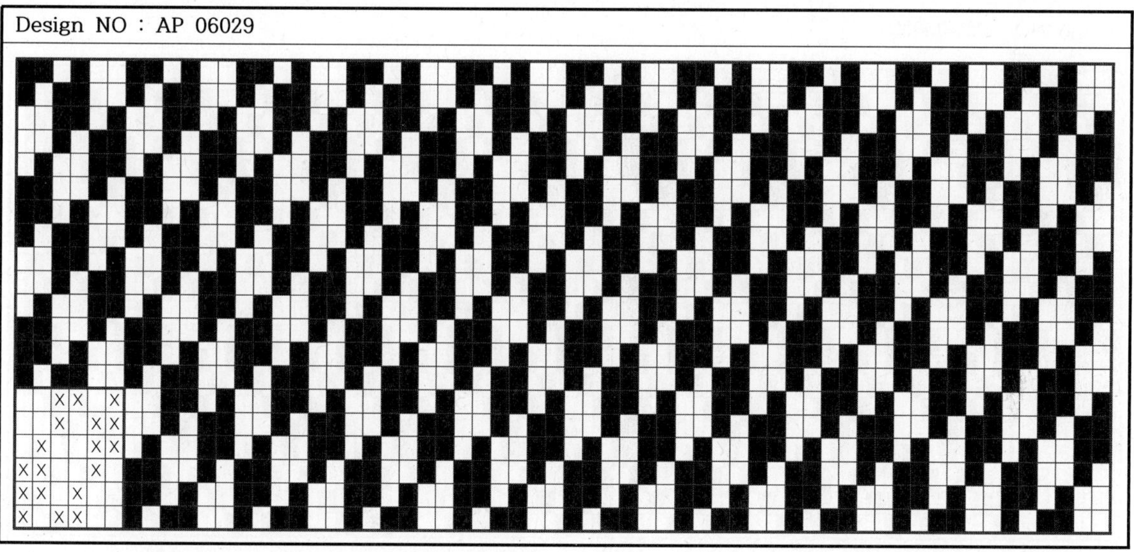

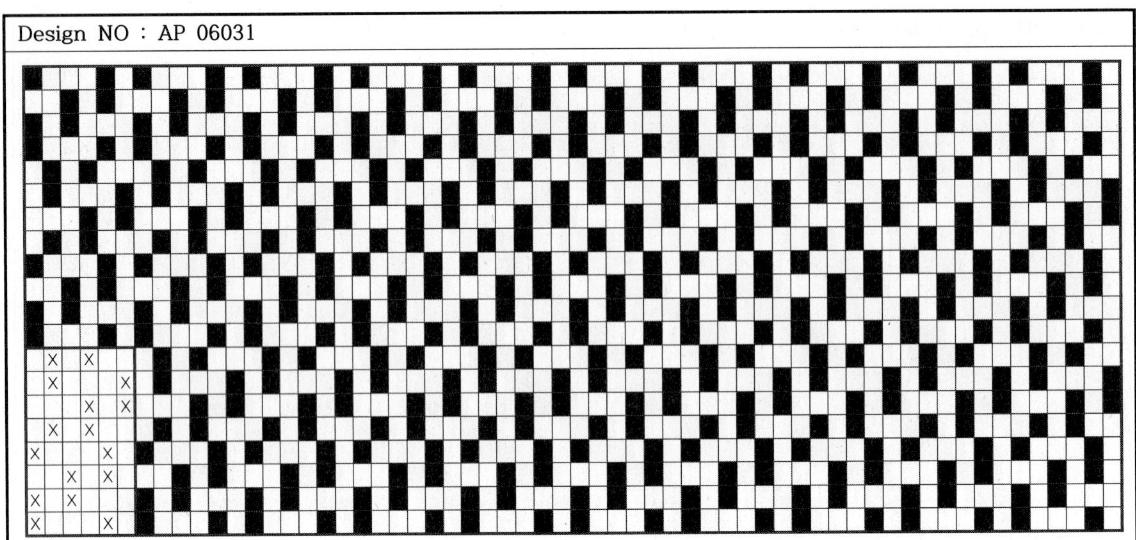

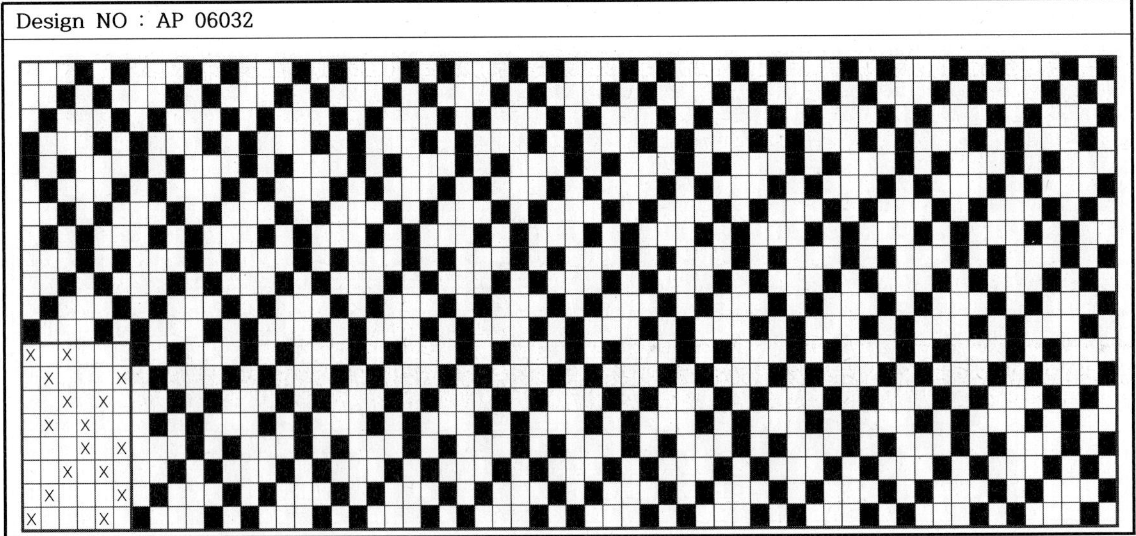

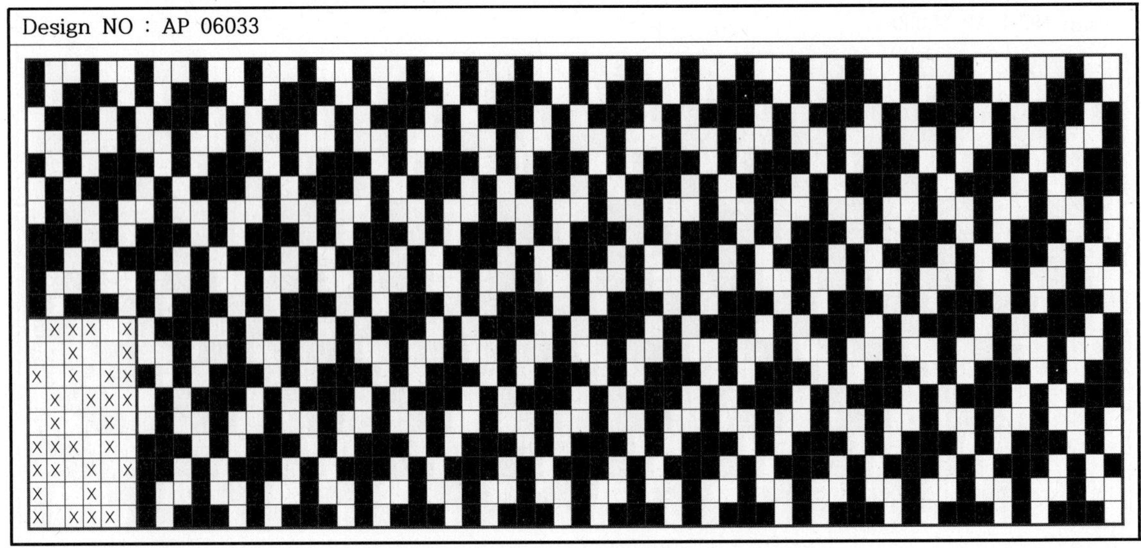

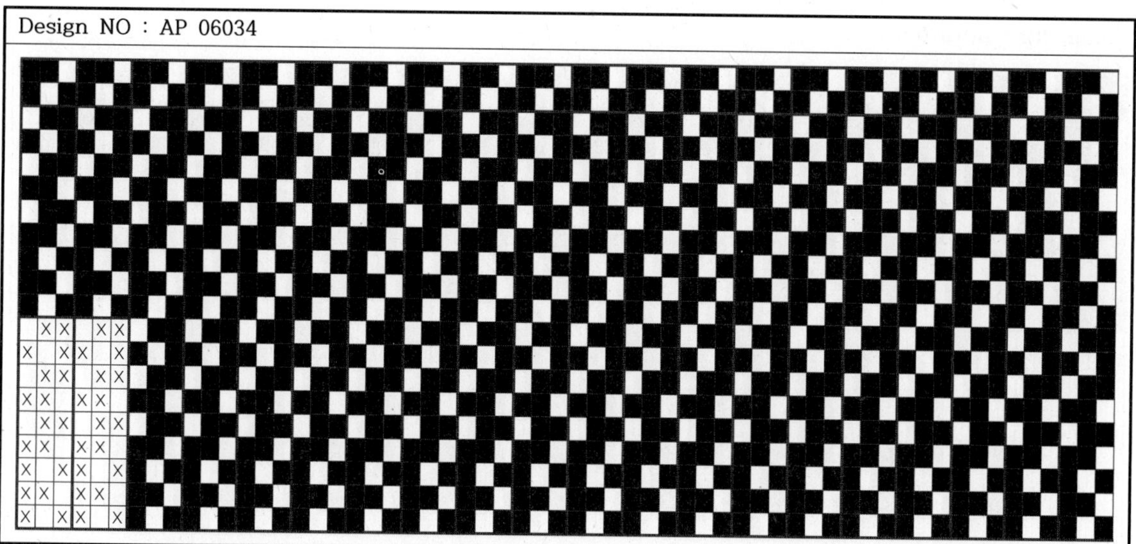

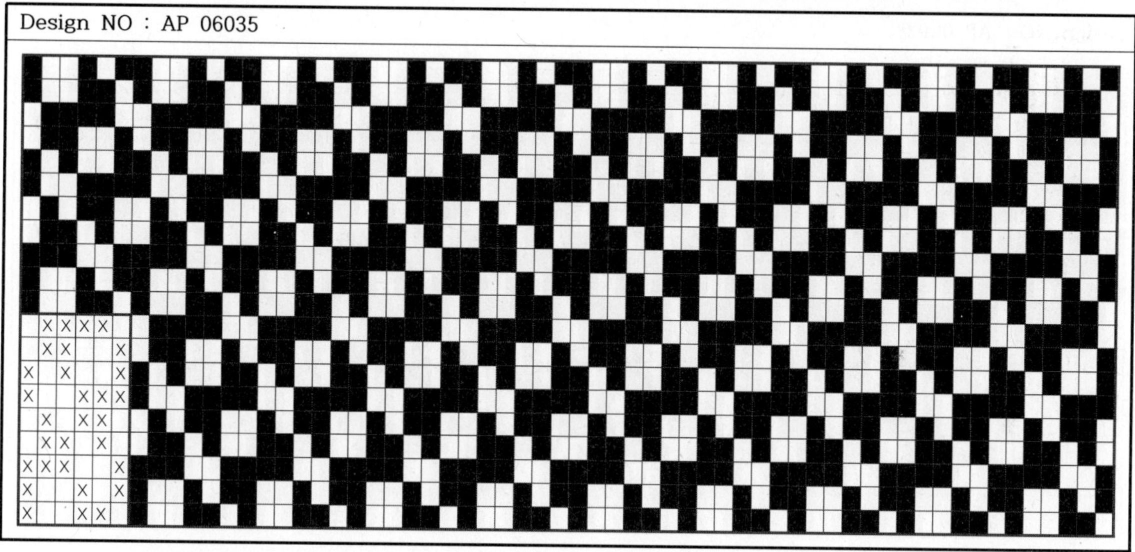

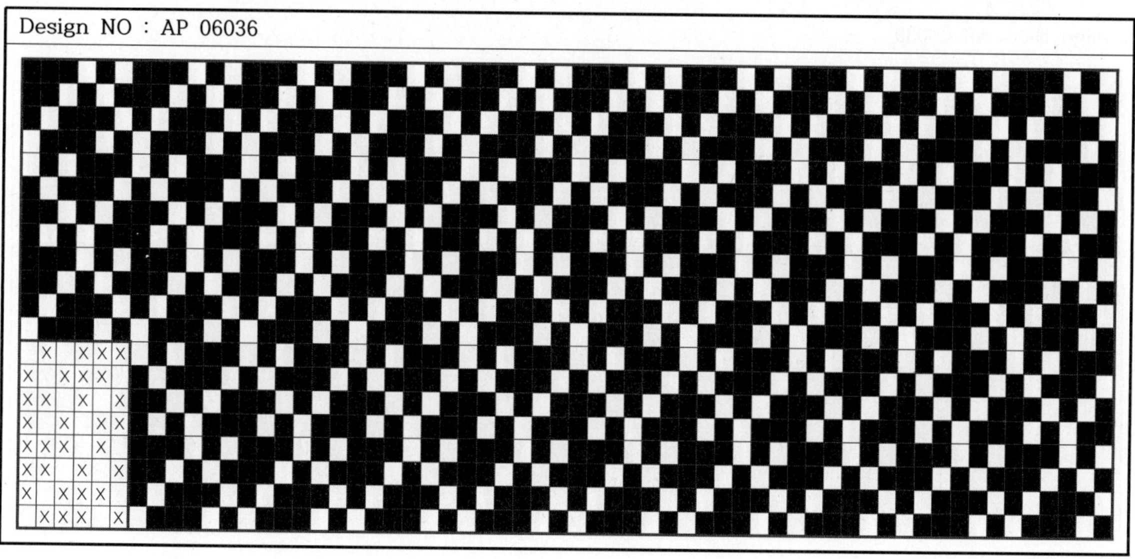

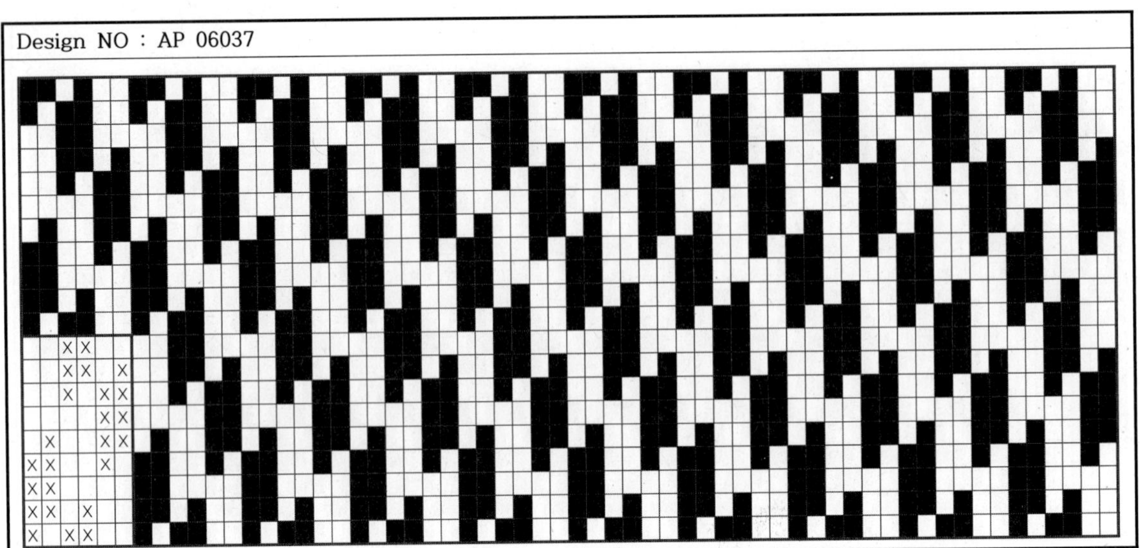

Design NO : AP 06037

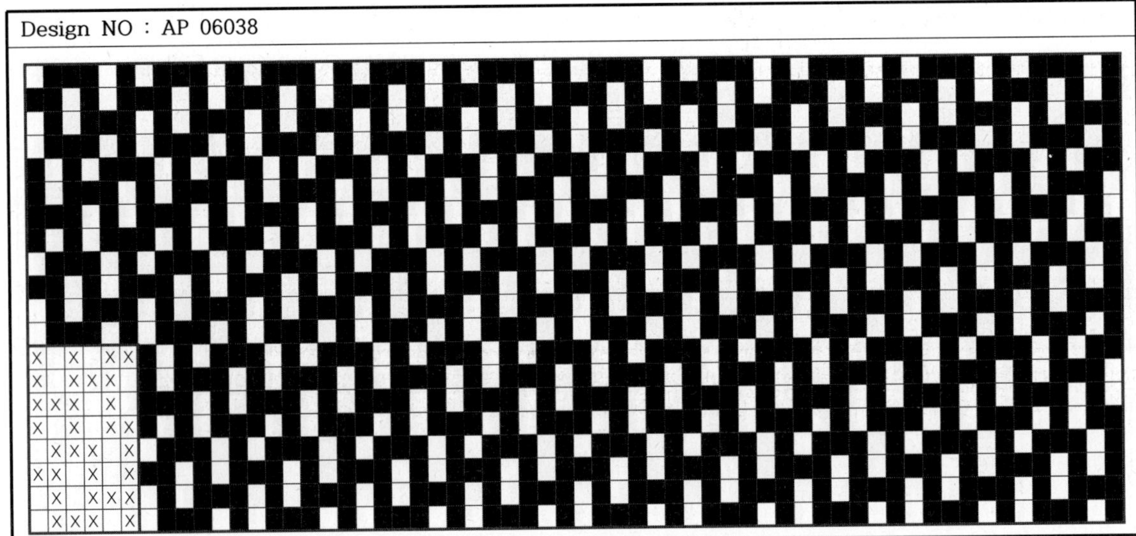

Design NO : AP 06038

Design NO : AP 06039

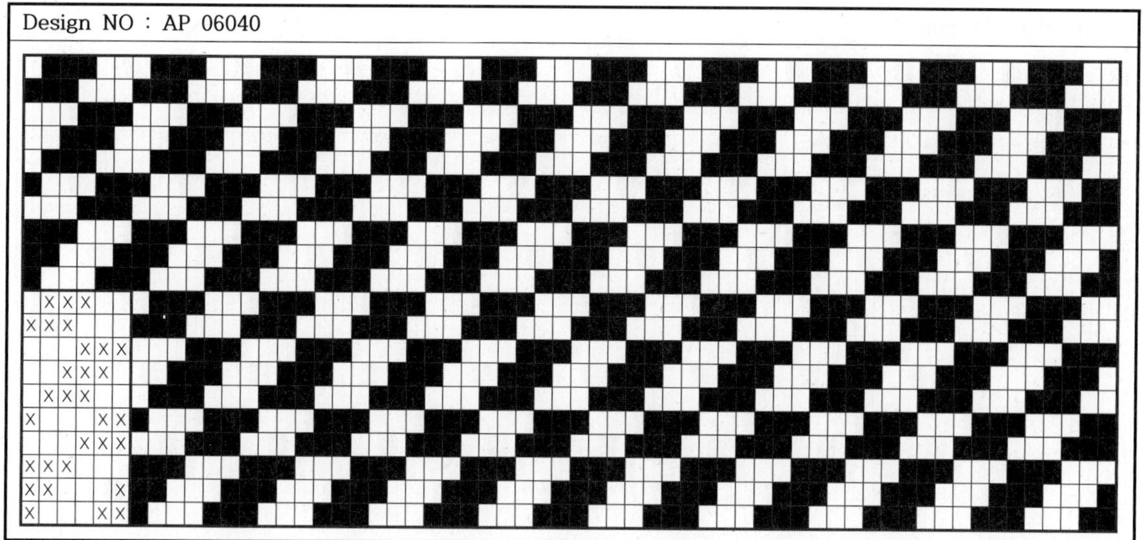

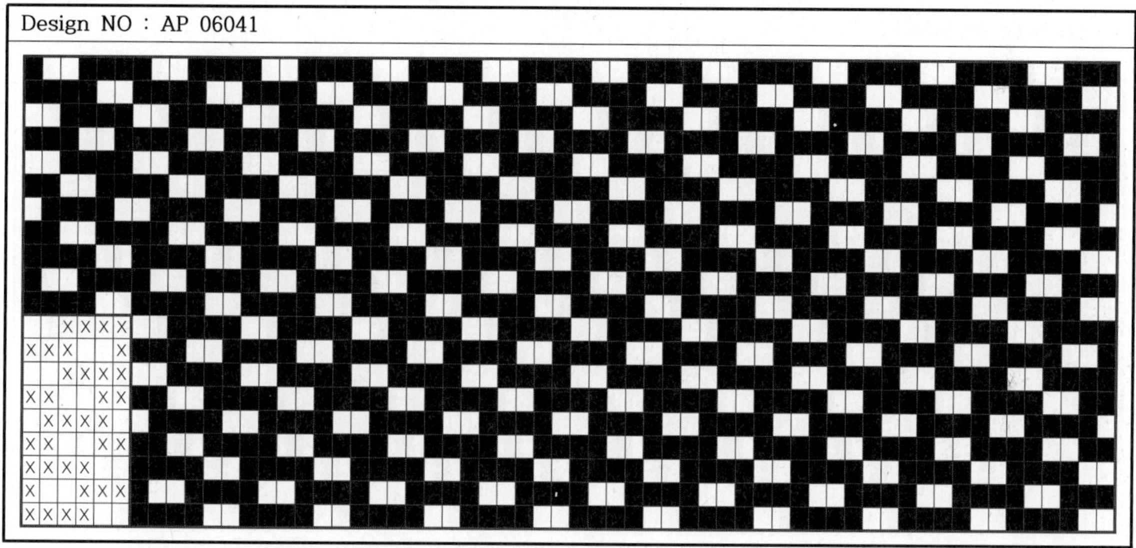

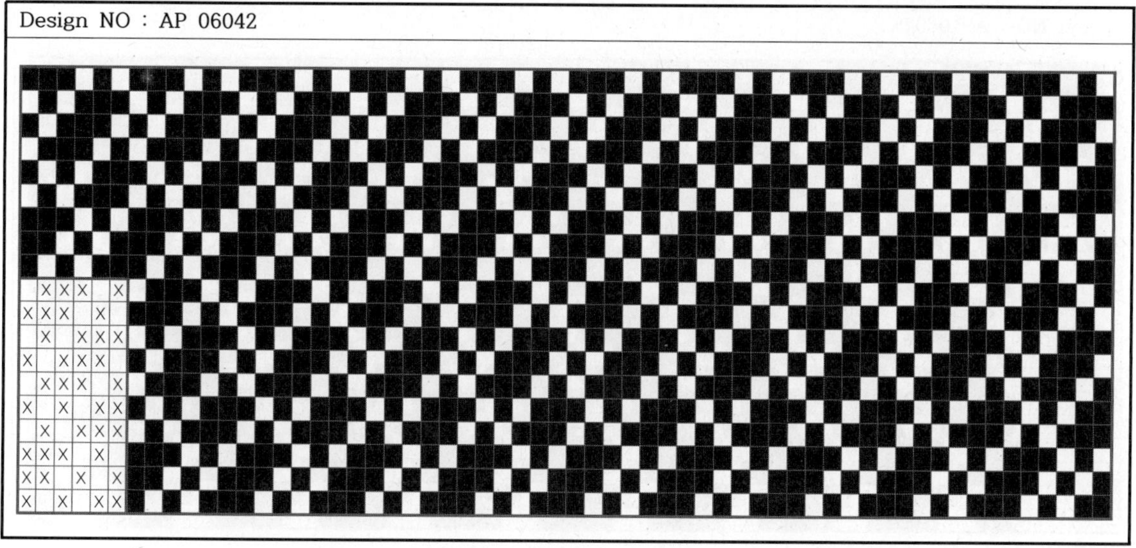

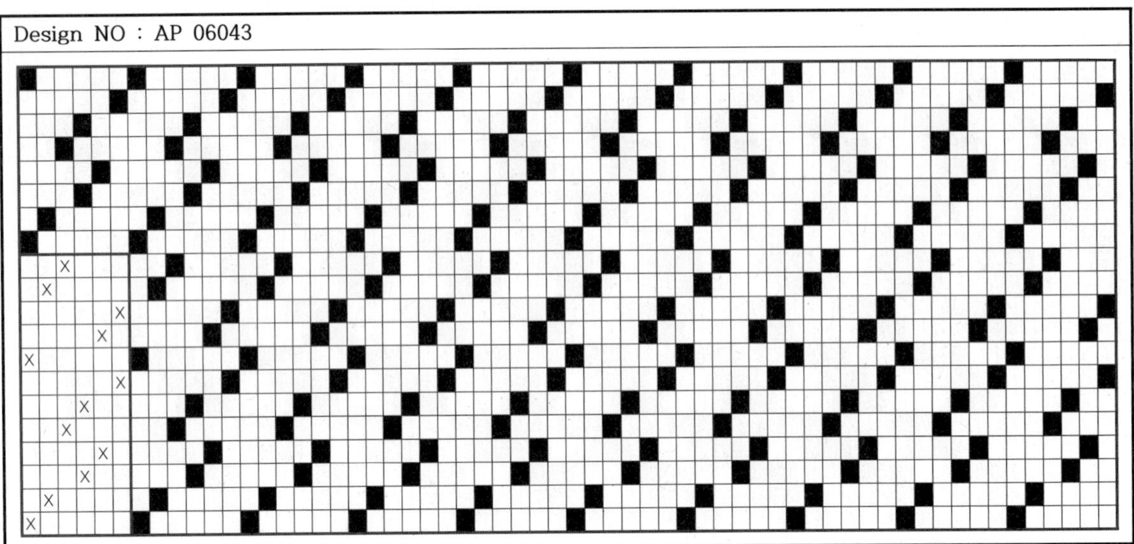

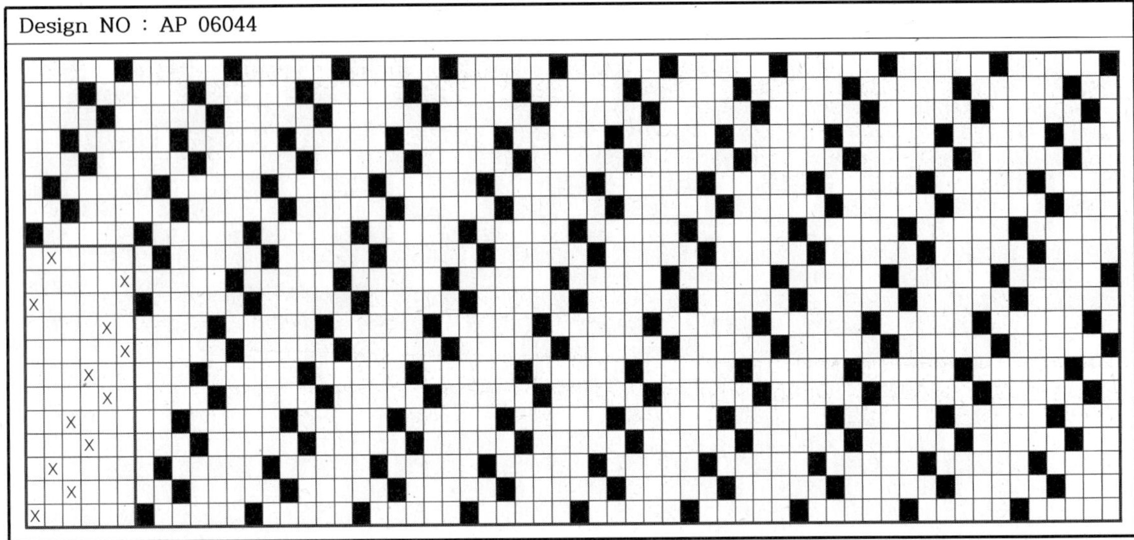

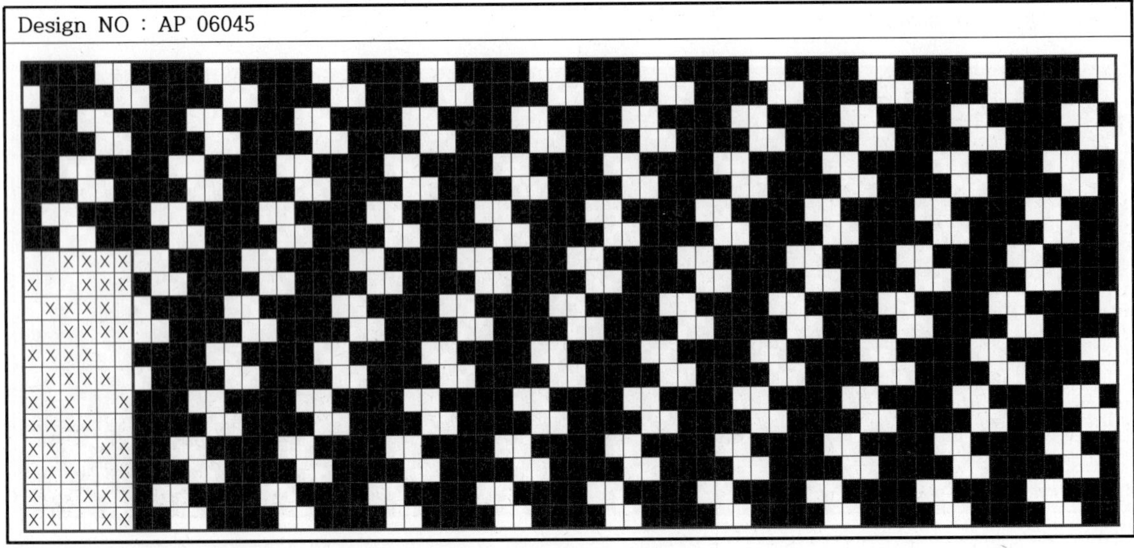

Design NO : AP 06046

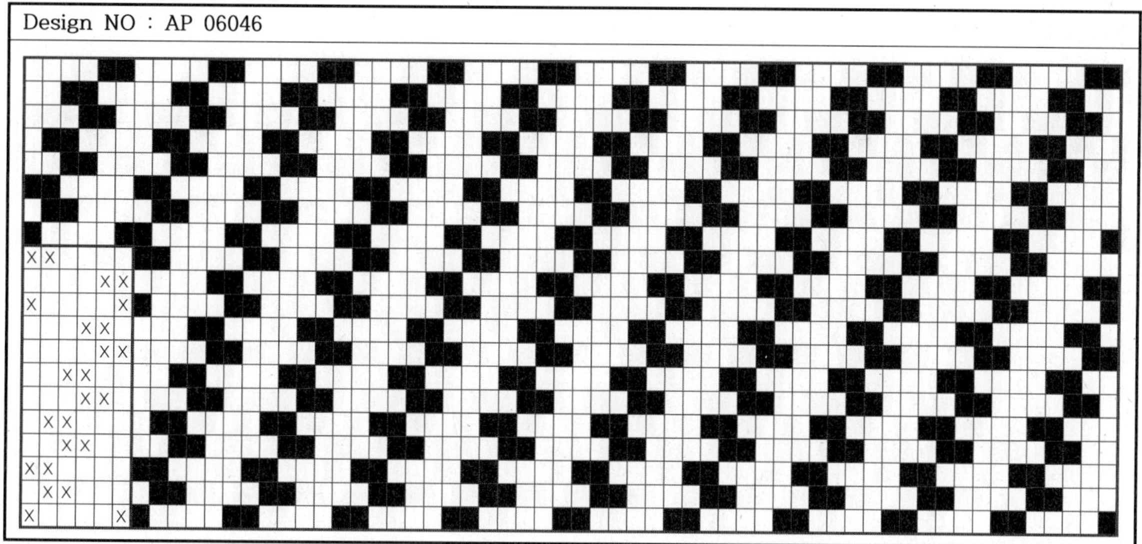

Design NO : AP 06047

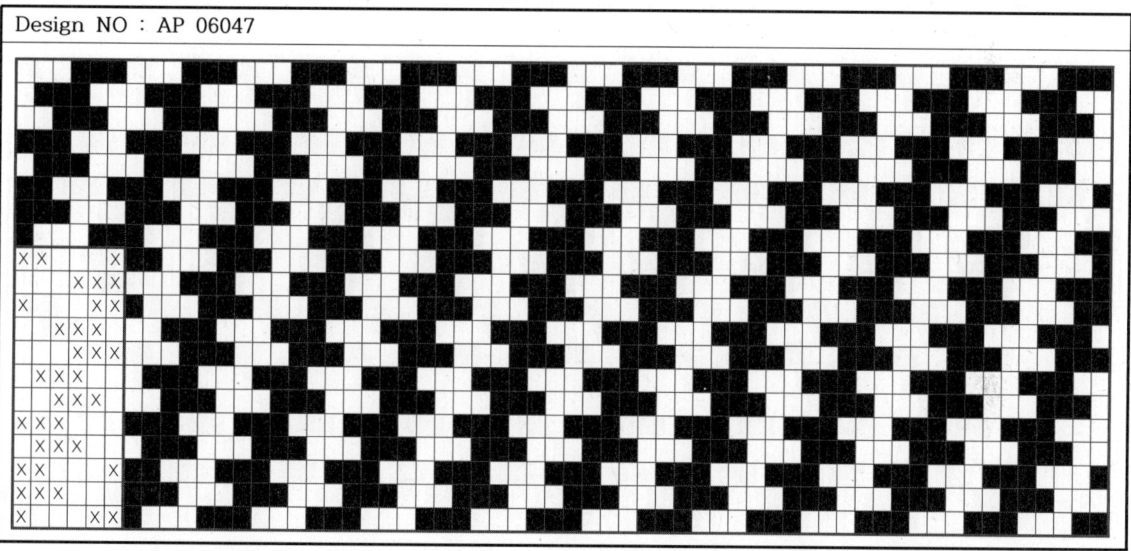

Design NO : AP 06048

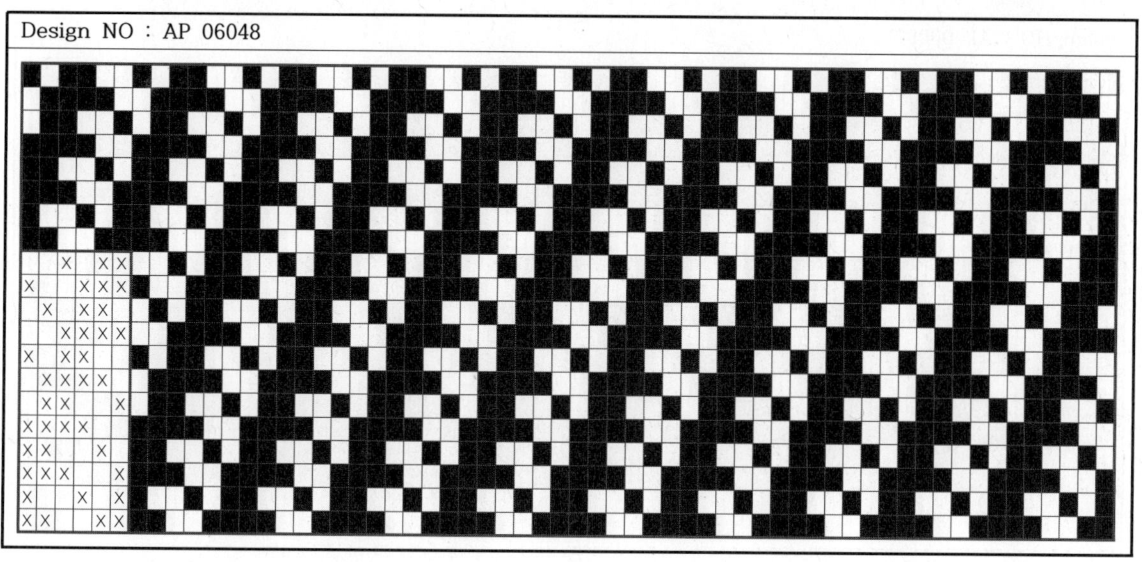

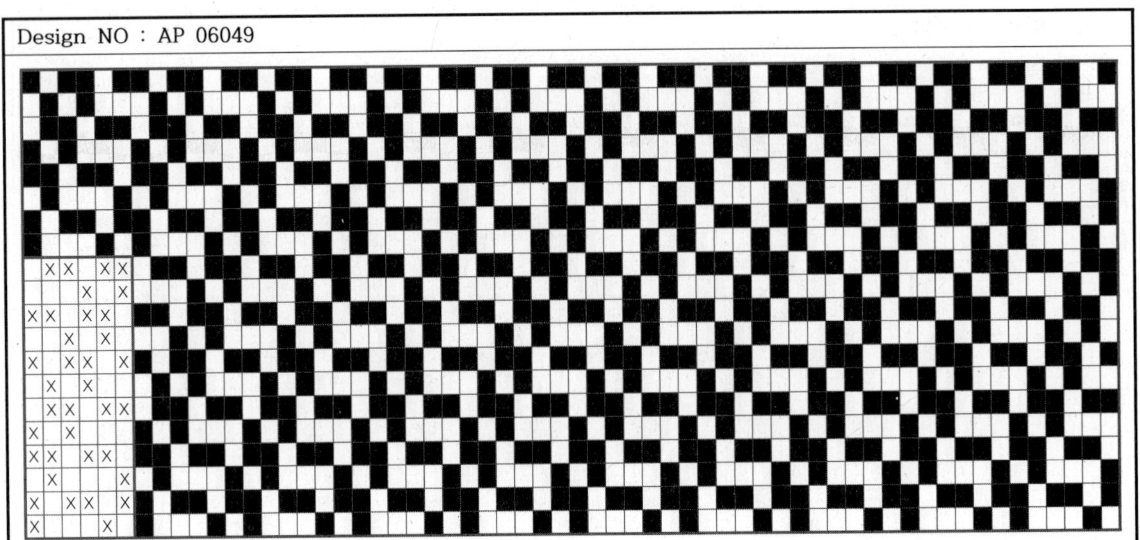

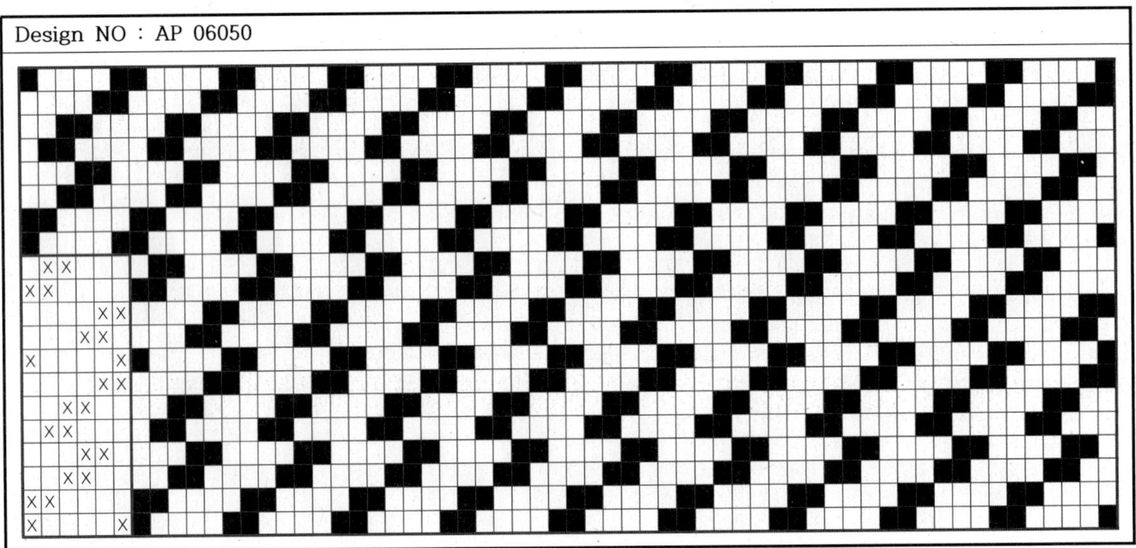

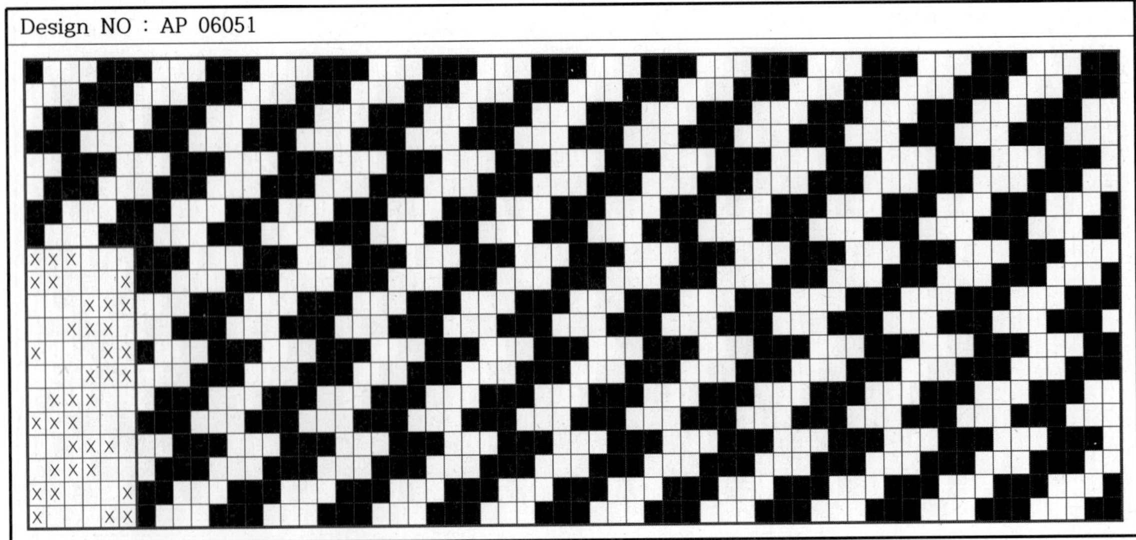

Design NO : AP 06052

Design NO : AP 06053

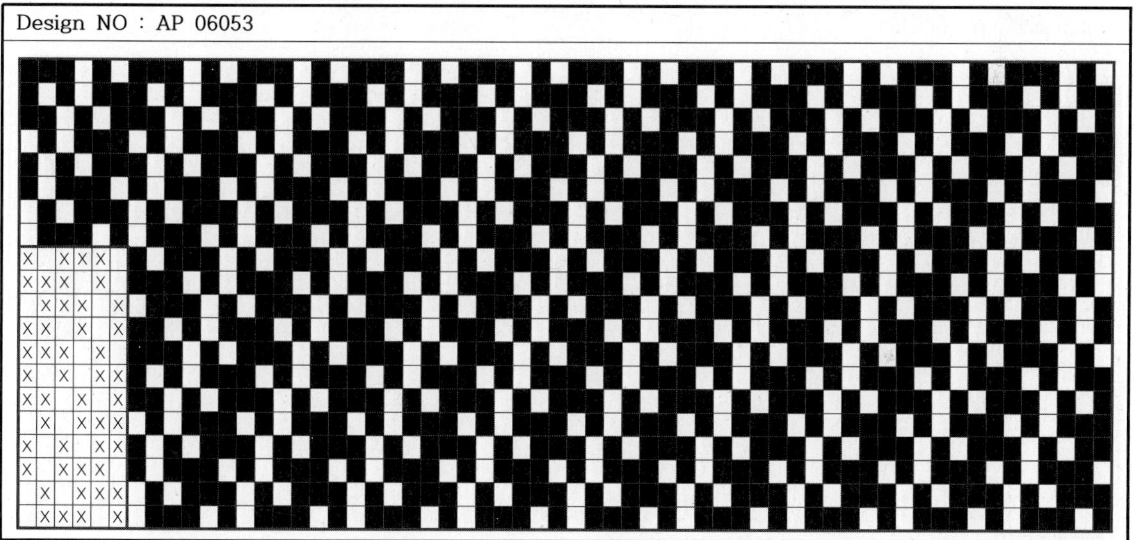

Design NO : AP 06054

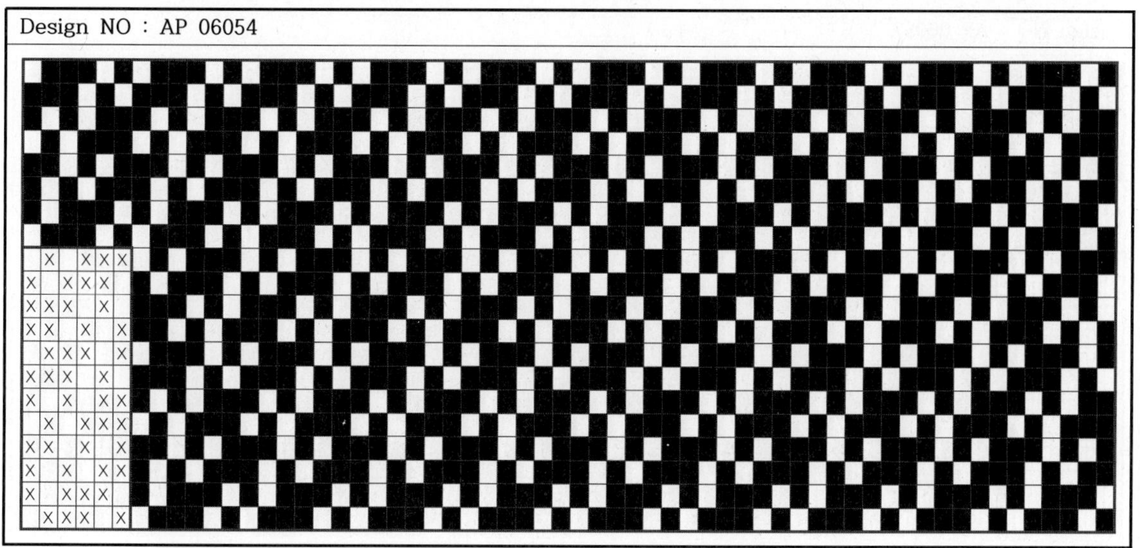

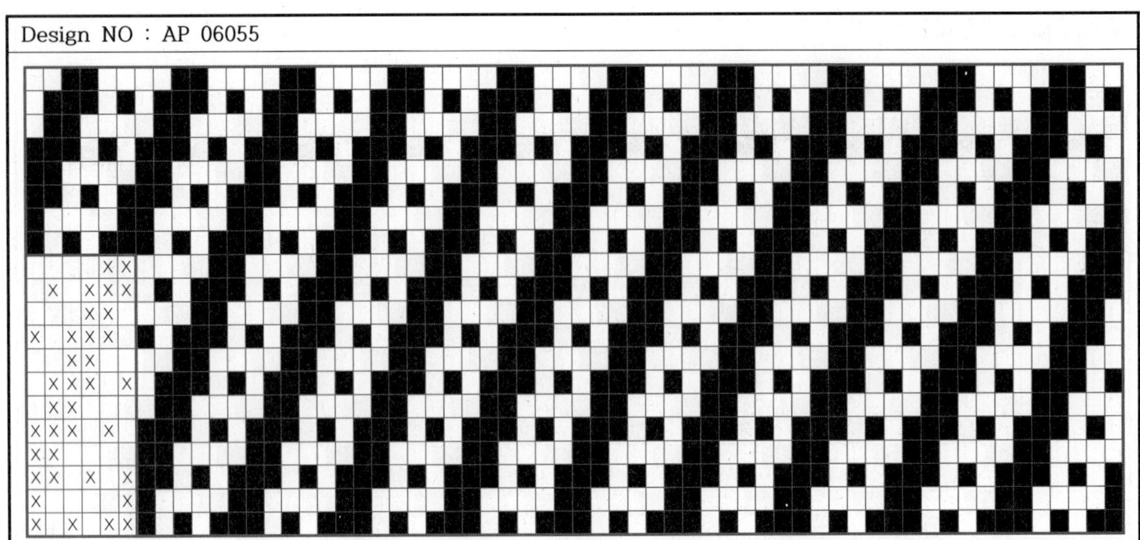

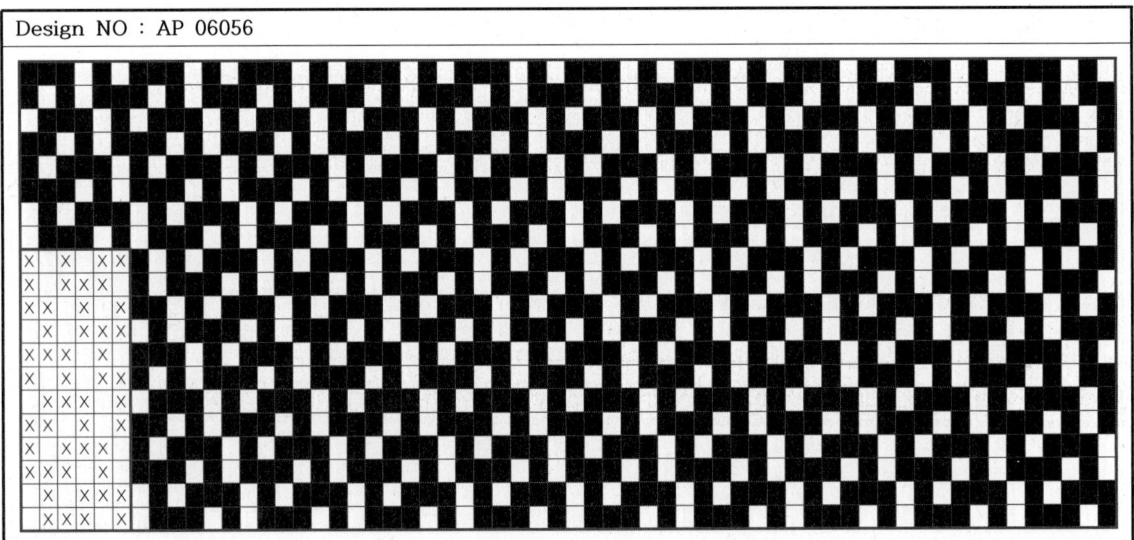

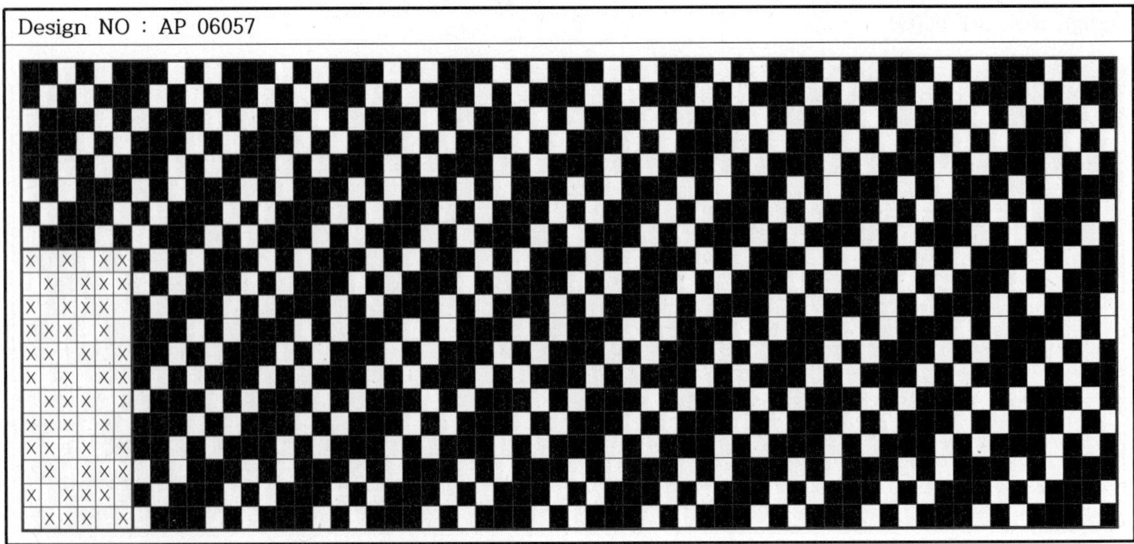

Design NO : AP 06058

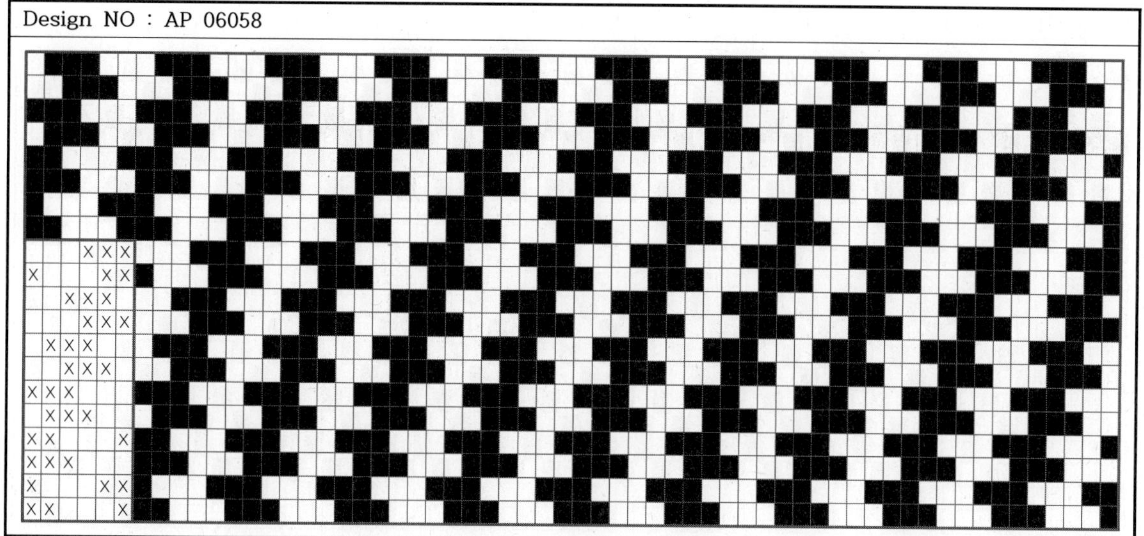

Design NO : AP 06059

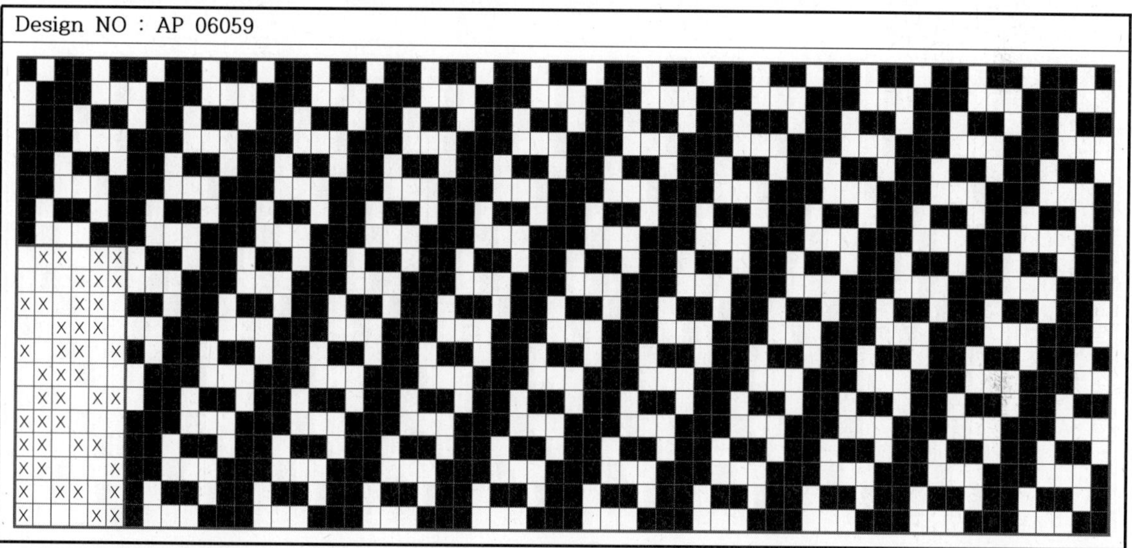

Design NO : AP 06060

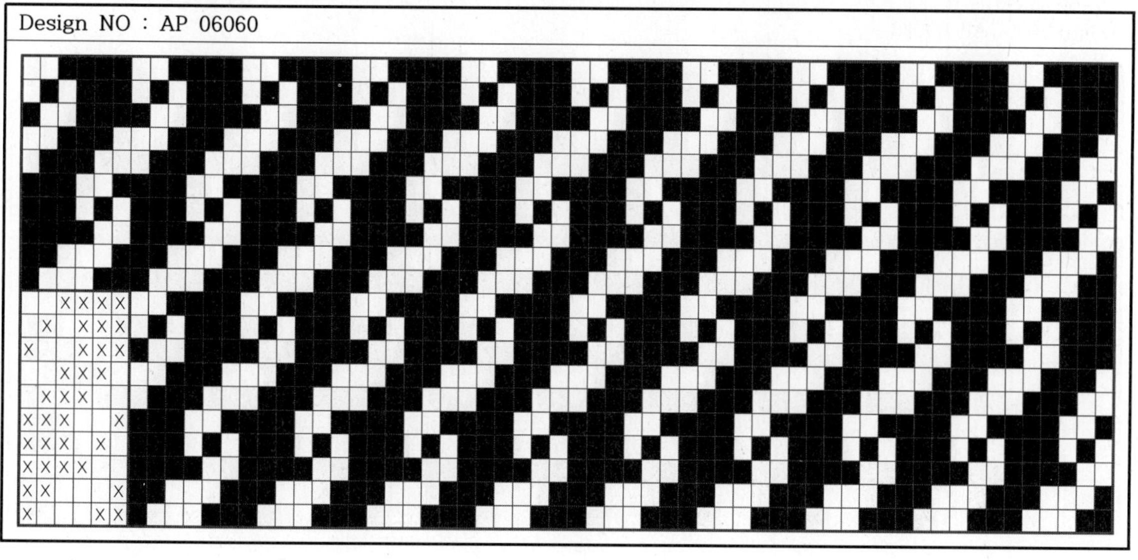

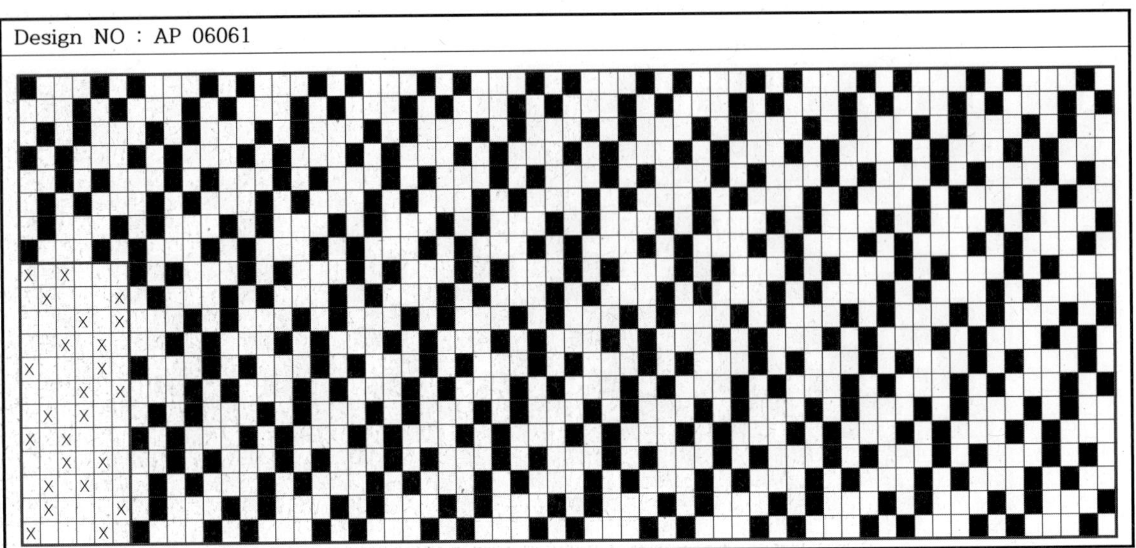

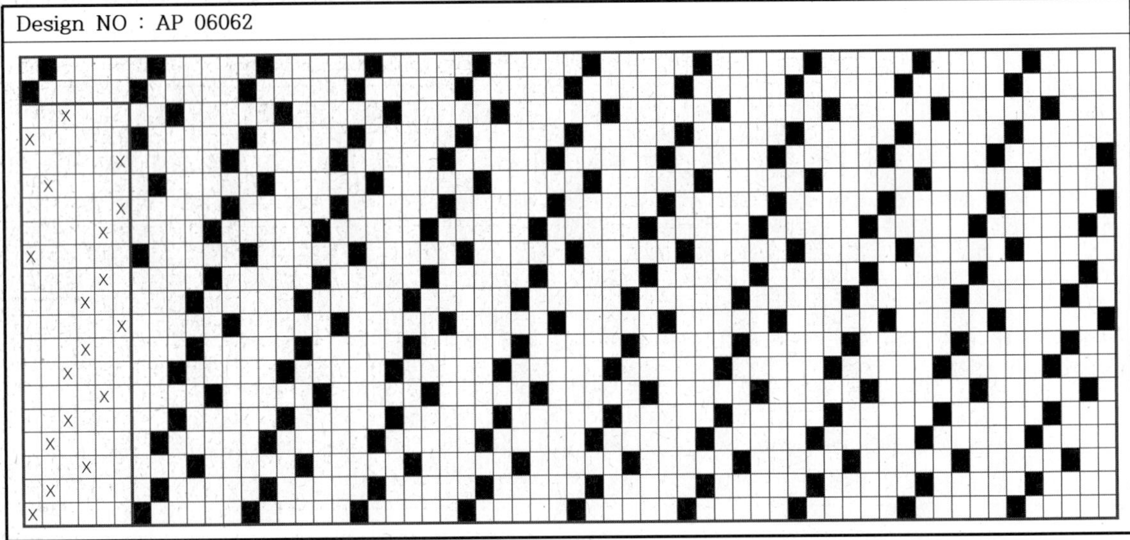

Design NO : AP 06064

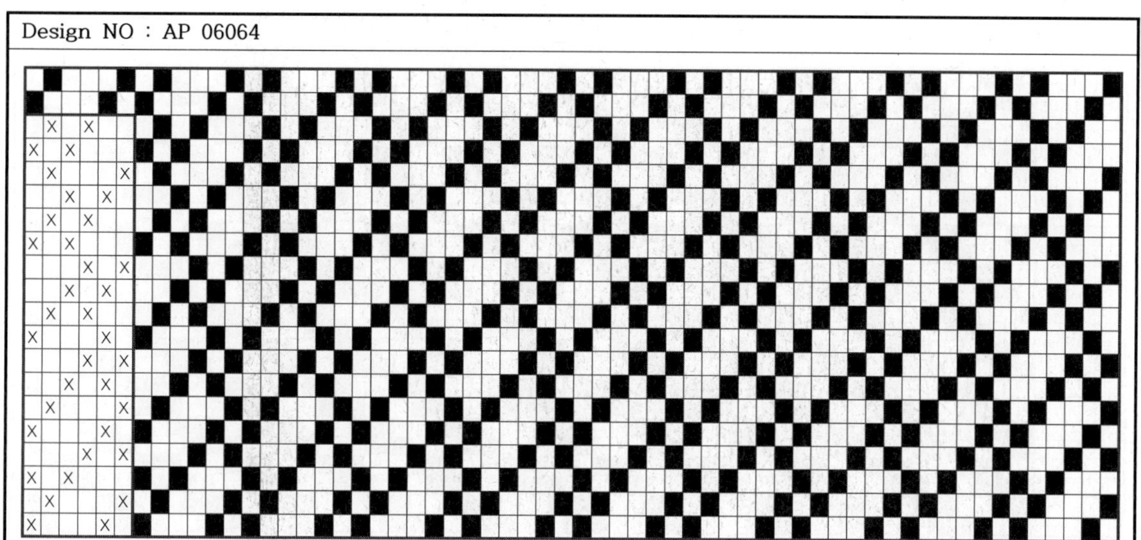

Design NO : AP 06065

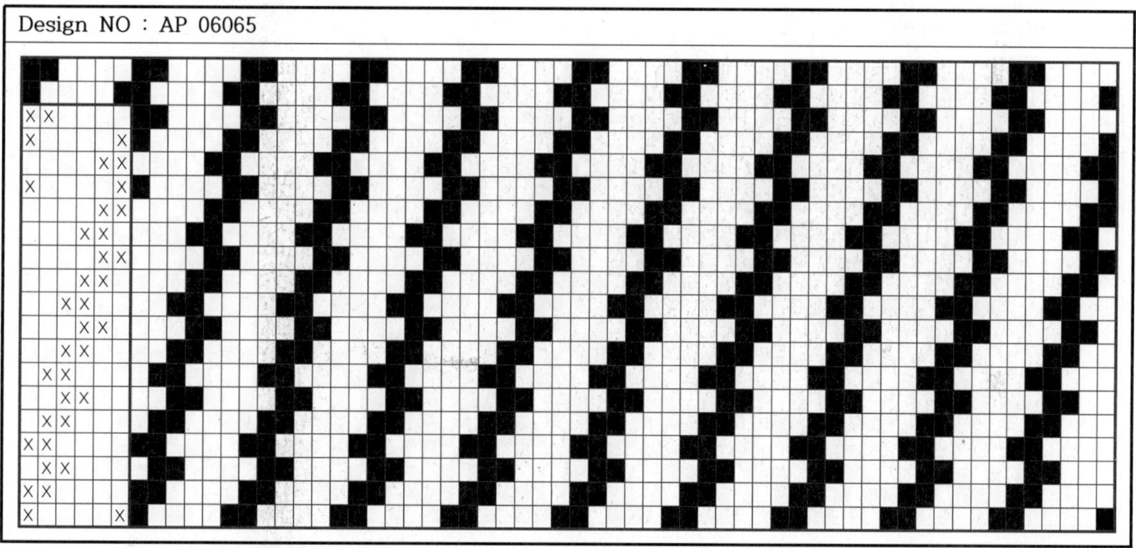

Design NO : AP 06066

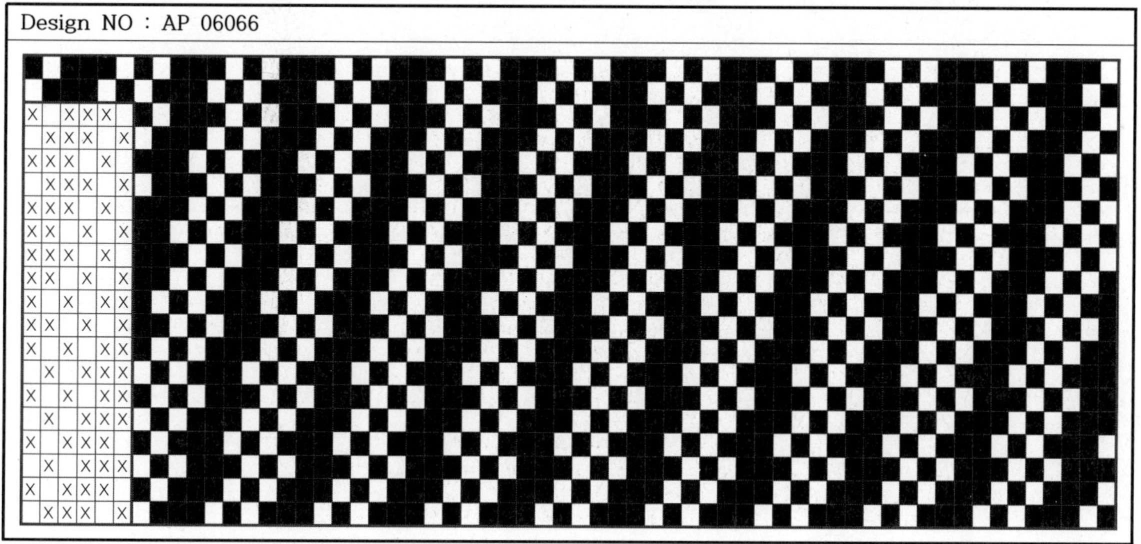

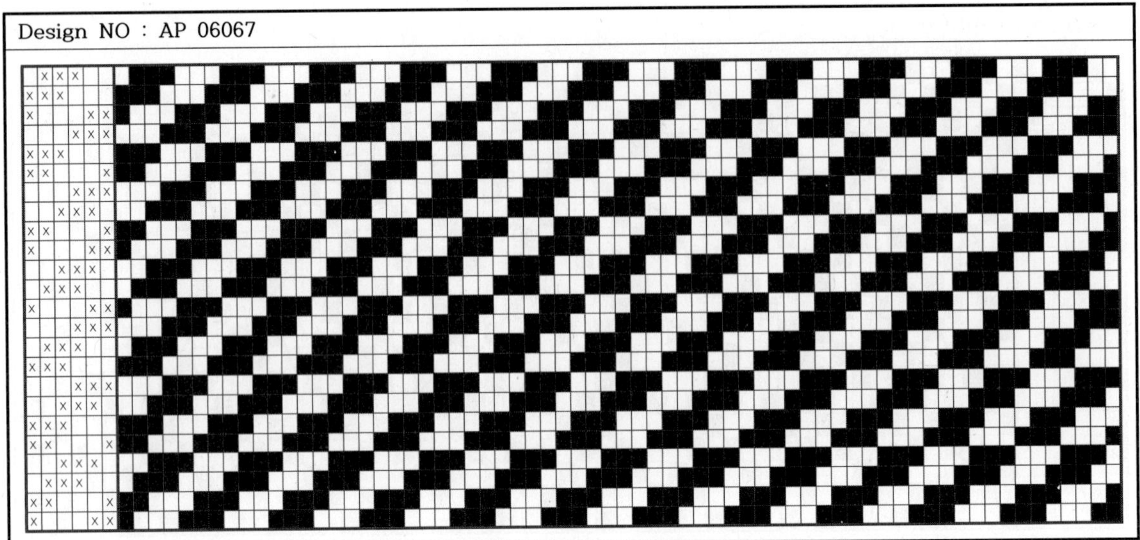

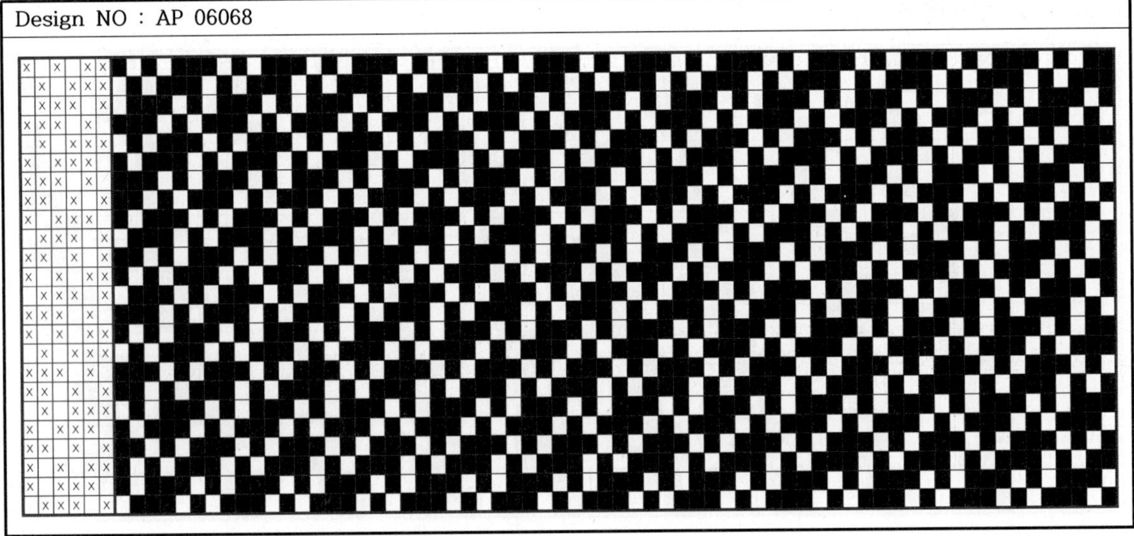

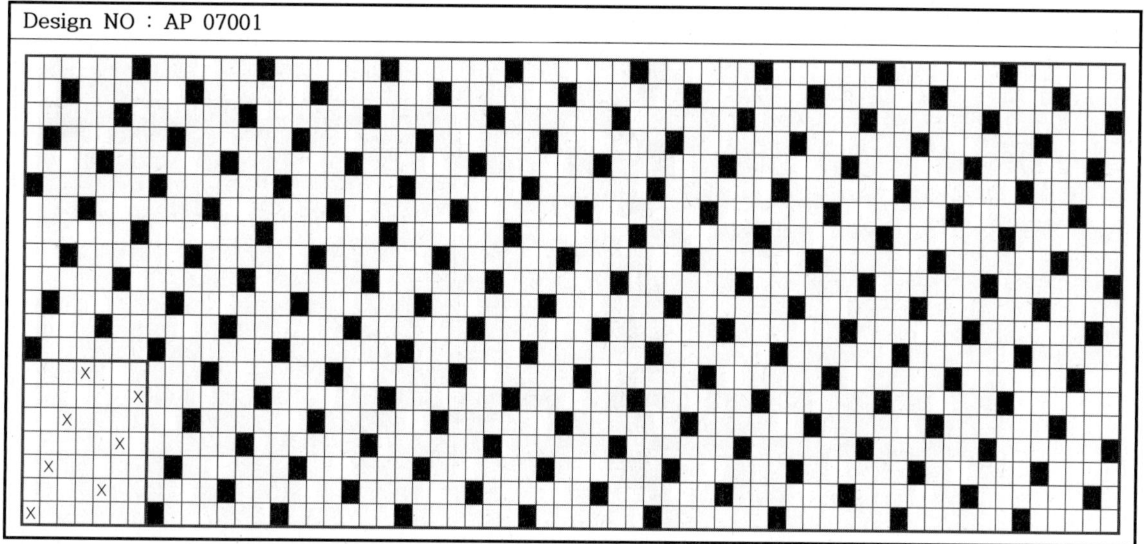

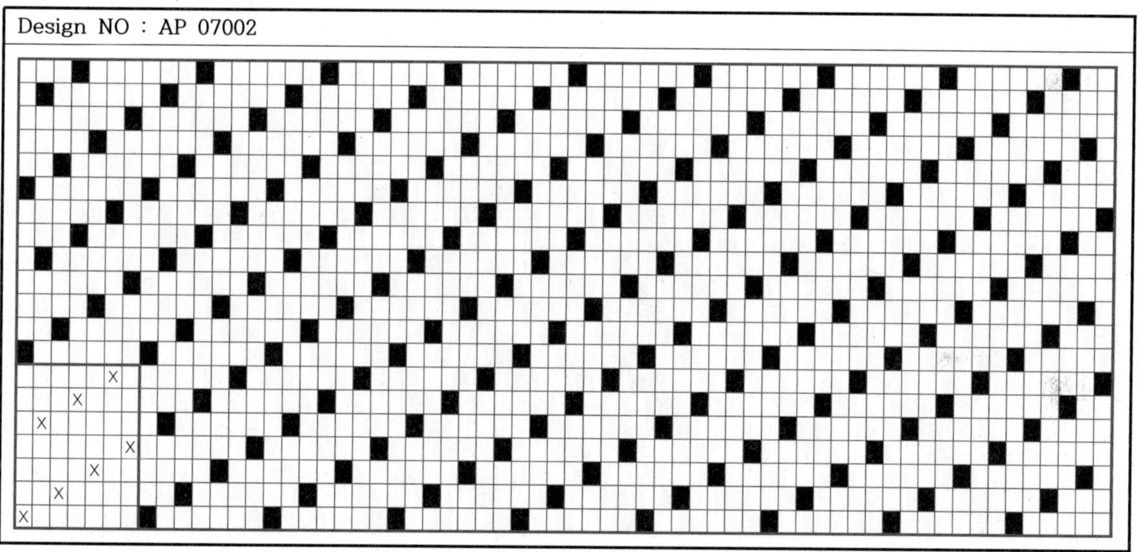

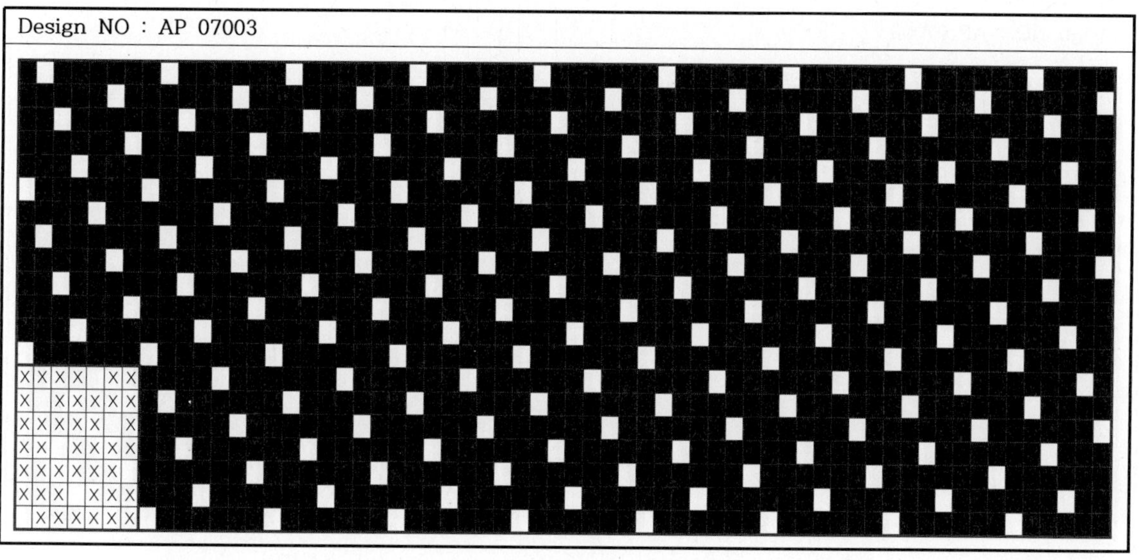

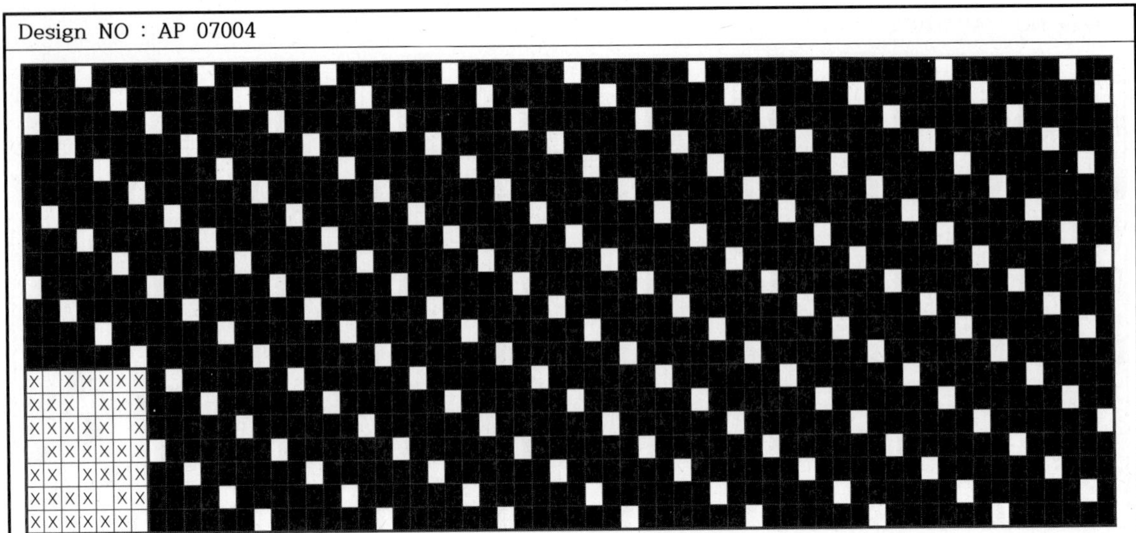

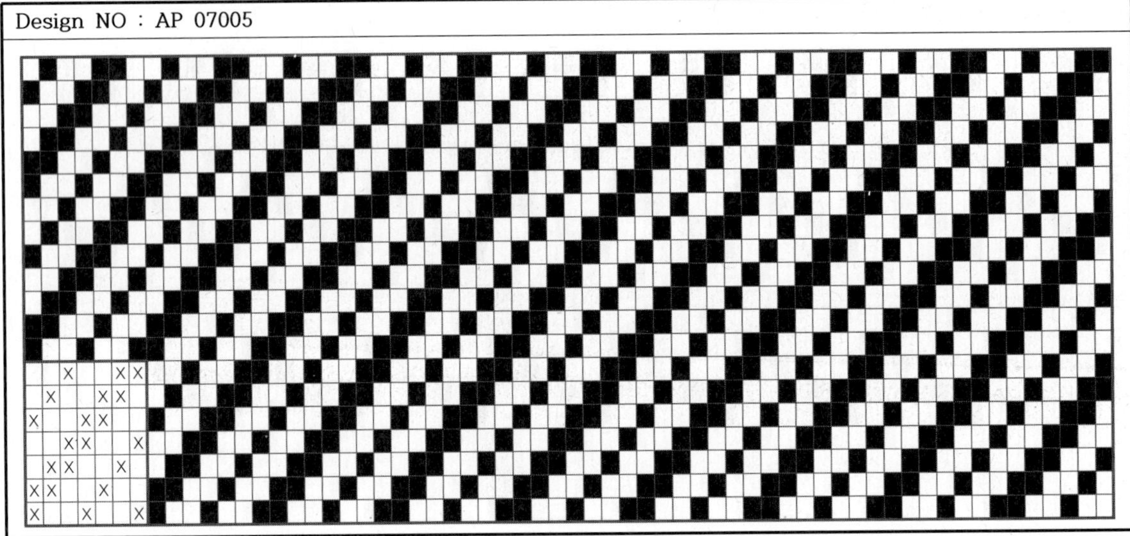

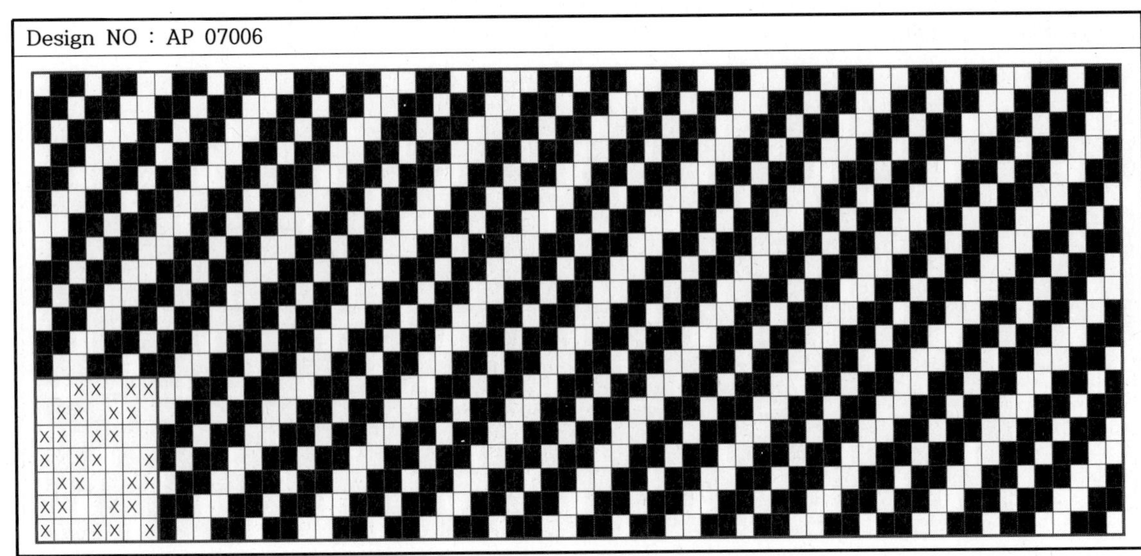

Design NO : AP 07007

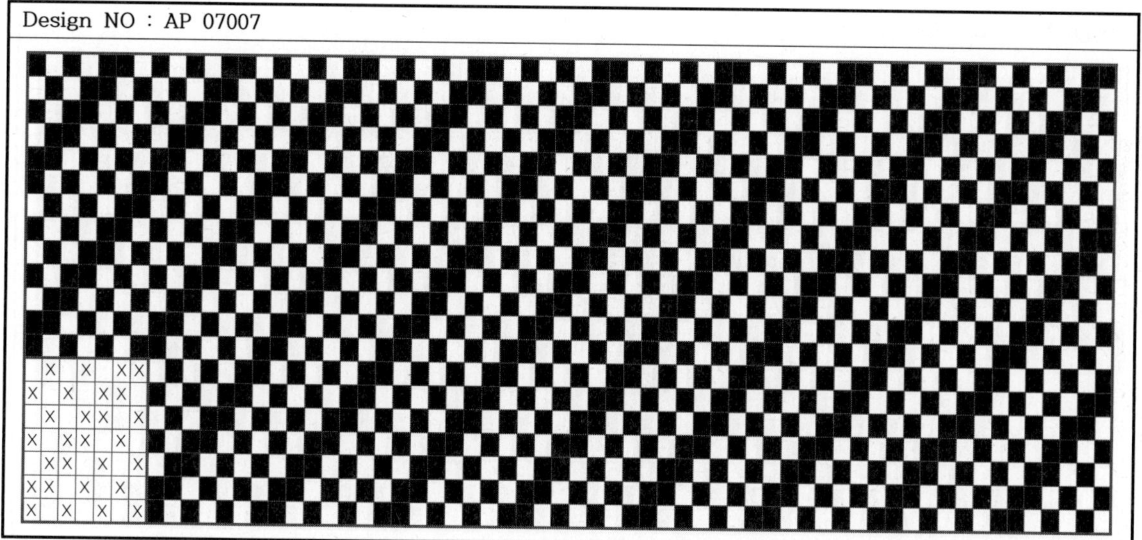

Design NO : AP 07008

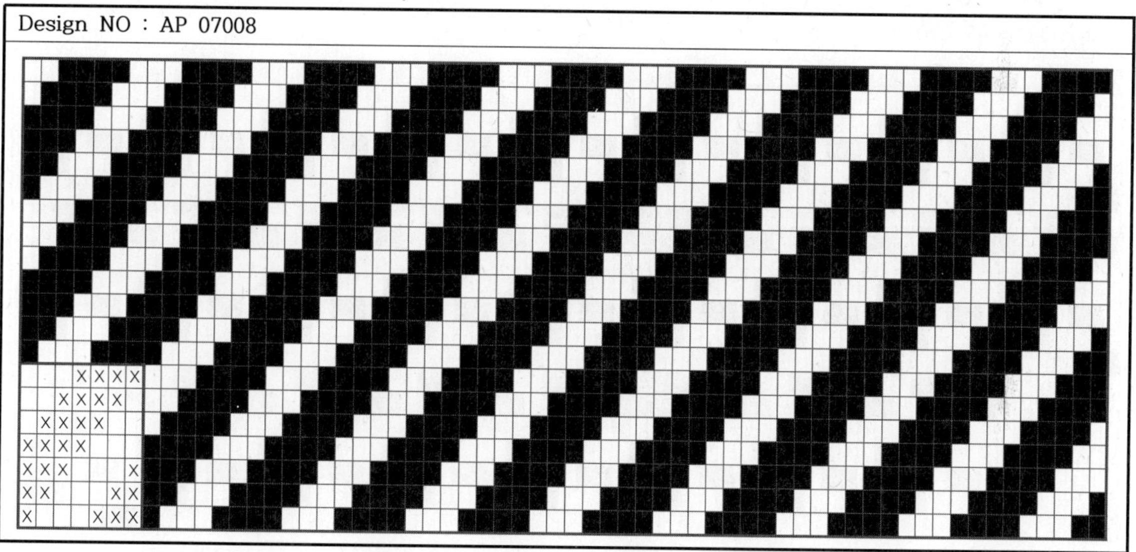

Design NO : AP 07009

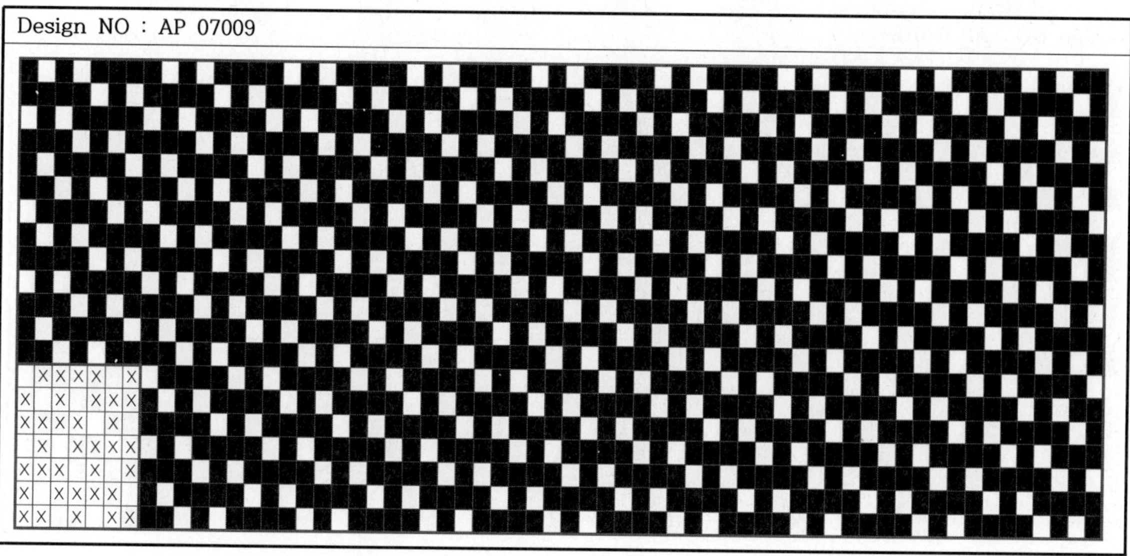

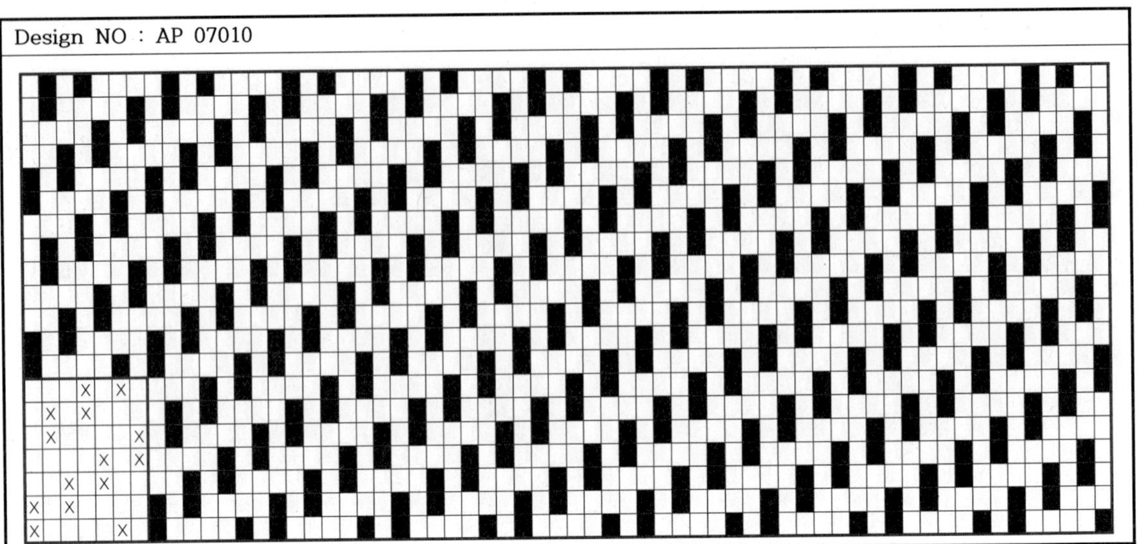

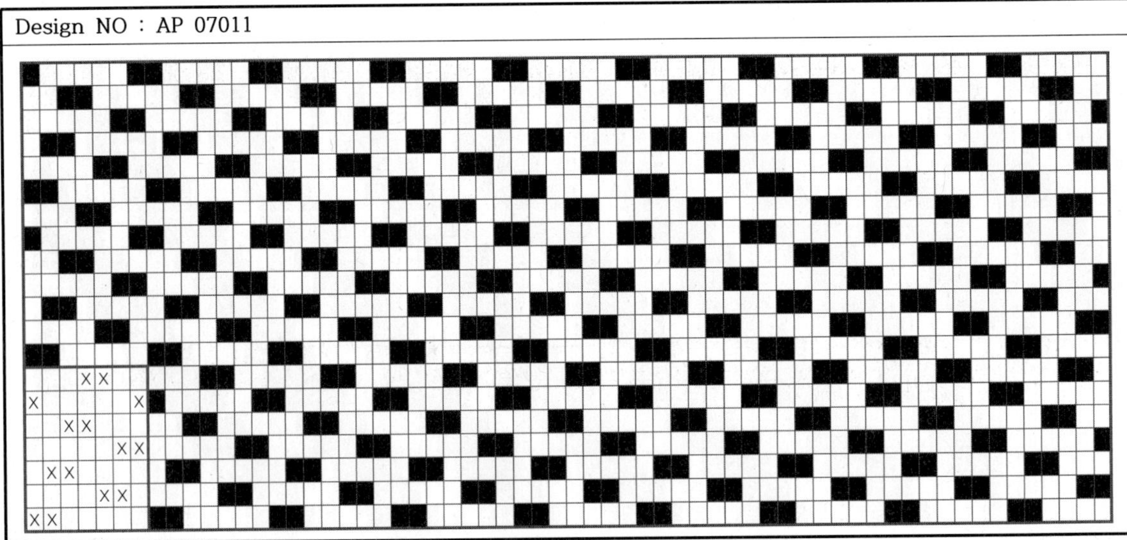

Design NO : AP 07013

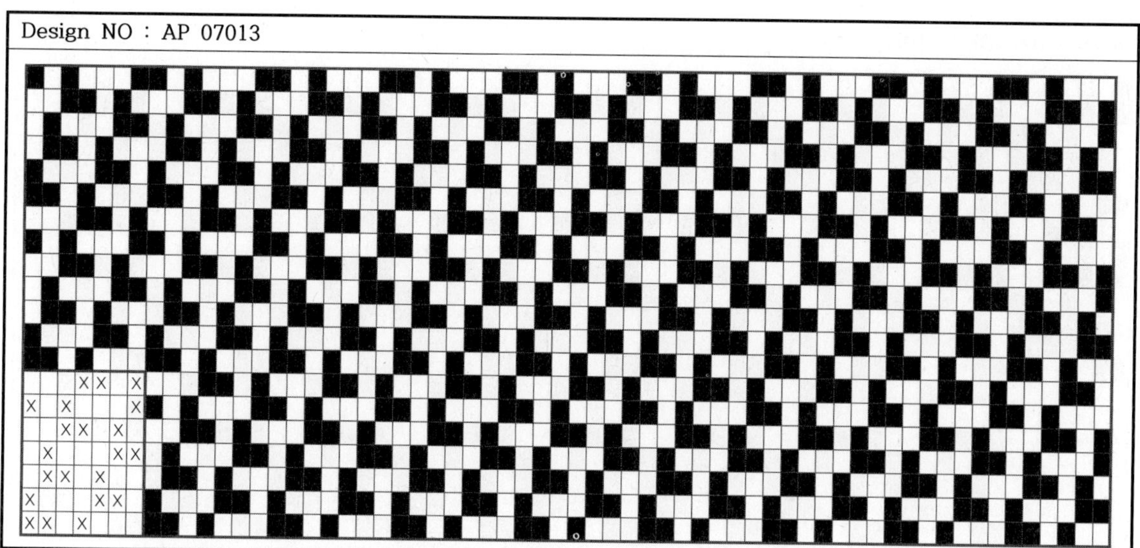

Design NO : AP 07014

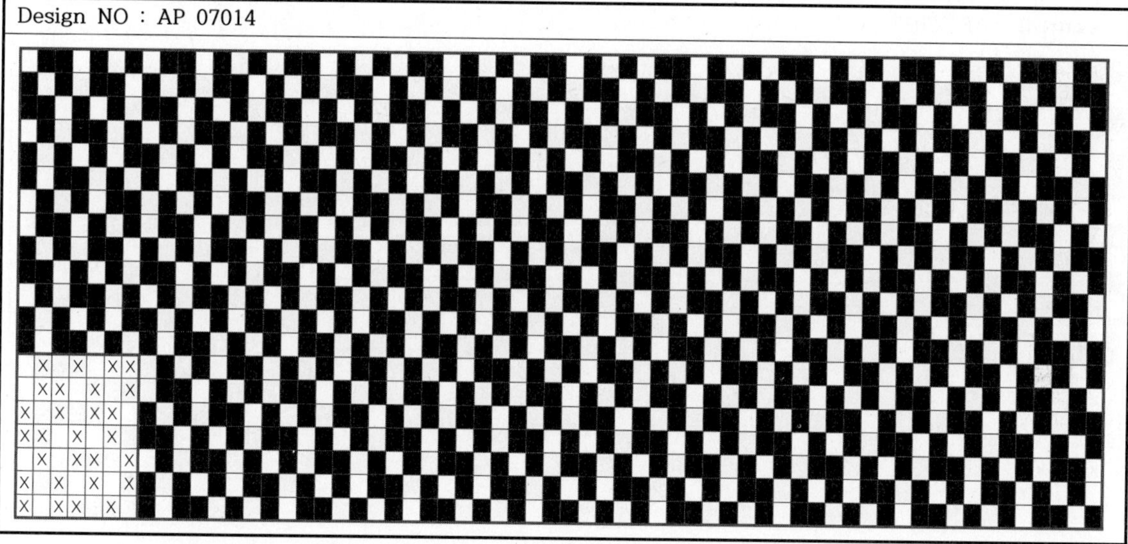

Design NO : AP 07015

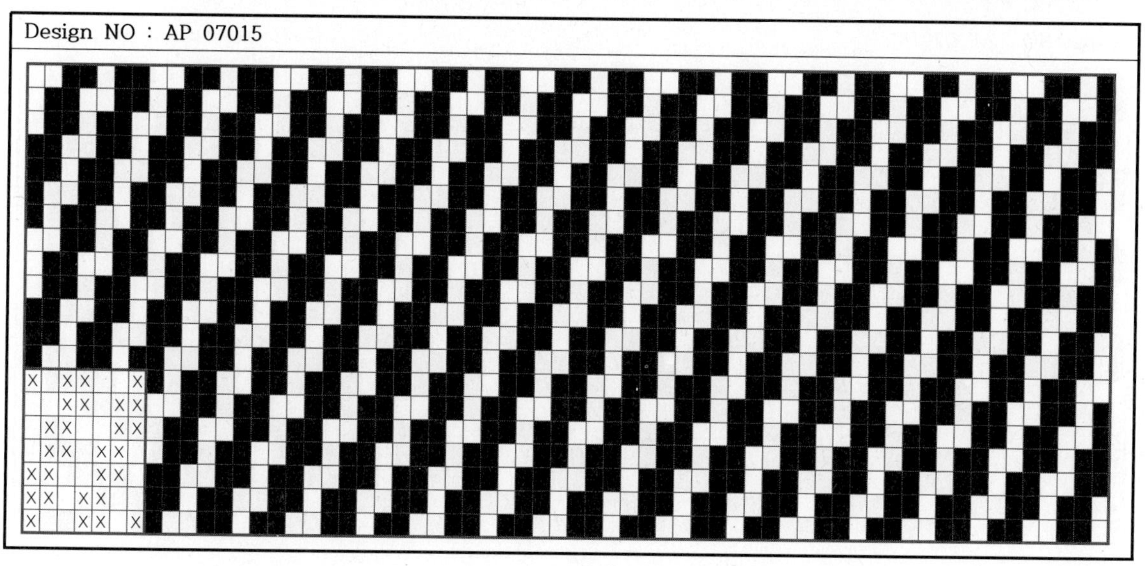

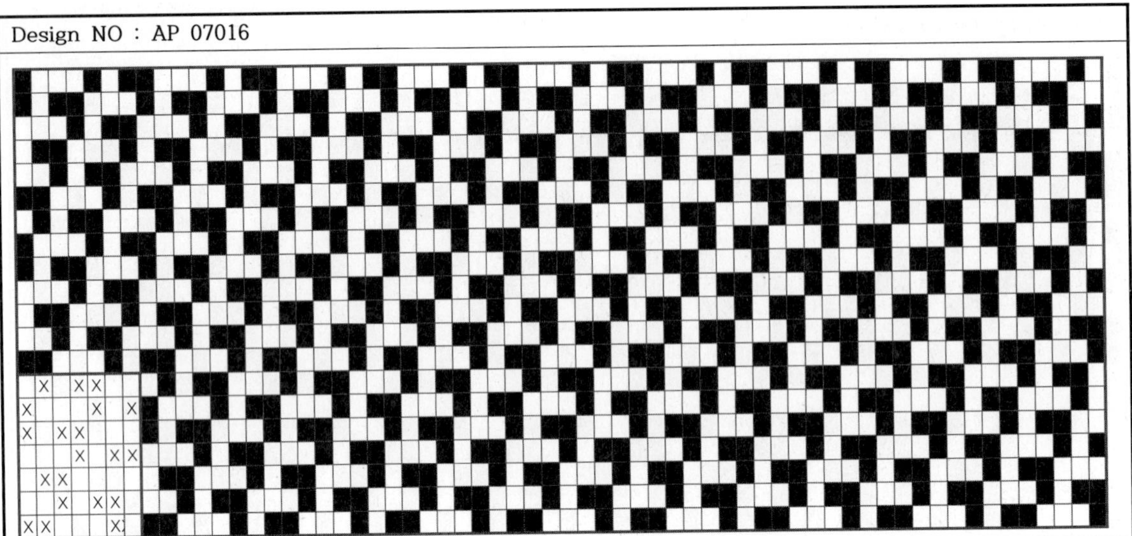

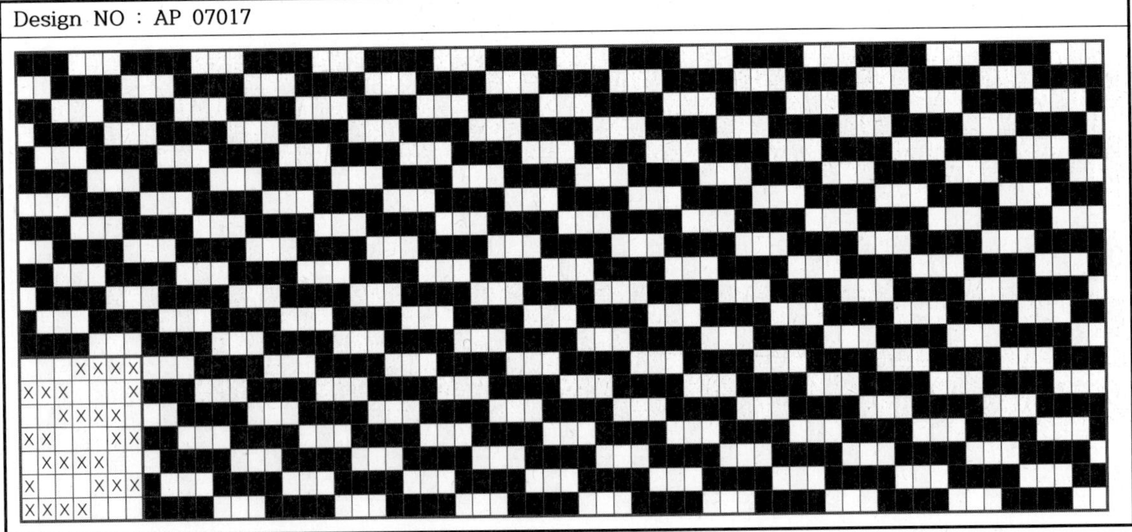

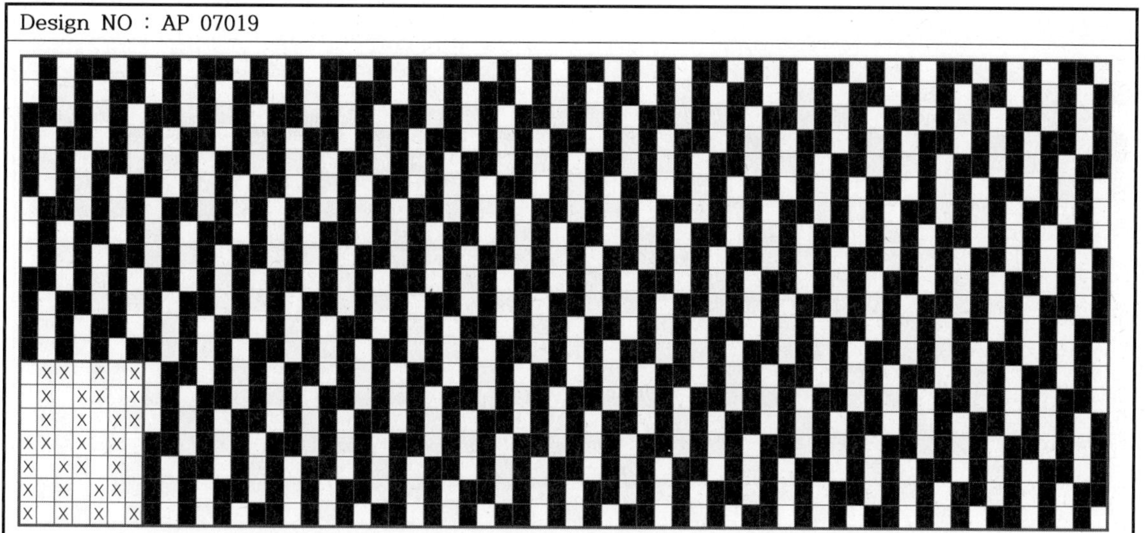

Design NO : AP 07019

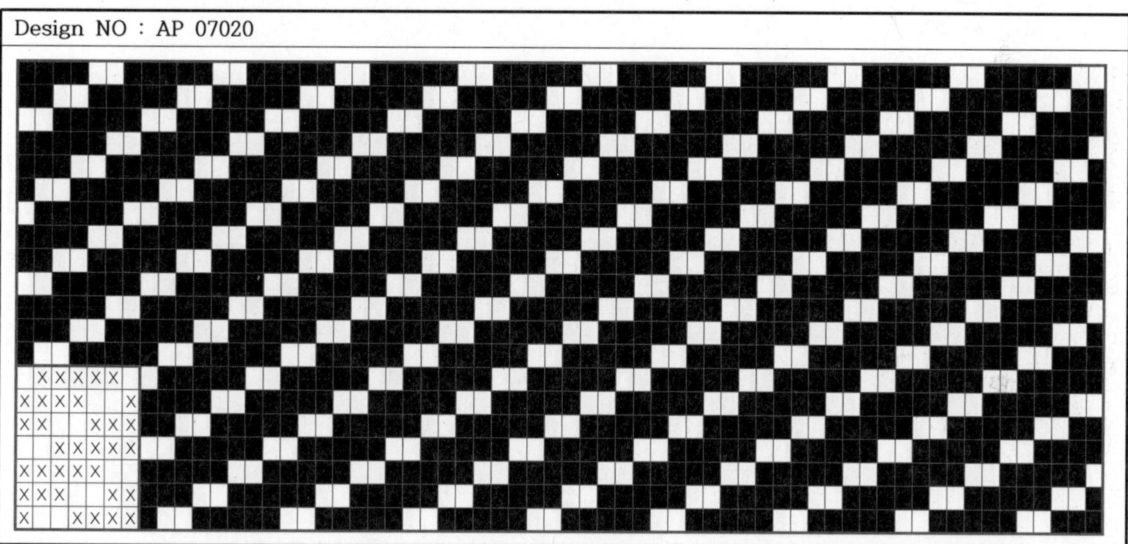

Design NO : AP 07020

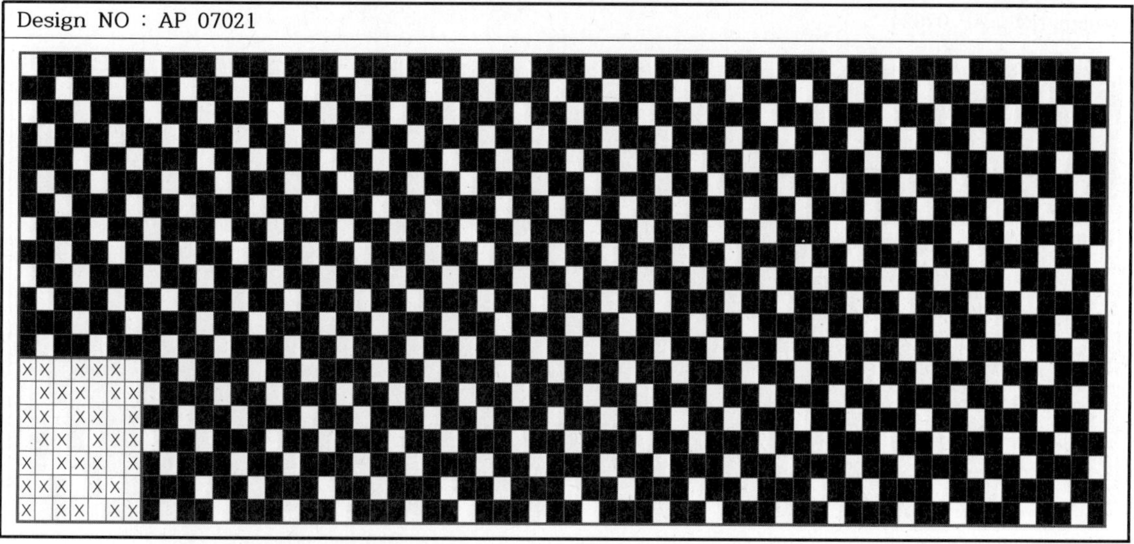

Design NO : AP 07021

Design NO : AP 07022

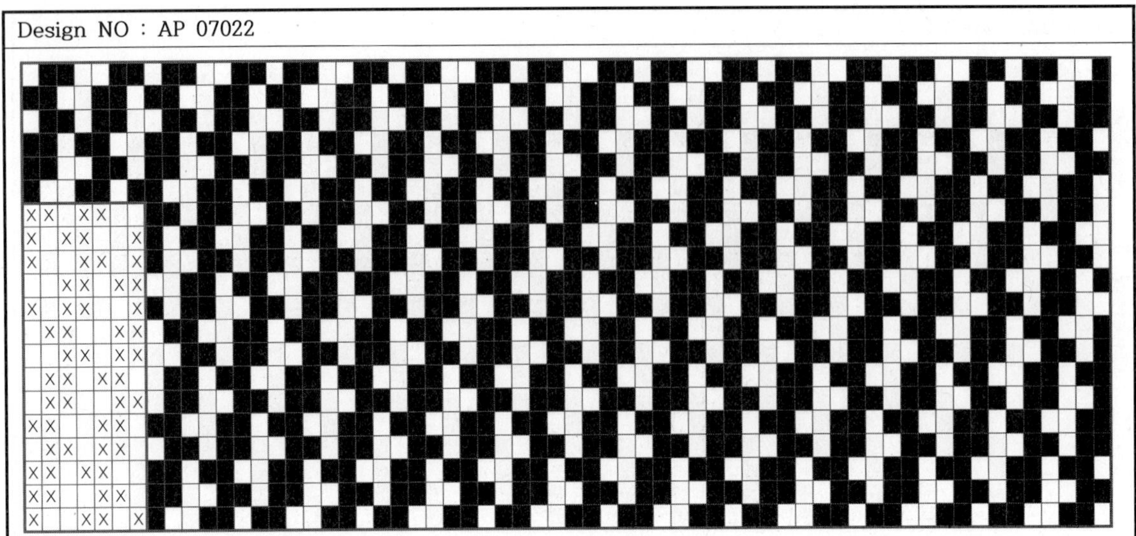

Design NO : AP 07023

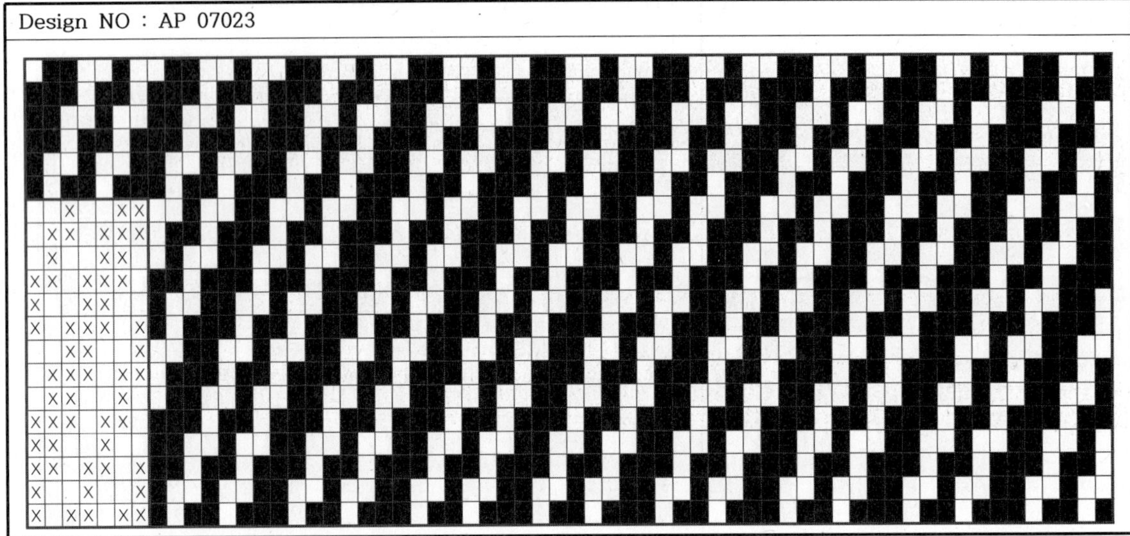

Design NO : AP 07024

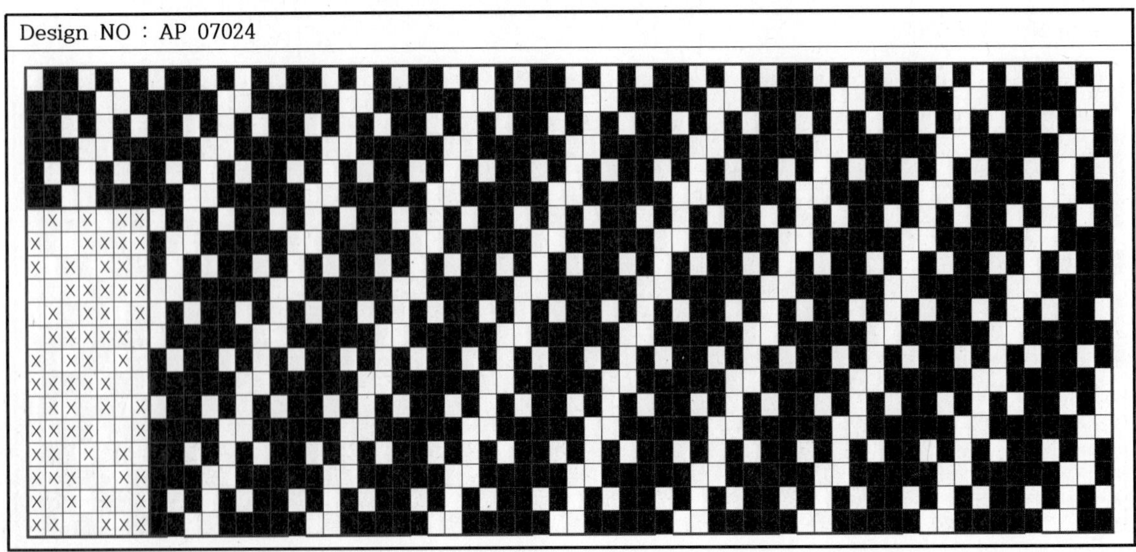

Design NO : AP 07025

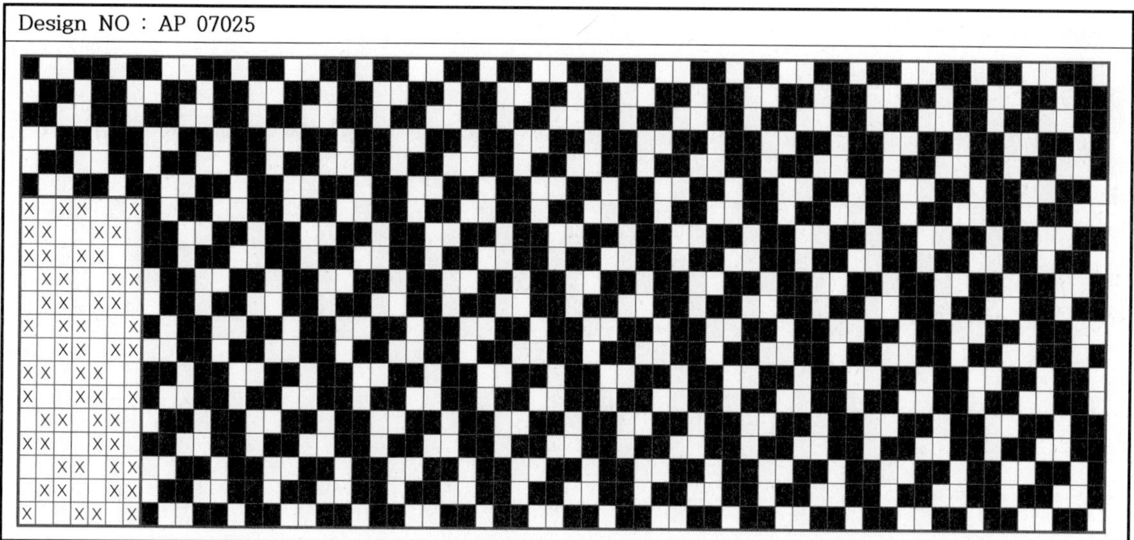

Design NO : AP 07026

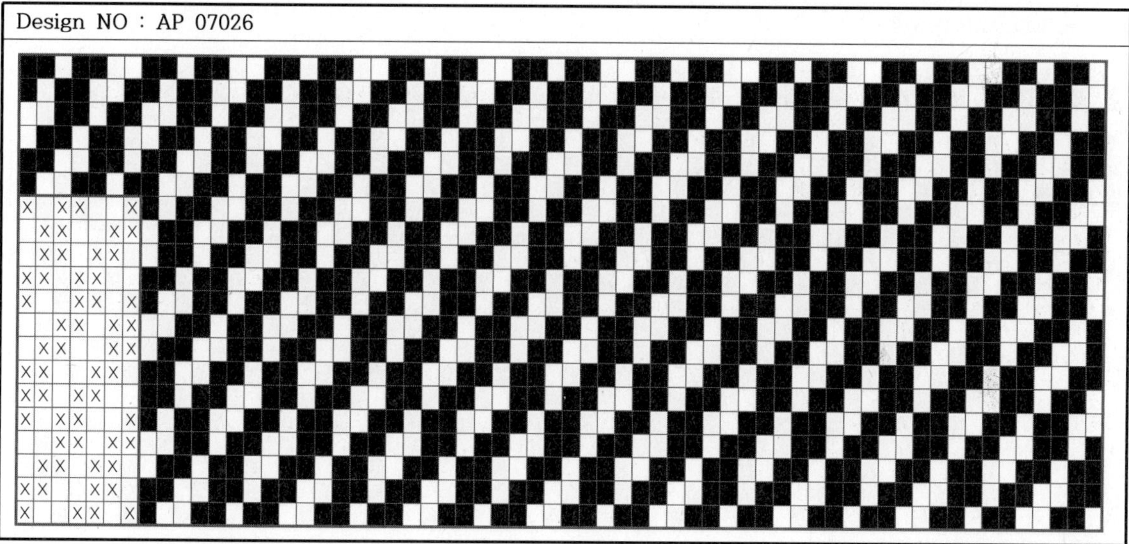

Design NO : AP 07027

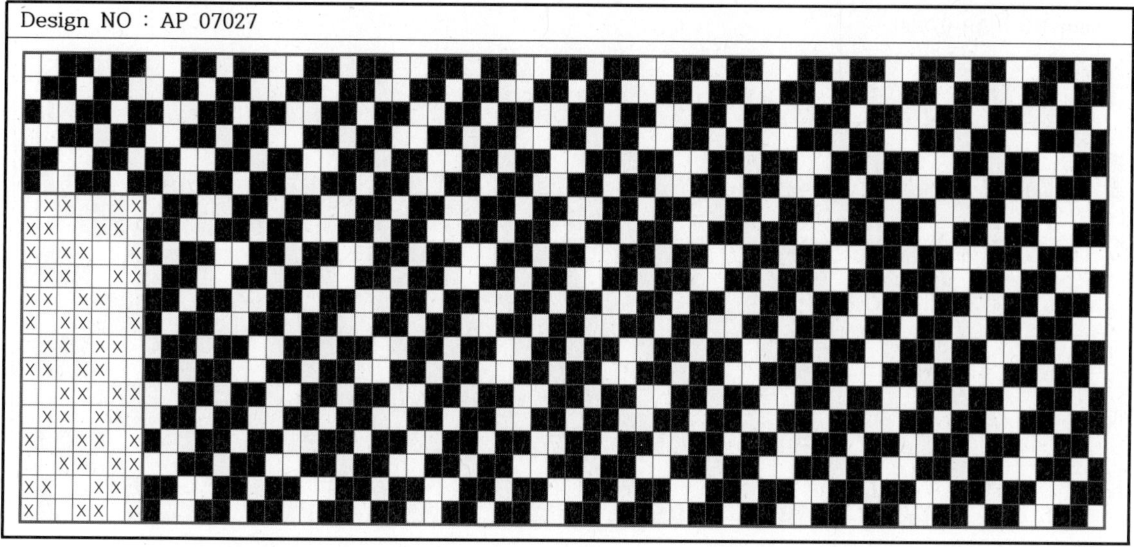

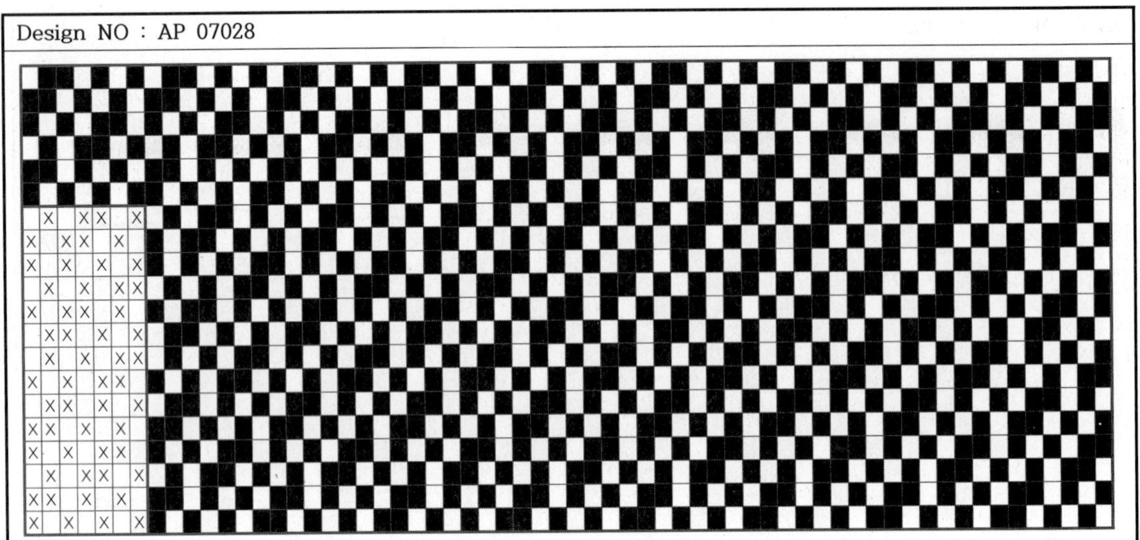

Design NO : AP 07029

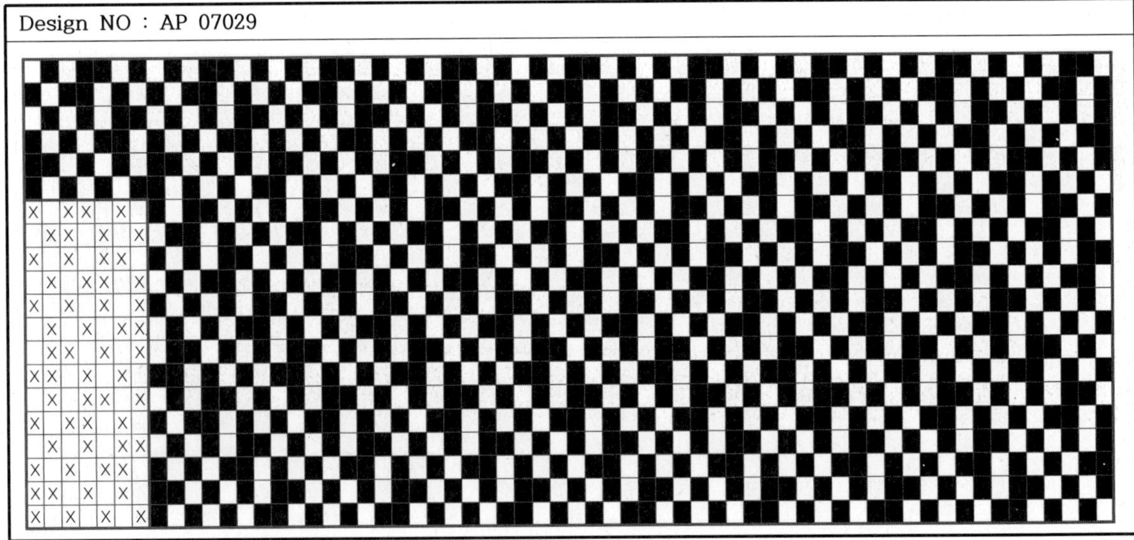

Design NO : AP 07030

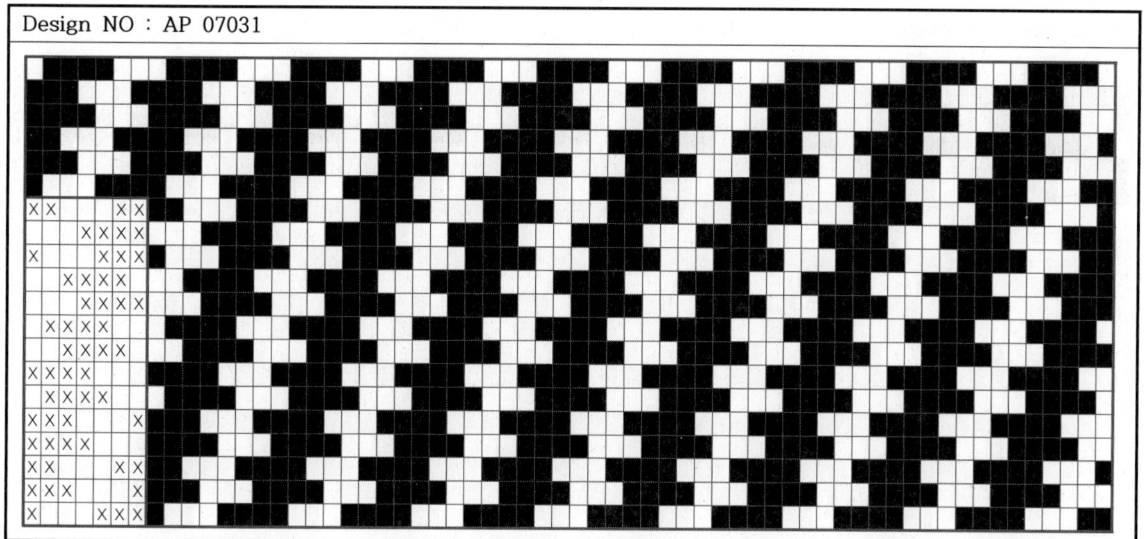

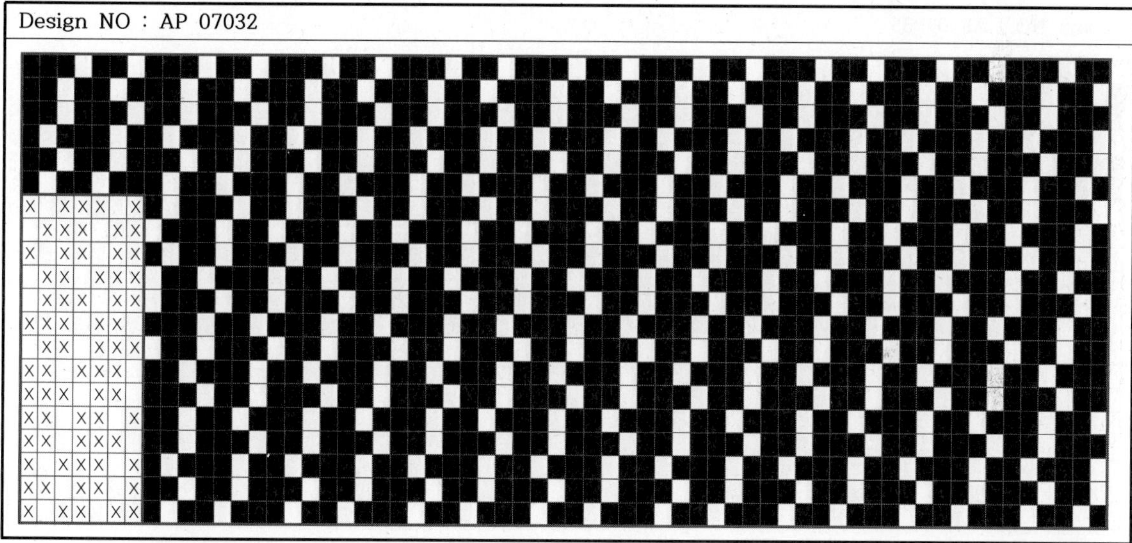

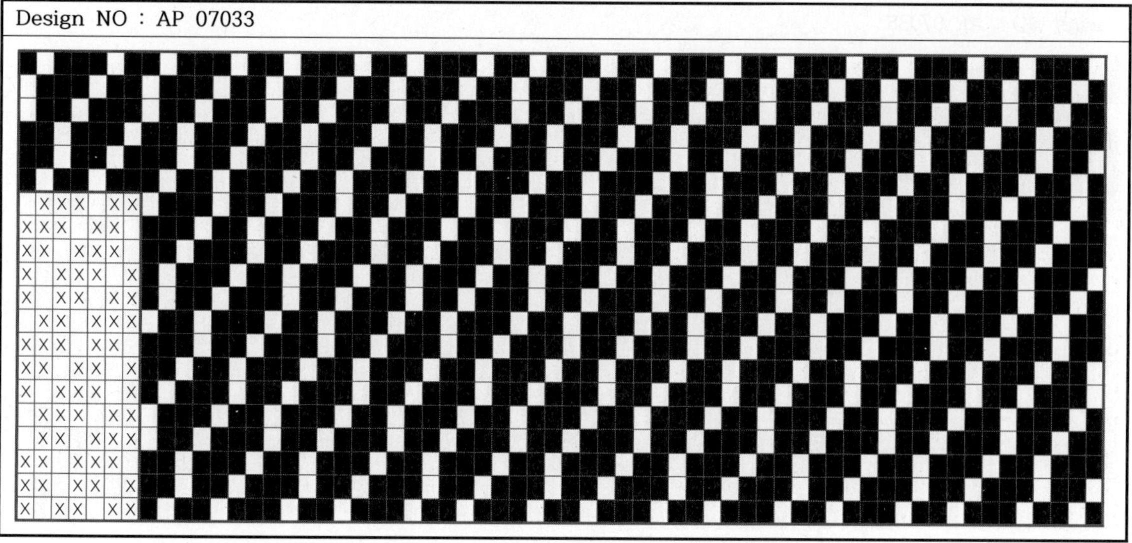

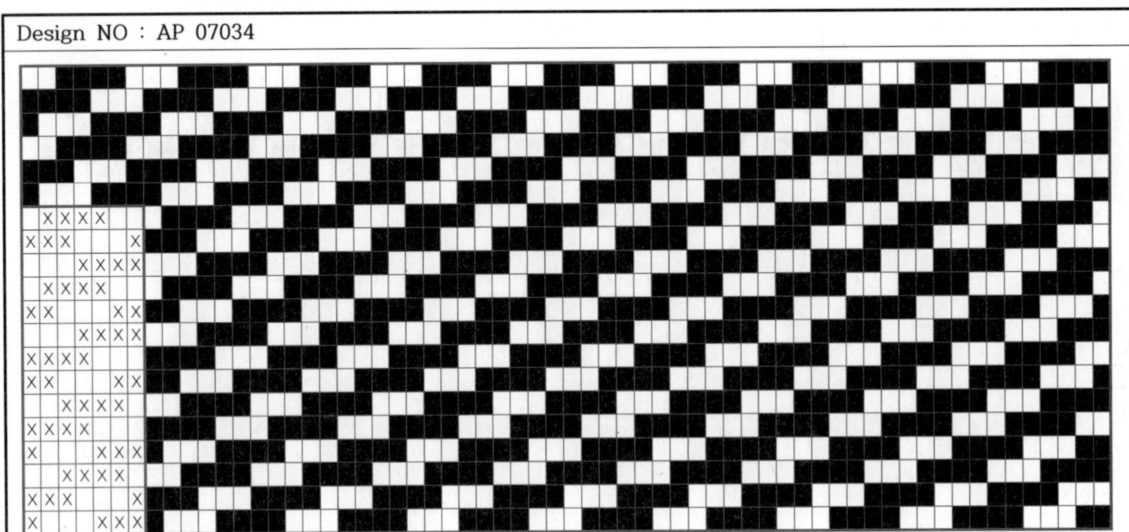

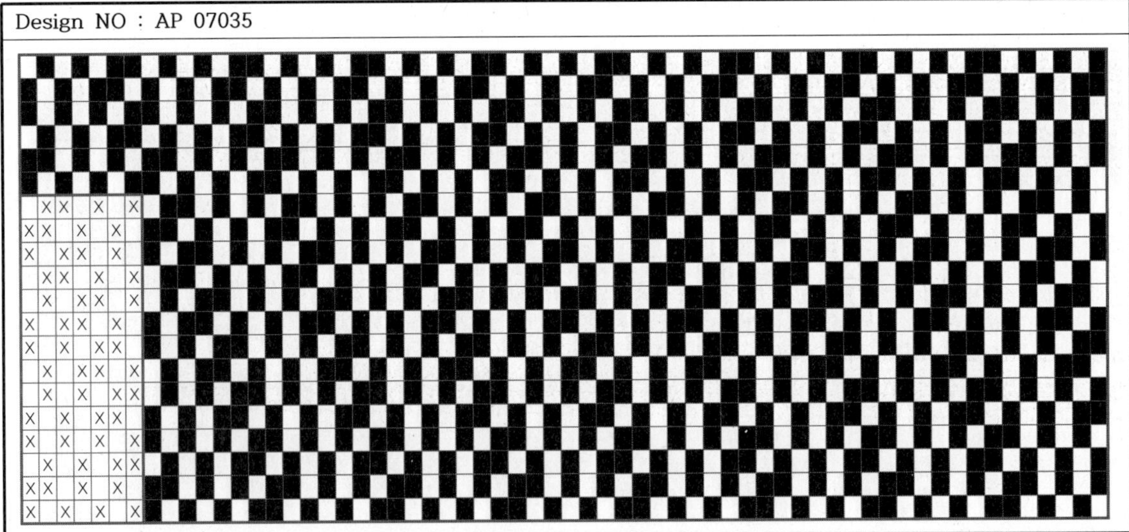

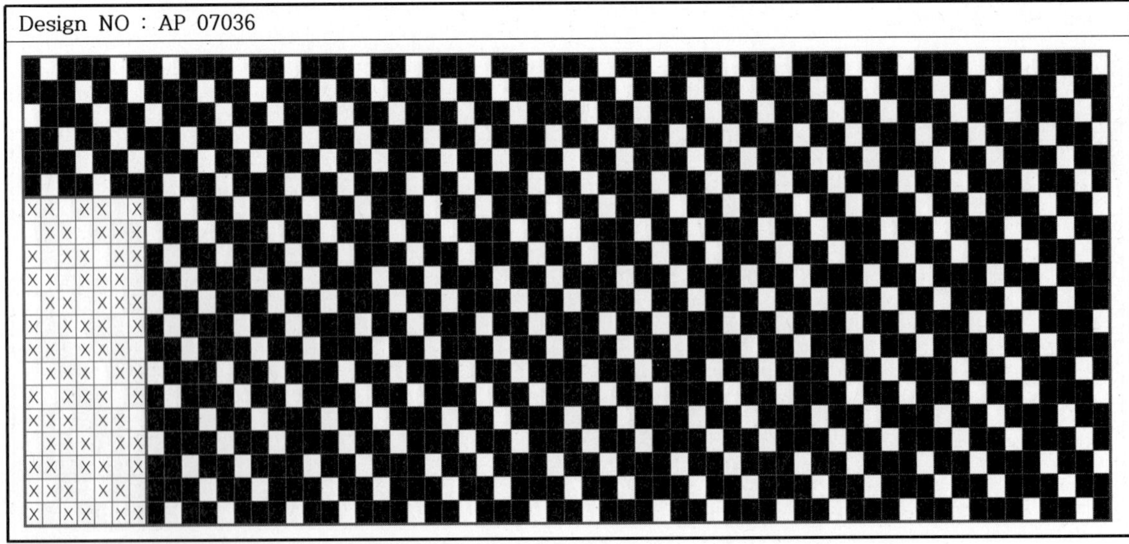

Design NO : AP 07037

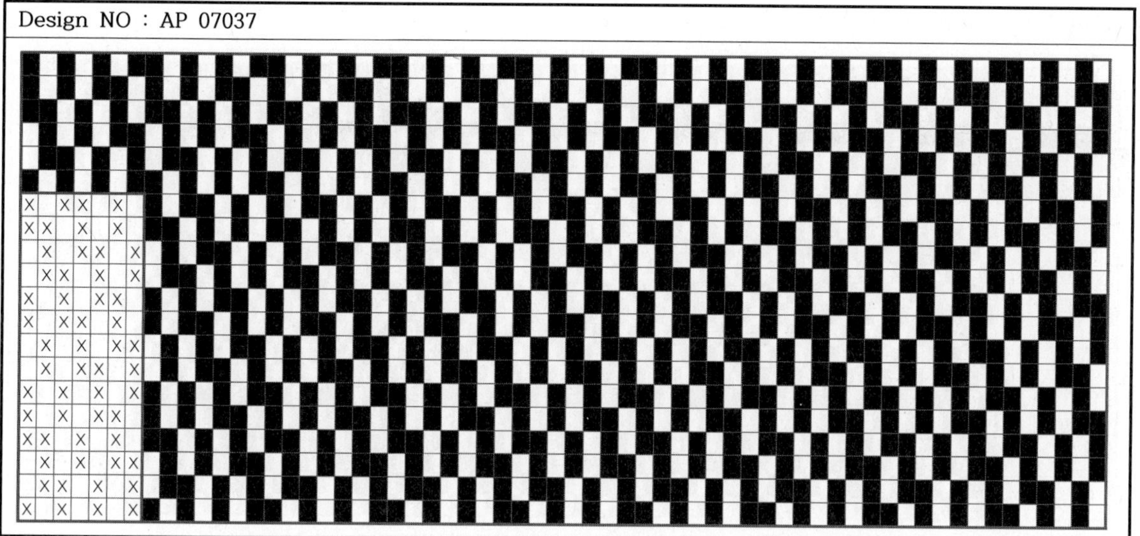

Design NO : AP 07038

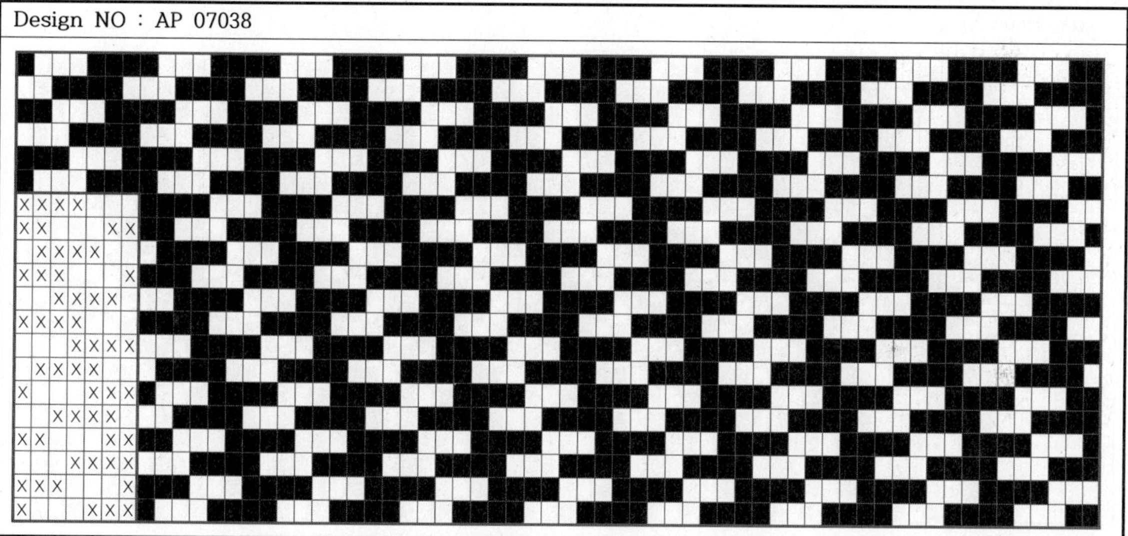

Design NO : AP 07039

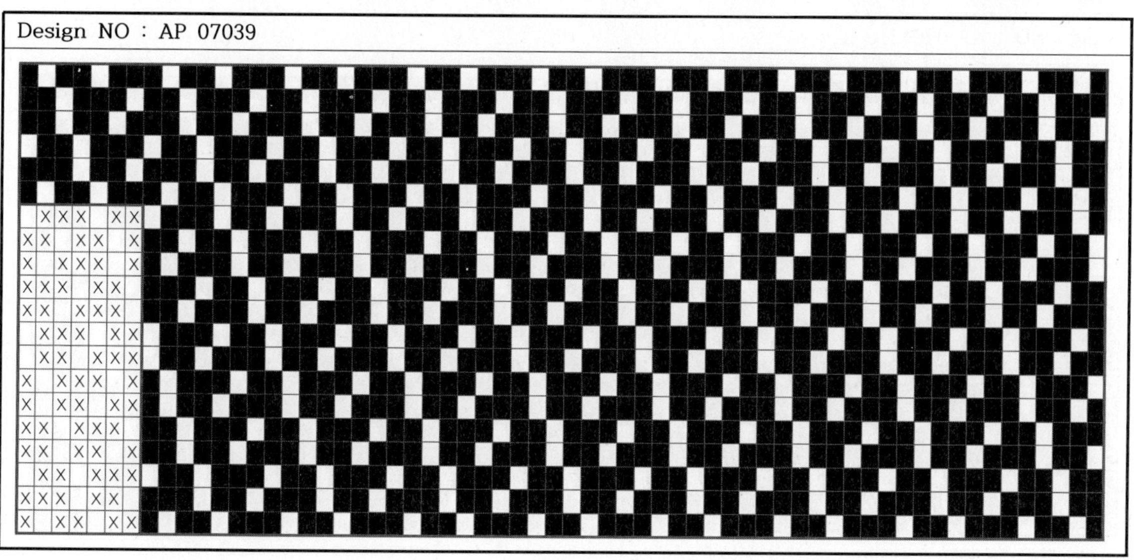

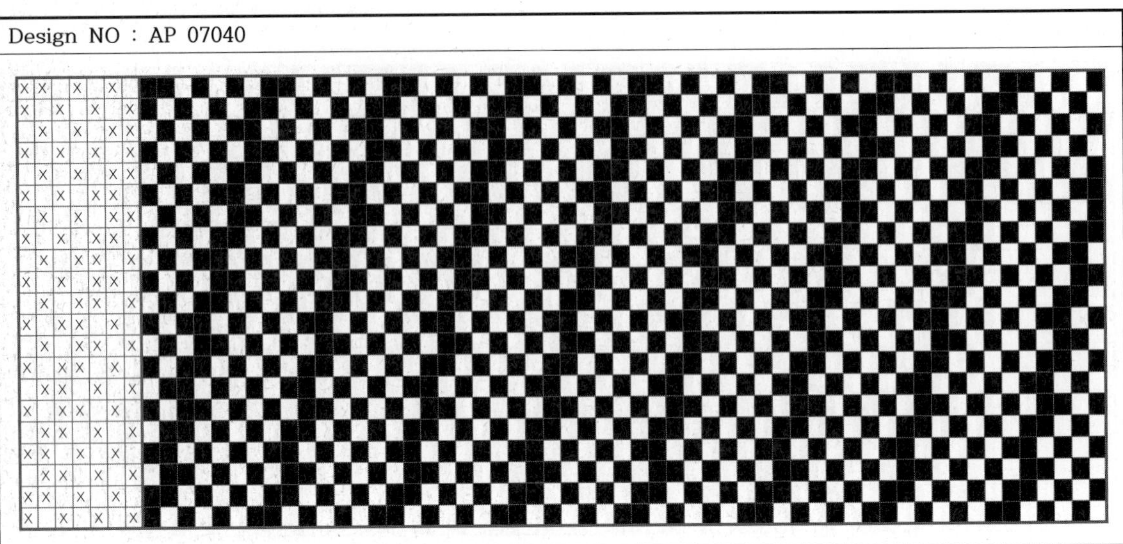

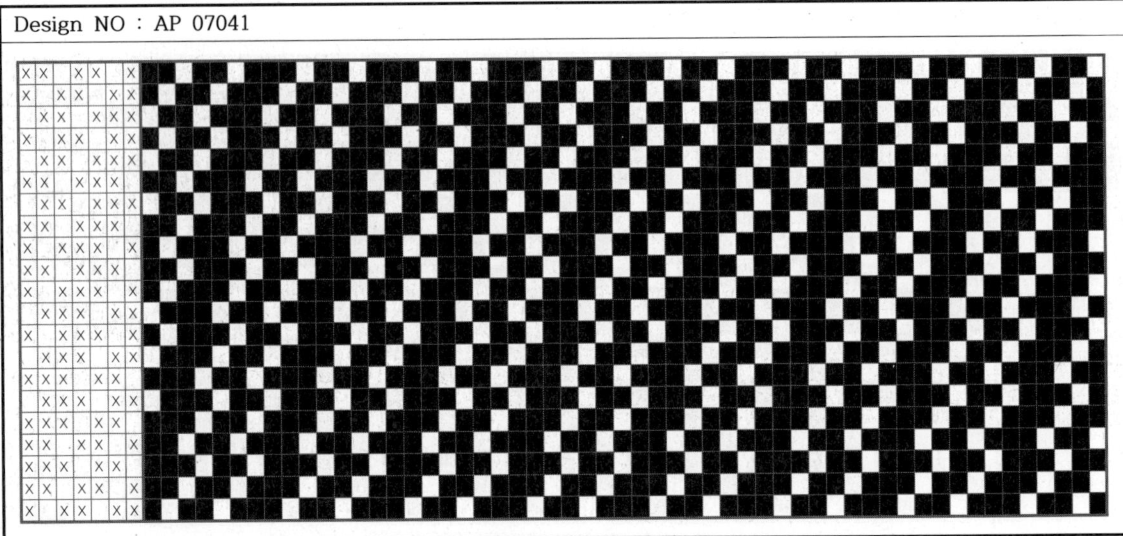

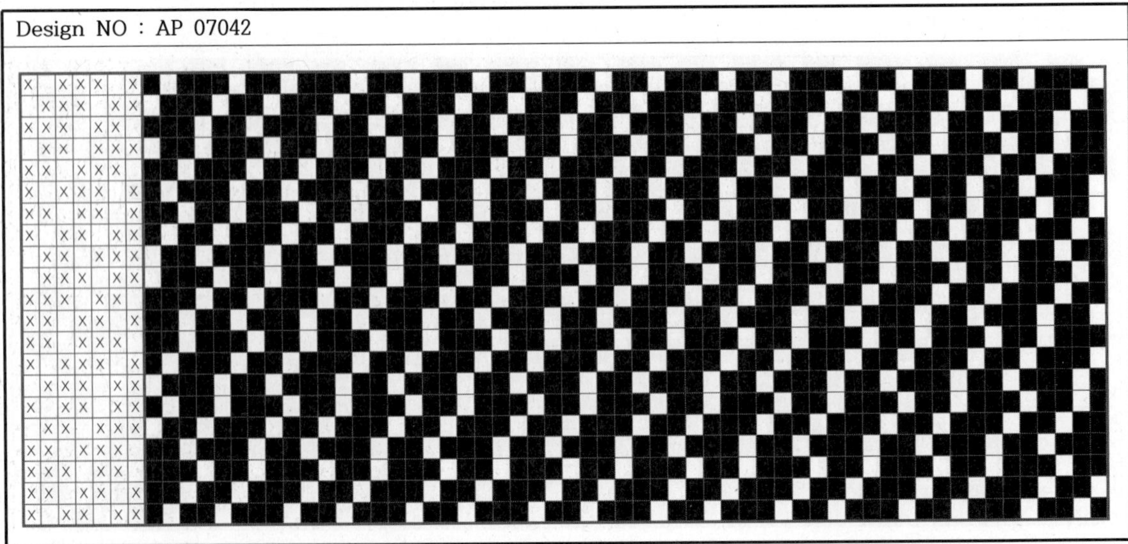

Design NO : AP 07043

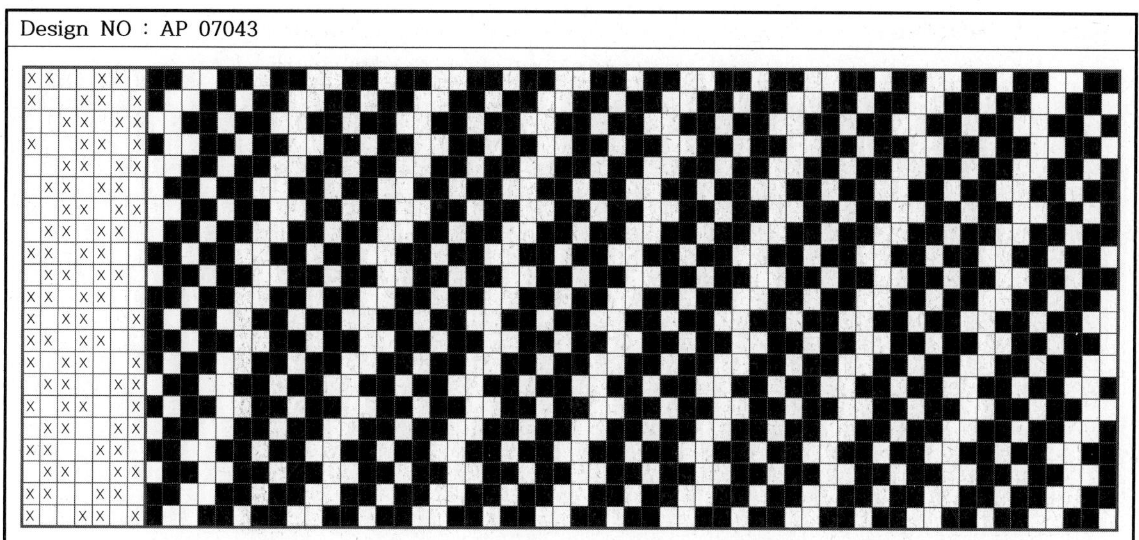

Design NO : AP 07044

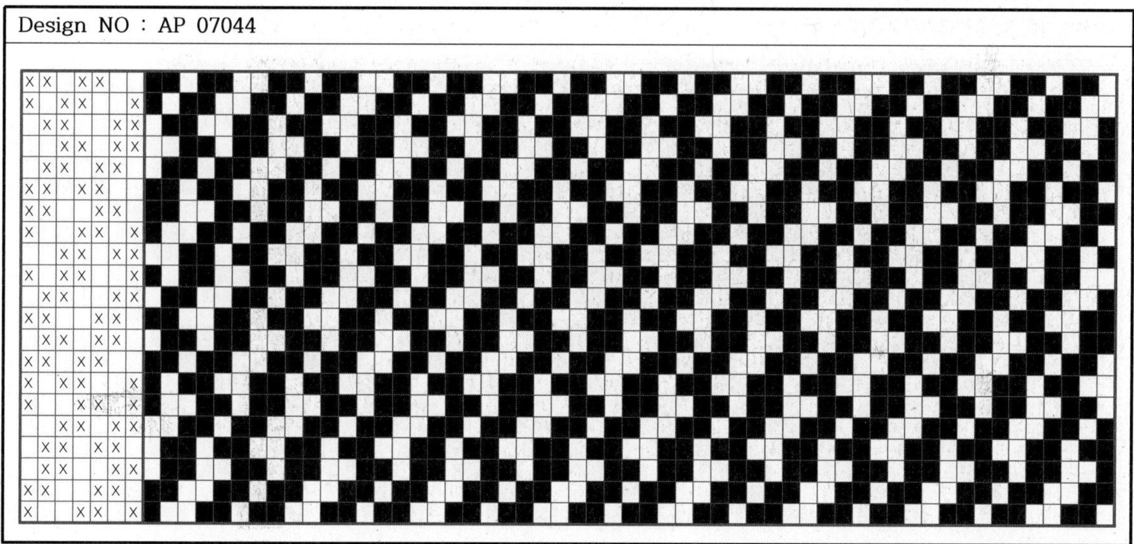

Design NO : AP 07045

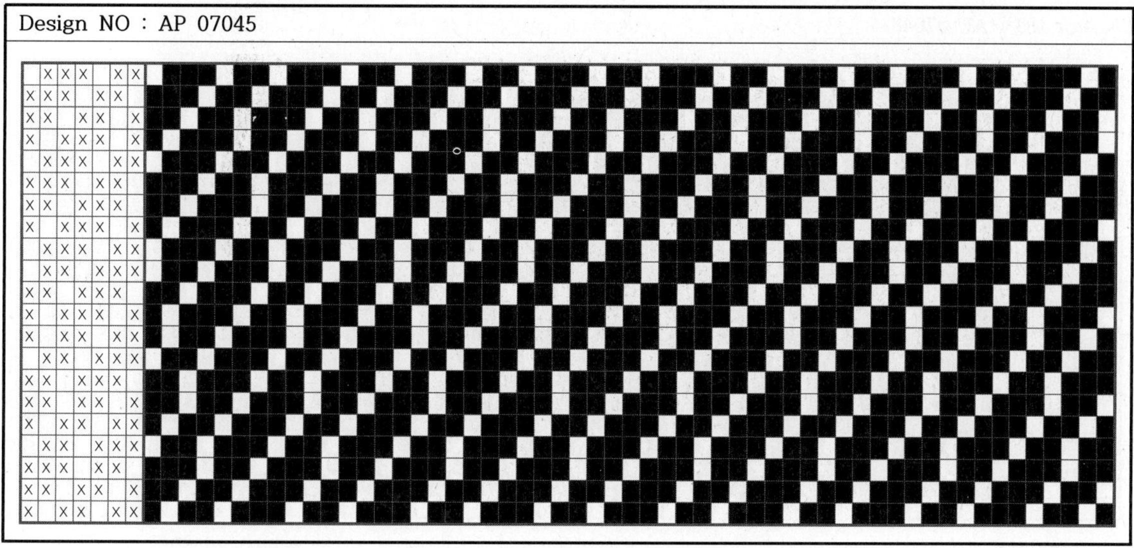

Design NO : AP 07046

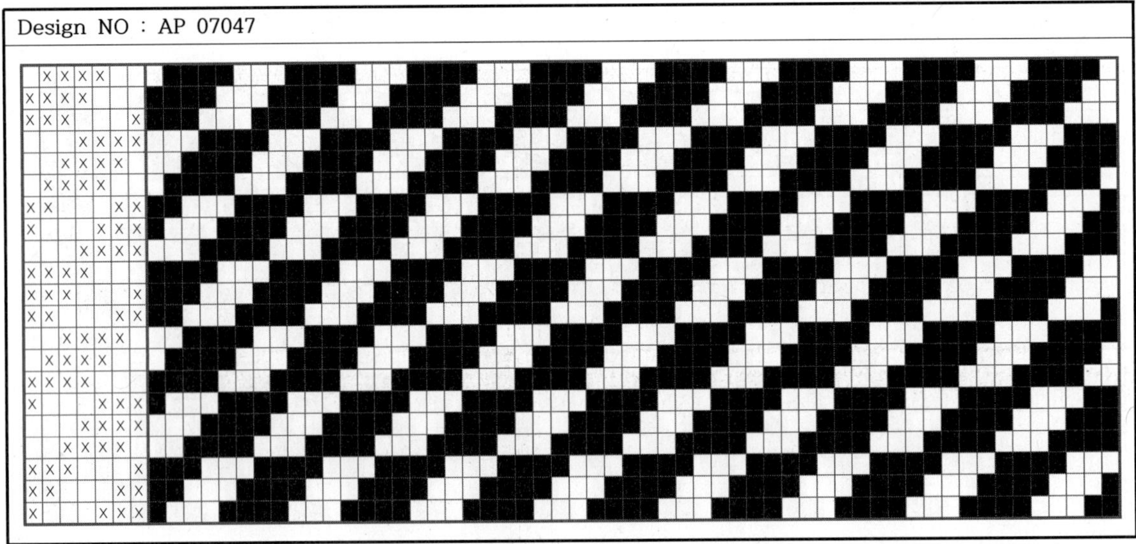

Design NO : AP 07047

Design NO : AP 07048

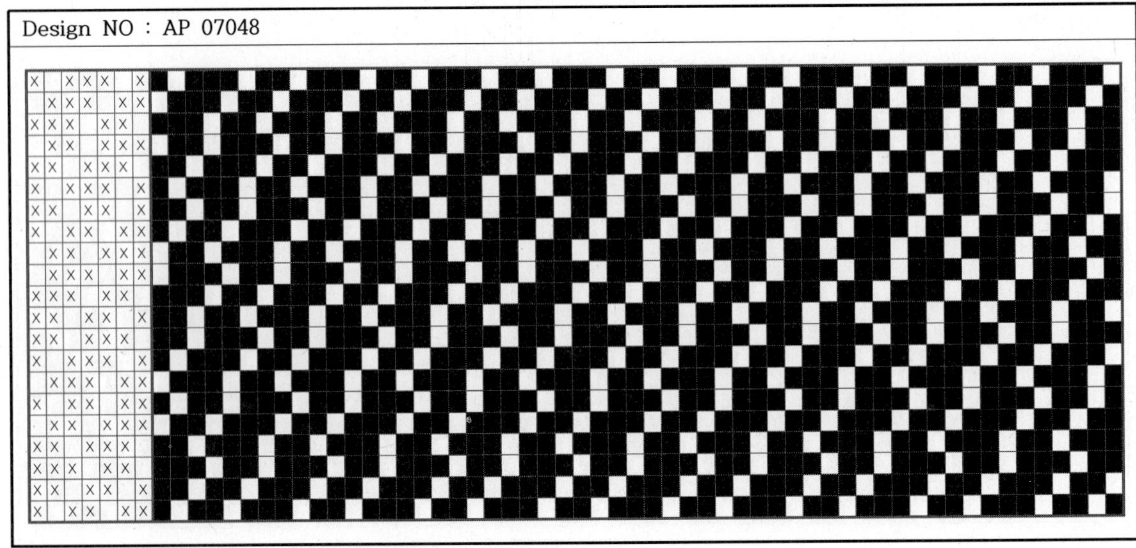

Design NO : AP 07049

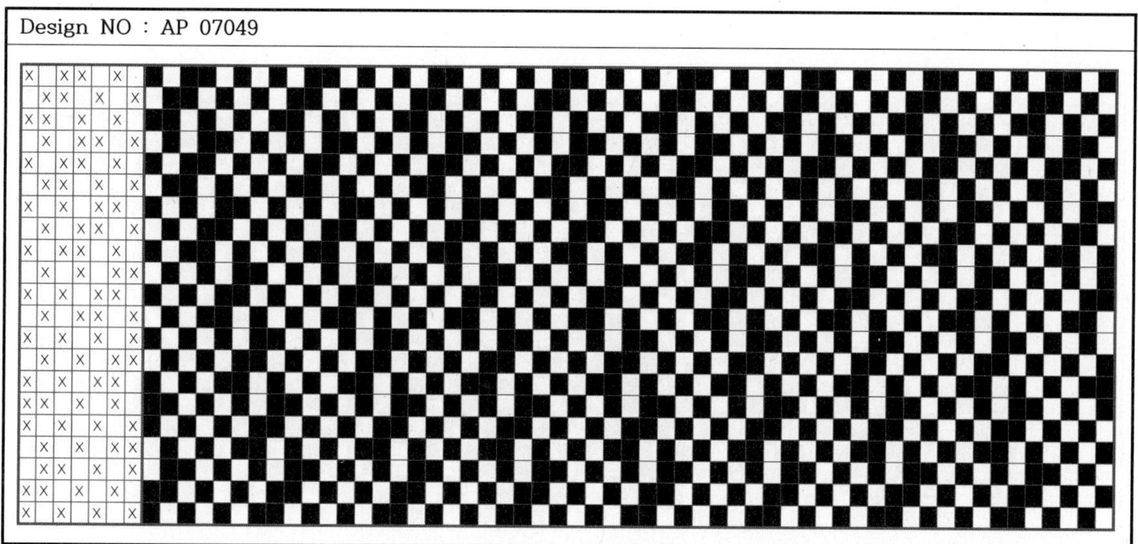

Design NO : AP 07050

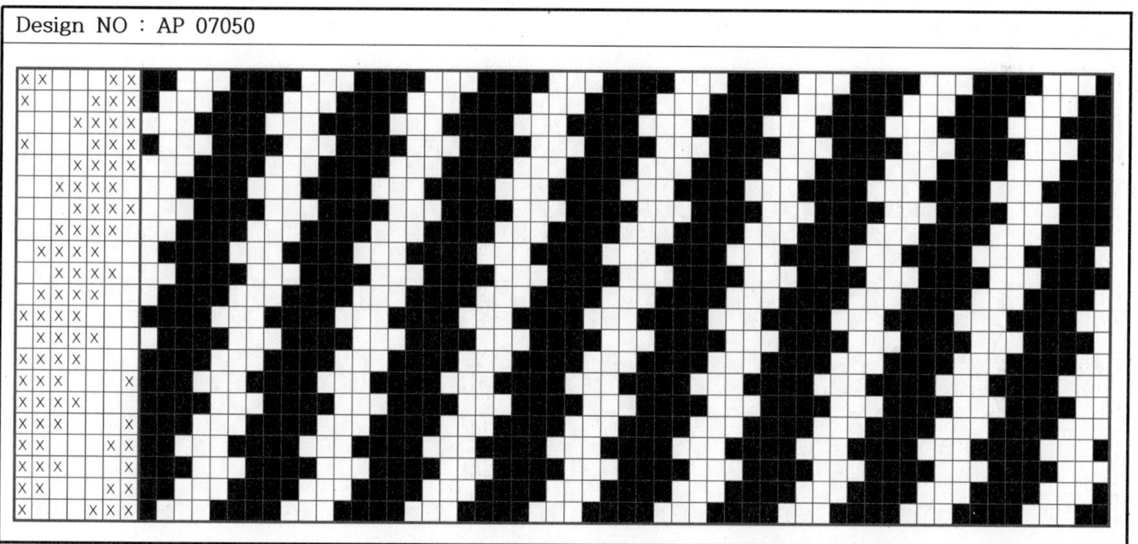

Design NO : AP 07051

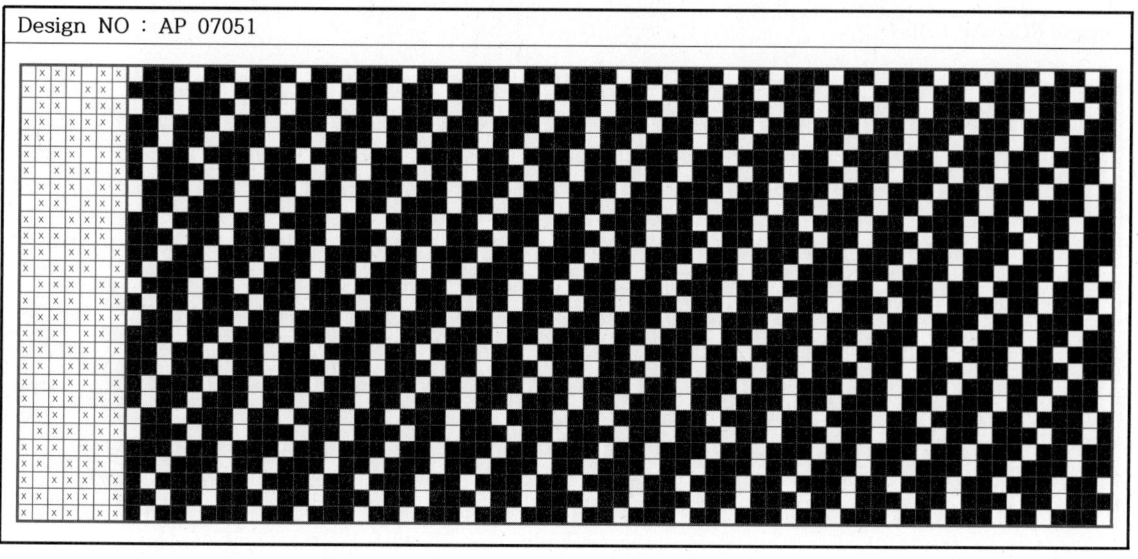

Design NO : AP 07052

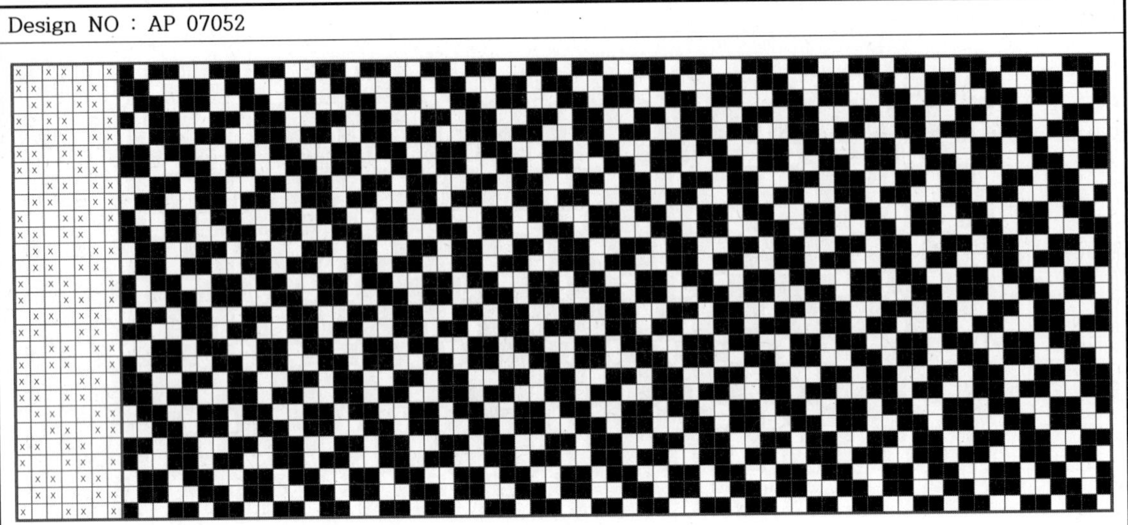

Design NO : AP 07053

Design NO : AP 07054

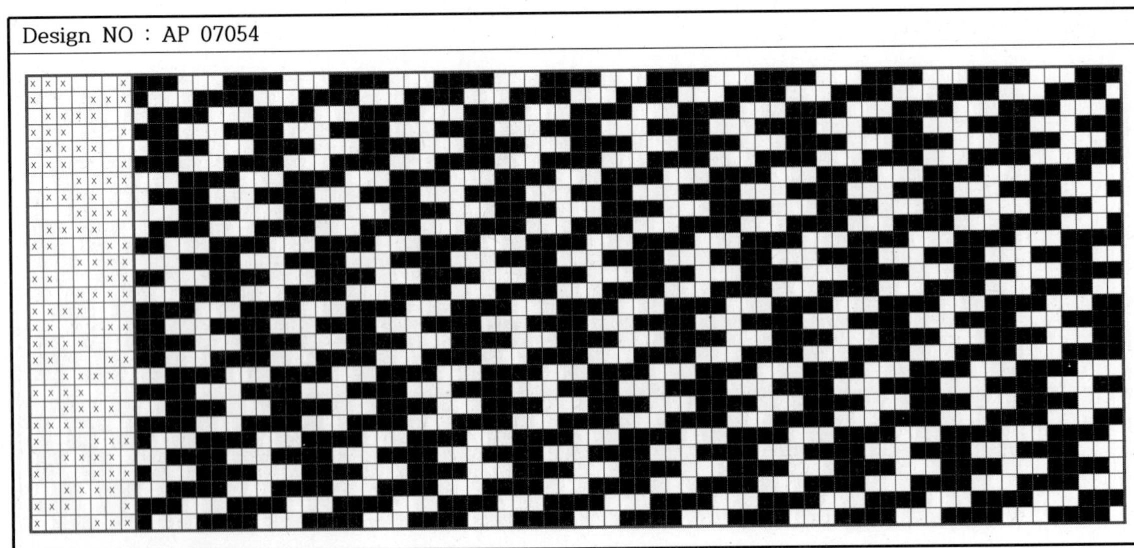

Design NO : AP 07055

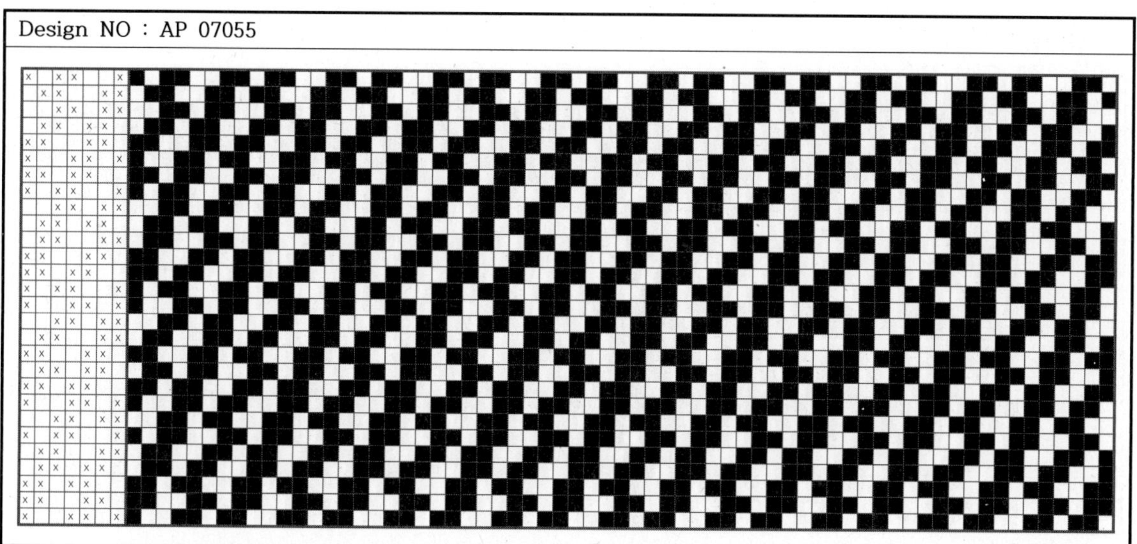

Design NO : AP 07056

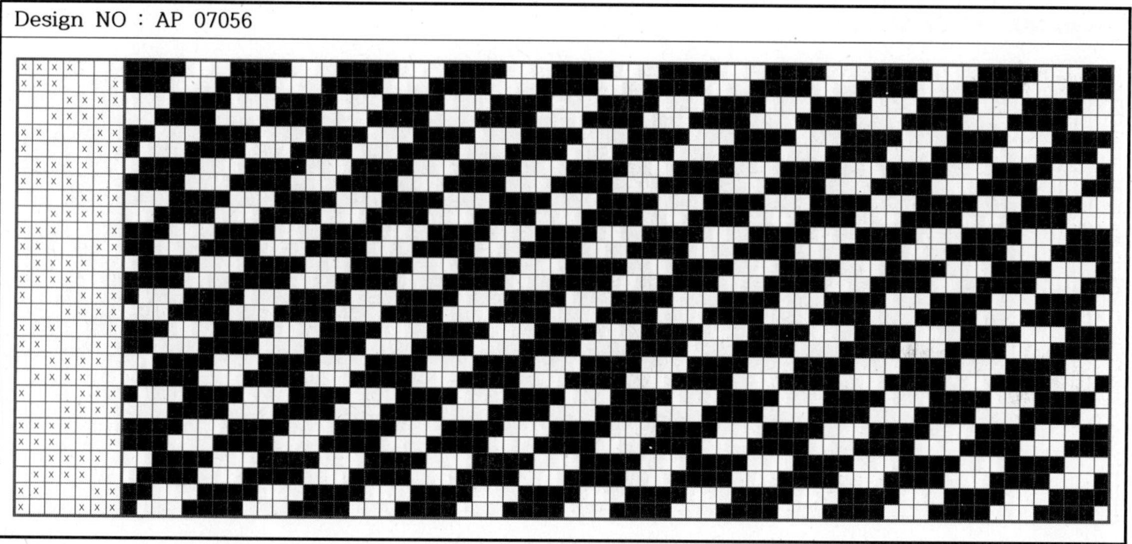

Design NO : AP 07057

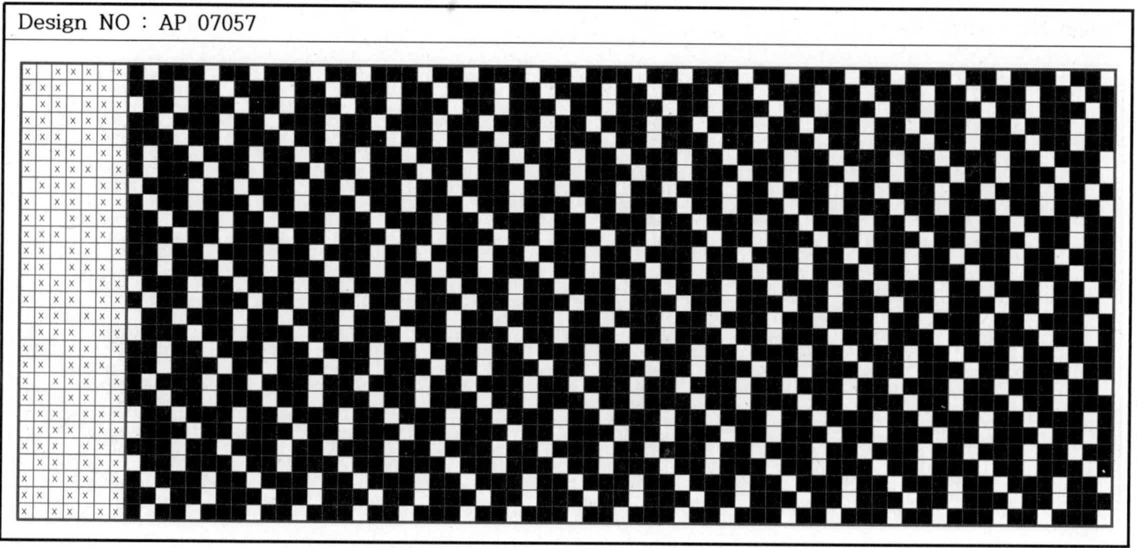

Design NO : AP 07058

Design NO : AP 07059

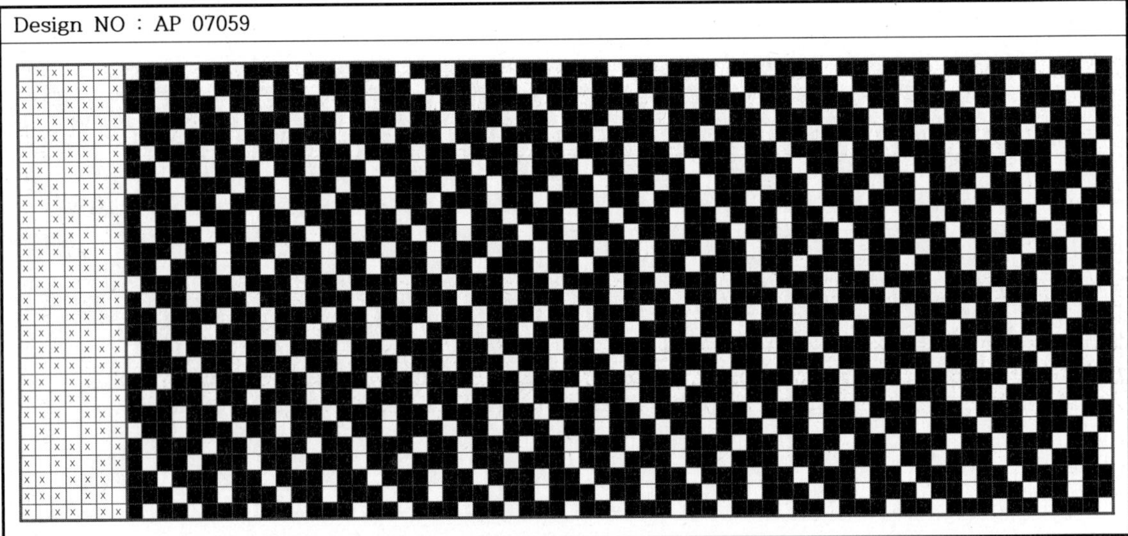

Design NO : AP 07060

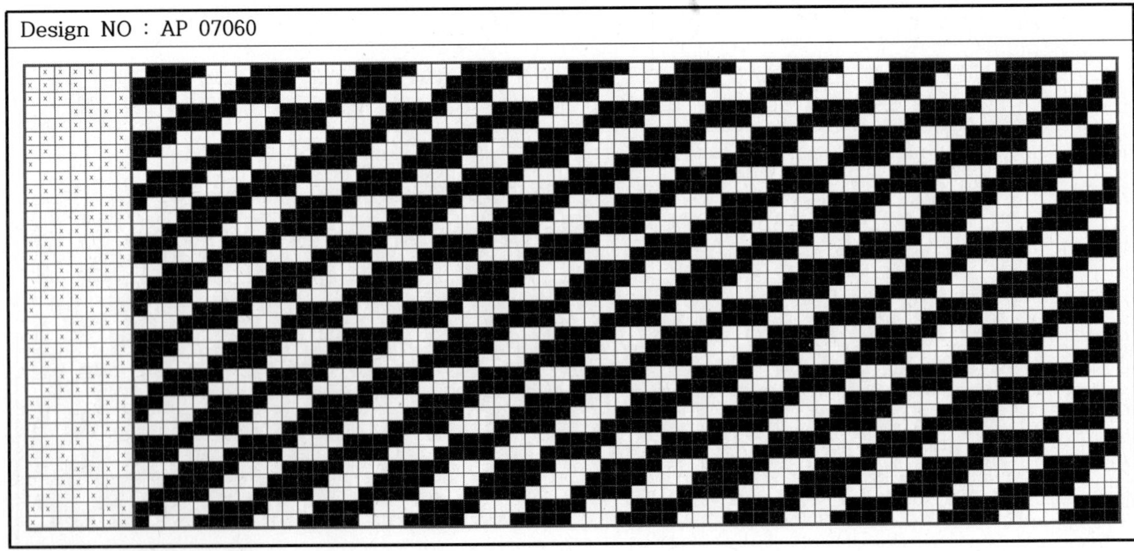

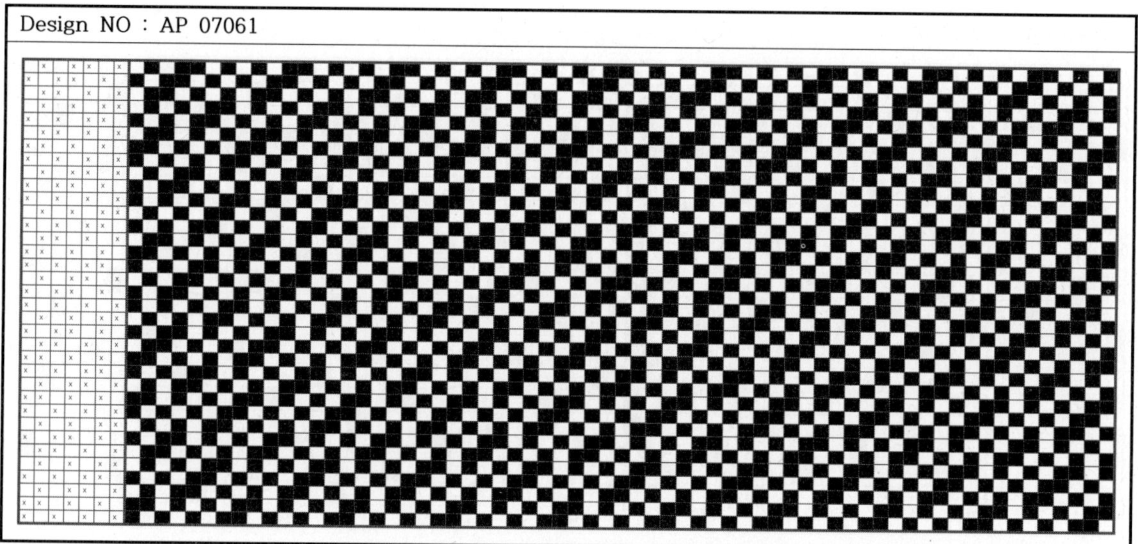

Design NO : AP 07062

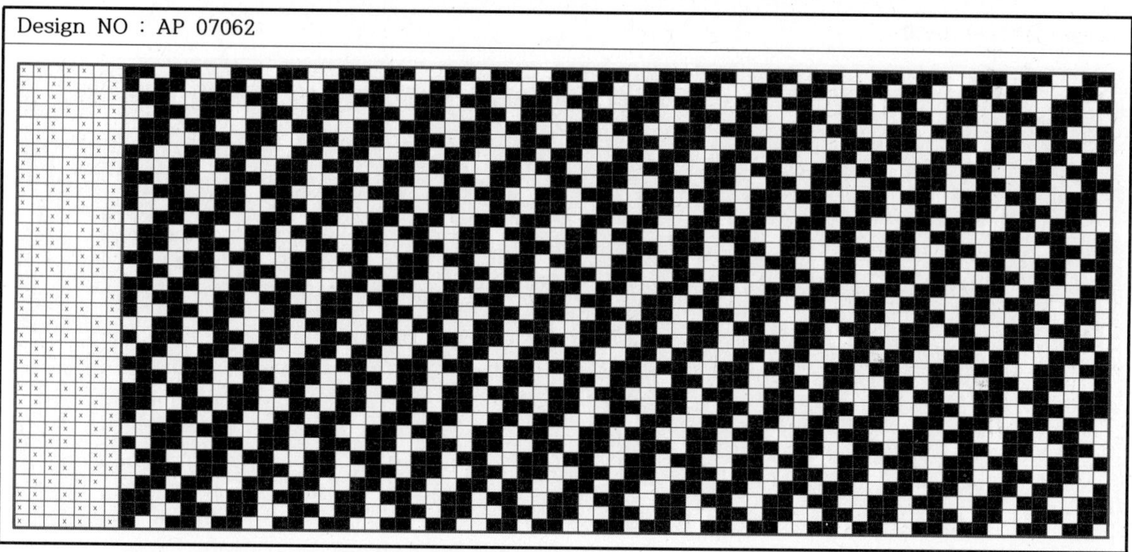

Design NO : AP 07063

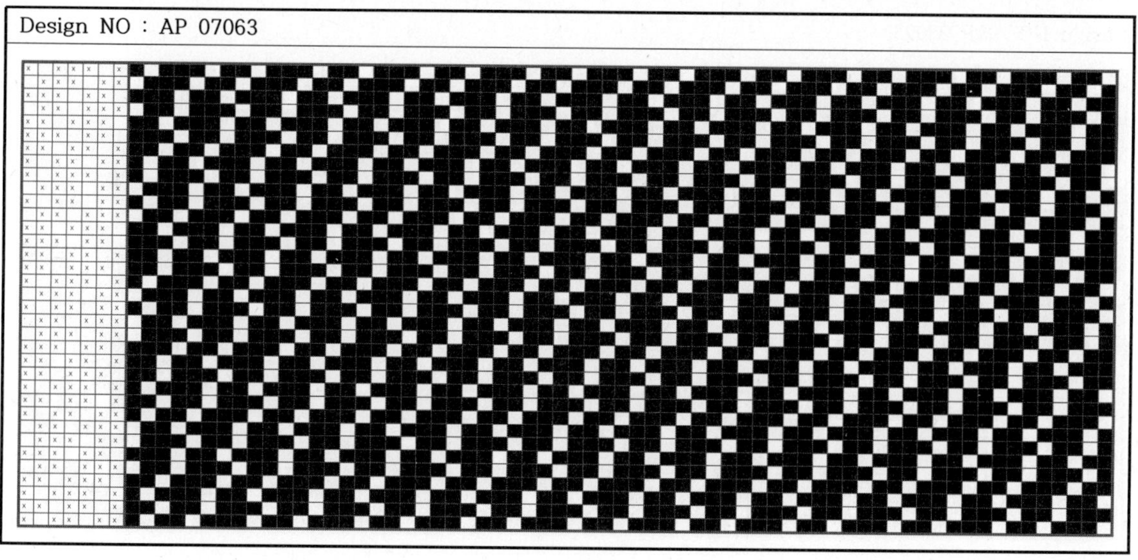

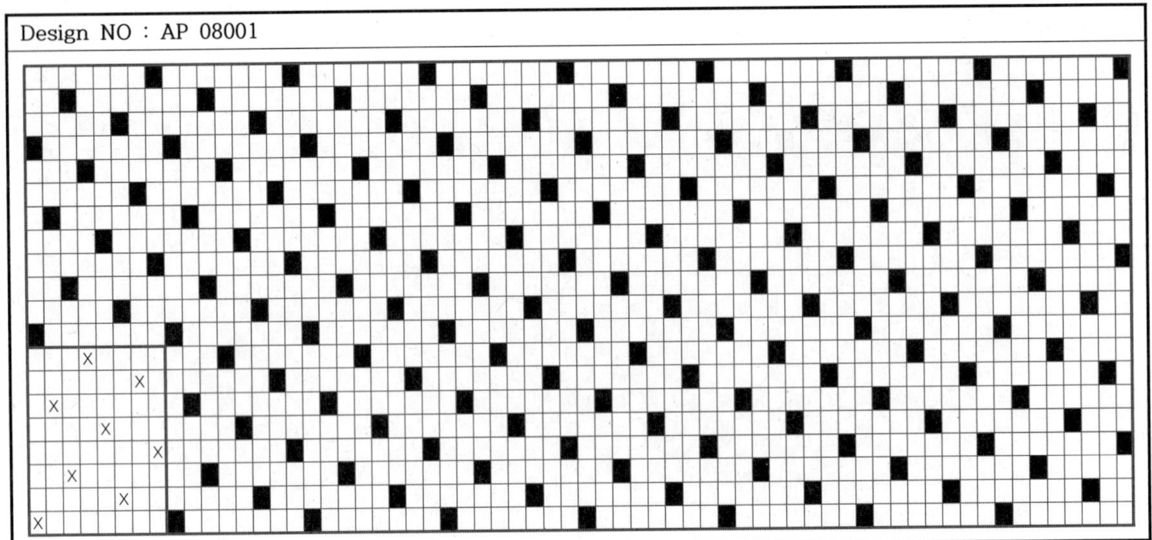

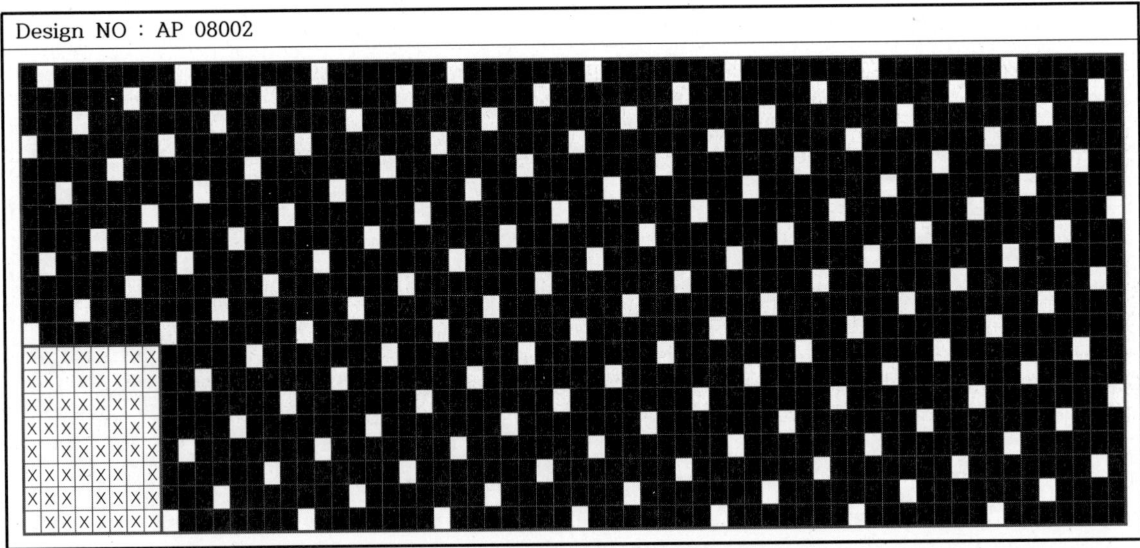

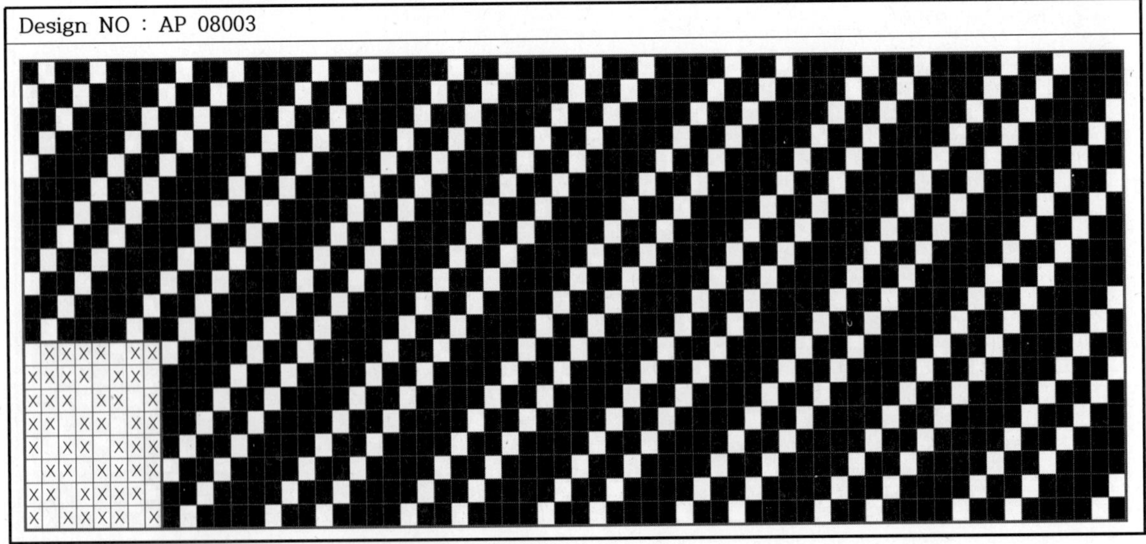

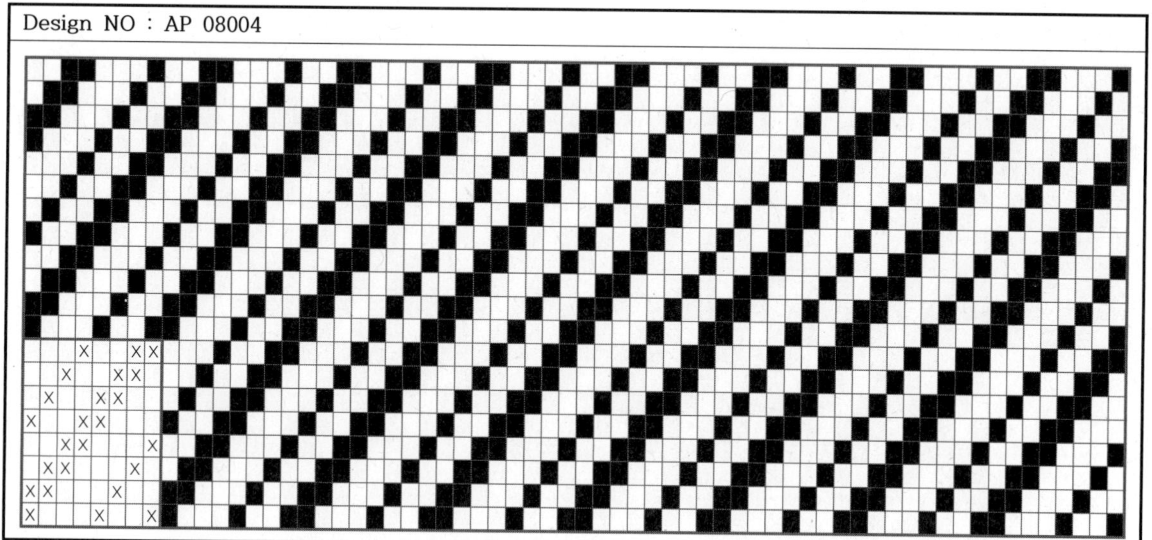

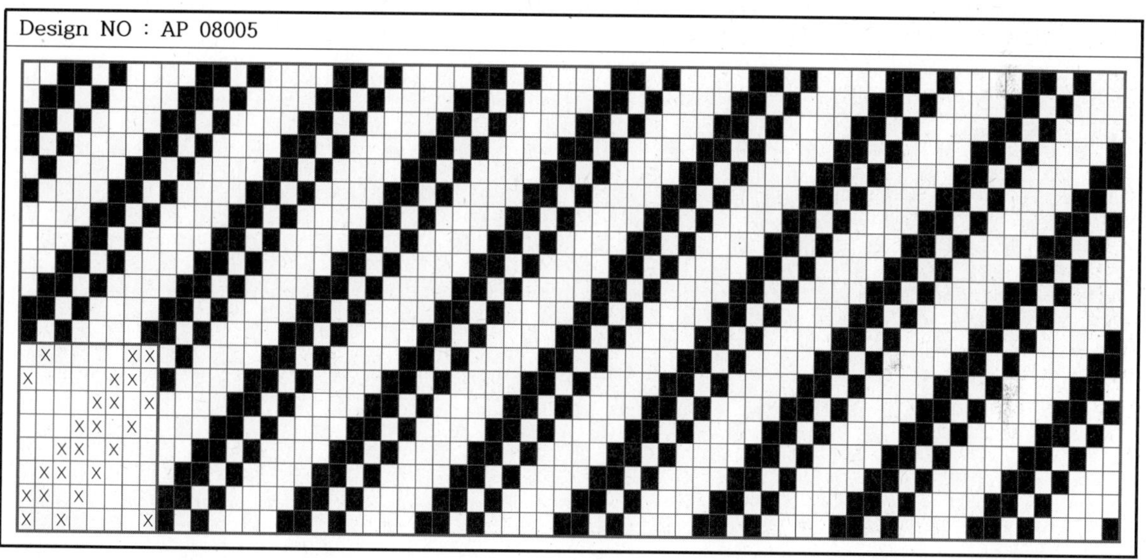

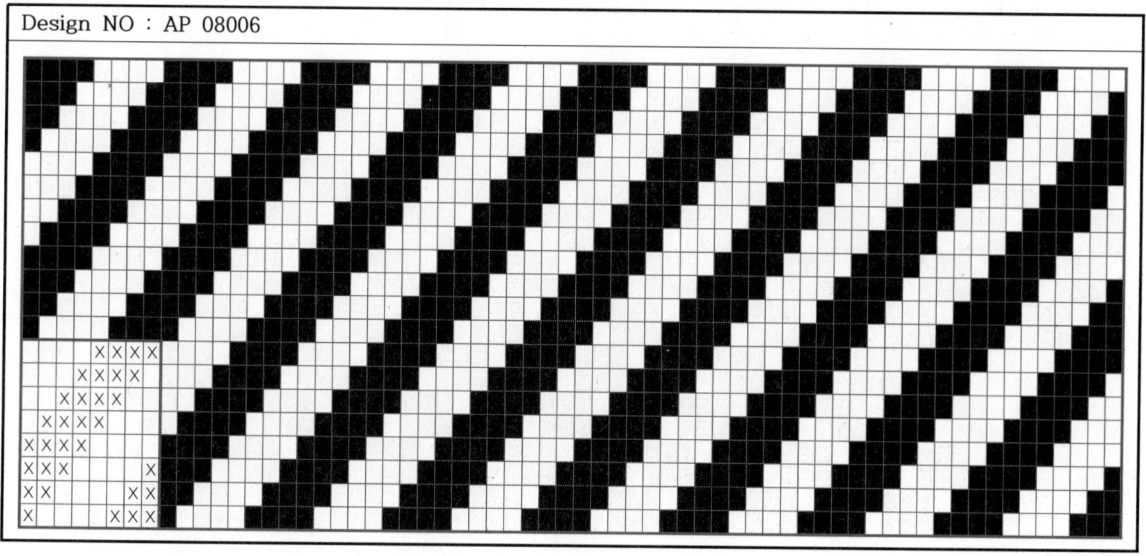

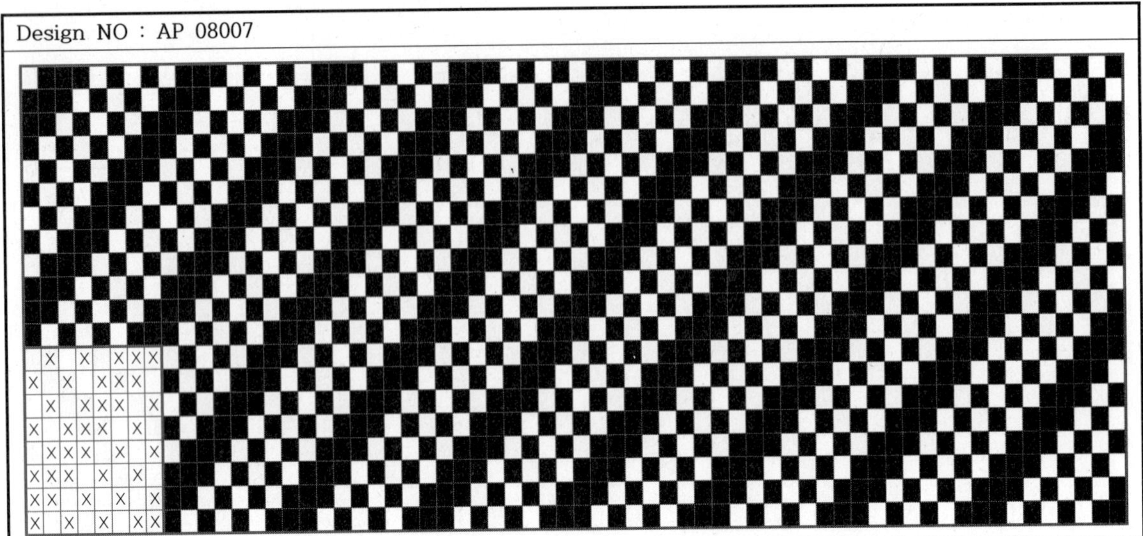

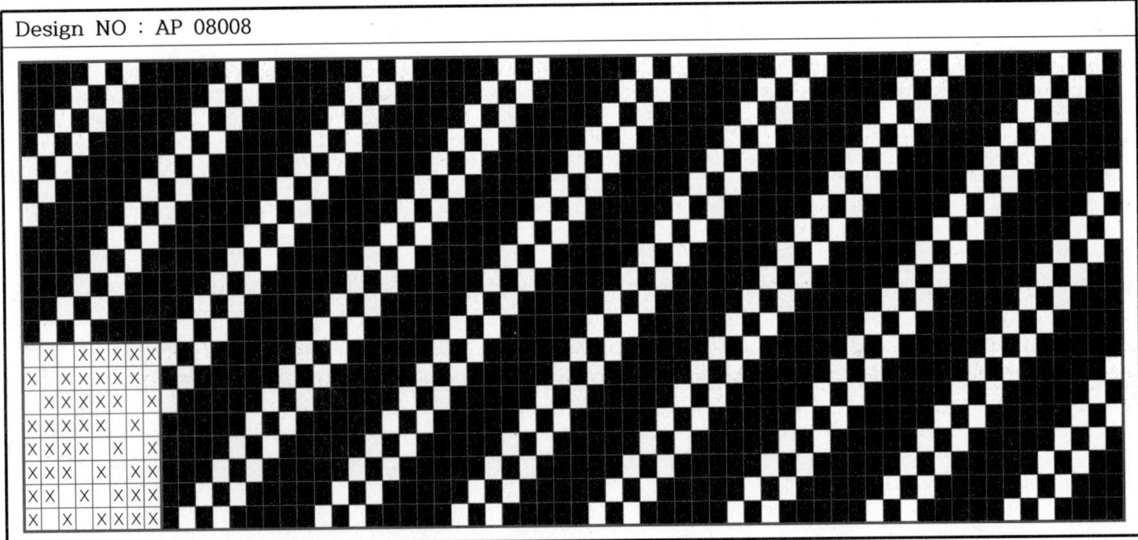

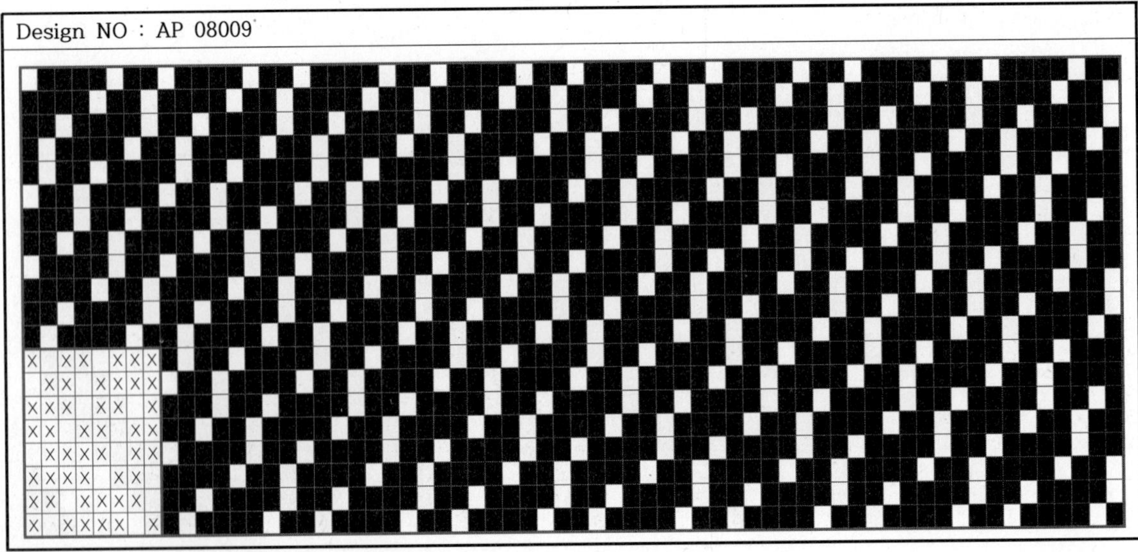

Design NO : AP 08010

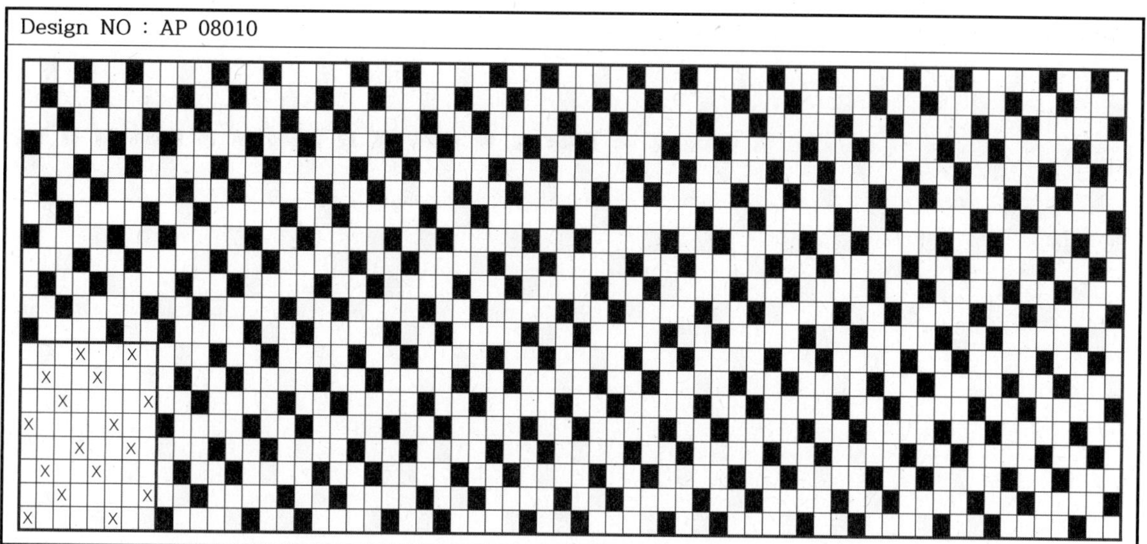

Design NO : AP 08011

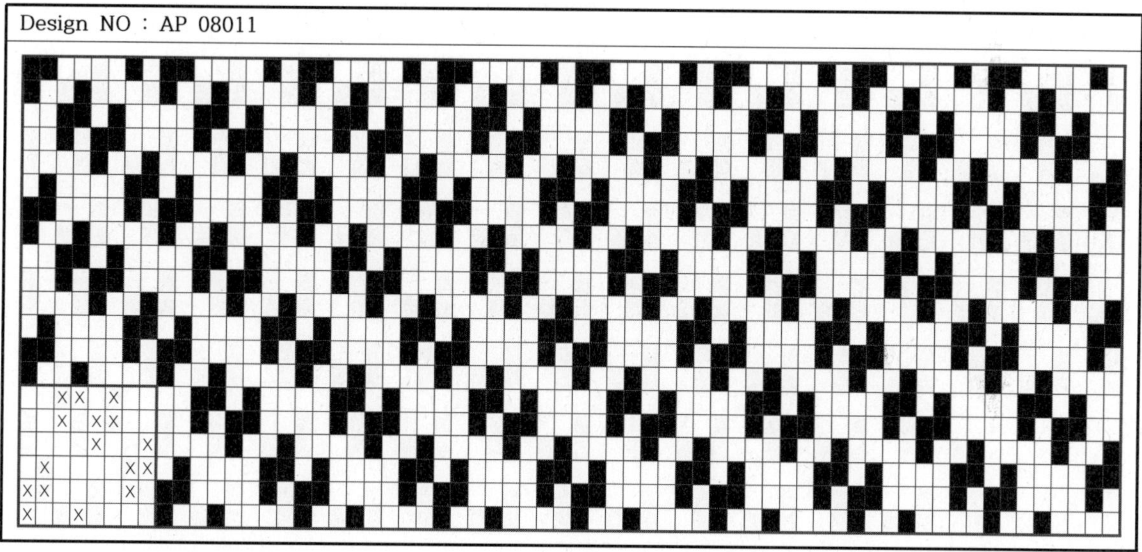

Design NO : AP 08012

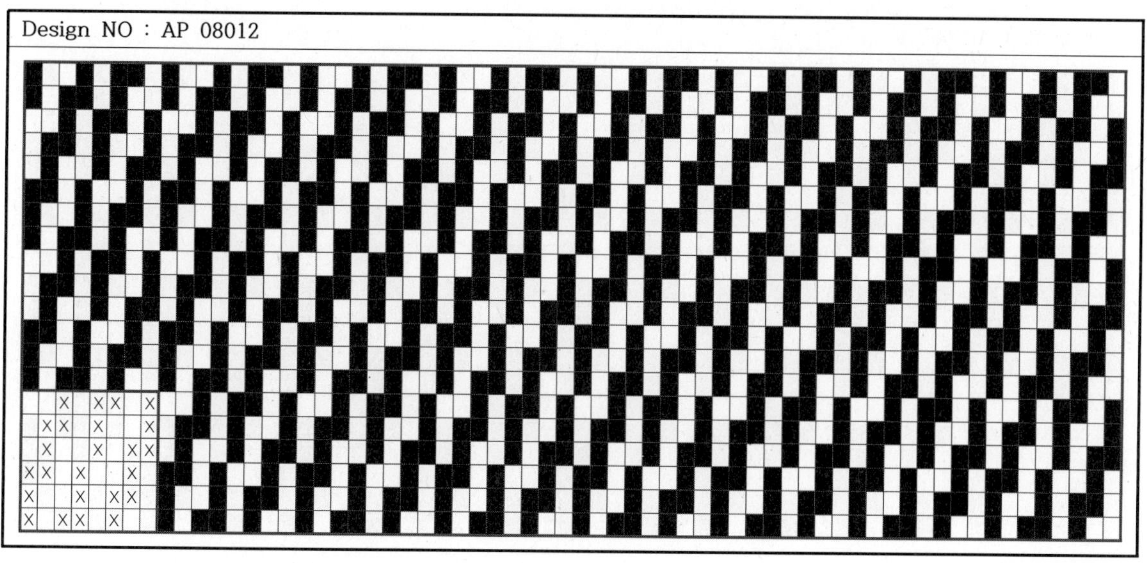

Design NO : AP 08013

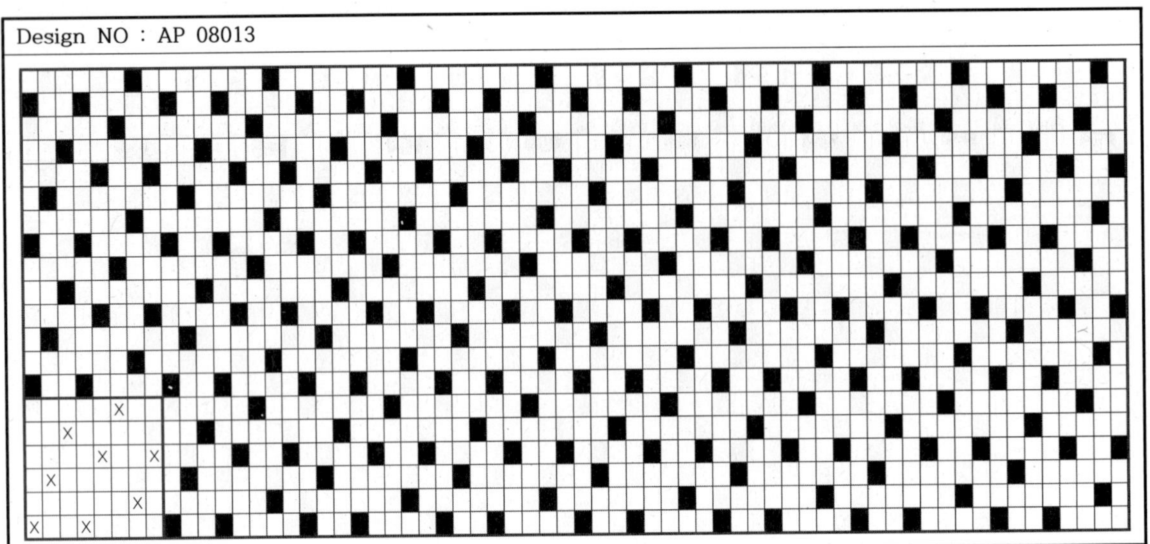

Design NO : AP 08014

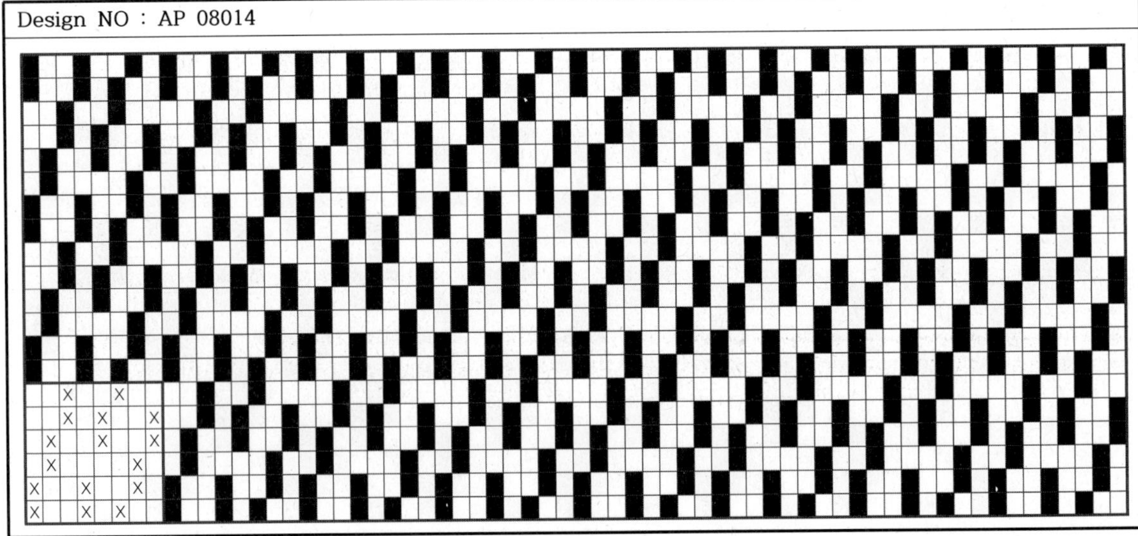

Design NO : AP 08015

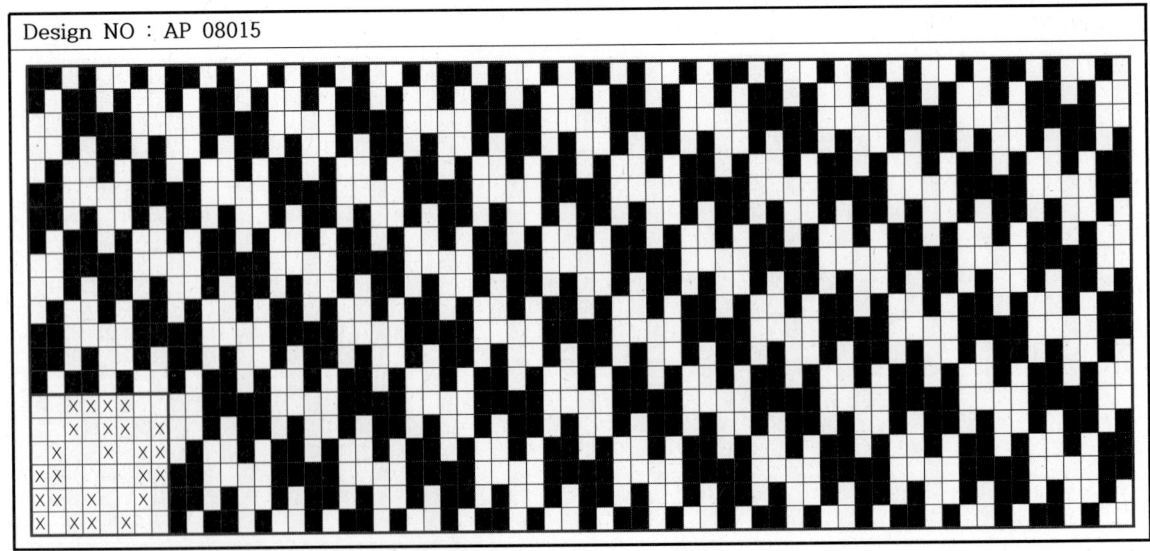

　　　　제4장　　　직물조직도　　08매 조직

Design NO : AP 08016

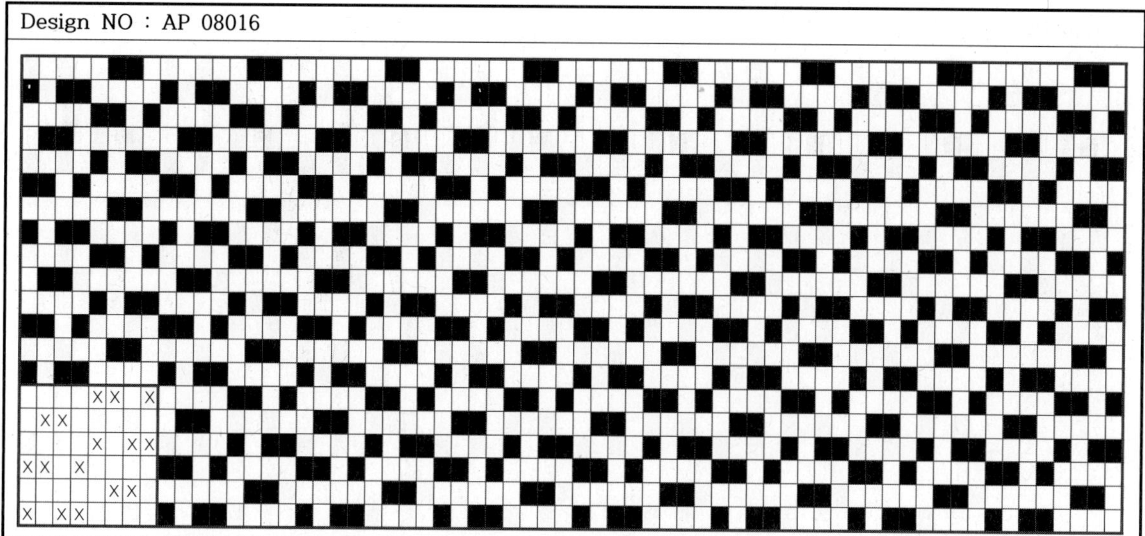

Design NO : AP 08017

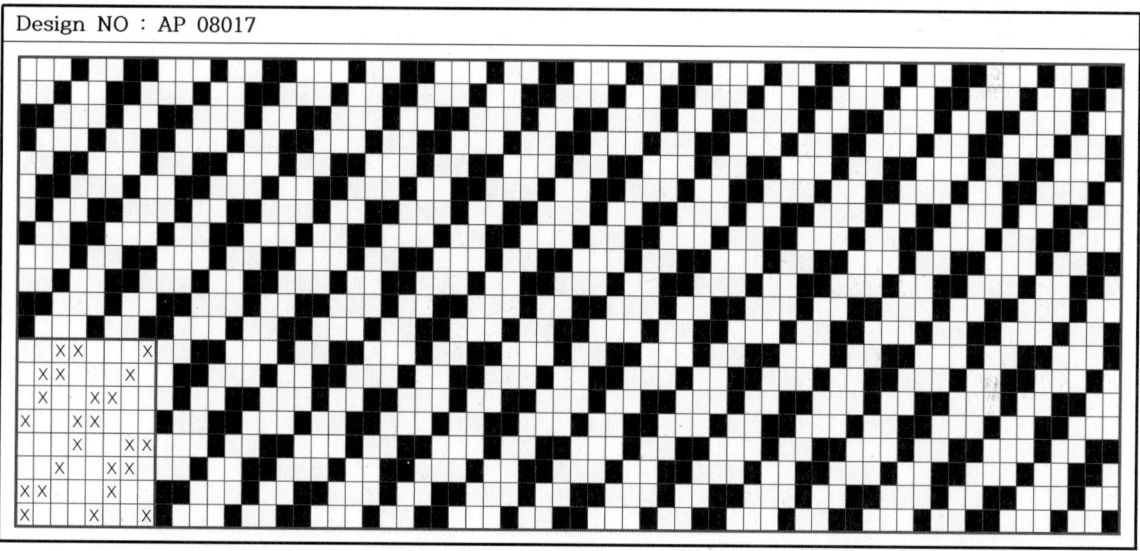

Design NO : AP 08018

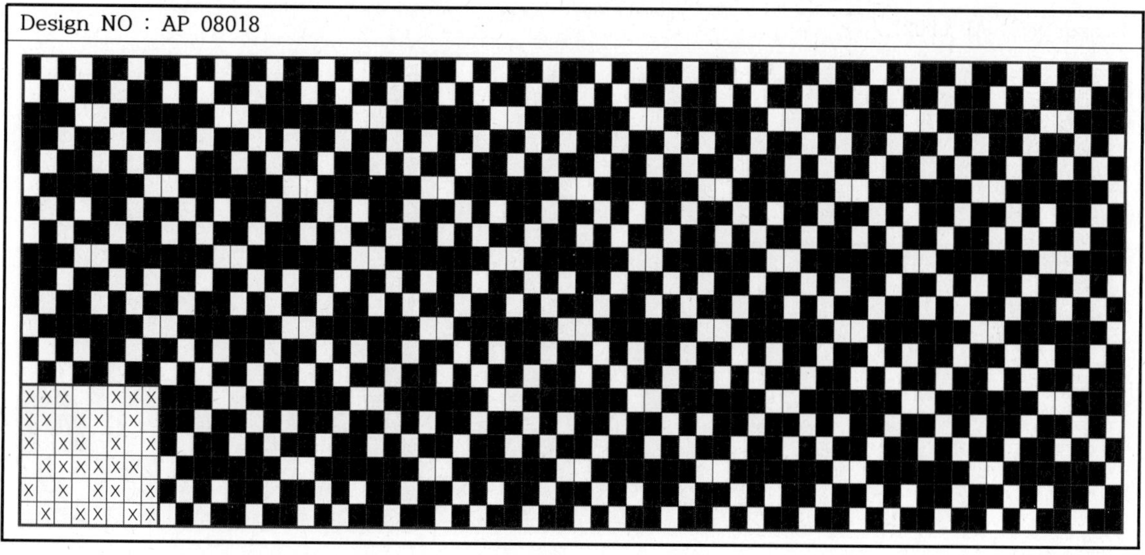

Design NO : AP 08019

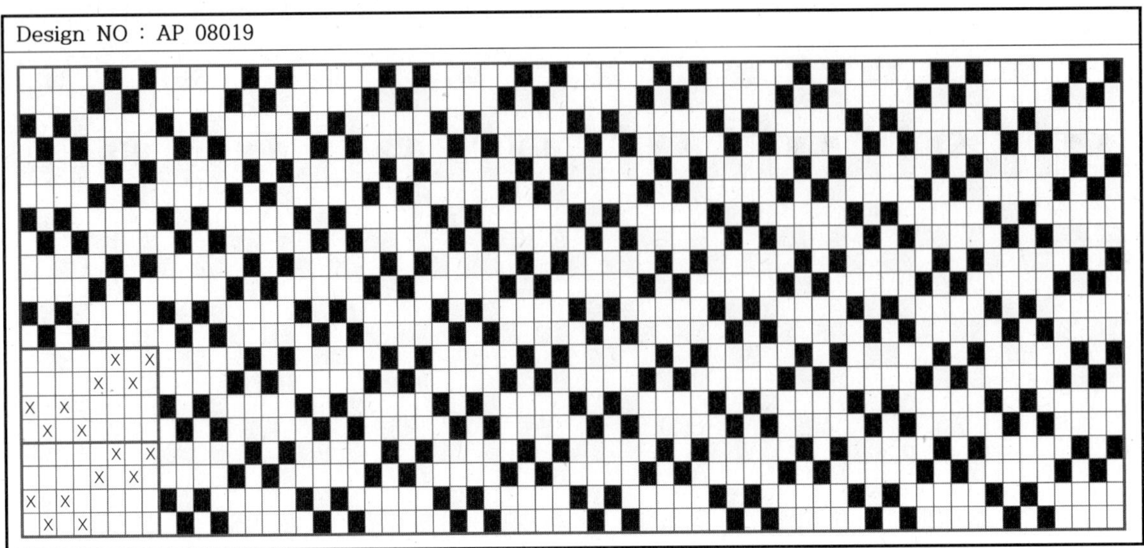

Design NO : AP 08020

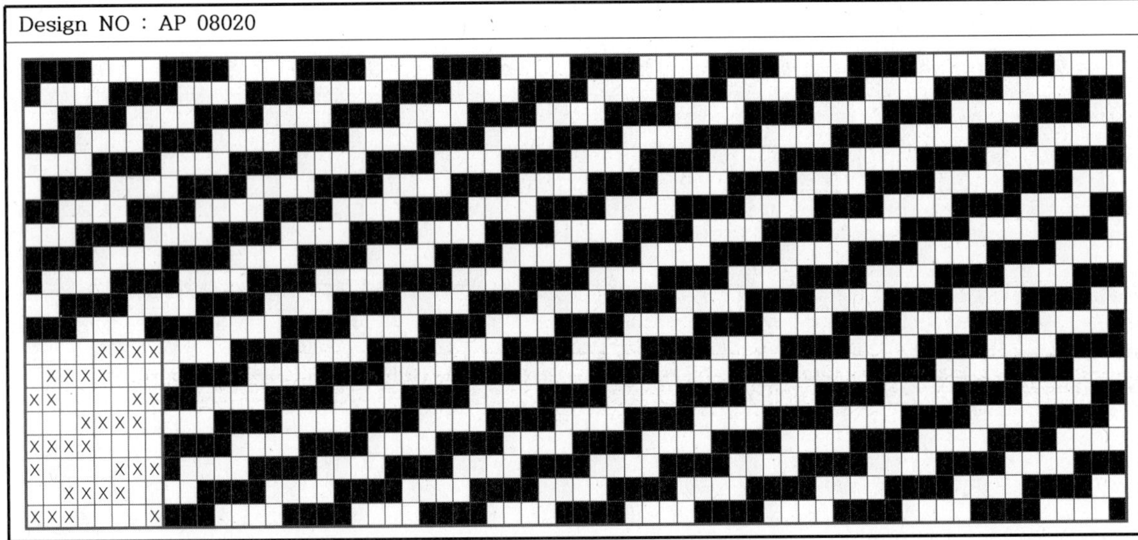

Design NO : AP 08021

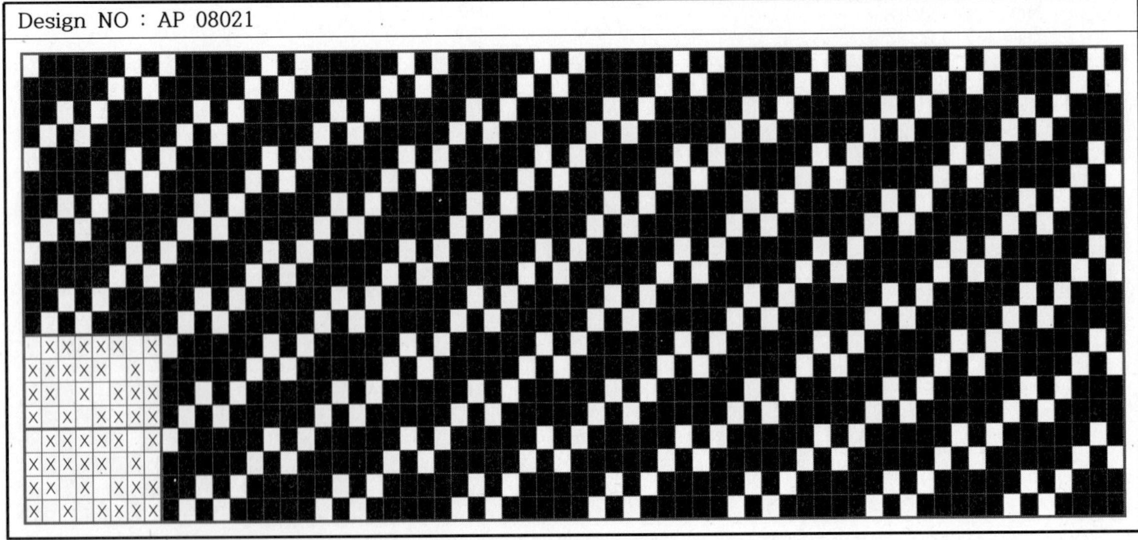

Design NO : AP 08022

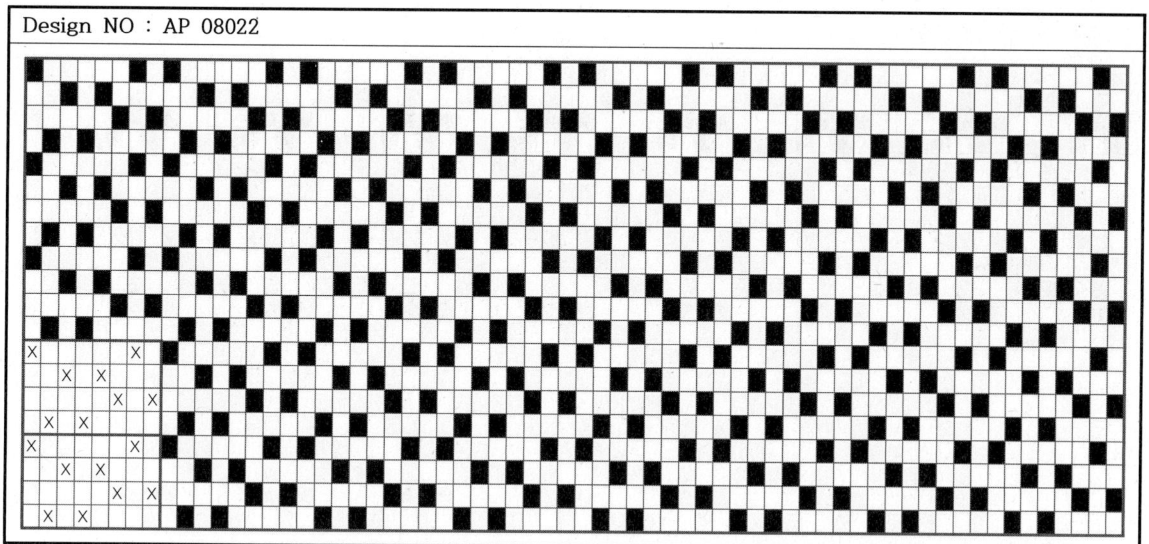

Design NO : AP 08023

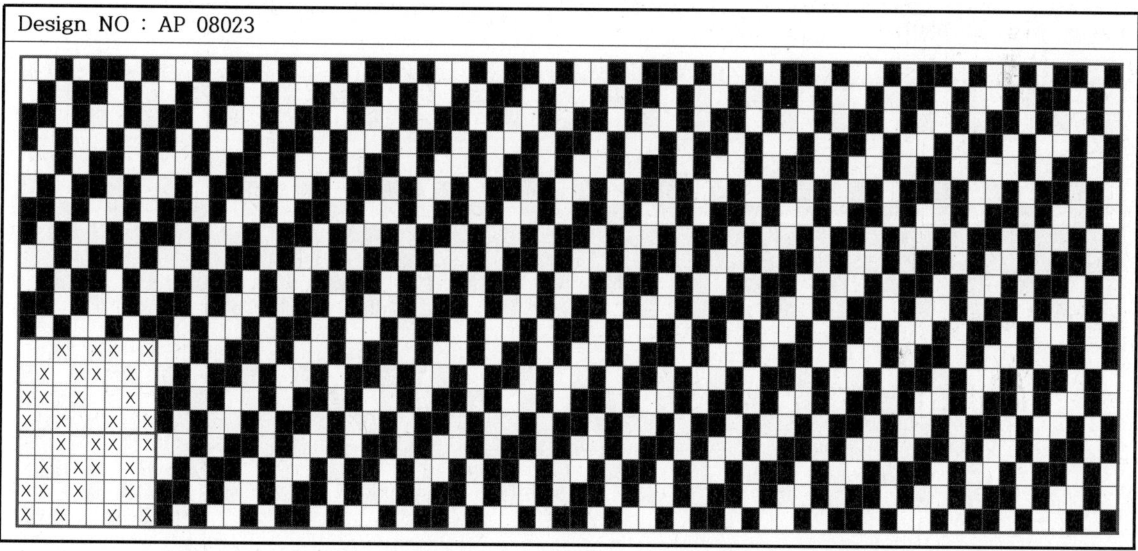

Design NO : AP 08024

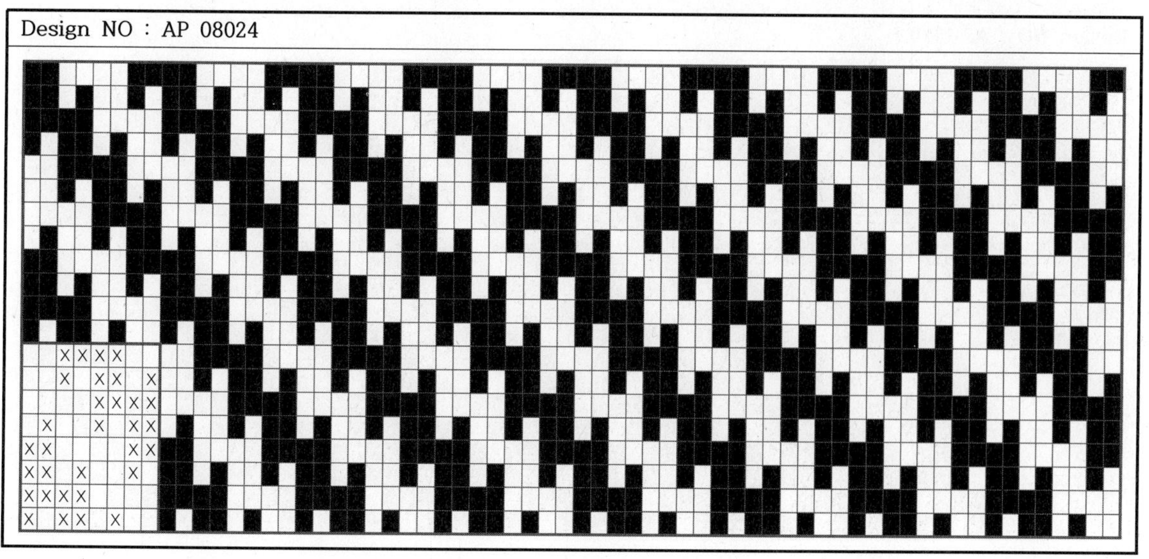

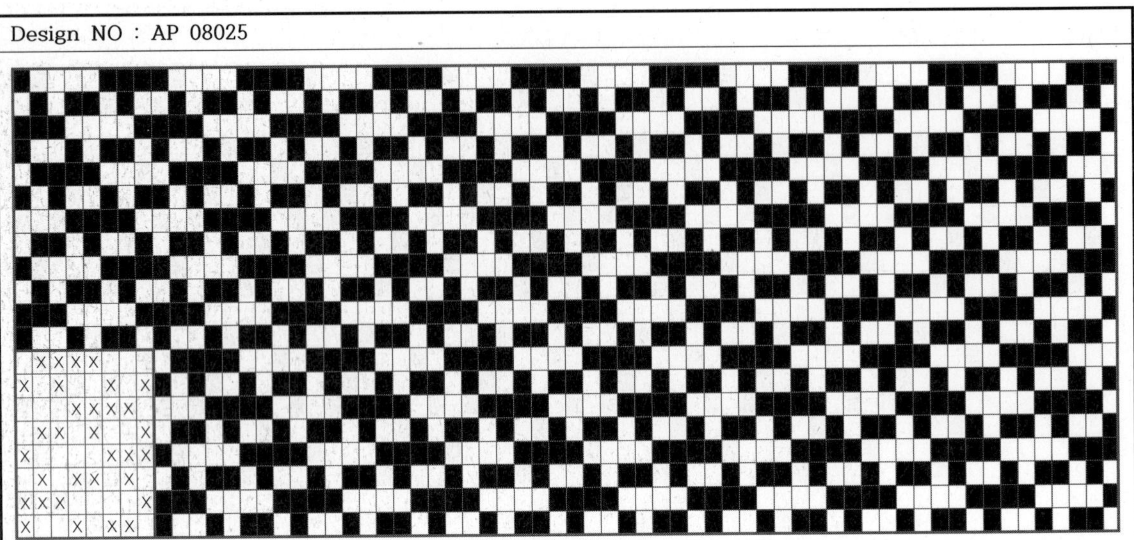

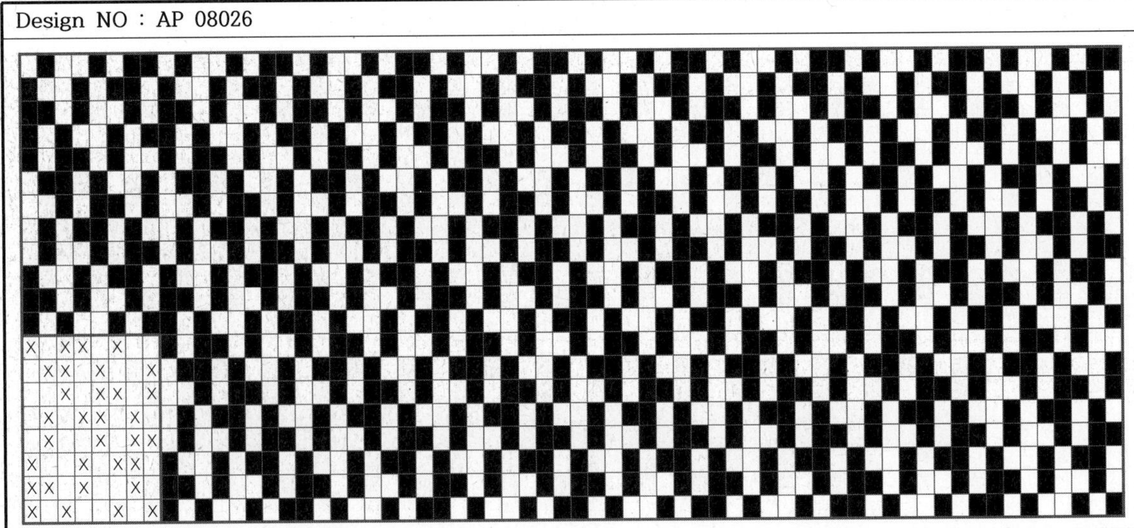

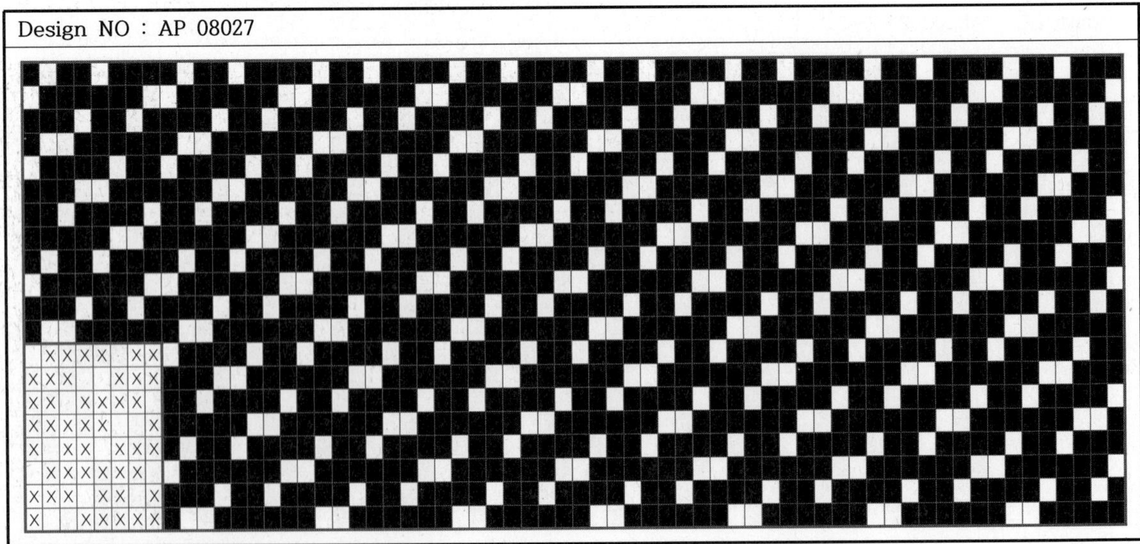

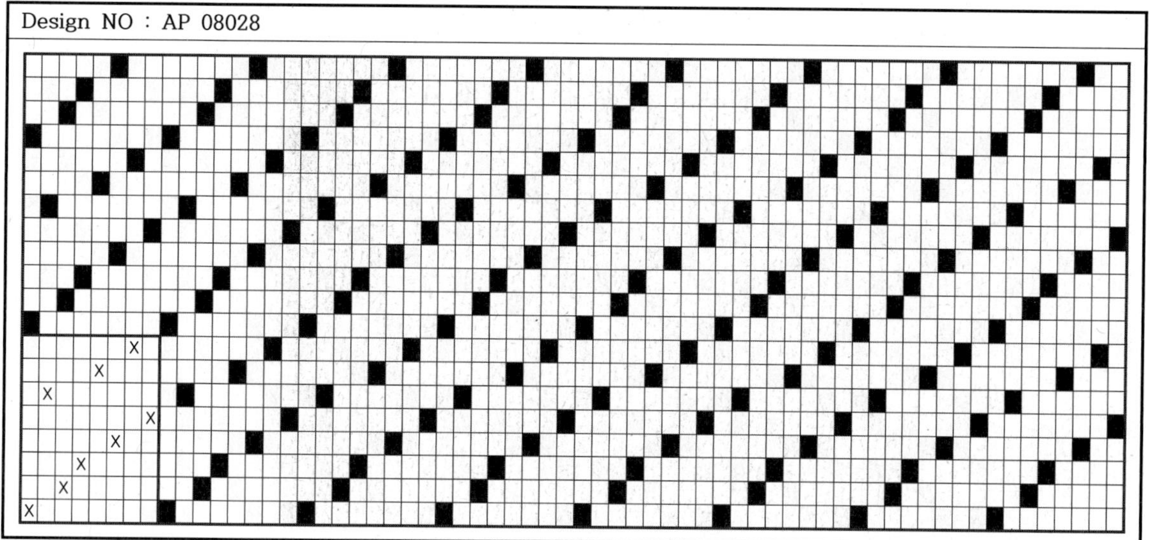

Design NO : AP 08028

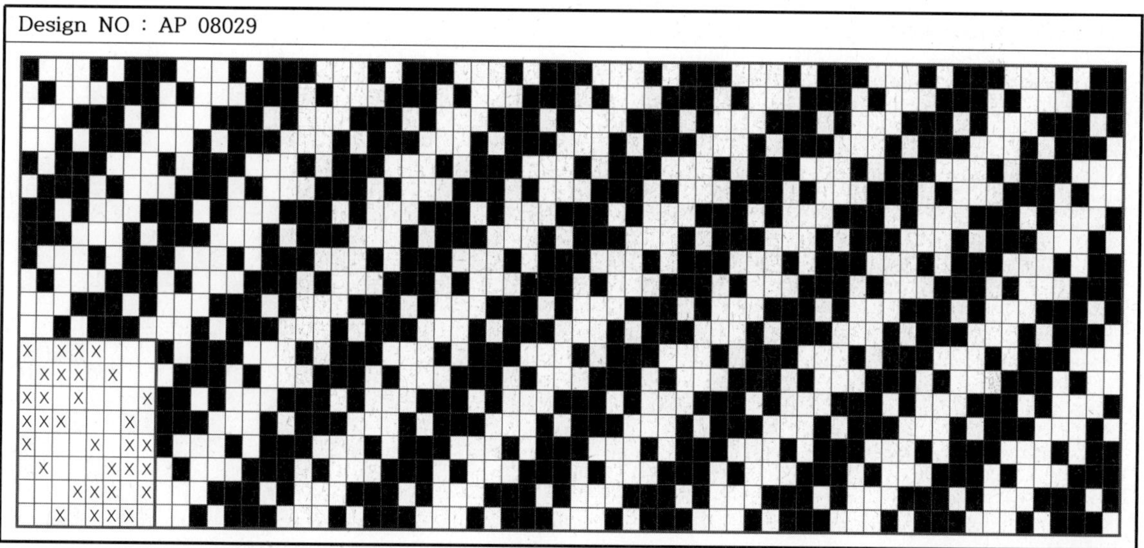

Design NO : AP 08029

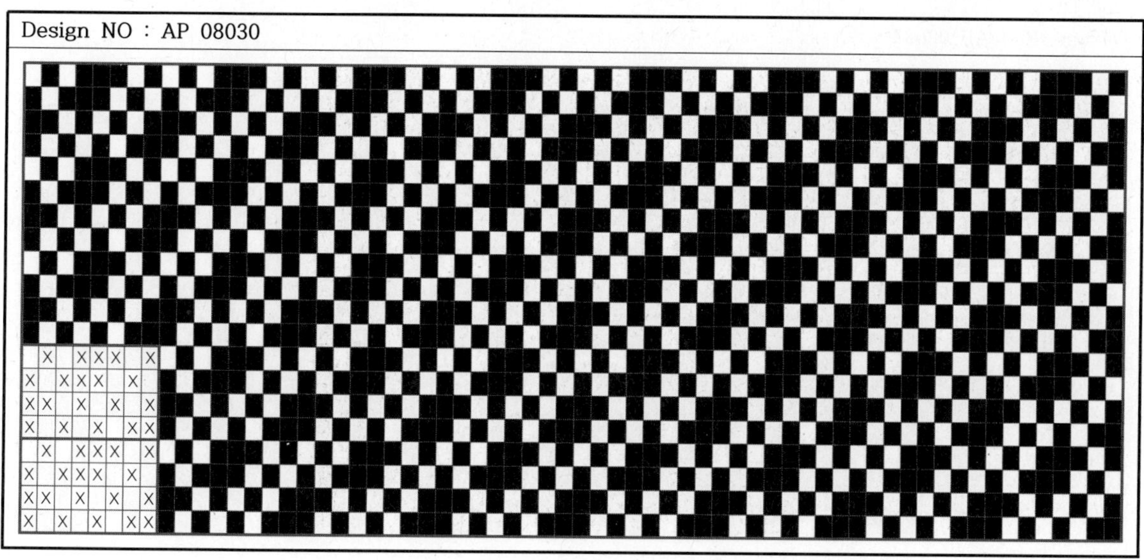

Design NO : AP 08030

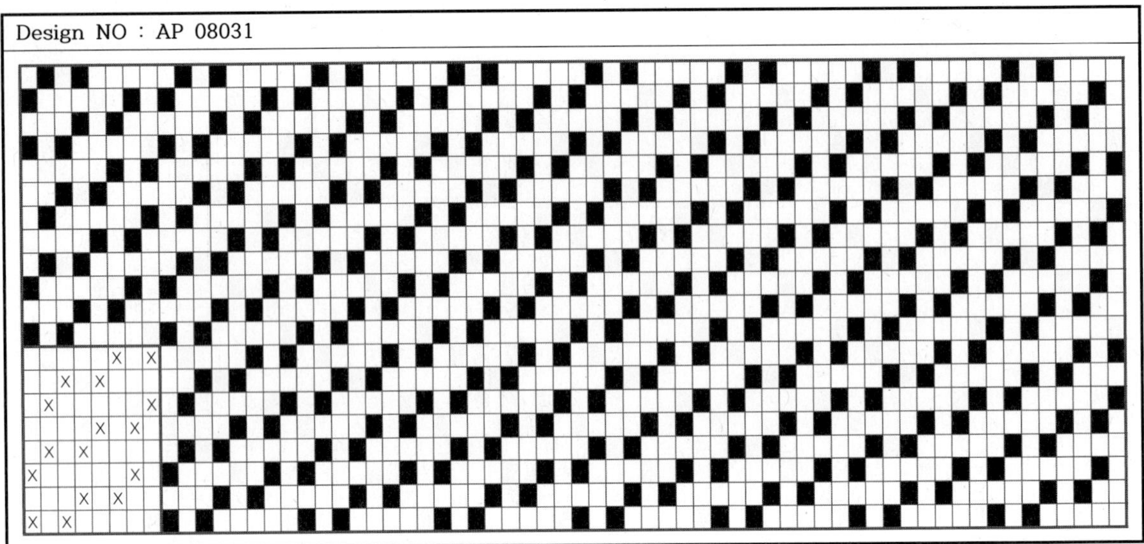

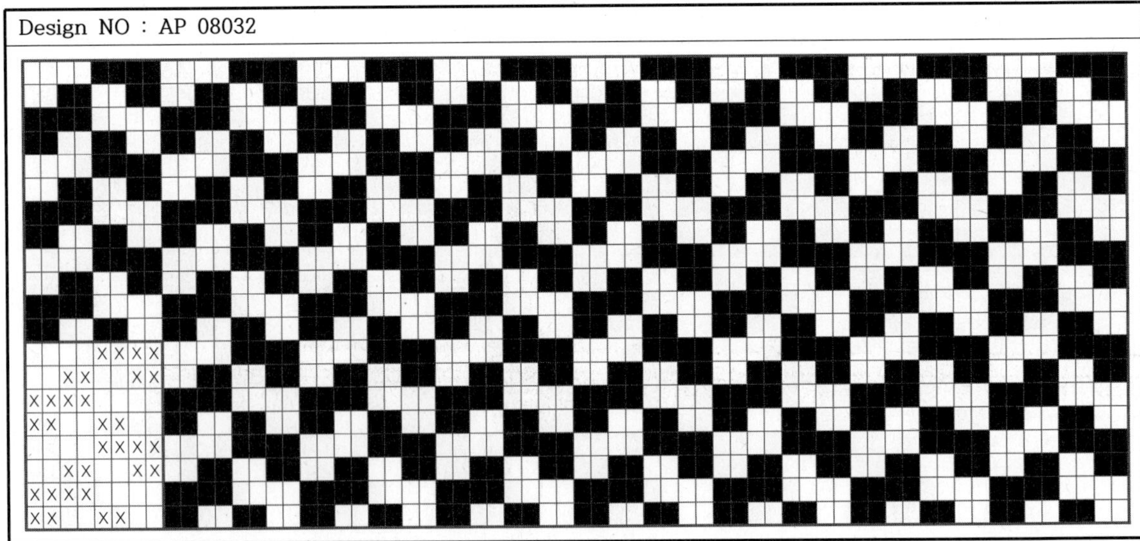

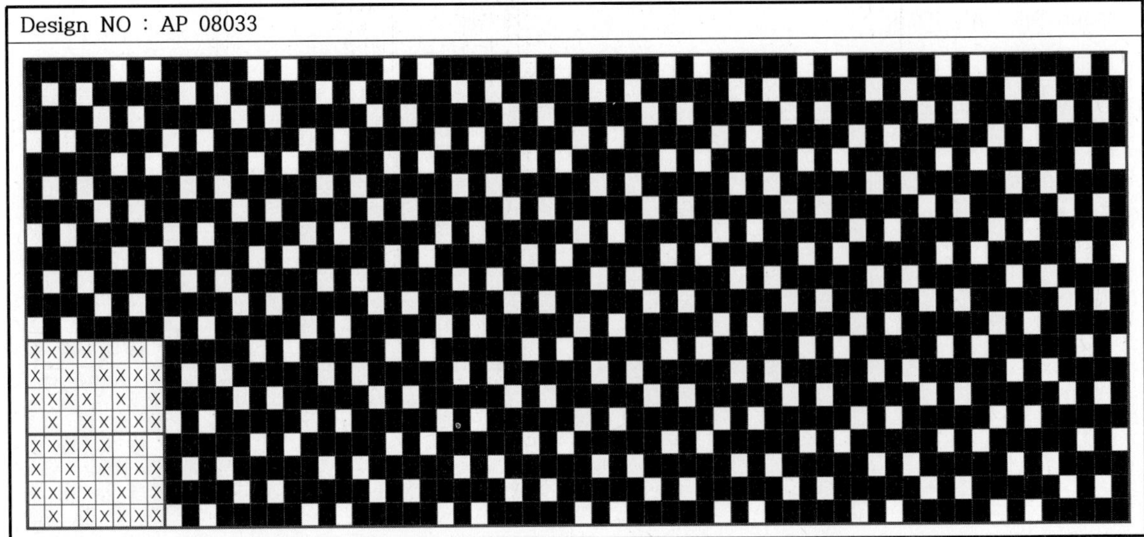

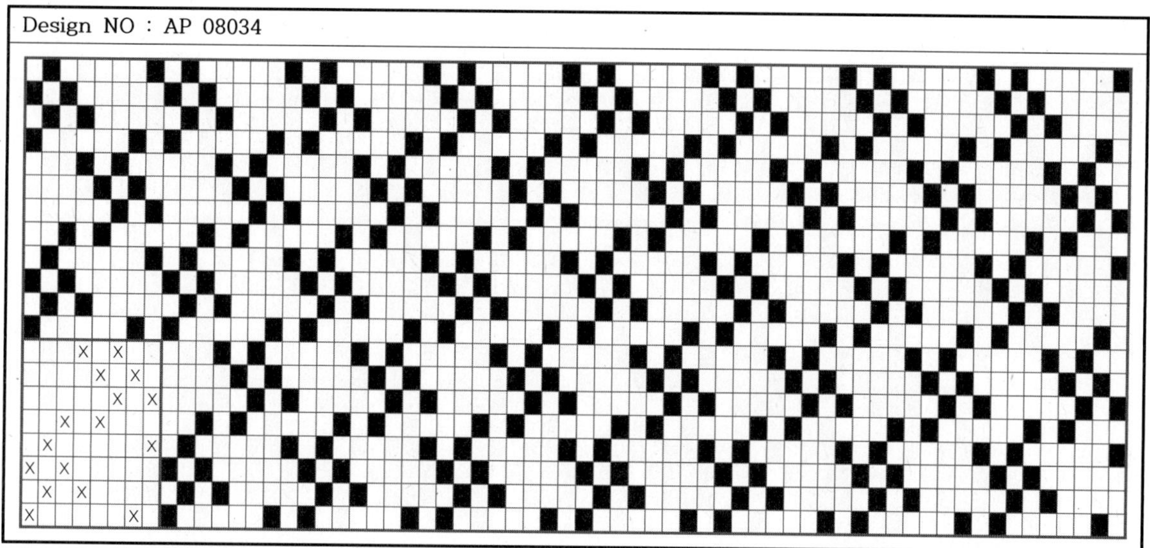

Design NO : AP 08034

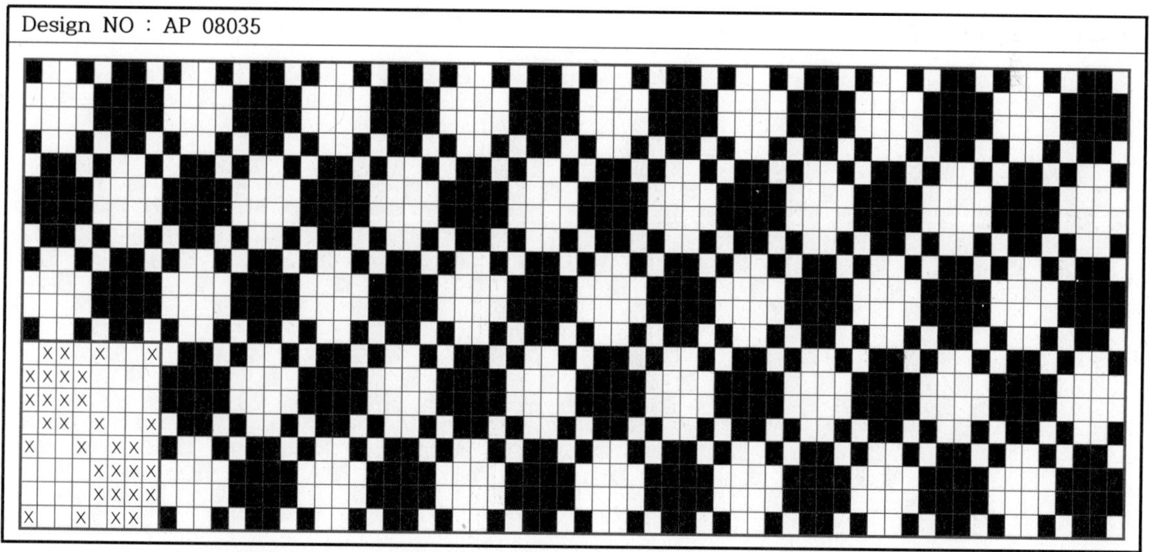

Design NO : AP 08035

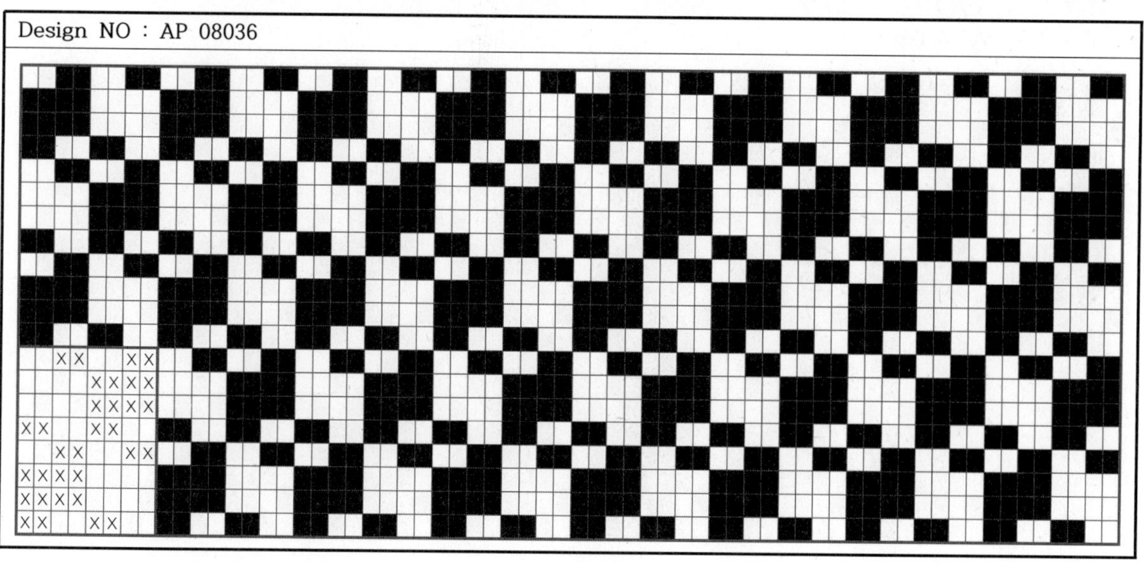

Design NO : AP 08036

Design NO : AP 08037

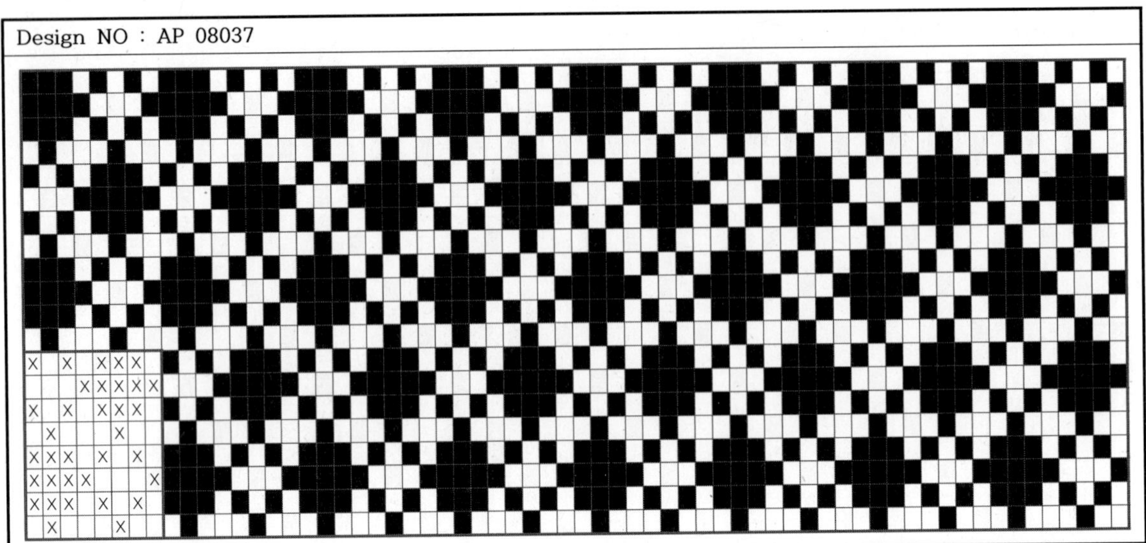

Design NO : AP 08038

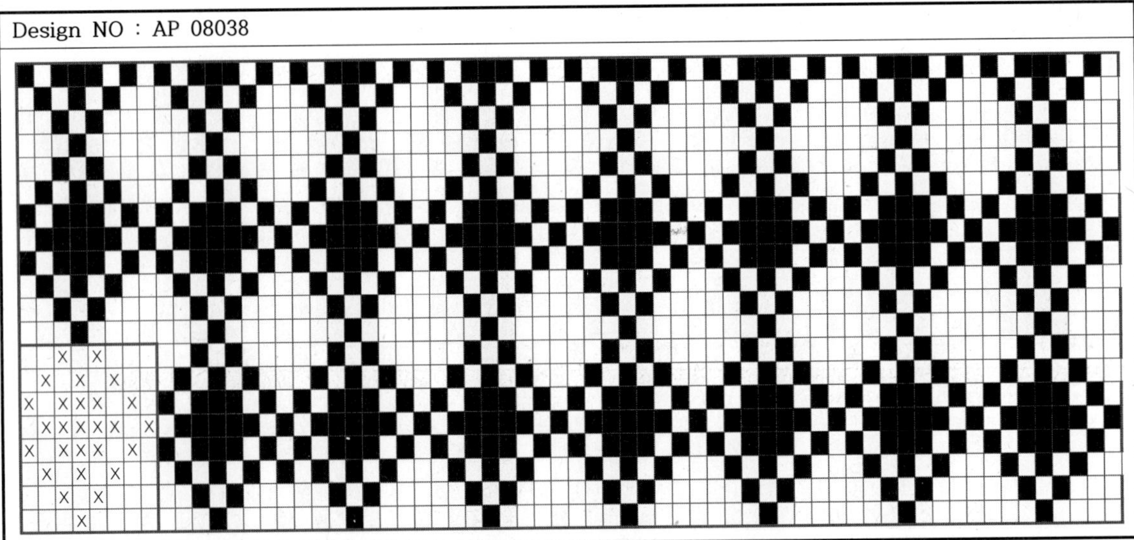

Design NO : AP 08039

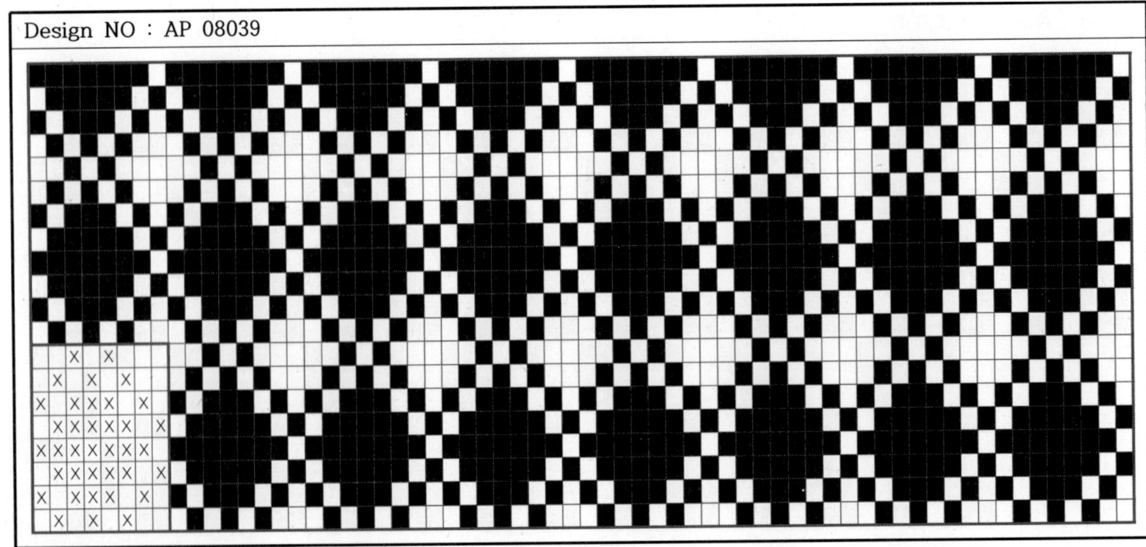

Design NO : AP 08040

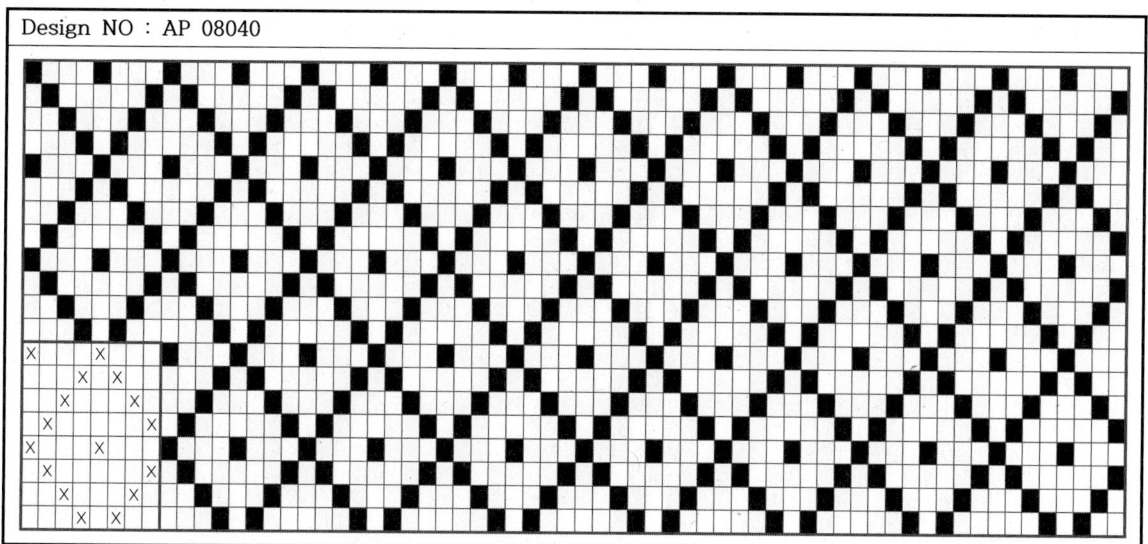

Design NO : AP 08041

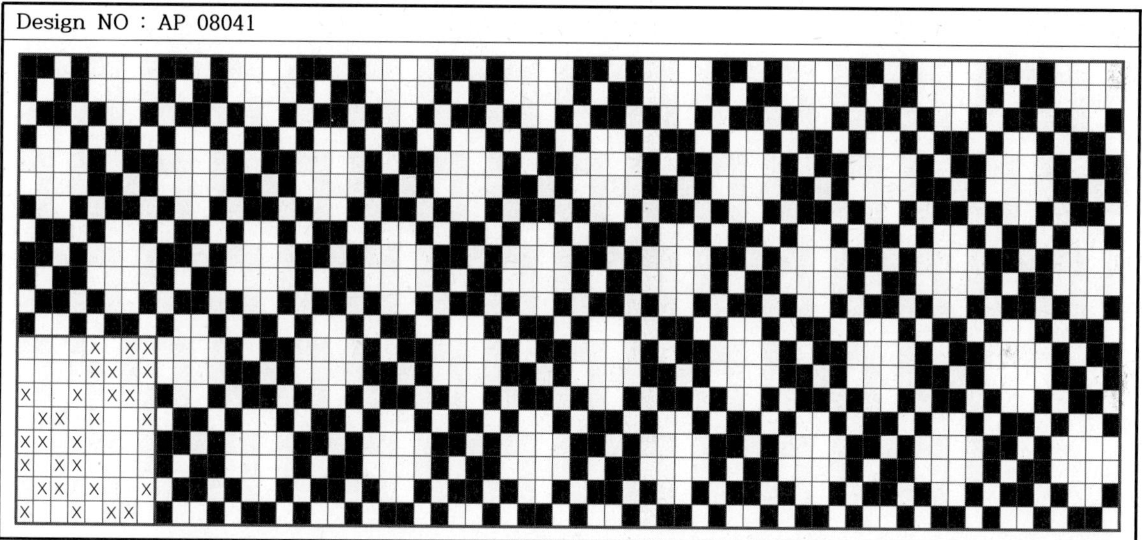

Design NO : AP 08042

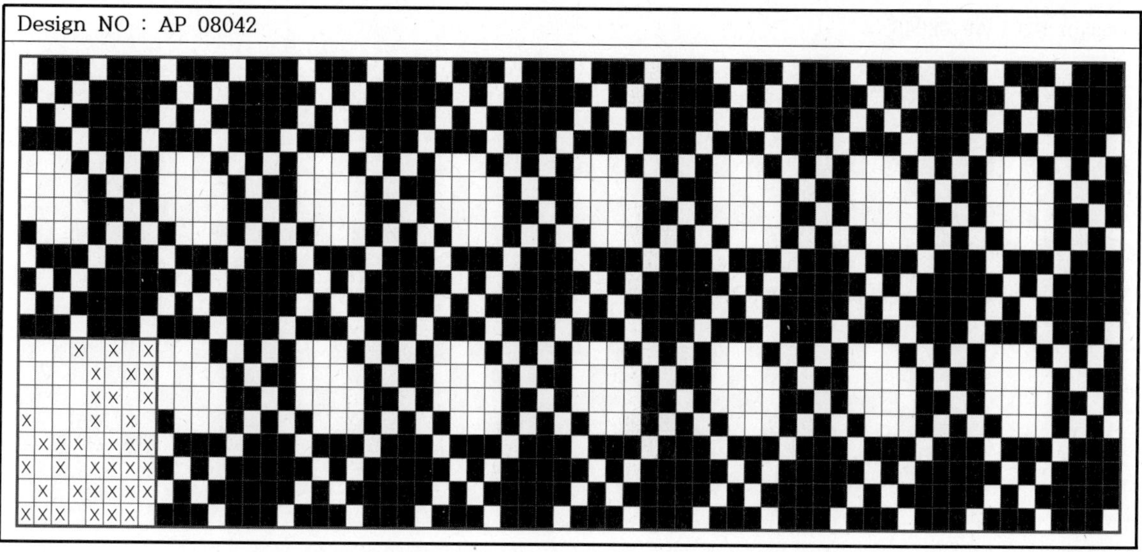

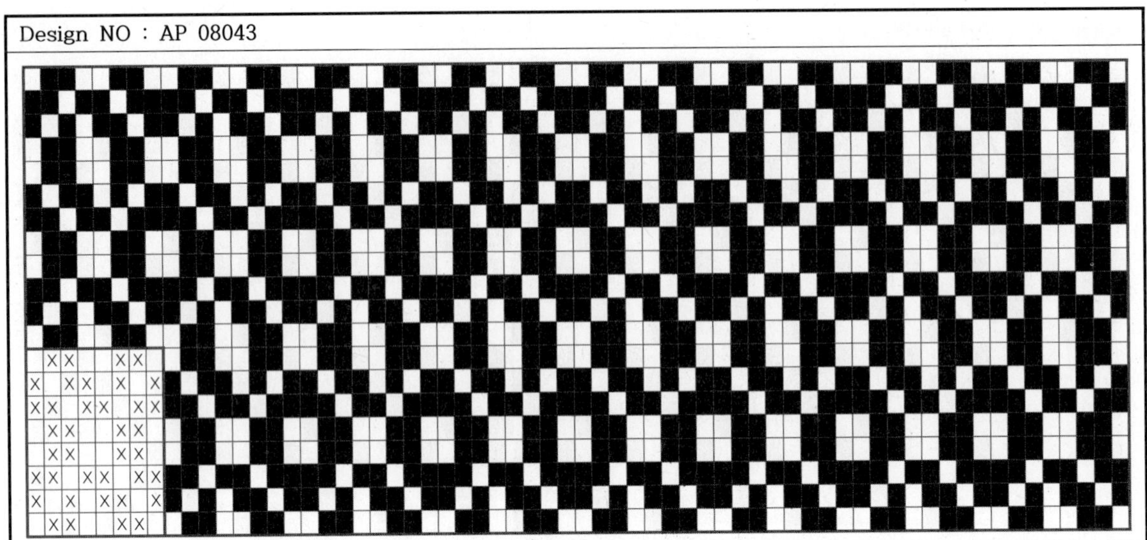

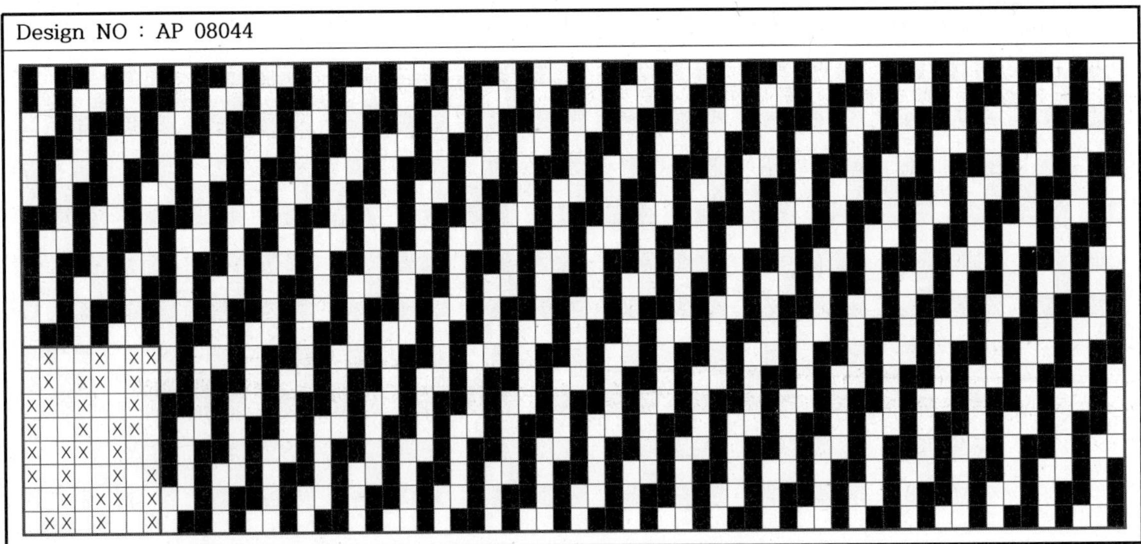

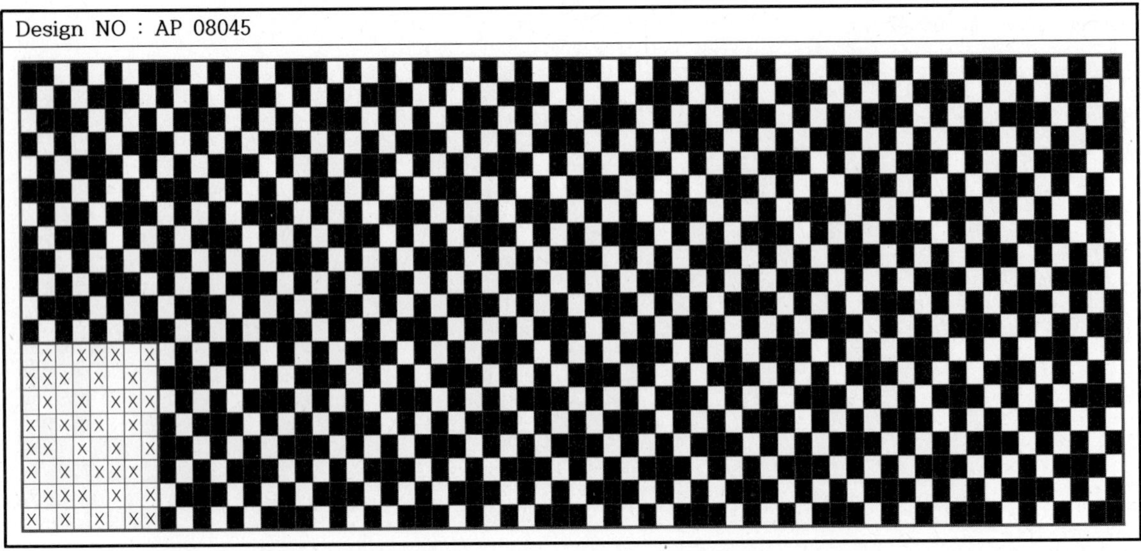

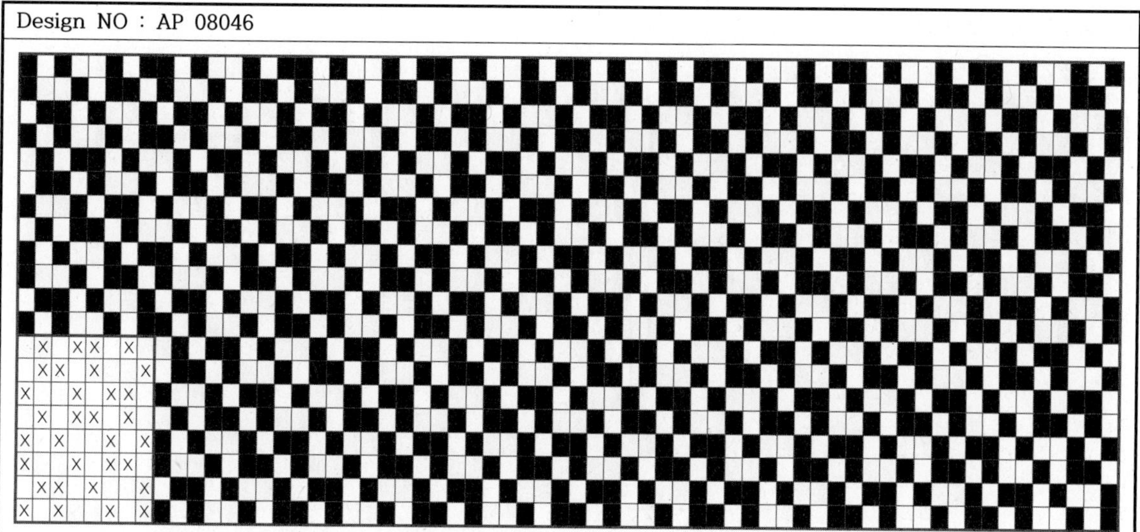

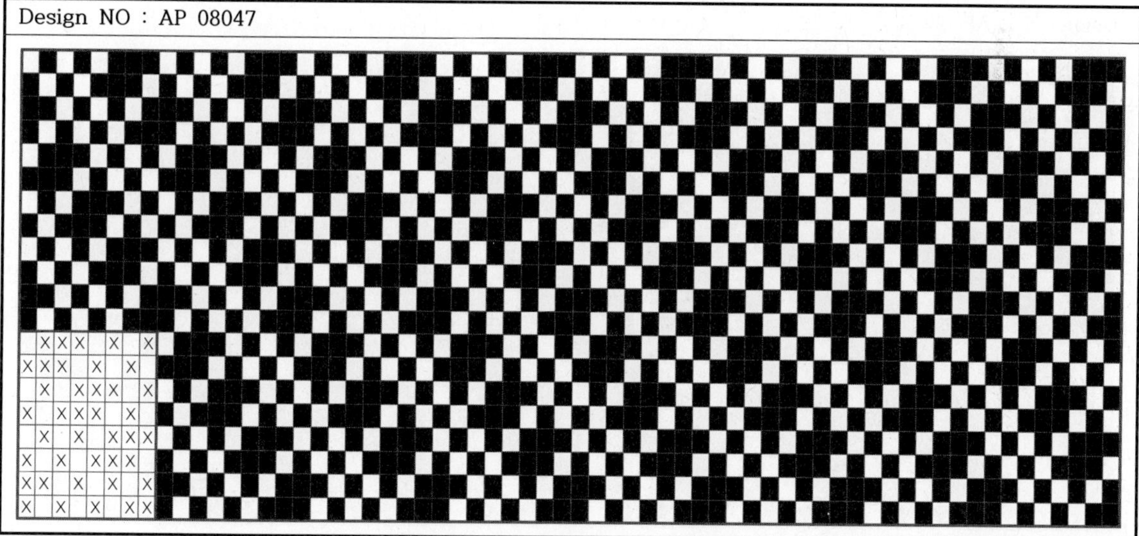

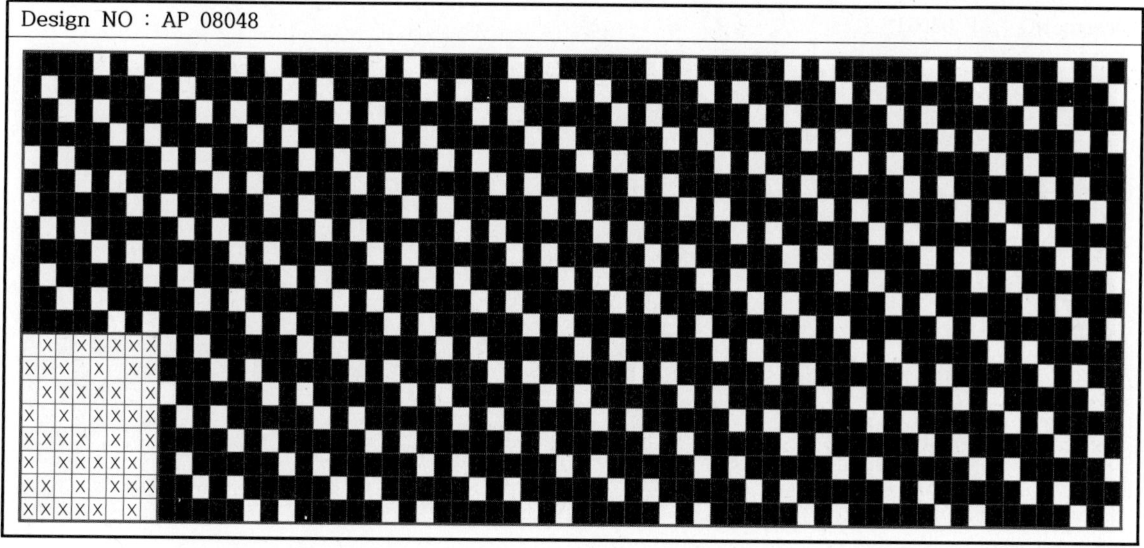

Design NO : AP 08049

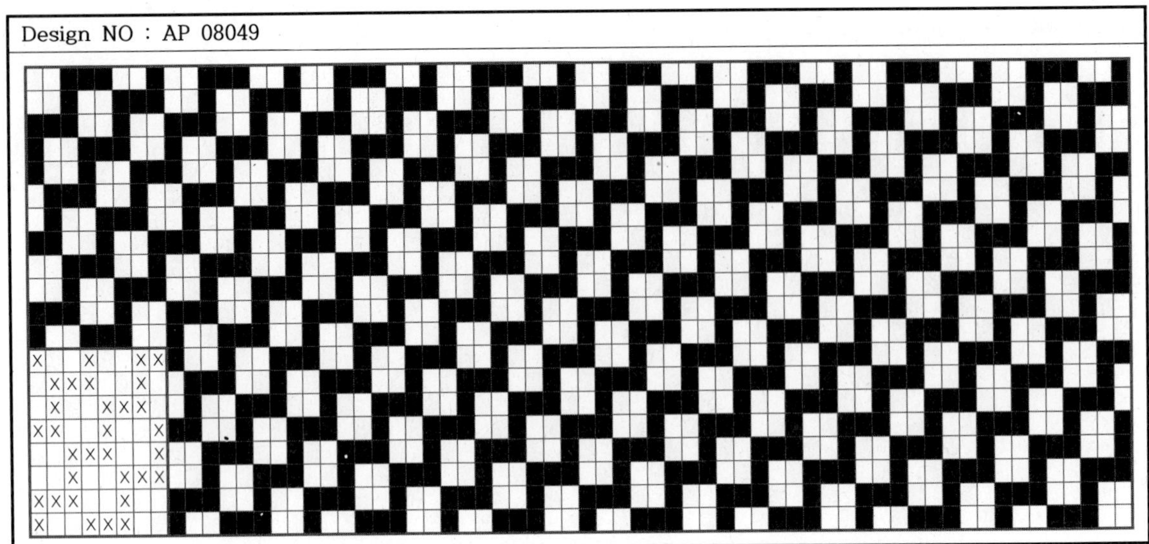

Design NO : AP 08050

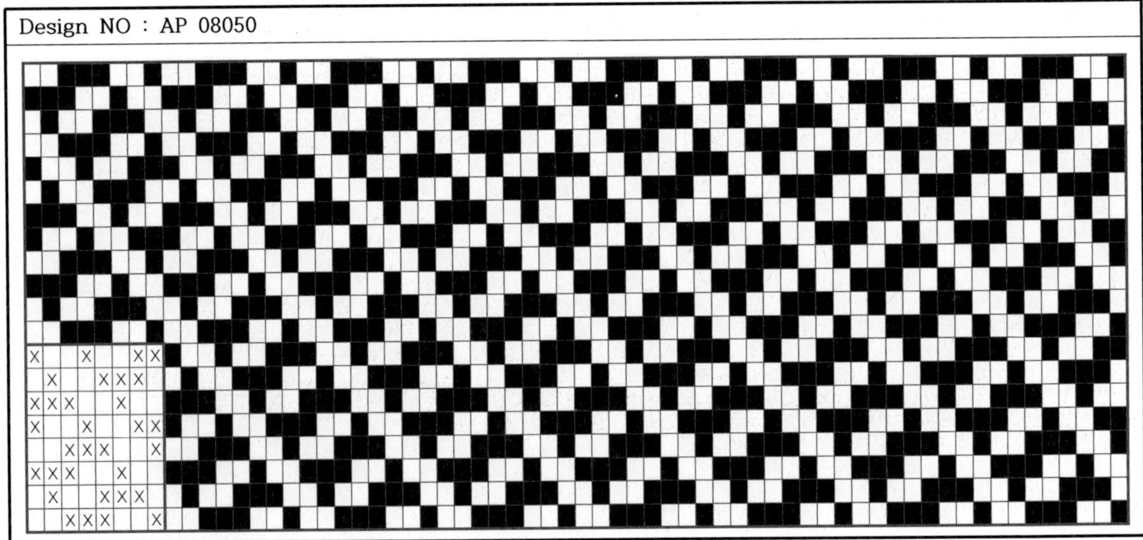

Design NO : AP 08051

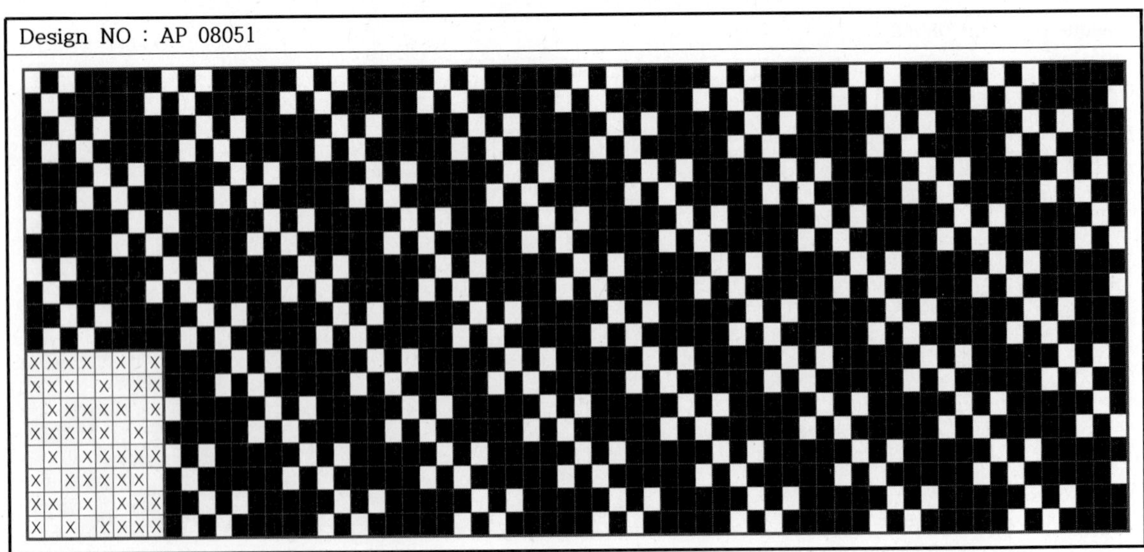

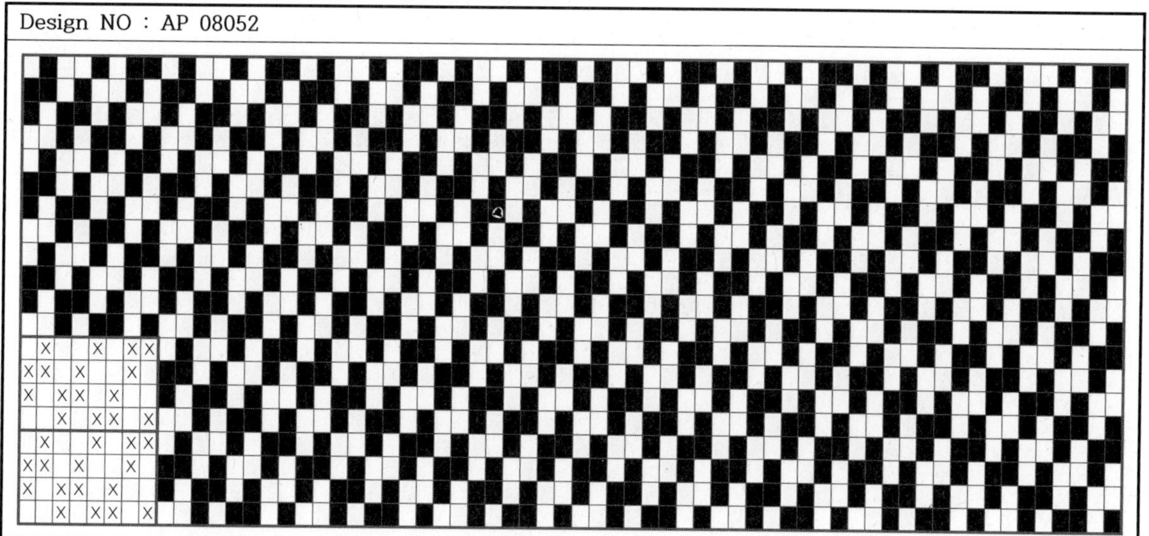

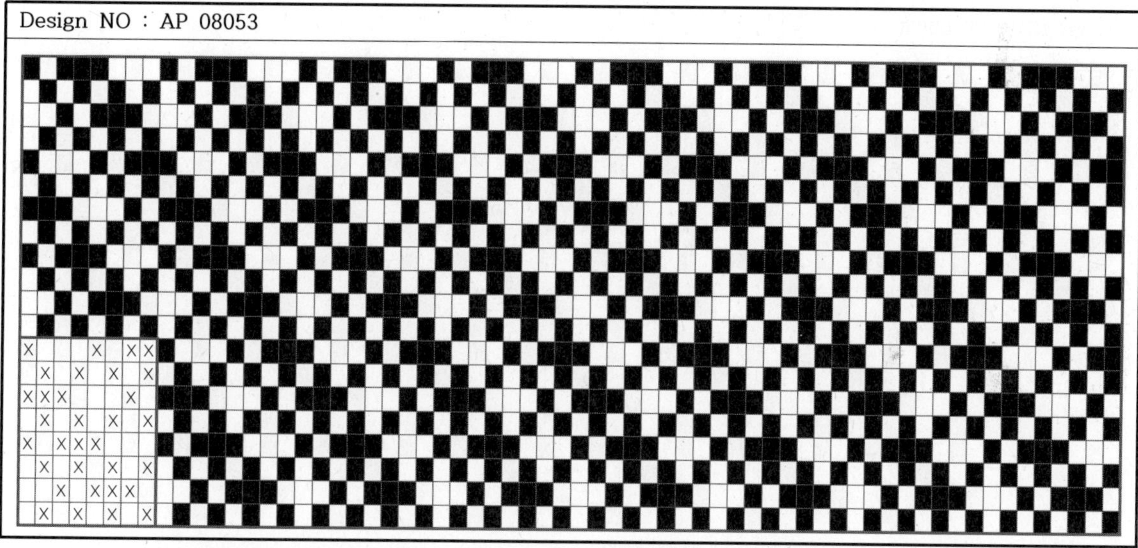

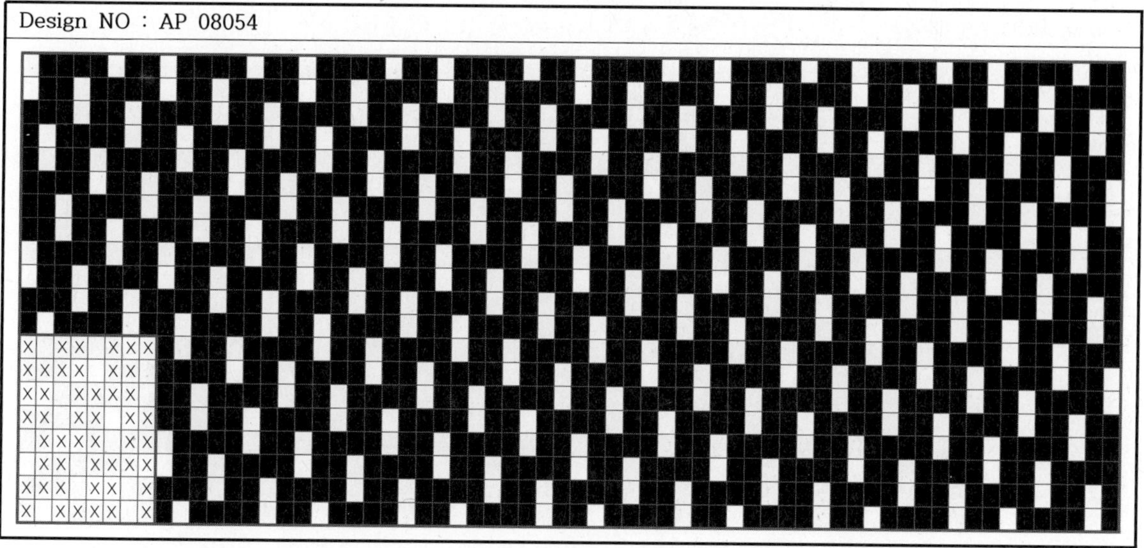

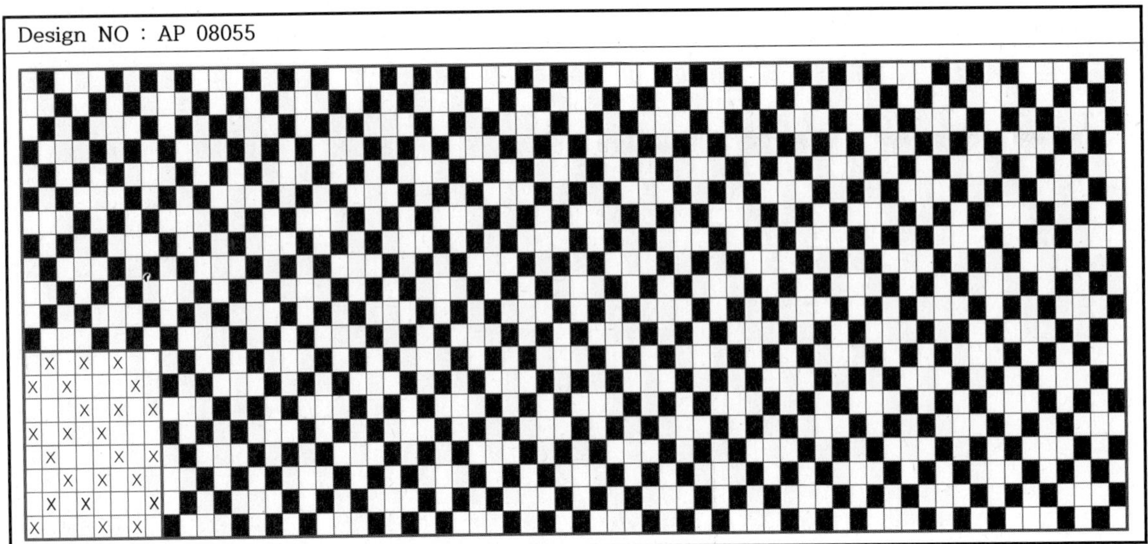

Design NO : AP 08055

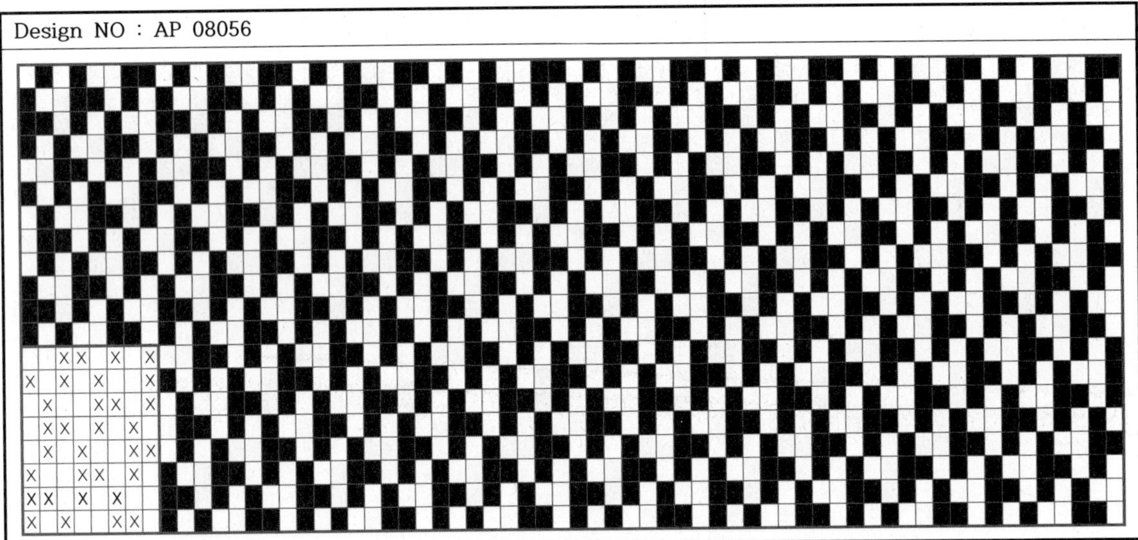

Design NO : AP 08056

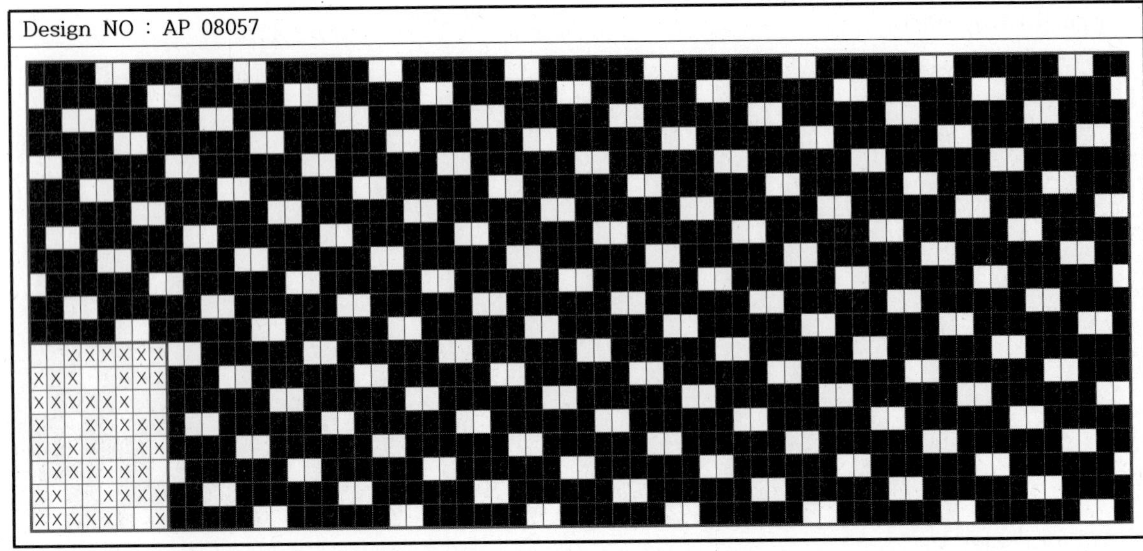

Design NO : AP 08057

Design NO : AP 08058

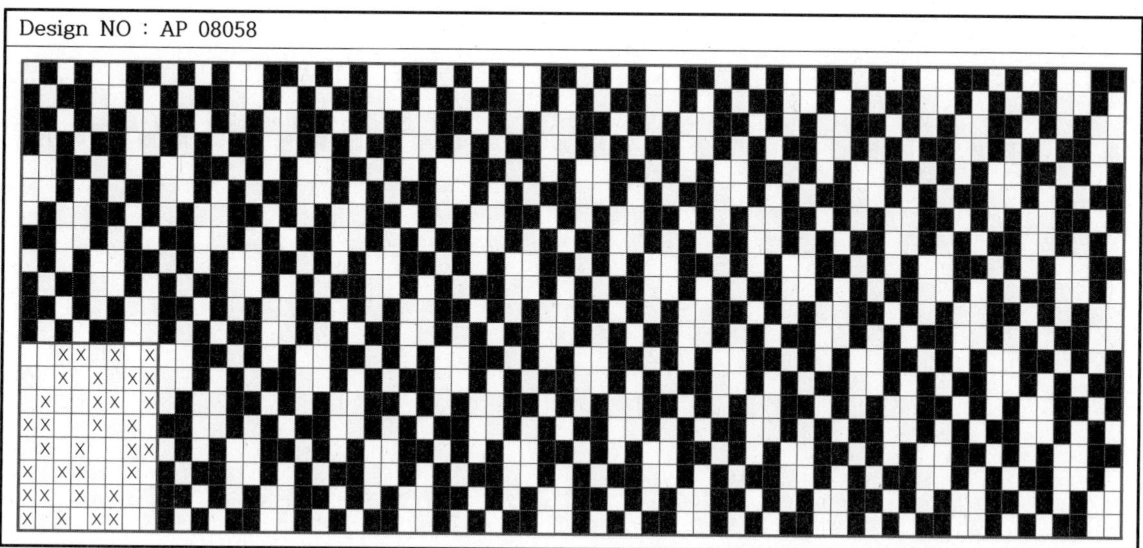

Design NO : AP 08059

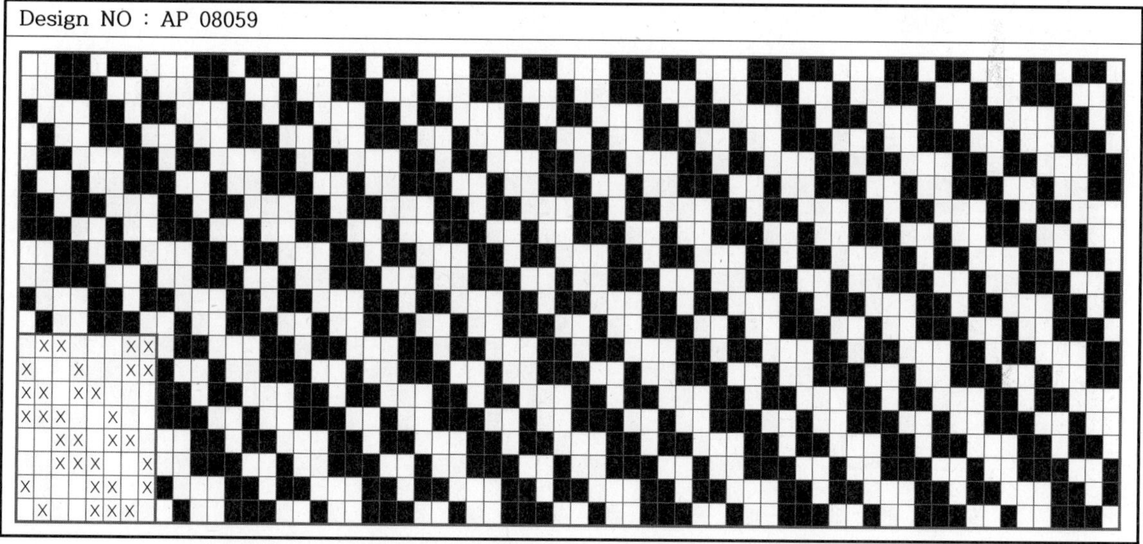

Design NO : AP 08060

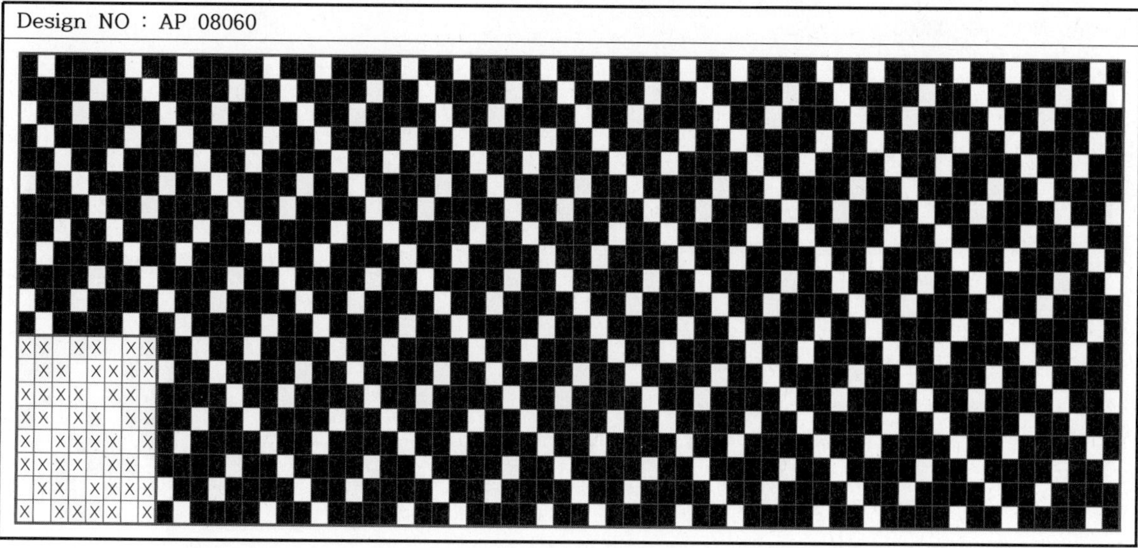

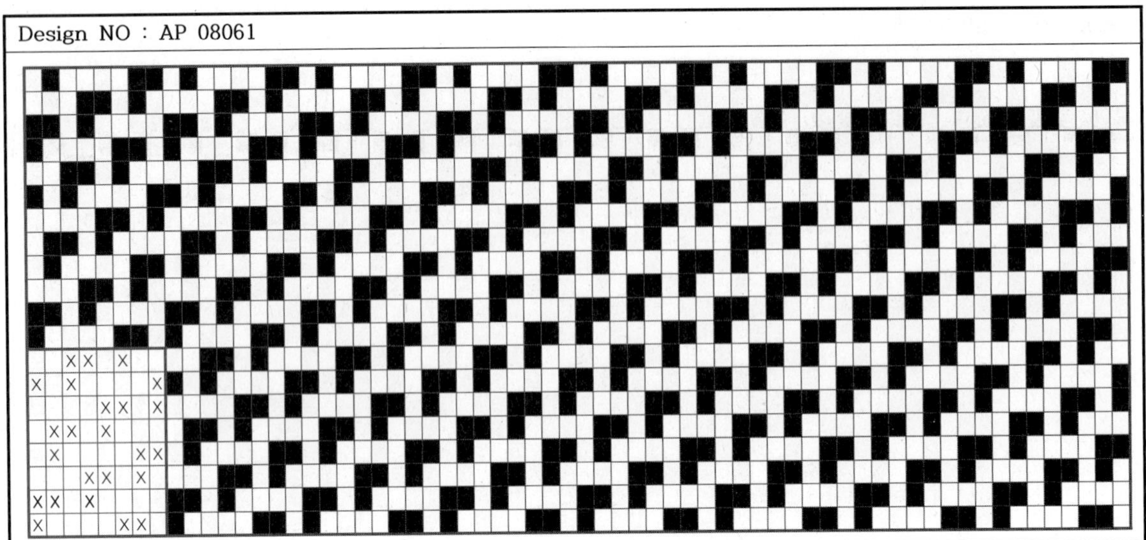

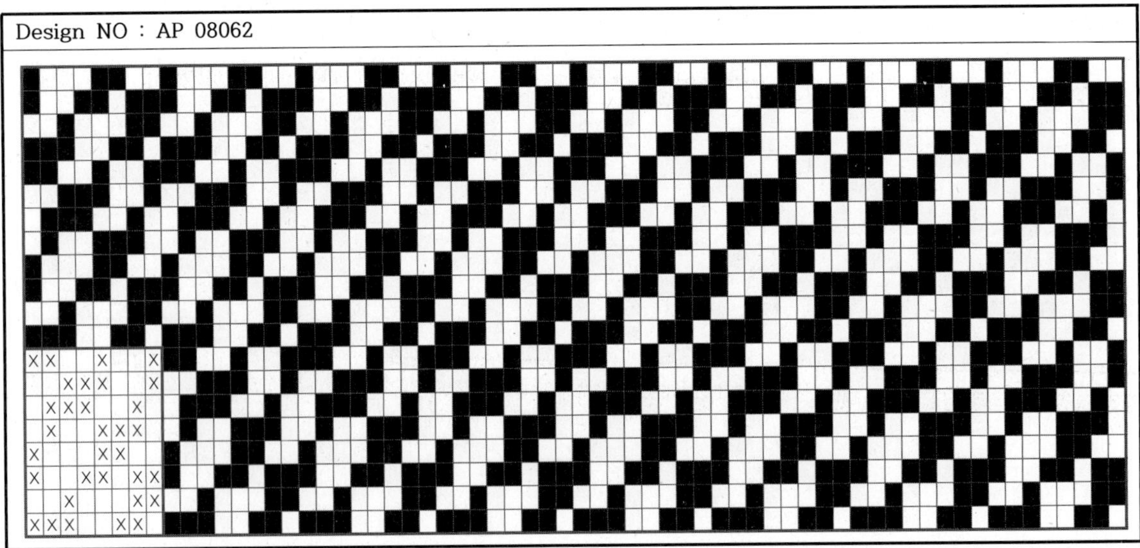

Design NO : AP 08064

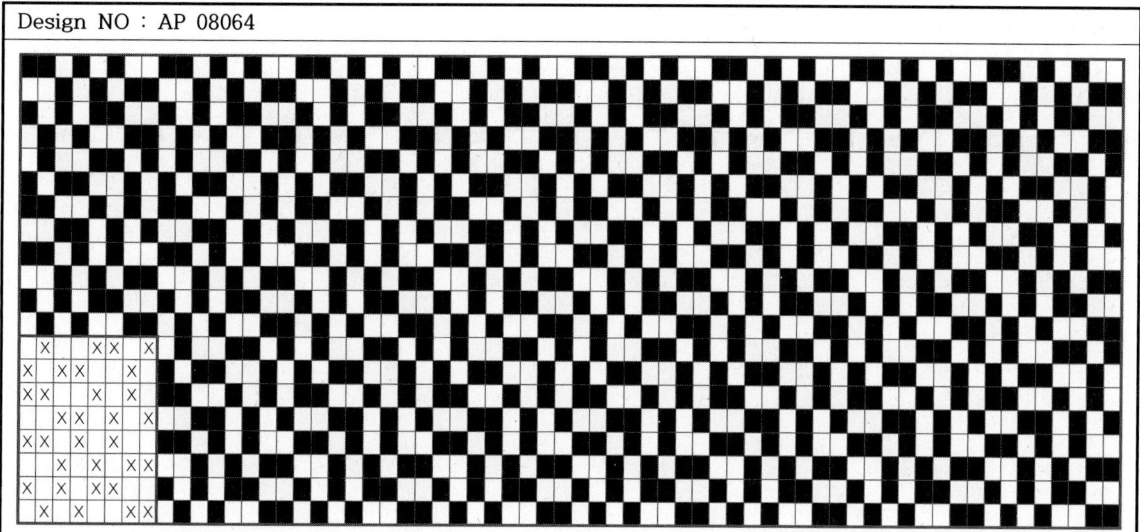

Design NO : AP 08065

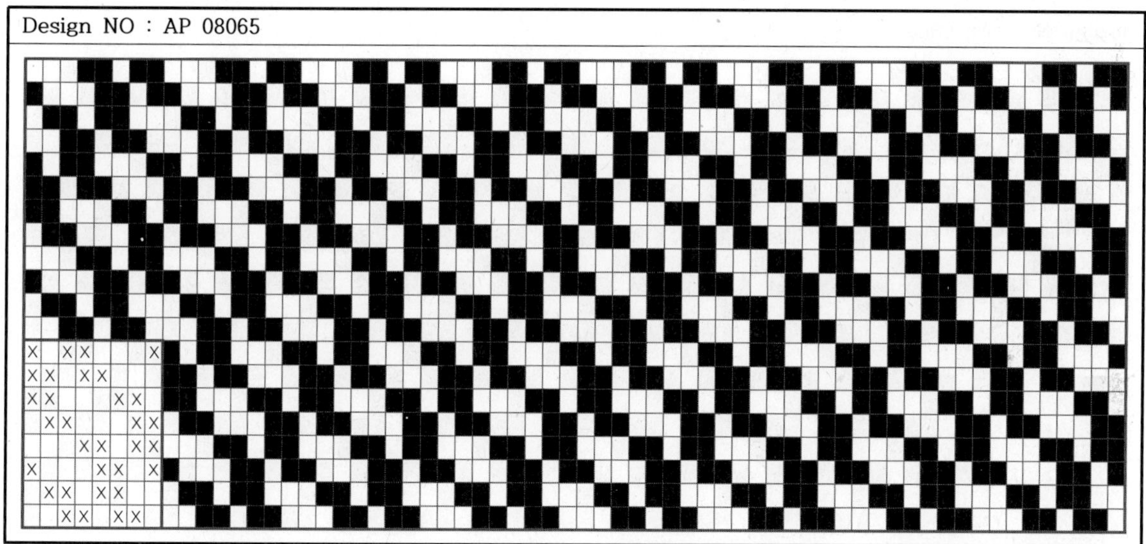

Design NO : AP 08066

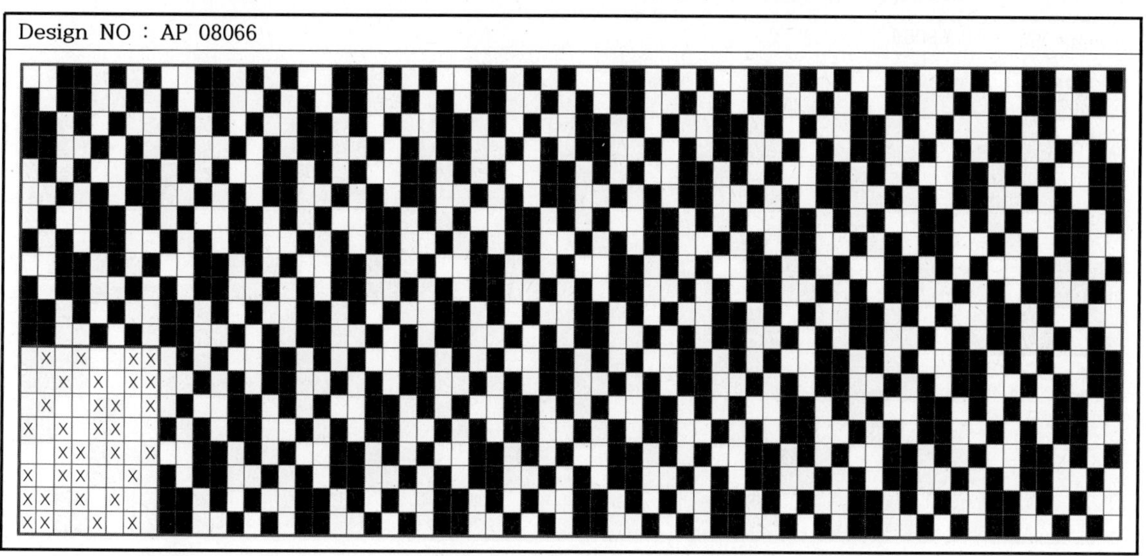

Design NO : AP 08067

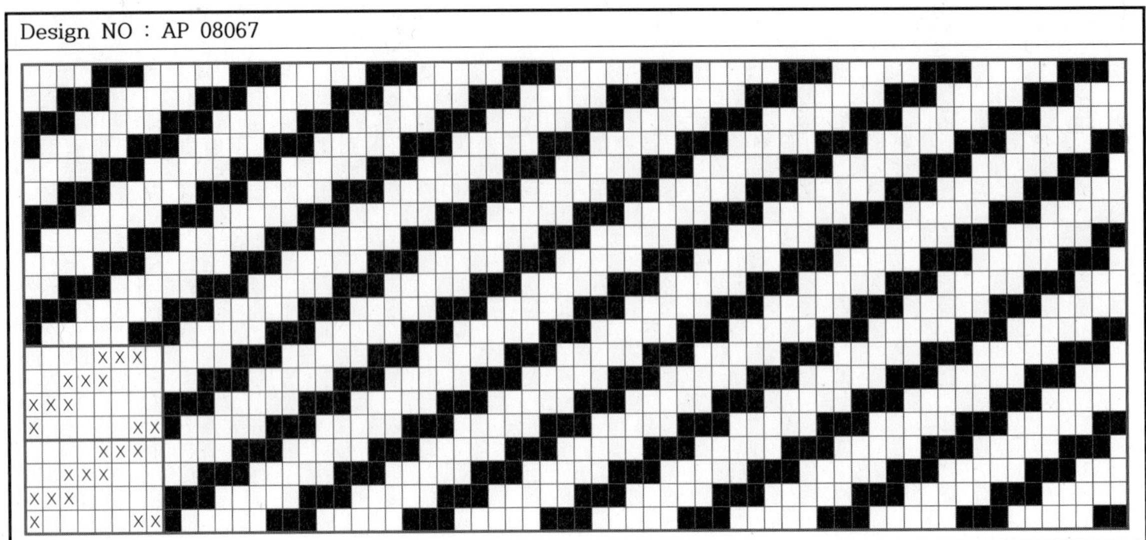

Design NO : AP 08068

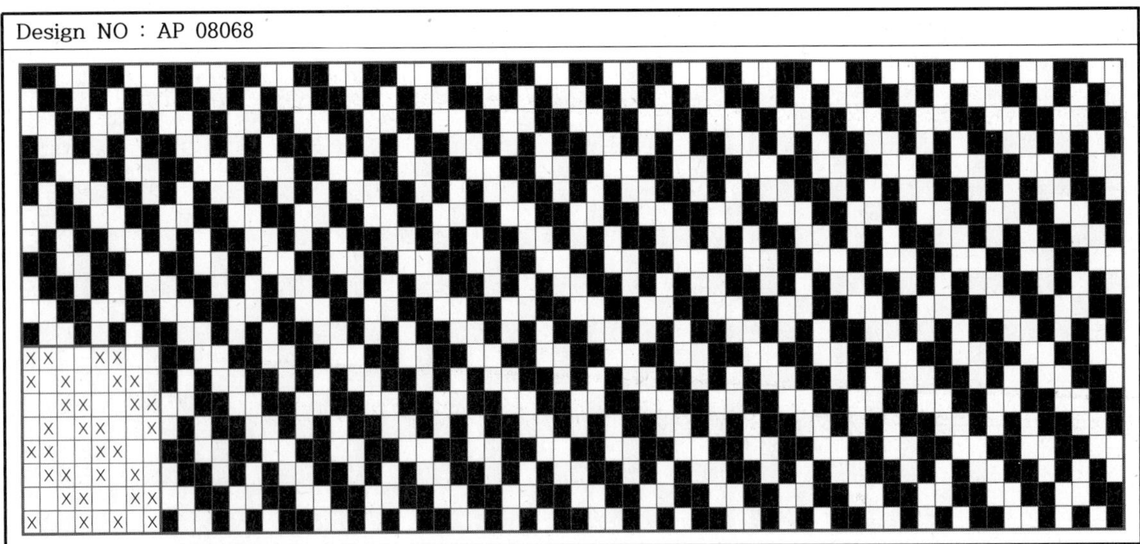

Design NO : AP 08069

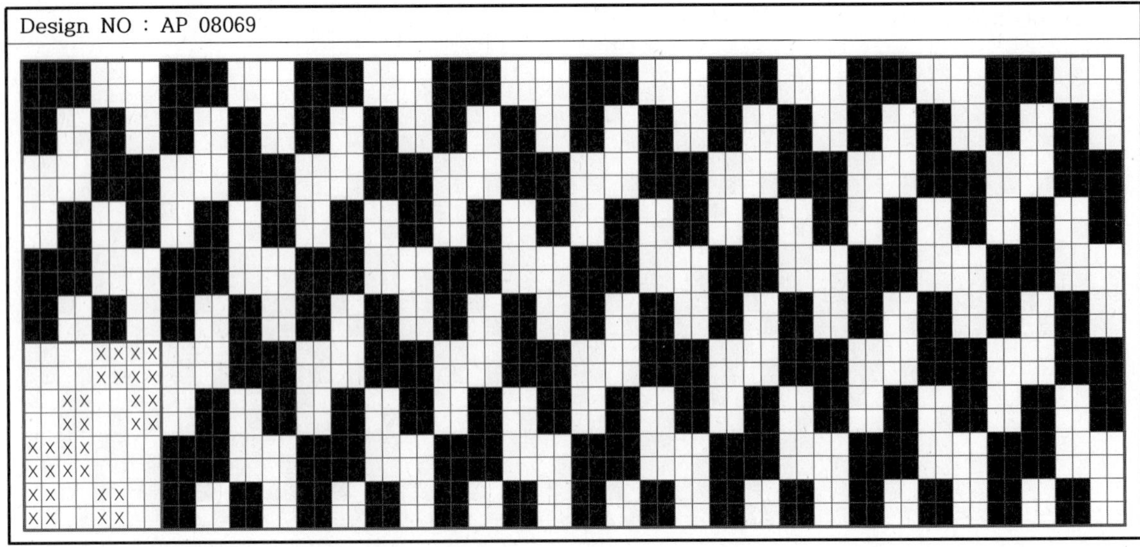

Design NO : AP 08070

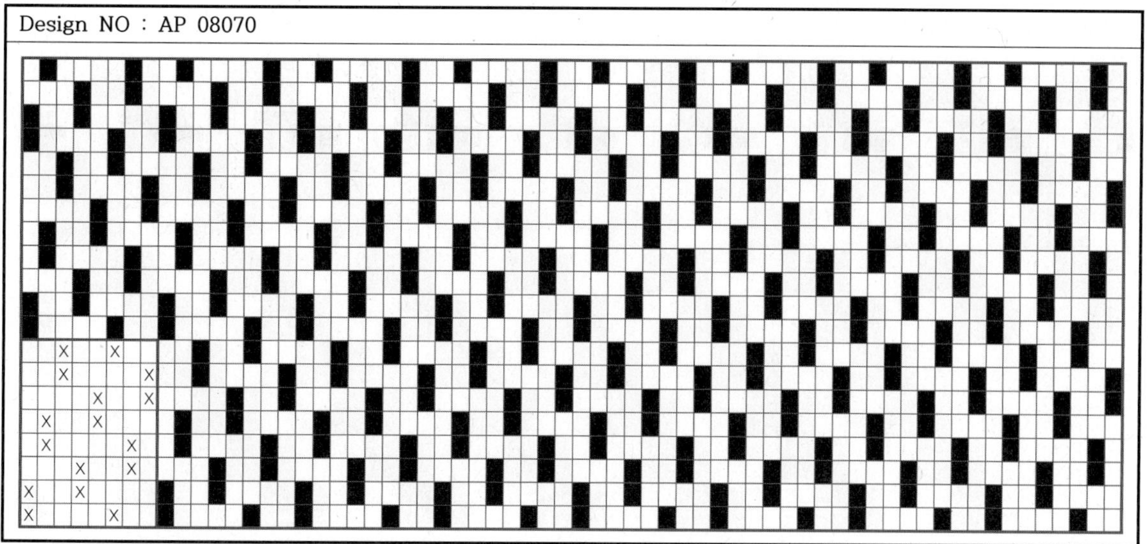

Design NO : AP 08071

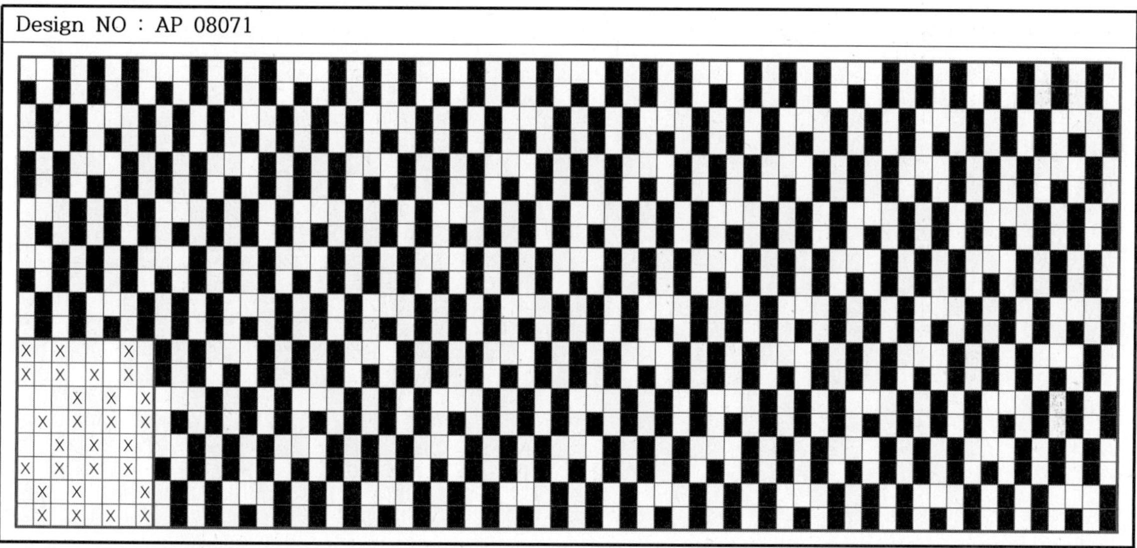

Design NO : AP 08072

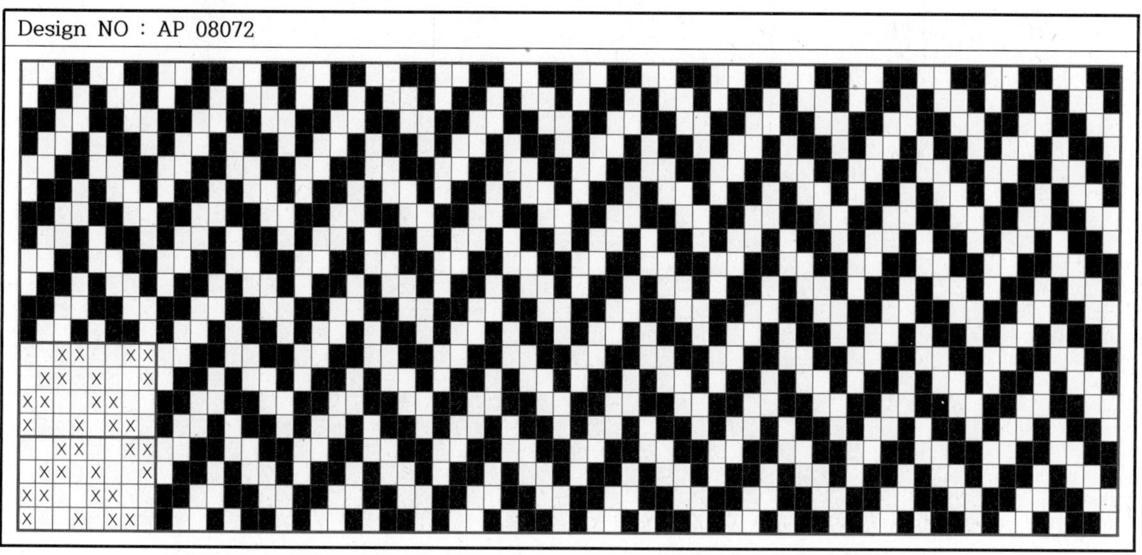

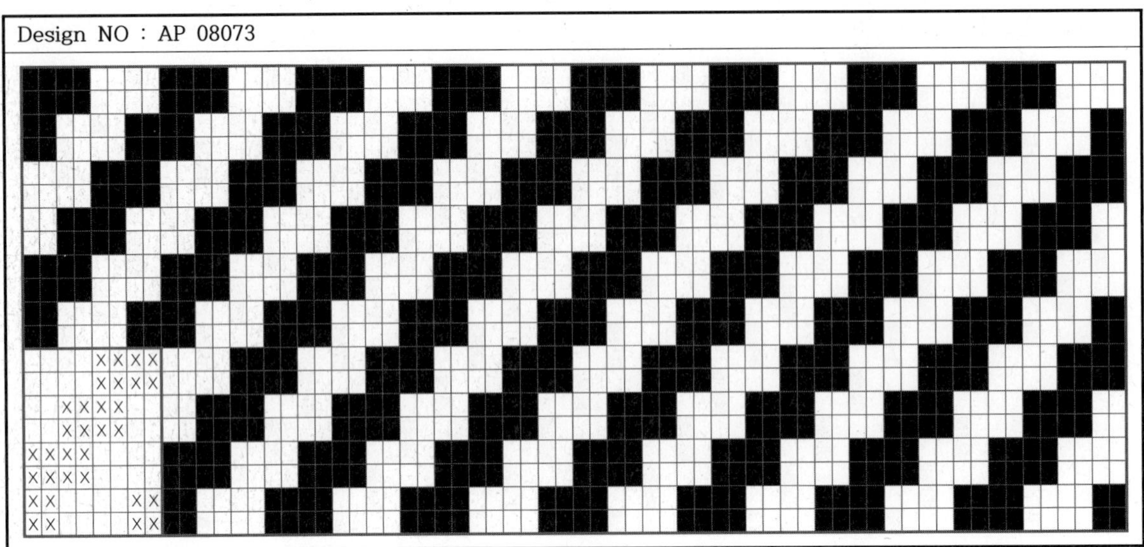

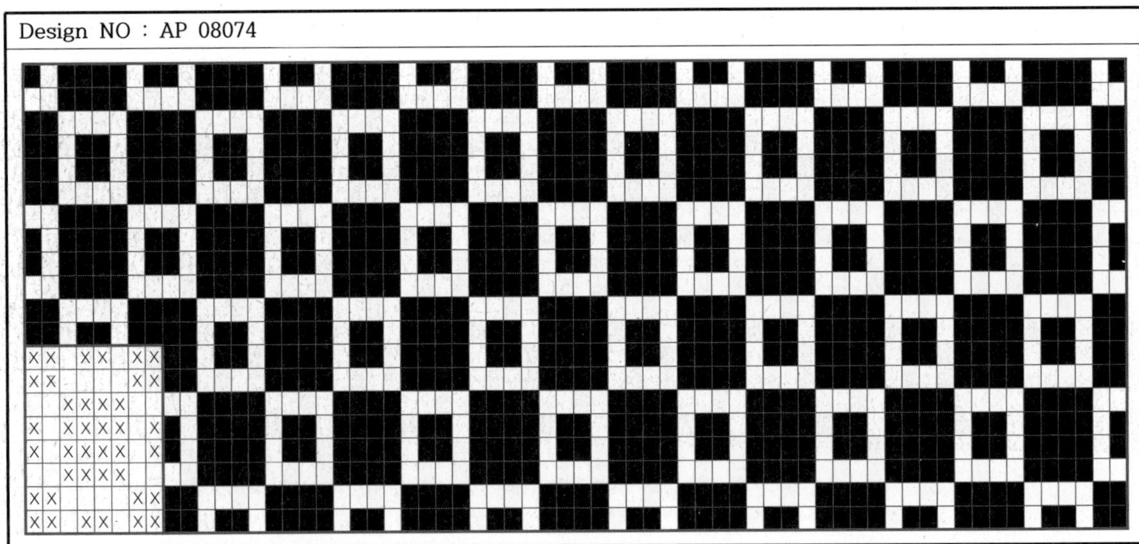

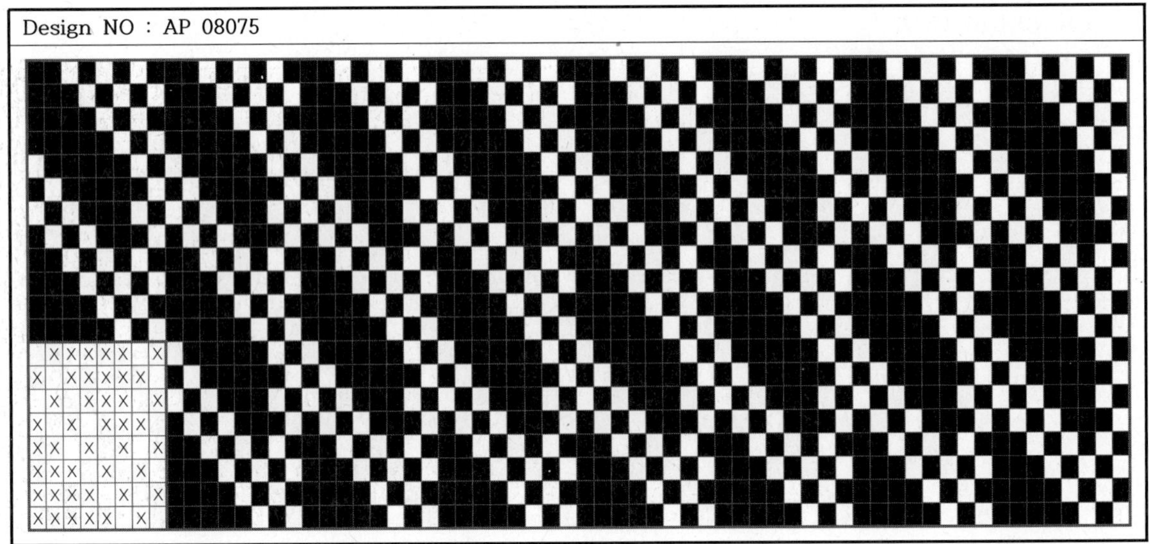

Design NO : AP 08076

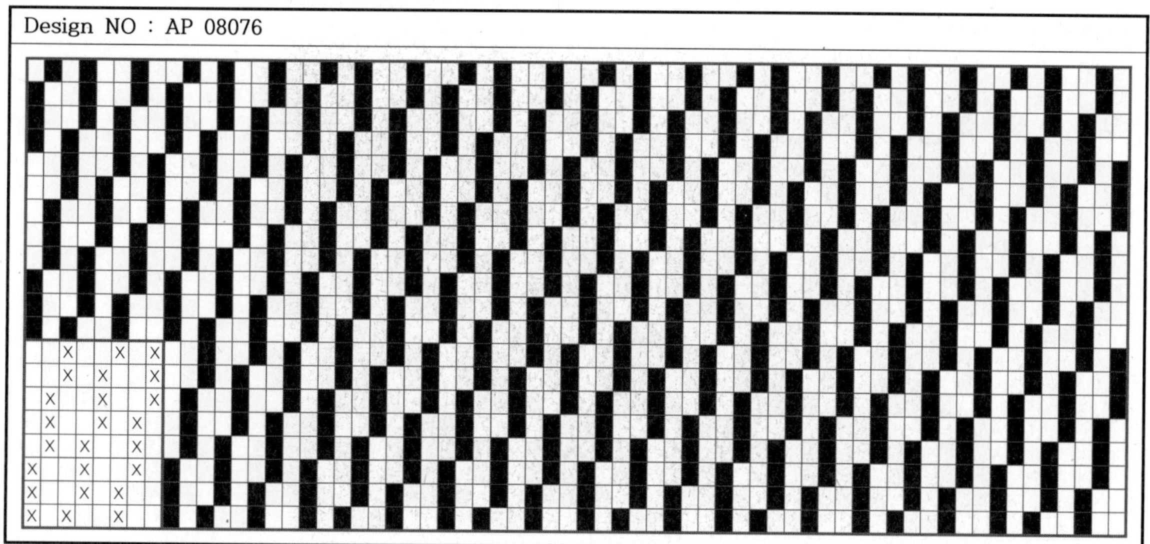

Design NO : AP 08077

Design NO : AP 08078

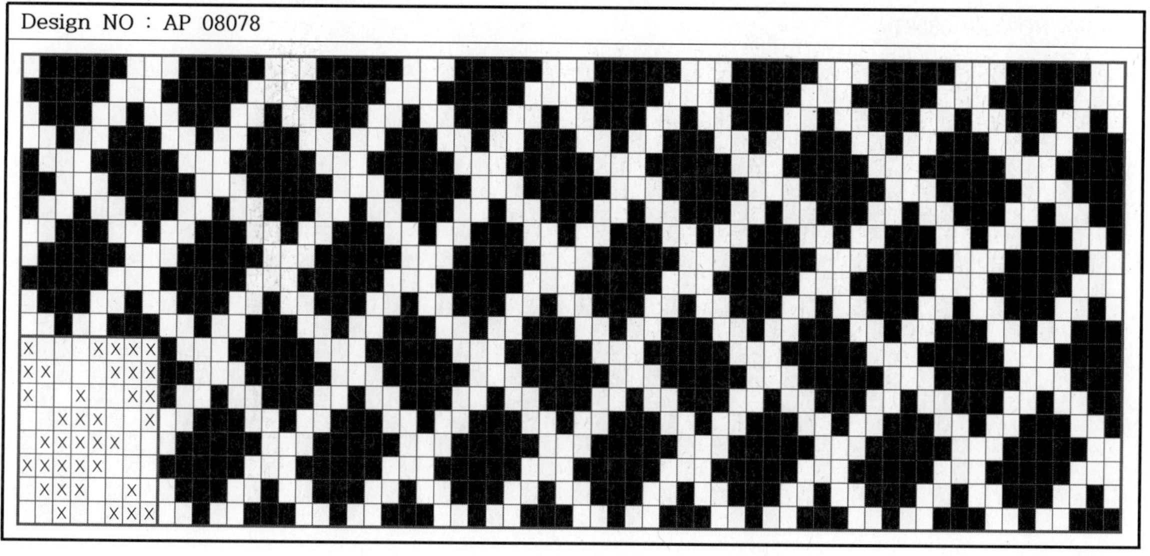

Design NO : AP 08079

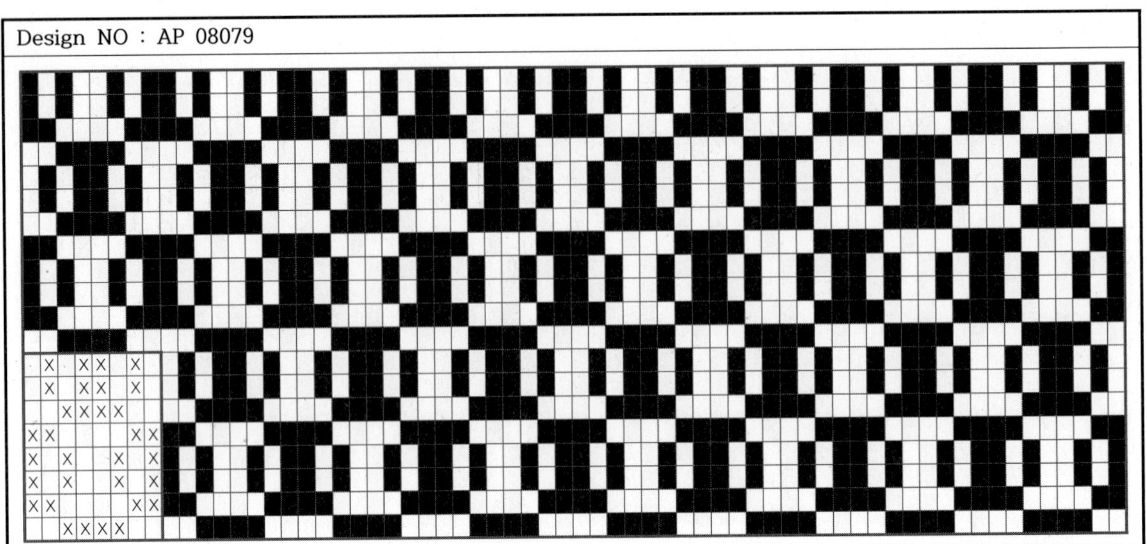

Design NO : AP 08080

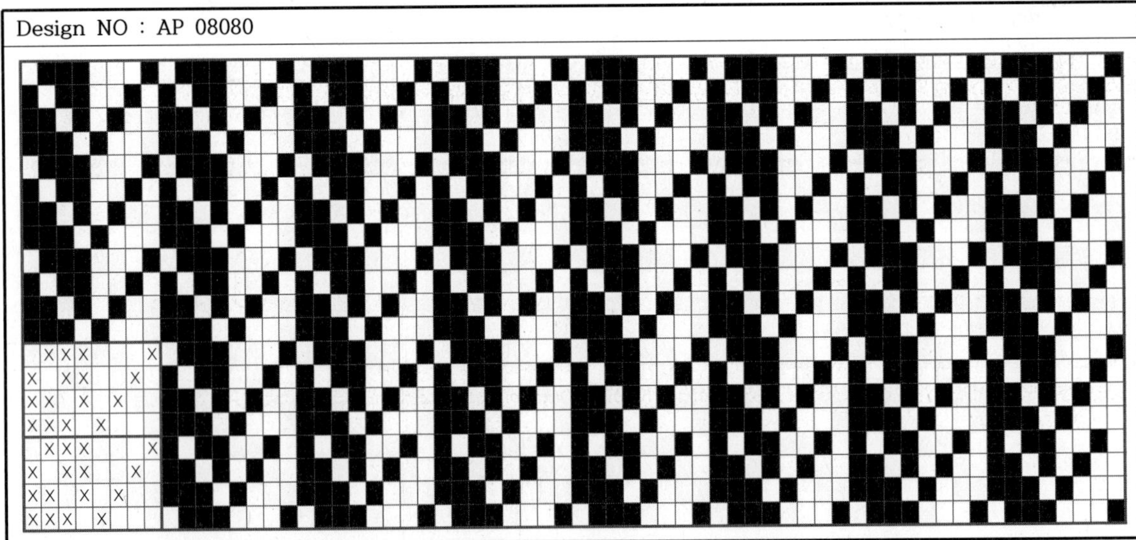

Design NO : AP 08081

Design NO : AP 08082

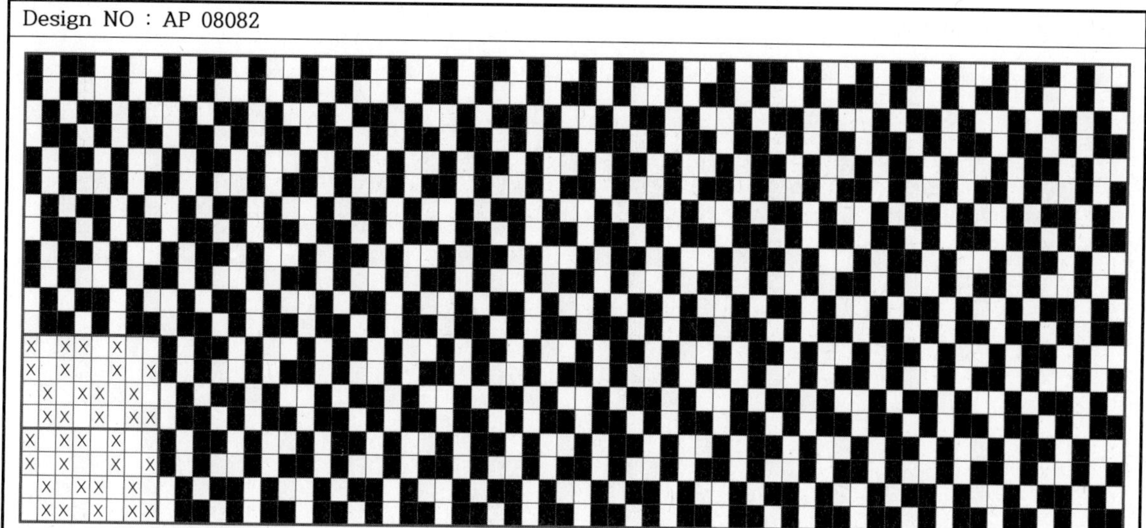

Design NO : AP 08083

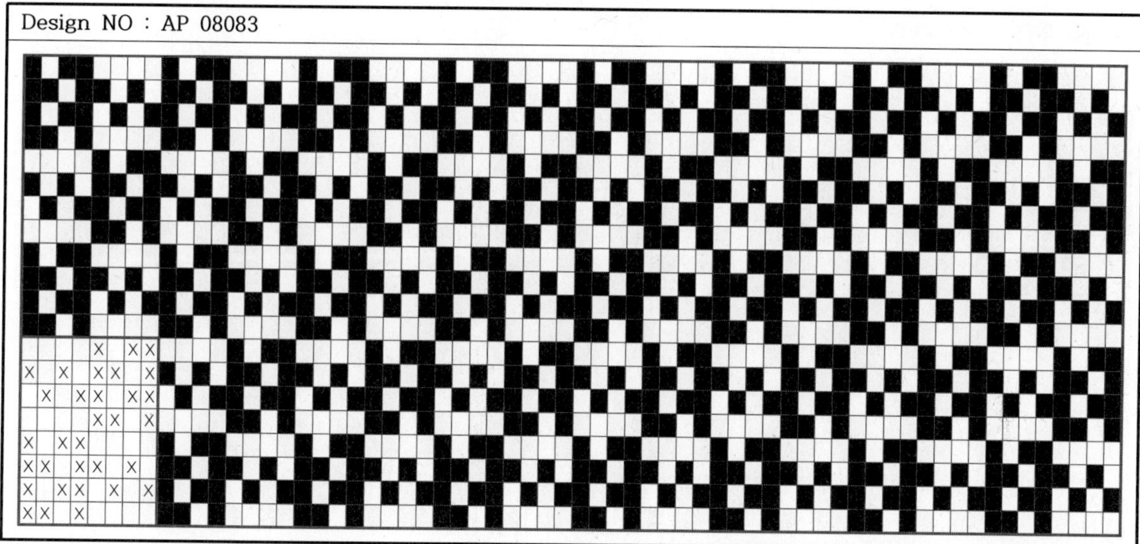

Design NO : AP 08084

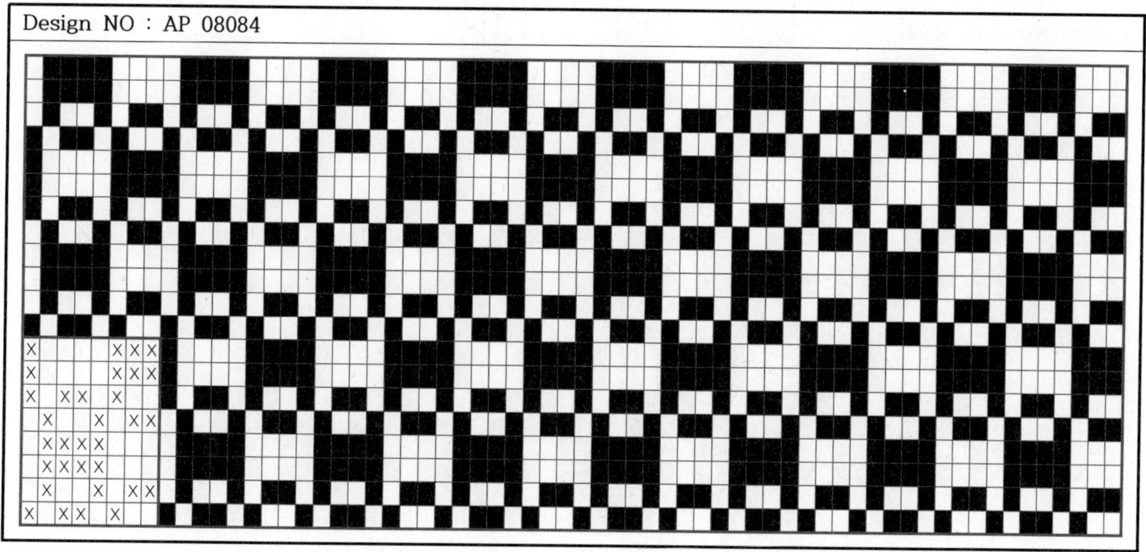

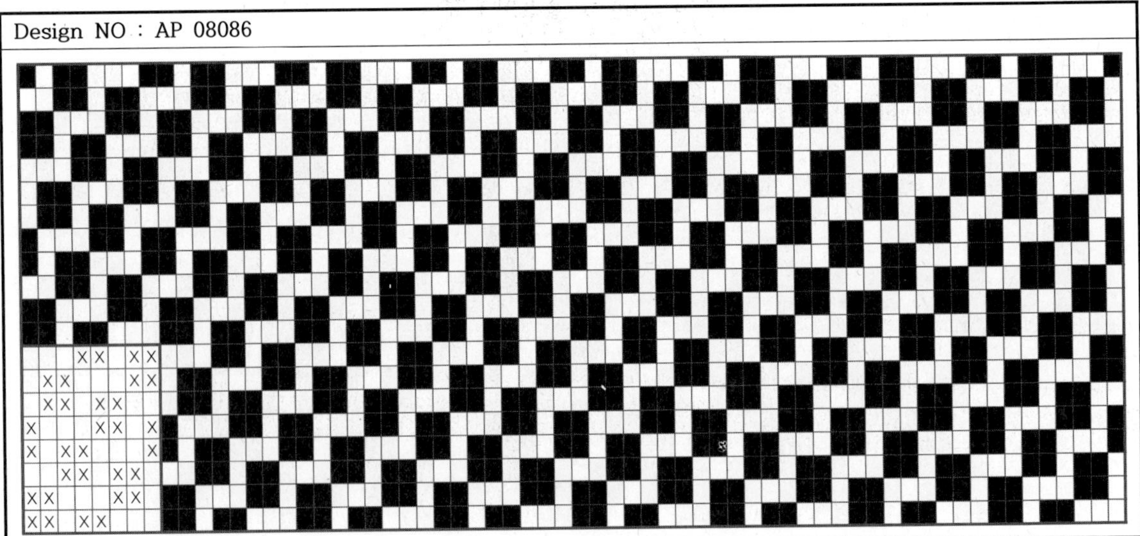

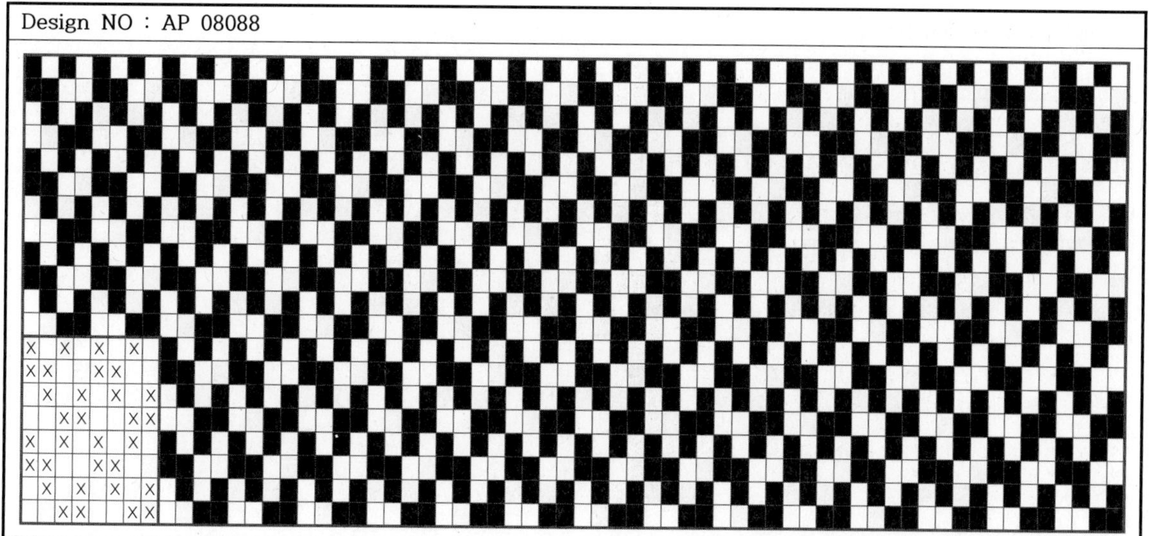

Design NO : AP 08089

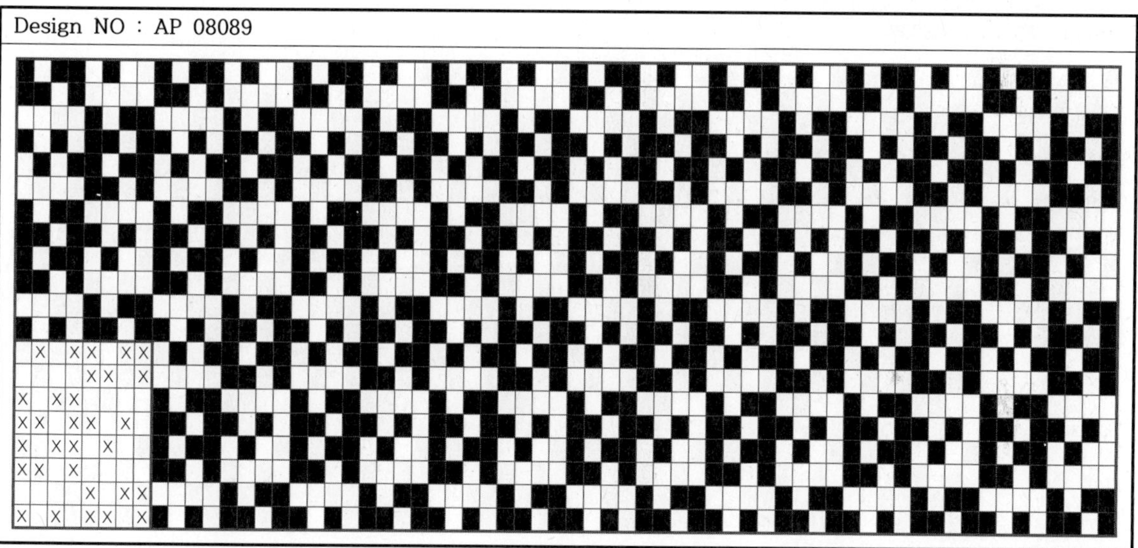

Design NO : AP 08090

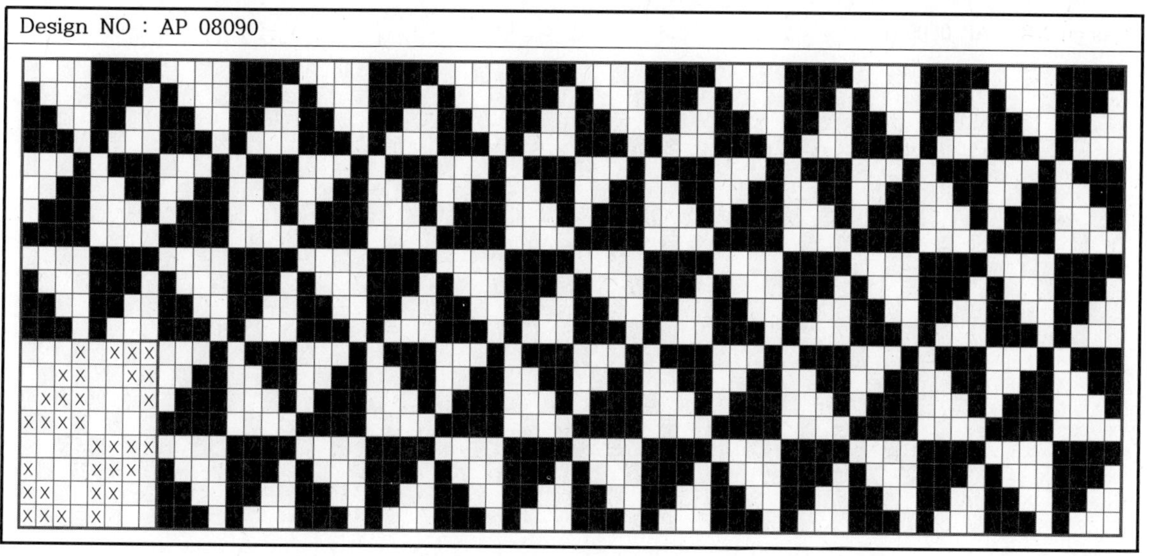

Design NO : AP 08091

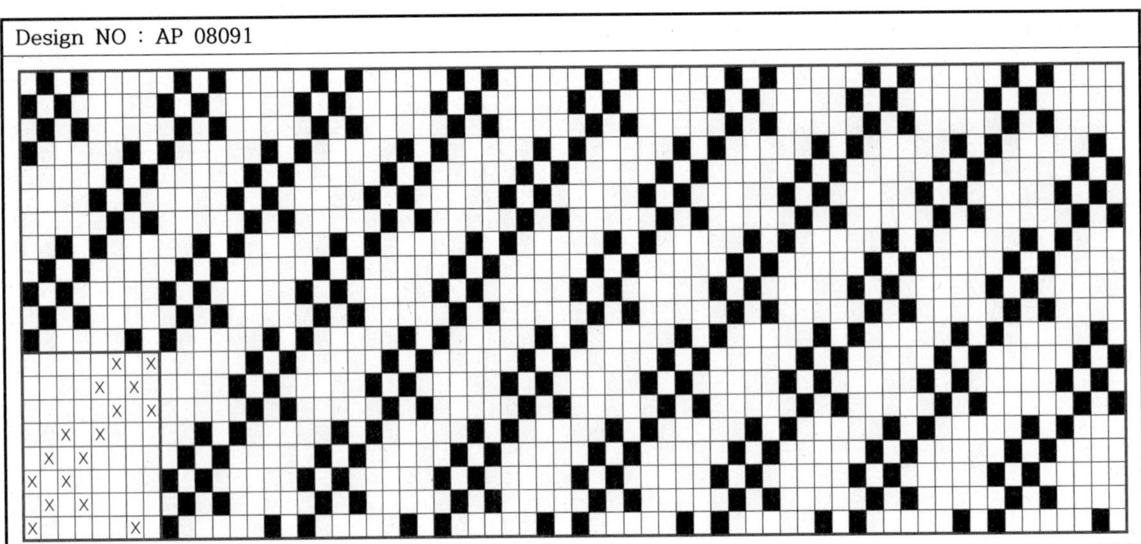

Design NO : AP 08092

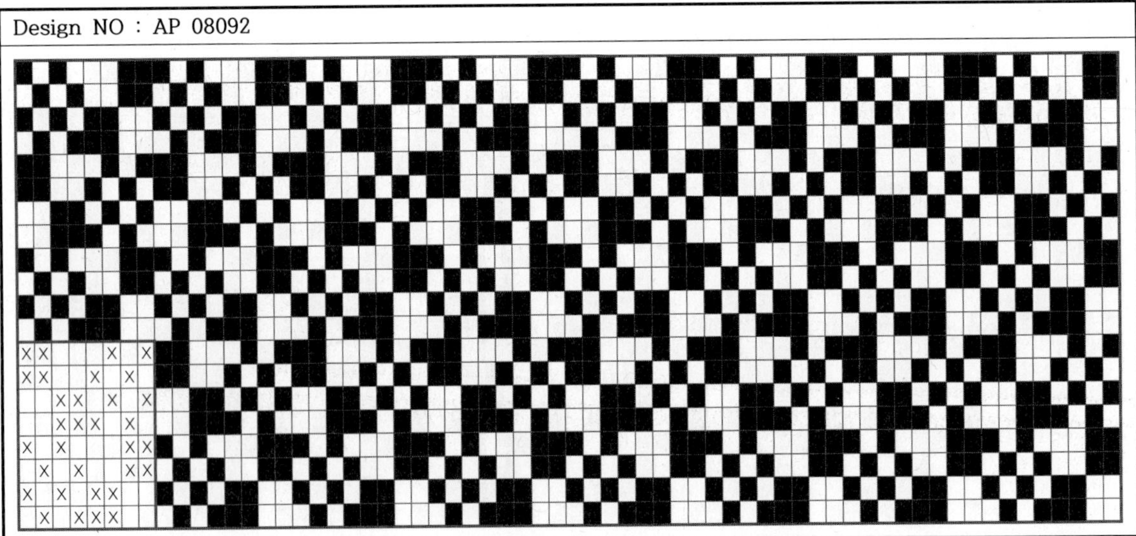

Design NO : AP 08093

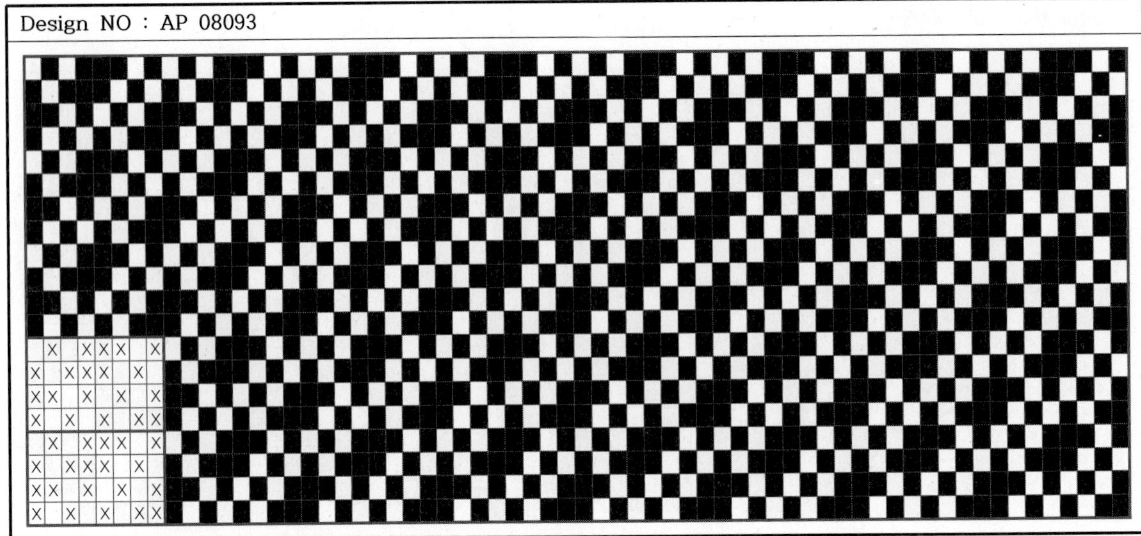

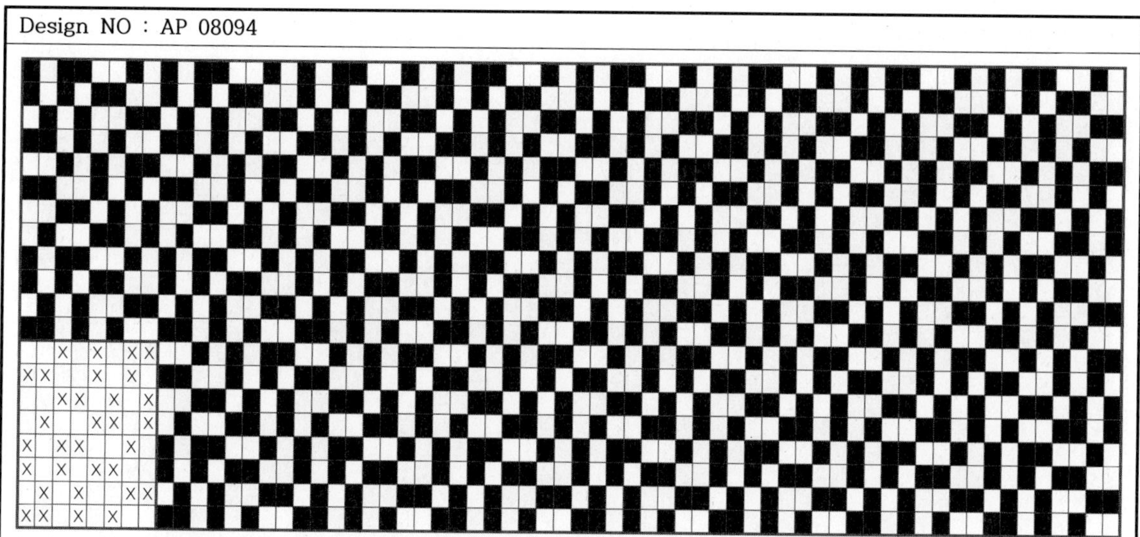

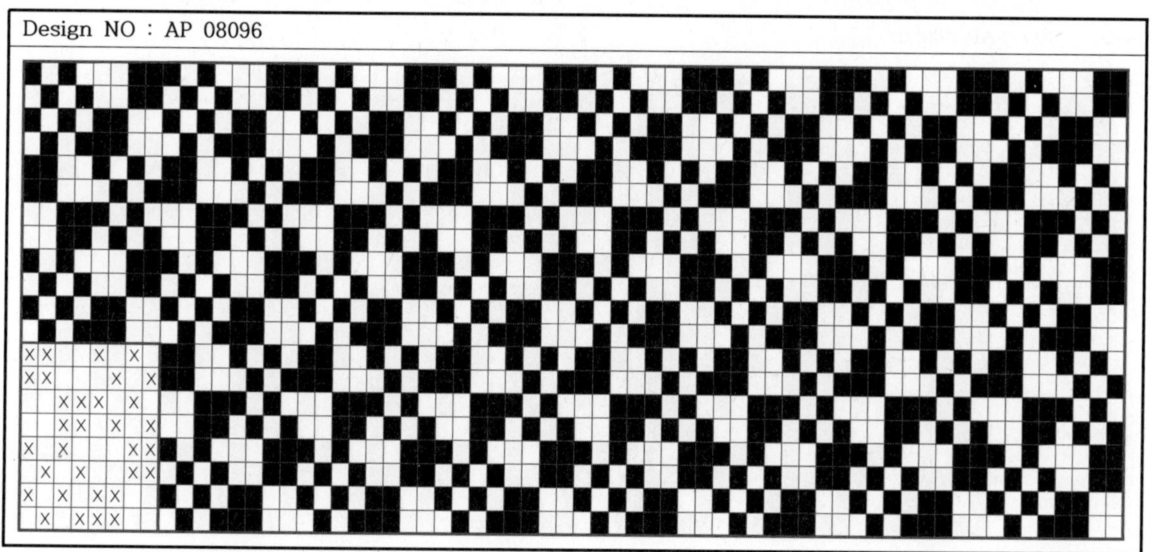

Design NO : AP 08097

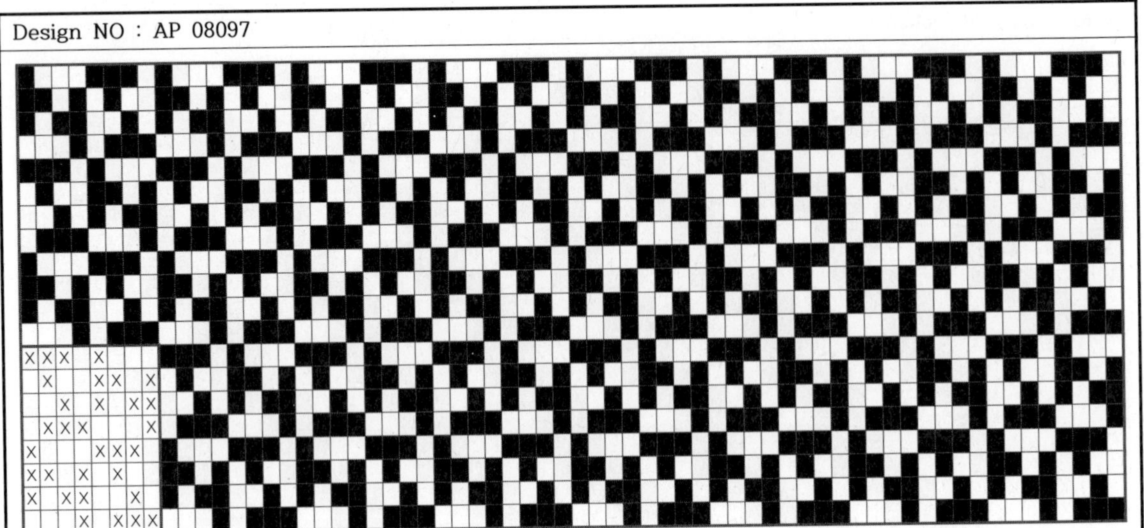

Design NO : AP 08098

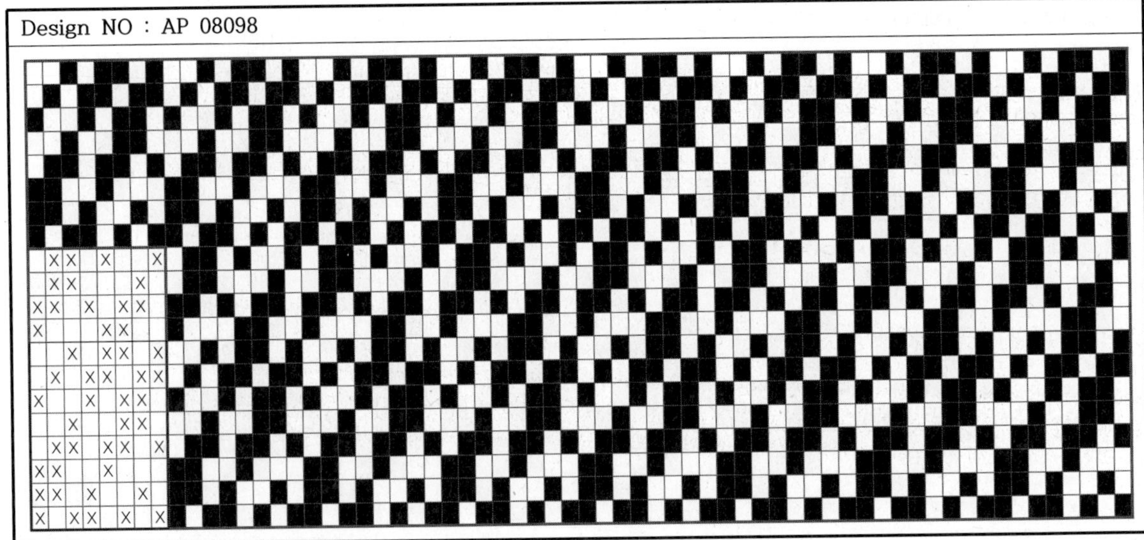

Design NO : AP 08099

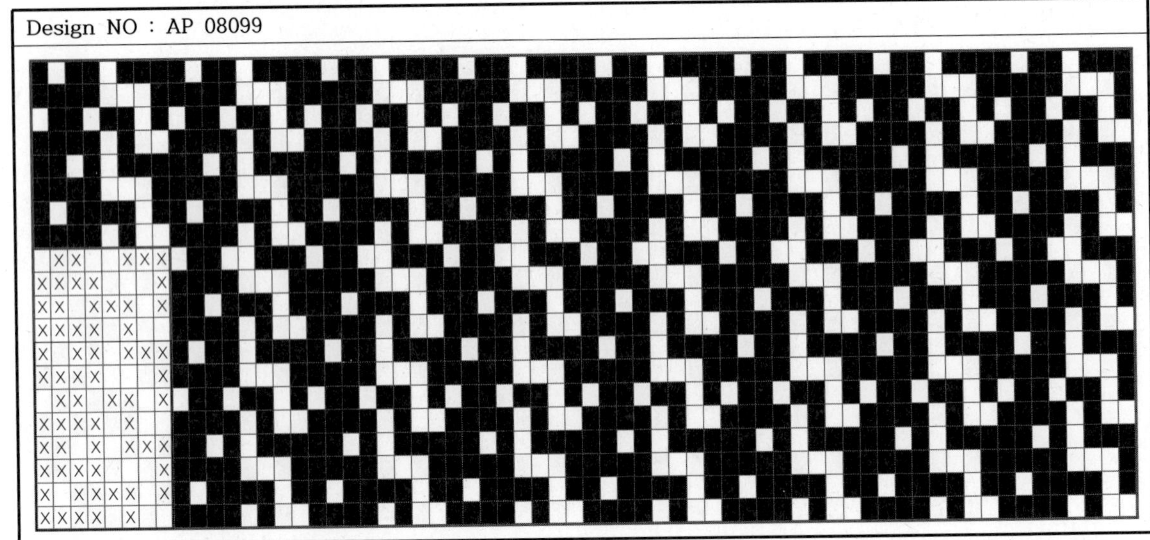

Design NO : AP 08100

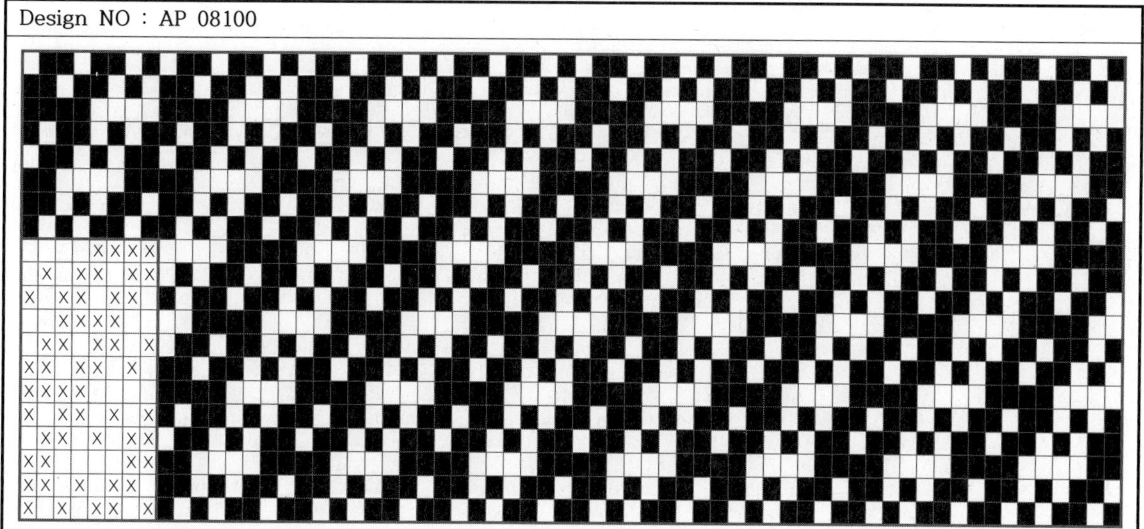

Design NO : AP 08101

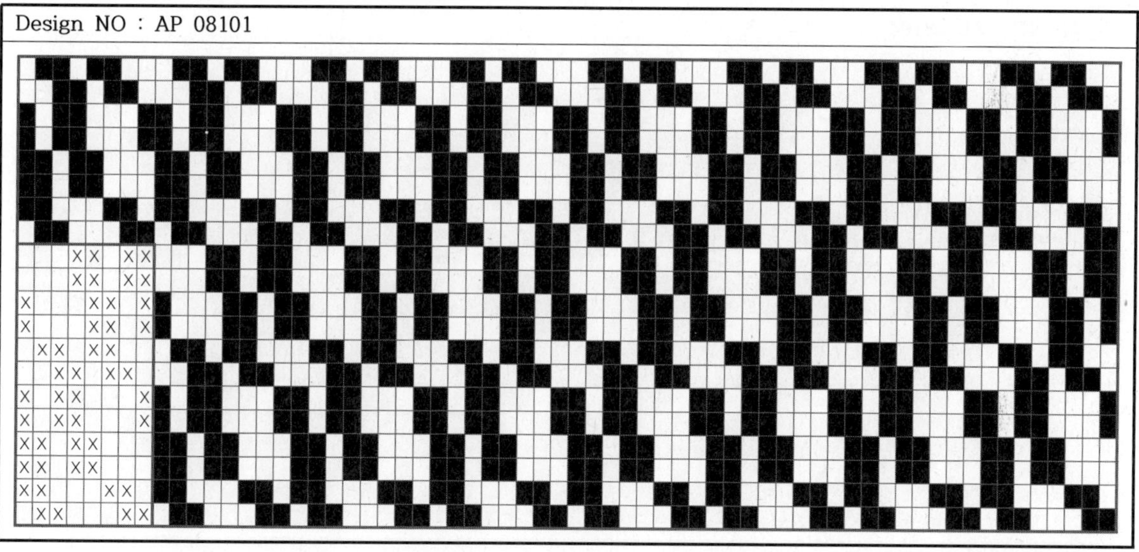

Design NO : AP 08102

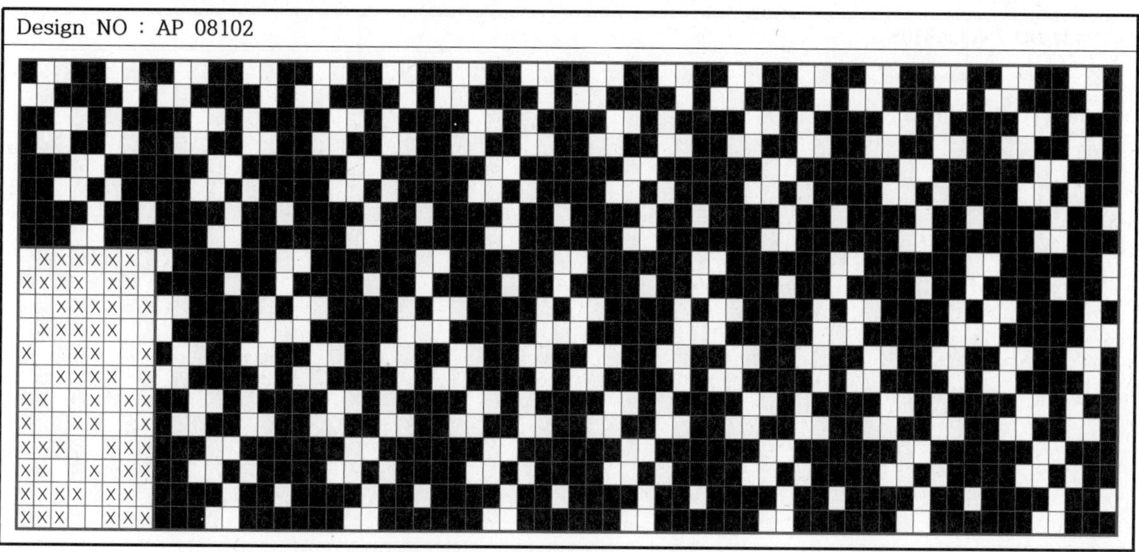

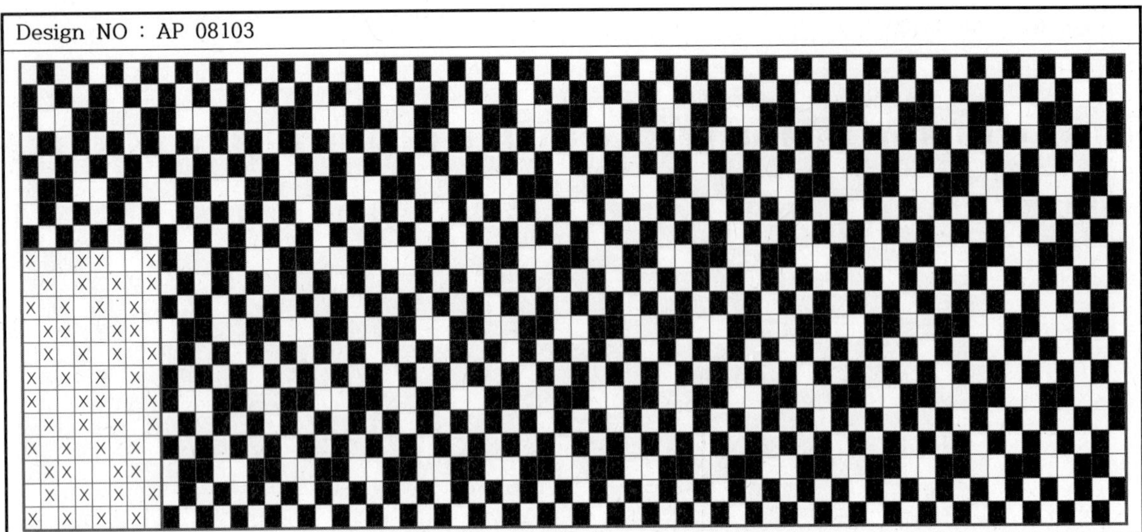

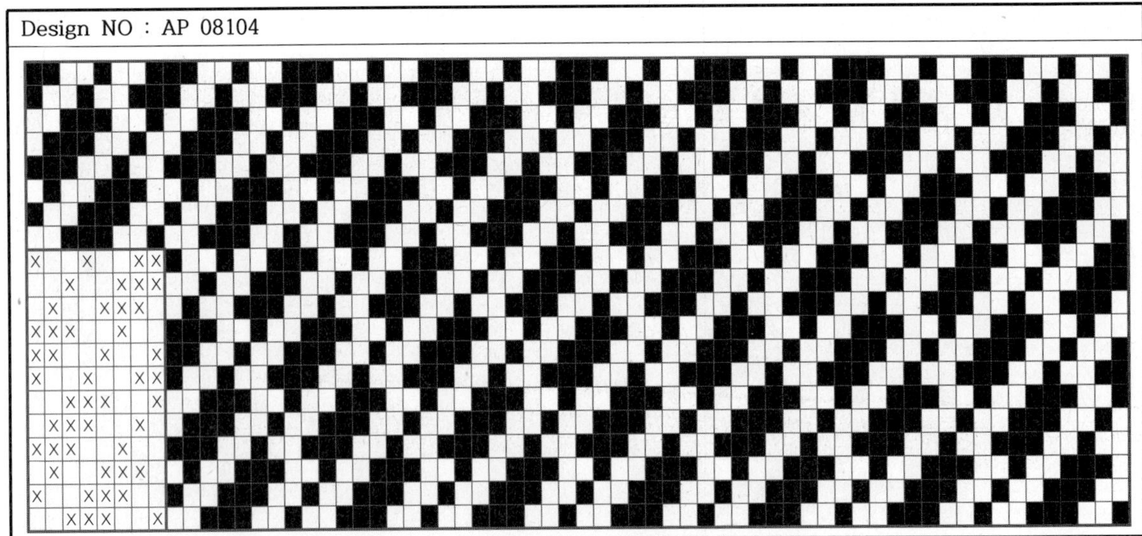

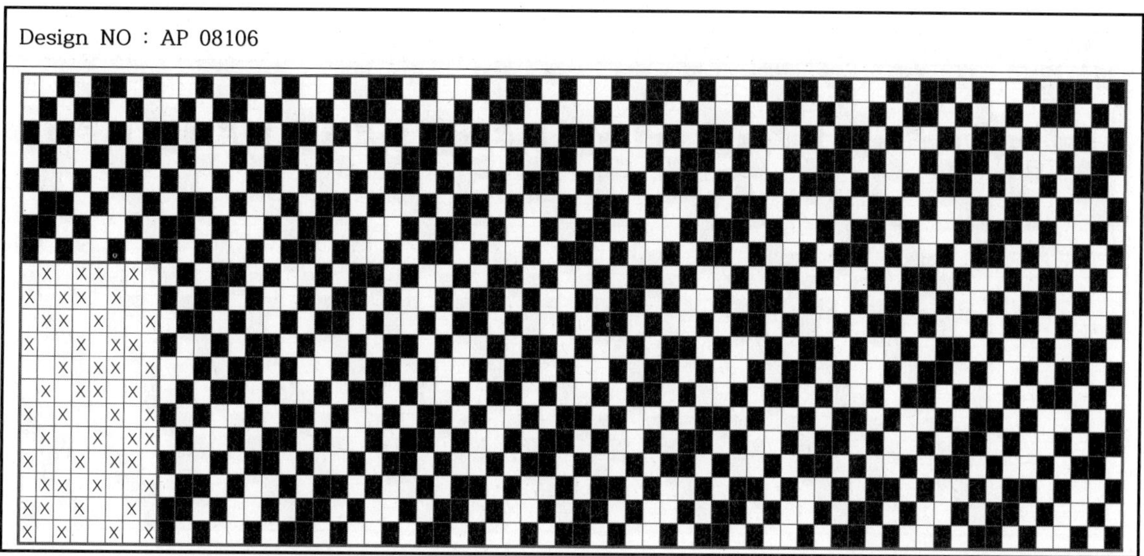

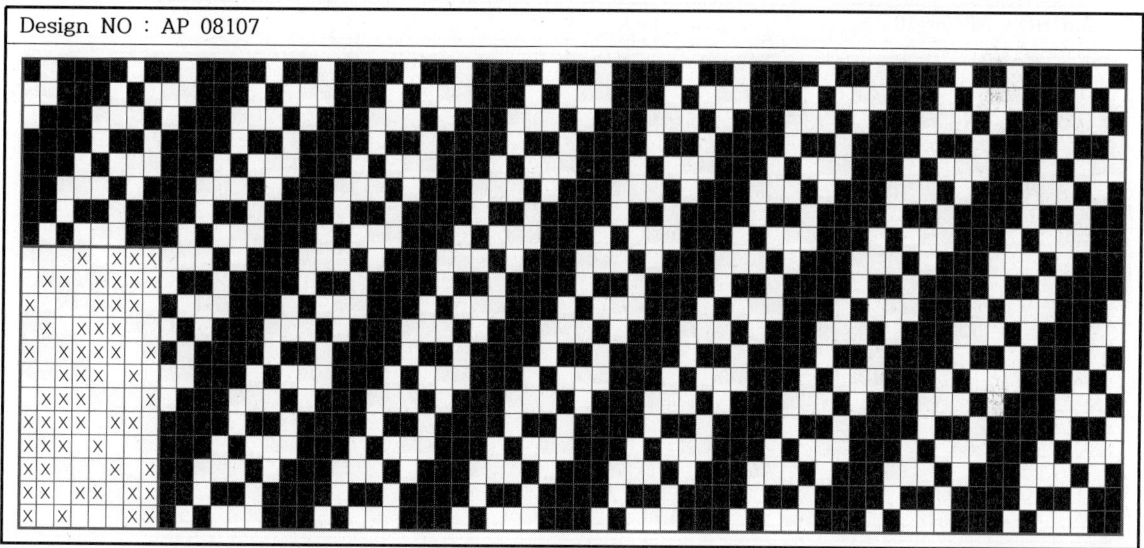

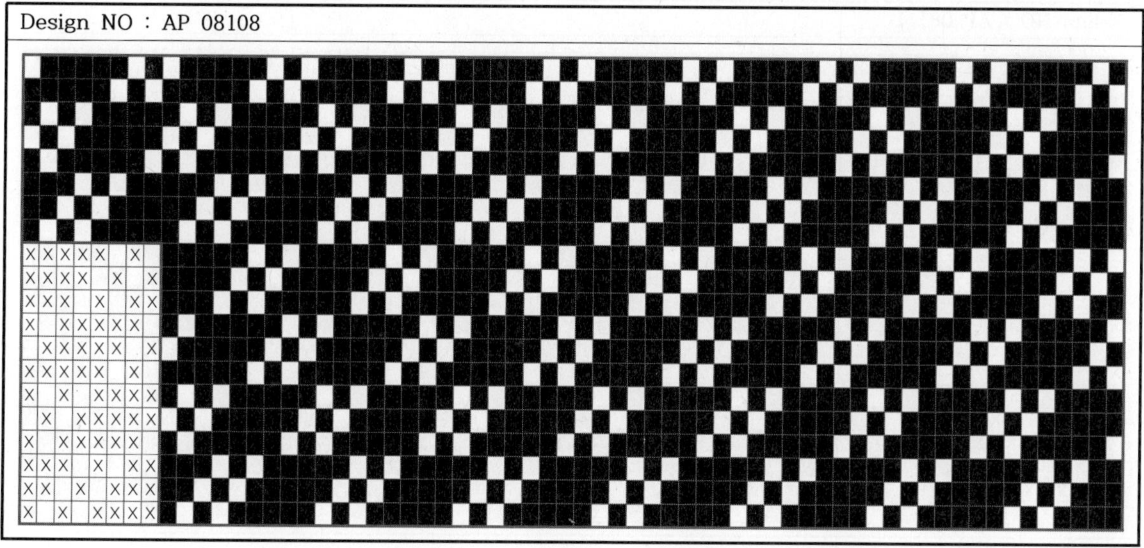

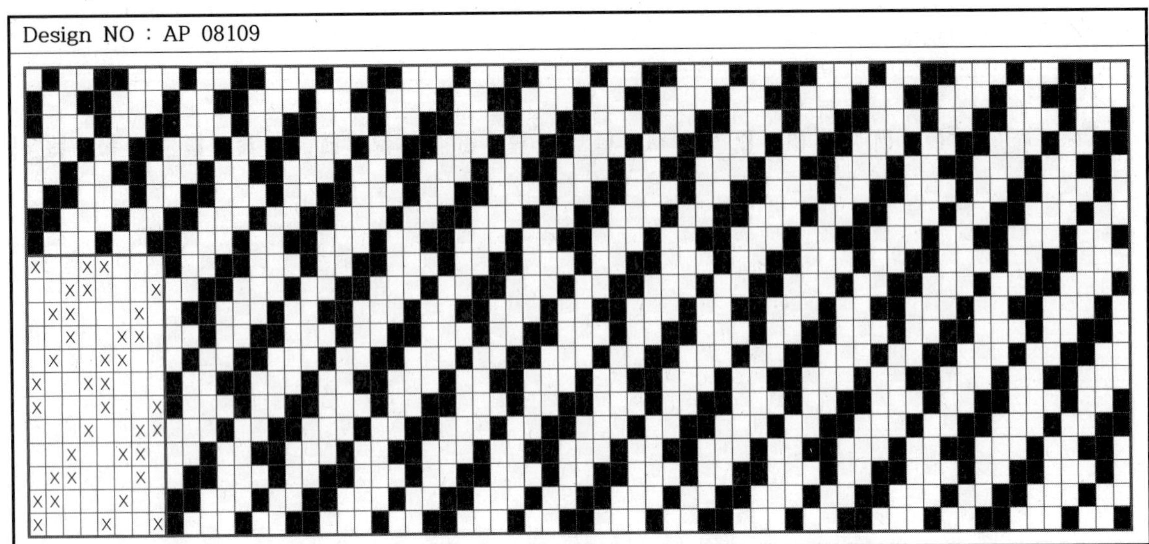

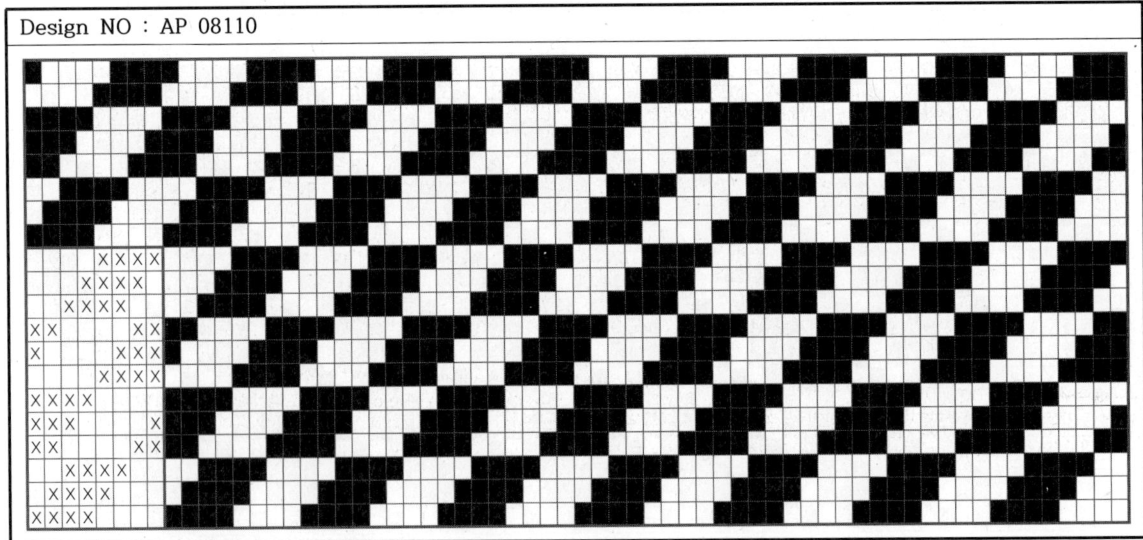

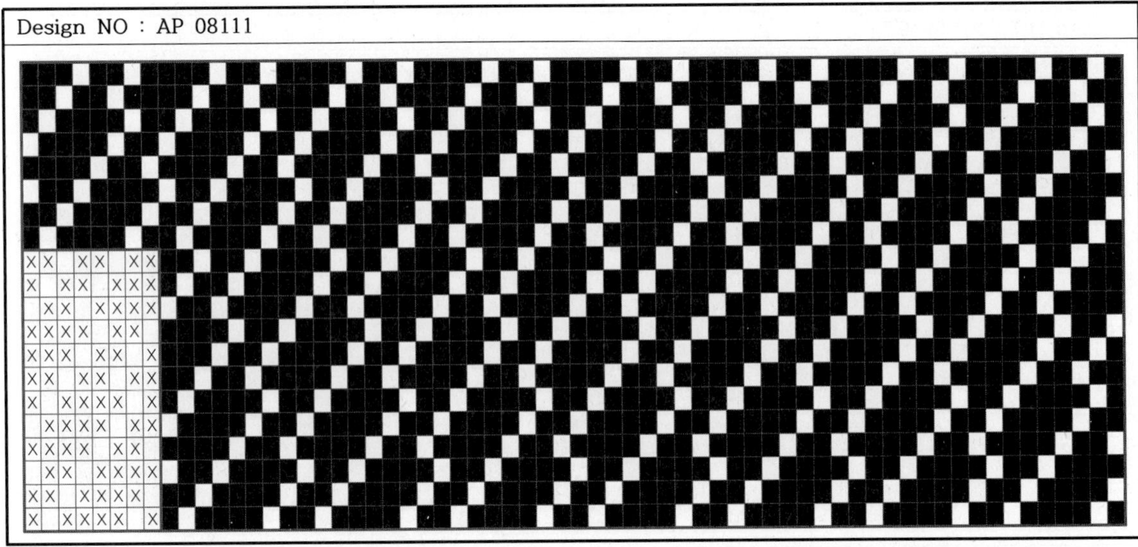

Design NO : AP 08112

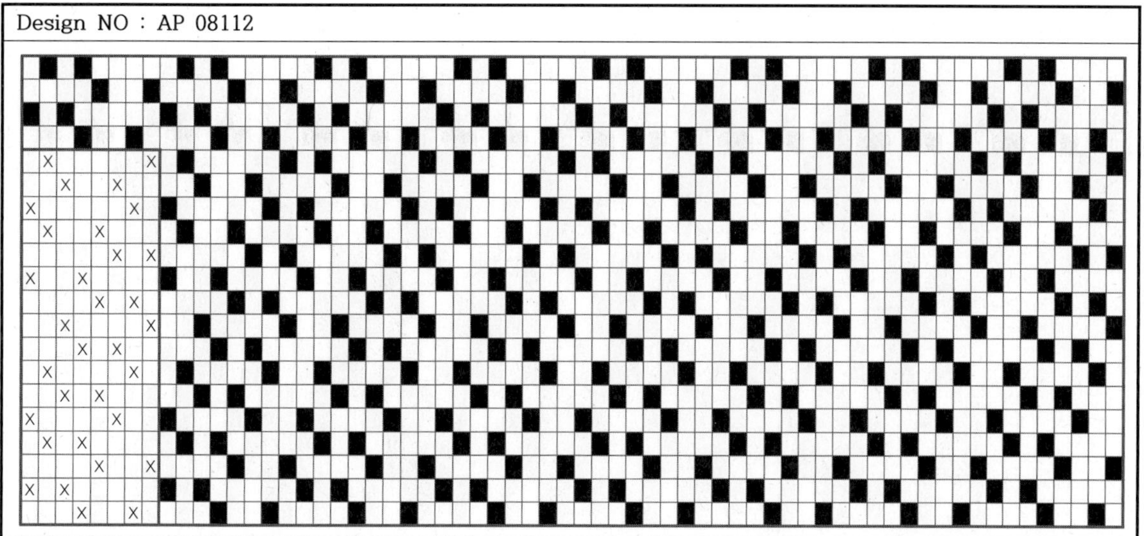

Design NO : AP 08113

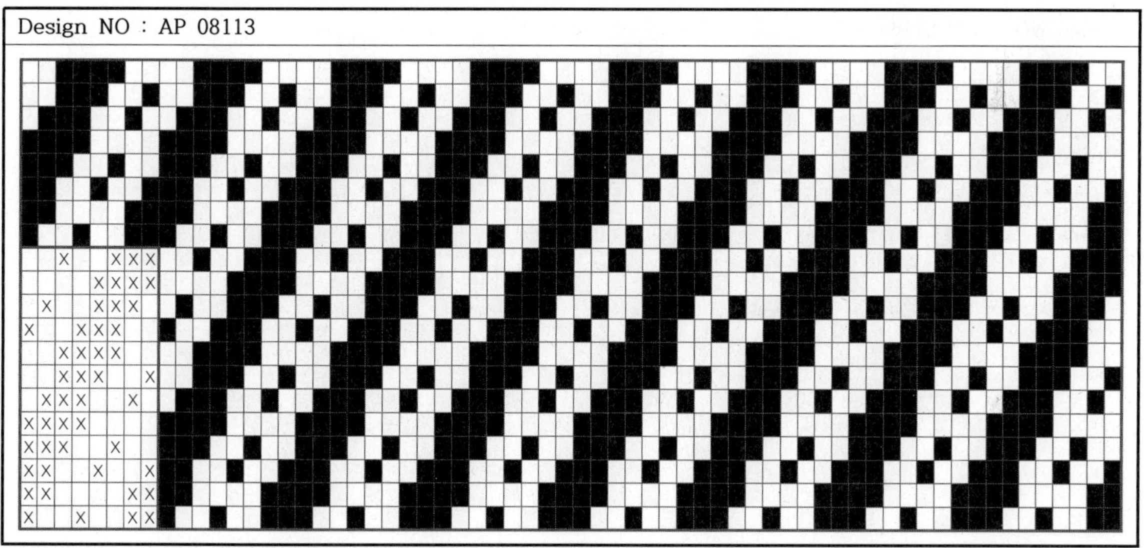

Design NO : AP 08114

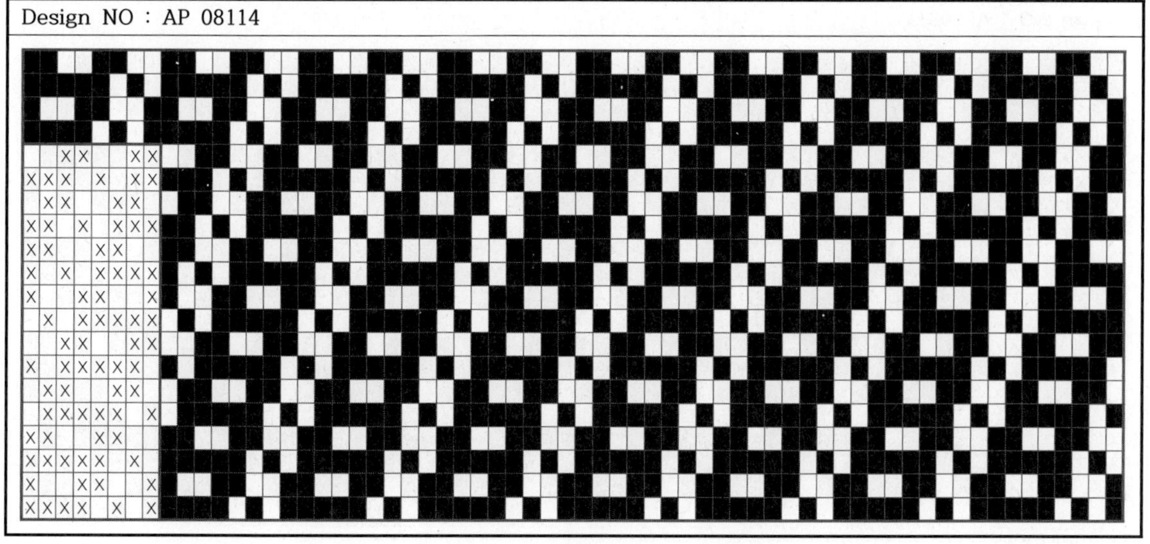

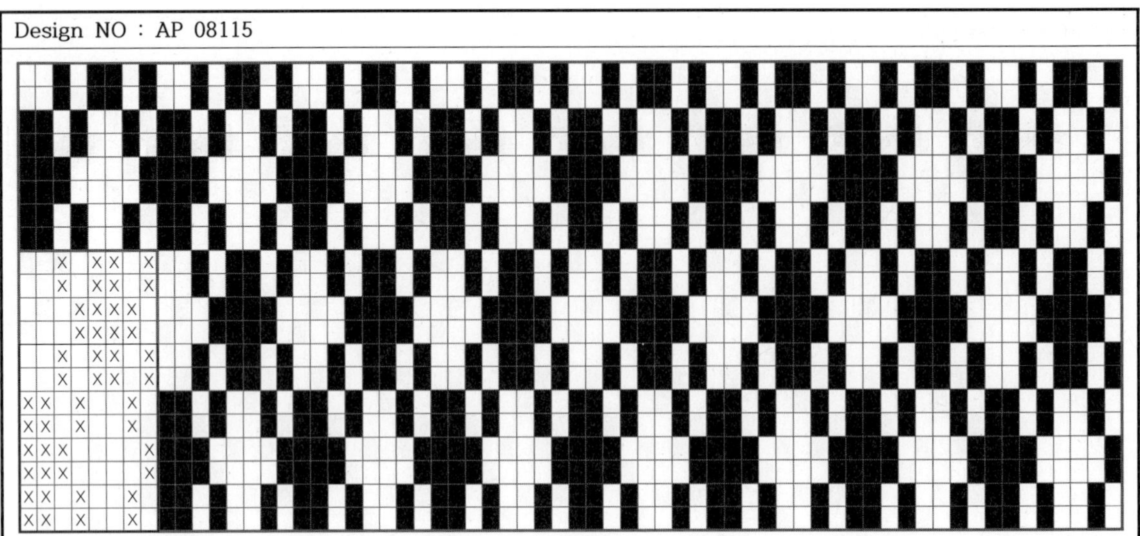

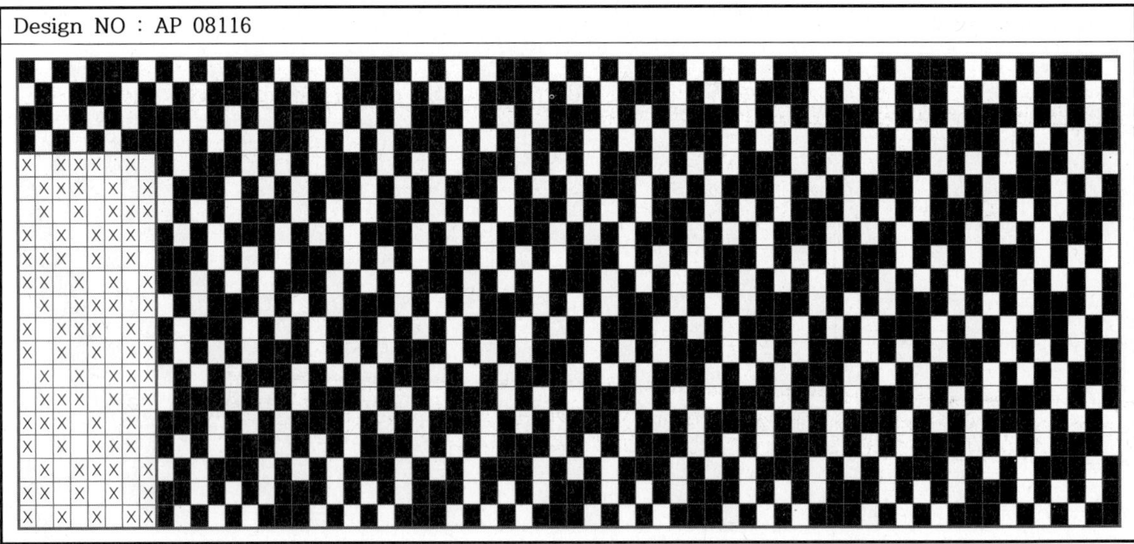

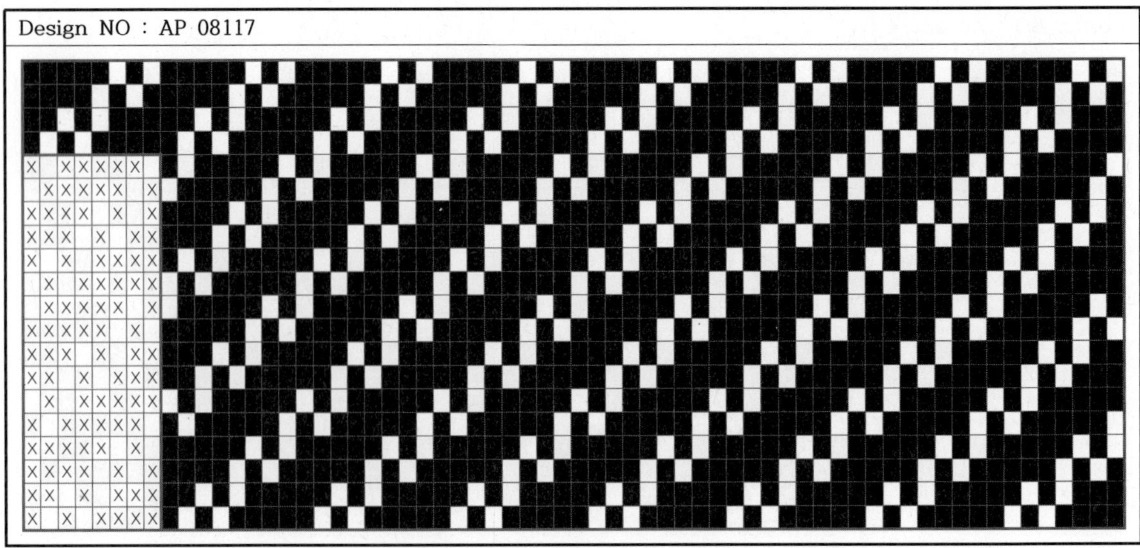

Design NO : AP 08118

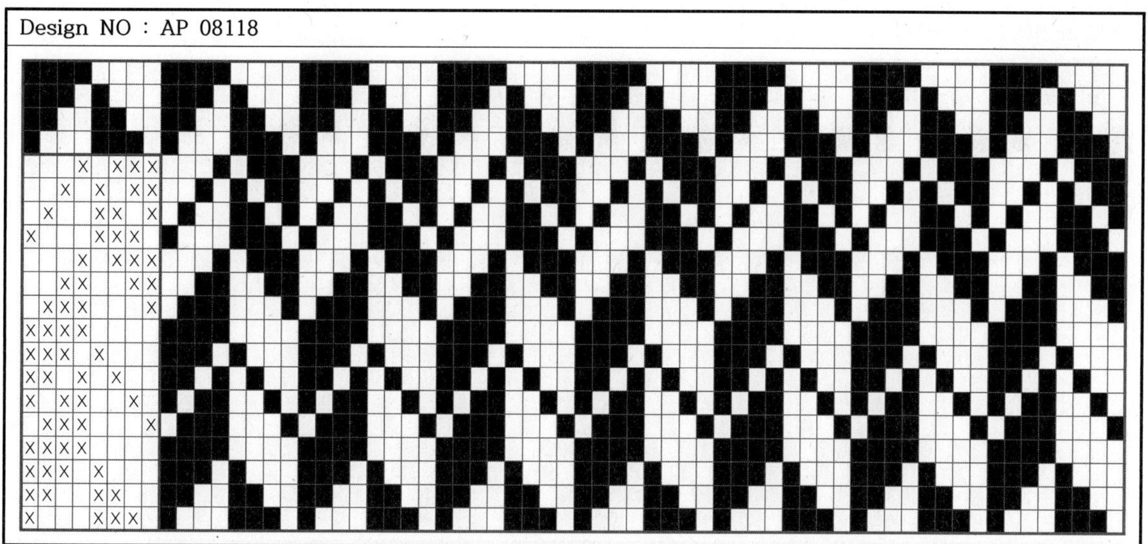

Design NO : AP 08119

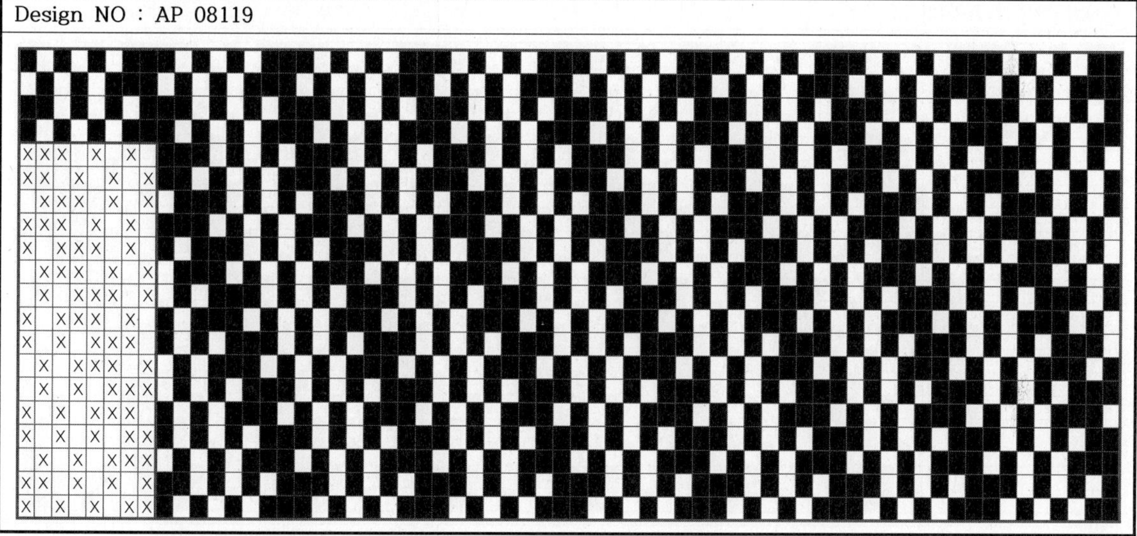

Design NO : AP 08120

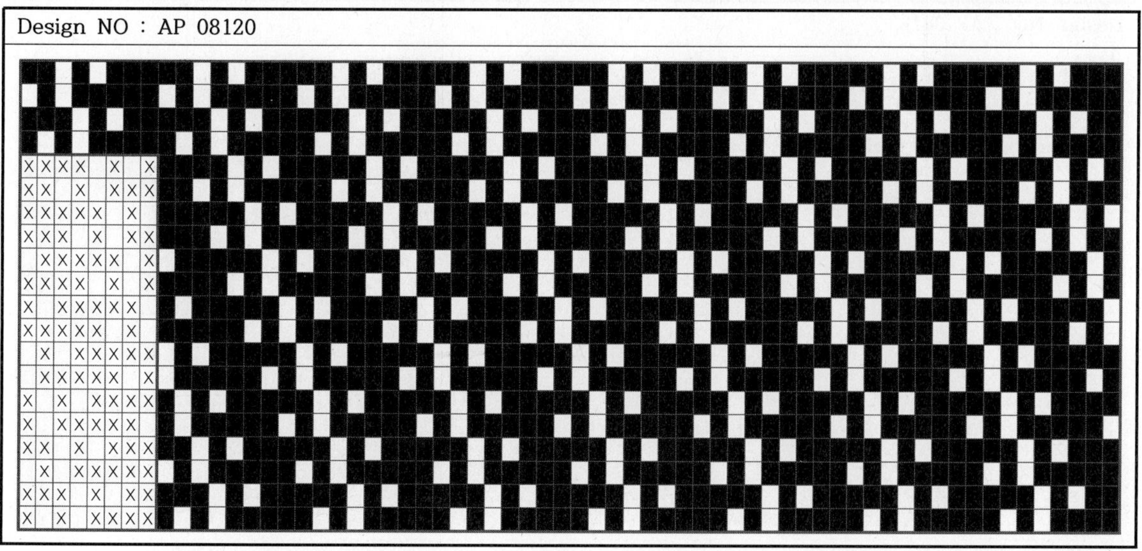

Design NO : AP 08121

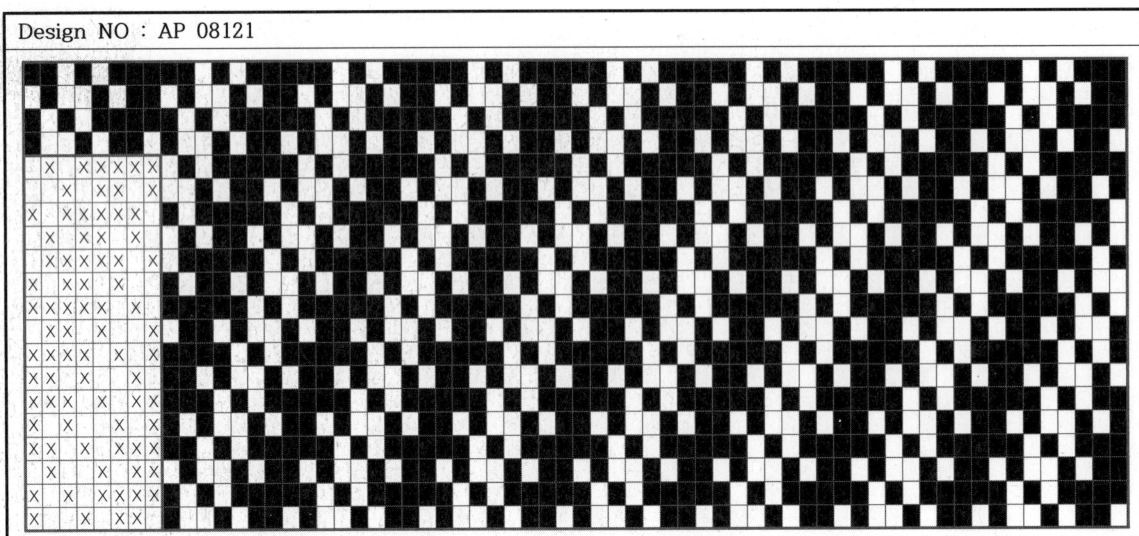

Design NO : AP 08122

Design NO : AP 08123

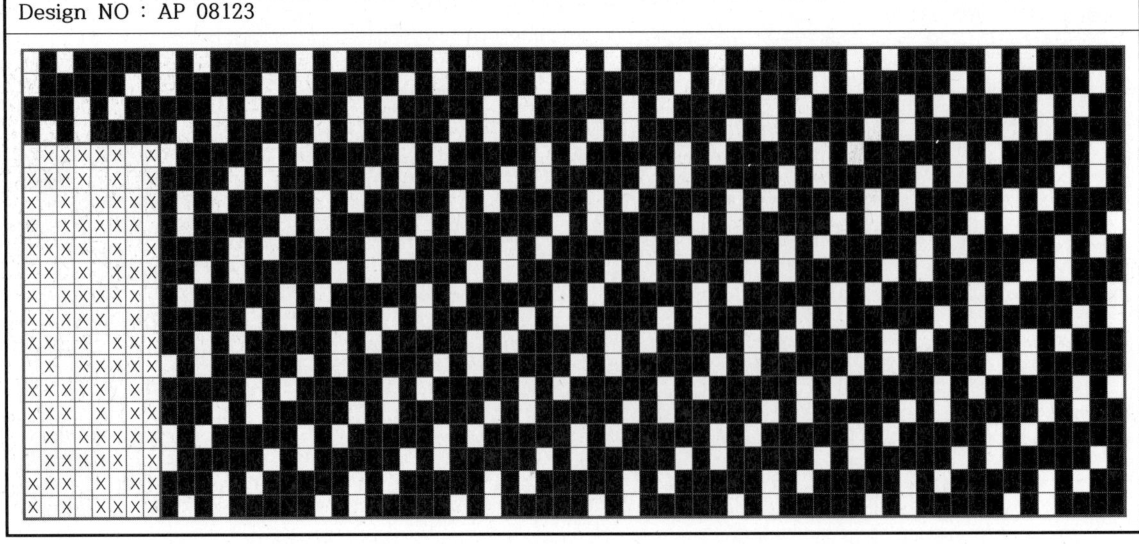

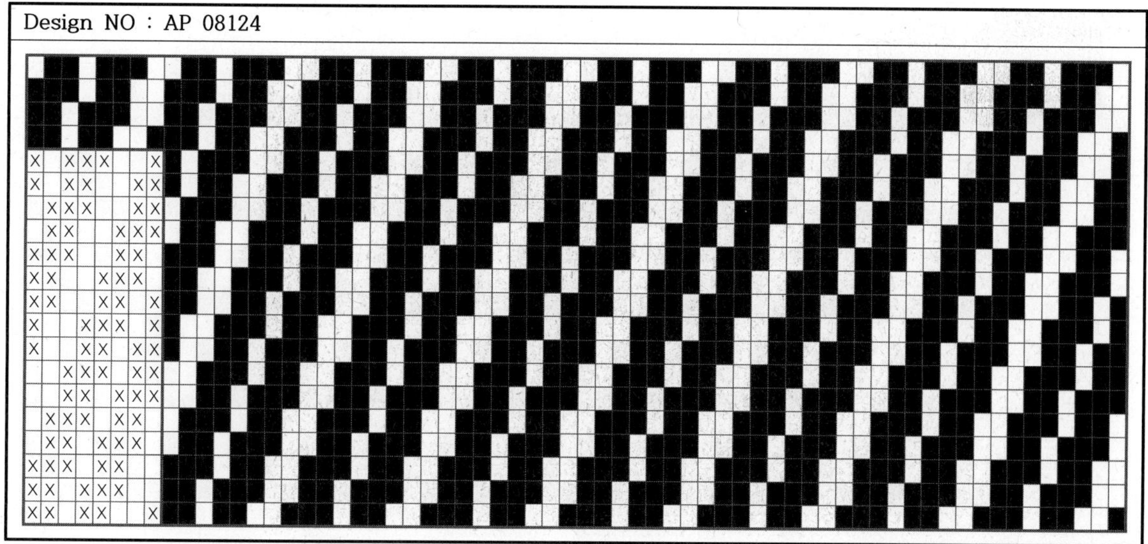

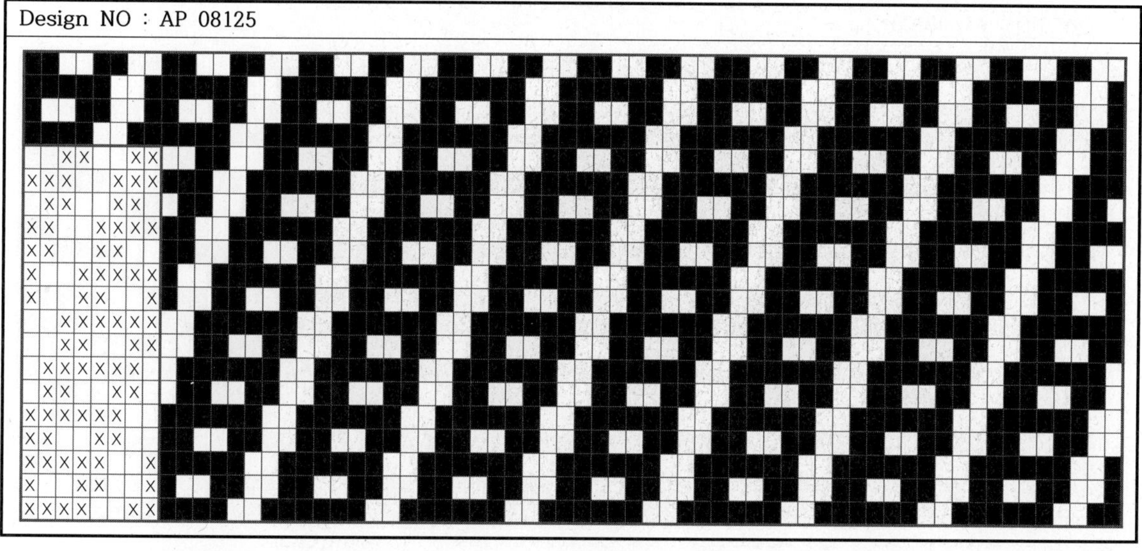

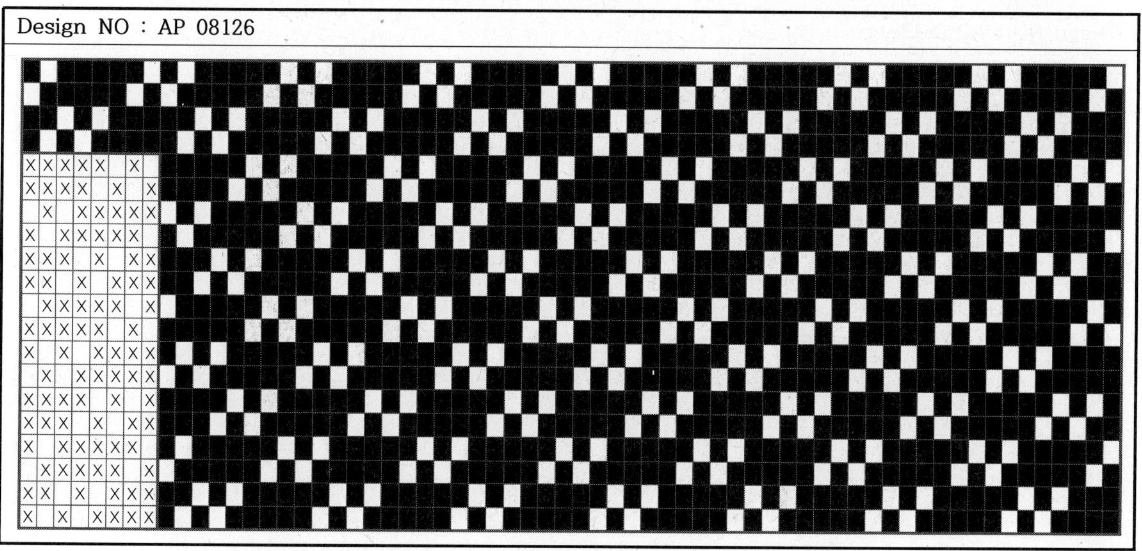

Design NO : AP 08127

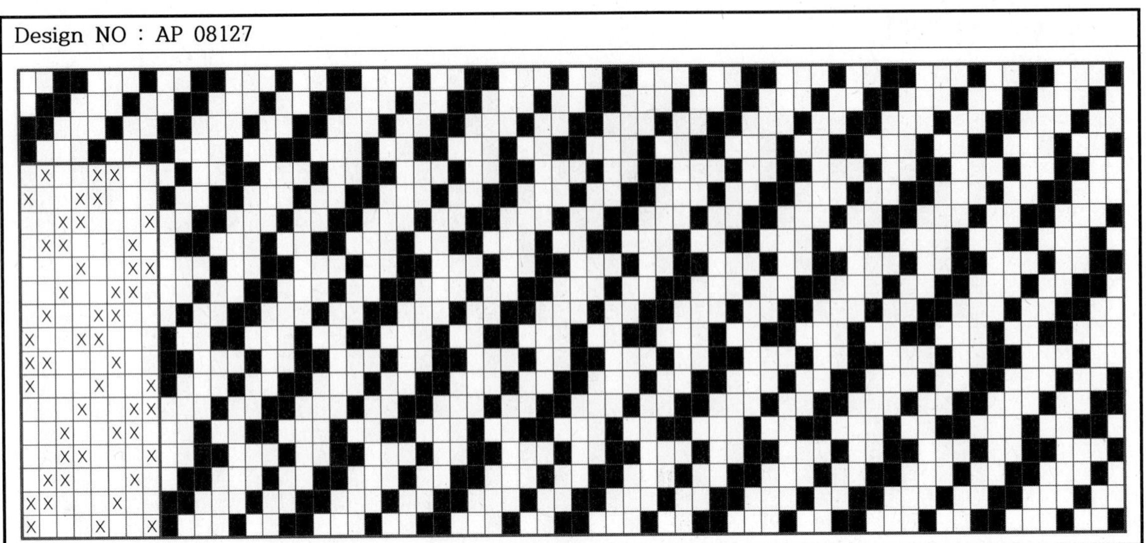

Design NO : AP 08128

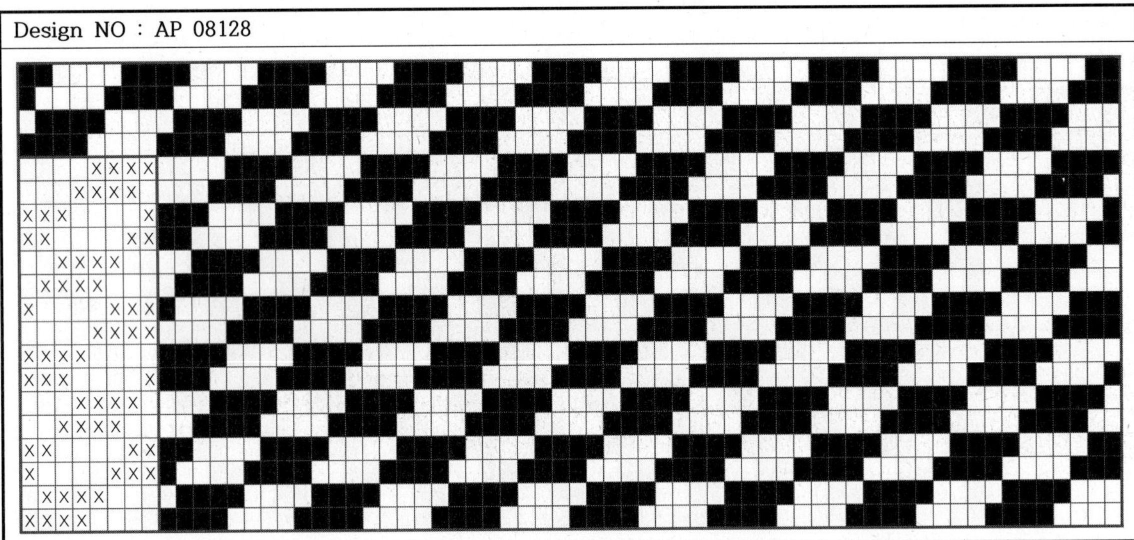

Design NO : AP 08129

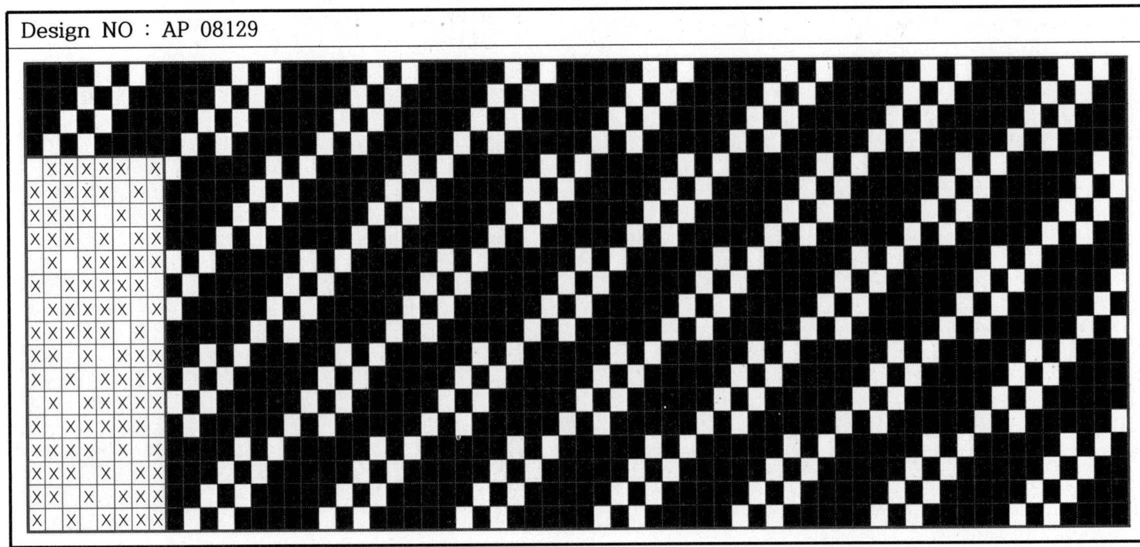

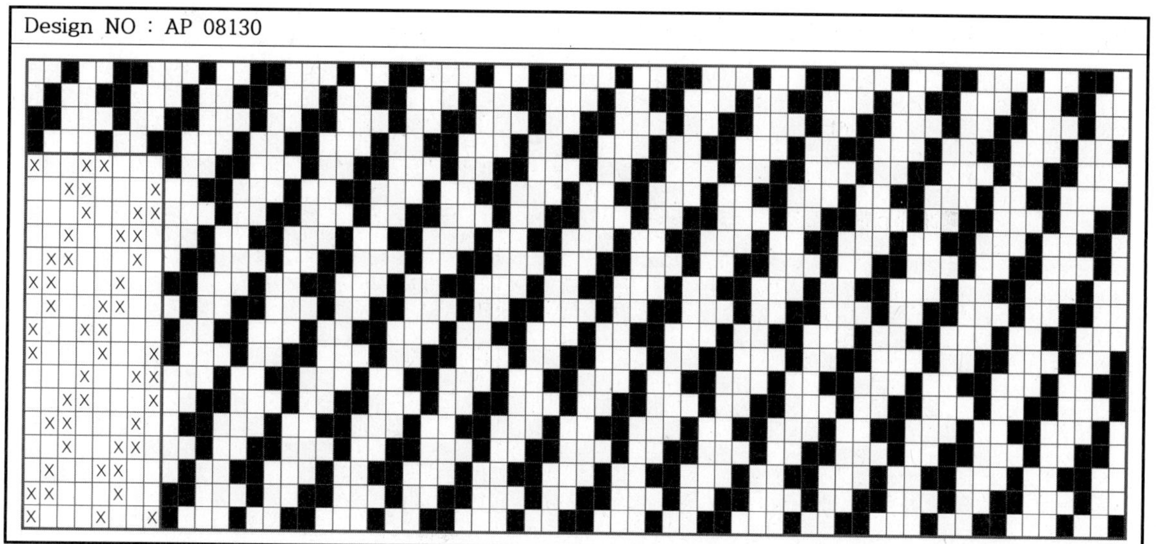

Design NO : AP 08130

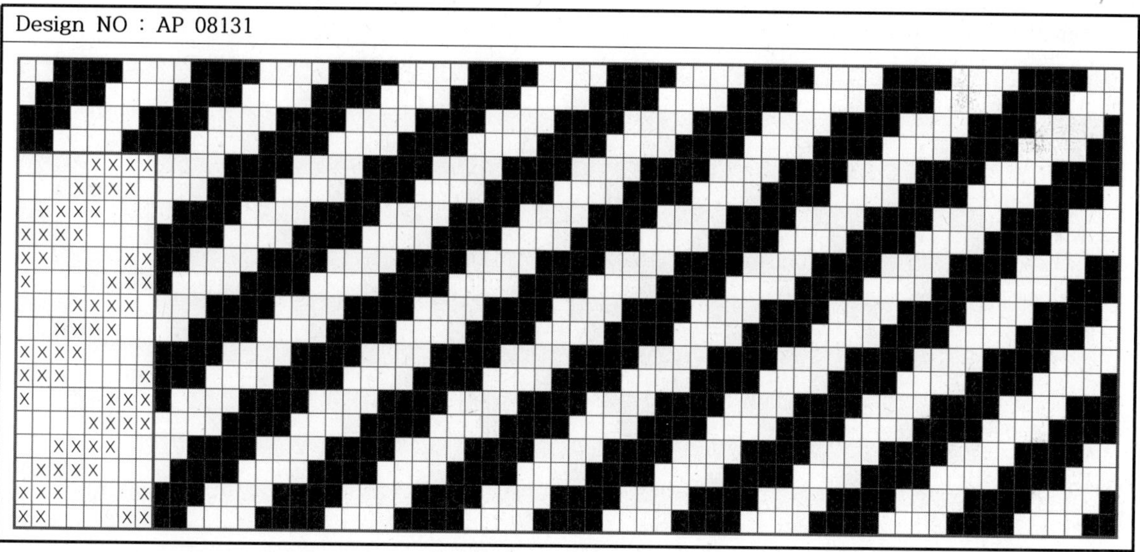

Design NO : AP 08131

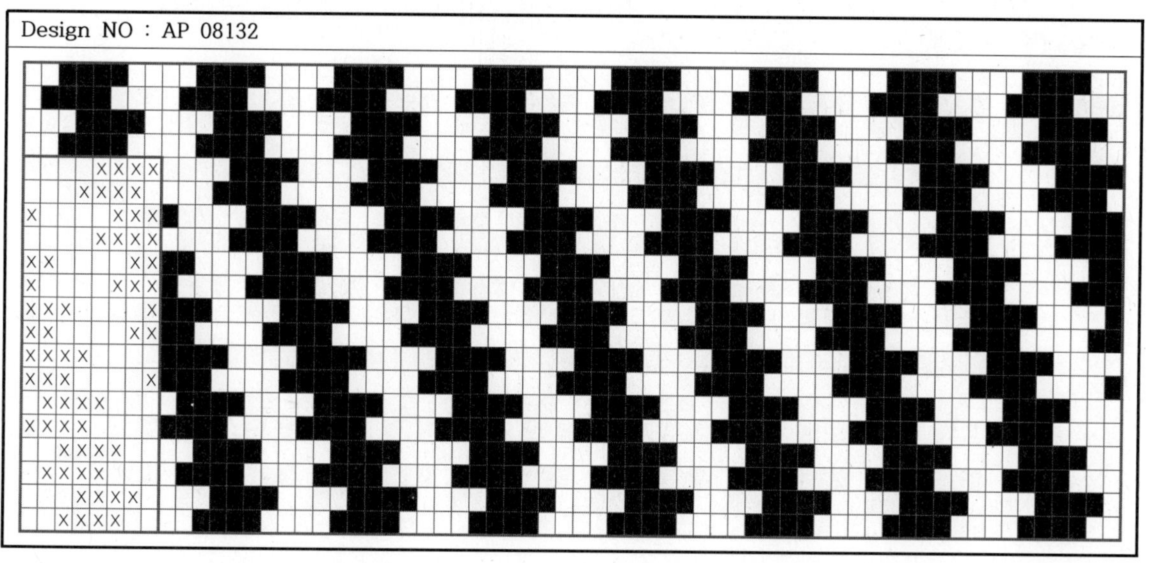

Design NO : AP 08132

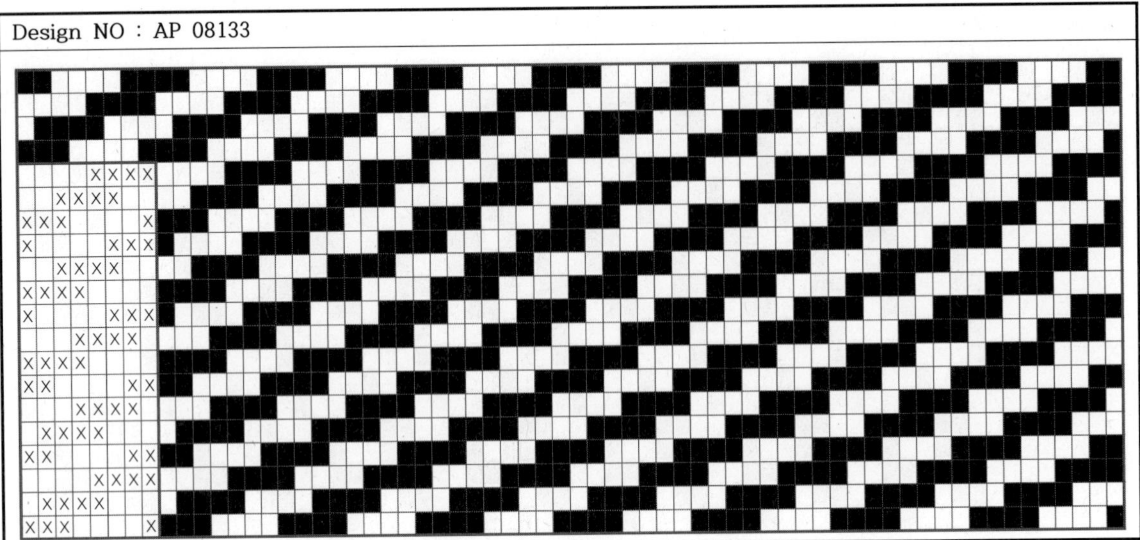

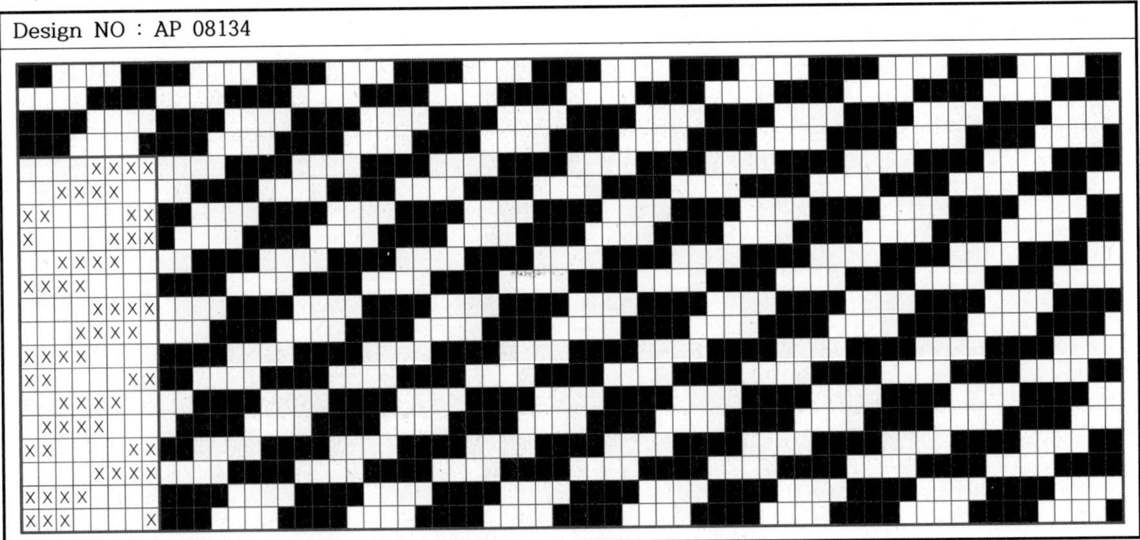

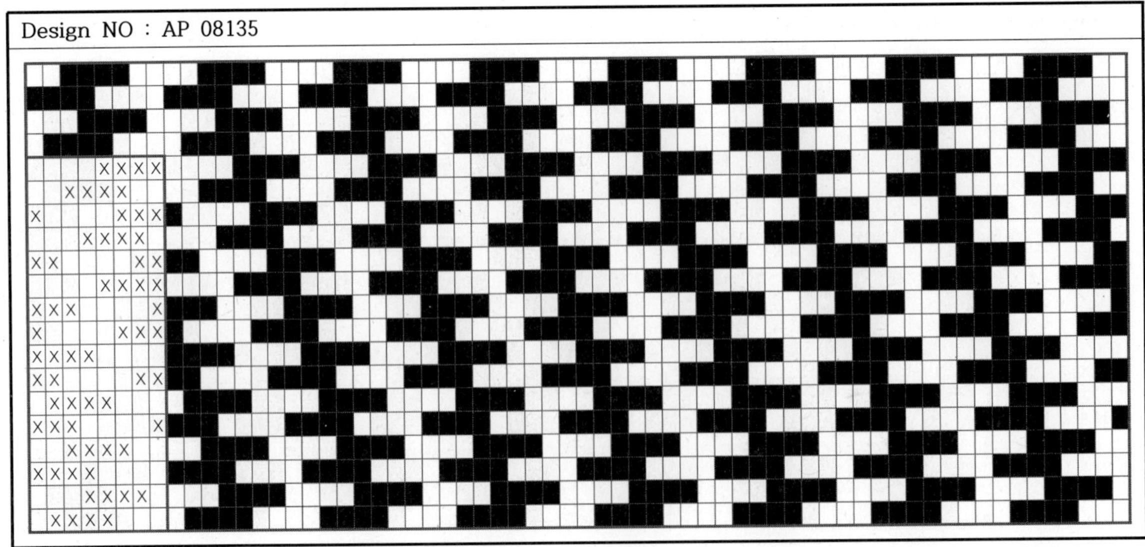

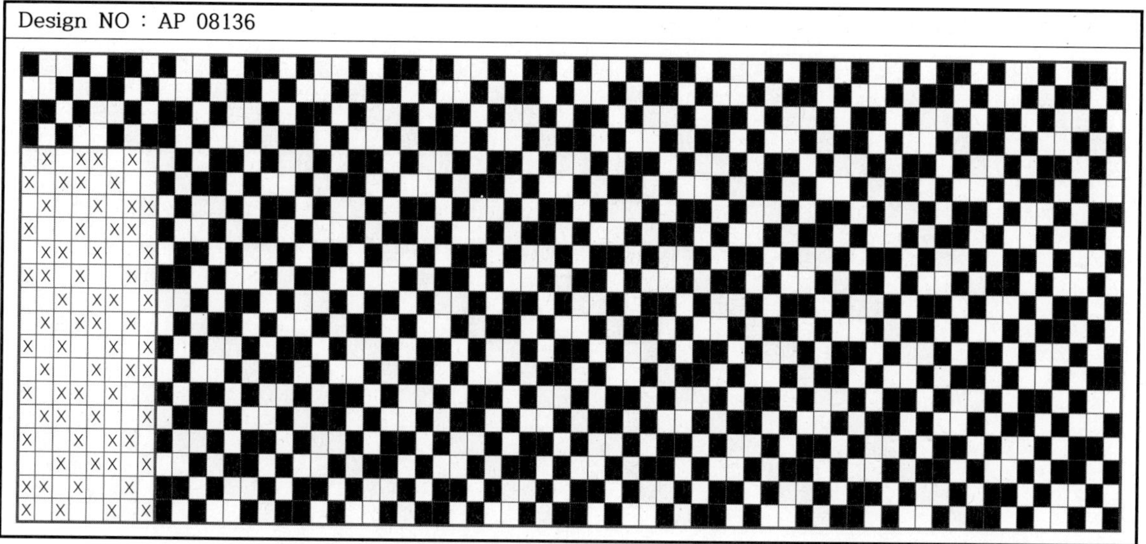

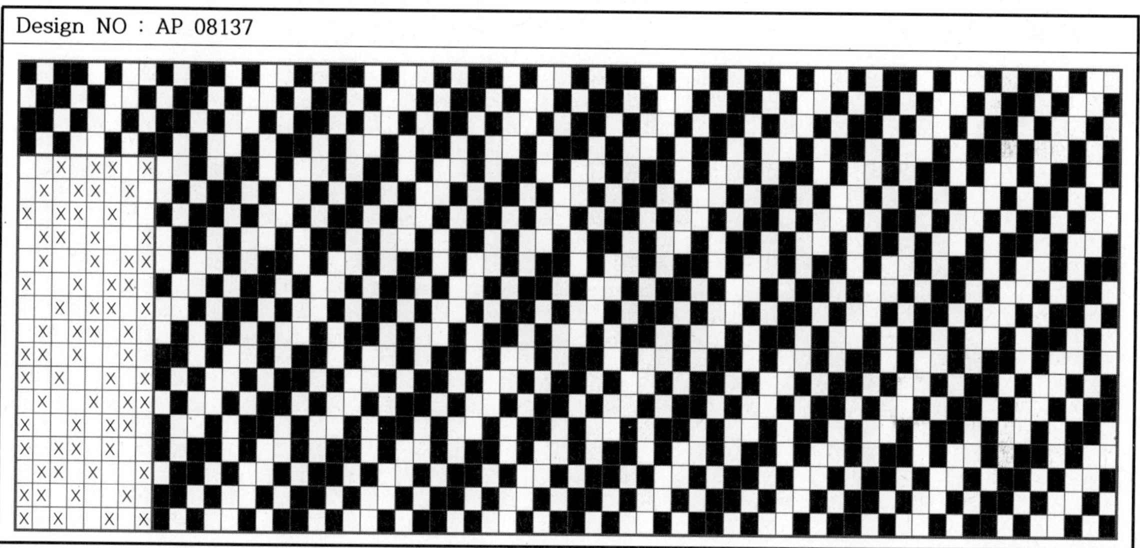

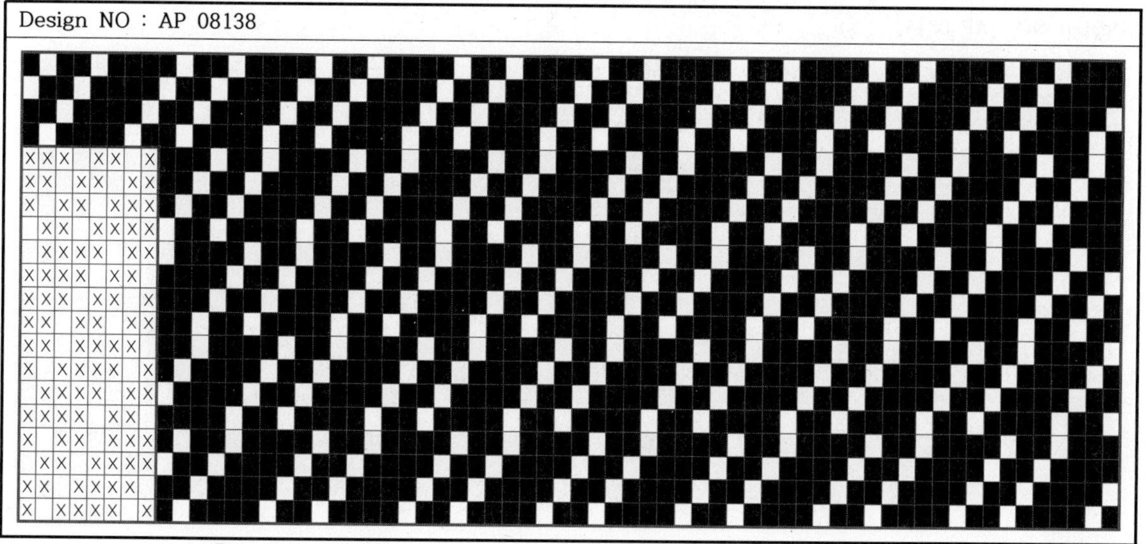

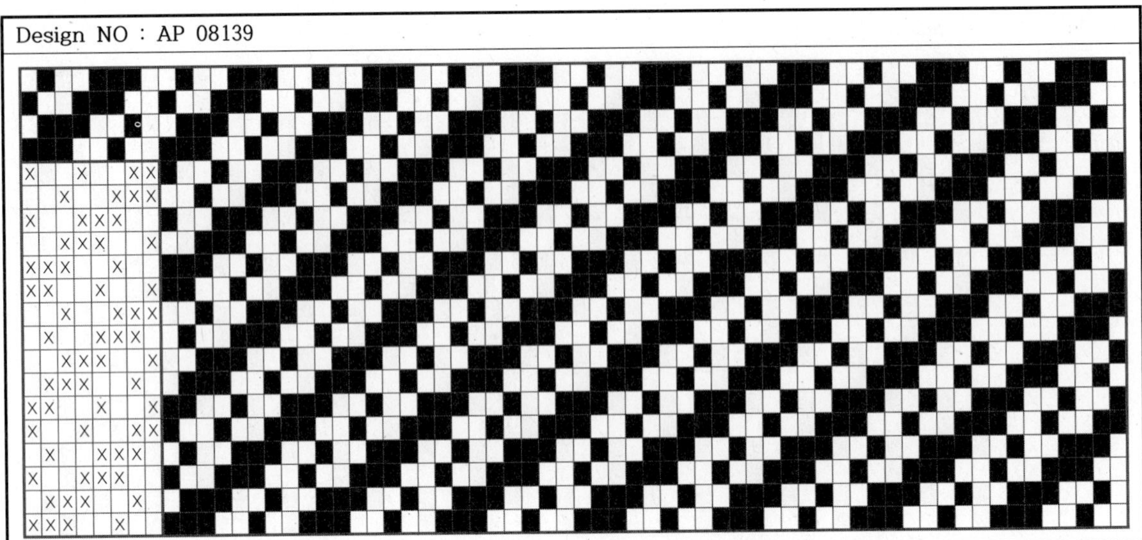

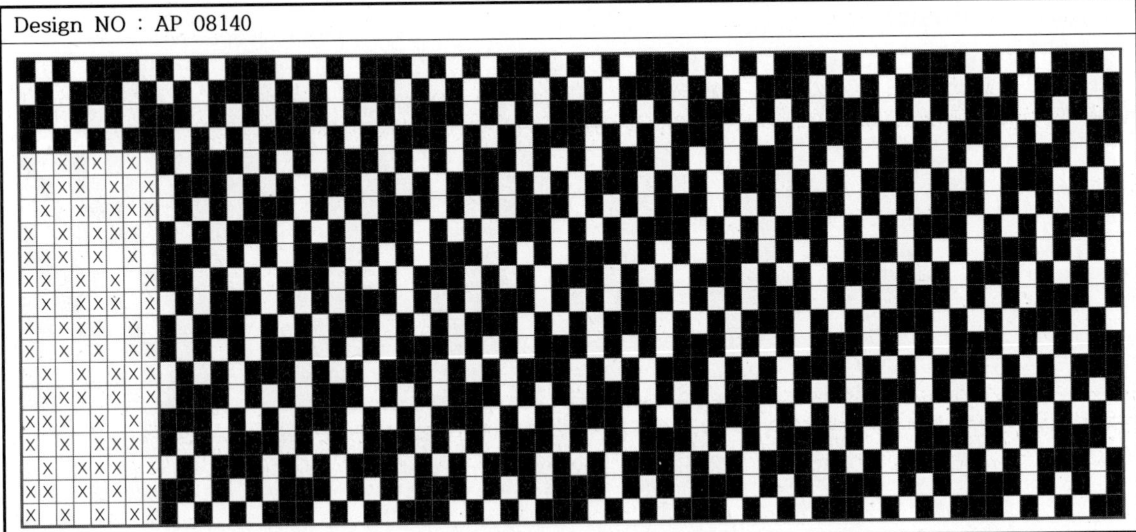

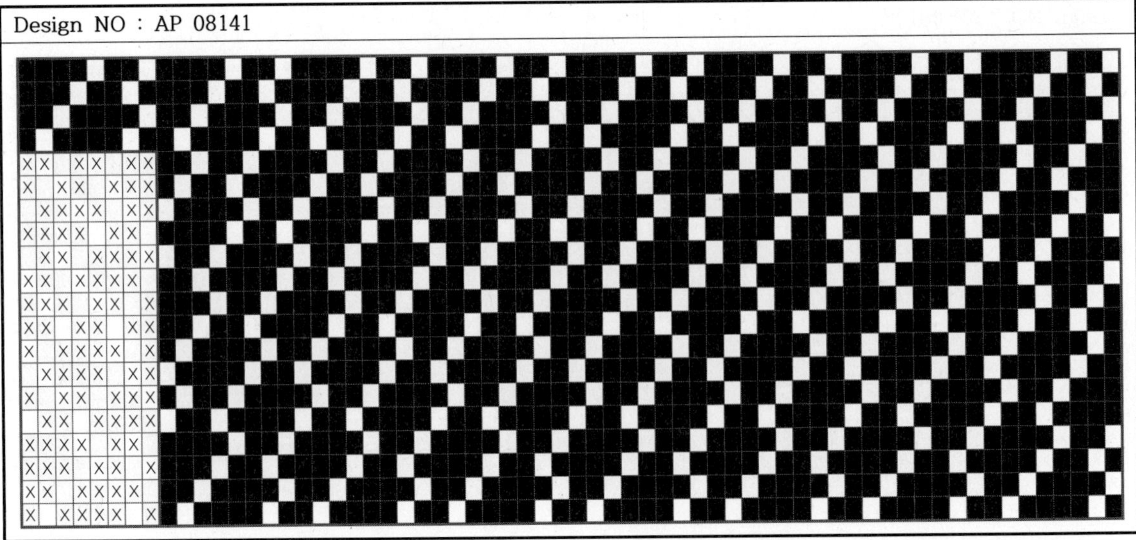

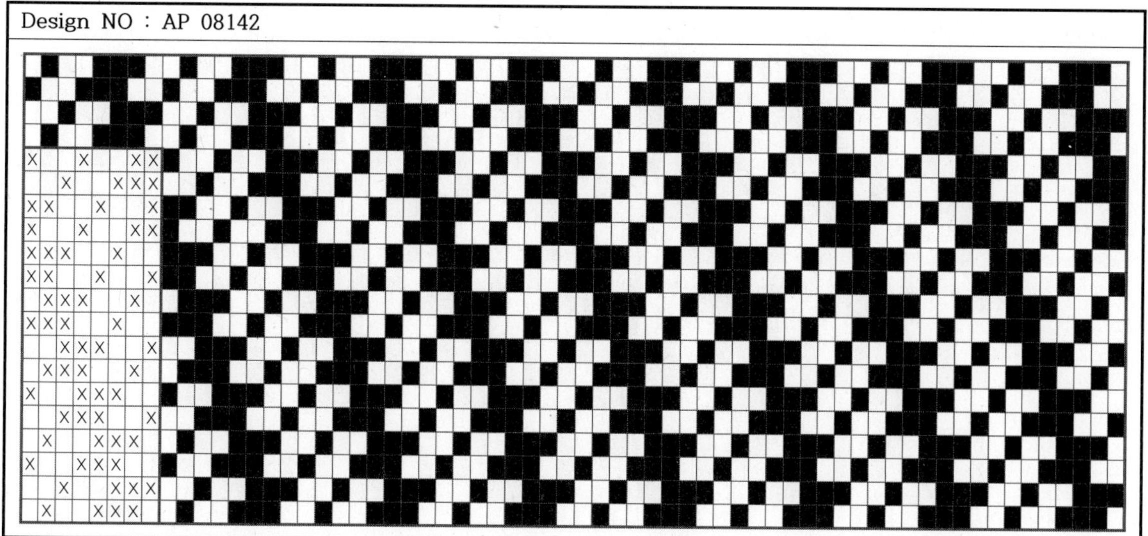

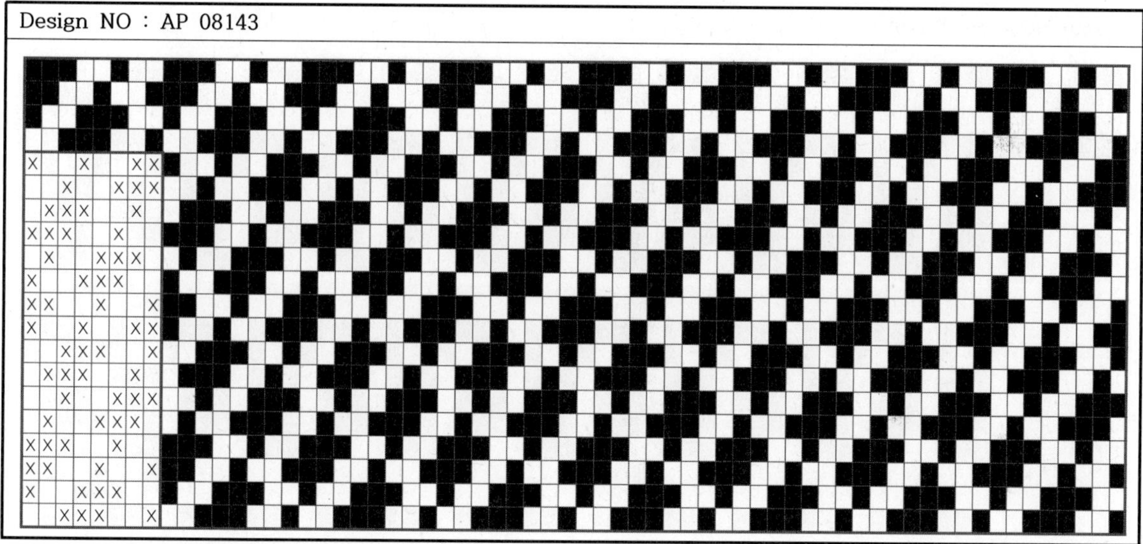

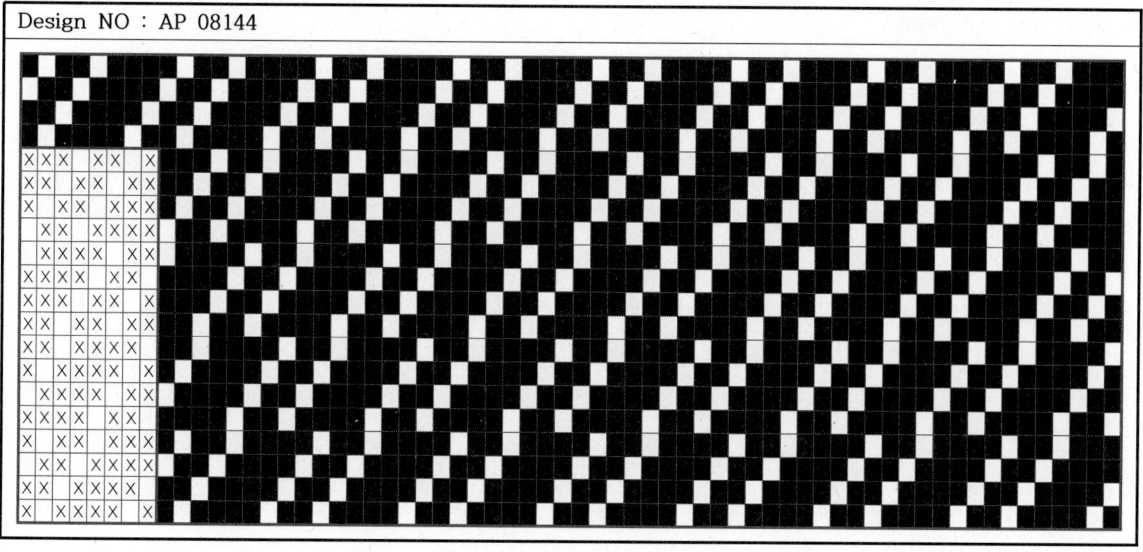

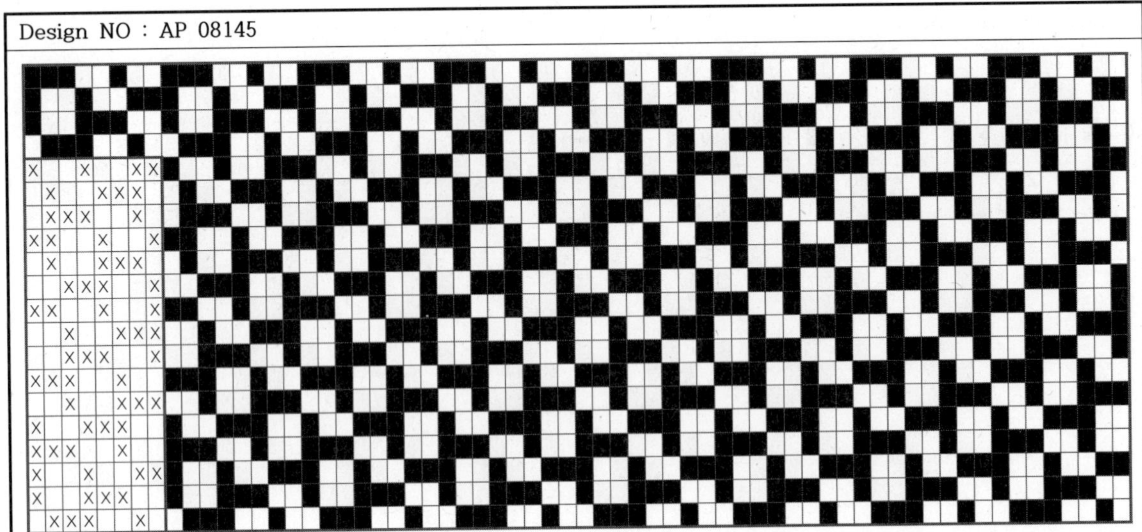

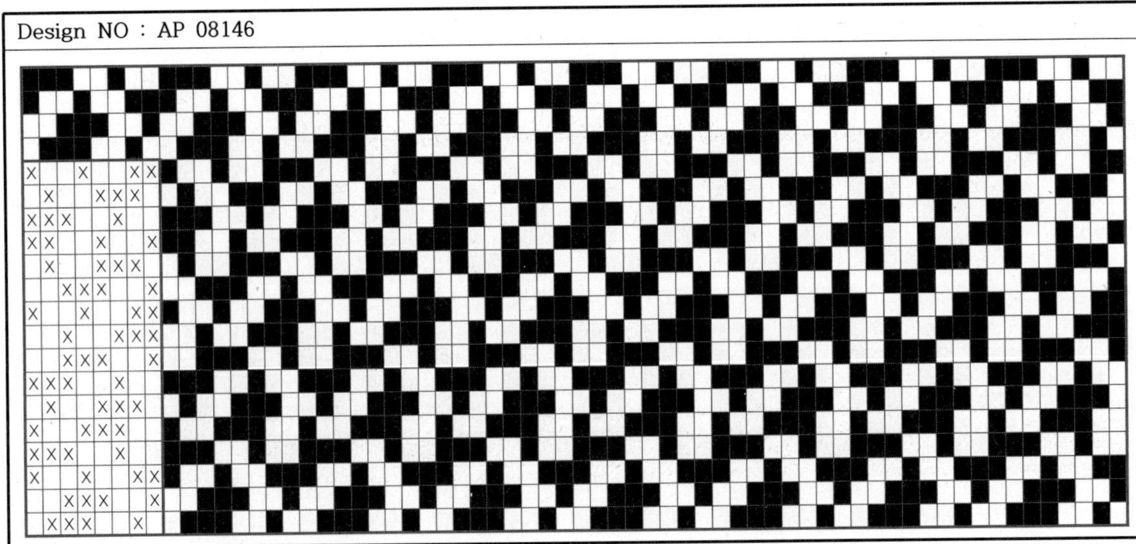

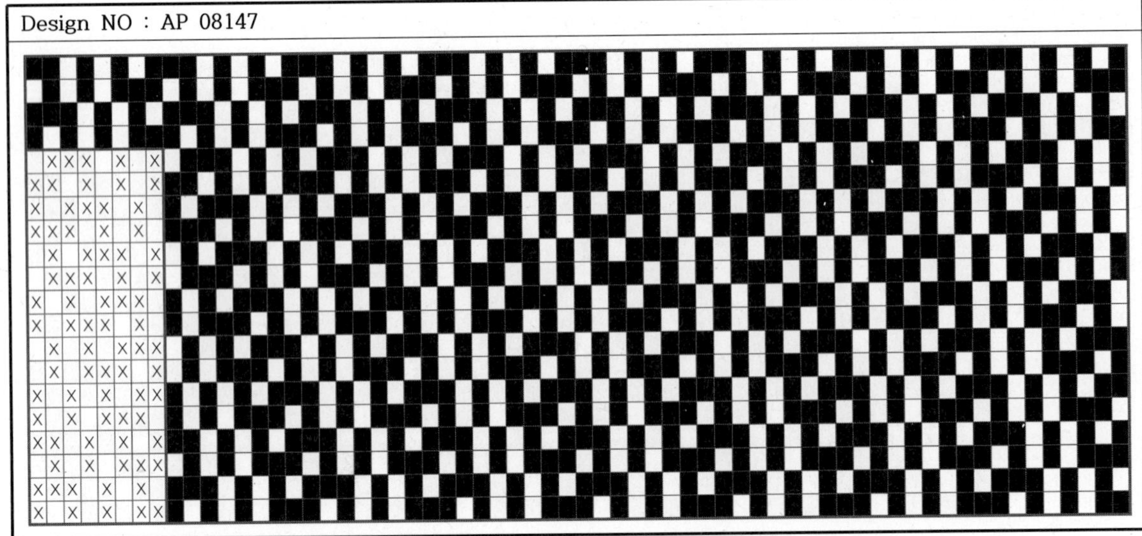

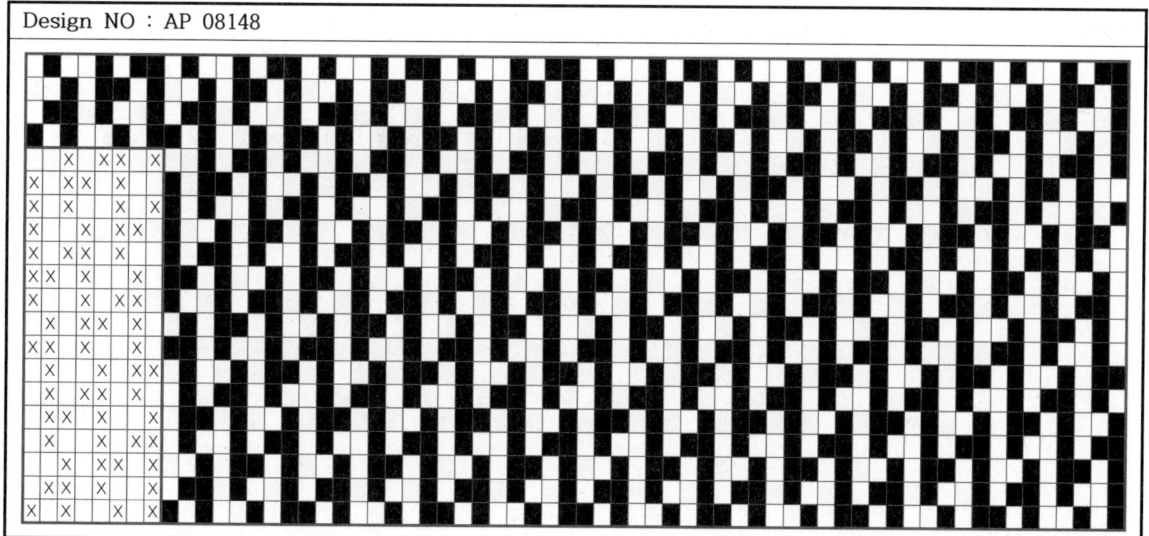

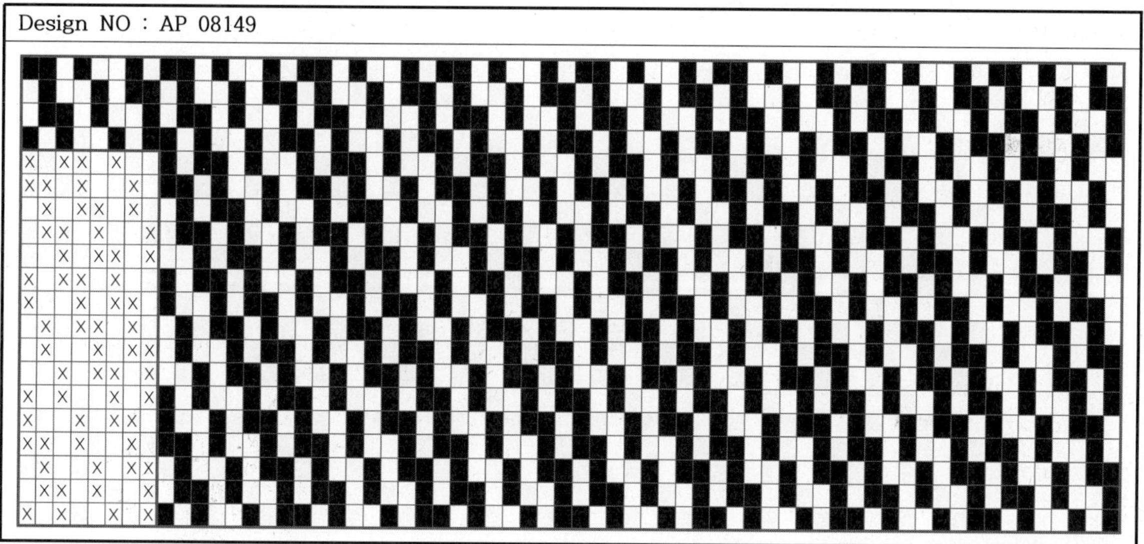

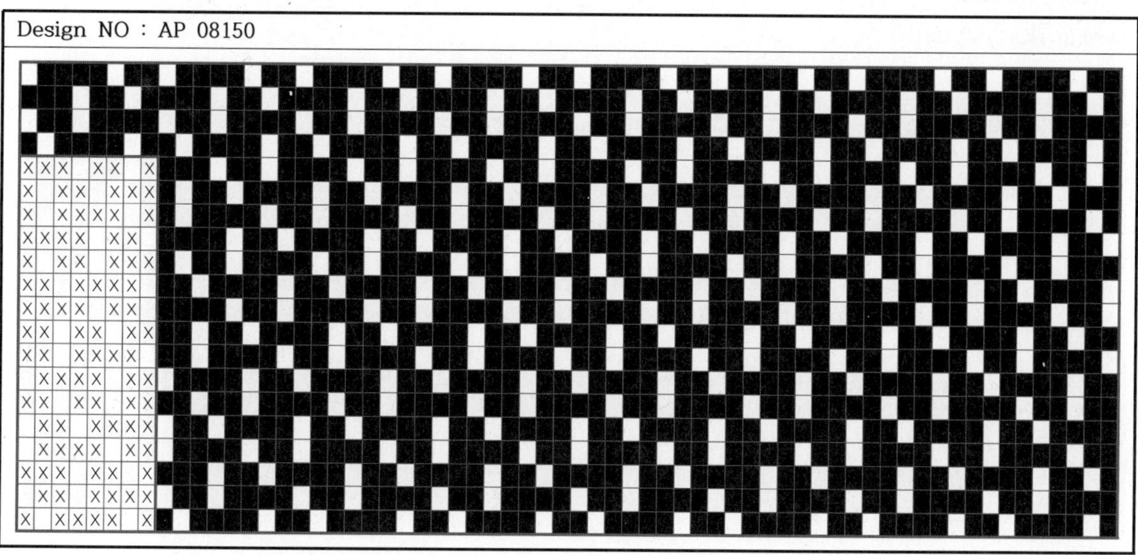

Design NO : AP 08151

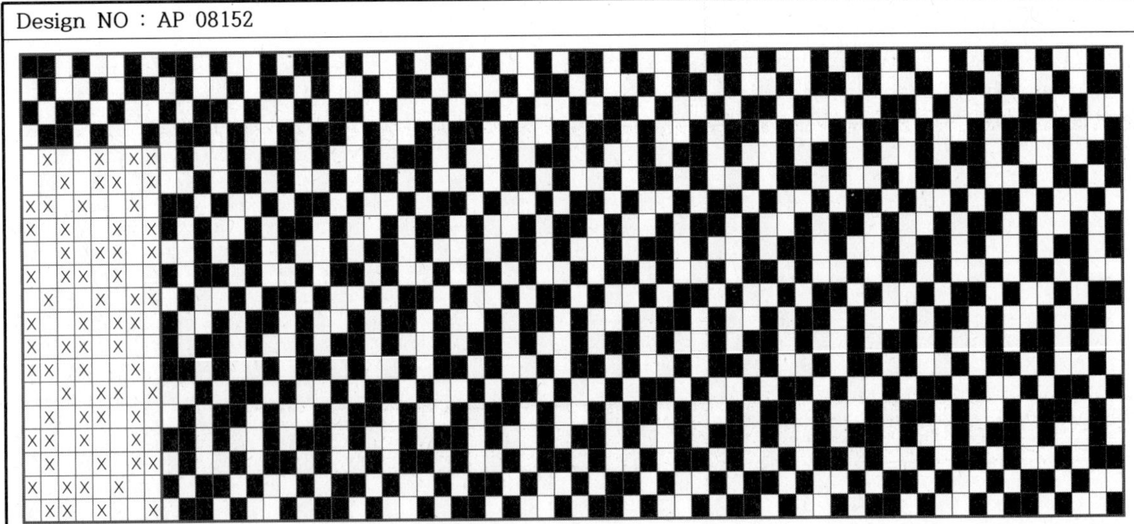

Design NO : AP 08152

Design NO : AP 08153

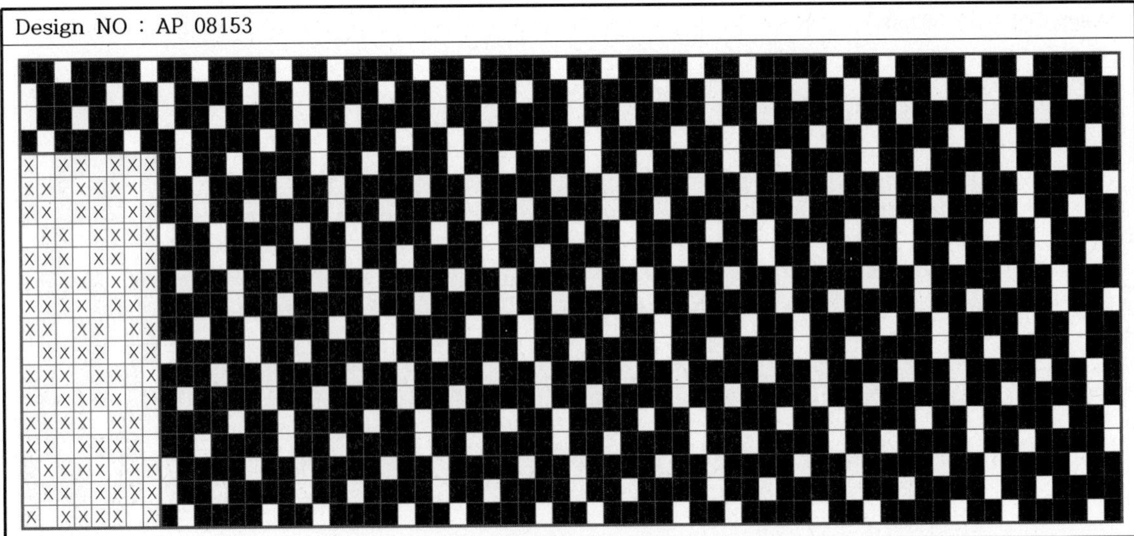

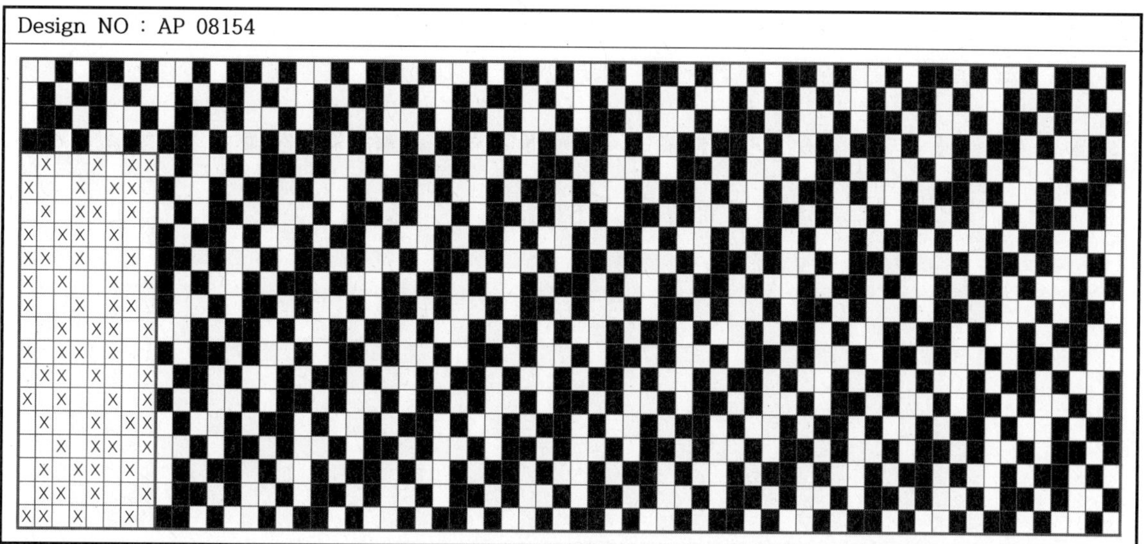

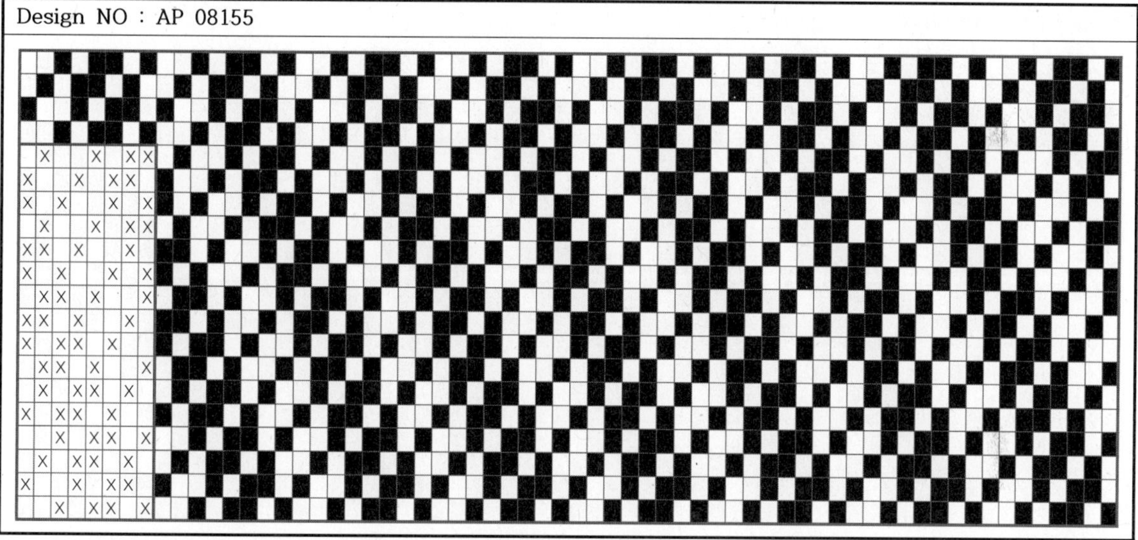

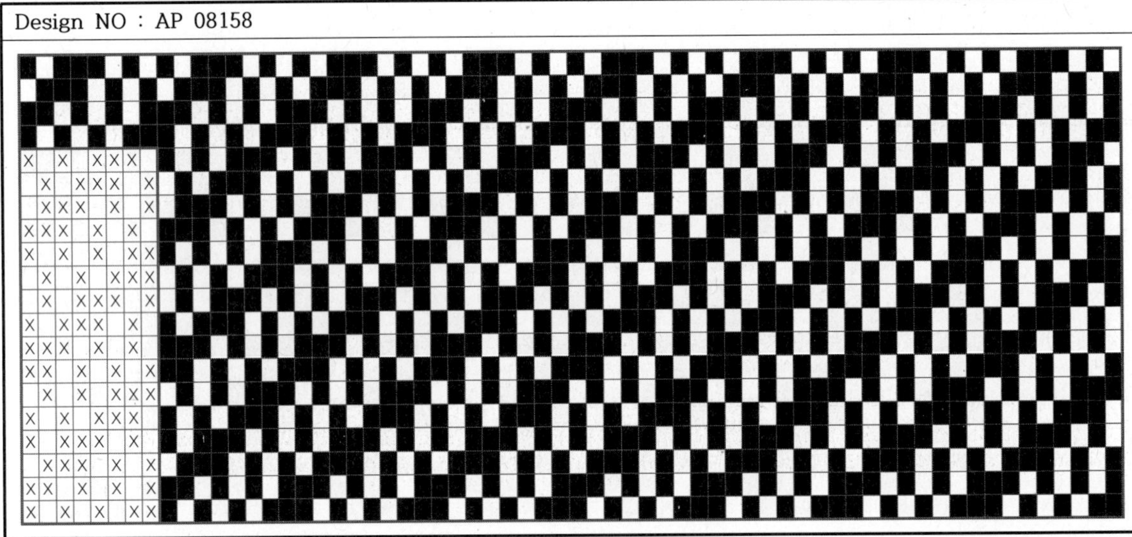

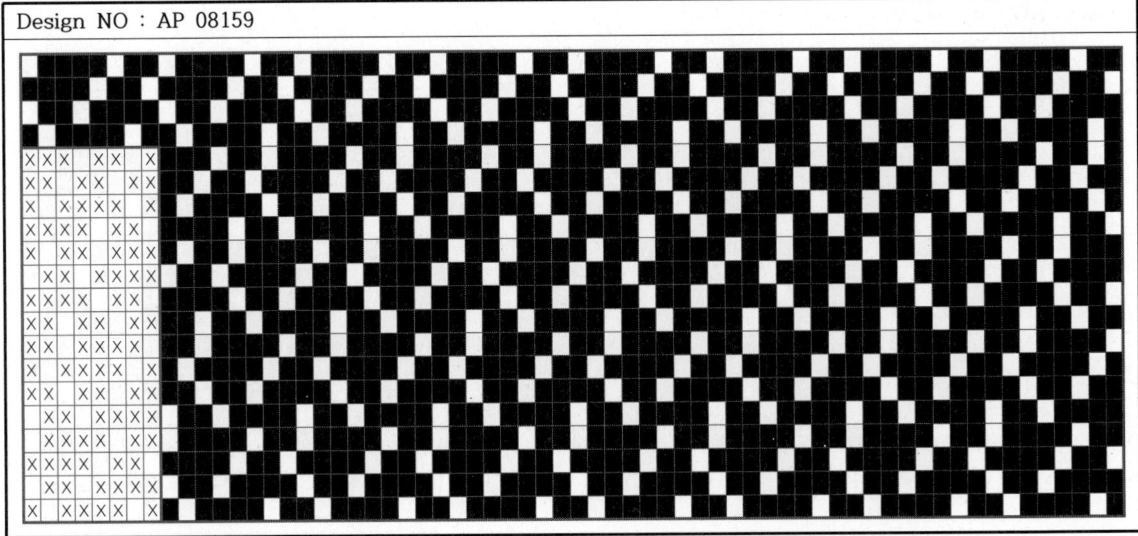

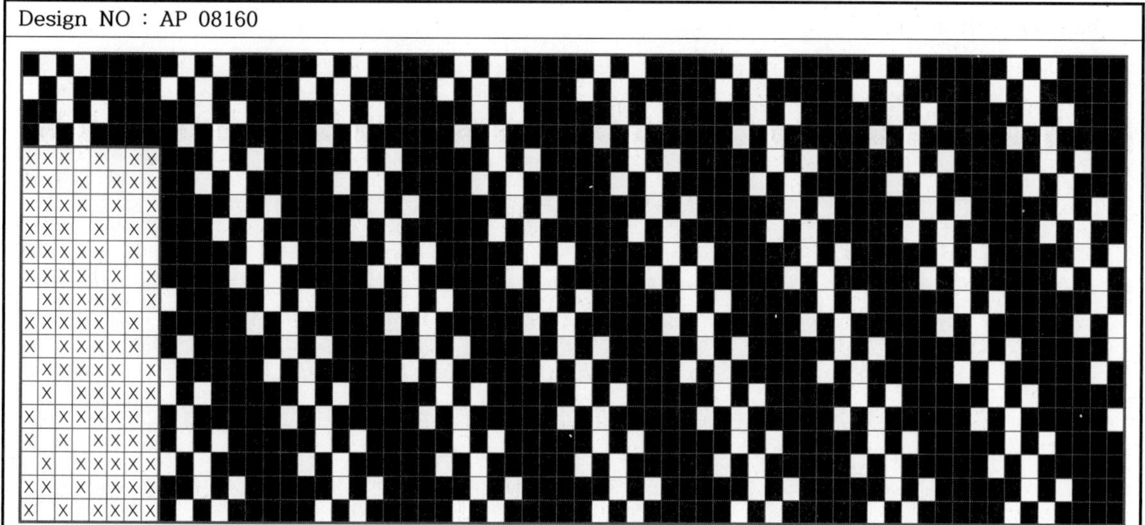

Design NO : AP 08160

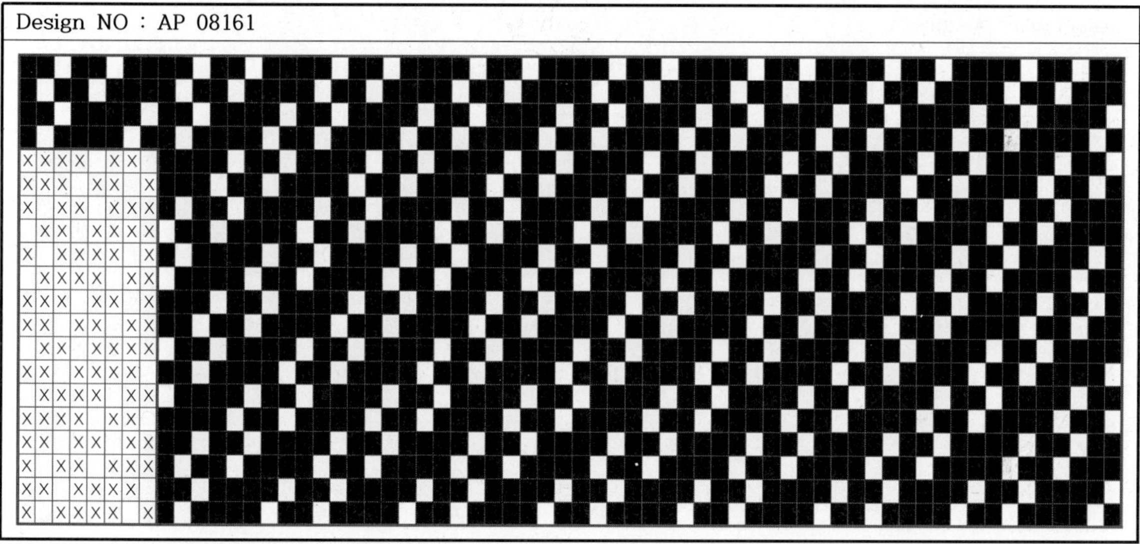

Design NO : AP 08161

Design NO : AP 08162

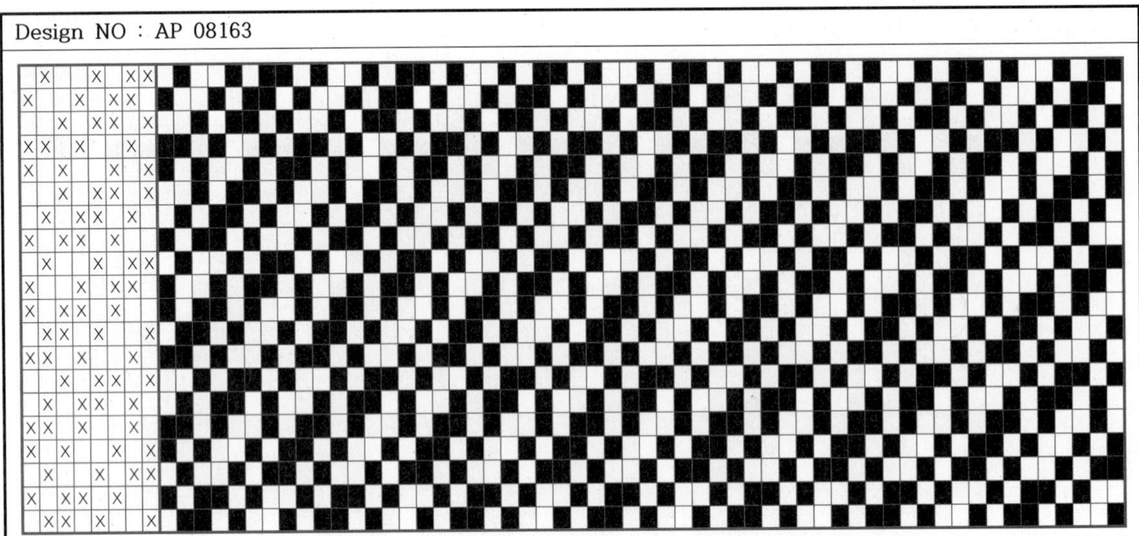

Design NO : AP 08163

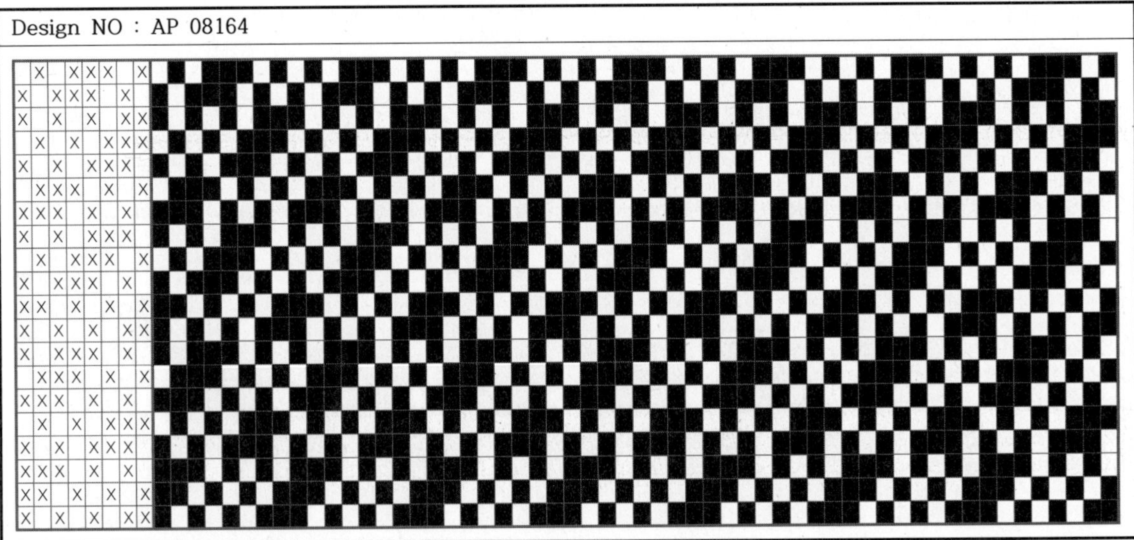

Design NO : AP 08164

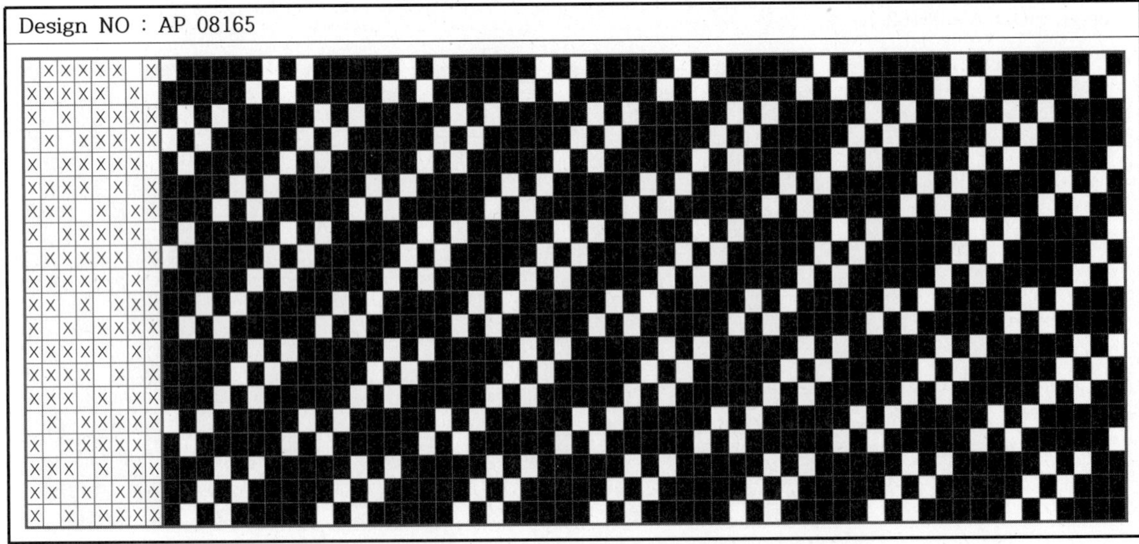

Design NO : AP 08165

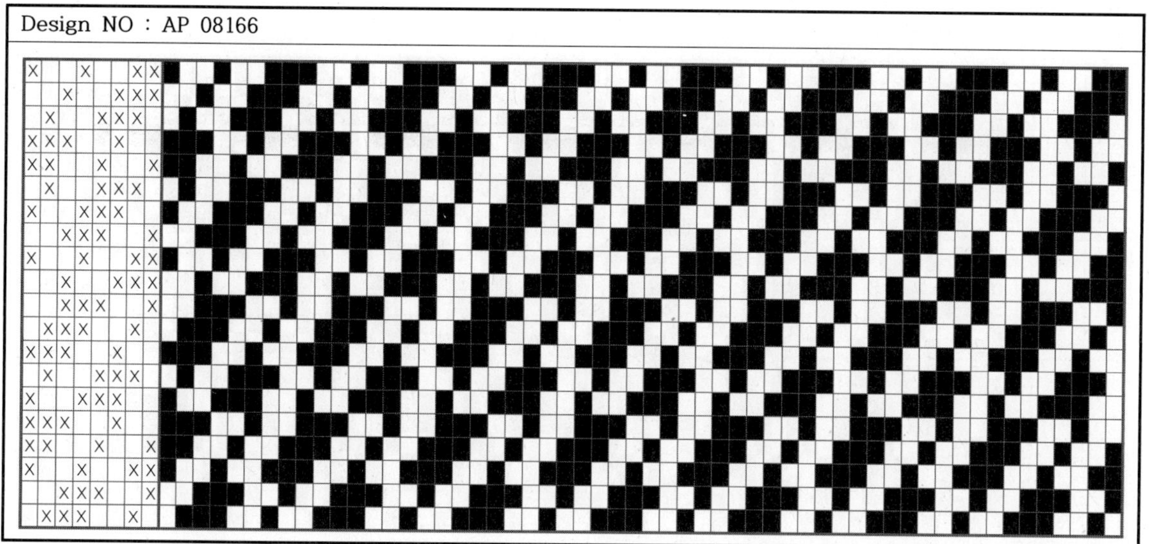

Design NO : AP 08166

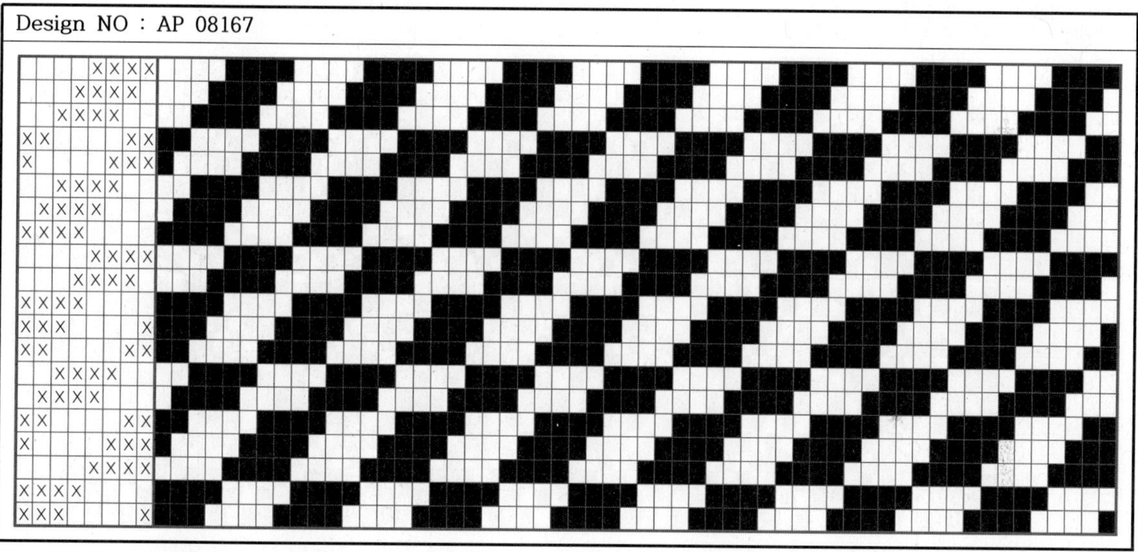

Design NO : AP 08167

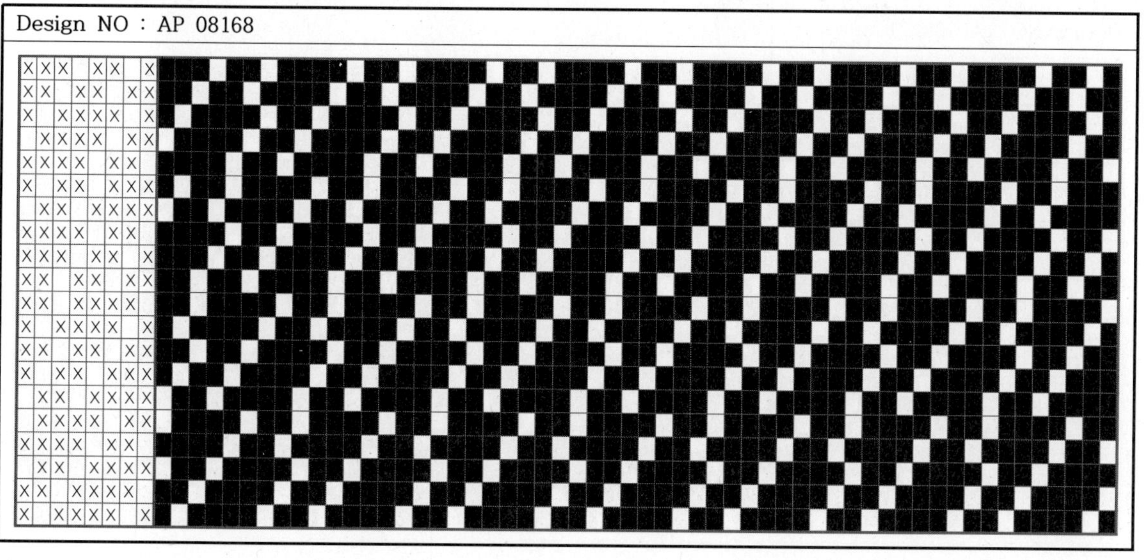

Design NO : AP 08168

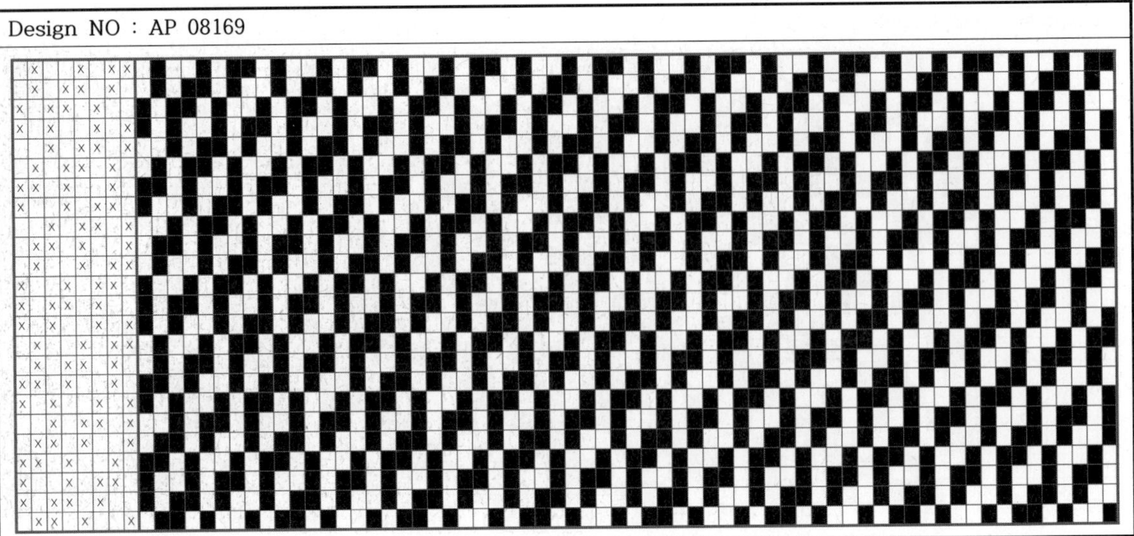

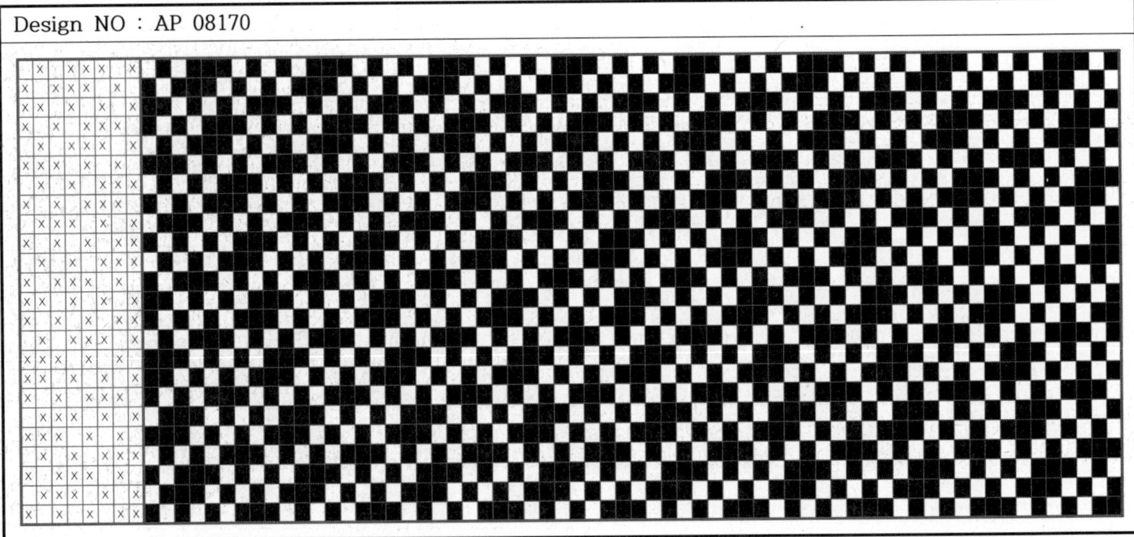

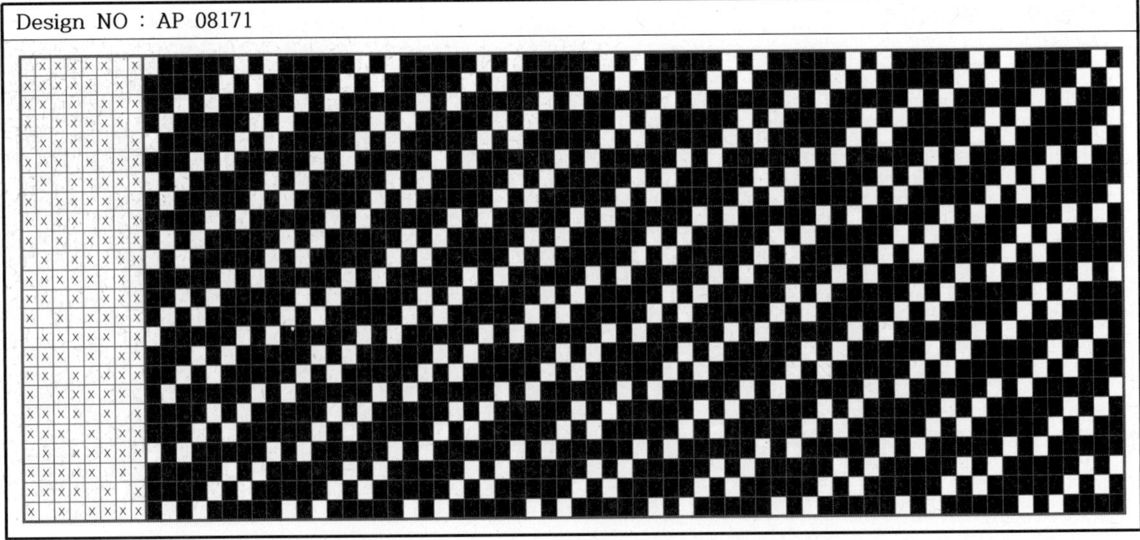

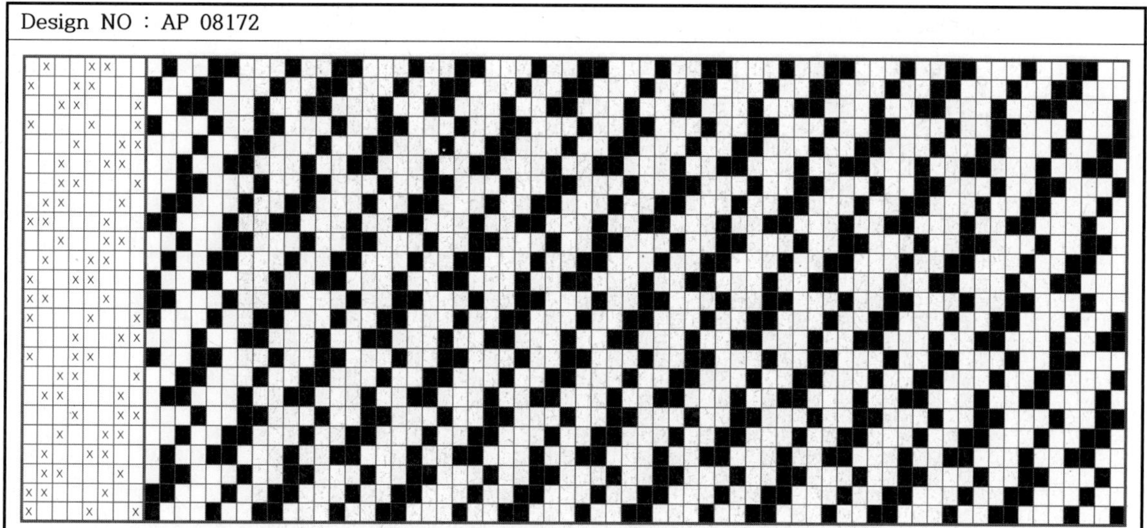

Design NO : AP 08172

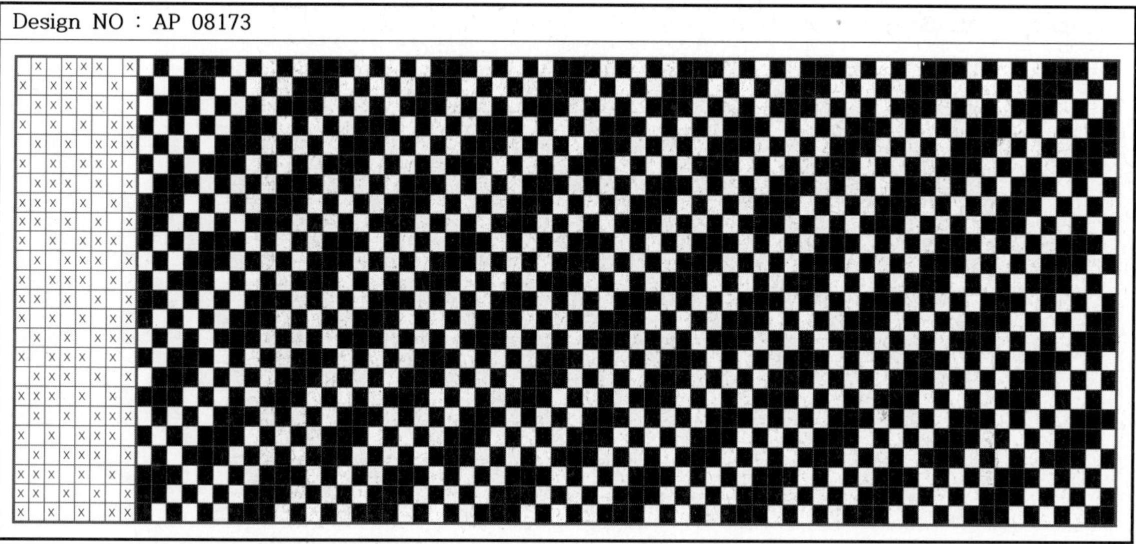

Design NO : AP 08173

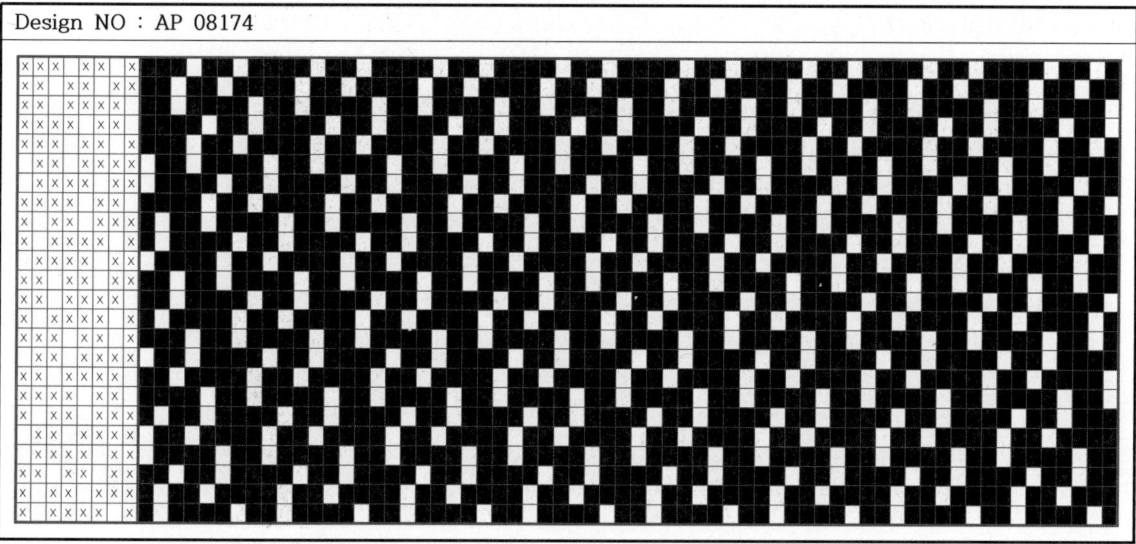

Design NO : AP 08174

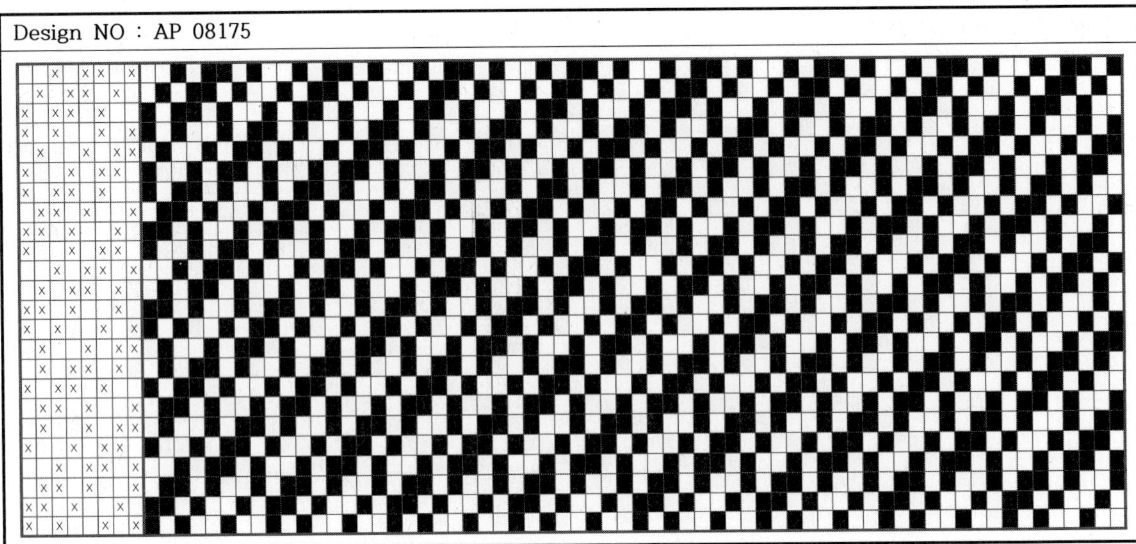

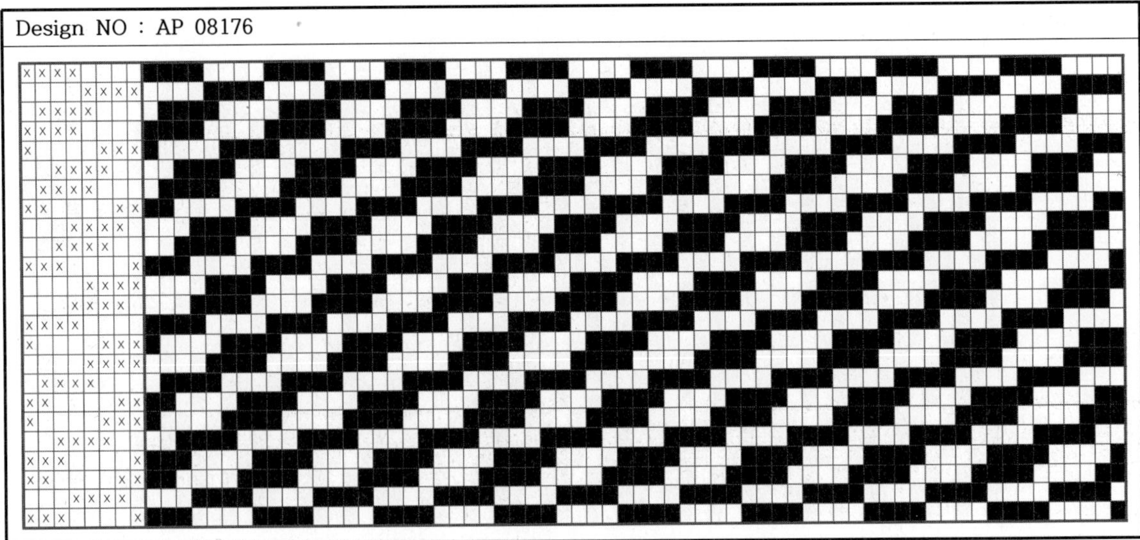

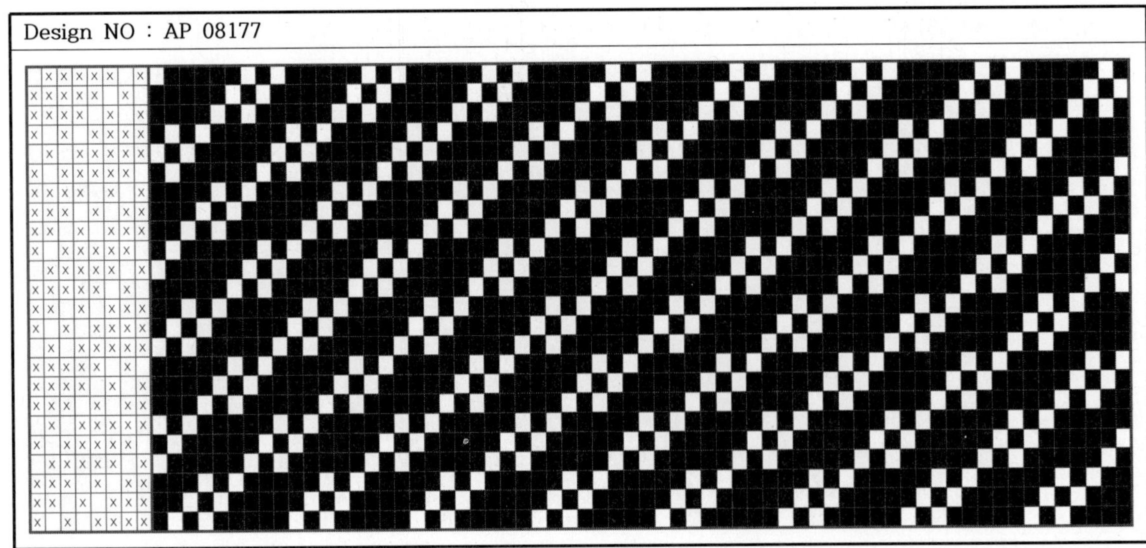

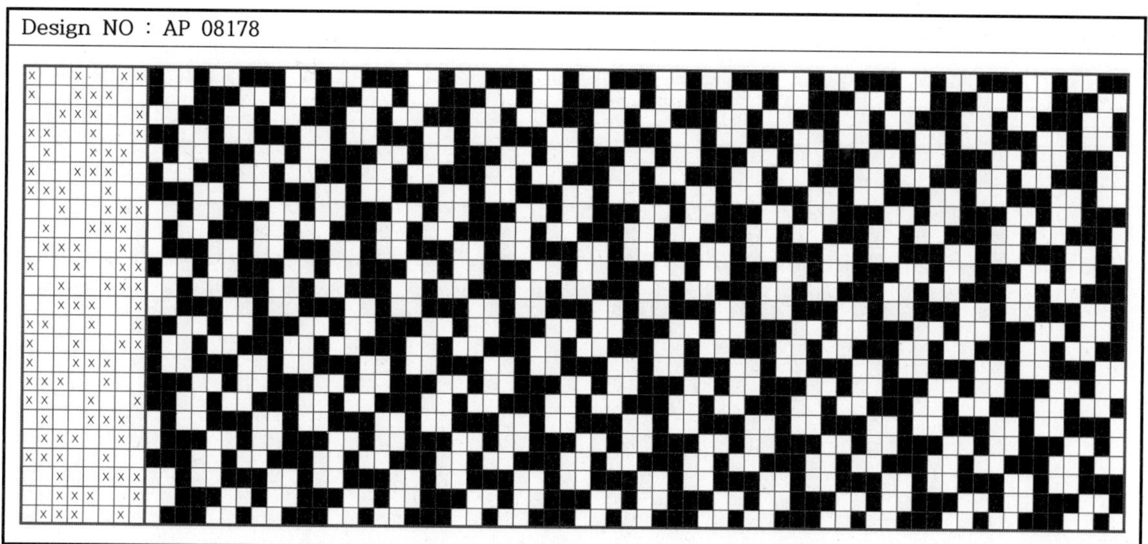

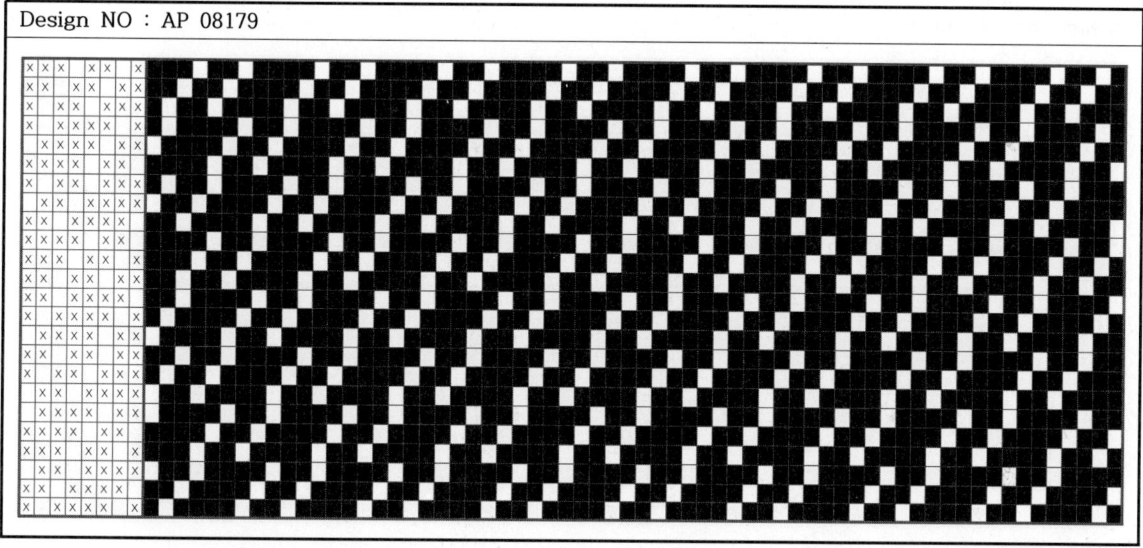

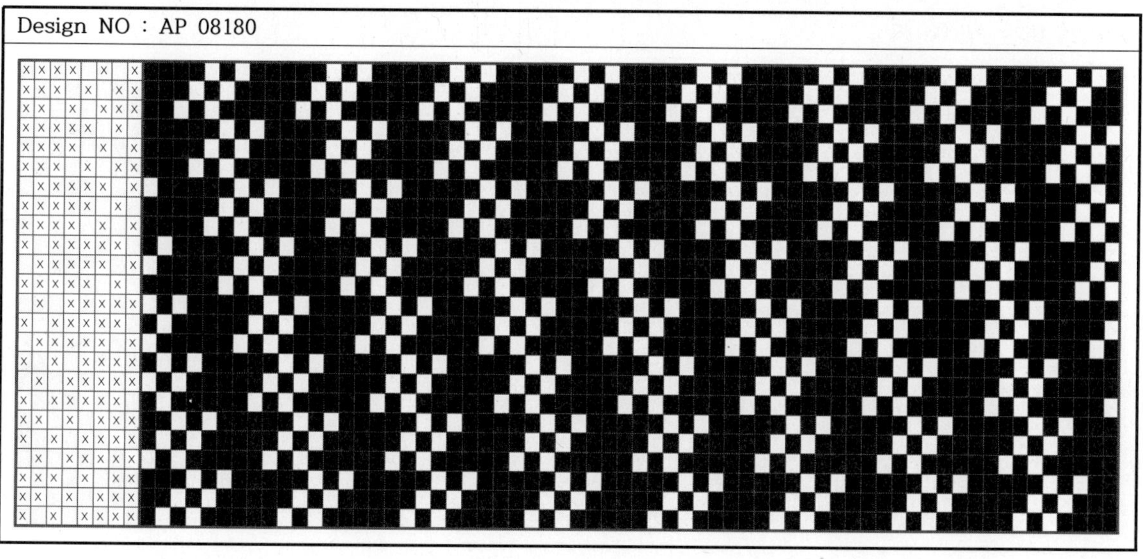

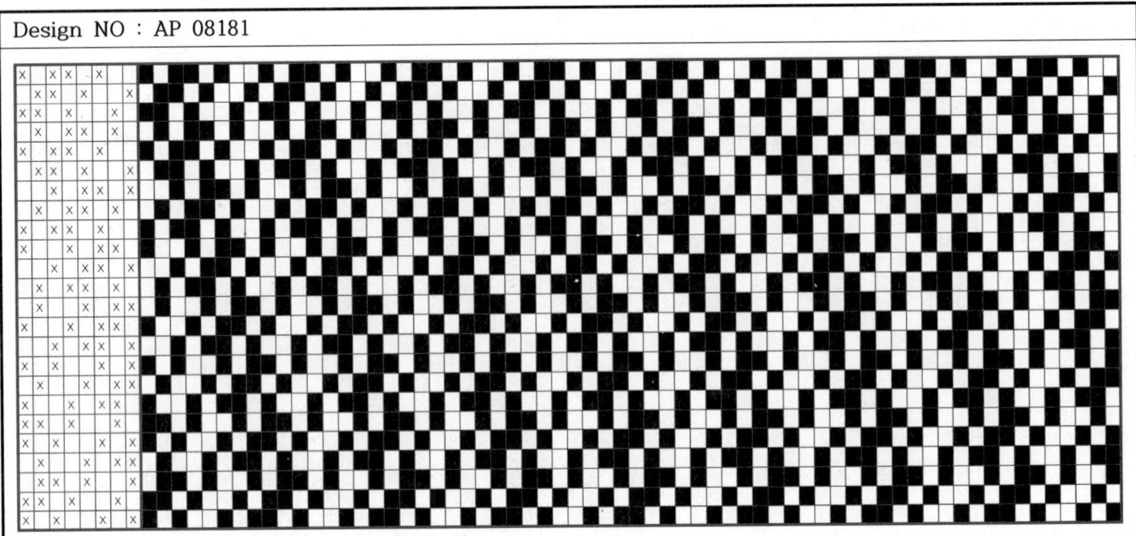

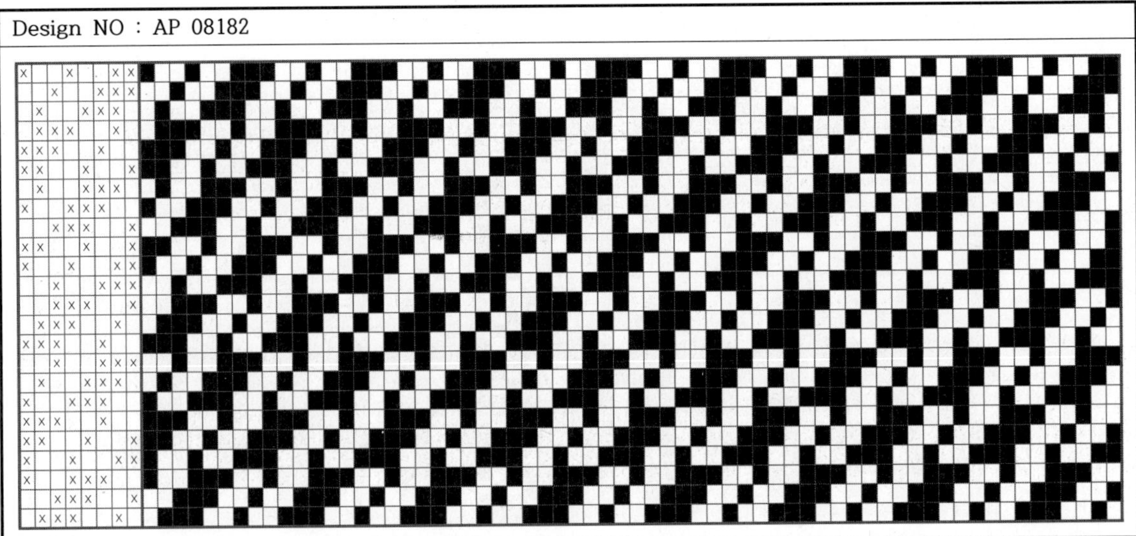

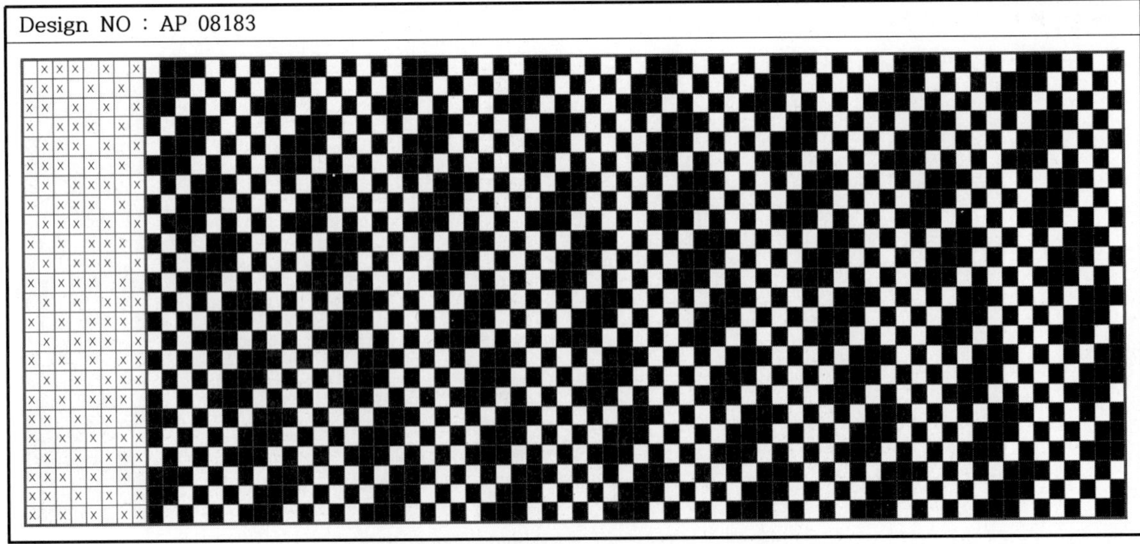

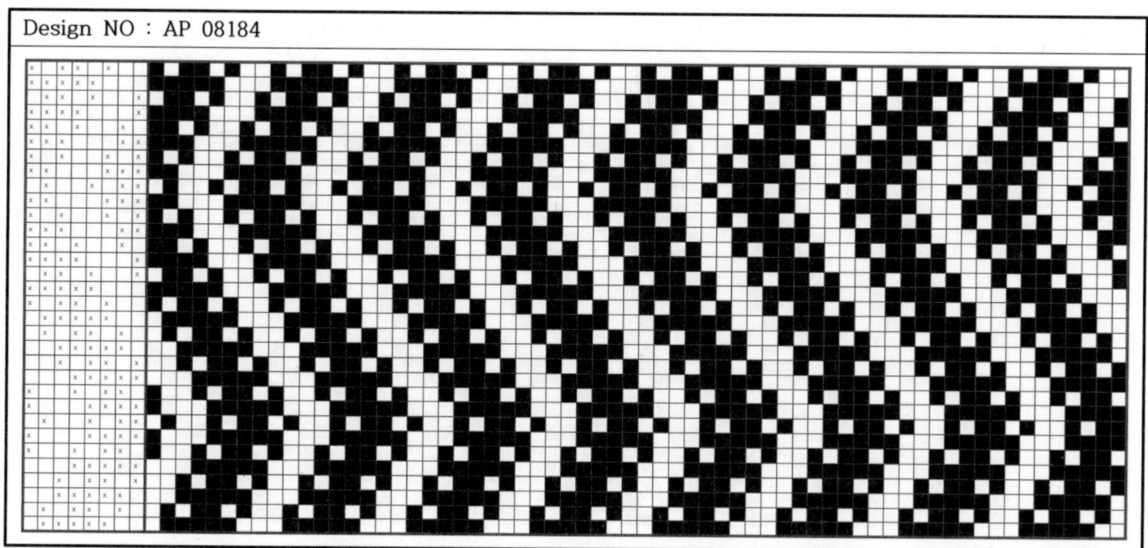

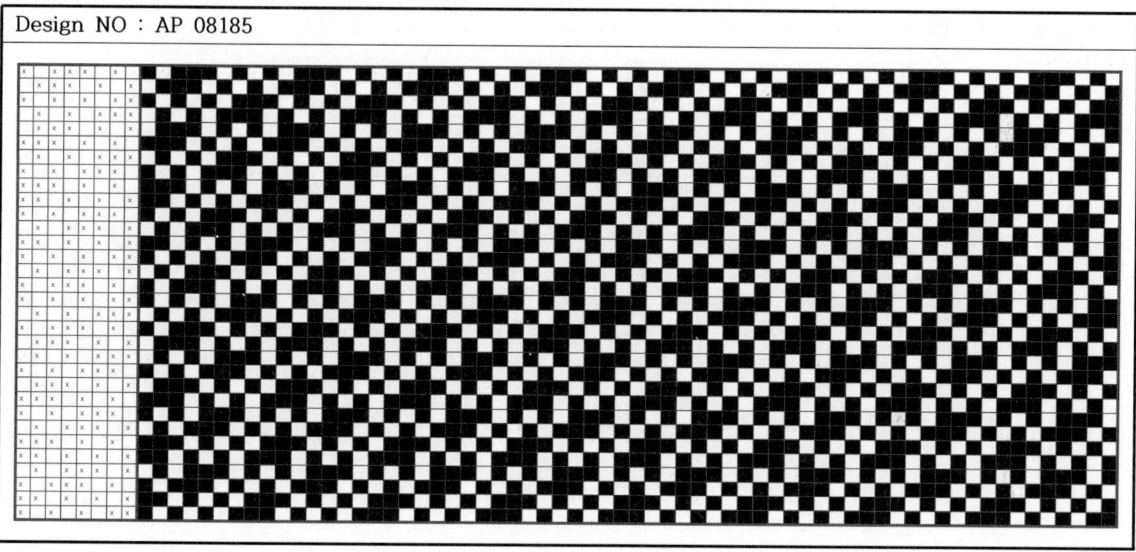

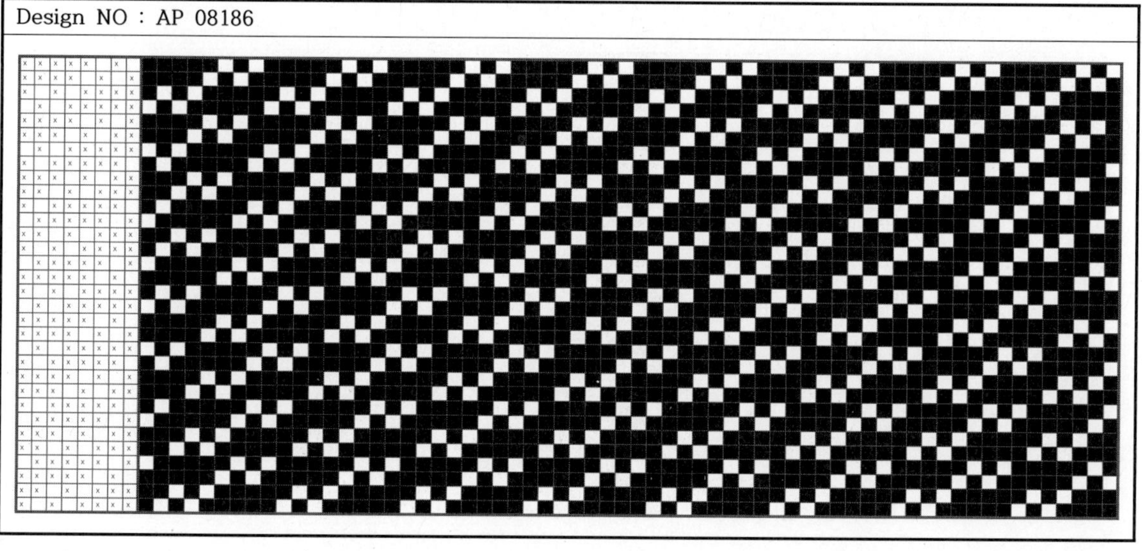

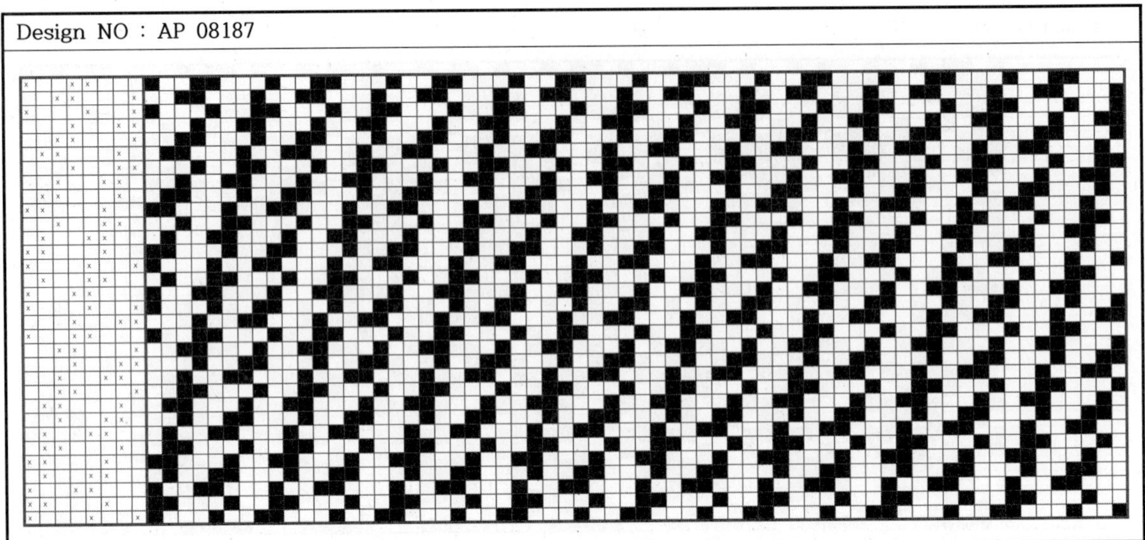

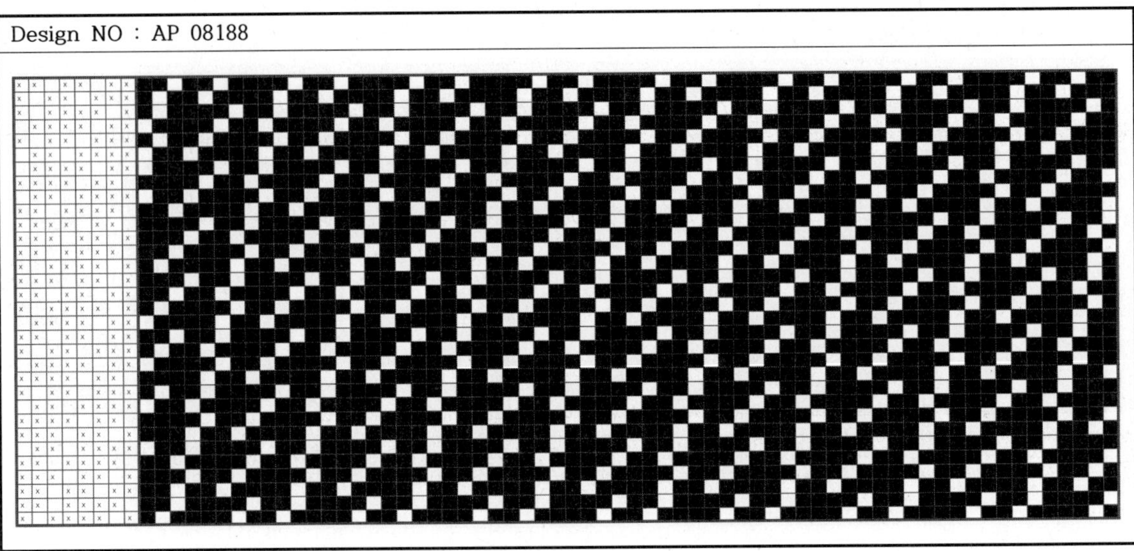

Design NO : AP 09001
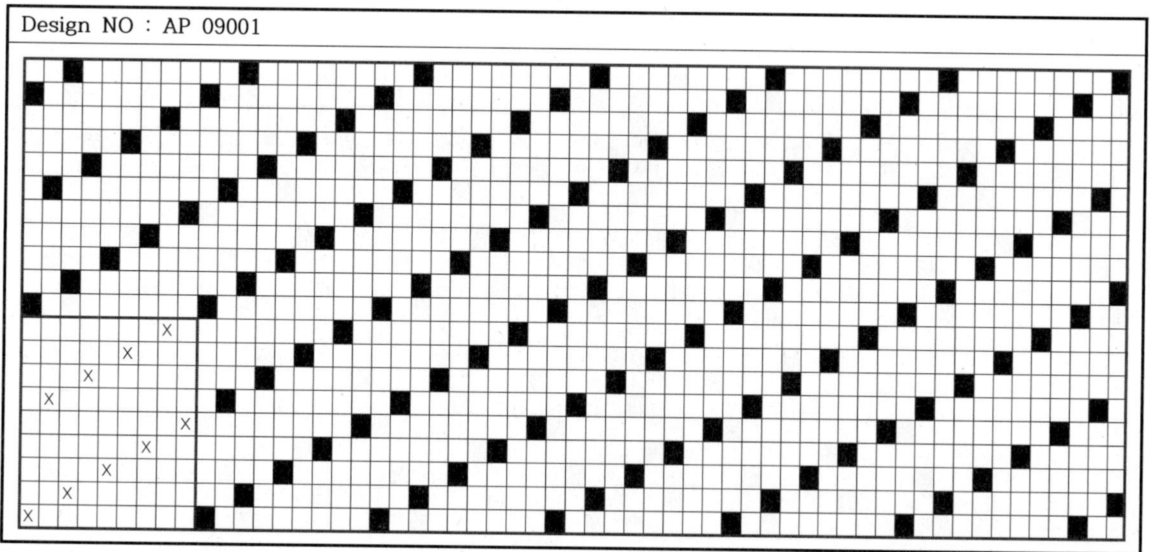

Design NO : AP 09002
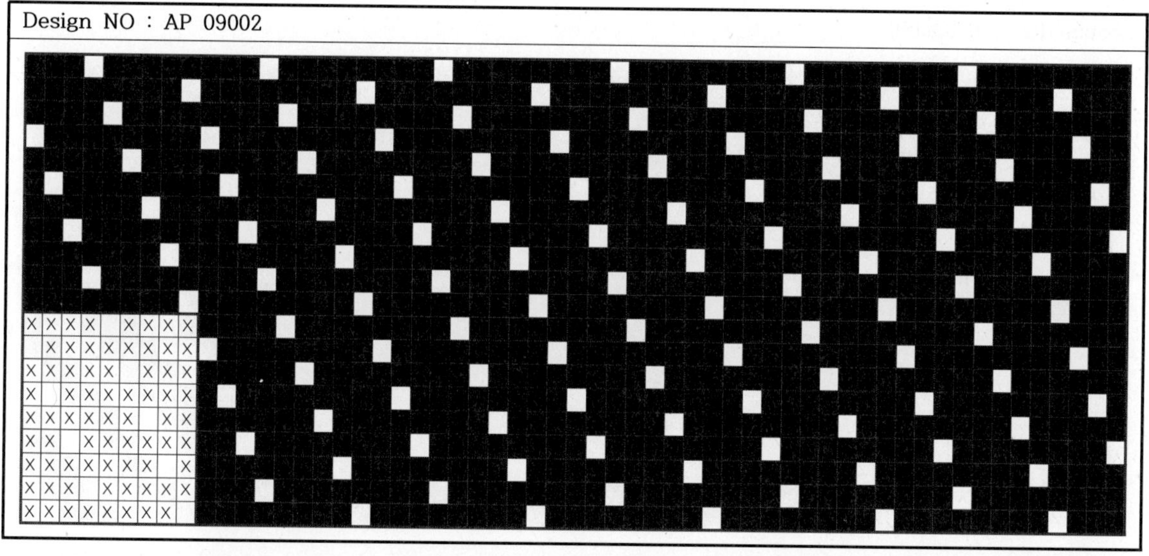

Design NO : AP 09003
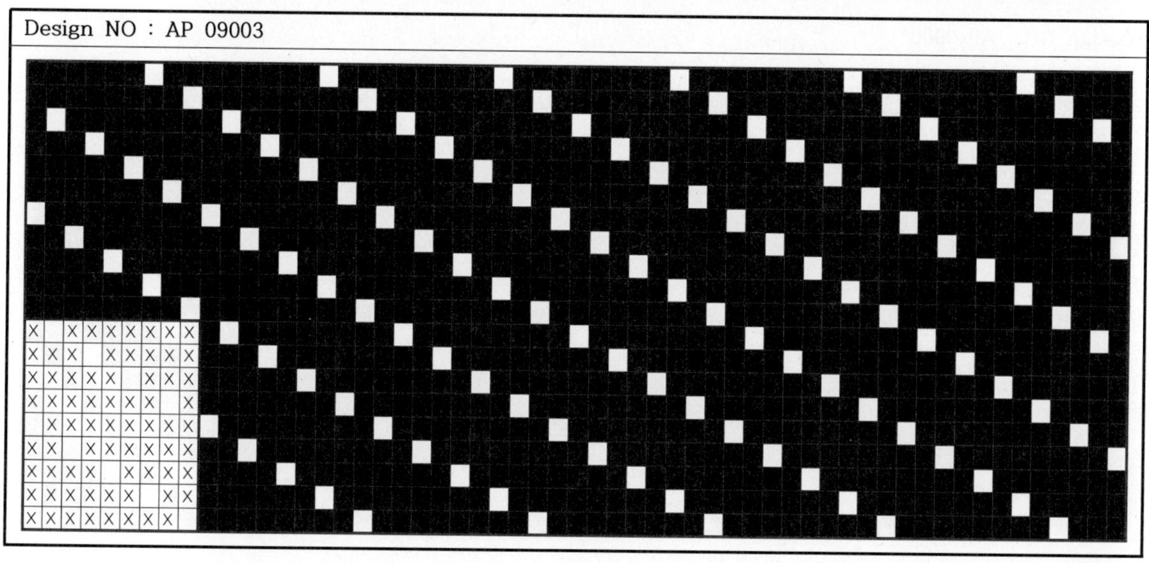

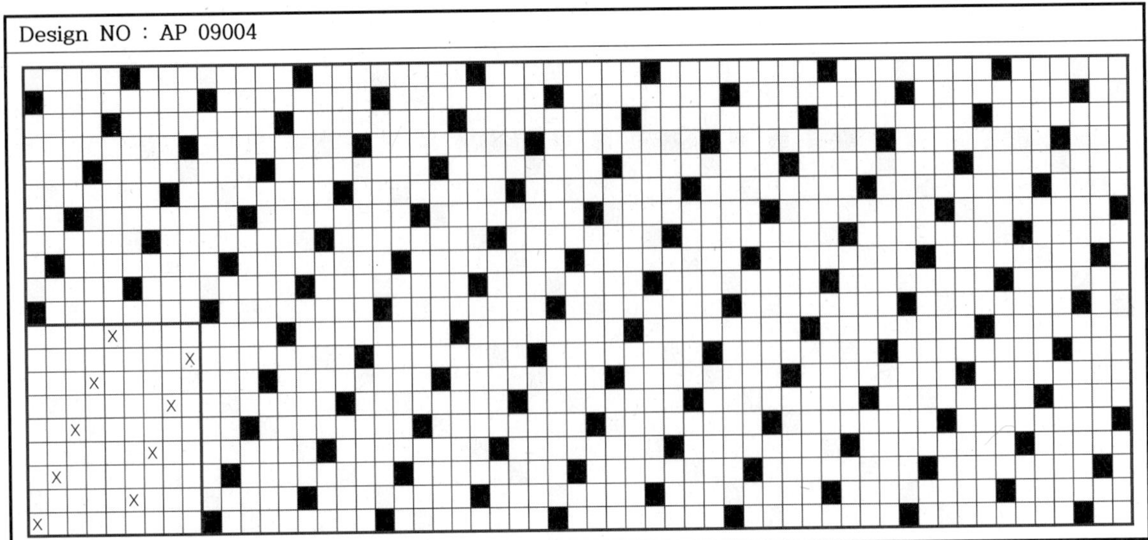

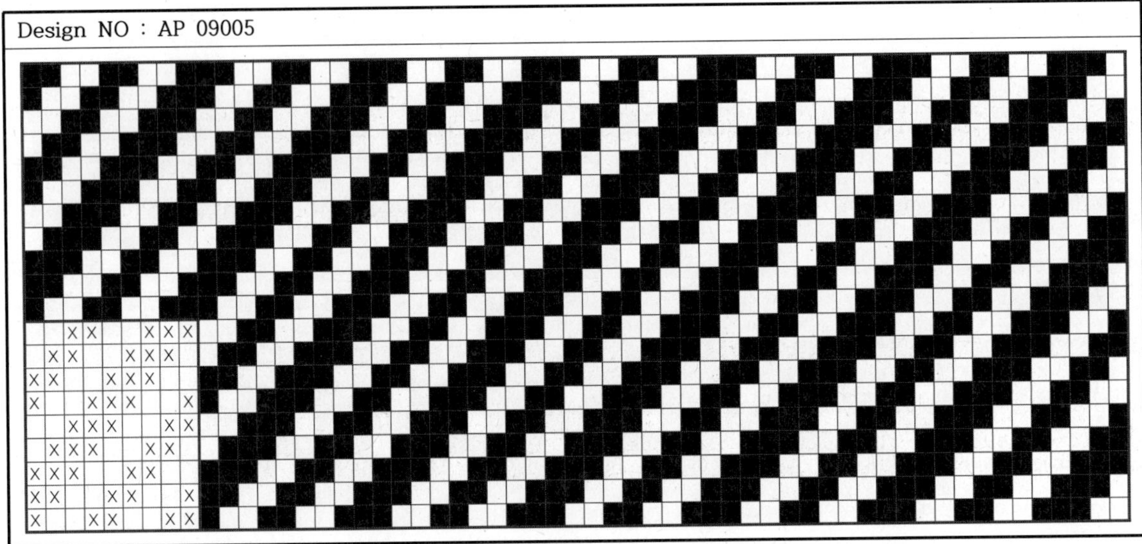

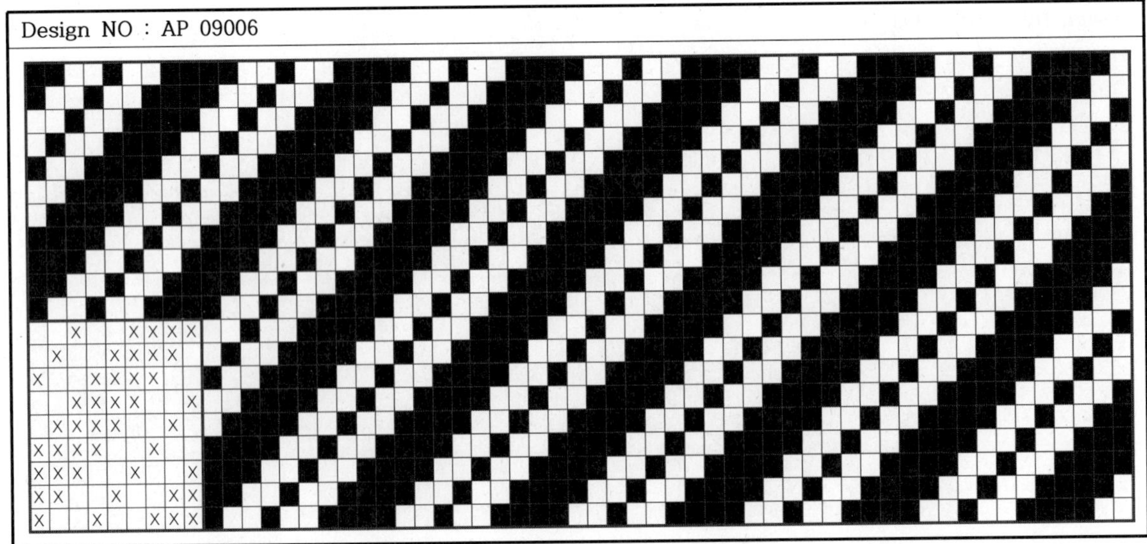

Design NO : AP 09007

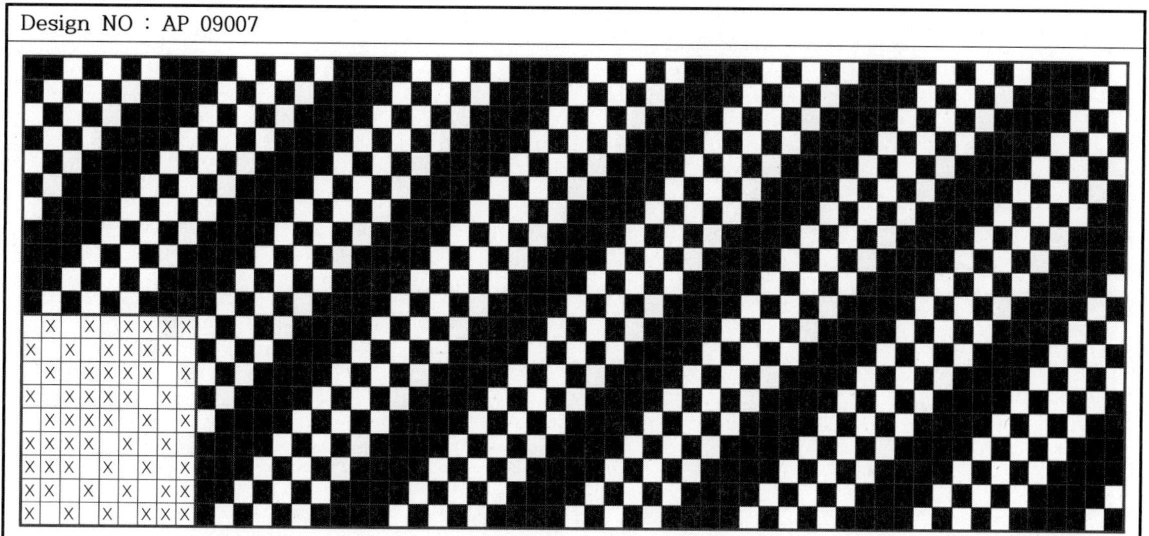

Design NO : AP 09008

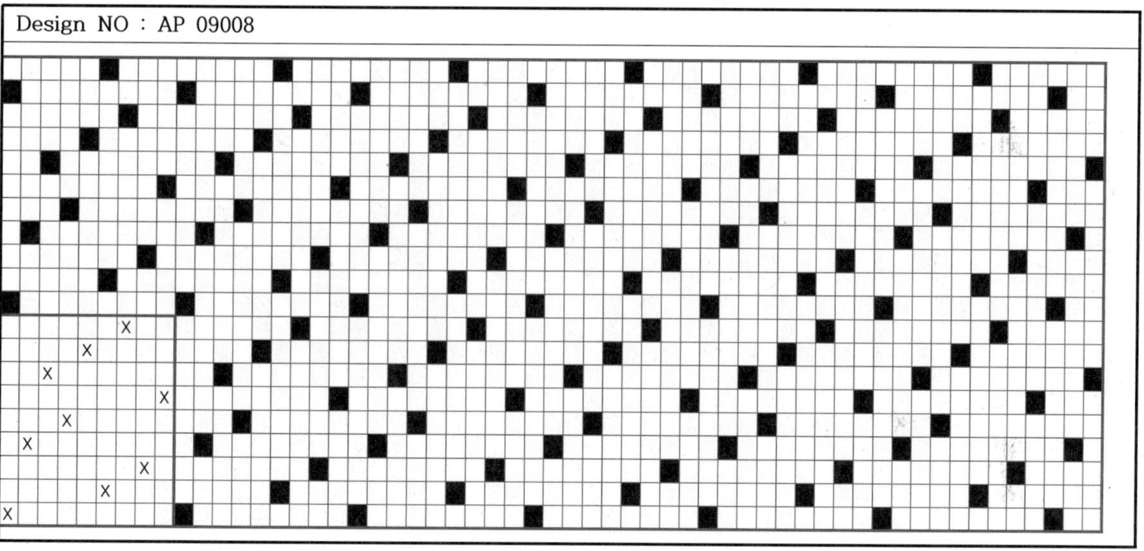

Design NO : AP 09009

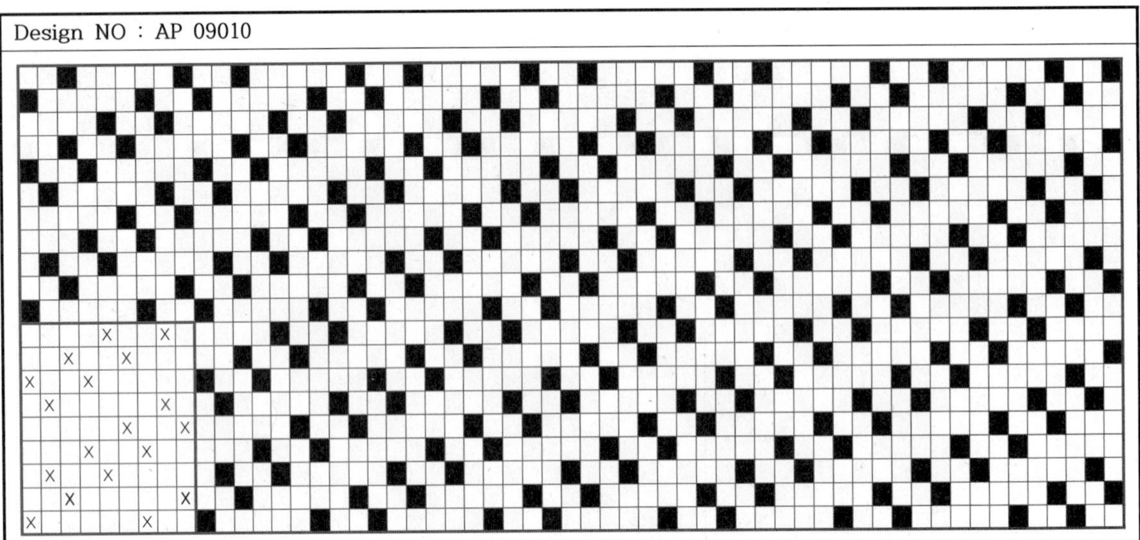

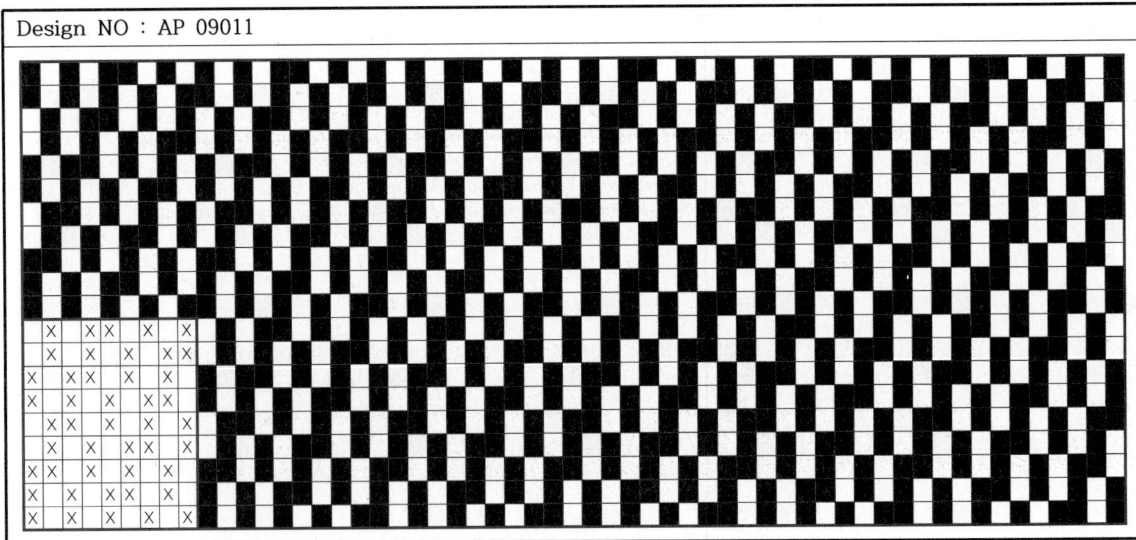

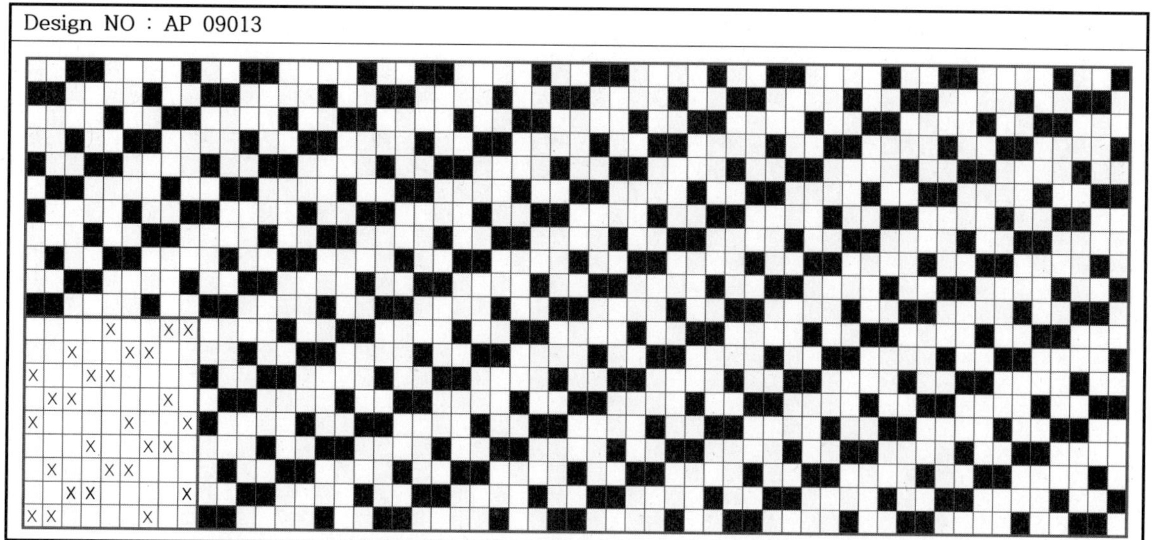

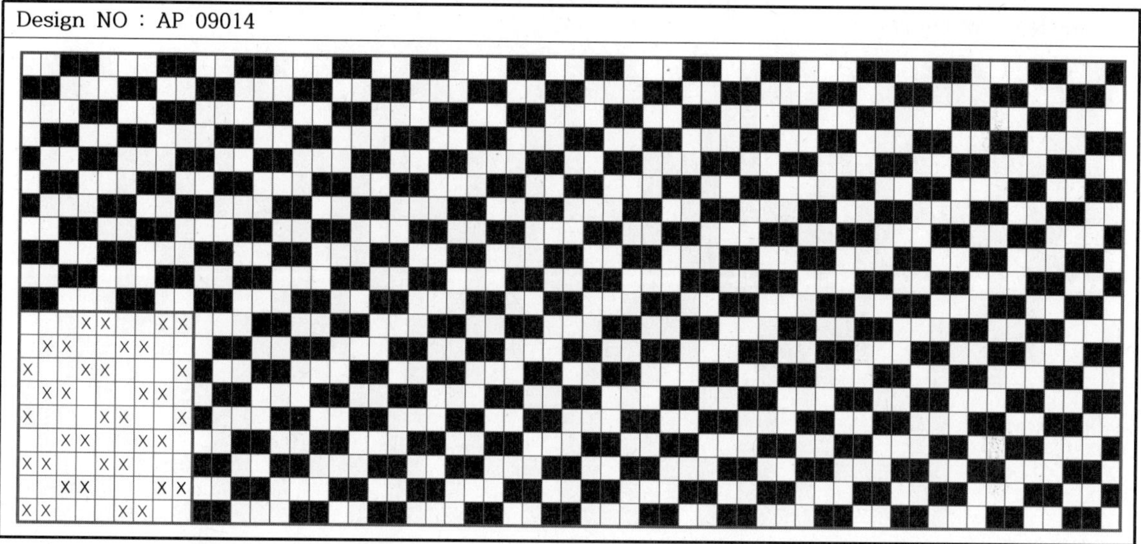

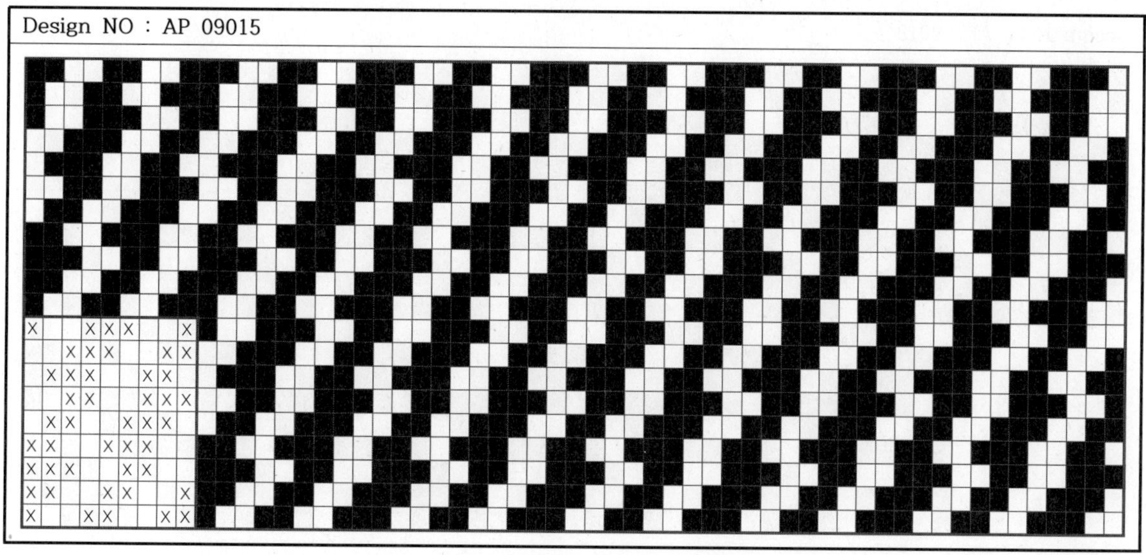

Design NO : AP 09016

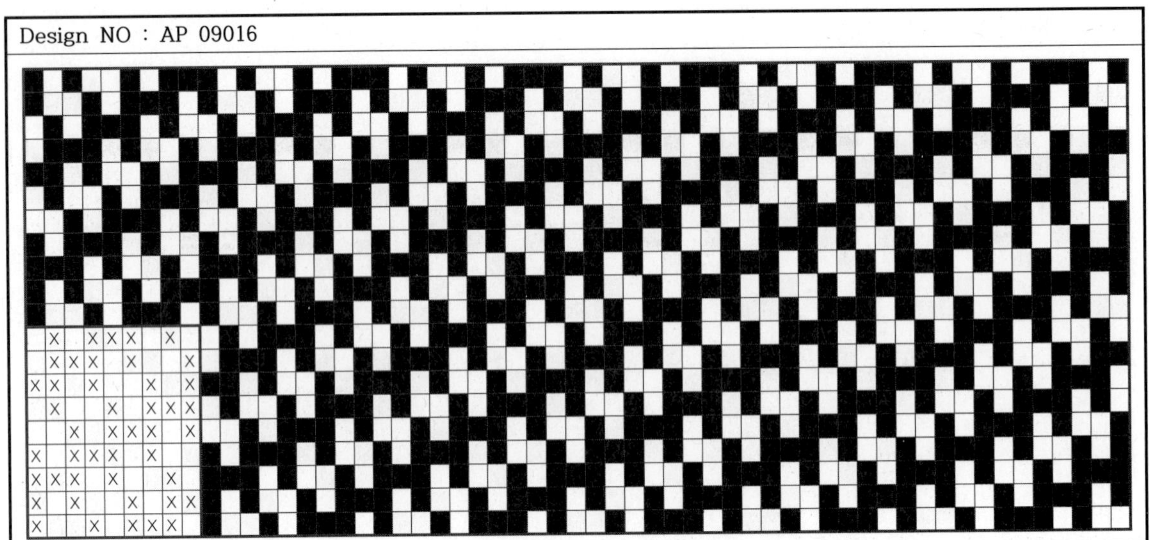

Design NO : AP 09017

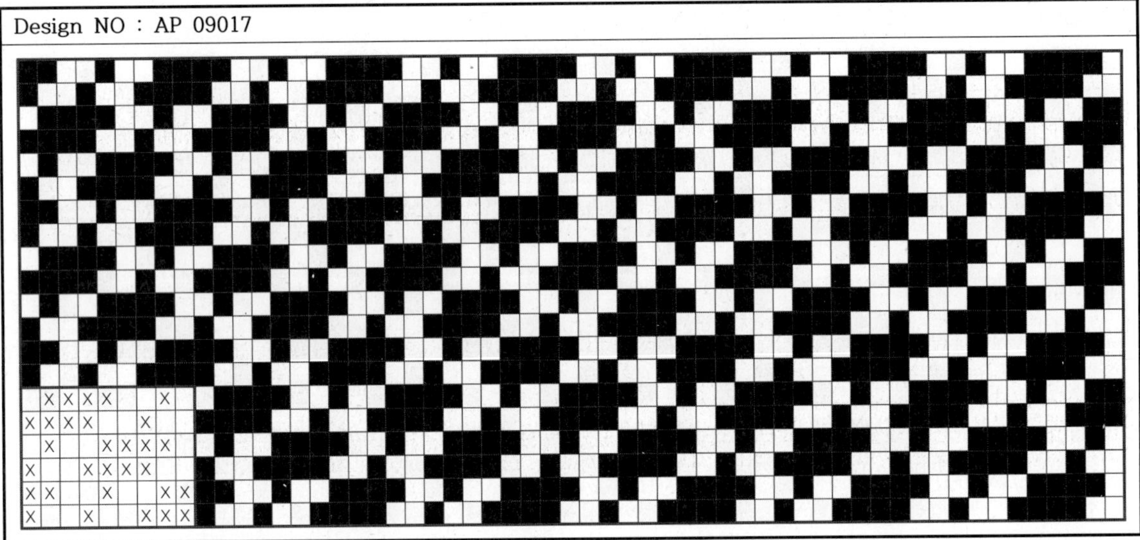

Design NO : AP 09018

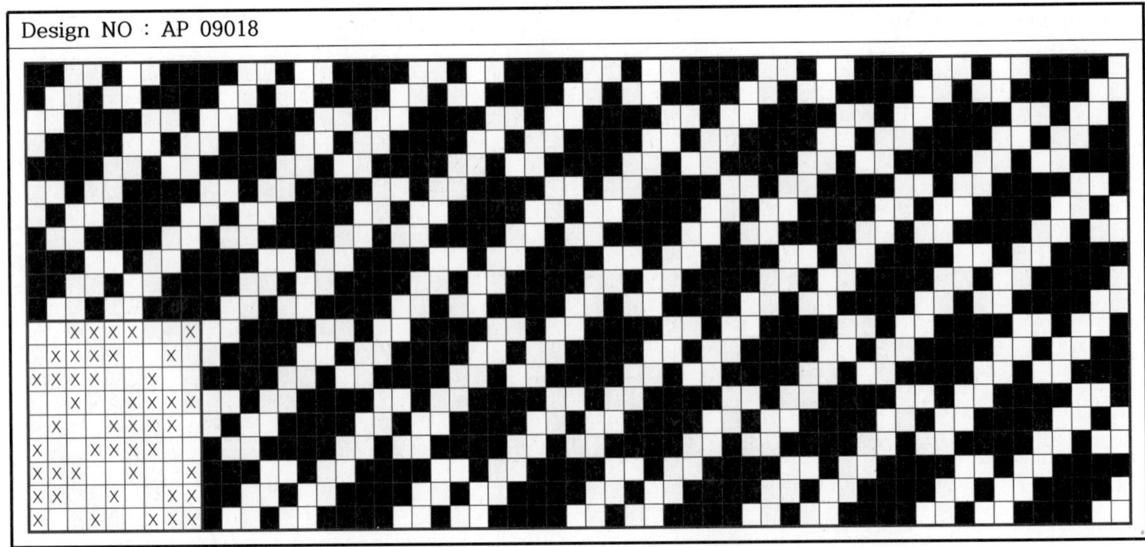

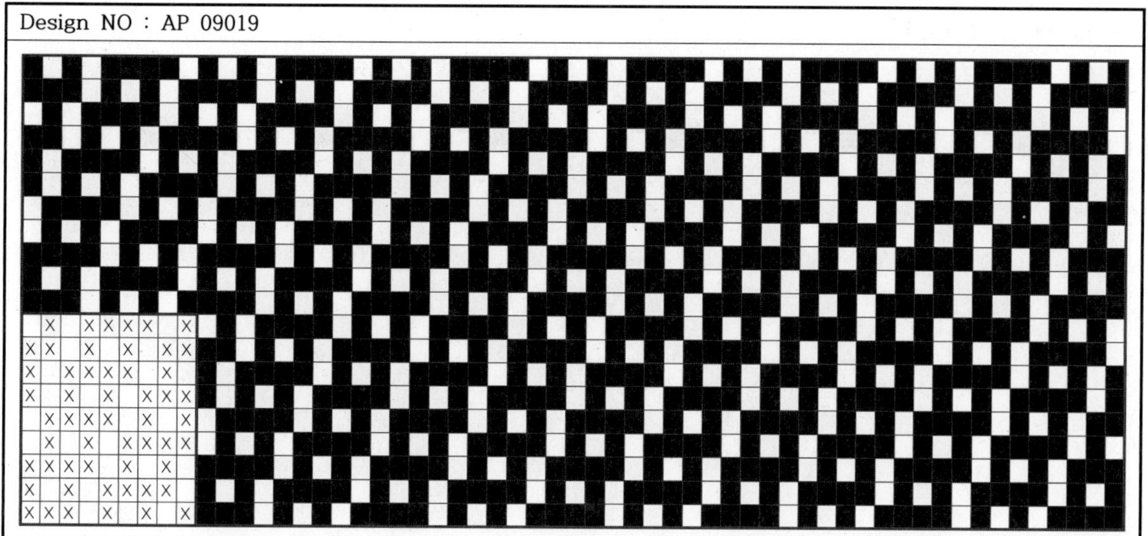

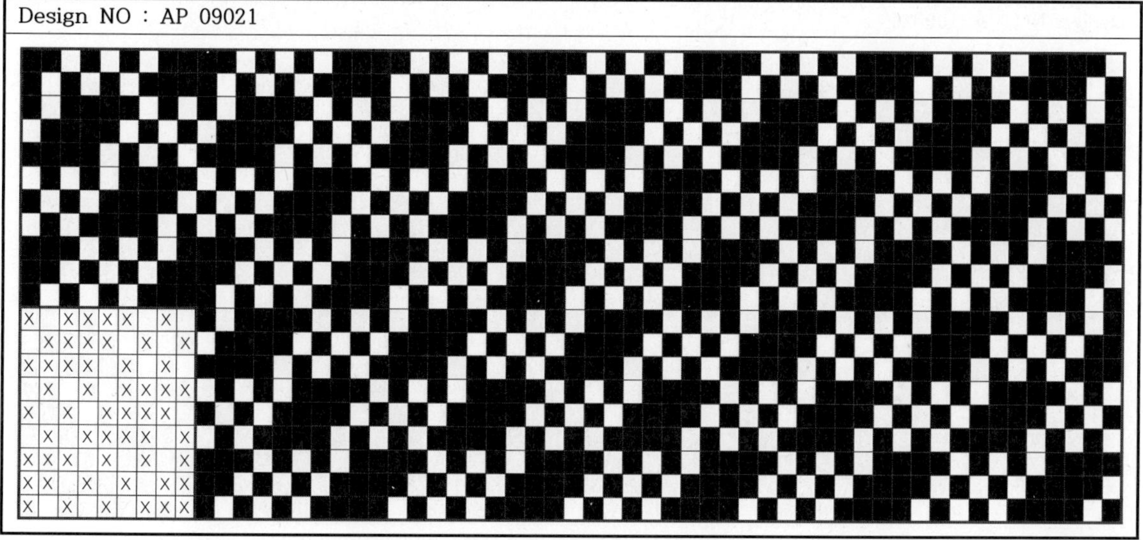

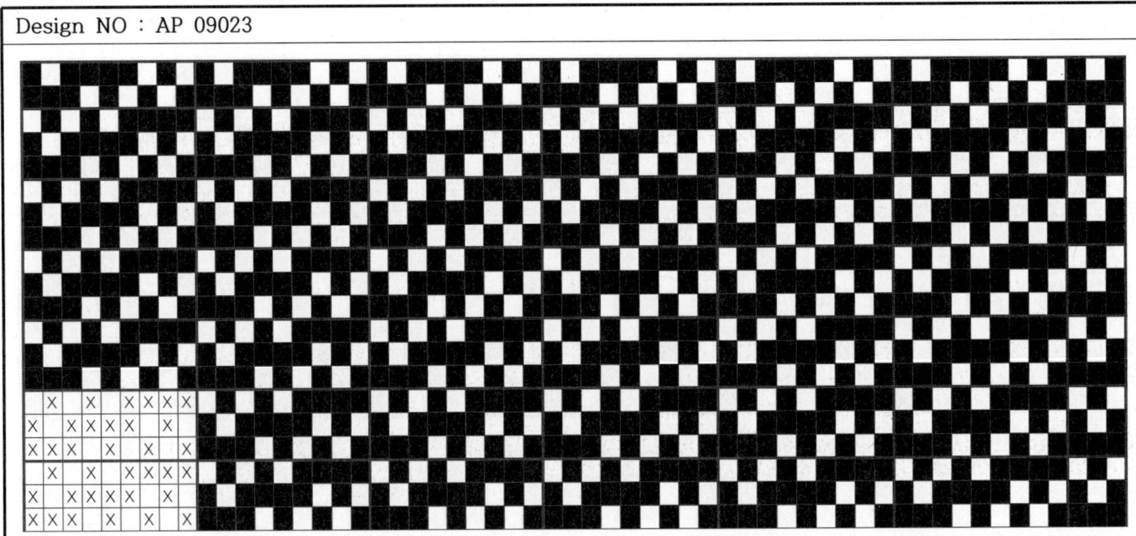

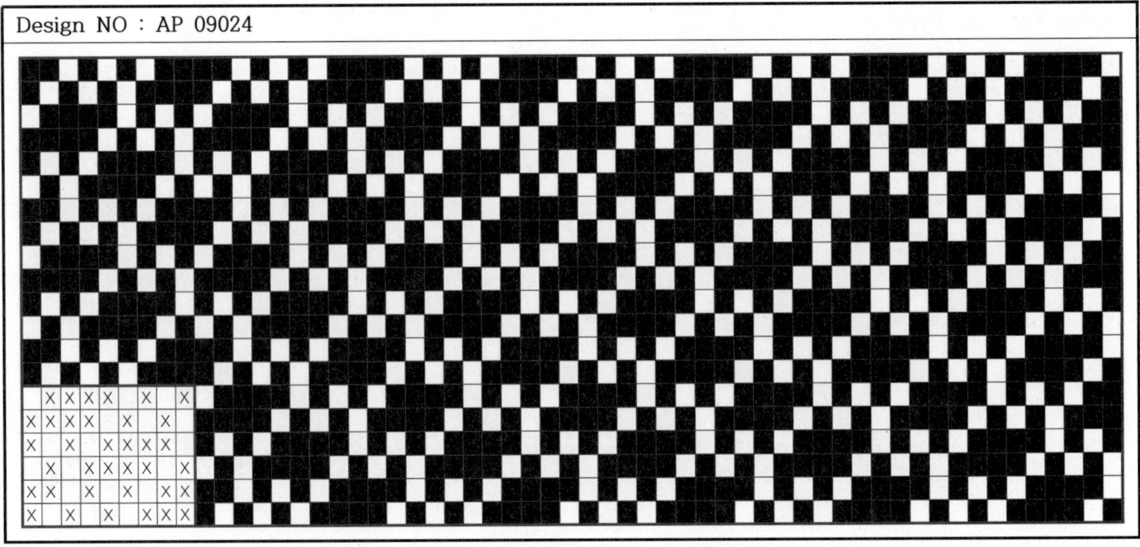

Design NO : AP 09024

Design NO : AP 09025

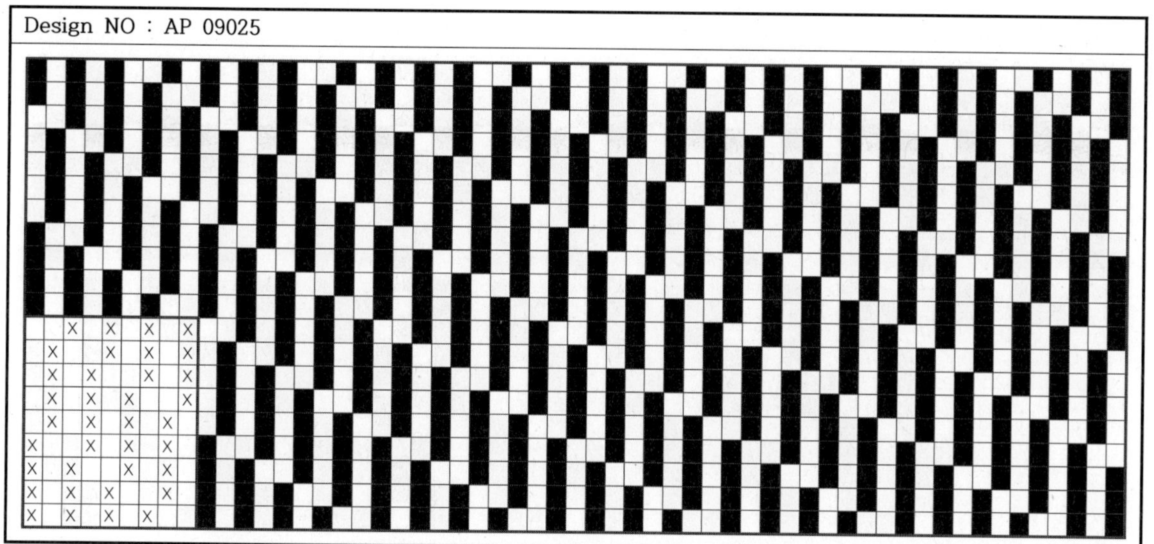

Design NO : AP 09026

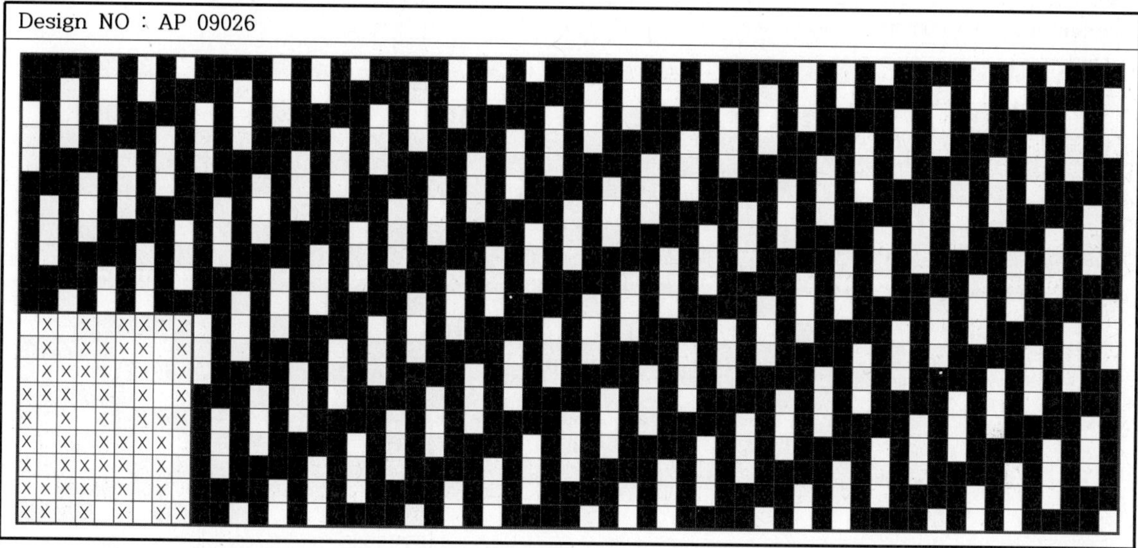

Design NO : AP 09027

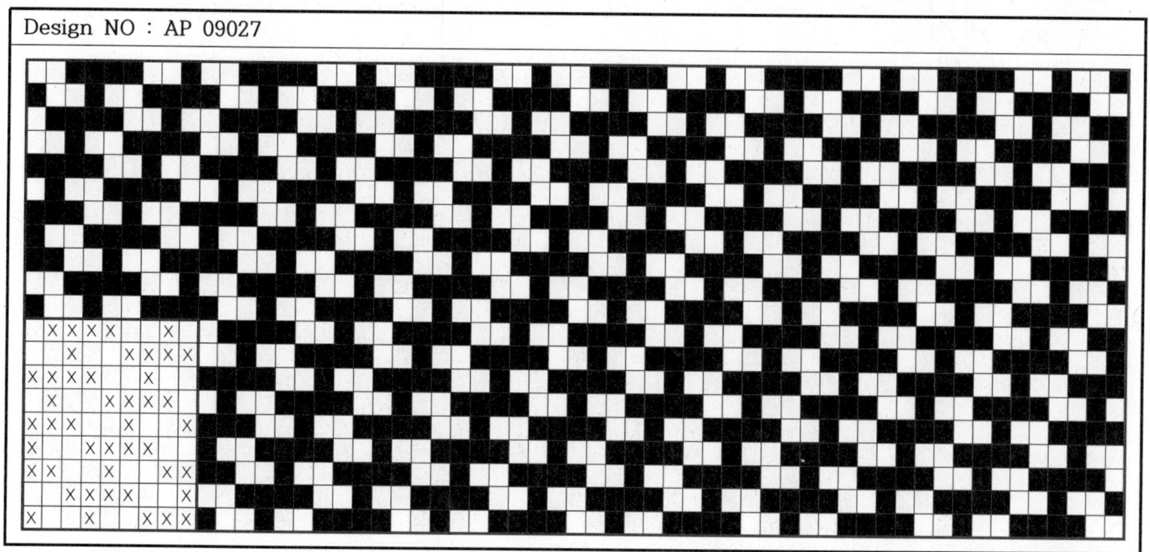

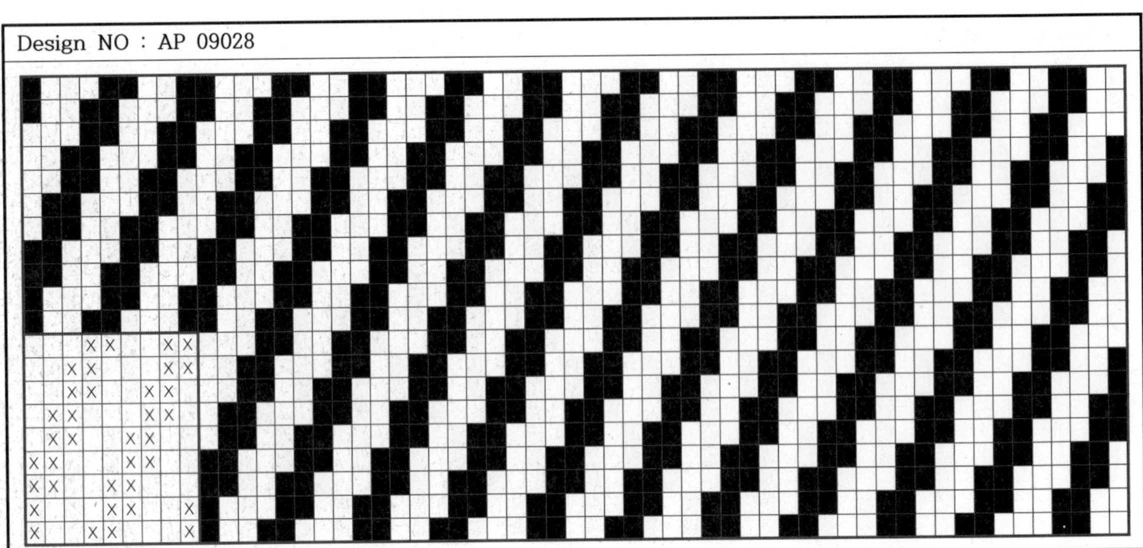

Design NO : AP 09028

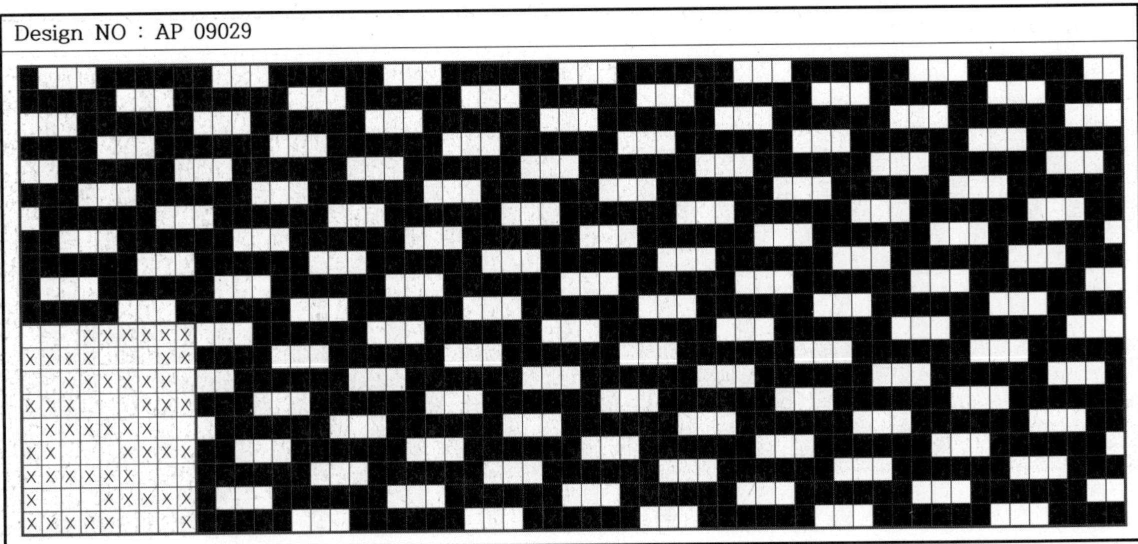

Design NO : AP 09029

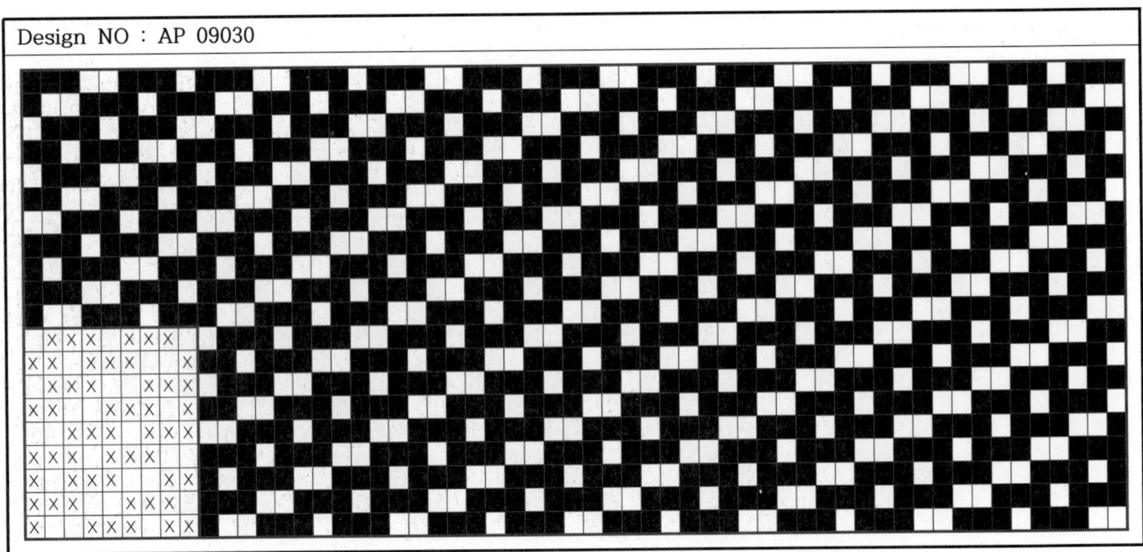

Design NO : AP 09030

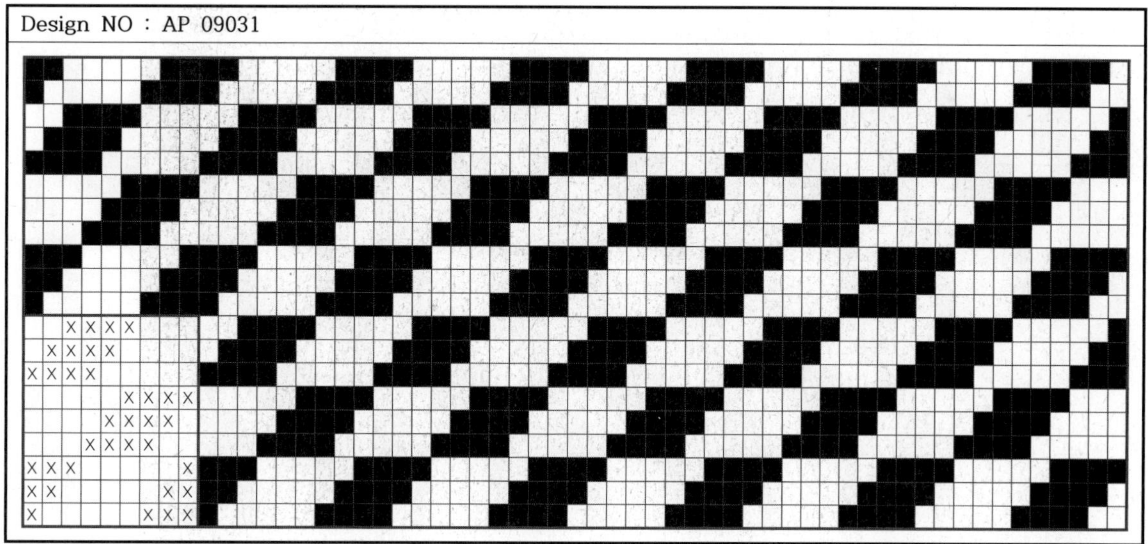

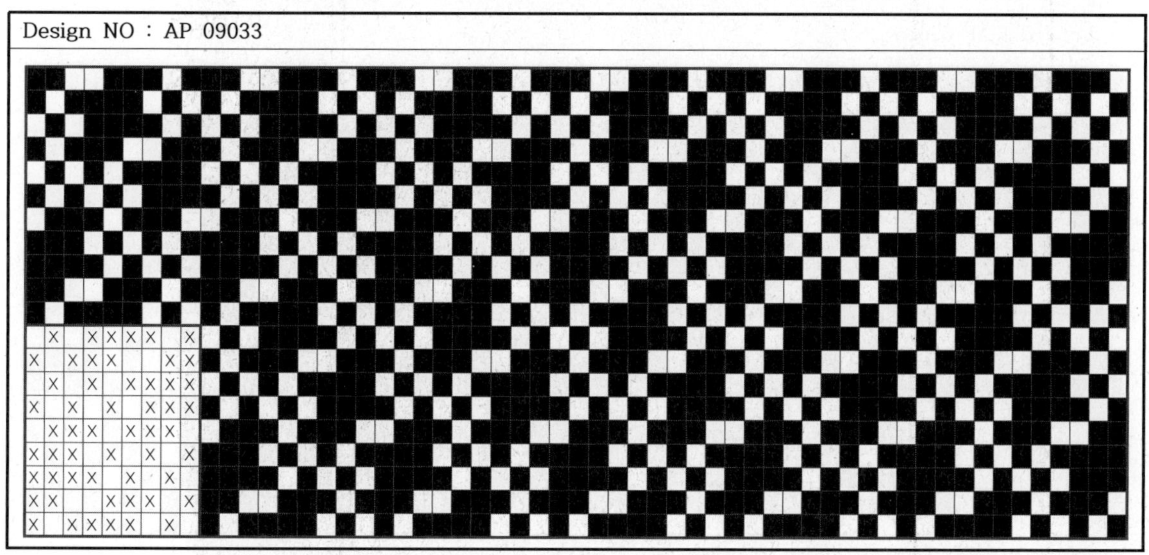

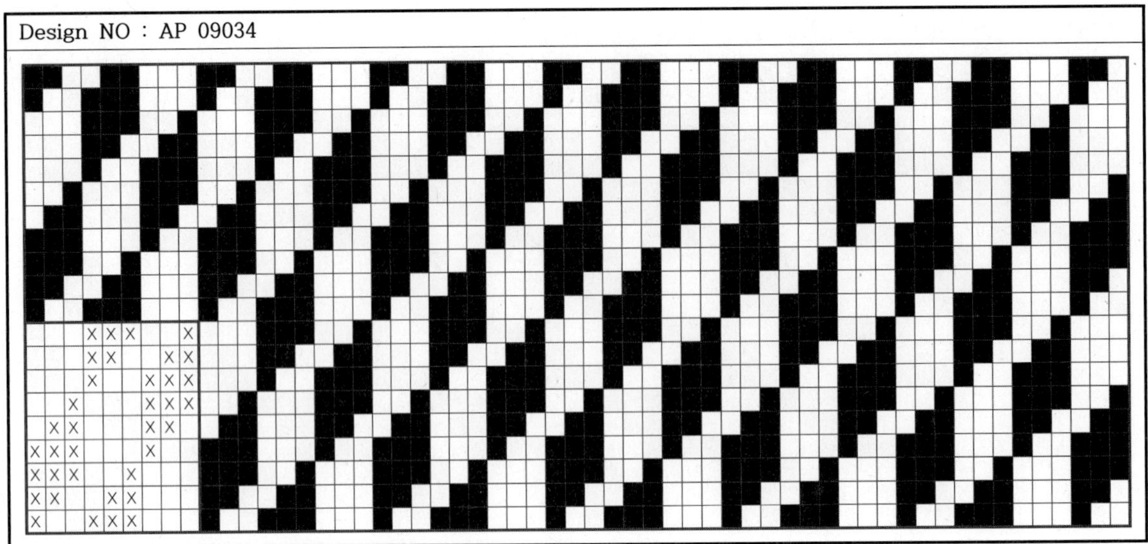

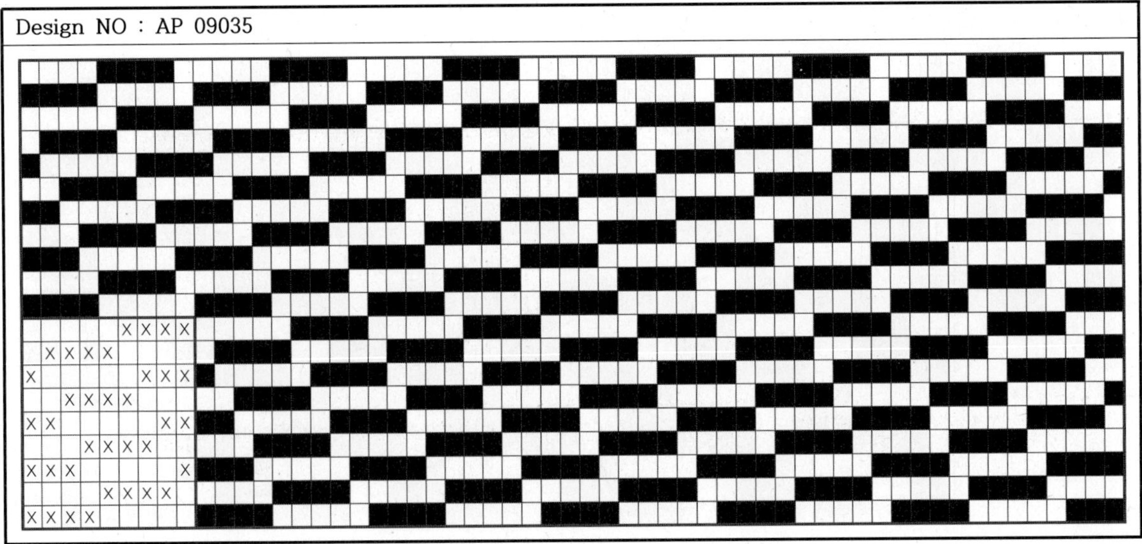

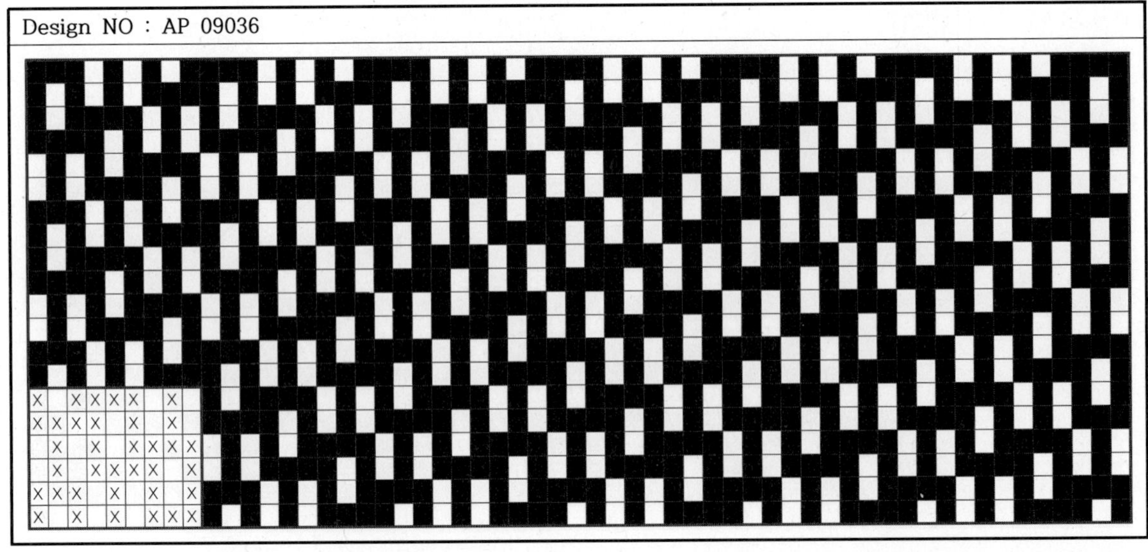

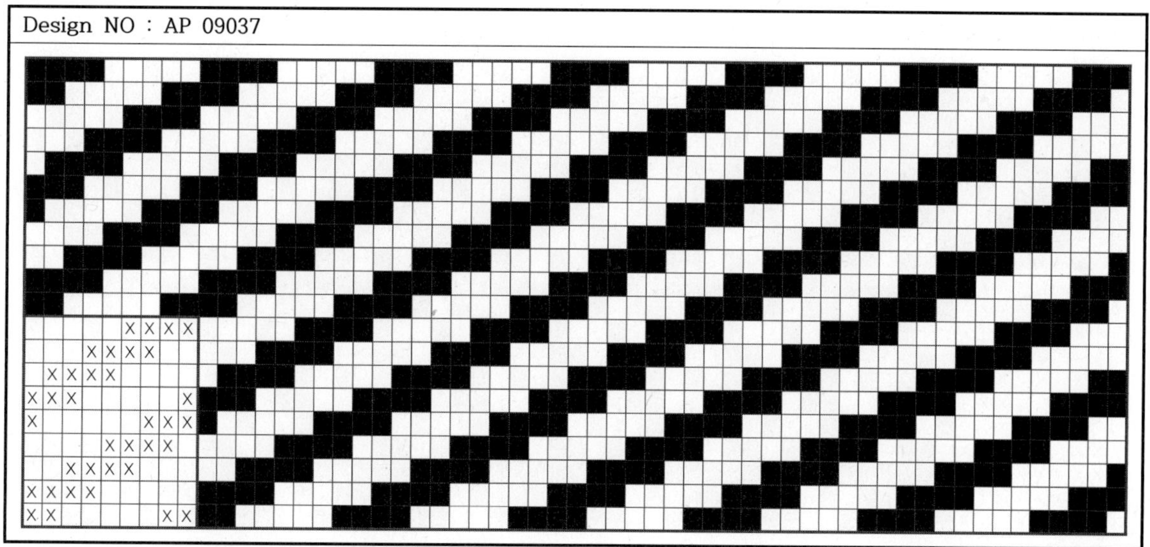

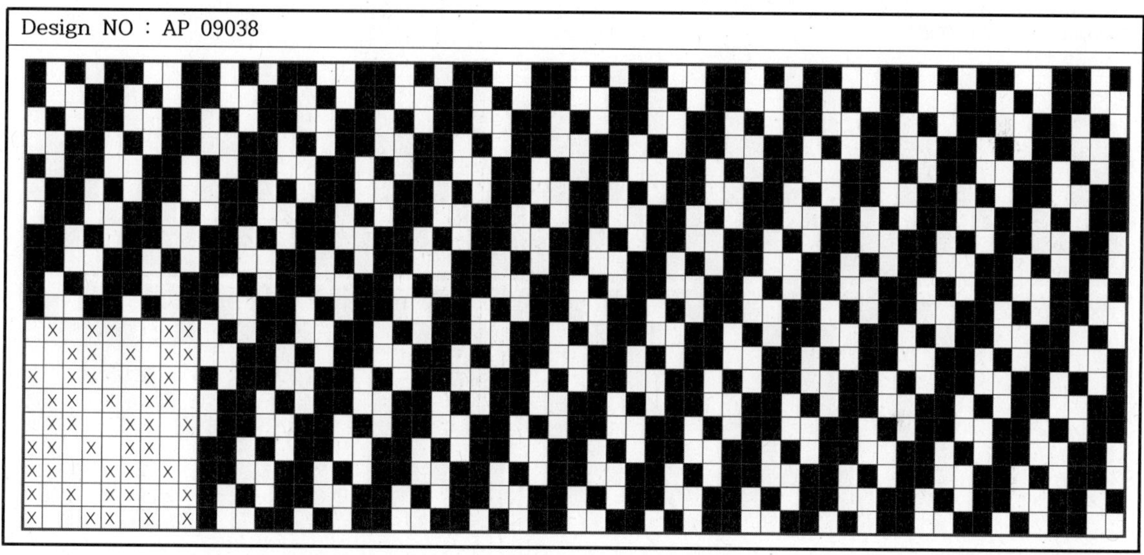

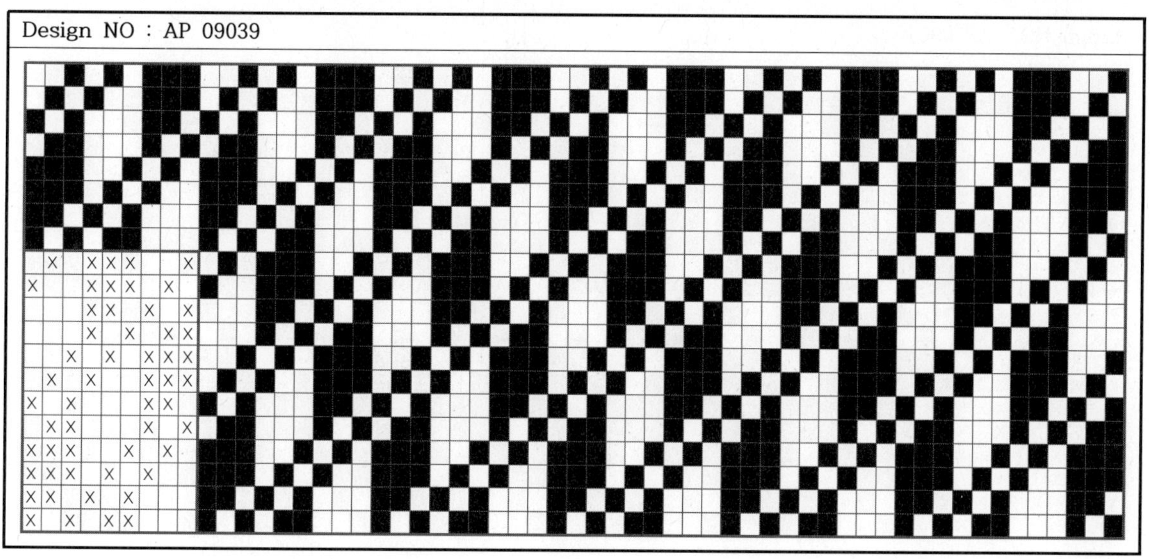

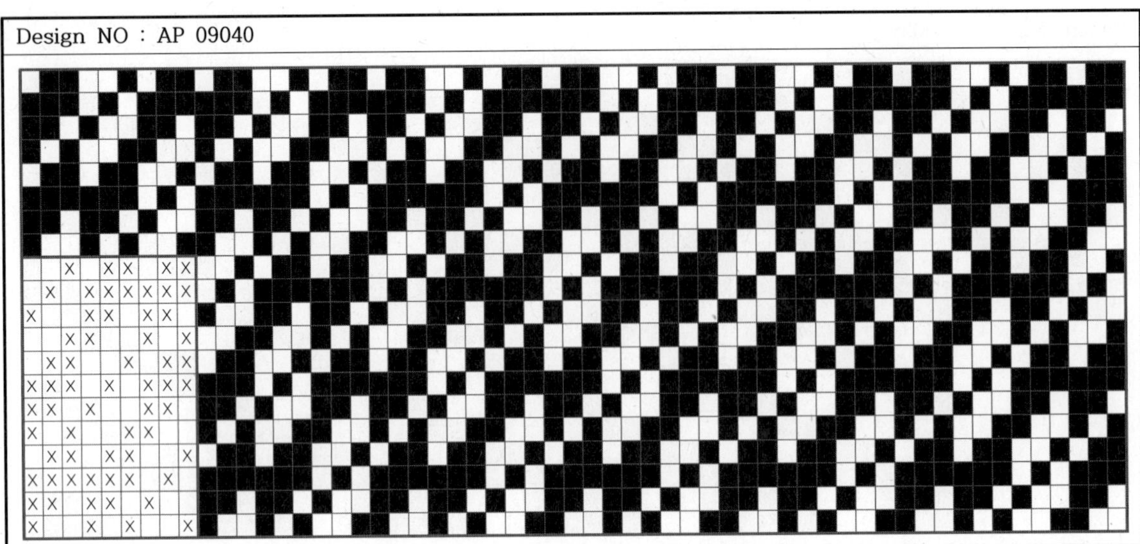

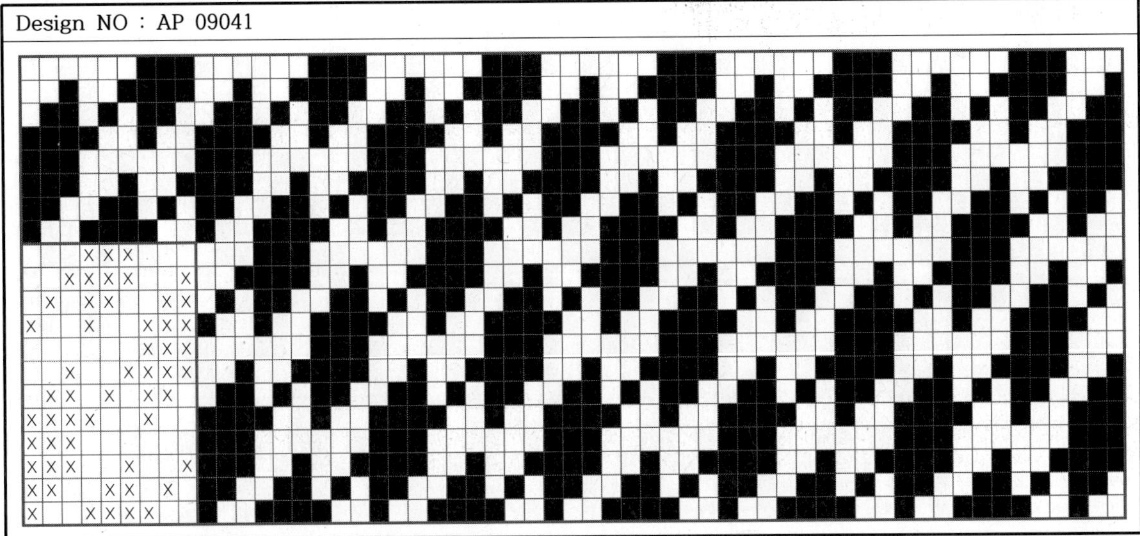

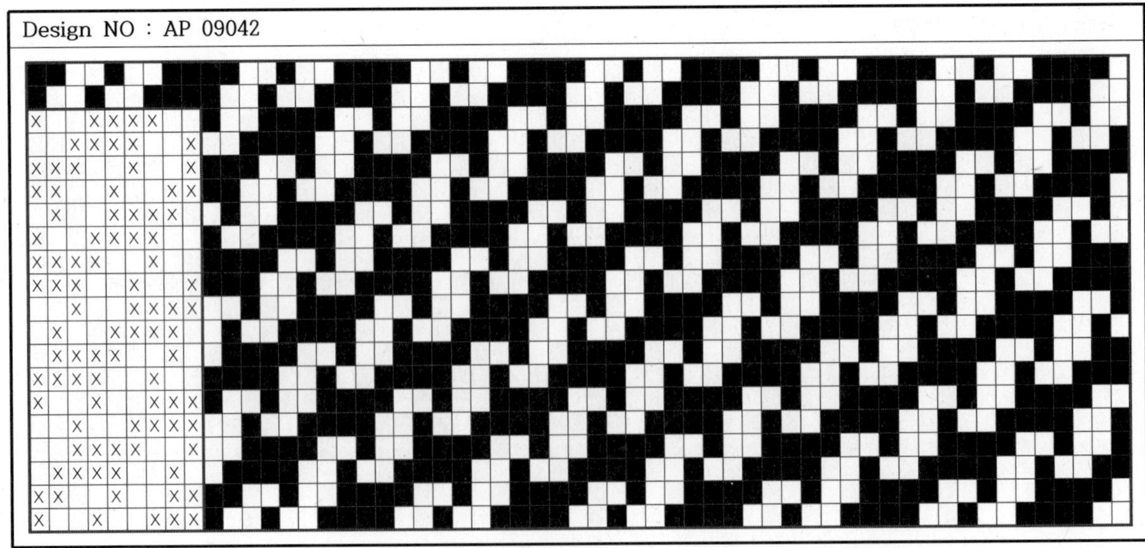

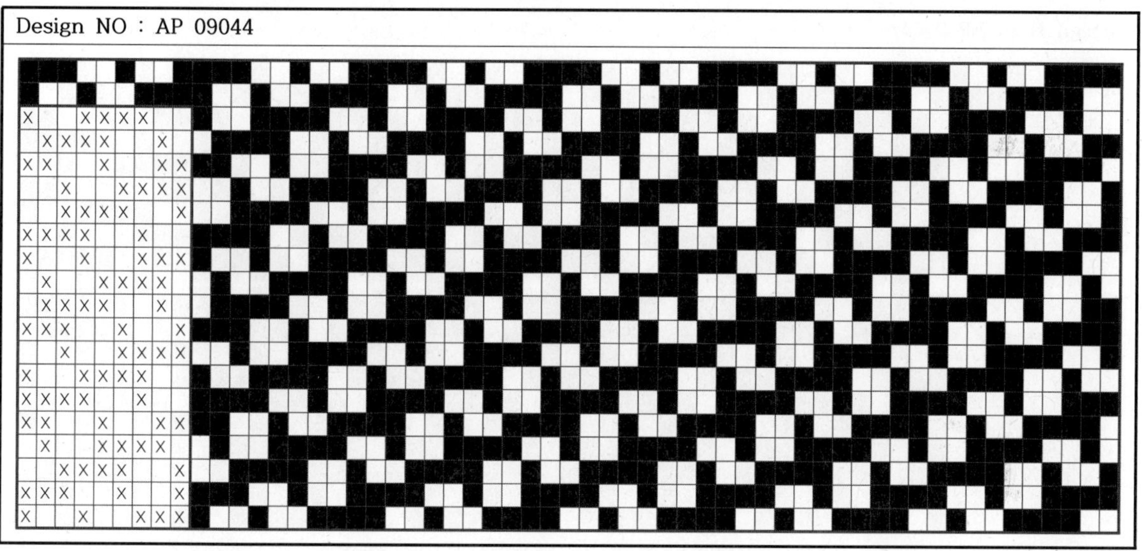

Design NO : AP 09045

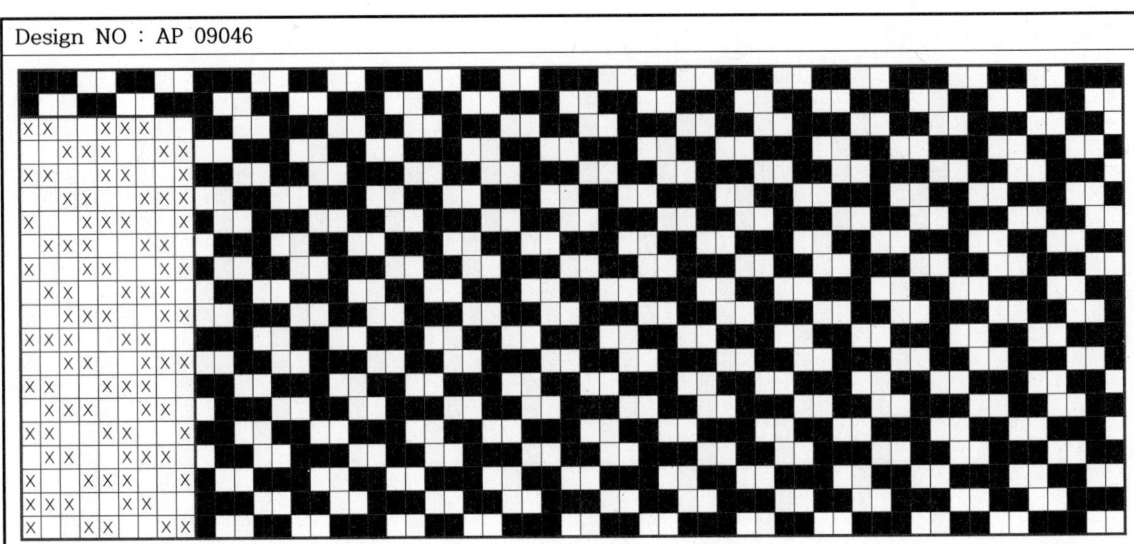

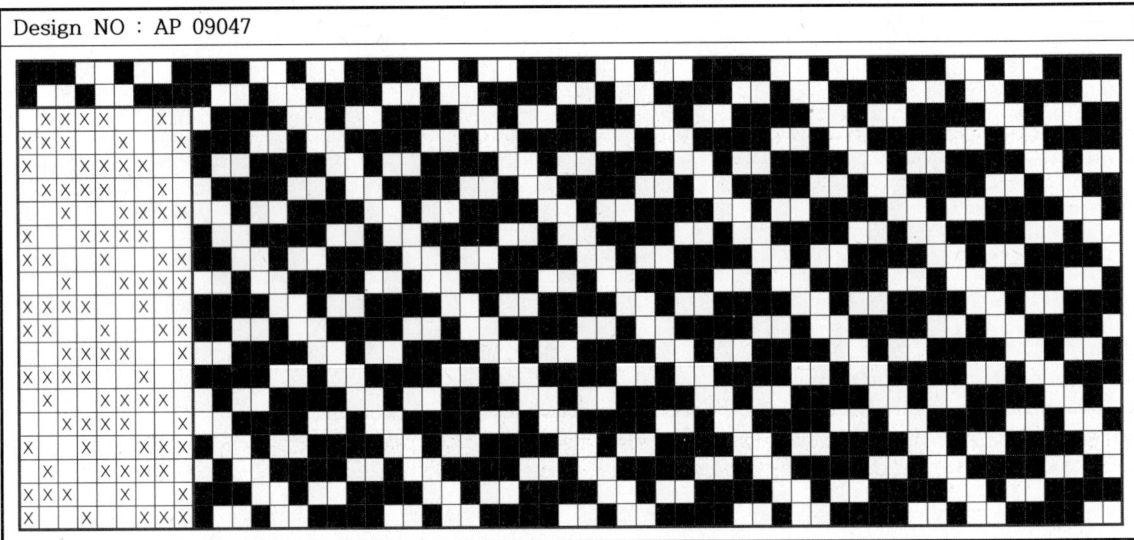

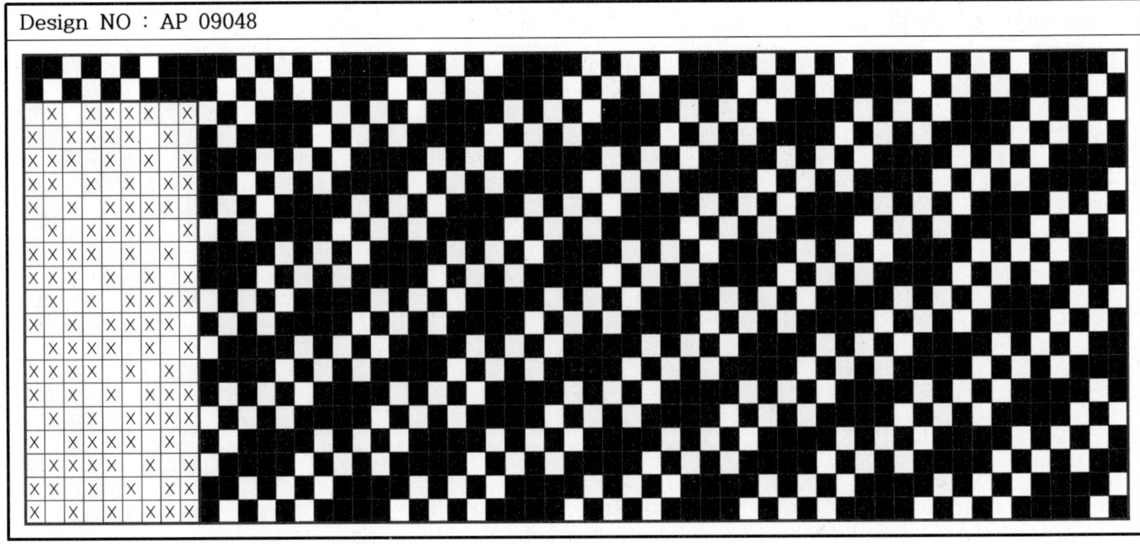

Design NO : AP 09049

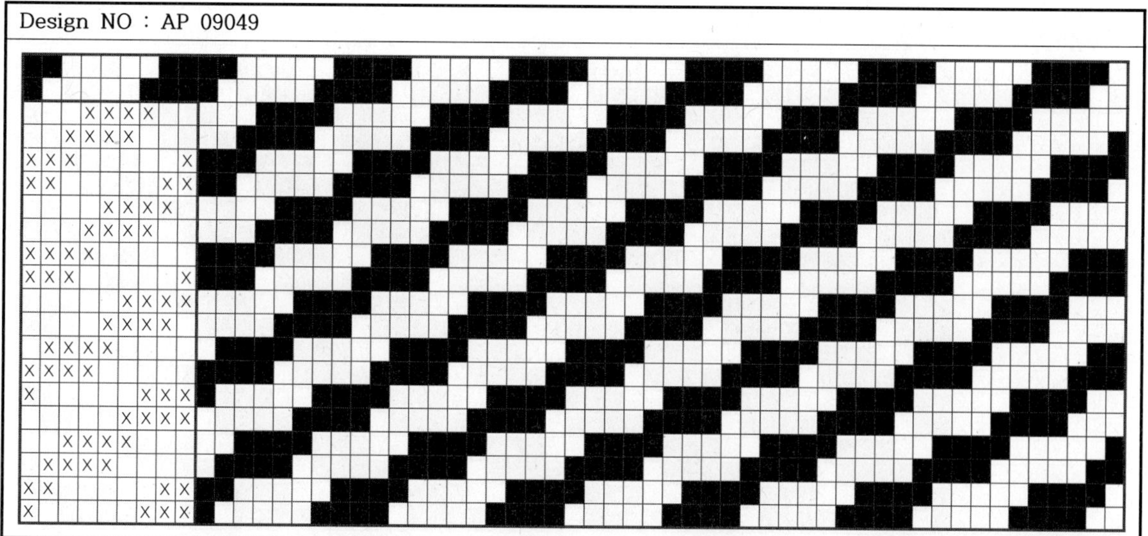

Design NO : AP 09050

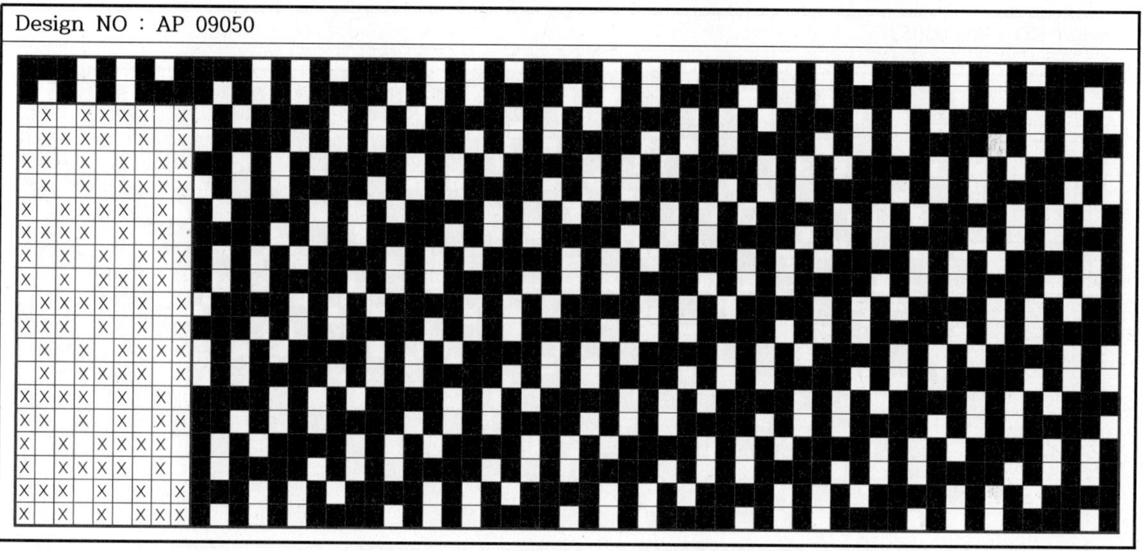

Design NO : AP 09051

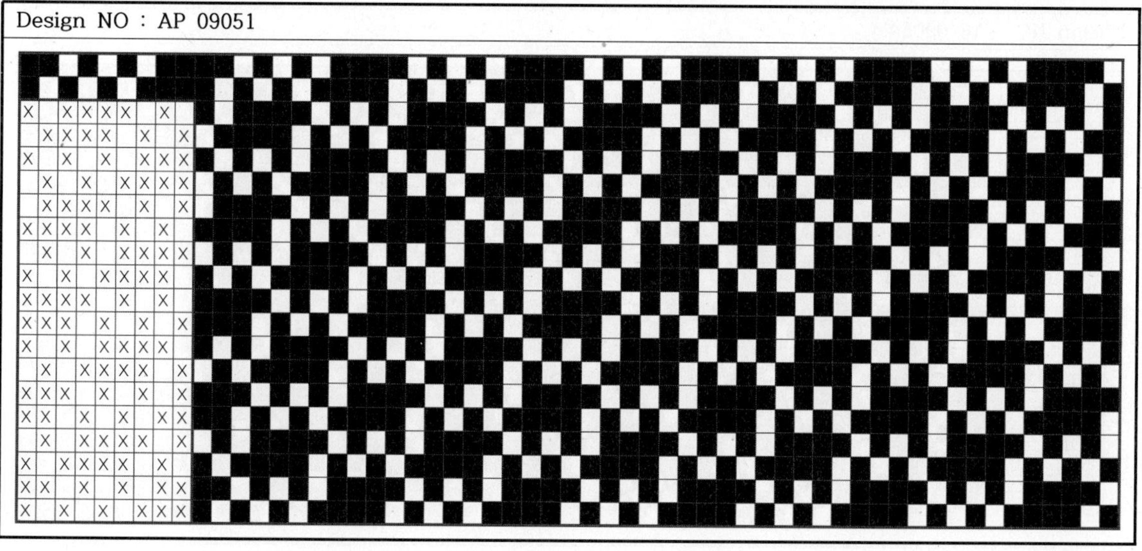

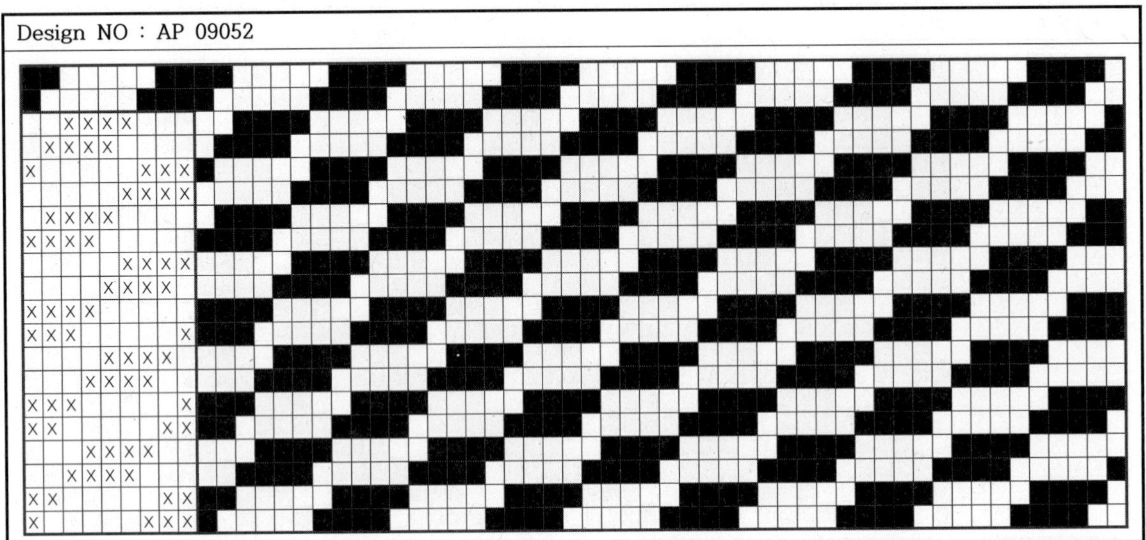

Design NO : AP 09052

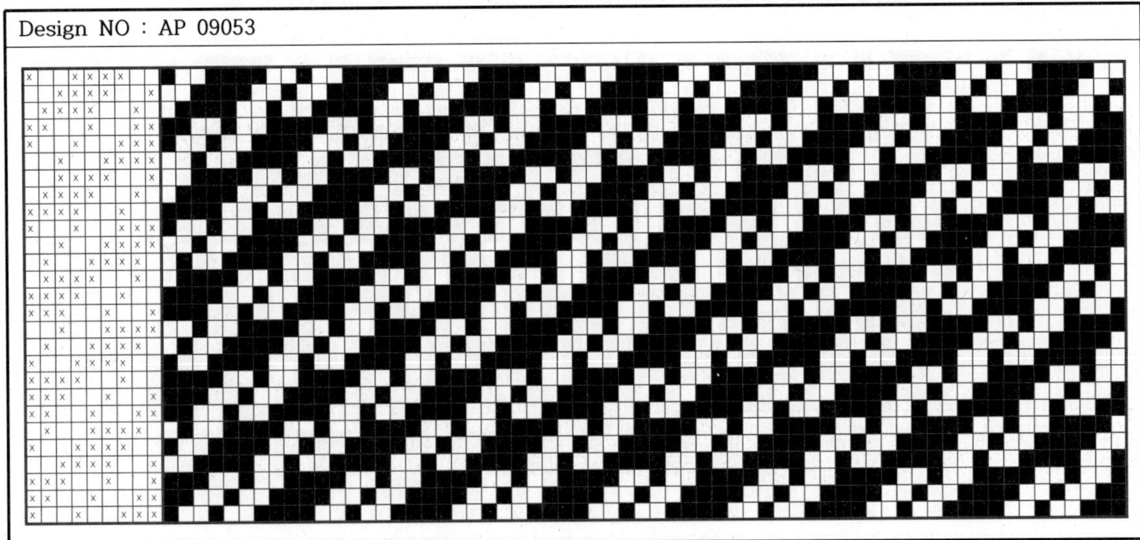

Design NO : AP 09053

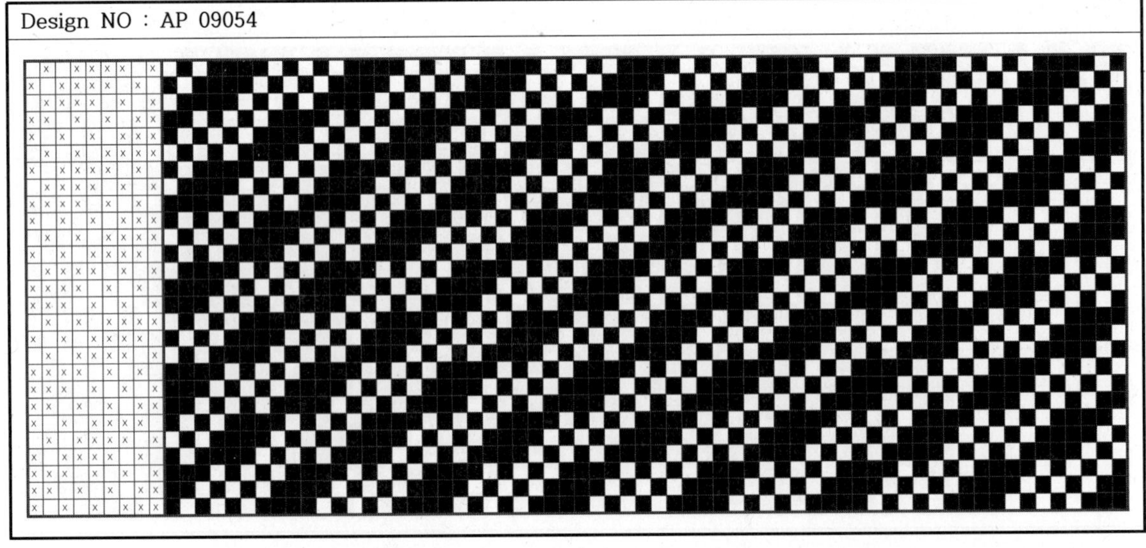

Design NO : AP 09054

Design NO : AP 09055

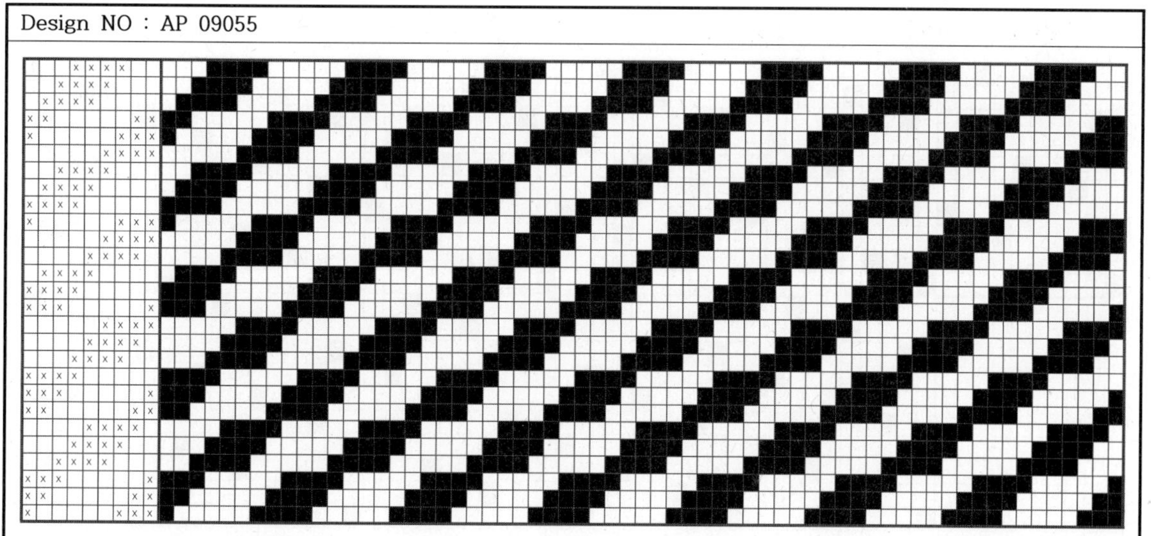

Design NO : AP 09056

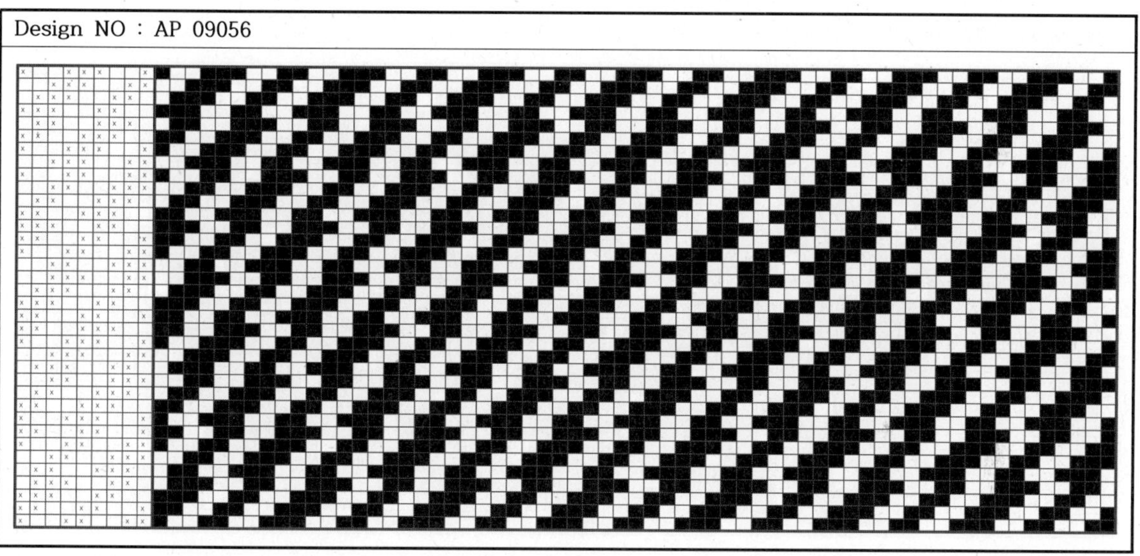

Design NO : AP 09057

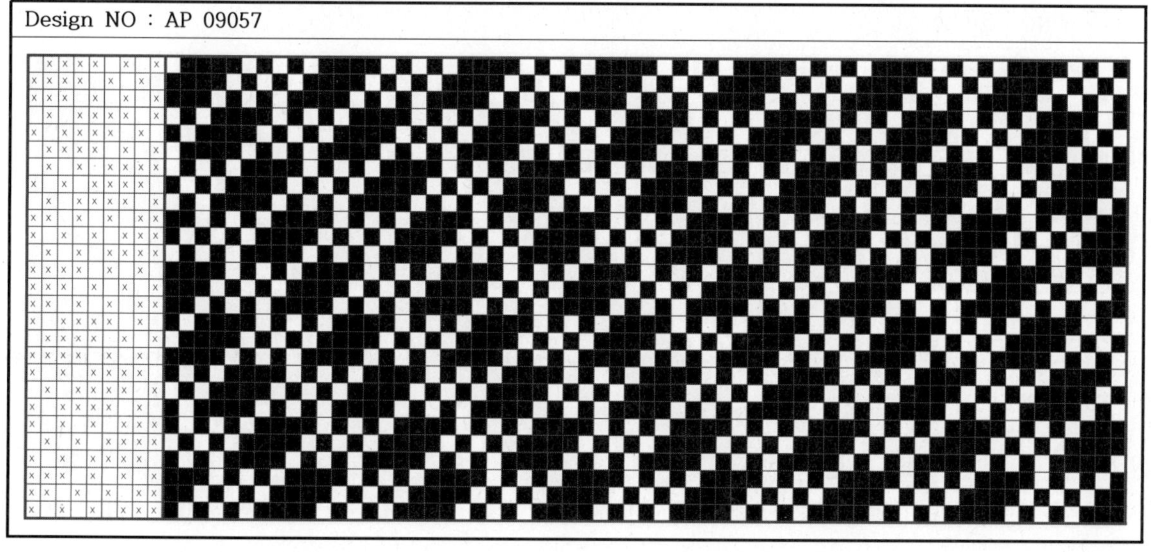

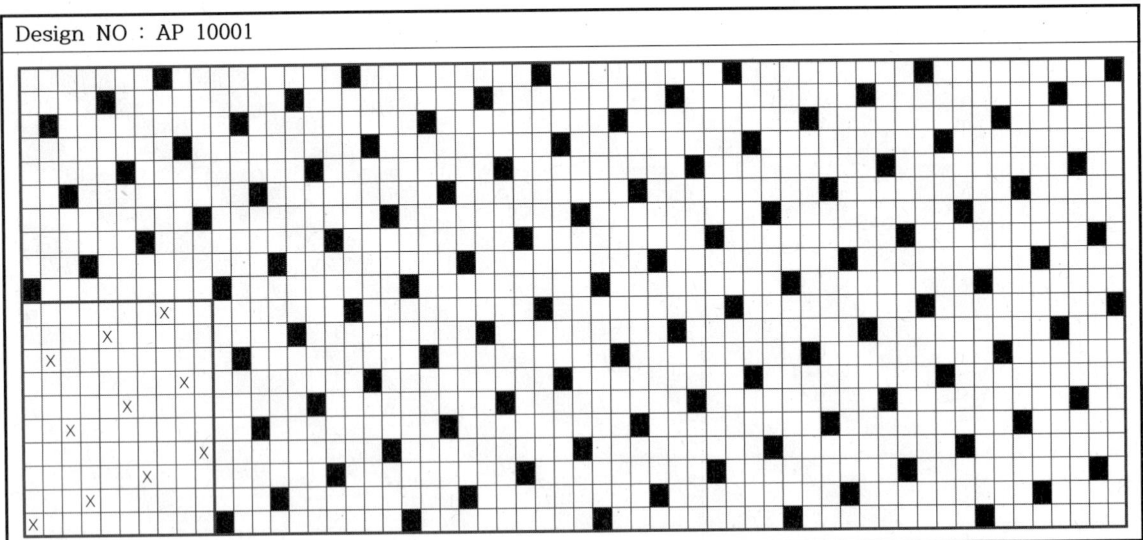

Design NO : AP 10001

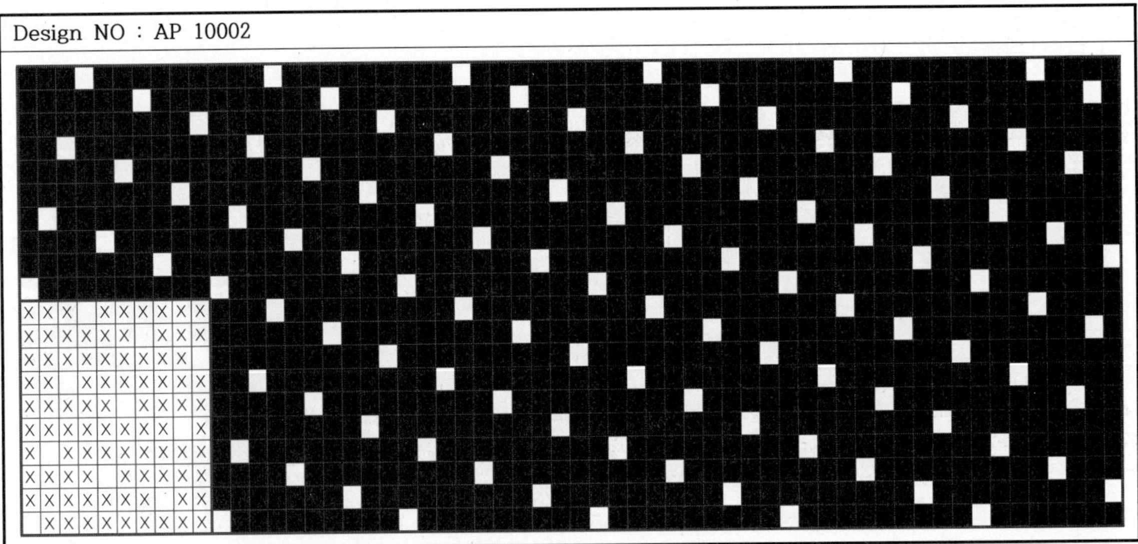

Design NO : AP 10002

Design NO : AP 10003

Design NO : AP 10004

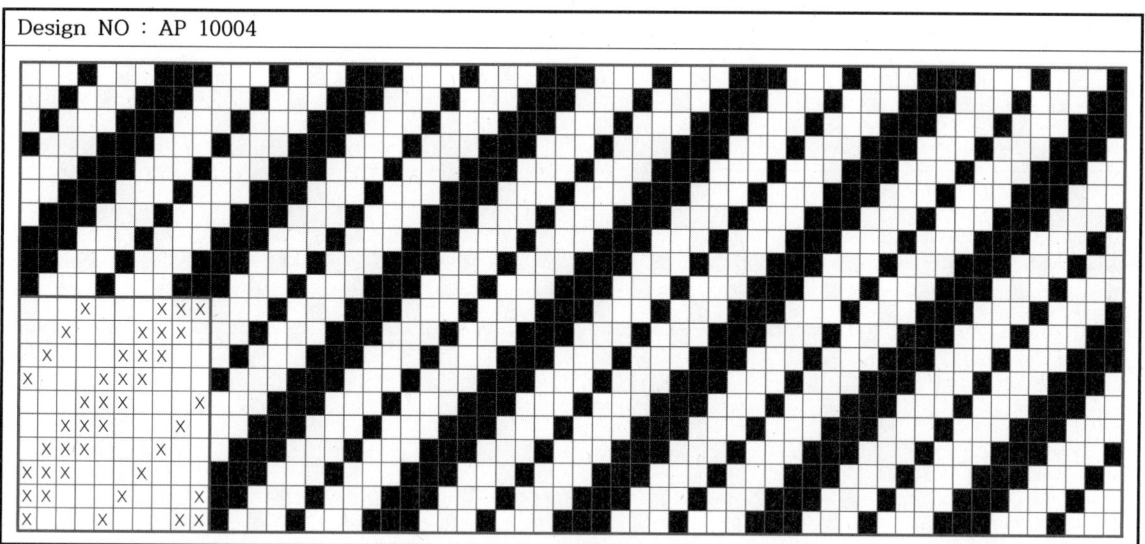

Design NO : AP 10005

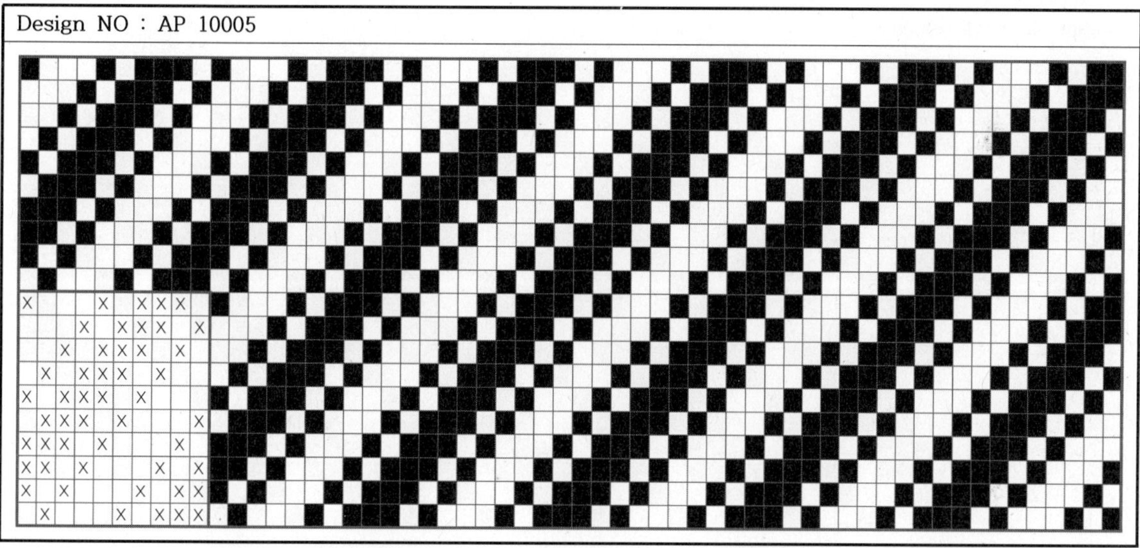

Design NO : AP 10006

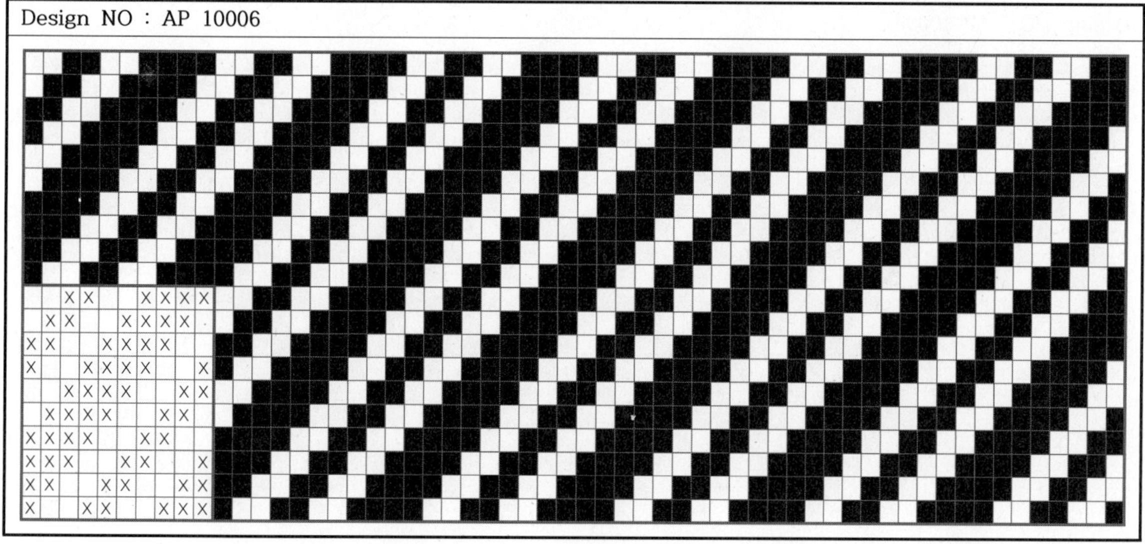

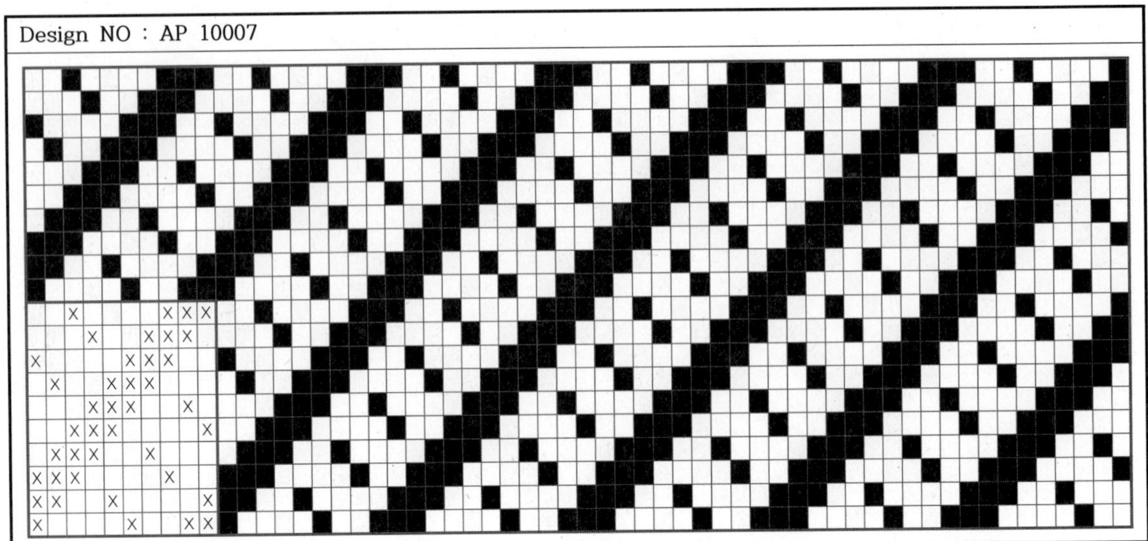

Design NO : AP 10007

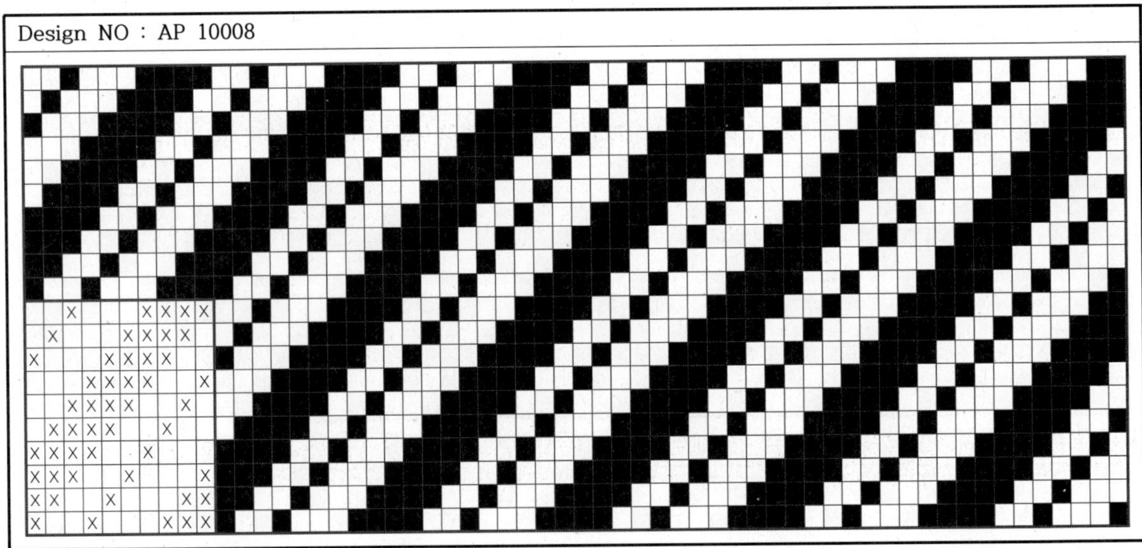

Design NO : AP 10008

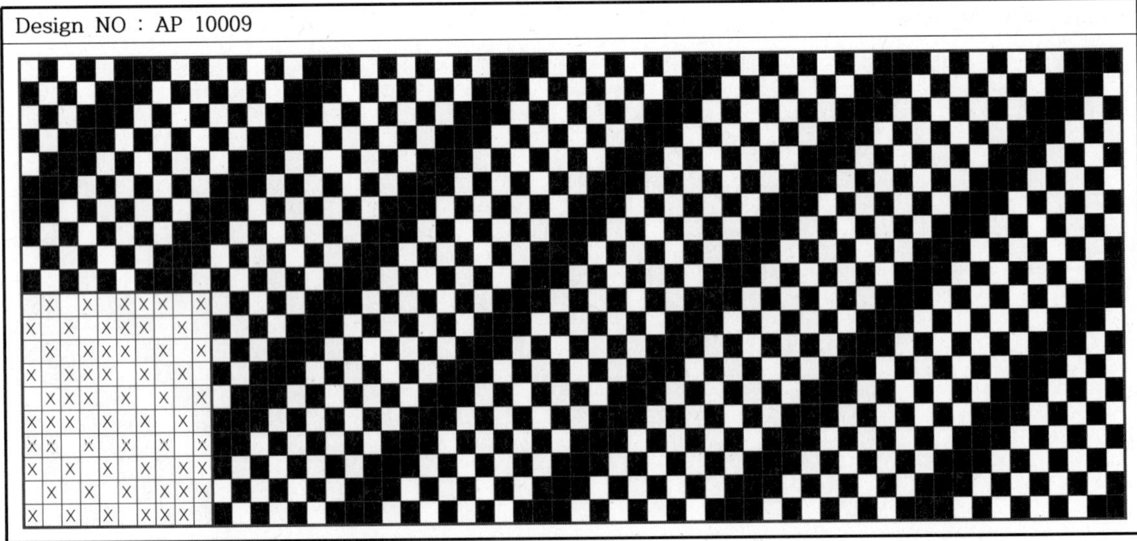

Design NO : AP 10009

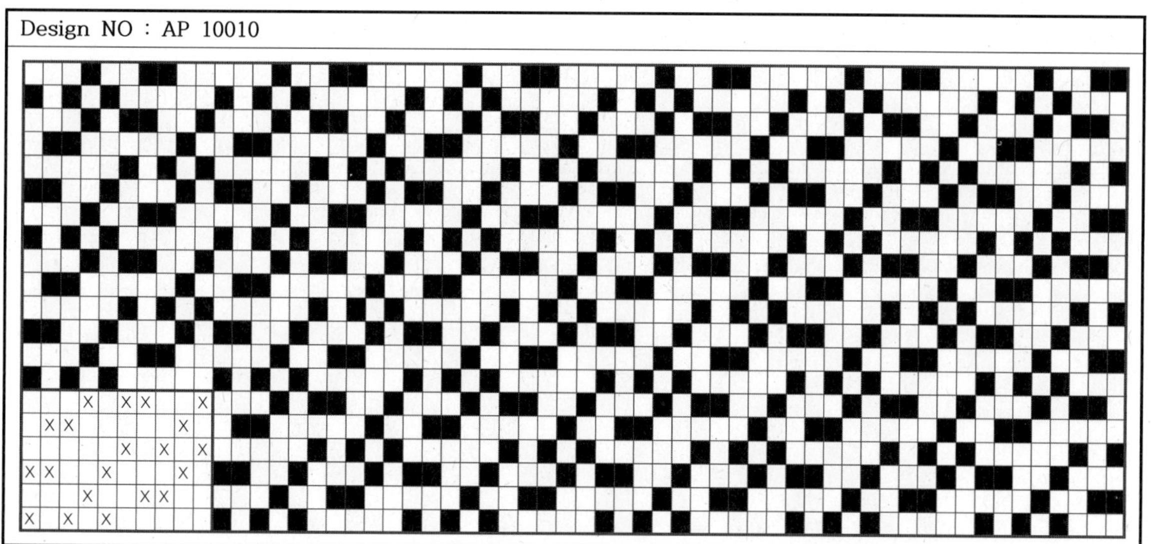

Design NO : AP 10010

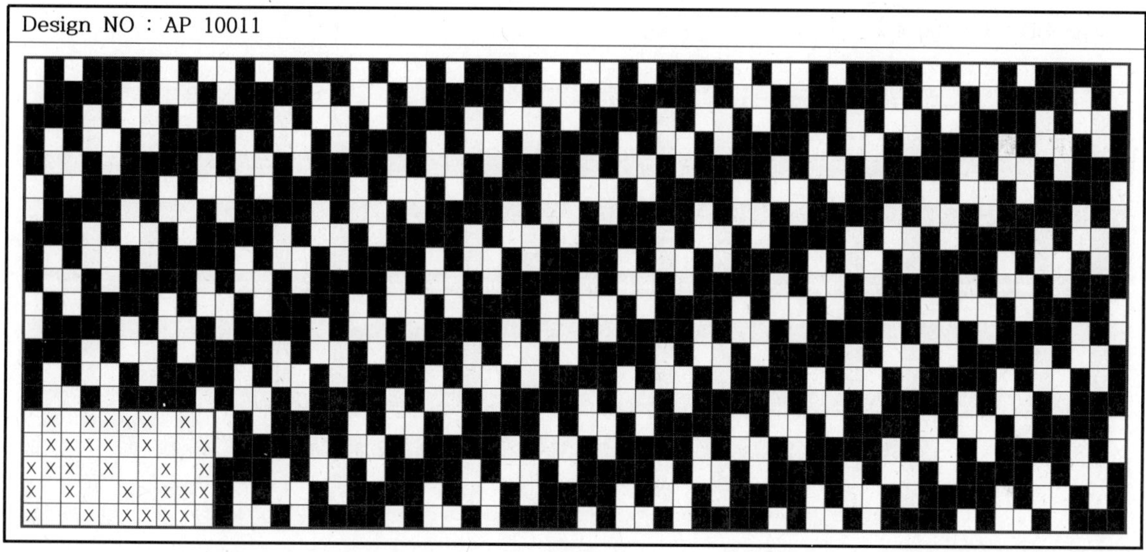

Design NO : AP 10011

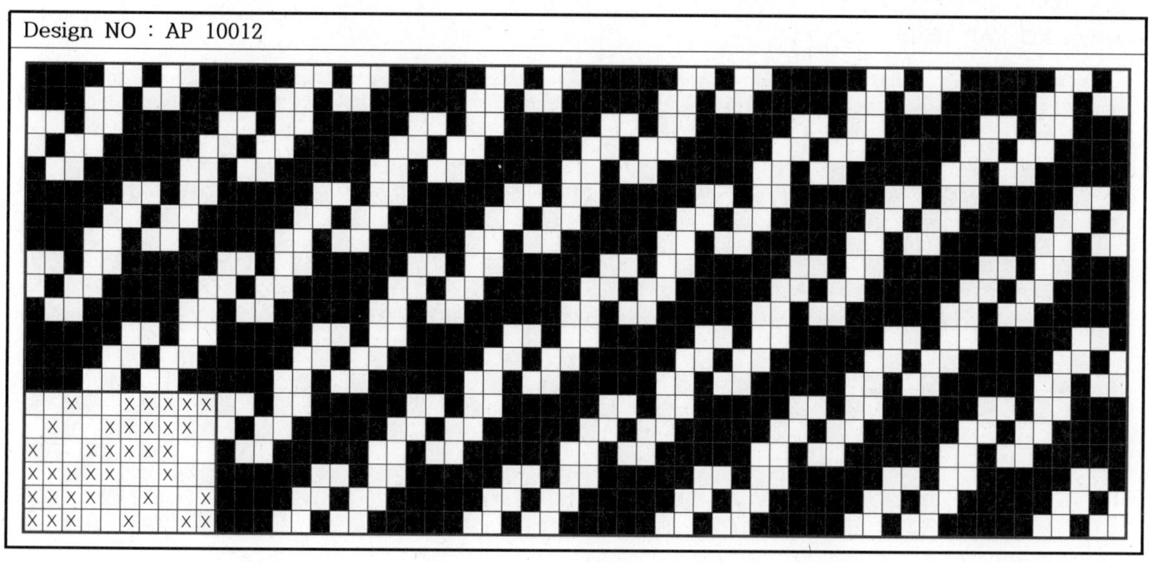

Design NO : AP 10012

Design NO : AP 10013

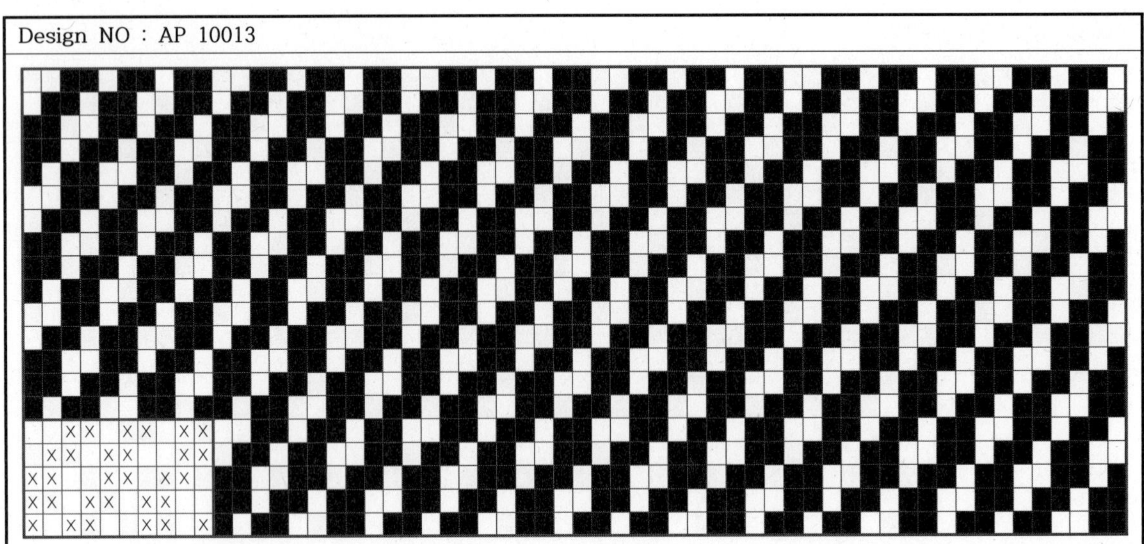

Design NO : AP 10014

Design NO : AP 10015

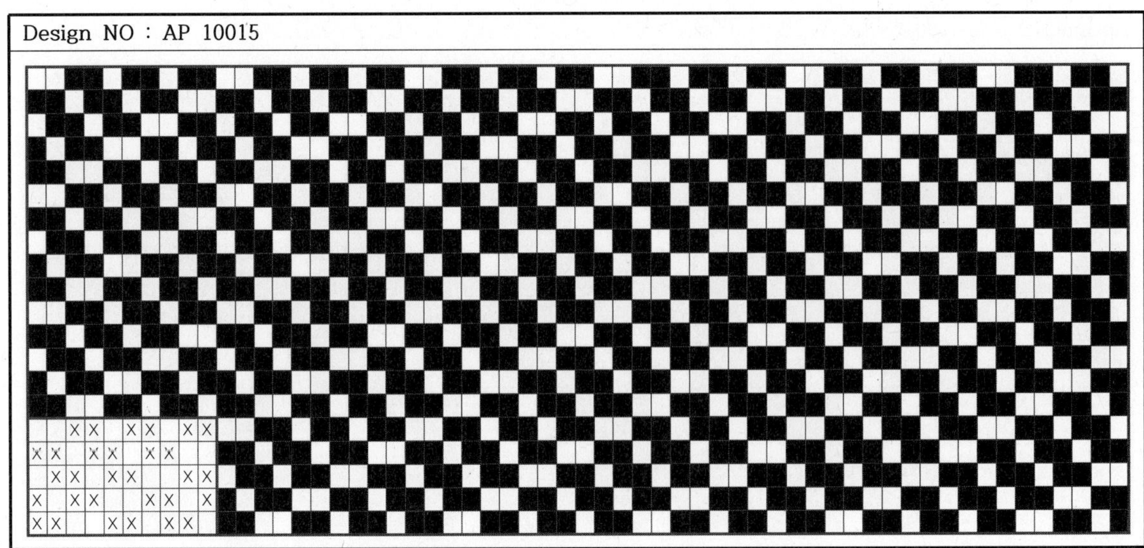

Design NO : AP 10016

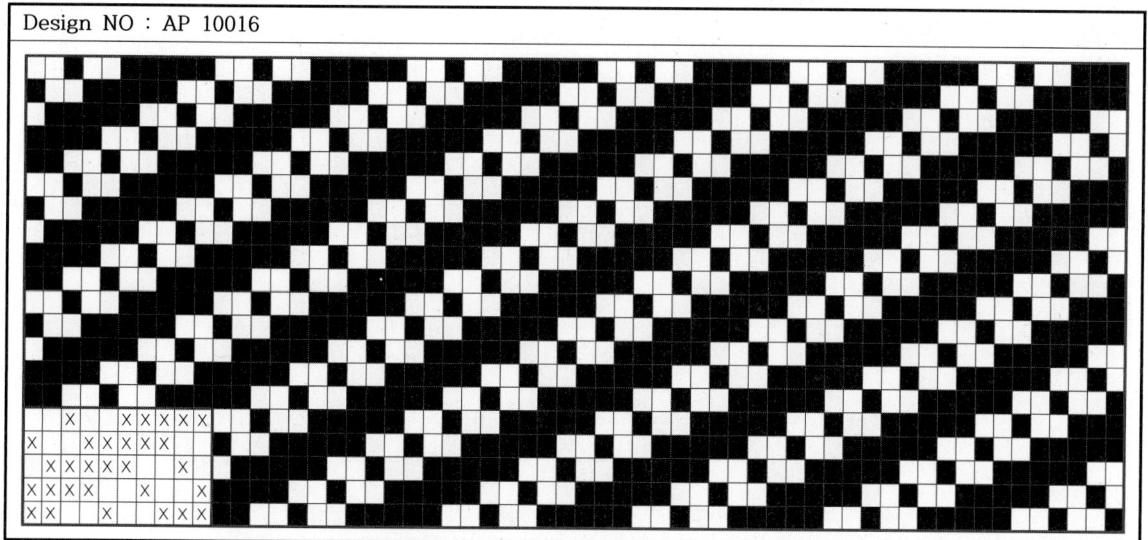

Design NO : AP 10017

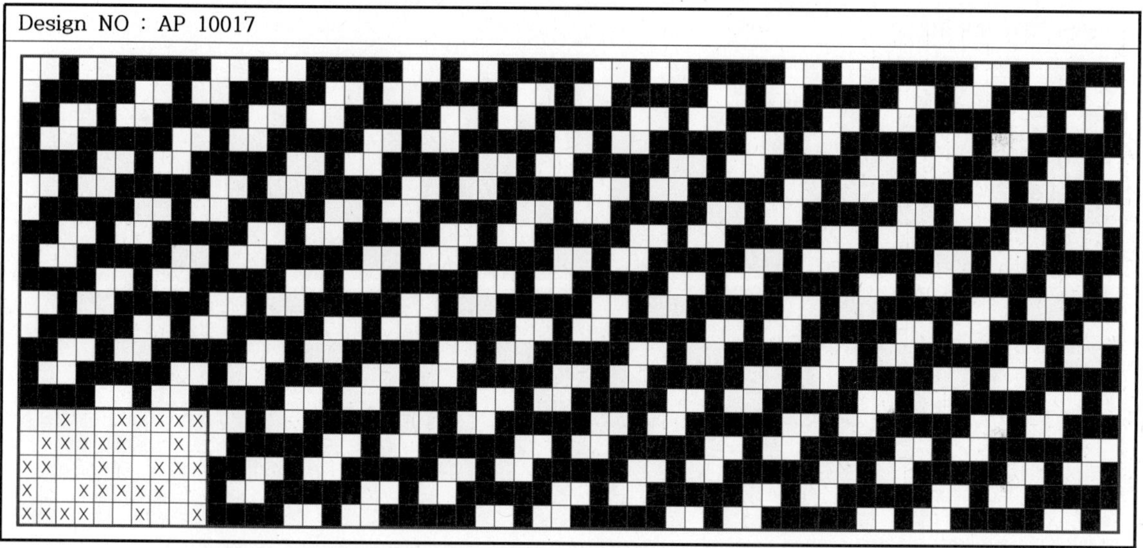

Design NO : AP 10018

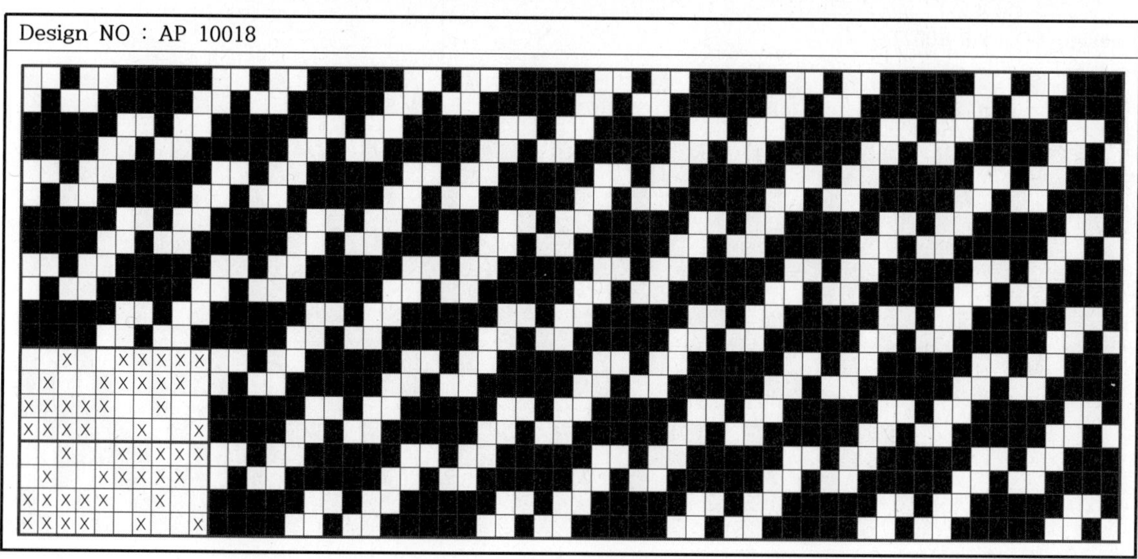

Design NO : AP 10019

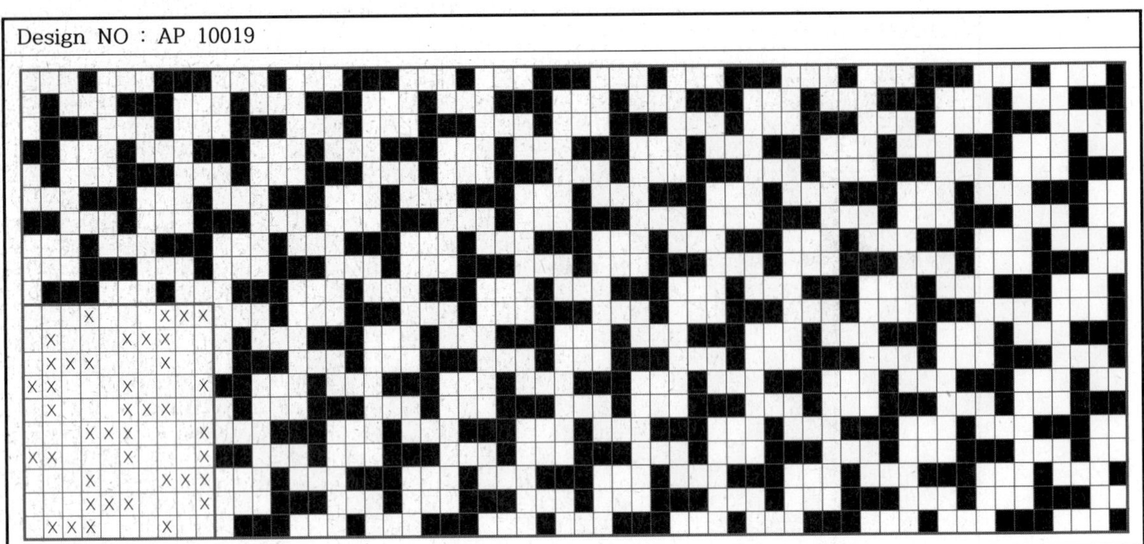

Design NO : AP 10020

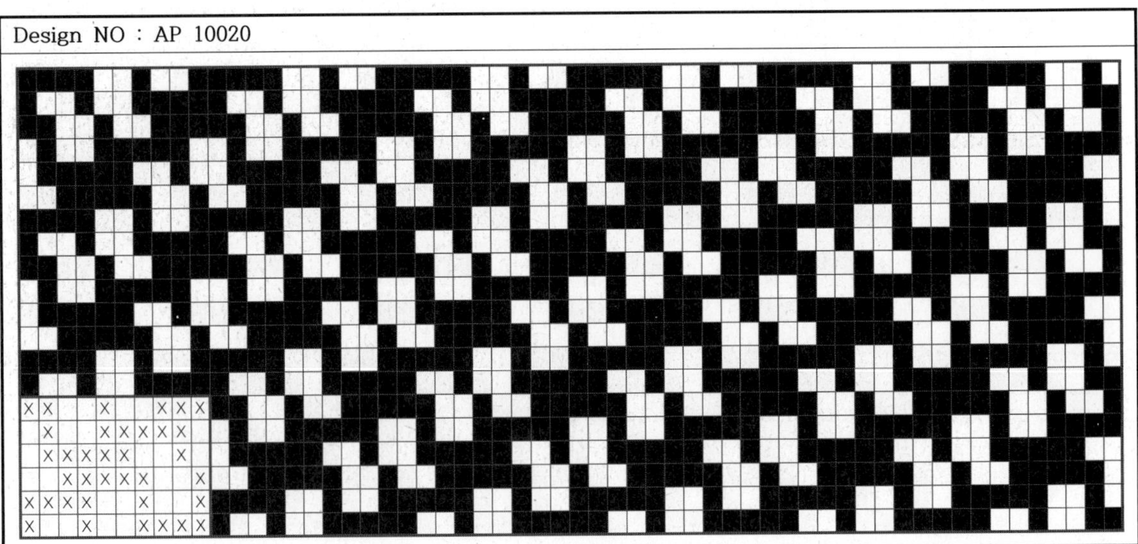

Design NO : AP 10021

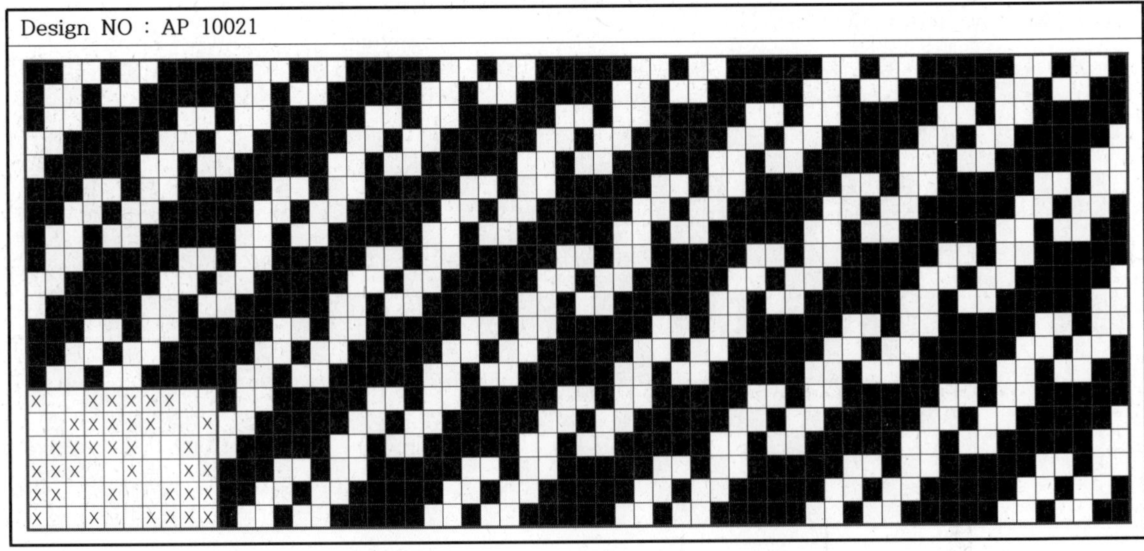

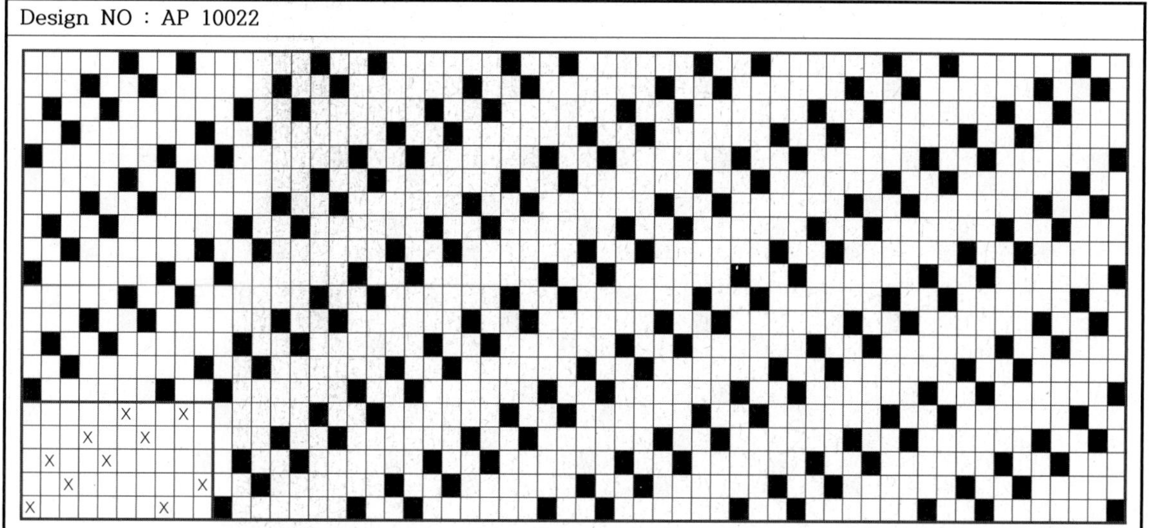

Design NO : AP 10022

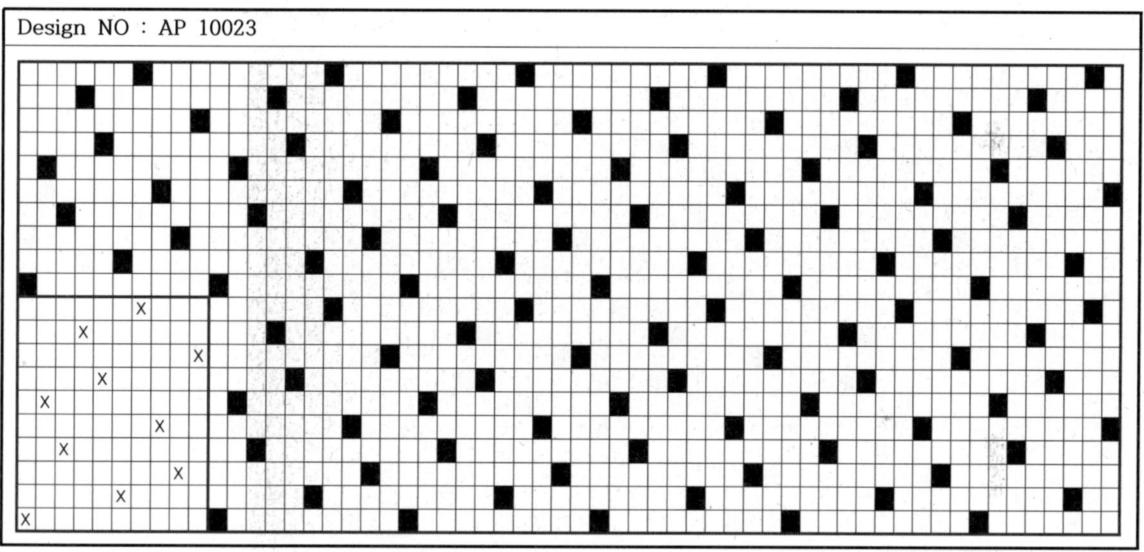

Design NO : AP 10023

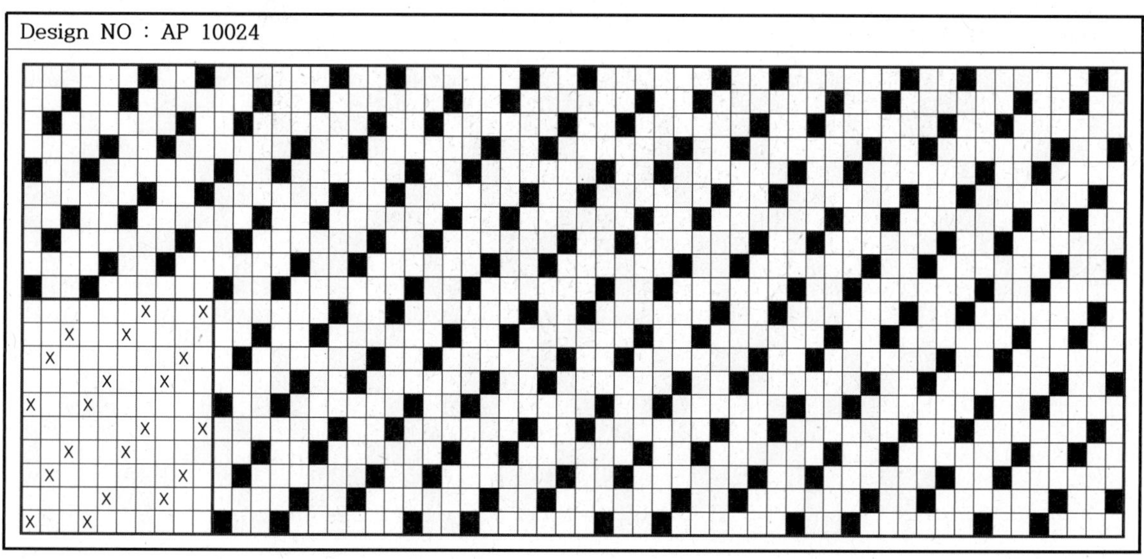

Design NO : AP 10024

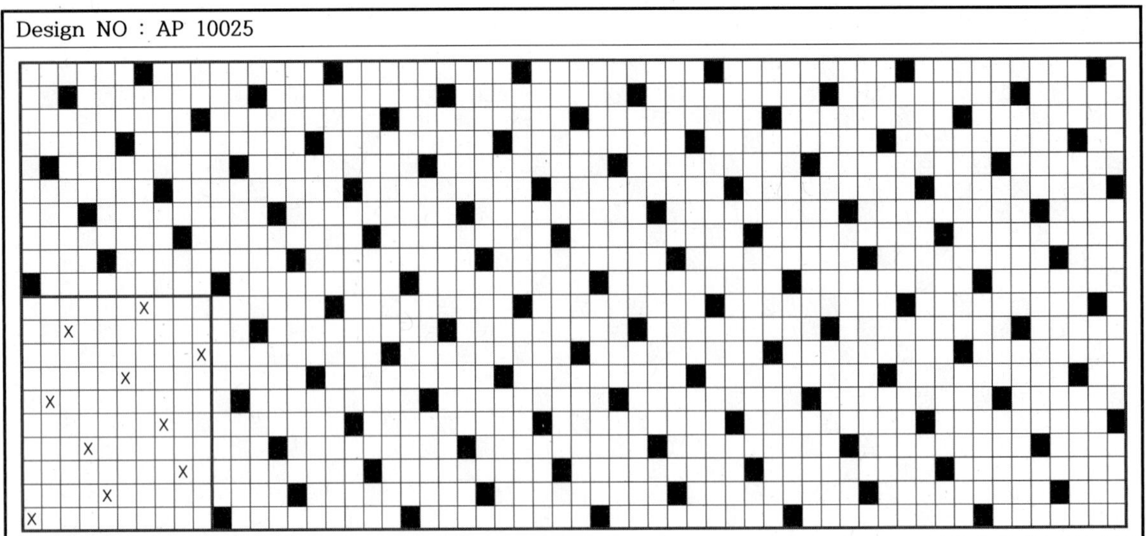

Design NO : AP 10025

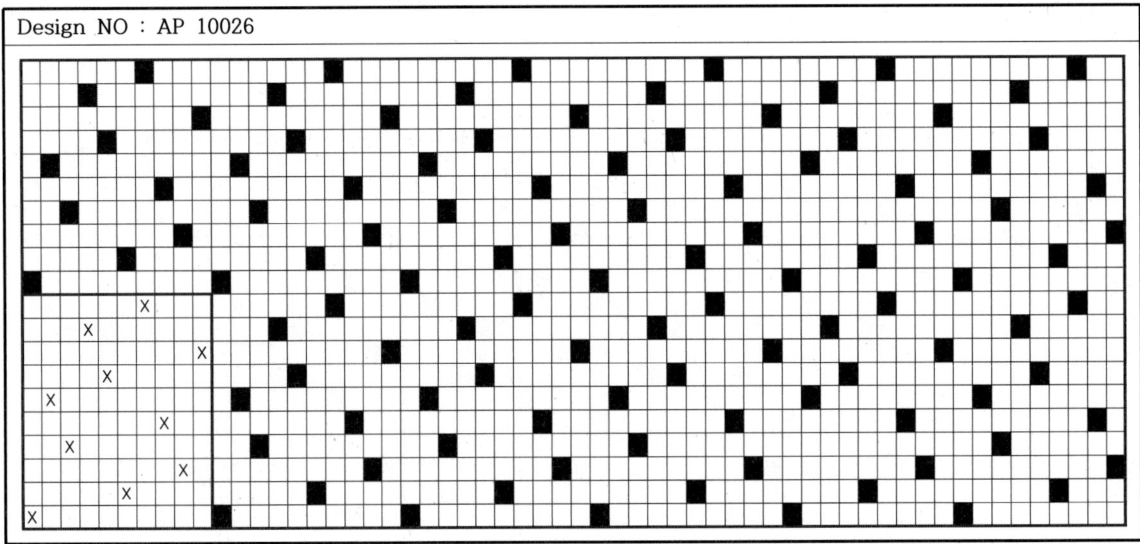

Design NO : AP 10026

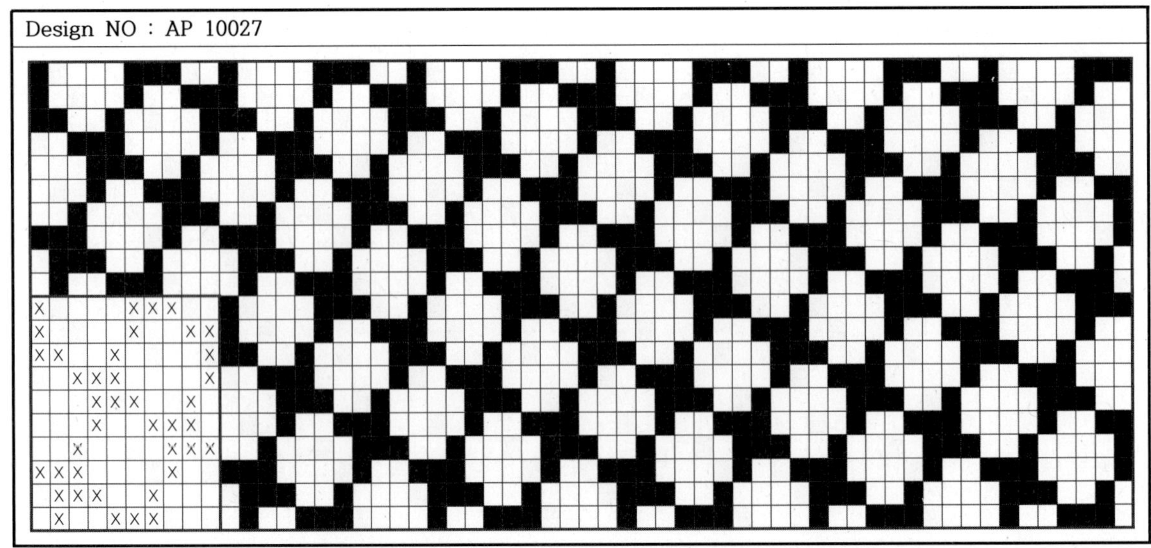

Design NO : AP 10027

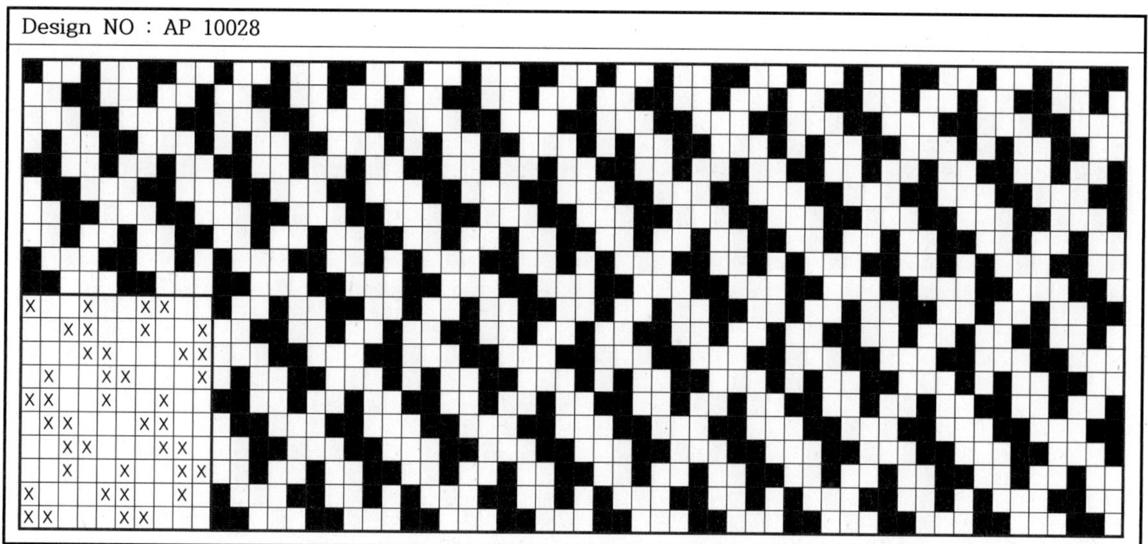

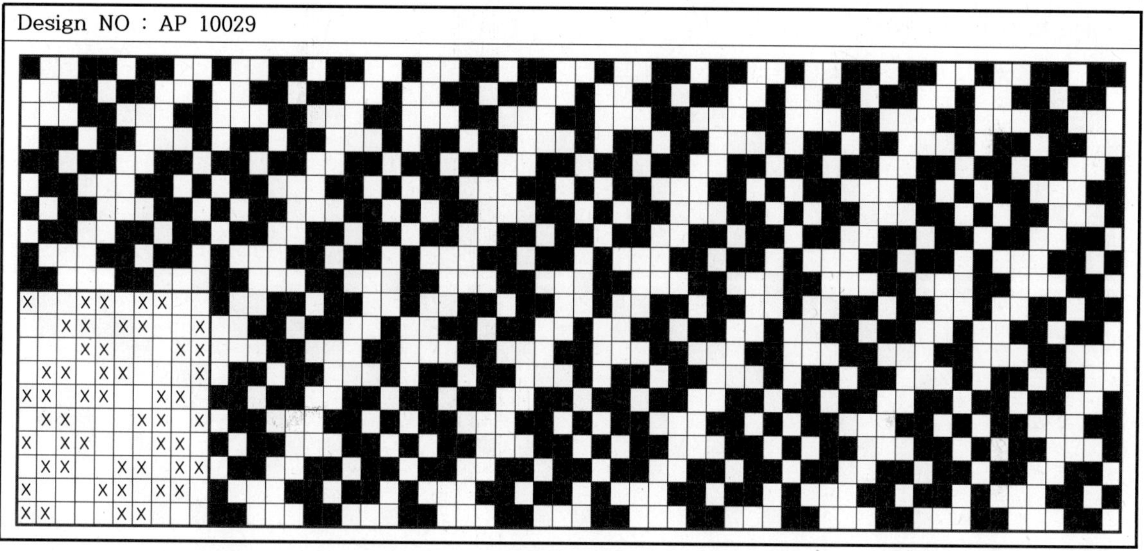

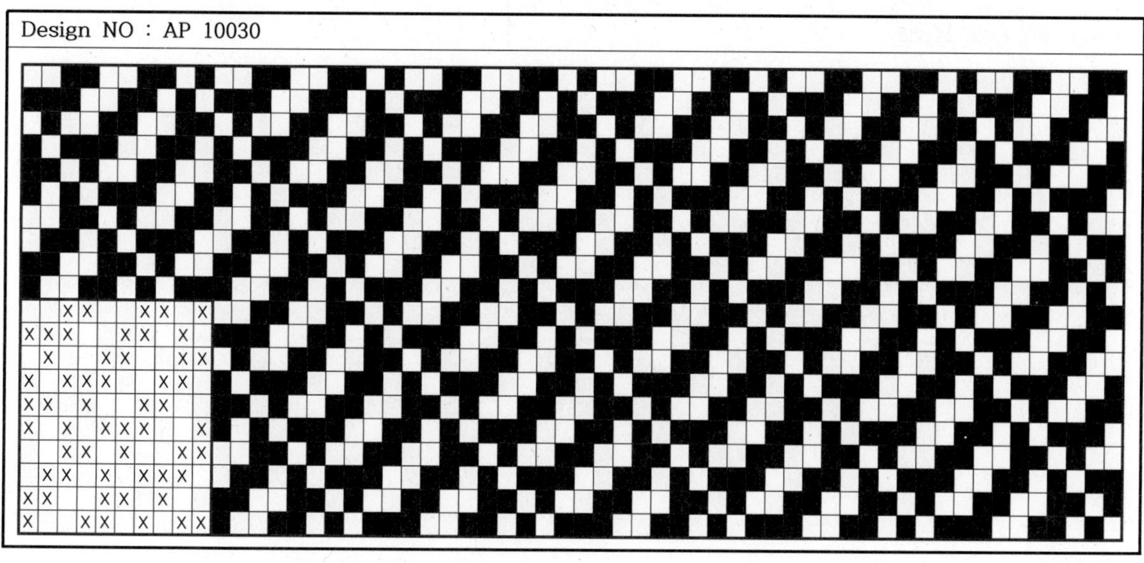

Design NO : AP 10031

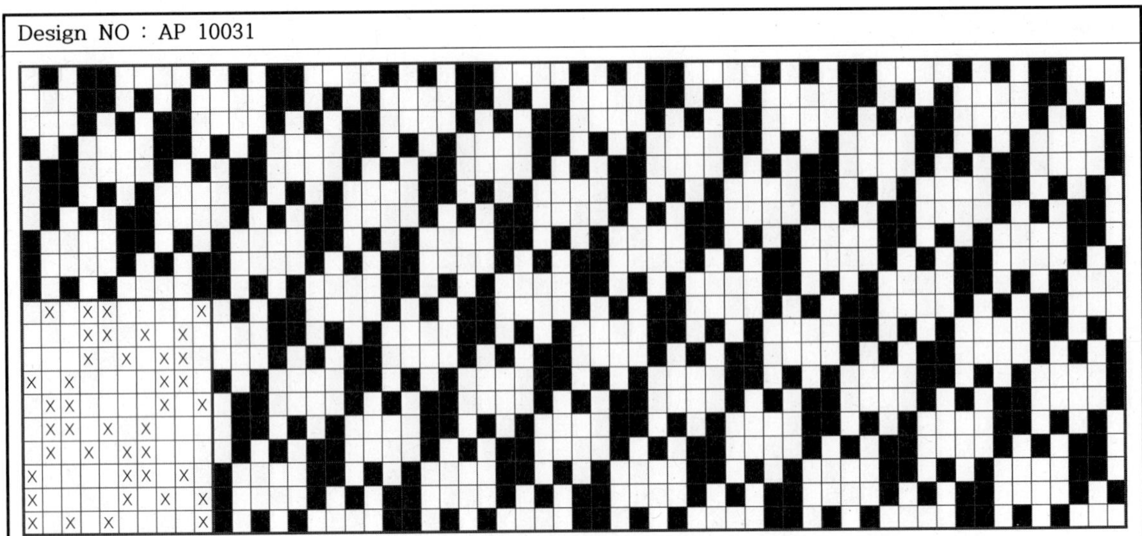

Design NO : AP 10032

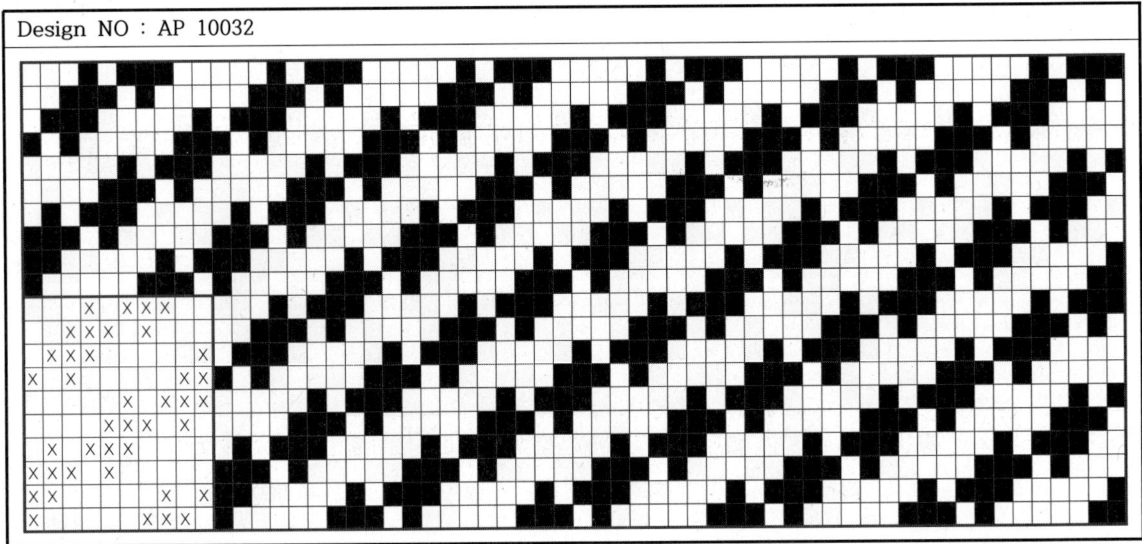

Design NO : AP 10033

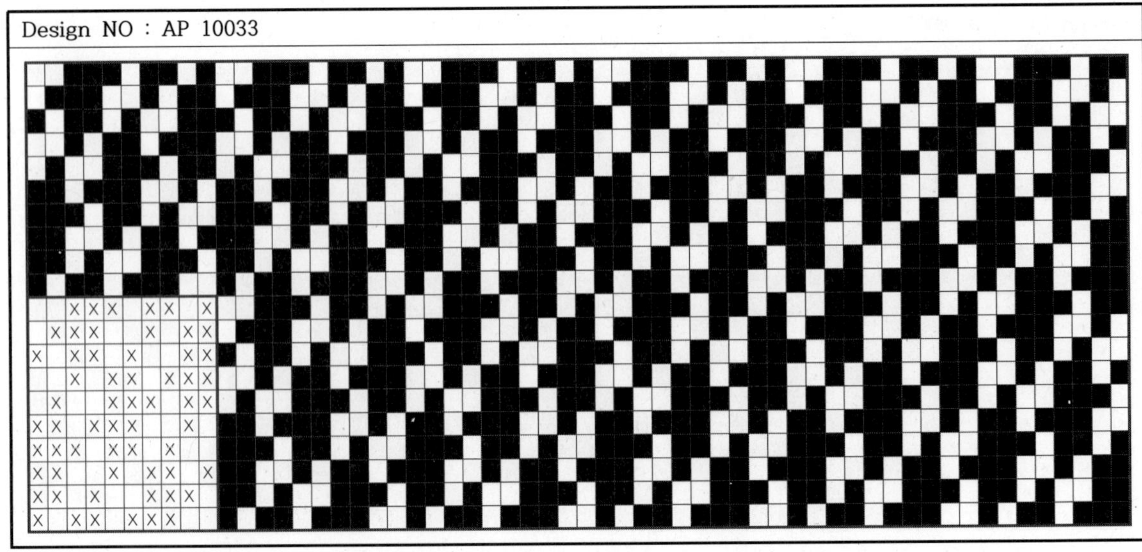

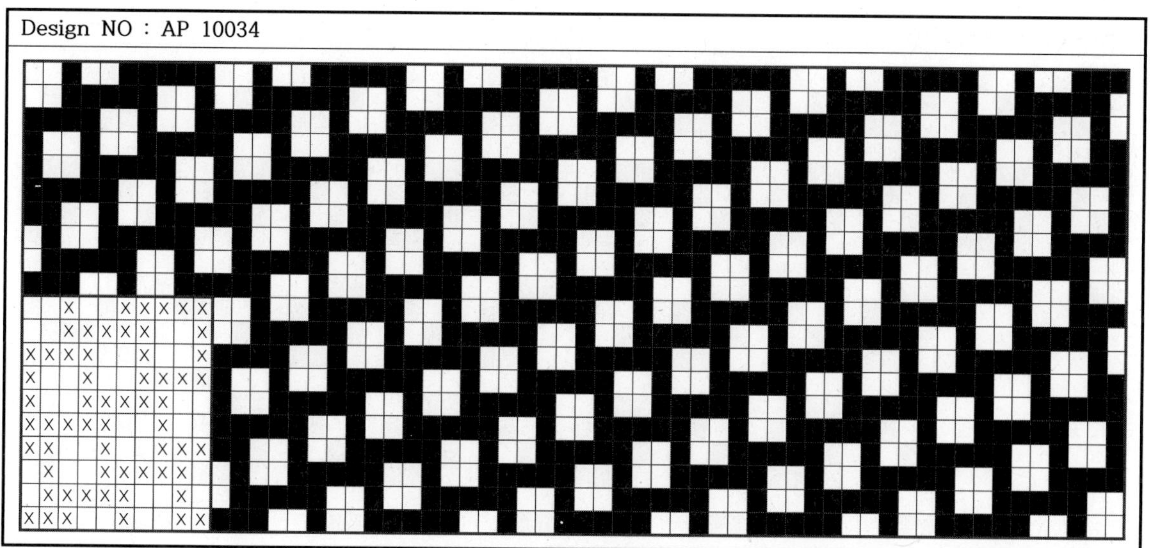

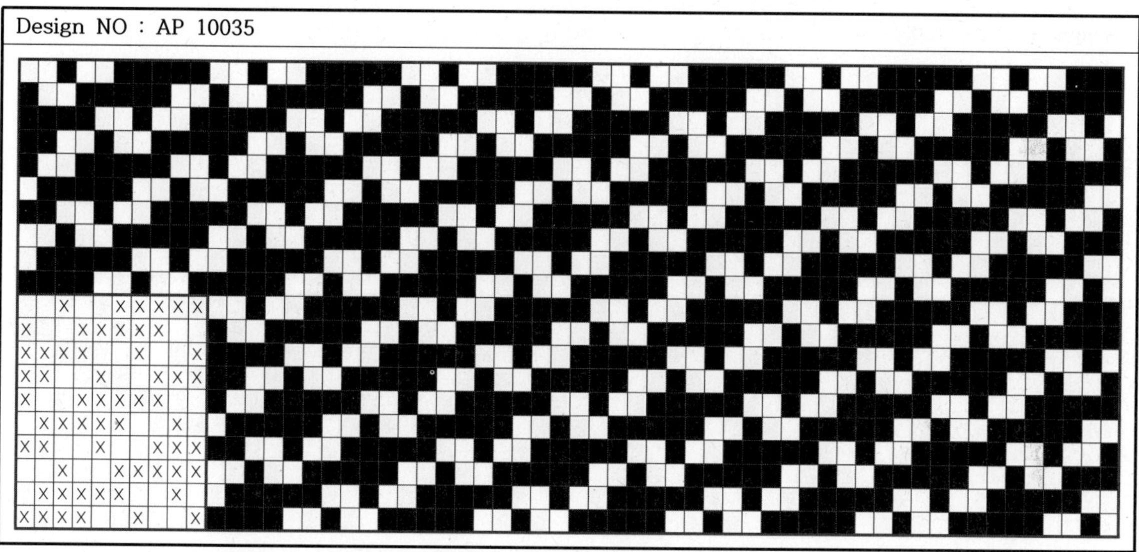

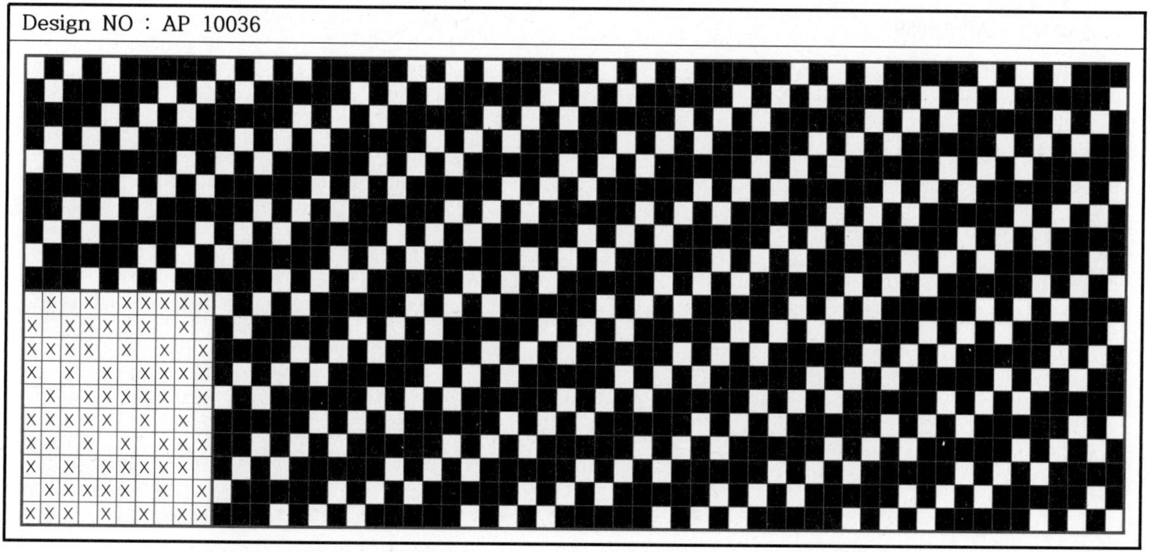

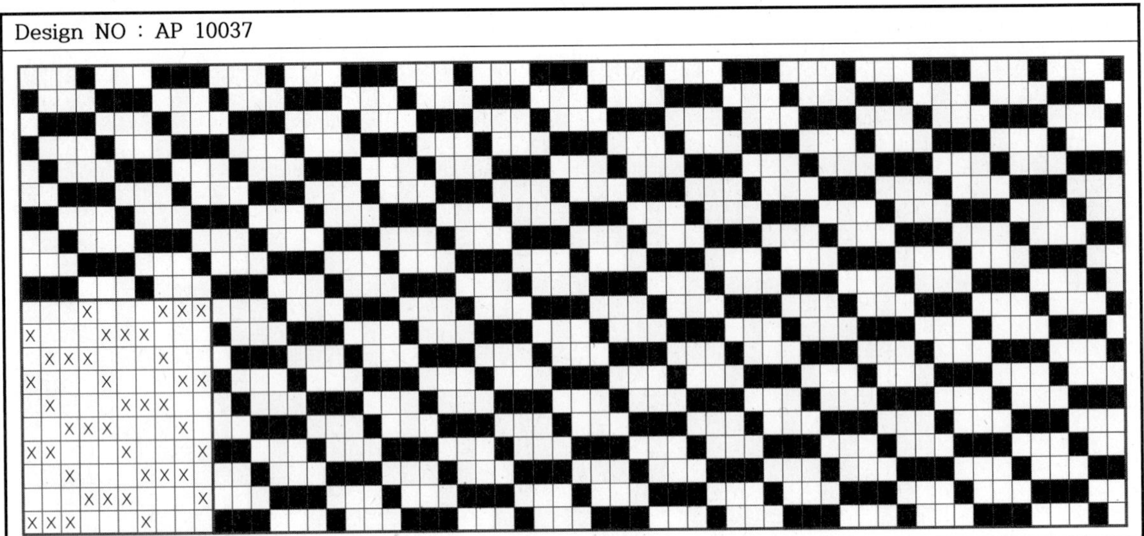

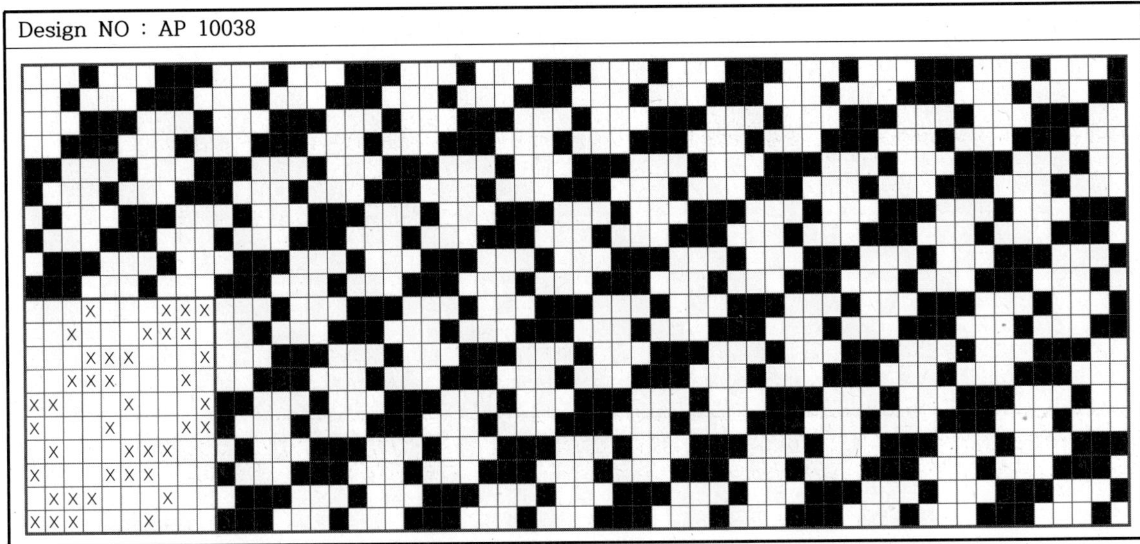

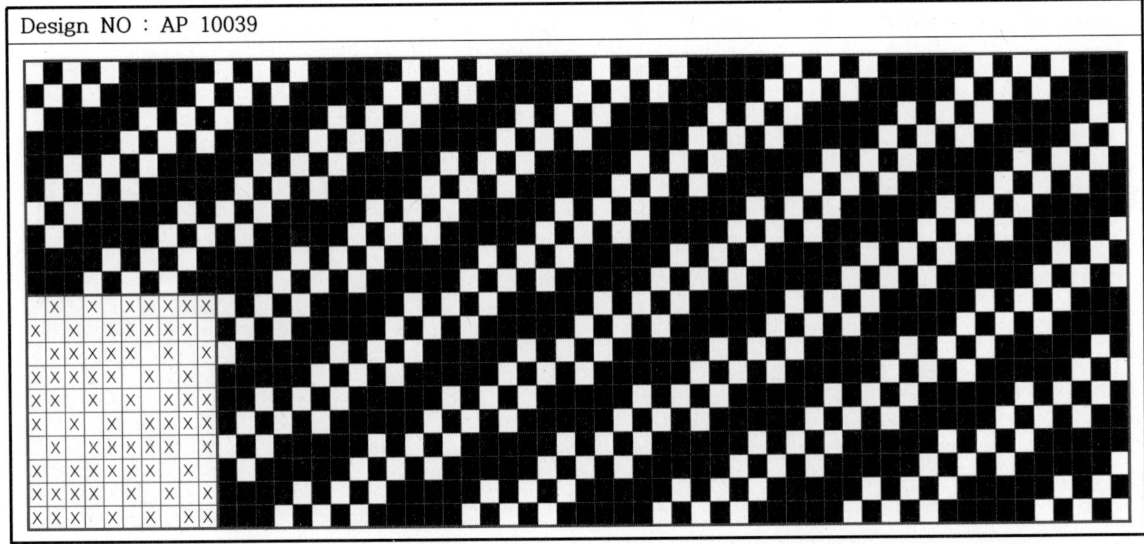

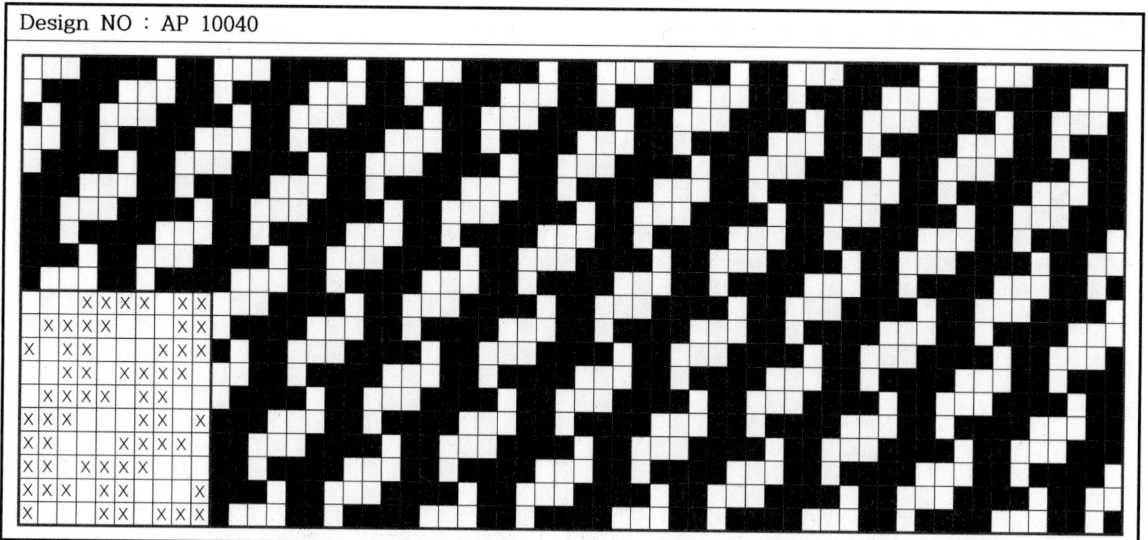

Design NO : AP 10040

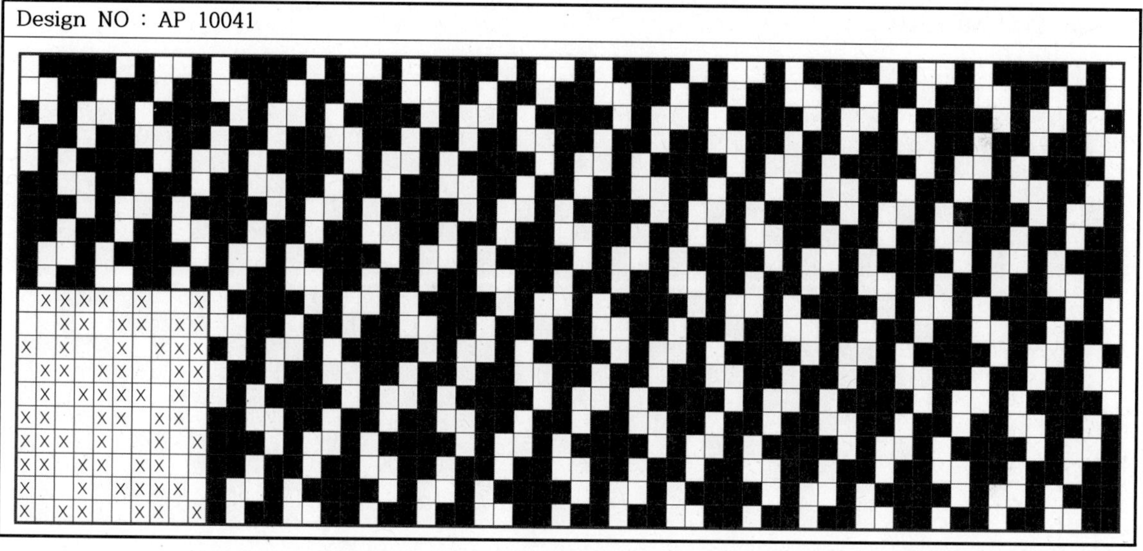

Design NO : AP 10041

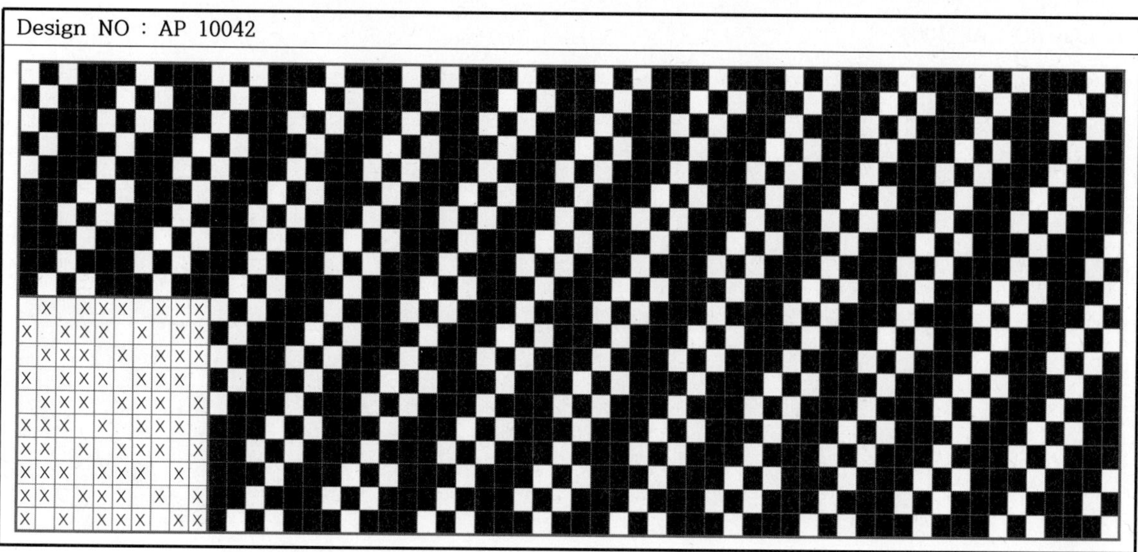

Design NO : AP 10042

Design NO : AP 10043

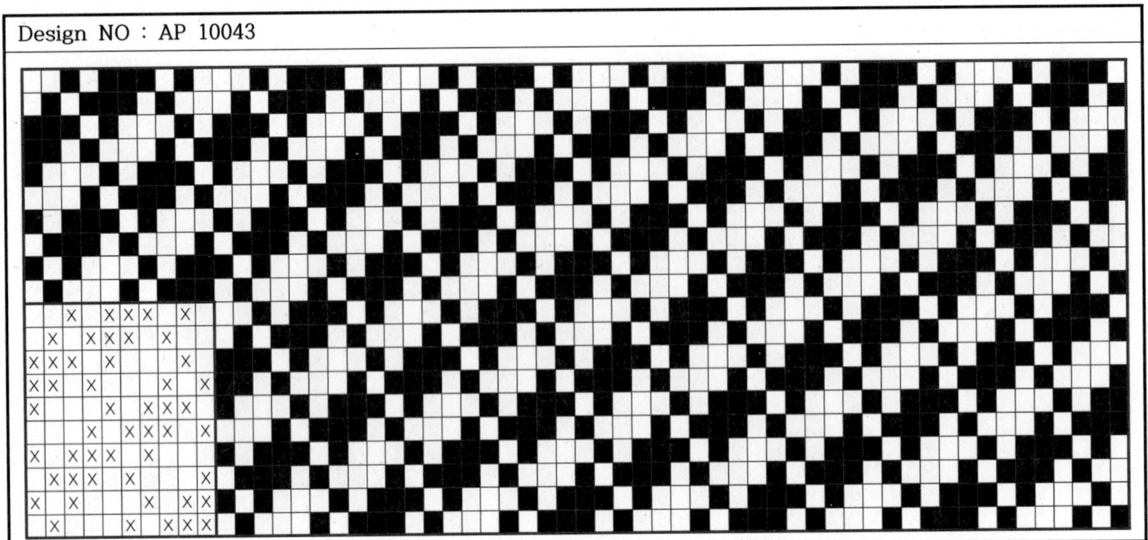

Design NO : AP 10044

Design NO : AP 10045

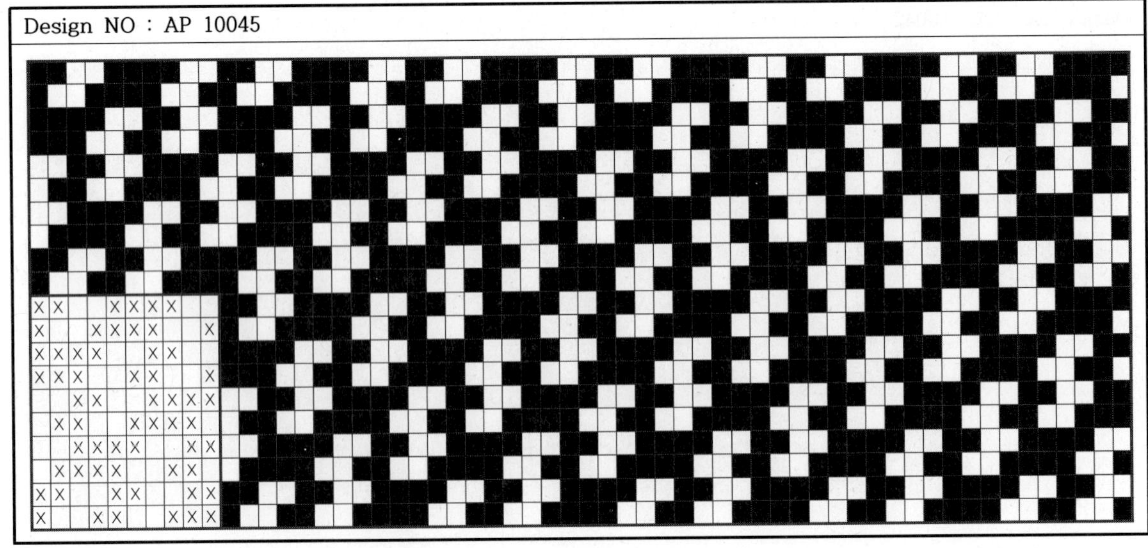

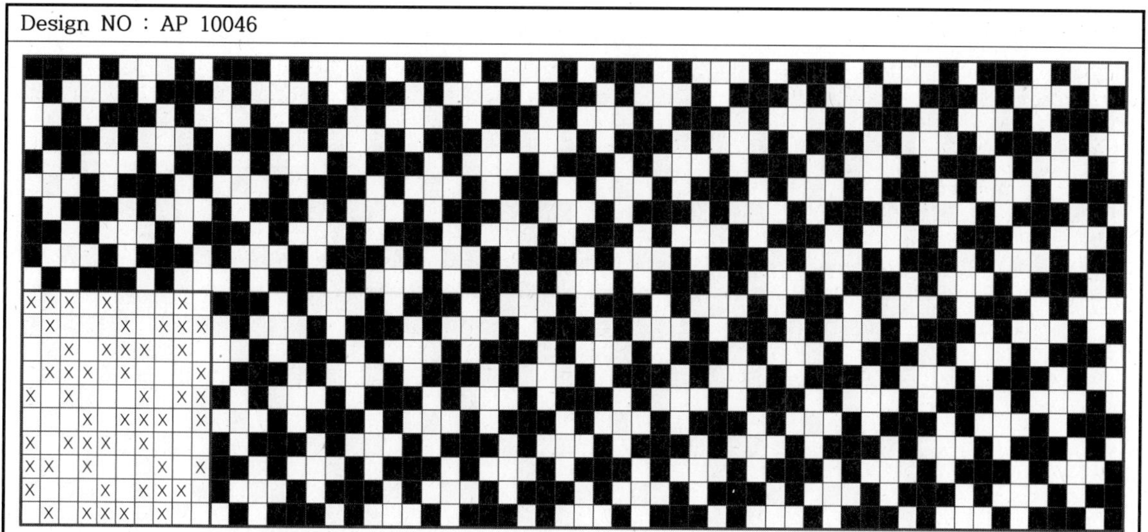

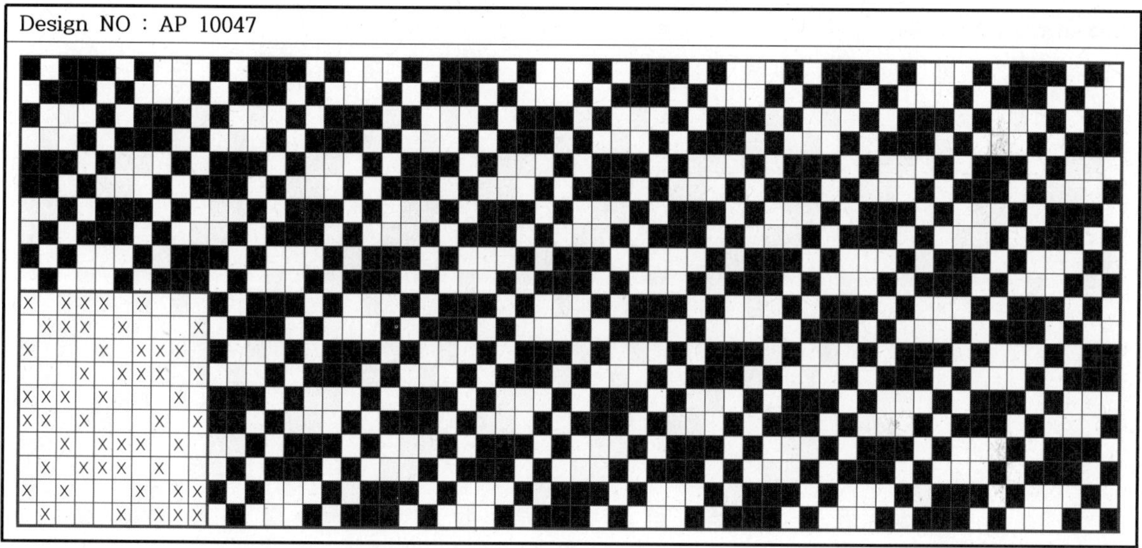

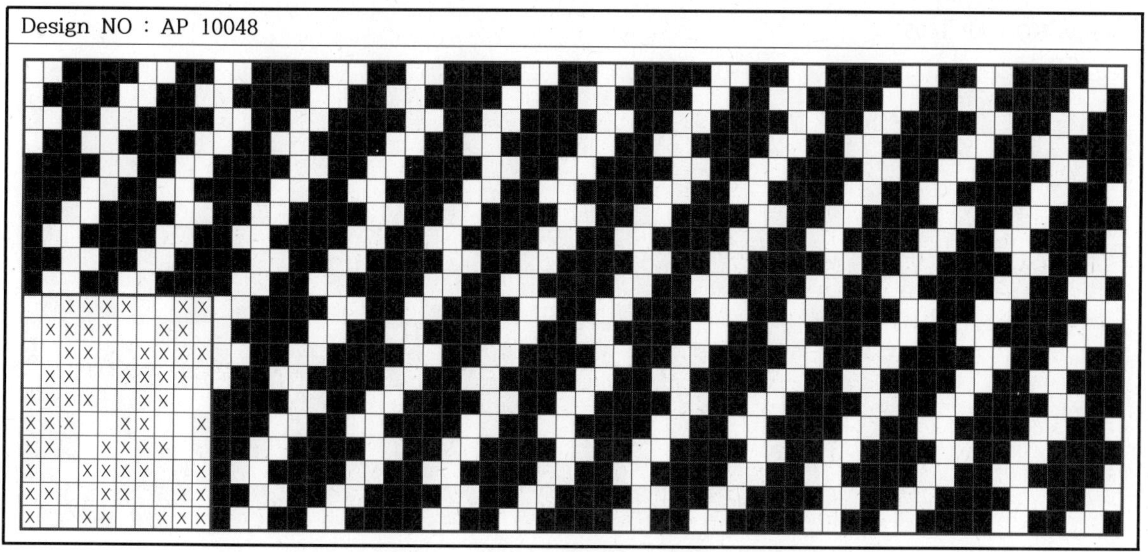

Design NO : AP 10049

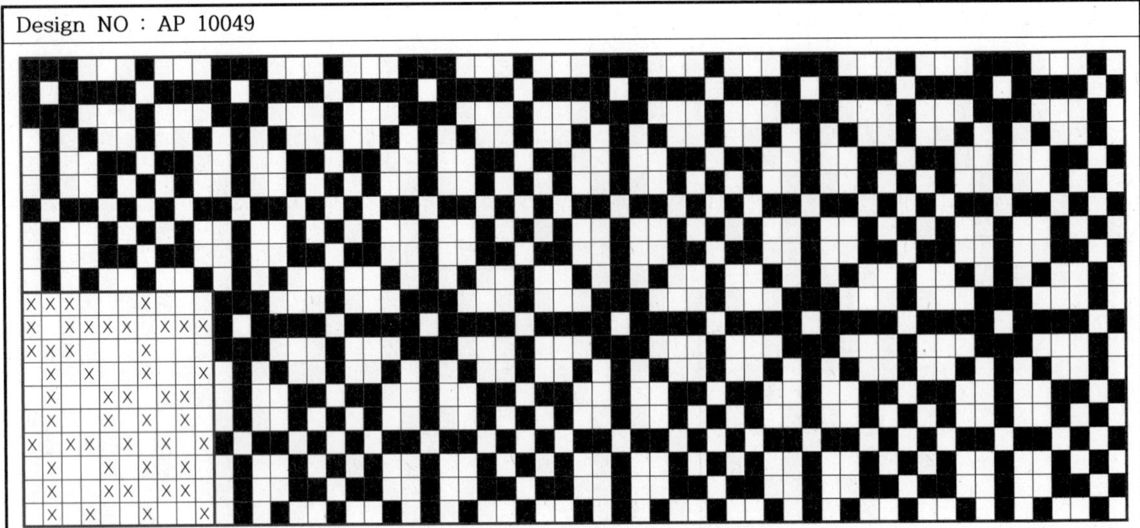

Design NO : AP 10050

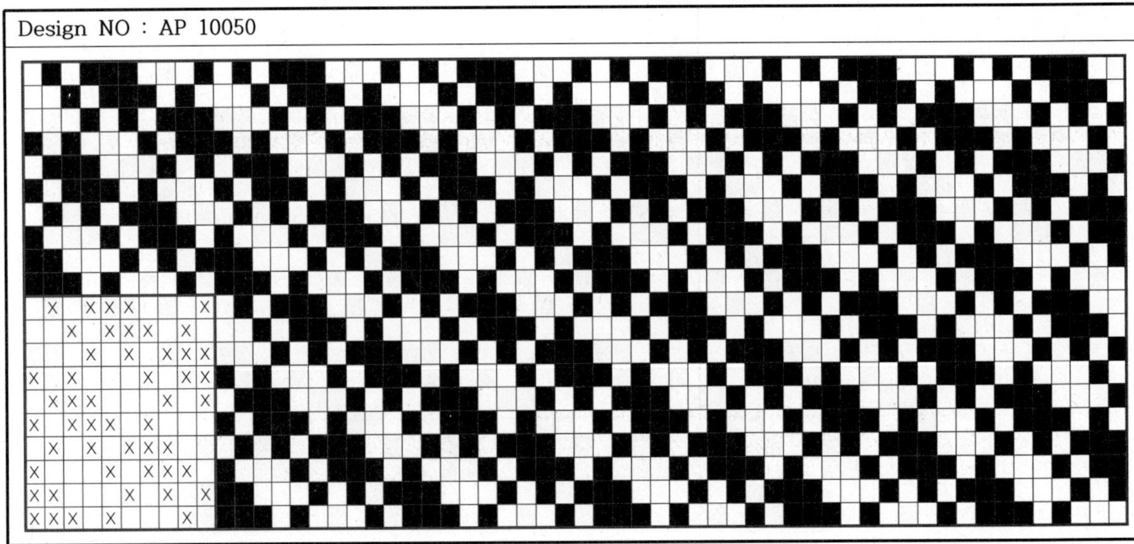

Design NO : AP 10051

Design NO : AP 10052

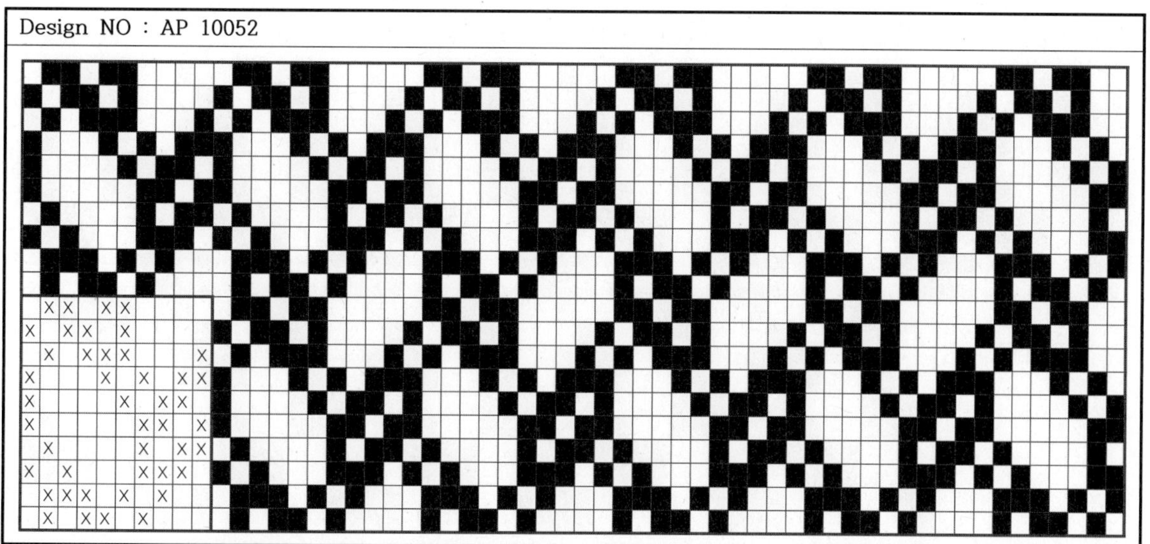

Design NO : AP 10053

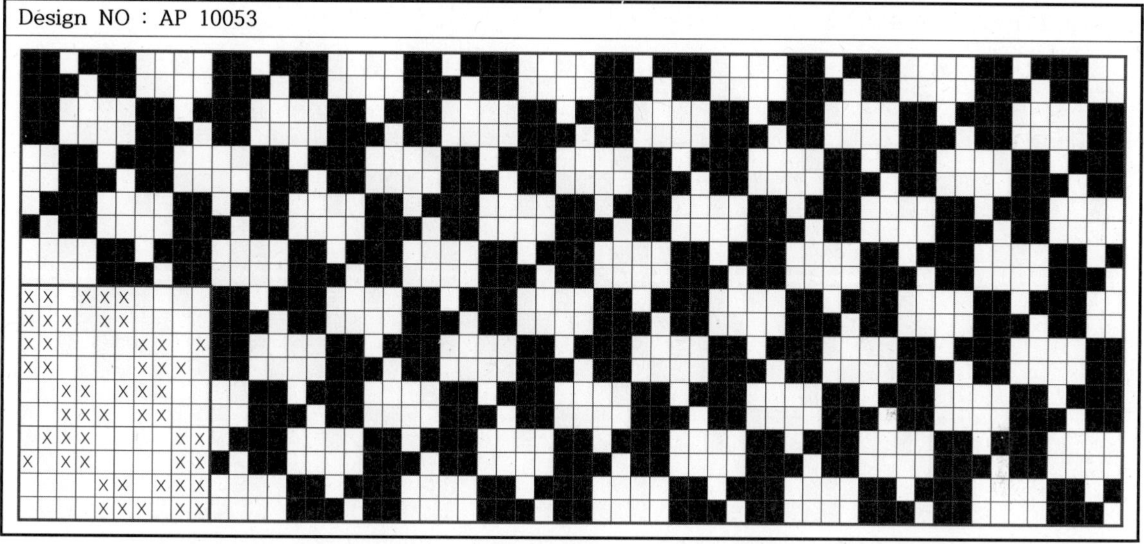

Design NO : AP 10054

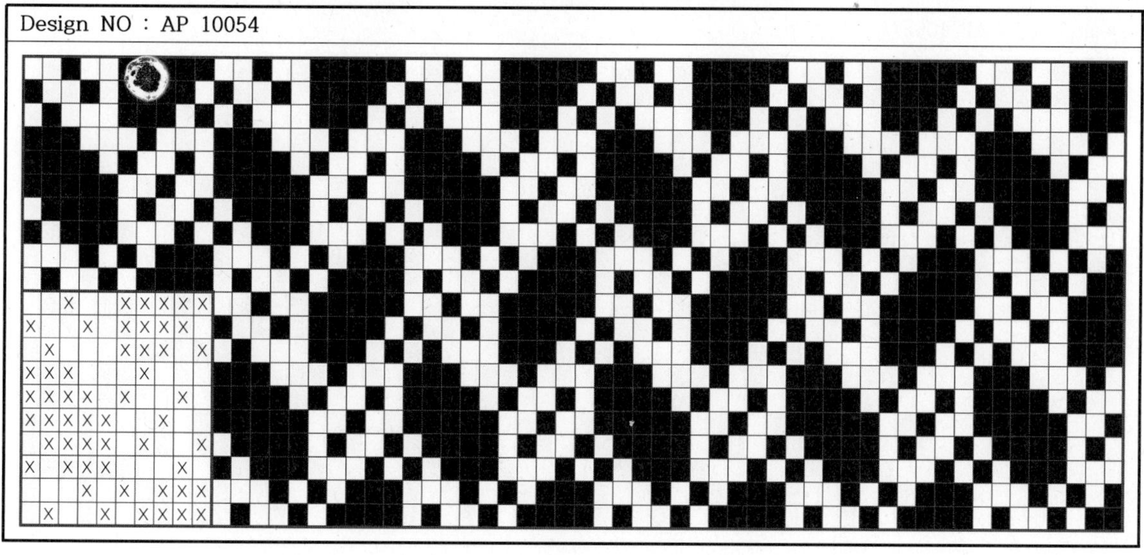

Design NO : AP 10055

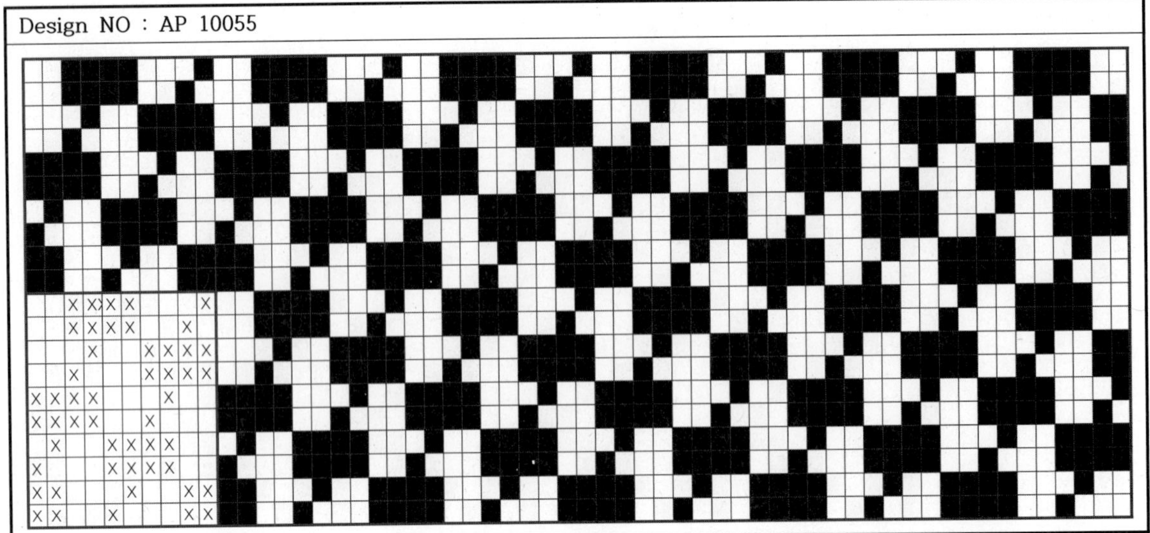

Design NO : AP 10056

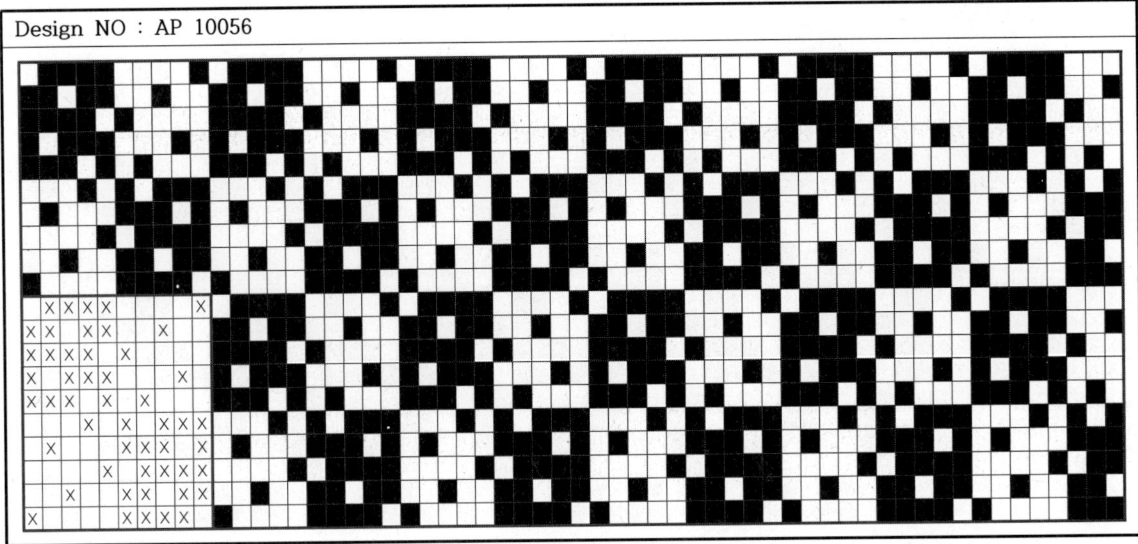

Design NO : AP 10057

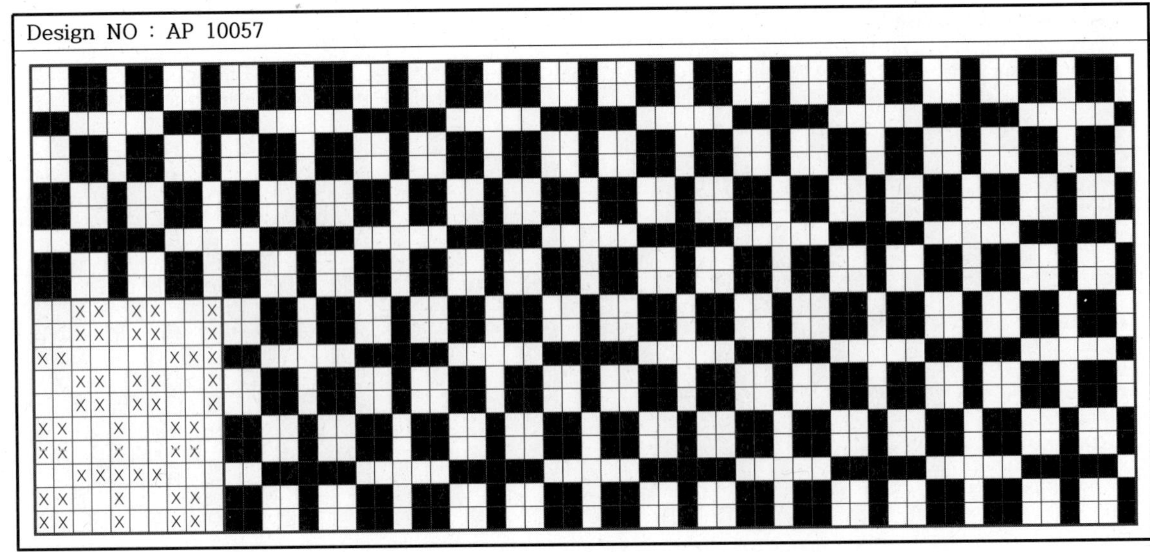

Design NO : AP 10058

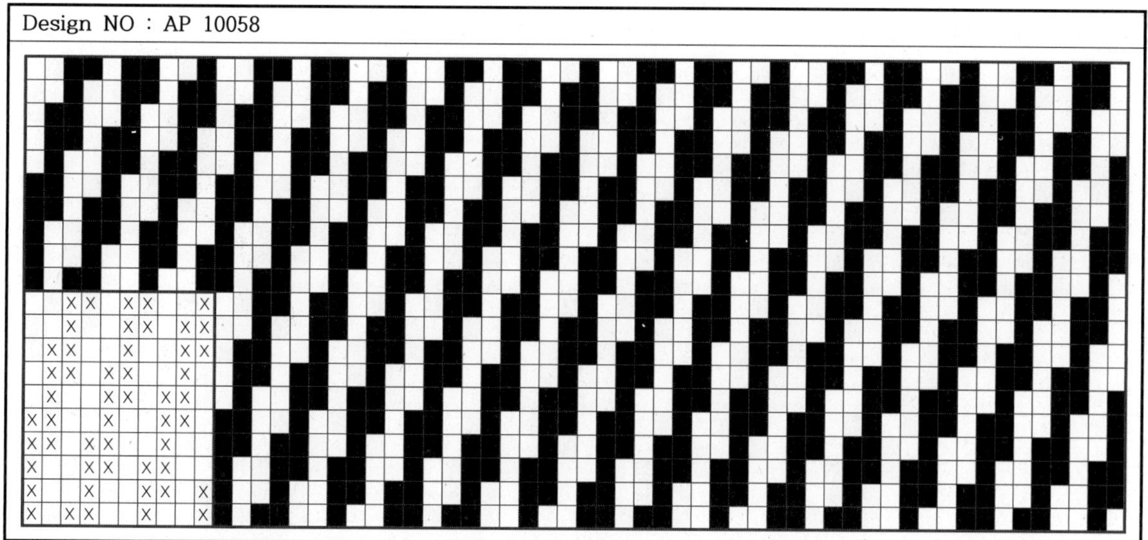

Design NO : AP 10059

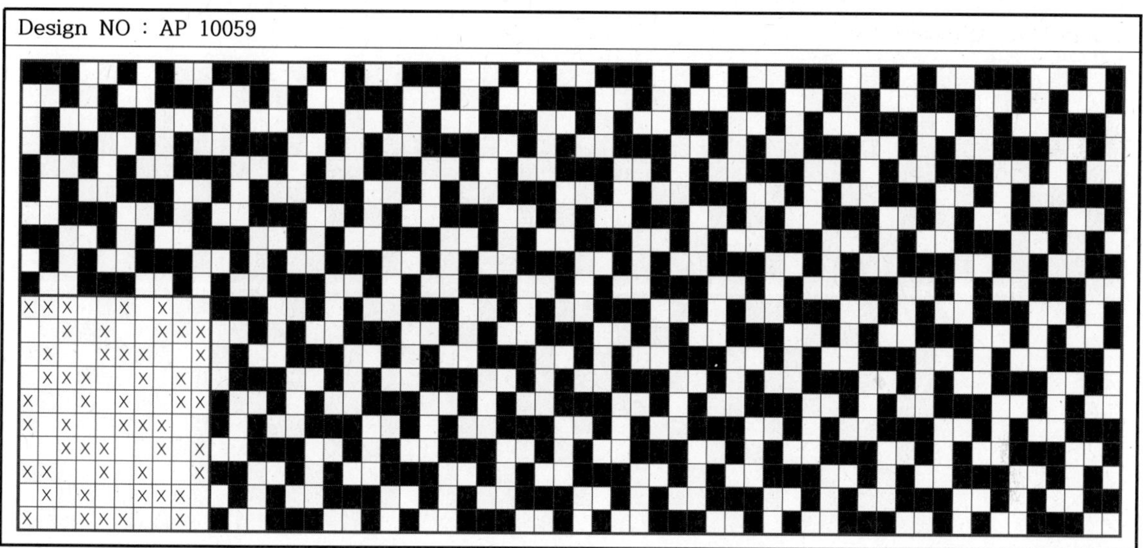

Design NO : AP 10060

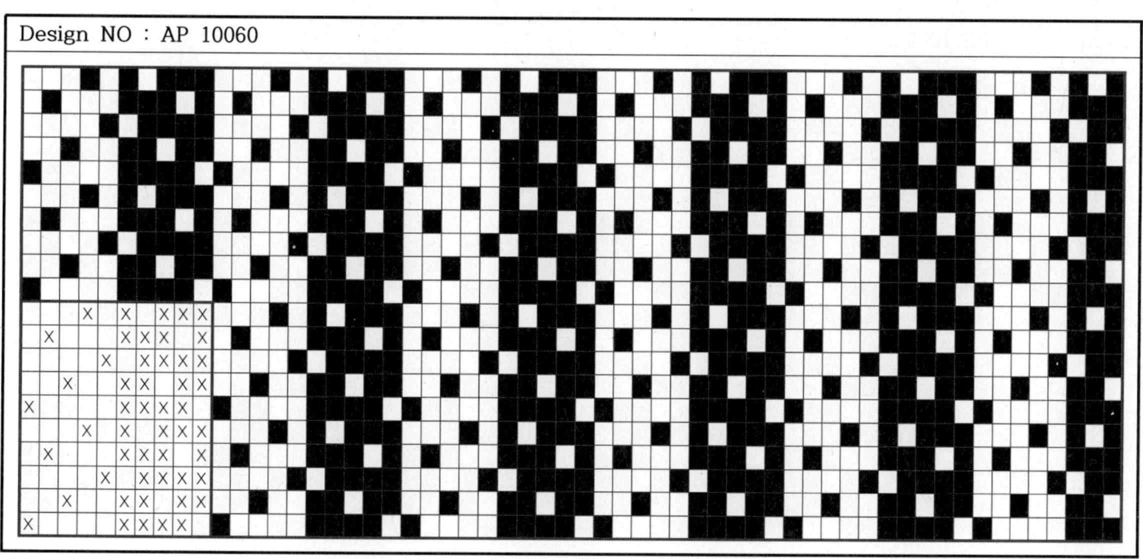

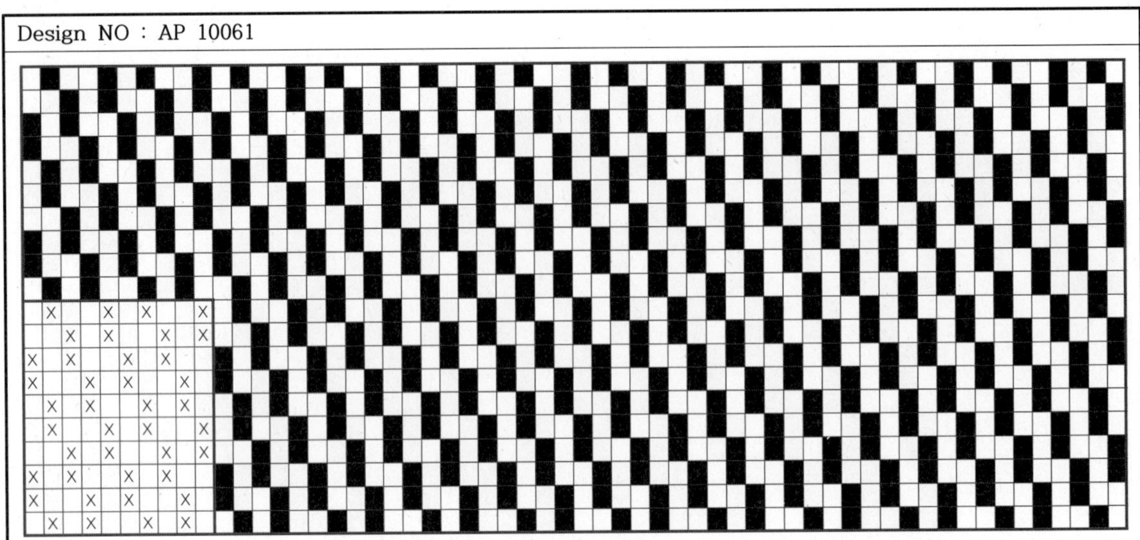

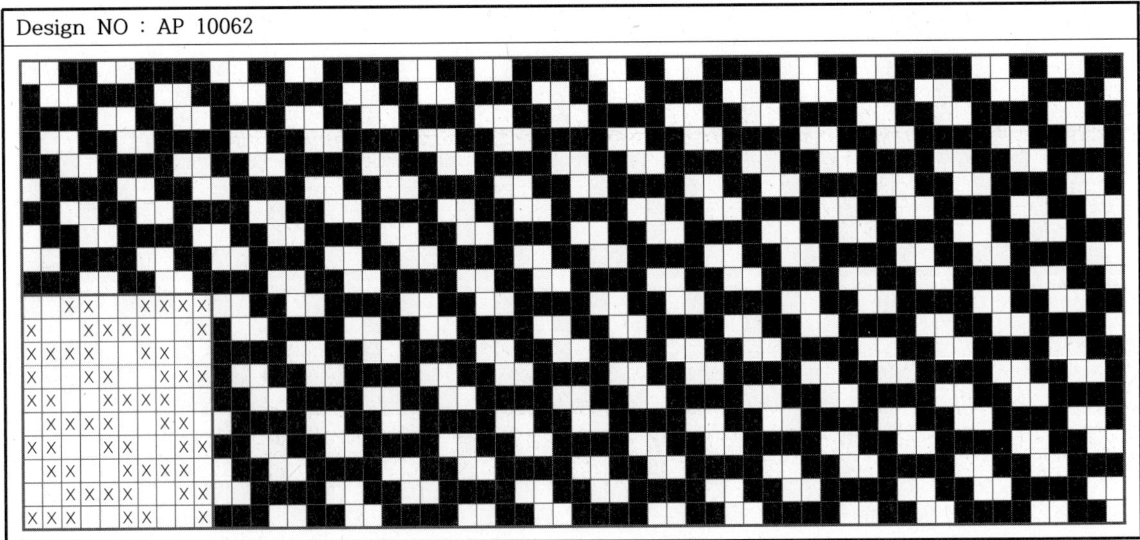

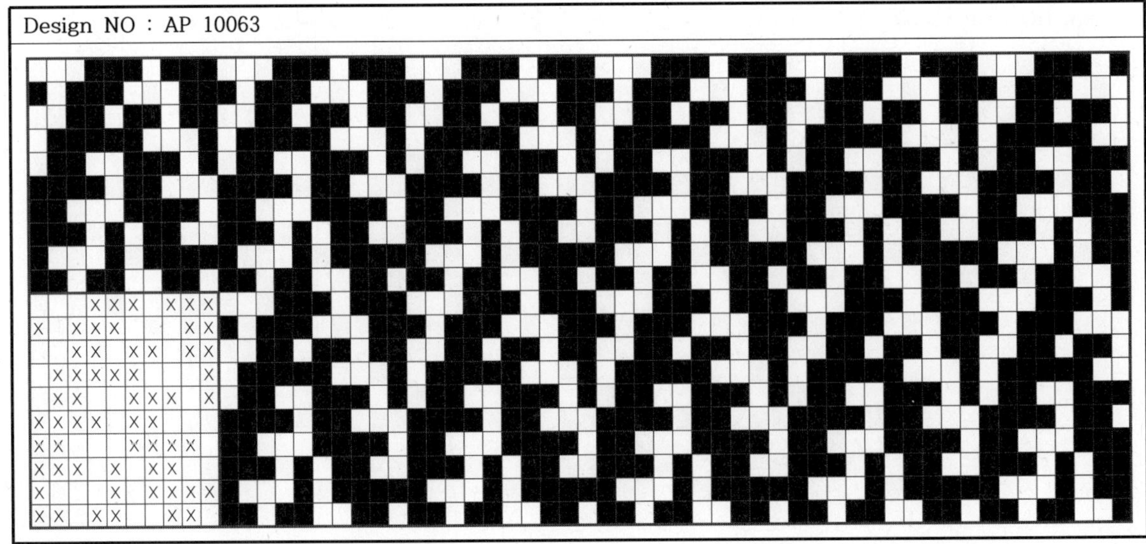

Design NO : AP 10064

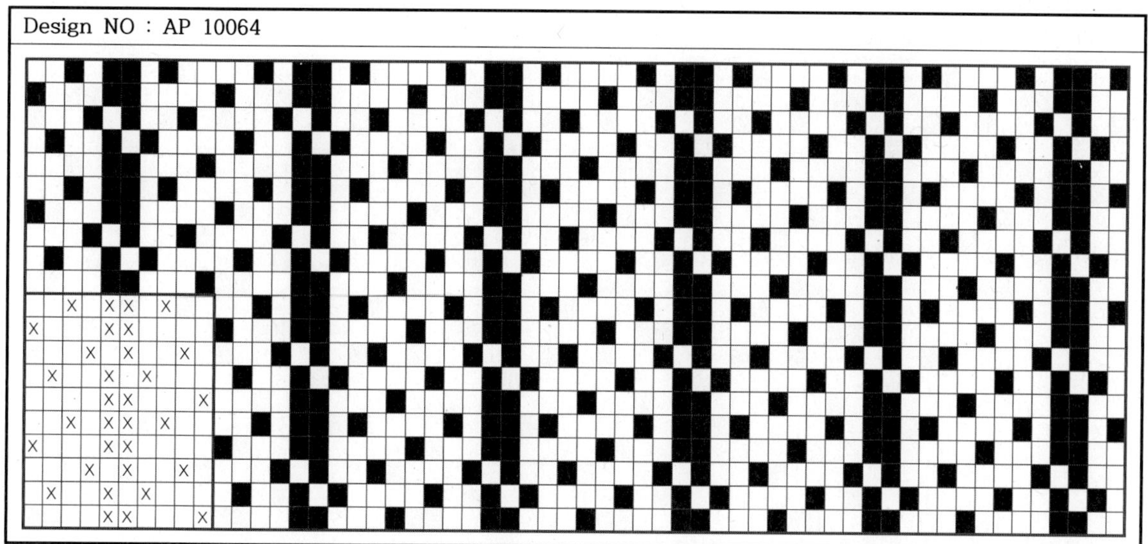

Design NO : AP 10065

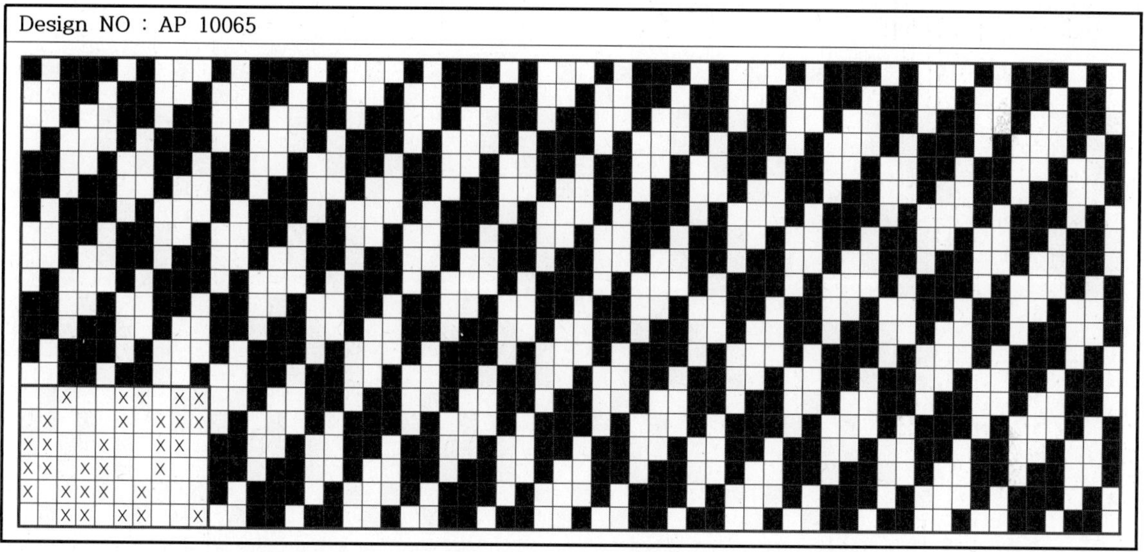

Design NO : AP 10066

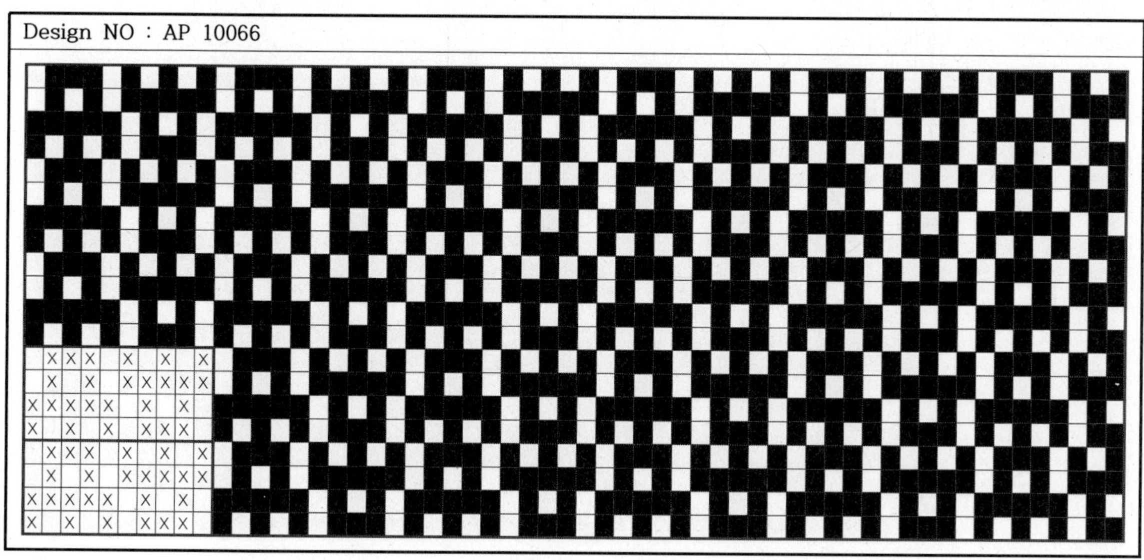

Design NO : AP 10067

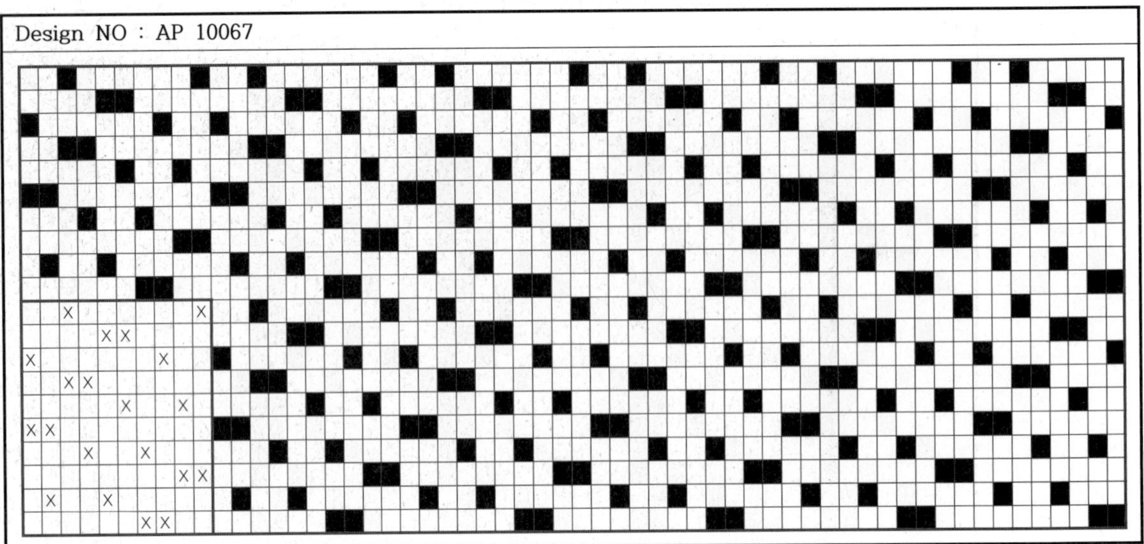

Design NO : AP 10068

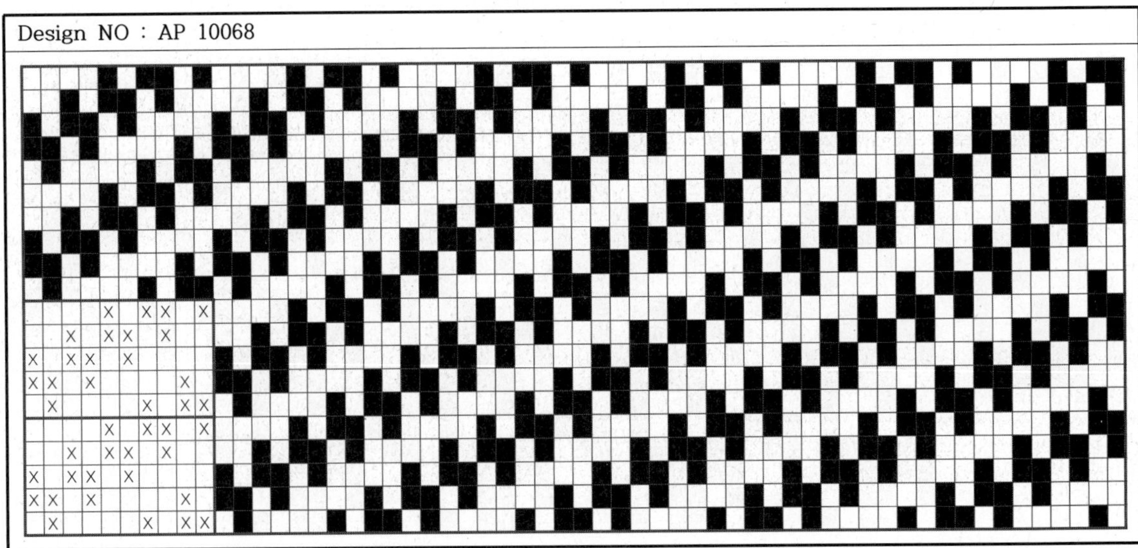

Design NO : AP 10069

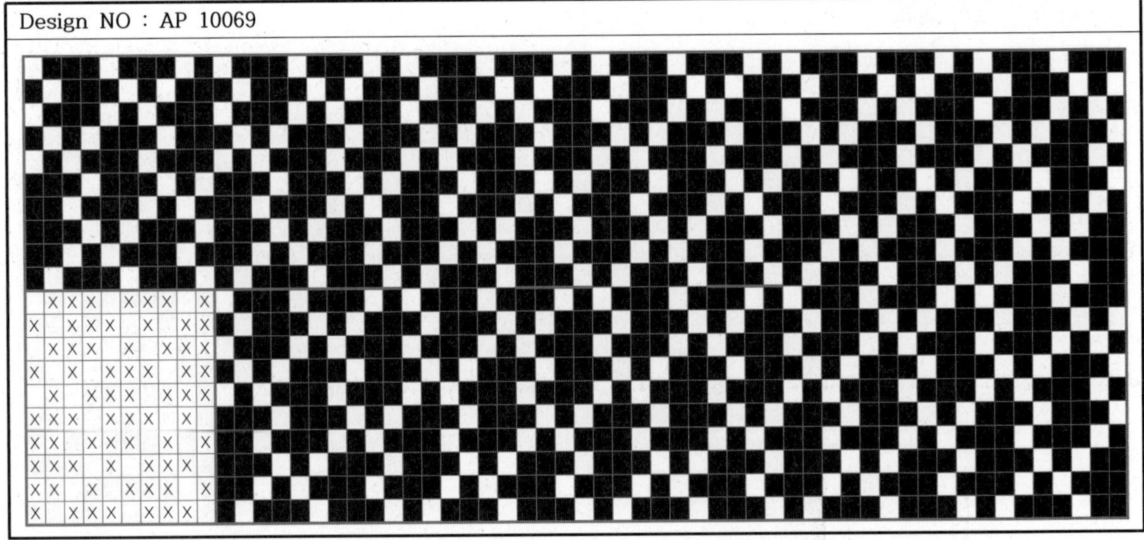

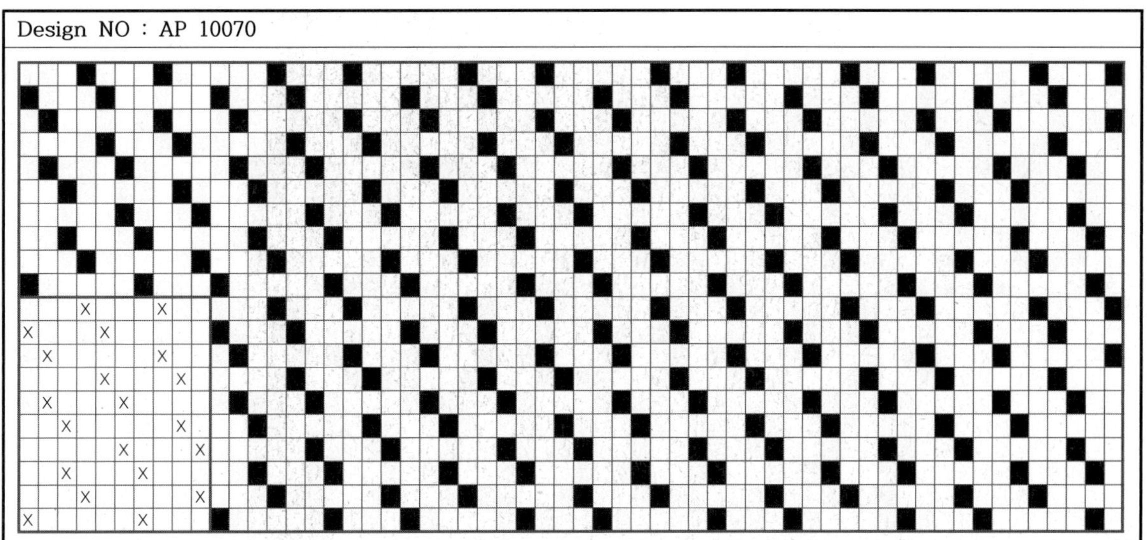

Design NO : AP 10070

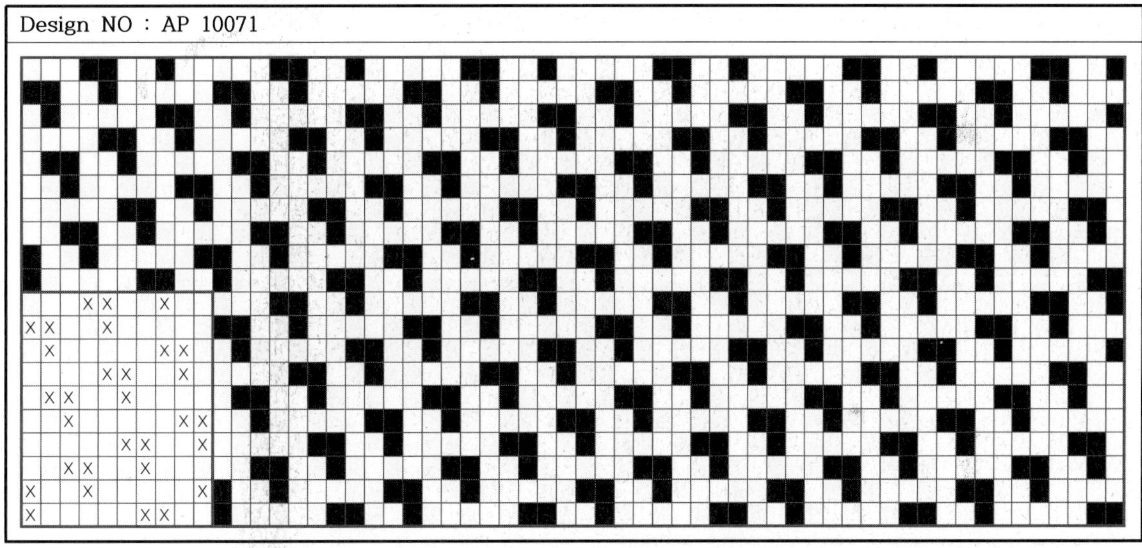

Design NO : AP 10071

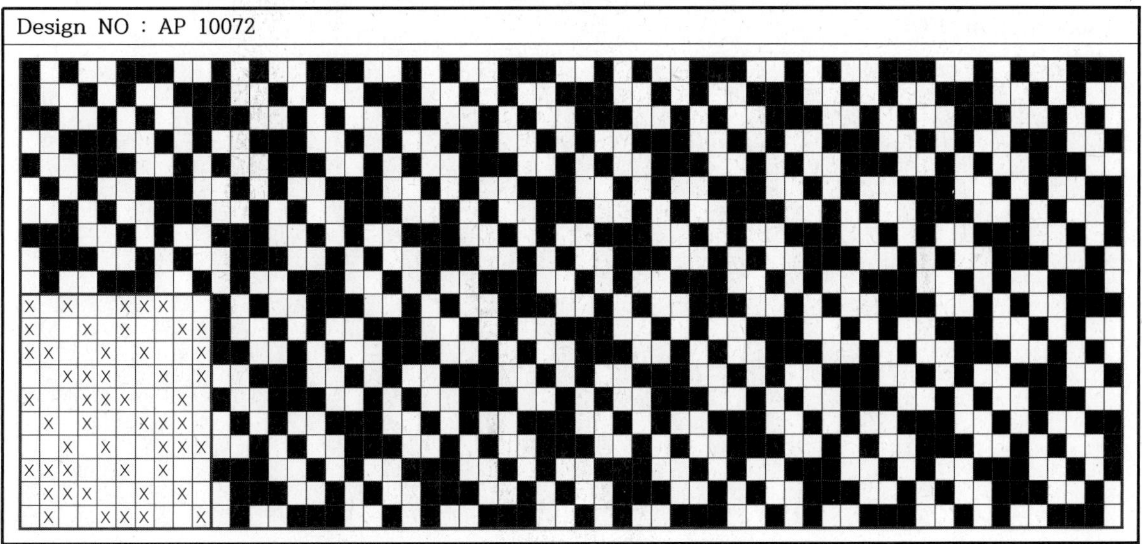

Design NO : AP 10072

Design NO : AP 10073

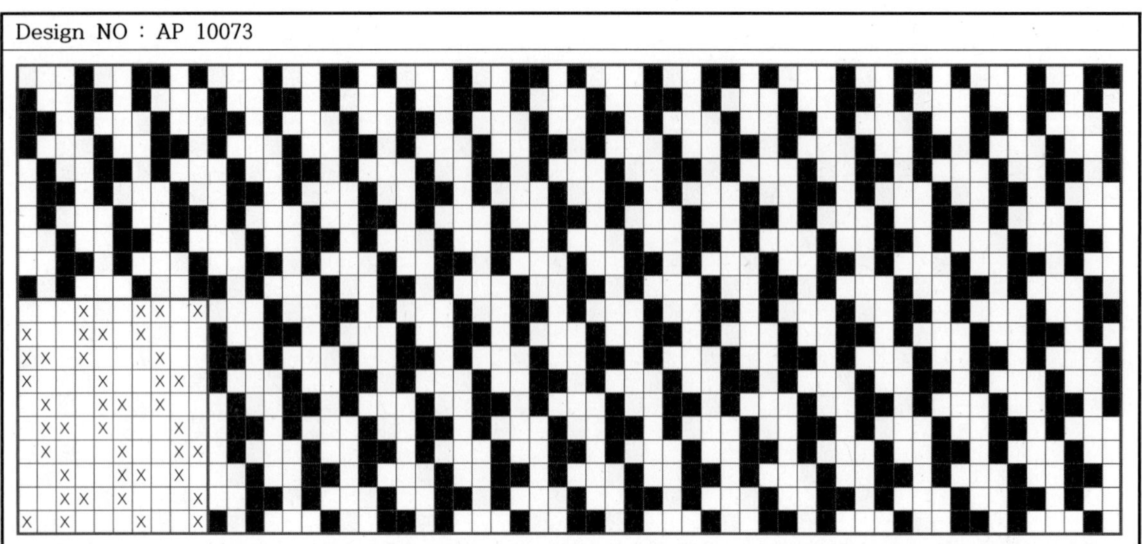

Design NO : AP 10074

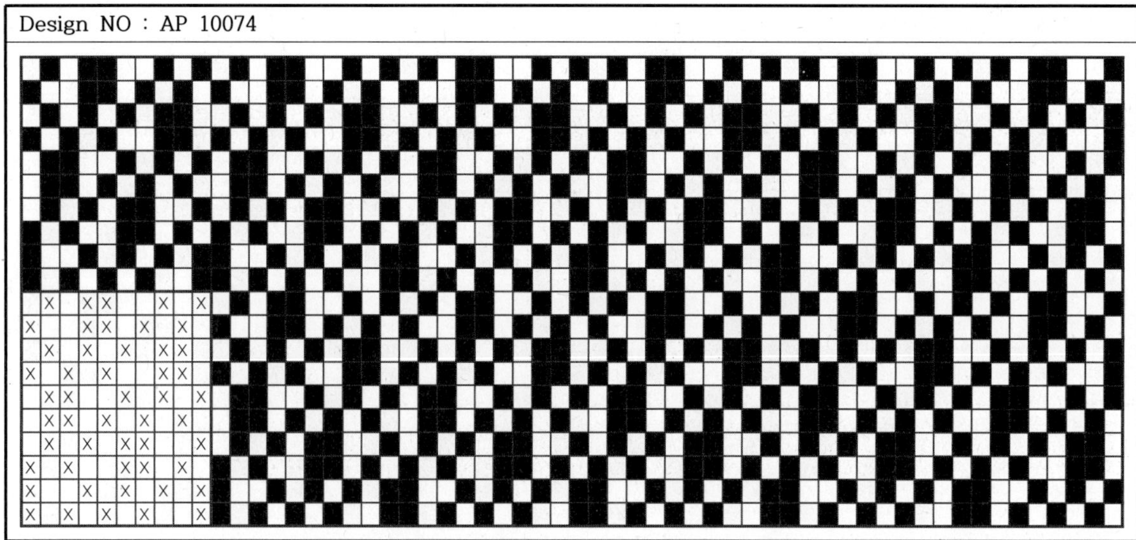

Design NO : AP 10075

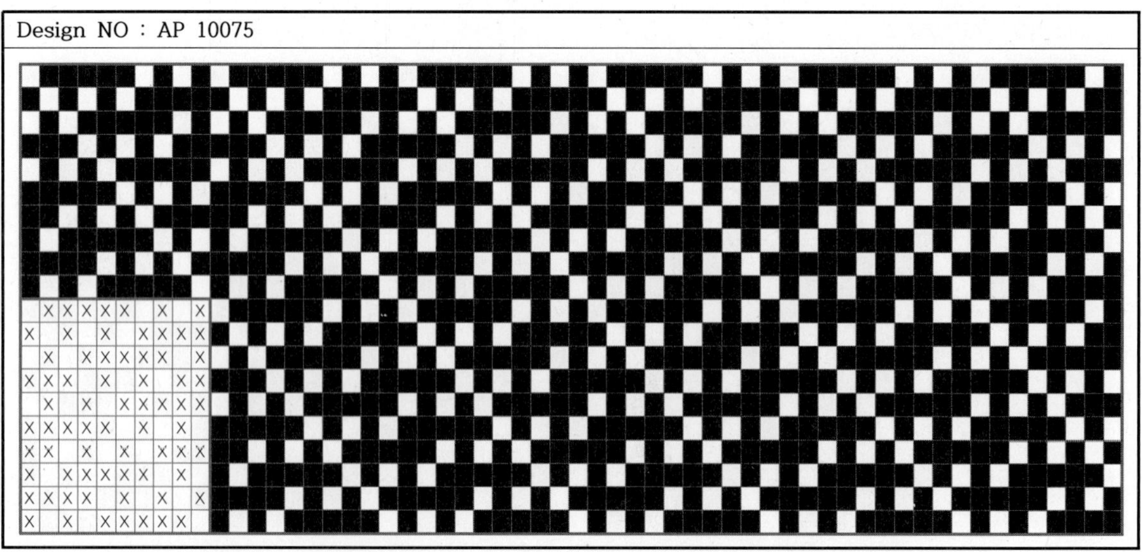

Design NO : AP 10076

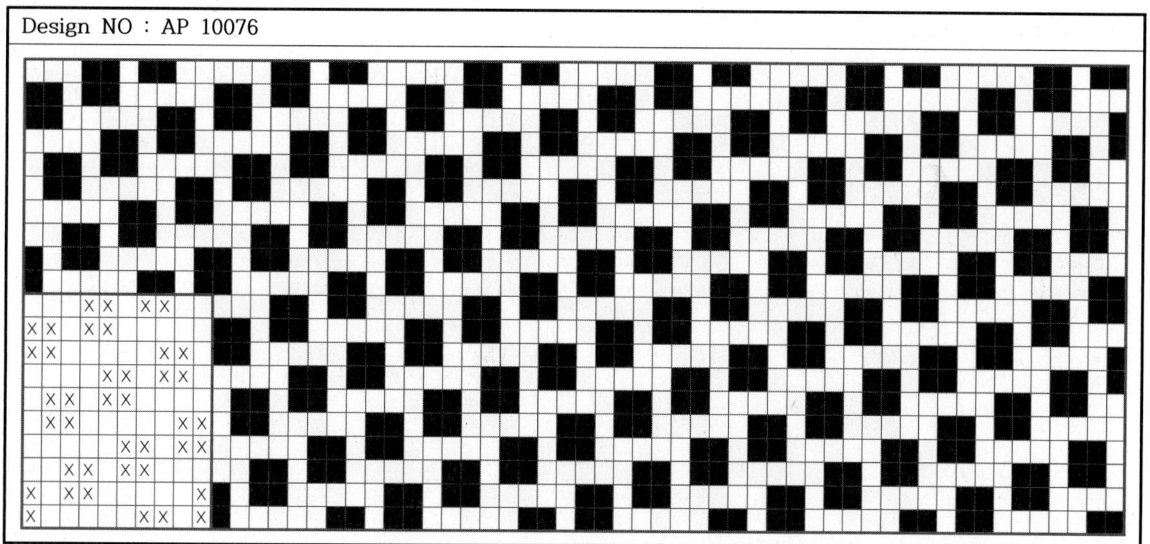

Design NO : AP 10077

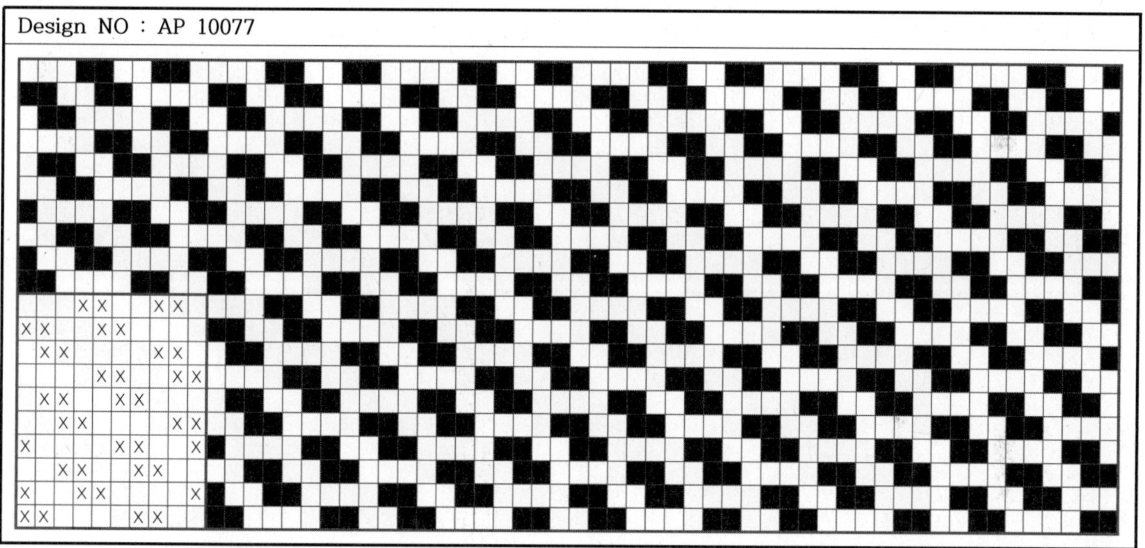

Design NO : AP 10078

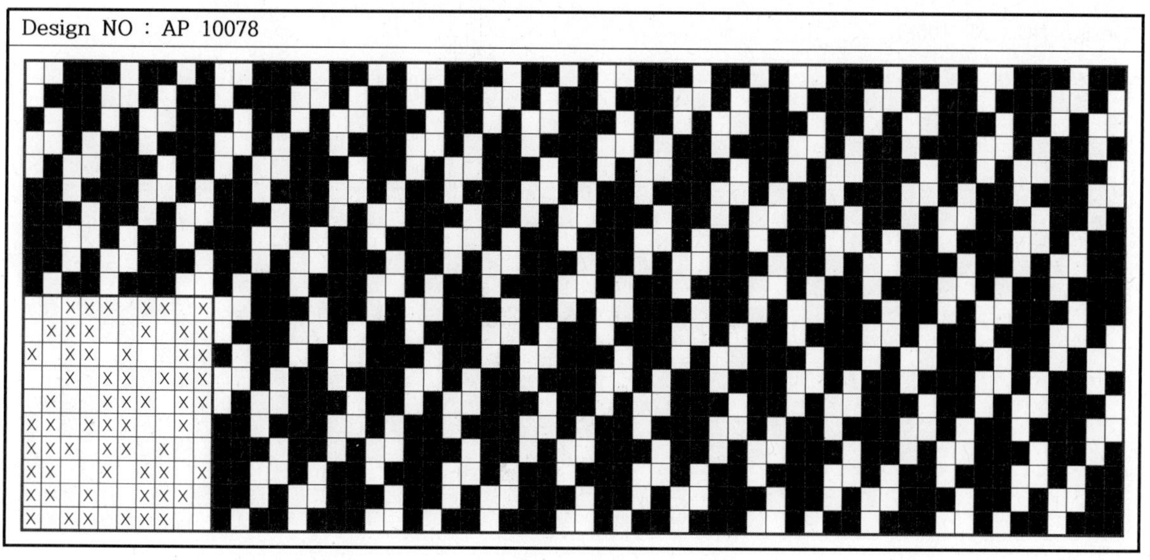

Design NO : AP 10079

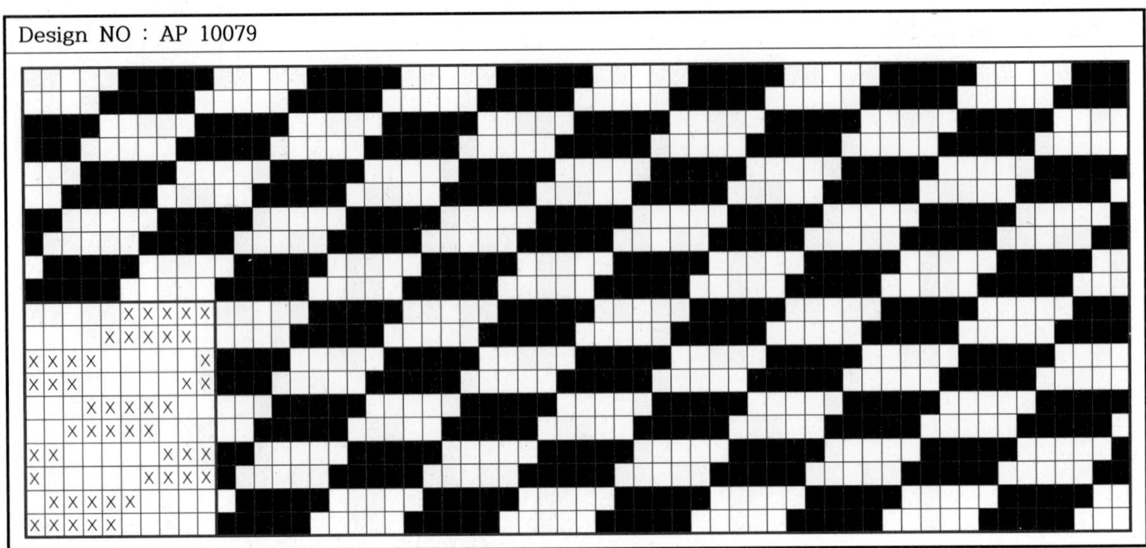

Design NO : AP 10080

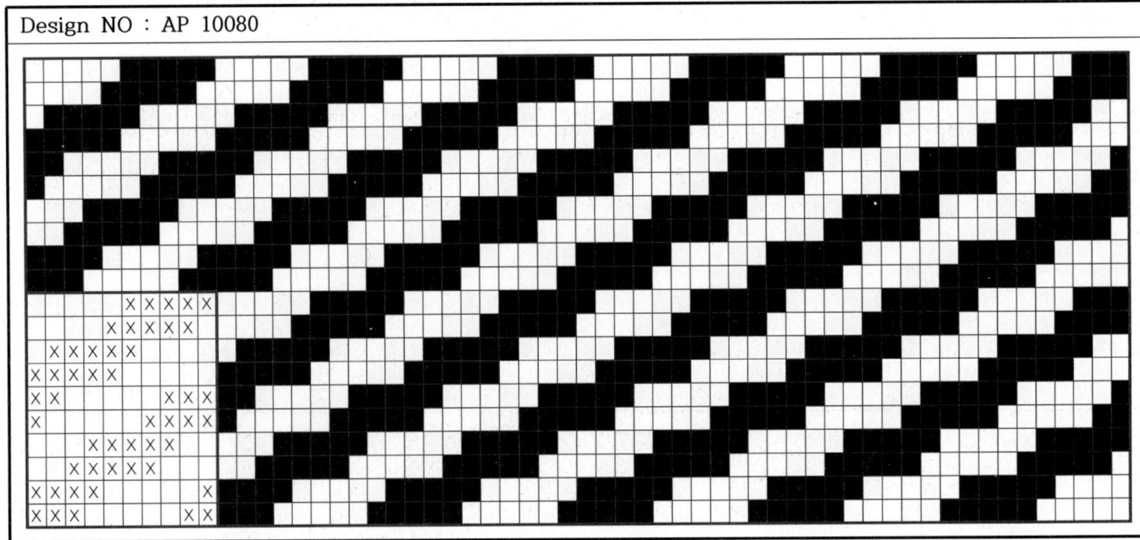

Design NO : AP 10081

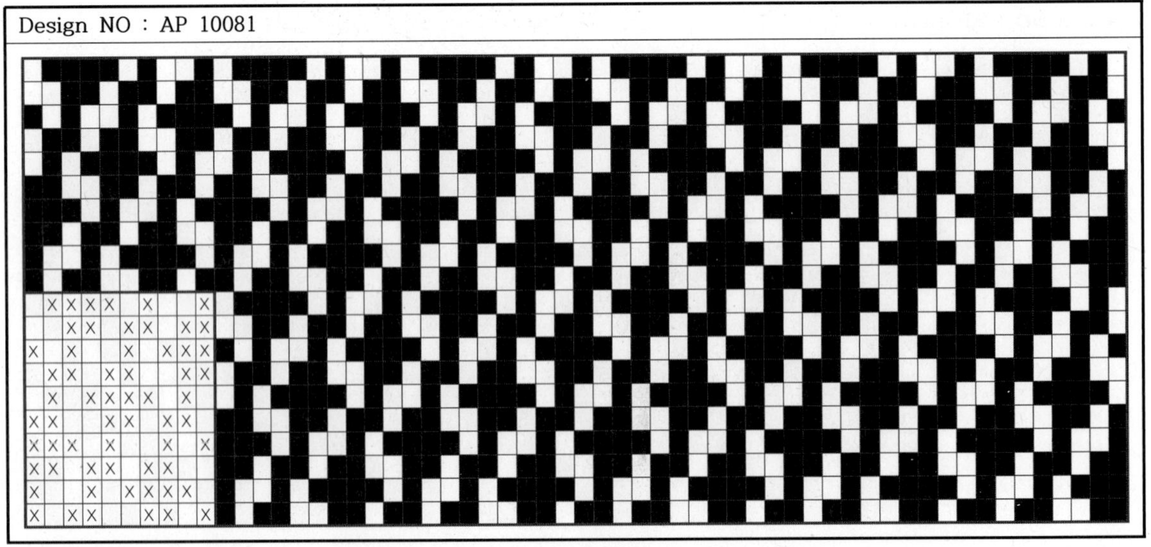

Design NO : AP 10082

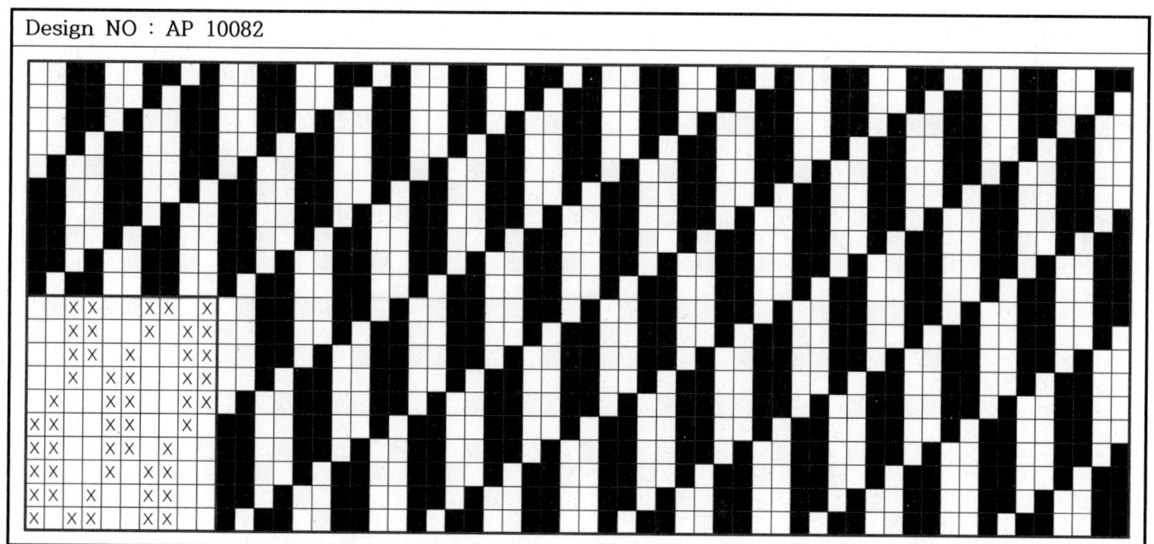

Design NO : AP 10083

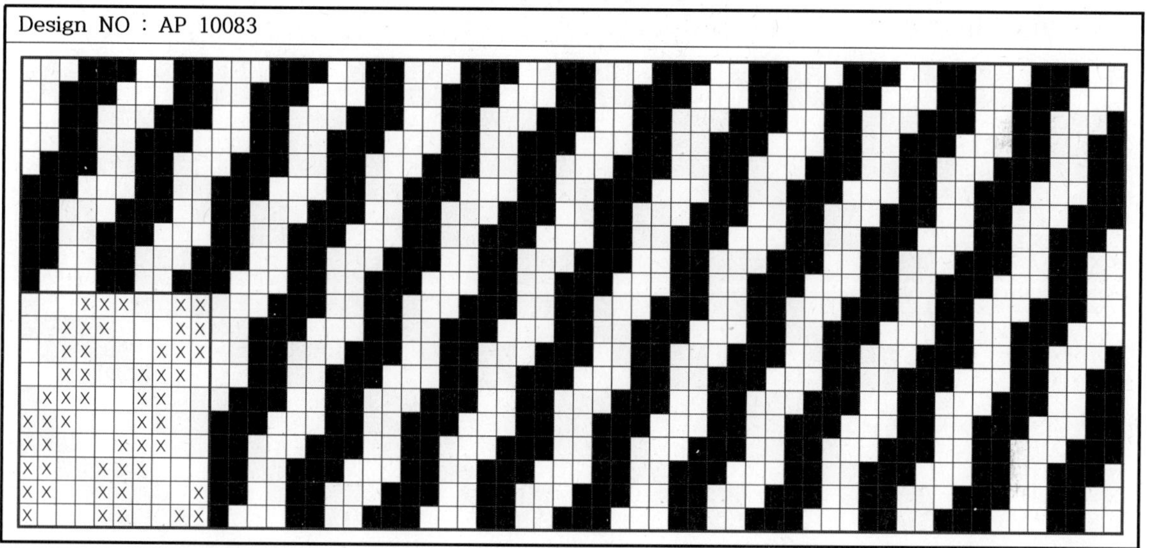

Design NO : AP 10084

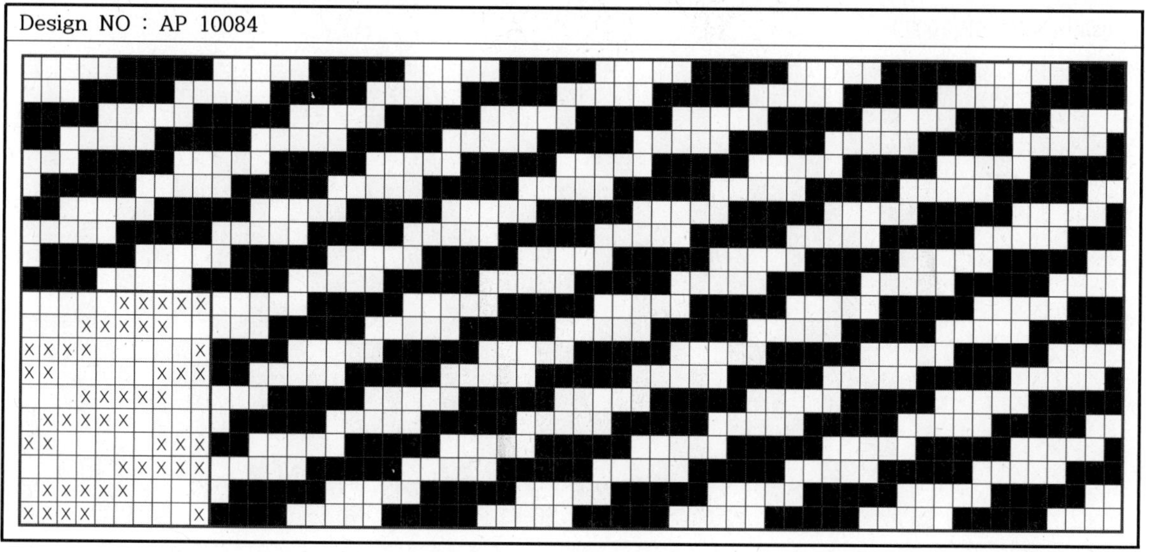

Design NO : AP 10085

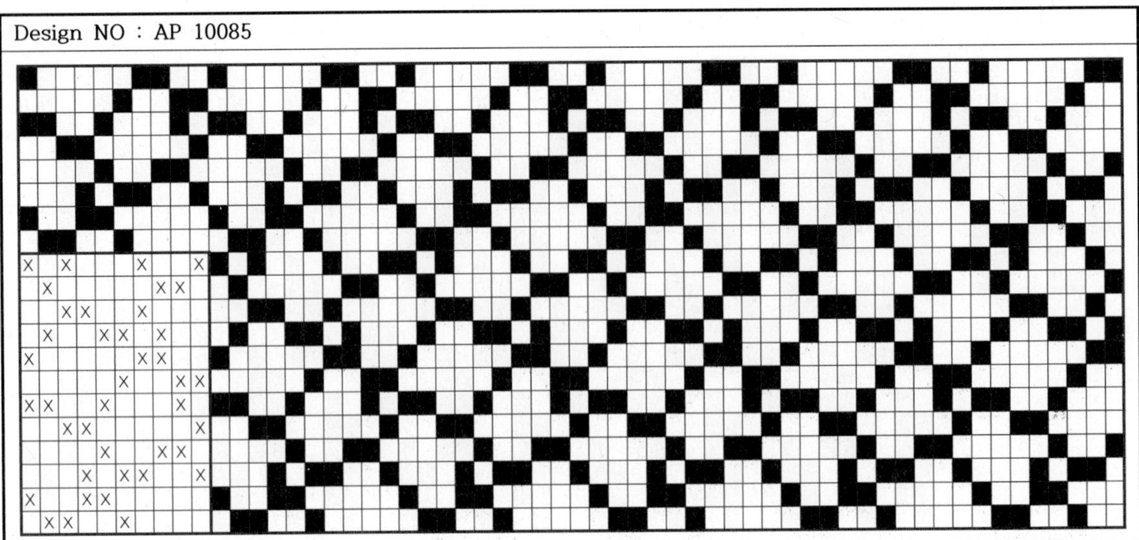

Design NO : AP 10086

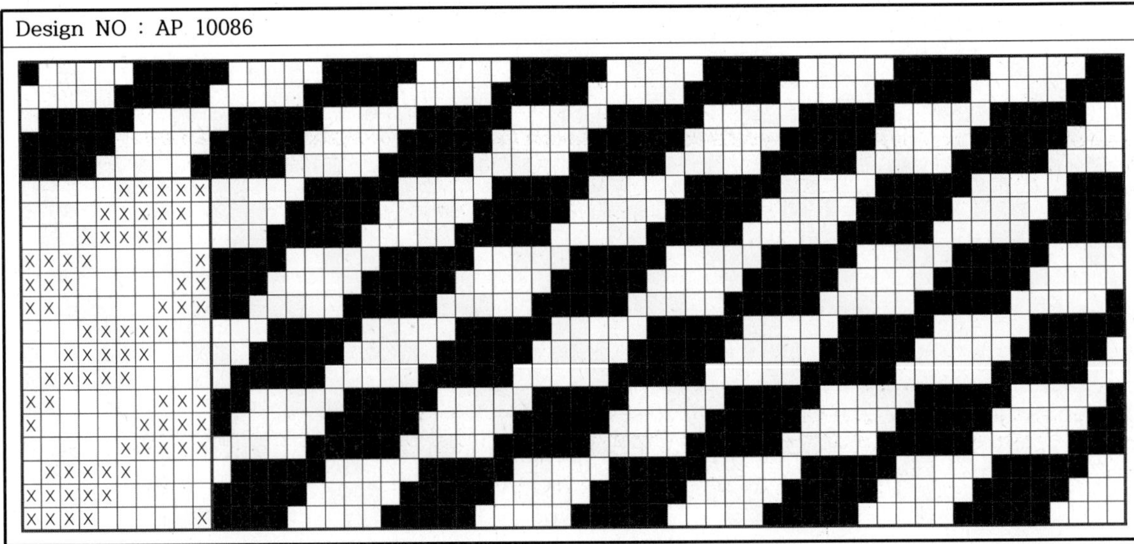

Design NO : AP 10087

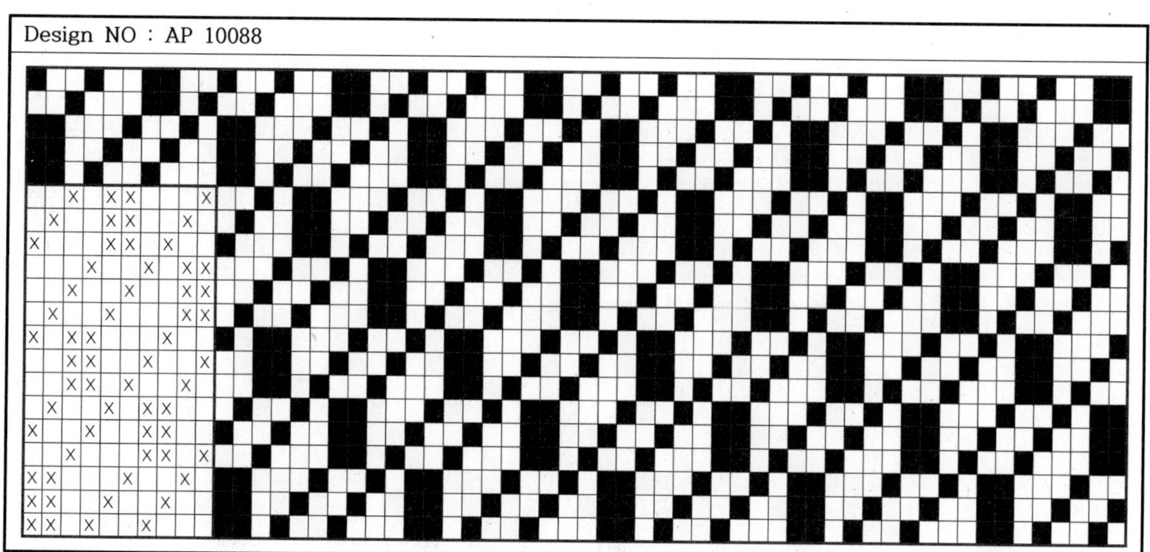

Design NO : AP 10088

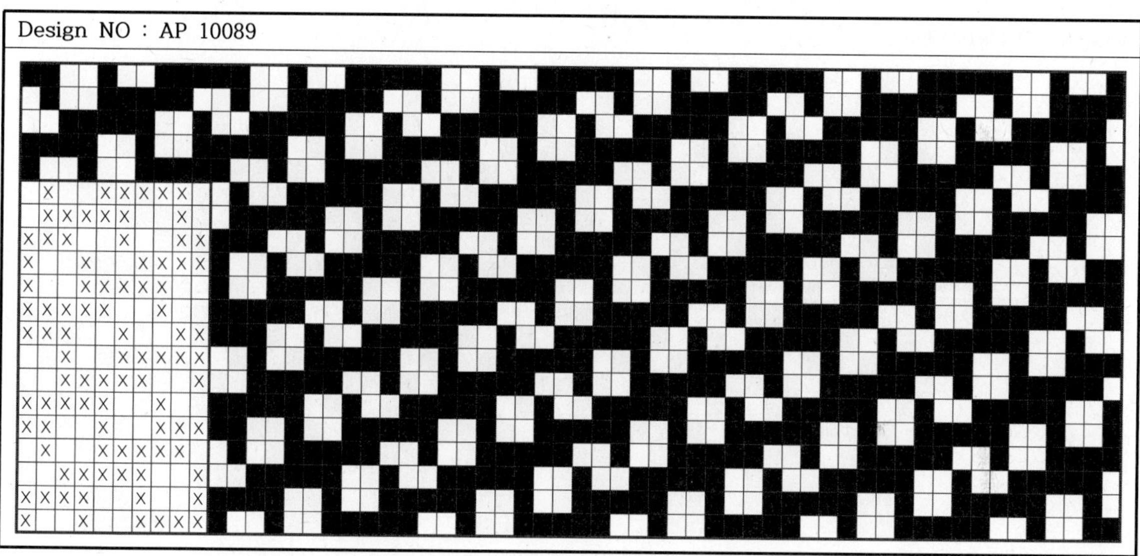

Design NO : AP 10089

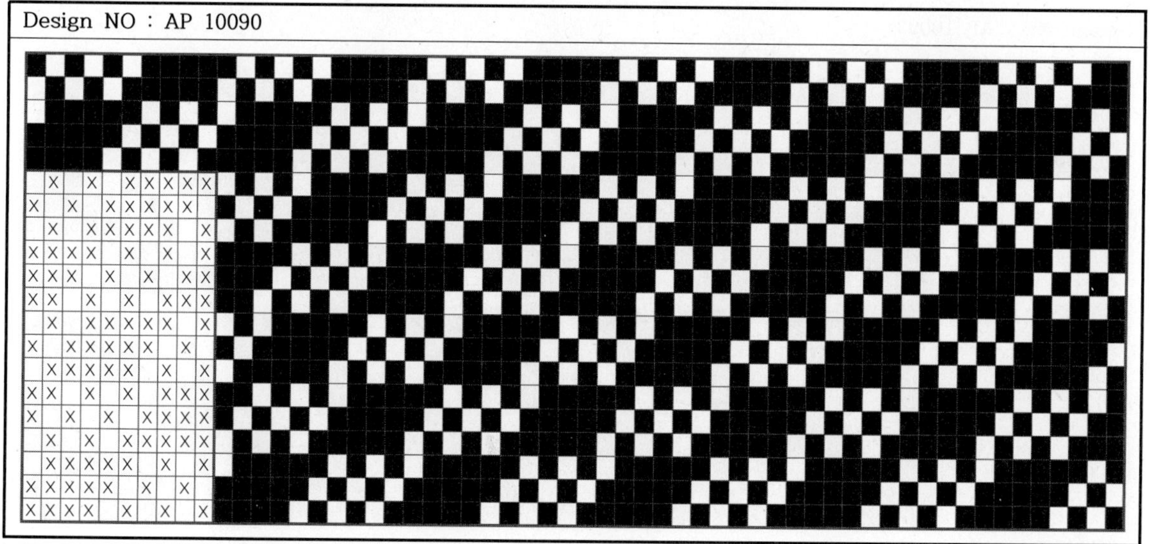

Design NO : AP 10090

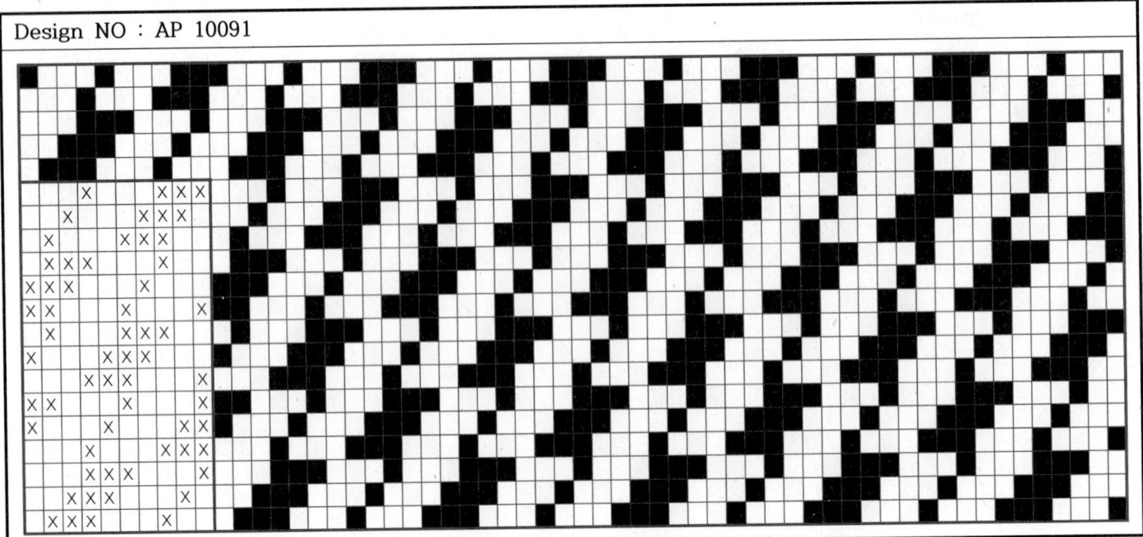

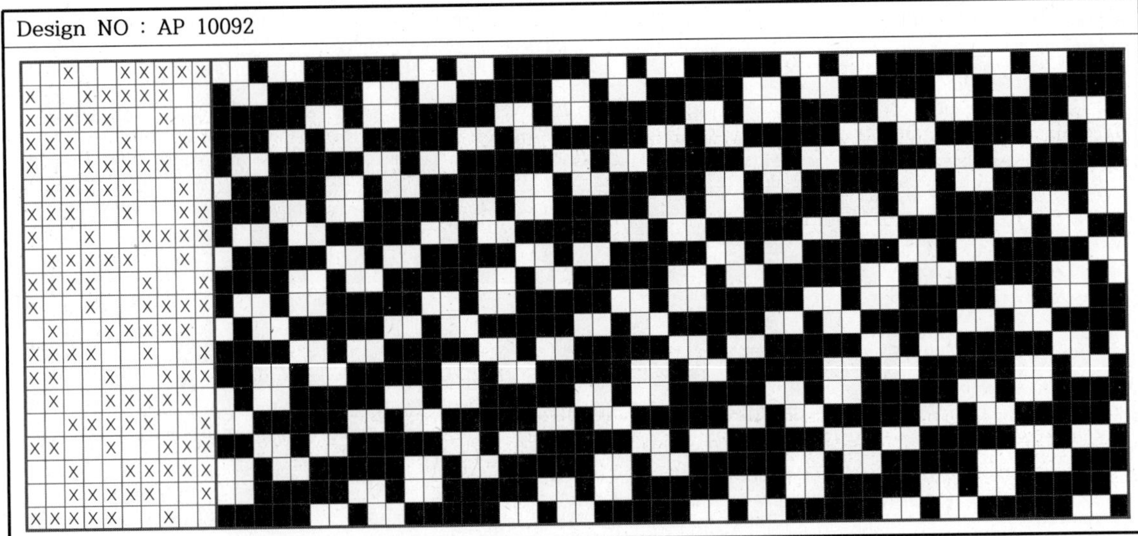

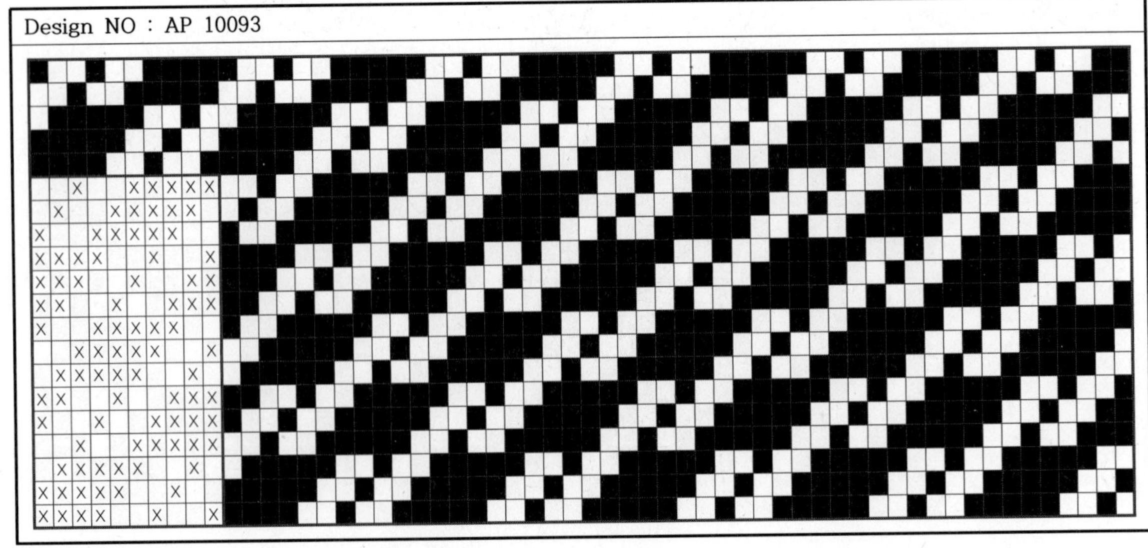

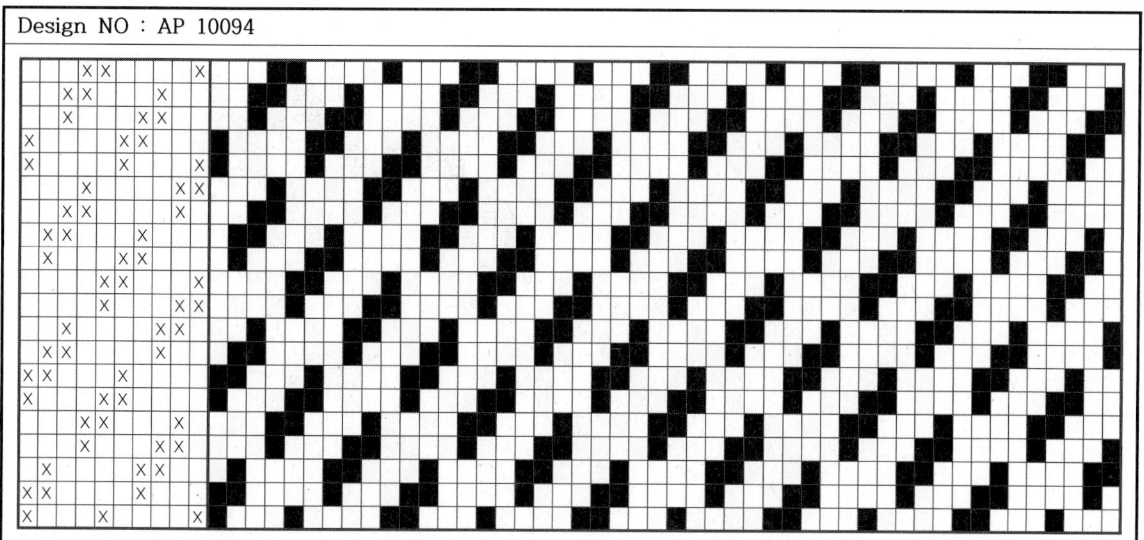

Design NO : AP 10094

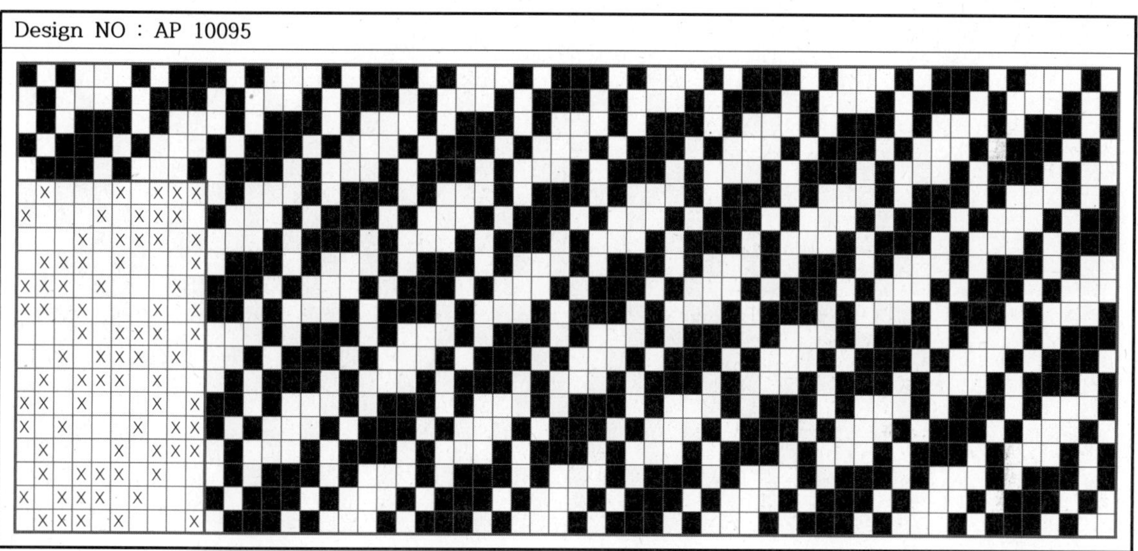

Design NO : AP 10095

Design NO : AP 10096

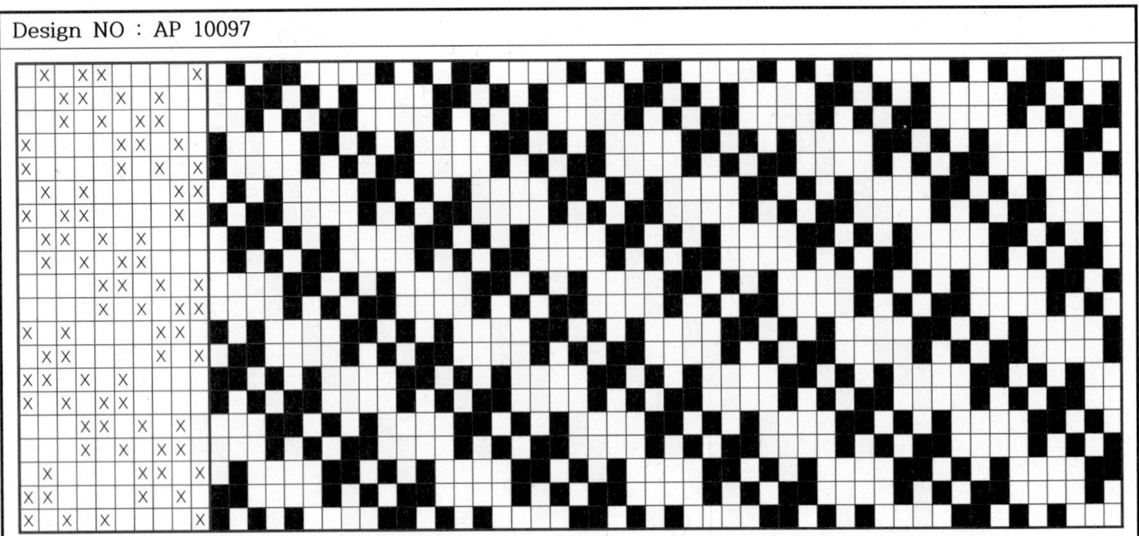

Design NO : AP 10097

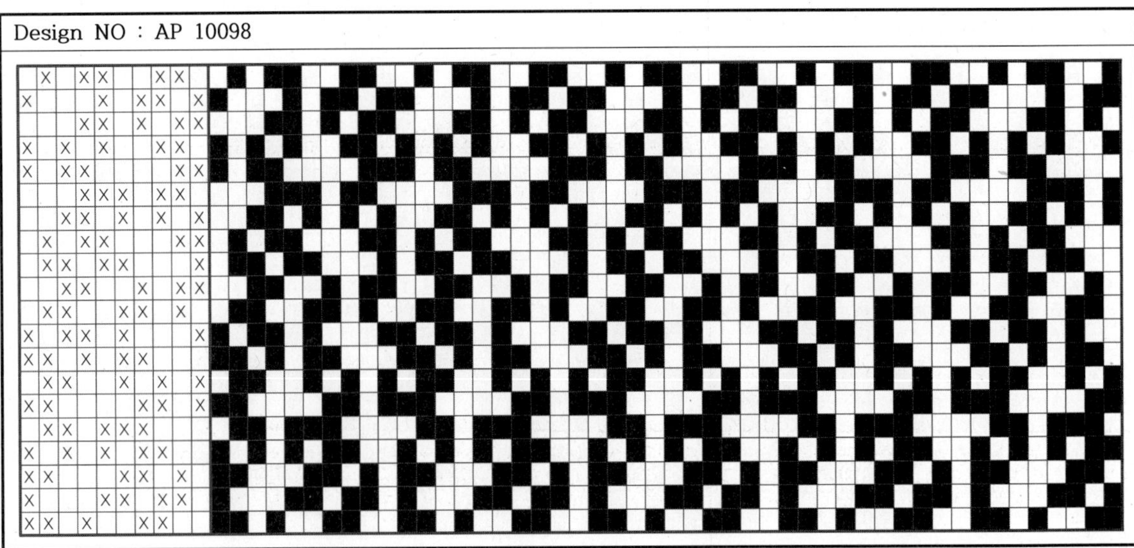

Design NO : AP 10098

Design NO : AP 10099

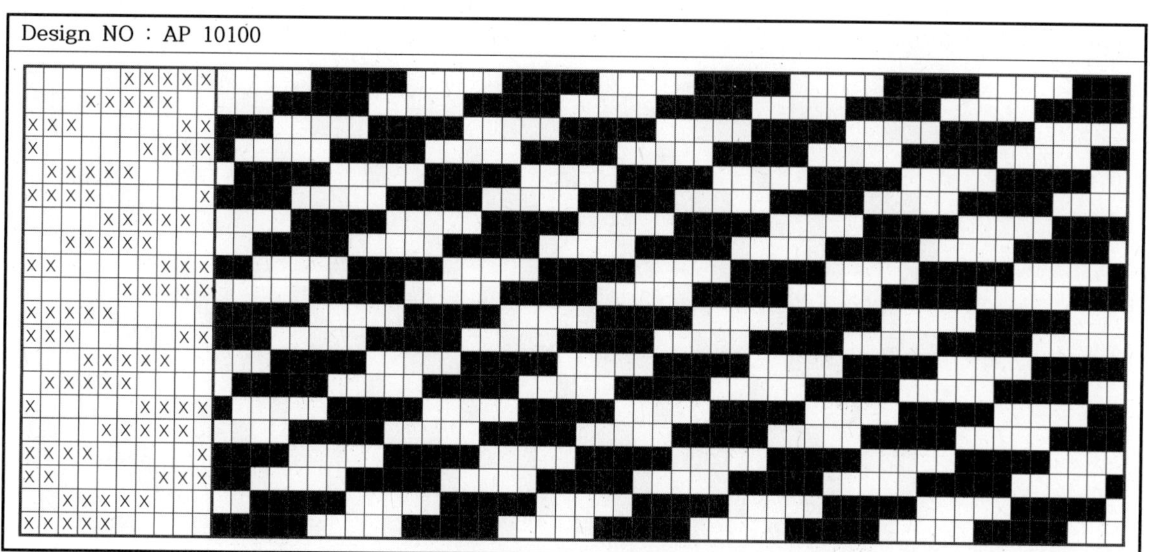

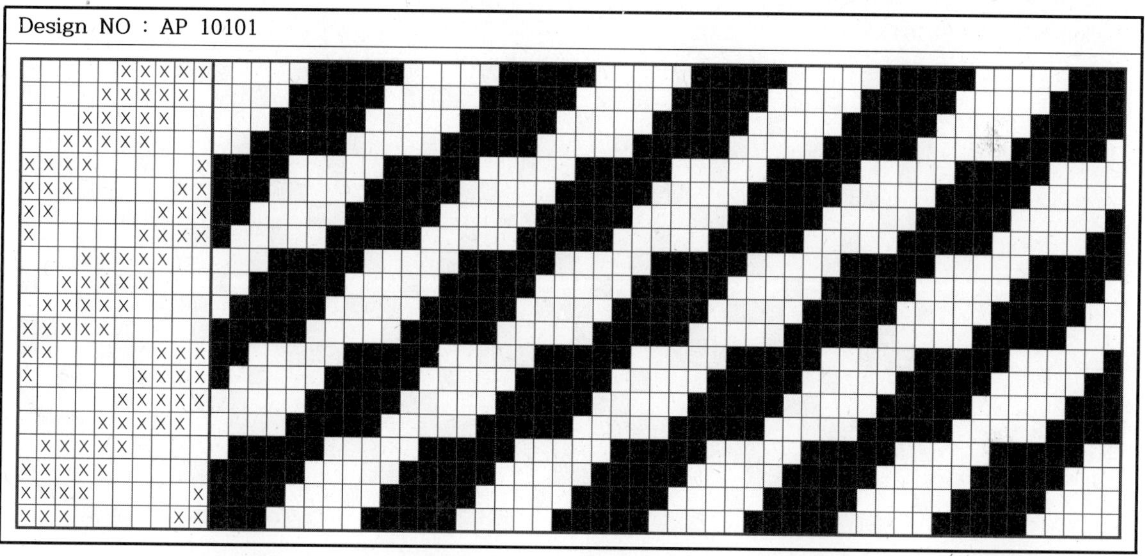

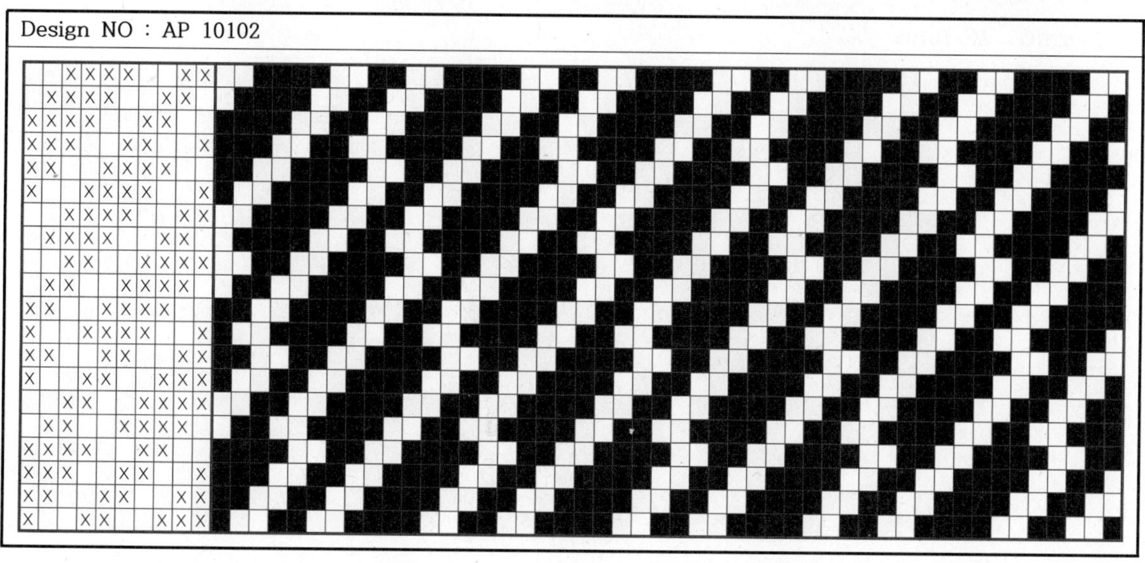

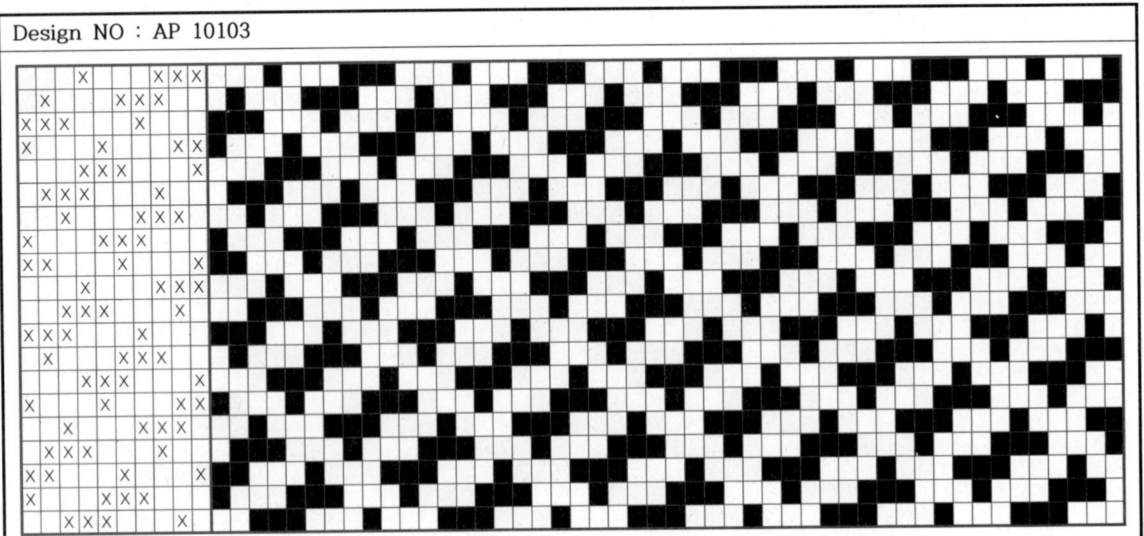

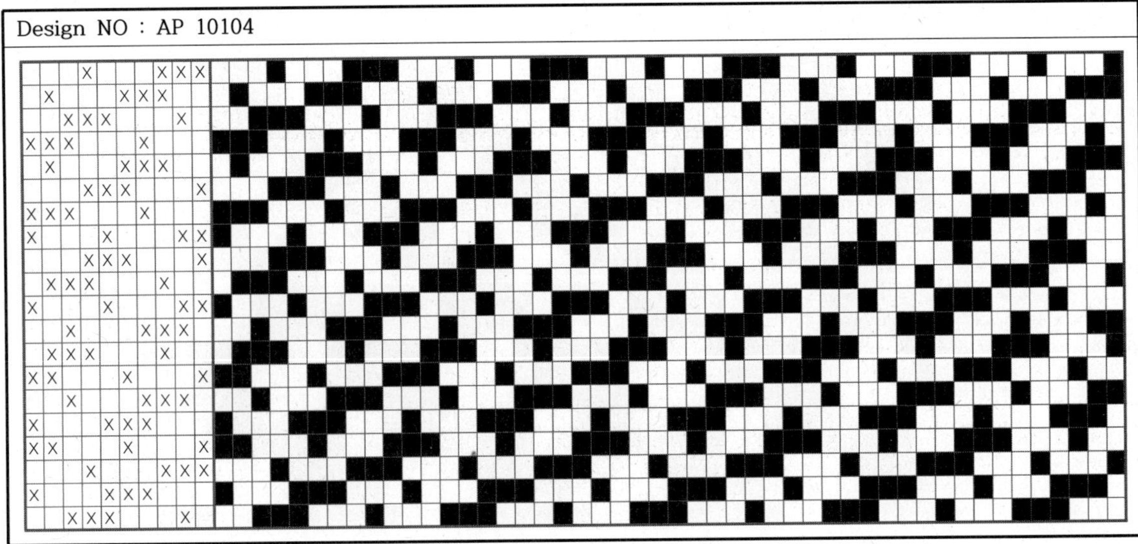

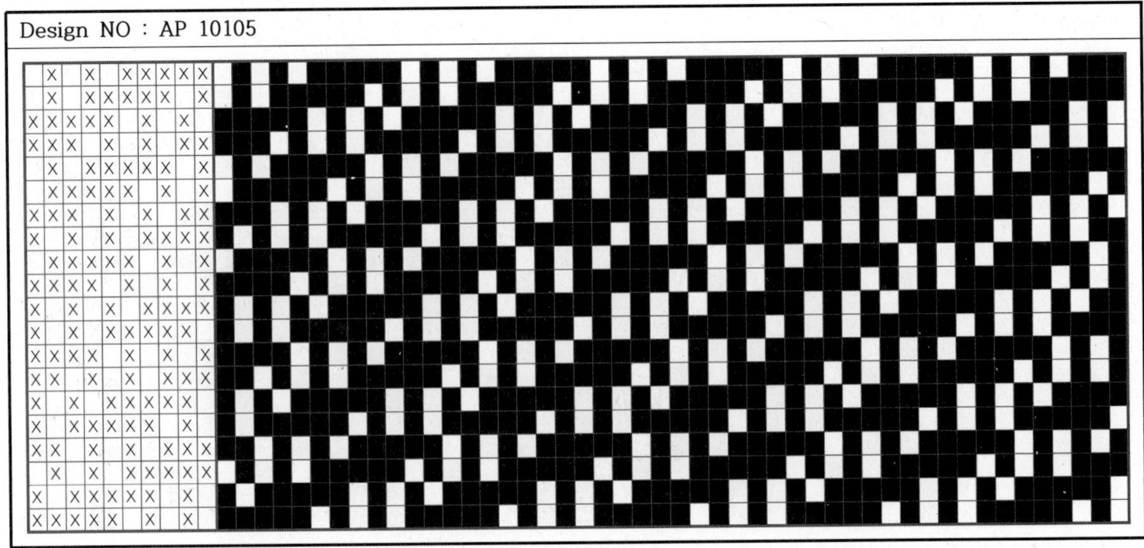

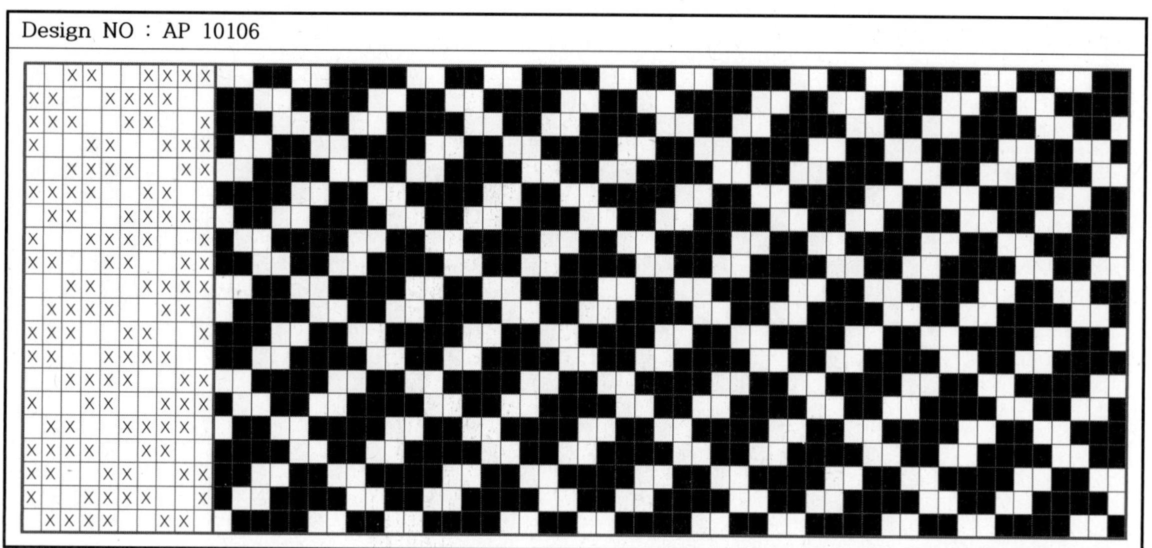

Design NO : AP 10106

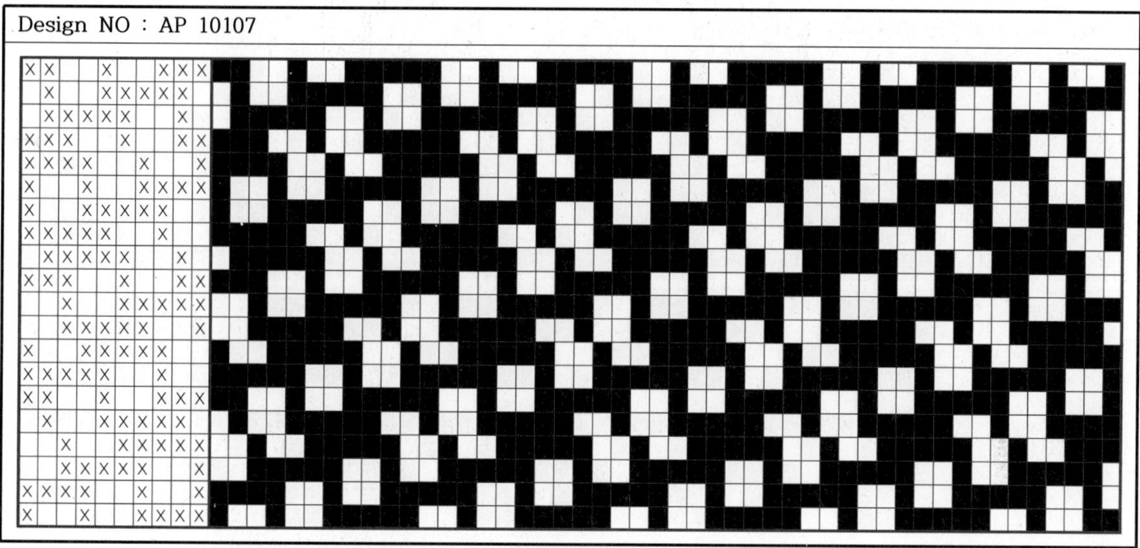

Design NO : AP 10107

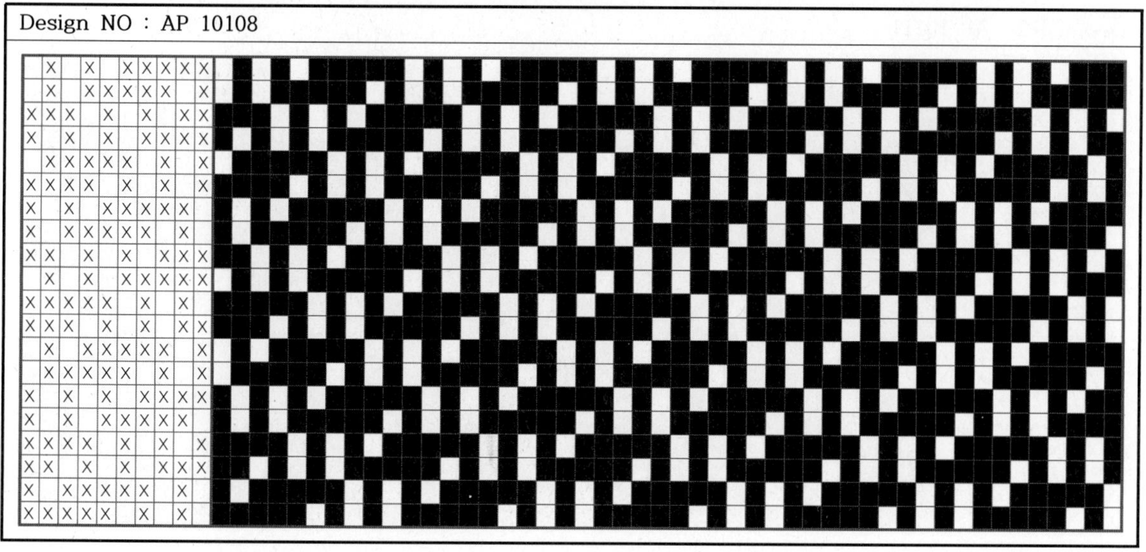

Design NO : AP 10108

Design NO : AP 10109

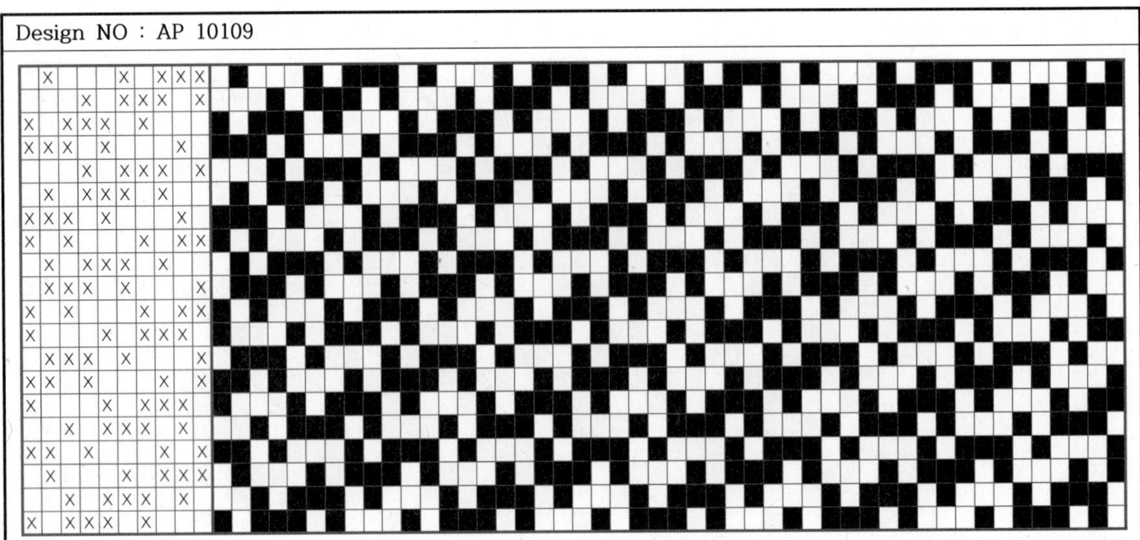

Design NO : AP 10110

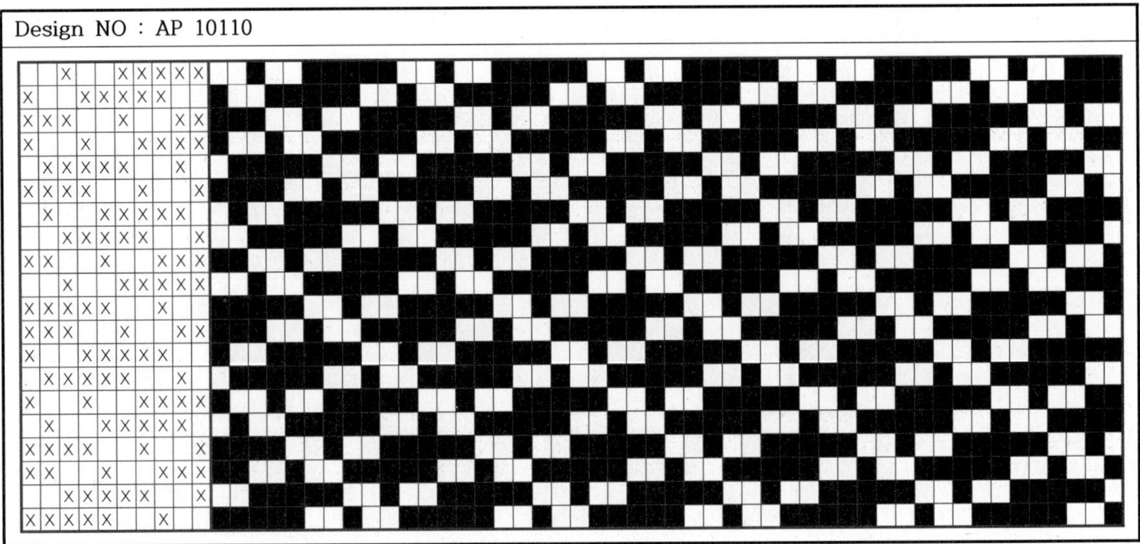

Design NO : AP 10111

Design NO : AP 10112

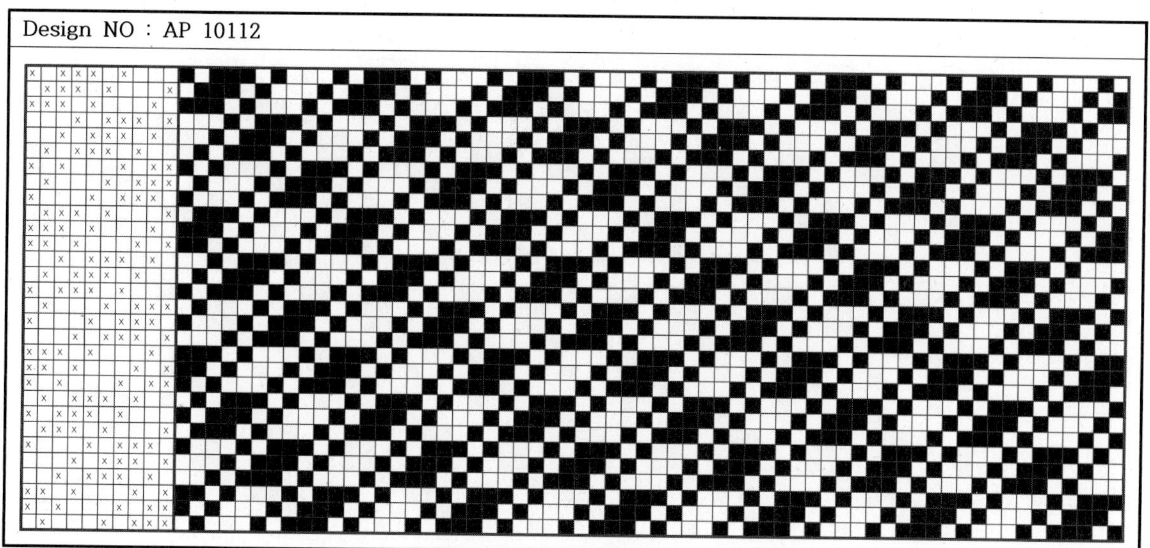

Design NO : AP 10113

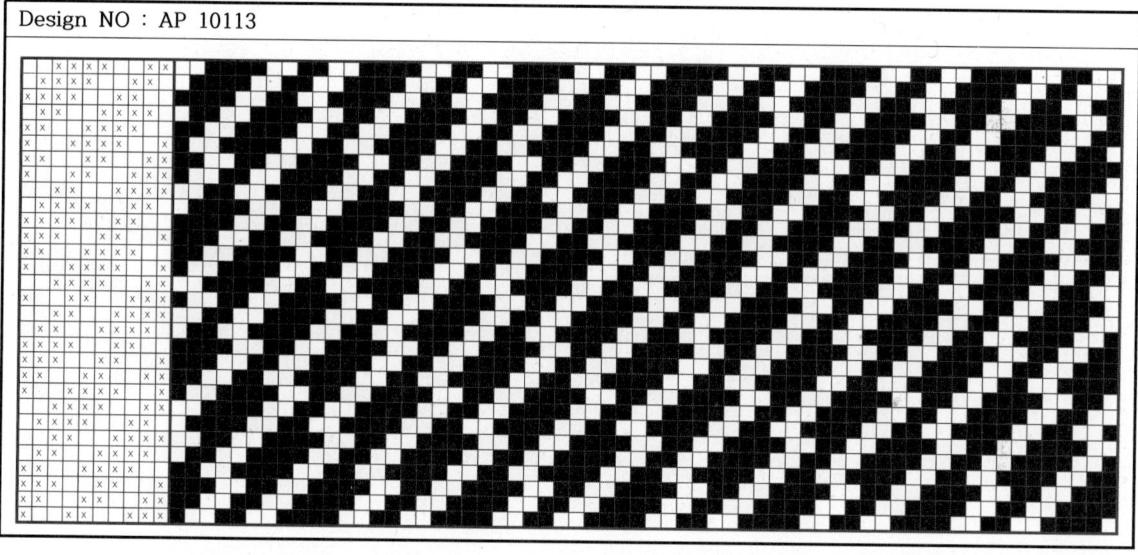

Design NO : AP 10114

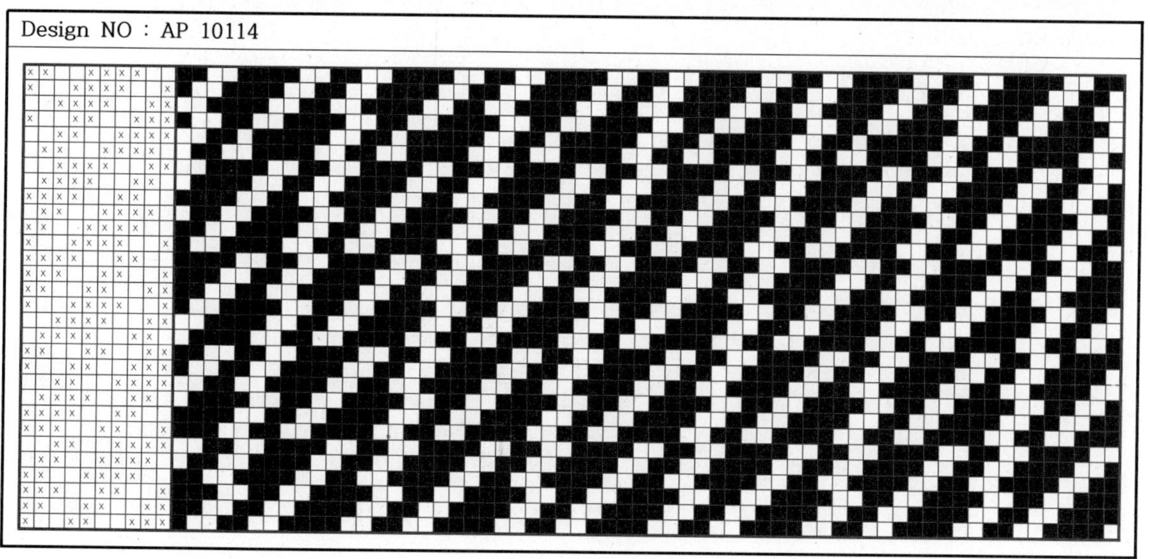

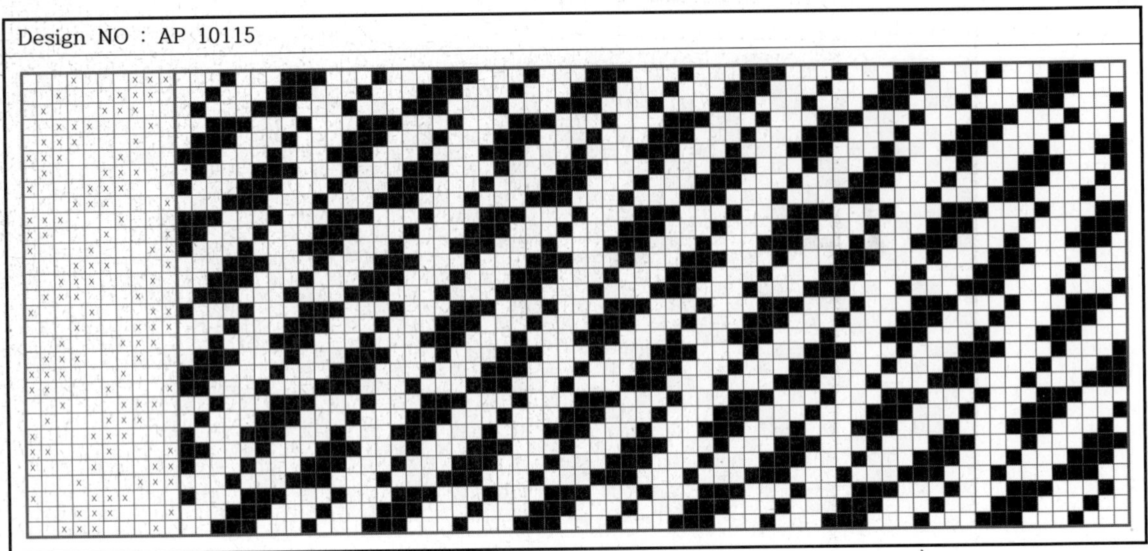

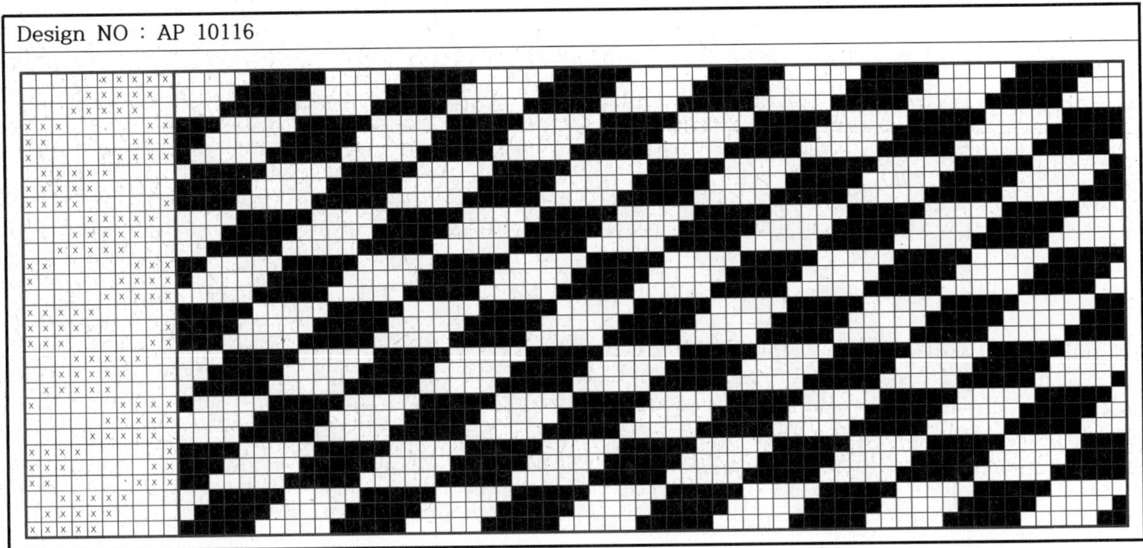

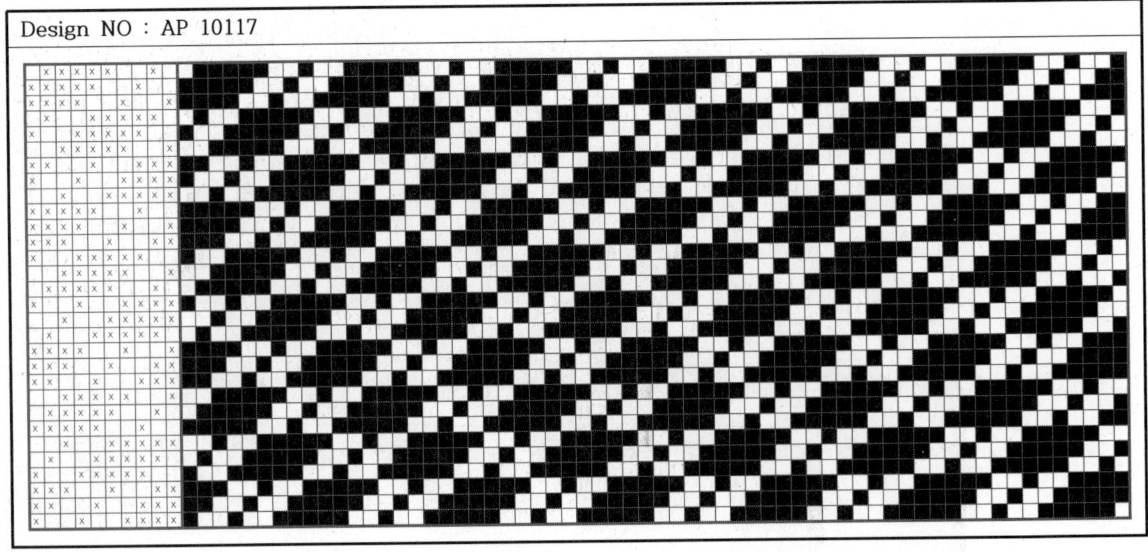

Design NO : AP 10118

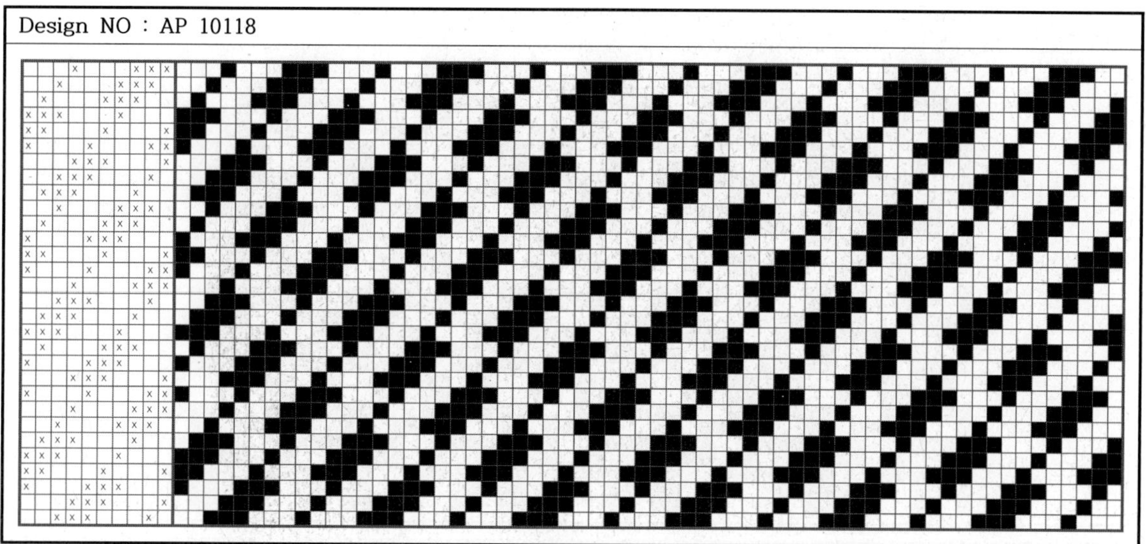

Design NO : AP 10119

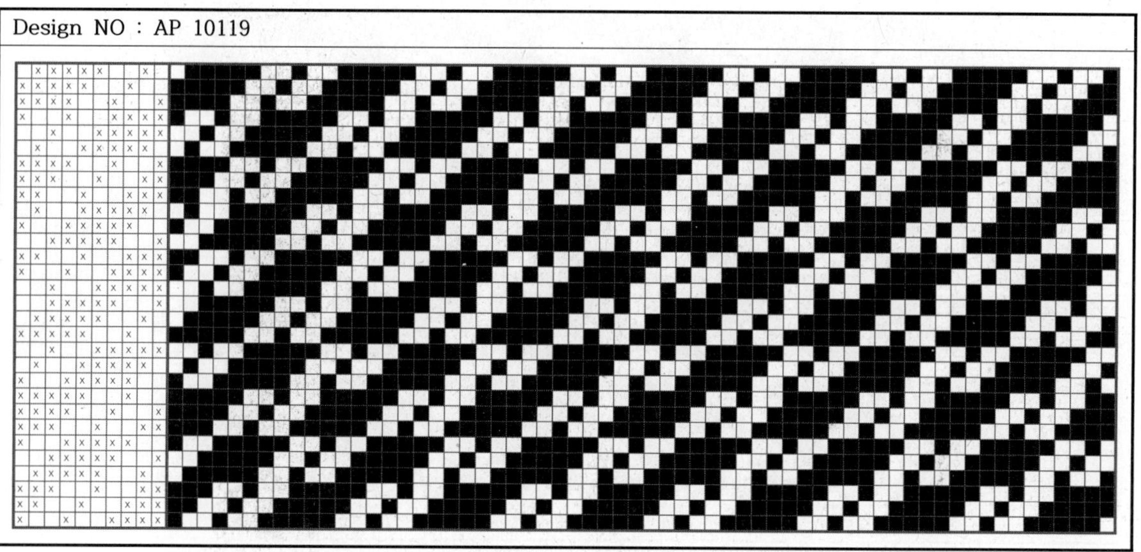

Design NO : AP 10120

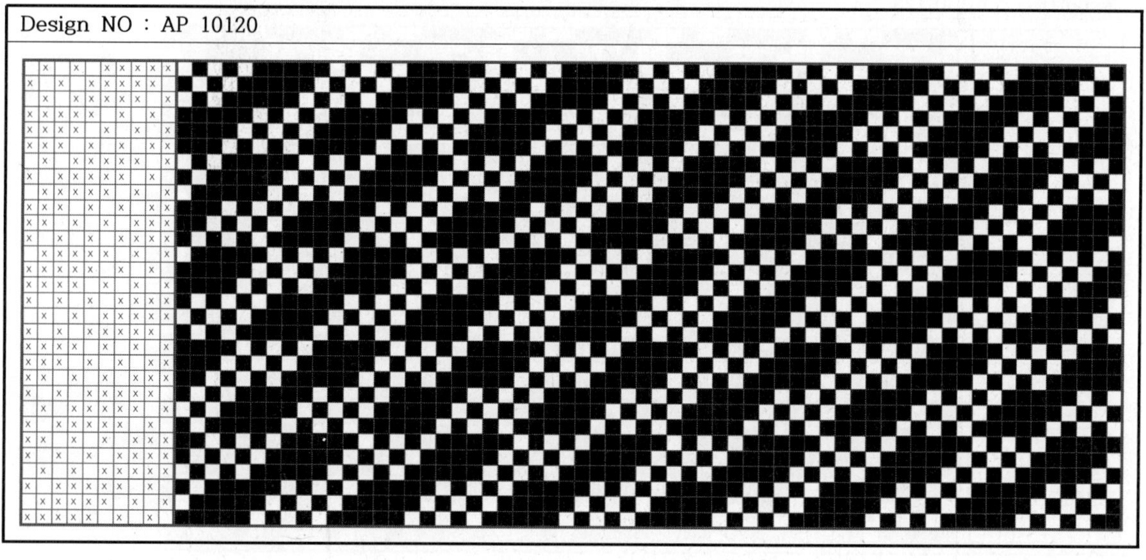

Design NO : AP 10121

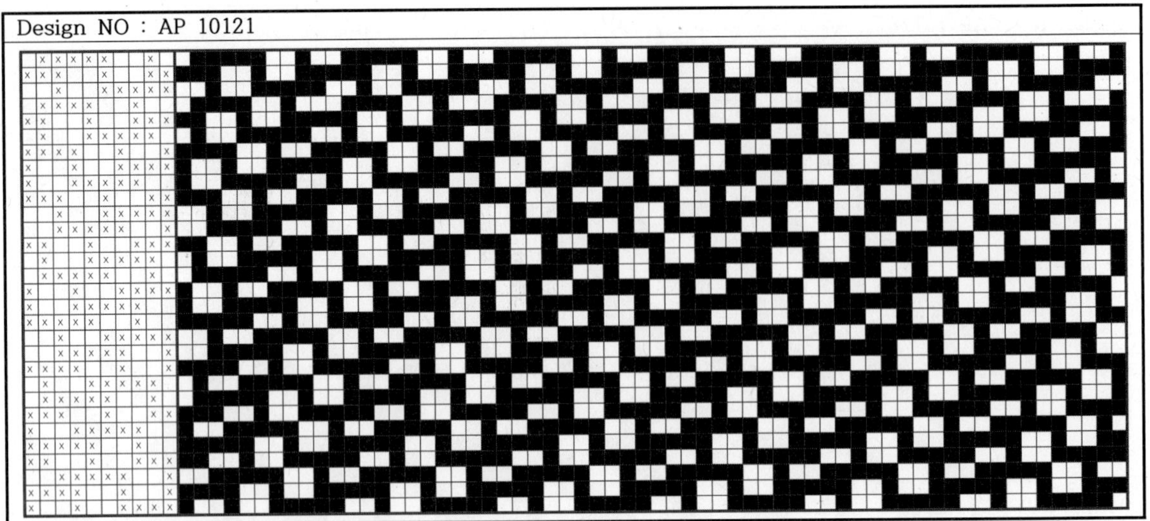

Design NO : AP 10122

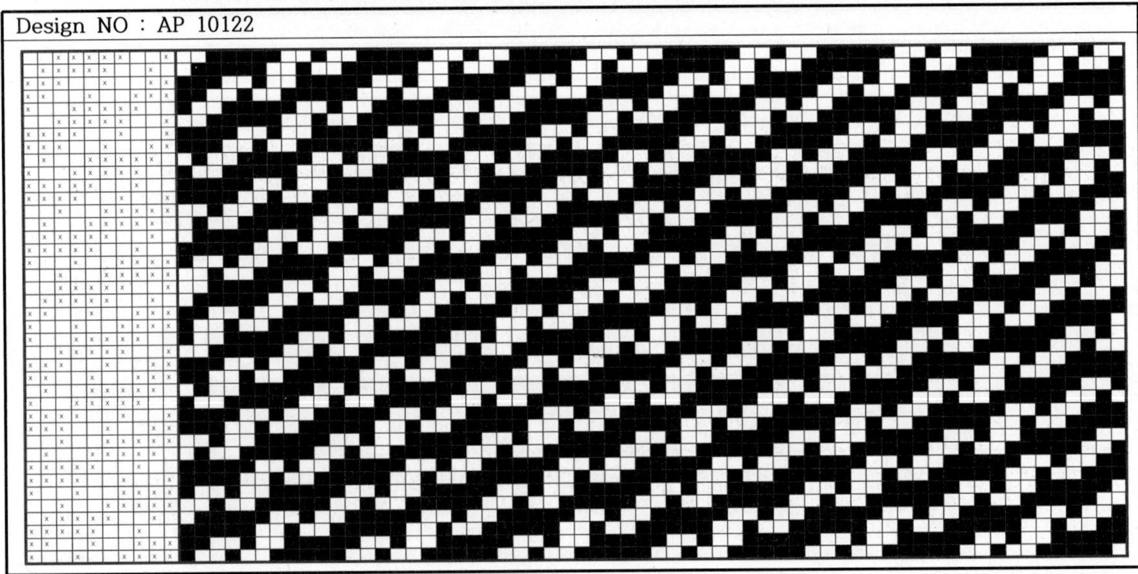

Design NO : AP 10123

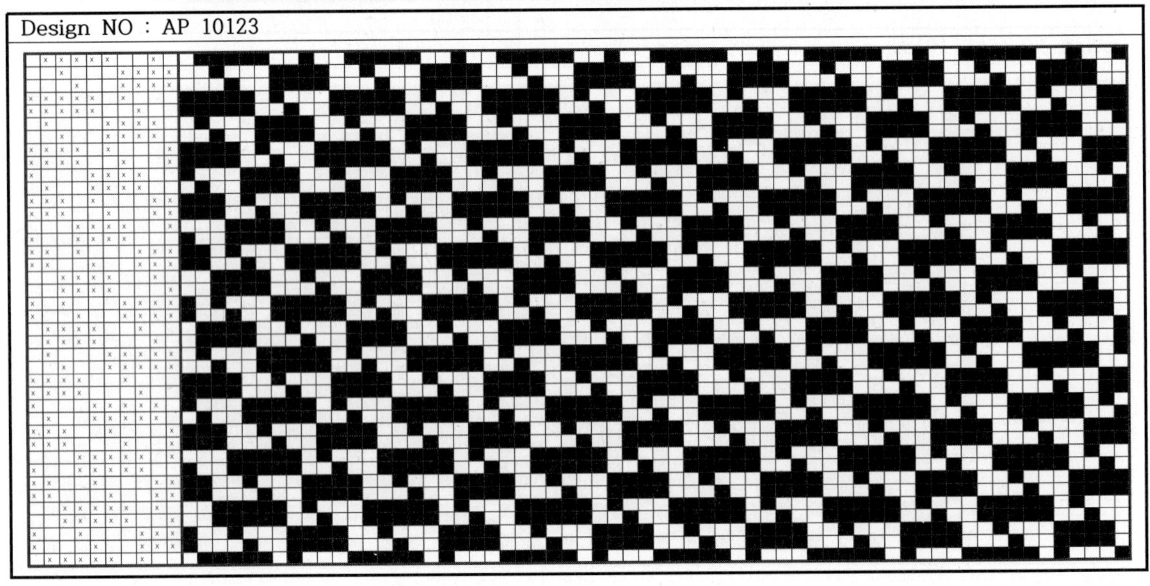

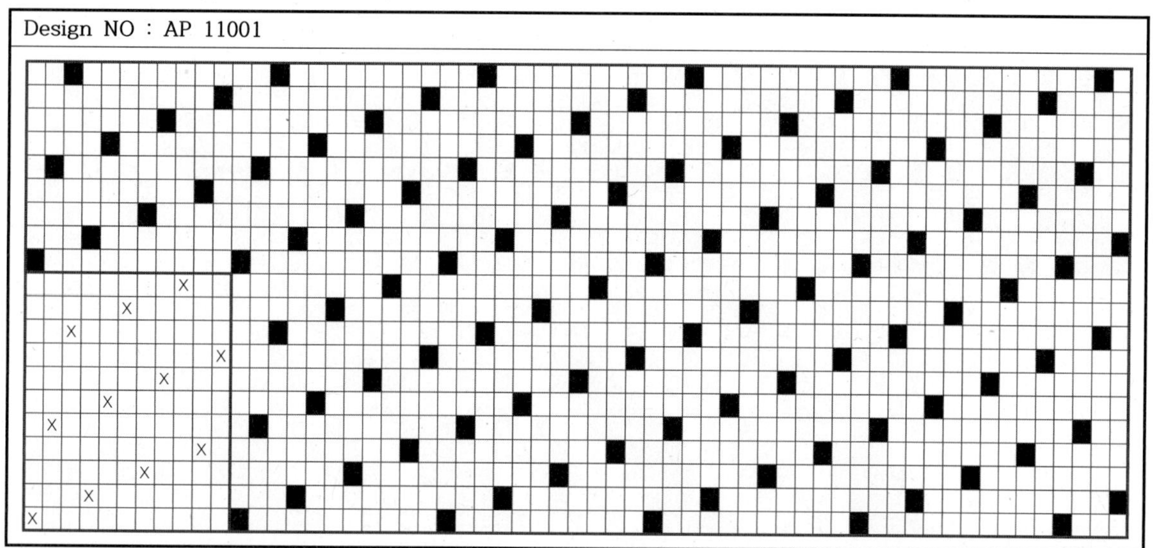

Design NO : AP 11001

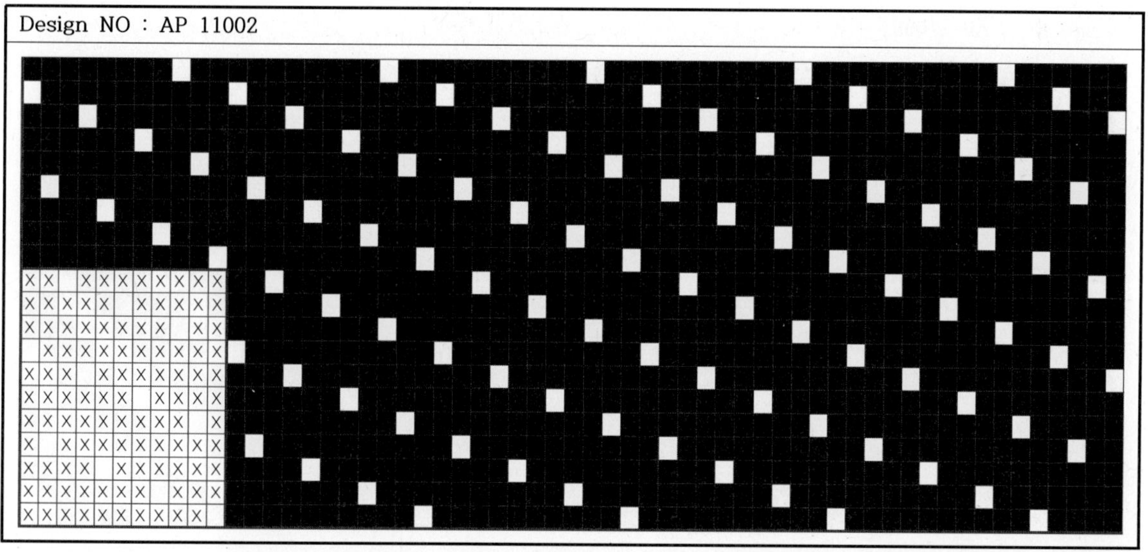

Design NO : AP 11002

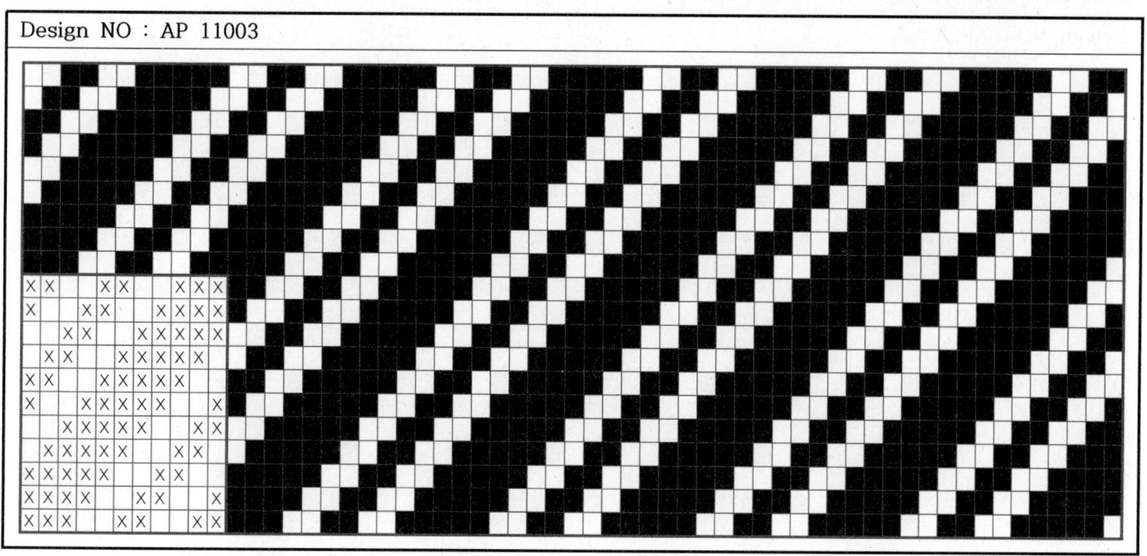

Design NO : AP 11003

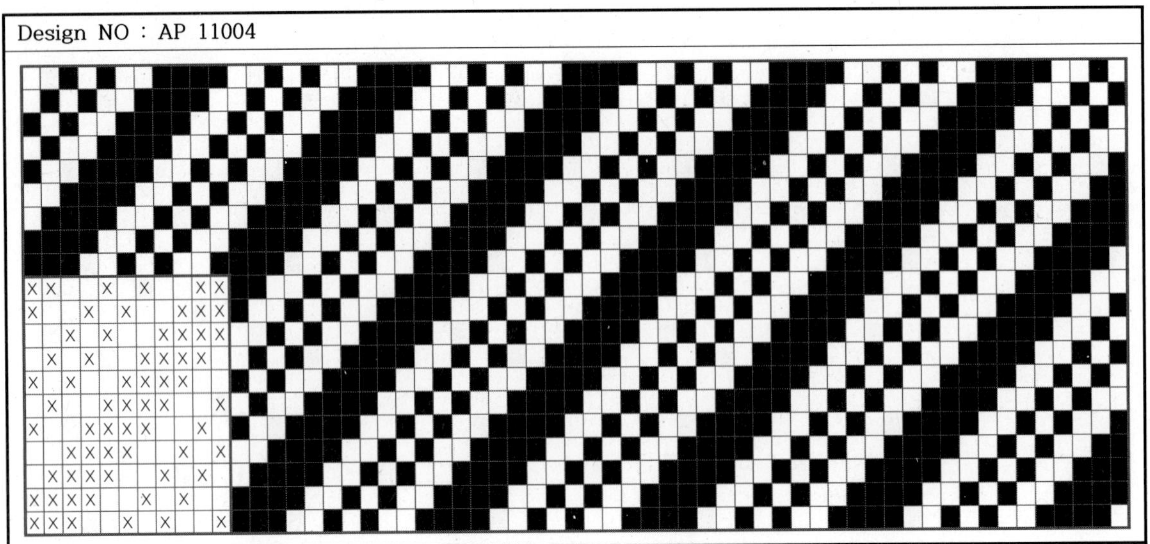

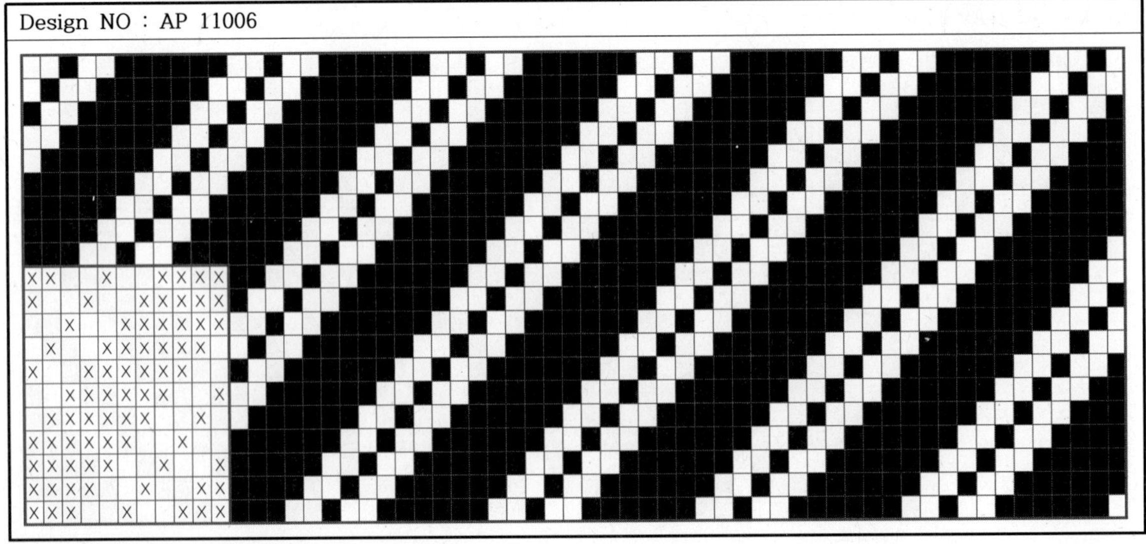

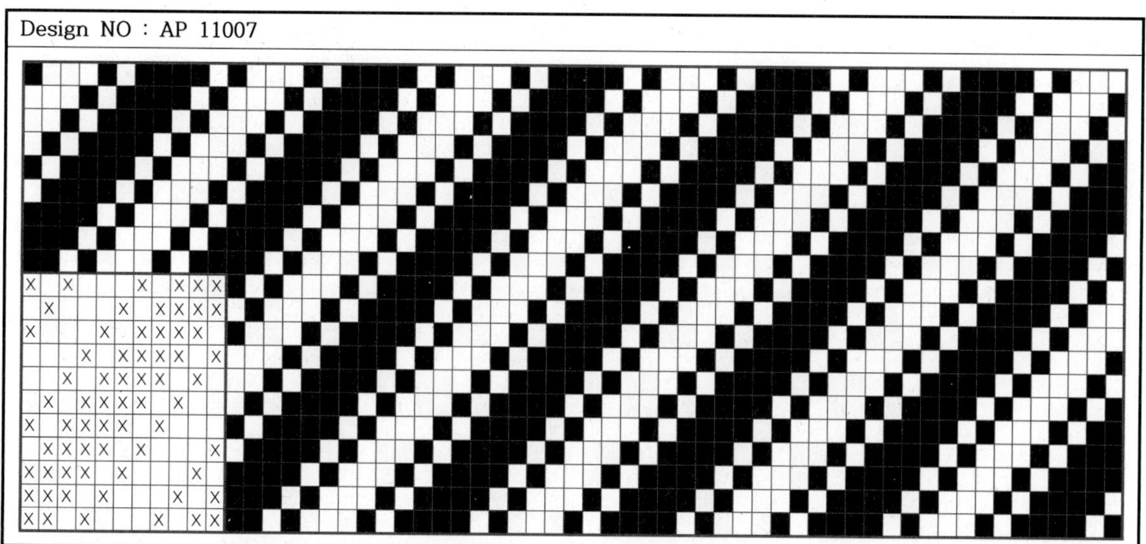

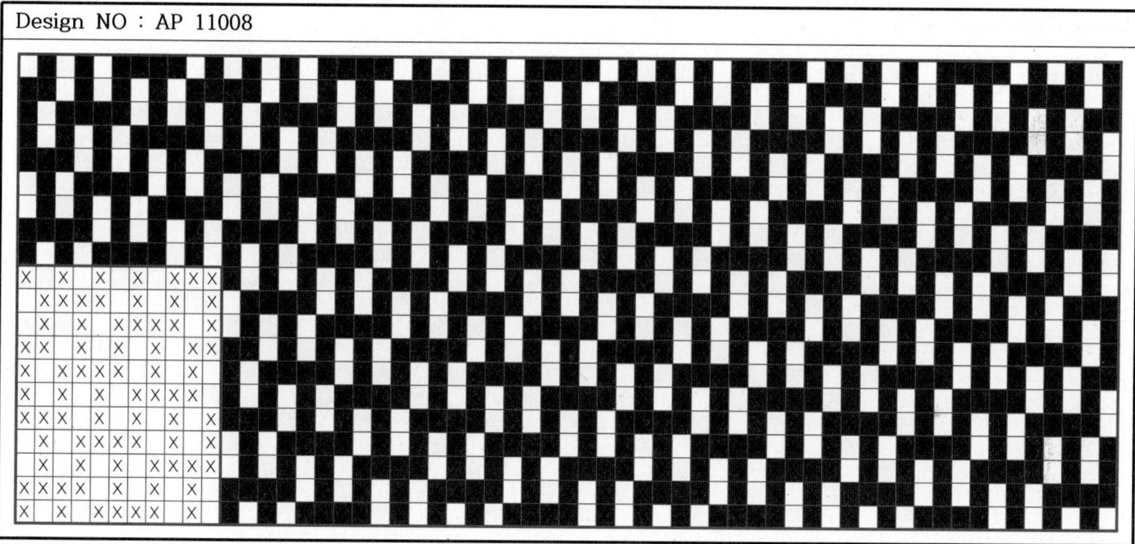

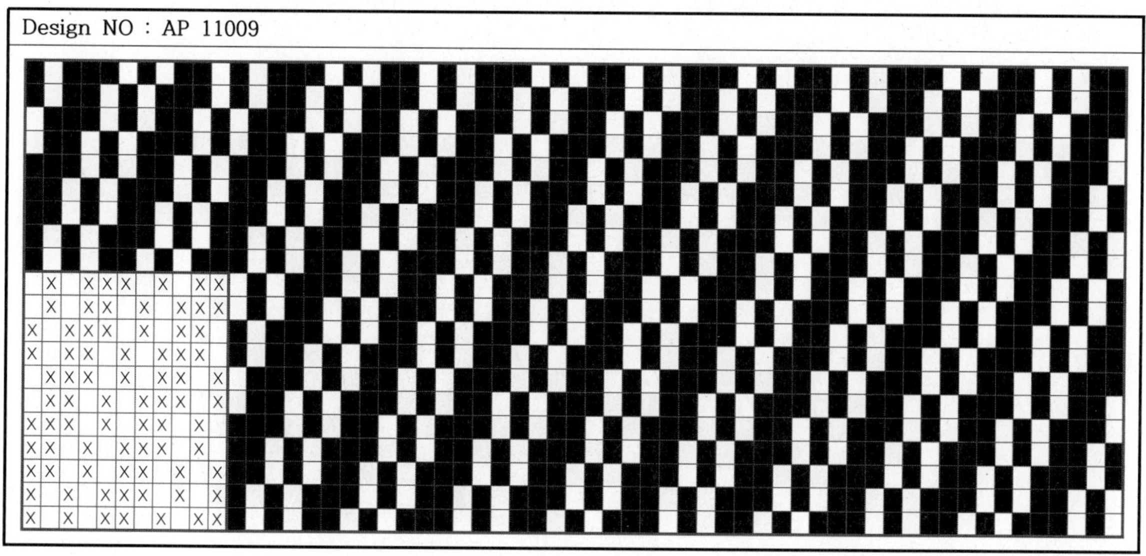

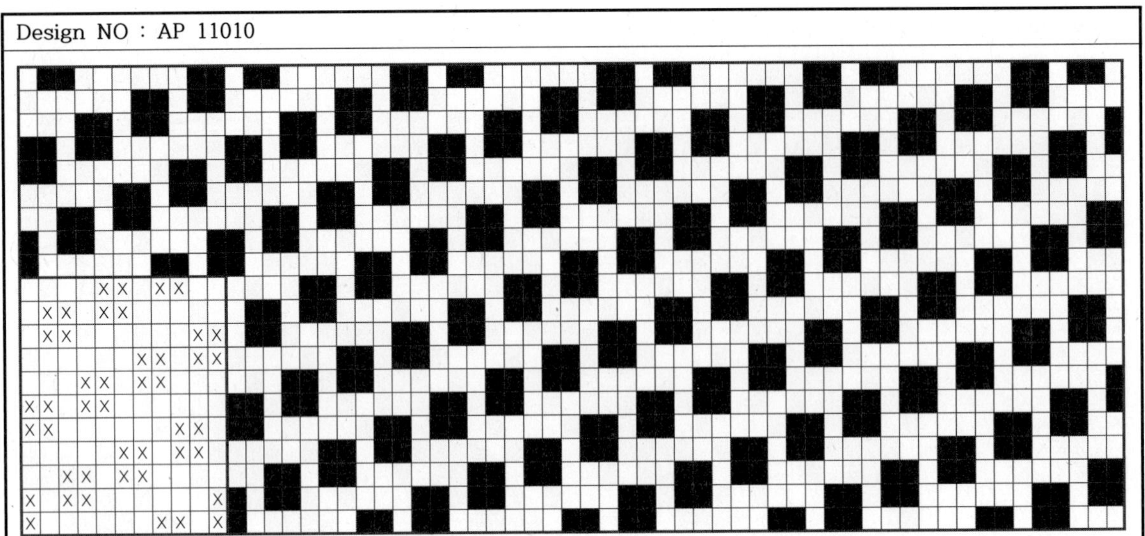

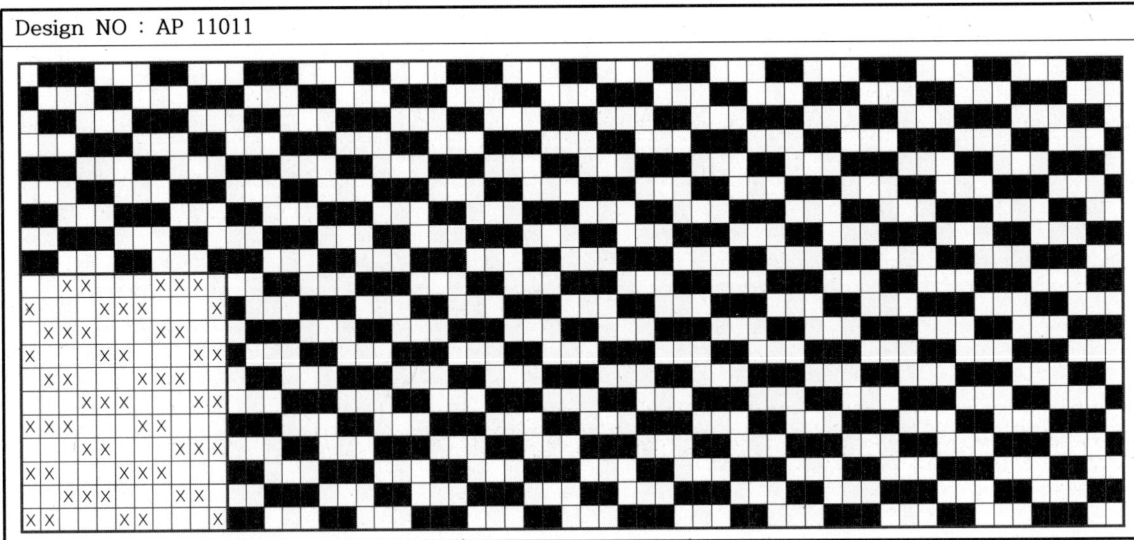

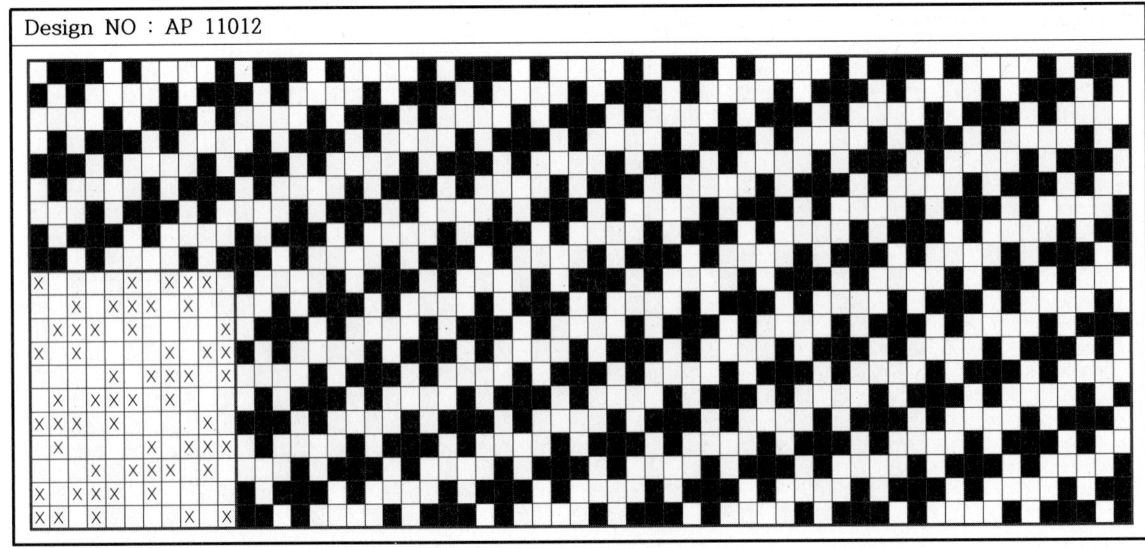

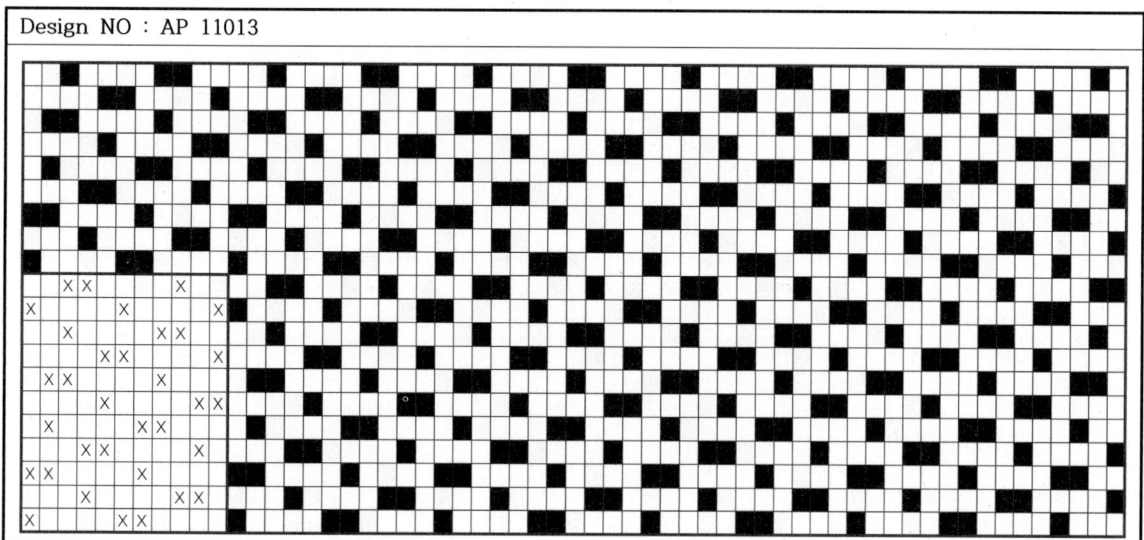
Design NO : AP 11013

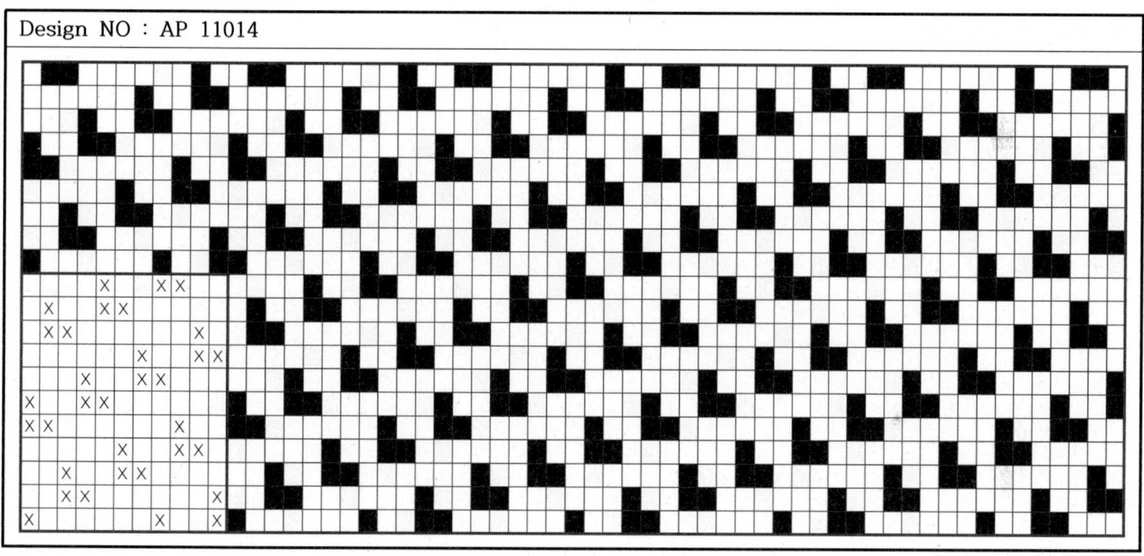
Design NO : AP 11014

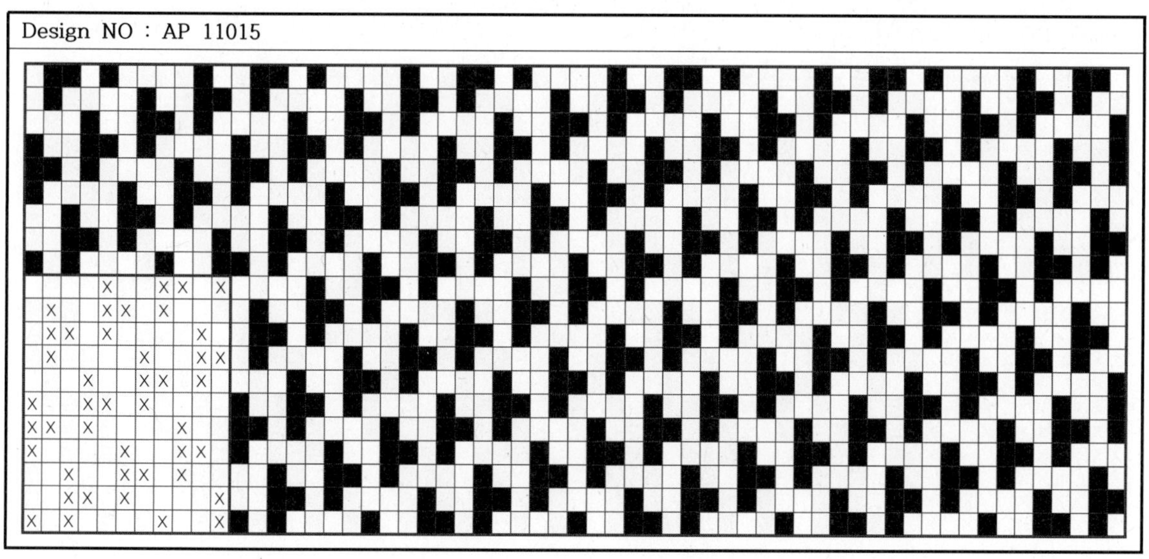
Design NO : AP 11015

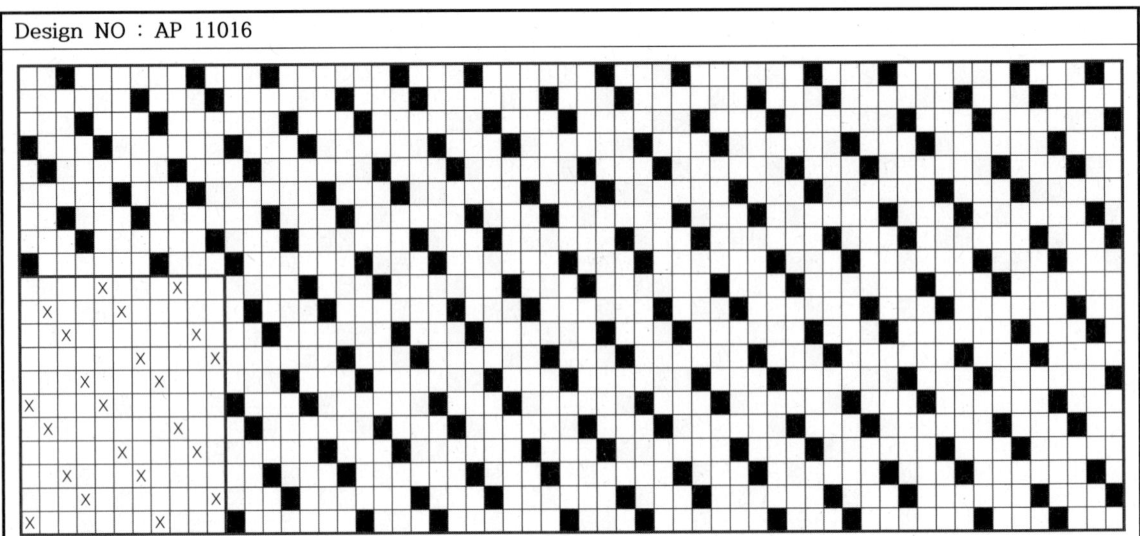

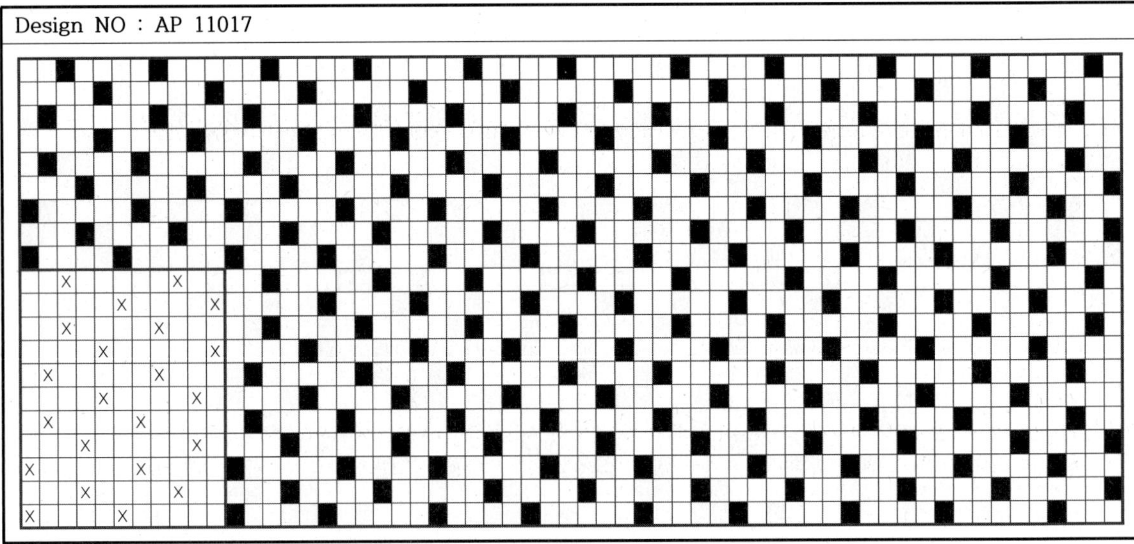

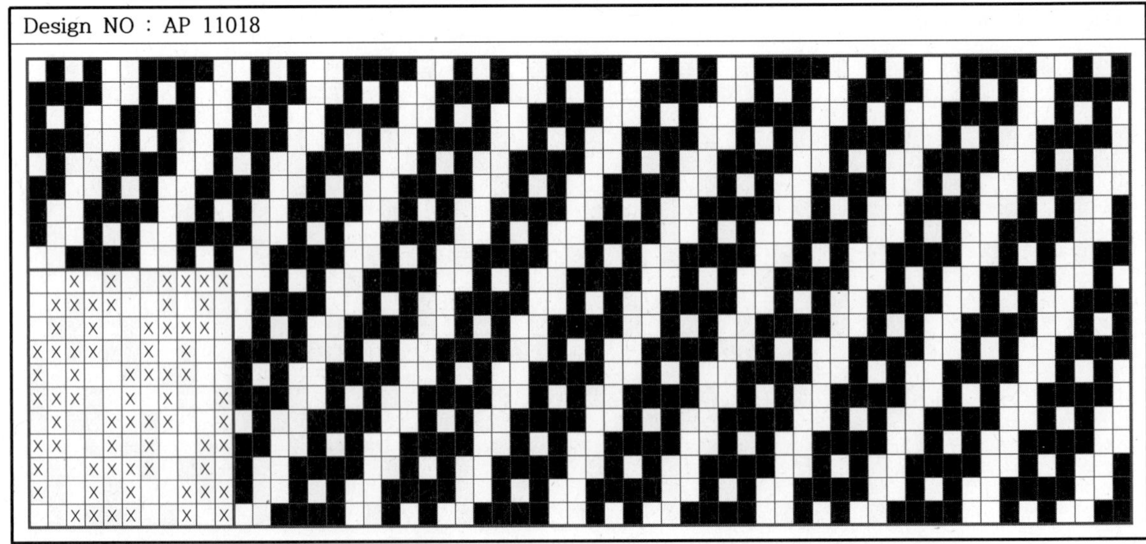

Design NO : AP 11019

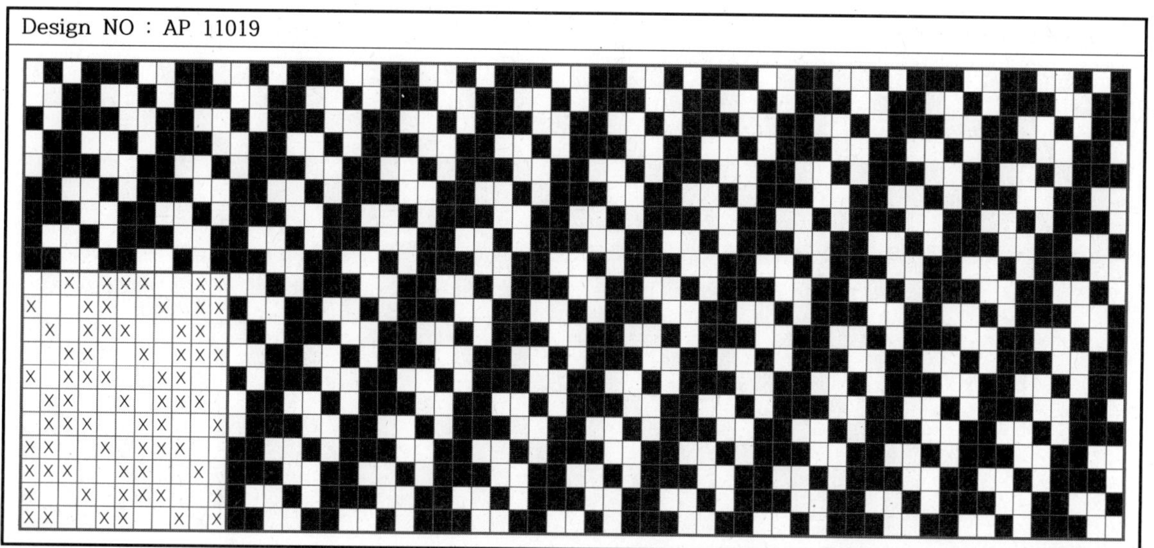

Design NO : AP 11020

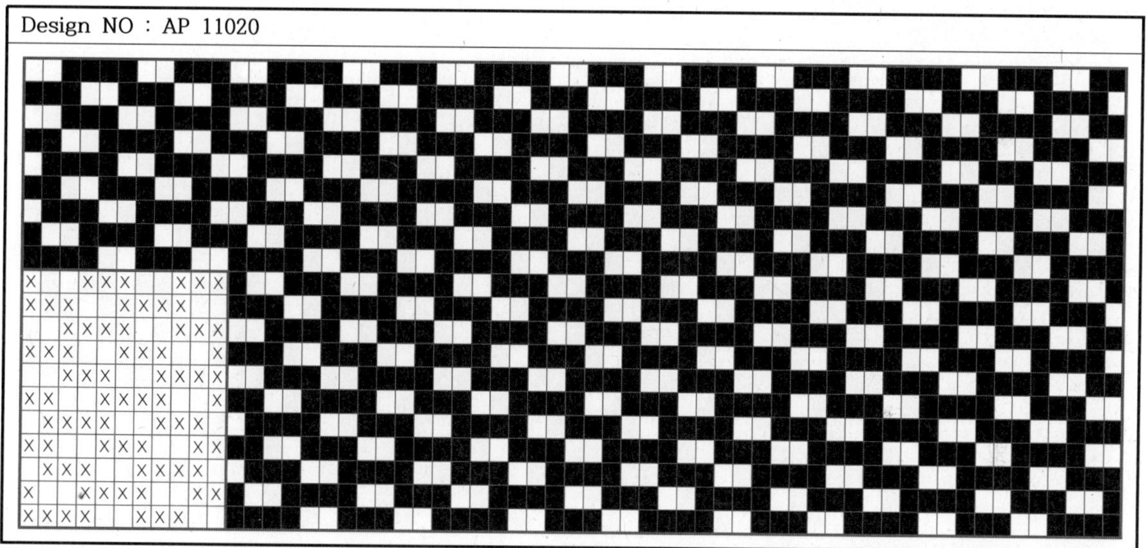

Design NO : AP 11021

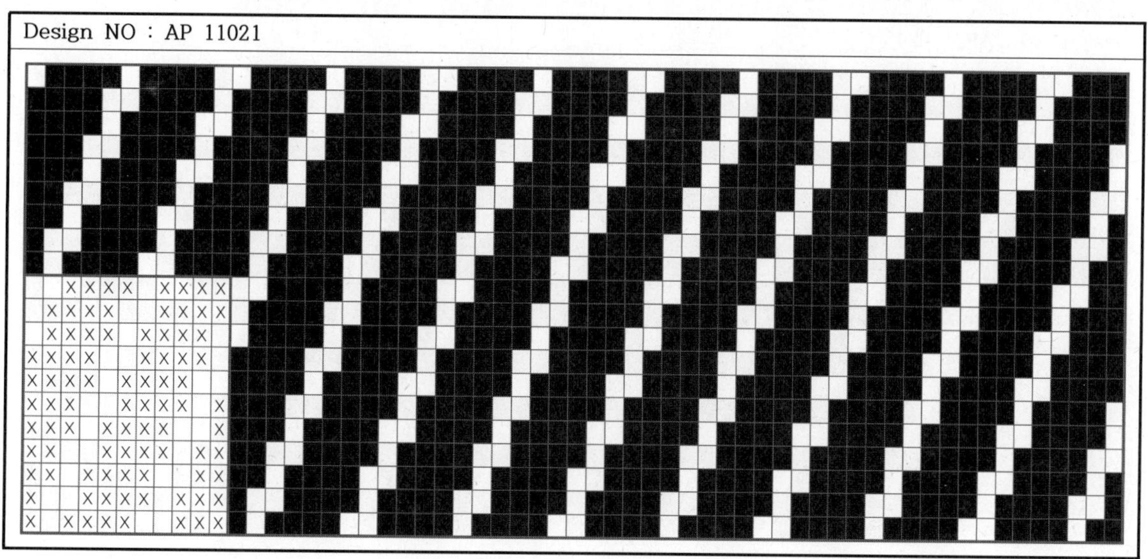

Design NO : AP 11022

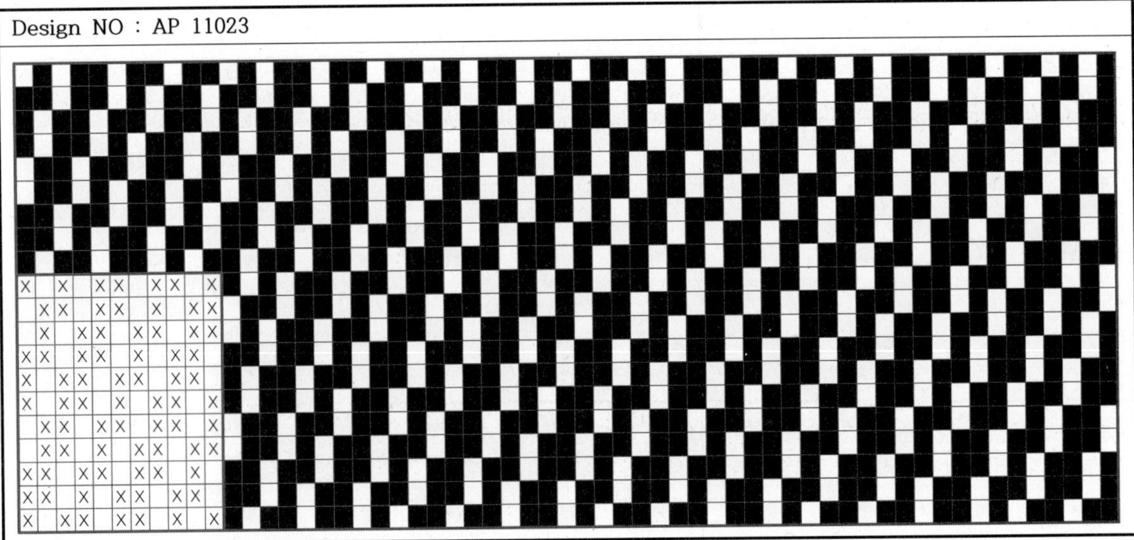

Design NO : AP 11023

Design NO : AP 11024

Design NO : AP 11025

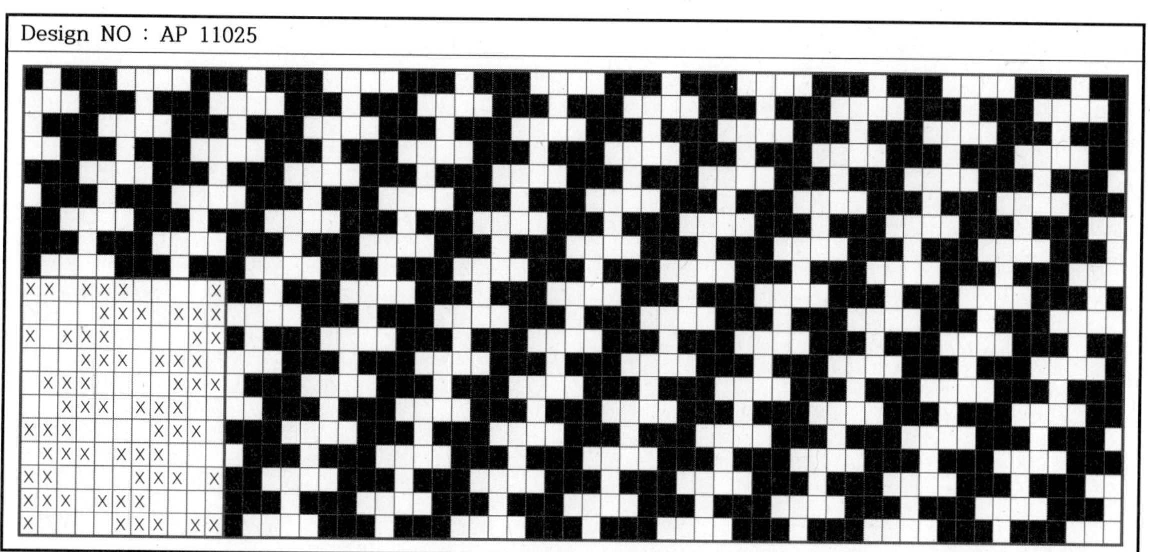

Design NO : AP 11026

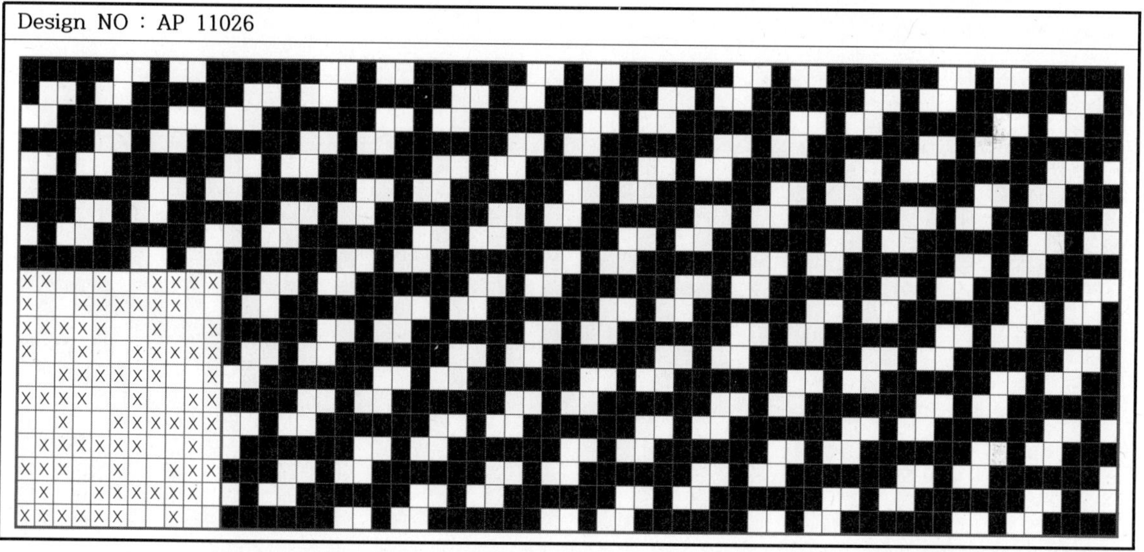

Design NO : AP 11027

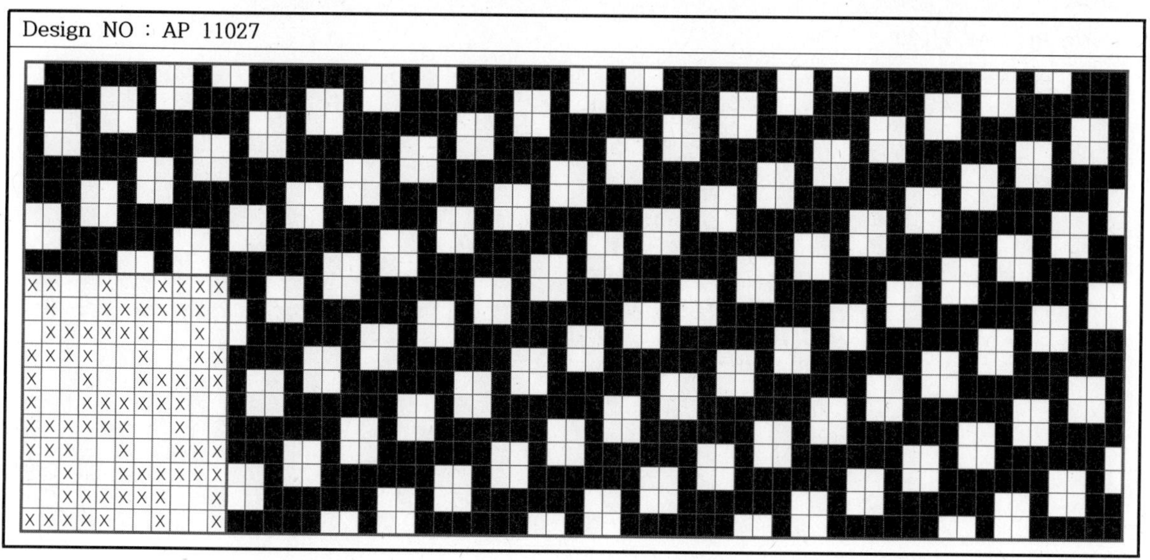

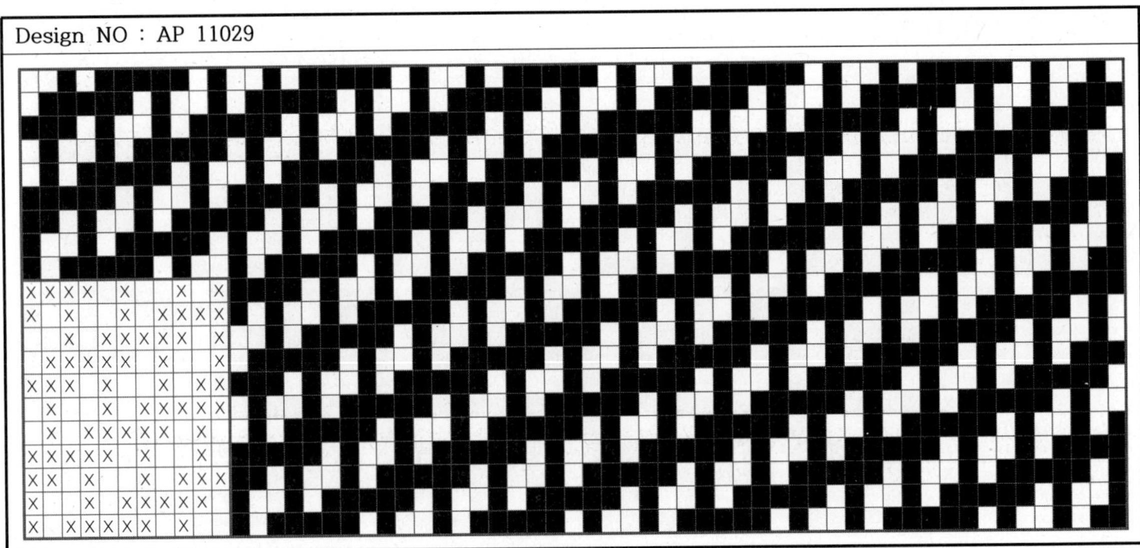

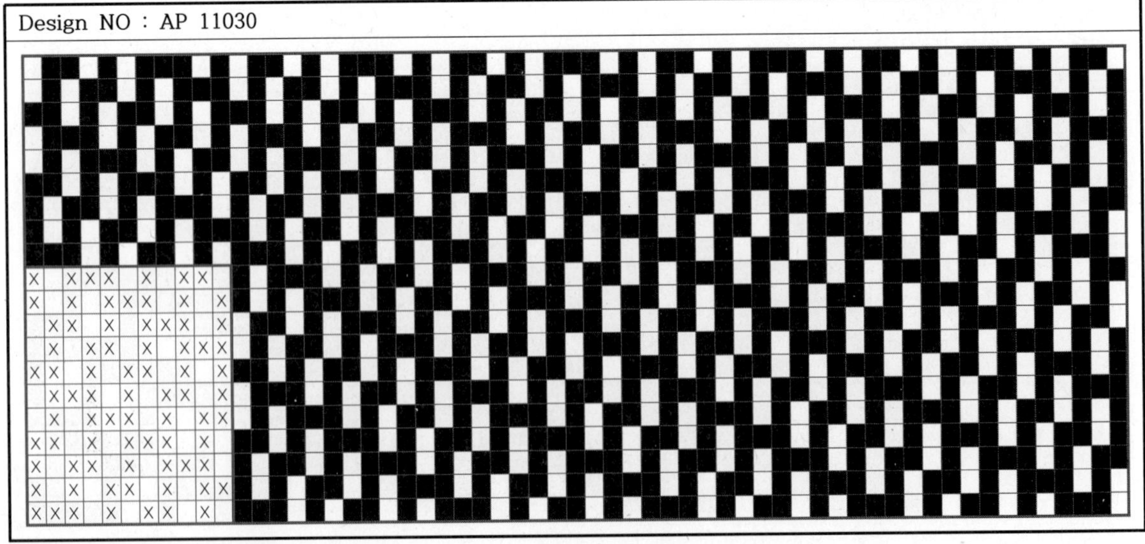

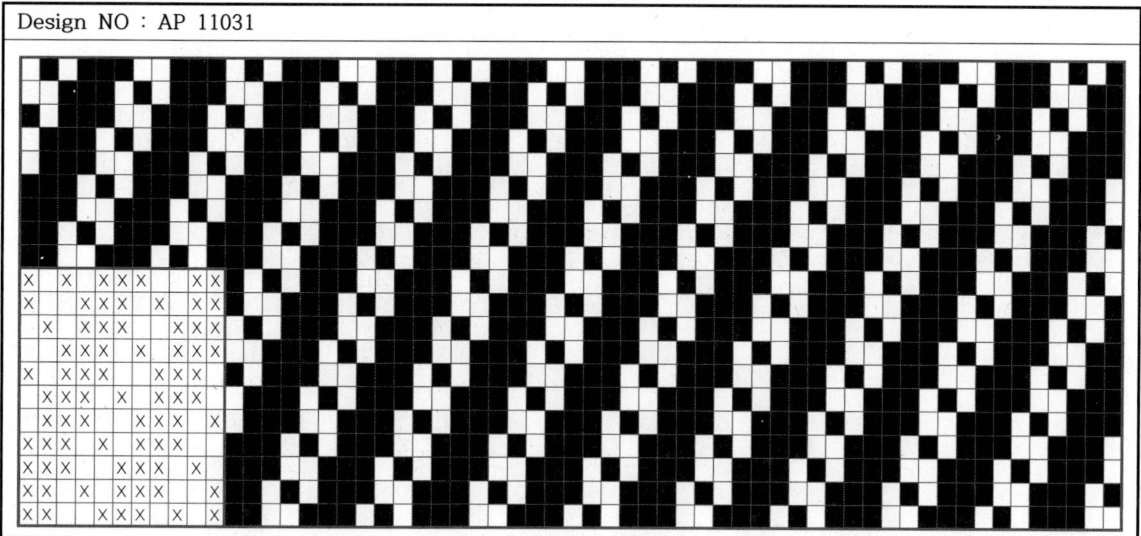

Design NO : AP 11031

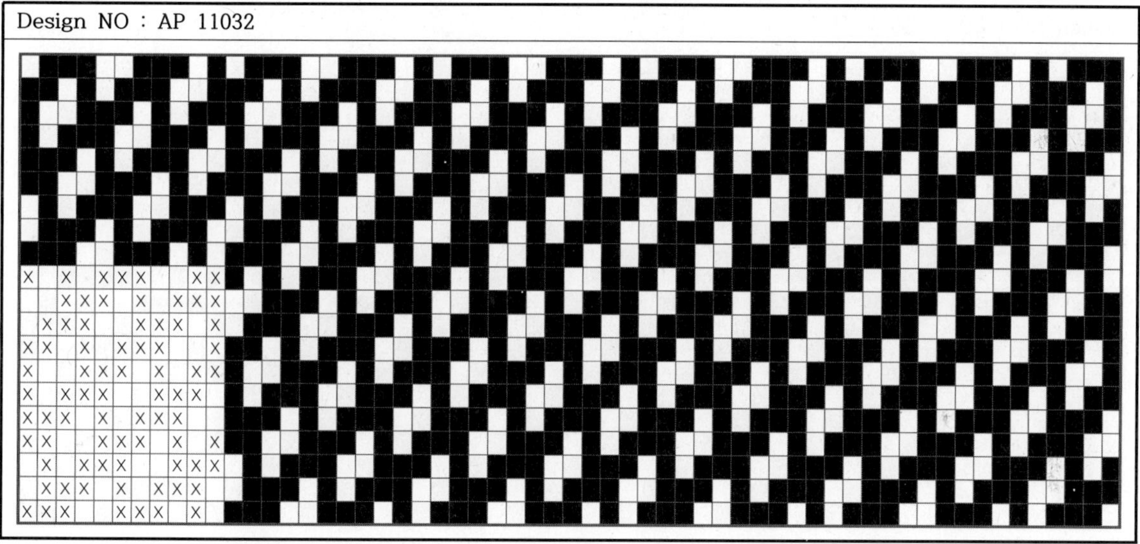

Design NO : AP 11032

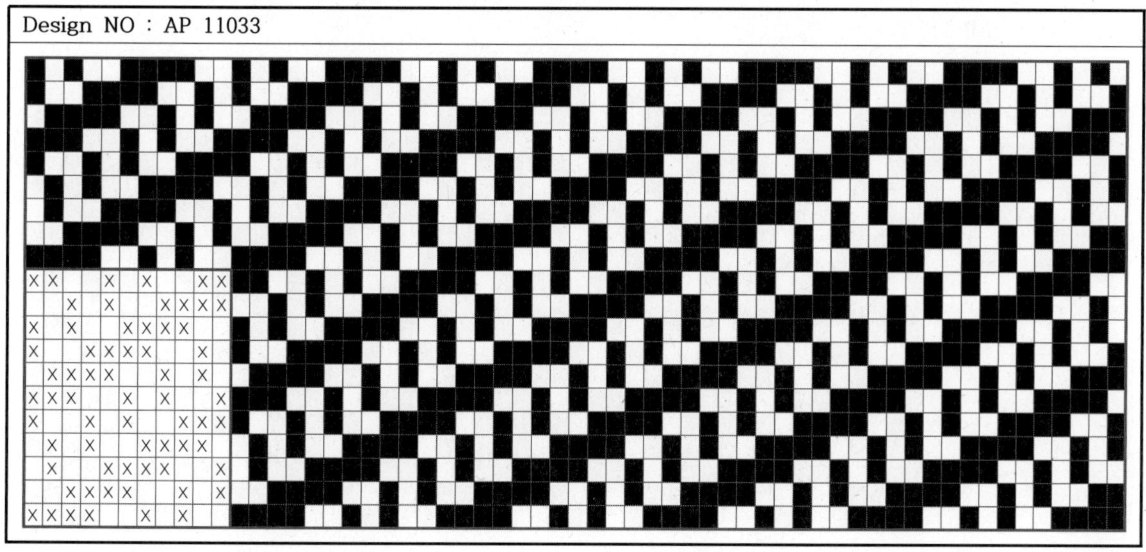

Design NO : AP 11033

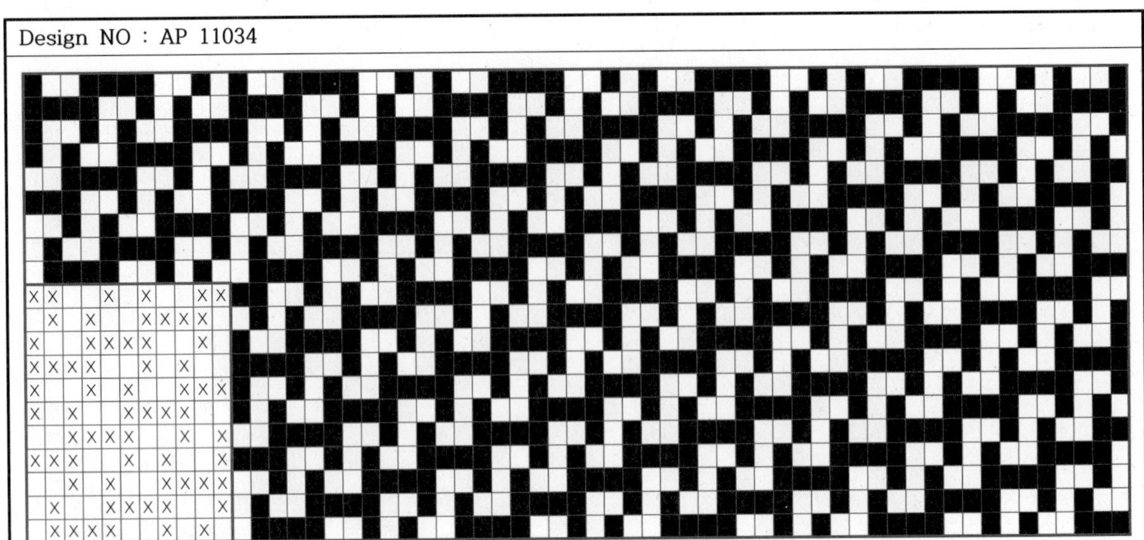

Design NO : AP 11034

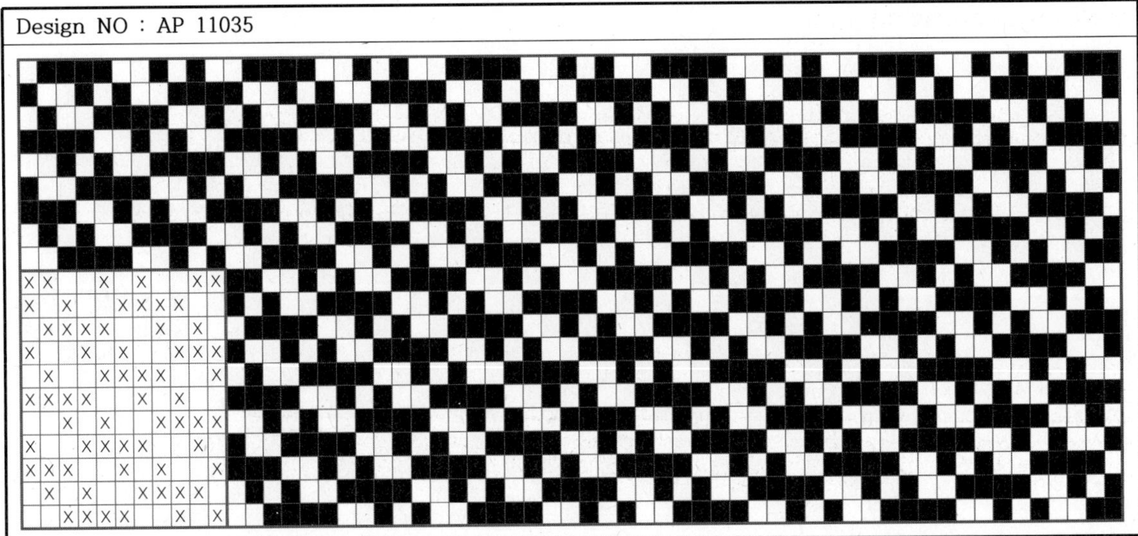

Design NO : AP 11035

Design NO : AP 11036

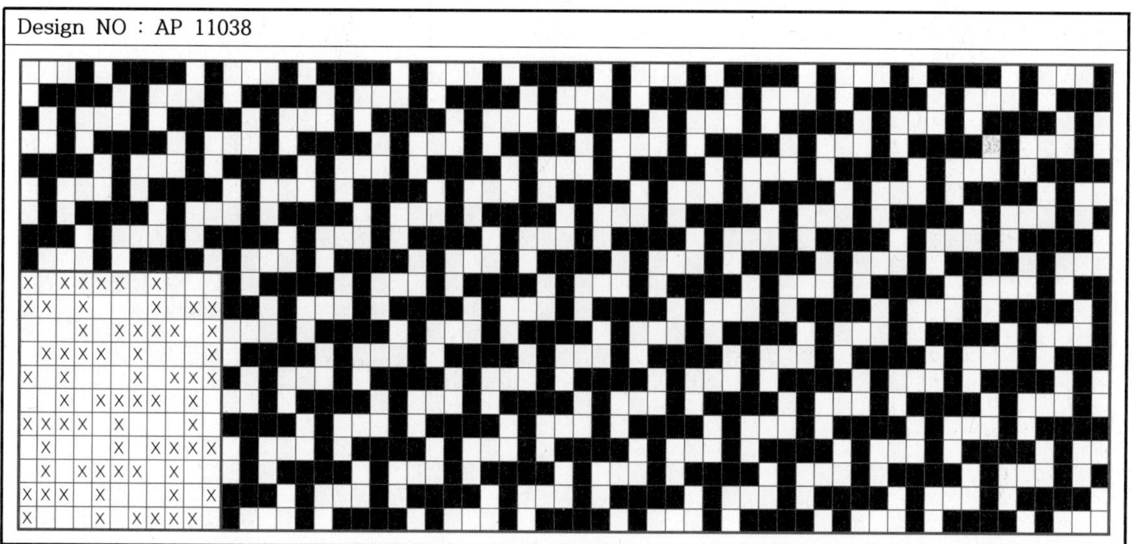

Design NO : AP 11039

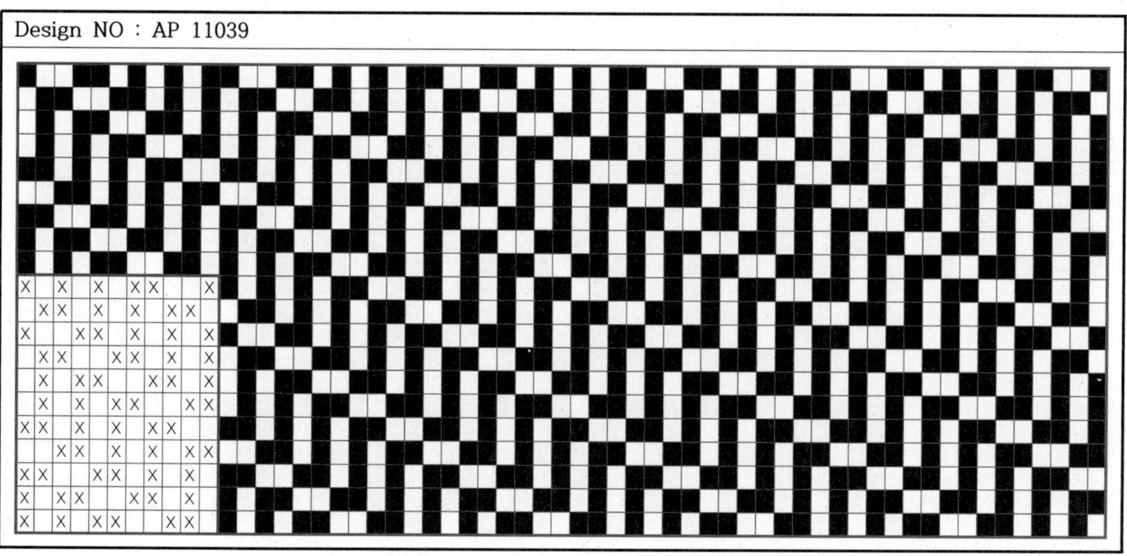

Design NO : AP 11040

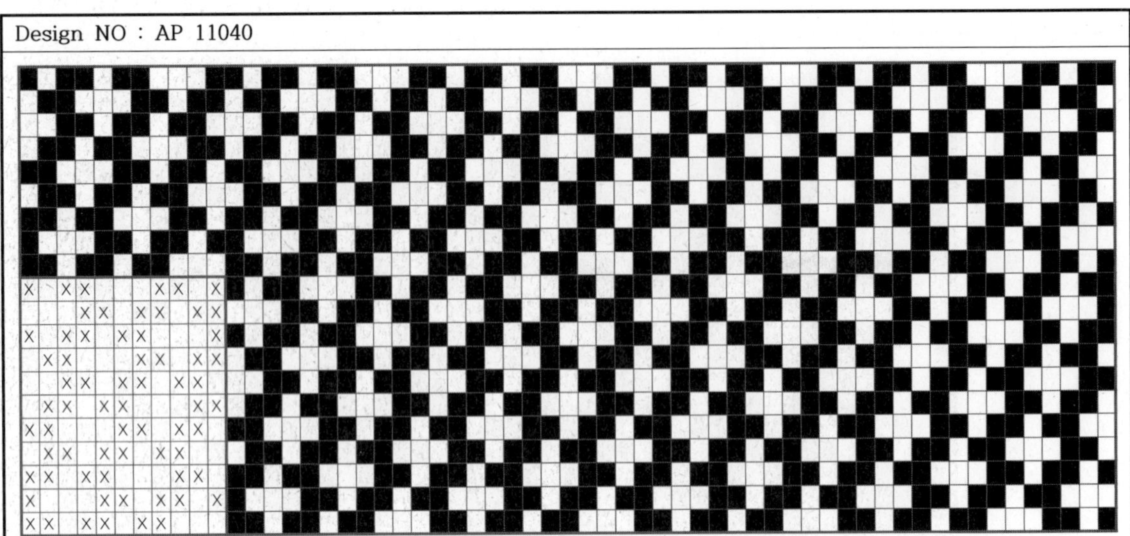

Design NO : AP 11041

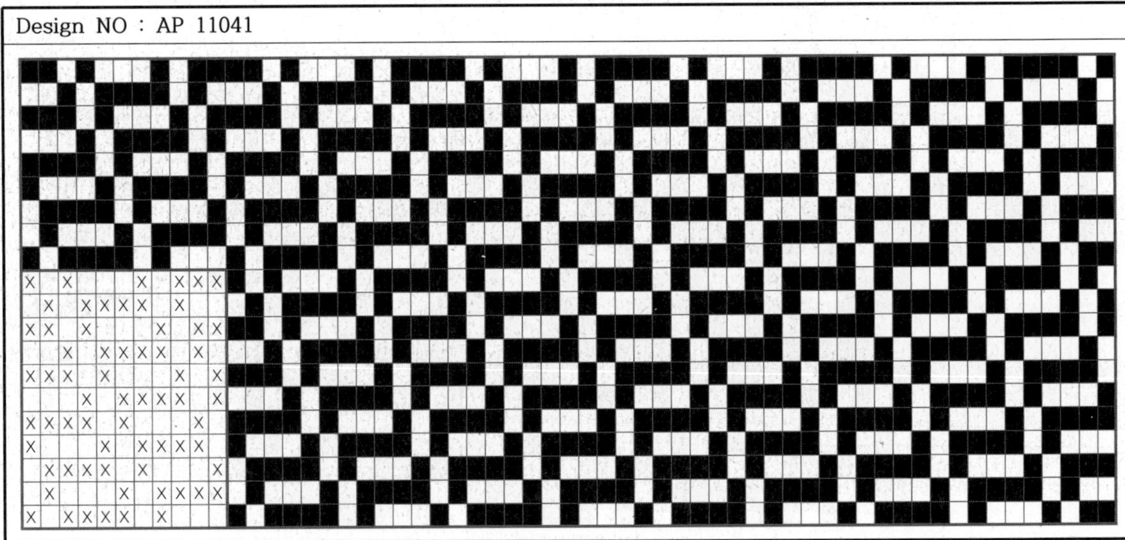

Design NO : AP 11042

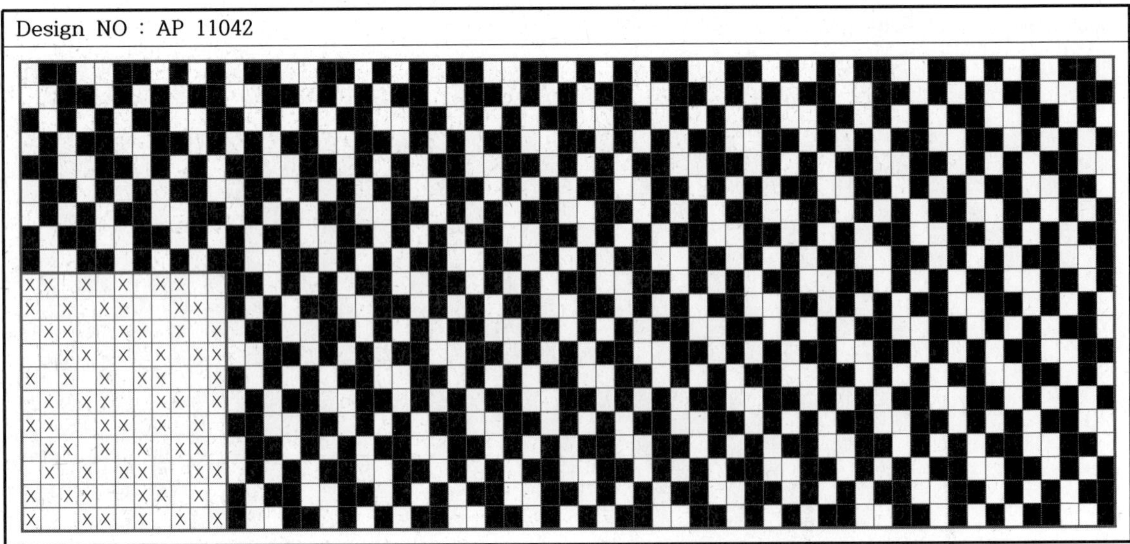

Design NO : AP 11043

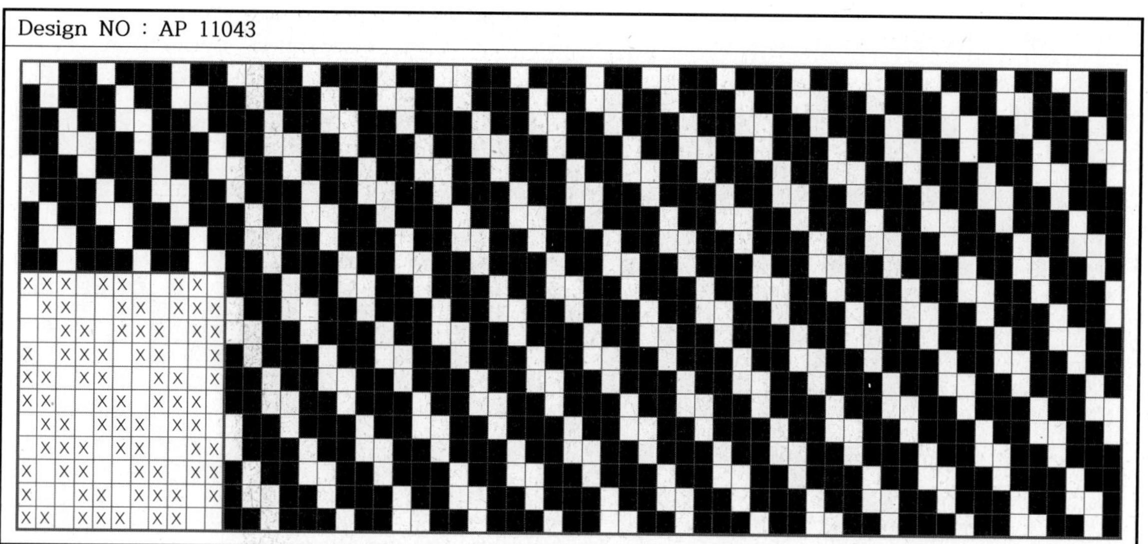

Design NO : AP 11044

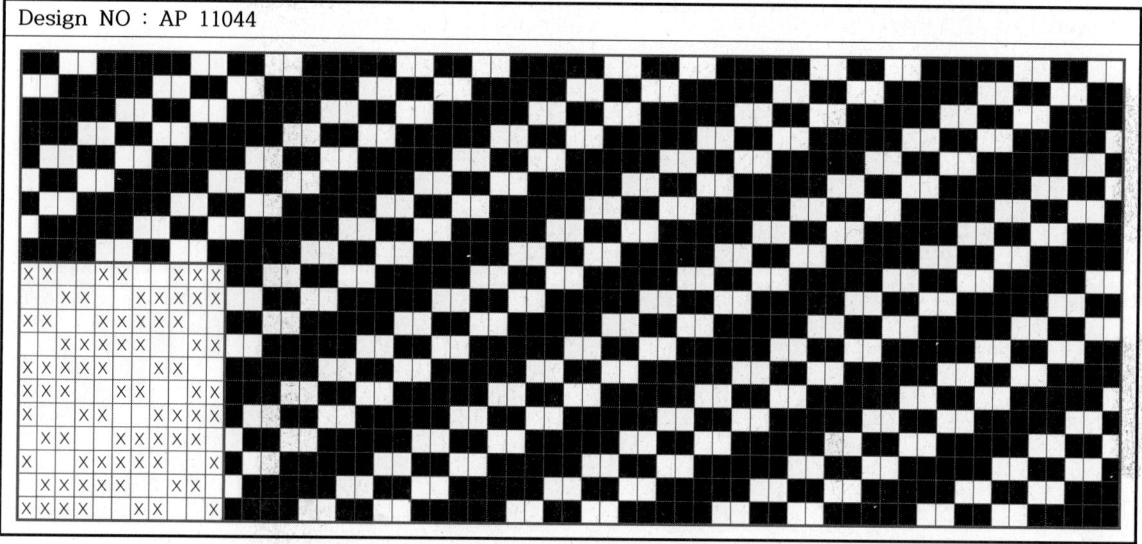

Design NO : AP 11045

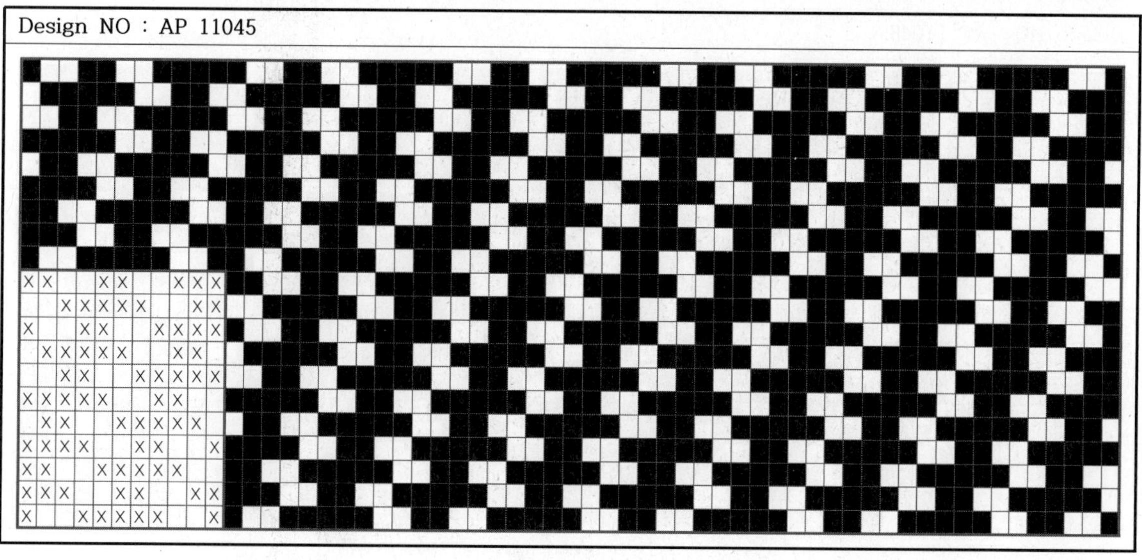

Design NO : AP 11046

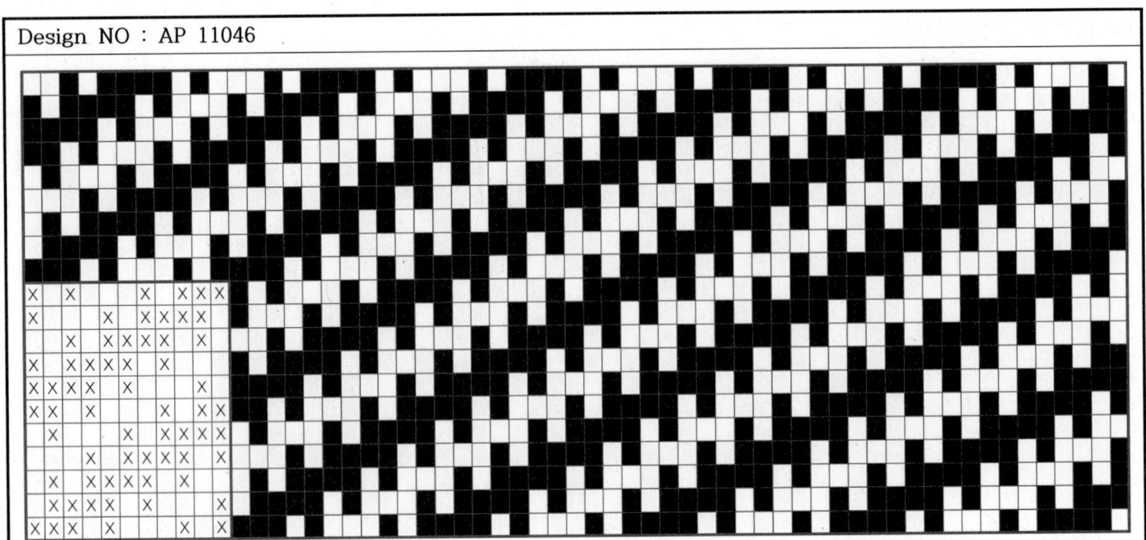

Design NO : AP 11047

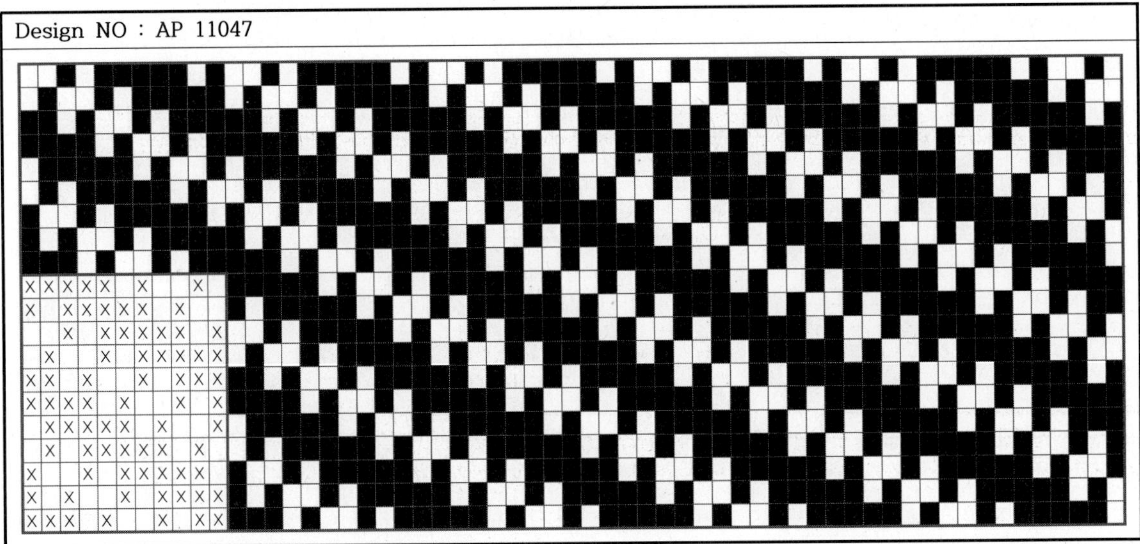

Design NO : AP 11048

Design NO : AP 11049

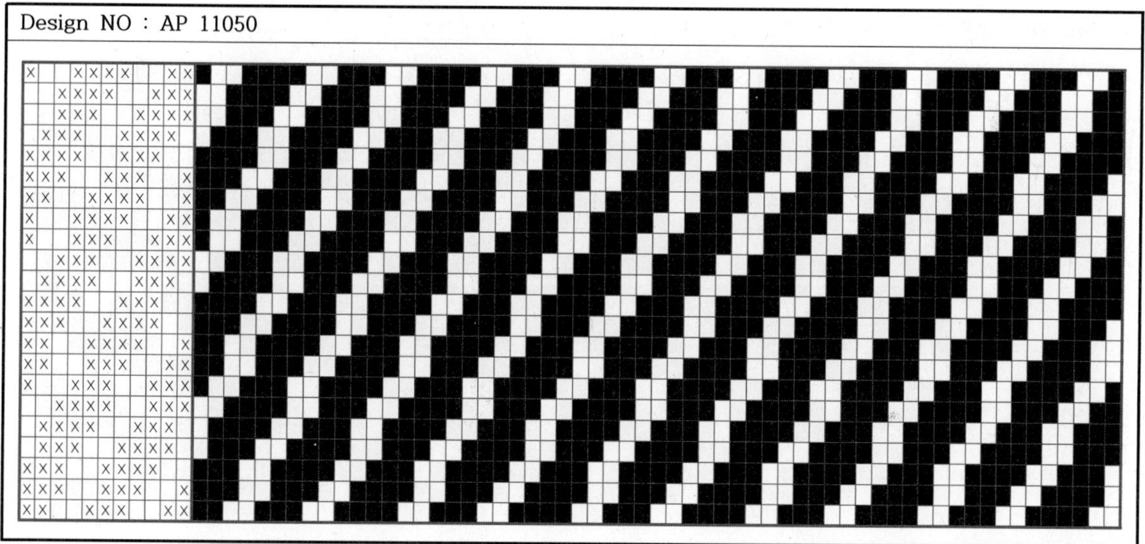

Design NO : AP 11050

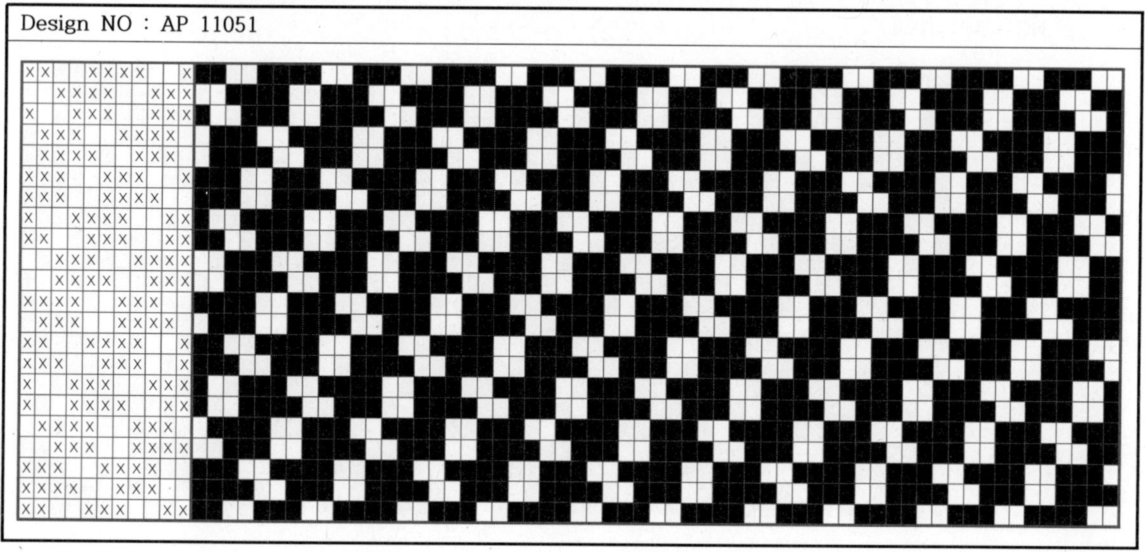

Design NO : AP 11051

Design NO : AP 11052

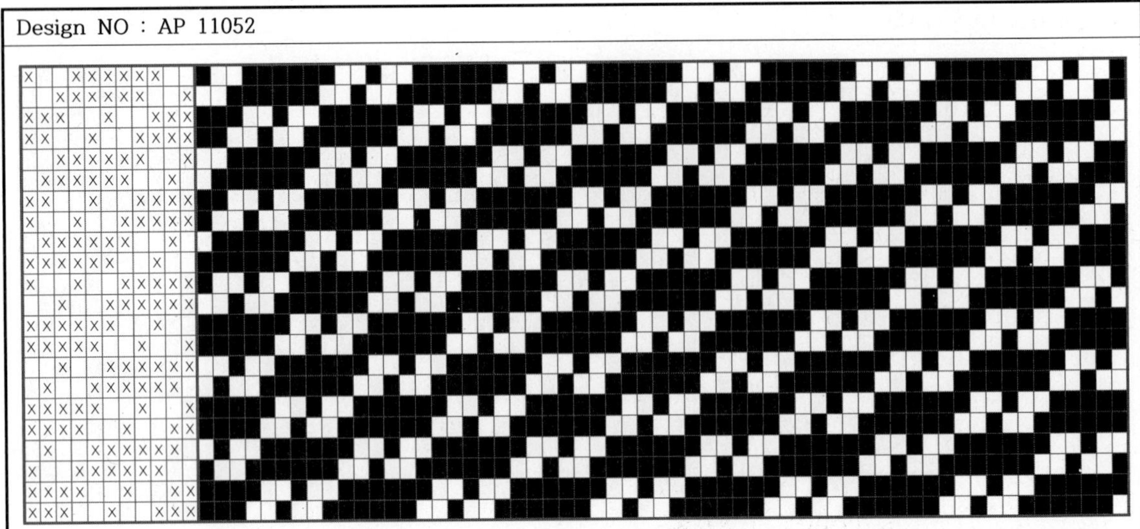

Design NO : AP 11053

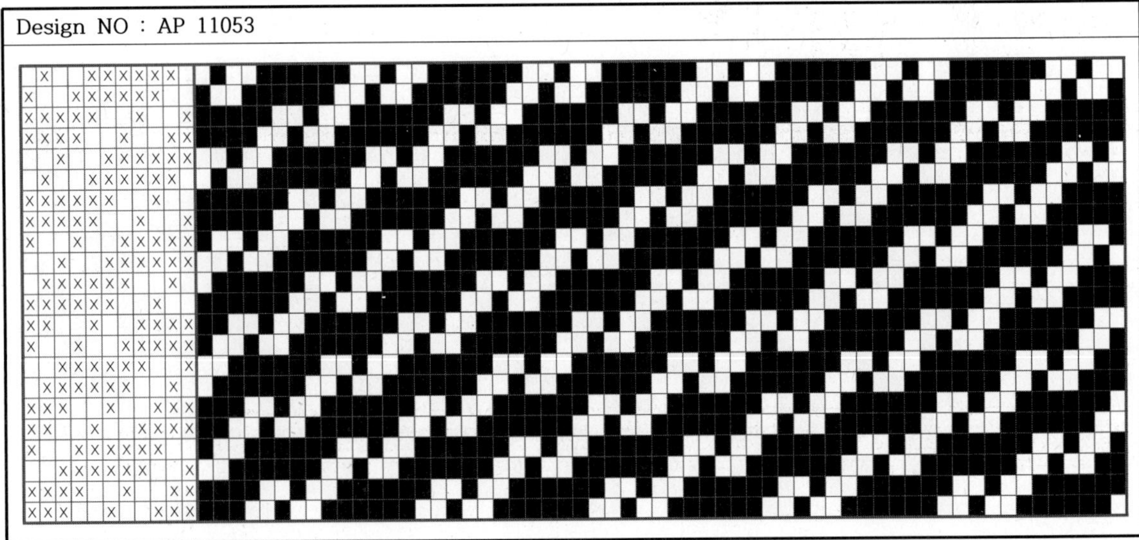

Design NO : AP 11054

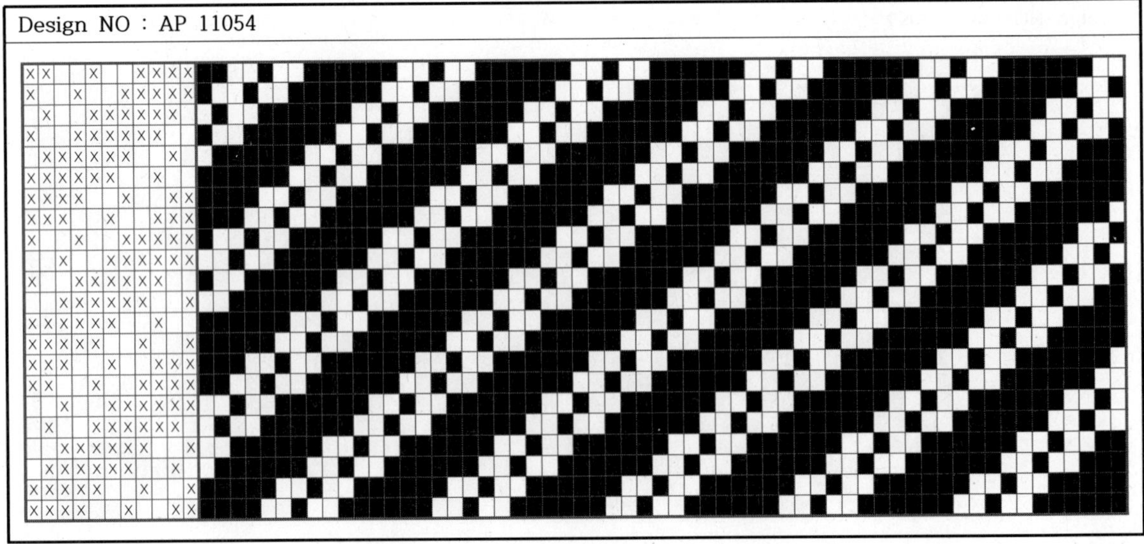

Design NO : AP 11055

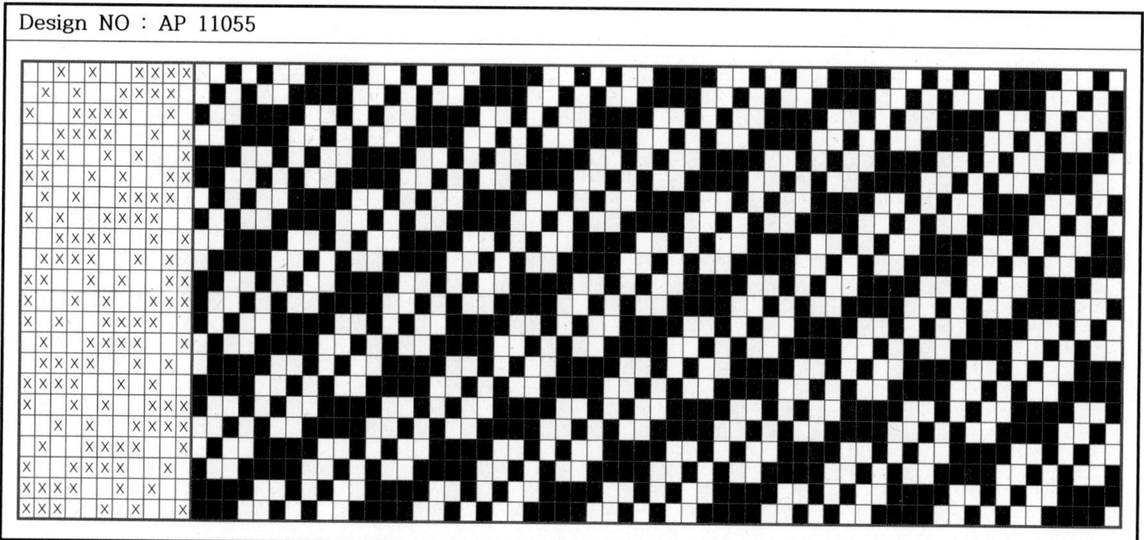

Design NO : AP 11056

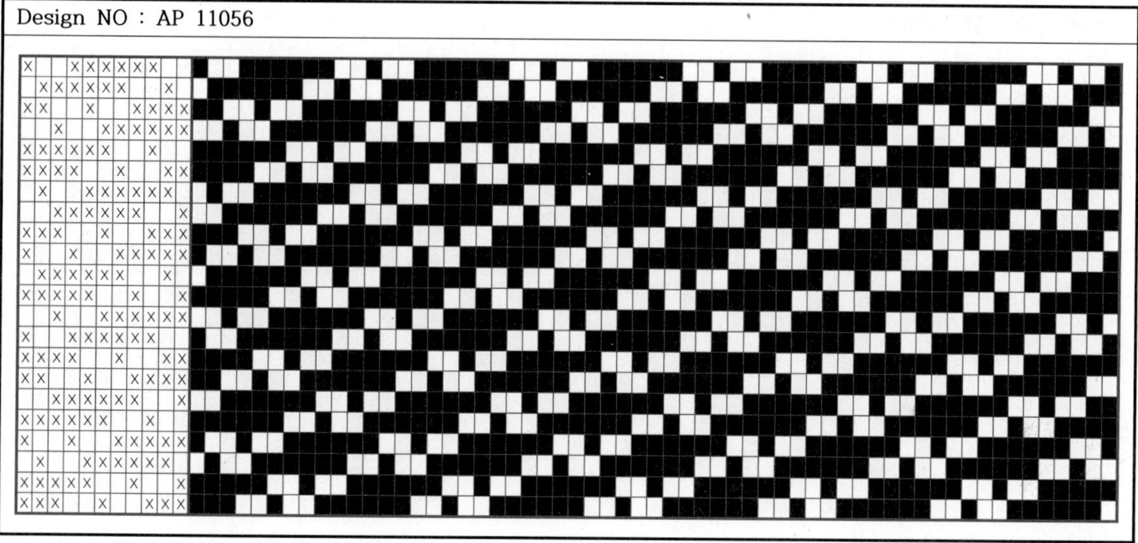

Design NO : AP 11057

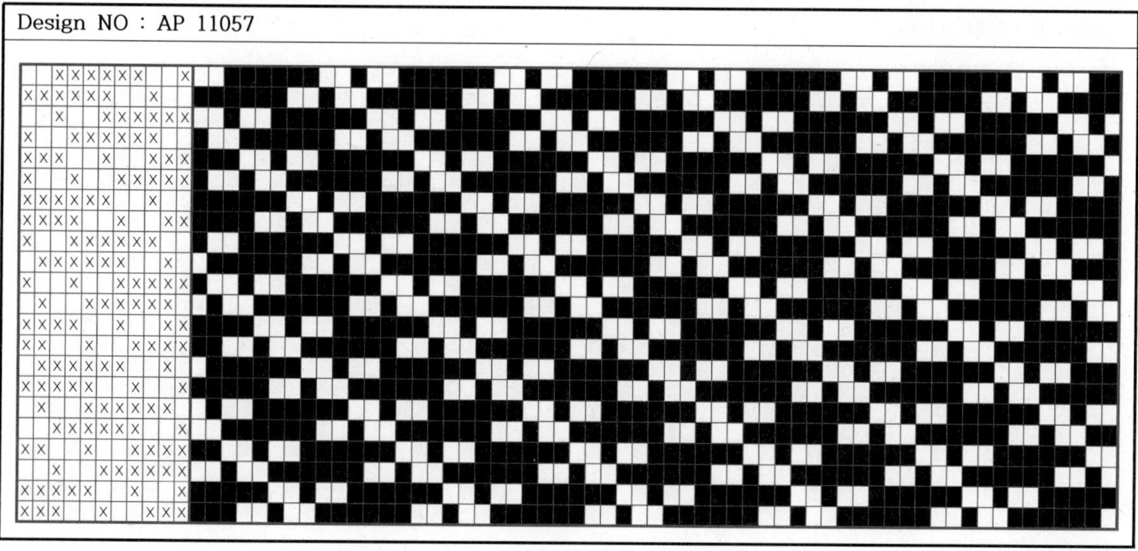

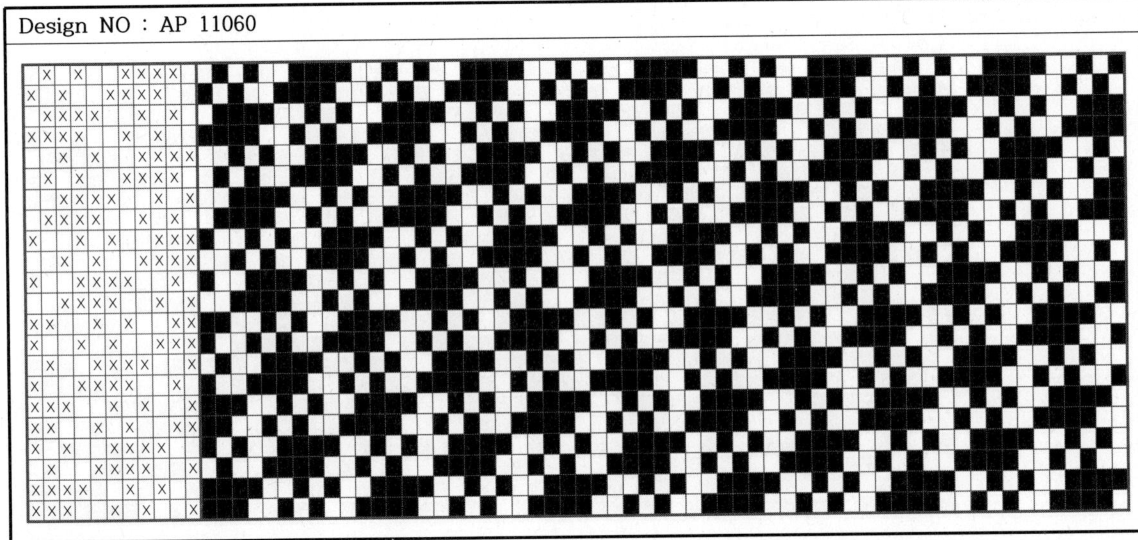

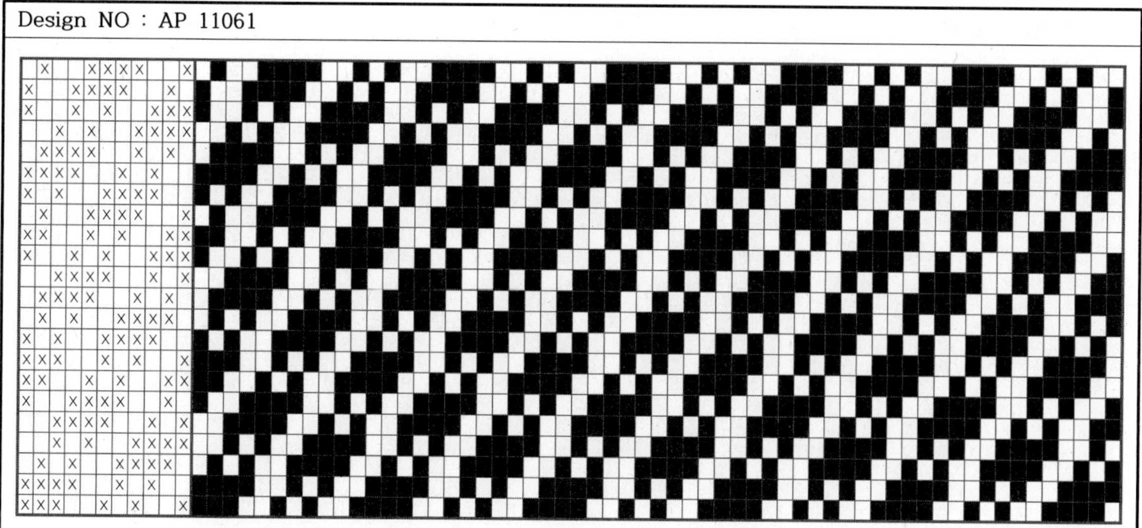

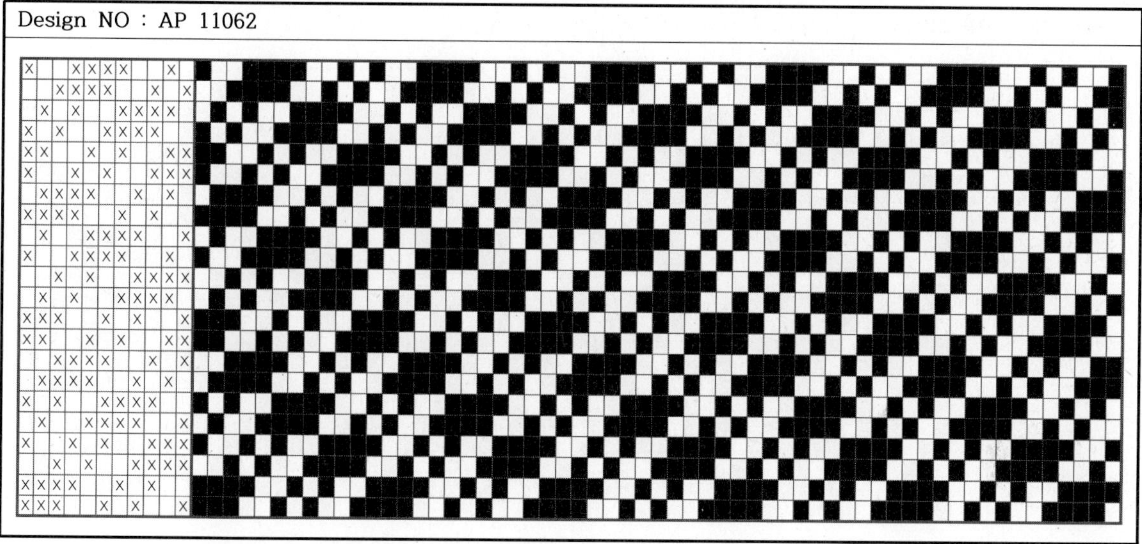

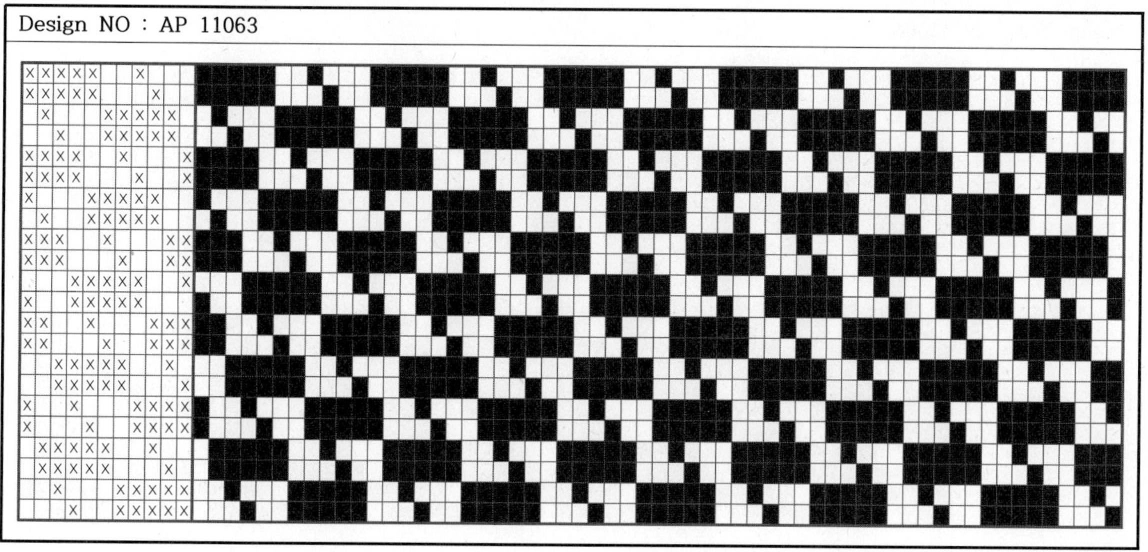

Design NO : AP 11064

Design NO : AP 11065

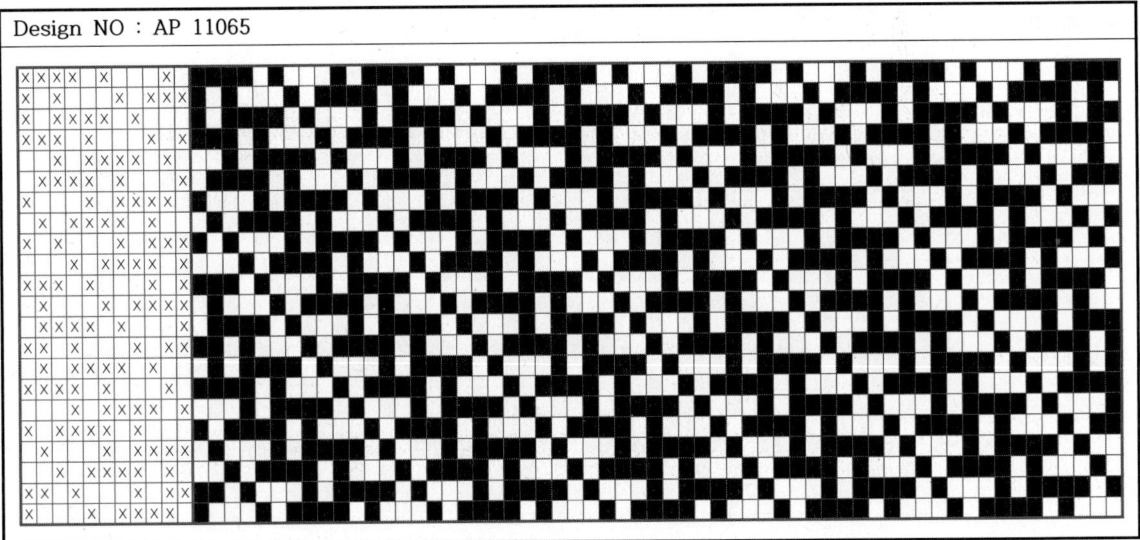

Design NO : AP 11066

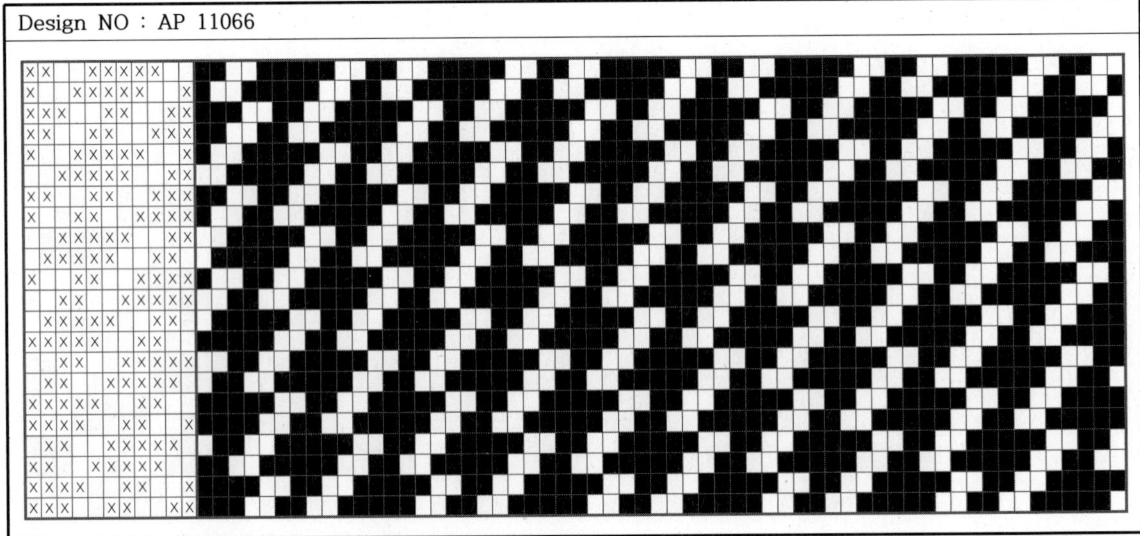

Design NO : AP 11067

Design NO : AP 11068

Design NO : AP 11069

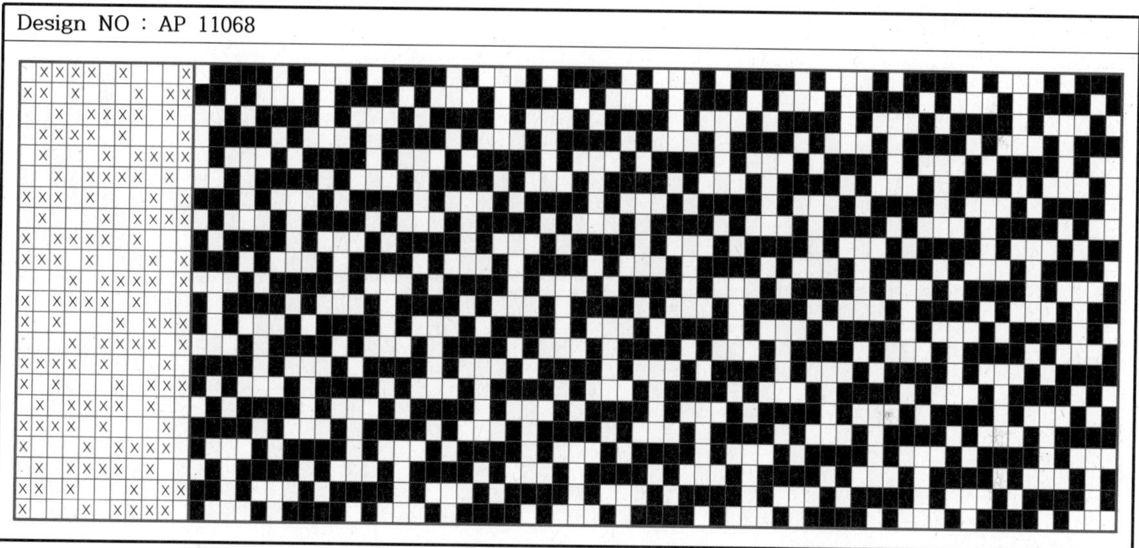

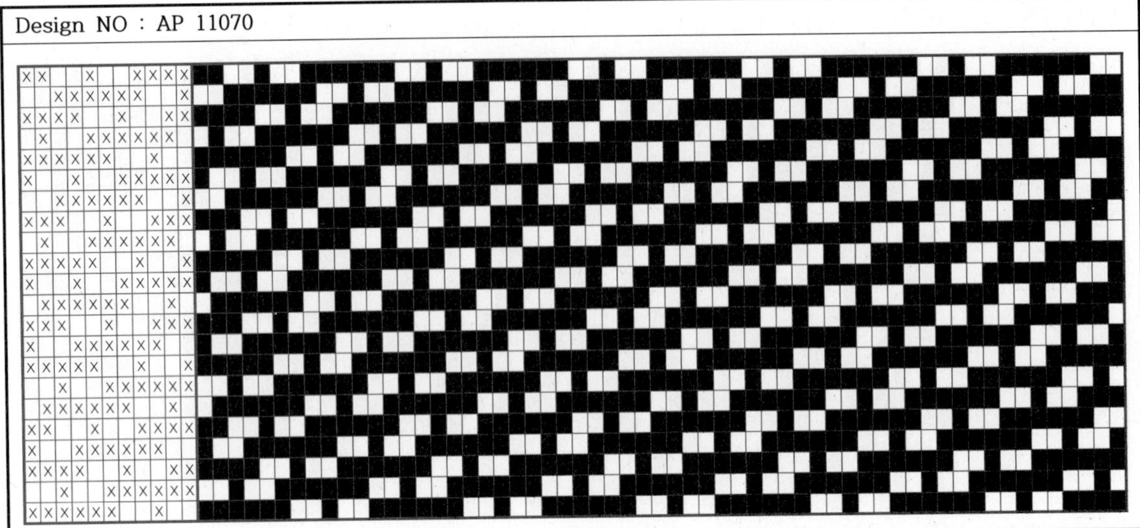

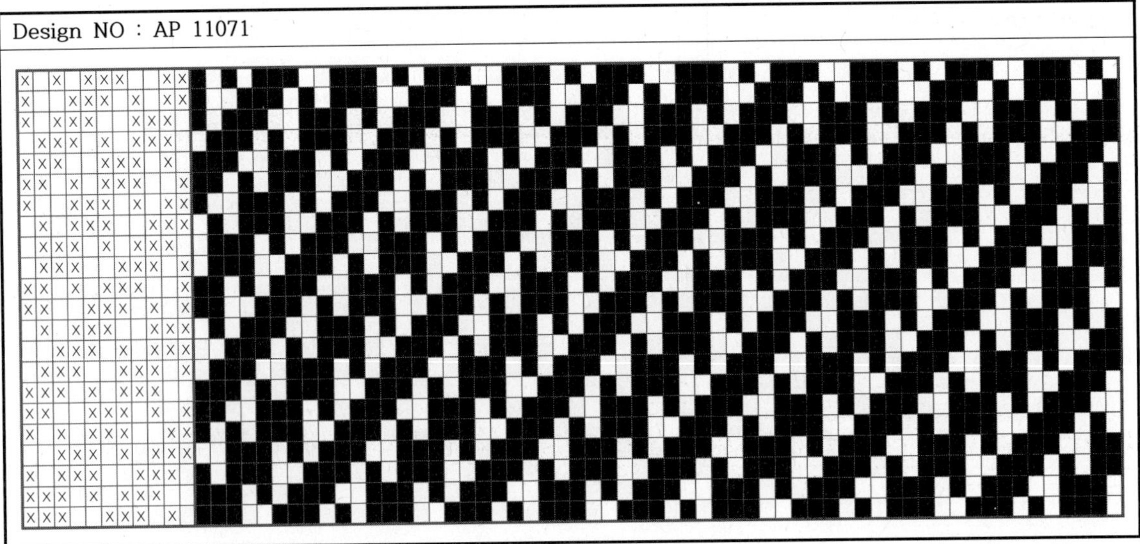

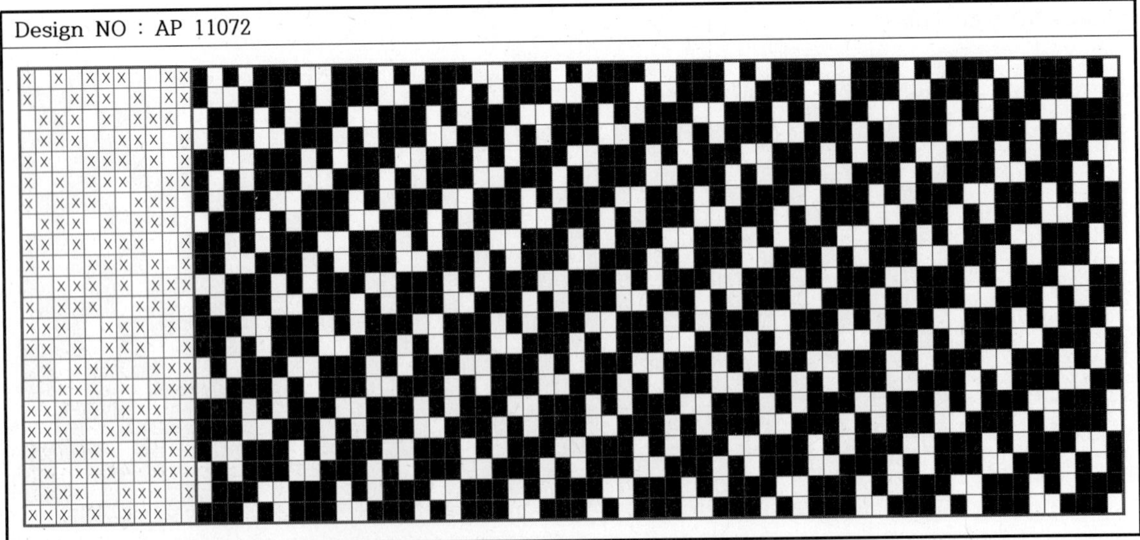

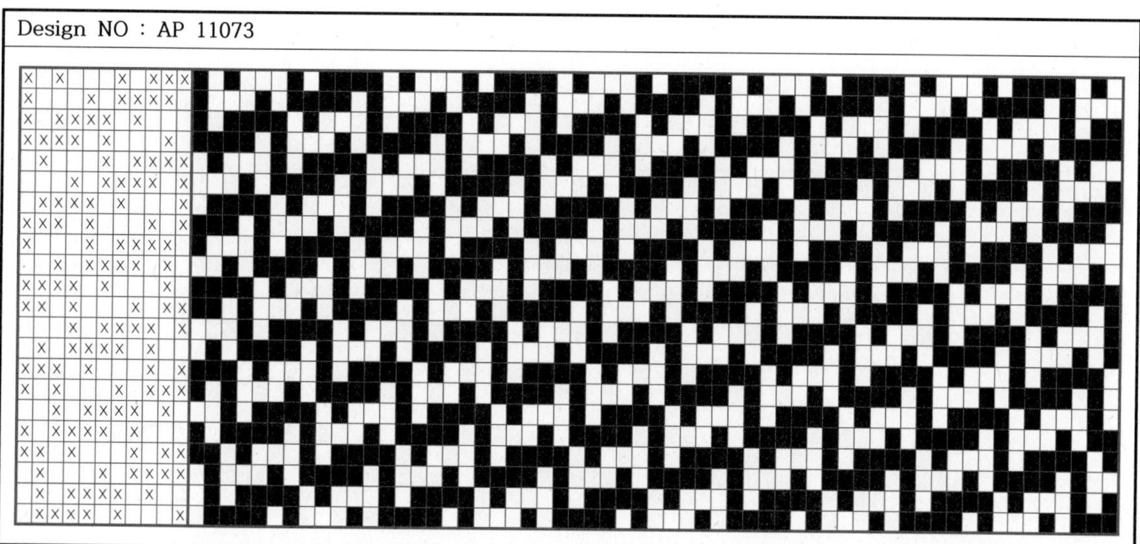

Design NO : AP 11073

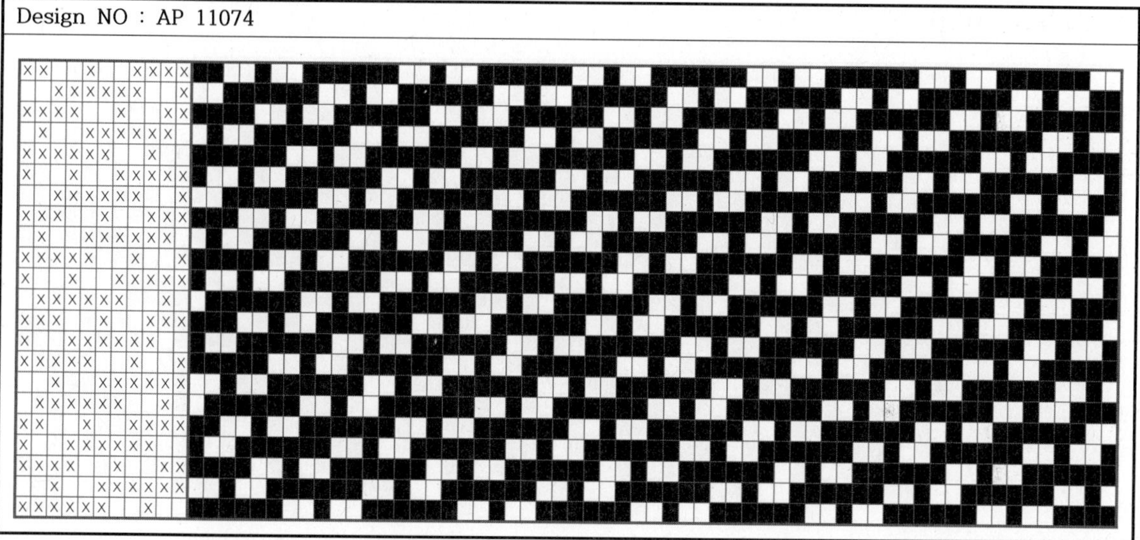

Design NO : AP 11074

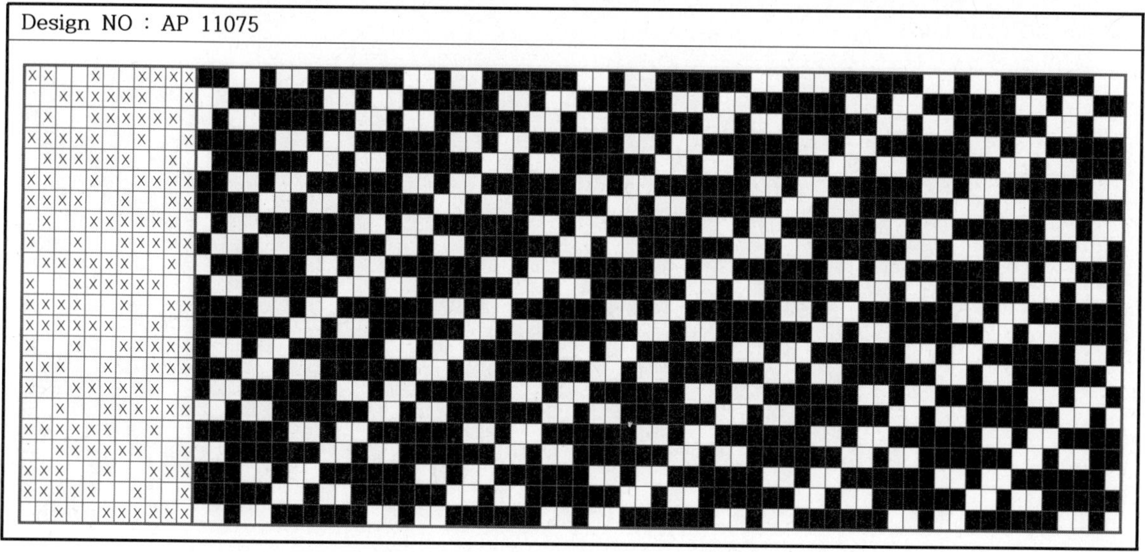

Design NO : AP 11075

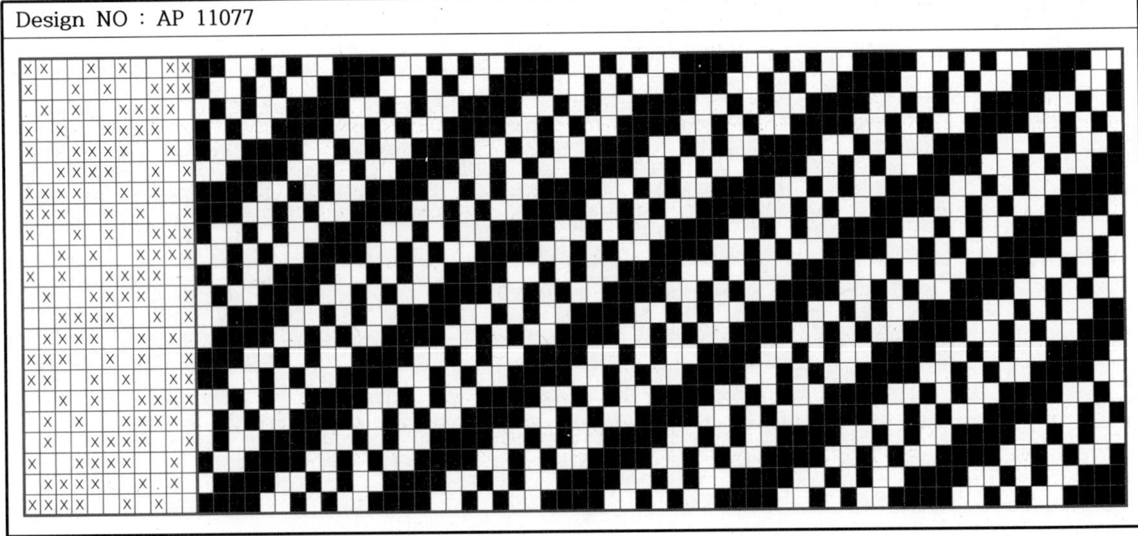

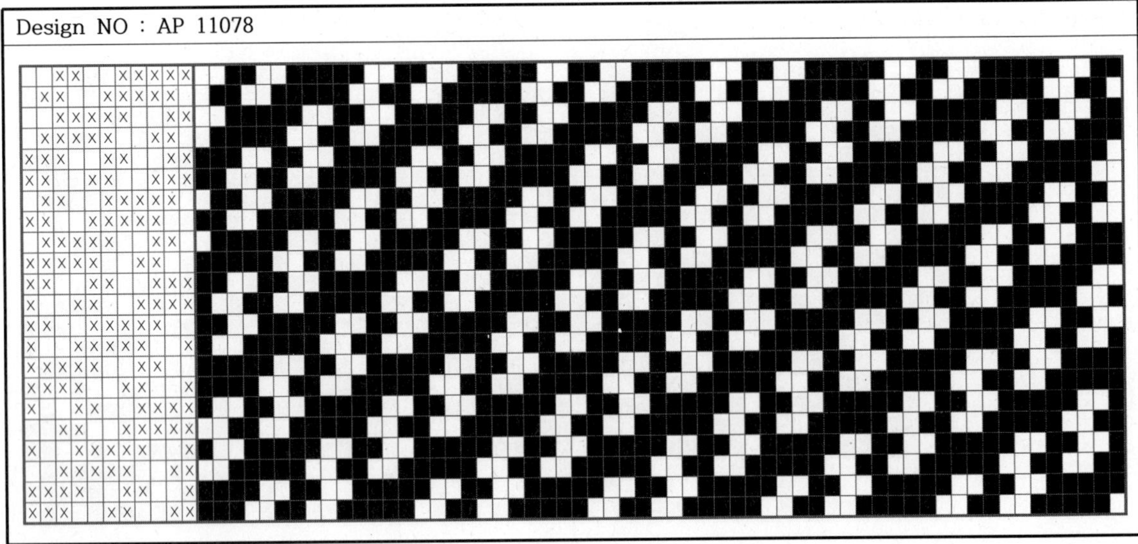

452 제4장 　직물조직도 　11매 조직

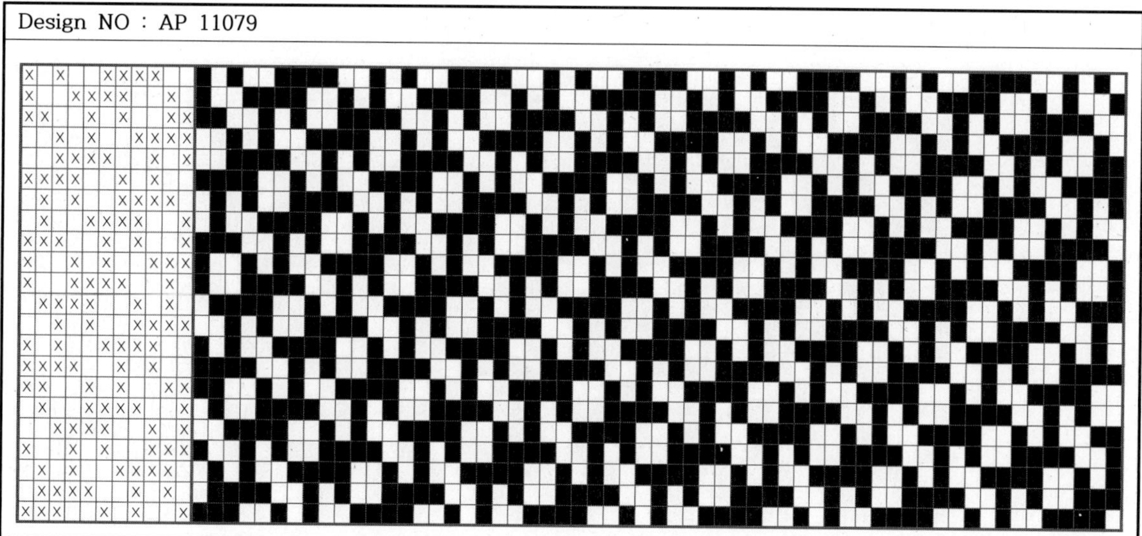

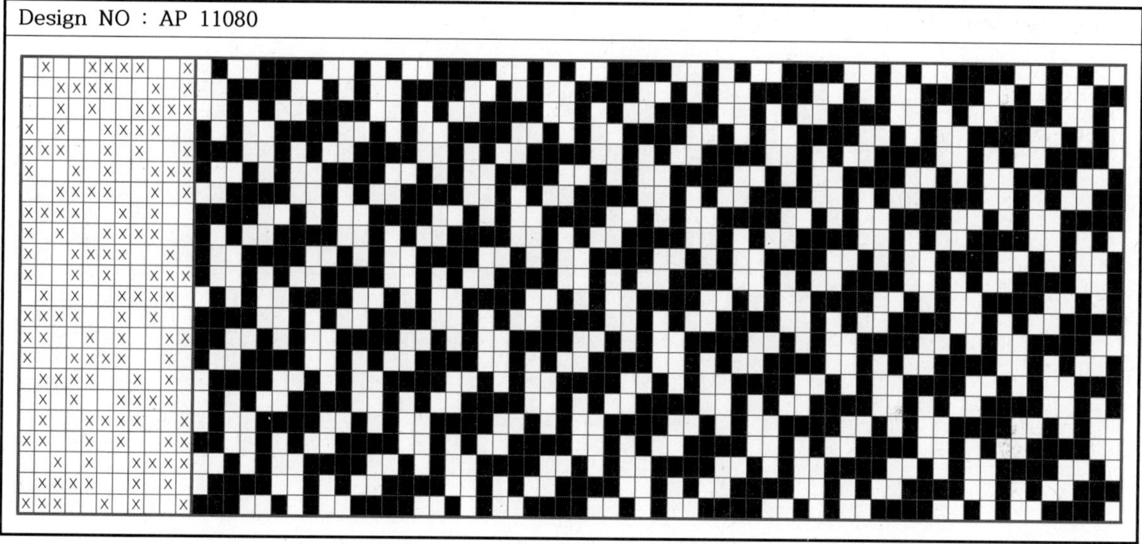

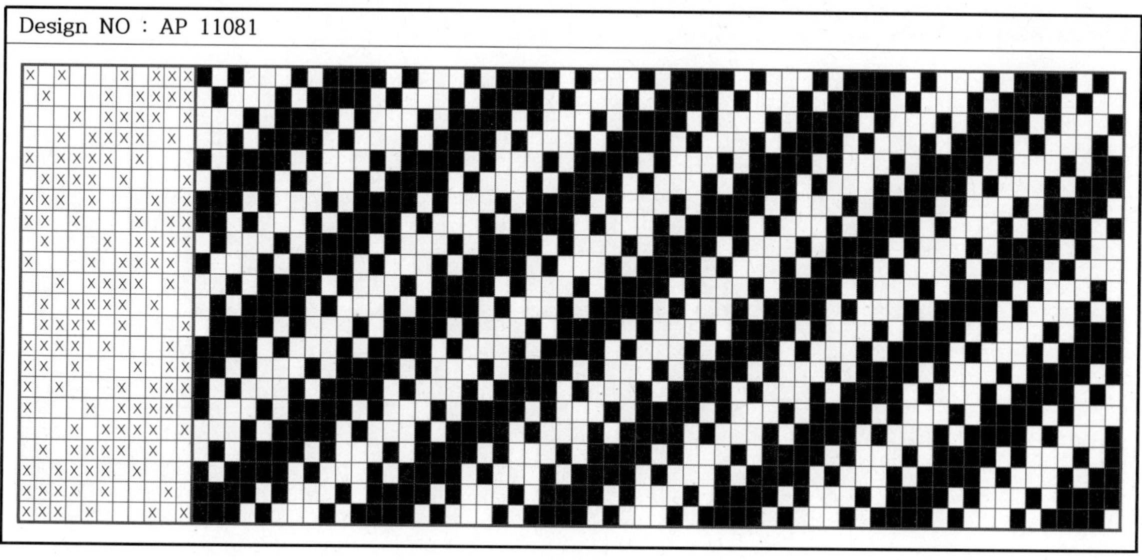

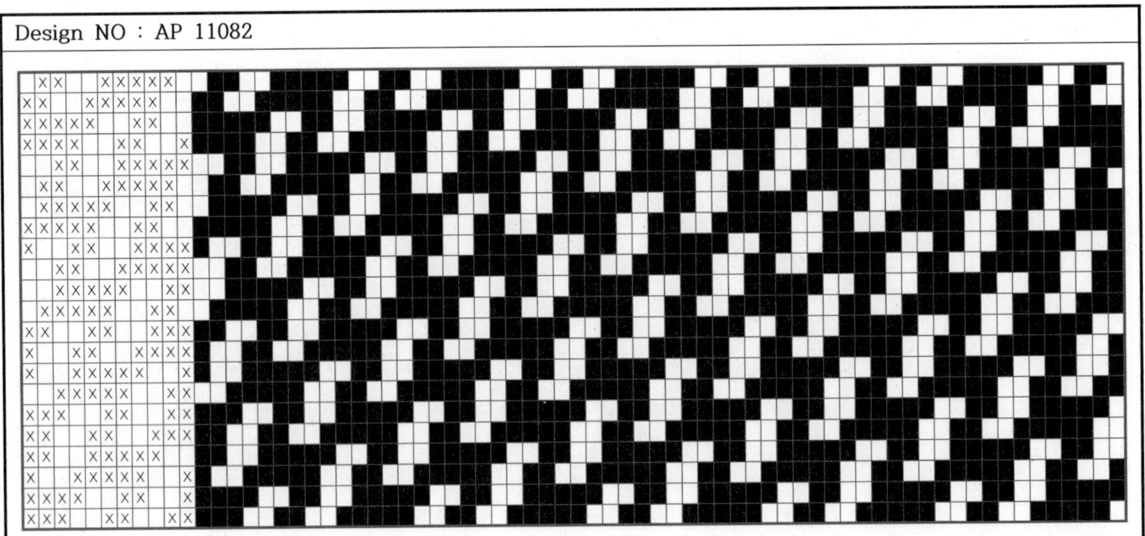

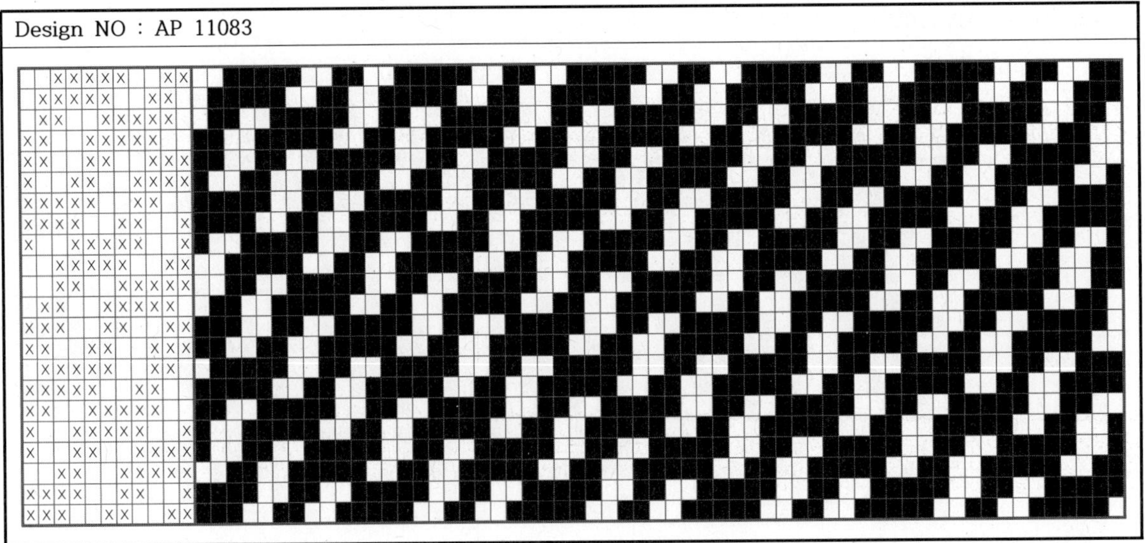

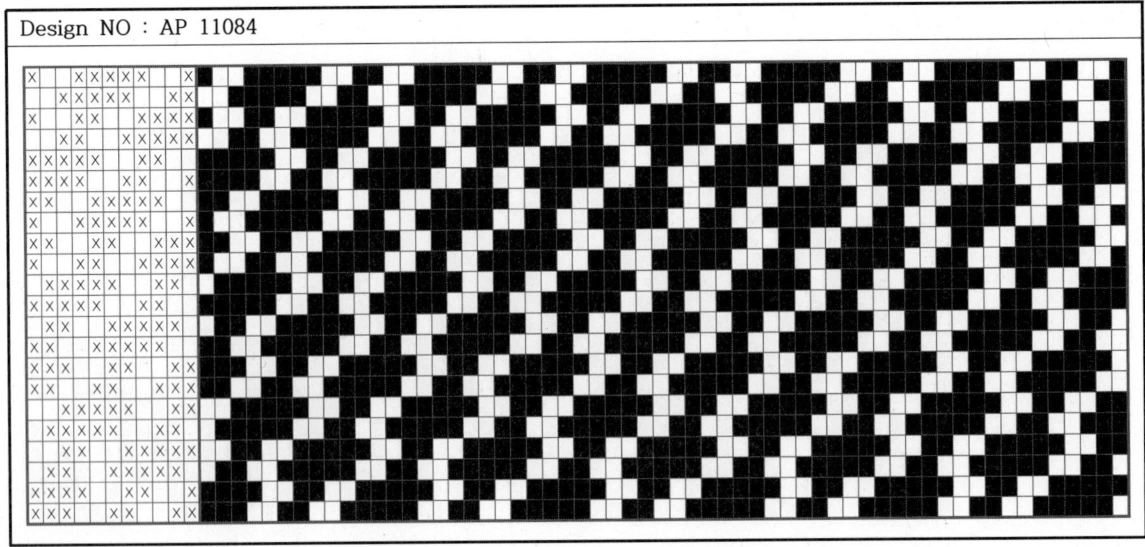

Design NO : AP 11085

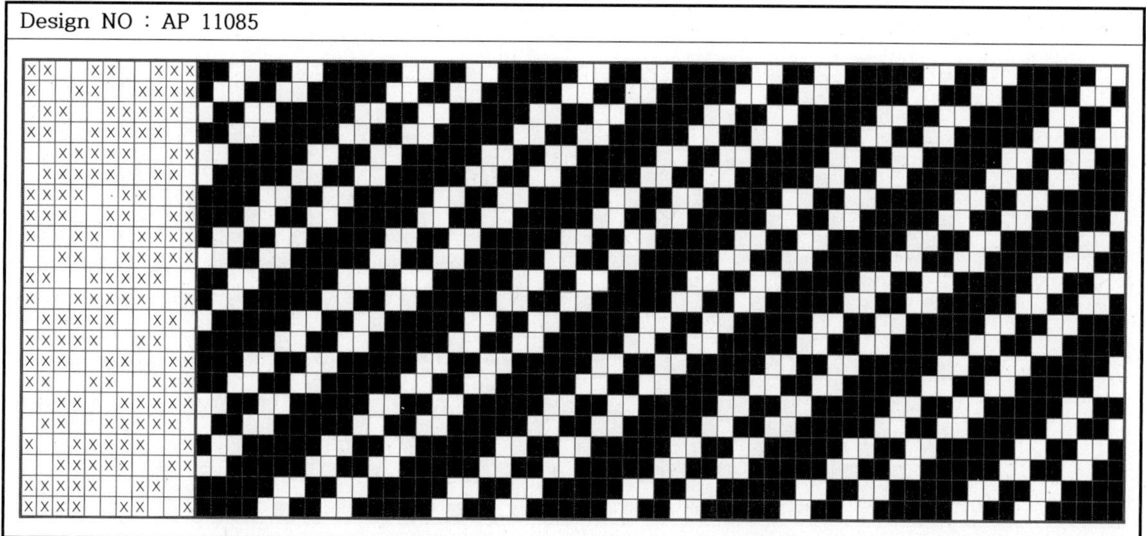

Design NO : AP 11086

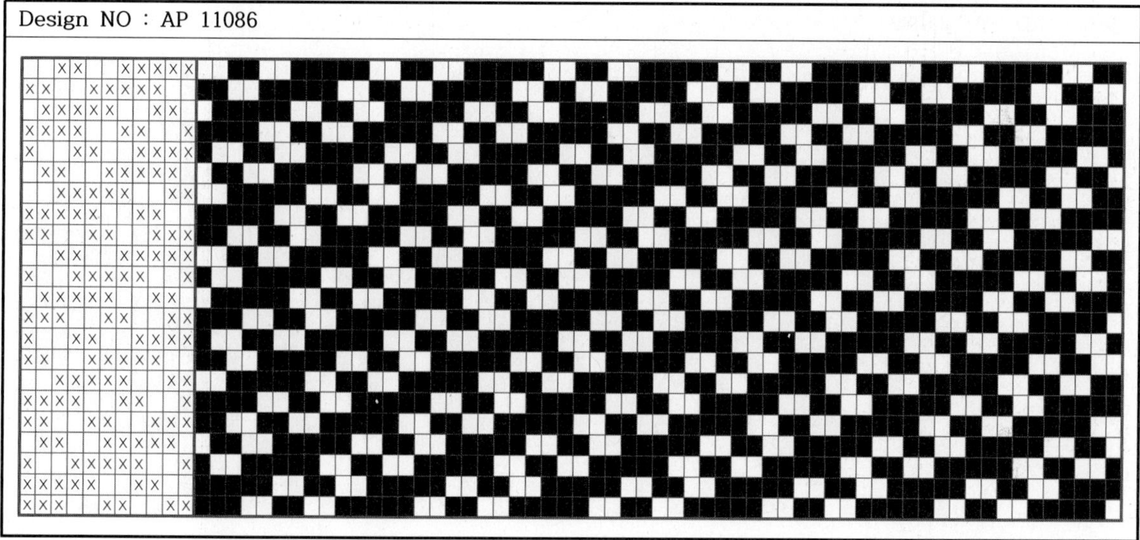

Design NO : AP 11087

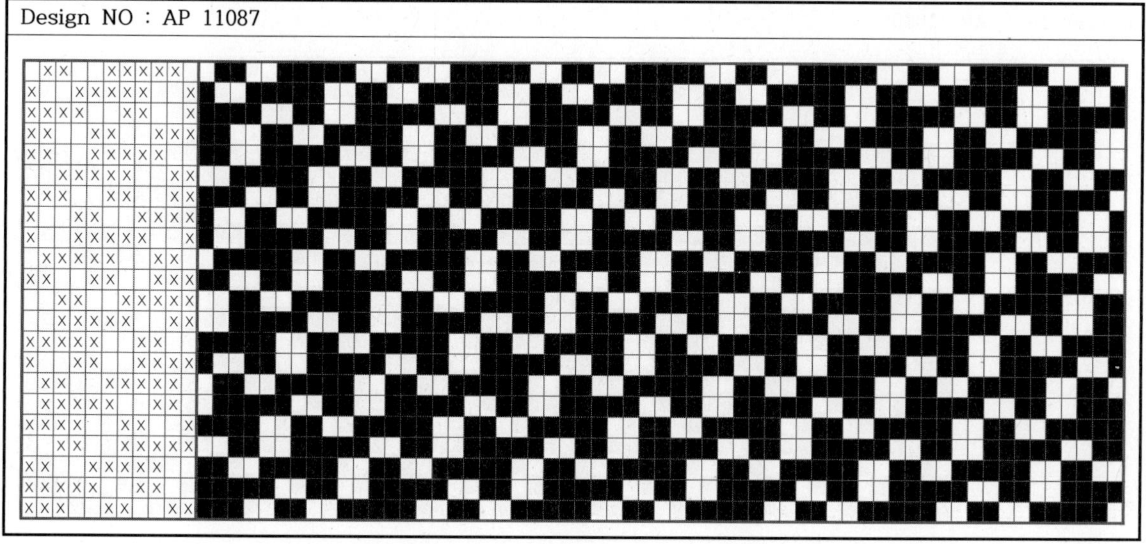

Design NO : AP 11088

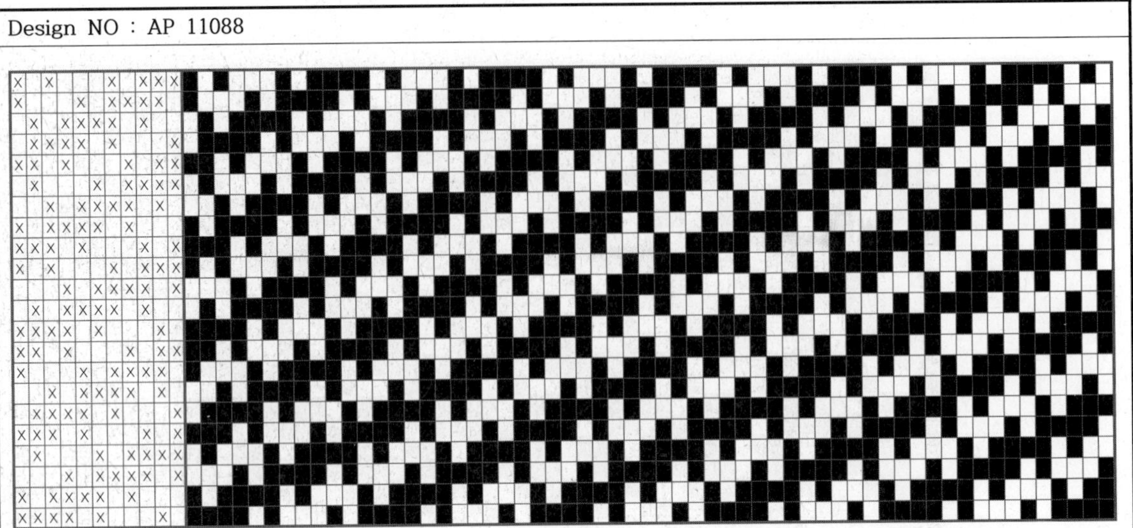

Design NO : AP 11089

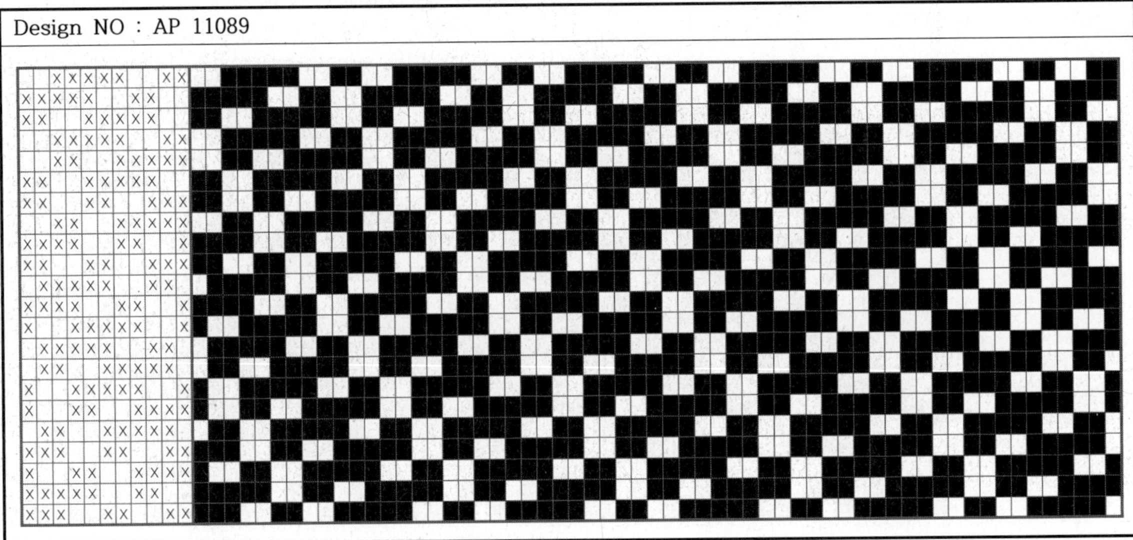

Design NO : AP 11090

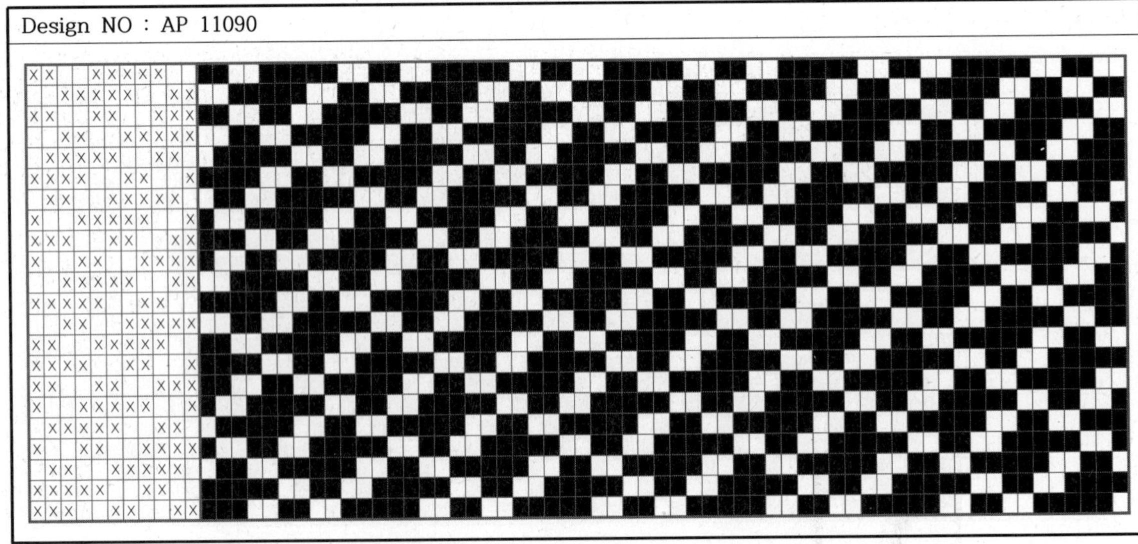

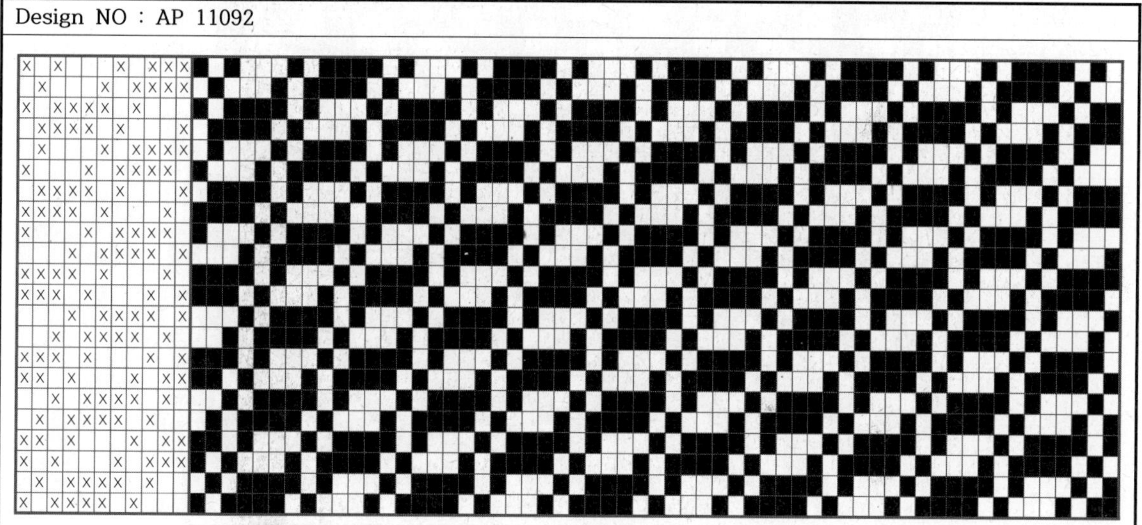

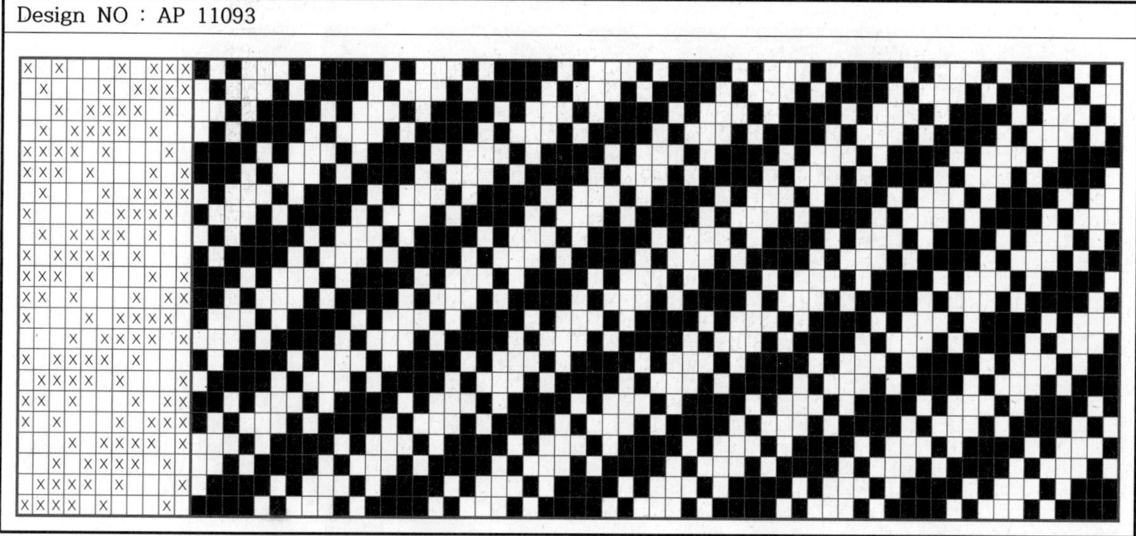

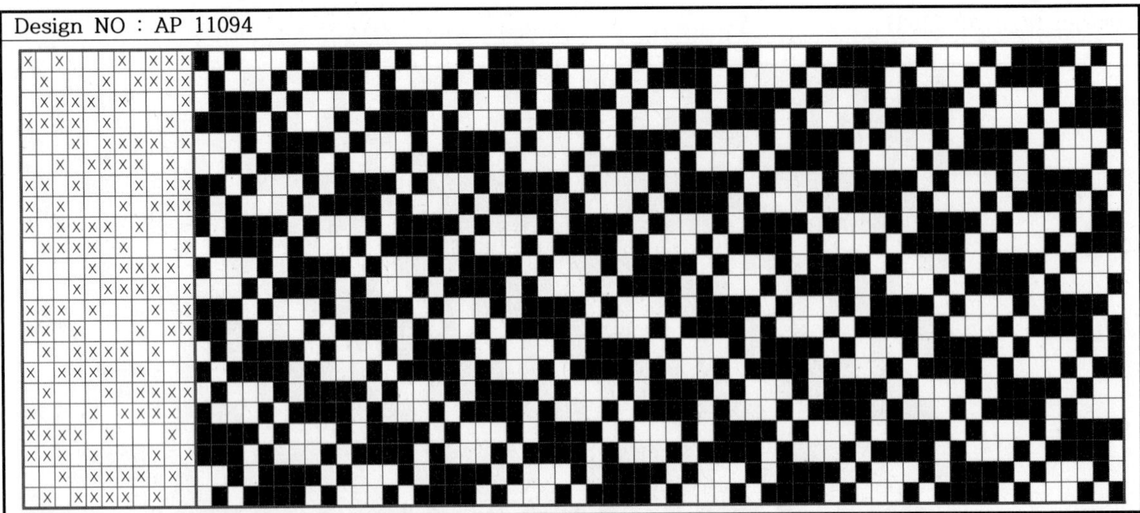

Design NO : AP 11094

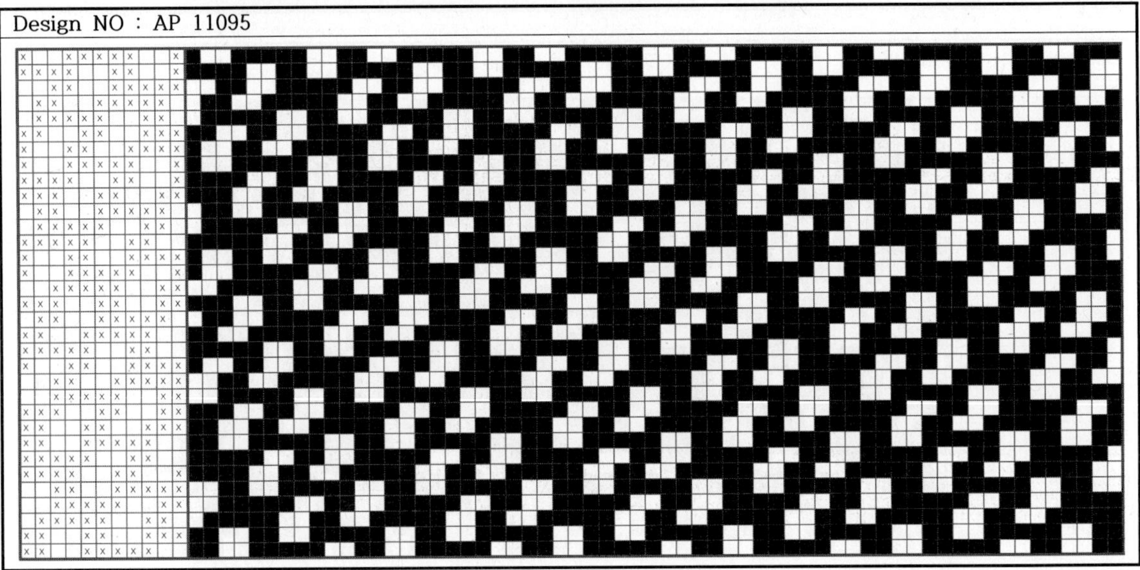

Design NO : AP 11095

Design NO : AP 11096

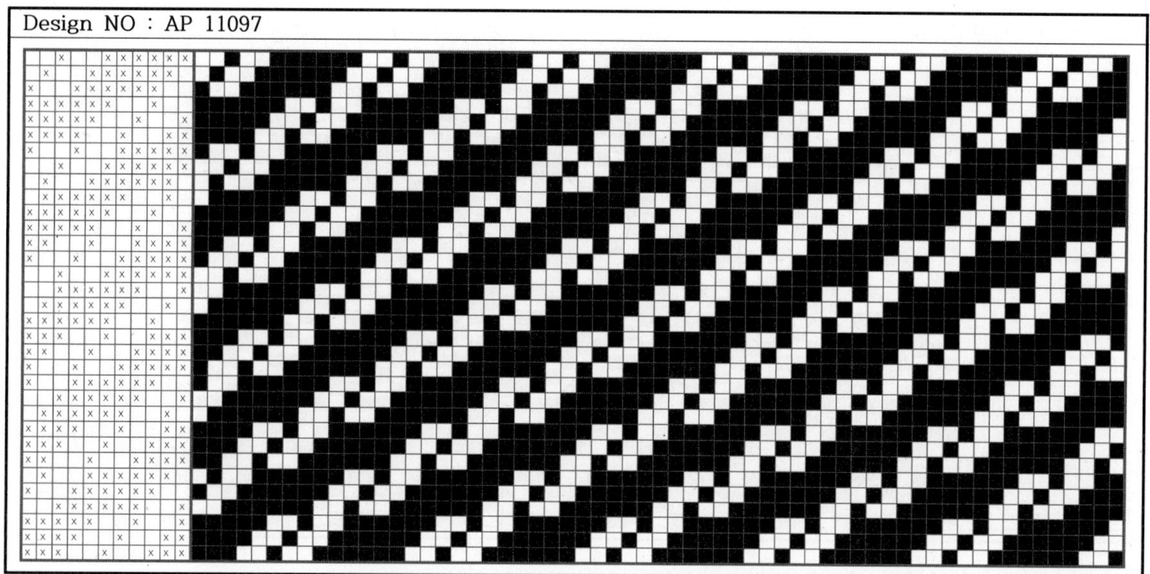

Design NO : AP 11097

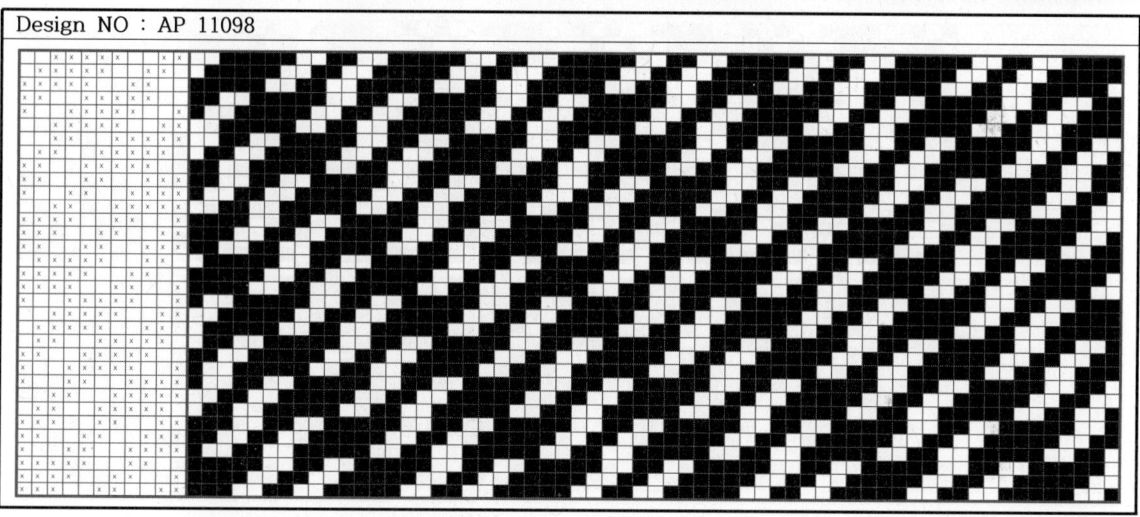

Design NO : AP 11098

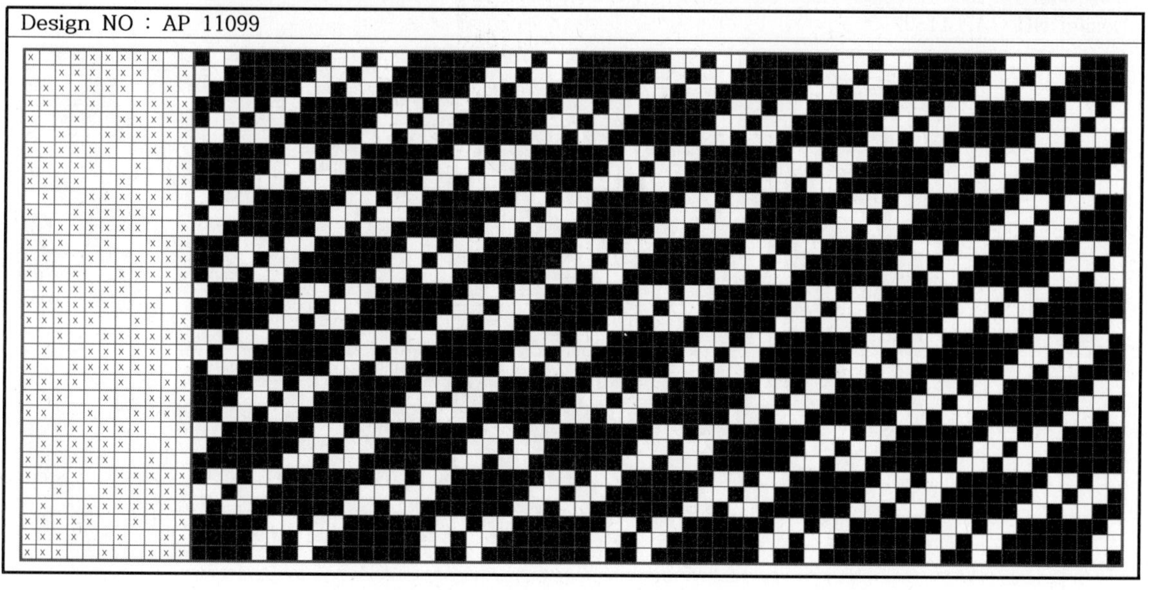

Design NO : AP 11099

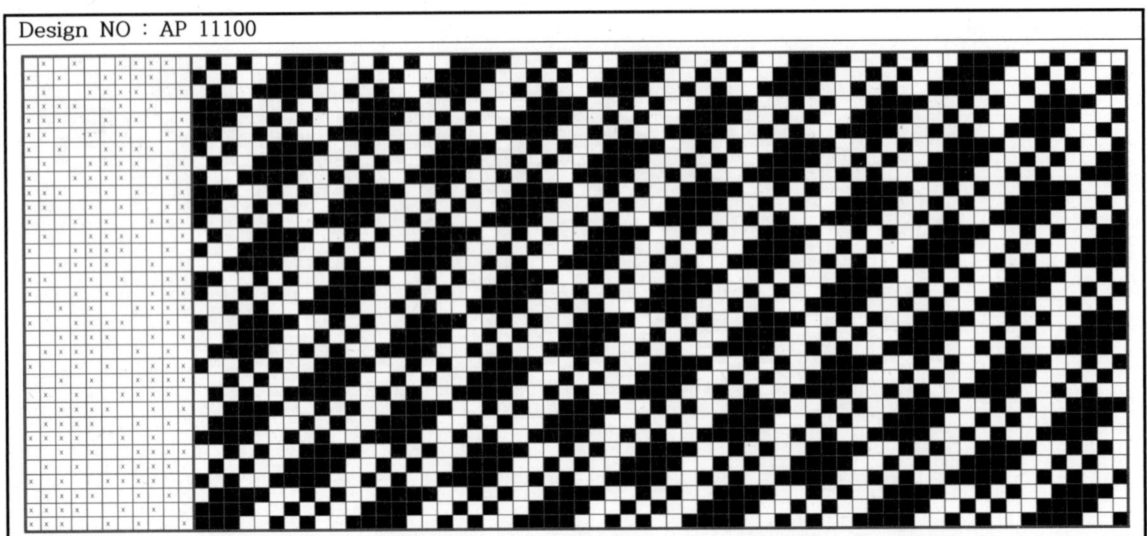

Design NO : AP 11100

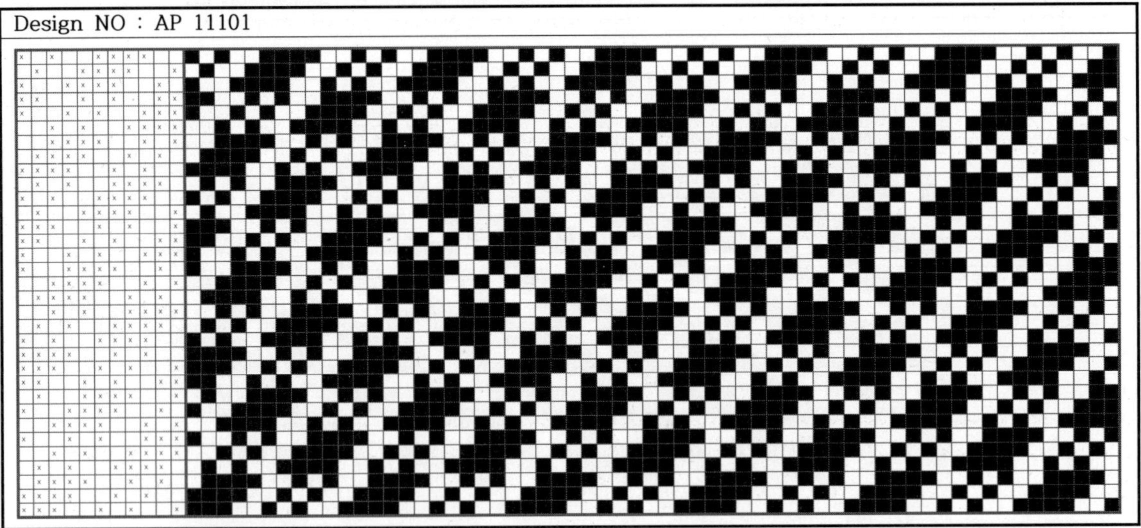

Design NO : AP 11101

Design NO : AP 11102

Design NO : AP 11103

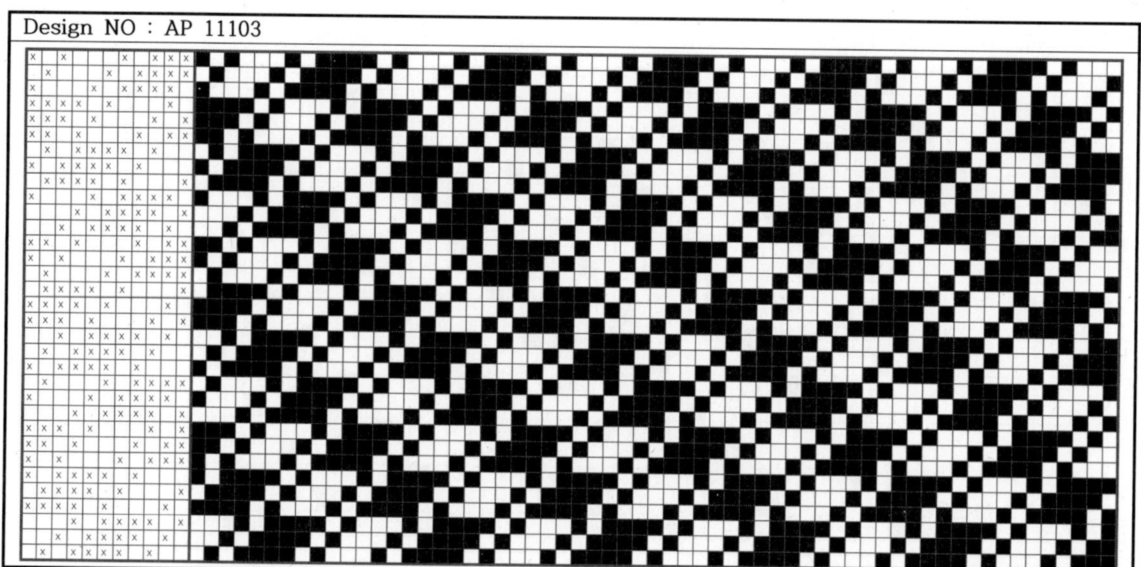

Design NO : AP 11104

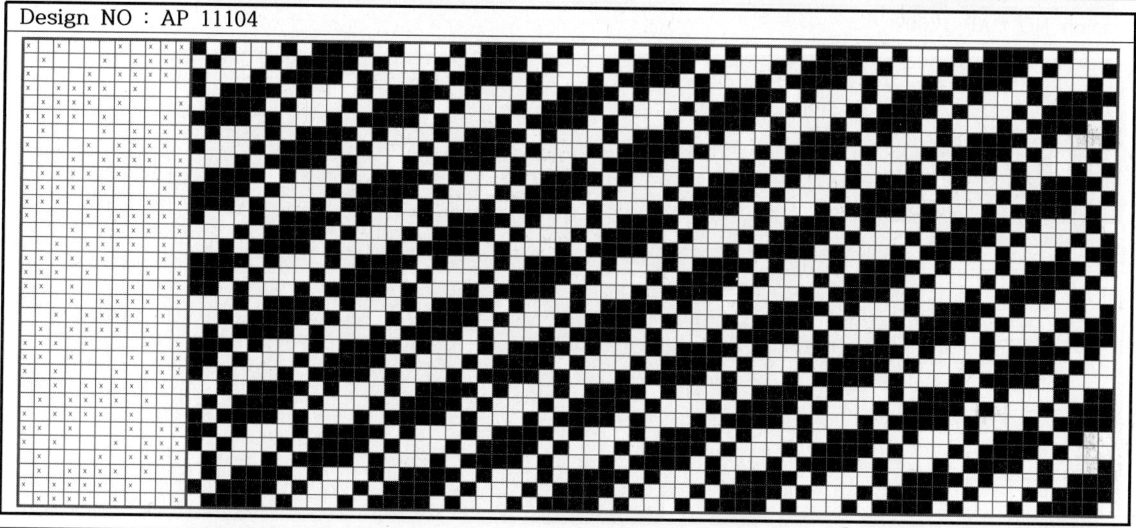

Design NO : AP 11105

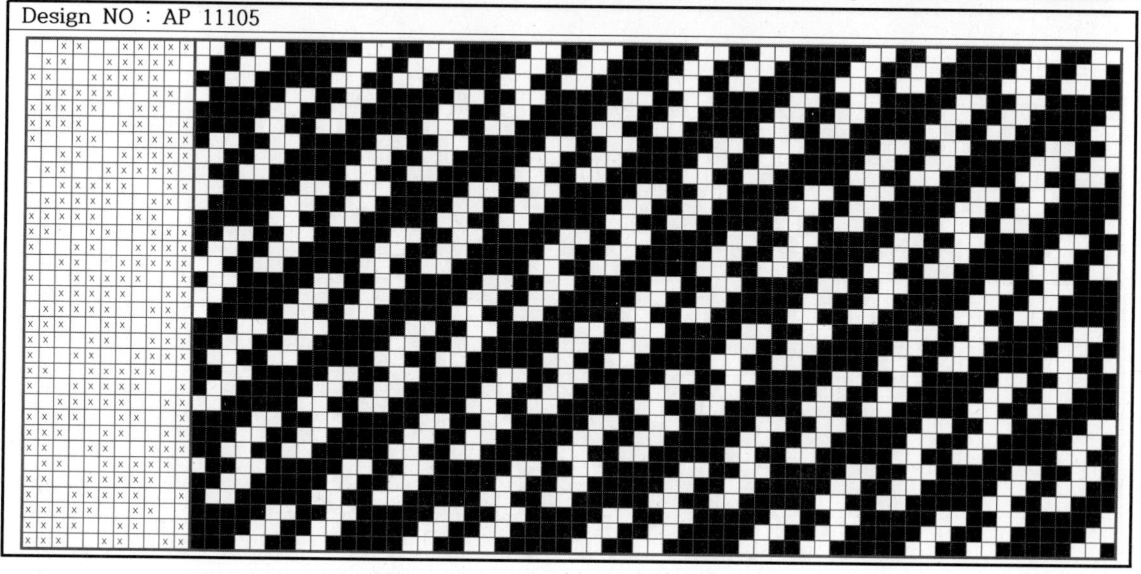

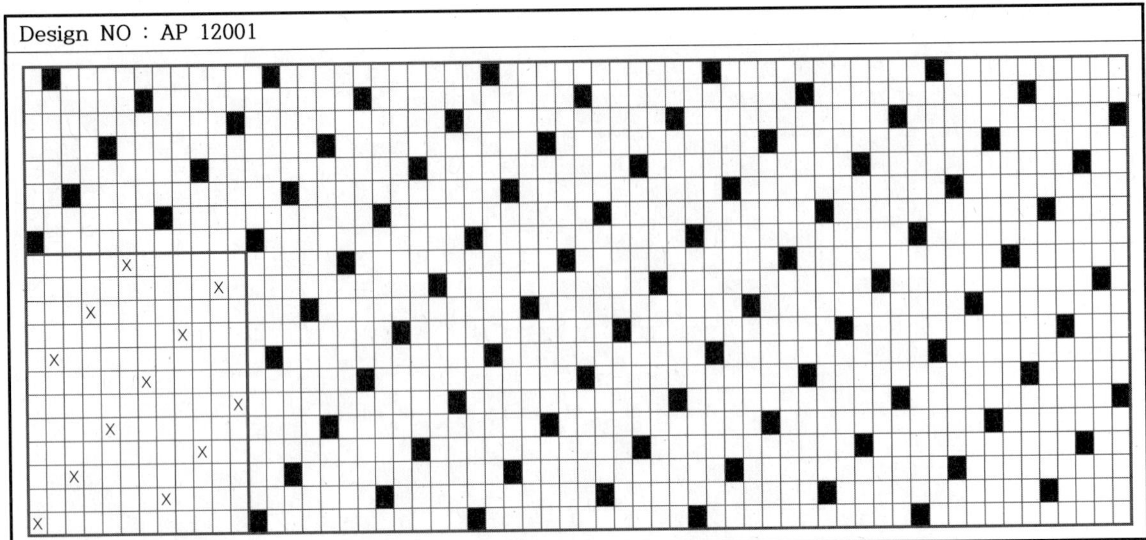

Design NO : AP 12001

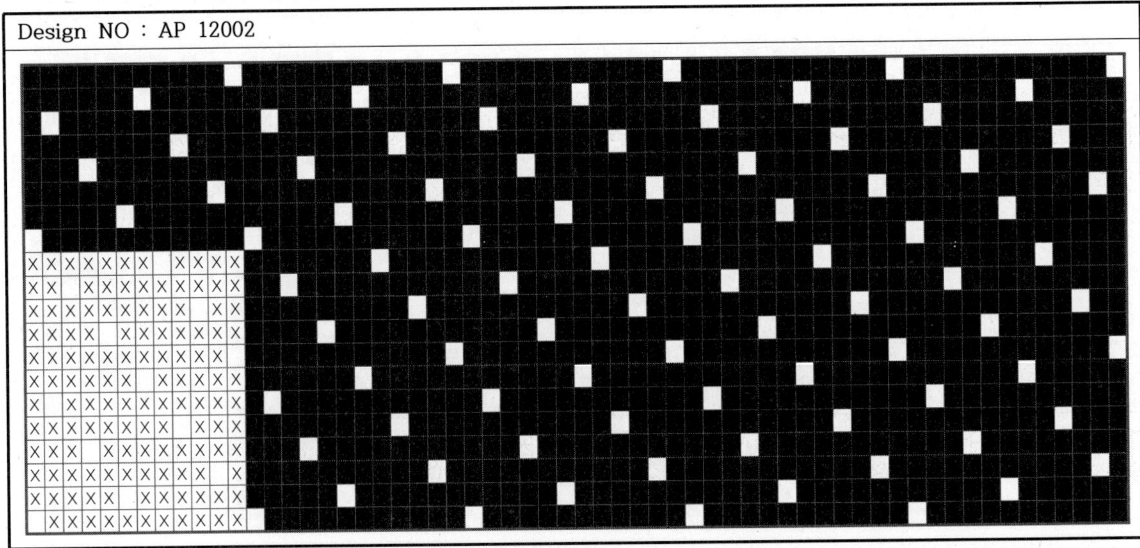

Design NO : AP 12002

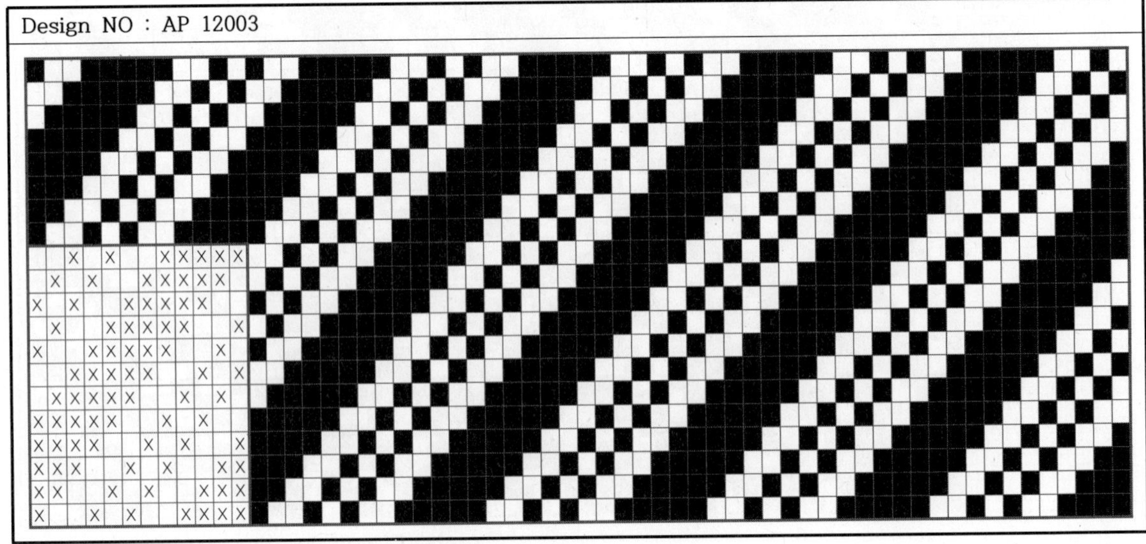

Design NO : AP 12003

Design NO : AP 12004

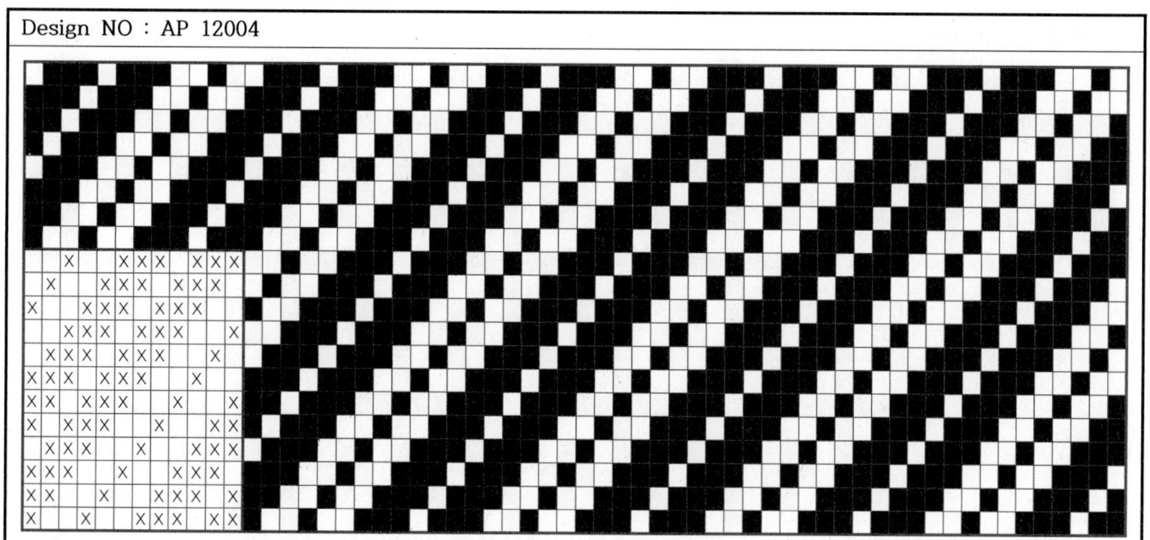

Design NO : AP 12005

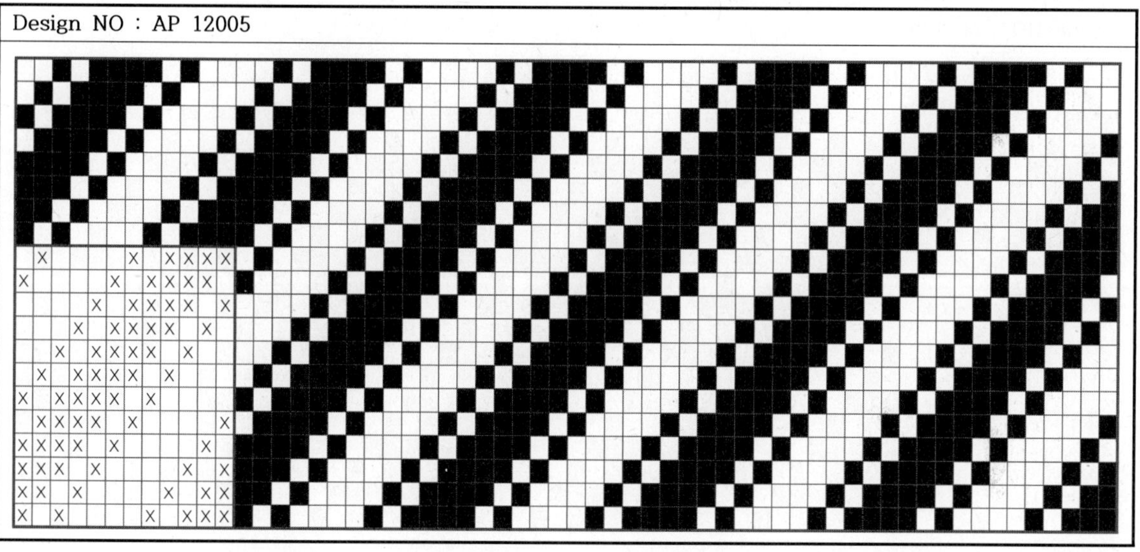

Design NO : AP 12006

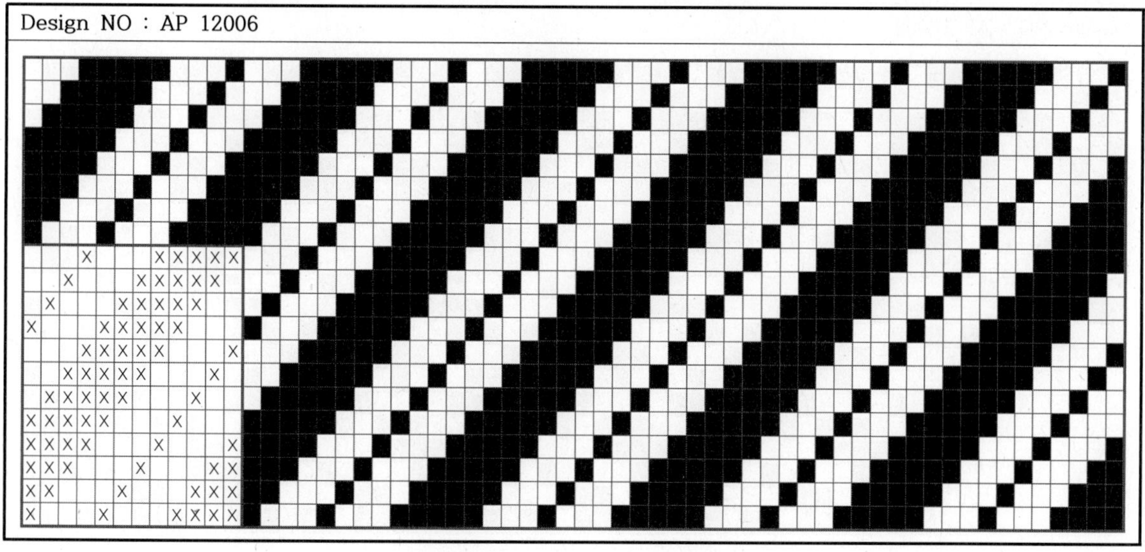

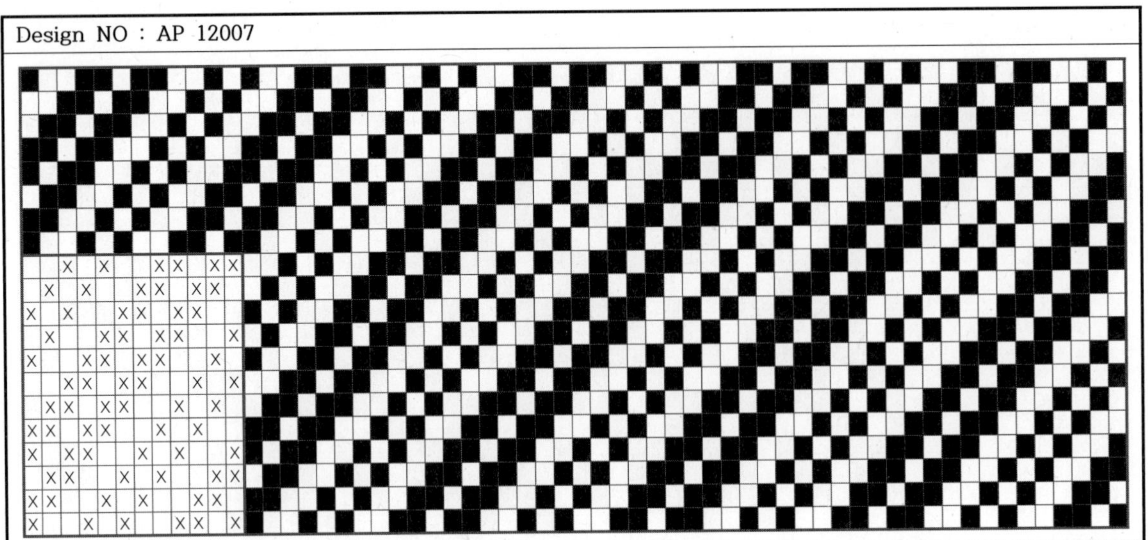

Design NO : AP 12007

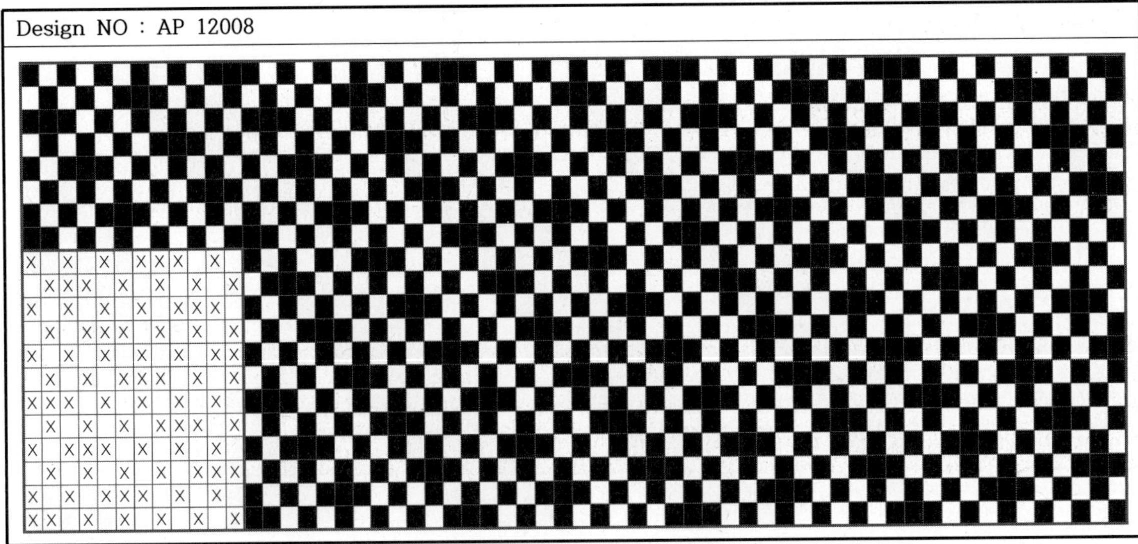

Design NO : AP 12008

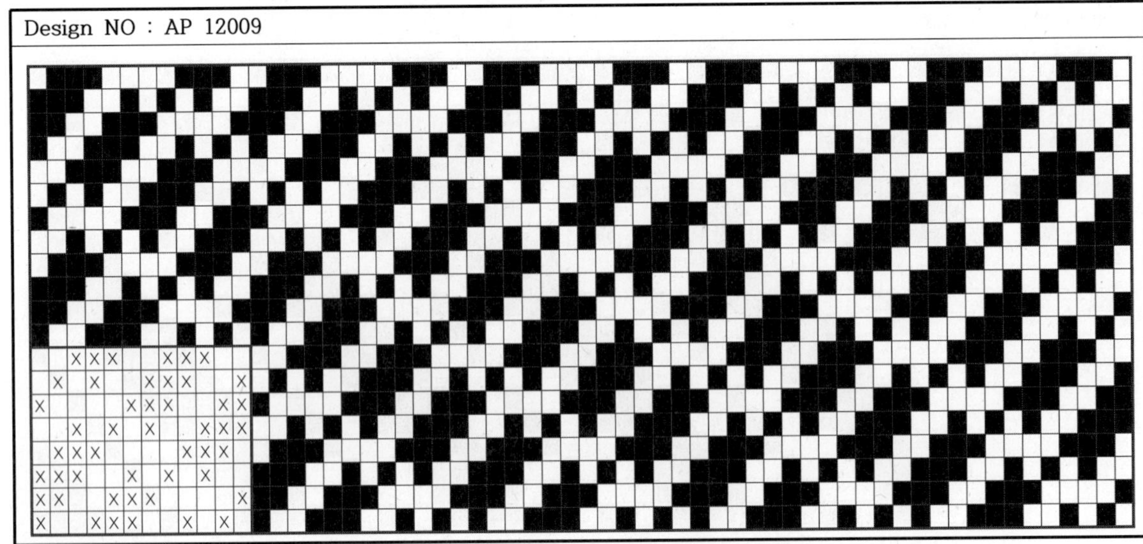

Design NO : AP 12009

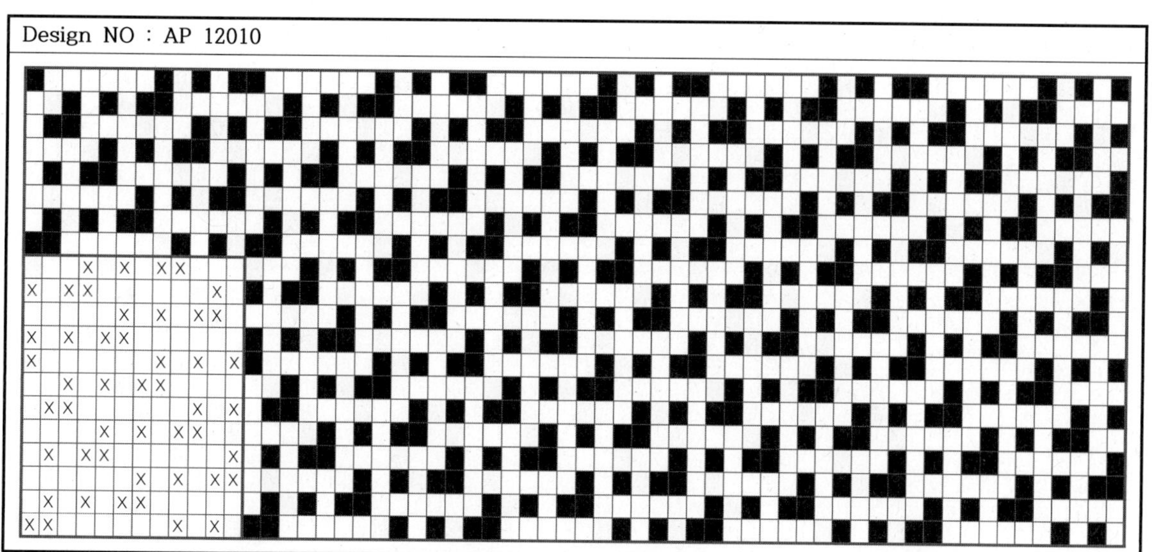

Design NO : AP 12010

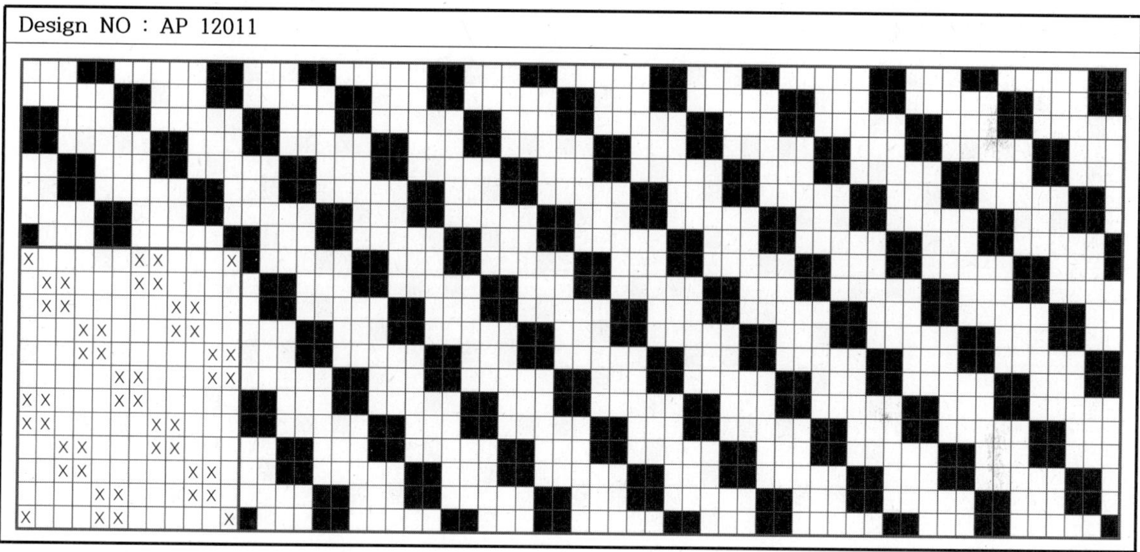

Design NO : AP 12011

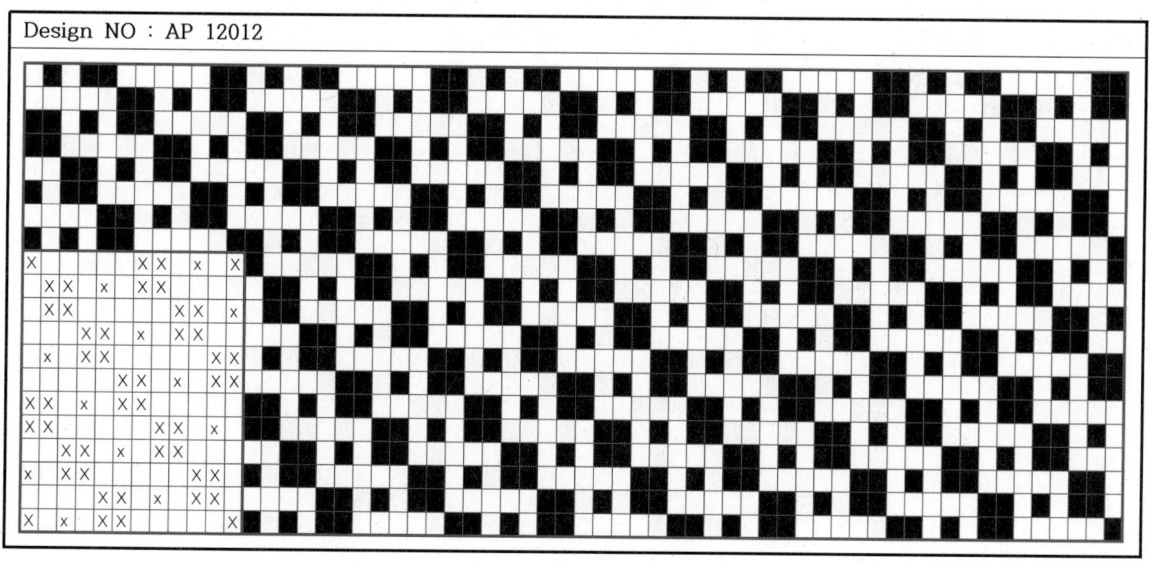

Design NO : AP 12012

Design NO : AP 12013

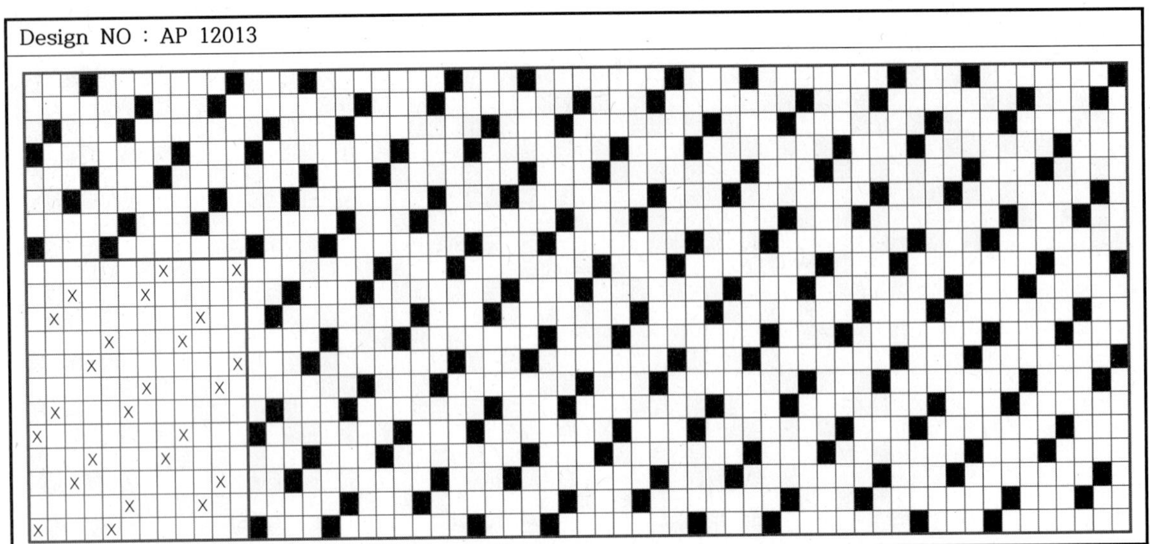

Design NO : AP 12014

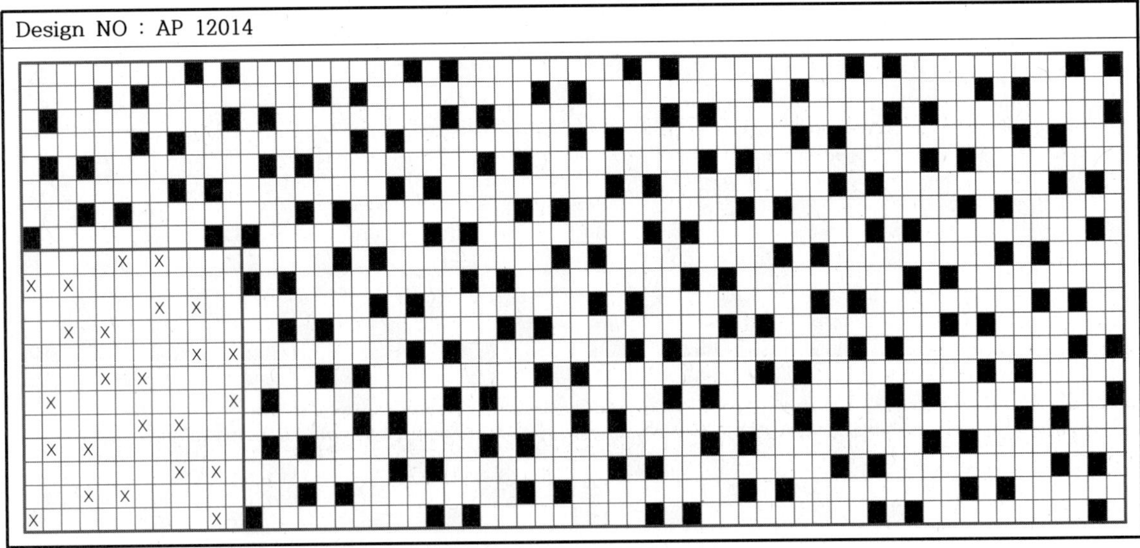

Design NO : AP 12015

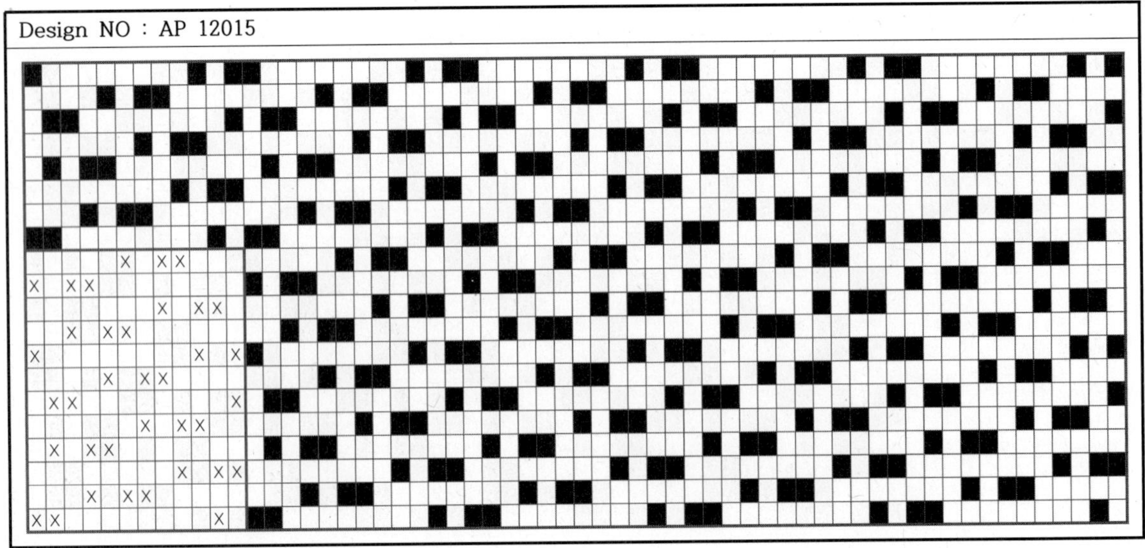

Design NO : AP 12016

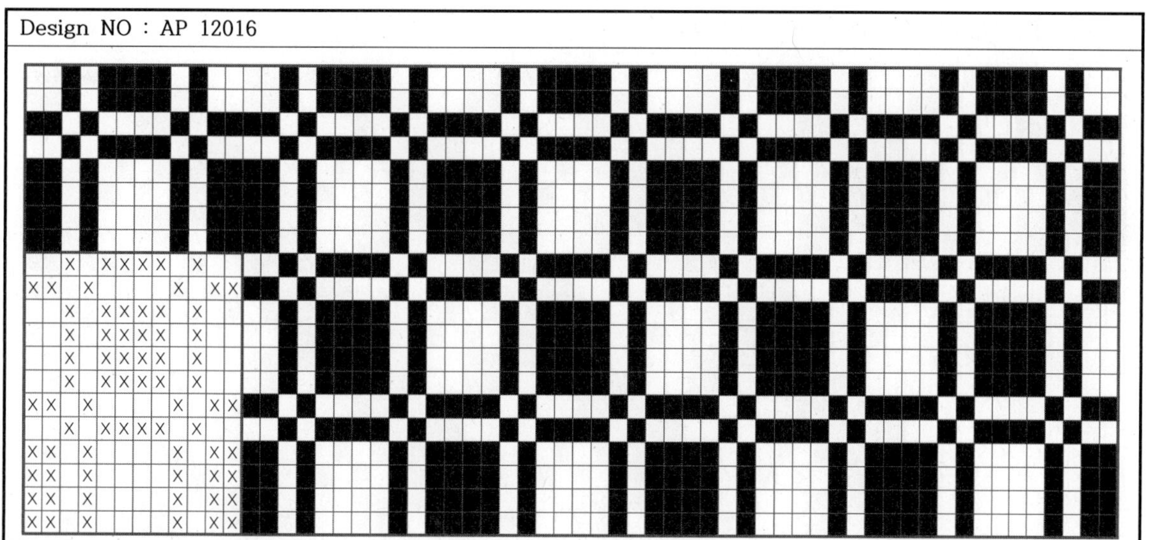

Design NO : AP 12017

Design NO : AP 12018

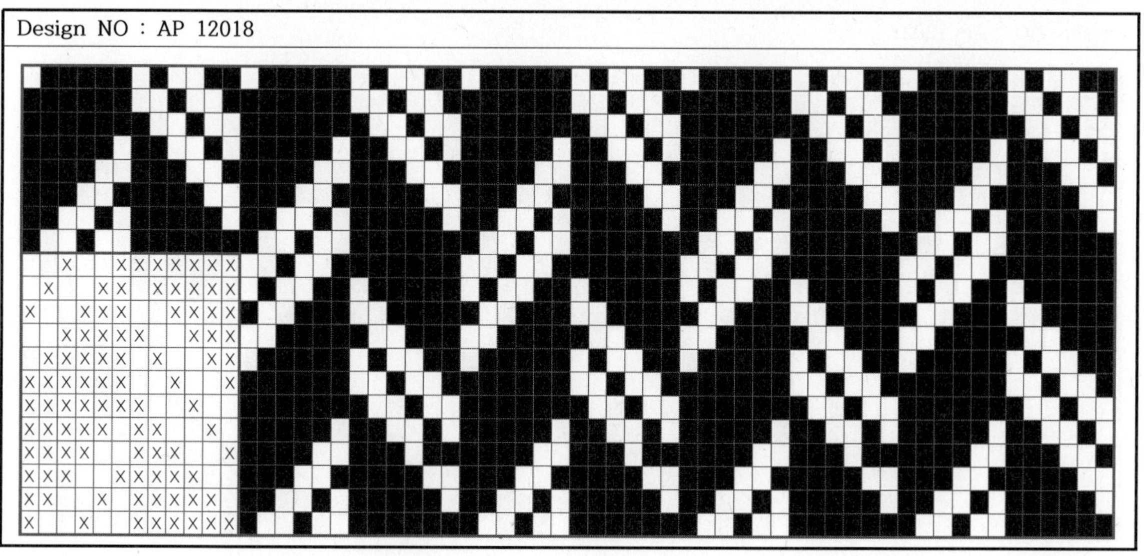

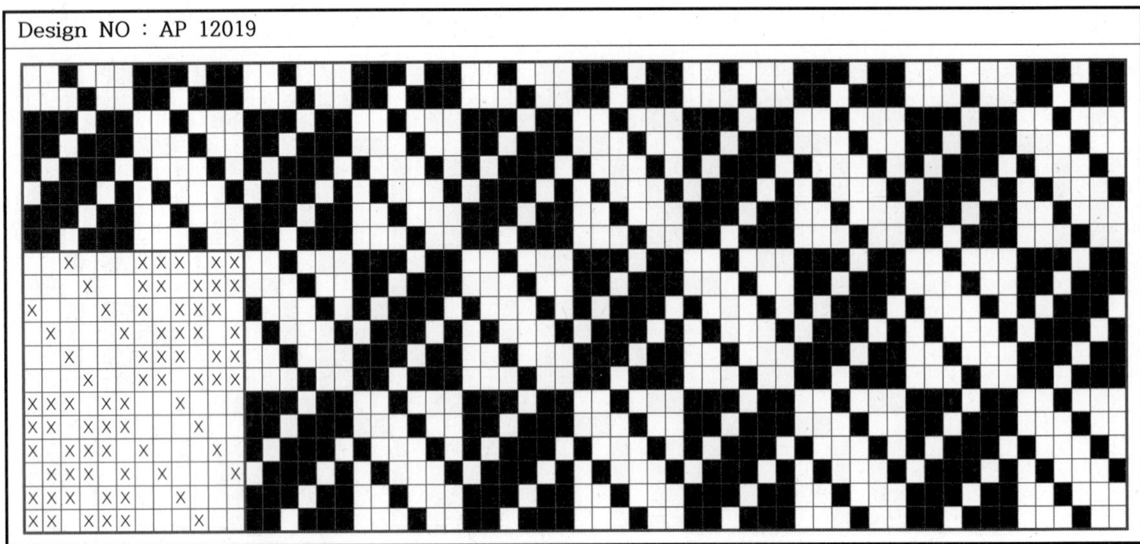

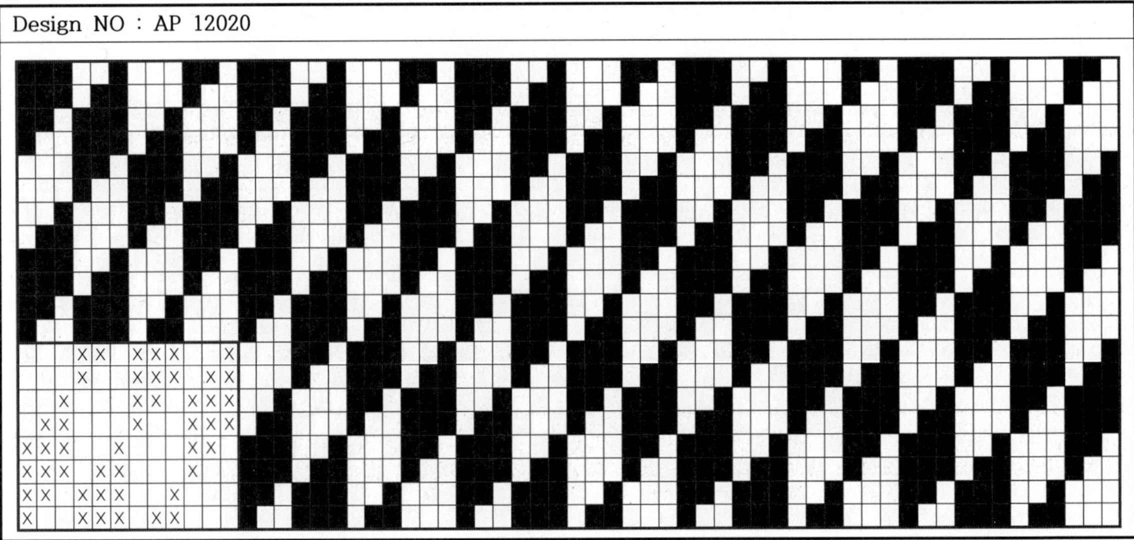

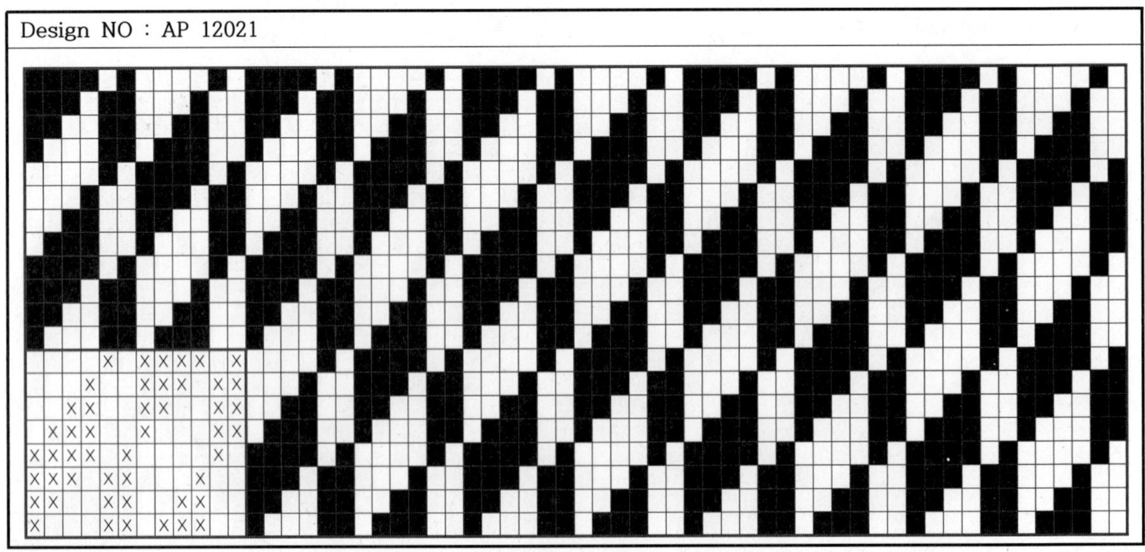

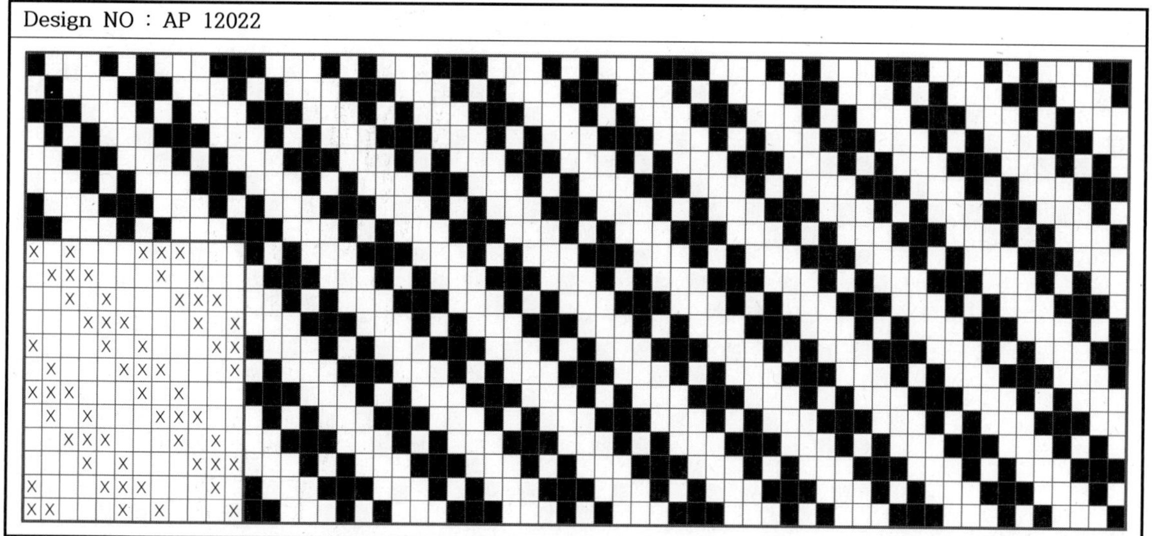

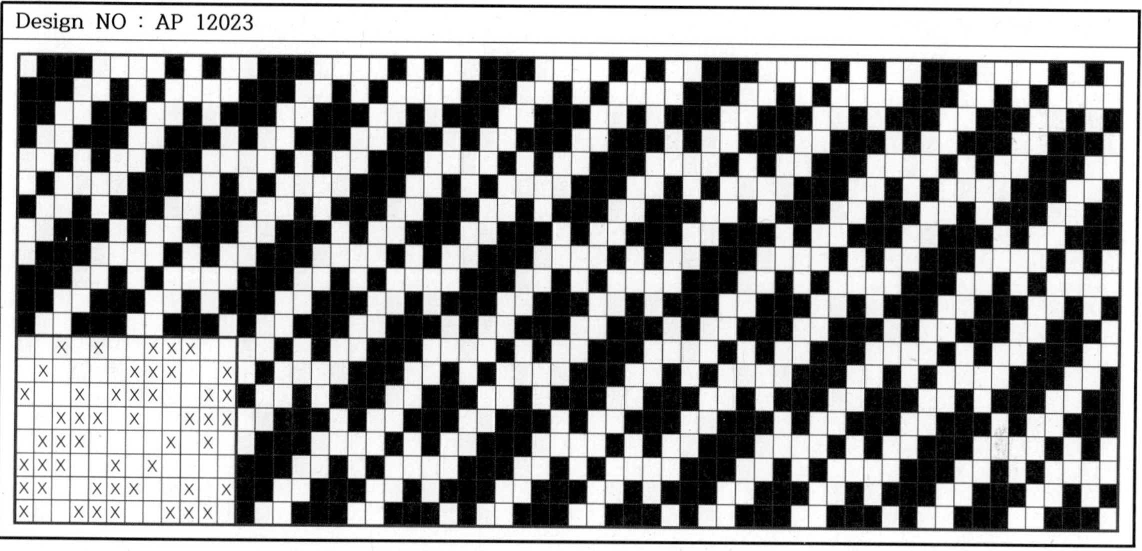

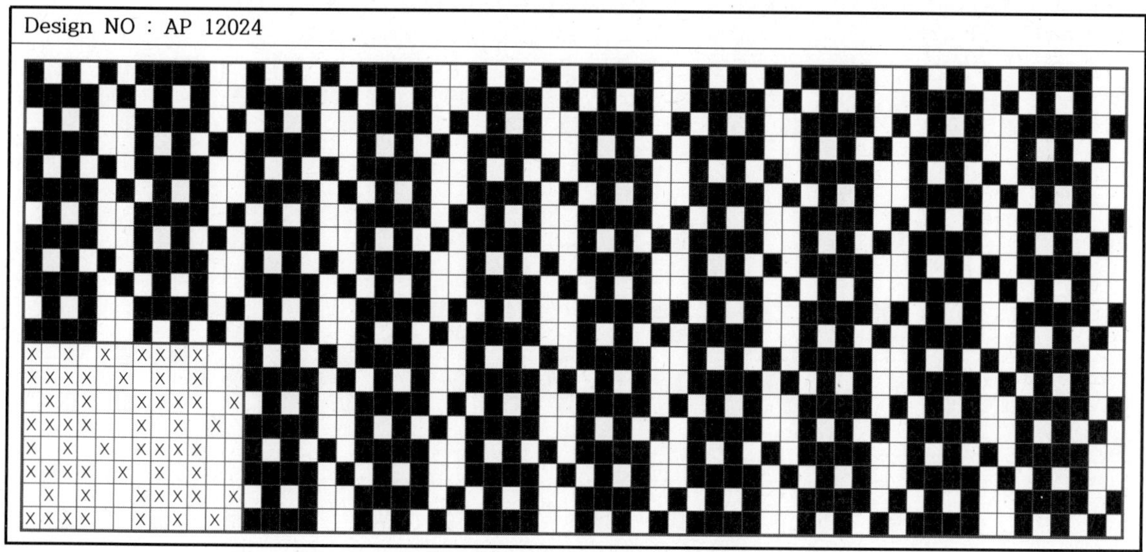

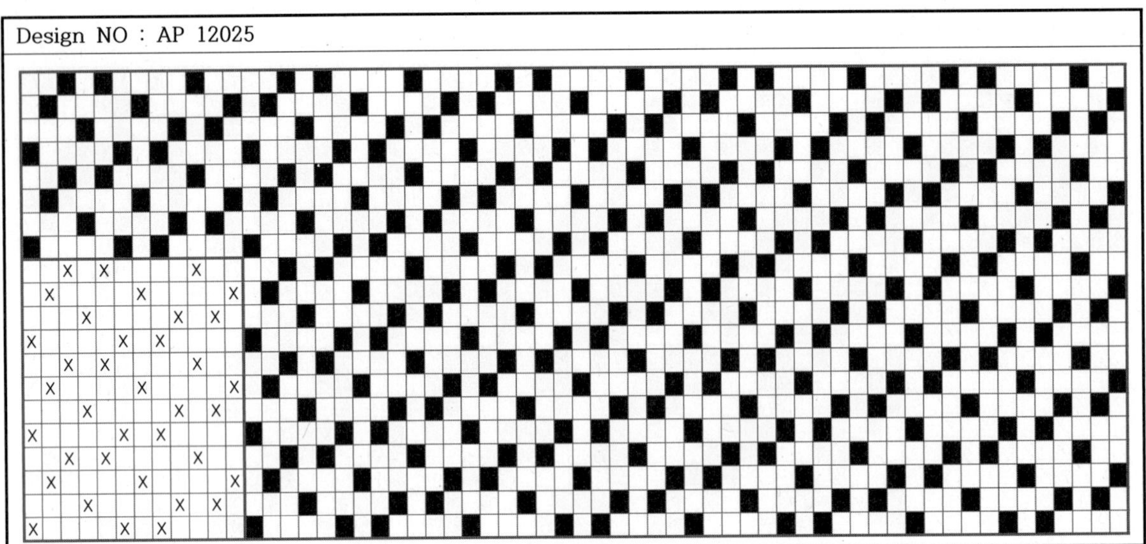

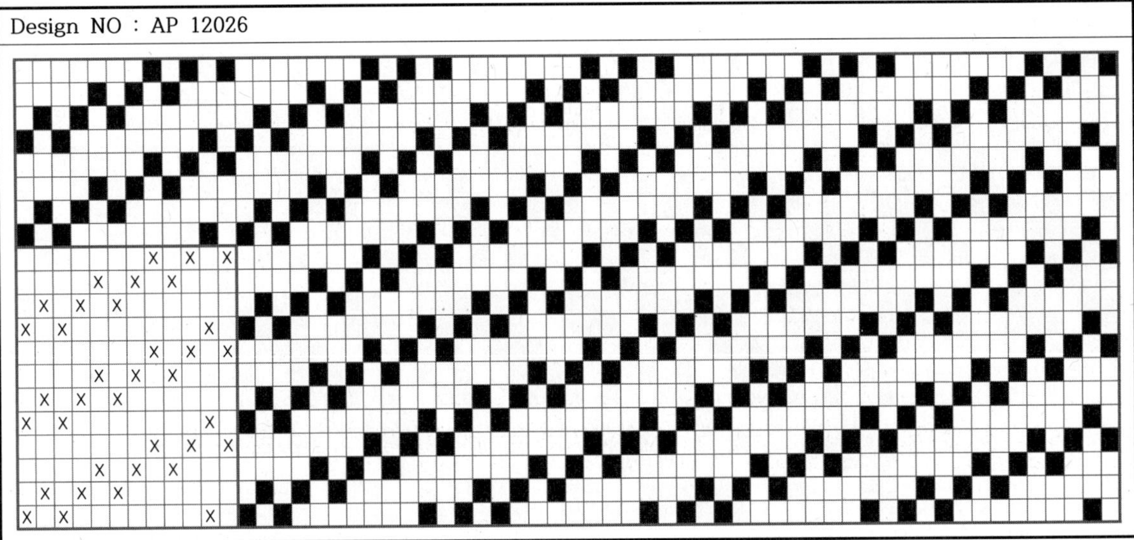

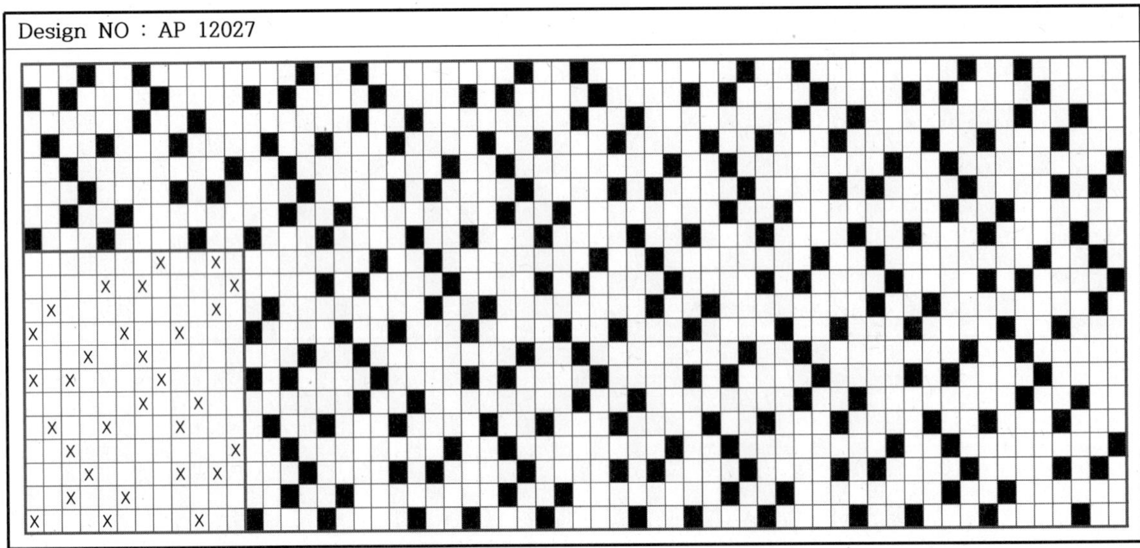

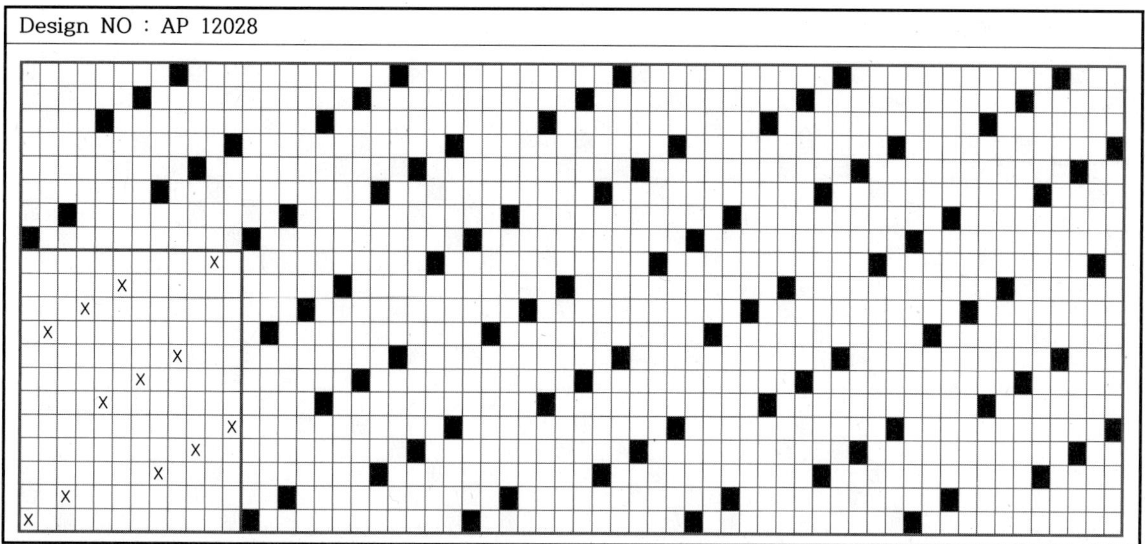

Design NO : AP 12028

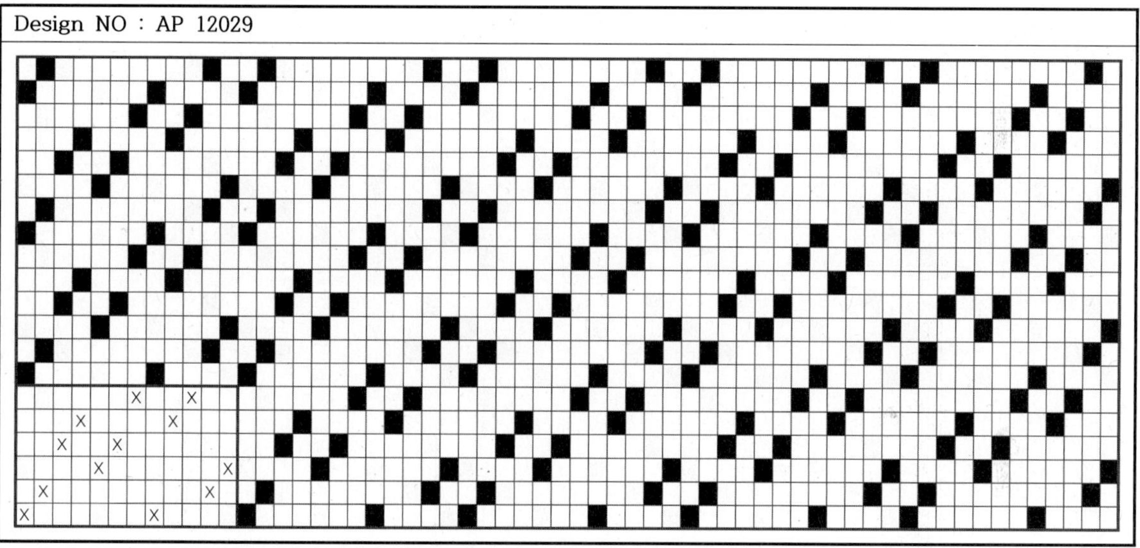

Design NO : AP 12029

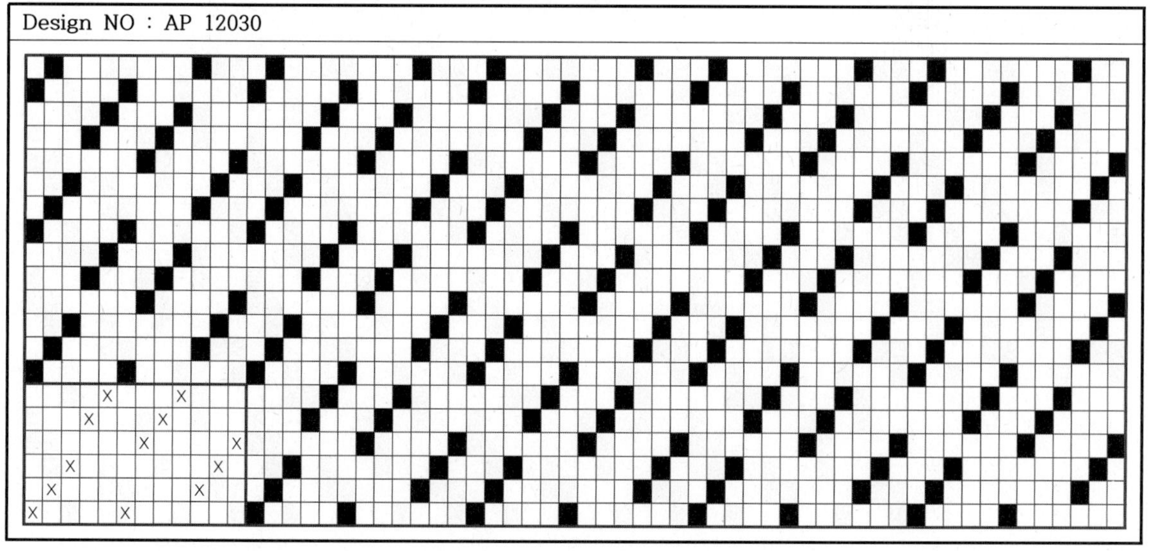

Design NO : AP 12030

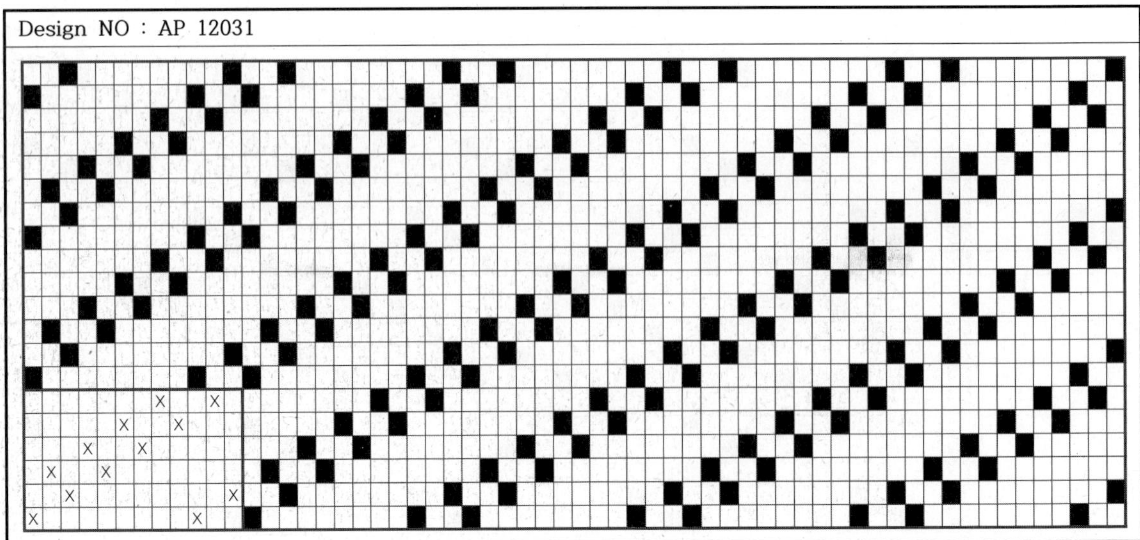

Design NO : AP 12031

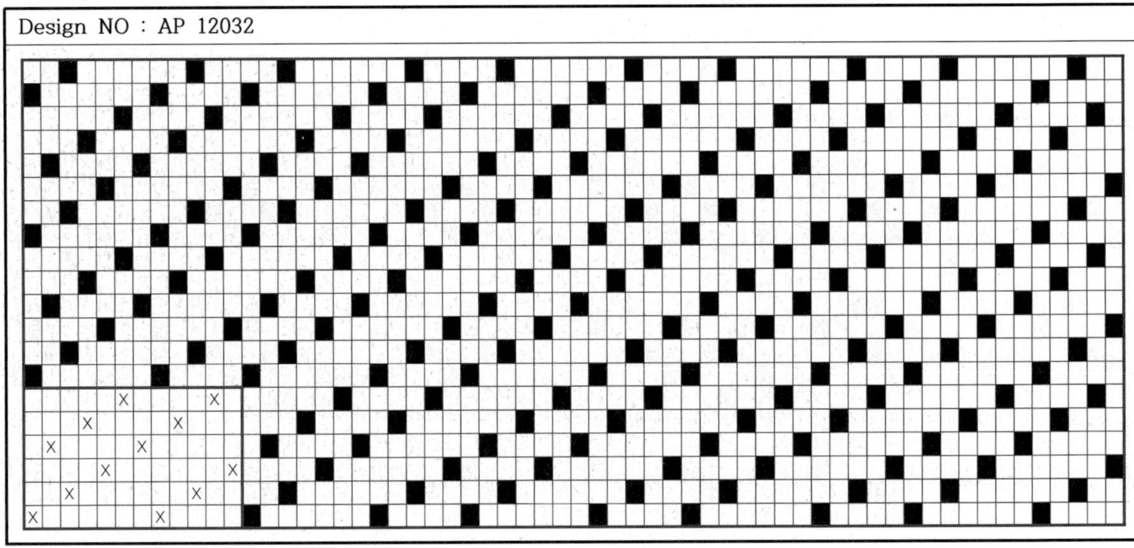

Design NO : AP 12032

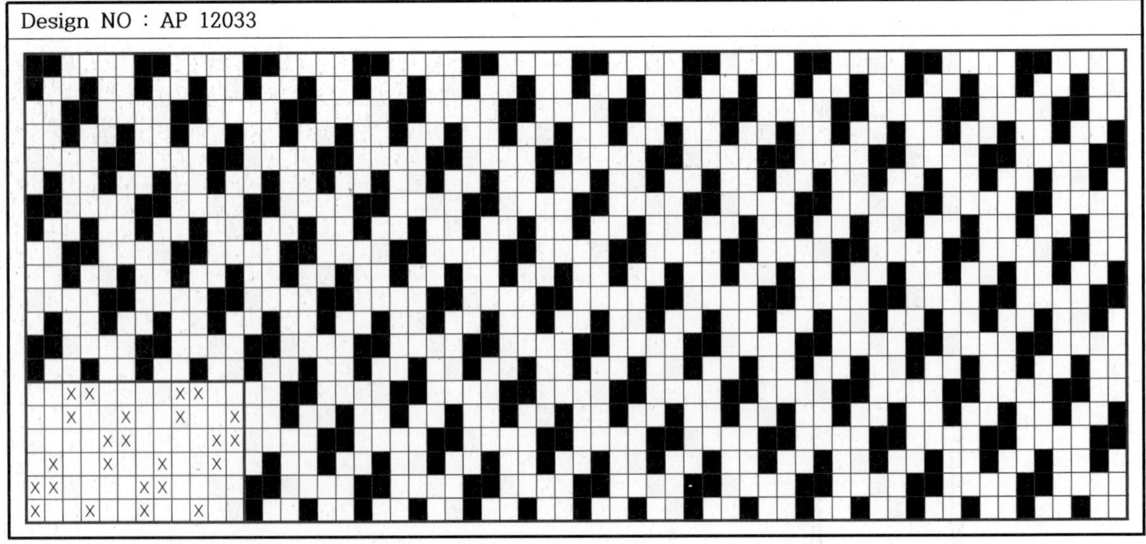

Design NO : AP 12033

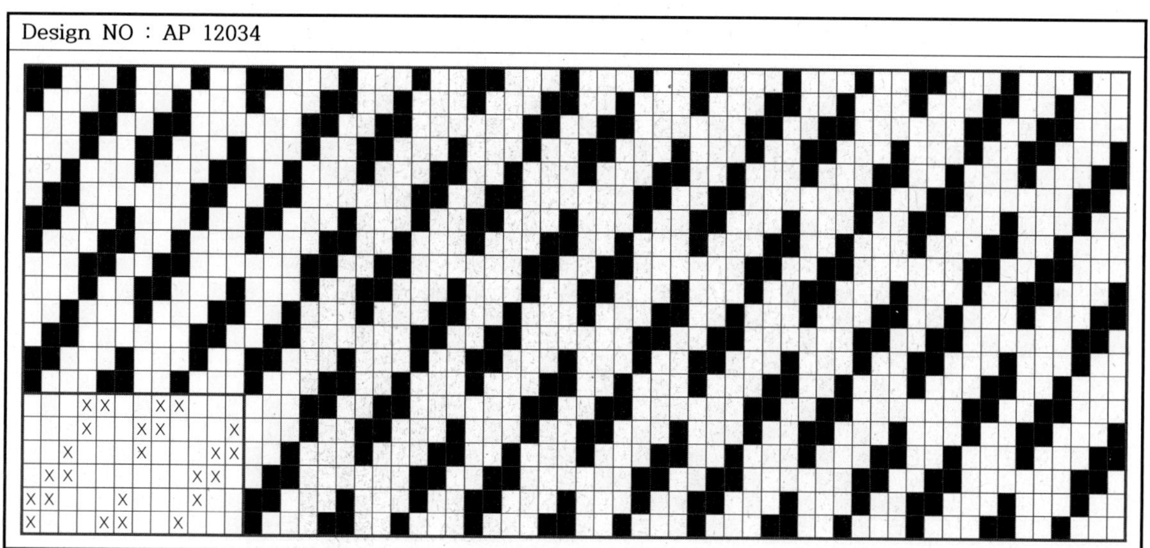

Design NO : AP 12034

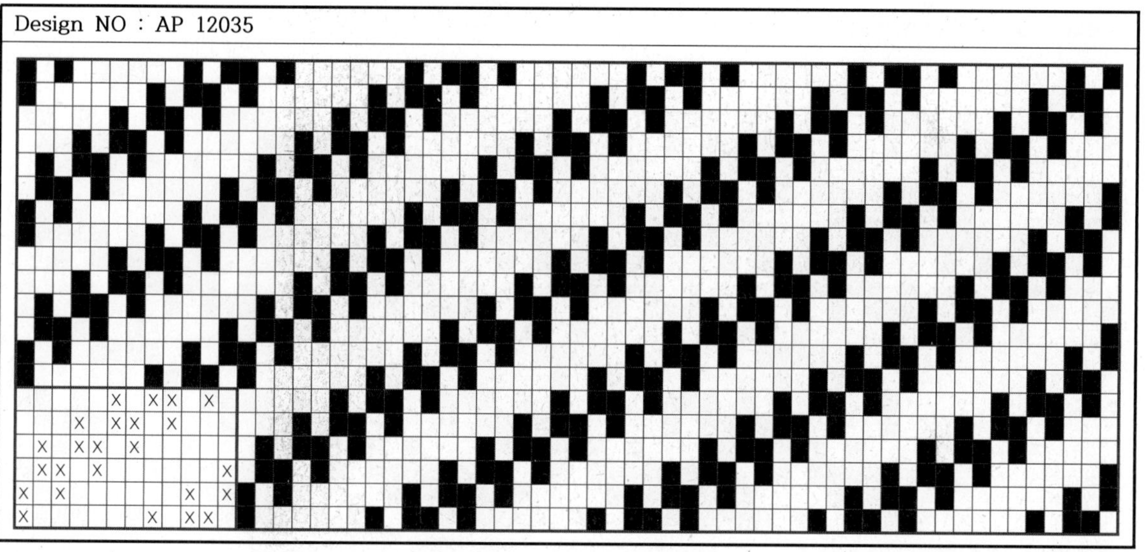

Design NO : AP 12035

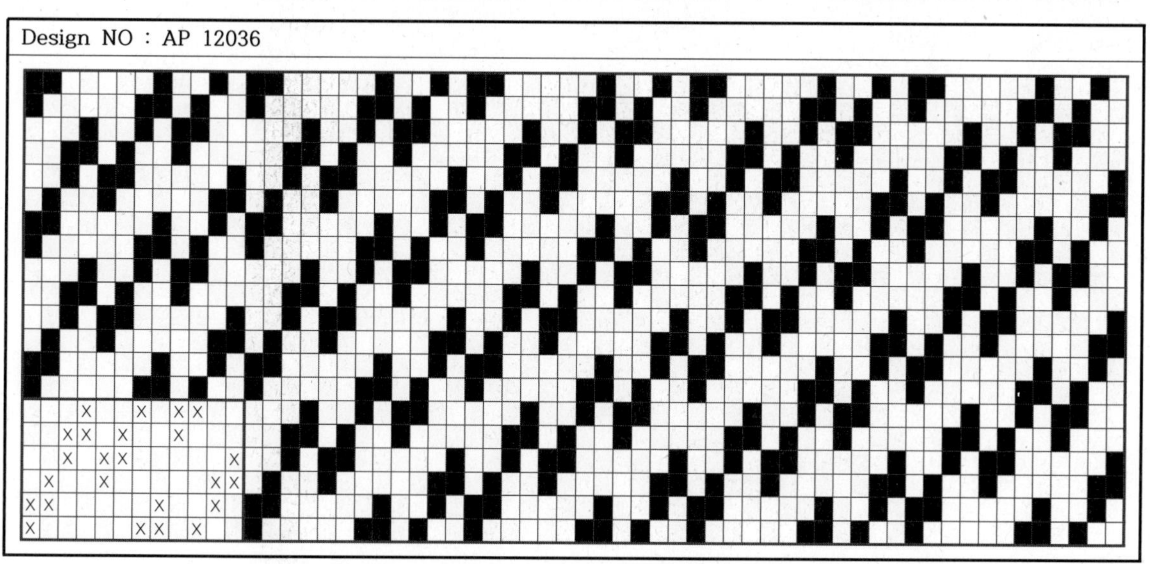

Design NO : AP 12036

Design NO : AP 12037

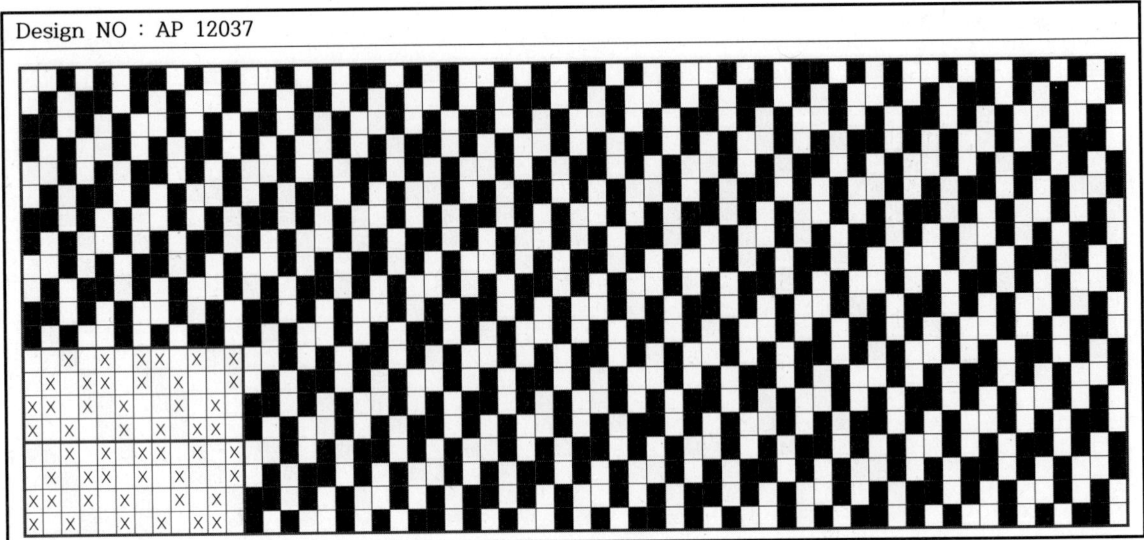

Design NO : AP 12038

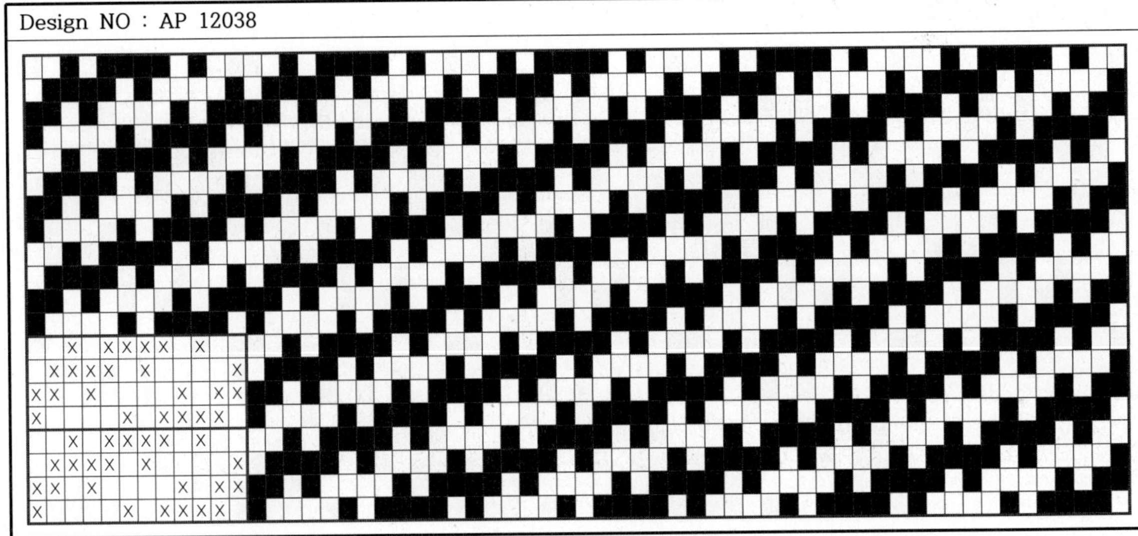

Design NO : AP 12039

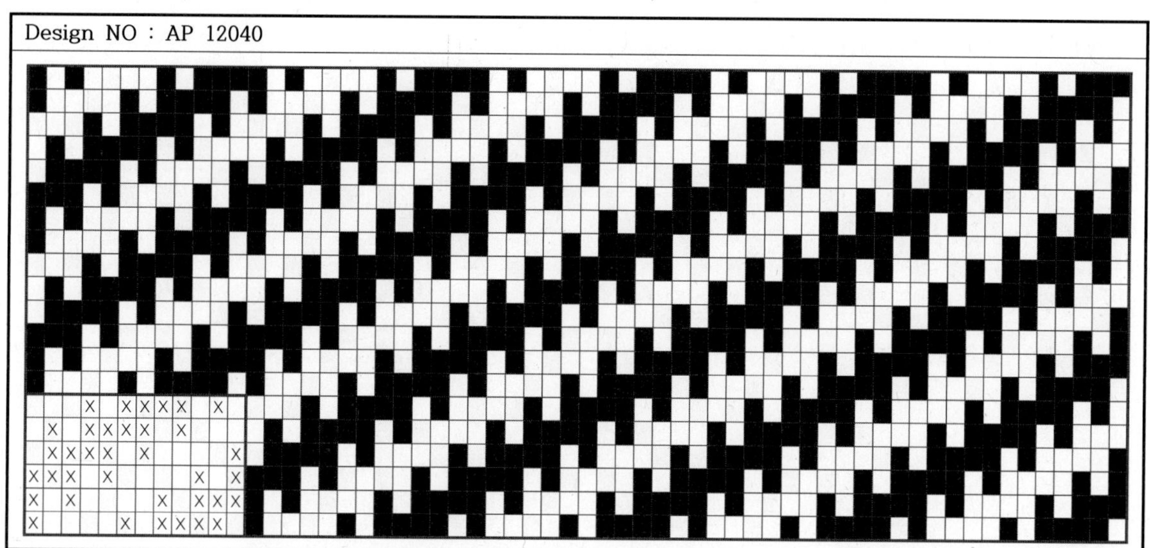

Design NO : AP 12040

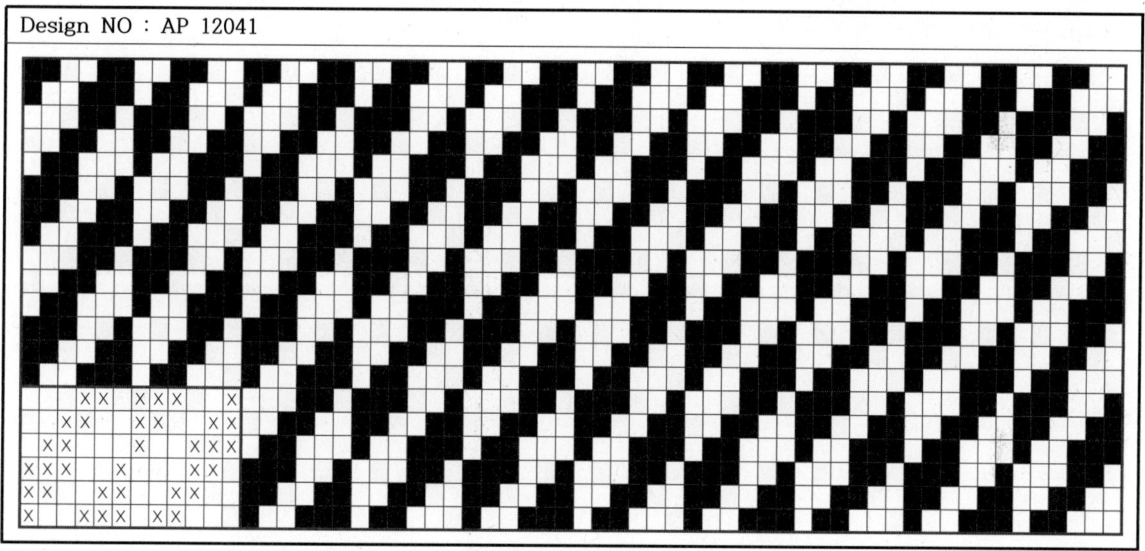

Design NO : AP 12041

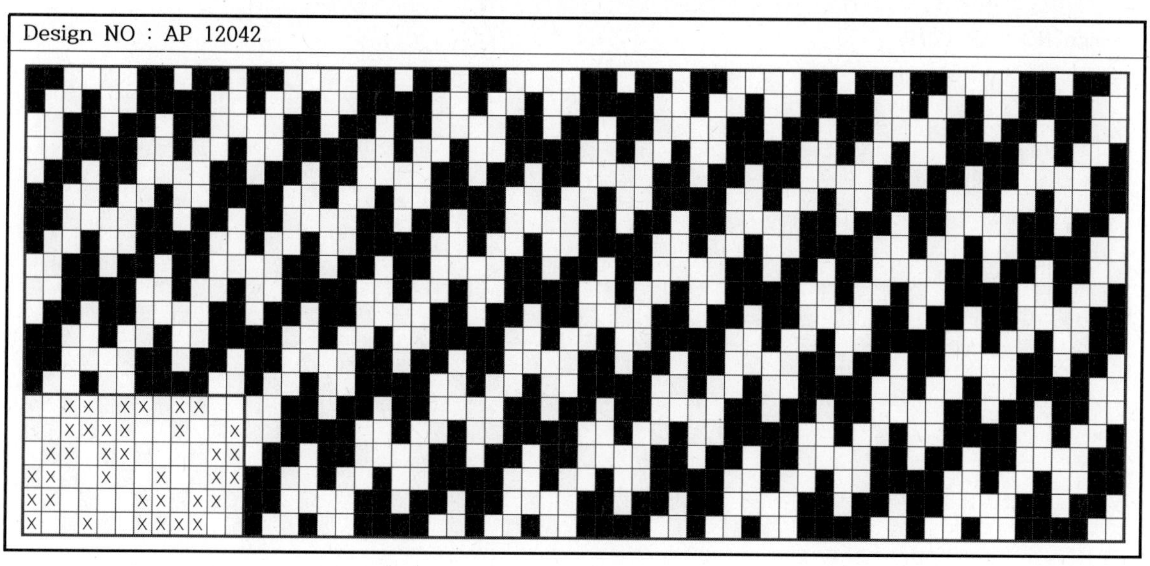

Design NO : AP 12042

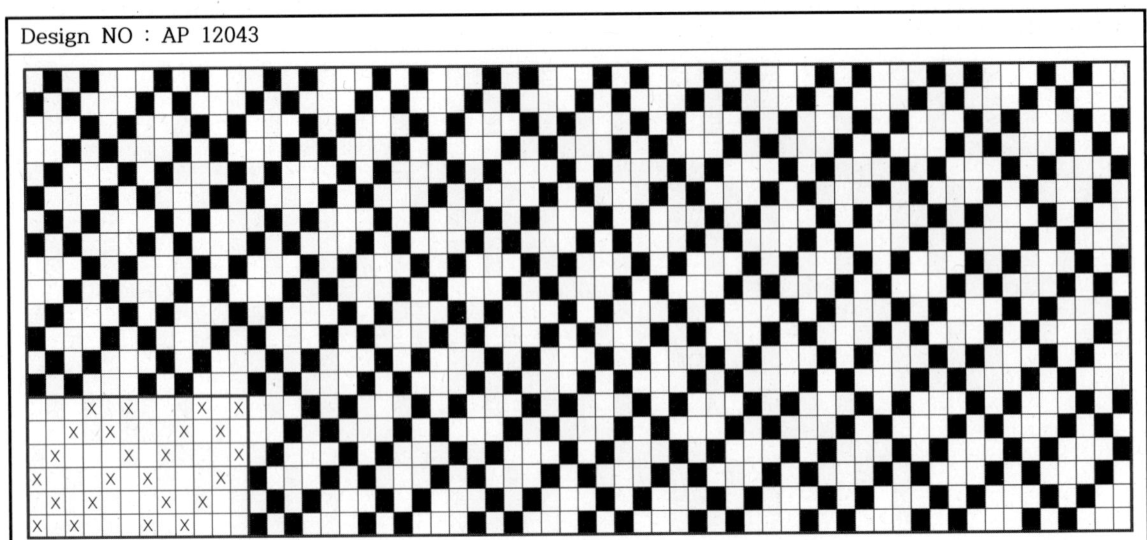

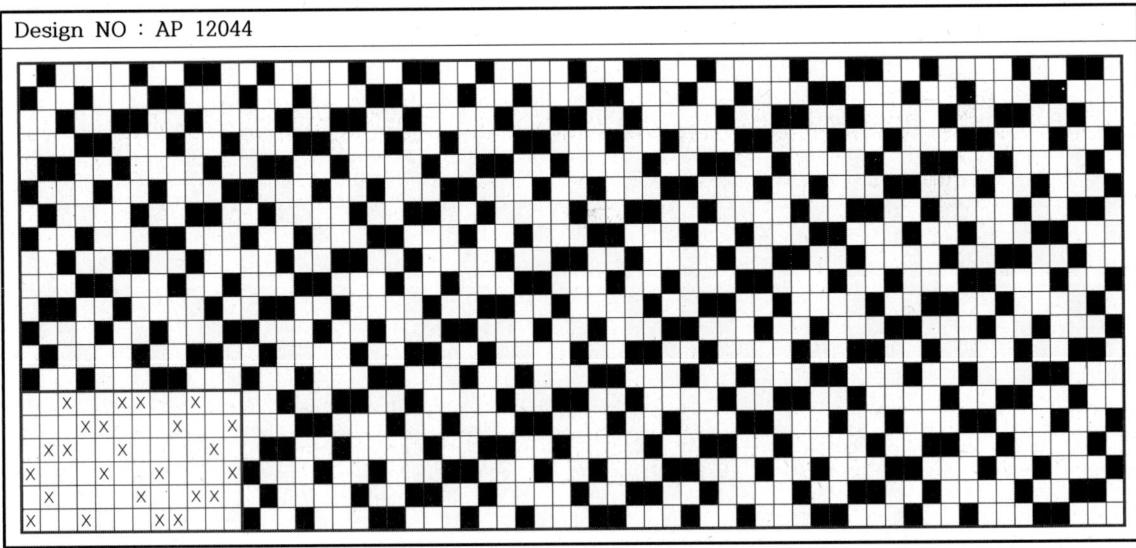

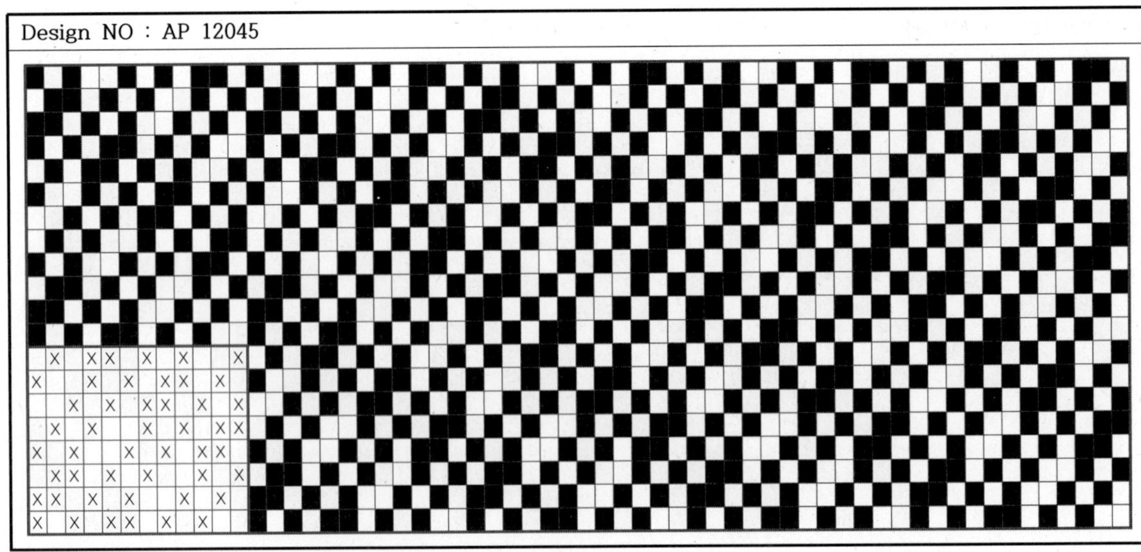

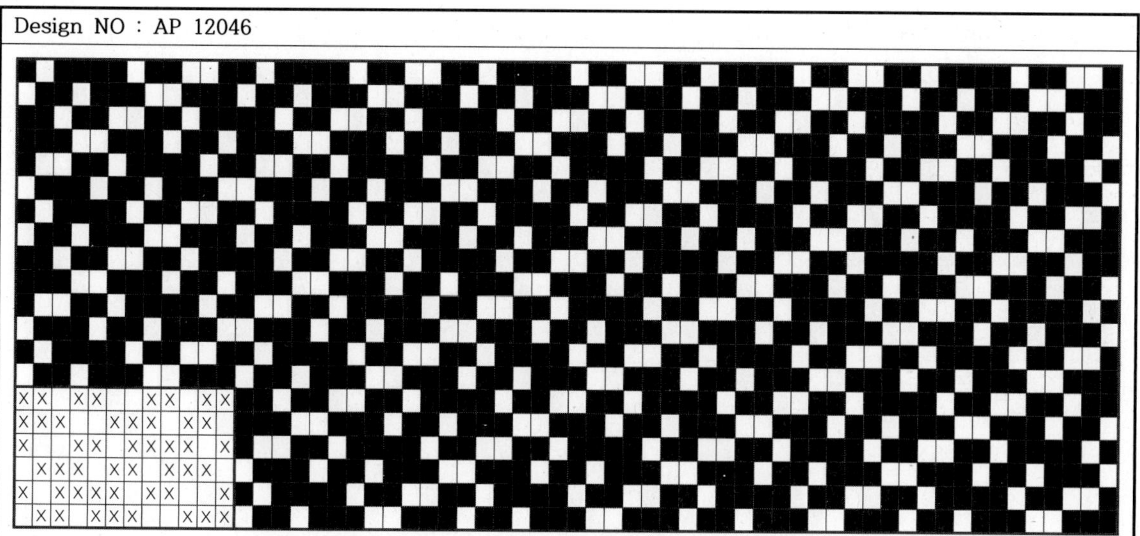

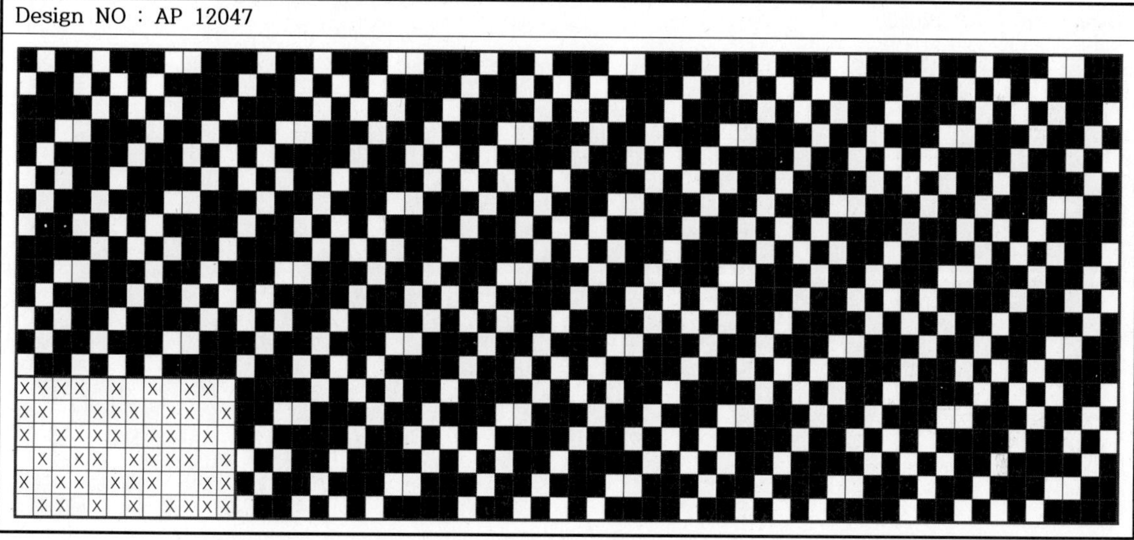

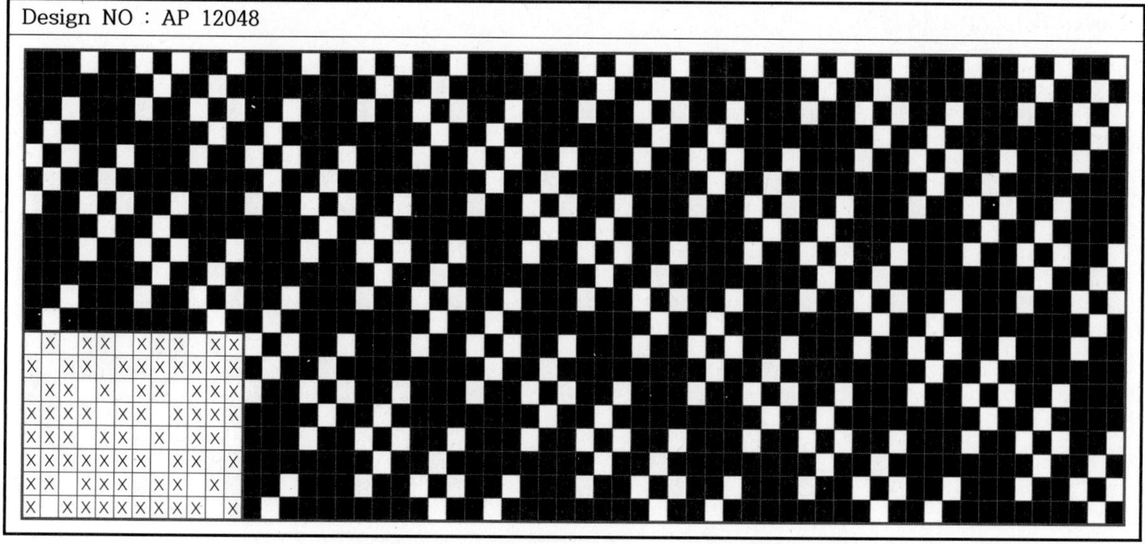

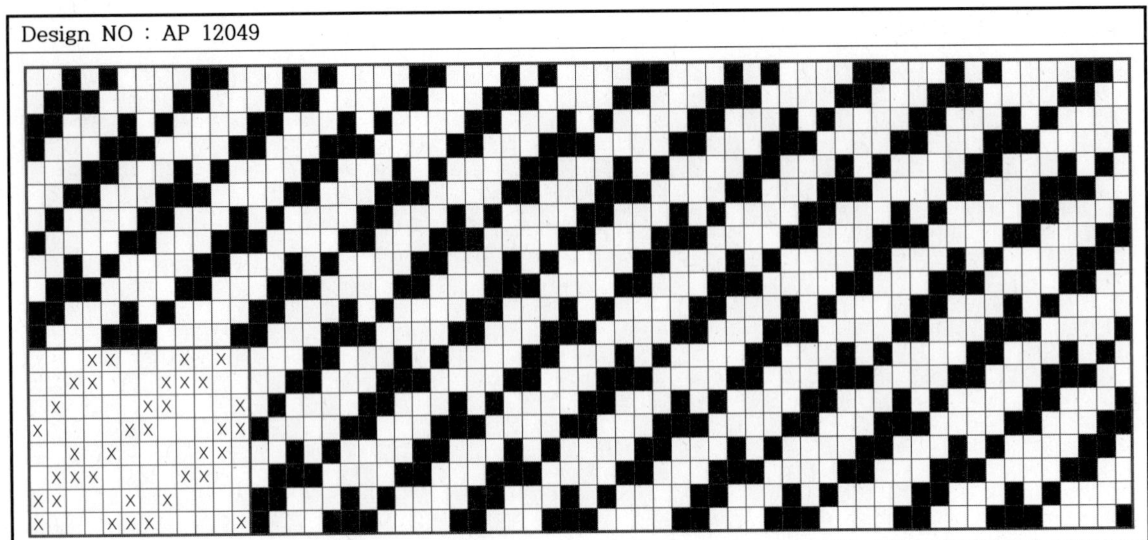

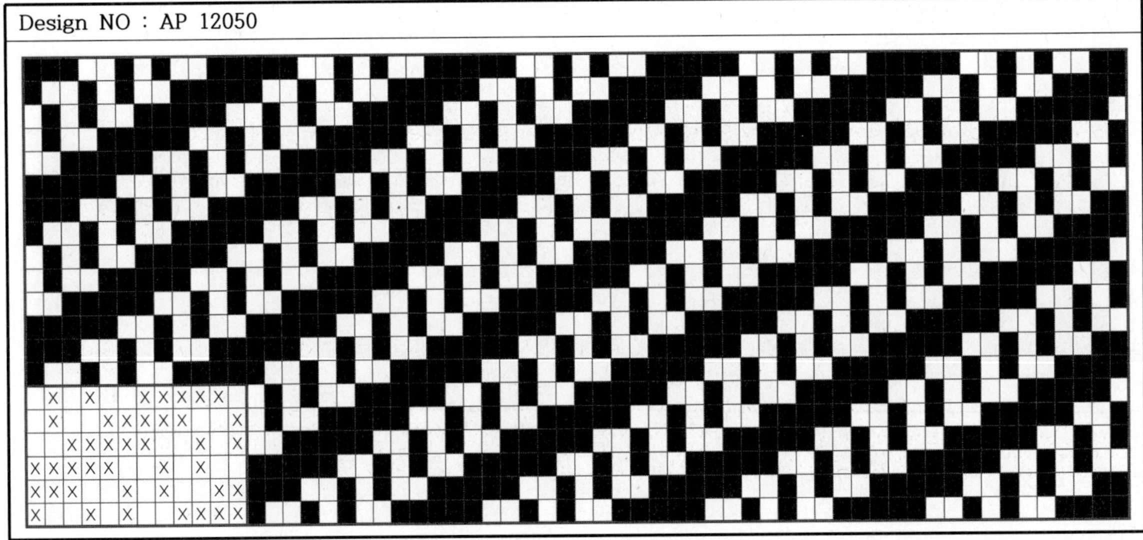

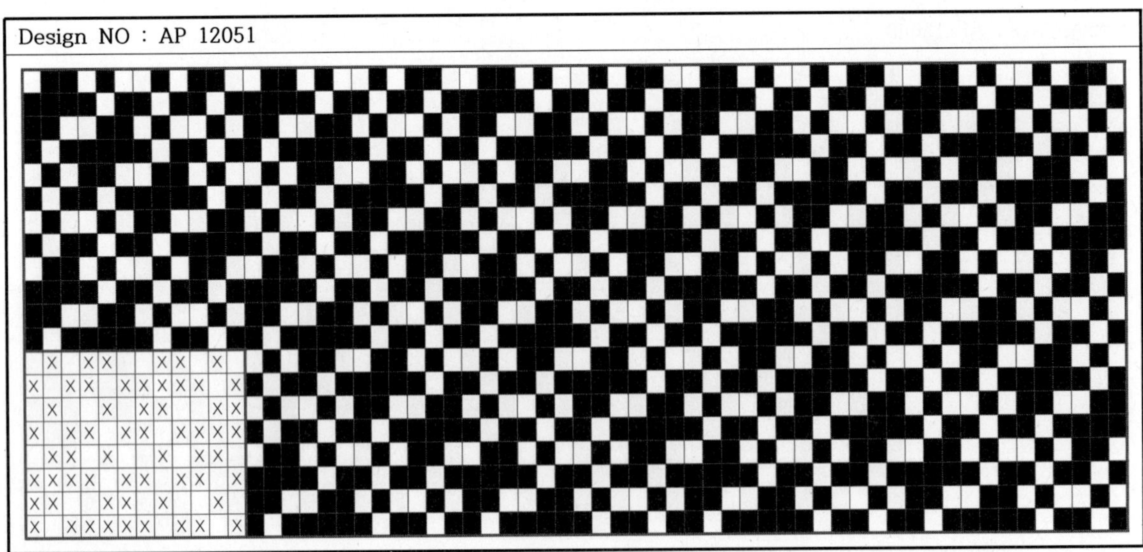

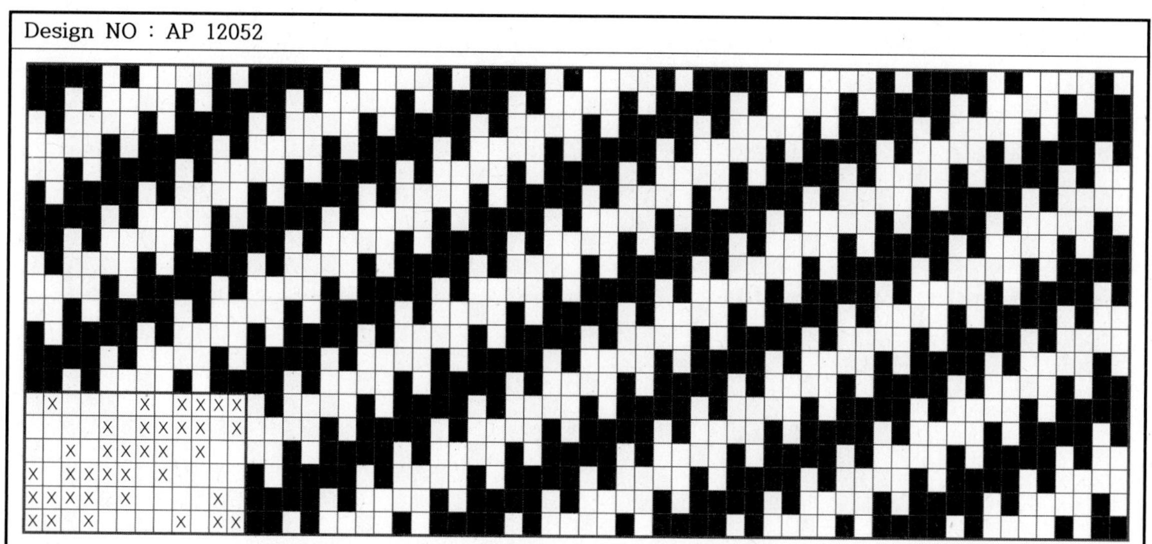

Design NO : AP 12052

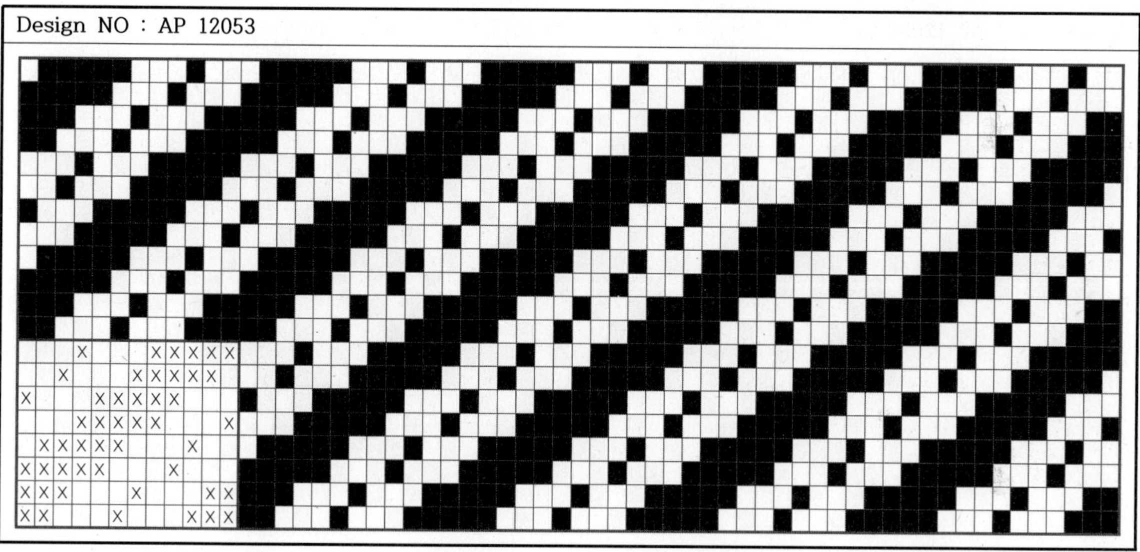

Design NO : AP 12053

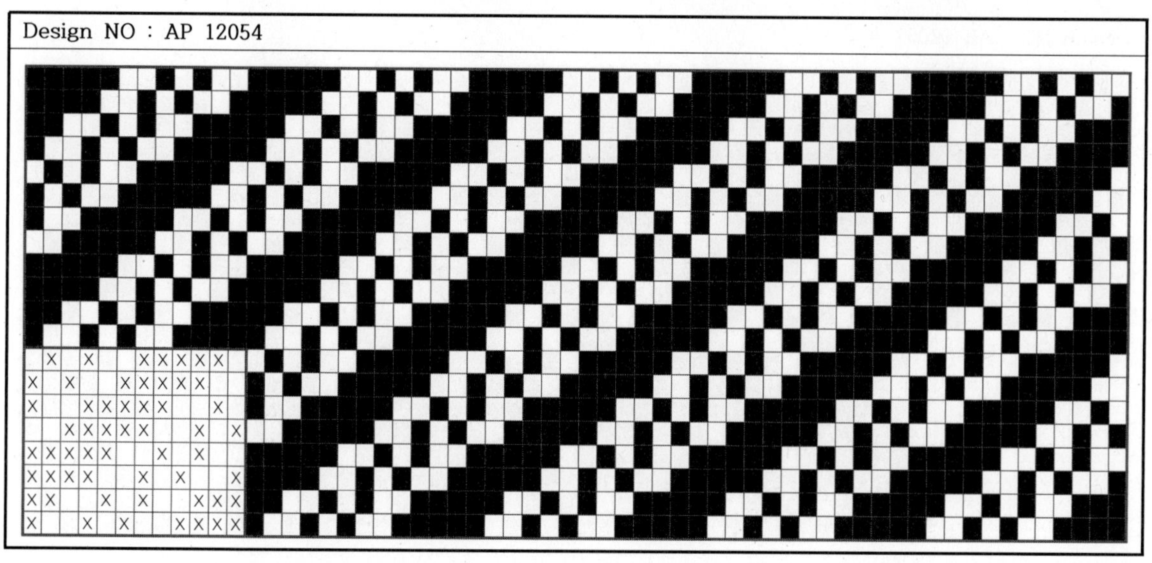

Design NO : AP 12054

Design NO : AP 12055

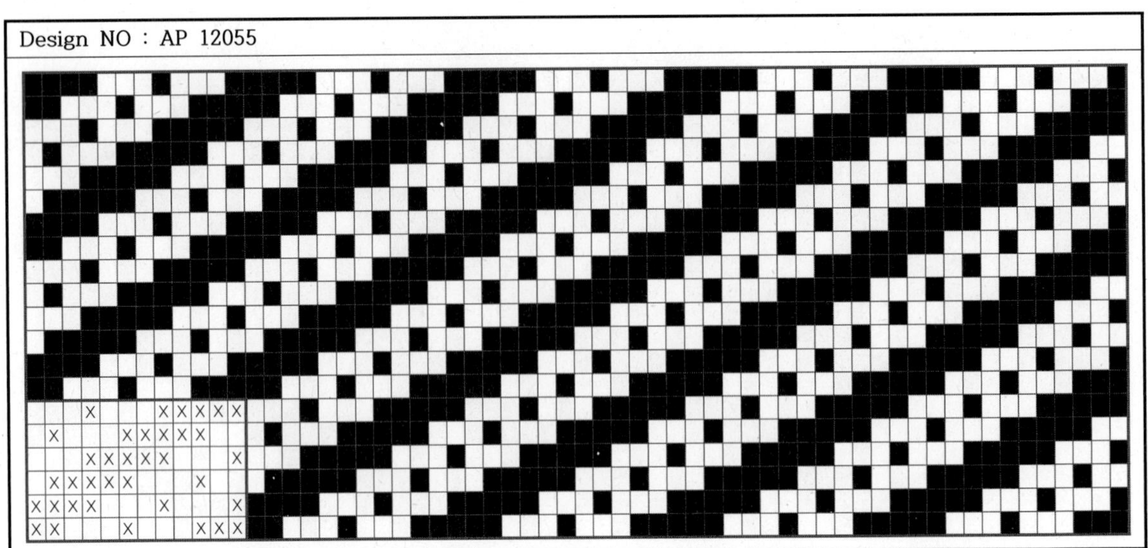

Design NO : AP 12056

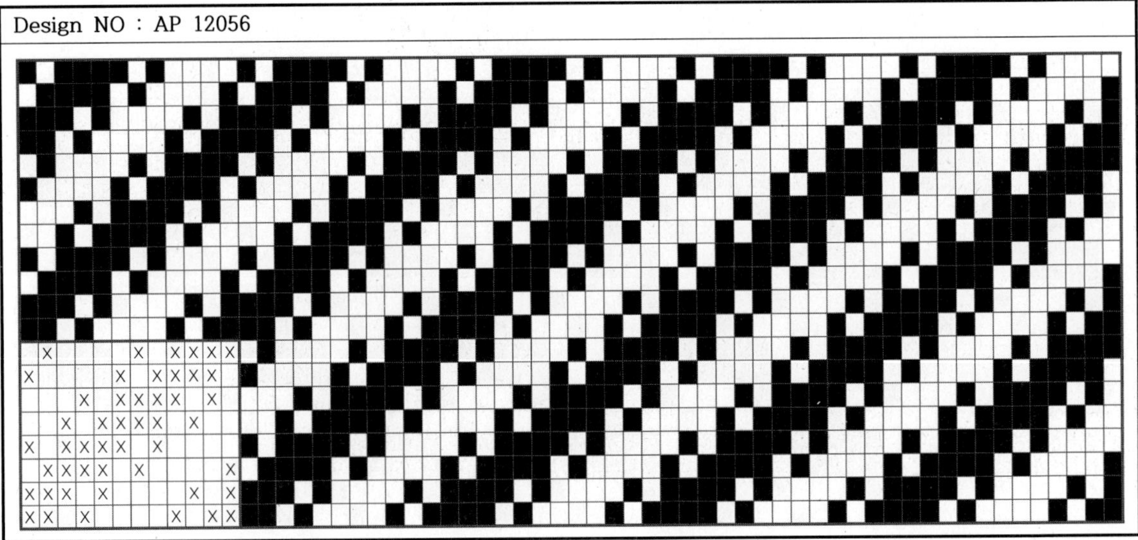

Design NO : AP 12057

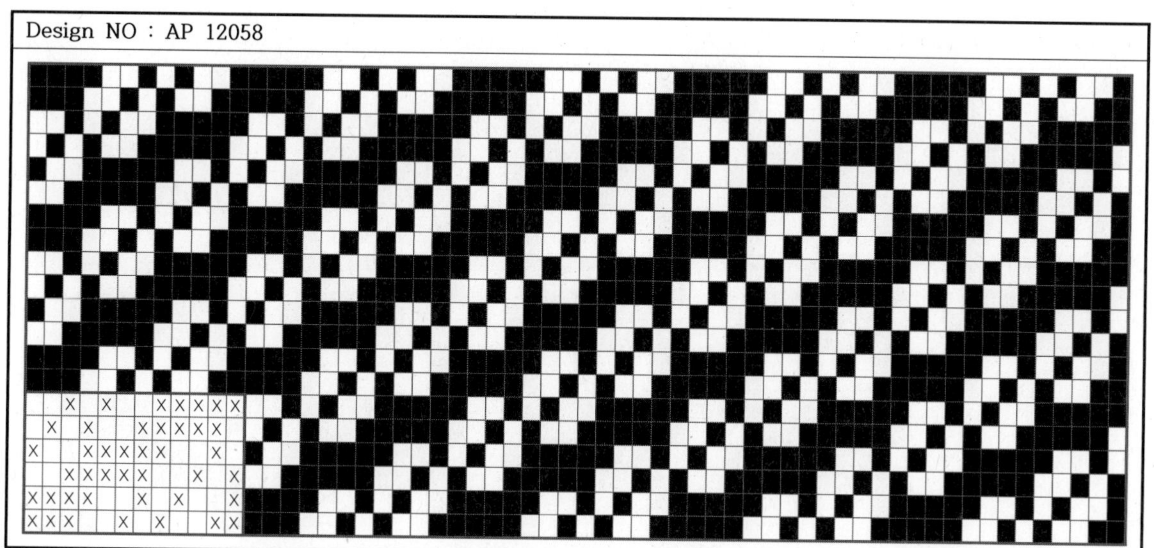

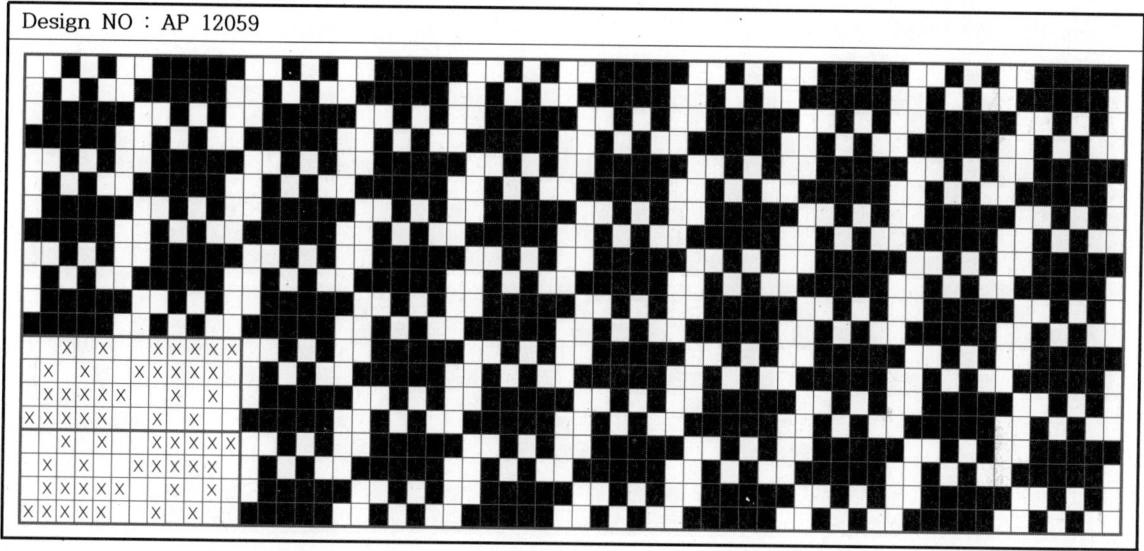

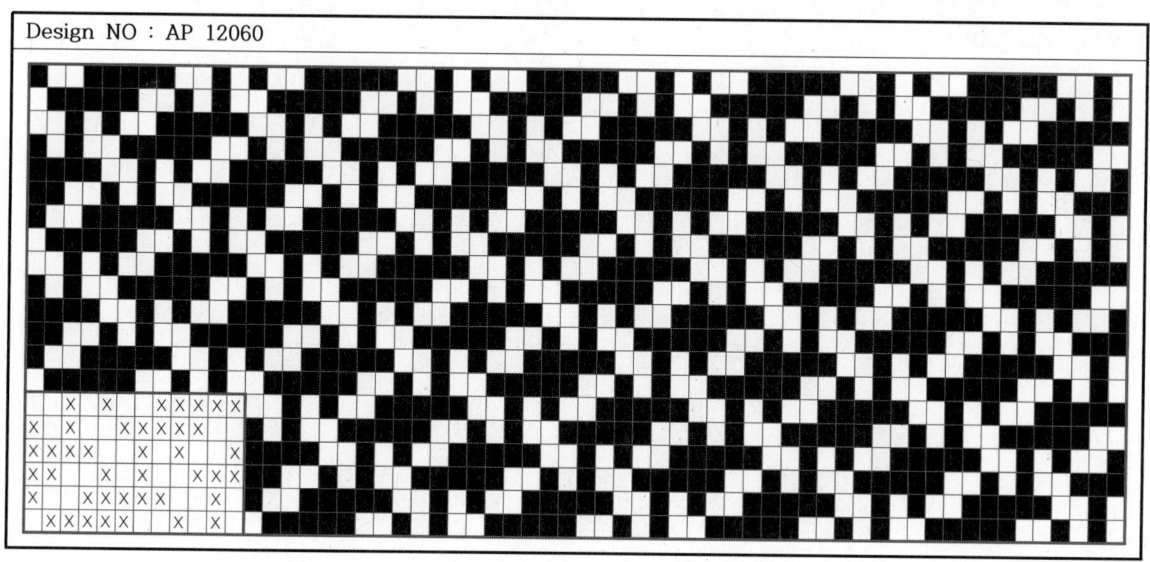

Design NO : AP 12061

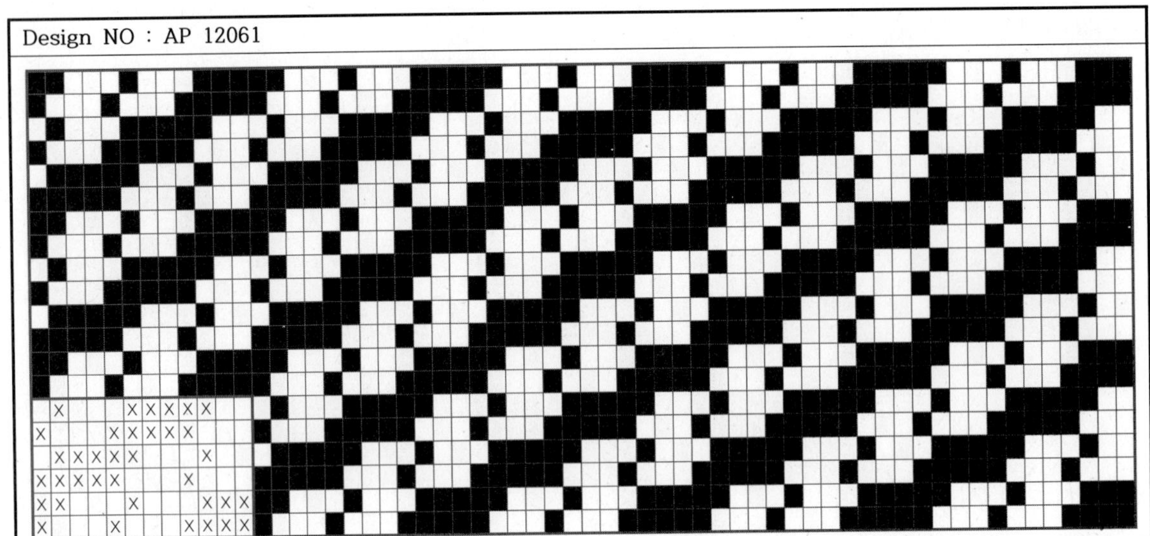

Design NO : AP 12062

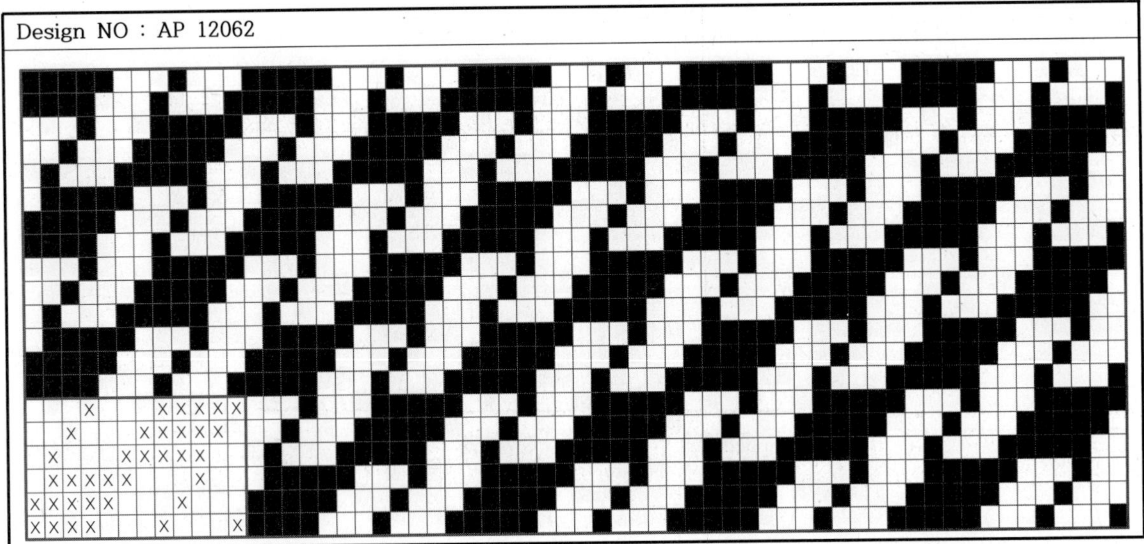

Design NO : AP 12063

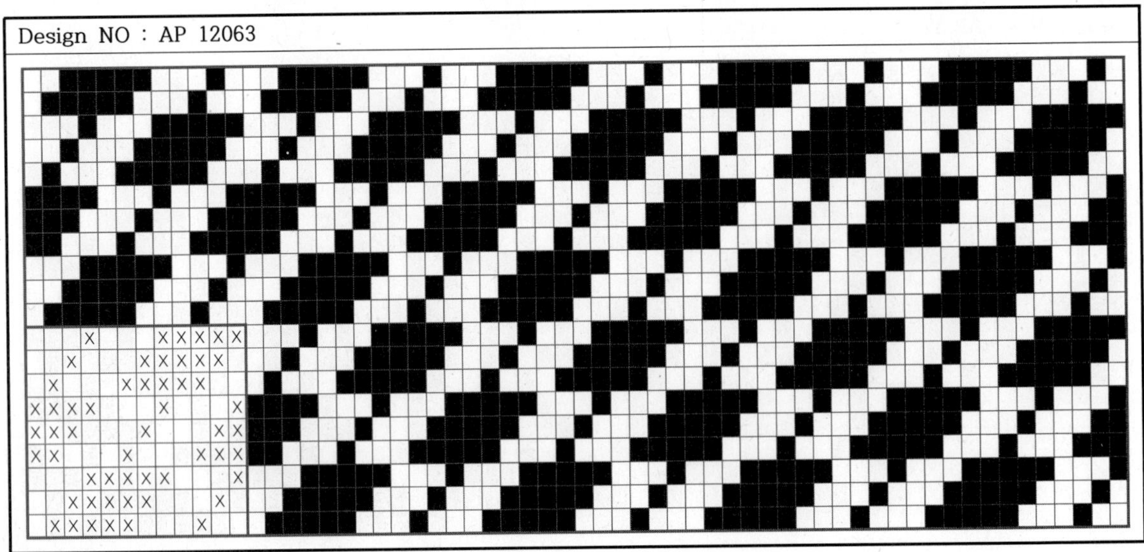

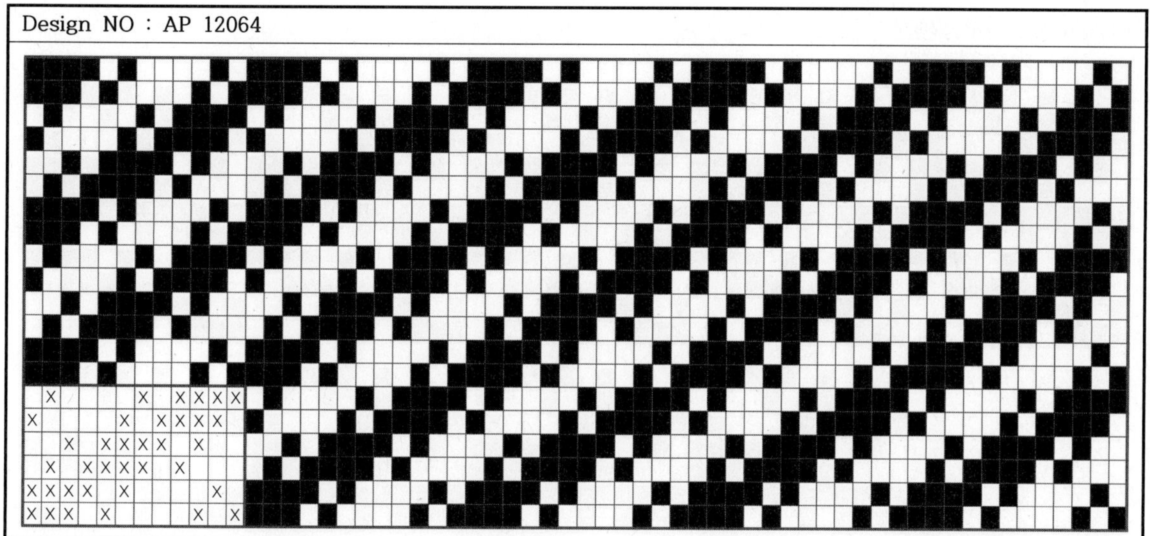

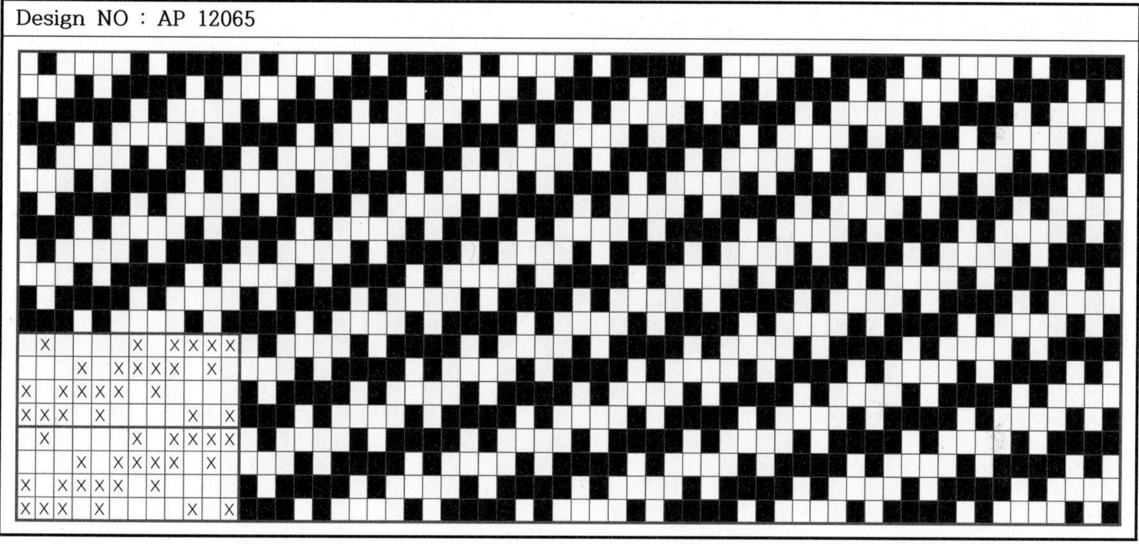

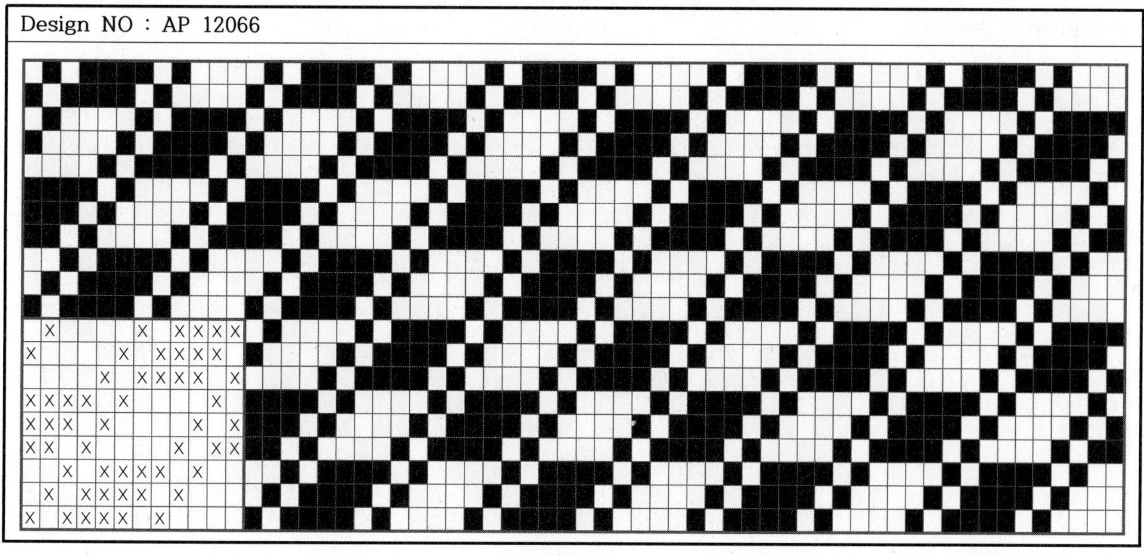

Design NO : AP 12067

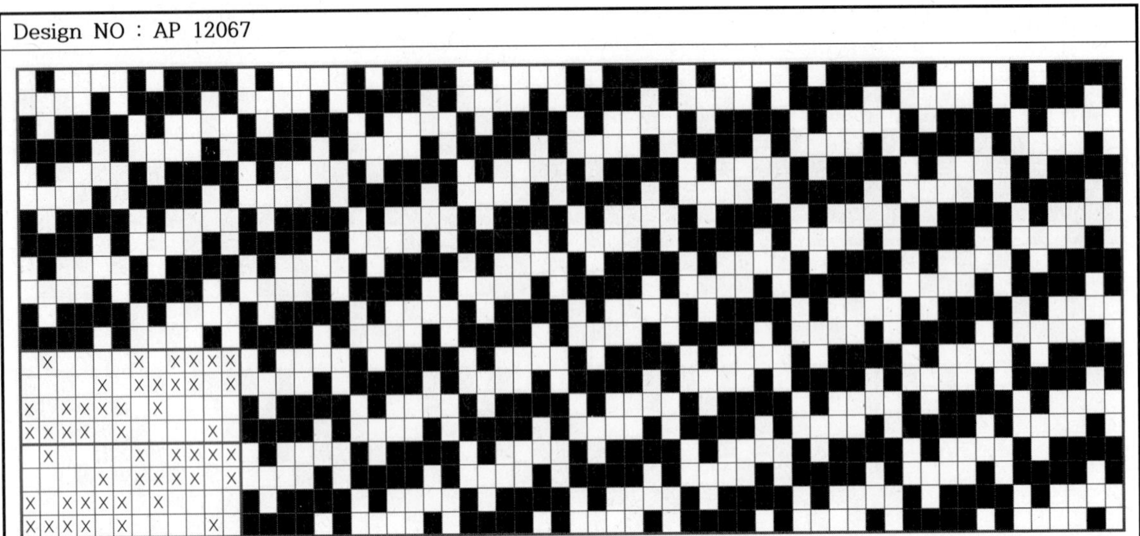

Design NO : AP 12068

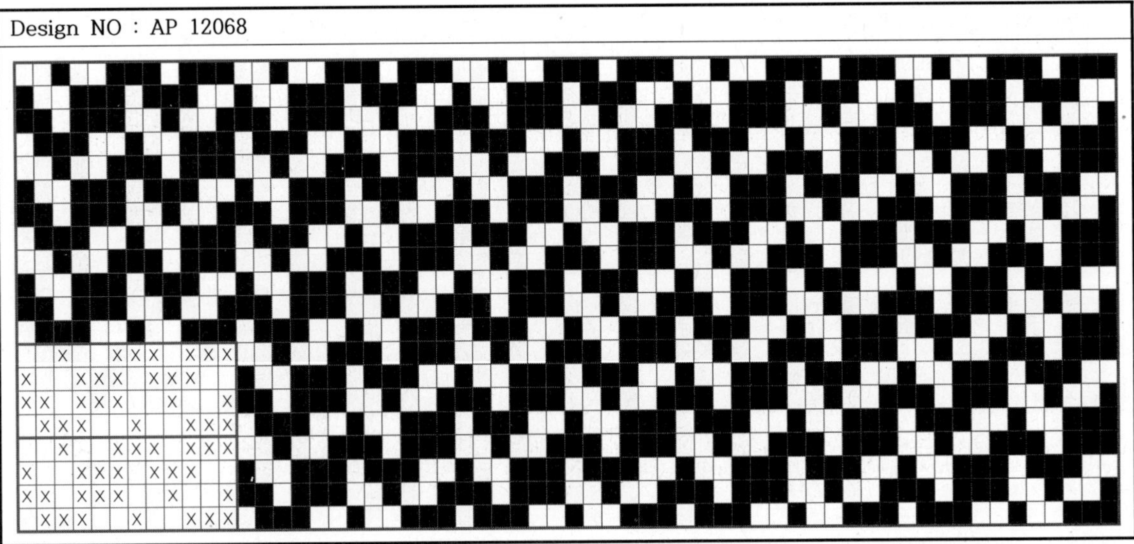

Design NO : AP 12069

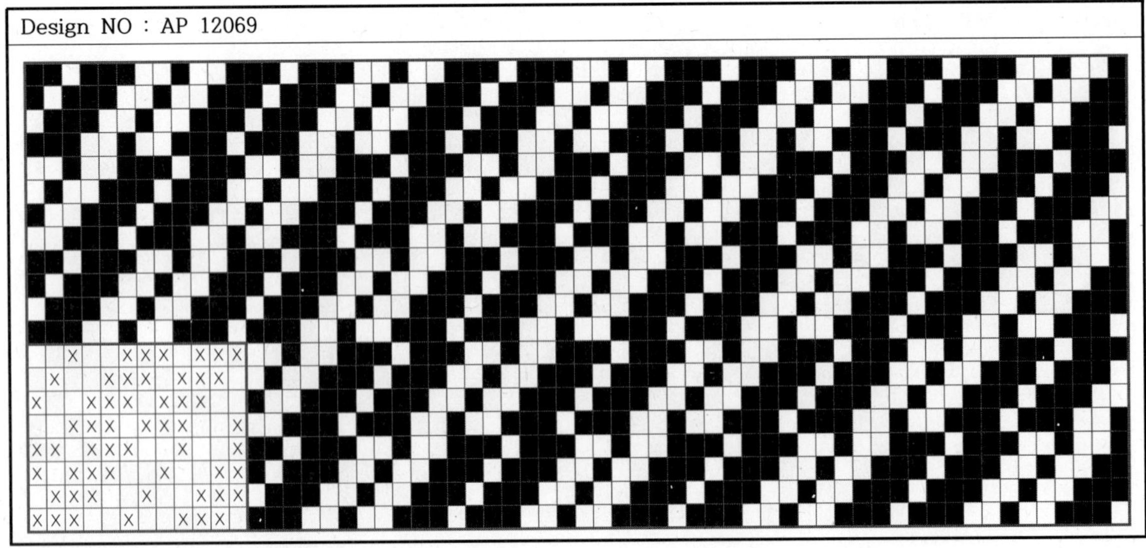

Design NO : AP 12070

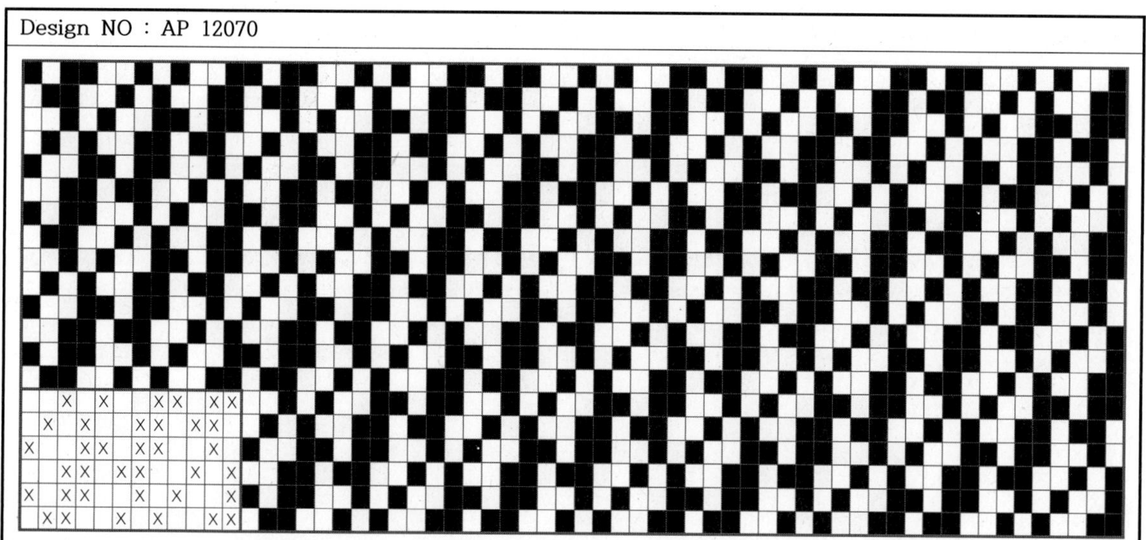

Design NO : AP 12071

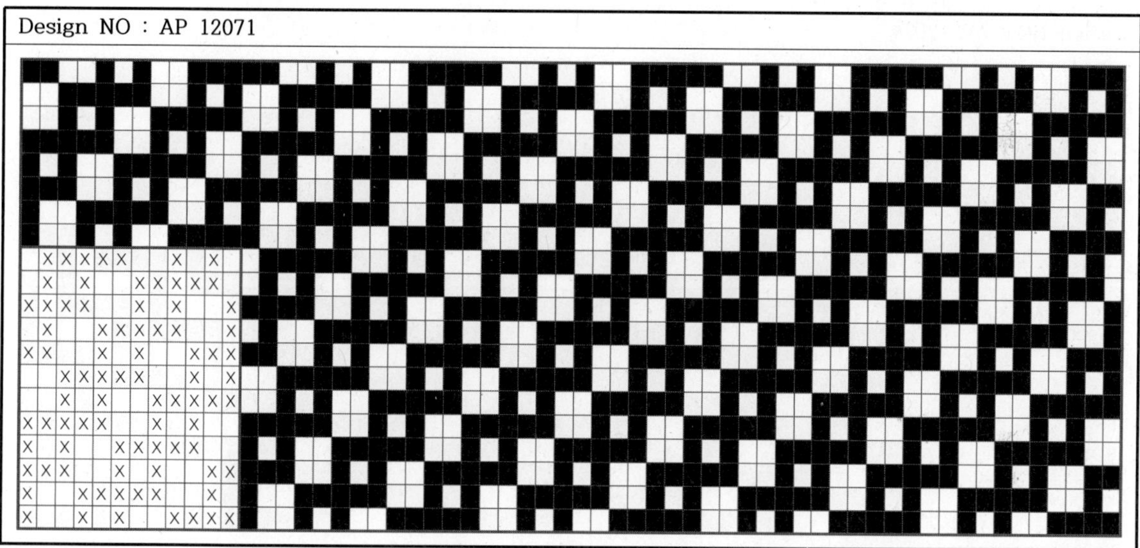

Design NO : AP 12072

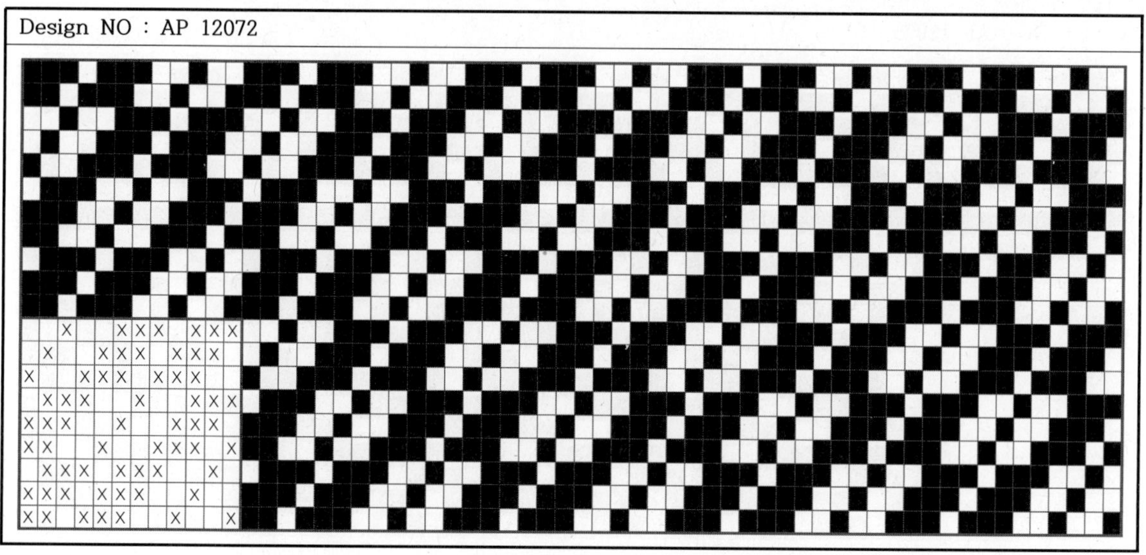

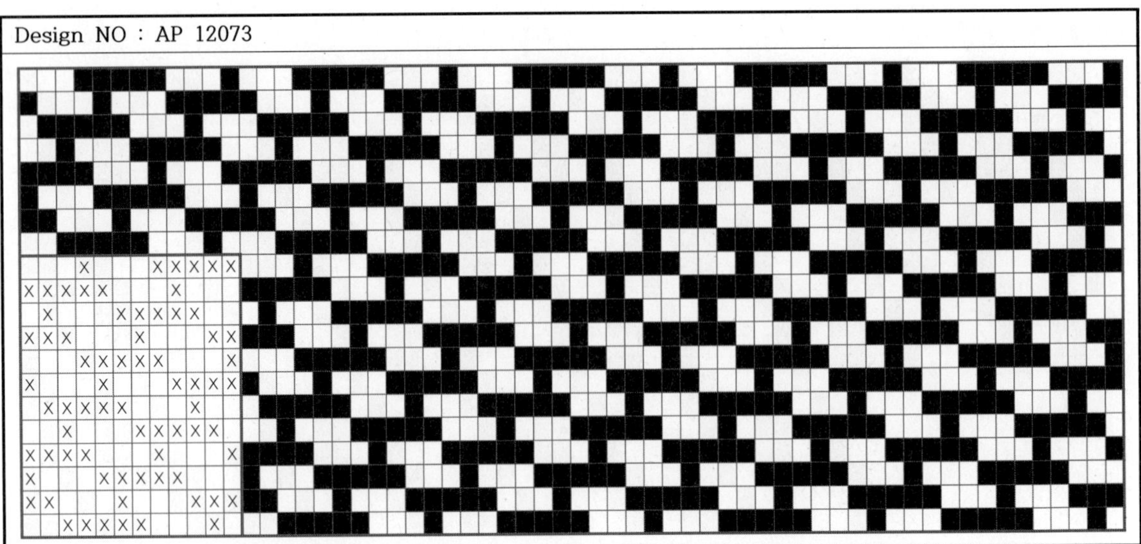

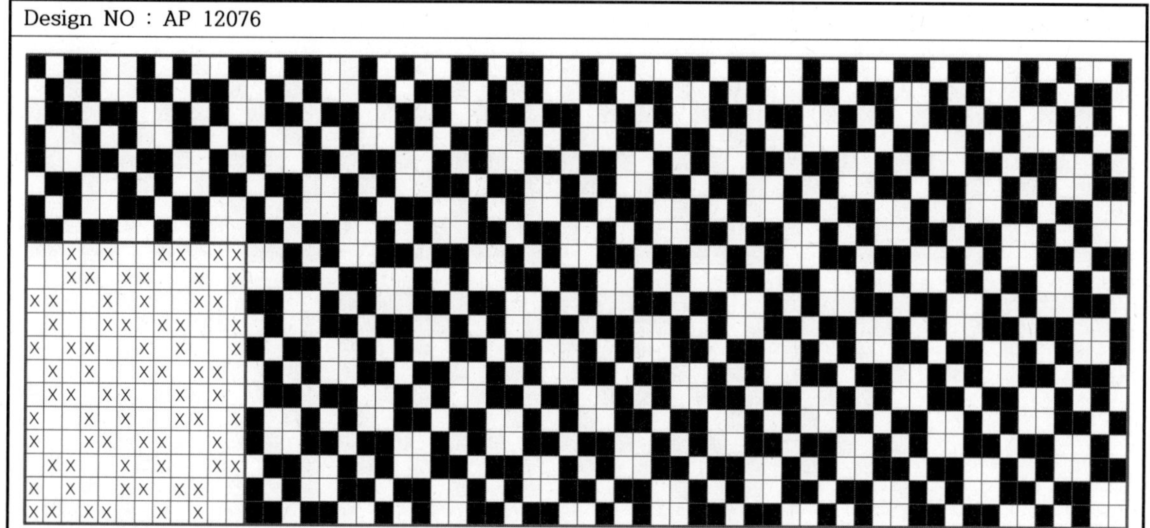

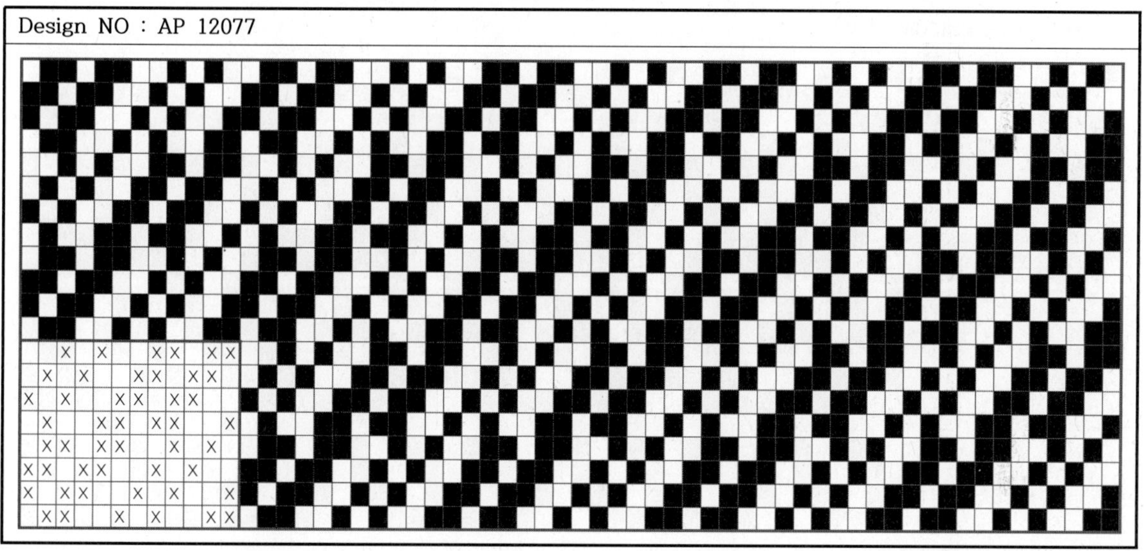

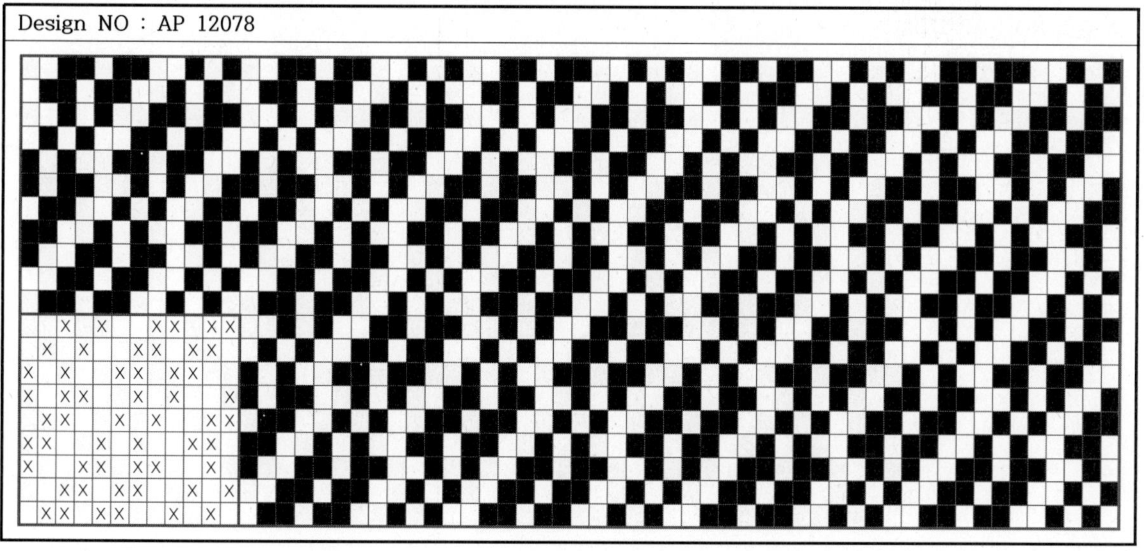

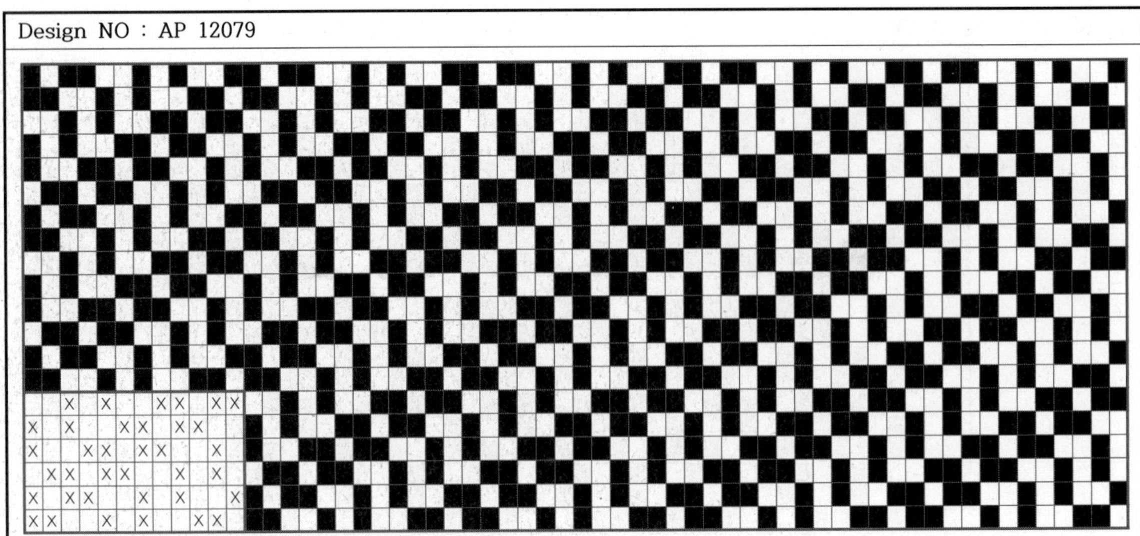

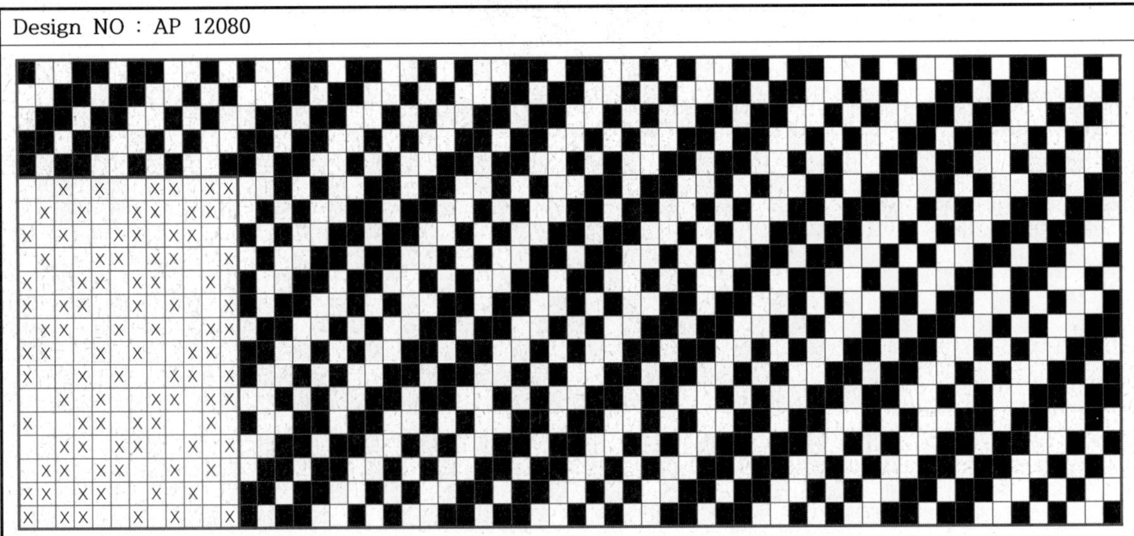

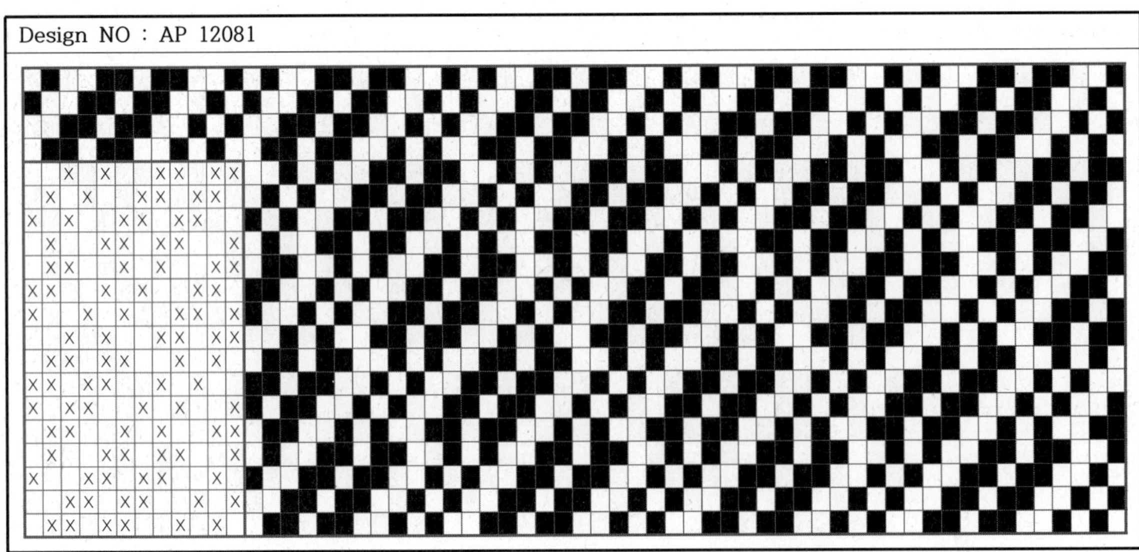

Design NO : AP 12082

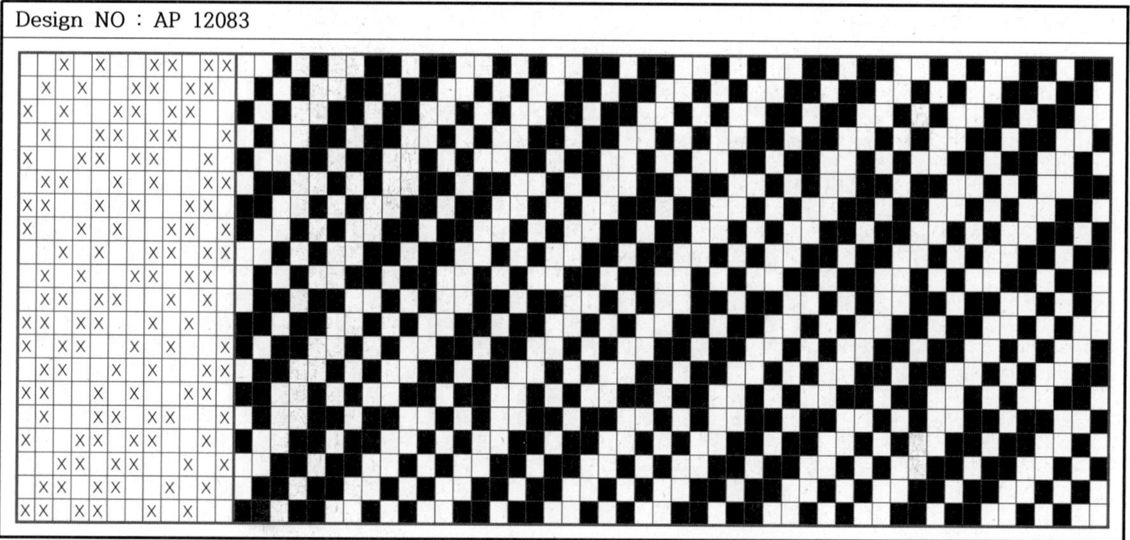

Design NO : AP 12083

Design NO : AP 12084

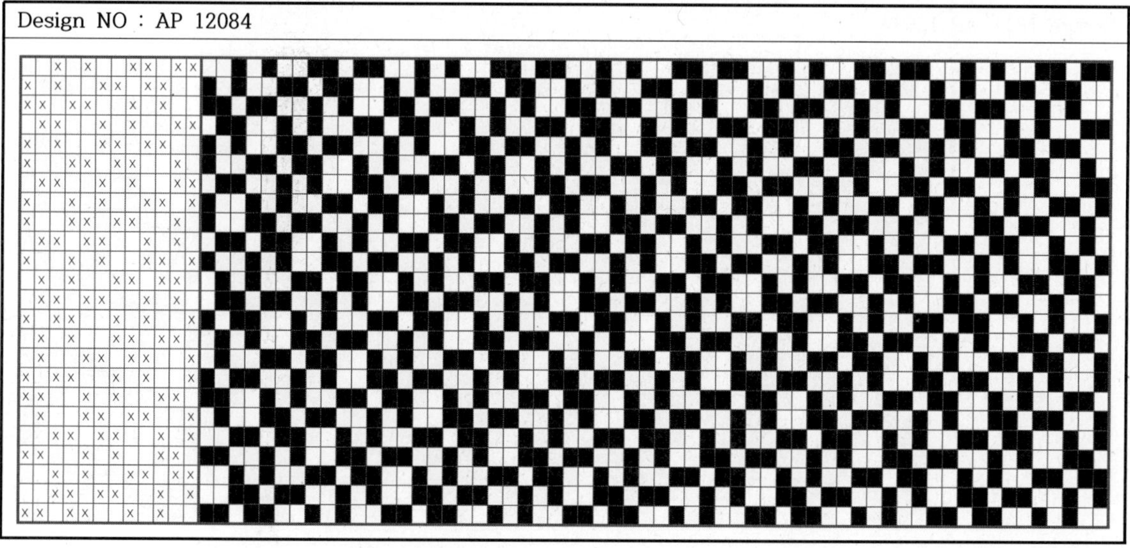

Design NO : AP 12085

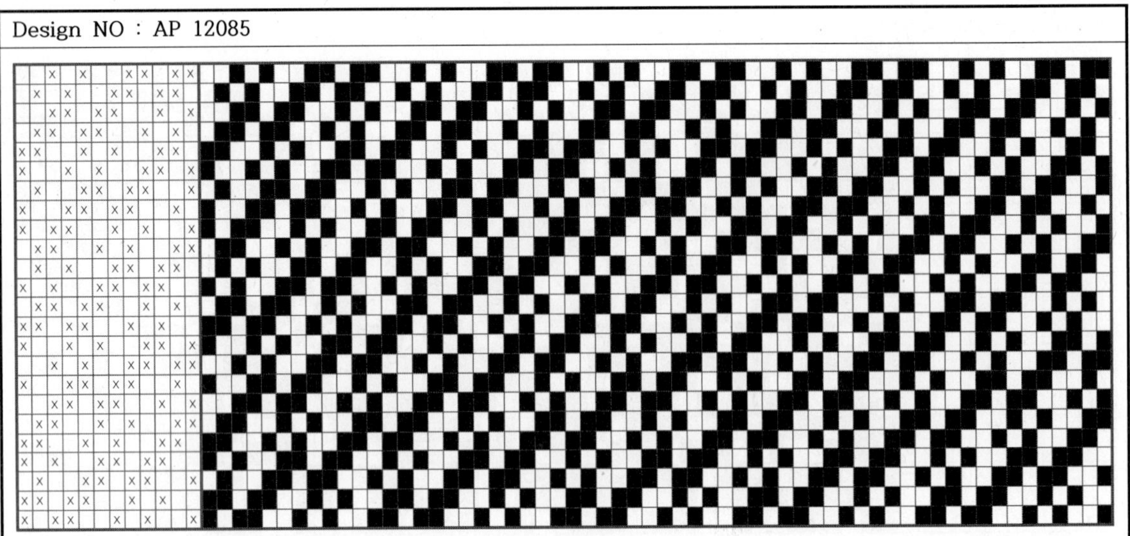

Design NO : AP 12086

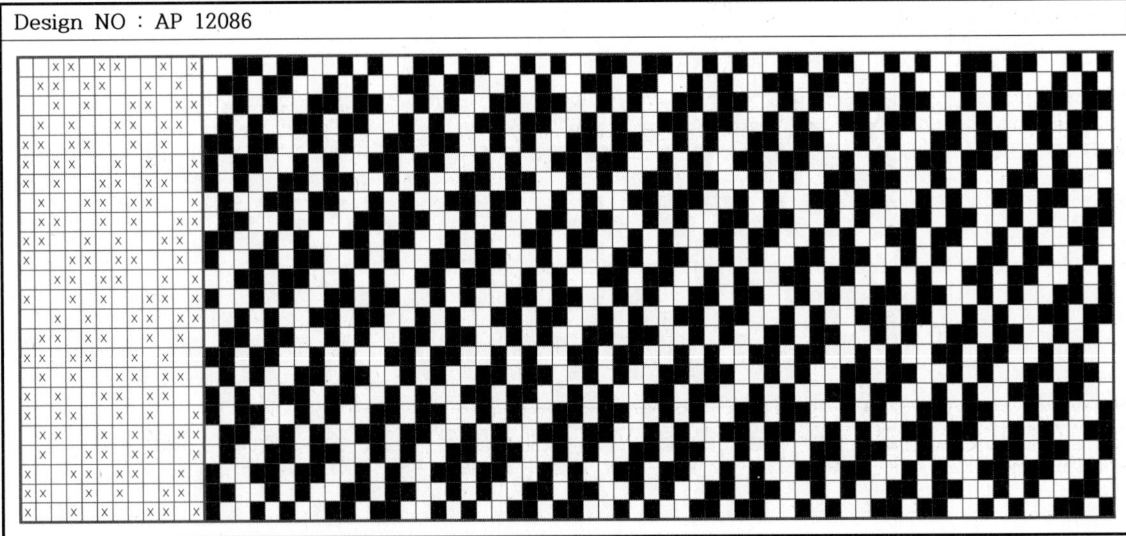

Design NO : AP 12087

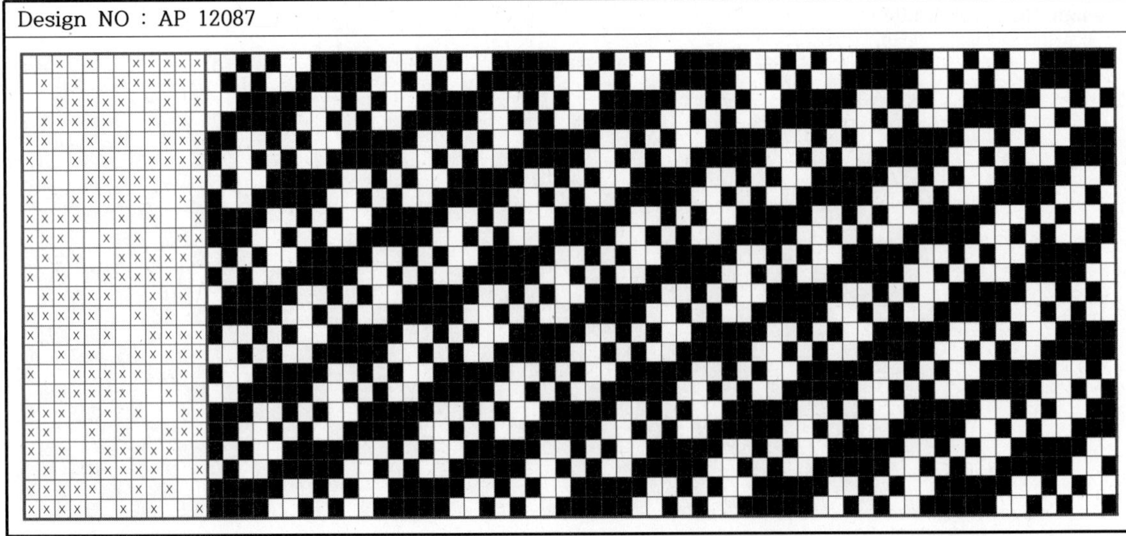

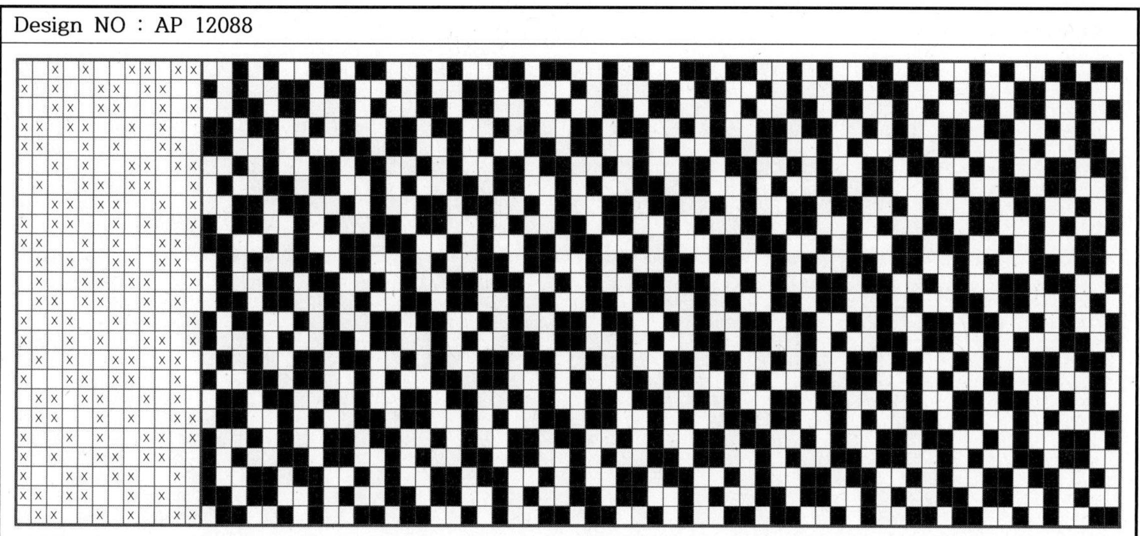

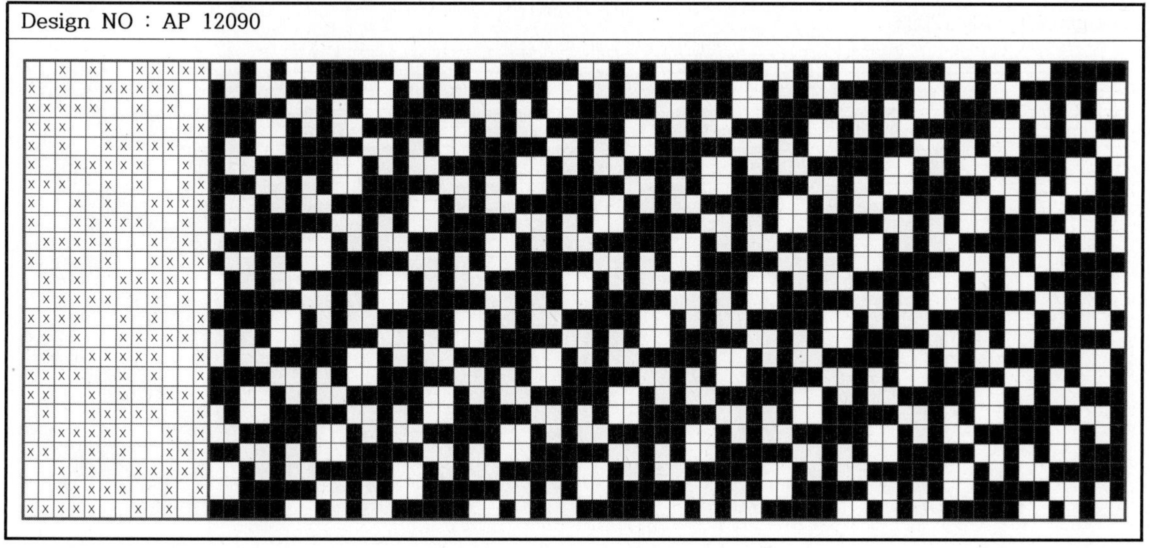

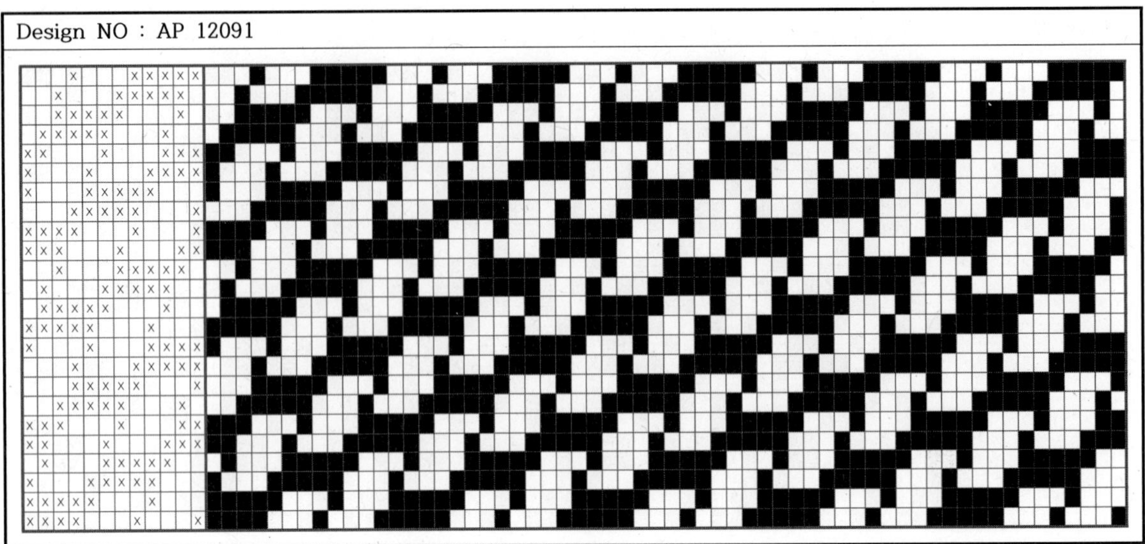

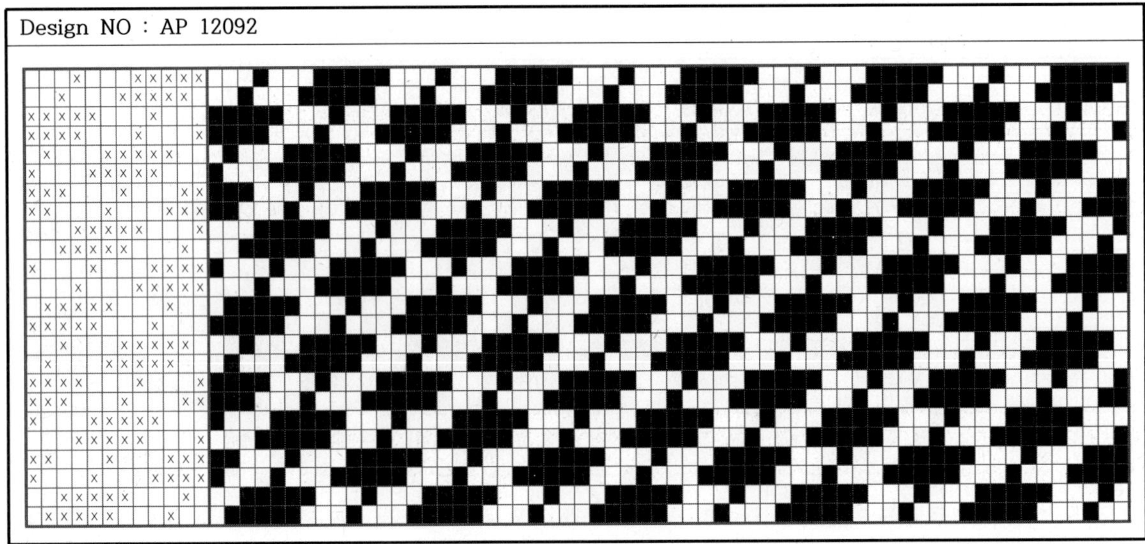

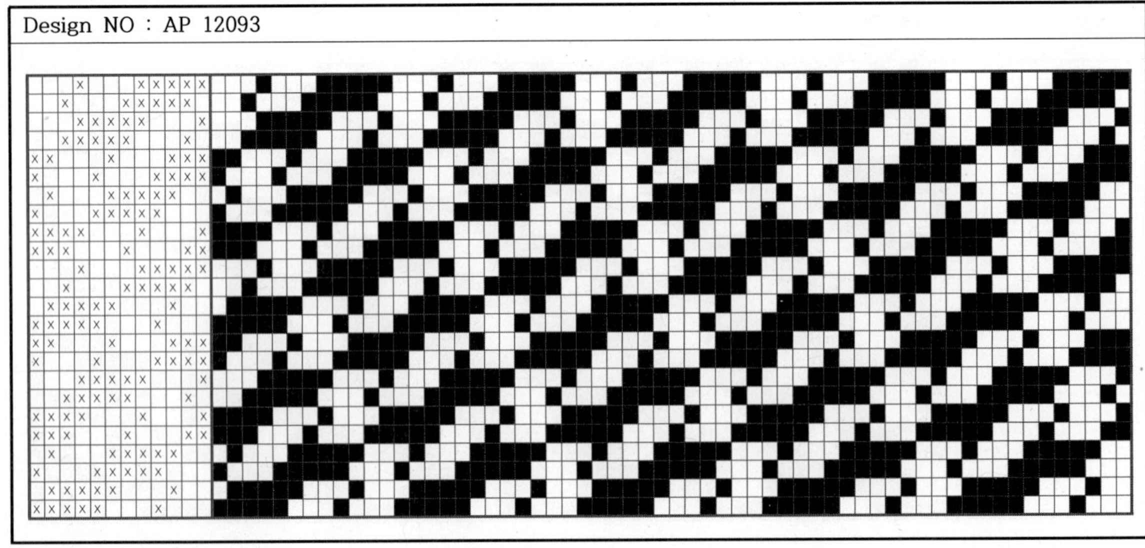

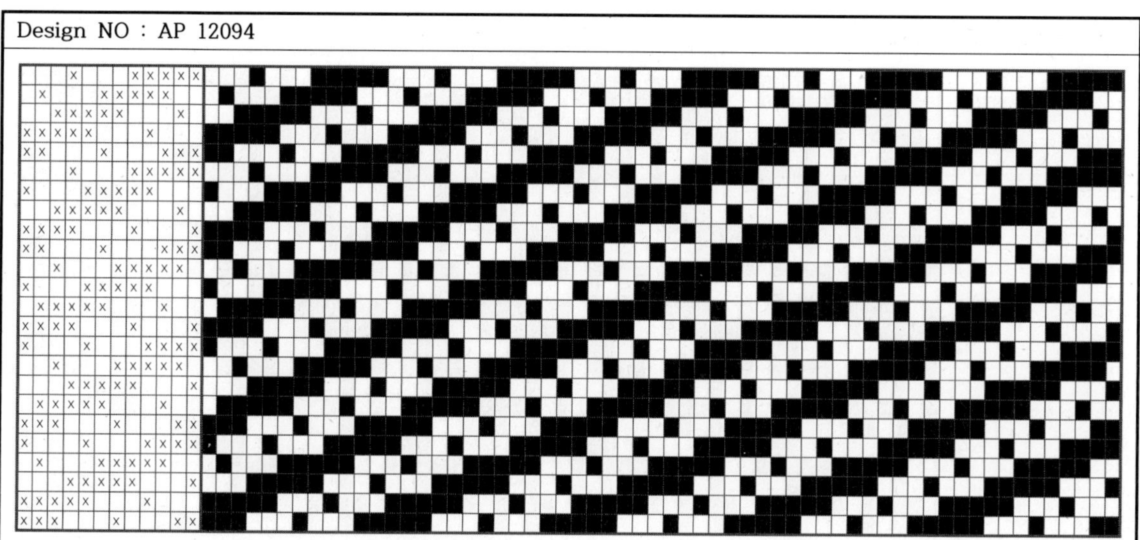

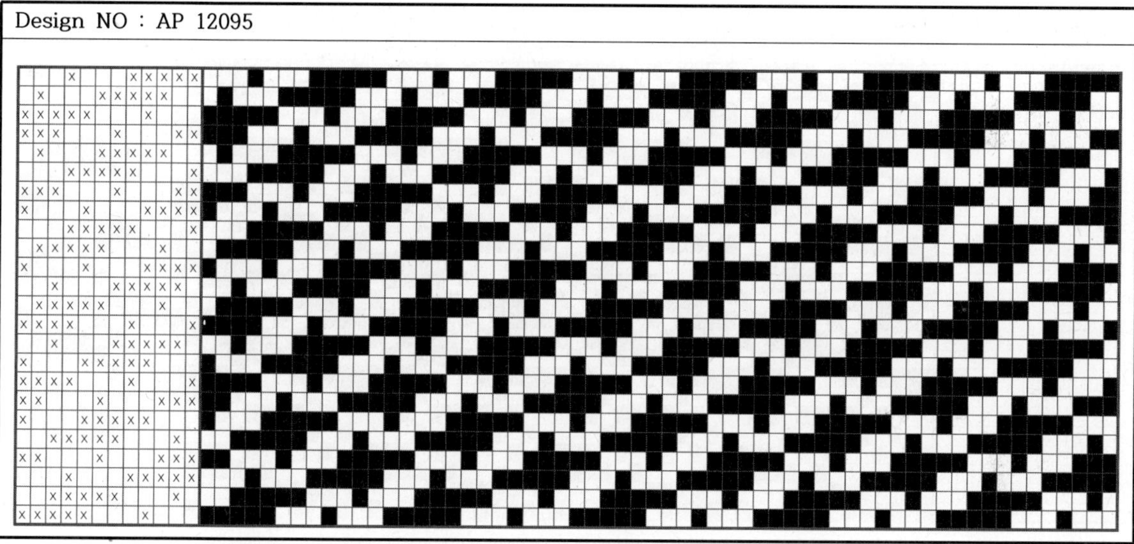

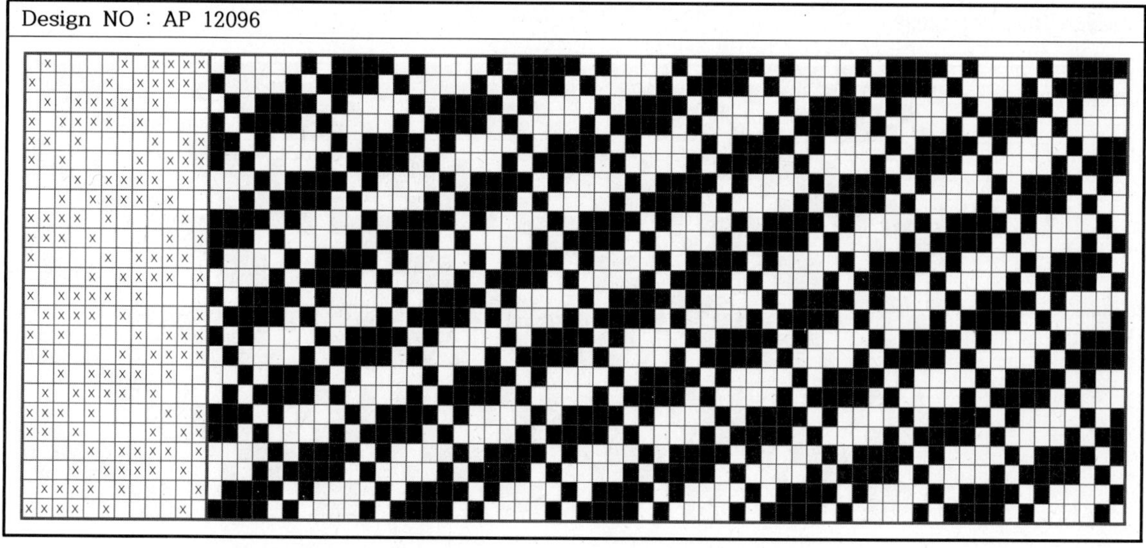

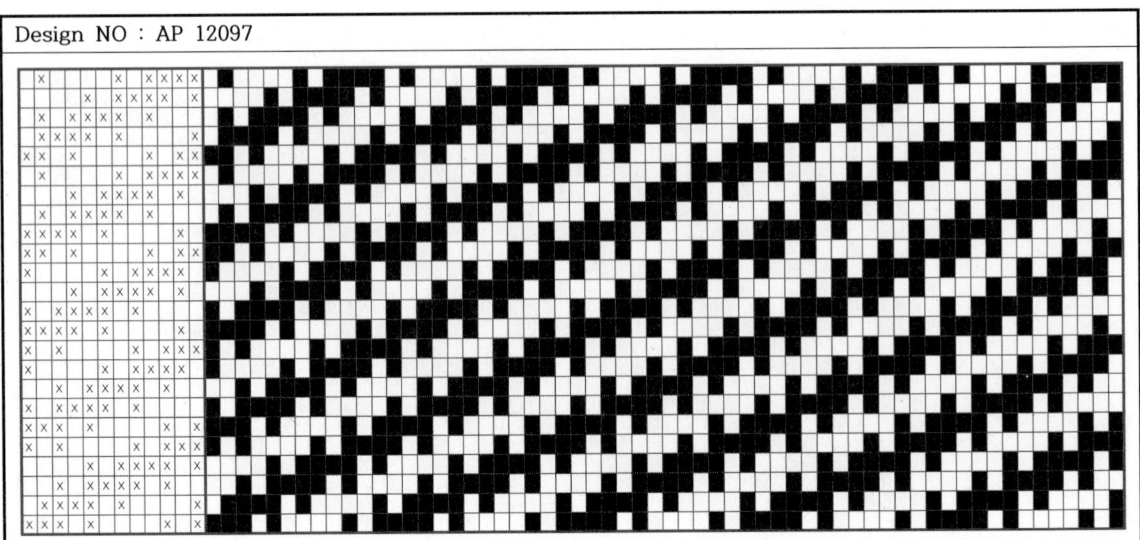

Design NO : AP 12097

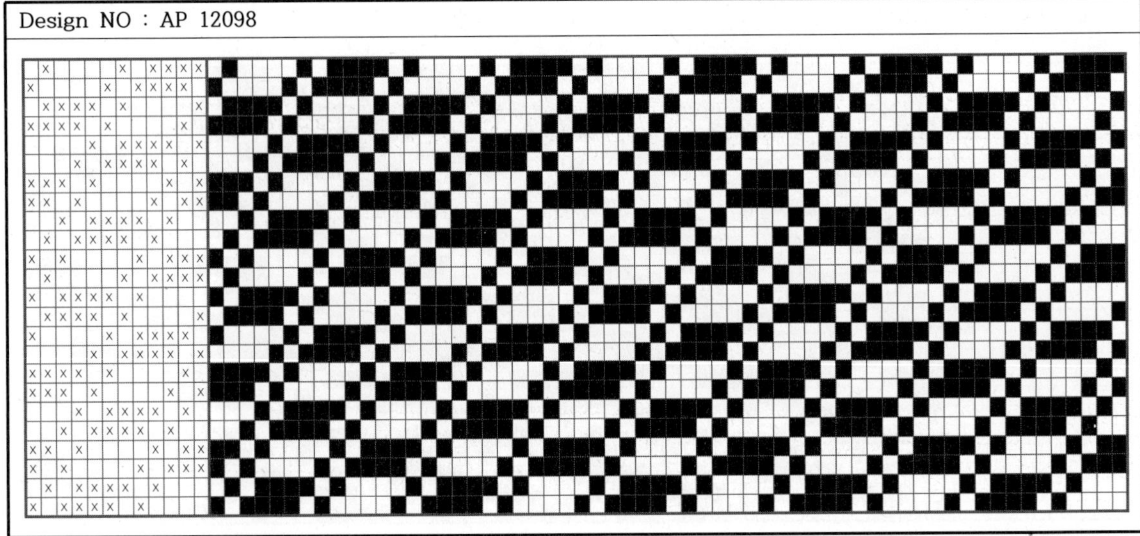

Design NO : AP 12098

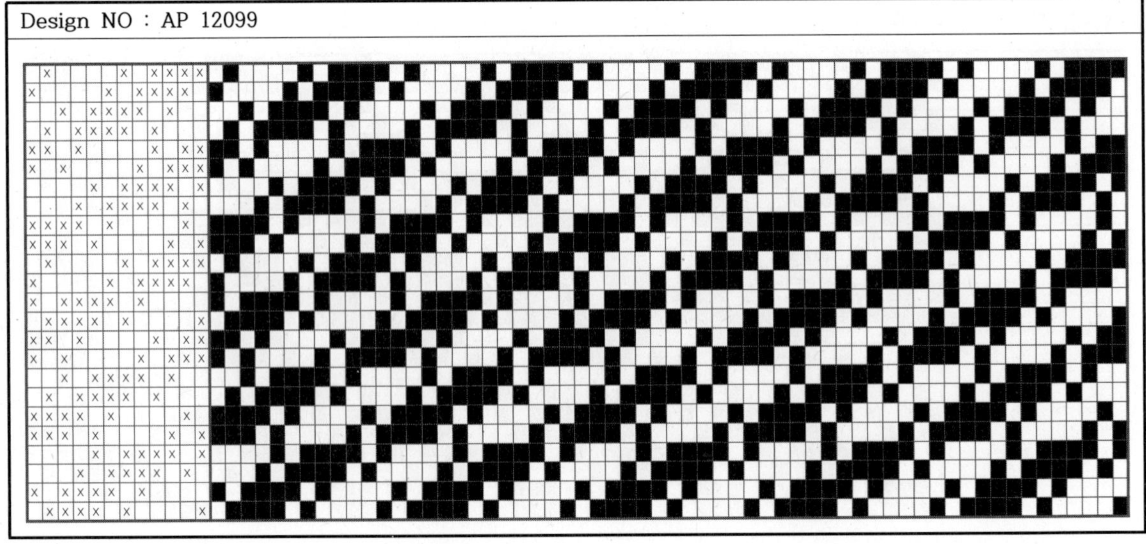

Design NO : AP 12099

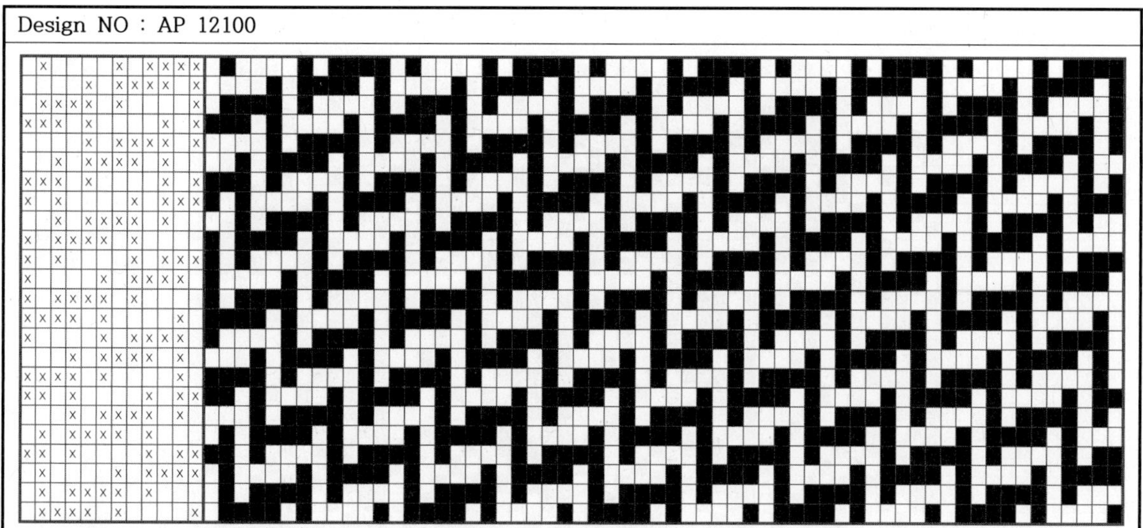

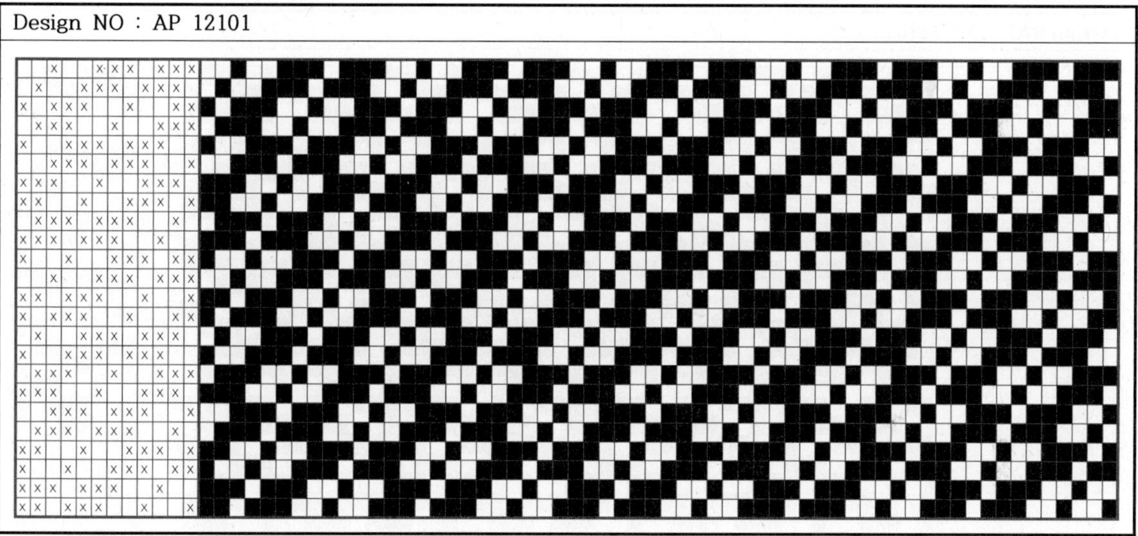

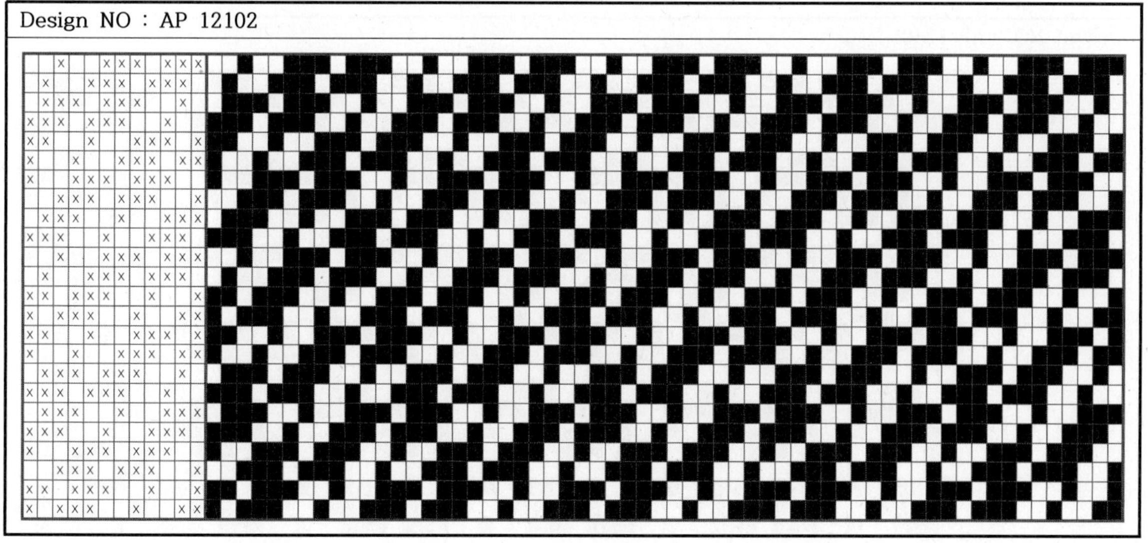

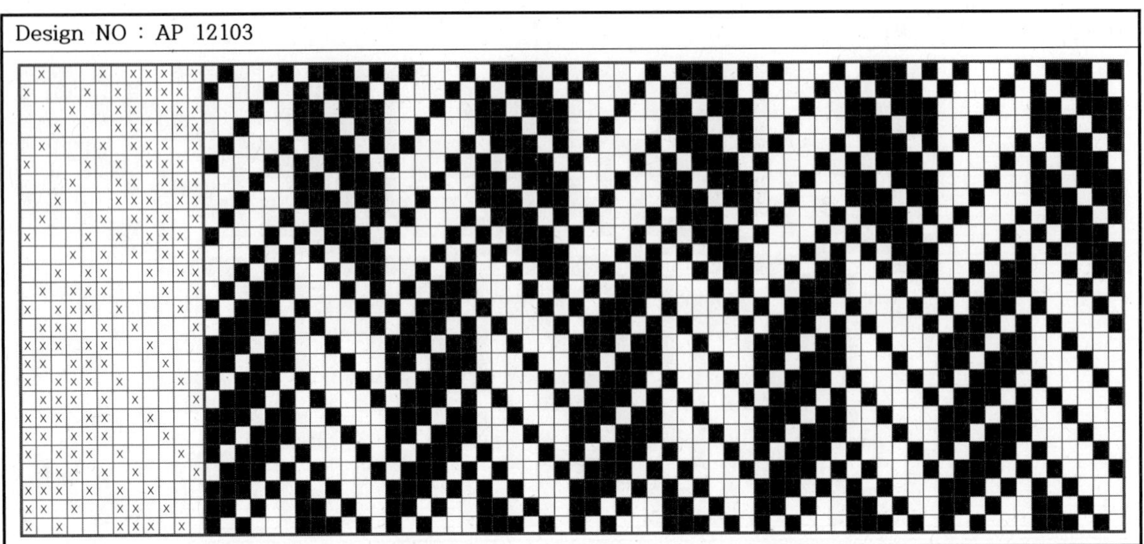

Design NO : AP 12103

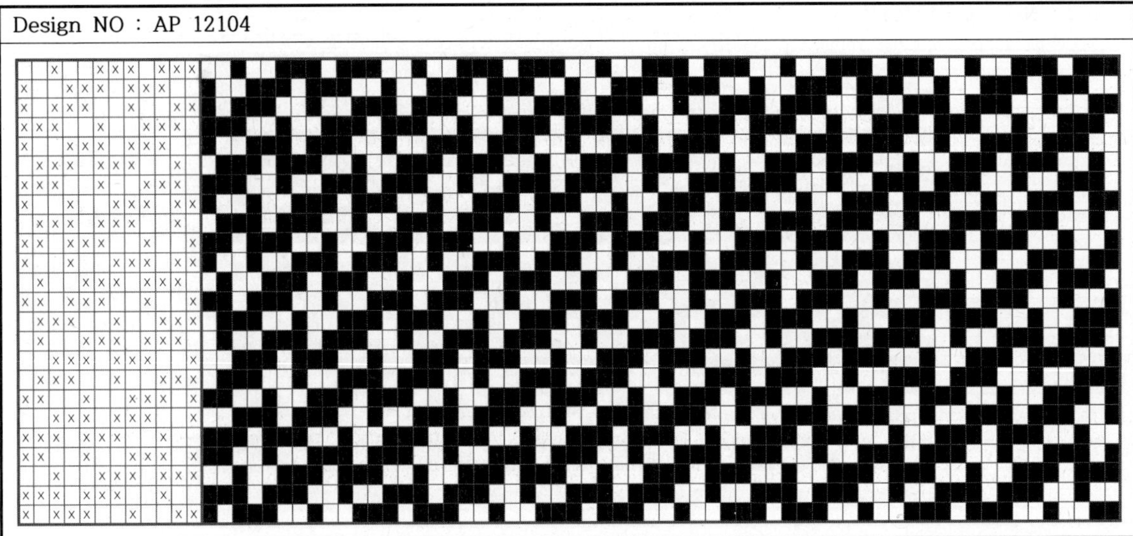

Design NO : AP 12104

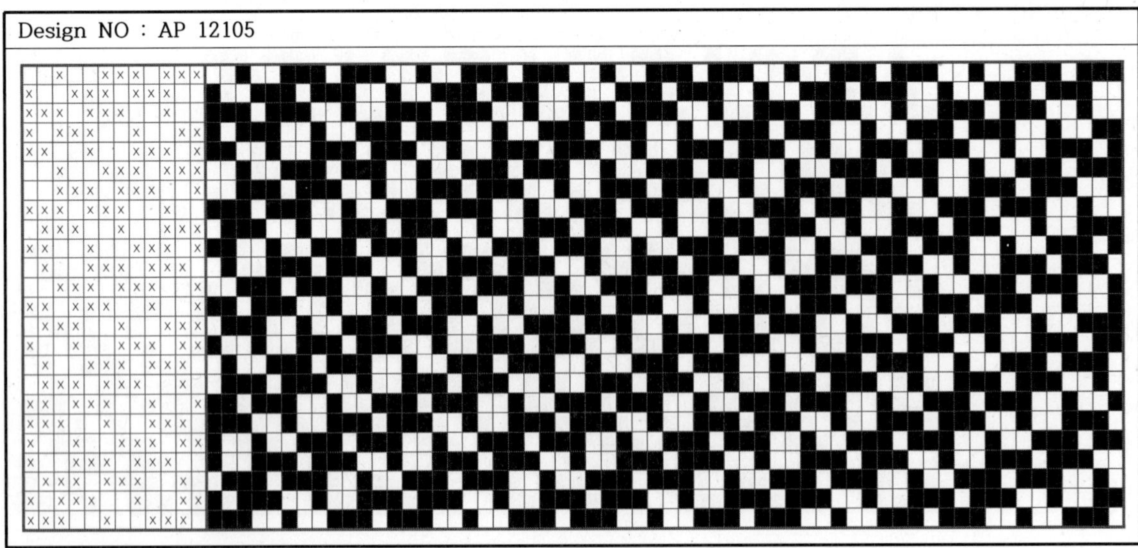

Design NO : AP 12105

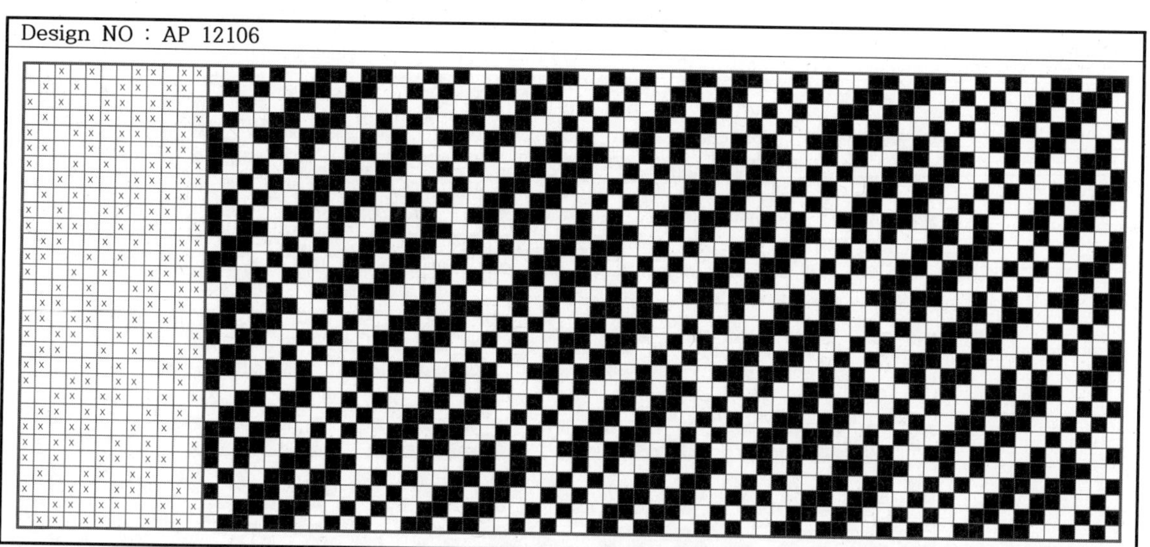

Design NO : AP 12106

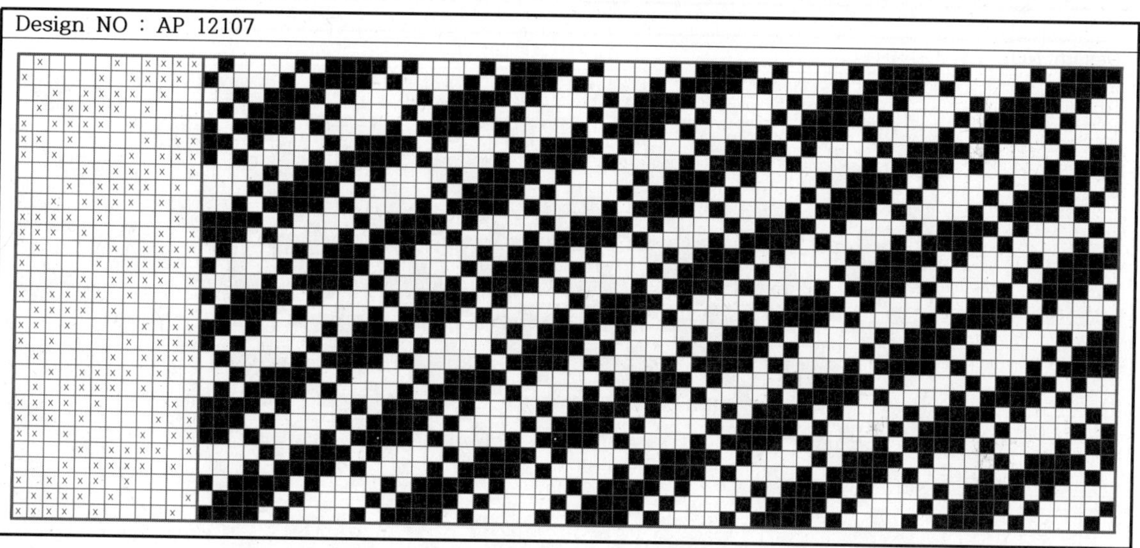

Design NO : AP 12107

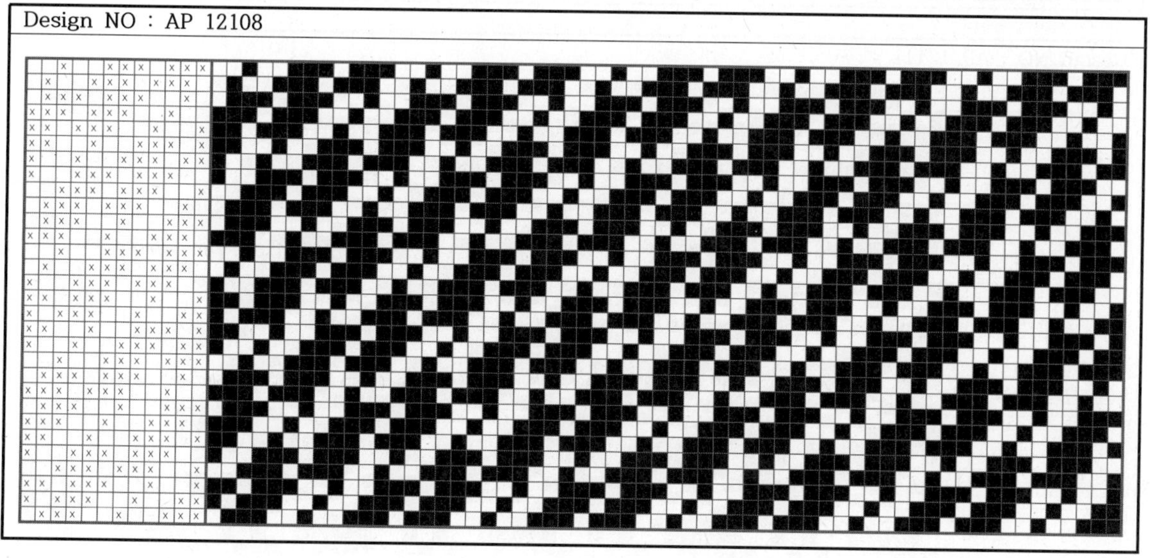

Design NO : AP 12108

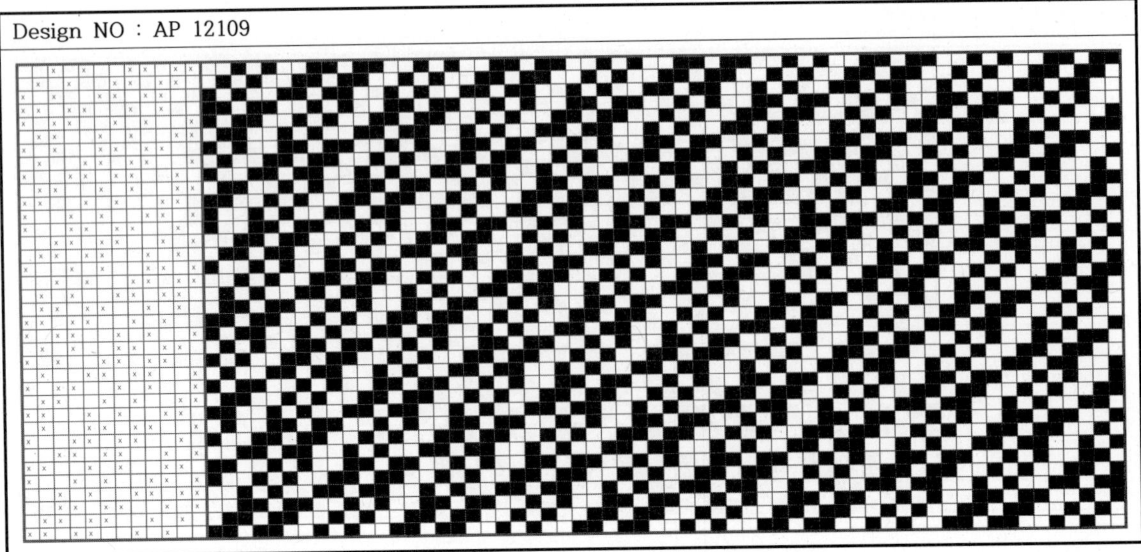

Design NO : AP 12109

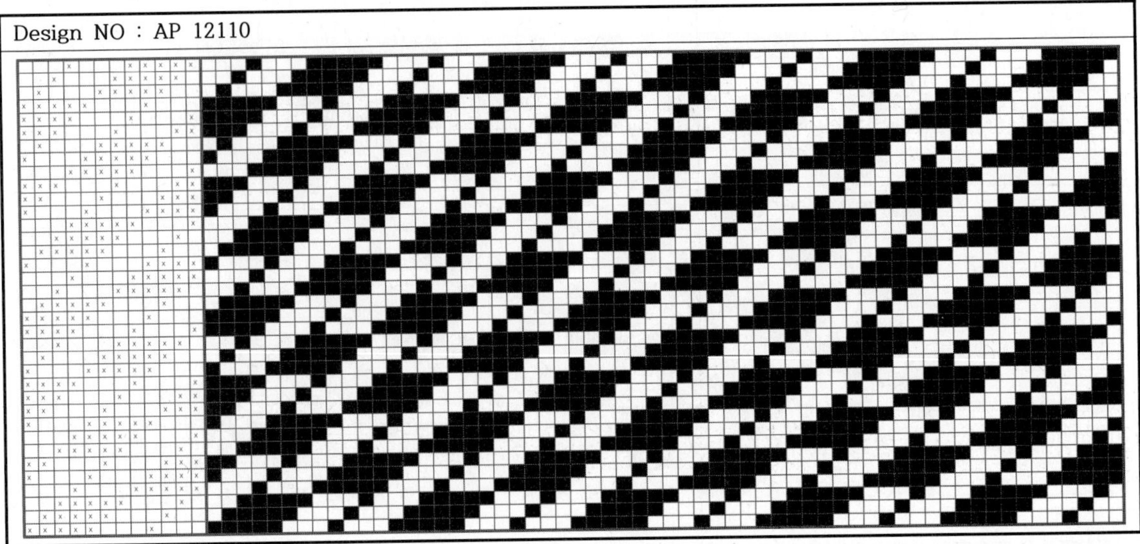

Design NO : AP 12110

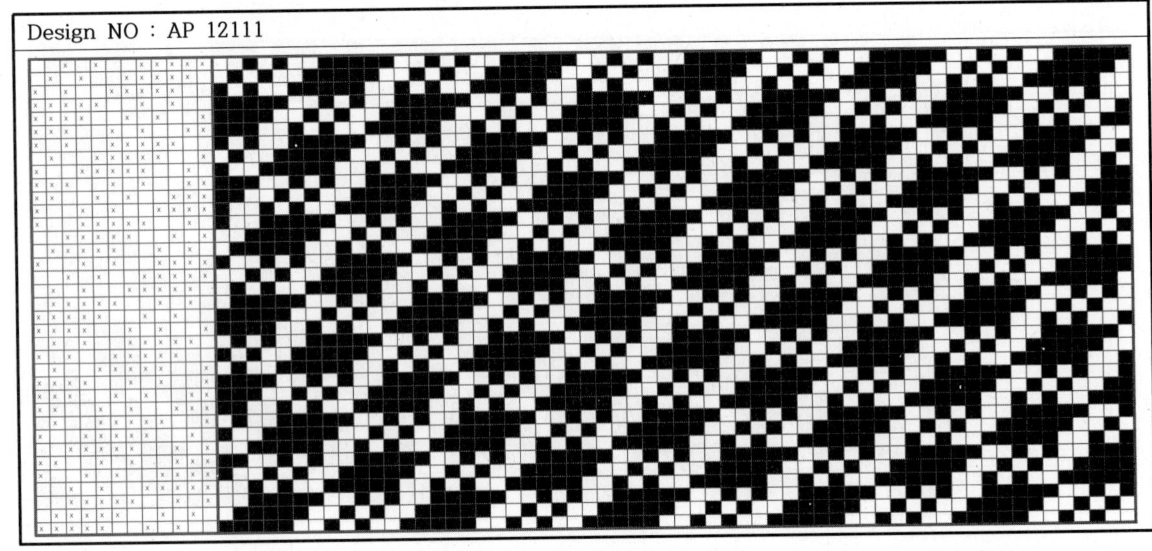

Design NO : AP 12111

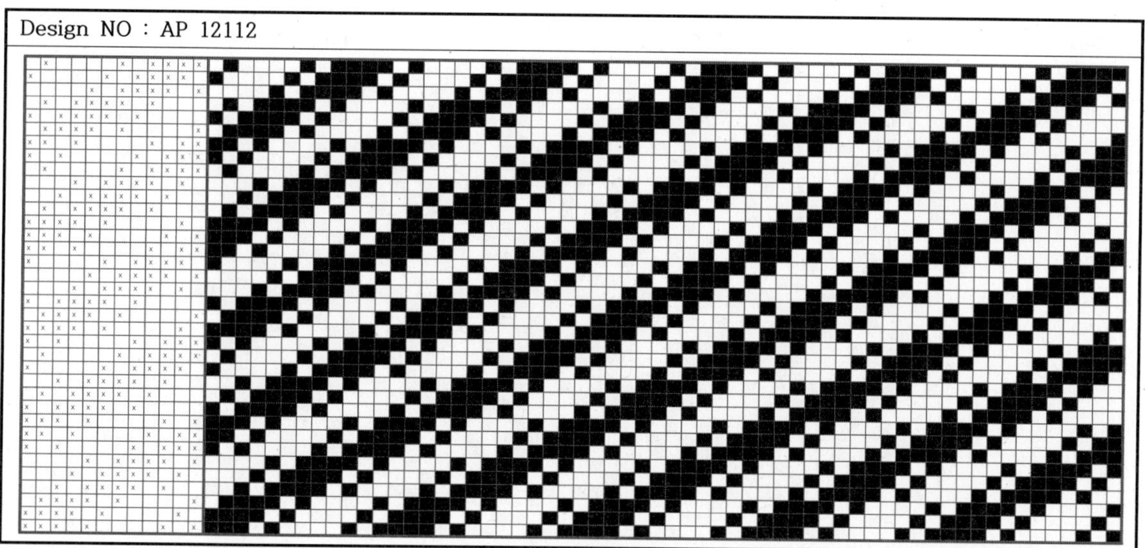

Design NO : AP 12112

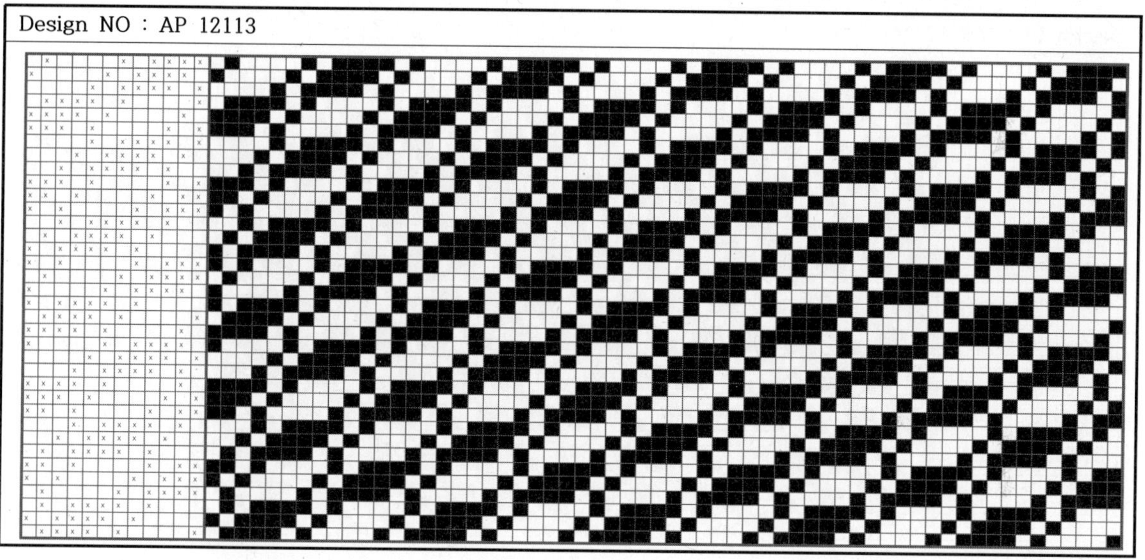

Design NO : AP 12113

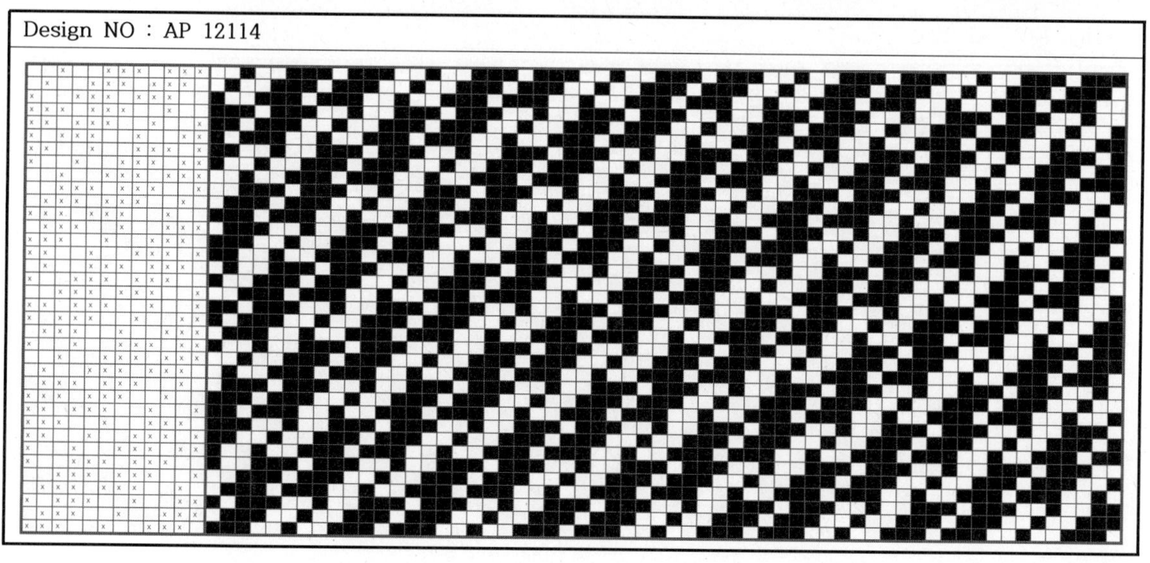

Design NO : AP 12114

Design NO : AP 12115

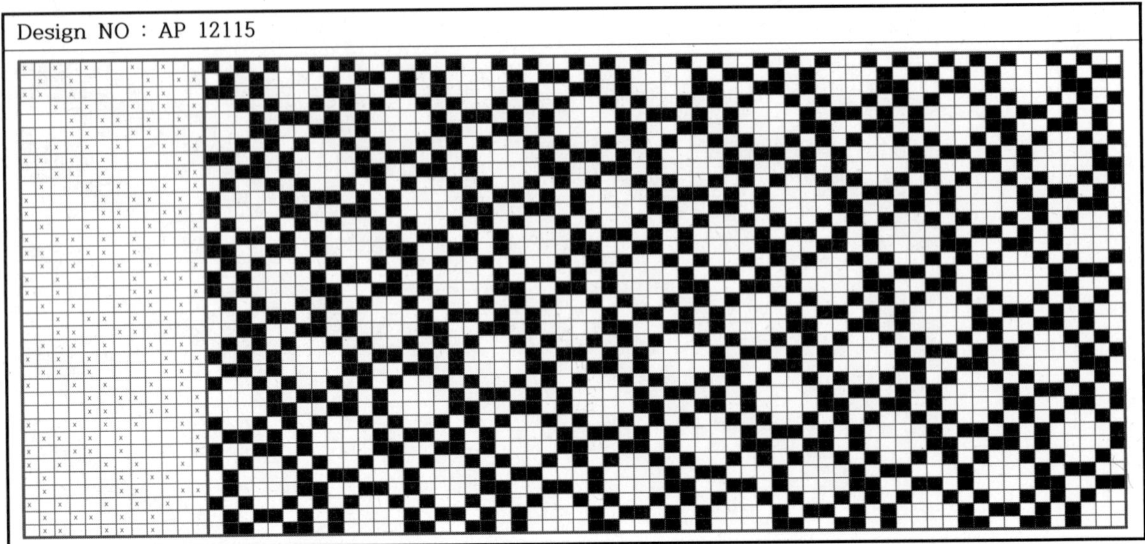

Design NO : AP 12116

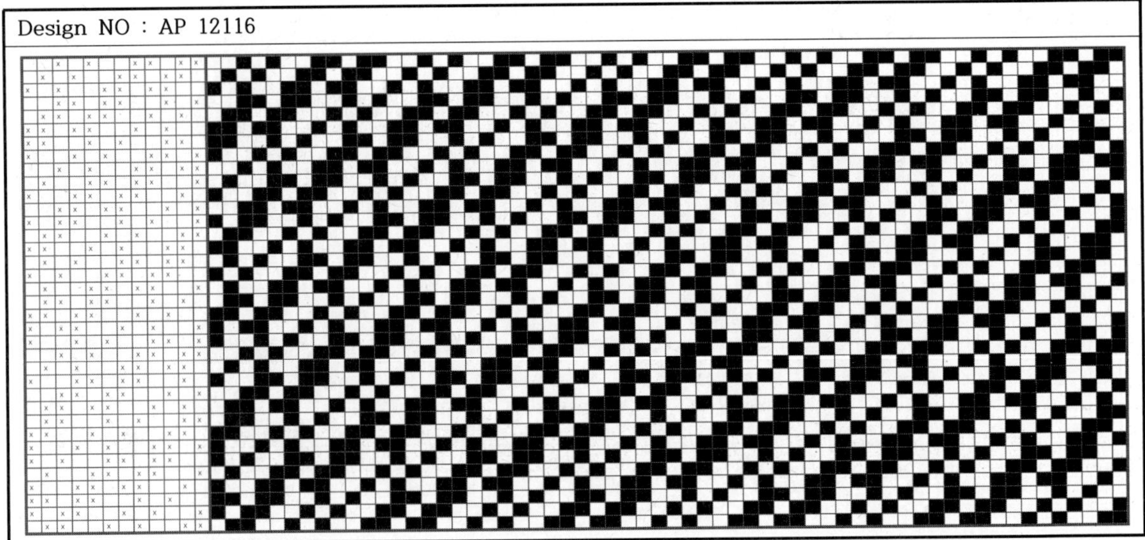

Design NO : AP 12117

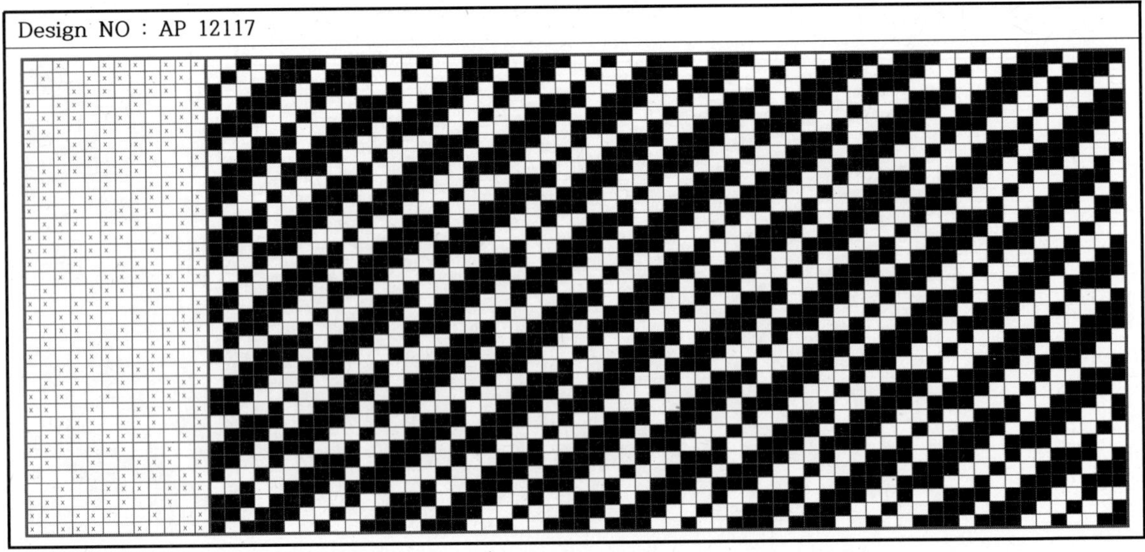

Design NO : AP 12118 (기모파일 위이중직)

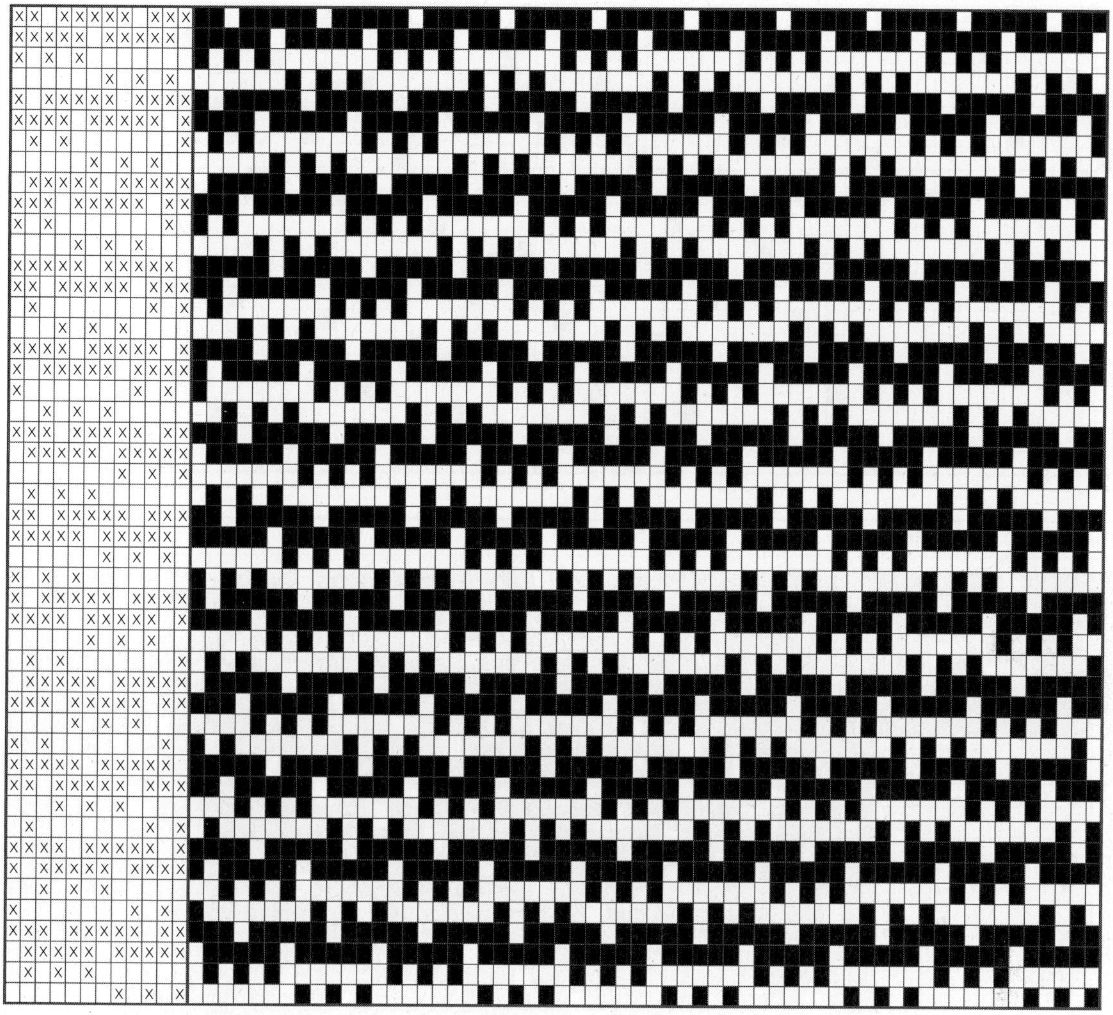

Design NO : AP 13001

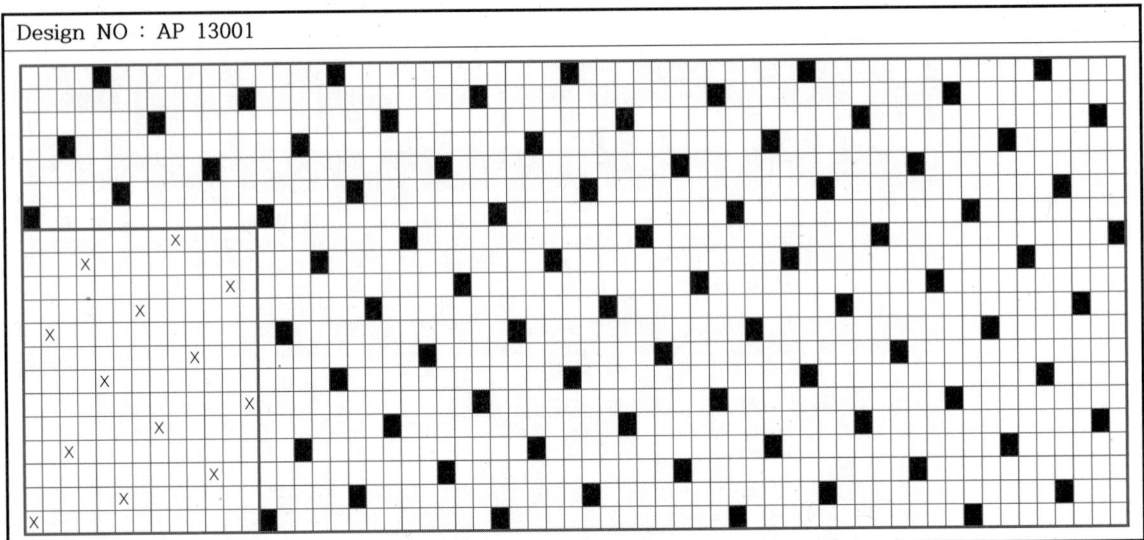

Design NO : AP 13002

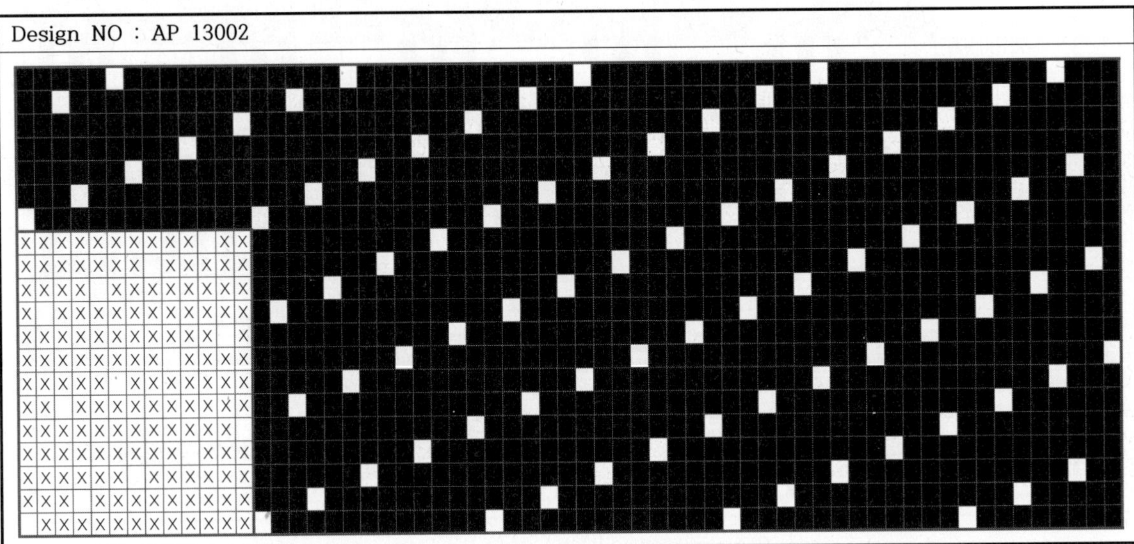

Design NO : AP 13003

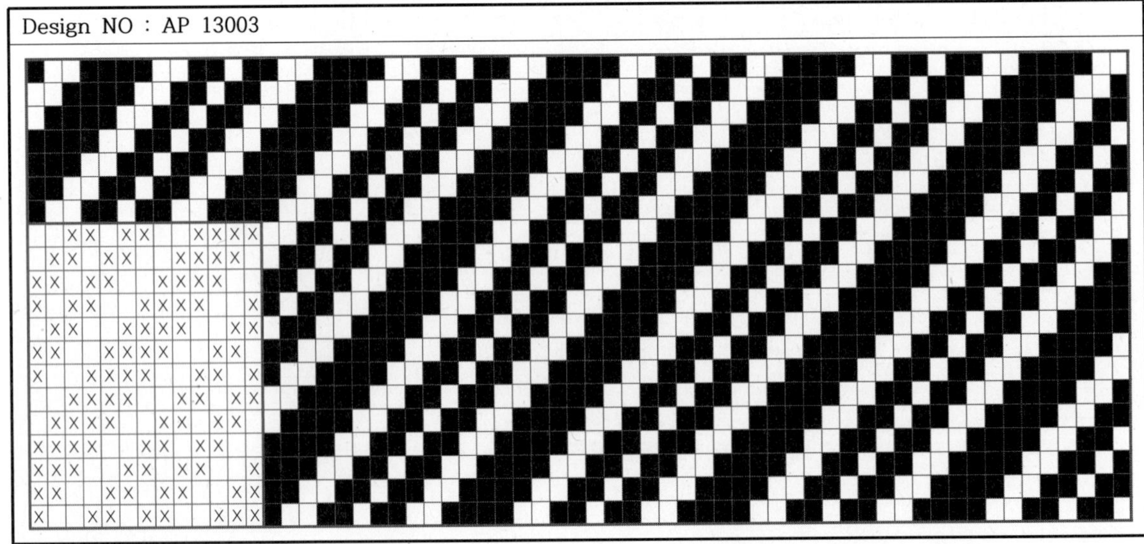

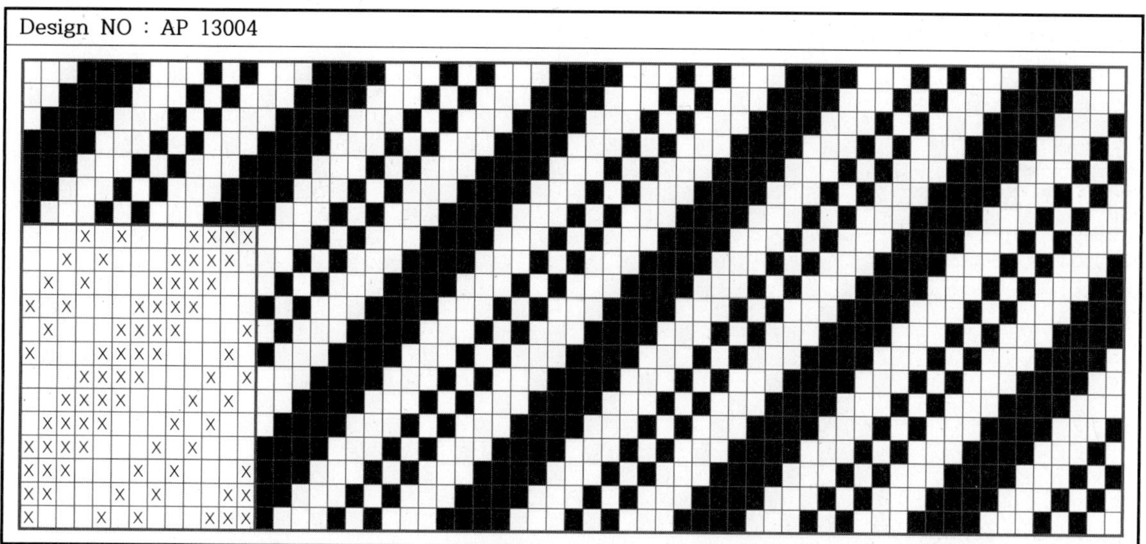
Design NO : AP 13004

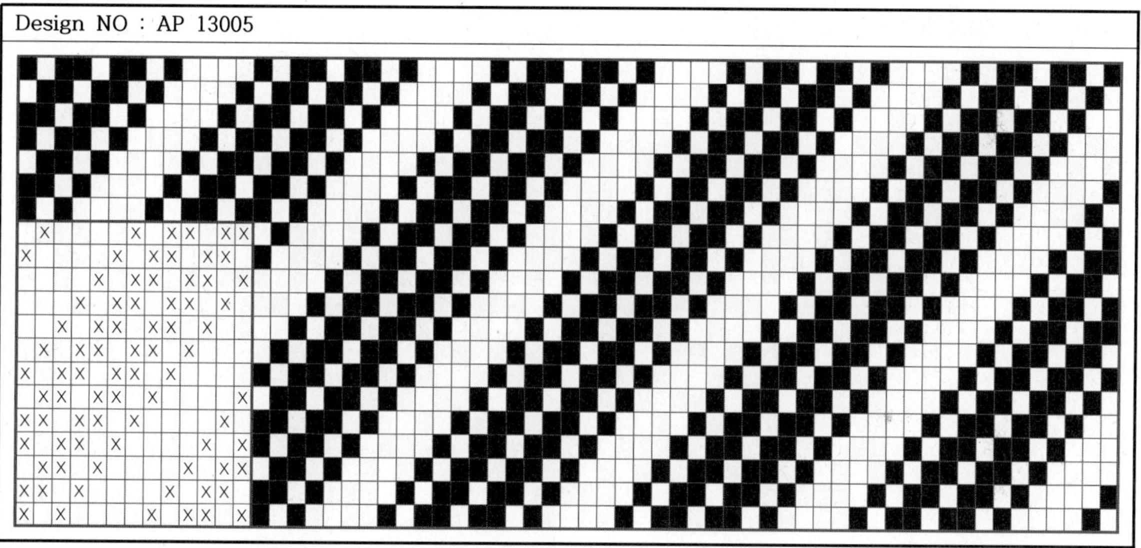
Design NO : AP 13005

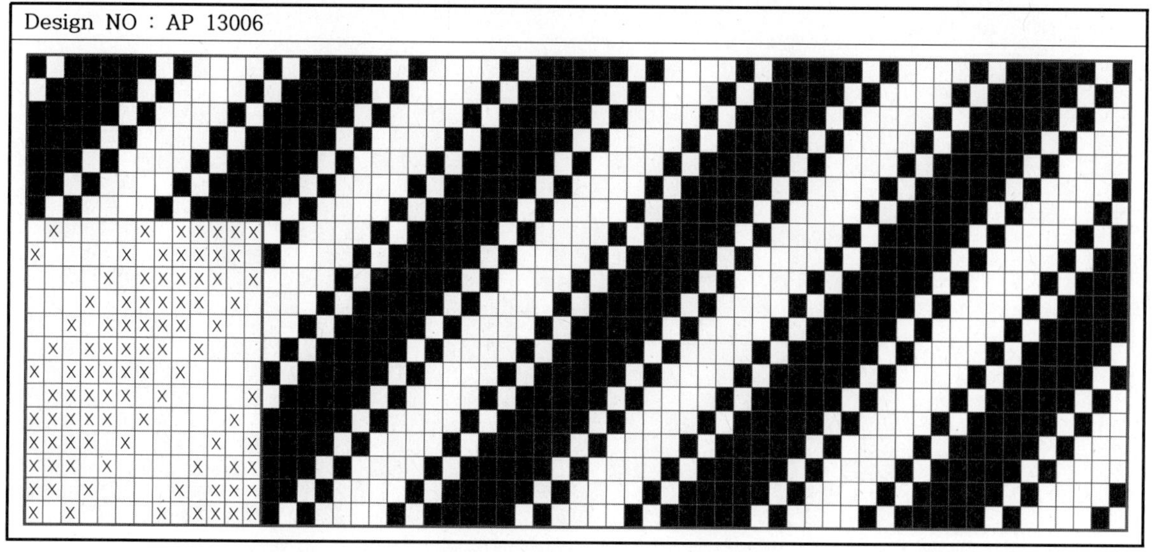
Design NO : AP 13006

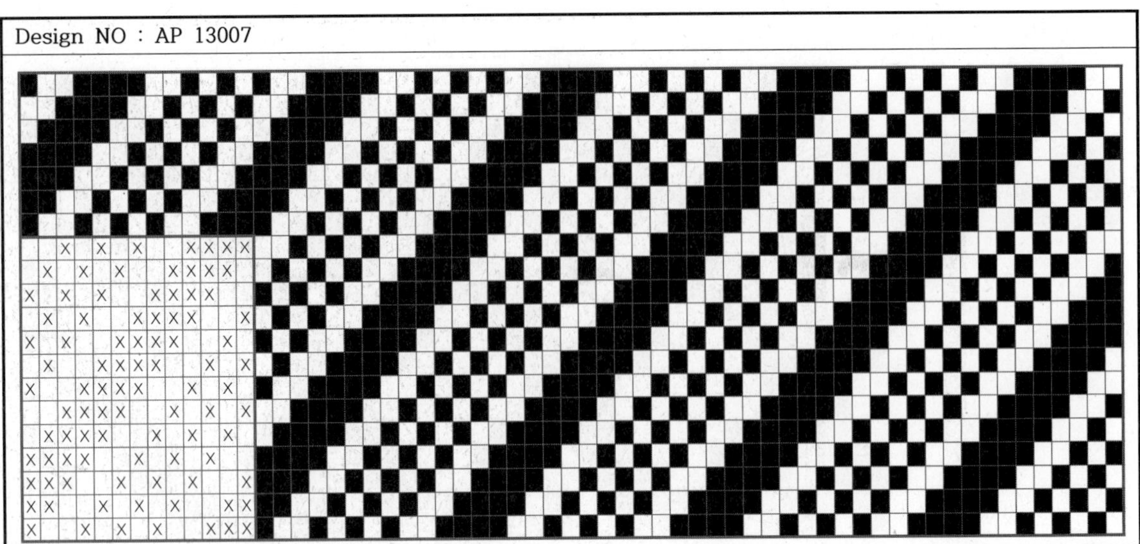

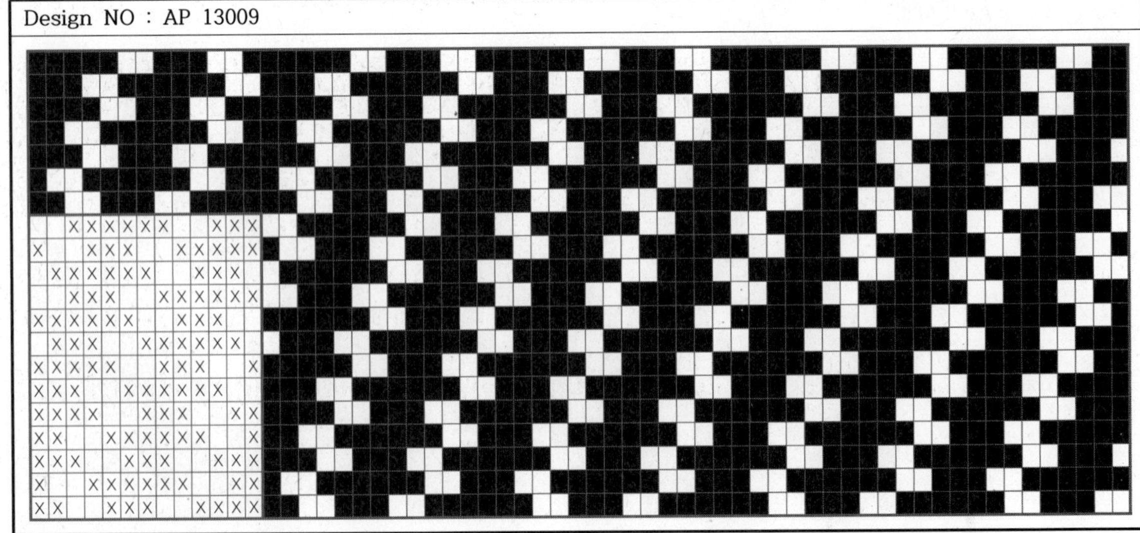

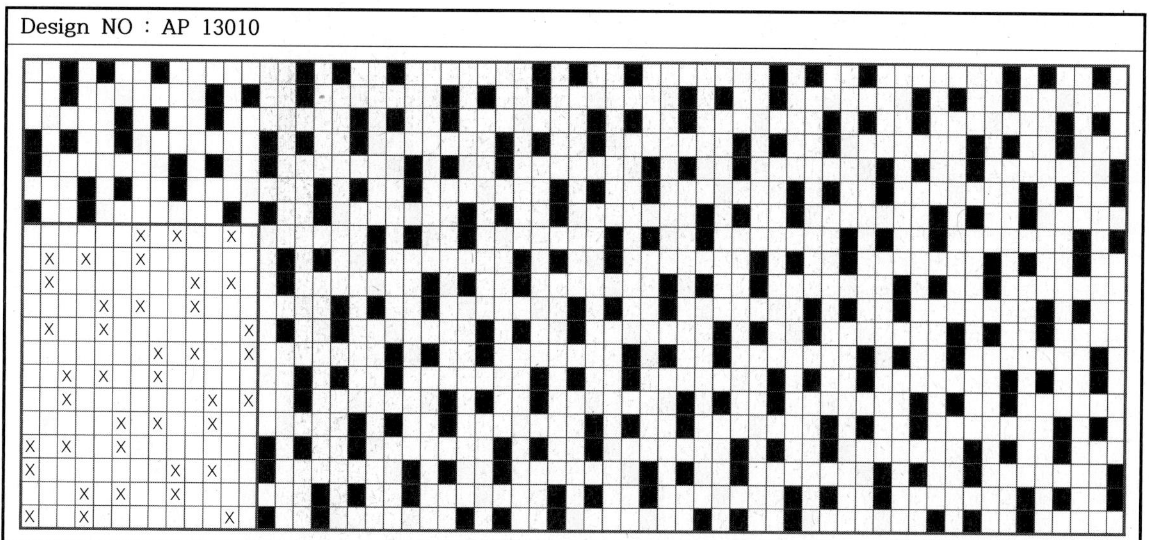

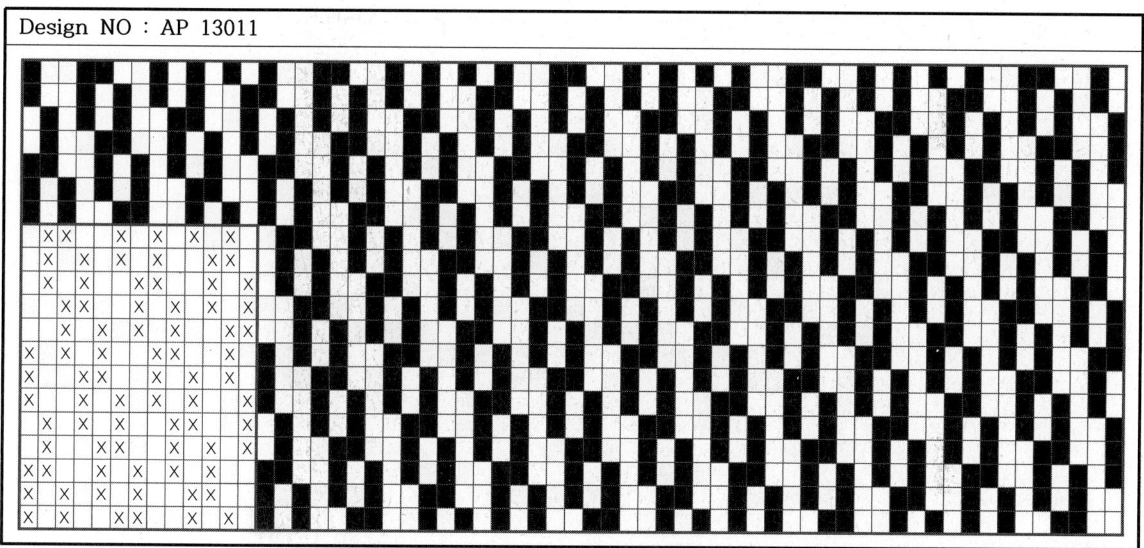

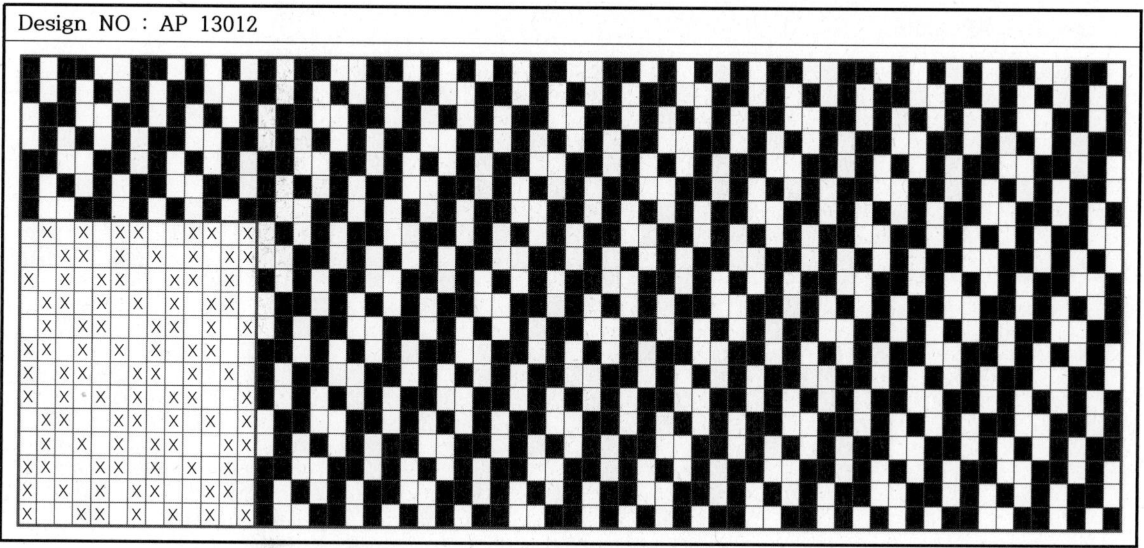

Design NO : AP 13013

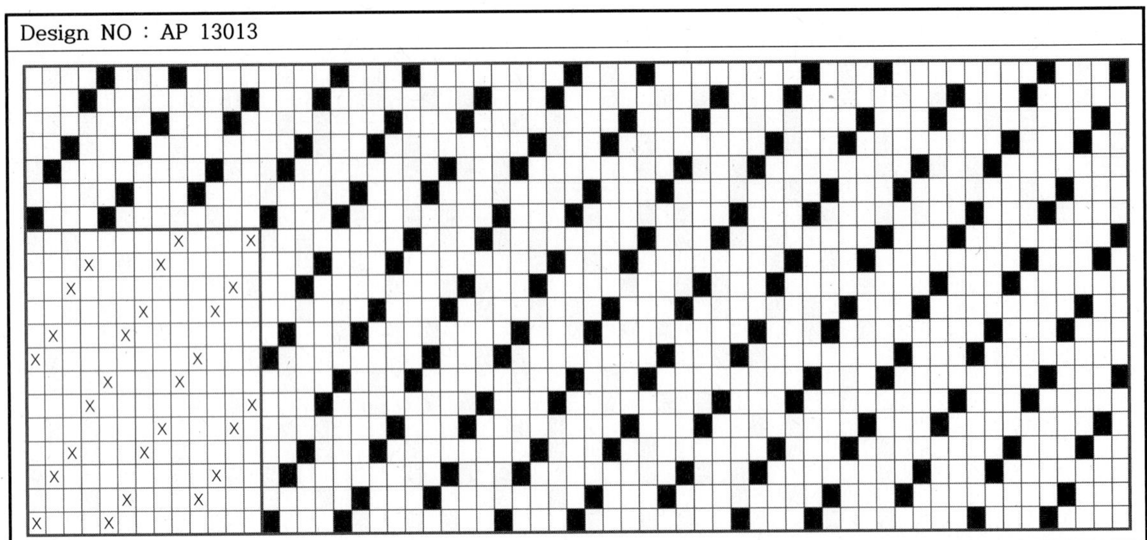

Design NO : AP 13014

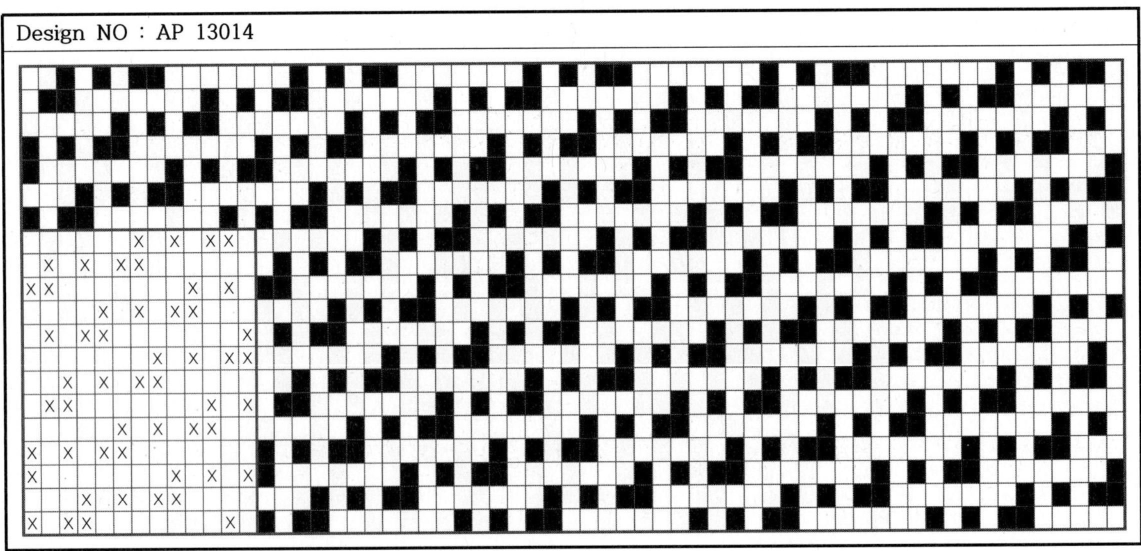

Design NO : AP 13015

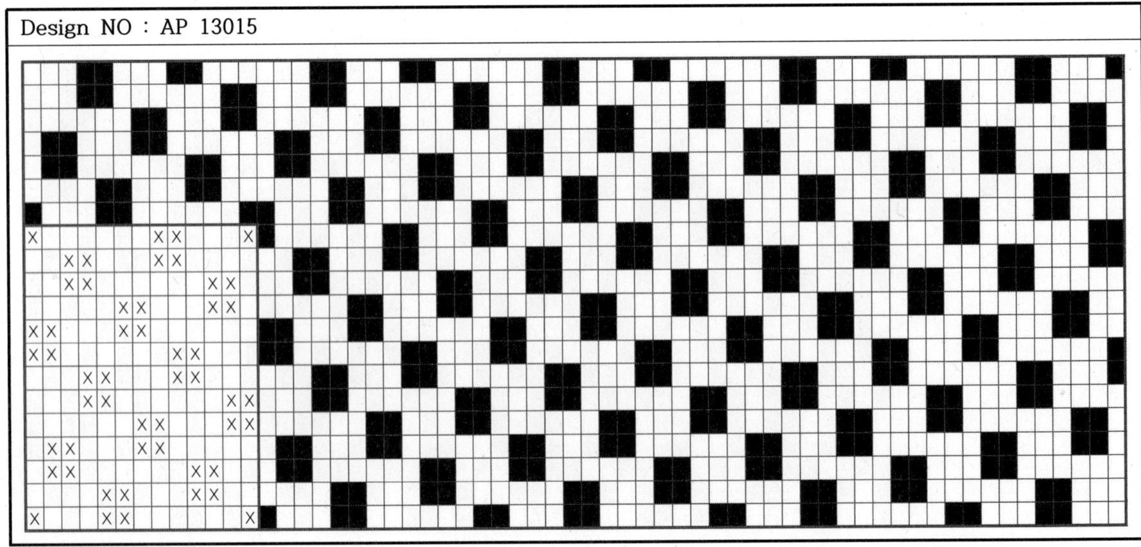

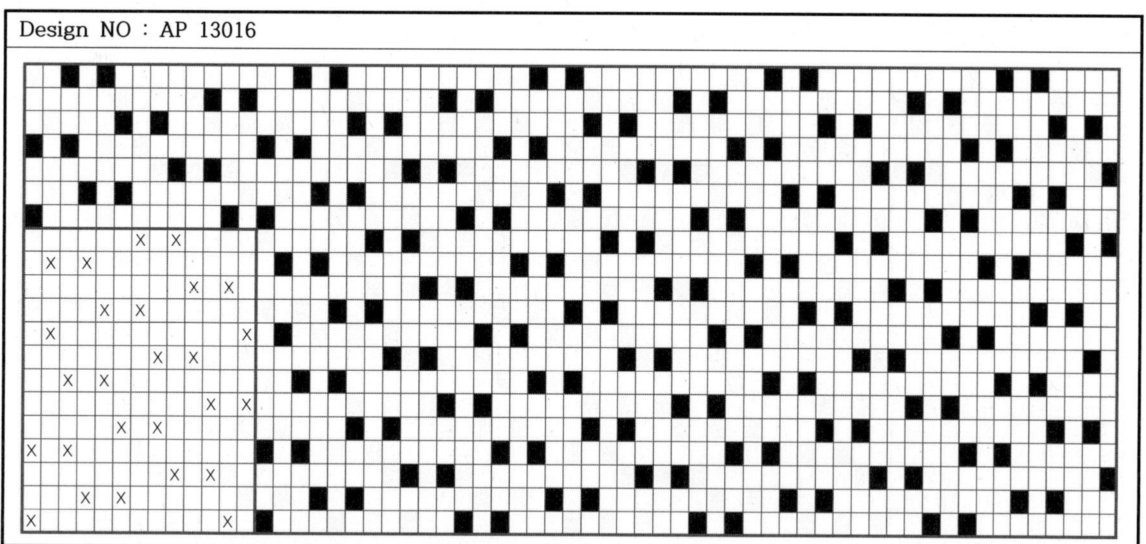

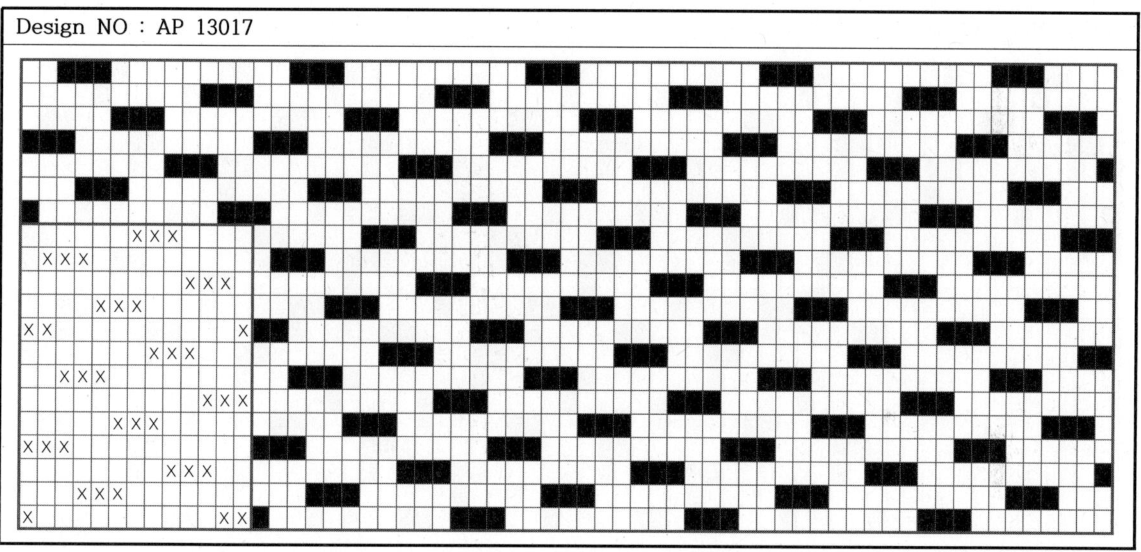

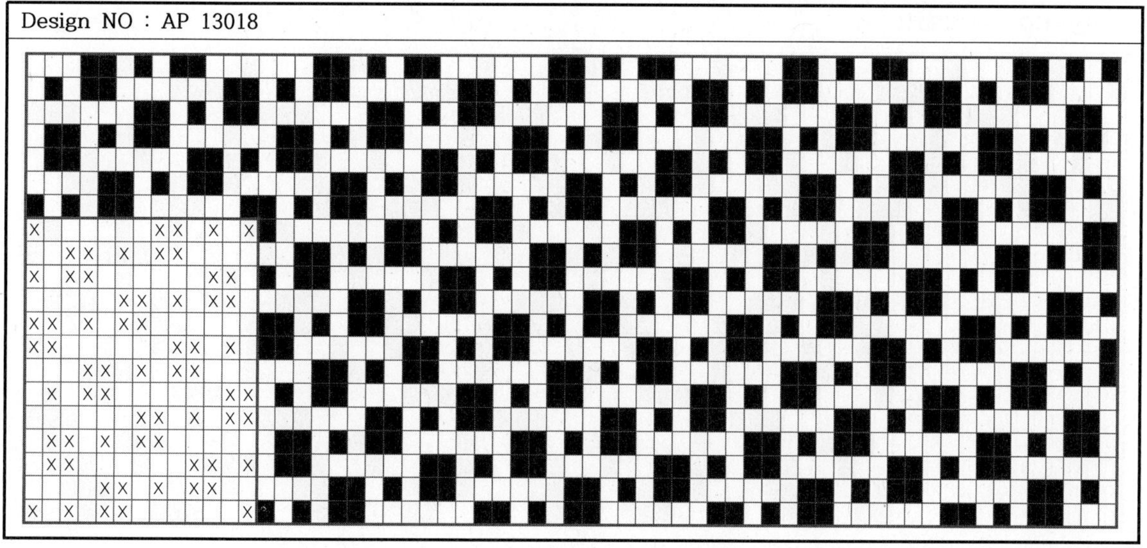

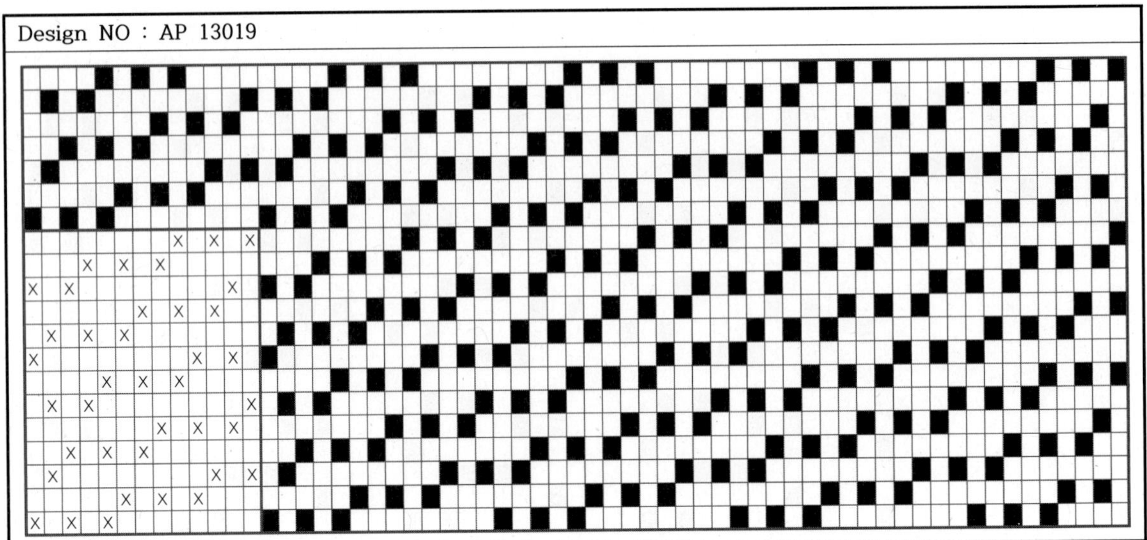

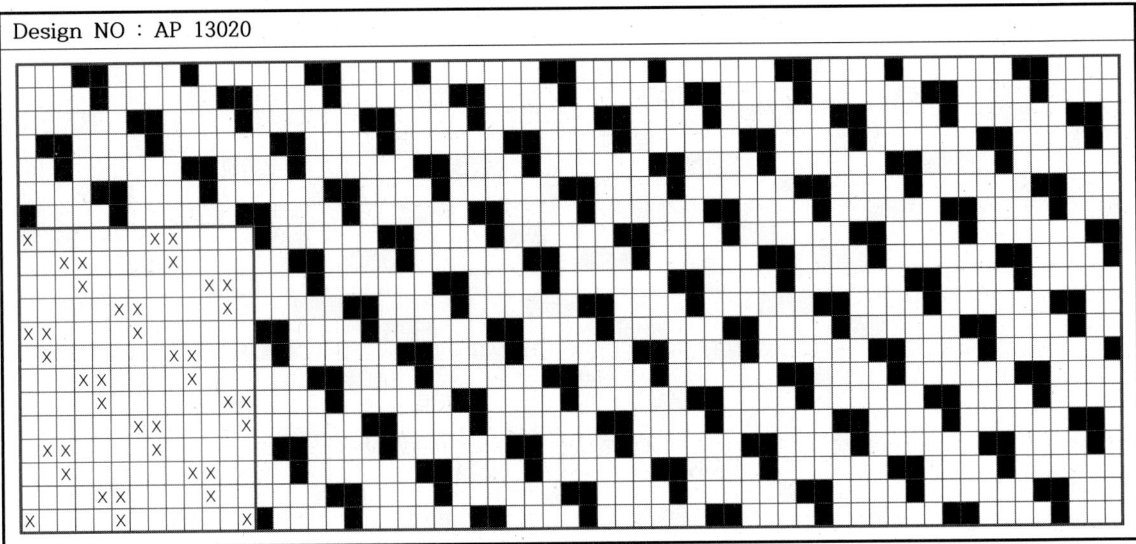

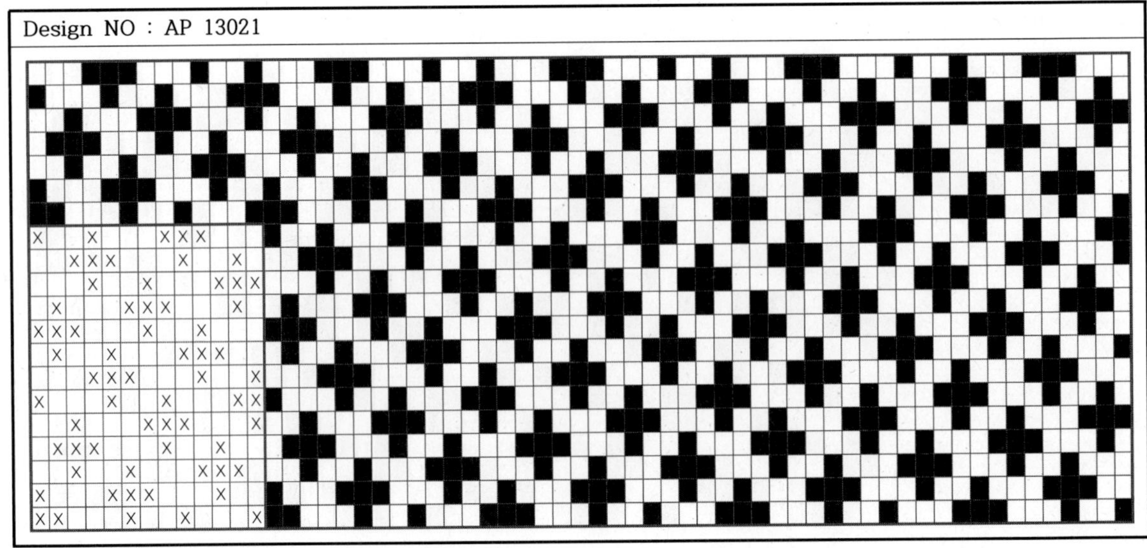

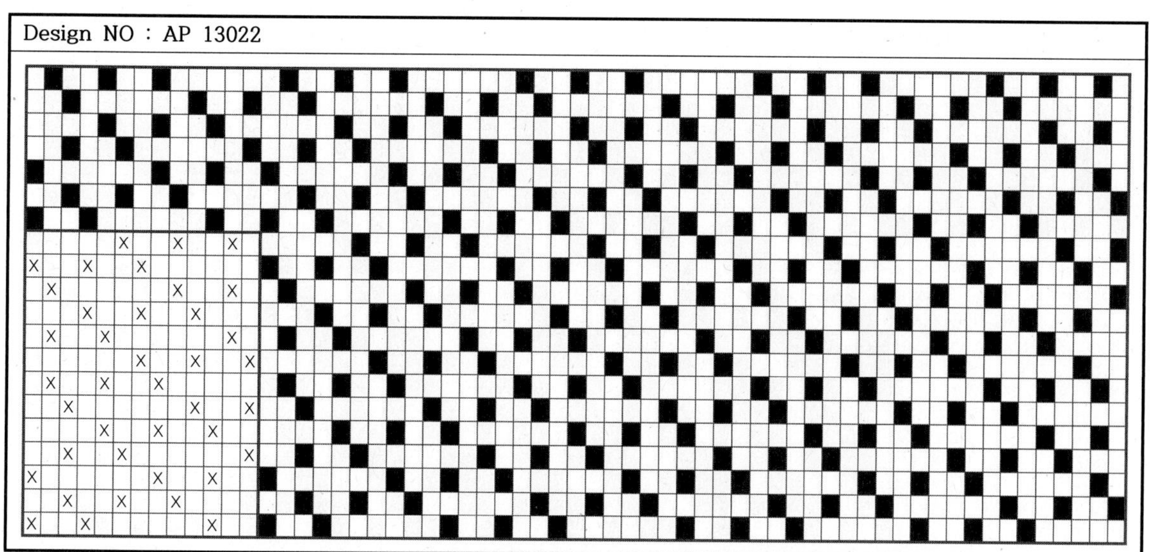

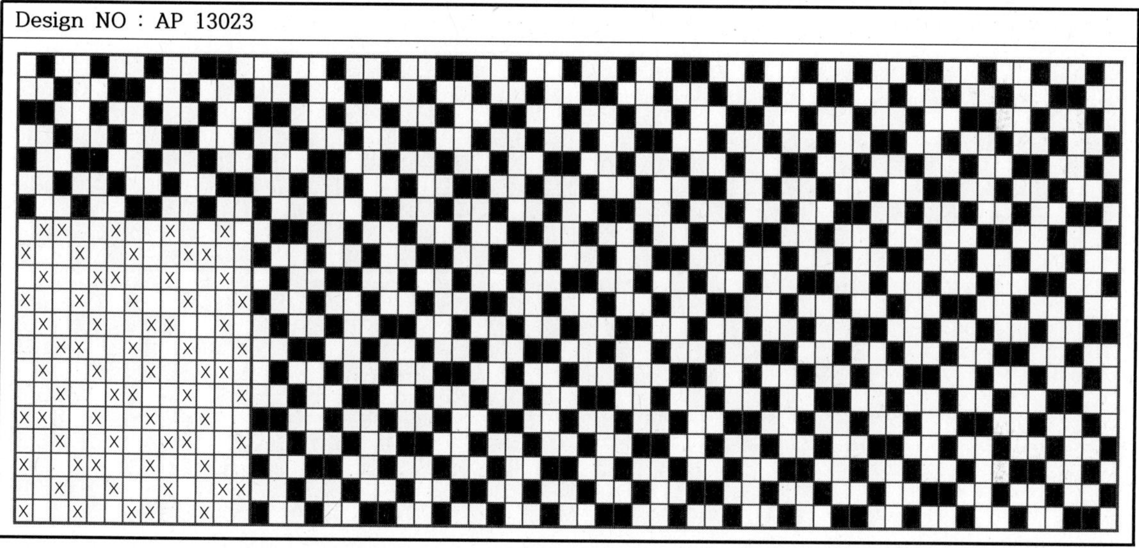

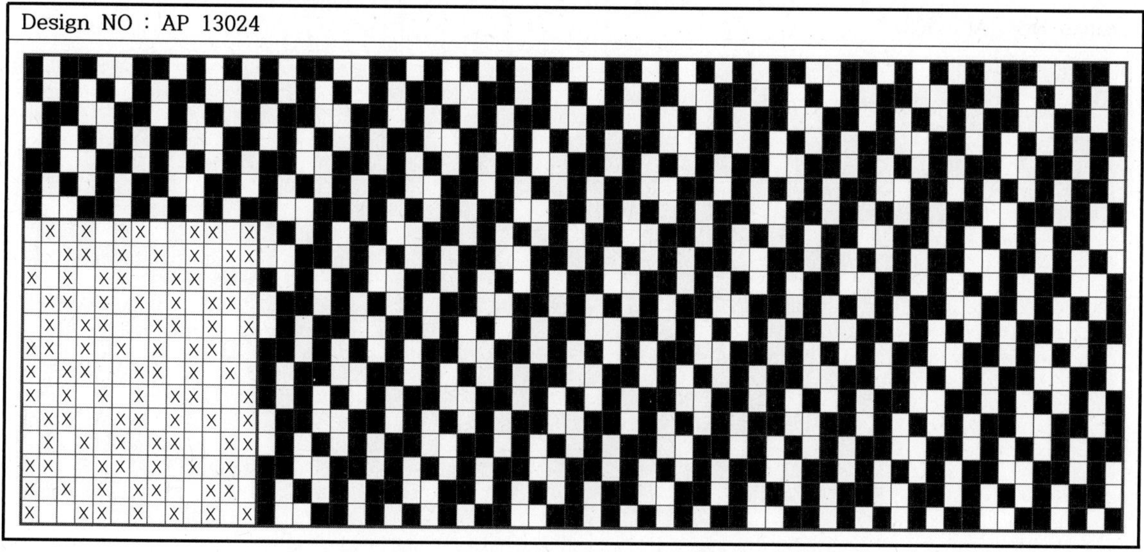

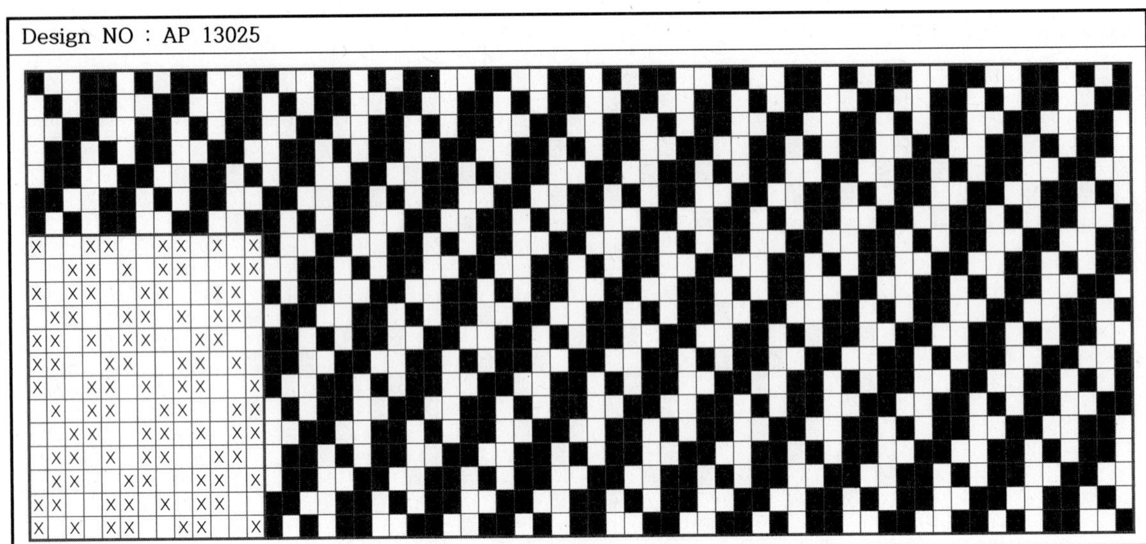

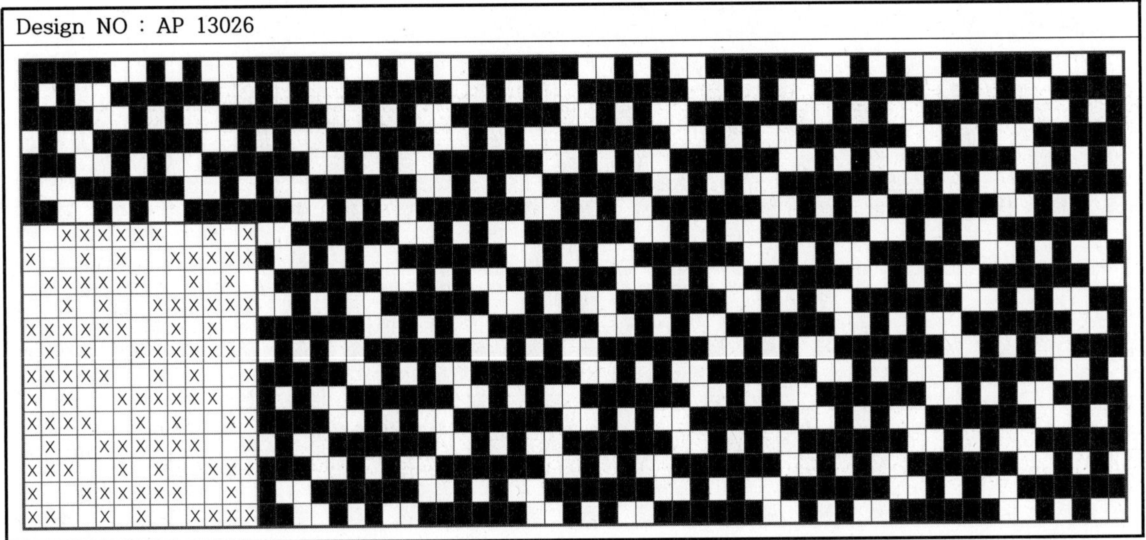

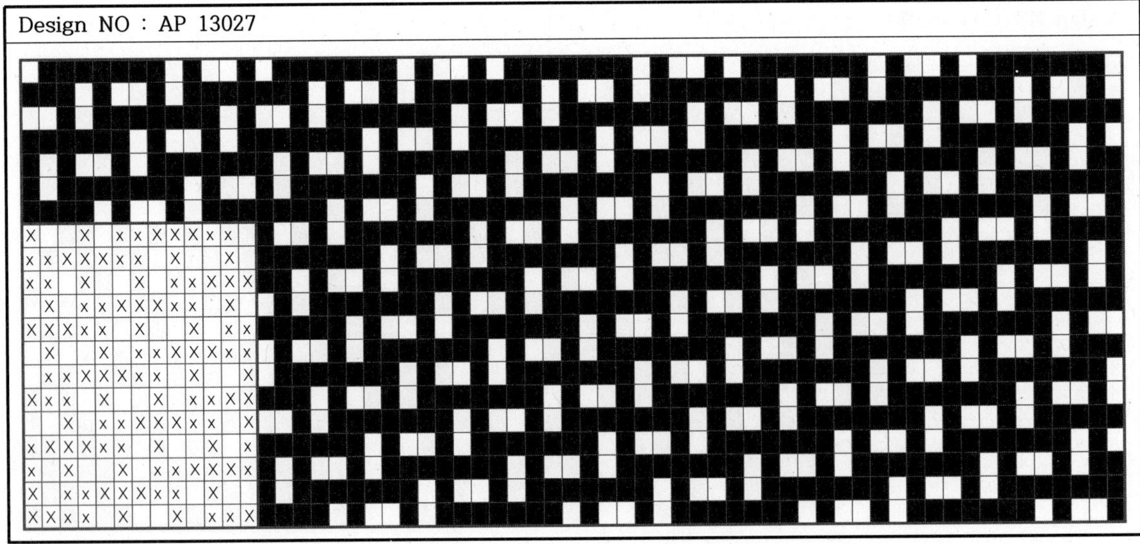

Design NO : AP 13028

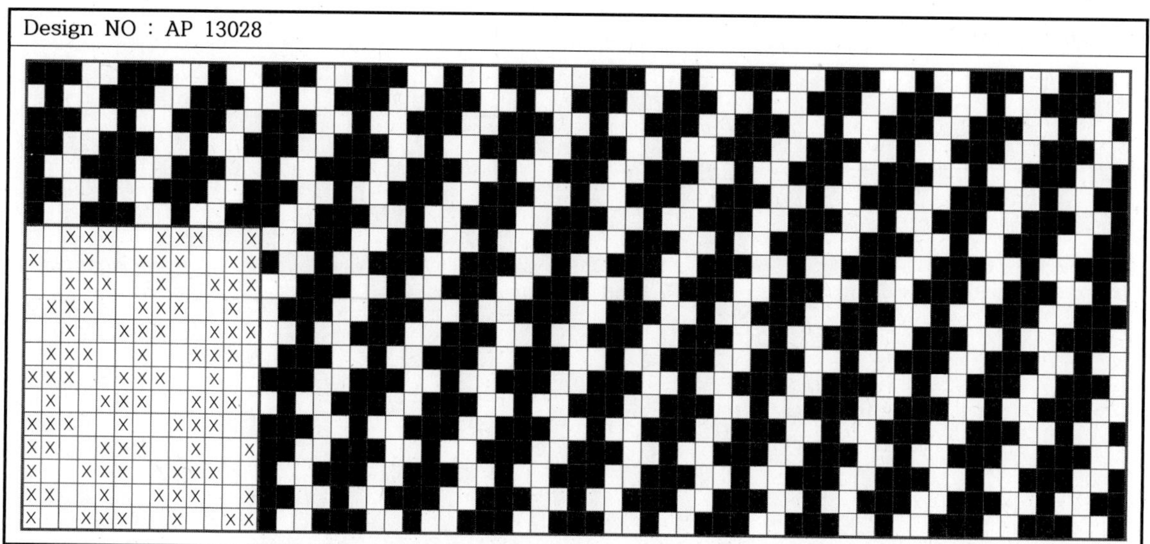

Design NO : AP 13029

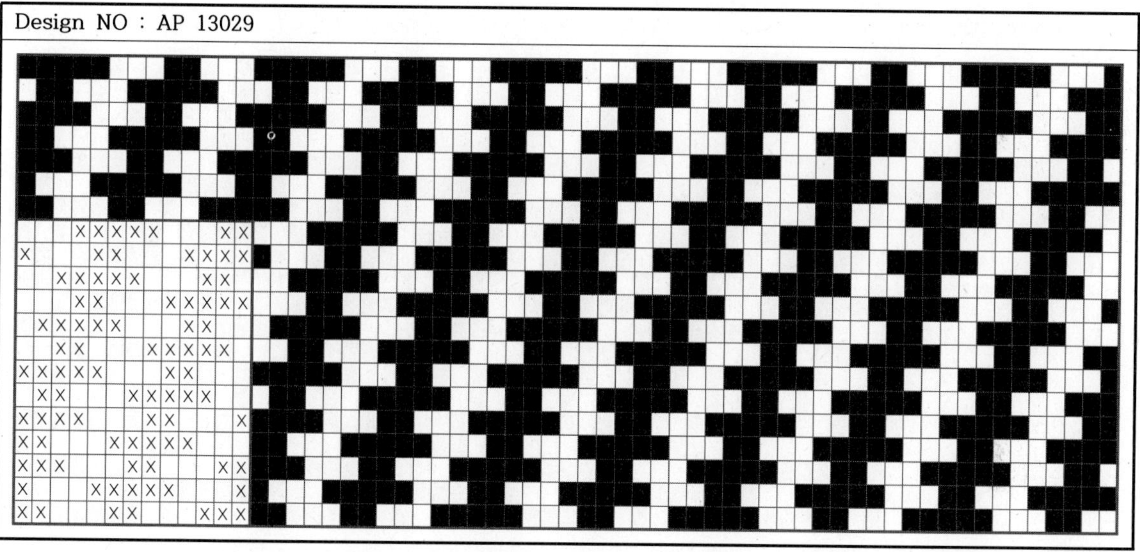

Design NO : AP 13030

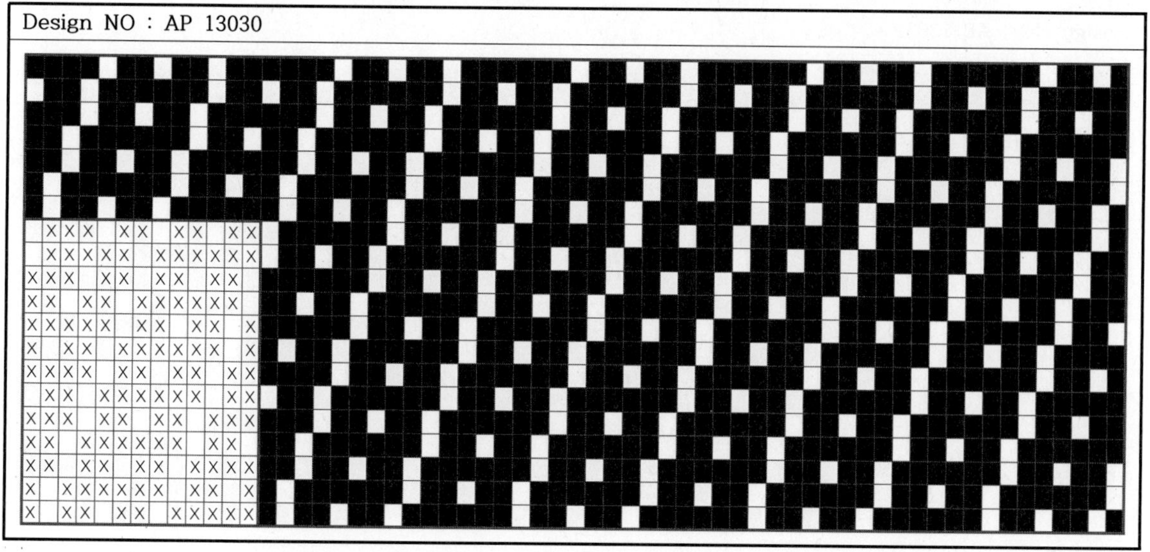

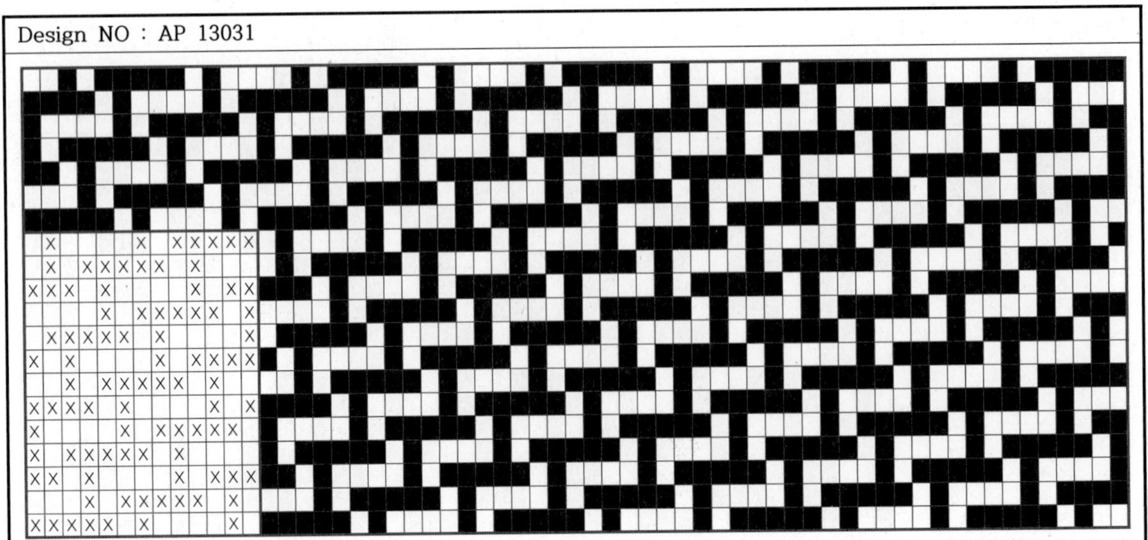

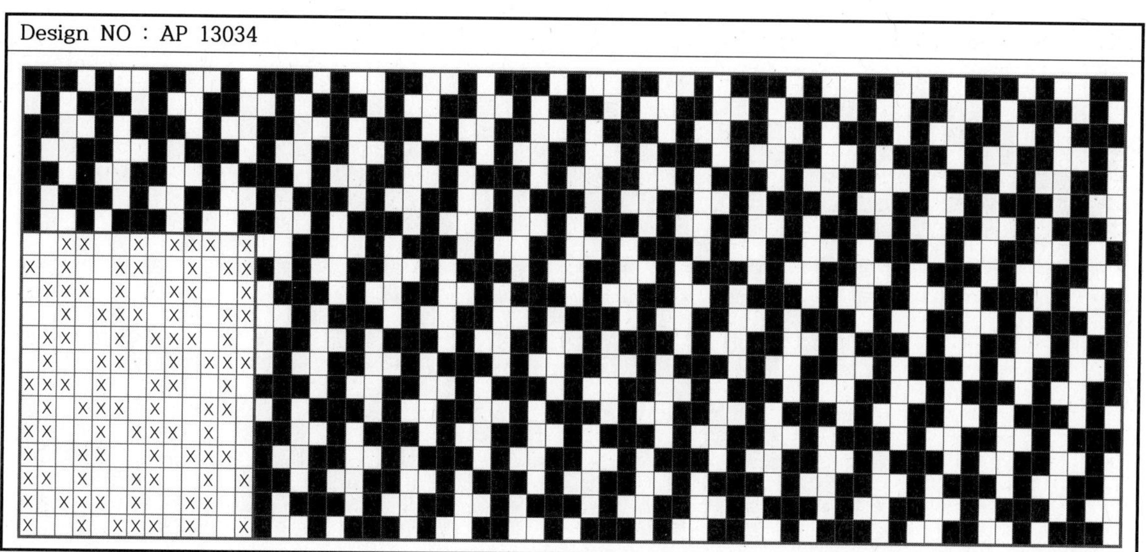

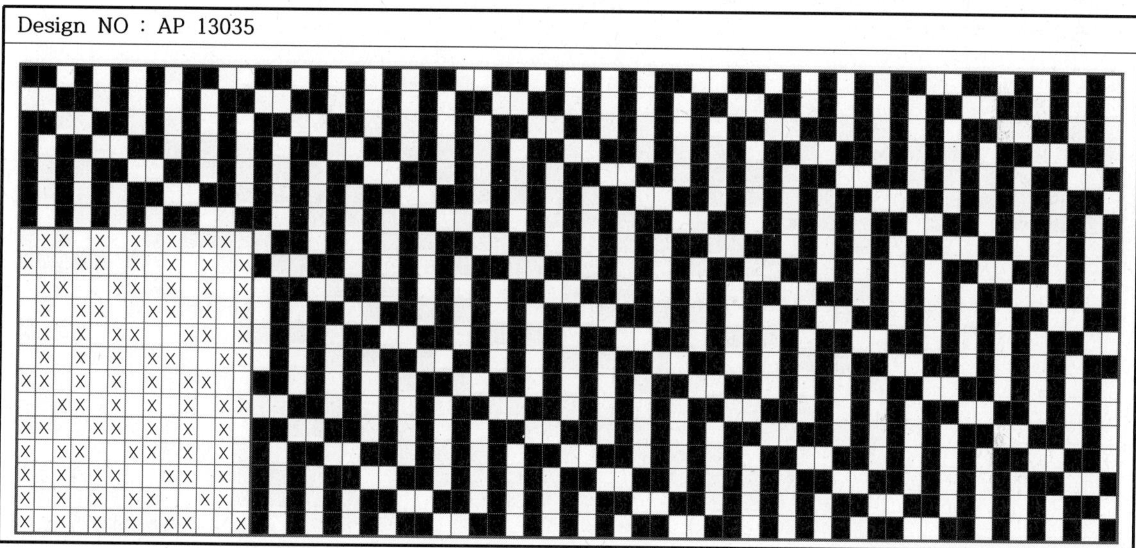

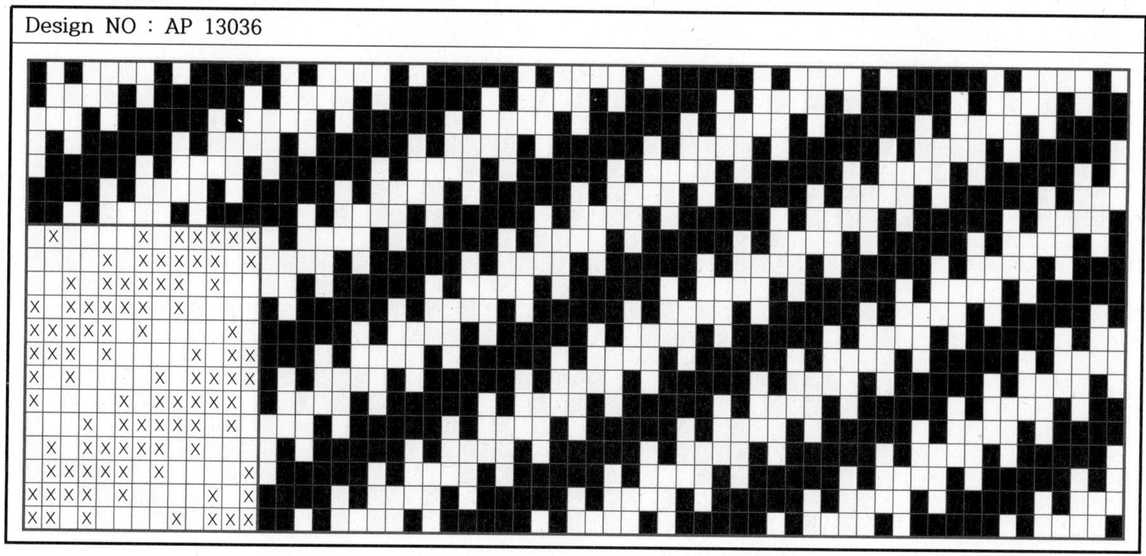

Design NO : AP 13037

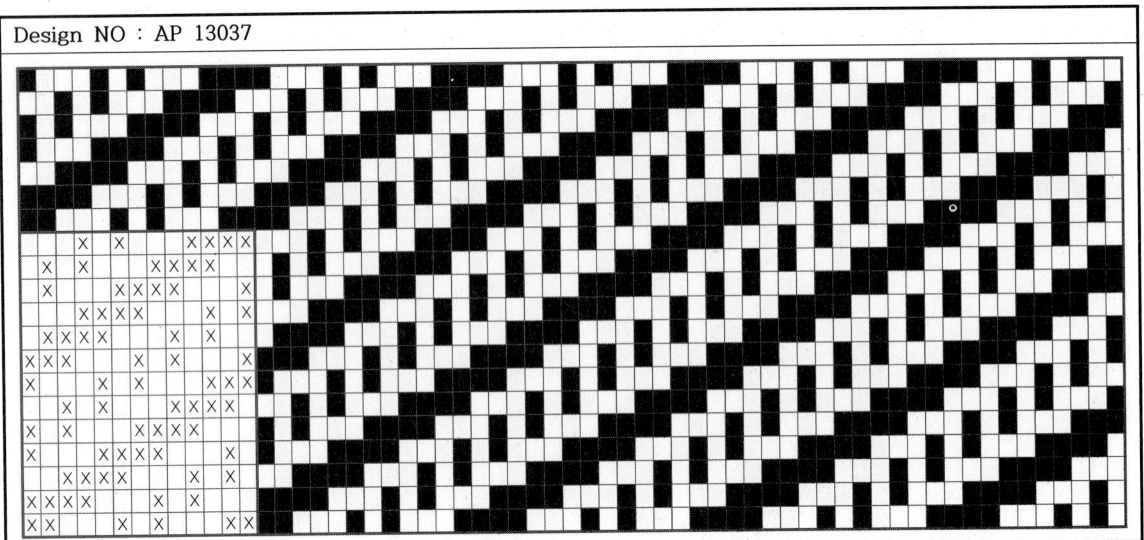

Design NO : AP 13038

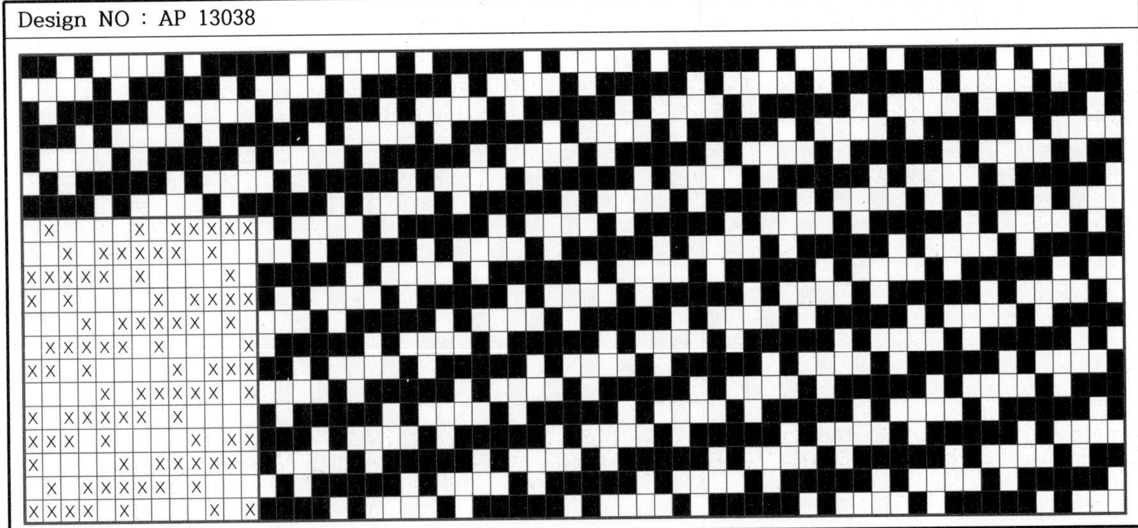

Design NO : AP 13039

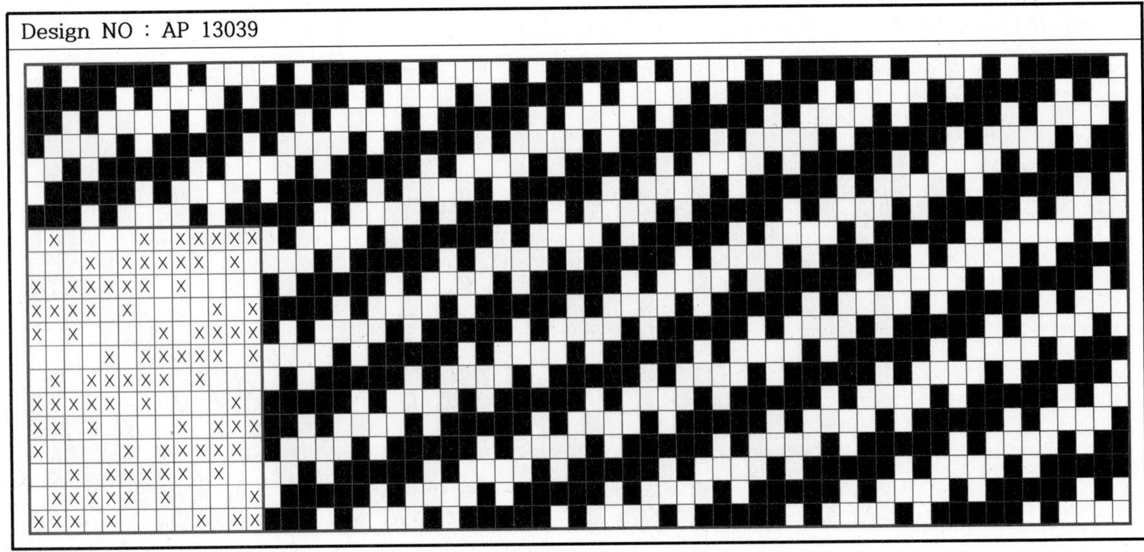

Design NO : AP 13040

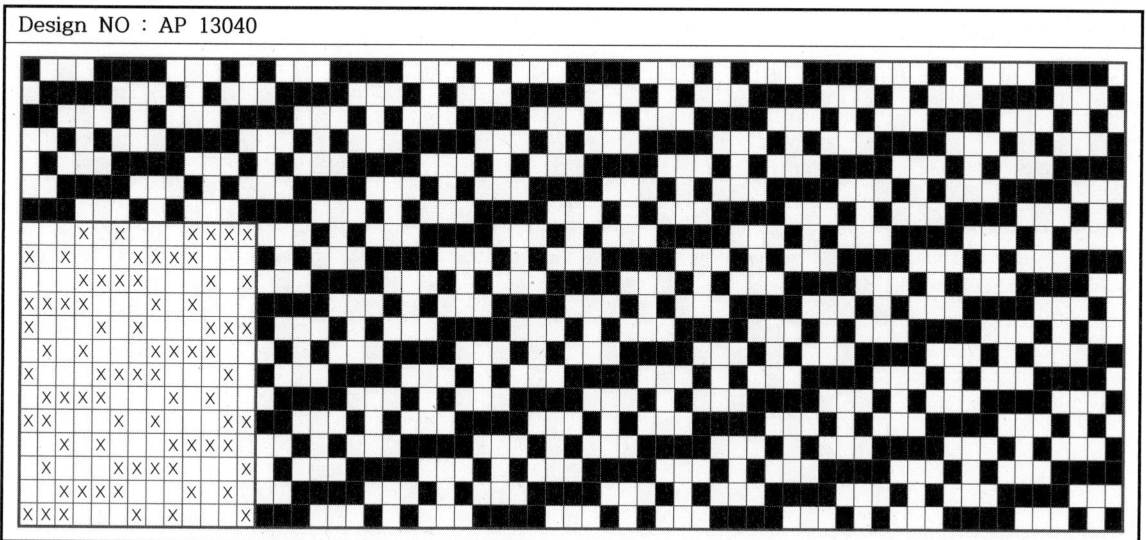

Design NO : AP 13041

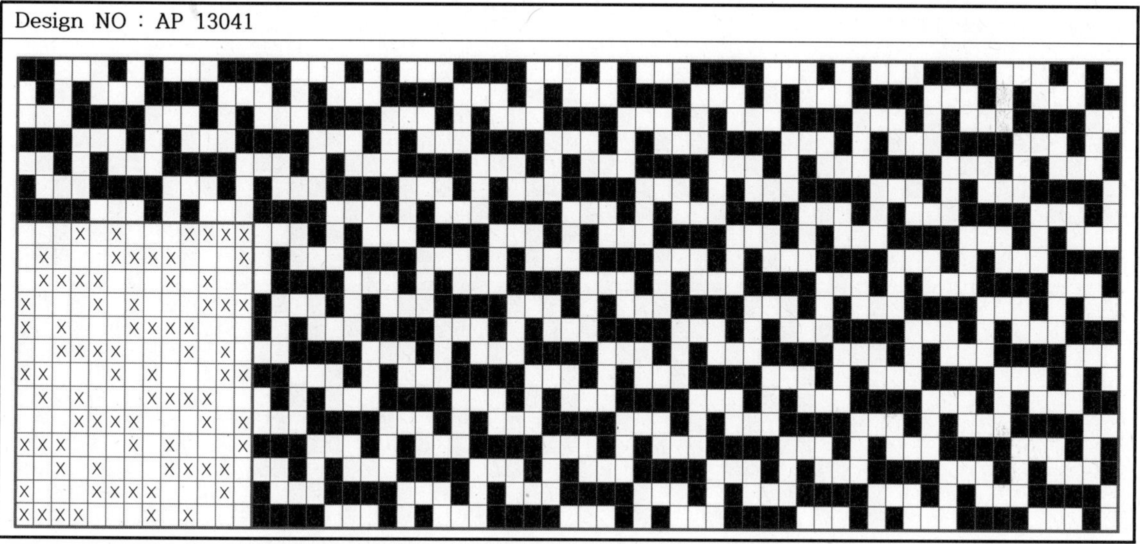

Design NO : AP 13042

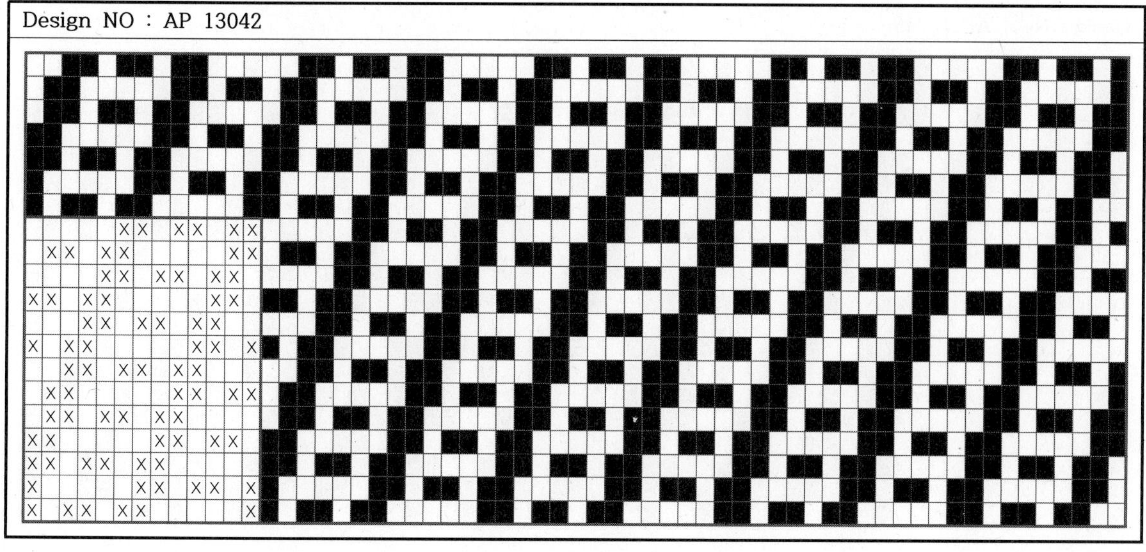

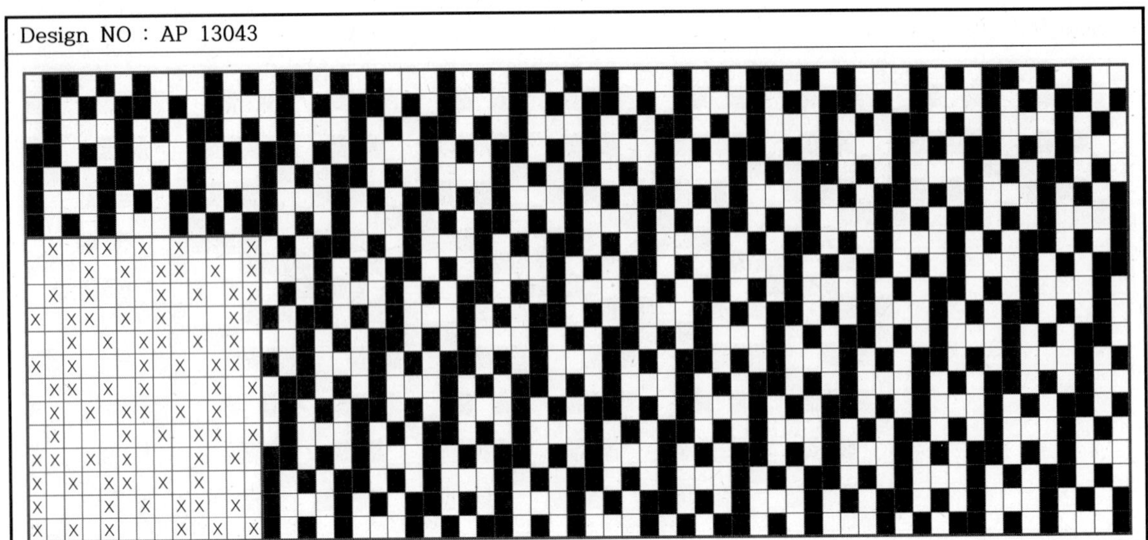

Design NO : AP 13043

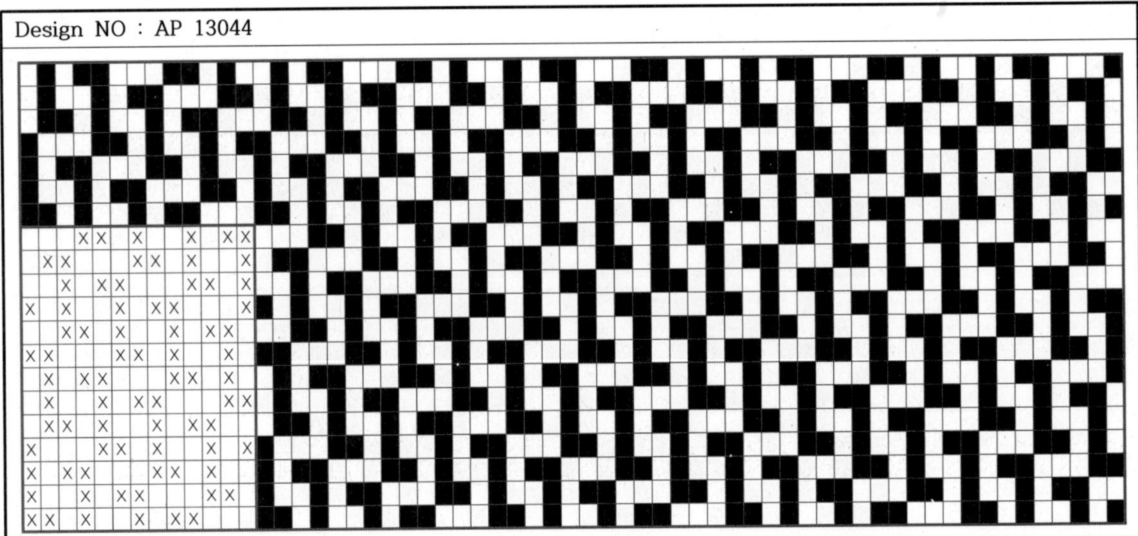

Design NO : AP 13044

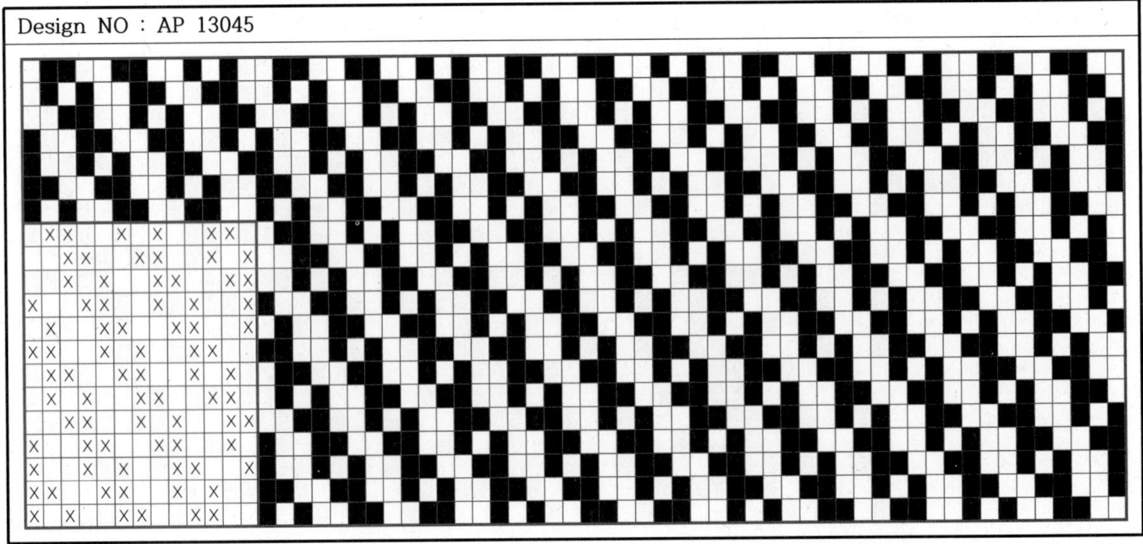

Design NO : AP 13045

Design NO : AP 13046

Design NO : AP 13047

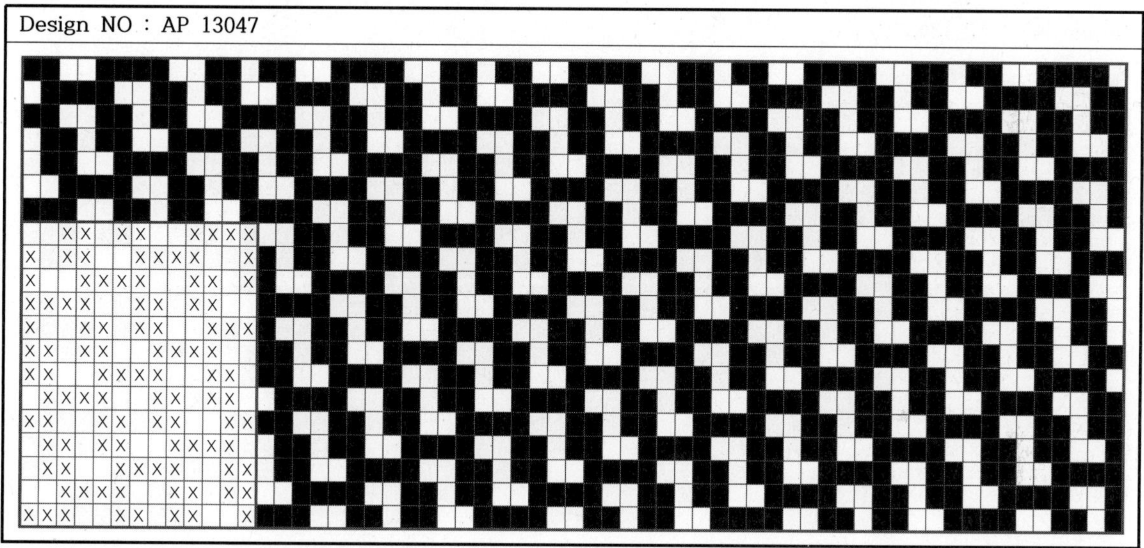

Design NO : AP 13048

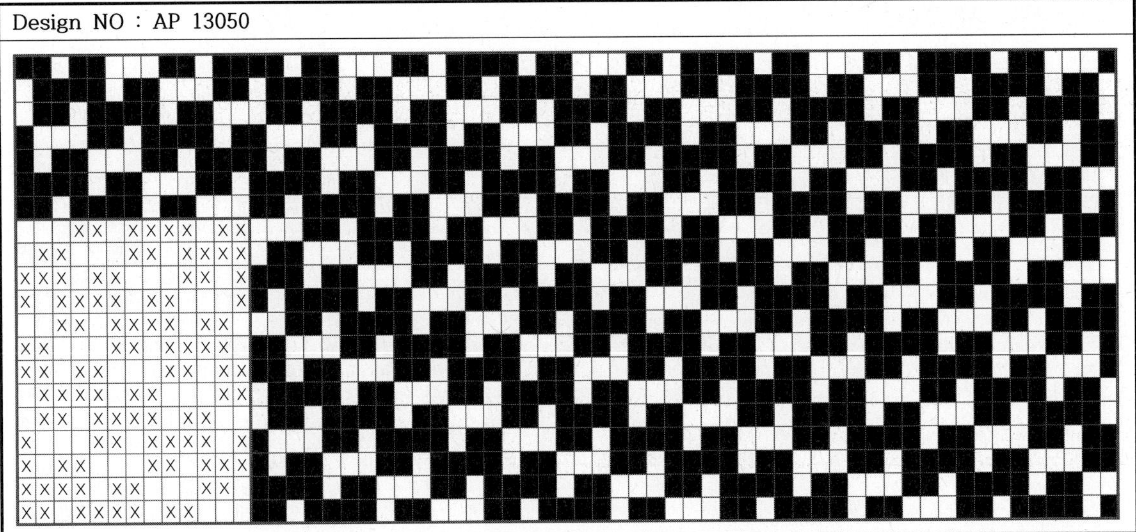

Design NO : AP 13052

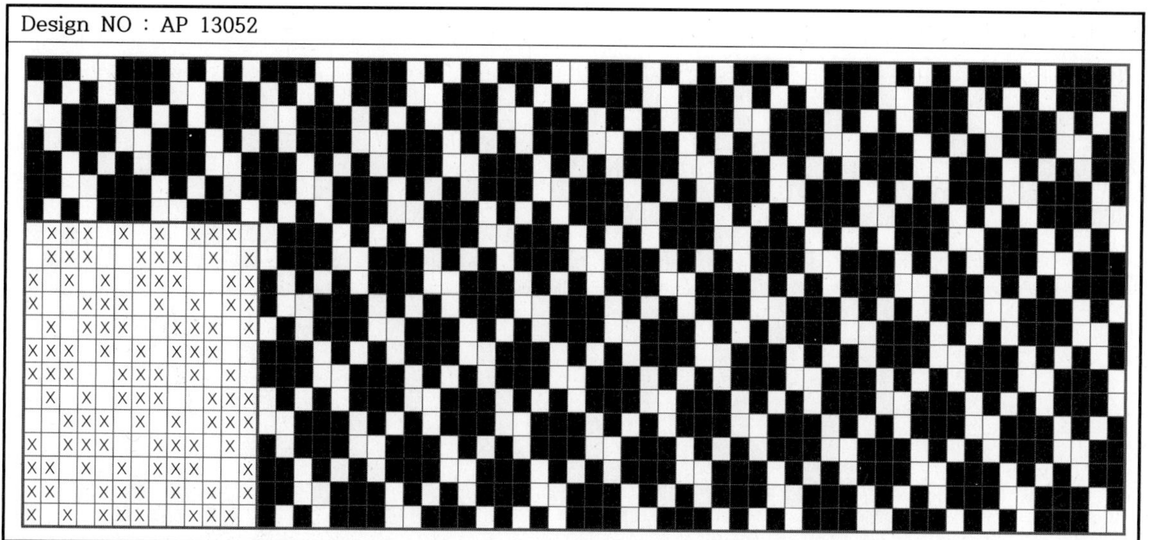

Design NO : AP 13053

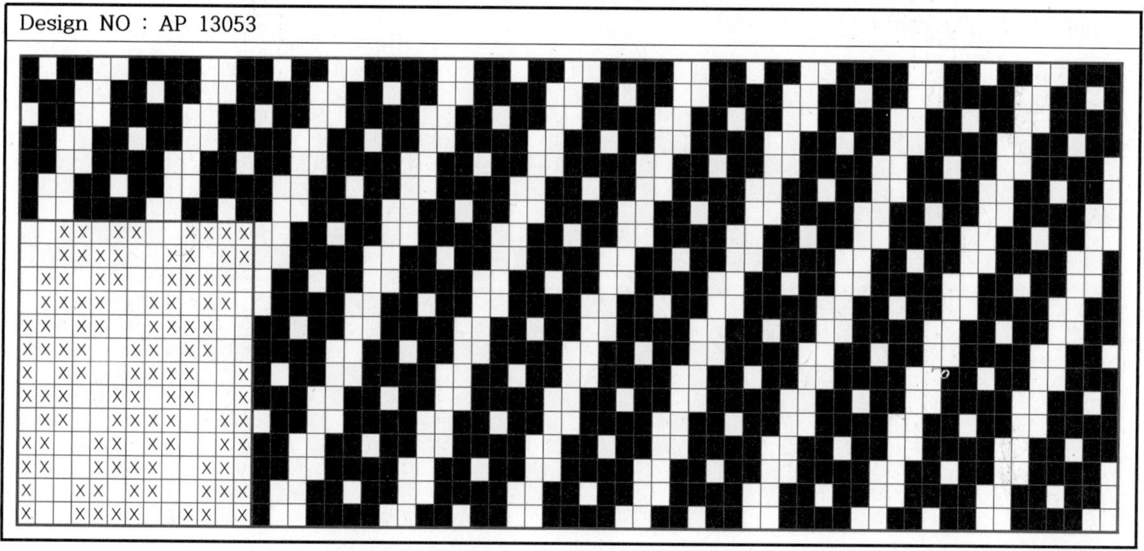

Design NO : AP 13054

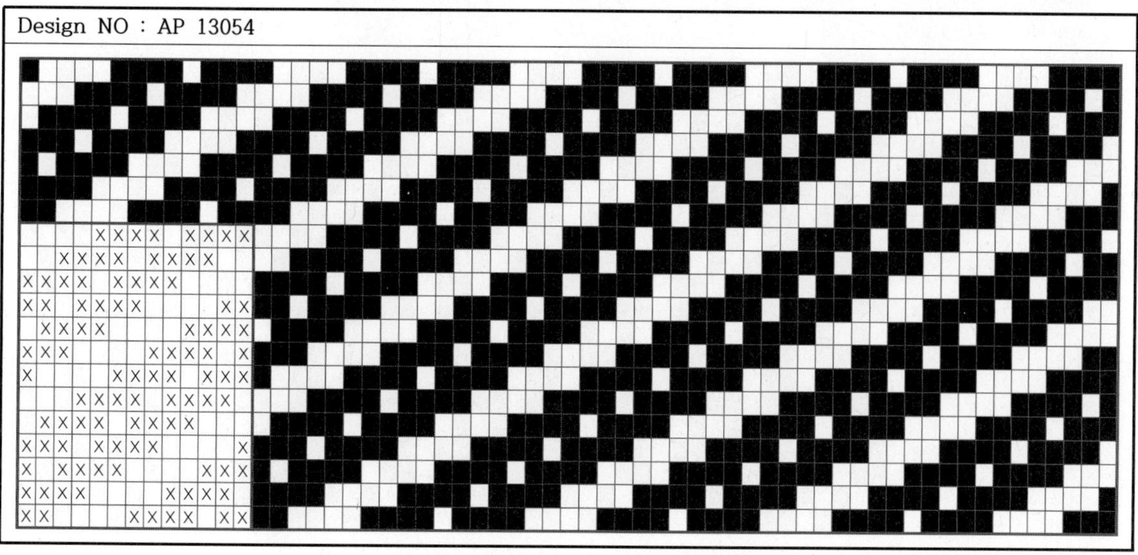

Design NO : AP 13058

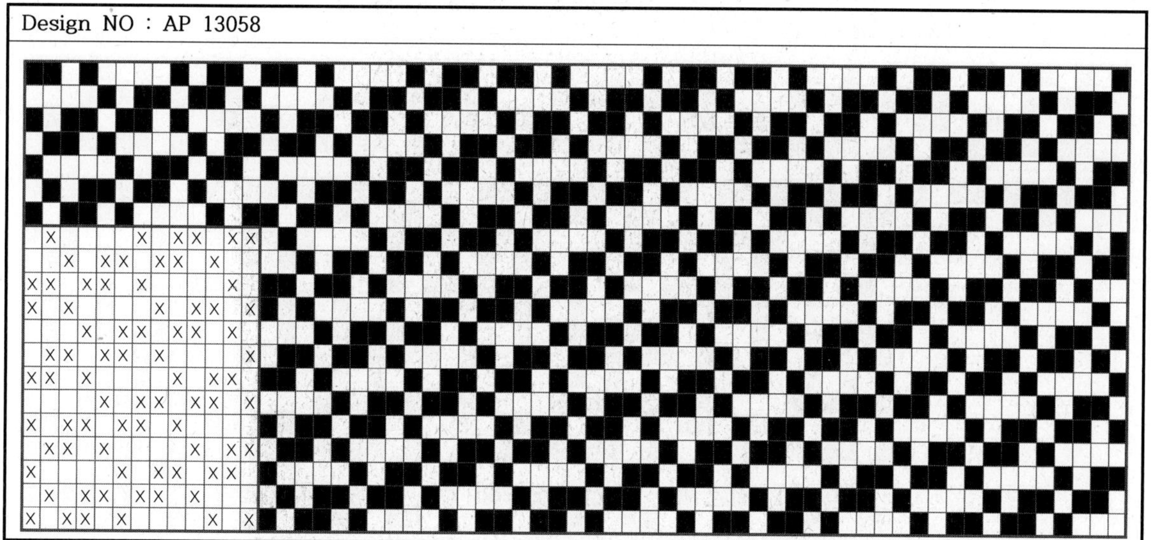

Design NO : AP 13059

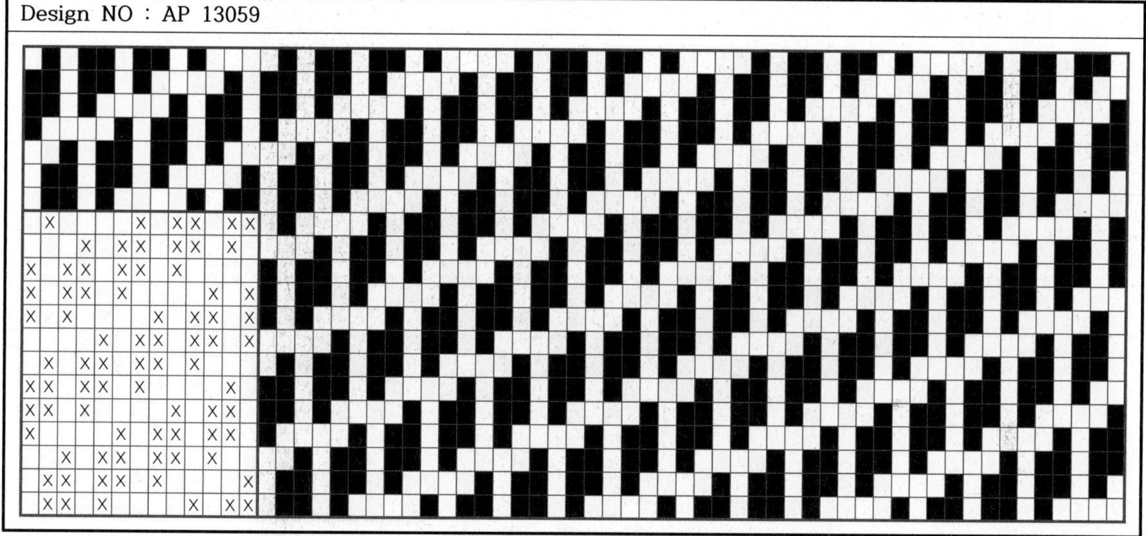

Design NO : AP 13060

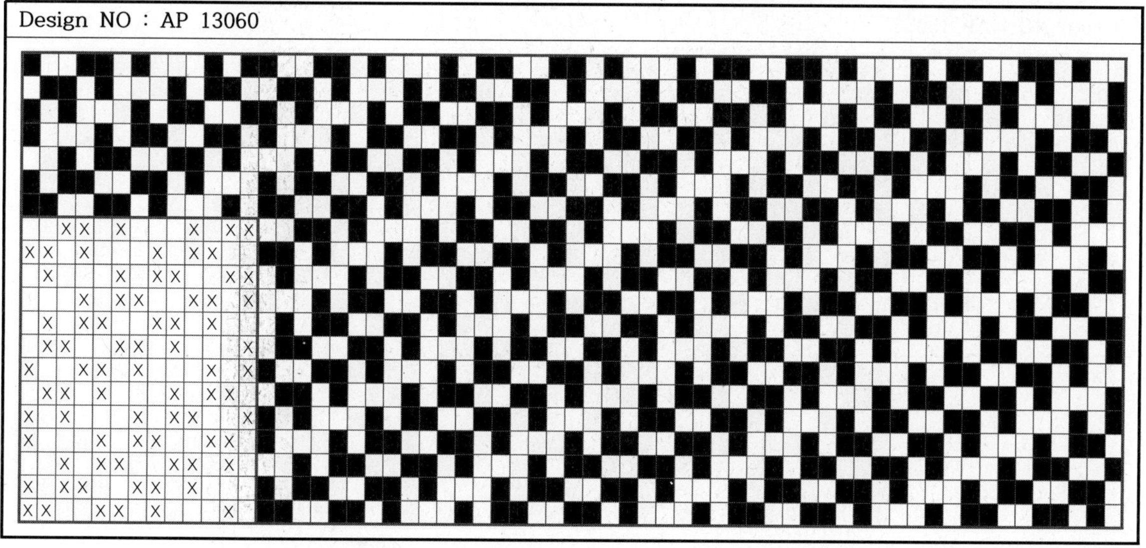

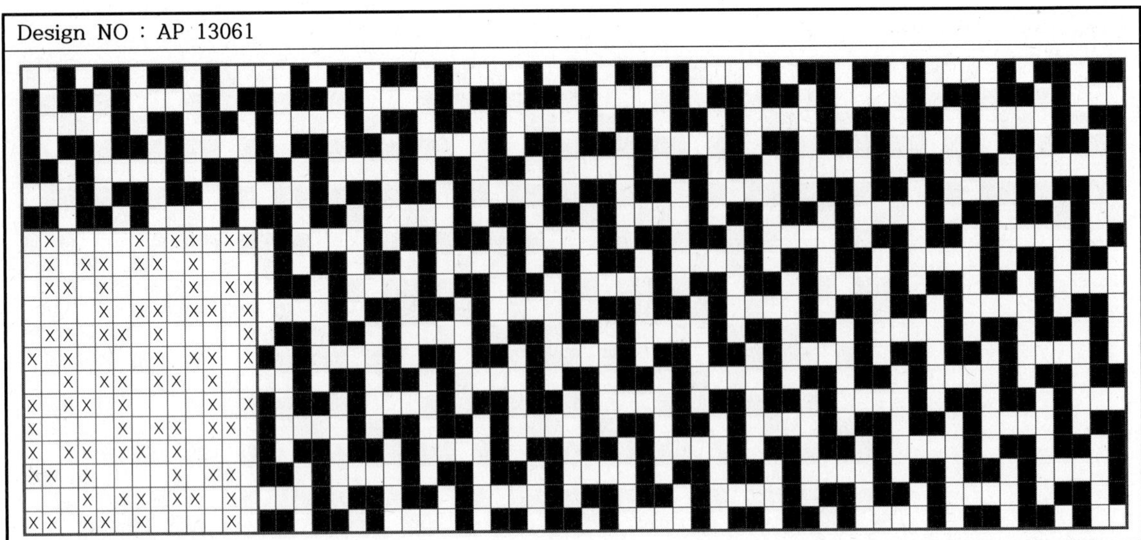

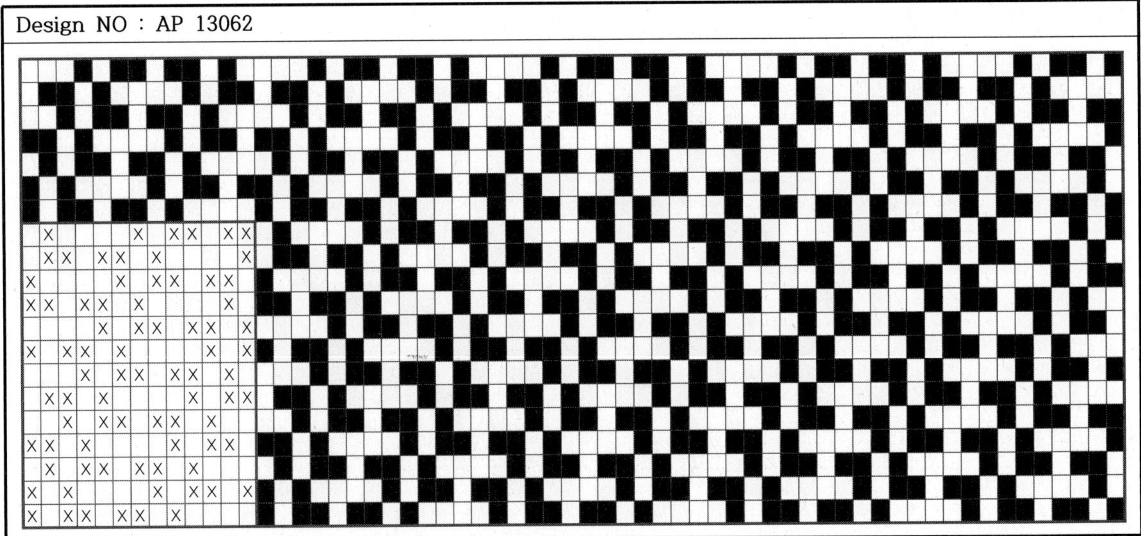

Design NO : AP 13064

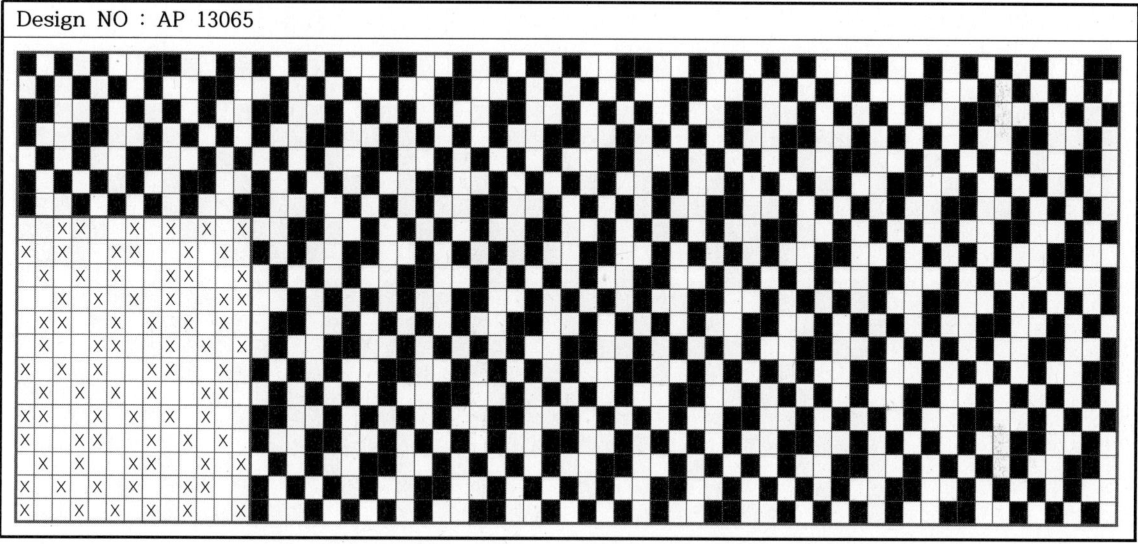

Design NO : AP 13065

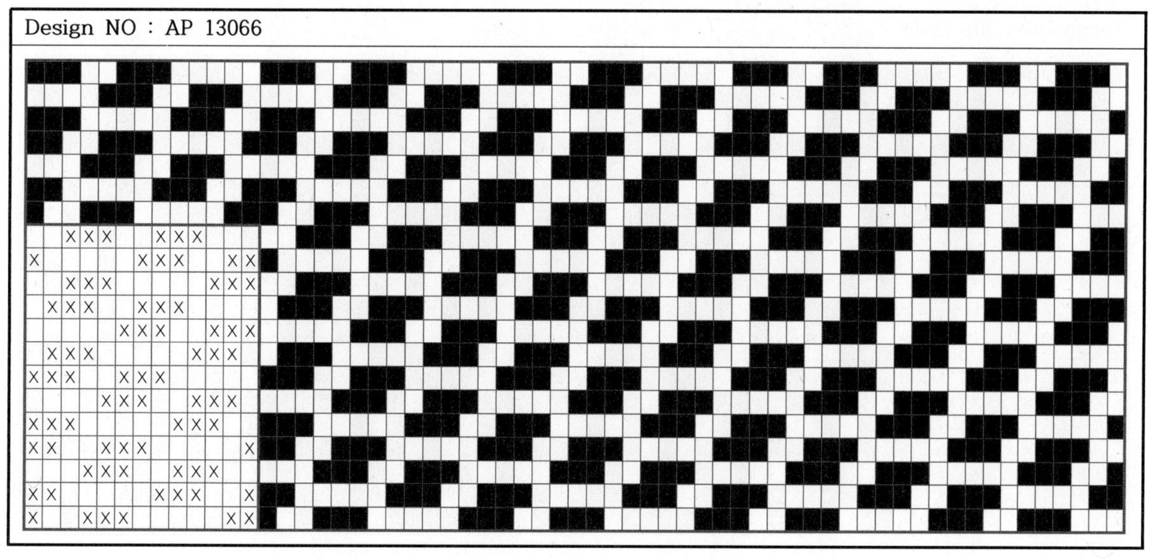

Design NO : AP 13066

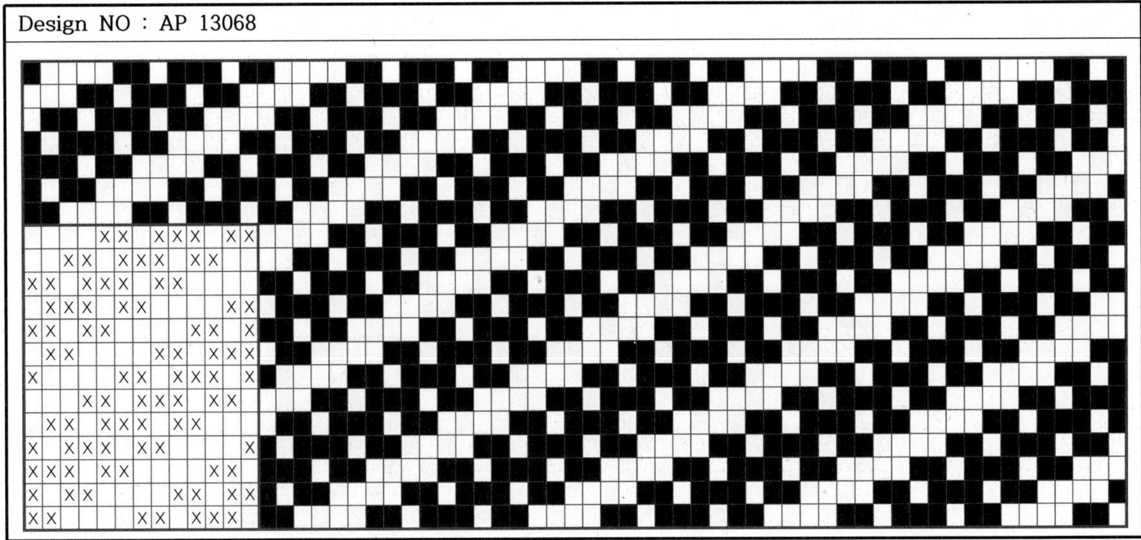

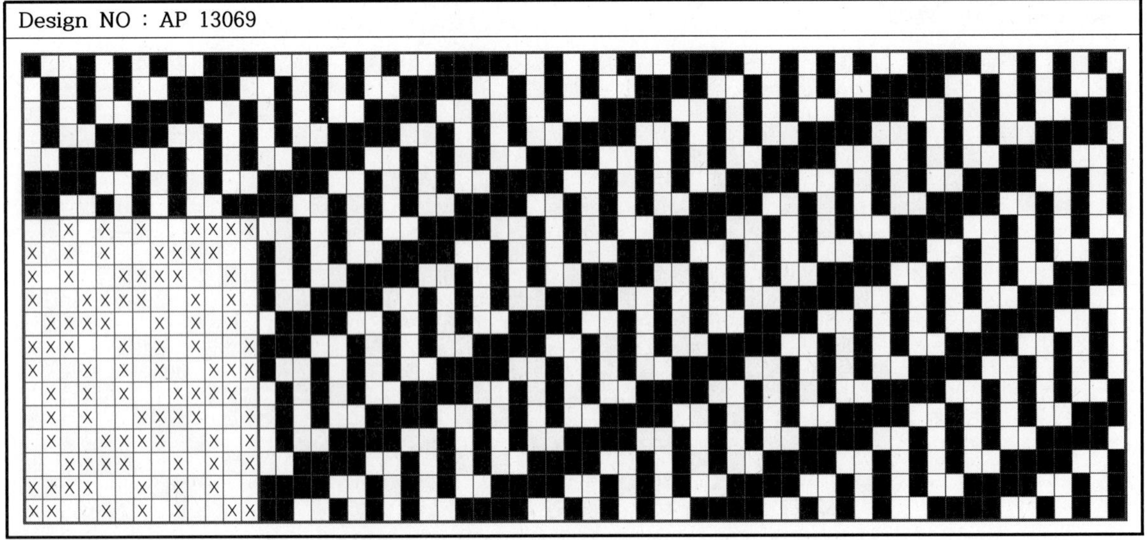

Design NO : AP 13069

Design NO : AP 13070

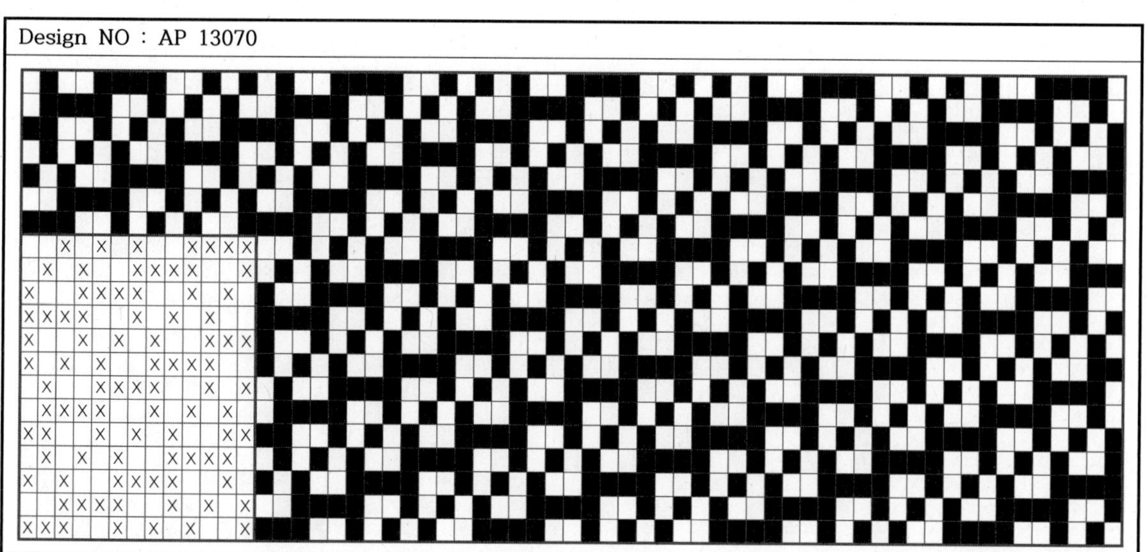

Design NO : AP 13071

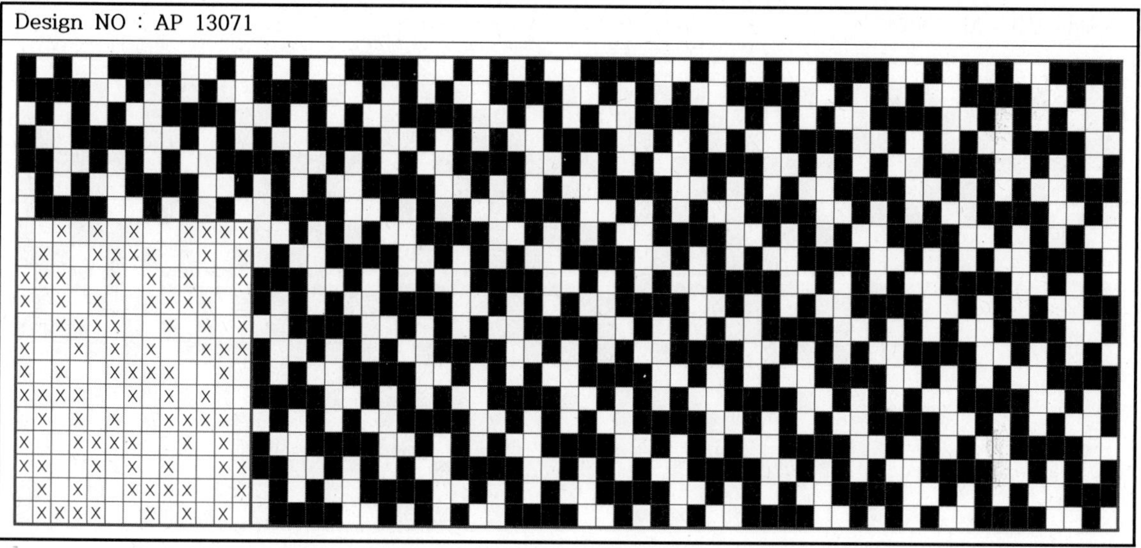

Design NO : AP 13072

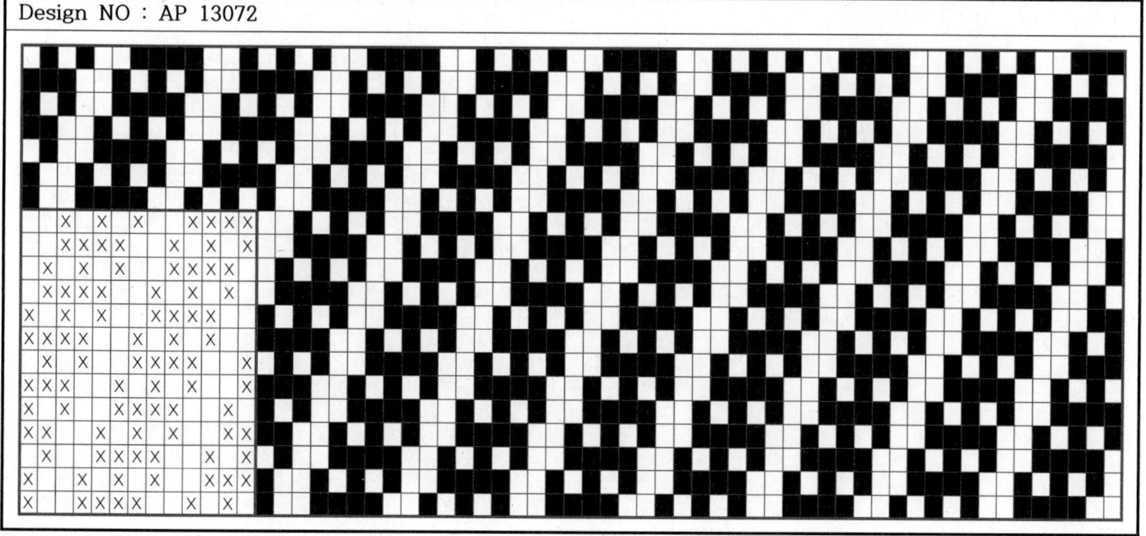

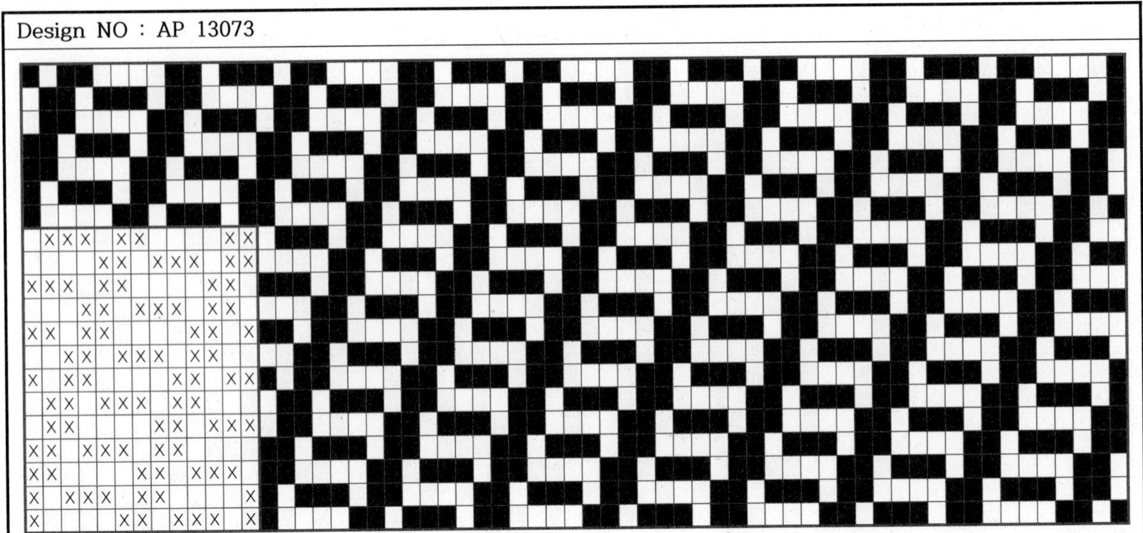

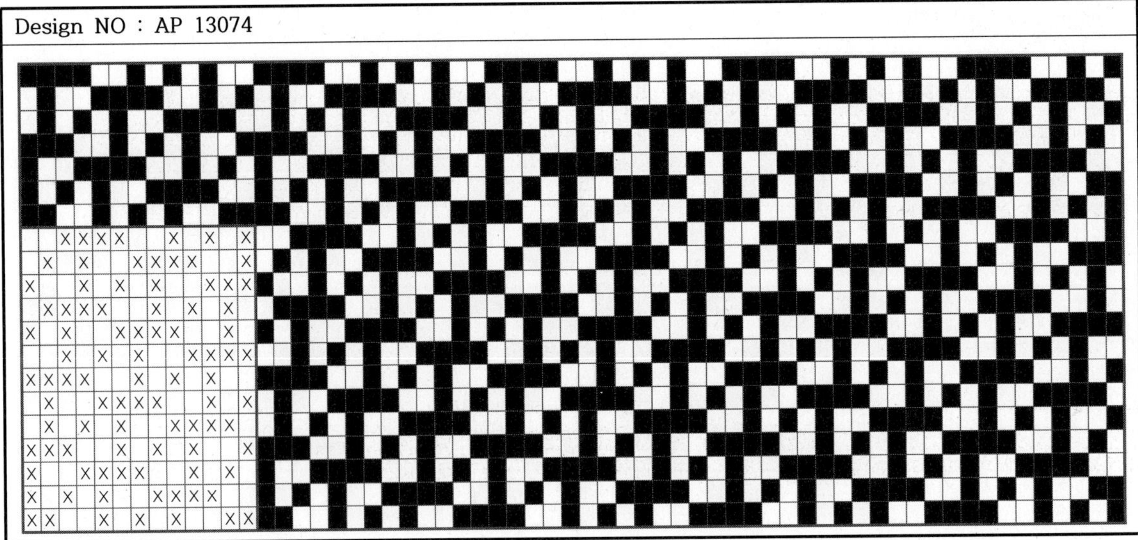

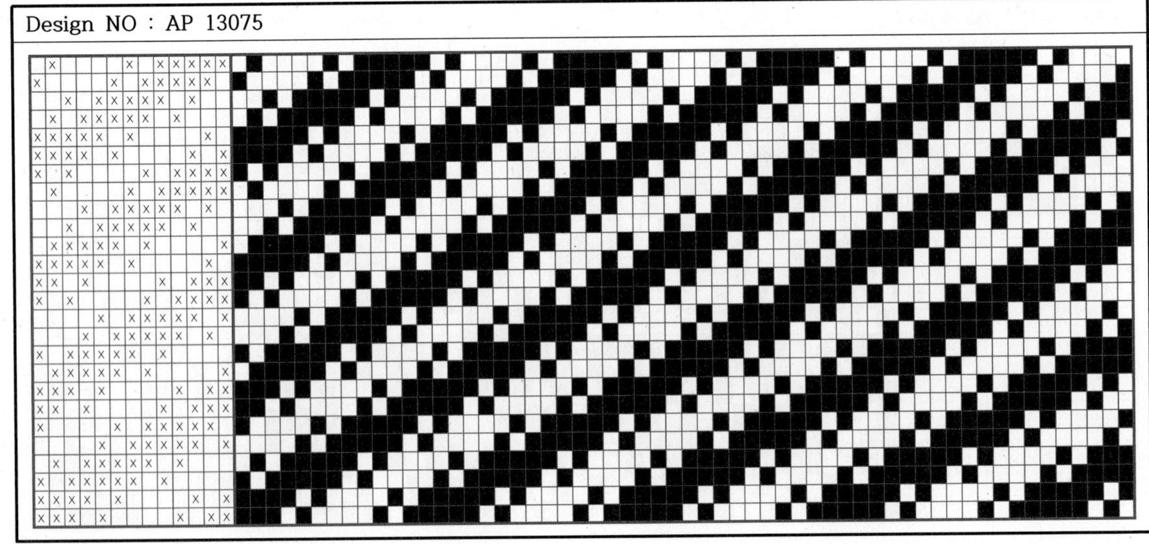

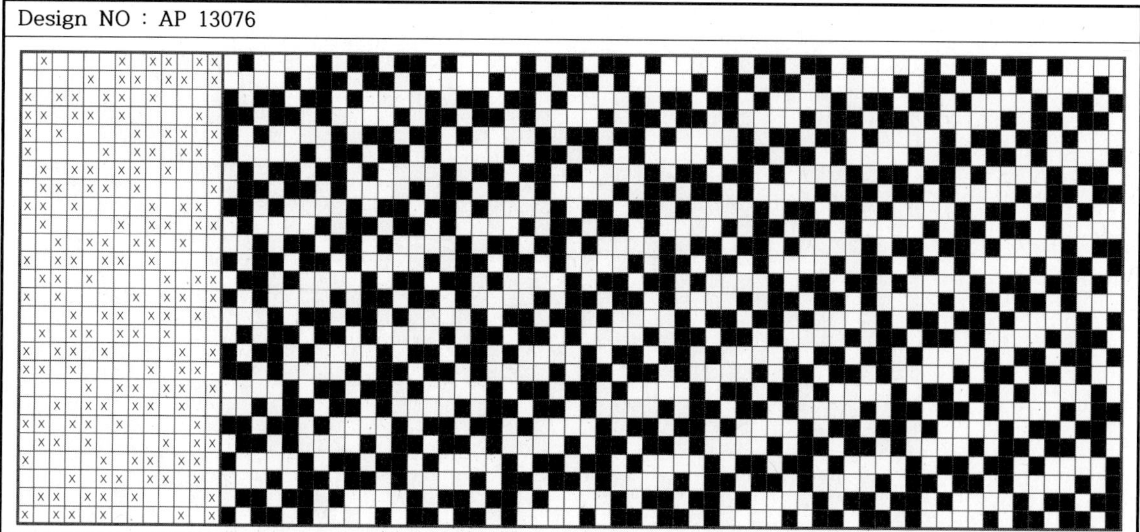

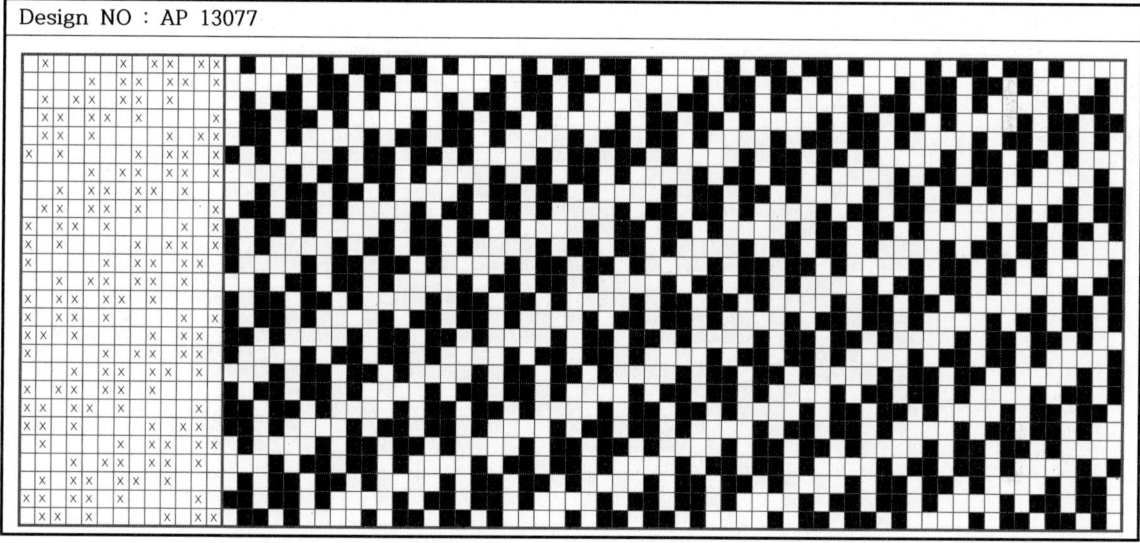

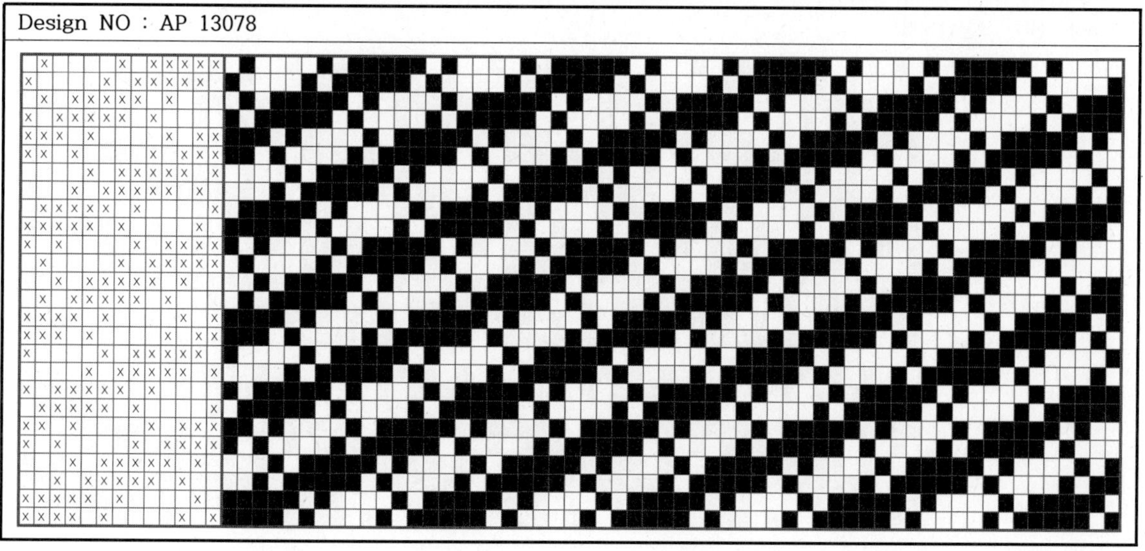

Design NO : AP 13079

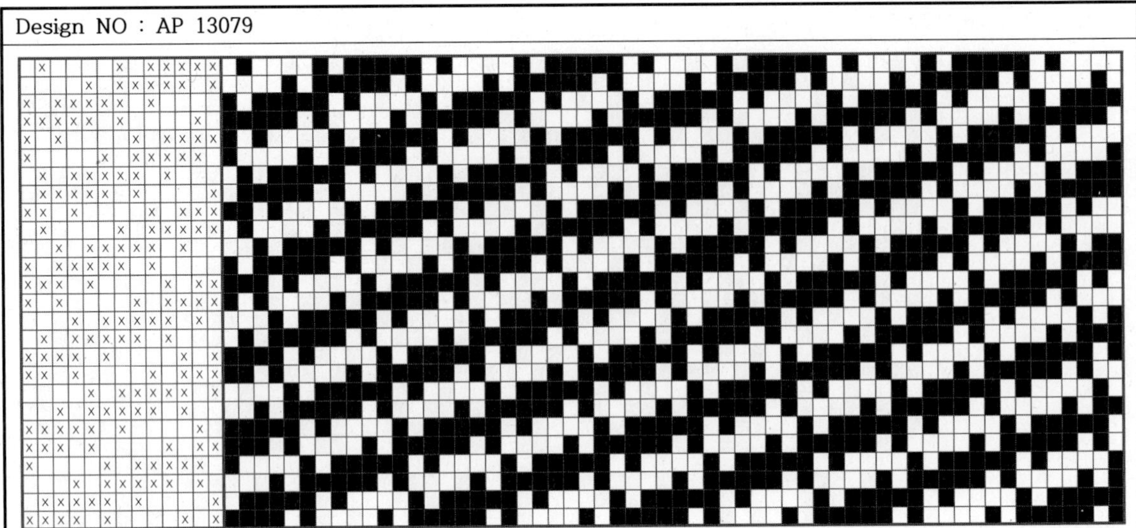

Design NO : AP 13080

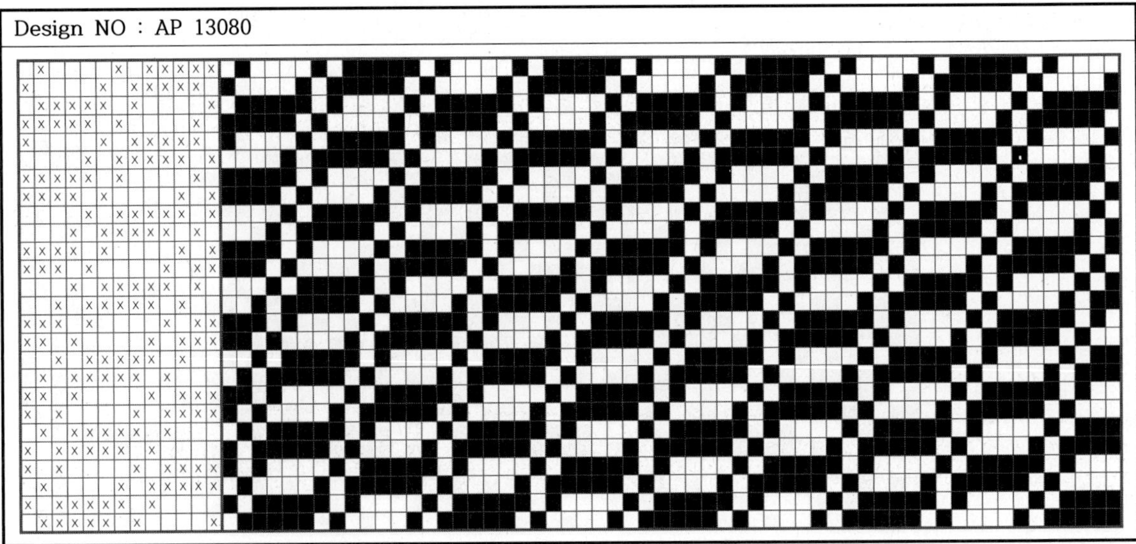

Design NO : AP 13081

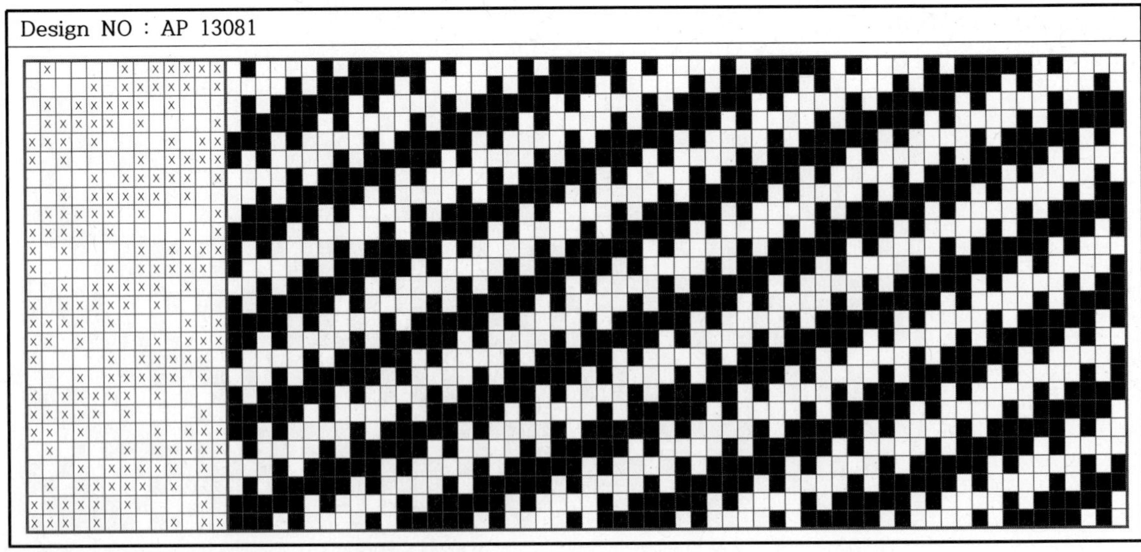

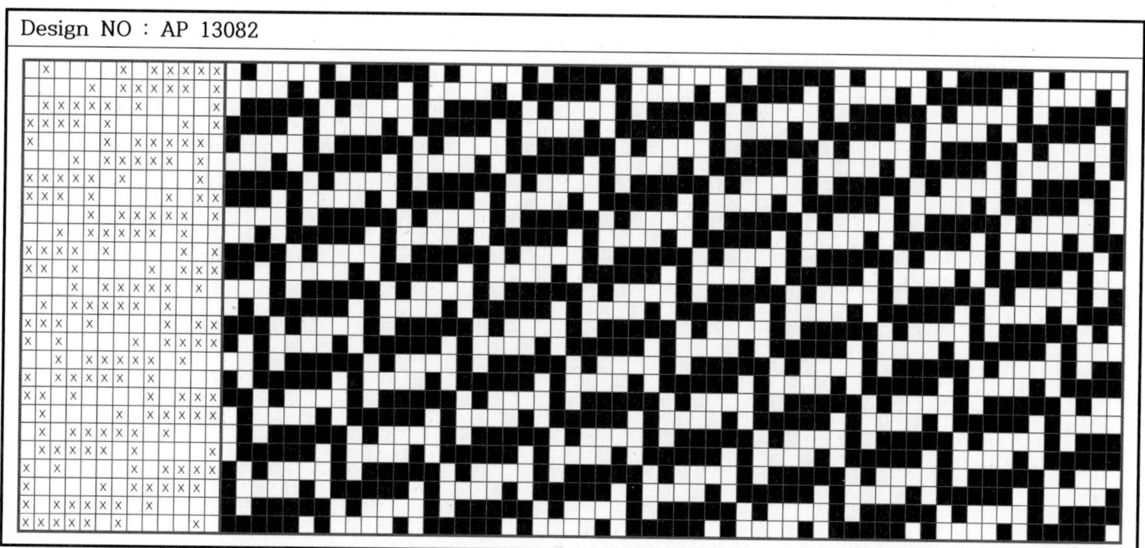

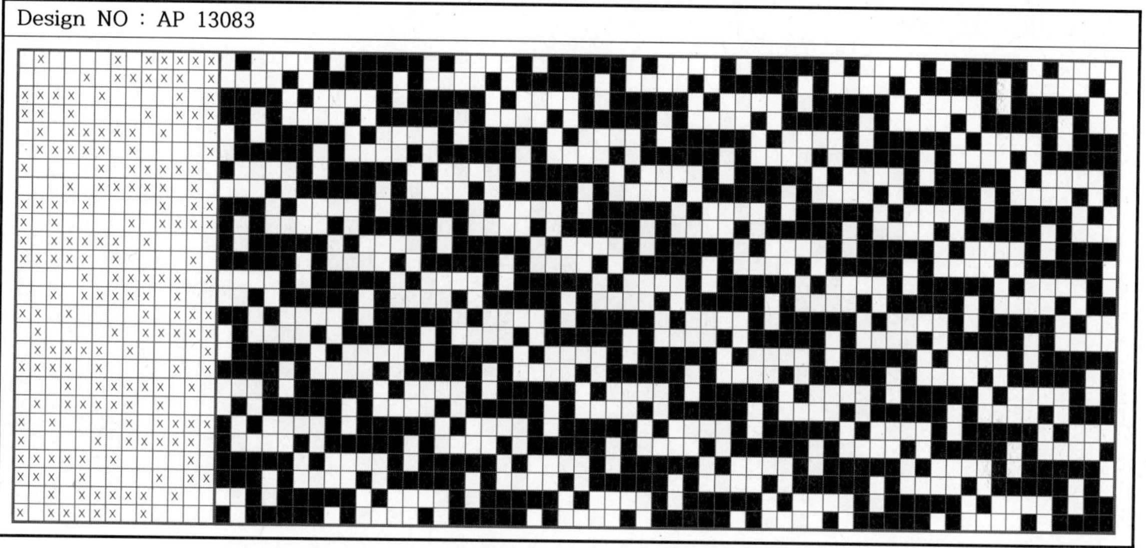

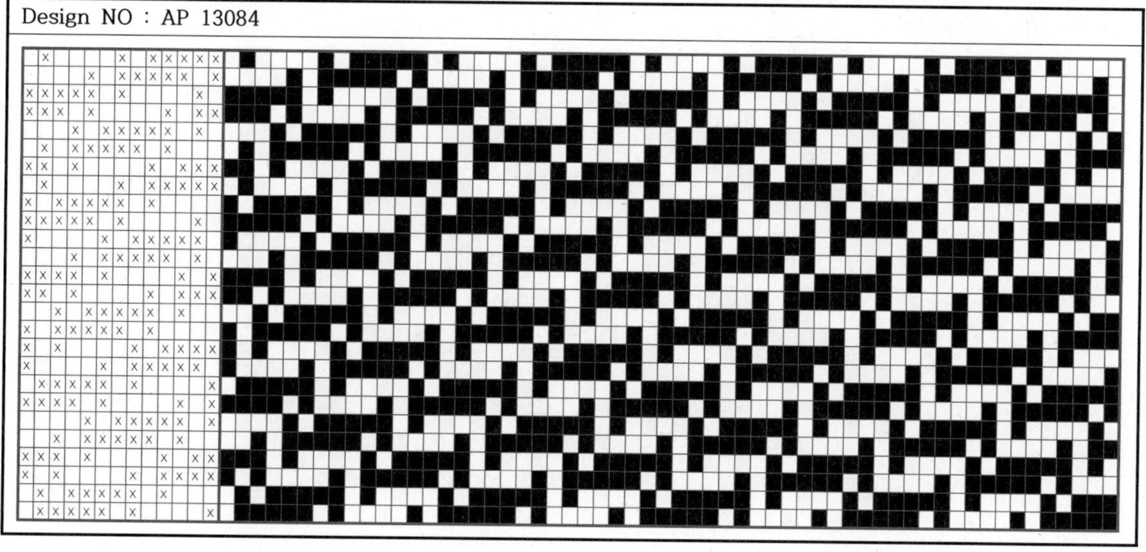

Design NO : AP 13085

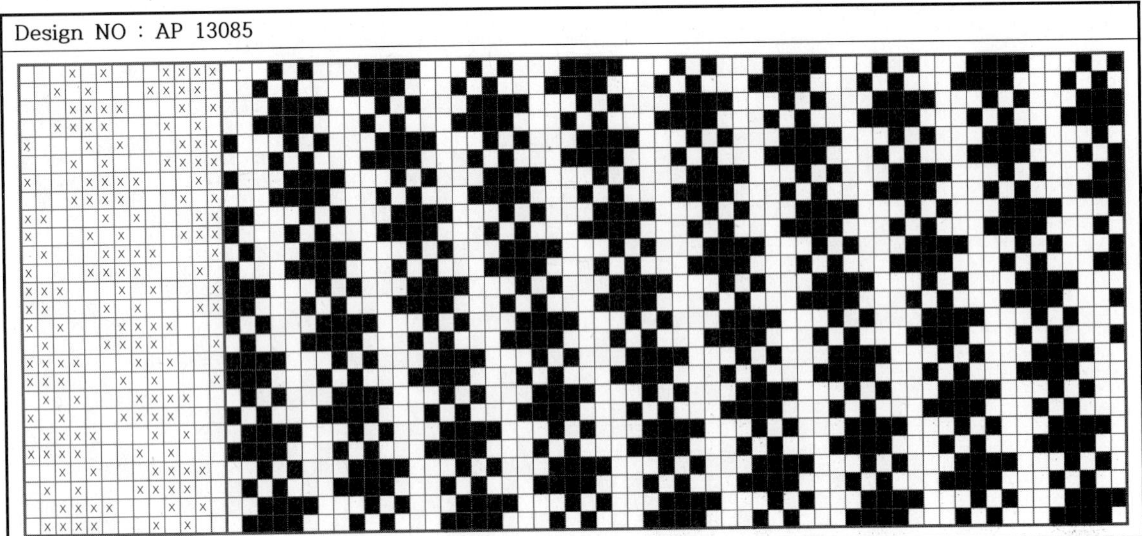

Design NO : AP 13086

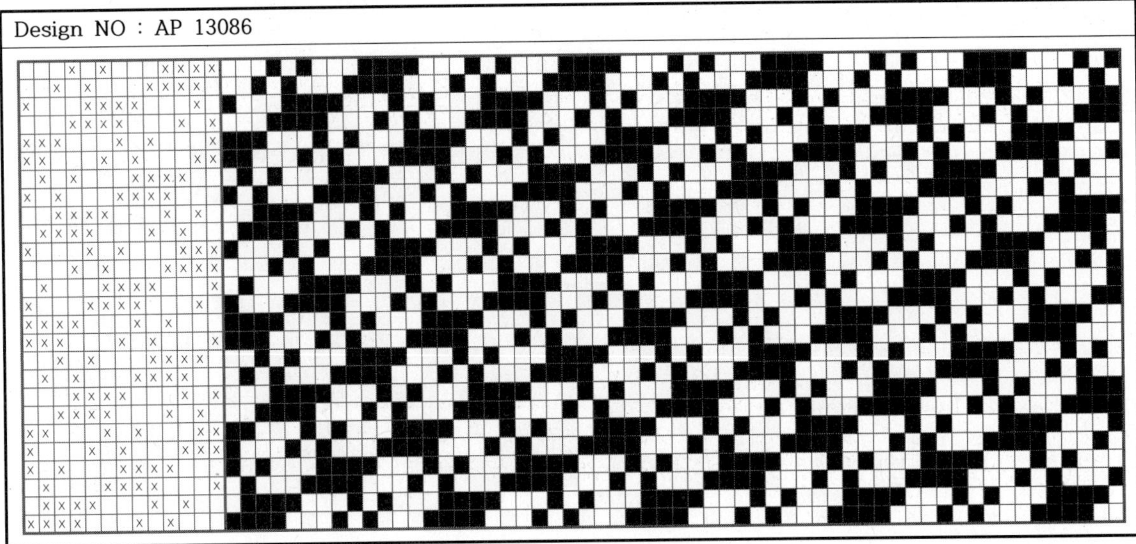

Design NO : AP 13087

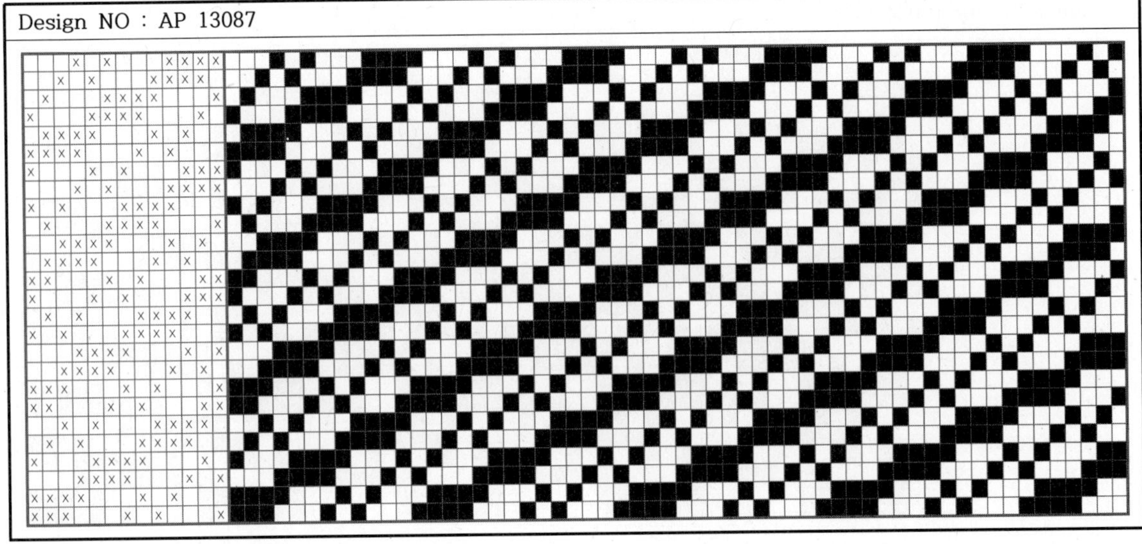

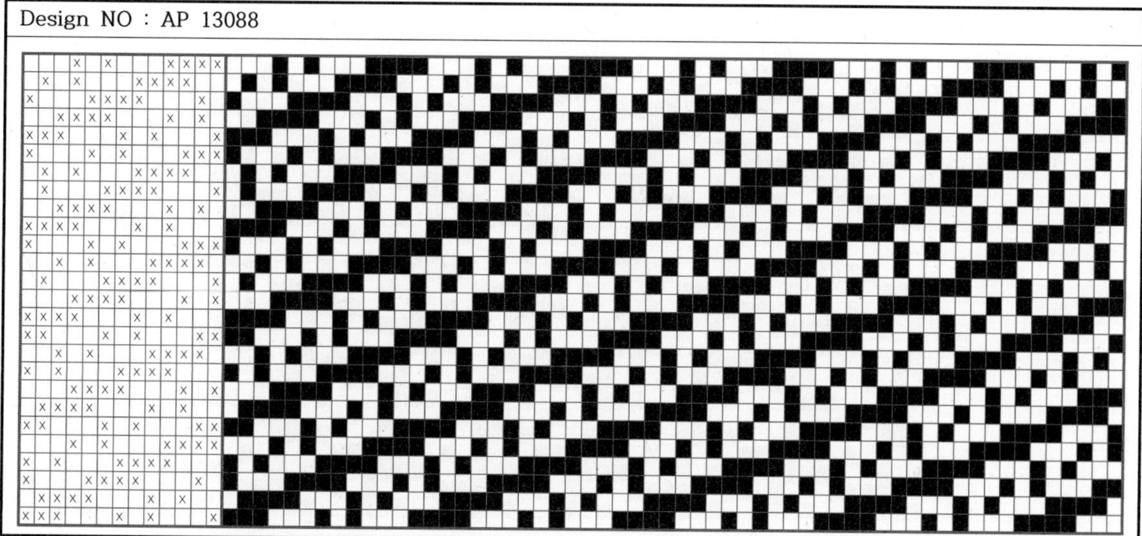

Design NO : AP 13088

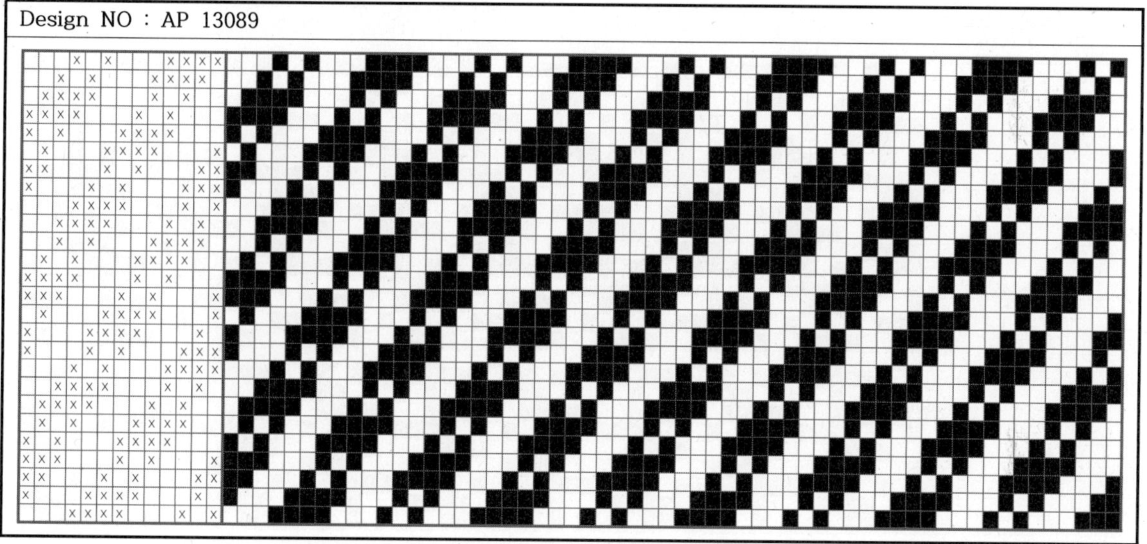

Design NO : AP 13089

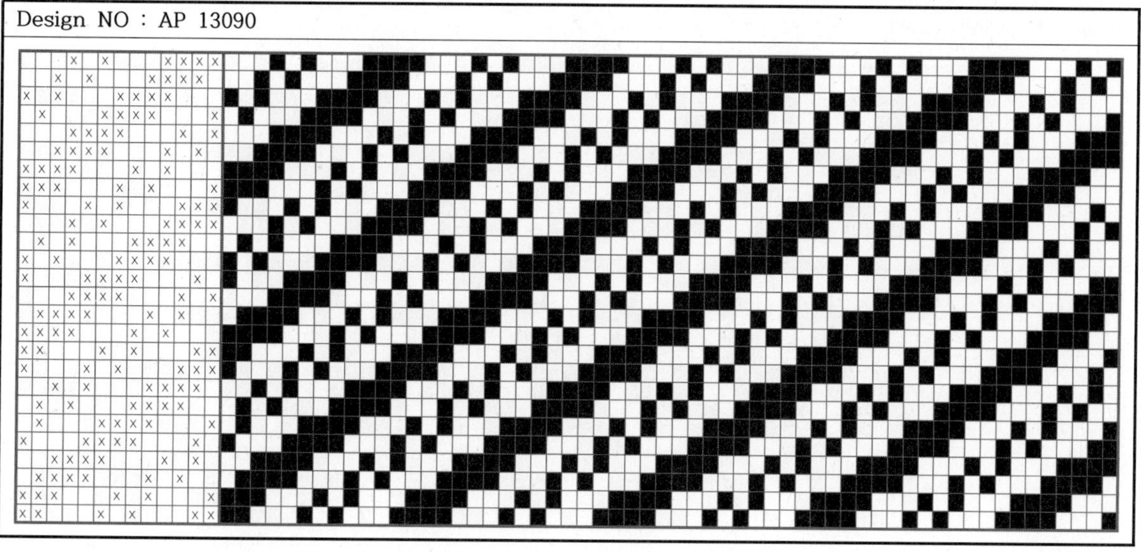

Design NO : AP 13090

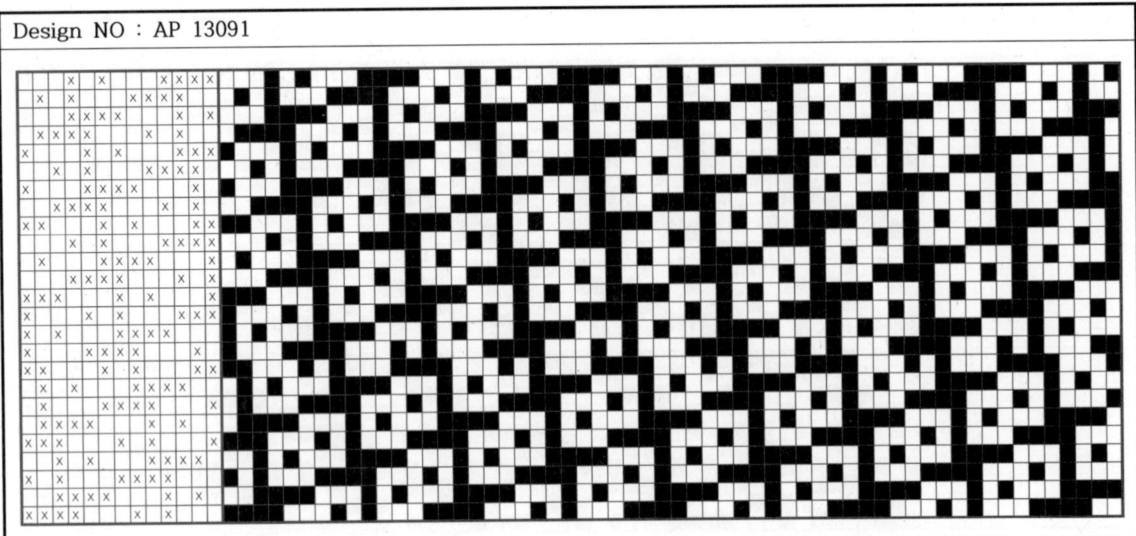

Design NO : AP 13091

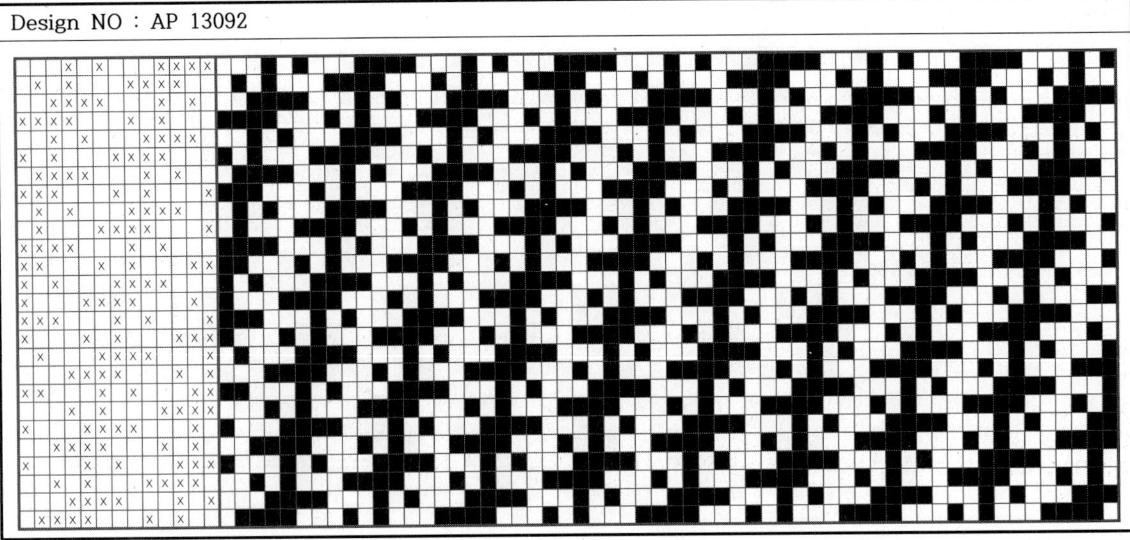

Design NO : AP 13092

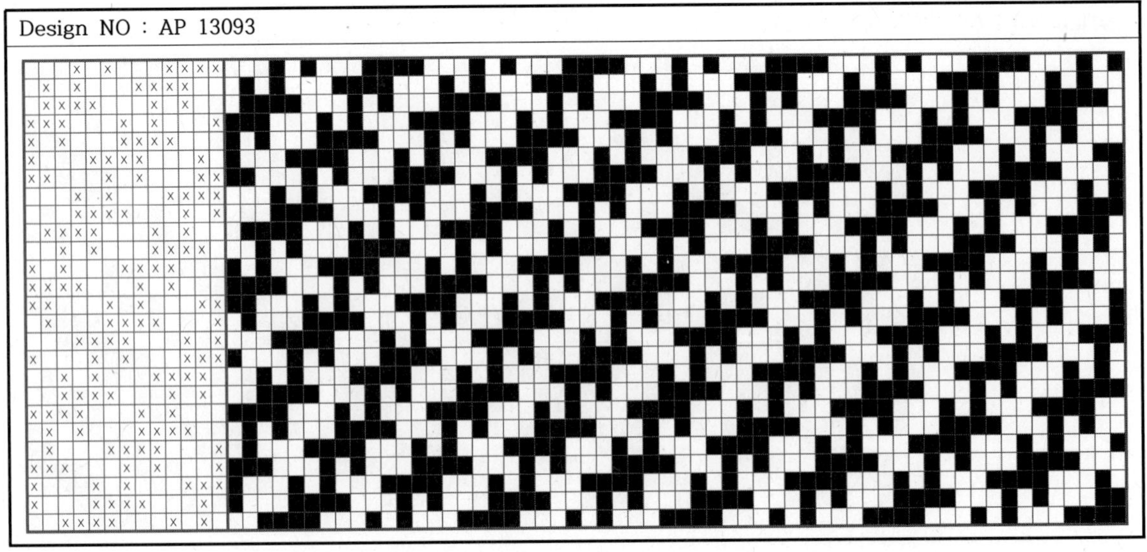

Design NO : AP 13093

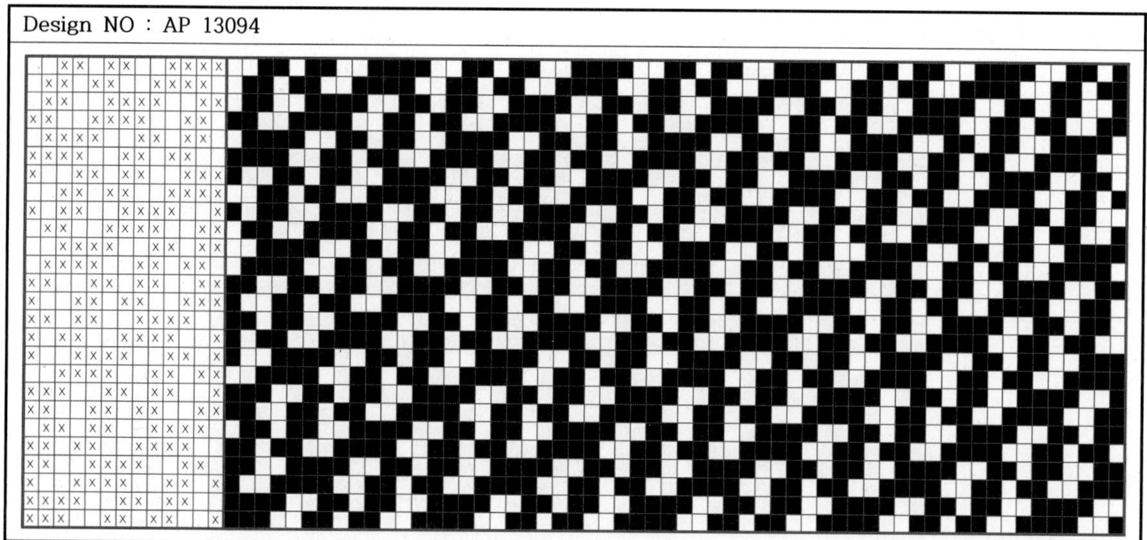
Design NO : AP 13094

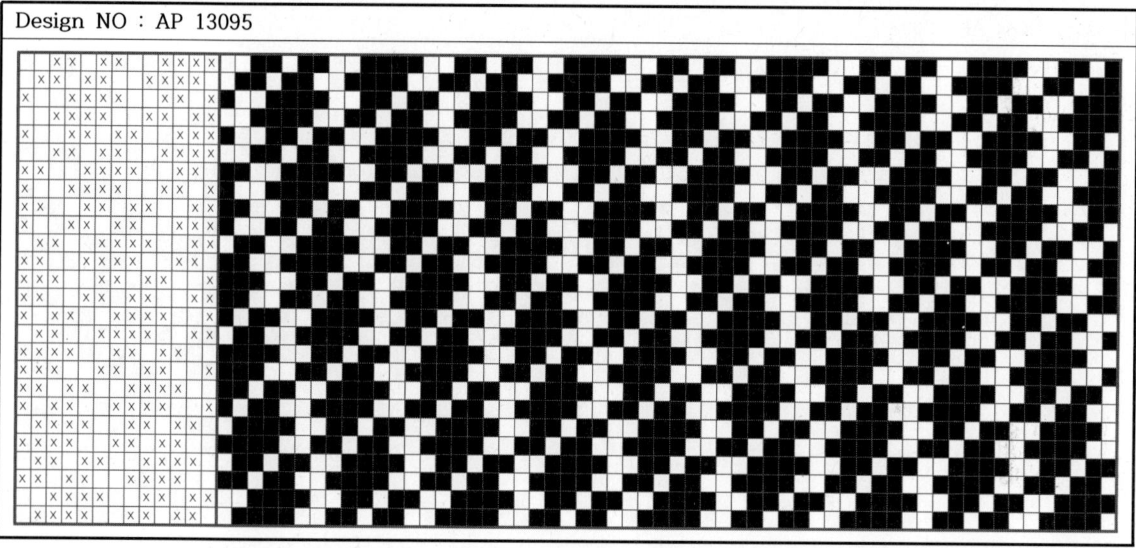
Design NO : AP 13095

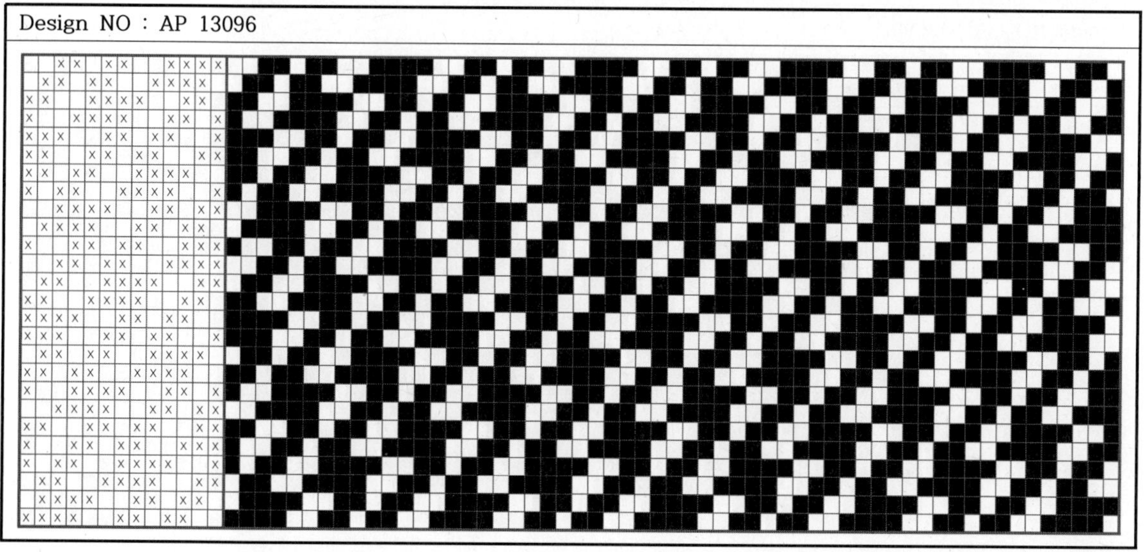
Design NO : AP 13096

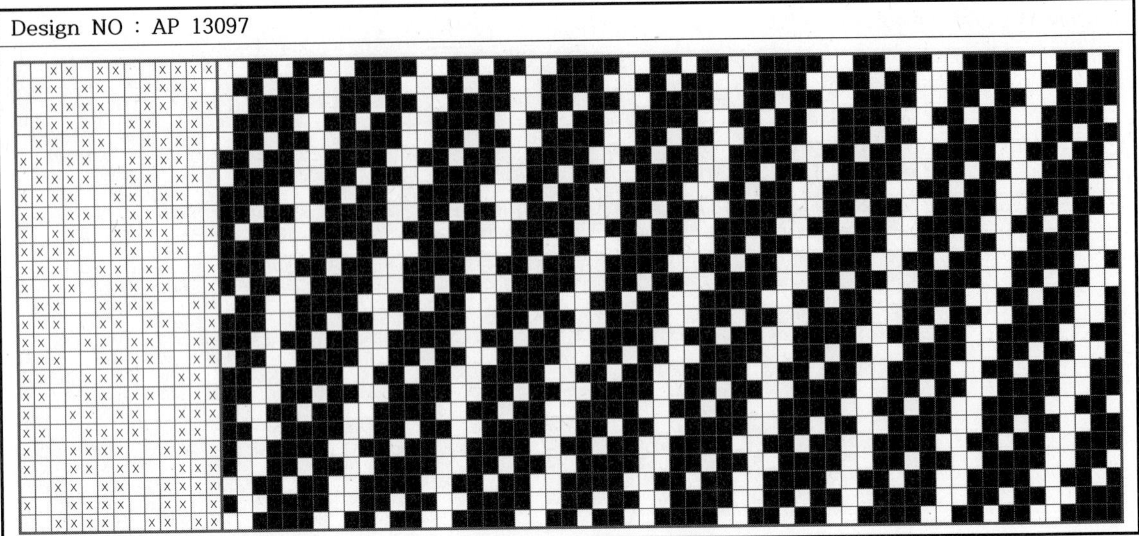

Design NO : AP 13097

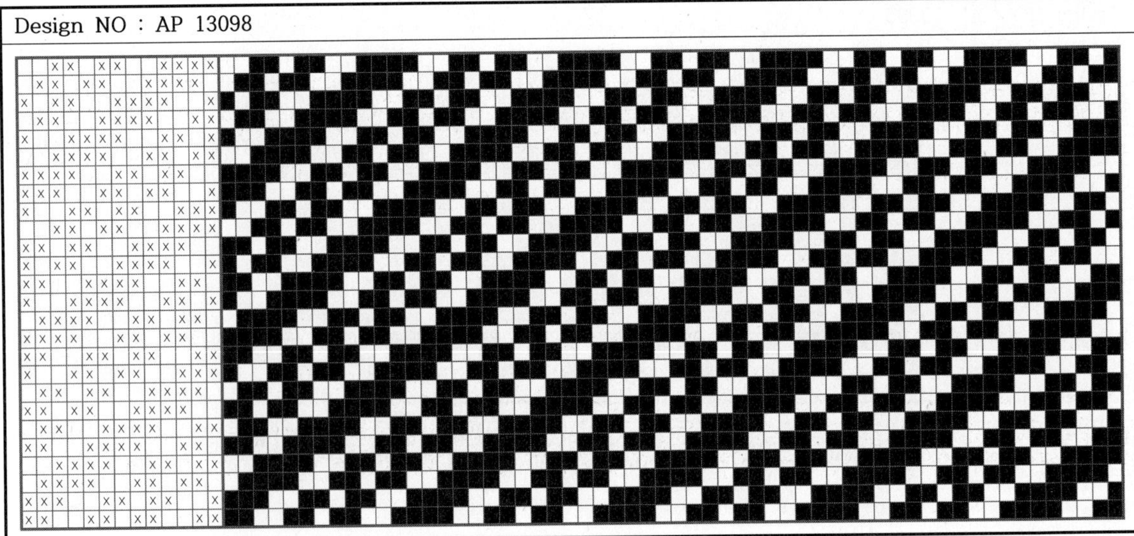

Design NO : AP 13098

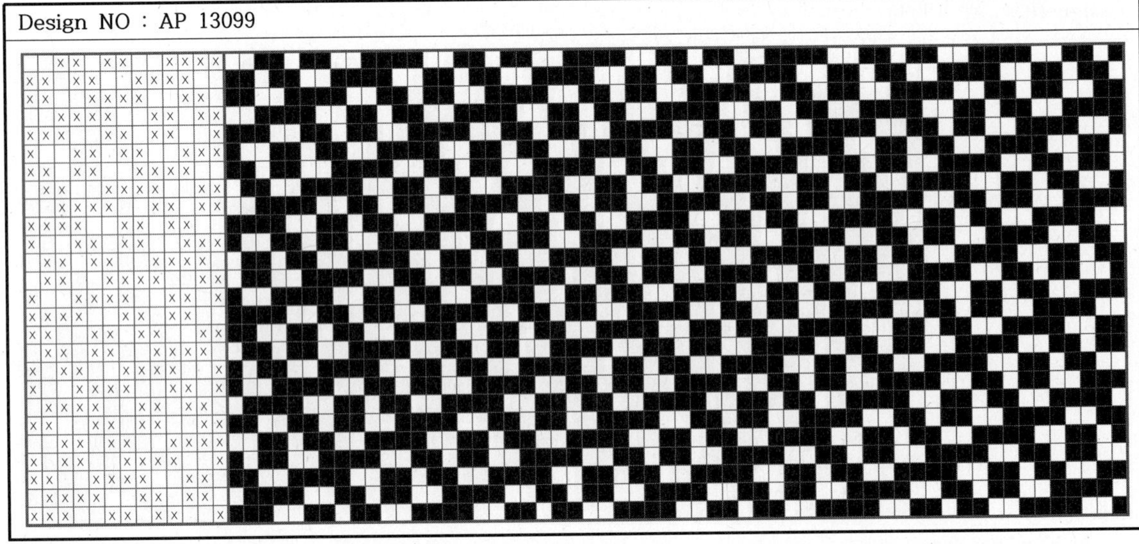

Design NO : AP 13099

Design NO : AP 13100

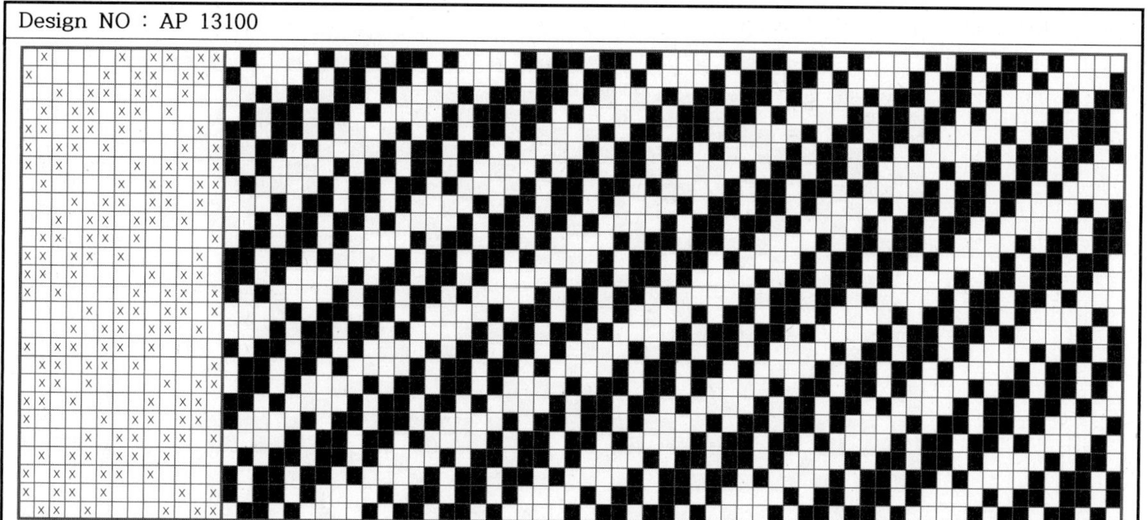

Design NO : AP 13101

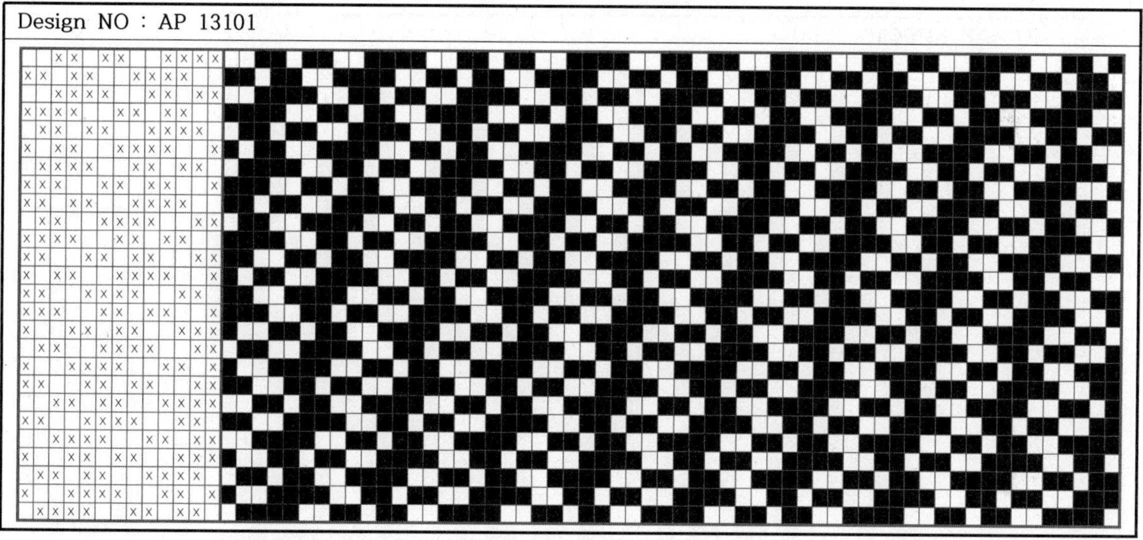

Design NO : AP 13102

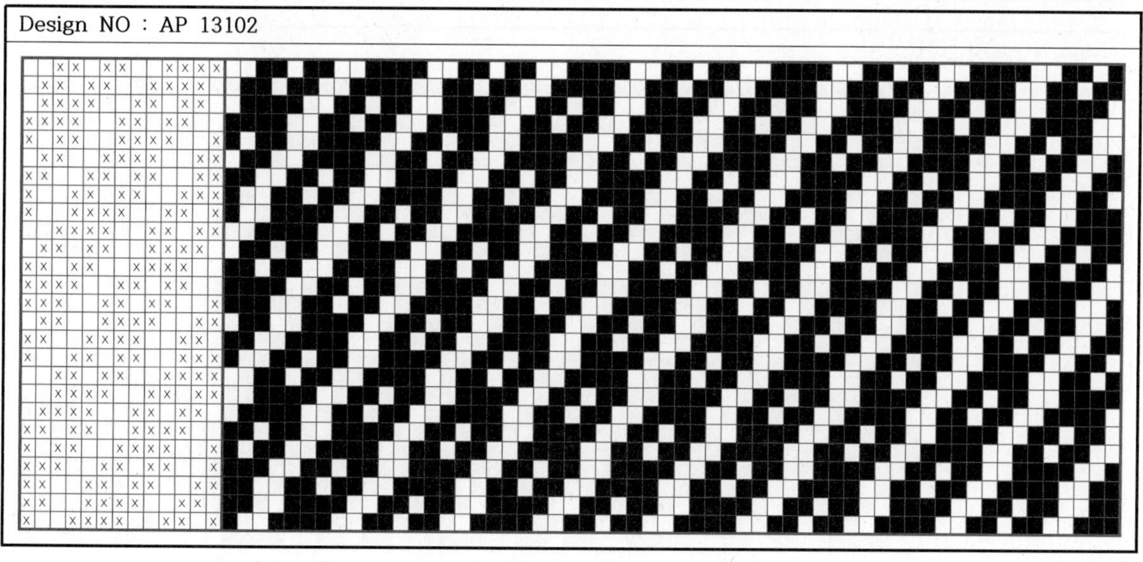

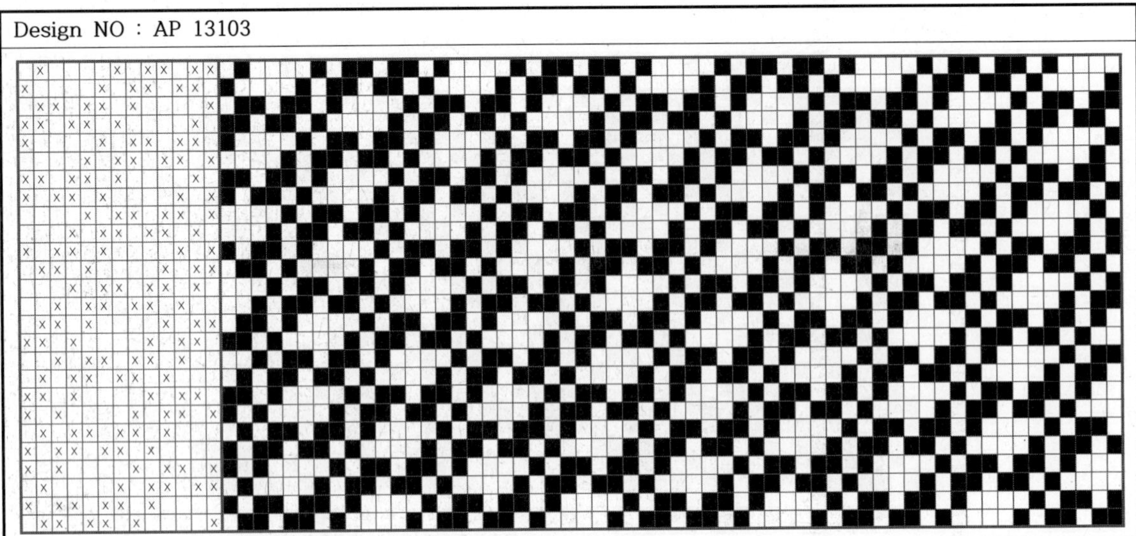

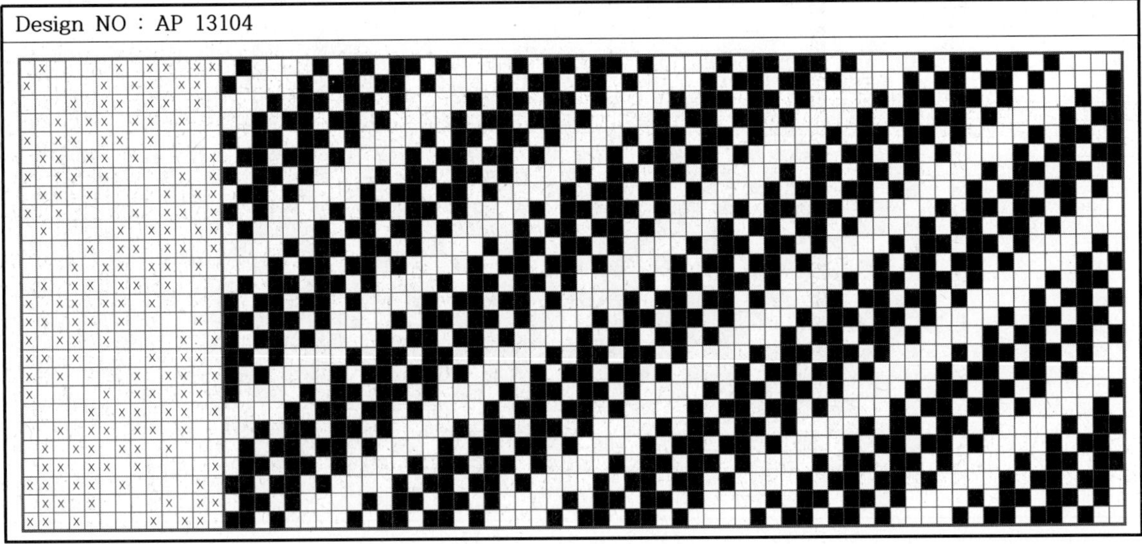

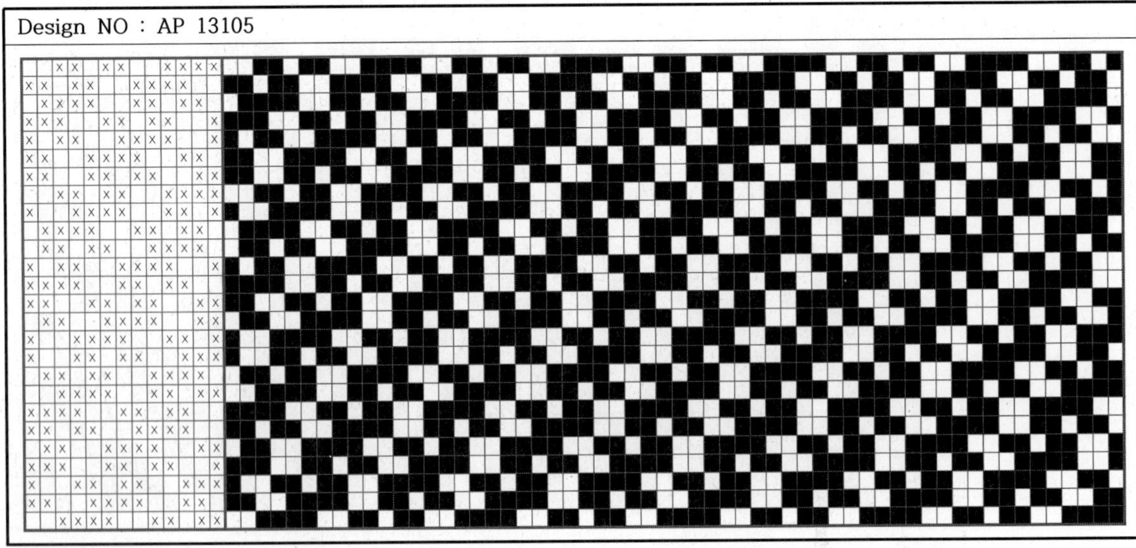

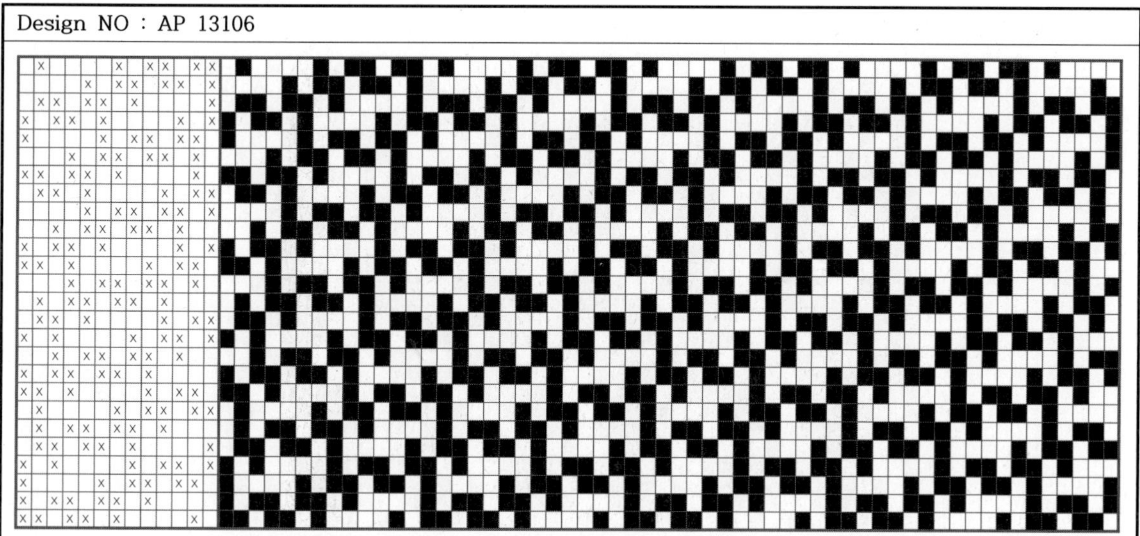

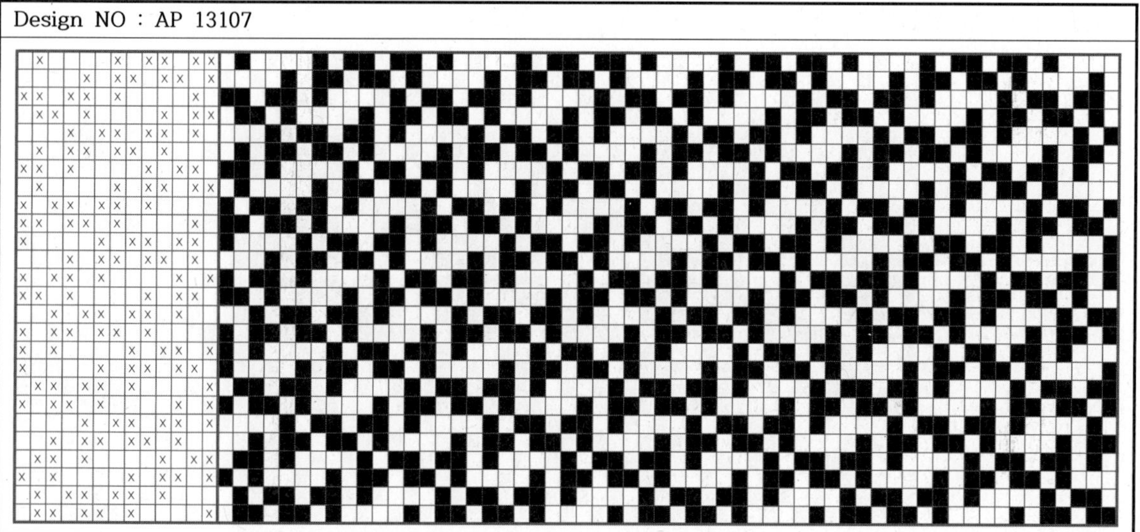

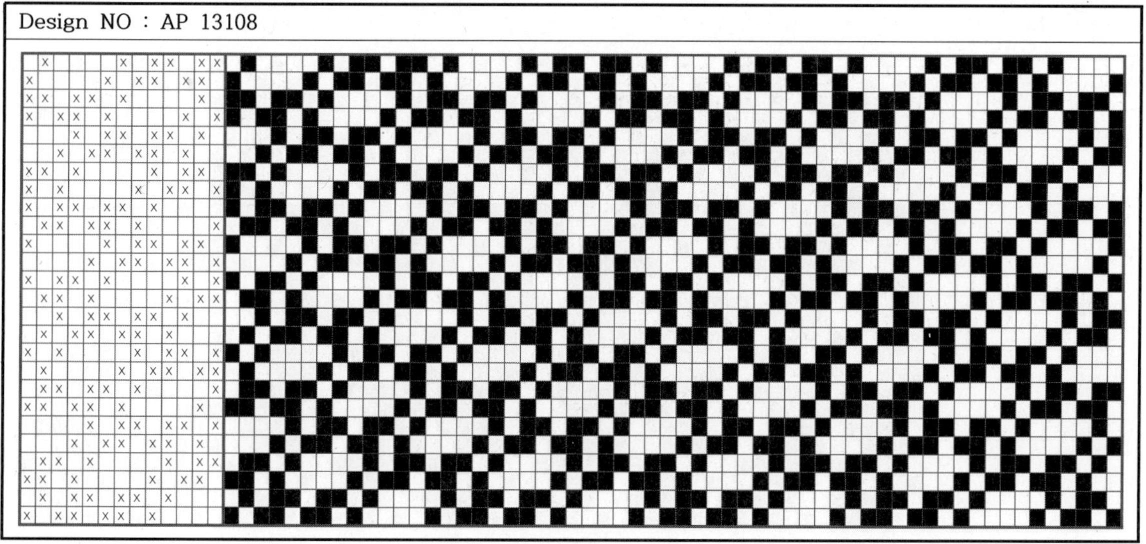

Design NO : AP 13109

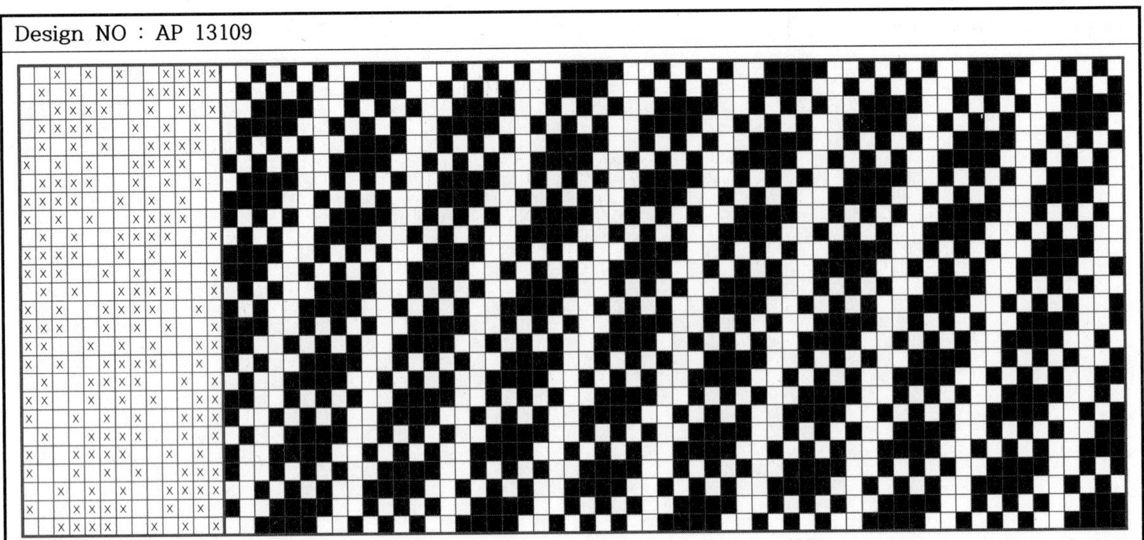

Design NO : AP 13110

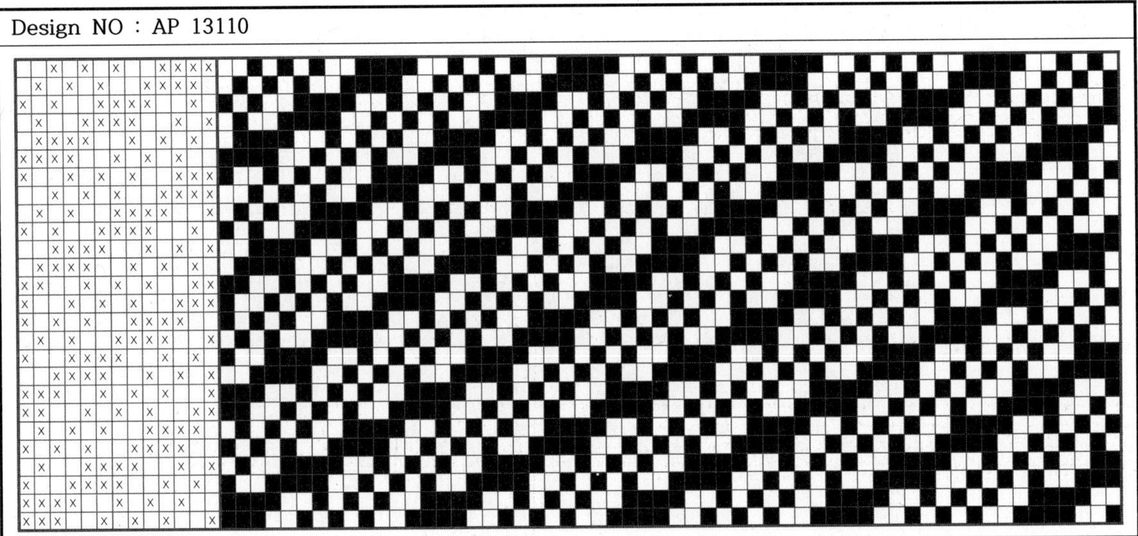

Design NO : AP 13111

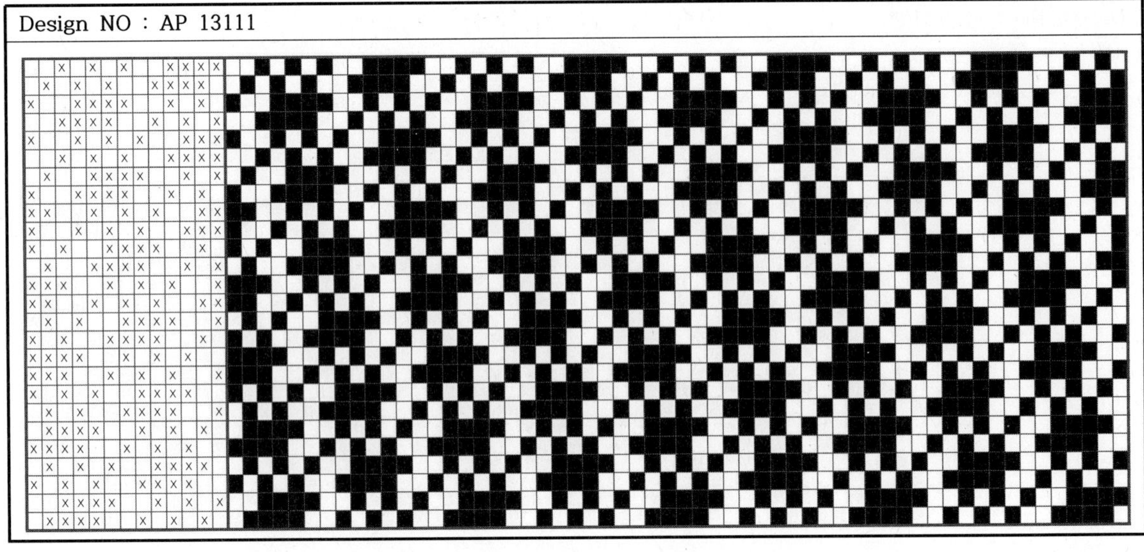

Design NO : AP 13112

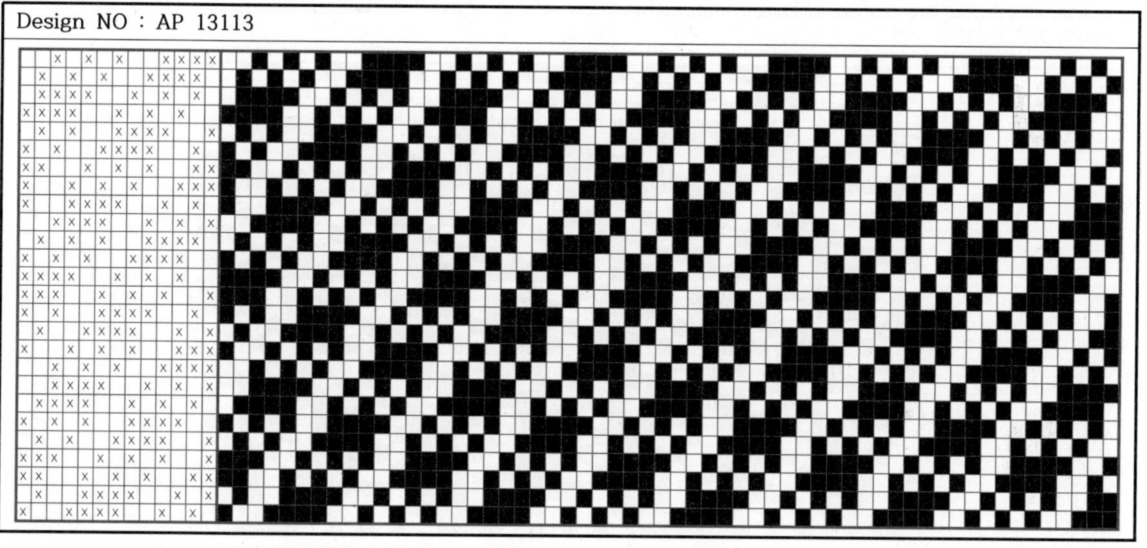

Design NO : AP 13113

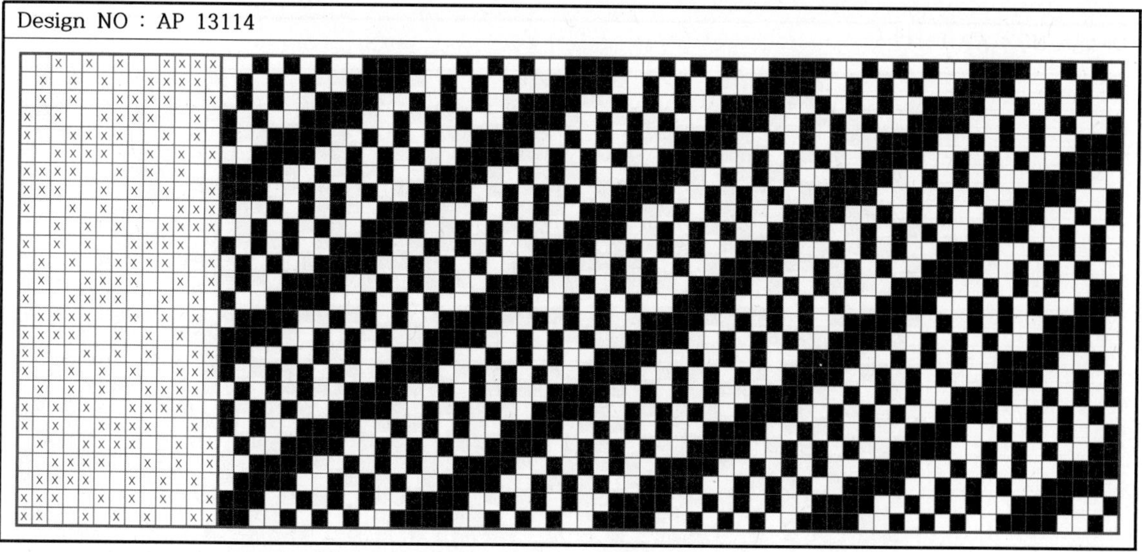

Design NO : AP 13114

Design NO : AP 13115

Design NO : AP 13116

Design NO : AP 13117

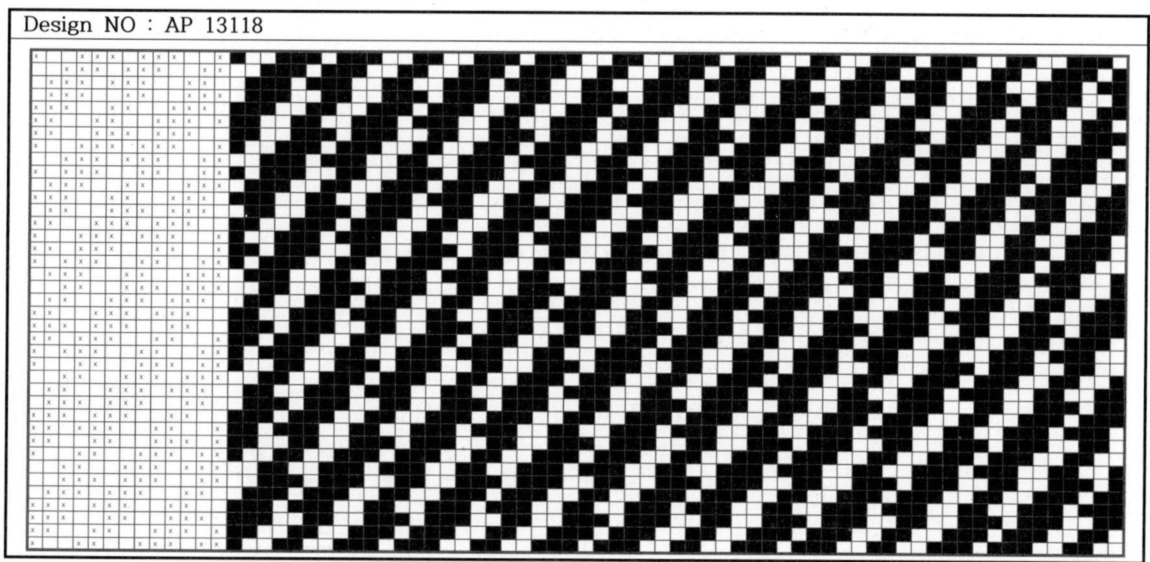

Design NO : AP 13118

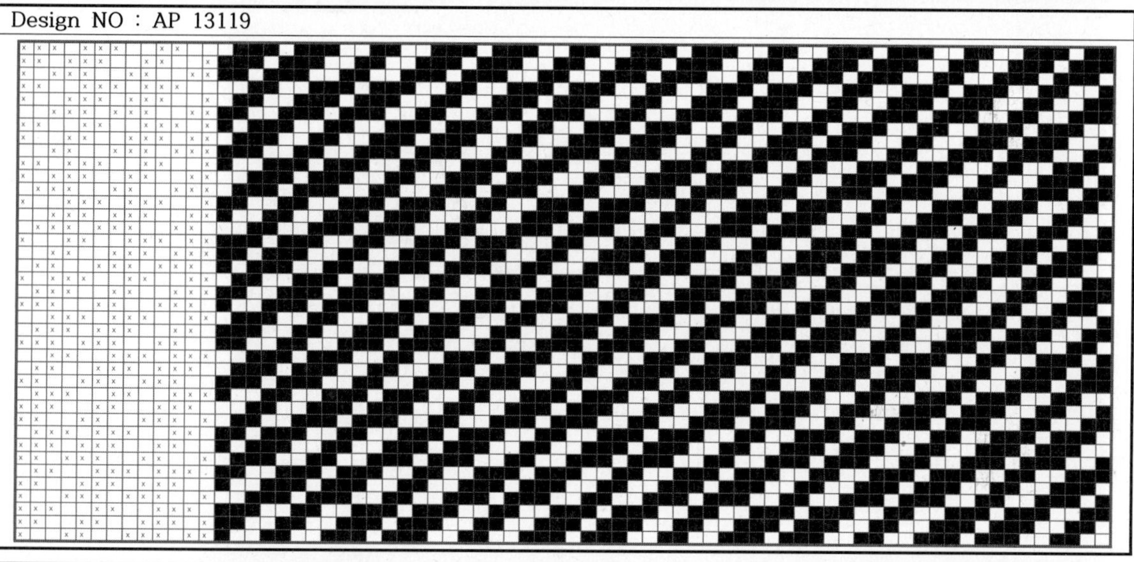

Design NO : AP 13119

Design NO : AP 13120

협찬사 현황

회 사 명	주 소	대표자 성명
(주) 기명물산	대구시 달서구 성서로67 안길8-11	김 두 환
백우텍스타일	대구시 동구 팔공로 227 (대구텍스타일콤프렉스710호)	조 성 래
성·보 (晟寶)	대구시 서구 국채보상로136 (섬유비지니스센타304호)	이 부 희
(주) 자 인	대구시 달서구 달서구 호산동로 6-13	서 효 석
(주) 정 호	경북 구미시 1공단로 6길 13-17	장 현 찬
안 성 섬 유	대구시 서구 국채보상로44 안성빌딩 1층	안 중 훈
영우T&F READ	경기도 안양시 동안구 학의로282 금강펜터리움 IT타워	이 영 숙

이 책[직물조직이론, 직물조직실무]은 위 협찬사의 협조와 도움으로 출판하게 되었습니다.

이에 저자는 새로운 직물조직 이론이 정립되고 널리 이용되어 섬유산업 발전에 많은 기여가 될 것이라 믿습니다. 뜻 깊은 협찬에 감사를 드리며 귀사의 무한한 발전을 기원합니다. 저자 (류문호) 올림

직 물 조 직 이 론

인　　쇄	2017년 08월 21일
발　　행	2017년 08월 25일
지 은 이	류 문 호
발 행 인	임 정 희
펴 낸 곳	노바출판사 (제25100-2017-14호) 대구광역시 달서구 용산로 88 (102/606) www.novapublisher.net
인 쇄 처	(주) 신흥인쇄 Tel. 053-425-2120 Fax. 053-427-2820
등　　록	ISBN : 9791196152901 13500
정　　가	140,000 원

이 도서의 국립중앙도서관 출판예정도서목록(CIP)은 서지정보유통지원시스템 홈페이지 (http://seoji.nl.go.kr)와 국가자료공동목록시스템(http://www.nl.go.kr/kolisnet)에서 이용하실 수 있습니다.(CIP제어번호: CIP2017020361)